LEXIKON GESCHICHTE DER PHYSIK A – Z

LEXIKON GESCHICHTE DER PHYSIK A-Z

Biographien, Sachwörter
Originalschriften und Sekundärliteratur

Von Armin Hermann

und den Mitarbeitern des Lehrstuhles
für Geschichte der Naturwissenschaften und Technik
an der Universität Stuttgart

AULIS VERLAG DEUBNER & CO KG · KÖLN · 1972

Quellennachweis der Abbildungen

Die Abbildungen stellten zur Verfügung:

Deutsches Museum München: Abb. 1, 3, 8—12, 15, 16, 19, 21—24, 27, 30, 36, 41, 44—47, 51, 52, 57
Stadt- und Universitätsbibliothek Bern: Abb. 2, 13
Sammlung Dr. Hans Rhyn, Bern: Abb. 4, 14, 17, 18, 20, 25, 28, 34, 35, 53
Sammlung Prof. Dr. Armin Hermann, Stuttgart: Abb. 5—7, 26, 32, 33, 38—40, 42, 43, 48—50, 56
Sammlung Dr. Heinz Balmer, Stuttgart: Abb. 31, 37, 54, 55
J. R. Mayer-Archiv, Heilbronn: Abb. 29

Vorliegendes Werk ist im gleichen Verlag zugleich in der Reihe „Lexikon der Schulphysik" (Herausgeber Oberstudienrat Dr. Oskar Höfling) in zwei Teilbänden erschienen.

Bestell-Nummer 2004

Herstellung: Konrad Triltsch, Graphischer Betrieb, 87 Würzburg

ISBN 3-7614-0154-x

Vorwort

Die vom Anfang des 19. Jahrhunderts an einsetzende, seit Charles Percy Snows Vortrag in Cambridge 1959 wieder vieldiskutierte „Trennung in die beiden Kulturen“ hat neben allen anderen Schäden auch eine Vernachlässigung der Geschichte der Naturwissenschaften mit sich gebracht. Während der Naturforscher im Blick nach vorn auch gegenüber seinem eigenen Fach eine ahistorische Einstellung bekundete, sah der Historiker die Naturwissenschaft als eine außerhalb der allgemeinen Geistesentwicklung liegende und folglich außerhalb seiner Betrachtung bleibende Gegebenheit an.

In Ansätzen zur Überwindung der Kluft und Wiederherstellung der Bildungseinheit betonen seit Jahren maßgebliche Physiker die hervorragende Bildungsfunktion der Physik, die zum selbständigen Denken erzieht, aber auch zur Bereitschaft, das eigene Denken „immer wieder dem Urteil der Erfahrung zu unterwerfen“ (Fritz Bopp). Ergänzend muß hier angefügt werden, daß die vollen Bildungswerte jedenfalls nur durch eine historische Durchdringung nutzbar gemacht werden können. Um zur endgültigen Überwindung des immer noch vorhandenen Bildungshochmutes gegen die Physik beizutragen, ist es für den Physiker selbst notwendig, sein Fach in den geistesgeschichtlichen Dimensionen zu verstehen.

Auch der Historiker muß die Naturwissenschaft als ein historisches Phänomen auffassen und sich Rechenschaft ablegen, inwieweit sie mit dem „Geist der Zeiten“ verbunden war und deshalb als nicht abtrennbarer Bestandteil in den Kreis der geschichtlichen Betrachtung gehört. Es gibt sogar von meinem Stuttgarter Kollegen August Nitschke seit Jahren entwickelte Argumente dafür, daß erst durch die Einbeziehung der Naturwissenschaften und der Technik entscheidende Gesichtspunkte im Gesamtablauf der Geschichte verständlich werden.

Sowohl der Physiker wie der Historiker brauchen also, wenn auch aus verschiedenen Gründen, die Geschichte der Physik. Ein unter Berücksichtigung der Originalabhandlungen und der Sekundärliteratur ausgearbeitetes, zusammenfassendes Werk, das der Physiker, der Historiker und der den Bildungswerten der Physik besonders verpflichtete Gymnasiallehrer zur Hand nehmen könnten, gibt es aber bisher noch nicht, genauer gesagt: Die vorliegenden Gesamtdarstellungen stammen aus dem vorigen Jahrhundert. An den Wissenschaftshistoriker wird darum die berechtigte Forderung gestellt, eine moderne Geschichte der Physik vorzulegen.

Es ist eine schwierige und wohl undankbare Aufgabe, mit einem Lexikon „Geschichte der Physik“ hier den ersten Schritt zu tun. Die meisten Teilgebiete sind historisch noch zu wenig durchgearbeitet, als daß gesicherte Ergebnisse vertrauensvoll übernommen werden könnten; i.a. liegen höchstens Einzelaspekte vor. Der Bearbeiter des Gesamtgebietes kann sich nur auf wenige Vorarbeiten direkt stützen; er muß sich durch die Quellen und durch eine Fülle von mitunter allzu spezieller und deshalb nicht unmittelbar brauchbarer Sekundärliteratur hindurcharbeiten. Er darf dabei trotz der gebotenen wissenschaftlichen Gründlichkeit nicht in den Details steckenbleiben, so daß er immer dem Vorwurf ausgesetzt sein wird, wichtige Materialien übersehen zu haben.

In dem Lexikon „Geschichte der Physik“ haben sich die Bearbeiter bemüht, die geistesgeschichtlichen Bezüge hervortreten zu lassen. Der Benutzer wird deshalb auf Stichworte stoßen (z.B. Aufklärung, Dynamismus, Leibniz, Naturphilosophie, Positivismus), die in einer eng aufgefaßten Abschilderung von Entdeckungen und Erfindungen fehlen würden. Ebenso konnte und sollte zu den Nachbardisziplinen Mathematik und Chemie und zu den technischen Anwendungen keine scharfe Grenzlinie gezogen werden.

Ist hier die gestellte Aufgabe weiter gefaßt worden, so ist andererseits klar, daß nur die wesentlichsten Aspekte Berücksichtigung fanden. Viele an sich wünschenswerte Fakten konnten nicht gebracht werden. Die Ansätze der Antike und des Mittelalters sind beiseite gelassen, weil sie der Benutzer einer Physikgeschichte in der Regel nicht sucht und weil im Rahmen des zur Verfügung stehenden Umfangs eine oberflächliche und darum inadäquate Darstellung hätte gegeben werden müssen. Ebenso ist die Entwicklung nur bis etwa zum Jahre 1930 verfolgt; bearbeitet ist also die Entwicklung der ,,Nuova Scienza", der Physik in unserem heutigen Sinne, von der Begründung bei Galilei und Kepler angefangen bis zu dem Zeitpunkt, zu dem überhaupt Geschichte geschrieben werden kann. Es bedarf wohl keiner Rechtfertigung, daß diese Zeitgrenzen gelegentlich überschritten werden mußten, etwa um das Gesamtwerk einer Persönlichkeit zu würdigen.

Den besonderen Wert des Lexikons erblicken wir in den Literaturangaben: Im allgemeinen enthält jedes Stichwort die Rubrik **Literatur** mit Hinweisen auf die sog. Sekundärliteratur, d.h. auf die wissenschaftshistorische Behandlung im einschlägigen Fachschrifttum. Dazu kommt in der Regel bei den biographischen Stichworten ein Überblick über die **Werke** des betreffenden Wissenschaftlers, bei den Sachstichworten eine Aufstellung der **Quellen**, d.h. der wichtigsten Originalabhandlungen. Die Angaben sind wie gesagt als Literaturhinweise und -überblicke zu verstehen, nicht als Vollständigkeit erstrebende Bibliographien.

Bei den zitierten Büchern wird i.a. nur eine Auflage angegeben. Bei klassischen Abhandlungen ist dies selbstverständlich die Ersterscheinung; im übrigen wurde von Fall zu Fall entschieden. Die bekannten zusammenfassenden Darstellungen der Physikgeschichte und die üblichen biographischen Nachschlagewerke werden i.a. nicht zitiert. Eine Aufstellung dieser Literatur findet man unter dem Stichwort Physikgeschichte.

Das vorliegende Werk ist eine Gemeinschaftsarbeit des Lehrstuhls für Geschichte der Naturwissenschaften und Technik an der Universität Stuttgart. Es ist mir eine angenehme Pflicht, hier die mühevolle Arbeit aller Beteiligten zu würdigen. Es zeichnen die Mitarbeiter mit folgenden, in Klammern angegebenen Abkürzungen: Dr. Heinz Balmer (H. B.), Dr. Ulrich Hoyer (U. H.), Dipl.-Phys. Steffen Richter (S. R.), Dipl.-Ing. Lothar Suhling (L. S.), Hans Peter Münzenmayer (H. M.) und Klaus Stolzenburg (K. S.). Ebenso danke ich für ihre Mitwirkung unseren Gastdozenten Dr. Ludolf von Mackensen (L. v. M.) und Dr. Jiri Marek (J. M.), den Doktoranden Jürgen Bergmann (J. B.), Andreas Kleinert (A. Kl.), Anita Koeck (A. K.), Dipl.-Phys. Adolf Machold (A. M.), Dipl.-Ing. Hans Raible (H. R.) und unseren Studenten Detlev Blesch (D. B.), Peter Bollin (P. B.), Wolfgang Egger (W. E.), Herold Frey (H. F.), Wolfgang Grözinger (W. G.), Karl Hund (K. H.), Walter Kaiser (W. K.), Edith Kunrath (E. K.), Otto Layher (O. L.), Hansjörg Richter (H. R.), Ruth Rilling (R. R.), Klaus Schittenhelm (K. Sch.), Hermann Stübler (H. S.), Utz Waldmann (U. W.), Rolf Wetzel (R. W.) und Ulrich Zehender (U. Z.). Weiterhin haben befreundete Kollegen, die mit vollem Namen zeichnen, je einen Artikel beigesteuert: Prof. Dr. Ernst Brüche, Prof. Dr. Friedrich Klemm, Prof. Dr. Fritz Krafft, Priv.-Doz. Dr. Dorothea Kuhn, Studienrat Kurt Poppe, Dipl.-Phys. Jürgen Teichmann und Prof. Dr. Armin Teske.

Einen großen Anteil am Zustandekommen des vorliegenden Werkes haben Anneliese Held und Heidi Braun durch Erstellung der Reinschrift und Steffen Richter und Dr. Heinz Balmer durch Beteiligung an der Redaktionsarbeit. Für alle Texte trage ich die ausschließliche Verantwortung.

Stuttgart, Mai 1971 — Armin Hermann

DISCORSI
E
DIMOSTRAZIONI
MATEMATICHE,

intorno à due nuoue scienze

Attenenti alla

MECANICA & i MOVIMENTI LOCALI,

del Signor

GALILEO GALILEI LINCEO,

Filosofo e Matematico primario del Serenissimo
Grand Duca di Toscana.

Con vna Appendice del centro di grauità d'alcuni Solidi.

IN LEIDA,
Appresso gli Elsevirii. M. D. C. XXXVIII.

Titelblatt von Galileis „Discorsi“, erschienen 1638 in Leiden. Die „Unterredungen und mathematischen Beweisführungen, zwei neue Wissenschaften betreffend“ hat man mit Recht das erste Lehrbuch der Physik genannt. Der bereits von der Inquisition verurteilte 74jährige Galileo Galilei teilt hier seine bisher unpubliziert gebliebenen physikalischen Hauptergebnisse der Paduaner Zeit mit die Gesetze des freien Falles und des Wurfes.

A

Abbe, Ernst Karl (* 23. Januar 1840 in Eisenach, † 14. Januar 1905 in Jena). A. studierte seit 1857 an den Universitäten Jena und Göttingen u. a. bei Bernhard Riemann und Wilhelm Weber Mathematik, Physik, Astronomie und Philosophie. 1861 promovierte er mit einer Arbeit über die „Erfahrungsmäßige Begründung des Satzes von der Äquivalenz zwischen Wärme und mechanischer Arbeit". 1863 habilitierte er sich in Jena bei Karl Snell. Ende der sechziger Jahre begann A., dem Jenaer Universitätsmechaniker Carl Zeiss bei der Verbesserung des Mikroskops zu helfen. Diese Zusammenarbeit wurde für sein weiteres Leben bestimmend, indem sie sowohl die Richtung seines wissenschaftlichen Interesses festlegte, das fortan in der Hauptsache der Optik galt, als auch zur tragfähigen Grundlage seines sozialreformerischen Lebenswerks sich entwickelte. 1868 entdeckte A. den Sinussatz der optischen Abbildungen bei endlicher Hauptstrahlneigung; 1869 und 1870 führte er die Begriffe Ein- und Austrittspupille und numerische Apertur in die Optik ein; nachdem er erkannt hatte, daß sich das Mikroskop durch Verkleinerung der in das Objektiv eintretenden Lichtbündel infolge der dabei auftretenden Beugungseffekte nicht verbessern ließ, gab er 1872 die Größe der kleinsten noch erkennbaren Struktur (das sog. Auflösungsvermögen des Mikroskops) an: $d = \frac{\lambda}{n \sin \alpha}$ (λ: Wellenlänge des benutzten Lichts, n: Brechungsindex des Immersionssystems, α: Öffnungswinkel des Objektivs). Wenn er einerseits die physikalische Lichttheorie ganz in den Dienst der praktischen Optik stellte, so daß es ihm gelang, Verfahren zur Vorausberechnung aller Konstruktionselemente des Mikroskops anzugeben, die das bisher übliche zeitraubende Probieren unnötig machten, bemühte er sich anderseits auch um die Verbesserung der Eigenschaften der im optischen Instrumentenbau verwandten Materialien. 1882 gründete er zu diesem Zweck mit Carl Zeiss und dem Glashüttentechniker Otto Schott das „Glastechnische Laboratorium Schott und Genossen". Nach dem Tode von Carl Zeiss (1889) leitete A. die Verwirklichung seiner sozialen Ideen ein. 1891 errichtete er, inzwischen zum Millionär geworden, die Carl-Zeiss-Stiftung, der er sein ganzes Vermögen zuwies und zu deren Gunsten er seinen Alleinbesitz der optischen Werkstätte und seinen Besitzanteil am Schottschen Glaswerk aufgab. Die Motive, die ihn zu diesem Schritt bewogen, waren, wie er selbst betonte, nicht karitativer, sondern sozialer Natur. Als Sohn eines Arbeiters hatte er aus eigener Erfahrung die unglückliche Lage kennengelernt, in welche die fortschreitende Industrialisierung große Massen ehemals selbständiger Gewerbetreibender gebracht hatte. Das Abhängigkeitsverhältnis vom kapitalbesitzenden Unternehmer, in welches der einzelne Arbeiter geraten war und dem durch das allgemeine „Proletarierrecht" der Gewerbeordnung in einer ihm nicht genügend erscheinenden Form gewehrt wurde, ersetzte er durch ein Vertragsverhältnis, das dem Arbeitnehmer u. a. den achtstündigen Arbeitstag, eine Gewinnbeteiligung und Pensionsberechtigung gewährte und damit Rechte einräumte, die zu A.s Zeiten ohnegleichen waren und als leuchtendes Beispiel der Tätigkeit sozialen Unternehmertums nachhaltig in die Zukunft gewirkt haben.

Werke: Gesammelte Abhandlungen. 3 Bde. Jena 1904/06.

Literatur: Biographisches Jahrbuch und Deutscher Nekrolog. Berlin 1906, Bd X, S. 1–16; Felix Auerbach, E. A. Eine Lebensbeschreibung. Leipzig 1918 (mit Bibliographie); Moritz von Rohr, In memoriam E. A. In: Die Naturwissenschaften. Jg 23, 1935, S. 25–27; Norbert Günther, E. A. Schöpfer der Zeiss-Stiftung. Stuttgart 1951; Paul Gerhard Eschen, E. A. Leipzig 1963; Hans Gause u. Paul Görlich, Beiträge zu A.s Tätigkeit in gelehrten Gesellschaften etc. In: Jenaer Jahrbuch. Jg 1966, S. 19–37; Ludwig Otto, E. A. als Schöpfer des wissenschaftlichen Mikroskopbaues. In: Jena-Nachrichten. Jg 1966, S. 67–94; Harald Volkmann, E. A. and his work. In: Applied Optics. Vol. 5, 1966, S. 1720–1731. U. H.

Aberration. Auf der Suche nach der Fixsternparallaxe (der durch die jährliche Rotation der Erde um die Sonne hervorgerufenen scheinbaren Bewegung der Fixsterne) entdeckte 1725 James Bradley (1692—1762) am Stern γ-Draconis die sogenannte Aberration des Fixsternlichtes. 1728 wies er nach, daß diese Erscheinung als Folge der endlichen Ausbreitungsgeschwindigkeit des Lichtes (im Gegensatz zur Parallaxe) bei allen Fixsternen beobachtet werden kann. 1872 füllte George Biddell Airy ein Teleskop mit Wasser, um zu prüfen, ob sich ein größerer Wert der Aberration infolge der Verringerung der Lichtgeschwindigkeit in Wasser ergibt. Es zeigte sich keinerlei Änderung. Dieses Ergebnis konnte mit der Fresnelschen Vorstellung von der Mitführung des Lichtes im bewegten Medium verstanden werden. Die relativistische Theorie der Aberration, die Albert Einstein 1905 angegeben hat, führte in erster Näherung (Berücksichtigung von in $\beta = \frac{v}{c}$ linearen Gliedern; v: Erdgeschwindigkeit, c: Lichtgeschwindigkeit) auf die klassische (nichtrelativistische) Formel für die Winkeländerung. Die relativistische Formel lautet (α': Winkel, unter dem der Stern im erdfesten Koordinatensystem erscheint; α: derselbe Winkel in einem heliozentrischen Koordinatensystem):

$$\alpha - \alpha' = \beta \sin \alpha - \frac{\beta^2}{4} \sin 2\,\alpha\,.$$

Literatur: Gilbert Thomas Walker, Aberration and some other problems connected with the electromagnetic field. Cambridge 1900; Aladár Erreth, Die Aberration und die Geschwindigkeit des Lichtstrahles. Budapest 1929; George Sarton, Discovery of the aberration of light. In: Isis. Vol. 16, 1931, S. 231–265; Handbuch der Physik. Bd 24, Berlin, Göttingen, Heidelberg 1956, S. 19 bis 21; Edmund Hoppe, Geschichte der Optik. Neudruck Wiesbaden 1967, S. 59. U. H.

Abraham, Max (* 26. März 1875 in Danzig, † 16. Nov. 1922 in München). A. promovierte 1897 bei Planck und wurde dessen Assistent. 1909 ging er als Professor der theoretischen Mechanik an das Polytechnikum Mailand und wurde nach dem Kriege Professor der Physik in München und Stuttgart.

A. entwickelte 1903 die Theorie des „starren Elektrons", eine Dynamik, die eine andere Geschwindigkeitsabhängigkeit der Masse des Elektrons ergab als die Spezielle Relativitätstheorie und die deshalb für einige Jahre mit dieser in Konkurrenz trat (→ Kaufmann, → Relativitätstheorie, Spezielle). Nachhall fand A.s zweibändige „Theorie der Elektrizität". August Föppl (1854–1924), Professor an der Technischen Hochschule München, hatte eine Einführung in die Maxwellsche Theorie der Elektrizität verfaßt. A.s erster Band war eine Umarbeitung dieses Werkes und trug den Namen Abraham–Föppl. Während dieser erste Band die allgemeinen Gesetze des elektromagnetischen Feldes und das Rechnen mit Vektorgrößen darstellte, galt der zweite der elektromagnetischen Theorie der Strahlung und behandelte auf 400 Seiten die Elektronen als bewegte Körper. Das Werk wurde später von Richard Becker (1887 bis 1955), natürlich nun auf dem Boden der Relativitätstheorie, weitergeführt und existiert noch heute als Abraham-Becker-Sauter (Herausgeber Fritz Sauter).

Werke: Über einige bei Schwingungsproblemen auftretende Differentialgleichungen. In: Mathematische Annalen. Bd 52, 1900, S. 81–112; Prinzipien der Dynamik des Elektrons. In: Annalen der Physik. Bd 10, 1903, S. 105–179; Zur Theorie der Strahlung und des Strahlungsdruckes. Ebd. Bd 14, 1904, S. 236–287.

Literatur: Max Born und Max von Laue, M. A. In: Physikal. Zeitschrift. Jg 24, 1923, S. 49–53; Fritz Emde, M. A. In: Elektrotechnische Zeitschrift. Jg 1923, S. 20 f. H. B.

Absorption von Gasen. Systematische Versuche über die Absorption von Gasen durch Flüssigkeiten hat wohl als erster Joseph Priestley um 1770 unternommen. Anfang 1803 veröffentlichte William Henry das nach ihm benannte Gesetz (→ Henrysches Gesetz).

Robert Bunsen bestätigte bis 1857 durch genaue Versuche mit seinem Absorptiometer das Henry-Daltonsche Gesetz und ermittelte Absorptionskoeffizienten für eine Anzahl von Gasen und Lösungsmitteln und den Gang mit der Temperatur. 1804 entdeckte Johann Wilhelm Ritter bei galvanischen Versuchen, daß Silber große Mengen von Wasserstoff aufnehmen kann; das schon Priestley bekannte Produkt nannte Ritter „Hydrogensilber“, Priestley „phlogistiertes Silber“. 1868 prägte Thomas Graham für die Gas-A. den heute nicht mehr gebräuchlichen Ausdruck „Okklusion“.

Quellen: William Henry, Experiments on the quantity of gases absorbed by water, at different temperatures, and under different pressures. In: Philosophical Transactions. 1803, Teil 1, S. 29 bis 42; John Dalton, Die Grundlagen der Atomtheorie (= Ostwalds Klassiker. Nr 3). Leipzig 1902; Robert Bunsen, Gasometrische Methoden. Braunschweig 1857; Johann Wilhelm Ritter, Physisch-Chemische Abhandlungen. 3 Bde. Leipzig 1806, Bd 3, S. 342.

Absorption von Strahlung. Die Absorption von Licht beim Durchgang durch verschiedene Medien bestimmte durch systematische Versuche mit selbsterfundenen Photometern bereits → Pierre Bouguer. Das dem Licht ähnliche Absorptionsverhalten der Wärmestrahlen war für Jean-Baptiste Biot 1814 ein Hinweis auf physikalische Gleichartigkeit bzw. Verwandtschaft auf den, wie er sich ausdrückte, „stufenweise fortschreitenden Übergang zwischen Wärmestoff und Licht“.

Genauere Resultate über die Farbabhängigkeit der A. wurden (nach zahlreichen qualitativen Beobachtungen) nach der Entdeckung einzelner Linien im Spektrum der Sonne und anderer Lichtquellen erzielt. David Brewster bemerkte 1823, wie schon Thomas Young 1803, daß ein blaues Kobaltglas nur für zwei rote Streifen des Spektrums durchlässig ist. John Herschel untersuchte die A. durch farbige Substanzen genauer und entwickelte als erster eine Theorie über die A. auf dem Boden der Wellentheorie des Lichtes und der atomistischen Konstitution der Körper.

Die ersten quantitativen Messungen der A. von Korpuskularstrahlung gelangen Philipp Lenard 1895 an Kathodenstrahlen, nachdem er sie durch das Lenard-Fenster aus der Entladungsröhre heraus in einen gesonderten Beobachtungsraum hatte führen können: „Das Resultat war wunderbar! All die bunte Mannigfaltigkeit von Eigenschaften, die wir an den verschiedenen Körpern um uns zu sehen gewohnt sind, verschwand. Es kam auf nichts an, als nur auf das Gewicht der Körper.“

Auch bei den Ende 1895 entdeckten Röntgenstrahlen und den radioaktiven α-, β- und γ-Strahlen bildete das Absorptionsverhalten einen bevorzugten Untersuchungsgegenstand. Aus der zugrundeliegenden Wechselwirkung mit den Atomen bzw. Molekülen des „durchstrahlten“ Stoffes ergaben sich wichtige Aufschlüsse über die Strahlung selbst wie über die Konstitution der Atome und Atomkerne. 1911 entdeckten Hans Geiger und John Mitchell Nutall den Zusammenhang zwischen der Reichweite der α-Teilchen und der Halbwertszeit des radioaktiven Strahlers. Diese empirische Beziehung fand 1928 durch George Gamow ihre Deutung im wellenmechanischen Tunneleffekt.

Quellen: Pierre Bouguer, Traité d'Optique sur la gradation de la lumière. Paris 1760; Philipp Lenard, Wissenschaftliche Abhandlungen. Bd 3.

Leipzig 1944; David Brewster, Description etc. with remarks on the absorption of the prismatic rays by coloured media. In: Transactions of the Royal Society of Edinburgh. Vol. 9, II, 1823, S. 433–444; John F. W. Herschel, On the absorption of light by coloured media etc. In: Ebd. 9, II, 1823, S. 445–460; ders., On the absorption of light by coloured media, viewed in connection with undulatory theory. In: Philosophical Magazine. Vol. 3, 1833, S. 401–412; Wilhelm Seitz, Zerstreuung, Reflexion und Absorption der Kathodenstrahlen. In: Jahrbuch der Radioaktivität und Elektronik. Bd 2, 1905, S. 55–67.

Literatur: Emil Wilde, Geschichte der Optik [1838–43]. Neudruck Wiesbaden 1968; Heinrich Kayser, Handbuch der Spectroscopie. Bd 1. Leipzig 1900, Kap. I: Geschichte der Spectroscopie.

Achromat. Vor Isaac Newton wurden die Unvollkommenheiten der frühen Fernrohre und Mikroskope auf die Abweichungen der darin verwandten Linsen von der Kugelgestalt zurückgeführt. Newton wies darauf hin, daß die farbigen Ränder der mit optischen Instrumenten erzeugten Bilder ihren Ursprung in der verschiedenartigen Brechbarkeit der Spektralfarben (Dispersion) haben. Da er annahm, daß diese Dispersion für alle Materialien gleich sei, hielt er es grundsätzlich für unmöglich, ein von chromatischen Fehlern freies dioptrisches Teleskop zu bauen, und zog einem solchen deshalb das Spiegelteleskop vor. Die Tatsache, daß die im Auge erzeugten Bilder frei sind von farbigen Rändern (infolge der Korrektur der chromatischen Abweichungen durch die verschiedenen Augenflüssigkeiten), brachte → Leonhard Euler 1747 auf den Gedanken, daß es entgegen der Newtonschen Ansicht möglich sein müßte, ein farbfehlerfreies Fernrohr (Achromat) zu bauen. Er wies zunächst nach, daß das Newtonsche Dispersionsgesetz unhaltbar sei, und ersetzte es durch ein neues, dessen Unrichtigkeit erst 1838 von Cauchy aufgedeckt wurde. Der Londoner Optiker John Dollond lehnte zwar die Eulersche Formel ab, doch gelang es ihm 1757 (und ebenso Samuel Klingenstjerna 1760/62) zu zeigen, daß es wirklich möglich ist, aus Kron- und Flintglas achromatische Linsenkombinationen zu bauen. Diese beiden Gläser blieben nun über hundert Jahre lang die Grundmaterialien im optischen Instrumentenbau. Joseph Fraunhofer entdeckte 1817 beim Versuch, verbesserte Fernrohre zu bauen, wozu ihm die genaue Kenntnis der Dispersion in den verwandten Gläsern unerläßlich schien, die nach ihm benannten dunklen Linien im Sonnenspektrum, welche sich bei Brechbarkeitsmessungen als wertvolle Marken im Spektrum erwiesen. Fraunhofers früher Tod im Jahre 1826 hatte einen Stillstand der Entwicklung auf diesem Gebiet zur Folge. Erst Ernst Abbe und Otto Schott bemühten sich ab 1880 wieder, das Problem durch systematische Untersuchung neuer Glassorten der Lösung näherzubringen. Das Resultat waren achromatische Linsensysteme (sog. Apochromate), in denen nicht nur – wie bisher – für zwei Farben des Spektrums Achromasie erreicht, sondern in denen auch das noch verbleibende „sekundäre Spektrum" nahezu ausgelöscht wurde. Allerdings gelangte Abbe zu der Überzeugung, daß es unmöglich sei, Systeme zu erfinden, in denen alle optischen Fehler zugleich aufgehoben sind. Heute nennt man in der Teilchenoptik Achromate solche Systeme, in denen vom selben Objektpunkt ausgehende Teilchen verschiedener Energie in demselben Bildpunkt vereinigt werden.

Literatur: Emil Wilde, Geschichte der Optik. Nachdruck Wiesbaden 1968; Edmund Hoppe, Geschichte der Optik. Nachdruck Wiesbaden 1967, S. 42 u. 190; Felix Auerbach, Ernst Abbe. Leipzig 1918, S. 229 u. 282; Moritz von Rohr, Ernst Abbes Apochromate. Jena 1936. U. H.

Adsorption. Unter Adsorption wird heute das intermolekulare Binden von Gasen und in Flüssigkeiten gelösten Stoffen an den Phasengrenzflächen von Festkörpern und Flüssigkeiten verstanden. Der Begriff kam erst gegen Ende des 19. Jh.s allmählich in Gebrauch, nachdem sich der Unterschied zur → Absorption zunehmend klarer herausgestellt hatte.

Angaben über die A. von Gasen an porösen Körpern (insbesondere Holzkohle) finden sich bei Phlogistikern des ausgehenden 18. Jh.s, wie Felice Fontana, Carl Wilhelm Scheele und Joseph Priestley.

Die A. gelöster Stoffe durch die Holzkohle entdeckte Tobias Lowitz 1785. Théodore de Saussure berichtete 1812 über Adsorptionsversuche an porösen Stoffen mit verschiedenen Gasen, wobei er auch Angaben über eine Wärmetönung bei der Adsorption machte.

Aus der Schwierigkeit, vollkommen luftfreie Barometer herzustellen, schlossen Anfang des 19. Jh.s Ambrogio Fusinieri und Angelo Bellani auf die Existenz einer starren Luftschicht auf den Oberflächen fester Körper. Seit der Mitte des 19. Jh.s wurde diese verdichtete Gashaut Gegenstand vieler Untersuchungen. Veröffentlichungen hierüber erschienen u. a. von Gustav Magnus 1853, Georg Quincke 1859, Friedrich Weber 1872 und Heinrich Kayser 1881.

Mit Hilfe der jungen Thermodynamik leitete Josiah Willard Gibbs 1876 das nach ihm benannte Adsorptionsgesetz ab. Es dient zur Ermittlung der Stoffmengen, die aus Lösungen oder aus der Gasphase an Flüssigkeitsoberflächen adsorbiert werden.

Größere Fortschritte in Richtung mathematischer Ansätze zur Beschreibung der Adsorptionsmechanismen wurden erst wieder nach der Jahrhundertwende erzielt. Zu nennen ist hier neben Herbert Freundlich vor allem Irving Langmuir mit seiner Theorie der monomolekularen Belegung der adsorbierenden Oberflächen. Langmuir, ein Schüler Walther Nernsts, entwickelte die „Surface Chemistry“, wofür er 1932 den Nobelpreis erhielt.

Quellen: Carl Wilhelm Scheele, Chemische Abhandlungen von der Luft und dem Feuer (= Ostwalds Klassiker. Nr 58). Leipzig 1894; Théodore de Saussure, Beobachtungen über die Absorption der Gasarten durch verschiedene Körper. In: Annalen der Physik. Bd 47, 1814, S. 113–183; Johann Wolfgang Döbereiner, Neu entdeckte merkwürdige Eigenschaft des Platinsuboxyds etc. In: Schweiggers Journal für Chemie und Physik. Bd 38, 1823, S. 321–326; Gustav Magnus, Über die Verdichtung der Gase an der Oberfläche glatter Körper. In: Annalen der Physik. Bd 89, 1853, S. 604–610; Irving Langmuir, The evaporation, condensation and reflection of molecules and the mechanism of adsorption. In: Physical Review. Vol. 8, 1916, S. 149–176.

Literatur: Alwin Mittasch und Erich Theis, Von Davy und Döbereiner bis Deacon, ein halbes Jahrhundert Grenzflächenkatalyse. Berlin 1932.

L. S.

Aepinus, Franz Ulrich Theodosius (* 13. Dezember (?) 1724 in Rostock, † 10. August 1802 in Dorpat). Nach zweijähriger Tätigkeit als Professor der Astronomie an der Berliner Akademie kam er 1757 an die Akademie in Petersburg, wo er am Zarenhofe bald eine Vertrauensstellung gewann. Ihm wurde die wissenschaftliche Ausbildung des Thronfolgers sowie die Aufsicht über die höheren Schulen und das Kadettenkorps übertragen. Ae. beschrieb klar die Wirkung einer elektrischen Ladung, eine entgegengesetzt-elektrische Ladung in nahen, aber isoliert stehenden Körpern hervorzurufen; Ae. wird deshalb häufig (statt Guericke) als Entdecker der Influenz bezeichnet.

Literatur: H. Rupke, F. U. Th. Ae. Zur 225. Wiederkehr seines Geburtstages. In: Die Naturwissenschaften. Jg 37, 1950, S. 49–52.

Affinität. Der Begriff der chemischen Affinität findet sich schon in frühen alchemistischen Schriften. Bereits Empedokles und Demokrit hatten von den in allen Dingen verborgen liegenden Triebkräften Haß und Liebe gesprochen. Obwohl die Vertreter der mechanistischen Naturauffassung des 17. Jh.s wie Descartes, Boyle, Jungius u. a. den Begriff rational zu fassen suchten, sprach noch 1732 Herman Boerhaave von einer „Freundschaft“ der Korpuskeln und Torbern Bergman 1775 von der „Wahlverwandtschaft“ (attraction élective), vorwissenschaftliche Ausdrücke, die auch literarische Parallelen fanden (Goethe).

In Berthollets Verwandtschaftstheorie (um 1800) lebte die Ansicht Newtons wieder auf, daß die chemische Bindung durch Massenanziehungskräfte der Teilchen hervorgerufen würden. Erst mit der Axiomatisierung der Wärmelehre (→ Thermodynamik) in der zweiten Hälfte des 19. Jh.s konnte schließlich der Begriff der A. quantitativ definiert werden. Vorbereitet durch die Thermochemiker Julius Thomsen (1852) und Marcelin Berthelot (1869), fand Henricus van't Hoff 1883 in der maximalen äußeren Arbeit (freie Energie bzw. Enthalpie) einer reversiblen, isothermen Reaktion das Maß der A.

1905 erkannte Walther Nernst, daß das Thomsen-Berthelotsche Prinzip, das die Wärmeentwicklung einer Reaktion mit der A. gleichsetzte, in der Nähe des absoluten Nullpunktes erfüllt ist.

Literatur: Walther Nernst, Die theoretischen und experimentellen Grundlagen des neuen Wärmesatzes. Halle 1924; Otto Sackur, Die chemische Affinität und ihre Messung. Braunschweig 1908; Egon Wiberg, Die chemische Affinität. Berlin 1964; Hermann Kopp, Die Entwicklung der Chemie in der neueren Zeit. München 1873 (Nachdruck Hildesheim 1966); Hans Kangro, Joachim Jungius' Experimente und Gedanken zur Begründung der Chemie als Wissenschaft. Wiesbaden 1968. L. S.

Aggregatzustand. Die drei Zustandsformen eines Körpers (fest, flüssig, gasförmig), im weiteren Sinne auch Phasen genannt, unterscheiden sich molekularphysikalisch durch die Art, in der die Molekeln „aggregiert", d. h. zueinander angeordnet sind. Bereits in der Antike gab es Ansätze zu einer physikalischen Differenzierung der Aggregatzustände. So vertrat Anaximenes die Ansicht, die Körper würden durch Verdichtung und Verdünnung der Luft entstehen. Andere Denker, u. a. auch Aristoteles, vermengten den Begriff des A. mit dem der Elemente. Danach ist jeder Körper aus den vier Grundelementen Erde, Wasser, Luft und Feuer in einem ganz bestimmten Verhältnis zusammengesetzt. In der Änderung des Aggregatzustandes eines Körpers zeigt sich eine Änderung dieser Zusammensetzung.

Erst als sich im 17. Jh. die neue mechanistische Denkweise der wiederbelebten und weiter entwickelten Atomistik (Gassendi) bediente, kam es zu einer genaueren begrifflichen Klärung und physikalischen Deutung der Aggregatzustände. Während bei René Descartes der Bewegungszustand der Molekeln den Unterschied zwischen den flüssigen und festen A. eines Körpers kennzeichnete, war es bei Robert Boyle die Größe der inneren Reibung. Das „Element" Luft durch einen allgemeinen Gasbegriff zu ersetzen, gelang den Pneumatikern des 18. Jh.s. 1762 berichtete Joseph Black über die Entdeckung der latenten Wärme beim Schmelzen von Eis und der Verdampfung von Wasser. In der Mitte des 19. Jh.s vermittelte dann die kinetische Theorie der Gase, die zusammen mit der neuen → Wärmetheorie entwickelt wurde, tieferen Einblick in die Gasstruktur.

Die noch lange Zeit beibehaltene Abgrenzung der „permanenten Gase" von den Dämpfen wurde 1869 durch Thomas Andrews grundsätzlich aufgehoben, indem er feststellte: Substanzen oberhalb einer spezifischen „kritischen Temperatur" können durch keinen noch so hohen Druck verflüssigt werden. Der Unterschied zwischen Gasen und Dämpfen reduzierte sich damit auf die unterschiedliche Lage der jeweiligen kritischen Temperatur. Andrews, dessen Versuche auf die von Charles Cagniard de la Tour (1822) zurückgingen, beobachtete zudem, daß die Phasengrenzfläche flüssig-gasförmig am „kritischen Punkt" verschwindet.

Quellen: Thomas Andrews, Über die Continuität der gasigen und flüssigen Zustände der Materie. In: Annalen der Physik. Ergänzungsbd V, 1871, S. 64—87; Otto Lehmann, Molekularphysik. Leipzig 1888.

Literatur: Douglas McKie and Niels H. Heathcote, The discovery of specific and latent heats. London 1935; Kurd Laßwitz, Geschichte der Atomistik vom Mittelalter bis Newton. 2 Bde. Leipzig 1890 (Nachdruck Darmstadt 1963). L. S.

Agricola, Georg (* 24. März 1494 in Glauchau, † 21. November 1555 in Chemnitz). Agricola, der seinen Familiennamen Bauer nach dem Brauch der Gelehrten seiner Zeit latinisierte, studierte in Leipzig Theologie, Philosophie, Philologie und – nach einigen Jahren der Tätigkeit als Lehrer der griechischen Sprache und Rektor an der weitberühmten Stadtschule in Zwickau – auch Medizin. Einer seiner bedeutendsten Lehrer war der große Humanist Petrus Mosellanus, der mit Luther, Erasmus von Rotterdam, Reuchlin und Hutten in enger Verbindung stand.

Im Jahre 1523 ging Agricola für etwa drei Jahre nach Italien. In Venedig wurde er wissenschaftlicher Mitarbeiter im Hause der Druckerfamilie Manutius-Asulanus. Er besuchte die Universitäten Bologna und Padua, vervollkommnete seine Kenntnisse in der Philosophie, der Medizin, den Sprachen und den Naturwissenschaften, erwarb den medizinischen Doktorgrad und kehrte – vom Geiste des Humanismus erfüllt – nach Deutschland zurück.

Hier ließ sich der junge Gelehrte 1527 als Stadtarzt in dem erst elf Jahre zuvor gegründeten Joachimsthal nieder. Bei seinen Forschungen über vergessene mineralogische Heilmittel des Altertums kam er in engen Kontakt mit den Berg- und Hüttenleuten dieser erzgebirgischen Stadt des Bergbaues. Mit großem Wissensdurst vertiefte er sich bald auch in deren „Kunst". Hieraus resultierten vielgelesene Abhandlungen über Theorie und Praxis des Berg- und Hüttenwesens, die richtungweisend für die Begründung einer wissenschaftlichen Hüttenkunde wurden.

Von 1533 bis zu seinem Tod wirkte Agricola als Physikus und Bürgermeister in Chemnitz, weiterhin leidenschaftlich und mit ganzer Seele – wie er schrieb – dem Studium der Natur gewidmet. Hiervon zeugt sein umfangreiches Lebenswerk, das von naturwissenschaftlichem sowie technisch-praktischem Wissen und unmittelbarer Naturbeobachtung getragen wird.

Frucht seiner mineralogischen Studien ist das 1546 erschienene Buch „De natura fossilium", womit sich Agricola den Ehrennamen „Begründer der Mineralogie in Deutschland" erwarb. Er bezeichnete die Fossilien als Überreste von Lebewesen; die Mineralien klassifizierte er nach äußeren Merkmalen, ihrem chemischen und physikalischen Verhalten, wie Durchsichtigkeit, Farbe, Geschmack, Geruch, Härte und Schwere. Nach seiner Theorie sind die Mineralien aus Lösungen und Schmelzflüssen entstanden. Das Schmelzen der Metalle erklärte er durch die Anwesenheit von Feuchtigkeit.

Bei seinem Tod hinterließ Agricola sein bereits 1550 vollendetes Hauptwerk „De re metallica". Er beschreibt hierin das hochentwickelte Berg- und Hüttenwesen im Erzgebirge und befaßt sich eingehend und anhand vieler ausgezeichneter Abbildungen mit der Maschinentechnik und den chemisch-technischen Aufbereitungsverfahren.

In einer Widmung an die Herzöge von Sachsen, Moritz und August, nennt er in bemerkenswerter Offenheit seine Quellen, vor allem die „Pirotechnia" seines Zeitgenossen Biringuccio. „De re metallica" war während zweier Jahrhunderte die technische Bibel des Bergbaues in der ganzen Welt; bis zum Jahre 1624 wurden sieben Auflagen in lateinischer und zwei in deutscher Sprache gedruckt. Den Namen Georg Agricola führt heute eine mit dem Verein Deutscher Ingenieure (VDI) verbundene Gesellschaft zur Förderung der Technikgeschichte.

Werke: Bermannus, sive de re metallica. Basel 1530; Libri quinque de mensuris et ponderibus. Basel etc. 1533; De ortu et causis subterraneorum. Basel 1546; De natura eorum quae effluunt ex terra. Basel 1546; De veteribus et novis metallis. Basel 1546; De re metallica. Basel 1556; dt.: G. A., Zwölf Bücher vom Berg- und Hüttenwesen. [3]Düsseldorf 1961; Hans Prescher (Hrsg.), Ausgewählte Werke. 10 Bde. [Ost-]Berlin 1956 bis 1970 (Bd 1 Biographie, Bd 10 Bibliographie).

Literatur: Ernst Darmstaedter, G. A., Leben und Werk. München 1926; Paul Lersch, Dr. G. A. als Mensch und Arzt. Med. Diss. Leipzig 1952; Franz Kirnbauer, G. A. – der Mann und das Werk. In: Berg- und Hüttenmännische Monatshefte. Bd 100, 1955, S. 314–321; Friedrich Klemm, G. A. In: Atlantis. Bd 27, 1955, S. 523 bis 525.

L. S.

Akkumulator. 1802 beobachtete der Pariser Musiklehrer Nicolas Gautherot die Speicherfähigkeit der Elektrizität in der Polarisationszelle. Gleichzeitig arbeitete auch Johann Wilhelm Ritter an der elektrischen Polarisation; er baute sich 1802 eine Ladungssäule, ein regenerationsfähiges Element aus Kupferplatten und in Kochsalzlösung getränkten Pappscheiben, an dem er das Wesen der Aufspeicherung untersuchte.

1854 verwendete der Militärarzt Josef Sinsteden als erster Bleiplatten in verdünnter Schwefelsäure zum Bau eines A.s. Hieran anknüpfend konstruierte Gaston Planté ab 1859 größere Bleiakkumulatoren und gab den Anstoß für viele Verbesserungen, namentlich zu der Verwendung von Elektroden aus Bleiverbindungen wie Bleidioxyd (PbO_2), das schon 1838 von Leopold Gmelin an das (negative) Ende der Spannungsreihe gesetzt worden war.

Erst als die Dynamomaschine (Werner Siemens 1867) die Stromerzeugung in beliebiger Größe ermöglichte, wurde der A. technisch interessant. 1881 verbesserte ihn Camillo Faure; sein Patent blockierte jedoch eine Zeitlang die Weiterentwicklung. Auf der Grundlage der elektrochemischen Theorie Walther Nernsts (1889) entwickelte Fritz Dolezalek um die Jahrhundertwende eine Theorie des Bleiakkumulators.

Quellen: Johann Wilhelm Ritter, Die Begründung der Elektrochemie (= Ostwalds Klassiker. N. F. Bd 2). Frankfurt 1968; Fritz Dolezalek, Die Theorie des Bleiakkumulators. Halle 1901.

Literatur: Edmund Hoppe, Die geschichtl. Entwicklung des A. In: Beiträge zur Geschichte der Technik. Bd 1, 1909, S. 145–175; H. Beckmann, Zur Geschichte des A. und der Accumulatoren-Fabrik A. G. In: Beiträge zur Geschichte der Technik. Bd 14, 1924, S. 242–261; Edmund Hoppe, Geschichte der Elektrizität. Leipzig 1884 (Neudruck Wiesbaden 1969); A. Jeckel, Geschichte des Bleiakkumulators. In: VDI-Nachrichten. Jg 15, 1961, S. 4. L. S.

Akustik. Schon im Altertum erkannte man an Saiten und Glocken, daß ein Ton durch eine kleine, schnelle, zitternde Bewegung des tönenden Körpers erzeugt wird. Sobald man diese Bewegung hemmte, hörte der Ton auf. Man nahm an, daß dabei die Luft Stöße erhalte und daß diese Bewegung bis zum Gehör fortgeführt werde. Wie die Erfahrung lehrte, tönten kürzere Pfeifen und Saiten höher als längere.

Marin Mersenne veröffentlichte 1636 ein Werk „Harmonie universelle". Er hatte die Tonhöhe von Saiten untersucht und den Einfluß von Länge, Dicke, Material und Spannung (durch Gewichtsanhängung an einem Ende) genau festgestellt. Auch wußte er, daß eine schwingende Saite eine andere, neben ihr aufgespannte ohne Berührung zum Mitschwingen anregte. Diese Resonanz tritt auch ein, wenn die Länge der zweiten Saite $1/2$, $1/3$ oder $1/4$ der tönenden beträgt.

Im 17. Jahrhundert wurde immer wieder die Schallgeschwindigkeit in Luft gemessen; allmählich näherte man sich dem Wert von etwas über 330 m/sec. Isaac Newton bahnte die theoretische Bestimmung der Schallgeschwindigkeit an. In der ersten Ausgabe der Principia (Buch II, Propositio 43) erläuterte er, daß die kleinsten Teile des elastischen Mediums sich vor- und rückwärts bewegen und dabei die Bewegung weitervermitteln. Beim Vorwärtsgehen bewirken die Luftteilchen eine Verdichtung der Luft, beim Rückwärtsgehen gleich darauf eine Verdünnung. Seine Rechnung ergab indessen einen zu geringen Wert. Erst Pierre-Simon Laplace bemerkte 1816, daß die Verdichtung mit einer Erwärmung verbunden ist, wodurch die Elastizität zunimmt, und führte diese Korrektur in die Formel ein. Francis Hauksbee zeigte (Philosophical Transactions 1705), daß eine Glocke unter dem Rezipienten der Luftpumpe, wenn die Luft ausgepumpt wurde, kaum mehr hörbar war, und lieferte so den Nachweis von der Wichtigkeit der Luft für die Schallübertragung.

Am Anfang des 18. Jahrhunderts erhielt die Akustik einen ihrer großen Förderer in Joseph Sauveur. Er benützte zur Bestimmung der Schwingungszahl eines Grundtones das Verfahren des Zusammenschlags der Töne.

Wenn zwei leicht verstimmte Orgelpfeifen zusammen klingen, hört man von Zeit zu Zeit einen wogenden Laut. Sauveur schrieb dies dem Zusammenfallen der beiden Töne am Ende jeder Periode zu. Wenn sie z. B. das Intervall eines Halbtons hatten, fiel jede 15. Schwingung des einen Tons mit jeder 16. des andern zusammen. Er betrachtete Fälle, wo die Töne so langsam waren, daß sich diese Schwebungen zählen ließen.

Mathematiker suchten die Form der schwingenden Saite zu berechnen, die, aus ihrer ursprünglichen geradlinigen Lage gebracht, eine Vergrößerung ihrer Länge und Vermehrung ihrer Spannung erhält. Brook Taylors Formel stellte die Abhängigkeit der Tonhöhe von den Eigenschaften der Saiten fest. Johann und Daniel Bernoulli, d'Alembert und Leonhard Euler suchten die Veränderung der Krümmung zu erfassen. John Wallis hatte die Beobachtung mitgeteilt, daß jede längere Saite sich in zwei oder drei Abschnitte teilte, die durch Knoten getrennt waren. Sauveur markierte diese durch Papierreiterchen. Daniel Bernoulli unterschied „Bäuche" und Knoten. Zum Grundton traten so die Obertöne.

Gleichzeitig widmete man sich der Theorie der Blasinstrumente, bei denen die Tonhöhe von der Länge der Pfeife abhängt. Newton erklärte, der Pfeifenton bestehe aus Pulsschlägen der Luft, die die Länge der Pfeife vor- und rückwärts durchlaufen. Joseph-Louis Lagrange erläuterte, warum ein an einem Ende geschlossenes Rohr gleich hoch töne wie eine doppelt so lange, an beiden Enden offene Röhre. Die Schwingungen der offenen Röhre betrachtete er als „Oszillationen einer Saite von Luft". Euler, Lambert und Poisson verfolgten den Gegenstand weiter. Félix Savart bestimmte die Orte der Knoten experimentell.

Aber nicht nur Saiten und Pfeifen tönen. Fast alle Körper sind solcher Schwingungen fähig: Glocken, Metallplatten, Stäbe, Stimmgabeln, gespannte Membranen und Gläser. Dabei werden die schwingenden Teile durch Knotenlinien voneinander abgesondert, und es kommt darauf an, wo der Körper gehalten oder unterstützt und wo er angestrichen wird. Diese Knotenlinien bemerkte Galilei auf dem Resonanzboden musikalischer Instrumente. Robert Hooke schlug vor, die Schwingungen einer elastischen Kugel durch Bestreuung ihrer Oberfläche mit Staub zu beobachten. Ernst Florens Friedrich Chladni aber blieb es vorbehalten, durch dieses Verfahren die mannigfaltigsten symmetrischen Figuren zu entdecken, die auf regelmäßig geformten Platten entstehen, wenn sie so in Bewegung gesetzt werden, daß sie einen reinen Ton geben. Seine ersten Untersuchungen teilte er 1787 mit und fügte 1802 und 1817 weitere Ergebnisse hinzu. Er gliederte die Erscheinungen in Klassen, so bei den vierseitigen ebenen Platten. Félix Savart setzte die Untersuchungen fort.

Die Schwingungen elastischer Stäbe und Kreisplatten wurden von Siméon-Denis Poisson berechnet. Thomas Young, die Brüder Ernst Heinrich und Wilhelm Weber und Charles Wheatstone legten dar, wie die Chladnischen Klangfiguren durch die Überlagerung von Wellen entstehen. Chladni untersuchte auch die Schwingungen elastischer Stäbe. Während man bisher nur auf transversale Schwingungen geachtet hatte, bei denen die Teile des Stabes in der Querrichtung hin und her gehen, zeigte er durch Anreiben, daß es auch in der Längsrichtung und Drehrichtung (longitudinale und rotatorische) Schwingungen gibt. Savart gewahrte, daß, wenn ein Stab senkrecht zum anderen aufgestellt war, die longitudinalen Schwingungen des ersten transversale im zweiten hervorriefen und umgekehrt. Ein wichtiges Forschungsmittel erhielt die Akustik durch die Lochsirene, die Charles Cagniard de la Tour 1819 erfand und die Heinrich Dove 1851 verbesserte. Sie läßt sich zur Bestimmung der Schwingungszahl jedes Tons verwenden.

Erst im 19. Jahrhundert wurde auch die Schallgeschwindigkeit in Flüssigkeiten genau gemessen. Jean-Daniel Colladon und Charles Sturm besorgten dies 1828 im Genfer See. Sie erhielten 1435 m pro Sekunde. Franz Schaffgotsch und John Tyndall untersuchten die tönenden Flammen. Hermann Helmholtz förderte die physiologische Akustik. Seine Resonatoren bildeten ein neues Hilfsmittel zur Tonhöhebestimmung. Die Messung der Schallgeschwindigkeit erhielt neue Mittel im Kundt-Rohr, Quincke-Rohr und Echolot. In der neuesten Zeit erzielte die Technik der Schallübertragung Fortschritte in Rundfunk, Telephonie, Tonfilm und Schallplatte.

Quellen: Marin Mersenne, Harmonicorum libri XII. Paris 1636; René Descartes, Compendium musicae. Utrecht 1650; Athanasius Kircher, Musurgia universalis. 2 Bde. Rom 1650; ders., Neue Hall- und Tonkunst. Nördlingen 1684; Brook Taylor, Methodus incrementorum directa et inversa. London 1715 (darin die Formel für die Querschwingungen von Saiten); Gabriel Cramer, Theses de sono. Genf 1722; Georg Andreas Sorge, Anweisung zur Stimmung und Temperatur. Hamburg 1744 (darin die Entdeckung der Kombinationstöne); Robert Smith, Harmonics or the philosophy of musical sounds. Cambridge 1749; Jean le Rond d'Alembert, Elémens de musique. Paris 1779; Ernst Florens Friedrich Chladni, → Chladni; Ernst Heinrich Weber und Wilhelm Eduard Weber, Die Wellenlehre auf Experimente gegründet. Leipzig 1825; John Herschel, Treatise on Sound. London 1830; Johann Heinrich Scheibler, Der physikalische und musikalische Tonmesser. Essen 1834; Jean-Daniel Colladon und Charles Sturm, Mémoire sur la compression des liquides et la vitesse du son dans l'eau. Paris 1837; Hermann Helmholtz, Die Lehre von den Tonempfindungen. Braunschweig 1863; John Tyndall, Der Schall. Braunschweig 1869; Lord Rayleigh, Theorie des Schalls. Braunschweig 1880.

Literatur: Hans Schimank, Zur Frühgeschichte der Akustik. In: Akustische Zeitschrift. Jg 1, 1936, S. 106–114; Richard Berger, Unser Wissen über den Schall vor 200 Jahren. In: Die Schalltechnik. Jg 9, 1937, S. 6–10 und 20–23; W. Reich, Zur Geschichte der Akustik. In: Ciba-Zeitschrift. Bd 4, 1950, S. 1494–1498; R. Bruce Lindsay, The story of acoustics. In: The Journal of the Acoustical Society of America. Vol. 39, 1966, S. 629 bis 644; André Gribenski, Les théories de l'audition. In: La Nature. Jg 1954, S. 146–150, 188–193, 217–219, 263–268, 304–310. – Zu speziellen Themen: J. M. A. Lenihan, Mersenne and Gassendi. An early chapter in the history of sound. In: Acustica. Vol. 1, 1951, S. 96–99; Arman Machabey sen., Quelques savants-musiciens de l'époque de Mersenne. In: Revue de l'Histoire des Sciences. Bd 11, 1958, S. 193–206; André Lehr, On vibration patterns before Chladni. In: Janus. Vol. 52, 1965, S. 113–120; Bernard S. Finn, Laplace and the speed of sound. In: Isis. Vol. 55, 1964, S. 7–19; Ferdinand Trendelenburg, Ohms akustisches Grundgesetz und die neueren Anschauungen über die Klanganalyse durch das Ohr. In: Elektrotechnische Zeitschrift. Jg 60, 1939, S. 449 bis 452; Helmut Drubba and H. H. Rust, On the first echo-sounding experiment. In: Annals of Science. Vol. 10, 1954, S. 28–32. H. B.

D'Alembert, Jean le Rond (* 16. November 1717 in Paris, † 29. Oktober 1783 ebd.). Der Säugling wurde von der Mutter, einer Dame der Gesellschaft, Mme de Tencin, auf den Stufen der Kirche St. Jean Lerond ausgesetzt. Mit kindlicher Liebe hing d'A. zeitlebens an seiner Stiefmutter; der Vater des unehelichen Kindes sorgte finanziell, insbesondere für die Erziehung. In Abänderung eines Phantasie-Namens, unter dem er im Collège angemeldet worden war, bezeichnete er sich selbst fortan als d'A.

Wichtiger als die zahlreichen Arbeiten in Akustik und Optik wurde seine mathematische Durchbildung der Mechanik. Diese hat man gewöhnlich in zwei Phasen eingeteilt: die erste, nachgalileische, mit dem Höhepunkt Newton, und die zweite Phase, die der analytischen Dynamik, die d'A. durch seinen Traité de dynamique einleitete und die Lagrange, Laplace u. a. vollendeten. Neben dem → d'A.schen Prinzip ist vor allem seine Behandlung des Dreikörperproblems zu nennen.

D'A. kann nach Wilhelm Dilthey als Begründer des → Positivismus gelten. Im Traité de dynamique erteilte er dem von Leibniz aufgestellten und vieldiskutierten Prinzip der „Erhaltung der lebendigen Kraft" (→ Energie) eine eindeutige Absage; an ein solches Gesetz zu glauben sei Metaphysik. Neben Denis Diderot ist d'A. der maßgebende Herausgeber der → Enzyklopädie. Hier fiel ihm die Bearbeitung der mathematischen, physikalischen und erkenntnistheoretischen Stichworte zu. Die „Einleitung in die Enzyklopädie", der berühmte „Discours de la methode", ist das positivistische Glaubensbekenntnis d'A.s, das Generationen von Physikern zur Richtschnur diente. Für den Erfolg der Enzyklopädie war seine redaktionelle Tätigkeit ausschlaggebend. Er sorgte nicht nur für Systematik und Symmetrie in der Fülle der Stichworte, sondern schuf ein ausgeklügeltes System von Verweisen. Nach den sich steigernden, auch persönlich gehässigen Angriffen religiös orthodoxer und politisch konservativer Kreise trat d'A. nach dem Erscheinen von Band 7, des Kampfes müde, von der Redaktion zurück.

Nachdem d'A. das Schwergewicht seiner Tätigkeit zuerst auf die Mathematik (bzw. theor. Physik), dann auf die Philosophie und Erkenntnistheorie gelegt hatte, widmete er sich später vornehmlich literarisch-ästhetischen Problemen. In den fünf Bänden seiner „Mélanges de Littérature, d'Histoire, et de Philosophie" (1767) bewies er vollends, daß er „den Beweis so gut beherrschte wie die Totenrede, die Prosa so gut wie den Kalkül" (Bense).

Werke: Oeuvres philosophiques, historiques et littéraires de d'A. 18 Bde. Paris 1805; Traité de dynamique [1743]. Paris 1921; Einleitung in die franz. Enzyklopädie etc. Herausgegeben und erläutert von Eugen Hirschberg. Leipzig 1912.

Literatur: Victor Engelhardt, D'A.s Bedeutung für die Naturwissenschaften. In: Naturwiss. Wochenschrift. N. F. Bd 16, 1917, S. 641—644; Max Bense, Notizen zu den „Mélanges" d'A.s. In: Physikalische Blätter. Jg 13, 1957, S. 464—469; Ronald Grimsley, J. d'A. Oxford 1963 (mit Bibliographie).

D'Alembertsches Prinzip. Mit diesem Prinzip führte Jean le Rond d'Alembert 1743 in seinem Traité de dynamique die Bewegungslehre auf die Statik zurück. Das Problem, das er zu lösen suchte, beschrieb er in der Einleitung zum zweiten Teil dieses Werkes: „Die Körper beeinflussen sich bekanntlich gegenseitig nur auf dreierlei Weise: entweder durch unmittelbare Wirkung wie beim gewöhnlichen Stoß oder vermittels irgendwelcher dazwischenliegender Körper, an denen sie befestigt sind, oder schließlich durch eine gegenseitige Anziehungskraft, wie es im Newtonischen System die Sonne und die Planeten tun. Da die Wirkungen dieser letzteren Art genügend untersucht sind, werde ich mich darauf beschränken, die Bewegung von Körpern zu behandeln, die sich in beliebiger Weise stoßen, oder von solchen, die sich durch Fäden oder starre Stäbe anziehen." D'Alemberts Lösung bestand in einer Zerlegung der Gesamtheit der eingeprägten Kräfte in zwei Komponenten, von denen die eine (die Gesamtheit der verlorenen Kräfte) am System im Gleichgewicht sein muß und die andere (die Gesamtheit der Trägheitskräfte) die Bewegung des Systems beschreibt.

Quellen: Jean le Rond d'Alembert, Traité de dynamique. Paris 1921 (= Nachdruck der zweiten Auflage von 1758).

Literatur: René Dugas, Histoire de la mécanique. Neuchâtel 1950, S. 234—243; Georg Hamel, Theoretische Mechanik. Berlin 1967, S. 217—225.

U. H.

Alphateilchen. Ernest Rutherford beobachtete 1899, daß beim radioaktiven Zerfall von Uran zwei Strahlungstypen auftreten, die sich durch ihre verschiedene Absorbierbarkeit in Materie unterscheiden. Er nannte die kurzreichweitige Art α-Strahlen, die durchdringendere β-Strahlen. Die α-Strahlen wurden in den nächsten Jahren Rutherfords bevorzugter Forschungsgegenstand. 1903 wies er nach, daß aus ihrer Ablenkbarkeit in starken Magnetfeldern auf ihre positive Ladung geschlossen werden muß. Nachdem William Ramsay und Frederick Soddy 1903 gezeigt hatten, daß der radioaktive Zerfall von Radium mit der Bildung von Helium verbunden ist, versuchte Rutherford, Masse und Ladung der α-Teilchen direkt zu bestimmen. Es gelang ihm zunächst nur, aus der Ablenkung in elektrischen und magnetischen Feldern das Verhältnis dieser beiden Größen zu berechnen (1906). Erst nachdem Hans Geiger 1908 das Zählrohr entwickelt hatte, mit dem der Nachweis einzelner α-Teilchen möglich war, konnte Rutherford sowohl die Ladung als auch die Masse ermitteln. Es zeigte sich, daß die α-Teilchen in der

Tat zweifach positiv geladenen Heliumatomen entsprachen.

In den folgenden Jahren erwiesen sich die α-Teilchen als ausgezeichnete Sonden zur Erforschung des Atominnern. Im Jahre 1909 untersuchten Ernest Marsden und Hans Geiger die Winkelverteilung an dünnen Materieschichten gestreuter α-Teilchen und stellten eine unerwartet hohe Wahrscheinlichkeit für Streuungen unter großen Winkeln fest. Rutherford zeigte 1911, daß diese Beobachtung verstanden werden kann, wenn man annimmt, daß Ladung und Masse in einem Kern vereinigt sind, dessen Dimensionen gegenüber denen des Atoms verschwinden (Rutherfordsches Atommodell). Diese Vorstellung wurde zur Grundlage der Bohrschen Untersuchungen über Atombau und Spektren und damit zu einer der Wurzeln der modernen Quantentheorie.

α-Teilchen waren es auch, mit denen Rutherford die erste künstliche Atomumwandlung gelang: Bei der Bestrahlung von Stickstoff mit α-Teilchen erhielt er 1919 Protonen großer Reichweite. Derartige Untersuchungen waren schließlich der Ausgangspunkt für James Chadwicks Entdeckung des Neutrons 1932 und für die Entdeckung der künstlichen Radioaktivität durch Irène Curie und Frédéric Joliot im Jahr 1934. Der α-Zerfall war auch der Gegenstand der ersten kerntheoretischen Anwendung der neuentwickelten Quantentheorie: 1928 konnten George Gamow und unabhängig von diesem Edward Condon und Ronald Gurney den α-Zerfall als Tunneleffekt der den Coulombwall des Kerns durchsetzenden Heliumkerne deuten und damit die schon 1911 aufgestellte empirische Regel (Geiger-Nutallsches Gesetz) erklären, die die Zerfallskonstante mit der Reichweite der α-Teilchen in Beziehung setzt.

Quellen: The collected papers of Lord Rutherford of Nelson. London 1963 ff. William Ramsay u. Frederick Soddy, Experiments in radio-activity, and the production of helium from radium. In: Nature. Vol. 68, 1903, S. 354/5; Ernest Rutherford, The mass and velocity of the α-particles expelled from radium and actinium. In: Philosophical Magazine. Vol. 12, 1906, S. 348–371; Ernest Rutherford und Hans Geiger, The charge and nature of the α-particle. In: Proceedings of the Royal Society A. Vol. 81, 1908, S. 162–173; Ernest Rutherford, The scattering of α- and β-particles by matter and the structure of the atom. In: Philosophical Magazine. Vol. 21, 1911, S. 669 bis 688; ders., Collision of α-particles with light atoms. IV. An anomalous effect in nitrogen. In: Philosophical Magazine. Vol. 37, 1919, S. 581 bis 587; Ronald Gurney and Edward Condon, Wave mechanics and radioactive disintegration. In: Nature. Vol. 122, 1928, S. 439.

Literatur: John L. Heilbron, The scattering of α- and β-particles and Rutherford's atom. In: Archive for History of Exact Sciences. Vol. 4, 1967/68, S. 147–307. U. H.

Ampère, André Marie (* 20. Januar 1775 in Poleymieux bei Lyon, † 10. Juni 1836 in Marseille). A. war Physiklehrer in Bourg und Lyon, später Professor an der Ecole Polytechnique und am Collège de France, dann Generalinspekteur der französischen Universitäten. Drei Jahre nach Amedeo Avogadro kam er zu ähnlichen Ansichten über

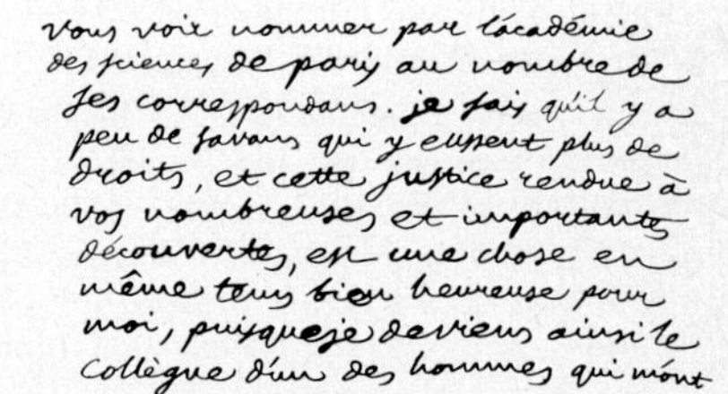

Vous voir nommer par l'académie des sciences de paris au nombre de ses correspondans. je sais qu'il y a peu de savans qui y eussent plus de droits, et cette justice rendue à vos nombreuses et importantes découvertes, est une chose en même tems bien heureuse pour moi, puisque je deviens ainsi le collègue d'un des hommes qui m'ont montré les sentimens d'un ami, et à qui je m'enorgueillis de pouvoir donner ce nom.

je vous prie de recevoir les assurances de cette amitié que je vous ai vouée et de la haute considération avec laquelle j'ai l'honneur d'être,

Monsieur,

votre très humble et très obéissant serviteur
A. ampère

monsieur faraday,
à londres.

Abb. 1. Brief Ampères an Faraday vom 23. September 1823

die idealen Gase wie dieser (gleiche Volumina enthalten unter gleichen Bedingungen dieselbe Zahl von Molekülen). 1820 wiederholte er Hans Christian Oersteds Versuche über die magnetische Wirkung galvanischer Ströme und stellte daraufhin innerhalb kurzer Zeit eine Theorie der elektrodynamischen Wechselwirkungen stromdurchflossener Leiter auf. Von ihm stammt die Schwimmerregel sowie die Erklärung des Magnetismus durch (die sog. Ampèreschen) Molekularströme. 1822 machte er gemeinsam mit Jacques Babinet den Vorschlag eines elektromagnetischen Telegraphen. Auch auf mathematischem Gebiet hat er Bedeutendes geleistet: Er lieferte Beiträge zur Theorie der partiellen Differentialgleichungen und zur Wahrscheinlichkeitstheorie. Seinen weitreichenden Interessen, die sich ebenso auf literarisches wie philosophisches Gebiet erstrecken, entsprach es, daß er 1834 ein umfangreiches zweibändiges Werk unter dem Titel „Essai sur la philosophie des sciences ou Exposition analytique d'une classification naturelle de toutes les connaissances humaines" herausgab. Ampère war ein Mann von ungewöhnlicher Sensibilität. Trotz seiner großen wissenschaftlichen Erfolge neigte er aufgrund widriger persönlicher Schicksale (früher Tod des Vaters und der ersten Frau) zu einer gewissen Melancholie. Dabei war er persönlich von größter Liebenswürdigkeit und Güte. Diese charakteristischen Züge spiegeln sich wider in seiner umfangreichen Korrespondenz und in seinen ausführlichen Tagebüchern.

Werke: Considérations sur la théorie mathématique du jeu. Lyon und Paris 1802; Essai sur la philosophie des sciences. Paris 1834; Journal et correspondance. Paris 1872; Correspondance du Grand Ampère. 3 Bde. Paris 1936–43; Brief ... über die Bestimmung d. Verhältnisse, in welchen sich die Körper nach der Zahl und der wechselseitigen Anordnung der Molekeln ... verbinden (= Ostwalds Klassiker. Nr 8). Leipzig 1889.

Literatur: François Arago, A. In: Franz Arago's sämmtliche Werke. Bd 2. Leipzig 1854, S. 3–94; Hans Schimank, A. M. A. In: Elektrotechnische Zeitschrift. Jg 57, 1936, S. 679–680; Célébration à Lyon du Centenaire de la mort d'A.-M. A. 1836–1936. 2 Tle. Lyon 1936; Louis de Broglie, A. M. A. In: Louis de Broglie, Die Elementarteilchen. Hamburg 1954, S. 245–269.

U. H.

Analogie. Aufgrund seines → Kontinuitätsprinzips glaubte Leibniz an eine Ordnung aller Dinge der Welt (ordo rerum, ordre des choses): „Viele Gegenstände erscheinen den Augen als gänzlich zusammenhangslos, die sich trotzdem in ihrem Inneren als vollständig gleichartig und einheitlich erweisen würden, wenn es gelänge, sie distinkt zu erkennen. Betrachtet man nur die äußere Gestalt von Parabeln, Ellipsen und Hyperbeln, so wäre man versucht zu glauben, daß eine ungeheure Kluft zwischen den verschiedenen Arten besteht. Wir wissen indes, daß sie in engster Verknüpfung miteinander stehen."

Wie die Kegelschnitte sollen nun nach Leibniz alle Dinge der Welt durch bestimmte Parameterwerte zu kennzeichnen sein und folglich bei stetiger Änderung dieser Werte sich stetig in ihren Eigenschaften ändern; so kommt man von einem Gegenstand zum anderen. Wie man nun z. B. an der Hyperbel gewonnene mathematische Aussagen auf die Parabel übertragen kann, so auch von einem beliebigen schon bekannten physikalischen Gegenstand auf einen anderen noch unbekannten („naturam cognosci per analogiam").

Die Methode des A.-Schlusses wurde von Leibniz nur vorsichtig angewandt, z. Z. der romantischen Naturphilosophie weit überzogen. Die „analogischen Schlüsse" verführten viele Physiker (so Johann Wilhelm Ritter) zu offenbar unsinnigen Zusammenfassungen.

Als „heuristisches Prinzip" wurde die Methode der Analogie immer wieder mit Erfolg verwendet. So konnten optische Phänomene durch A. mit der Akustik gefunden werden; atomare Effekte ließen sich verstehen durch Analogieschluß von den Planetengesetzen auf das Verhalten von Elektronen. – William Rowan Hamilton hatte Rechenmethoden der geometrischen Optik auf die Mechanik übertragen und Erwin Schrödinger stellte die „volle Analogie" zwischen Optik und Mechanik her und begründete so seine Wellenmechanik.

Quellen: Ernst Mach, Das Prinzip der Vergleichung in der Physik. In: Populär-wissenschaftliche Vorlesungen. Leipzig 1897, S. 258–281; ders., Ähnlichkeit und Analogie als Leitmotiv der Forschung. In: Erkenntnis und Irrtum. [4] Leipzig 1920, S. 220.

Literatur: Bernhard Sticker, Naturam cognosci per analogiam. Das Prinzip der Analogie in der Naturforschung bei Leibniz. In: Akten des internat. Leibniz-Kongresses. Bd 2. Wiesbaden 1969, S. 176–196; Ernst Hermann Hänssler, Zur Theorie der Analogie etc. Basel. Phil. Diss. 1927; Mary B. Hesse, Models and analogies in science. London 1963. D. H. Mellor, Models and analogies in science: Duhem versus Campbell. In: Isis. Vol. 59, 1968, S. 282–290.

Anderson, Carl David (* 3. September 1905 in New York City). Mit seinem akad. Lehrer Robert Andrews Millikan begann A. 1930 die Analyse der Höhenstrahlung mit Hilfe von Nebelkammern. Im September 1932 wurde die Entdeckung eines neuen Elementarteilchens, eines positiven Elektrons („Positrons") bekanntgegeben. Es entsteht jeweils gleichzeitig ein Elektron-Positron-Paar („Paarerzeugung"), was wie die entsprechende Paarvernichtung durch die Diracsche Löchertheorie erklärt werden konnte.

Literatur: Les Prix Nobel en 1936. Stockholm 1937.

Ångström, Anders Jonas (* 13. August 1814 in Lögdö, † 21. Juni 1874 in Uppsala). Å. studierte an der Universität Uppsala, wurde 1839 dort Privatdozent und 1858 Professor. Er befaßte sich intensiv mit den verschiedenen Emissionsspektren und stellte 1855 als erster die Frage, warum glühende Metalle kontinuierliche, Funken aber diskrete Spektren aussenden. Seine Erklärungsversuche sind Vorläufer der Spektralanalyse. 1853 teilte er mit, daß das Spektrum des elektrischen Funkens aus den Spektren des Elektrodenmetalls und des Gases, in dem der Funke überspringt, zusammengesetzt ist.

Å. beschäftigte sich viel mit der Spektroskopie der Sonnenstrahlung und stellte im Sonnenspektrum die Anwesenheit von Wasserstoff, Aluminium, Titan und anderen Elementen fest. Im Jahre 1868 veröffentlichte er einen umfangreichen Atlas des Solarspektrums. Er führte für die Wellenlängenmessungen die neue Einheit von 10^{-10} m ein, die heute seinen Namen trägt.

Werke: Recherches sur le spectre solaire. Uppsala 1868; Sur les spectres des gas simples. Ebd. 1871.

Literatur: A. J. Å. In: Svenskt Biografiskt Lexikon. Bd 10. Stockholm 1907, S. 704–709; Heinrich Kayser, Handbuch der Spectroscopie. Bd 2, Leipzig 1902. J. M.

Arago, Dominique François Jean (* 26. Februar 1786 in Estagel bei Perpignan, † 2. Oktober 1853 in Paris). Als hervorragender Zögling der Ecole Polytechnique in Paris wurde er mit 19 Jahren von Pierre Simon de Laplace an die Pariser Sternwarte gezogen und erhielt als Sekretär des Längenbüros 1806 den Auftrag, zusammen mit Jean Baptiste Biot die historische Gradmessung zur Festlegung des Metermaßes in Spanien fortzusetzen. Er geriet dabei 1806 in den Spanischen Aufstand gegen Napoleon und kehrte nach einer dramatischen Odyssee, die sich in der „Geschichte meiner Jugend" wie ein Abenteuerroman liest, erst im Juli 1809 zurück.

Mit 23 Jahren wurde er zum Mitglied der Pariser Akademie der Wissenschaften gewählt und Professor für analytische Geometrie und Geodäsie an der Ecole Polytechnique. 1811 entdeckte er die chromatische → Polarisation, 1812 die → Interferenz des polarisierten Lichtes.

Durch gemeinsame Interferenzversuche 1817/18 mit Augustin → Fresnel festigte er die Transversalwellen-Auffassung des Lichtes, wobei beide Forscher erkannten, daß senkrecht zueinander polarisierte Lichtstrahlen nicht interferieren.

1820 brachte er von der Genfer Naturforscherversammlung die Kunde von den aufsehenerregenden Versuchen Christian → Oersteds über die Wirkung des stromdurchflossenen Leiters auf die Magnetnadel nach Paris, wiederholte dort die Versuche und beobachtete dabei als erster, daß der elektrische Strom auch unmagnetisches Eisen magnetisieren kann. Der erste Vorschlag des Solenoids stammt indessen von André Marie Ampère, was A. selbst betont.

Eine Vielzahl astronomischer und geophysikalischer Arbeiten lassen ihn die Nachfolge von Pierre Simon de Laplace als Direktor der Pariser Sternwarte antreten, wo heute sein wissenschaftlicher Nachlaß aufbewahrt wird. Eine enge Freundschaft verband A. mit Alexander v. Humboldt, der in der Einleitung zu A.s Werken seinem Freunde ein literarisches Denkmal setzte. Über A.s wichtige Entdeckung des von ihm so benannten Rotationsmagnetismus, der heute in jeder Wirbelstrombremse angewandt wird, schreibt v. Humboldt: „Während Arago mit mir die magnetische Intensität mittels der Schwingungszahl einer Inklinationsnadel bestimmte, machte er allein [1822] die wichtige Bemerkung: daß eine in Unruhe versetzte Magnetnadel sich in der Nähe metallischer oder nichtmetallischer Substanzen in kürzerer Zeit beruhigt, als wenn sie von diesen entfernt ist".

A. erhärtete diese Beobachtung durch den sog. Aragoschen Versuch (1824), bei dem eine rotierende Kupferscheibe eine unter ihr aufgehängte Magnetnadel in Drehung versetzt, was jedoch erst durch das Induktionsgesetz von Michael Faraday zu erklären war. 1830 wurde A. ständiger Sekretär der Akademie und verfaßte als solcher meisterhafte Biographien und Gedenkreden über fast alle bedeutenden Naturwissenschaftler seiner Zeit.

Als überzeugter Republikaner nahm er an der Pariser Julirevolution teil, wurde Abgeordneter in der Kammer und 1848 Minister in der provisorischen Regierung. Die Sklaverei in den franz. Kolonien wurde auf sein Betreiben abgeschafft. Die Geradlinigkeit seines lauteren Charakters sowie sein hervorragendes Eintreten für die kommunale Technik und französische Industrie machten ihn volkstümlich. Durch seine jahrzehntelangen Vorträge über „populäre Astronomie" (4 Bände), die u. a. Humboldt und wahrscheinlich auch Auguste Comte hörten, verbreitete er anschaulich die Wissenschaft in weite Kreise. Léon Foucault ermöglichte er die erste Durchführung seiner Pendelversuche und schlug 1838 im Prinzip die sog. Foucaultsche Anordnung zur Messung der → Lichtgeschwindigkeit vor.

Werke: Les oeuvres de F. A. 17 Bde. Paris 1854–1862; Franz Arago's sämmtliche Werke. 16 Bde. Leipzig 1854–1860.

Literatur: Maurice Daumas, Arago. Paris 1943; Johannes Georgi, F. A. In: Physikal. Blätter. Jg 10, 1954, S. 408–412; Georges Petit und Jean Théodoridès, A. et Alexandre von Humboldt. Une amitié célèbre. In: Reflets du Roussillon. Nr 25, 1959, S. 37–39. L. v. M.

Arrhenius, Svante August (* 19. Februar 1859 auf Gut Vik bei Uppsala, † 2. Oktober 1927 in Stockholm). Als Svante Arrhenius 1883 der Schwedischen Akademie der Wissenschaften seine Arbeit über die Leitfähigkeit der Elektrolyte einreichte, hatte er den wichtigsten Grundstein zu einer Reihe glänzender Entdeckungen gelegt. Während jedoch seine Theorie, die er zur sog. elektrolytischen Dissoziationstheorie (1887) ausbaute, in Schweden zunächst kaum beachtet wurde, fand sie im Ausland sogleich starken Anklang.

Wilhelm Ostwald, der Wiederbegründer der physikalischen Chemie, kam 1884 eigens nach Uppsala, um mit A. über die neue Theorie zu sprechen. Noch im gleichen Jahr erhielt A. eine Dozentur für physikalische Chemie in Uppsala; 1876–1881 hatte er hier Mathematik, Chemie und Physik studiert. Von 1885 bis 1891 hielt er sich größtenteils im Ausland auf und arbeitete bei Ostwald in Riga und später auch in Leipzig, bei Kohlrausch in Würzburg, wo er Walther Nernst kennenlernte, bei Boltzmann in Graz sowie bei van't Hoff in Amsterdam. Seit 1891 an der Stockholmer Högskola tätig, wurde A. 1895 schließlich Professor der Physik und 1905 – nachdem er 1903 den Nobelpreis für

Chemie erhalten hatte – Direktor des Nobelinstituts für physikalische Chemie.

Als besonders fruchtbar erwies sich der Ansatz, der A. zur Definition eines Aktivitätskoeffizienten der Elektrolyte – später elektrolytischer Dissoziationsgrad genannt – führte. Ohne zunächst die Bezeichnung Dissoziation zu verwenden, sprach er von „aktiven" und „inaktiven" Molekülen, d. h. von Molekülen eines Salzes, die teilweise dissoziiert, teilweise undissoziiert in der Lösung vorhanden sind. Mit Hilfe der elektrischen Leitfähigkeit (Λ) ließ sich der Dissoziationsgrad (α) gemäß der Beziehung $\alpha = \Lambda / \Lambda_\infty$ (Λ_∞ äquivalente Leitfähigkeit bei unendlicher Verdünnung) quantitativ erfassen. Kaum entwickelt, erwies die Theorie bereits ihre fundamentale Bedeutung, so z. B. bei der Erweiterung des van't Hoffschen Gesetzes vom osmotischen Druck auf Elektrolyt-Lösungen oder bei den Arbeiten Nernsts über die elektromotorische Wirksamkeit der → Ionen.

Werke: Recherches sur la conductibilité galvanique des électrolytes. Stockholm 1884. Dt. in: Ostwalds Klassiker. Nr 160. Leipzig 1907; Versuch, die Dissoziation (Aktivitätskoeffizient) bei in Wasser gelösten Körpern zu berechnen. In: Zeitschrift für Physikal. Chemie. Bd 1, 1887, S. 631 bis 641; Text-book of electro-chemistry. New York 1902; Lehrbuch der kosmischen Physik. Leipzig 1903; Aus der Sturm- und Drangzeit der Lösungstheorien. In: Chemisch Weekblad. Bd 10, 1913, S. 584–599; Aus meiner Jugend. Leipzig 1913.

Literatur: Wilhelm Palmaer, A. In: Günther Bugge (Hrsg.), Das Buch der großen Chemiker. Bd 2. Nachdruck Weinheim 1965; E. H. Riesenfeld, S. A. Leipzig 1931; James Riddick Partington, A history of chemistry. Vol. IV. London 1964; Dick Haglund, S. A. och pamspermi-hypotesen. In: Lychnos. Jg 1967/68. S. 77–104. L. S.

Aston, Francis William (* 1. September 1877 in Harborne bei Birmingham, † 20. November 1945 in Cambridge). Als Assistent bei Joseph John Thomson entwickelte A. dessen „Parabelmethode" – die Ablenkung von Kanalstrahlen in elektrischen und magnetischen Feldern – weiter zur → Massenspektroskopie. Damit glückte A. vor allem die Auffindung von „isotopen" Atomsorten. Er erhielt den Nobelpreis für Chemie 1922.

Werke: Isotopes. London 1922 (spätere Aufl. unter dem Titel „Mass Spectra and Isotopes").

Literatur: Sir George Paget Thomson, F. W. A. In: Eduard Farber (Hrsg.), Great Chemists. New York und London 1961, S. 1455–1462.

Äther. Die antike Vorstellung einer quinta essentia, eines fünften nicht-irdischen Elements, wurde in die Naturwissenschaft der Neuzeit tradiert. Nach René Descartes ist jeglicher Raum mit Materie ausgefüllt, wobei er drei Arten unterschied. Die dem Ä. entsprechende „matière subtile" erfüllt mikroskopisch alle Zwischenräume und makroskopisch das Weltall; in ihr werden die Planeten durch Wirbel bewegt und das Licht breitet sich darin als Druck instantan aus (→ Lichtgeschwindigkeit).

Auch als man sich nach dem Vorbild von Newton immer mehr daran gewöhnte, die Gravitation als unerklärbare Eigenschaft der ponderablen Materie hinzunehmen, wurde es weiterhin als notwendig empfunden, die Lichtausbreitung durch den Weltenraum mechanisch aufzufassen. Man hielt es für selbstverständlich, daß ein materieller Träger vorhanden sein müsse. Die Optik wurde folglich im 18. und 19. Jh. als „Physik des Äthers" aufgefaßt und betrieben.

Nachdem sich Anfang des 19. Jh.s die Wellentheorie des Lichtes durchgesetzt und Augustin Jean Fresnel die Transversalität bewiesen hatte, schloß man auf die mechanischen Eigenschaften des Äthers: Der Äther mußte ein fester Körper sein, da nur in einem solchen transversale Torsionswellen auftreten können; überdies mußte er wegen der hohen Lichtgeschwindigkeit recht sonderbare Eigenschaften besitzen. Hendrik Antoon Lorentz zeigte, daß eine Erklärung der Lichtfortpflanzung auf dem Boden einer mechanischen Theorie unmöglich ist. Die Reflexion des Lichtes würde nämlich die Erfüllung von sechs Randbedingungen erfordern, was zur Folge hat, daß nach der Reflexion neben den Transversalwellen noch notwendig Longitudinalwellen auftreten müssen. Das ist aber ein Widerspruch, da nach den Arbeiten von Fresnel die Transversalität des Lichtes gesichert ist. Lorentz erkannte, daß demgegenüber eine zwanglose Erklärung mit der Maxwellschen Theorie gelingt (→ Elektrodynamik).

In der zweiten Hälfte des 19. Jh.s war eine vieldiskutierte Frage, ob der Ä. gegenüber den Bewegungen der ponderablen Materie absolut in Ruhe bleibt oder ganz oder teilweise mitgeführt wird (Fresnelscher Mitführungskoeffizient). Die seit 1881 von Albert Abraham Michelson und Mitarbeitern ausgeführten Experimente ergaben, daß kein irgendwie gearteter Einfluß der Bahngeschwindigkeit der Erde auf die Lichtgeschwindigkeit konstatiert werden konnte. Dieses unerwartete Resultat erhob Albert Einstein 1905 bei der Begründung der → Relativitätstheorie zum Prinzip. Mit dem Konzept des absoluten Raumes fiel damit auch die Vorstellung des Äthers.

Quellen: → Optik.

Literatur: Paul Ehrenfest, Zur Krise der Lichtäther-Hypothese. In: Collected scientific papers. Amsterdam 1959, S. 306–327; Edmund Whittaker, A history of the theories of aether and electricity. 2 Bde. London 1951/53; Mary B. Hesse, Forces and fields. London 1961; Léon Rosenfeld, Newton's view on aether and gravitation. In: Archive for History of Exact Sciences. Vol. 6, 1969, S. 29–37; E. J. Aiton, Newton's aether-stream hypothesis etc. In: Annals of Science. Vol. 25, 1969, S. 255–260.

Atom. Das gedankliche Urbild für die Atomistik der Neuzeit entstammt der Antike und ist mit dem Namen griechischer Naturphilosophen vor Sokrates, besonders mit denen Leukipps und Demokrits (5. Jh. v. Chr.), verbunden. Sie befaßten sich vorwiegend mit der Frage nach der eigentlichen Natur der Materie und lehrten, daß alles Seiende aus verschiedenen, unteilbaren, kleinsten Bausteinen (Atomen) bestehe. Die trotz der teilweise heftigen Bekämpfung vor allem durch die Schriften Epikurs und Lukrez' tradierte Atomvorstellung wurde im 17. Jh. von einigen Naturforschern aufgenommen und propagiert (Sebstian Basso, Daniel Sennert, Joachim Jungius). Pierre Gassendi schrieb den einzelnen Atomen eine unzerstörliche Bewegung zu (die zwar durch Hindernisse gehemmt werden könne, aber nach Beseitigung wieder voll zum Vorschein komme).

Gegen den Atomismus stand der Plenismus, der durch René Descartes großen Einfluß gewann. Danach ist der Raum kontinuierlich und vollständig mit Materie gefüllt, ja Materie und der von ihr eingenommene Raum sind geradezu identisch. Diese Auffassung konnte auch nach der Entdeckung des (bisher vielfach sogar als Möglichkeit geleugneten) Vakuums nicht erschüttert werden, weil die Lichtausbreitung durch den Weltenraum die Annahme des → Äthers, eines sehr feinen und leichten Stoffes, (scheinbar) notwendig machte.

Newton vertrat (trotz seines „hypotheses non fingo") einen entschiedenen Atomismus und stellte sich richtig vor, daß die zwischen den kleinsten Teilchen wirkenden anziehenden Kräfte nicht dem aus seiner Gravitationstheorie bekannten, sondern einem anderen Potenzgesetz genügen: „Particles attract one another by some Force, which in immediate Contact is exceeding strong, at small distances performs the chymical Operations ..., and reaches not far from the Particles with any sensible Effect."

Um den Satz von der Erhaltung der → Energie auch für unelastische Stöße aufrechterhalten zu können, nahmen Leibniz, Daniel Bernoulli, Jakob Hermann und sogar G.-E. du Châtelet an, daß die Wärme als Bewegung der kleinsten Teilchen aufzufassen sei. Daniel Bernoulli gelang es mit dieser Auffassung sogar 1738 die kinetische Gastheorie zu begründen und das Boyle-Mariottesche Gesetz (genauer durch Berücksichtigung des Eigenvolumens der Atome eine Art van der Waalssches Gesetz) abzuleiten. Da aber die Bernoullis, Euler u. a. den Atomen die Fähigkeit absprachen, Newtonsche Kraftwirkungen untereinander ausüben zu können, vielmehr alles (fast wie Descartes) auf Druck und

Stoß der Atome bzw. des Äthers zurückführen wollten, konnte sich keine klare Modellvorstellung ausbilden.

Es hatte kaum Aufmerksamkeit gefunden, daß durch Daniel Bernoulli bereits 1738 eine Verbindung zwischen quantitativ verifizierter Naturwirklichkeit und der Atomvorstellung hergestellt worden war. Immerhin war an der Wende des 18. zum 19. Jh. der Atomismus weitgehend akzeptiert, daß man sogar allgemein von dem „atomistischen System der Physik" sprach im Gegensatz zum System des → Dynamismus. John Dalton, der als eigentlicher Begründer der naturwissenschaftlichen Atomistik gilt, behandelte folglich die Atomvorstellung als eine Selbstverständlichkeit und nahm als neu nur in Anspruch die Ermittlung der (relativen) Atomgewichte.

Die Daltonsche Erklärung der Gesetze der konstanten und multiplen Proportionen stellte zum ersten Mal eine Verknüpfung der Atomvorstellung mit der handgreiflichen Erfahrung dar, die in das allgemeine Bewußtsein eindrang. Wenn man beispielsweise beobachtete, daß sich zwei Gramm Wasserstoff immer genau mit 16 Gramm Sauerstoff zu Wasser vereinigen, schienen die Atome unmittelbar die Knallgasreaktion zu leiten. Für die Chemie war damit das sichere Fundament geschaffen. Die Atomistik wurde ebenso wie für unsere Naturerkenntnis auch für die praktische Chemie zu einem neuen Ausgangspunkt; wollte man etwa einen neuen Stoff herstellen, besaß man nun den rechnerischen Überblick, welche Mengen anderer Stoffe man aufzuwenden hatte: Das Atom wurde gleichsam zum Rechenpfennig der Chemie. Die bisherige Versuchsgenauigkeit war jedoch noch völlig unzureichend. Erst Jöns Jacob Berzelius unternahm von 1814 an auf breitester Grundlage eine experimentelle Prüfung, indem er, mit einer damals unerhörten Sorgfalt, bei einer sehr großen Anzahl von Verbindungen die Äquivalentgewichte bestimmte. Er schrieb vor, sich nie auf das Resultat einer einzigen Analyse zu verlassen, sondern bei demselben Stoff mindestens zwei verschiedene analytische Methoden und drei verschiedene Bereitungsarten anzuwenden. Berzelius bestätigte das Gesetz der konstanten Proportionen und entschied damit den berühmten Streit zwischen Joseph-Louis Proust und Claude Berthollet, und ebenso bestätigte er das Gesetz der multiplen Proportionen. Dieses Gesetz ist keine notwendige Folgerung aus der Atomhypothese; vielmehr weist es darüber hinaus auf einen besonders einfachen Bau der Moleküle hin.

Das Gay-Lussac-Humboldtsche Gasvolumengesetz demonstrierte noch deutlicher als das Gesetz der konstanten und multiplen Proportionen das Wirken ganzer Zahlen; es forderte eine Erklärung durch die Atomtheorie geradezu heraus. So vertraten auch Dalton und Berzelius ursprünglich die Ansicht, daß in jedem Volumenteil gleich viele „Atome" vorhanden seien. Beim Zerfall des Ammoniaks etwa entstehen aber aus zwei Litern Ammoniakgas ein Liter Stickstoffgas und drei Liter Wasserstoffgas. Also würden aus **zwei** „Atomen" NH_3 nur ein Atom Stickstoff und drei Atome Wasserstoff entstehen. Dieser Widerspruch nötigte sie, ihre Hypothese fallen zu lassen. Avogadro zeigte 1811, daß durch eine um weniges über die alte Dalton-Berzeliussche Annahme hinausgehende Hypothese eine Erklärung des Gasvolumengesetzes möglich ist: In gleichen Volumteilen sind gleich viele molécules intégrantes („Moleküle") enthalten; diese sind aus mehreren molécules élémentaires („Atomen") zusammengesetzt. Während etwa noch Dalton für die Zusammensetzung des Ammoniaks NH angenommen hatte, fand Avogadro richtig, „daß eine Molekel Stickstoff sich mit drei Molekeln Wasserstoff vereinigt". Dalton wie Berzelius widersetzten sich aber der Avogadroschen Hypothese.

In der Folge entwickelten sich so nebeneinander eine Reihe von einander widersprechenden atomistischen Formelsystemen, was zur Verwirrung beitrug und zur prinzipiellen Skepsis an der Atomistik. Erst Ladislao Cannizzaro war es vergönnt, zu einer vollkommenen begrifflichen Klärung zwischen Atomgewicht und Äquivalentgewicht und zwischen

Atom und Molekül zu gelangen, die im Anschluß an die berühmte Karlsruher Chemikertagung 1860, 50 Jahre nach der Hypothese von Avogadro, tatsächlich Eingang in die Wissenschaft fand. „Es fiel mir wie Schuppen von den Augen, die Zweifel schwanden, und das Gefühl ruhigster Sicherheit trat an ihre Stelle", sagte Lothar Meyer.

Kurz vorher (1856 und 1857) hatten August Karl Krönig und Rudolf Clausius nach dem vergessenen Ansatz von Daniel Bernoulli die kinetische Gastheorie neu begründet, die vor allem von James Clerk Maxwell und Ludwig Boltzmann mathematisch ausgestaltet wurde. Für Maxwell war die Tatsache, daß man mit der Atomistik auf **zwei** so verschiedenen Gebieten wie der Chemie und der Gastheorie die experimentellen Befunde derart gut erfassen konnte, ein Beweis für die reale Existenz der Atome. In einer großen Rede vor der British Association for the Advancement of Science bezeichnete Maxwell 1870 die Atome als absolut unveränderliche Gegebenheiten und leitete daraus die Forderung nach atomaren Standards für Länge, Zeit und Gewicht ab.

Gegen die Atomistik erhoben sich in der zweiten Hälfte des 19. Jh.s erneut zahlreiche Einwände. Die Positivisten unter Führung von Ernst Mach und Wilhelm Ostwald nannten die Atome Gedankendinge, denen keine reale Bedeutung zukomme. Max Planck glaubte, aus der kinetischen Gastheorie und den Gesetzen der klassischen Mechanik einen Widerspruch zum zweiten Hauptsatz folgern zu können und ließ noch 1896 in den Annalen der Physik durch seinen Assistenten Ernst Zermelo eine Polemik mit Ludwig Boltzmann führen.

Die Entwicklung ging über diese Einwände hinweg. Aus der Gastheorie schloß Josef Loschmidt 1865 auf die absolute Größe der Moleküle, während bei der experimentellen Untersuchung der Elektrizitätsleitung in Elektrolyten und noch mehr in Gasen der atomistische Charakter der Elektrizität immer deutlicher hervortrat (→ Elektron).

Im Jahre 1905 lieferte Albert Einstein in seiner Theorie der Brownschen Bewegung auf rein klassischer Grundlage einen direkten und abschließenden Beweis für die atomistische Struktur der Materie. In Flüssigkeiten suspendierte Teilchen von mikroskopisch sichtbarer Größe führen infolge der Molekularbewegung der Wärme Schwankungen aus, die mit dem Mikroskop nachgewiesen werden können. Für die Verschiebung, die diese Teilchen erleiden, leitete Einstein einen Ausdruck ab, der vor allem von Perrin experimentell bestätigt werden konnte. Mit abnehmender Teilchengröße wächst die Verschiebung an, die Extrapolation auf die Molekülgröße liefert die Wärmebewegung der Moleküle. Die Extrapolation zeigt, daß das unsichtbare Molekül ebenso reale Existenz hat wie das im Mikroskop zu beobachtende suspendierte Teilchen.

Quelle: H. A. Boorse und Lloyd Motz (Hrsg.), The world of the atom. 2 Bde. London und New York 1966.

Literatur: Kurd Laßwitz, Geschichte der Atomistik. 2 Bde. Hamburg und Leipzig 1890; Fritz Lieben, Vorstellungen vom Aufbau der Materie im Wandel der Zeiten. Wien 1953; Andreas G. M. van Melsen, Atom gestern und heute. Freiburg 1957; Walther Gerlach, Die Atomistik. In: Propyläen Weltgeschichte. Bd 8. Berlin etc. 1960, S. 255–258; W. V. Farrar, Nineteenth-Century speculations on the complexity of the chemical elements. In: British Journal for the History of Science. Vol. 2, 1965, S. 297–323; Arnold W. Thackray, The origin of Dalton's chemical atomic theory etc. In: Isis. Vol. 57, 1966, S. 35–55; David M. Knight, Atoms and elements. London 1967; John Lewis Heilbron, A history of the problem of atomic structure from the discovery of the electron to the beginning of quantum mechanics. University of California. Phil. Diss. (Mikrokopie). Ann Arbor 1967; Seymour H. Mauskopf, The atomic structural theories of Ampère and Gaudin. In: Isis, Vol. 60, 1970, S. 61 bis 74; William R. Shea, Galileo's atomic hypothesis. In: Ambix. Vol. 17, 1970, S. 13–27.

Atomenergie. Die Untersuchung des radioaktiven Zerfalls zeigte früh, daß die dabei auftretende Strahlung ungewöhnlich energiereich ist (Größenordnung: 10^6 eV). Wie Albert Einstein 1905 aus seiner Speziellen Relativitätstheorie folgerte, muß der Energieinhalt eines Körpers seiner trägen Masse proportional sein ($E=mc^2$). Da die bei chemischen Prozessen umgesetzten Energien zu klein sind, um sich in einer meßbaren Änderung der wägbaren Masse bemerkbar zu machen, öffnete die Messung der bei Kernprozessen beteiligten Massen und Energien den Weg zur Prüfung der Einsteinschen → Energie-Masse-Äquivalenz. Den ersten Nachweis ihrer Richtigkeit erbrachten Mitte der zwanziger Jahre Ernest Rutherford und seine Schüler. Seitdem ist dieses Ergebnis durch die Kernphysik vielfach bestätigt worden. Die bei Kernprozessen freiwerdenden oder aufzuwendenden Energien sind der Ausdruck der enormen Kräfte, welche die Kernbausteine gegen ihre elektrostatischen Abstoßungskräfte zusammenhalten. Sie sind, wie Hans Bethe und Carl Friedrich von Weizsäcker 1938/39 zeigten, die Quelle der Fixsternstrahlung. Ihrer Nutzbarmachung für technische Zwecke dienen die Atomreaktoren, deren ersten Enrico Fermi 1941 baute, und die modernen Bemühungen um die Kernfusion.

Literatur: Frederick Soddy, The story of atomic energy. London 1949; Arthur Holly Compton, Entstehung und Zukunft der Atomkraft. In: Röntgenblätter. Jg 8, 1955, S. 235–246; Lise Meitner, Wege und Irrwege zur Kernenergie. In: Naturwiss. Rundschau. Jg 16, 1963, S. 167–169; Robert Gerwin, Atomenergie in Deutschland. Düsseldorf 1964; Alexander Friedrich Marfeld, Atomenergie in Krieg und Frieden. Berlin 1966.

U. H.

Atomkern. 1906 fand Ernest Rutherford, daß ein schmales Bündel von Alphateilchen, deren Ablenkung in magnetischen und elektrischen Feldern ihm während einiger Jahre Schwierigkeiten gemacht hatte und erst 1903 gelungen war, durch ein dünne Folie eine Verbreiterung um wenige Grad erfährt. Er deutete diese Erscheinung als klaren Hinweis auf die elektrische Natur der Materie. Im Frühjahr 1909 regte er seinen Schüler Ernest Marsden zur Untersuchung der Frage an, ob Alphateilchen von festen Metallflächen reflektiert werden können. Zu seiner Überraschung fand Marsden zusammen mit Hans Geiger diesen Effekt, der Rutherford zeigte, daß in den Atomen außerordentlich starke Kräfte wirken müssen. Ende 1910 nahm er zur Erklärung der Versuchsergebnisse an, daß das ablenkende Kraftzentrum eine punktförmige, mit der Gesamtmasse des Atoms ausgestattete Ladung sei, welche die Alphateilchen gemäß dem Coulombschen Gesetz ablenkt. In der Vorankündigung dieser Entdeckung im März 1911 tritt bereits die berühmte Rutherfordsche Streuformel (mit dem Term $\frac{1}{\sin^4 \vartheta/2}$; ϑ: Streuwinkel) auf. Die ausführliche Begründung vom Mai 1911 brachte außer einer Abschätzung der oberen Grenze des Kernradius ($< 10^{-12}$ cm) auch eine Erklärung des von Marsden beobachteten Gangs des Streuquerschnitts mit $A^{3/2}$ (A: Atomgewicht der Foliensubstanz). Die Entdeckung des Atomkerns lieferte zusammen mit Plancks Quantenhypothese Niels Bohr 1913 die Voraussetzung für seine Theorie des Atombaus.

Quellen: The collected papers of Lord Rutherford of Nelson. London 1963. Darin besonders: Retardation of the α particle from radium in passing through matter. Vol. 1, S. 867; The scattering of the α and β rays and the structure of the atom. Vol. 2, S. 212 f.; The scattering of the α and β particles and the structure of the atom. Vol. 2, S. 238–254; Hans Geiger u. Ernest Marsden, On a diffuse reflection of the α particles. In: Proceedings of the Royal Society. Bd A 82, 1909, S. 459–500, wiederabgedruckt in: J. B. Birks (Hrsg.), Rutherford at Manchester. Manchester 1962; Ernest Rutherford. Über die Kernstruktur der Atome. Leipzig 1921.

Literatur: Alfred Steward Eve, Rutherford. Cambridge 1939, S. 187–211; Ernest Marsden, Rutherford memorial lecture 1949. In: Rutherford by those who knew him. London 1954; Werner Braunbek, Forscher erschüttern die Welt. Das Drama des Atomkerns. Stuttgart 1957; Horst Melcher, Über die historische Entwicklung der Kernphysik. In: Wissenschaftliche Zeitschrift der

Pädagogischen Hochschule Potsdam. Math.-nat. Reihe, Bd 6, 1960, S. 49–57; J. Hans D. Jensen, Zur Geschichte der Theorie des Atomkerns. In: Les Prix Nobel en 1963. Stockholm 1964, S. 153 bis 164. Und in: Angewandte Chemie. Jg 76, 1964, S. 69–75. U. H.

Aufklärung. Im 18. Jh., dem Jh. der A., wurde die Verbreitung wissenschaftlicher Kenntnisse als wichtige Aufgabe angesehen; ganz im Sinne des Rationalismus meinte man, wie z. B. Denis Diderot, daß die Menschen, „indem sie besser unterrichtet werden, auch tugendhafter und glücklicher werden".

Voltaire, der große Philosoph der Aufklärung, verfaßte das Werk „Eléments de la Philosophie de Newton" (1738), in dem er vor allem die astronomischen und optischen Entdeckungen Newtons in Frankreich popularisierte. Die Geliebte Voltaires, die Marquise Gabrielle-Emilie du Châtelet, eine der gebildetsten und intelligentesten Frauen ihres Jh.s, publizierte 1740 ein vielgelesenes Lehrbuch der Physik, die „Institutions de physique", ursprünglich für ihren damals 13jährigen Sohn verfaßt. 1759 erschien (posthum) ihre französische Übersetzung (mit Kommentar) von Newtons Principia. Dem Anliegen, die Wissenschaft für eine größere Öffentlichkeit zu erschließen, dienten auch die „Briefe an eine deutsche Prinzessin" von Leonhard Euler (franz. 1768/72, dt. 1792/94) und „Newtons Welt-Wissenschaft für das Frauenzimmer" von Francesco Algarotti (ital. 1738, dt. 1745).

Während im 18. Jh. also auch ein gewisses Maß an naturwissenschaftlichen Kenntnissen zur Bildung gehörte, verengte sich im Laufe des 19. Jh.s das Bildungsideal mehr auf die geisteswissenschaftlich-musischen Fächer. Neben den wissenschaftsimmanenten Faktoren, wie die rasch steigende Zahl der empirischen Kenntnisse (Spezialisierung) und die zunehmenden mathematischen Schwierigkeiten, bewirkten Neuhumanismus und romantische Naturphilosophie eine Aufspaltung in die „beiden Kulturen". Dennoch bemühten sich auch im 19. Jh. eine Reihe von großen Naturforschern erfolgreich um die Vermittlung neuer Erkenntnisse an breitere Volksschichten. Nach Alexander von Humboldt wirkten erfolgreich Justus von Liebig, Emil Du Bois-Reymond, Hermann von Helmholtz, Ernst Haeckel u. a.

Literatur: Friedrich Klemm, Die Physik im Zeitalter der Aufklärung. In: Die BASF. Jg 8, 1958, S. 99–108; ders., Die Rolle der Technik in der Aufklärung. In: Wissenschaft, Wirtschaft und Technik (= Festschrift Wilhelm Treue). München 1969, S. 318–330; Hans Schimank, Stand und Entwicklung der Naturwissenschaften im Zeitalter der Aufklärung. In: Lessing und die Zeit der Aufklärung. Göttingen 1968, S. 30–76.

Avogadro, Amedeo (* 9. August 1776 in Turin, † 9. Juli 1856 ebd.). A., Graf von Quaregna und Cerreto, legte 1796 sein Doktorexamen im kanonischen Recht ab und war dann mehrere Jahre als Anwalt tätig. Mehr und mehr zu den Naturwissenschaften hingezogen, ging er nach deren Studium und einer ersten physikalischen Abhandlung (1803) schließlich ganz zu ihnen über: er wurde Repetitor, dann Physiklehrer am Vercelligymnasium in Turin, später Professor der höheren Physik an der dortigen Universität. 1811 veröffentlichte A. seine berühmte Schrift über den „Versuch einer Methode, die relativen Massen der Elementarmoleküle der Stoffe aus dem Verhältnis, in dem sie in Verbindung eintreten, zu bestimmen". Hierin stellte A. auf der Grundlage der Arbeiten Gay-Lussacs über das Volumenverhältnis bei Gasumsetzungen (1805) und den Ausdehnungskoeffizienten der Gase (1810) die Hypothese auf, daß die elementaren Gase zweiatomig sind und daß bei gleicher Temperatur und gleichem Druck gleiche Volumina verschiedener Gase dieselbe Anzahl Moleküle enthalten („Avogadrosche Regel"). A.s Gasbegriff – in vielem der späteren kinetischen Gastheorie ähnlich –, seine klare Unterscheidung zwischen Molekülen und Atomen, erwies sich für die Ermittlung der Zusammensetzung chemischer Verbindungen als sehr wertvoll.

Zu den gleichen Ergebnissen wie A. kam André Marie Ampère. Jedoch erst als sich ein halbes Jahrhundert später Stanislao Cannizzaro, ein Schüler A.s, auf dem Chemikerkongreß in Karlsruhe (1860) für eine Atomgewichtsbestimmung mit Hilfe der Avogadroschen Regel einsetzte, fand diese wichtige Theorie zunehmend Beachtung.

Werke: Fisica de'corpi ponderabili. 4 Bde. Turin 1837–41; Die Grundlagen der Molekulartheorie (= Ostwalds Klassiker. Nr 8). Leipzig 1889; Icilio Guareschi (Hrsg.), Opere scelte di A. A. Turin 1911.

Literatur: Hermann Kopp, Die Entwicklung der Chemie in der neueren Zeit. München 1873 (Nachdruck Hildesheim 1966); Icilio Guareschi, A. A. und die Molekulartheorie. Dt. von Otto Merckens. Leipzig 1903; Cyril Hinshelwood und Linus Pauling, A. A. In: Science. Vol. 124, 1956, S. 708–713; N. G. Coley, The physico-chemical studies of A. A. In: Annals of Science. Vol. 20, 1964, S. 195–210. L. S.

Avogadrosche Zahl. Bereits 1811 hatte Avogadro in der nach ihm benannten Regel formuliert, daß die Zahl der Gasmoleküle pro Volumeneinheit bei gleichem Druck und gleicher Temperatur unabhängig von der Art des Gases sei. Es dauerte allerdings noch über fünfzig Jahre, ehe diese wichtige Zahl (Naturkonstante) erstmals angenähert berechnet wurde. Erst nachdem kurz nach der Jahrhundertmitte von Rudolf Clausius, August Krönig, James Clerk Maxwell u. a. die kinetische Theorie der Gase entwickelt worden war, trat die Frage nach der Größe des Raumes auf, den ein Gasmolekül – entsprechend seinem von Druck und Temperatur abhängigen Bewegungszustand – im Molekülaggregat einnimmt.

Der Physiker Josef Loschmidt in Wien berechnete 1865 diesen Raum, woraus folgt, daß bei null Grad Celsius und Normaldruck in einem Kubikzentimeter Stickstoff ungefähr 100 Trillionen (10^{20}) Moleküle enthalten sind. Lothar Meyer und später George Johnstone Stoney konnten die Zahl bestätigen. Unabhängig von Loschmidt kam William Thomson (Lord Kelvin) in seiner Arbeit über die „Größe der Atome" (1885) zu einem ähnlichen Resultat.

Heute wird im deutschen Schrifttum die auf das Volumen (1 cm^3) bezogene Molekelzahl idealer Gase bei Normzustand ($n = 2{,}687 \cdot 10^{19}$) mit dem Namen Avogadros verknüpft, die allgemeinere, auf die Masse eines Gramm-Moleküls (1 mol) bezogene Zahl zu Ehren Loschmidts als Loschmidtsche Zahl ($L = 6{,}025 \cdot 10^{23}$ nach der physikalischen Atomgewichtsskala) bezeichnet. Im englischen Schrifttum ist die Bezeichnung umgekehrt. Beide Zahlen bzw. die entsprechenden dimensionsbehafteten Konstanten sind über das Molnormvolumen der idealen Gase miteinander verknüpft.

Literatur: Ludwig Boltzmann, Vorlesungen über Gastheorie. 2 Bde. Leipzig 1895/98; ders., Populäre Schriften. Leipzig 1905, S. 240–245.
L. S.

B

Baader, Franz Xaver von (* 27. März 1765 in München, † 23. Mai 1841 ebd.). Mit 16 Jahren begann B. das Studium der Medizin in Ingolstadt, setzte es 1783 in Wien fort und promovierte 1785. In seiner Dissertation „Vom Wärmestoff" unternahm der junge „Selbstdenker" den Versuch, das rosenkreuzerische Urstoffproblem und die alte Elementenlehre mit den naturwissenschaftlichen Erkenntnissen seiner Zeit zu durchdringen. Johann Gottfried Herders philosophische Ideen gaben der Arbeit den Charakter einer qualitativen Naturerkenntnis, die als „Flugsame“ im Kreise der Jenaer Romantik (→ Naturphilosophie) aufging. Die stoffliche Auffassung der Wärme hat B. später als „Jugendsünde“ zurückgenommen (wesentliche Teile dieser Arbeit wirkten aber als Ferment in seiner Naturphilosophie weiter). Bei seiner dynamistischen Naturauffassung zielten einige Gedanken auf das Energieprinzip, u. a. sprach er 1823 von der Wärme als „einer Wesen aufhebenden und Wesen setzenden Macht“, die „selber kein Wesen, sondern **Kraft** und Geist ist ...“.

Den ärztlichen Beruf hat B. nicht ausgeübt. Nach einer Praktikantenausbildung in den Gruben, Hütten und Eisenwerken Bayerns studierte er von 1788 bis 1792 in Freiberg Bergwissenschaften. Alfred Werner war sein Lehrer, Alexander von Humboldt sein Mitschüler. Für vier Jahre ging B. dann 1792 nach England, um den englischen Berg- und Maschinenbau kennenzulernen. Tief erschüttert erlebte er die Auswirkungen der ersten Industrialisierung Englands. Kritisch studierte B. Kant und Newton, worüber die noch unveröffentlichten englischen Tage- und Studienbücher Aufschluß geben. Hier spielte der Begriff der Flächenkräfte eine interessante Rolle. B. wollte sie als nichtmechanische, den Zentralkräften polar entgegenstehende Kräfte verstehen, zu denen z. B. Gravitation, Elektrizität, Licht und Wärme gehören sollten.

Nach der Rückkehr aus England erreichte B. in kurzer Zeit die geachtete Stellung eines bayerischen Oberstbergrates (1807) und erhielt für seine Verdienste im Berg- und Hüttenwesen die Ritterwürde der bayerischen Krone. Ihm gehörte eine Tafelglasfabrik, in der er erfolgreiche Versuche zur Verbesserung technischer Herstellungsverfahren durchführte. Seinem weitreichenden Einfluß war es zu verdanken, daß Wissenschaftler wie Johann Wilhelm Ritter, Gotthilf Heinrich Schubert u. a. nach Bayern berufen wurden und daß es zur (zwar nur kurzen) Blüte einer wissenschaftlichen Romantik in München kommen konnte. Seine 1813 gehaltene Rede „Über die Begründung der Ethik durch die Physik“ brachte das (mit dem Denken des 20. Jh.s nur mehr schwer faßbare) Anliegen dieser Männer deutlich zum Ausdruck.

Werke: Sämtliche Werke. 16 Bde. Hrsg. von Franz Hoffmann. Leipzig 1851–1860. Neudruck Aalen 1963; Lettres inédites. Hrsg. von Eugène Susini. 4 Bde. Paris und Wien 1942–1967; Über die Begründung der Ethik durch die Physik etc. (= Denken-Schauen-Sinnen. Nr 40/41). Stuttgart 1969.

Literatur: David Baumgarth, F. v. B. und die philosophische Romantik. Halle 1927; Hans Graßl, Aufbruch zur Romantik. Bayerns Beitrag zur deutschen Geistesgeschichte 1765–1785. München 1968; Sebastian Helberger-Frobenius, Macht und Gewalt in der Philosophie F. v. B.s. Bonn 1969; Kurt Poppe, F. v. B. etc. In: Die Drei. Jg 1961, S. 146–162, Jg 1964, S. 313–340.

Kurt Poppe

Bacon, Francis (* 22. Januar 1561 in London, † 9. April 1626 in Highgate). F. B. of Verulam betätigte sich mit Ehrgeiz in Politik und Philosophie. 1618 Lordkanzler, wurde er 1621 infolge seiner Bestechlichkeit entlassen und verurteilt. In der Wissenschaft vertrat er einen einseitigen Empirismus. Die von ihm vorgeschlagene Methode zur Erkenntnisgewinnung (Drei-Listen-Verfahren) war als solche unbrauchbar. Er übersah die Notwendigkeit einer rationalen Analyse und Wertung der empirischen Daten. Aus den erfahrungsmäßig gewonnenen Einblicken in die Naturzusammenhänge ergibt sich nach Bacon die Möglichkeit, die Natur zu beherrschen („Wissen ist Macht“).

Bedeutsam wurde dagegen B.s Eintreten nicht nur für die bloße Naturbeobachtung (die schon die Aristotelische Physik kannte), sondern auch, was neu war, für das → Experiment: „Wie im gewöhnlichen Leben die Denkungsart und Gemütsbeschaffenheit eines Menschen leichter sich verrät, wenn er in Leidenschaft geraten ist, so enthüllen sich auch die Verborgenheiten der Natur besser unter den Eingriffen der Kunst, als wenn man sie in ihrem Gange ungestört läßt."

In seinem Werk Nova Atlantis entwarf Bacon 1627 im „Haus Salomos" das Ideal einer Gemeinschaft von Forschern. Die 1662 gegründete Royal Society in London betrachtete und verehrte, z. T. zu Unrecht, Bacon als den geistigen Stammvater der neuen Experimentalwissenschaft.

Werke: F. B., Novum Organum. Dt. von Anton Brück. Leipzig 1830 (Nachdruck Darmstadt 1962); F. B., New Atlantis. In: Works. Vol. 1. London 1778.

Literatur: J. C. Growther, F. B. The first statesman of science. London 1960; Paolo Rossi, F. B. From magic to science. London 1968; Gustav Lebzeltern, F. B. in der Kontroverse: Liebig-Sigwart. In: Studium gernerale. Jg 17, 1964, S. 706–714; P. Kossfeld, F. B. und die Entwicklung der naturwiss. Methode. In: Philosophia naturalis. Bd 4, 1957, S. 140–150; Rexmond C. Cochrane, F. B. and the rise of the mechanical arts in the eighteenth-century England. In: Annals of Science. Vol. 12, 1956, S. 137–156.

Balmer, Johann Jakob (* 1. Mai 1825 in Lausen im Baselland, † 12. März 1898 in Basel). Der zeichnerisch und musikalisch Hochbegabte begnügte sich zeitlebens mit der Wirksamkeit als Schreib- und Rechenlehrer an der unteren Töchterschule in Basel. Daneben freute er sich an den wenigen Schülern, die er 1865 bis 1890 als Privatdozent für darstellende Geometrie in sein Lieblingsfach einführen durfte. Er war ein Philosoph in stiller Gelehrtenstube. Architektonisches Zeichnen war ihm Bedürfnis; sein frommer Sinn ließ ihn die biblischen Tempel, aber auch Arbeiterwohnungen entwerfen, und auf der gleichen Grundlage beruhte die Entdeckung seiner Formel für die Spektrallinien des Wasserstoffs (1884).

Ångström hatte 1866 die Wellenlängen der ersten vier Wasserstofflinien bestimmt, die sich nach der violetten Seite in dichterer Folge nähern. B. fand dazu eine kurzwellige Grundzahl, die, mit gesetzmäßig wachsenden Brüchen multipliziert, die Wellenlänge der bekannten und noch weiterer Wasserstofflinien ergab. (Niels Bohr führte die Formel 1913 auf zwei einfache Postulate zurück.) Kurz vor seinem Tode konnte B. seinen Ansatz für die Spektren anderer Elemente erweitern.

Werke: Die freie Perspektive. Braunschweig 1887; Notiz über die Spektrallinien des Wasserstoffs. In: Annalen der Physik. Bd 25, 1885, S. 80 bis 87; Eine neue Formel für Spektralwellen. In: Annalen der Physik. Bd 60, 1897, S. 380 bis 391.

Literatur: Zur Erinnerung an Dr. J. J. Balmer-Rinck. Nekrologheft. Basel 1898; August Hagenbach, J. J. B. und Walter Ritz. In: Die Naturwissenschaften. Jg 9, 1921, S. 451–455; Wilhelm Balmer, Erinnerungen. Erlenbach-Zürich 1924; Eduard His, Basler Gelehrte des 19. Jhs. Basel 1941, S. 213–217; August Hagenbach, J. J. B. In: Große Schweizer Forscher, hrsg. von Eduard Fueter. Zürich 1941, S. 272 f.; Ludwig Hartmann, J. J. B. In: Physikal. Blätter. Jg 5, 1949, S. 11 bis 14; Heinz Balmer, J. J. B. In: Elemente der Mathematik. Bd 16, 1961, S. 49–60; ders., J. J. B. In: Verhandlungen der Naturforschenden Gesellschaft Basel. Bd 72, 1961, S. 368 f.; Leo Banet, The evolution of the Balmer series. In: American Journal of Physics. Bd 34, 1966, S. 496–498; ders., Balmer's manuscripts and the construction of his series. Ebd. Bd 38, 1970, S. 821–828. H. B.

Barkla, Charles Glover (* 7. Juni 1877 in Widness, Lancashire, England, † 23. Oktober 1944 in Edinburg). B. untersuchte die beim Auftreffen von Röntgenstrahlen auf Materie entstehende Sekundärstrahlung. Neben der Polarisation entdeckte er vor allem, daß die Strahlung aus zwei Komponenten besteht, wovon die eine „für das Atom, aus dem sie hervorgeht, charakteristisch ist". Mit der Analyse dieser Röntgeneigenstrahlung eröffnete er mit Henry Moseley das Gebiet der Röntgenspektroskopie.

Werke: Der Stand der Forschung über die sekundäre Röntgenstrahlung. In: Jahrbuch der Radioaktivität und Elektronik. Jg 5, 1908, S. 246 bis 324; Die Spektren der fluoreszierenden Röntgenstrahlungen. In: Ebd. Jg 8, 1911, S. 471 bis 488.

Literatur: Hans Hartmann, Lexikon der Nobelpreisträger (= Ullstein Buch Nr. 2610/2611). Frankfurt 1967; Arnold Sommerfeld, Atombau und Spektrallinien. Braunschweig 1919.

Barometer. Ob die Quecksilbersäule aus „Furcht vor dem Leeren" (Horror vacui), wie es der traditionellen Auffassung entsprach, in einer evakuierten Glasröhre steigt, oder ob die Ursache im Luftdruck zu suchen ist, war Mitte des 17. Jh.s umstritten. Zur Entscheidung schlug Blaise Pascal seinem in Clermont (Auvergne) lebenden Schwager vor, einen entsprechenden Versuch einmal in Clermont und einmal am Gipfel des ca. 500 Toisen (975 m) höher gelegenen Puy de Dôme auszuführen. Das am 19. September 1648 unternommene Experiment bestätigte die Vermutung Pascals: Die Quecksilbersäule zeigte auf dem Gipfel eine um 3 Zoll, 1,5 Linien (85 mm) verminderte Steighöhe: „[Es folgt], daß die Natur keine Abscheu vor dem Vakuum hat, daß sie sich nicht bemüht, es zu meiden, daß alle Wirkungen, die man dieser Scheu vor dem Leeren zugeschrieben, sich auf Gewicht und Druck der Luft gründen."

Descartes hatte, wohl mit Recht, Ansprüche erhoben, als erster die Idee zum Pascalschen B.-Versuch gehabt zu haben. Die Experimente wurden von der Florentiner Accademia del Cimento, in England und an anderen Orten wiederholt. 1660 stellte Robert Boyle Betrachtungen an über die Ausdehnung der Atmosphäre. Er schloß durch Vergleich der spezifischen Gewichte von Quecksilber und Luft auf eine Höhe von ca. 35 000 Fuß (9,7 km), erkannte aber, daß die Ausbreitungsfähigkeit der Luft diesen Wert beträchtlich erhöht. Robert Hooke benutzte dann 1665 das Boyle-Mariottesche Gesetz zur Berechnung der Höhe der Atmosphäre. Hooke dachte sich die Lufthülle in 1000 Schichten eingeteilt; jede Schicht soll dabei die gleiche Gewichtsmenge Luft enthalten. Da auf den höheren Schichten weniger Luft lastet, so muß die Schichthöhe vom Erdboden aus laufend zunehmen.

Unabhängig von Hooke leitete auch Edme Mariotte 1676 die barometrische Höhenformel unter Benutzung des Boyle-Mariotteschen Gesetzes her; Mariotte gebrauchte diese Formel erstmalig zur Höhenmessung mittels B. Größeren Gebrauch von der neuen Methode machte dann Giovanni Domenico Cassini seit 1672, während Edmond Halley 1686 auf mathematisch exakte Weise die barometrische Höhenformel ableitete.

Literatur: Friedrich Klemm, Die Frühgeschichte der barometrischen Höhenmessung. In: Optische Rundschau, Schweidnitz. Jg 1926, Nrn 14, 16–18 (hier Bibliographie des Quellenschrifttums); C. de Waard, L'expérience barométrique. Thouars 1936; W. E. Knowles Middleton, The history of the barometer. Baltimore 1968.

Becquerel, Antoine César (* 17. März 1788 in Chatillon-sur-Loing, † 18. Januar 1878 in Paris). Hauptarbeitsgebiet war die galvanische Elektrizität; B. war, wie später auch sein Sohn Alexandre Edmond Becquerel (1820–1891) und sein Enkel Antoine Henri Becquerel, Professor am Musée d'histoire naturelle und zeitweise Präsident der Académie des Sciences.

Werke: Elemente der Electro-Chemie etc. Erfurt 1845; Populäre Naturlehre etc. 9 Bde. Stuttgart 1845; Résumé de l'histoire de l'électricité etc. Paris 1858.

Literatur: Wilhelm Ostwald, Elektrochemie. Ihre Geschichte und Lehre. Leipzig 1894.

Becquerel, Antoine Henri (* 15. Dezember 1852 in Paris, † 25. August 1908 in Le Croisic). Sohn des Physikers Alexandre Edmond Becquerel, aus einer alten Gelehrtenfamilie stammend. Er war Professor an der Ecole Polytechnique, wurde 1889 Mitglied und 1908 Präsident der Académie des Sciences. Er entdeckte 1873 die infraroten Banden im Sonnenspektrum und wies 1878–1880 die magnetische Drehung der Polarisationsebene des Lichtes in Gasen nach. Seit 1891 untersuchte er die Phosphoreszenzspektren erhitzter Minerale sowie die Phosphoreszenz von Uransalzen (sein Vater hatte ein Phosphoroskop erfunden und damit bereits bei vielen Stoffen Phosphoreszenz nachgewiesen).

Diese Forschungen und die Entdeckung der Röntgenstrahlen führten ihn 1896 seinerseits zur Entdeckung der Radioaktivität des Urans; seine erste diesbezügliche Mitteilung an die Pariser Akademie datiert vom 24. 2. 1896. Er wies auch nach, daß die von Uran ausgehende Strahlung mit Phosphoreszenz nichts zu tun hat. Daß die β-Strahlen magnetisch ablenkbar sind, gelang ihm 1899/1900 auf photographischem Wege zu zeigen. Für die Entdeckung der Radioaktivität erhielt er 1903 zusammen mit dem Ehepaar Curie den Nobelpreis.

Literatur: Lawrence Badash, Chance favors the prepared mind: H. B. and the discovery of radioactivity. In: Archives Internationales d'Histoire des Sciences. Jg 18, 1965, S. 55–66; ders., B's „unexposed" photographic plates. In: Isis. Vol. 57, 1966, S. 267–269. U. H.

Benedetti, Giovanni Battista (* 14. August 1530, † 20. Januar 1590 in Turin). Bei der Behandlung des freien Falles kam Benedetti, an Archimedes anknüpfend, zu der Auffassung, daß dem Medium, in dem der freie Fall erfolgt, eine Auftriebswirkung zukomme. Seine Erkenntnis, 1553 formuliert, läßt sich in heutiger Schreibweise durch $v = \text{const.}(\varrho_K - \varrho_M)$ wiedergeben, d. h. die Fallgeschwindigkeit soll von der Differenz der spezifischen Gewichte des fallenden Körpers und des Mediums bestimmt werden. Den gleichen Standpunkt vertritt der junge Galilei in seiner (damals unveröffentlichten) Schrift „De motu" von 1590.

Werk: G. B. B.: De resolutione omnium Euclidis problematum. Venedig 1553. Hier Vorwort.

Literatur: Israël E. Drabkin: G. B. B. and Galileo's De Motu. In: Actes du Xe Congrès International d'Histoire des Sciences (Ithaca 1962). Bd 1, S. 627–630; Edward Grant, Aristotle, Philoponos, Avempace, and Galileo's Pisan Dynamics. In: Centaurus. Vol. 11, 1965, S. 79–95; Anneliese Maier, Zwischen Philosophie und Mechanik. Rom 1958.

Bernoulli, Daniel I. (* 9. Februar 1700 in Groningen, † 17. März 1782 in Basel). In der Geschichte der Familie Bernoulli, die der Universität Basel über ein Jahrhundert lang durch hervorragende Mathematiker und Physiker Glanz verlieh, bilden Daniel Bernoulli, sein Vater Johann sowie dessen Bruder Jakob, beide zu den größten Mathematikern der Zeit gehörend, ein einzigartiges Dreigestirn.

Obwohl von seinem Vater ursprünglich zum Kaufmann bestimmt, erwachte auch in Daniel die Liebe zur Mathematik; er studierte dann aber – wie ehemals sein Vater – Medizin, beschäftigte sich nebenher jedoch ständig mit der Mathematik, in der er auch erste wissenschaftliche Anerkennung fand. 1725 folgte B. einem Ruf als Professor der Mathematik an die neugegründete Petersburger Akademie. Erst 1733 kehrte er aus gesundheitlichen Gründen nach Basel zurück, wo er die Professur für Anatomie und Botanik, später – nach dem Tode seines Vaters – die für Physik erhielt (1750).

Neben der Physiologie (Berechnung der Herzarbeit) förderte B. die Wahrscheinlichkeitsrechnung, die Statistik und vor allem die mathematische Physik. Ihm gelang es als erstem, das Prinzip der vis viva, der lebendigen Kraft (→ Energie) richtig auf kontinuierliche Medien anzuwenden. Erstaunlich modern ist seine kinetische Theorie der Gase. Sie nahm vorweg, was erst im 19. Jahrhundert bei der Entwicklung der mechanischen Wärmetheorie (→ Atom) nachvollzogen wurde.

Von weitreichender Bedeutung waren B.'s Ansätze zur Ermittlung der Druck- und Geschwindigkeitsverhältnisse in bewegten inkompressiblen Flüssigkeiten. In seinem Hauptwerk „Hydrodynamica" (verfaßt 1733, veröffentlicht 1738) findet sich eine Vorform der nach ihm benannten hydrodynamischen Druckgleichung. Vom Vater Johann Bernoulli in dessen „Hydraulica" (verfaßt 1739) weiterentwickelt, erhielt die „Bernoullische Stromfadengleichung" schließlich nach einigem Umformen die heute gebräuchliche Fassung:

$$\frac{p}{\gamma} + \frac{v^2}{2g} + z = \text{const.}$$

Hauptwerk: Hydrodynamik oder Kommentare über die Kräfte und Bewegungen der Flüssigkeiten (Straßburg 1738). Übersetzt und mit Anmerkungen versehen von Karl Fierl. 2 Bde (= Veröffentlichungen des Forschungsinstituts des Deutschen Museums etc. Reihe C, Nr 1 a/b). München 1963.

Literatur: Peter Merian, Die Mathematiker Bernoulli. Basel 1860; Otto Spiess und Fritz Verzár, D. B.: Über das Leben, eine akademische Festrede. In: Verhandlungen der Naturforschenden Gesellschaft Basel. Bd 52, 1941, S. 189–266; Otto Spiess, Die Mathematiker B. Basel 1948; Clifford Truesdell, The new B. edition. In: Isis. Vol. 49, 1958, S. 54–62; A. J. Pacey und S. J. Fisher, D. B. and the vis viva of compressed air. In: The British Journal for the History of Science. Vol. 3, 1967, S. 388–392; Clifford Truesdell, Essays in the history of mechanics. Berlin, Heidelberg, New York 1968; István Szabó, Über die sog. „Bernoullische Gleichung" der Hydromechanik. In: Technikgeschichte. Bd 37, 1970, S. 27–64. L. S.

Bessel, Friedrich Wilhelm (* 22. Juli 1784 in Minden in Westfalen, † 17. März 1846 in Königsberg). Der Kaufmannslehrling in einem Bremer Übersee-Handelshause erwarb sich Kenntnisse der Nautik und Astronomie und ihrer mathematischen Grundlagen. Er berechnete die Bahn des Halleyschen Kometen neu und übergab auf der Straße sein Manuskript dem Bremer Astronomen Wilhelm Olbers, der von da an sein Freund und Förderer war. Auf dessen Empfehlung wurde er 1806 an der Sternwarte in Lilienthal bei Bremen angestellt und 1810 Astronomieprofessor und Leiter der neuen Sternwarte in Königsberg. „Er entwickelte nun eine so große Tätigkeit, daß sie eine neue Epoche in der beobachtenden und rechnenden Astronomie begründete" (Wolf). Das Verzeichnis seiner Bücher und Abhandlungen umfaßt 385 Nummern.

Seine Bearbeitung der Greenwicher Beobachtungen von James Bradley erschien 1818 als Folioband „Fundamenta astronomiae". Das Werk wurde ebenso unentbehrlich wie seine Refraktionstafel. Bessels Ortsbestimmungen von über 75 000 Sternen, seine Beobachtungen an Doppelsternen, an den Jupiter- und Saturnmonden waren sehr genau. Am Stern 61 im Schwan konnte er 1838 erstmals die Entfernung eines Fixsterns bestimmen, indem er von verschiedenen Punkten der Erdbahn aus die Distanzen zu zwei scheinbar benachbarten, aber weit hinter ihm stehenden schwächeren Sternen maß und darin kleine Differenzen fand. Aus Bewegungen des Sirius schloß er, daß er einen dunklen Begleiter habe; er wurde 1862 beobachtet. Aus den Bewegungen des Uranus kündigte er das Vorhandensein eines transuranischen Planeten an; auch dies traf zu. Er berechnete 16 Kometenbahnen. Die Gradmessung in Ostpreußen gab ihm Anlaß zur Lösung von Aufgaben der höheren Geodäsie. Auch seine Untersuchungen über die Zylinderfunktionen („Besselsche Funktionen") und ihre Integraldarstellungen waren vorbildlich.

Werke: Länge des einfachen Secundenpendels. 1826 (= Ostwalds Klassiker. Nr 7). Leipzig 1889; F. W. B. und Johann Jacob Baeyer, Gradmessung in Ostpreußen. Berlin 1838; Astronomische Untersuchungen. 2 Bde. Königsberg 1841–1842; Populäre Vorlesungen über wissenschaftliche Gegenstände. Hrsg. von Heinrich Christian Schumacher. Hamburg 1848; Briefwechsel zwischen Wilhelm Olbers und F. W. B. Hrsg. von Georg Adolph Erman. 2 Bde. Leipzig 1852 (darin „Kurze Erinnerungen an Momente meines Lebens"); Abhandlungen von F. W. B. Hrsg. von Rudolf Engelmann. 3 Bde. Leipzig 1875–1876; Recensionen von F. W. B. Hrsg. von Rudolf Engelmann. Leipzig 1878 (enthält Rezensionen und Anzeigen, die B. 1807–1837 in der Jenaischen Allgemeinen Literatur-Zeitung und in den Jahrbüchern für wissenschaftliche Kritik schrieb); Briefwechsel Gauß–Bessel, hrsg. von der Berliner Akademie 1880; Briefwechsel Bessel–Steinheil, hrsg. von der Berliner und der Münchener Akademie. Leipzig 1913.

Literatur: Johann Franz Encke, Gedächtnissrede auf B. Berlin 1846; Carl Theodor Anger, Erinnerungen an Bessels Leben und Wirken. Danzig 1846; F. W. B. In: Illustrierte Zeitung. Leipzig 1846, Nr 145, S. 229 f.; John Herschel, A brief notice of F. W. B. London 1847; August Ludwig Busch, Verzeichniß sämmtlicher Werke Bessel's. Königsberg 1849; Heinrich Durège, Bessels Leben und Wirken. Zürich 1861; Johann Heinrich von Mädler, F. W. B. In: Westermann's

Jahrbuch der Illustrirten Deutschen Monatshefte. Bd 22. Braunschweig 1867, S. 605–619; Rudolf Wolf, Geschichte der Astronomie. München 1877 (Neudruck New York 1966); Otto Eggert, B. als Geodät. In: Zeitschrift für Vermessungswesen. Bd 40, 1911, S. 301–310; Ludwig Darmstaedter, F. W. B. In: Kosmos. Jg 1927, S. 416–418; Diedrich Wattenberg, B. als Bremer Kaufmannslehrling. In: Das Weltall. Jg 29, 1929/30, S. 8–11; ders., F. W. B. In: Die Himmelswelt. Jg 44, 1934, S. 125–135; Martin Lindow, F. W. B. In: Westfälische Lebensbilder. Hauptreihe. Bd 5, 1937, S. 277–291; H. Kirrinnis, F. W. B. und seine Bedeutung für die Geographie. In: Erdkunde. Bd 5, 1951, S. 247–249.
H. B.

Betastrahlen. Der Name β-Strahlen wurde 1899 von Ernest Rutherford der durchdringenden Komponente der Uranstrahlung gegeben. Mehrere Forscher (Friedrich Emil Dorn, Antoine Henri Becquerel, Friedrich Giesel, Egon von Schweidler und das Ehepaar Curie) wiesen schon frühzeitig durch Ablenkung dieser Korpuskeln in magnetischen Feldern deren negative elektrische Ladung nach. Walter Kaufmann beobachtete mit β-Strahlen 1902 zum erstenmal die (später so genannte) relativistische Geschwindigkeitsabhängigkeit der Masse. Eine Eigenschaft, die die β-Strahlung von den übrigen Kernstrahlungen unterscheidet, ist ihr kontinuierliches Energiespektrum. Es blieb lange rätselhaft, bis Wolfgang Pauli 1930 zu seiner Erklärung die Hypothese einführte, daß beim β-Zerfall neben dem Elektron ein zweites, neutrales (und deshalb schwer zu beobachtendes) Teilchen auftritt, welches Enrico Fermi Neutrino nannte (heute heißt es Antineutrino). Auf der Grundlage dieser Annahme hat Fermi 1934 eine befriedigende Theorie des β-Zerfalls angegeben. Der β-Zerfall spielte in neuester Zeit wieder eine bedeutende Rolle, als nämlich Tsung-Dao Lee und Chen-Ning Yang entdeckten, daß hier die sog. Parität nicht erhalten ist, d. h., daß in der Natur offenbar links- und rechtshändige Koordinatensysteme nicht gleichberechtigt sind.

Literatur: John L. Heilbron, The scattering of α- and β-particles and Rutherford's atom. In: Archive for History of Exact Sciences. Vol. 4, 1967/68, S. 147–307; Lawrence Badash, An Elster and Geitel failure: Magnetic deflection of beta-rays. In: Centaurus. Vol. 11, 1967, S. 236 bis 400.
U. H.

Beugung des Lichtes. Die B. machte sich zuerst bei Messungen der scheinbaren Durchmesser von Himmelskörpern mit der Lochkamera, allerdings störend, bemerkbar, ohne daß man die Natur des Effektes erkannte. Es ergaben sich Abweichungen zwischen den nach verschiedenen Verfahren gemessenen Werten. Tycho Brahe suchte die Ursache dafür in den Eigenschaften der Himmelskörper, Johannes Kepler meinte den Grund in der geometrischen Anordnung bei der Messung gefunden zu haben, und er untersuchte deshalb systematisch die Entstehung des projizierten Bildes in der Lochkamera, besonders den Einfluß der Spaltgröße. Die Ergebnisse seiner Experimente veröffentlichte er 1604.

Nach Kepler führten Christoph Scheiner und Balthasar Conrad die Lochkameraversuche fort; Conrad beobachtete mit seiner lichtdichten Kammer „mehrere Regenbogen". Die Beugung an Spalten, Drähten, Schirmrändern und Systemen von Spalten, die er als Gitter bezeichnete, beobachtete Johannes Marcus Marci im Jahre 1648. Francesco Maria Grimaldi erkannte, daß die Beugung eine neue bisher unbekannte Art der Lichtausbreitung darstellte, und er benannte diese Erscheinung „diffractio".

Eine Theorie der Beugung formulierte erst Augustin Jean Fresnel mit Hilfe des → Huygensschen Prinzips und den Interferenzeigenschaften; seine Hauptarbeit schrieb er 1818. Joseph Fraunhofer beschäftigte sich 1821/23 mit dem Problem der B. an einzelnen Öffnungen und an Gittern. Eine genauere mathematische Behandlung führte Kirchhoff 1882 durch; auch die Kirchhoffsche Beugungstheorie ist nur eine Näherung, weil sie die optische Feldgröße als Skalar beschreibt (und folglich dem Vektorcharakter nicht Rechnung trägt) und weil die Randbedingungen nicht exakt bekannt sind. Lösungen der vollen Maxwellschen Gleichungen für Beugungsprobleme konnten nur für spezielle Fälle gefunden werden; die großen mathematischen Schwierigkeiten haben immer wieder zahlreiche Bearbeiter herausgefordert. So behandelte Arnold Sommerfeld 1896 das Problem der Beugung an der Halbebene.

Quellen: Johannes Kepler, Ad Vitellionem paralipomena. Frankfurt 1604; Balthasar Conrad, Melchior Balthasar Hanel, De natura iridos. Prag 1646; Francesco Maria Grimaldi, De lumine. Bologna 1665; Thomas Young, A course of lectures on natural philosophy and the mechanical arts. London 1845; Augustin Jean Fesnel, Mémoire sur la diffraction de la lumière. In: Oeuvres complètes. Bd 1. Paris 1866, S. 247—382; Gustav Kirchhoff, Zur Theorie der Lichtstrahlen. In: Gesammelte Abhandlungen. Nachtrag. Leipzig 1891, S. 22—54.

Literatur: H. Boegehold, Die Lehre von der Beugung bis zu Fresnel und Fraunhofer. In: Die Naturwissenschaften. Jg 14, 1926, S. 523—533; E. A. Fellmann, Ein Beitrag zur Geschichte der Beugungstheorie des Lichtes am Spalt. In: Verhandlungen d. Naturforschenden Gesellschaft in Basel. Bd 71, 1960, S. 96—105; Jiri Marek, Observation of diffraction of light through a lattice in 1648. In: Nature. Bd 190, 1961, S. 1092.

J. M.

Bewegung. Schon in der Antike war der Sternenlauf sehr genau beobachtet worden. Als die Grundform der B. am Himmel betrachtete man den Kreis; man beobachtete ja, daß Sonne und Fixsterne einmal in 24 Stunden um die Erde rotieren. Um insbesondere auch die verschlungenen Figuren verständlich zu machen, die die Planeten im Laufe von Jahren am Himmelsgewölbe beschreiben, war von Ptolemäus ein umfangreiches System von ineinandergreifenden Kreisbewegungen ersonnen worden.

In der Welt unter dem Monde sah man eine andere Form der Bewegung realisiert. Aristoteles unterschied hier zwischen den natürlichen Bewegungen (Fallbewegung der schweren Körper nach unten zum natürlichen Ort) und den zwangsweise ablaufenden Bewegungen, z. B. dem Wurf.

Mit dem Beginn der Neuzeit wurde sowohl die Trennung zwischen den himmlischen und irdischen Bewegungen aufgehoben, wie die Spaltung der letzteren in natürliche und künstliche (→ Kunst). Als die natürliche Form der Bewegung erkannte Galilei als Grenzgesetz seiner Fallversuche (→ Fallgesetze) mit der schiefen Ebene die Trägheitsbewegung mit gleichförmiger Geschwindigkeit (→ Trägheitsgesetz). Galilei wurde durch Ableitung des Fallgesetzes der Begründer der Lehre von der B., der Kinematik, die er, neben der Festigkeitslehre, als eine der beiden „neuen Wissenschaften" bezeichnete. Erst Newton schuf, unter Berücksichtigung der wirkenden Kräfte, die Grundlagen der Dynamik.

Literatur: Edward Grant, Aristotle, Philoponos, Avempace, and Galileo's Pisan Dynamics. In: Centaurus. Vol. 11, 1965, S. 79—95; August Nitschke, Naturerkenntnis und politisches Handeln im Mittelalter. Stuttgart 1967; Friedrich Kaulbach, Der philosophische Begriff der Bewegung. Studien zu Aristoteles, Leibniz und Kant. Köln und Graz 1965; A. Rupert Hall, Galileo and the science of motion. In: British Journal for the History of Science. Vol. 2, 1965, S. 185—199.

Bewegungsgröße (Impuls). Es entsprach den neuplatonischen Gedankengängen im 17. Jh., hinter den auf der Erde vor sich gehenden ständigen Veränderungen das Wirken unwandelbarer Gesetzmäßigkeiten zu suchen. Aus der Vollkommenheit Gottes schloß René Descartes in seinen Principia philosophiae von 1644, „daß Gott nicht nur an sich selbst unveränderlich (immutabilis) ist, sondern auch auf eine höchst beständige und unveränderliche Weise wirkt". Angeregt von den schon in der Antike (pseudo-Aristotelische mechanische Probleme) bekannten und von Galilei genauer analysierten Gleichgewichtsbedingungen, z. B. bei der Waage (→ d'Alembertsches Prinzip), postulierte Descartes einen Erhaltungssatz für die B., die quantitas motus: „Wir erkennen unschwer, daß diese in der Naturgesamtheit stets die gleiche bleiben kann, auch wenn sie sich bei ihren einzelnen Teilen ändert. Dies geht unserer Meinung nach in der Art vor sich, daß immer, wenn ein Teil des Stoffes sich doppelt so schnell bewegt wie ein anderer und dieser andere doppelt so groß ist wie der erste, dem kleineren genau soviel Bewegung innewohnt wie dem größeren, und daß um ebensoviel, wie die Bewegung eines Teiles sich verlangsamt, die Bewegung eines anderen, ihm gleichen, schneller wird."

Wir wissen heute, daß die quantitas motus, die Größe $m \cdot v$, tatsächlich nur dann erhalten bleibt, wenn man auf den Vektorcharakter achtet. Bei eindimensionalen Bewegungen heißt das, daß das Vorzeichen berücksichtigt werden muß. Darauf hat Christiaan Huygens 1668 hingewiesen: „Die Bewegungsgröße zweier Körper kann durch ihren Zusammenstoß zunehmen oder abnehmen; aber nach derselben Seite gerechnet bleibt sie immer dieselbe, indem man nämlich die Quantität der entgegengesetzten Bewegung subtrahiert."

Leibniz bekräftigte die Existenz eines Erhaltungssatzes, meinte aber noch 1686, daß **nicht** die quantitas motus, sondern nur die vis viva (→ Energie) in der Natur unverändert bleibe. Das führte zu einem langdauernden Streit zwischen Cartesianern und Leibnizianern um das richtige Maß der „Kraft". Später sprach auch Leibniz neben der Erhaltung der vis viva von der Erhaltung des Impulses (quantité du progrès).

Die Unveränderlichkeit der B. trat in der ihr beigemessenen Bedeutung gegenüber der Energieerhaltung zurück. Erst mathematische Untersuchungen über kontinuierliche Transformationsgruppen und Integralinvarianten (Sophus Lie, Felix Klein, Emmy Noether) stellten beide Erhaltungssätze auf die gleiche Ebene. Während die Erhaltung der Energie aus der Invarianz der Naturgesetze gegenüber zeitlichen Verschiebungen folgt, so die Erhaltung der B. aus der Invarianz gegenüber räumlichen Translationen.

Quelle: René Descartes, Philosophische Werke (Hrsg. A. Buchenau). 4 Bde. Leipzig 1906–1908.

Literatur: → Energie.

Biot, Jean-Baptiste (* 21. April 1774 in Paris, † 3. Februar 1862 in Paris). Mathematiker, Astronom, Geodät, Physiker, Chemiker und Wissenschaftshistoriker, war er zuerst Handelslehrling, dann Kanonier der Nordarmee, dann Student des ersten Jahrganges der Ecole Polytechnique. Hier wurde er Schüler und Schützling von Gaspard Monge und Pierre-Simon Laplace. Er wirkte 1800 bis 1862 als Professor der mathematischen Physik am Collège de France, 1809–1848 zugleich als Professor der Astronomie an der Universität Paris. Seine mehrbändigen Lehrbücher bekunden den guten Darsteller. Als Historiker schrieb er schon 1803 eine Geschichte der Wissenschaften während der Revolution; später befaßte er sich mit Newton und mit der Astronomie der Ägypter und der Chinesen.

1804 unternahm er mit Gay-Lussac einen Ballonaufstieg zur Feststellung der Abnahme der erdmagnetischen Kraft in der Höhe, 1805 mit Arago Untersuchungen über Lichtbrechung in Gasen und hernach geodätische Messungen in Spanien. Vor allem galt sein Schaffen der Optik. Er schuf die Theorie der chromatischen Polarisation und machte viele Entdeckungen zur Drehung der Polarisationsebene des Lichtes in Flüssigkeiten und Dämpfen; auch erfand er das Polarimeter. Mit Félix Savart fand er das nach beiden genannte Gesetz der elektromagnetischen Wirkung von Stromelementen.

Werke: Eine Gesamtausgabe existiert nicht. Essai sur l'histoire des sciences pendant la révolution française. Paris 1803; Traité élémentaire d'astronomie physique. 2 Bde. Paris 1805. 2. Auflage in 3, 3. Auflage in 4 Bänden; Traité de physique expérimentale et mathématique. 4 Bde. Paris 1816; Précis élémentaire de physique expérimentale. 2 Bde. Paris 1818 und 1821. Deutsche Ausgaben: Anfangsgründe der Erfahrungs-Naturlehre. Übersetzt von Friedrich Wolff. 2 Bde. Berlin 1819; Lehrbuch der Experimental-Physik oder Erfahrungs-Naturlehre. Übersetzt von

Gustav Theodor Fechner. 4 Bde. ³Leipzig 1824/1825; mit François Arago: Recueil d'observations géodésiques, astronomiques et physiques, exécutées par ordre du bureau des longitudes de France, en Espagne et en Ecosse. Paris 1821; Mélanges scientifiques et littéraires. 3 Bde. Paris 1858.

Literatur: J.-B. B. In: Illustrierte Zeitung. Leipzig 1862. S. 125 f.; Charles Sainte-Beuve, Nouveaux lundis, 24 février et 3 mars 1862; Francisque Lefort, Notice sur la vie et les travaux de J.-B. B. Paris 1867; Ecole Polytechnique. Livre du Centenaire 1794—1894. Bd 1, Paris 1895, S. 256—263; Emile Picard, La vie et l'oeuvre de J.-B. B. Paris 1927; Maurice d'Ocagne, Hommes et choses de science. Bd 2, Paris 1932; J.-B. B. In: Endeavour. Bd 21, 1962, S. 63 f.; James Riddick Partington, A history of chemistry. Vol. 4, New York 1964; Maurice P. Crosland, The Society of Arcueil. London 1967.

H. B.

Blitzableiter. Die Gesetze der Blitzableitung sollen bereits den alten Kulturvölkern bekannt gewesen sein. In der Neuzeit kam es erst zum Bau von B., als in der ersten Hälfte des 18. Jh.s die elektrische Natur des Blitzes erkannt und nachgewiesen werden konnte. 1747 fand Benjamin Franklin eine Erklärung für die elektrische Spitzenwirkung. Das brachte ihn zwei Jahre später auf die Idee, das „elektrische Feuer" der Wolken mittels zugespitzter eiserner Stangen abzuleiten, um „Häuser, Kirchen, Schiffe etc. vor dem Blitzschlage" zu bewahren. 1752 untersuchte er mit Hilfe eines Drachen und einer Wetterstange die atmosphärische Elektrizität. Ein Jahr darauf machte er — wie auch Johann Heinrich Winkler — genaue Vorschläge zur Errichtung von Blitzableitern.

Angeregt durch die Schriften Winklers, stellte Pater Procopius Diviš 1754 bei Znaim in Mähren einen B. auf, der aber bald von den abergläubischen Bauern zerstört wurde. Der Weiterverbreitung des B.s stand neben den Kosten lange Zeit der Volksglauben entgegen, daß die Ableitung des Blitzes frevelhaft sei. Die ersten größeren Anlagen in Europa wurden auf dem Eddystone-Leuchtturm vor Plymouth (1760) und auf der Jakobikirche in Hamburg (1769 von Johann Reimarus) errichtet. Jakob Hemmer, Hofkaplan in Mannheim, verbesserte den B. und baute seit 1776 Anlagen in Süddeutschland.

Im 19. Jh. wurde der B. weiterentwickelt und auf eine wissenschaftliche Grundlage gestellt, in Deutschland von Helmholtz, Werner Siemens, Leonhard Weber, F. Findeisen u. a. 1901 veröffentlichte der Verband Deutscher Elektrotechniker (VDE) die „Leitsätze über den Schutz der Gebäude gegen den Blitz".

Quellen: Benjamin Franklins sämtliche Werke. Dt. von G. T. Wenzel. Dresden 1780; F. Findeisen, Rathschläge über den Blitzschutz der Gebäude. Berlin 1899.

Literatur: Heinrich Meidinger, Geschichte der B. Karlsruhe 1888; Richard Hennig, Aus der Gesch. des B. In: Beiträge zur Gesch. der Technik und Industrie. Bd 16, 1926, S. 183—199; J. Bernard Cohen u. Robert Schofield, Did Diviš erect the first European protective lightning rod, and was his invention independent? In: Isis. Vol. 43, 1952, S. 358—364; Mel Gorman, Faraday on lightning rods. In: Isis. Vol. 58, 1967, S. 96—98.

L. S.

Bohr, Niels (* 7. Oktober 1885 in Kopenhagen, † 18. November 1962 in Kopenhagen). Sohn des Physiologen Christian B., Bruder des Mathematikers Harald B. Bereits seiner ersten Forschungsarbeit (einer Präzisionsmessung der Oberflächenspannung von Wasser) wurde im Jahre 1906 eine Goldmedaille der Königlich Dänischen Akademie der Wissenschaften verliehen. Bohr promovierte 1911 mit einer Arbeit über die Theorie der Metallelektronen, in der er zeigte, daß die magnetischen Eigenschaften der Metalle mit den Vorstellungen der klassischen Physik nicht verstanden werden könnten. Er ging im Oktober desselben Jahres nach England, zuerst zu Joseph John Thomson, bald aber (im März 1912) nach Manchester zu Ernest Rutherford, mit dem ihn bald eine tiefgehende Freundschaft verband.

Im Zusammenwirken mit der Arbeitsgruppe in Manchester griff B. rasch die Vorstellungen Rutherfords vom Atom, die dieser Ende 1910 aufgrund der Weitwinkelstreuung von α-Teilchen in dünnen Materieschichten entwickelt hatte, auf, da ihn die Möglichkeit faszinierte, die Eigenschaften der Elemente aus einer einzigen Zahl, der Kernladung oder Ordnungszahl, abzuleiten. Er unterschied auch bereits früh zwischen den chemischen Eigenschaften und den Phänomenen der Radioaktivität, die im Kern ihren Ursprung haben. Seine Schlüsse auf die Existenz der Isotopie und das Bestehen der etwa gleichzeitig von Kasimir Fajans und Frederick Soddy entdeckten radioaktiven Verschiebungsgesetze konnte er im Sommer 1912 nicht veröffentlichen, da Rutherford der Meinung war, daß diese Folgerungen aus seinem Atommodell zu gewagt seien. Da in jener Zeit noch keine Klarheit herrschte über die Zahl der in den einzelnen Atomen enthaltenen Elektronen, entwickelte Bohr zunächst eine Theorie der Bremsung von α-Teilchen, deren Anwendung auf Wasserstoff und Helium zeigte, daß in diesen beiden Elementen 1 bzw. 2 Elektronen vorhanden sind. Darüber hinaus war Bohr unter dem Eindruck des 1. Solvay-Kongresses in Brüssel überzeugt, daß der Schlüssel zum Verständnis des Atombaues im Planckschen Wirkungsquantum zu suchen sei. So konnte er unter Verwendung einer dem Planckschen Vorgehen beim harmonischen Oszillator analogen Formel zeigen, daß wohl ein Wasserstoff-, nicht aber ein Heliummolekül existieren kann.

Nachdem Bohr im Herbst 1912 an der Universität von Kopenhagen Assistent geworden war, bemühte er sich um eine zusammenfassende Darstellung der in Manchester über den Atombau gesammelten Ideen. Noch im Januar des Jahres 1913 hatte er die Spektralgesetze, weil sie ihm zu kompliziert schienen, nicht berücksichtigt, aber im darauffolgenden Monat bezog er sie, angeregt durch die Lektüre eines Buches von Johannes Stark (Prinzipien der Atomdynamik II) und eine Bemerkung des Spektroskopikers Hans Marius Hansen, der ihn auf die Einfachheit der Balmerformel aufmerksam machte, in seine Theorie ein. Im März 1913 übersandte er Rutherford den ersten Teil seiner im Philosophical Magazine Vol. 26 erschienenen berühmten Arbeit „On the Constitution of Atoms and Molecules“, in der erstmals die Balmerserie aus der Vorstellung diskreter Atomzustände abgeleitet wurde. In derselben Abhandlung zeigte Bohr, daß gewisse von Edward Pickering in den Spektren ferner Sterne beobachtete und bisher dem Wasserstoff zugeschriebene Spektrallinien dem ionisierten Helium zuzuordnen sind. Die experimentelle Entscheidung dieser Frage durch Evan Jenkin Evans zugunsten der Bohrschen Ansicht trug wesentlich dazu bei, daß die neue Theorie sich rasch durchsetzte. Während die experimentelle Forschung mit den Versuchen von James Franck und Gustav Hertz (die Bohr erstmals richtig deutete) sowie von Henry G. J. Moseley weitere gewichtige Argumente für seine Theorie beisteuerte, bemühte sich Bohr beständig um eine Klärung der ihr zugrundeliegenden Prinzipien.

Einen wesentlichen Fortschritt in dieser Richtung brachten Arnold Sommerfelds Arbeiten über die doppelte Quantelung im Jahre 1915, die Bohr mit Hilfe der Hamiltonschen Mechanik zu einer Theorie der mehrfach-periodischen Bewegungen erweiterte. Trotz gewisser Teilerfolge blieb die feinere Struktur der Spektren zwar weiterhin unaufgeklärt, es gelang Bohr aber, mit Hilfe des 1913 schon (in Gestalt einer Analogie der Quantenmechanik zur klassischen Physik) eingeführten → Korrespondenzprinzips auch das Problem der Auswahlregeln und der Linienintensitäten in Angriff zu nehmen. Die Entwicklung bis zu diesem Punkt spiegelt sich in Bohrs in den Jahren 1918 bis 1922 publizierten Arbeiten unter dem Titel „On the Quantum Theory of Line Spectra“ wider.

Der äußere Lebensweg Bohrs verlief in dieser Zeit über die folgenden Stationen: 1913 wurde er Dozent an der Universität Kopenhagen, von 1914 bis 1916 war er auf Einladung Rutherfords wieder in Manchester, danach ging er als Professor nach Kopenhagen zurück, wo ihm 1920 das Institut für theoretische Physik eingerichtet wurde, dem er zeitlebens als Direktor vorgestanden hat. 1922 erhielt Bohr den Nobelpreis. Im Jahre 1931 überließ die dänische Regierung Niels Bohr in Anerkennung seiner großen Leistungen den Carlsberg-Ehrenwohnsitz, der nach dem Willen der Stiftung dem jeweils bedeutendsten dänischen Wissenschaftler zugehören soll.

Einen gewissen Wendepunkt auf dem Wege zur Klärung der quantentheoretischen Grundlagen stellte die von Bohr gemeinsam mit Hendrik Antony Kramers und John Clarke Slater 1924 verfaßte Arbeit „The Quantum Theory of Radiation“ dar, in der angenommen wurde, daß Impuls- und Energiesatz nur statistische Gültigkeit besäßen. Daß diese Annahme nicht zu halten war, zeigten sehr bald die Experimente von Hans Geiger und Walter Bothe sowie von Arthur Holly Compton und Alfred W. Simon, die nachwiesen, daß die Erhaltungssätze auch den einzelnen Elementarprozeß beherrschen.

Im Anschluß an diese Arbeit gelang Werner Heisenberg 1925 die Formulierung der Quantenmechanik. Damit trat die Quantentheorie in ihr Schlußstadium. Es folgten nun rasch aufeinander: 1926 Erwin Schrödingers Wellenmechanik und Max Borns statistische Interpretation der Wellenfunktion, 1927 Heisenbergs Unschärferelation und Bohrs Vorstellung der Komplementarität. Die Unschärferelation und die Idee der Komplementarität stellen den Inhalt der sog. „Kopenhagener Deutung“ der Quantentheorie dar. Sie gingen hervor aus Bohrs und Heisenbergs – Heisenberg war damals Lektor am Kopenhagener Institut Bohrs – gemeinsamem Bemühen um eine widerspruchsfreie Formulierung des begrifflichen Inhalts der Theorie. Während Heisenberg dabei zu dem Ergebnis geführt wurde, daß der Genauigkeit, mit welcher kanonisch konjugierte Größen (wie Ortskoordinate und Impuls) gleichzeitig gemessen werden können, durch die Natur im Planckschen Wirkungsquantum eine Grenze gesetzt ist, kam Bohr zu der Ansicht, daß die Natur zu ihrer vollständigen Beschreibung den Gebrauch sich zwar gegenseitig ausschließender, sich aber andererseits gegenseitig ergänzender (zueinander komplementärer) Vorstellungen zuläßt (wie z. B. das Teilchen- und Wellenbild zur Beschreibung des Verhaltens von Licht und Materie). Bohr hat diesen Gedanken später auch in gewisse Bereiche der Biologie und Philosophie übertragen, indem er darauf hinwies, wie auch dort zur Erfassung von bestimmten Sachverhalten komplementäre Betrachtungsweisen angewandt werden. Nach Lösung des Problems der Meßbarkeit der elektrodynamischen Feldgrößen (1931–1933) beschäftigte sich Bohr 1936–1943 mit Fragen der Kernphysik und entwickelte u. a. das sog. Tröpfchenmodell des Kerns sowie eine Theorie der von Otto Hahn und Fritz Straßmann entdeckten Kernspaltung.

Im Jahre 1943 nahm Bohrs Leben eine dramatische Wendung. Von Freunden gewarnt, verließ er seine seit 1940 besetzte Heimat und floh im Segelboot über den Öresund nach Schweden. Von dort holte ihn der britische Geheimdienst nach England. Später kam er in die Vereinigten Staaten und wurde am Atombombenprojekt beteiligt. 1945 kehrte er nach Kopenhagen zurück. Nach der Gründung des großen europäischen Kernforschungszentrums CERN brachte man die theoretische Abteilung zunächst in Bohrs Institut unter. Als Bohr 1962 starb, mußte er die Theorie der Supraleitung, seinen letzten Forschungsgegenstand, ungelöst zurücklassen. Sein Nachfolger in der Leitung des berühmten Kopenhagener Instituts für theoretische Physik wurde sein Sohn Aage Bohr.

Werke: Eine kritische Edition der Werke und Briefe Bohrs wird gegenwärtig (1970) in Kopenhagen unter Leitung von Léon Rosenfeld vorbereitet; On the constitution of atoms and molecules. In: Philosophical Magazine. Vol. 26, 1913, S. 1–25, 476–502, 857–875. Deutscher Nachdruck in: Das Bohrsche Atommodell (= Dokumente der Naturwissenschaft. Bd 5). Stuttgart 1964. Englischer Nachdruck mit Einführung von Léon Rosenfeld. Kopenhagen und New York 1963; Der Bau der Atome und die physikalischen und chemischen Eigenschaften der Elemente. In: Zeitschrift für Physik. Bd 9, 1922, S. 1–67; The theory of spectra and atomic constitution. Cambridge 1922–1924; Atomic theory and the description of nature. Cambridge 1964; Atomphysik und menschliche Erkenntnis. 2 Bde. Braunschweig 1964.

Literatur: Carl Friedrich von Weizsäcker, Gedenkworte für Arthur Holly Compton und Niels Bohr. In: Reden und Gedenkworte — Orden Pour le Mérite. Bd 5, 1962, S. 105—120; John Douglas Cockcroft, Niels Hendrik David Bohr 1885 —1962. In: Biographical Memoirs of Fellows of the Royal Society. Vol. 9, 1963, S. 37—53 (mit Werkverzeichnis); Friedrich Hund, Geschichte der Quantentheorie. Mannheim 1967; Stefan Rozental (Hrsg.), N. B., his life and work as seen by his friends and colleagues. Amsterdam 1968; Armin Hermann, Frühgeschichte der Quantentheorie. Mosbach 1969 (mit Literaturverzeichnis); Ruth Moore, N. B. Ein Mann und sein Werk verändern die Welt. München 1970. U. H.

Bohr-Sommerfeldsche Atomtheorie. Seit der Entdeckung der → Spektralanalyse durch Gustav Kirchhoff und Robert Bunsen (1859) war bekannt, daß jedes Element (z. B. in Gasentladungen oder Sternatmosphären) charakteristische Spektrallinien aussendet. Obwohl Johann Jakob Balmer schon 1884 eine einfache Formel für die im Sichtbaren gelegenen Linien des Wasserstoffs aufstellte und die durch Johannes Rydberg u. a. gesammelten empirischen Daten der Spektroskopie gegen Ende des 19. Jahrhunderts gewaltig angewachsen waren, sollte es bis zum Jahr 1913 dauern, ehe es Niels Bohr gelang, eine theoretische Klärung der Phänomene anzubahnen und für die einfachsten Fälle eine mathematische Formulierung direkt anzugeben. Da Bohr sah, daß die klassischen Theorien der Mechanik und Elektrodynamik, angewandt auf das inzwischen (1910) von Ernest Rutherford entdeckte Kernmodell des Atoms, weder die Größe, noch die Stabilität, noch die Diskretheit der Spektrallinien begründen konnten — im klassischen Bilde mußten z. B. um den Kern kreisende Elektronen beständig Energie abstrahlen und schließlich in den subatomaren Kern stürzen —, suchte er, ähnlich wie auch Arthur Erich Haas 1910, den Schlüssel zur Lösung des Atomproblems in dem von Planck im Jahre 1900 in die Theorie der Strahlung eingeführten Wirkungsquantum h. In Analogie zu dem beim harmonischen Oszillator angewandten Quantensatz Plancks für die Energiestufen $E = n\,h\,\nu$ (ν Eigenfrequenz des Oszillators, n ganzzahlig), nahm Bohr für diese im Falle eines mit der Frequenz ω im Coulombfeld um den Kern kreisenden Elektrons (da hier im Gegensatz zum harmonischen Oszillator die Umlaufsfrequenz von der Energie abhängig ist) an:

$$(1) \qquad E_n = f(n)\,h\,\omega$$

Aus der klassischen Beziehung zwischen Energie und Frequenz

$$(2) \qquad \omega = \frac{\sqrt{2}}{\pi}\,\frac{E^{3/2}}{Z\,e^2\,\sqrt{m_0}}$$

(e, $Z e$: Ladung von Elektron und Kern, m_0: Masse des Elektrons) konnte er zusammen mit dem Quantensatz (1) und dem später sog. Korrespondenzprinzip die Energiestufen des Elektrons im Coulombfeld berechnen:

$$(3) \qquad E_n = \frac{2\,\pi^2\,m_0\,e^4\,Z^2}{n^2\,h^2}$$

Die Anwendung des von Walther Ritz 1908 aufgestellten sog. Kombinationsprinzips, das jede Spektralfrequenz als Differenz zweier Terme darstellt, legte den folgenden Schluß nahe:

$$(4) \qquad h\,\nu = E_m - E_n = \frac{2\,\pi^2\,m_0\,e^4\,Z^2}{h^2}\left(\frac{1}{m^2} - \frac{1}{n^2}\right)$$

Mit $Z = 1$ und $m = 2$ ergaben sich daraus die Rydbergkonstante R

$$(5) \qquad R = \frac{2\,\pi^2\,m_0\,e^4}{h^3}$$

und die Balmerserie. Bohr zeigte auch, daß gewisse dem Wasserstoff mit halbzahliger Termlaufzahl zugeschriebene Linien gemäß seiner Theorie dem ionisierten Helium zuzuordnen seien. Dieses Ergebnis wurde sehr bald durch die experimentellen Untersuchungen von Evan Jenkin Evans bestätigt und festigte das Vertrauen in die Theorie.

Neben diesen Leistungen, die zum bleibenden Bestand der Physik gehören, war den im gleichen Zusammenhang angestellten Betrachtungen Bohrs über den Atombau i. a. nicht derselbe Erfolg beschieden. Sie wurden von der späteren Entwicklung der Quantentheorie überholt. Einen neuen Fortschritt brachte die Jahreswende 1915/16 in Gestalt einer von Arnold Sommerfeld entwickelten Theorie, nach welcher die Auswahl der quantentheoretisch zulässigen Bahnen in einem System mit mehreren Freiheitsgraden durch die Wirkungsintegrale $\int p_k \, dq_k = n_k h$ festgelegt wurde (q_k, p_k: konjugierte Koordinaten und Impulse des Problems). Die Anwendung dieser Vorschrift auf den Wasserstoff führte in ebenen Polarkoordinaten auf zwei Quantenzahlen (die azimutale n_φ und die radiale n_r) entsprechend Ellipsen verschiedener Energie und Exzentrizität; jedoch gingen beide nur als Summe in den Energieterm ein, so daß sich an dem Bohrschen Ausdruck (3) zunächst nichts änderte. Diese Situation wandelte sich beim Übergang von der klassischen zur relativistischen Mechanik. Die relativistische Behandlung lieferte von n_r und n_φ einzeln abhängige Energieterme, welche eine Feinstruktur der Balmerlinien zur Folge hatten wie sie in der Tat bereits beobachtet worden war. 1916 führte Sommerfeld die Rechnung auch in räumlichen Polarkoordinaten aus und zeigte, daß bei (etwa durch ein magnetisches Feld) vorgegebener Vorzugsrichtung eine dritte Quantenzahl n_φ nötig wird, die mit einer Richtungsquantelung der Ebenen, in welchen die Keplerellipsen liegen, verbunden ist. Derselbe Gedanke der drei Quantenzahlen war kurz zuvor bereits von Paul Epstein in einer theoretischen Abhandlung über den Starkeffekt ausgesprochen worden. Epstein entschied auch zusammen mit Karl Schwarzschild 1916 die Frage, welche Koordinaten den Sommerfeldschen Quantenbedingungen zu unterwerfen seien. Wenn die Hamilton-Jacobische Differentialgleichung $H(q_i, \frac{\partial s}{\partial q_i}) = E$ in den q_i separierbar ist, dann soll für diese Koordinaten gelten $\oint p_i \, dq_i = n_i h$. Bohr hat auf der Grundlage dieser Theorie (der mehrfachperiodischen Bewegungen) anknüpfend an seine Gedanken über den Atombau von 1913 im Jahre 1922 während der sog. Göttinger „Bohr-Festspiele" eine zusammenfassende Erklärung des Periodensystems gegeben, in der allerdings noch wesentliche Fragen (Multiplettstruktur der Spektren und Schalenabschluß) ungelöst blieben. Diese sind endgültig durch die Quantentheorie aufgeklärt worden, nachdem Wolfgang Pauli das Ausschlußprinzip und Samuel Goudsmit und George Uhlenbeck den Eigendrehimpuls (Spin) des Elektrons entdeckt hatten.

Quellen: Originalabhandlungen Bohrs → Niels Bohr; Originalabhandlungen Sommerfelds → Arnold Sommerfeld; Paul Epstein, Zur Theorie des Stark-Effekts. In: Annalen der Physik. Bd 50, 1916, S. 489–520; Karl Schwarzschild, Zur Quantenhypothese. In: Sitzungsberichte der Königlich Preußischen Akademie der Wissenschaften. Jg 1916, S. 548–568.

Literatur: Max Jammer, The conceptual development of quantum mechanics. New York 1966, S. 69–133; Friedrich Hund, Geschichte der Quantentheorie. Mannheim 1967, S. 58–102; Armin Hermann, Frühgeschichte der Quantentheorie. Mosbach 1969, S. 163–179; Paul Forman, The doublet riddle on atomic physics circa 1924. In: Isis. Vol. 59, 1968, S. 156–174; John L. Heilbron, The Kossel-Sommerfeld theory and the ring atom. In: Isis. Vol. 58, 1967, S. 450–485.

U. H.

Boltzmann, Ludwig (* 20. Februar 1844 in Wien, † 5. September 1906 in Duino bei Triest). Er studierte an der Universität Wien Physik, promovierte 1866, habilitierte sich 1867, war zwei Jahre Assistent Josef Stefans und wurde 1869 Professor für mathematische Physik an der Universität Graz. Danach hatte er Lehrstühle abwechselnd in Wien, München und Leipzig inne. Svante Arrhenius, Walther Nernst, Fritz Hasenöhrl und Lise Meitner zählten zu seinen Schülern. Boltzmann war ein Physiker von ungewöhnlicher Vielseitigkeit. In jüngeren Jahren arbeitete er erfolgreich auf experimentellem Gebiet (er bestätigte 15 Jahre vor Hertz die Maxwellsche Lichttheorie, indem er den von Maxwell geforderten Zusammenhang zwischen Brechungsindex und Dielektrizitätskonstante bei Schwefel nachwies), so daß Ernst Mach, selbst ein ausgezeichneter Experimentalphysiker, ihn einen „kaum zu übertreffenden Experimentator" nannte. Gegen Ende seines Lebens hat er sich stark mit philosophischen Fragen (Materialismus contra Idealismus) beschäftigt, doch galt zeitlebens sein Hauptinteresse der theoretischen Physik: „Ihr zum Preise ist mir kein Opfer zu groß, sie, die den Inhalt meines ganzen Lebens ausmacht."

Das zentrale Problem seiner theoretischen Lebensarbeit war die Rückführung der Thermodynamik auf die Mechanik und die dabei nötig werdende Beseitigung des Widerspruchs zwischen der Umkehrbarkeit mechanischer Vorgänge und der Einseitigkeit thermodynamischer Prozesse. Er erreichte dieses Ziel, indem er die Entropie S mit der Zustandswahrscheinlichkeit W in Zusammenhang brachte derart, daß die Zunahme der Entropie in einem abgeschlossenen System einem Übergang von einem weniger wahrscheinlichen in einen wahrscheinlicheren Zustand korrespondiert. Die (übrigens erst von Max Planck in dieser Weise geschriebene) Formel, welche als Inbegriff des Lebenswerks Boltzmanns auch dessen Ehrengrab auf dem Wiener Zentralfriedhof schmückt, heißt

$$S = k \ln W \quad (k\text{: Boltzmann-Konstante}).$$

Von dieser Formel sagte Fritz Hasenöhrl: „Der Satz, daß die Entropie dem Logarithmus der Wahrscheinlichkeit proportional ist, ist einer der allertiefsten, schönsten der theoretischen Physik, ja der gesamten Naturwissenschaften." Dem entspricht es, daß die Entwicklung der modernen Physik ohne ihn nicht denkbar wäre. Er bildete den Ausgangspunkt der Quantentheorie sowohl in der Formulierung, welche ihr Max Planck im Jahre 1900 gab, als auch in der erweiterten Fassung, die von Albert Einstein stammt (1905). Andere bedeutende Leistungen Boltzmanns sind seine in voller Allgemeinheit aus statistischen Erwägungen abgeleiteten Verteilungsformeln für die Energie sich frei oder in Kraftfeldern bewegender Atome (Maxwell-Boltzmann-Verteilung) sowie die theoretische Begründung des von seinem Lehrer Josef Stefan auf empirischem Wege gefundenen Gesetzes über die Gesamtstrahlung des schwarzen Körpers (Stefan-Boltzmannsches Gesetz 1884).

Boltzmann war ein entschiedener Verfechter der Atomlehre, und die geringe Resonanz, ja Ablehnung, auf die er mit seinen Ansichten selbst bei hervorragenden Fachkollegen wie Wilhelm Ostwald, Ernst Mach und Max Planck stieß, bedeutete für ihn zeitlebens eine schlimme Enttäuschung. Seine Gegner wollten den Atomen nicht mehr als den Rang einer in der Chemie allerdings sehr fruchtbaren Arbeitshypothese zugestehen, während er auf deren realer Existenz bestand und 1897 Galileis berühmte (legendäre) Worte in seinem Sinne anwandte: „Doch glaube ich von den Molekülen beruhigt sagen zu können: Und dennoch bewegen sie sich." Den eigentlichen Siegeszug der Atomtheorie, den Einstein 1905 mit seiner Theorie der Schwankungserscheinungen einleitete, hat er nicht mehr erlebt, obwohl er selbst es war, der bereits 1878 das Auftreten von Ungleichgewichten als notwendige Folge der statistischen Theorie vorausgesagt hatte (und die Brownsche Molekularbewegung ihm durchaus nicht unbekannt war).

Boltzmanns Vielseitigkeit erstreckte sich auch auf künstlerisches Gebiet. Er hat bei Anton Bruckner Musikstunden genommen, war ein glühender Verehrer der Klassiker (Shakespeares, Goethes, insbesondere aber Schillers) und hat nicht zuletzt eine der humorvollsten deutschen Reiseschilderungen geschrieben (Reise eines deutschen Professors ins Eldorado). Vielleicht hängt es mit der beginnenden Abnahme seiner geistigen Kräfte (und weniger mit Mangel an Anerkennung, denn letztere hat er in reichem Maße gefunden) zusammen, daß er 1906 während eines Sommeraufenthaltes in Duino im Alter von 62 Jahren seinem Leben ein Ende setzte.

Werke: Vorlesungen über Gastheorie. Leipzig 1895–1898; Vorlesungen über die Principe der Mechanik. 3 Bde. Leipzig 1897–1920; Wissenschaftliche Abhandlungen. 3 Bde. Leipzig 1909; Populäre Schriften. Leipzig 1905.

Literatur: Philipp Lenard, Große Naturforscher. München 1929, S. 311–316; Arnold Sommerfeld, Das Werk B's. In: Wiener Chemikerzeitung. Bd 47, 1944, S. 25–28; Ludwig Flamm, Die Persönlichkeit B's. Ebd. S. 28–30; Clemens Schaefer, L. B. In: Die Naturwissenschaften. Jg 33, 1946, S. 33–37; Hans Thirring, L. B. in seiner Zeit. In: Naturwiss. Rundschau, Jg 10, 1957, S. 411–415; Engelbert Broda, L. B. Berlin 1957; René Dugas, La théorie au sens de B. et ses prolongements modernes. Neuchâtel 1959; Manfred Grunwald, Die philosophischen Ansichten L. Bs. In: Wissenschaftliche Zeitschrift der Friedrich Schiller-Universität Jena. Jg 11, 1962, Math.-nat. Reihe, S. 279–300; Stephen B. Brush, Foundations of statistical mechanics. 1845–1915. In: Archive for History of Exact Sciences. Vol. 4, 1967, S. 145–183. U. H.

Borelli, Giovanni Alfonso (* 28. Januar 1608 in Castelnuovo bei Neapel, † 31. Dezember 1679 im Kloster St. Pantaleone in Rom). Als Universalgelehrtem gelang es Borelli, Bedeutendes im Bereich der Physik, der Astronomie, der Mathematik sowie der Anatomie zu leisten.

B. studierte – ebenso wie Torricelli und Cavalieri – in Rom unter Benedetto Castelli Mathematik; er wurde Professor dieser Disziplin, zunächst an der Universität in Messina und 1658 in Pisa. Dorthin kam bald darauf auch der später sehr bedeutende Anatom Marcello Malpighi. Dessen Bekanntschaft nahm B. vermutlich zum Anlaß, sich näher mit der Anatomie zu befassen. Als Mitglied der 1657 in Florenz gegründeten Accademia del Cimento trug er zu deren Prägung und Blüte bei. Nach der Auflösung 1667 ging Borelli wieder nach Messina, mußte aber die Stadt sieben Jahre später wegen einer politischen Verschwörung für immer verlassen und nach Rom fliehen. Hier gehörte er dem Gelehrtenkreis um die schwedische Ex-Königin Christina an.

Durchdrungen von der mechanistischen Denkweise seiner Zeit, war B. unermüdlich bestrebt, die Prinzipien der → Mechanik, wie sie sich so glänzend bei seinem großen Landsmann Galilei bewährt hatten, zur Erklärung der verschiedensten Erscheinungen der belebten und unbelebten Natur anzuwenden. Sein physikalisches Hauptwerk „De vi repercussionis ...“ beinhaltet u. a. Probleme der Pendelbewegung, der Elastizität und des Stoßes der Körper sowie der Kapillarität. Die kapillaren Erscheinungen versuchte B. mit Hilfe einer Analogie zur Balkentheorie zu deuten. Er dachte sich die Kapillarflüssigkeit (Wasser) aus Korpuskeln zusammengesetzt, deren eine Seite sich in der Kapillarwandung verzahnt und damit als einarmiger Hebel wirkt, womit nur noch ein Teil des Korpuskelgewichts auf die Wassersäule drückt. Das in diesem Zusammenhang bedeutsamste Resultat der Untersuchungen B.s war: Die Kapillarerscheinungen sind vom Luftdruck unabhängig; die kapillaren Steighöhen verhalten sich umgekehrt wie die Durchmesser der Röhren.

Große Aufmerksamkeit widmete B. physiologischen Studien. Obwohl bereits vor ihm seine Zeitgenossen Harvey, Descartes, Steno u. a. physikalische Betrachtungsweisen in die Physiologie und Anatomie eingeführt hatten, so war es doch vor allem B., der durch die konsequente Anwendung der mechanischen Gesetze auf den lebenden Organismus zum eigentlichen Begründer der Iatrophysik wurde. In seinem berühmtesten Werk, dem erst ein Jahr nach seinem Tode erschienenen „De motu animalium“, analysierte B. Muskelkontraktionen, berechnete Muskelkräfte mit Hilfe der Hebelgesetze, untersuchte den Atmungsvorgang sowie die Bewegungsmechanismen beim Gehen, Schwimmen, Fliegen usw. Der physikalischen Erklärung des Tauchvermögens der Fische fügte er die Konzeption eines Tauchbootes bei, ein Zeichen für sein Bestreben, wissenschaftliche Erkenntnisse technisch zu nutzen. So erfand er bei den Untersuchungen der Akademie zur Ermittlung der Lichtgeschwindigkeit den Heliostat.

Auf Beobachtungen der von Galilei entdeckten Jupitermonde stützt sich sein astronomisches Werk „Theoricae mediceorum planetarum...". Dieses weist B. als einen Wegbereiter der → Gravitationstheorie aus. Ohne die mathematische Gesetzmäßigkeit zu finden, sprach er von Attraktions- und Zentrifugalkräften, die sich bei der Zentralbewegung von Himmelskörpern um ein Zentralgestirn in ihrer Wirkung gegenseitig aufheben.

Werke: Theoricae mediceorum planetarum ex causis physicis deductae. Florenz 1666; De vi repercussionis et motionibus naturalibus a gravitate pendentibus. Reggio 1670; De motu animalium. Rom 1680/81, Leiden 1710.

Literatur: Kurd Laßwitz, Geschichte der Atomistik vom Mittelalter bis Newton. Leipzig 1926 (Nachdruck Darmstadt 1963), Bd 2, S. 300–328; Angus Armitage, B.s hypothesis. In: Annals of Science. Vol. 6, 1948, S. 268–282; Alexandre Koyré, La mécanique céleste de J. A. B. In: Revue d'Histoire des Sciences. Bd 5, 1952, S. 101 bis 138; ders., La revolution astronomique. Copernic, Kepler, Borelli (= Histoire de Pensée. Bd 3). Paris 1961. L. S.

Born, Max (* 11. Dezember 1882 in Breslau, † 5. Januar 1970 in Göttingen). Nach vier Semestern in Breslau und zwei Sommersemestern in Heidelberg und Zürich bezog B. 1904 die Universität Göttingen, wo sich sogleich enge Beziehungen zu David Hilbert und Hermann Minkowski ergaben. Beide Mathematiker waren seine eigentlichen akademischen Lehrer. Als Physiker wurde das verehrte Vorbild Albert Einstein, mit dem ihn seit etwa 1914 eine herzliche Freundschaft verband. Nach Einsteins Ansatz von 1907 begründete B. zusammen mit Theodore von Kármán (gleichzeitig mit und unabhängig von Peter Debye) die Quantentheorie der spezifischen Wärme. Die ebenfalls 1912 erfolgte Entdeckung der Röntgeninterferenzen durch Max von Laue lieferte dabei ein willkommenes (aber doch nur nachträgliches) Argument für die Berechtigung der Bornschen Methode.

B. unternahm es nun, eine einheitliche Kristallphysik auf atomistischer Grundlage aufzubauen. In seinem 1915 veröffentlichten Buch „Dynamik der Kristallgitter" und in seinem Artikel in der Mathematischen Enzyklopädie, der als selbständige Monographie unter dem Titel „Atomtheorie des festen Zustandes" 1923 erschien, wurde das Gebiet der Gitterdynamik in einheitlicher und klarer Weise zusammengefaßt und damit einer der Grundsteine für die Festkörperphysik gelegt. Mit der Berufung B.s auf den Lehrstuhl des Zweiten Physikalischen Instituts in Göttingen 1921 begann die glänzendste Epoche der Physik in Deutschland. Angeregt von den „Bohr-Festspielen" – einem großen Vortragszyklus von Niels Bohr in Göttingen 1922 –, beteiligte sich auch B. an der Suche nach einer neuen Atomtheorie; Ergebnisse seiner Kristallphysik hatten ihn schon länger überzeugt, daß das Bohrsche Atommodell nur einen begrenzten Wert besitzt.

1925 formulierte Werner Heisenberg, der damals 24jährige Assistent B.s, einen Ansatz, an den anknüpfend – in Zusammenarbeit mit Pascual Jordan und Heisenberg – B. die geschlossene mathematische Theorie der Quantenmechanik entwickeln konnte: „Heisenbergs Multiplikationsregel ließ mir keine Ruhe, und nach acht Tagen intensiven Denkens und Probierens erinnerte ich mich plötzlich an eine algebraische Theorie, die ich von meinem Lehrer Professor Rosanes in Breslau gelernt hatte ... Dies Resultat bewegte mich etwa wie einen Seefahrer, der nach langer Irrfahrt von fern das ersehnte Land sieht ... Ich war vom ersten Augenblick an überzeugt, daß wir auf das Richtige gestoßen waren."

Einen fundamentalen Beitrag zur physikalischen Interpretation dieses Kalküls und damit zum Verständnis der dem gewöhnlichen menschlichen Denken so eigenartige Schwierigkeiten bereitenden „Logik der Atome" lieferte B. 1926. Seine Vermutung, daß die neue Quantentheorie eine statistische Beschreibung der Natur beinhaltet, konnte er am Beispiel der Stoßvorgänge beweisen. Diese Leistung bereitete mit den Weg zur → Kopenhagener Deutung. In einem Brief an B. urteilte Wolfgang Pauli: „Ich bin gewiß, daß der statistische Charakter der Naturgesetze

– auf dem Sie von Anfang an gegen Schrödingers Widerstand bestanden haben – den Stil der Gesetze wenigstens für einige Jahrhunderte bestimmen wird."

Eine gewaltige Anziehungskraft strahlte damals Göttingen aus; um B. versammelten sich hervorragende Schüler und Mitarbeiter aus der ganzen Welt. Viele davon begründeten später selbst eigene wissenschaftliche Schulen oder kamen durch epochemachende Leistungen zu Weltruhm. Zum Göttinger Kreis um B. gehörten unter anderen: Max Delbrück, Maria Göppert-Mayer, Werner Heisenberg, John von Neumann, J. Robert Oppenheimer, Wolfgang Pauli, Edward Teller, Victor F. Weißkopf und Eugen P. Wigner.

1933 wurde B. in die Emigration gezwungen. Er ging nach Cambridge in England, dann nach Edinburgh, wo er nochmals 17 Jahre theoretische Physik lehrte. Nach seiner Emeritierung 1953 kehrte er wieder nach Deutschland zurück und lebte zuletzt zurückgezogen in Bad Pyrmont. Er hat ein gewaltiges Lebenswerk hinterlassen: Zwanzig wissenschaftliche und wissenschaftsphilosophische Bücher, über 300 Aufsätze in Fachzeitschriften, die von ihm allein stammen oder in Zusammenarbeit mit Schülern und Freunden entstanden sind. Er blieb bis ins hohe Alter hinein aktiv tätig. Als sein Name durch die Verleihung des Nobelpreises – verspätet 1954 – weiten Kreisen bekannt geworden war, entdeckte er eine neue Lebensaufgabe: auf die Gefahren aufmerksam zu machen, die die Existenz der Menschheit im Atomzeitalter bedrohen. Später verfaßte er aus der Erinnerung zahlreiche historische Aufsätze und gab, von ausführlichen Kommentaren begleitet, seinen Briefwechsel mit Albert Einstein heraus.

Werke: 1. Auswahl der wichtigsten Zeitschriftenaufsätze: Max Born, Ausgewählte Abhandlungen. 2 Bde. Göttingen 1963 (hier Bibliographie Bd 2, S. 695–706); 2. Auswahl der wichtigsten Bücher: Die Relativitätstheorie Einsteins und ihre physikalischen Grundlagen. Berlin 1920; Vorlesungen über Atommechanik. Berlin 1925; Probleme der Atomdynamik. 2 Bde. Berlin 1926; Elementare Quantenmechanik. Berlin 1930; Physik im Wandel meiner Zeit (= Die Wissenschaft. Bd 111). Braunschweig 1957 (4. erw. Aufl. 1966); Principles of optics. London 1959; Von der Verantwortung des Naturwissenschaftlers. München 1965; Experiment und Theorie in der Physik. Mosbach/Baden 1969 (1. Auflage Cambridge 1943); Der Luxus des Gewissens. Erlebnisse und Einsichten im Atomzeitalter. München 1969; Albert Einstein / Hedwig und M. B., Briefwechsel 1916–1955, kommentiert von M. B. München 1969.

Literatur: Armin Hermann, M. B. Eine Biographie. In: M. B., Zur statistischen Deutung der Quantentheorie (= Dokumente der Naturwissenschaft. Bd 1). Stuttgart 1962 (hier Bibliographie S. 120–130); Friedrich Herneck, M. B. In: Bahnbrecher des Atomzeitalters. Große Naturforscher von Maxwell bis Heisenberg. [Ost-]Berlin 1965.

Boscovich, Roger Joseph (* 18. Mai 1711 in Ragusa, † 13. Februar 1778 in Mailand). B. studierte am Collegio Romano in Rom, wo er 1740 eine Professur übernahm; der Jesuit war dann in Pavia, Paris und zuletzt in Mailand tätig. B. verfaßte eine große Zahl von optischen und astronomischen Traktaten. Besonders bedeutungsvoll wurde seine Atomtheorie: Er faßte die Atome als ausdehnungslose, mathematische Punkte auf, die von einer Kraftatmosphäre umgeben sind. Die Wichtigkeit, die B. der Frage nach den kleinsten Teilchen beimaß und seine dynamische Auffassung (→ Dynamismus) waren von großem Einfluß bis zur Mitte des 19. Jh.s (Faraday).

Literatur: Lancelot Law Whyte, R. J. B. Studies of his life and work etc. London 1961 (mit Bibliographie); Robert Siegried, B. and Davy: Some cautionary remarks. In: Isis. Vol. 58, 1967, S. 236–238; Roger Hahn, The B. Archives at Berkeley. In: Isis. Vol. 56, 1965, S. 70–78; Josef Smolka, B. und die Entwicklung der Physik in den böhmischen Ländern um die Mitte des 18. Jh.s. In: NTM. Jg 2, 1965, S. 24–38; J. Brookes Spencer, B.'s theory and its relation to Faraday's researches etc. In: Archive for History of Exact Sciences. Vol. 4, 1967/68, S. 184–202.

Bothe, Walter (* 8. Januar 1891 in Oranienburg bei Berlin, † 8. Februar 1957 in

Heidelberg). Als Schüler Max Plancks promovierte B. mit einer Dissertation über theoretische Optik, und unter dem Einfluß von Hans Geiger lernte er mit den Phänomenen der Radioaktivität experimentell umzugehen. Er entwickelte sich so zu einem theoretisch wie experimentell besonders gut vorgebildeten Kernphysiker.

In Zusammenarbeit mit Hans Geiger bildete B. die Methode der Koinzidenzen zu großer Vollendung aus. Nachweisgeräte, die den Durchgang eines Teilchens durch einen elektrischen Impuls anzeigen, wurden so zusammengeschaltet, daß gerade nur immer das gesuchte „Ereignis" gezählt wurde. Eine wichtige Anwendung fand die Methode bei der Analyse der Höhenstrahlung und bei der Prüfung des Compton-Effektes, wo Anfang 1925 eine Hypothese von Bohr, Kramers und Slater über die nur statistische Gültigkeit von Energie- und Impulssatz im atomaren Bereich widerlegt werden konnte.

Bei der Kernreaktion zwischen Bor und α-Teilchen beobachtete B. zwei verschiedene Gruppen von Protonen, die eine Energiedifferenz von 3 MeV aufwiesen. 1930 fand er durch systematisches Suchen eine isotrope Gammastrahlung: Damit war die wichtige Entdeckung der Kernanregung geglückt. Wie in der Atomhülle gibt es auch für den Atomkern verschiedene Anregungsstufen, und der Kern geht unter Aussendung elektromagnetischer Wellen (γ-Quanten) in einen energetisch niedrigeren Zustand über.

Bei der Wiederholung dieser Versuche benutzten Irène Curie und Frédéric Joliot andere Meßapparate und deuteten ihre Versuche zunächst falsch, was dann James Chadwick zur Entdeckung des Neutrons geführt hat. Die verbreitete Meinung, daß B. eine Neutronenstrahlung beobachtet, sie aber als Gammastrahlung gedeutet habe, entspricht nicht den Tatsachen. Leider hat diese irrige Auffassung dazu beigetragen, daß B. erst 24 Jahre nach seiner wichtigen Entdeckung, im Jahre 1954, als er bereits schwer erkrankt war, der Nobelpreis für Physik verliehen wurde. Seit 1934 war er Direktor des Institutes für Physik am Kaiser-Wilhelm-Institut für medizinische Forschung, ab 1954 zugleich o. Professor an der Universität Heidelberg. Bis zu seinem Tode ist er um sein Institut besorgt gewesen und hat es vom Krankenbett aus bis zuletzt geleitet.

Werke: Künstliche Erregung von Kern-γ-Strahlen (mit Herbert Becker). In: Zeitschrift für Physik. Bd 66, 1930, S. 289–306; Die in Bor und Beryllium erregten γ-Strahlen (mit Herbert Becker). Ebd. Bd 76, 1932, S. 421–438; Atlas typischer Nebelkammeraufnahmen. Berlin 1940; Der Physiker und sein Werkzeug. Berlin 1944.

Literatur: Rudolf Fleischmann, W. B. und sein Beitrag zur Atomkernforschung. In: Die Naturwissenschaften. Jg 44, 1957, S. 457–460; ders., Zur Entwicklungsgeschichte der künstlichen Kern-γ-Strahlung. Ebd. Jg 38, 1951, S. 465–467.

Bouguer, Pierre (* 16. Februar 1698 in Croisic/Bretagne, † 15. August 1785 in Paris). Zwar gilt allgemein Johann Heinrich Lambert als Begründer der → Photometrie, doch hat schon vor ihm P. B. systematisch photometriert, um die → Absorption von Licht für verschiedene Medien zu bestimmen. Er fand das richtige Absorptionsgesetz, d. h. die Schwächung „in geometrischer Progression" mit der Eindringtiefe x, modern geschrieben

$$J(x) = J(0) \exp(-a \cdot x).$$

Werke: Traité d'optique. Paris 1760 (lat. Wien 1762); La figure de la terre. Paris 1749.

Literatur: W. E. Knowles Middleton, B., Lambert, and the theory of horizontal visibility. In: Isis. Vol. 51, 1960, S. 145–149; Gilles Maheu, ... publication des lettres de B. à Euler. In: Revue d'Histoire des Sciences. Bd 19, 1966, S. 206–246.

Bibliographie: Gilles Maheu, Bibliographie de P. B. In: Revue d'Histoire des Sciences. Bd 19, 1966, S. 193–205.

Boyle, Sir Robert (* 25. Januar 1627 in Lismore, Irland, † 30. Dezember 1691 in London). Das Leben B.s war eng mit der Gründung der Royal Society verbunden. Er gehörte schon der Wissenschaftlergesellschaft an, die den Namen „Invisible College" trug und aus der im Jahre 1662 die „Royal Society of London for improving natural knowledge" entstand. B. war eines ihrer hervorragendsten Mitglieder und wurde im Jahre 1680 zum Präsidenten gewählt, lehnte aber das Amt ab. Diese Ehre verdankte B. seinen erfolgreichen physikalischen und chemischen Untersuchungen.

In der Physik wurde er mit seinen Luftpumpen und den Arbeiten über die Eigenschaften der Gase bekannt (→ Boyle-Mariottesches Gesetz). Er beschäftigte sich auch mit der Untersuchung von Farberscheinungen und veröffentlichte im Jahre 1663 in dem Buche „Considerations upon Colours" seine Beobachtungen von Farben dünner Schichten (→ Interferenz).

Als Chemiker wurde Boyle durch sein Buch „The Sceptical Chemist" (1661) berühmt, in dem er sich als einer der ersten mit der qualitativen chemischen Analyse beschäftigte. Er lehnte den Gedanken der Aristotelischen Elemente ab und definierte das Element als das Endprodukt der Analyse. Er widerlegte die damalige Auffassung, daß das Feuer der beste chemische Analysator sei und führte das „nasse" Analysenverfahren ein. Boyle war Anhänger des mechanistischen Atomismus. Nach seinen Vorstellungen besteht die Materie aus Teilchen, welche sich durch Größe, Form und Bewegung unterscheiden.

Werke: The sceptical chemist. Oxford 1661; Experiments and considerations upon colours, with observations on a diamond that shines in the dark. Oxford 1663; Hydrostatical paradoxes. Oxford 1666; Origin of forms and qualities according to the corpuscular philosophy. Oxford 1666; The works (Hrsg. Thomas Birch). 5 Bde. London 1744.

Literatur: L. T. More, The life and works of the honourable R. B. New York 1944; Marie Boas, La méthode scientifique de R. B. In: Revue d'Histoire des Sciences. Bd 9, 1956, S. 105—125; Robert Kargon, Walter Charlton, R. B. and the acceptance of Epicurean atomism in England. In: Isis. Vol. 55, 1964, S. 184—192; Marie Boas-Hall (Hrsg.), R. B. on natural philosophy. Bloomington 1965; D. C. Firth, R. B. In: Late seventeenth century scientists (Hrsg. Donald Hutchings). Oxford 1969, S. 107—131; R. E. W. Maddison, The life of the honourable R. B. London und New York 1969.

Bibliographie: J. F. Fulton, Bibliography of the honourable R. B., F. R. S. New Haven 1932.

J. M.

Boyle-Mariottesches Gesetz. Nachdem 1658 die Erfindung Guerickes durch die Veröffentlichung Kaspar Schotts bekanntgeworden war, entwickelte auch Robert Boyle in Zusammenarbeit mit Robert Hooke eine Reihe von Luftpumpen; die damit ausgeführten Versuche beschrieb er 1660. Auf Einsprüche, die sich gegen seine Auffassung des Luftdruckes richteten (→ Barometer, → Vakuum), konstruierte Boyle ein U-Rohr mit einem langen offenen und einem kurzen geschlossenen Schenkel, das mit Quecksilber gefüllt wurde. Im kurzen Schenkel war ursprünglich Luft von Atmosphärendruck eingeschlossen, so daß das Quecksilber auf beiden Seiten gleich hoch stand. Durch Zugießen von Quecksilber verkleinerte sich laufend das im kurzen Schenkel eingeschlossene Volumen. So demonstrierte Boyle an Hand einer kleinen Tabelle, daß die Luft mit zunehmender Kompression einer immer höheren Quecksilbersäule das Gleichgewicht halten kann.

Diese Ergebnisse veröffentlichte Boyle 1661; aus den mitgeteilten Werten las Richard Townley die Gesetzmäßigkeit zwischen dem Volumen der eingeschlossenen Luft und dem auf sie ausgeübten Druck ab. In der 2. Auflage seiner „Defense of the Doctrine touching the Spring and Weight of the Air" von 1669 teilte Boyle diesen Zusammenhang als „Townleysches Gesetz" mit. Erst im Jahre 1676 veröffentlichte auch Edme Mariotte mit einem ähnlichen U-Rohr ausgeführte Experimente und das Gesetz in der Proportion

$$p : p' = v' : v.$$

Quellen: Robert Boyle, New experiments physico-mechanical touching the spring of the air and its effects. London 1660; ders., Defensio de elatere et gravitate aeris . . . London 1661. 2. Aufl. Rotterdam 1669; Edme Mariotte, Discours de la nature de l'air [1676]. Nachdruck Paris 1923.

Literatur: James Bryant Conant, Robert Boyle's experiments in pneumatics (= Harvard Case Histories in Experimental Science. Case 1). Cambridge 1950; Douglas McKie, La loi de Boyle. In: Schweizerische Technische Zeitschrift. Jg 50, 1953, S. 166–169; Roy G. Neville, The discovery of Boyle's law. In: Journal of chemical education. Vol. 39, 1962, S. 356–359; Rupert A. Hall, Die Geburt der naturwissenschaftlichen Methode. Gütersloh 1965; C. Webster, The discovery of Boyle's law, and the concept of the elasticity of air etc. In: Archive for History of Exact Sciences. Vol. 2, 1965/66, S. 441–502.

Bragg, William Henry, Sir (* 2. Juli 1862 in Westward bei Wigton, England, † 12. März 1942 in London). War seit 1886 Professor der Mathematik und Physik in Adelaide (Australien), wo er seine ersten Forschungen auf dem Gebiet der Radioaktivität (Messung der Reichweite von Alphastrahlen) ausführte. Später befaßte er sich mit Röntgenstrahlen, die er zunächst für elektrisch neutrale Teilchen hielt. Nach Max von Laues Entdeckung der Röntgenstrahlinterferenz an Kristallen widmete er sich zusammen mit seinem Sohn der röntgenographischen Analyse des Kristallbaus. Aufgrund dieser Arbeiten erhielten Vater und Sohn 1915 den Nobelpreis für Physik; 1932 wurde B. als Nachfolger von James Dewar Professor der Chemie an der Royal Institution (und Direktor des Faraday-Davy-Forschungslaboratoriums). Von 1935 bis 1940 war er Präsident der Royal Society.

Werke: Was ist Materie? Leipzig 1931; Die Welt des Lichtes. Braunschweig 1935; An introduction to crystal analysis. New York 1949; Durchgang der α-, β-, γ- und Röntgenstrahlen durch Materie. Leipzig 1965.

Literatur: Roger H. Stuewer, W. H. B.'s corpuscular theory of x-rays and γ-rays. In: British Journal for the History of Science. Im Druck; Peter Paul Ewald, W. H. B. and the new crystallography. In: Nature. Vol. 195, 1962, S. 320 bis 325; Sir Lawrence Bragg and Gwendolen Caroe, Sir W. B. F.R.S. In: Notes and Records of the Royal Society. Vol. 17, 1962, S. 169–182.

U. H.

Bragg, William Lawrence, Sir (* 31. März 1890 in Adelaide, Australien). Er erhielt 1915 zusammen mit seinem Vater William Henry Bragg den Nobelpreis für Physik „in Anerkennung ihrer Verdienste um die Kristallanalyse mit Hilfe von Röntgenstrahlen". Er war von 1919 bis 1937 Professor der Physik in Manchester, danach in Cambridge und ist seit 1954 daneben Direktor der von Graf Rumford 1799 gegründeten Royal Institution. Er erfand ein einfaches Verfahren zum Nachweis von Röntgenstrahlen und zur Bestimmung ihrer Wellenlänge (Braggsche Drehkristallmethode) und erforschte insbesondere den Aufbau der Minerale und Legierungen. Die Debyesche Theorie über den Einfluß der Wärmebewegung der Gitterzentren auf die Röntgenstreuung wurde von ihm experimentell bestätigt.

Werke: Die Beugung von X-Strahlen durch Kristalle. Nobelvorlesung. Leipzig 1923; Geschichte der Röntgenspektralanalyse. Berlin 1947; Elektrizität. Wien 1951; The cyrstalline state. London 1965.

Literatur: Peter Paul Ewald (Hrsg.), Fifty years of x-ray diffraction. Utrecht 1962; James D. Watson, Die Doppel-Helix. Hamburg 1969.

U. H.

Brahe, Tycho (* 14. Dezember 1546 in Knudstrup auf Schonen, † 24. Oktober 1601 in Benatky/Böhmen). Brahe war der letzte große Astronom, der ohne das später von Galilei für astronomische Beobachtungen eingeführte Fernrohr arbeiten mußte. B. beobachtete mit bloßem Auge. Er tat dies mit solcher Präzision und mit so guten, 1598 beschriebenen Instrumenten, daß Johannes Kepler die Ergebnisse seiner Marsbeobachtungen zur Bestimmung der Gesetze der Planetenbewegung benutzen konnte.

Brahe hatte zunächst mit dem Studium der Rechte begonnen. Als er aber ein Vermögen erbte, widmete er sich der Astronomie in Kopenhagen, Leipzig, Rostock und Augsburg. Durch seine Arbeit über die Entdeckung der „Nova Cassiopeiae", eines neuen Sternes, im Jahre 1572 wurde er dann bekannt. In Dänemark baute Brahe mit Unterstützung des dänischen Königs Friedrich II. die berühmte Sternwarte „Uranienborg“ auf der Insel Ven (Hveen) im Öresund. Friedrichs Nachfolger, Christian IV., war Brahe nicht wohlgesonnen, und so verließ dieser Uranienborg im Jahre 1597. Nach kurzem Aufenthalt in Deutschland kam er 1599 nach Prag an den Hof des Kaisers Rudolf II., wo er seine Arbeit bis zum Tode fortsetzte. Es war eine glückliche Fügung, daß im Jahre 1600 Kepler zu ihm nach Prag kam. Kepler veröffentlichte nach Brahes Tod dessen Hauptwerk „Astronomiae instauratae progymnasmata“ in Prag in den Jahren 1602 bis 1603 (der erste Teil dieses Buches war schon früher, im Jahre 1588, noch in Uranienborg unter dem Titel „De mundi aetherei recentioribus phaenomenis“ gedruckt worden).

Bekannt ist Brahe auch durch seine Theorie des Weltsystems, nach der Sonne und Mond um die im Mittelpunkt des Weltalls ruhende Erde kreisen, und die übrigen Planeten die bewegte Sonne umkreisen. Mit dieser Theorie versuchte Brahe die beiden damals widerstreitenden Theorien, die Ptolemäische und die Kopernikanische, durch einen Kompromiß zu ersetzen.

Werke: Tychonis Brahe Dani opera omnia (Hrsg. John L. E. Dreyer). 15 Bde. Kopenhagen 1913–1929.

Literatur: John L. E. Dreyer, Tycho Brahe. Edinburg 1890. Neudruck New York 1963; Frederick Reinholdt Friis, T. B. Kopenhagen 1871; Hans Raeder (Hrsg.), T. B.'s description of his instruments and scientific work. Kopenhagen 1946; John Allyne Gade, The life and times of T. B. New York 1947; C. Doris Hellman, Was T. B. as influential as he thought? In: British Journal for the History of Science. Vol. 1, 1963, S. 295–324; Victor E. Thoren, An early instance of deductive discovery: T. B.'s lunar theory. In: Isis. Vol. 58, 1967, S. 19–36; John Christianson, T. B. at the University of Copenhagen, 1559 to 1562. In: Isis: Vol. 58, 1967, S. 198–203; ders., T. B.'s cosmology from the "Astrologia" of 1591. In: Isis. Vol. 59, 1968, S. 312–318.

J. M.

Braun, Karl Ferdinand (* 6. Juni 1850 in Fulda, † 20. April 1918 in New York). Seine erste große Entdeckung veröffentlichte Ferdinand B., als er – vierundzwanzigjährig – nach seinem Physikstudium und der Assistententätigkeit bei Quincke in Würzburg eine Lehrerstelle am Thomas-Gymnasium in Leipzig antrat: Es war die Entdeckung des Gleichrichtereffekts bei → Halbleitern, auf der heute ein ganzer Industriezweig, die Transistorentechnik, fußt.

Als ebenso fruchtbar erwiesen sich B.s Erfindungen. Seine Kathodenstrahlröhre, die „Braunsche Röhre“ (1897) ist für die messende Physik, für Radaranlagen, vor allem aber als Fernsehbildröhre unersetzlich geworden. Mit der Einführung eines gekoppelten Kondensatorkreises (1898) und des Kristall-Detektorempfängers in die junge von Marconi begründete Technik der drahtlosen Telegraphie ermöglichte B. den weltweiten Funkverkehr. Hierfür erhielt er 1909 zusammen mit Marconi den Nobelpreis für Physik. 1913 erfand B. die Rahmenantenne zur Festlegung der Ausbreitungsrichtung elektromagnetischer Wellen. Die Ergebnisse seiner Erfindertätigkeit vermochte B. – in Zusammenarbeit mit der „Braun-Siemens“-Gesellschaft und der durch Fusion mit einer AEG-Tochterfirma 1903 entstandenen Firma „Telefunken“ – bereits technisch zu nutzen.

B. war – zunächst als a. o. Prof. der Physik in Marburg und Straßburg, seit 1883 als o. Prof. in Karlsruhe, Tübingen und Straßburg – vor allem Lehrer und Forscher. Als solcher wurde er zum Haupt der „Braunschen Schule“, die die theoretische Entwicklung der Hochfrequenzphysik zum Thema hatte. Sein Name ist darüber hinaus mit dem Le Chateliers verbunden, dessen „Prinzip des kleinsten Zwanges“ er zum „Le Chatelier-Braunschen Prinzip“ (1887) erweiterte.

Werke: Über die Stromleitung durch Schwefelmetalle. In: Annalen der Physik. Bd 153, 1874, S. 556–571; Drahtlose Telegraphie durch Wasser und Luft. Leipzig 1901.

Literatur: Jonathan Zenneck, Erinnerungen eines Physikers. Privatdruck München 1961;

Friedrich Kurylo, F. B. München 1965 (enthält umfangreiches Literaturverzeichnis). L. S.

Braunsche Röhre. Die B. R. ist ein Kathodenstrahl-Oszillograph, wie sie auch und vorwiegend im Ausland genannt wird. Die erste Ausführung der Röhre besaß eine kalte Kathode, ein mäßiges Vakuum und benötigte daher eine sehr hohe Anodenspannung von 30 000 bis 100 000 Volt; die Spur der elektrisch oder magnetisch abgelenkten Kathodenstrahlen wurde auf dem phosphoreszierenden Auffangschirm aufgezeichnet. Die Kathodenstrahlen wurden zunächst nur in einer Richtung ausgelenkt, so daß man die Bewegung des Leuchtpunktes durch einen Drehspiegel betrachten mußte, um ein Kurvenbild, z. B. einer Wechselspannung, zu erhalten. Eine dazu senkrechte Ablenkung verwirklichte Brauns Mitarbeiter Jonathan Zenneck bereits 1899, in dem er durch eine Kippschaltung eine Spannung mit sägezahnförmigem zeitlichen Verlauf erzeugte und diese zur senkrechten Ablenkung der Kathodenstrahlen benutzte.

Die Trägheitslosigkeit der Wiedergabe des zeitlichen Verlaufes auch hochfrequenter elektromagnetischer Größen zeichnete die Braunsche Röhre gegenüber den älteren Schleifenoszillographen aus. Durch viele Verbesserungen, wie die Glühkathode (1903), die Entwicklung der Hochvakuumtechnik und die Konzentration des Elektronenstrahlbündels innerhalb der Röhre, entwickelte sich diese zu einem Universalwerkzeug der Physik und Technik.

Quellen: Ferdinand Braun, Über ein Verfahren zur Demonstration und zum Studium des zeitlichen Verlaufes variabler Ströme. In: Annalen der Physik. Bd 60, 1897, S. 552–559.

Literatur: Jonathan Zenneck, Zum 50jährigen Jubiläum der Braunschen Röhre. In: Die Naturwissenschaften. Jg 35, 1948, S. 33–38.

L. v. M.

Braunscher Sender. Nachdem die erfolgreichen Versuche mit drahtloser Telegraphie von Guglielmo Marconi bekannt geworden waren, begann 1898 Ferdinand Braun mit den Arbeiten an dem nach ihm benannten Sender, welcher wohl komplizierter, aber wirkungsvoller als der Marconische war. Zunächst sollte Braun als Physik-Professor der Universität Straßburg eine elektrotechnische Erfindung, die es ermöglichte, drahtlos eine gewisse Entfernung durch Wasser zu telegraphieren, prüfen und erklären. Dies gab ihm die äußere Anregung zur eigenen Erfindung. Sein Sender, wie er 1898 erstmals in Straßburg vorgeführt wurde, war als sog. gekoppelter Sender aus zwei Kreisen aufgebaut. Der Primärkreis bestand aus einem Kondensatorkreis mit Funkenstrecke, der die Schwingungen erzeugt und durch Induktion auf den Sekundärkreis, eine Induktionsspule und Antenne, überträgt. Hierdurch ließ sich die Energie der abgestrahlten Schwingungen und damit die Senderreichweite gegenüber dem Marconischen Sender wesentlich steigern.

Beide Sender erzeugten nur gedämpfte Schwingungen, da die Funken, welche im Primärkreis des Induktors durch einen Taster entsprechend den zu übertragenden Morsezeichen ausgelöst wurden, eine starke Dämpfung besitzen. Braun versuchte vergeblich, zu ungedämpften Schwingungen überzugehen.

Für seinen gekoppelten „drahtlosen Sender" erhielt er zusammen mit Marconi den Nobelpreis von 1909.

Quellen: Ferdinand Braun, Telegraphiersystem ohne fortlaufende Leitung. Deutsches Reichspatent (DRP) Nr 115 081 vom 12. 7. 1898; ders., Schaltungsweise des mit einer Luftleitung verbundenen Gebers für Funkentelegraphie. DRP Nr 111 578 vom 14. 10. 1898; ders., Drahtlose Telegraphie durch Wasser und Luft. Leipzig 1901.

L. v. M.

Brechungsgesetz. Durch die Lichtbrechung in der Atmosphäre sind die astronomischen Positionsbeobachtungen, insbesondere der tief am Horizont stehenden Sterne, mit Fehlern behaftet. Man bemühte sich also frühzeitig um eine rechnerische Erfassung des Fehlers. Da das B. unbekannt war, wurden Tafeln für verschiedene Werte des Einfallswinkels aufgestellt. Solche Tafeln sind z. B. schon von

Ptolemäus (2. Jh.) und Witelo (13. Jh.) bekannt. Johannes Kepler wandte für die Formulierung des Brechungsgesetzes viel Mühe auf, aber vergebens; er konnte nur eine Näherungsformel für kleine Werte des Einfallswinkels finden.

Erst René Descartes publizierte in der Schrift La Dioptrique von 1637 die richtige Formel. Allerdings war schon vorher (um 1609) Willebrord Snellius auf empirischem Wege zur richtigen Formel gelangt, während Descartes eine theoretische Ableitung gab. Descartes benutzte dabei die Emissionstheorie des Lichtes und die Annahme, daß sich das Licht im dichteren Medium **schneller** fortpflanzt als im dünneren.

Gegen die Descartessche Ableitung wandten sich Pierre Fermat und Christiaan Huygens. Dieser legte die Wellentheorie zugrunde, Fermat sein → Minimalprinzip der kürzesten Ankunft, und beide kamen unter der Voraussetzung, daß die Lichtgeschwindigkeit im dichteren Medium **kleiner** ist, zum richtigen Sinusgesetz. Eine **experimentelle** Entscheidung zwischen beiden Auffassungen war erst Mitte des 19. Jh.s durch die Versuche von Fizeau und Foucault möglich, als sich die Wellentheorie gegenüber der Emissionstheorie bereits durchgesetzt hatte.

Quellen: Johannes Kepler, Gesammelte Werke. Bd II (Hrsg. Franz Hammer). München 1939. Nachbericht; René Descartes, Discours de la méthode ... Leiden 1637; Vitellionis Opticae. Liber X. Basel 1572.

Literatur: J. A. Vollgraff, Snellius' notes on the reflection and refraction of rays. In: Osiris. Vol. 1, 1936, S. 718–725; Carl B. Boyer, Refraction and the rainbow in antiquity. In: Isis. Vol. 47, 1956, S. 383–386; Johannes Lohne, Zur Geschichte des Brechungsgesetzes. In: Sudhoffs Archiv. Bd 47, 1963, S. 152–172; ders., Newton's "proof" of the sine law etc. In: Archive for History of Exact Sciences. Vol. 1, 1960/62, S. 389–405; A. I. Sabra, The autorship of the liber Crepusculis, an eleventh century work on atmospheric refraction. In: Isis. Vol. 50, 1967, S. 77–85; ders., Theories of light from Descartes to Newton. London 1967; Bruce S. Eastwood, Grosseteste's quantitave law of refraction. In: Journal of the History of Ideas. Vol. 28, 1967, S. 403–414; David C. Lindberg, The cause of refraction in medieval optics. In: British Journal for the History of Science. Vol. 4, 1968, S. 23 bis 38.

Brewster, David (* 11. Dezember 1781 in Jedburgh, Schottland, † 10. Februar 1868 in Allerby, Schottland). B. studierte ursprünglich Theologie; seine naturwissenschaftlichen Interessen hinderten ihn aber, ein geistliches Amt anzunehmen. Er wurde Advokat und später Professor der Physik in St. Andrews (Schottland). Im Katalog der Royal Society sind 299 Arbeiten von ihm aufgeführt. Die bedeutendsten davon betreffen die Optik (Reflexion, Absorption und Polarisation des Lichtes). 1915 entdeckte er das nach ihm benannte Gesetz über die vollständige Polarisation von Licht, das an Glasflächen reflektiert und gebrochen wird. Er trat auch als Schriftsteller biographischer Werke hervor, war Herausgeber verschiedener wissenschaftlicher Zeitschriften und trug wesentlich zur Popularisierung der Naturwissenschaft in seiner Zeit bei.

Werke: Sir Isaac Newton's Leben nebst einer Darstellung seiner Entdeckungen. Leipzig 1833; Memoirs of the life, writings, and discoveries of Sir Isaac Newton. Nachdruck der Ausgabe von 1855. New York 1967; Beschreibung einer Doppelkamera etc. (= Ostwalds Klassiker, Nr 168). Leipzig 1908; Double Refraction and Polarization of Light. London 1860.

Literatur: Mrs. Brewster-Gordon, The home life of Sir D. B. Edinburgh 1869. U. H.

Bremsstrahlung. Die Bremsstrahlung ist der kontinuierliche Teil im Spektrum der Röntgenstrahlung. Der Name wurde von Arnold Sommerfeld eingeführt und hat sich als terminus technicus auch im angelsächsischen Sprachraum durchgesetzt. Die Vorstellung, daß die Röntgenstrahlen durch Abbremsung von Elektronen in der Antikathode der Röntgenröhre gemäß den Gesetzen der klassischen Elektrodynamik entstehende elektromagnetische Impulse sind, bildeten sich schon 1896, kurz nach deren Entdeckung, unabhängig voneinander George Stokes, Alfred Liénard und

Emil Wiechert. Der experimentelle Nachweis für die Richtigkeit dieser Vermutung wurde erst 1912 durch Max von Laues Entdeckung der Röntgenstrahlinterferenz an Kristallen möglich. Zunächst zeigte Charles Glover Barkla 1905 durch Polarisationsversuche, daß die Strahlung, wenn sie Wellencharakter habe, nur transversal sein könne. 1909 entdeckte derselbe Forscher die sich der Bremsstrahlung überlagernde (unpolarisierte) sog. „charakteristische Strahlung". Das Gesetz, daß die Bremsstrahlung eine scharfe kurzwellige Grenze besitzt, die in einfacher Beziehung zur Spannung der Röntgenröhre steht, wurde 1915 von William Duane und Franklin Hunt entdeckt. (Von Johannes Stark war es bereits 1907 aus quantentheoretischen Betrachtungen gefolgert worden.) Am Ausbau der Theorie der Bremsstrahlung waren wesentlich Arnold Sommerfeld, Hans Bethe und Walter Heitler beteiligt.

Quellen: Werner Heisenberg, Vorträge über kosmische Strahlung. Berlin 1953; Walter Heitler, Quantum theory of radiation. Oxford 1957; Arnold Sommerfeld, Gesammelte Schriften. Bd IV. Braunschweig 1968; Peter Paul Ewald (Hrsg.), Fifty years of x-ray diffraction. Utrecht 1962, S. 11–17. U. H.

Brillouin, Léon (* 7. August 1898 in Sèvres). Der Sohn des Physikers Marcel Brillouin war seit 1928 Professor der theoretischen Physik an der Sorbonne und am Collège de France. Sein Hauptinteresse galt der Wellenmechanik (Wentzel-Kramers-Brillouin-Methode, Brillouinsche Zonenkonstruktion), der Quantenstatistik, der Spektraltheorie und der Ausbreitung elektromagnetischer Wellen.

Werke: Conductibilité électrique et thermique des métaux. Paris 1934; Les électrons dans les métaux du point de vue ondulatoire. Paris 1934; Notions de mécanique ondulatoire. Les méthodes d'approximation. Paris 1932; Science and information theory. New York 1962; Scientific uncertainty and information. New York 1964.

Literatur: D. W. Harding, B. In: Physics Education, Vol. 4, 1969, S. 46–48. U. H.

Broglie, Louis Victor Prince de (* 15. August 1892 in Dieppe). Mit Begeisterung studierte B. die Abhandlungen des 1. Solvay-Kongresses (Brüssel Ende 1911) und entwickelte selbständige Überlegungen zur Quantentheorie. Der Ausbruch des 1. Weltkrieges beendete diesen Ansatz. – Seit 1919 wieder physikalisch tätig, empfing B. viele Anregungen von seinem um 17 Jahre älteren Bruder Maurice, der in Paris ein Privatlaboratorium unterhielt, wo vornehmlich über Röntgenspektroskopie und Radioaktivität gearbeitet wurde. Ende 1923 konzipierte B. seine grundlegenden Ideen über die Dualität von Welle und Korpuskel, die am 25. November 1924 in der berühmten Doktordissertation „Recherches sur la Théorie des Quanta" an der Sorbonne verteidigt wurden.

Albert Einstein hatte schon 1905 von den korpuskularen Eigenschaften des Lichtes gesprochen; de Broglie ordnete nun umgekehrt jedem materiellen Teilchen mit der Energie E und dem Impuls p eine Wellenerscheinung zu mit der Frequenz $\nu = E/h$ und der Wellenlänge $\lambda = h/p$. Damit wird die Bohrsche Quantisierungsvorschrift anschaulich verständlich: Es breitet sich auf der „Bahn des Elektrons" um den Atomkern eine Welle aus. Stabile „Bahnen" sind solche, bei denen sich die Wellen nicht selbst durch Interferenz auslöschen, für die also (im Falle von Kreisbahnen) gilt $n\lambda = 2\pi r$. Diese Bedingung entspricht dem Bohrschen Postulat, so daß de Broglie schreiben konnte: „Nous croyons que c'est la première explication physiquement plausible proposée pour ces conditions de stabilité de Bohr-Sommerfeld."

Als Professor der theoretischen Physik am 1929 gegründeten Institut Henri Poincaré arbeitete B. weiter auf dem Gebiet der Quantenelektrodynamik und der Elementarteilchentheorie. Er entwickelte u. a. die „Fusionsmethode" zur Behandlung von Elementarteilchen mit einem Spin, der gleich einem beliebigen Vielfachen von $1/2$ ist. B. gehört zu den namhaftesten Gegnern der → Kopenhagener

Deutung. Er hat zahlreiche Versuche einer anderen Interpretation der Quantentheorie unternommen.

Werke: Einführung in die Wellenmechanik. Leipzig 1929; Physik und Mikrophysik. Hamburg 1950; Savants et découvertes. Paris 1951; Licht und Materie. Ergebnisse der Neuen Physik. I. Teil. Hamburg 1951; Die Elementarteilchen. Individualität und Wechselwirkung. Ergebnisse der Neuen Physik. II. Teil. Hamburg 1954; Ondes électromagnétiques et photons. Paris 1968.

Literatur: Louis de Broglie und die Physiker. Hamburg 1955 (mit biographischen und autobiographischen Aufsätzen und Bibliographie); Johannes Gerber, Geschichte der Wellenmechanik. In: Archive for History of Exact Sciences. Vol. 5, 1969, S. 349–416.

Brown, Robert (* 21. Dezember 1773 in Montrose (Schottland), † 10. Juni 1858 in London). War nach Beendigung seiner Studien zunächst Regimentsarzt. Seine Erfolge als Botaniker verdankte er vor allem der Anwendung des Mikroskops. Dieses verhalf ihm auch zu seiner bedeutendsten Entdeckung, der sog. Brownschen Molekularbewegung. Er veröffentlichte diese Beobachtung 1828 unter dem Titel: „A brief account of microscopical observations ... on the particles contained in the pollen of plants, and on the general existence of active molecules in organic and inorganic bodies." Daß diese Beobachtung tatsächlich eine Hauptstütze der atomistischen Auffassung der Materie darstellt, wurde erst mit Albert Einsteins Arbeit von 1905 („Die von der molekularkinetischen Theorie der Wärme geforderte Bewegung von in ruhenden Flüssigkeiten suspendierten Teilchen") etwa 50 Jahre nach Robert Browns Tode zur Gewißheit.

Werke: Vermischte botanische Schriften (Hrsg.: Christian Gottfried Nees von Esenbeck). Schmalkalden, Leipzig, Nürnberg 1825–1834; The miscellaneous botanical works of Robert Brown. 2 Bde. London 1866/67.

Literatur: Francis Wall Oliver, A collection of biographies by living botanists. Cambridge 1913. U. H.

Bruno, Giordano, Taufname Filippo (* 1548 in Nola bei Neapel, † 17. Februar 1600 in Rom). Leidenschaftlich für seine Ideen streitend, in viele Polemiken verstrickt, verbrachte der Philosoph, Dichter und Mystiker 15 Jahre eines unsteten Wanderlebens ständig auf der Suche nach immer neuen Freundschaften. Als er 1591 nach Italien zurückkehrte, wurde er bald darauf in Venedig verhaftet und – obwohl er zunächst seine Lehren widerrief – 1593 der Inquisition in Rom ausgeliefert. Dort wurde der abtrünnige Dominikaner nach sieben Jahren Kerkerhaft auf dem Campo de' Fiori verbrannt.

In seinen vor allem in Paris, London und Helmstedt verfaßten Schriften und Lehrgedichten entwicktelte B. die Vorstellung, daß es unendlich viele Welten im unendlichen All gebe. Ein Weltenzentrum war damit nicht mehr fixierbar. Zwar gewann der bisher in den Sphären der Himmelskörper eingeschlossene Mensch mit deren Bersten an Freiheit, B.s Lehre von einer räumlich unermeßlichen Schöpfung stürzte ihn indessen auch in Furcht und Glaubensnot. Theologen beider Konfessionen widersprachen sofort: Eine unendliche Schöpfung hieße, neben die Unendlichkeit Gottes etwas Gleichwertiges zu stellen.

Von B.s Perspektiven fasziniert, sahen Johannes Kepler, Athanasius Kircher und René Descartes das Universum als unermeßlich für den Menschen an, nicht aber für mathematisch unendlich. B.s kämpferisches Eintreten für seine Ideen, die in Ansätzen bereits bei Nikolaus von Kues vorgeprägt waren, stellten die tradierte Ordnung radikaler als je zuvor in Frage; hierdurch erhielten sie neben der geistigen auch eine politische Komponente. Das Kopernikanische Weltbild entwickelte sich so zu einem revolutionären Konzept.

B.s naturphilosophische Gedanken wurden auch später immer wieder aufgenommen; Leibniz entlehnte von ihm den Begriff der Monade; beträchtlich war seine Wirkung auf Goethe, Herder, Friedrich Heinrich Jacobi u. a.

Werke: Opera latine conscripta. Hrsg. von Francesco Fiorentino. 3 Bde. Neapel, Florenz

1879–1891 (Neudruck in 8 Bden. Stuttgart 1962); Opere italiane. Hrsg. von Paul de Lagarde, 2 Bde. Göttingen 1888/89.

Literatur: Leonardo Olschki, G. B. Bari 1927; Werner Saenger, Goethe und G. B. Berlin 1930 (Nachdruck 1967); Dietrich Mahnke, Unendliche Sphäre und Allheilmittelpunkt. Halle 1937; Robert Prechtel, G. B. und Galilei. Prozesse um ein Weltbild. München 1947; Walter Pagel, G. B., the philosophy of circles and the circular movement of the blood. In: Journal of the history of medicine. Vol. 6, 1951, S. 116–124; Paul-Henri Michel, La cosmologie de G. B. Paris 1962.

L. S.

Bunsen, Robert Wilhelm (* 30. März 1811 in Göttingen, † 16. August 1899 in Heidelberg). Er studierte in Göttingen Chemie bei Friedrich Stromeyer (dem Entdecker des Cadmiums) und promovierte schon 1831 mit einer lateinischen Abhandlung über Hygrometer. 1836 kam er als Nachfolger Friedrich Wöhlers an die Gewerbeschule nach Kassel; weitere Stationen wurden 1839 Marburg, 1851 Breslau und 1852 Heidelberg.

Mit gefährlichen Untersuchungen über Arsenverbindungen leistete er einen Beitrag zur organischen Chemie. Es folgten Prüfungen der Vorgänge in Hochöfen, wobei er nicht nur eine bessere Ausnützung der Heizkraft anbahnte, sondern neue quantitative Bestimmungsverfahren der Gasanalyse schuf. 1841 erfand er seine Zink-Kohle-Batterie (Bunsen-Element) und gewann damit elektrolytisch Aluminium, Chrom und Magnesium. Auf einer Forschungsreise nach Island 1846 erklärte er die Geysire. Als in Heidelberg das Leuchtgas eingeführt wurde, konstruierte er 1855 den Bunsenbrenner. Von 1855–1859 untersuchte er mit Henry Roscoe am Chlorknallgas die chemischen Wirkungen des Lichtes. Dabei erfand er auch das Fettfleck-Photometer. Bei Bemühungen um die Vervollkommnung der Lötrohranalyse bestimmte er die Färbungen, die gewisse Salze der farblosen Flamme erteilen, und bediente sich dabei auf Rat seines Freundes Gustav Kirchhoff eines Prismas. Gemeinsam erfanden sie 1859 die Spektralanalyse, mit der B. 1860 Caesium und 1861 Rubidium als neue Elemente entdeckte. Er zeichnete auch die Funkenspektren der Alkali-, Erdalkalimetalle und seltener Erden. 1868 erdachte er die Wasserstrahl-Luftpumpe. Bei kalorimetrischen Untersuchungen erfand er 1870 ein Eis- und 1878 ein Dampfkalorimeter.

Er war scharfsinnig im Erdenken der Versuche, geduldig in der Ausführung, weitblickend in den Folgerungen. „Er hat Erstaunliches geleistet und findet als experimenteller Forscher unter den Zeitgenossen wohl nur in Michael Faraday seinesgleichen, einem Manne, dem er an Erfindungsgabe, Fleiß und Adel der Persönlichkeit am meisten ähnelt“ (Schimank 1956).

Werke: R. W. B. und Arnold Adolph Berthold, Eisenoxydhydrat, das Gegengift des weißen Arseniks oder der arsenigen Säure. Göttingen 1834; Gasometrische Methoden. Braunschweig 1857; Flammenreactionen. Heidelberg 1880; Gesammelte Abhandlungen. Hrsg. von Wilhelm Ostwald und Max Bodenstein. 3 Bde. Leipzig 1904 (mit den Gedenkreden von Henry Roscoe, Bernhard Rathke und Wilhelm Ostwald in Bd 1).

Literatur: Heinrich Debus, Erinnerungen an R. W. B. und seine wissenschaftlichen Leistungen. Cassel 1901; Bunseniana. Heidelberg 1904; Wilhelm Ostwald, R. W. B. (= Männer der Wissenschaft. Heft 2). Leipzig 1905; Felix Kuh, Erinnerungen an R. B. In: Die Welt der Technik. Jg 1911, S. 162–165; Leo Koenigsberger, Mein Leben. Heidelberg 1919, S. 90–99 und 122–125; Henry Roscoe, Ein Leben der Arbeit. Erinnerungen. Leipzig 1919; Ludwig Darmstaedter, Naturforscher und Erfinder. Bielefeld 1926, S. 25–28; Heinrich Biltz, Zur Geschichte des Bunsenbrenners. In: Zeitschrift für angewandte Chemie. Bd 41, 1928, S. 112 f.; Günther Bugge, Das Buch der großen Chemiker. Bd 2. Berlin 1930 (Neudruck Weinheim 1965), S. 78–91; Karl Freudenberg, R. Bunsens Briefe von der Reise nach Island. In: Verhandlungen des naturhistorisch-medizinischen Vereins zu Heidelberg. N. F. 18, 1935–1941, S. 119–137; Georg Lockemann, R. W. B. Lebensbild eines deutschen Naturforschers (= Große Naturforscher. Bd 6). Stuttgart 1949; Hans Schimank, R. W. B. In: Physikal. Blätter. Jg 5, 1949, S. 489–493; Heinrich Rheinboldt, Bunsens Vorlesung über allgemeine Experimentalchemie. In: Chymia. Vol. 3, 1950, S. 223–241; Theodor Heuss, Deutsche Gestalten. Studien zum 19. Jh. Tübingen 1951, S. 220–228; Georg Lockemann und Ralph E. Oesper, Bunsen's transfer from Cassel to Marburg. In: Journal of chemical education. Vol. 32, 1955, S. 456–460; Hans Schimank, R. W. B. In: Die großen Deutschen. Bd 3. Berlin 1956, S. 421–432; Bettina Holzapfel und Heinz Balmer, Antlitze großer Schöpfer. Basel 1961, S. 189–198. H. B.

C

Camera obscura (Lochkamera). Im Prinzip war die Camera obscura schon im Altertum bekannt, wo sie besonders von Künstlern als Zeichenhilfe benutzt wurde. Zu astronomischen Beobachtungen in der lateinischen Welt wurde die Camera obscura von Michael Mästlin und besonders von seinem Schüler Johannes Kepler benutzt. Das Werk „Ad Vitellionem paralipomena..." (1604) verfaßte Kepler auf der Grundlage seiner Beobachtungen mit der Camera obscura. Im Jahre 1611 entdeckten Johannes Fabricius und Christoph Scheiner mit der C. o. – beide unabhängig von Galilei – die Existenz von Sonnenflecken. Ihre Camerae waren jedoch noch nicht lichtdicht. Nach Beseitigung dieses Mangels konnte im Jahre 1646 Balthasar Conrad die Interferenz des Lichtes in höherer Ordnung beobachten. Erst später wurde klar, daß es sich bei der Projektion durch den engen Spalt um die Erscheinung der Lichtbeugung handelt. Im Jahre 1551 benutzte Girolamo Cardano statt der bloßen Öffnung eine Linse. Eine solchermaßen verbesserte Camera obscura wurde im Jahre 1839 von Louis Daguerre und William F. Talbot zu ersten photographischen Aufnahmen benutzt.

Quellen: Johannes Kepler, Ad Vitellionem paralipomena . . . Frankfurt 1604; Christoph Scheiner, Rosa Ursina . . . Bracciano 1625–1630; Balthasar Conrad, Melchior Balthasar Hanel, De natura iridos. Prag 1646.

Literatur: Matthias Schramm, Ibn al-Haythams Weg zur Physik. Wiesbaden 1963; David C. Lindberg, The theory of pinhole images from antiquity to the thirteenth century. In: Archive for History of Exact Sciences. Vol. 5, 1968, S. 154 bis 186. J. M.

Carnot, Sadi Nicolas Léonard (* 1. Juni 1796 in Paris, † 24. August 1832 ebd.). C. besuchte von 1812 bis 1814 die „Ecole polytechnique" und wurde Ingenieur-Offizier. Als sein Vater, der Mathematiker, Ingenieur-Offizier und Staatsmann Lazare Nicolas Marguerite Carnot aus politischen Gründen vor den Bourbonen fliehen mußte, folgte ihm 1821 der junge C. nach Magdeburg, um sich ganz seinen naturwissenschaftlich-technischen Studien zu widmen. Hier entstand seine einzige Druckschrift: „Réflexions sur la puissance motrice du feu et sur les machines propres à développer cette puissance" (Betrachtungen über die bewegende Kraft des Feuers und die zur Entwicklung dieser Kraft geeigneten Maschinen), die 1824 in Paris erschien und den Autor später berühmt machte. 1826 nach Paris zurückberufen, nahm C. zwei Jahre darauf als Ingenieur-Kapitän seinen Abschied. Erst 36jährig, starb er 1832 an der Cholera.

In seiner klassisch gewordenen Schrift von 1824 beabsichtigte C., der damals bereits weit verbreiteten Dampfmaschine eine energetische Theorie zu geben und insbesondere „das Maximum an bewegender Kraft, welches sich aus der Anwendung des Dampfes ergibt", zu bestimmen, was – modern gesprochen – auf die Begriffe Höchstleistung und maximaler Wirkungsgrad hinzielte. C. ging dabei davon aus, daß es kein Perpetuum mobile geben kann und daß eine Temperaturdifferenz die unumgängliche Voraussetzung für die Umwandlung von Wärme in Arbeit ist (auch Carnotsches Prinzip genannt): „Überall, wo ein Temperaturunterschied besteht, kann die Erzeugung von bewegender Kraft stattfinden." Seine Überlegungen gipfelten in der fruchtbaren Vorstellung eines ideal gedachten, thermischen Kreisprozesses, bei dem alle Zustandsänderungen umkehrbar verlaufen, dem sog. → Carnotschen Kreisprozeß. Mit diesem verband er aber noch die alte Vorstellung eines Wärmestoffes, von dessen Quantität während des Prozesses nichts verloren gehen darf, gerade so wie bei dem Sturz eines Wasserfalles kein Wasser verschwindet.

C. leugnete daher, wie später auch noch Emile Clapeyron, den Verbrauch von Wärme bei der Erzeugung mechanischer Arbeit, was erst Rudolf Clausius 1850 richtigstellte. Aus Aufzeichnungen C.s, die sein jüngerer Bruder dem Nachdruck seiner seltenen Schrift 1878 angefügt hat, geht indessen hervor, daß sich C. wenige Zeit später zur kinetischen Gastheorie durchgerungen und – den Energiesatz in gewisser Weise vorwegnehmend – das mechanische Äquivalent der Wärme berechnet hatte. Die von C. 1824 veröffentlichten Gedanken, die die Entwicklung der Thermodynamik begründeten, wurden erst 1834 durch Clapeyron und 1850 durch Clausius aufgegriffen.

Werke: Réflexions sur la puissance motrice du feu et sur les machines propres à développer cette puissance. Paris 1824. 2. Auflage (durch nachgelassene Schriften und biographische Mitteilungen ergänzt) Paris 1878. Diese Ergänzungen sind mit Faksimiles gesondert wiedergegeben in: S. C., Biographie et Manuscrit. Paris 1927. Eine weitere ergänzte Auflage der „Réflexions ..." erschien in Paris 1953. Dt. Übersetzung der 1. Auflage in: Ostwalds Klassiker. Nr 37, Leipzig 1892.

Literatur: Conrad Matschoss, Männer der Technik. Berlin 1925; Eric Mendoza, Contributions to the study of S. C. and his work. In: Archives Internationales d'Histoire des Sciences. Bd 12, 1959, S. 377–396; E. Ariès, L'oeuvre scientifique de S. C. Paris 1921; Jacques Payen, Une source de la pensée de S. C. In: Archives Internationales d'Histoire des Sciences. Bd 21, 1968, S. 15–37.

L. v. M.

Carnotscher Kreisprozeß. Der C. K. bezeichnet in der Thermodynamik den von Sadi Carnot 1824 angegebenen idealen Kreisprozeß, der aus einer Folge reversibler Zustandsänderungen besteht, die zum Ausgangspunkt wieder zurückführen. Der klassische C. K. besteht aus zwei Isothermen und zwei Adiabaten, die in der Reihenfolge isotherme Expansion, adiabatische Expansion, isotherme Kompression und adiabatische Kompression oder in umgekehrter Folge fortgesetzt durchlaufen werden können. Dabei verläuft der Prozeß, wie Carnot erkannte, unabhängig vom Arbeitsmittel. In dem Unterschied der Temperaturgrenzen $\Delta T = T - T_0$ des Kreisprozesses sah Carnot den entscheidenden Faktor für die Umwandelbarkeit von Wärme in mechanische Arbeit. Rudolf Clausius berichtigte diese Erkenntnis 1850, indem er den C. K. von der alten Wärmestofftheorie löste und auf den Boden des 2. Hauptsatzes stellte, gemäß dem der thermische Wirkungsgrad eines C. K. zu $\eta = (T - T_0)/T$ bestimmt ist. Die graphische Darstellung des C. K. im *pv*-Diagramm sowie die mathematische Formulierung gelang zuerst Emile Clapeyron 1834.

Quellen: → Carnot.

Literatur: Ernst Mach, Die Prinzipien der Wärmelehre. [4]Leipzig 1923; Rudolf Plank, N. L. S. Carnot. In: Zeitschrift des Vereins Deutscher Ingenieure. Bd 76, 1932, S. 821–822; M. K. Barnett, Sadi Carnot and the second law of thermodynamics. In: Osiris. Jg 13, 1958, S. 327–357.

L. v. M.

Cassini. Generationenfolge von vier Astronomen, die von der Gründung der Pariser Sternwarte (1669) bis zur Revolution (1793) nacheinander ununterbrochen die Leitung der Sternwarte innehatten.

Der erste und bedeutendste war Giovanni Domenico (* 8. Juni 1625 in Perinaldo bei Nizza, † 14. September 1712 in Paris). Er wurde schon mit 25 Jahren Professor der Astronomie in Bologna. Die bisher nur vermutete Rotation der Planeten wurde von ihm zuerst nachgewiesen. Er beobachtete lange die Ein- und Austritte der Jupitermonde in den Jupiterschatten und lieferte in einem Tafelwerk 1668 dafür Vorausberechnungen oder Ephemeriden. 1669 wurde er an die im Bau begriffene Sternwarte in Paris berufen. Hier entdeckte er mit guten Fernrohren zu dem von Huygens gefundenen Saturnmond 1671 einen zweiten, äußeren und 1672 einen dritten, inneren, endlich im März 1684 noch zwei andere weiter innen. Von 1683 an verfolgte er mehrere Jahre das Zodiakallicht. 1693 fand er das Cassinische Gesetz betreffend die Libration, d. h. die Bewegung des Mondes um seine Achse. Außer Büchern veröffentlichte er 176 Abhandlungen.

Sein Sohn Jacques (* 18. Februar 1677 in Paris, † 16. April 1756 in Thury bei Clermont, Dép. Oise) schrieb Arbeiten über Elektrizität, Barometer, Brennspiegel und 1717 ein Werk über die Neigung der Bahnen der Monde und des Ringes des Saturn. Mit seinem Vater setzte er Jean Picards Gradmessung fort und schrieb „Traité de la grandeur et de la figure de la terre“. 1740 veröffentlichte er in zwei Quartbänden „Eleméns d'astronomie et tables astronomiques“.

Dessen Sohn César-François (* 17. Juni 1714 in Paris, † 4. September 1784 in Paris) unternahm eine trigonometrische und topographische Aufnahme von ganz Frankreich. Die Carte de la France (oder „Cassini-Karte“) erschien von 1744 an; sie war in Europa führend und vertrat die Schraffenmanier. Ihr Schöpfer berichtete über die Entstehung in der „Description géométrique de la France“ (Paris 1784).

Jacques-Dominique (* 30. Juni 1748 in Paris, † 18. Oktober 1845 in Thury bei Clermont), in der vierten Generation, vollendete die Karte seines Vaters César-François und konnte 1793 mit Blatt 180 ihre Veröffentlichung abschließen. Noch im gleichen Jahr wurde er von der Revolutionsregierung ins Gefängnis geworfen. Nach seiner Freilassung lebte er zurückgezogen auf seinem Landgut und schrieb: Mémoires pour servir à l'histoire des sciences et à celle de l'Observatoire Royal de Paris, Paris 1810 (mit der Selbstbiographie Giovanni Domenico Cassinis).

Literatur: Jean-Sylvain Bailly, Histoire de l'astronomie moderne. 3 Bde. Paris 1779—1782; Franz Arago's sämmtliche Werke. Bd 3. Leipzig 1855, S. 252—255; Johann Adolf Repsold, Zur Geschichte der astronomischen Meßwerkzeuge von Purbach bis Reichenbach 1450 bis 1830. Leipzig 1908; Charles-Joseph-Etienne Wolf, Histoire de l'Observatoire de Paris de sa fondation à 1793. Paris 1902; T. Derenzini, Alcune lettere di Giovanni Alfonso Borelli à Giovanni Domenico Cassini. In: Physis. Jg 2, 1960, S. 235—241; Clark R. Chapman, The discovery of Jupiter's red spot. In: Sky and telescope. Vol. 35, 1968, S. 276—278.

H. B.

Cauchy, Augustin-Louis (* 21. August 1789 in Paris, † 22. Mai 1857 in Sceaux). Der Vater, der in den Wirren der französischen Revolution Paris mit seiner Familie verlassen hatte, um sie auf diese Weise vor Unheil zu schützen, übernahm den ersten Unterricht des Sohnes. C. begann zunächst mit dem Studium der Mathematik, wurde dann Ingenieur beim Straßen- und Brückenbau und kehrte nach drei Jahren seiner angegriffenen Gesundheit wegen zur reinen Forschung zurück. 1811 und 1812 löste er in zwei großen Abhandlungen über die Theorie des Polyeder ein Problem, an dem noch Leonhard Euler gescheitert war. Es folgten Arbeiten über symmetrische Funktionen, die Theorie der bestimmten Integrale und Zahlentheorie. 1816 erhielt er den ersten Preis der französischen Akademie für seine Lösung des Problems „der Ausbreitung von Wellen an der Oberfläche einer schweren Flüssigkeit von unendlicher Tiefe“. Sein Lebenswerk umfaßt 789 Abhandlungen, von denen die bedeutendsten die Grundlagen der Analysis und der Funktionentheorie betreffen (Cauchysches Konvergenzkriterium, Hauptsatz der Funktionentheorie und Residuenkalkül). Doch hat er auch zur Optik und Kontinuumsmechanik wichtige Beiträge geliefert. Neben Lagranges und Vergils Werken, die er als junger Ingenieur beständig mit sich führte, liebte er besonders Thomas a Kempis Buch „Von der Nachfolge Christi". Dem entspricht es, daß eine Anzahl karitativ-sozialer Einrichtungen C. ihren Ursprung verdanken. 1830 zwang ihn die Julireregierung außer Landes (nach Turin) zu gehen. 1838 kehrte er nach Paris zurück. Napoleon III. mußte ihn wie auch François Arago vom Treueeid dispensieren.

Werke: Oeuvres complètes. 27 Bde. Paris 1882 bis 1938; Abhandlung über bestimmte Integrale zwischen imaginären Grenzen (= Ostwalds Klassiker. Nr 112). Leipzig 1900.

Literatur: Felix Klein, Vorlesungen über die Entwicklung der Mathematik im XIX. Jahrhundert. 2 Bde. 1926–1927; Gino Loria, Storia delle mathematiche. Mailand 1950; Dictionnaire de biographie française. Bd VII. Paris 1956. Daselbst auch weitere Literaturangaben; J. M. Dubbey, Cauchy's contribution to the establishment of the calculus. In: Annals of Science. Vol. 22, 1966, S. 61–67. U. H.

Cavendish, Henry (* 10. Oktober 1731 in Nizza, † 24. Februar 1810 in London). Der Physiker, Chemiker, Astronom und Meteorologe gehörte einer der ältesten und reichsten Familien des englischen Hochadels an. Ein Anekdotenkranz windet sich um das ganz der Wissenschaft gewidmete Leben des menschenscheuen Sonderlings, dessen weltfremde Selbstvergessenheit im Gegensatz zu seinen irdischen Gütern stand. Er war ein Experimentator von vollendeter Genauigkeit. Über „ganz gewöhnliche Stoffe wie Luft und Wasser machte er die erstaunlichsten Entdeckungen". Da er nur Vollendetes geben wollte, war er sehr zurückhaltend. Erst die Entdeckung des Wasserstoffs schien ihm 1766 wichtig genug zur Veröffentlichung. Er gewann ihn durch Einwirkung von Schwefel- oder Salzsäure auf Metalle wie Eisen, Zink und Zinn und be-

Abb. 2. Cavendishs Drehwaage. Philosophical Transactions 1798. S. 526

stimmte sein spezifisches Gewicht, indem er die Luftarten in Tierblasen wog. Dabei setzte er Luft = 1 und fand für Kohlensäure = 1,57, für Wasserstoff = 0,09. 1772 leitete er Luft über glühende Holzkohle und anschließend über Ätzkalk, so daß der Sauerstoff fortgenommen wurde. Was übrigblieb, war Stickstoff. C. stellte sich die Aufgabe, die beiden Luftbestandteile in ihrem genauen Verhältnis zu bestimmen. An 60 Tagen nahm er über 400 Ermittlungen vor und fand, daß Sauerstoff 20,84% der Luft ausmache. 1781 entdeckte er, daß Sauerstoff und Wasserstoff, wenn sie infolge eines durchschlagenden elektrischen Funkens miteinander verbrennen, Wasser bilden. Es war ganz unerwartet, daß zwei Gase zusammen eine Flüssigkeit ergeben. C. erkannte, daß auf einen Raumteil Sauerstoff zwei Raumteile Wasserstoff nötig waren. 1784 entdeckte er weiter, daß Sauerstoff, Wasserstoff und Stickstoff zusammen beim Durchschlagen des Funkens Salpetersäure bilden.

1798 veröffentlichte er seine geniale Bestimmung der Erddichte mit Hilfe der Drehwaage. Dabei gravitieren und „fallen" die Kügelchen am Drehbalken gleichsam waagrecht gegen große Bleikugeln, und indem man ihre Fallbeschleunigung in Vergleich zu der gegenüber der Erde setzt und ebenso die anziehenden Massen vergleicht, erhält man durch eine Proportion die mittlere Erddichte. C. lieferte auch Beiträge zur elektrischen Natur des Zitterfisches, bestimmte die spezifische Wärme vieler Stoffe, schrieb eine Abhandlung über die Stärke der Schwefelsäure. Vieles ließ er unveröffentlicht, und erst später erkannte man, wie weit er seiner Zeit vorausgewesen war.

Werke: Scientific papers. 2 Bde. Cambridge 1921.

Literatur: George Wilson, The life of the honourable H. C. London 1851; A. J. Berry, H. C. His life and scientific work. London 1960; Humphry Davy, Sketch of the charakter of Mr. C. In: The collected works of Sir Humphry Davy. London 1839–1841, Bd 7, S. 127–139; William Ramsay, Vergangenes und Künftiges aus der Chemie. Deutsche Ausgabe von Wilhelm Ostwald. Leipzig 1909, S. 68–80; Georg Lockemann, H. C. In: Günther Bugge, Das Buch der großen Chemiker. Bd 1. Berlin 1929, S. 253–262; Russell McCormmach, H. C. A study of rational empiricism in eighteenth-century natural philosophy. In: Isis. Vol. 60, 1969, S. 293–306. H. B.

Celsius, Anders (* 27. November 1701 in Uppsala, † 25. April 1744 ebd.). C. war seit 1730 Professor der Astronomie an der Universität Uppsala. Er nahm 1736–1737 an der französischen Lappland-Expedition teil (→ Erdgestalt). Er zeichnete systematisch die Variation der magnetischen Deklination im Verlauf eines Tages auf, deren Zusammenhang mit dem Nordlicht er vermutete. Die von C. 1742 vorgeschlagene Thermometerskala ist, ebenso wie diejenige von Réaumur, nach Gefrier- und Siedepunkt des Wassers geeicht, wobei er den Siedepunkt mit 0° und den Gefrierpunkt mit 100° angab. Außerdem schlug er vor, Quecksilber anstelle des durch Réaumur wieder eingeführten Weingeistes zu verwenden. Die Skala wurde später von Märten Stömer umgekehrt, wie sie heute üblich ist.

Werke: De observationibus pro figura telluris etc. Uppsala 1738; Observationes de lumine boreali. Nürnberg 1733.

Literatur: Rudolf Wolf, Handbuch der Astronomie. Zürich 1892; A. Wolf, A history of science, technology and philosophy in the 18th century. [3]London 1962; Nils Viktor Emanuel Nordenmark, A. C. — Professor i Uppsala. Uppsala 1936. H. M.

Chadwick, James (* 20. Oktober 1891 in Manchester). Ch. war Schüler von Ernest Rutherford und Hans Geiger und seit 1935 Prof. an der Universität Liverpool; er arbeitete vorwiegend auf dem Gebiet der Radioaktivität und Kernphysik. 1932 wies er (indirekt) mit einer Ionisationskammer die Existenz eines ungeladenen Elementarteilchens mit einer etwa dem Proton entsprechenden Ruhemasse nach. Da Rutherford bereits 1920 von einem solchen Teilchen hypothetisch gesprochen und es → „Neutron" genannt hatte, lag der Name bereits fest. Ch. erhielt 1935 den Nobelpreis.

Werke: Radiations from radioactive substances (mit Rutherford und Ellis). London 1930; Possible existence of a neutron. In: Nature. Vol. 129, 1932, S. 312—313; The existence of a neutron. In: Proceedings Royal Society. Vol. A 136, 1932, S. 692—708; Radioactivity and radioactive substances. London 1953.

Literatur: Les Prix Nobel en 1935. Stockholm 1936.

Châtelet, Gabrielle-Emilie Marquise du (* 17. Dezember 1706 in Paris, † 10. September 1749 in Lunéville). Von Voltaires Begeisterung für die Newtonsche Physik ergriffen, gewann die äußerst gebildete und hochintelligente Geliebte Voltaires rasch einen selbständigen Standpunkt. Obwohl völlig auf dem Boden des Newtonschen Empirismus, vermied sie dessen Überspitzungen und kam zur Anerkennung des Leibnizschen universellen Energieprinzips. Die Marquise veranlaßte u. a. Friedrich II. (damals Kronprinz von Preußen), sich mit physikalischen Problemen zu befassen.

Werke: Institutions de physique. Paris 1740; Principes Mathématiques de la Philosophie Naturelle etc. (Übersetzung und Überarbeitung der Newtonschen Principia). Paris 1759; Les Lettres. Publiées par Theodore Besterman. 2 Tle. Genf 1958.

Literatur: Emil Du Bois-Reymond, Voltaire als Naturforscher. In: Ders., Reden. Bd 1. [2]Leipzig 1912, S. 318—348; Hans Schimank, Die Frau als Naturforscherin in Vergangenheit und Gegenwart. In: Zentralblatt für Gynäkologie. Jg 1959, S. 314 bis 334.

Chladni, Ernst Florens Friedrich (* 30. November 1756 in Wittenberg, † 3. April 1827 in Breslau). Als Sohn eines Juristen studierte er zunächst die Rechte, wandte sich aber nach dem Tode des Vaters den Naturwissenschaften zu, lebte ohne Amt (seine Hoffnung auf eine Professur für Mathematik in Wittenberg erfüllte sich nicht) nur von den Einkünften seiner Werke und Vorlesungen. Er gilt als der beste deutsche Experimentalphysiker seiner Zeit. Die Lehre vom Schall und von den Meteoriten stellte er auf eine neue Grundlage. 1787 veröffentlichte er in seiner Schrift „Entdeckungen über die Theorie des Klanges" die erste Mitteilung über die nach ihm benannten Klangfiguren schwingender Platten sowie über die Töne longitudinal angeregter Saiten. 1802 erschien sein Hauptwerk „Die Akustik", dessen Übertragung ins Französische („Traité d'Acoustique") von Napoleon mit 6000 Goldfranken honoriert wurde. Im Zusammenhang mit seiner akustischen Forschung hat Chladni auch verschiedene Musikinstrumente erfunden (1792 das Euphon und 1800 den Clavizylinder). 1821 erschienen seine „Beiträge zur praktischen Akustik und zur Lehre vom Instrumentenbau..."

Der Bekanntschaft mit Johann Christoph Lichtenberg verdankte er die Anregung zur Erforschung der Meteoriten, deren kosmischen Ursprung er 1794 erkannte.

Werke: Entdeckungen über die Theorie des Klanges. Leipzig 1787; Über den Ursprung der von Pallas entdeckten Eisenmasse und einige damit im Zusammenhang stehende Naturerscheinungen. Riga, Leipzig 1794; Die Akustik. Leipzig 1802; Neue Beiträge zur Akustik. Leipzig 1817; Beiträge zur praktischen Akustik und zur Lehre vom Instrumentenbau ... Leipzig 1821.

Literatur: Wilhelm Weber, Lebensbild E. F. F. Ch.s. In: Wilhelm Webers Werke. Bd 1. Berlin 1892, S. 168—197; Hans Schimank, Beiträge zur Lebensgeschichte von E. F. F. Ch. In: Sudhoffs Archiv. Bd 37, 1953, S. 370—376; Heinrich Kühne, Ch., der Entdecker der Herkunft der Meteoriten. In: Die Sterne. Jg 40, 1964, S. 136—140.

U. H.

Clairaut, Alexis Claude (* 13. Mai 1713 in Paris, † 17. Mai 1765 ebd.). Als Mitglied der Akademie beteiligte er sich an den Meridianmessungen der Lappland-Expedition (→ Erdgestalt). Er setzte sich nachdrücklich für die Newtonsche Mechanik und Methode ein und gab mit G.-E. du Châtelet die „Principia" in französischer Übersetzung heraus.

Literatur: Pierre Brunet, La vie et l'oeuvre de C. Paris 1952.

Clapeyron, Benoit Pierre Emile (* 21. Februar [?] 1799 in Paris, † 28. Januar 1864 ebd.). Nach dem Studium an der Ecole polytechnique und der Ecole des mines war C. zunächst als Ingenieur und Mathematiklehrer zusammen mit dem Physiker Gabriel Lamé in Petersburg tätig (1820–1830), ehe er sich als Bauingenieur und späterer Prof. für Maschinentechnik und Mechanik an der Ecole des ponts et chaussées um den Lokomotiv-, Brücken- und Eisenbahnbau sehr verdient machte. Ihm verdankt Frankreich u. a. die erste Eisenbahn (1835 von Paris nach St. Germain).

Gleichermaßen an praktischen wie theoretisch-physikalischen Fragen interessiert, befaßte er sich mit statischen Problemen (C.sche Dreimomentengleichung für durchlaufende Balken) sowie mit der Thermodynamik. Auf der Grundlage der Arbeiten Sadi Carnots entwickelte C. in seiner 1834 veröffentlichten Abhandlung „Mémoire sur la puissance motrice de la chaleur“ das Verfahren der graphischen Darstellung thermodynamischer Vorgänge, wie es seitdem geläufig ist. Der → Carnotsche Kreisprozeß wurde von ihm mathematisch formuliert und im pv-Diagramm veranschaulicht, die Zustandsgleichung idealer Gase in die heute gebräuchliche Fassung überführt: $pv = RT$, wobei $T = 267 + t$ gesetzt wurde.

Eine weitere Beziehung, in der C. die Verdampfungswärme mit der Volumenänderung und dem Druckgradienten verknüpfte, konnte Rudolf Clausius 1850 verallgemeinern (Clausius-Clapeyronsche Gleichung).

Werke: Abhandlung über die bewegende Kraft der Wärme [Paris 1834]. Übersetzt und mit Anmerkungen versehen von Karl Schreber (= Ostwalds Klassiker. Nr 216). Leipzig 1926.

Literatur: Ernst Mach, Die Prinzipien der Wärmelehre. [4]Leipzig 1923; Conrad Matschoß, Männer der Technik. Berlin 1925; Dictionnaire de Biographie Francaise. Bd 8. Paris 1959.

L. S.

Clausius, Rudolf (* 2. Januar 1822 in Köslin, † 24. August 1888 in Bonn). C. stammte aus kursächsischem Pfarrergeschlecht, studierte seit 1840 an der Universität Berlin, war Lehrer am Friedrich Werderschen Gymnasium und promovierte 1848 mit einer Dissertation über den Regenbogen, die dessen Theorie zum Abschluß brachte. 1850 wurde er Privatdozent an der Universität Berlin, 1855 Professor für Physik an der Technischen Hochschule Zürich, 1867 in Würzburg und 1869 in Bonn.

Daß Wärme nicht von tieferer zu höherer Temperatur übergehen kann, ohne daß eine kompensierende Veränderung in den beteiligten Körpern zurückbleibt, hatten 1824 Sadi Carnot und 1834 Benoit Clapeyron klar ausgesprochen. Sie hatten aber die Wärme noch für eine Substanz gehalten. 1850 wandte C. den gerade entdeckten Energiesatz auf den umkehrbaren Kreisprozeß an und kam zu der Überzeugung, daß die Umwandlung von Wärme in Arbeit nicht von der Substanz abhängt, sondern in universeller Beziehung steht

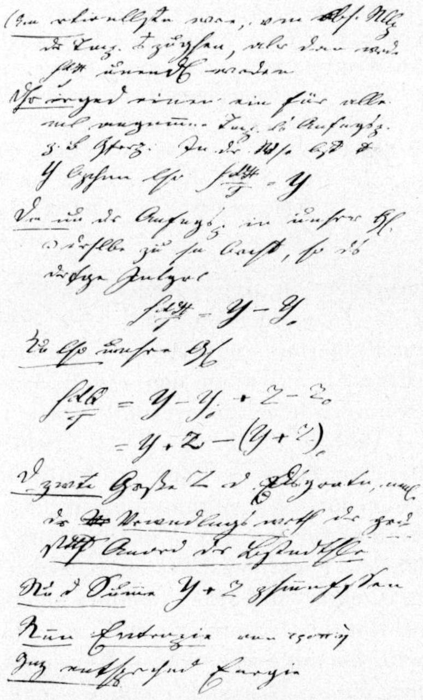

Abb. 3. Manuskript von Clausius für eine wärmetheoretische Vorlesung vom Sommer 1866

zu den beiden Temperaturen, bei denen Wärme aufgenommen und abgegeben wird. Diese Erkenntnis führte ihn 1865 zur Entdeckung des zweiten Hauptsatzes der Thermodynamik (nämlich zur Auffindung einer neuen Zustandsvariablen, der sog. Entropie, die zusammen mit der Energie das Rückgrat der Wärmelehre darstellt). C.s zweite große Leistung war der Ausbau der kinetischen Gastheorie (seit 1857), die zwar bereits von Daniel Bernoulli begründet, dann aber rasch wieder vergessen und von August Krönig 1856 erneuert worden war. Er führte die Begriffe der mittleren freien Weglänge, des mittleren Impulses und der mittleren Energie in die Physik ein, stellte diese letztere in eine enge, weit über die Gastheorie hinaus gültige Beziehung zur absoluten Temperatur und eröffnete das Verständnis der Reibung, Wärmeleitung und Diffusion der Gase.

Werke: Der zweite Hauptsatz der Wärmetheorie. Braunschweig 1867; Die mechanische Wärmetheorie. 3 Bde. Braunschweig 1876–1891.

Literatur: Eduard Riecke, R. C. Abh. d. Ges. d. Wiss. z. Göttingen, Math.-phys. Kl. 35 (1888) (vollst. Werkverzeichnis); Friedrich Krüger, R. C. 1822–1888. In: Pommersche Lebensbilder. Bd 1, 1934, S. 208–211; Grete Ronge, Die Züricher Jahre des Physikers R. C. In: Gesnerus. Jg 12, 1955, S. 73–108; Grete Ronge, R. C., ein Physiker des 19. Jahrhunderts. In: Urania. Jg 19, 1956, S. 231–238. U. H.

Cockcroft, Sir John Douglas (* 27. Mai 1897 in Todmorden/England). Als Schüler Ernest Rutherfords entwickelte C. zusammen mit Ernest T. S. Walton den ersten Apparat für Kernzertrümmerungsversuche. Seit 1939 war er Prof. in Cambridge, 1941–1944 Leiter der Forschungsabteilung für Luftverteidigung im brit. Versorgungsministerium, bis 1946 Direktor der Abt. Atomforschung des Nationalen Forschungsrates in Kanada, seit 1946 Direktor des brit. Atomforschungszentrums Harwell. C. erhielt 1951 den Nobelpreis für die zahlreichen künstl. Kernumwandlungen, die er (zusammen mit Walton) mit Hilfe von hochbeschleunigten Protonen und α-Teilchen erzielte.

Werke: Experiments with high velocity positive ions. In: Proceedings Royal Society. Vol. A 137, 1932, S. 229–240; Die friedl. Anwendung der Atomenergie. London 1956; Die wiss. u. techn. Leistungen von Hochfluß-Forschungsreaktoren. London 1964.

Literatur: Les Prix Nobel en 1951. Stockholm 1952.

Colding, Ludvig August (* 13. Juli 1815 in Arnakkegaard bei Holbaek, † 21. März 1888 in Kopenhagen). C. entwickelte seit etwa 1840, unter dem Einfluß von Hans Christian Oersted, Vorstellungen über die gegenseitige Verwandelbarkeit der Naturkräfte (→ Dynamismus). Damit kam er unabhängig von anderen dem Gesetz der Energieerhaltung nahe.

Literatur: Per F. Dahl, Ludvig A. Colding and the conservation of energy. In: Centaurus. Vol. 8, 1963, S. 174–188.

Compton, Arthur Holly (* 10. September 1892 in Wooster, Ohio, † 15. März 1962 in Berkeley, Kalifornien). C. war 1923–1945 Professor an der Universität Chicago, 1945 bis 1954 Kanzler der Washington Univ. in St. Louis. Hauptarbeitsrichtung bildete die Röntgenspektroskopie. 1922 entdeckte er den → Compton-Effekt, der von ihm kurz darauf theor. gedeutet wurde. Er erhielt dafür 1927 den Nobelpreis.

Werke: X-rays in theory and experiment. [2]New York 1935; Die Atombombe und ich. Ein persönlicher Erlebnisbericht. Frankfurt/Main 1958.

Literatur: Samuel K. Allison, A. H. C. In: Biographical Memoirs National Academy of Sciences of the U.S.A. Vol. 39, 1963, S. 81–110 (mit vollst. Bibliographie); Marjorie Johnston (ed.), The cosmos of A. H. C. New York 1967; James R. Blackwood, The house on College Avenue. Cambridge Mass. 1969.

Compton-Effekt. Bei der Analyse der bei Bestrahlung von Kristallen mit harten Röntgenstrahlen entstehenden Streustrahlung konstatierte Arthur Holly Compton 1922: „There appeared in the secondary rays a type of fluorescent radiation, whose wavelength was nearly independent of the substance used as radiator, depending only upon the wavelength of the incident rays and the angle at which the secondary are examined.“ Die zuerst versuchte Erklärung mittels Doppler-Effekt erwies sich als unmöglich; deshalb prüfte Compton, „what would happen if each quantum of X-ray energy were concentrated in a single particle and would act as a unit on a single electron“. Mit dieser korpuskularen Auffassung der Röntgenstrahlung konnte Compton seinen Effekt als Stoß zwischen einem (praktisch freien) Elektron und einem γ-Quant verstehen. Aus Energie- und Impulssatz leitete er die Winkelverteilung der Streustrahlung her, die er Anfang 1923 experimentell bestätigte. — Peter Debye hatte fast gleichzeitig die Idee zu ähnlichen Versuchen; im übrigen aber wurde die Comptonsche Auffassung (fast zwei Jahrzehnte nach Einsteins Lichtquantenhypothese!) recht einhellig abgelehnt. Erst die Wellenmechanik verhalf dem Prinzip der → Dualität zum Durchbruch.

1924 vermuteten Niels Bohr, Hendrik Antony Kramers und John C. Slater, daß bei Wechselwirkungen zwischen Elementarteilchen, insbesondere beim C.-E., Energie- und Impulssatz nicht beim Einzelprozeß, sondern nur im statistischen Mittel gültig sind. Diese Hypothese wurde durch genaue Messungen mit dem Geigerschen Spitzenzähler von Hans Geiger und Walter Bothe widerlegt.

Quellen: Arthur Holly Compton, The spectrum of secondary rays. In: Physical Review. Vol. 19, 1922, S. 267—268; ders., A quantum theory of the scattering of x-rays etc. Ebd. Vol. 21, 1923, S. 483—502.

Literatur: Max Jammer, The conceptual development of quantum mechanics. New York 1966, S. 160—162; Roger H. Stuewer, A. H. C. and the discovery of the total reflection of x-rays. In: Actes du XIIe Congrès International d'Histoire des Sciences (Paris 1968). Im Druck.

Comte, Auguste (* 19. Januar 1798 in Montpellier, † 5. September 1857 in Paris). Der bedeutende französische Philosoph baute die Soziologie als Wissenschaft aus und gilt als Begründer eines systematischen → Positivismus. C., der auch Wissenschaftshistoriker war, hat damit den modernen Wissenschaftsbegriff maßgeblich mitgeprägt.

Nach dem Besuch der polytechnischen Schule in Montpellier ging C. 1816 nach Paris, besuchte dort die Ecole Polytechnique und wurde ein begeisterter Anhänger der Gesellschaftslehren des Grafen Claude-Henri Rouveroy de Saint-Simon (1760—1825), dessen Sekretär er bis 1822 war. Im selben Jahr veröffentlichte er seine erste Schrift einer eigenen Lehre: „Plan des travaux scientifiques nécessaires pour réorganiser la société“. 1822 vertrat er auch erstmalig das bereits bei Robert Turgot und Claude-Henri de Saint-Simon im Fortschrittsgedanken implizit enthaltene Dreistadiengesetz, wonach jede Wissensdisziplin und damit die Menschheit insgesamt drei Stadien durchläuft: das theologische oder fiktive Stadium, dann das metaphysische oder abstrakte und schließlich das wissenschaftliche oder positive Stadium. Positiv bedeutet soviel wie: verifizierbar, sicher, objektiv gegeben und nur auf erforschten Tatsachen beruhend, auf jeden Fall aber frei von Metaphysik.

C. entwickelte systematisch den Positivismus, den bereits Jean le Rond → d'Alembert in der großen französischen → Enzyklopädie vertreten hatte, in seinem sechsbändigen Hauptwerk „Cours de philosophie positive“, das 1830—1842 erschien. Darin stützte sich C. nicht nur auf das Dreistadiengesetz, sondern formulierte darüber hinaus ein enzyklopädisches Gesetz, welches die positiven Wissenschaften in einer „natürlichen Hierarchie“ anordnet. An oberster Stelle steht als allgemeinste und abstrakteste Wissenschaft die Mathematik. Mit abnehmender Allgemeinheit und Mathematisierbarkeit folgen: Astronomie, Physik, Chemie, Biologie und die Soziologie, ein Ausdruck, den C. 1838 für die Lehre von der menschlichen Gesellschaft prägte. Diese Reihenfolge der Wissenschaften soll auch die Reihenfolge der Studien, die man betreibt, leiten. Das Ziel aller Wissenschaften ist, wie es C. im Geiste de Saint-Simons aussprach: Wissen um vorauszusehen („savoir pour prévoir“).

Aber allein eine vollständig positive Wissenschaft wie die Mathematik verwandelt das vage Voraussehen in ein sicheres Vorausberechnen. Der C.sche Wissenschaftsbegriff wirkte über Ernst Mach und Wilhelm Ostwald auch auf den deutschen Positivismus. „Die Liebe als Prinzip, die Ordnung als Grundlage, den Fortschritt als Ziel", lautete ein C.scher Kernsatz, hinter dem der feste Glaube an die Herrschaft des Geistes und der positiven Wissenschaften stand.

Von 1832–1842 war C. Repetitor und dann Prüfer für Aufnahmezöglinge an der Ecole Polytechnique. Nachdem er diese Stelle verloren hatte und zunehmend kritisiert wurde, lebte er von einer Unterstützung seiner englischen Anhänger, unter ihnen John Stuart Mill. C.s Bemühungen um einen Lehrstuhl für Geschichte der Naturwissenschaften schlugen wegen seines „mathematisierenden Materialismus" und aus politischen Gründen 1832 fehl. Lange nach seinem Tode setzte man ihm 1902 ein Denkmal vor der Pariser Universität.

Werke: Cours de philosophie positive. 6 Bde. Paris 1830–1842, dt. [2]Jena 1923; Traité élémentaire de géometrie analytique. Paris 1843; Traité philosophique d'astronomie populaire. Paris 1844; Discours sur l'esprit positif. Paris 1844, dt.-franz. Parallelausg. Hamburg 1956; Calendrier positiviste etc. Paris 1849; Système de politique positive, ou traité de sociologie. 4 Bde. Paris 1851 bis 1854, Nachdruck Osnabrück 1967; Catéchisme positiviste ou sommaire exposition de la religion universelle. Paris 1852.

Literatur: H. Gonhier, La vie de A. C. [8]Paris 1931; Wilhelm Ostwald, A. C., der Mann und sein Werk. Leipzig 1914; George Sarton, A. C. historian of science. In: Osiris. Bd 10, 1952, S. 328–357; A. Cresson, A. C., sa vie, son oeuvre avec un exposé de sa philosophie. Paris 1957; Otwin Massing, Fortschritt und Gegenrevolution. Die Gesellschaftslehre C.s in ihrer sozialen Funktion. Stuttgart 1966. L. v. M.

Conrad, Balthasar (* 1599 in Neisse, † 1660 in Glatz). C. lehrte an den Universitäten in Olmütz und Prag Theologie und Mathematik, und gegen Ende seines Lebens war er Rektor der Schulen des Jesuitenordens in Glatz. C. interessierte sich besonders für die Optik. Es existiert zwar nur **ein** von ihm selbst verfaßtes Buch, aber von seinen Schülern sind Dissertationen erhalten, bei denen er maßgeblich als Autor beteiligt war. Noch kurz vor seinem Tode veröffentlichte er einen Brief „Epistola ad omnis Europae mathematicos", in dem er seine wichtigsten Verbesserungen am Fernrohr beschrieb und zu einer internationalen wissenschaftlichen Zusammenarbeit aufrief.

Werke: Nova tabularum chronographicarum ratio. Prag 1650; Epistola ... In: Kaspar Schott, Technica curiosa. Würzburg 1664, S. 853–856.

Literatur: Carlos Sommervogel, Bibliothèque de la Compagnie de Jésus. Brüssel 1891. Bd 2, S. 1371; Jiri Marek, An observation of the interference of light of higher orders in 1646 and its response. In: Nature. Bd 201, 1964, S. 110.

J. M.

Coulomb, Charles Auguste de (* 14. Juni 1736 in Angoulême, † 23. August 1806 in Paris). Nach einer neunjährigen Tätigkeit als Ingenieuroffizier in Martinique und zuletzt als Oberstleutnant des Geniecorps kehrte Coulomb 1779 nach Frankreich zurück und wurde 1781 in die Académie des Sciences aufgenommen. In der Zeit von 1784–1789 schrieb er seine grundlegenden Arbeiten auf dem Gebiet der Elektrizitätslehre und des Magnetismus (→ Coulombsches Gesetz). Bei Ausbruch der französischen Revolution legte er alle seine Ämter nieder, kehrte später aber wieder nach Paris zurück, nachdem er die Stadt vorübergehend verlassen hatte.

In seinem ersten Werk „Théorie des machines" (Paris 1785) beschäftigte er sich mit mechanischen Problemen, insbesondere mit Fragen der Reibung, der Torsion und der Festigkeit, sowie mit Problemen der Baustatik und mit der Konstruktion eines Schiffskompasses. Die Untersuchung über die Messung kleiner Kräfte durch die Tordierung eines Fadens bildete die Grundlage zum Bau einer Drehwaage, mit deren Hilfe Coulomb die nach ihm benannten Gesetze der Elektro- und Magnetostatik quantitativ untersuchte.

Werke: Mémoires de C. Paris 1884; Sur l'électricité et le magnétisme. In: Histoire et Mémoires de l'Académie Royale des Sciences. 1785–1789, Deutsche Übersetzung (Hrsg. Walter König). Leipzig 1921 (= Ostwalds Klassiker. Nr 13).

Literatur: Stanley B. Hamilton, C. A. C.: A bicentenary appreciation of a pioneer in the science of construction. In: The Newcomen Society. Transactions. Vol. 17, 1936/37, S. 27–49.

A. M.

Coulombsches Gesetz. Aus verschiedenen Versuchen schlossen 1766 Joseph Priestley und 1772 ebenso Henry Cavendish, daß die Kraft zwischen zwei elektrischen Ladungen umgekehrt proportional dem Quadrat ihres Abstandes ist.

Charles Auguste Coulomb gelang es dann, den experimentellen Nachweis mit einer von ihm konstruierten Drehwaage zu liefern, nachdem er gezeigt hatte, daß das Drehmoment bei der Tordierung eines Fadens dem Drehwinkel linear proportional ist. In ausführlichen Meßreihen konnte er zeigen, daß sich zwei gleichnamige elektrische Ladungen mit einer Kraft abstoßen, die dem Quadrat des Abstandes der Ladungen umgekehrt proportional ist. In Analogie zum Gravitationsgesetz wies Coulomb dann nach, daß man sich die Ladung einer Kugel in deren Mittelpunkt vereinigt denken kann. Das experimentelle Ergebnis konnte damit für zwei punktförmige Ladungen formuliert werden. Coulomb übertrug das von ihm gefundene Gesetz auf den Magnetismus und bestätigte es experimentell.

C. nahm die anziehende Kraft zwischen zwei elektrischen Ladungen wiederum in Analogie zum Gravitationsgesetz proportional dem Produkt der beiden Ladungen an, konnte dafür aber keinen Beweis erbringen, weil er noch kein Meßgerät zur quantitativen Bestimmung der elektrischen Ladung besaß. Der Vorschlag, das Coulombsche Gesetz zur Definition der elektrischen Ladung heranzuziehen, stammt von Carl Friedrich Gauß.

Coulomb führte seine Messungen ausschließlich in Luft durch. Erst die Erkenntnisse über die Kapazität eines Kondensators führten auf den Gedanken, das Coulombsche Gesetz durch einen Faktor zu vervollständigen, der das umgebende Dielektrikum berücksichtigt. Das Coulombsche Gesetz bildete dann die Grundlage zur theoretischen Behandlung der Elektrostatik, die von Siméon-Denis Poisson im Jahre 1811 begonnen und durch Anwendung der Potentialtheorie von Gauß im Jahre 1839 vollendet wurde.

Quellen: Joseph Priestley, The history and present state of electricity. London 1767; Henry Cavendish, The electrical researches (Hrsg. James Clerk Maxwell). Cambridge 1879; → Coulomb.

A. M.

Crookes, Sir William (* 17. Juni 1832 in London, † 4. April 1919 in London). 1861 entdeckte Crookes mit der neuen Spektralanalyse in Selenrückständen das Element Thallium und untersuchte in jahrelanger Arbeit die Eigenschaften. 1874 fand er das Phänomen der „Radiometerkräfte" und demonstrierte es durch Erfindung der „Lichtmühle". C. ließ ab 1879 eine große Anzahl von Entladungsröhren bauen („Crookessche Röhren"), mit deren Hilfe er nachwies, daß die Kathodenstrahlung, auf einen Punkt der Gegenkathode konzentriert, Rotglut erzeugen und daß diese Strahlen „Kräfte" (d. h. Impulse) übertragen. Er betrachtete die Kathodenstrahlen als elektrisch geladene Moleküle und sprach von einem „vierten Aggregatzustand". Der unabhängige Privatgelehrte fand 1903 noch die Szintillationswirkung von α-Teilchen.

Werke: Select methods in chemical analysis. London 1871; Strahlende Materie oder der vierte Aggregatzustand. Leipzig 1897.

Literatur: E. E. Fournier D'Albe, The life of Sir W. C. London 1923; Karl Przibram, C. In: Das Buch der großen Chemiker. Bd 2. Nachdruck Weinheim 1955. Hier S. 288–297; A. E. Woodruff, W. C. and the radiometer. In: Isis. Vol. 57, 1966, S. 188–198; Philipp Lenard, Über Kathodenstrahlen. Nobel-Vortrag. [2]Berlin und Leipzig 1920.

Curie, Marie (geb. Skłodowska, * 7. November 1867 in Warschau, † 4. Juli 1934 in Sancellemoz/Schweiz). Die Tochter eines Physiklehrers war von 1885 bis 1891 als Gouvernante in ihrer Heimatstadt tätig. 1891 ging sie nach Paris, wo ihre ältere Schwester Bronislawa Medizin studierte. 1895 heiratete sie den französischen Physiker Pierre Curie. Als Assistentin Henri Becquerels beteiligte sich Mme. C. an dessen Untersuchungen über Uranstrahlung. Das Studium der Radioaktivität – dieser Ausdruck wurde von ihr geprägt – der Pechblende führte sie zu der Annahme, daß ein neues Element darin enthalten sein müsse, dessen Aktivität vielmals stärker ist als die des ebenfalls darin vorhandenen Urans und des Thoriums. Daraufhin gab Pierre Curie seine eigenen Untersuchungen auf und beteiligte sich an Marie Curies radioaktiven Arbeiten, die mit einem von ihm und seinem Bruder Jacques erfundenen Elektrometer (auf piezoelektrischer Grundlage) durchgeführt wurden. Im Juli 1898 isolierten sie das neue Element Polonium, im Dezember Radium. Nach fast vierjähriger mühevoller Arbeit hatten sie 1902 ein Zehntelgramm Radiumchlorid hergestellt. Im Jahr 1903 promovierte M. C. mit einer Arbeit über die Ergebnisse ihrer radioaktiven Forschungen (Recherches sur les substances radioactives). Im gleichen Jahr wurde ihr zusammen mit Pierre Curie und Henri Becquerel der Nobelpreis für Physik verliehen. Im Jahr 1911 erhielt sie auch den Nobelpreis für Chemie. Während des ersten Weltkrieges leitete sie ein röntgenmedizinisches Frontlabor. Sie starb, nahezu erblindet, an Leukämie, die sie sich durch ihre lebenslange Beschäftigung mit radioaktiven Substanzen zugezogen hatte.

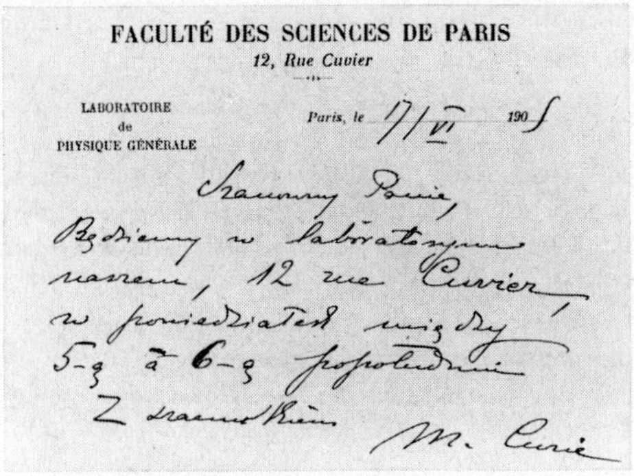
FACULTÉ DES SCIENCES DE PARIS
12, Rue Cuvier

LABORATOIRE de PHYSIQUE GÉNÉRALE

Paris, le 17/VI 1905

Szanowny Panie,
Będziemy w laboratoryum naszem, 12 rue Cuvier w poniedziałek między 5-ą a 6-ą popołudniu.
Z szacunkiem
M. Curie

Abb. 4. Handschrift von Marie Curie. 17. Juni 1905

Werke: Oeuvres. Herausgegeben von Irène Joliot-Curie. Warschau 1954; Untersuchungen über die radioaktiven Substanzen. Braunschweig 1904; Die Radioaktivität. Leipzig 1912 und 1960; Les rayons α, β, γ des corps radioactifs en relation avec la structure nucléaire. Paris 1933; Selbstbiographie. Leipzig 1962.

Literatur: Albert Einstein. In memoriam M. C. In: Aus meinen späten Jahren. Stuttgart 1953, S. 231–232; Eve Curie, Madame Curie. Frankfurt 1966; Gerhard Hiltner, M. C. – Frauenschicksal an der Jahrhundertwende. In: Die Drei. Jg 37, 1967, S. 367–381; Werner Braunbek, Sie entdeckte eine neue Welt. Madame Curie zum 100. Geburtstag. In: Kosmos. Jg 63, 1967, S. 467–470; Piero Caldirola, L'influenza di Maria Sklodowska Curie sullo sviluppo della fisica nucleare. In: Museoscienza. Jg VIII, 1968, S. 14 bis 23; Margot Becke, M. C. In: Universitas. Jg 23, 1968, S. 367–372; M. S.-C.: Centenary Lectures [Vorträge von Francis Perrin, John A. Wheeler u. a.]. Wien 1968. U. H.

D

Dalton, John (* 6. September 1766 in Eaglesfield/Cumberland, † 27. Juli 1844 in Manchester). D. hatte zeitlebens nur bescheidene Lehrerstellungen inne; bei seinen Schülern fand er kaum Anerkennung, dafür bei den Gelehrten des Landes.

Anfang des 19. Jh.s wies D. nach, daß der Druck eines Gasgemisches gleich der Summe der Partialdrucke der einzelnen Komponenten ist und bearbeitete anschließend das Problem der Gasabsorption in Flüssigkeiten. Am Ende der am 21. Oktober 1803 vor der „Literary and Philosophical Society of Manchester" gelesenen Abhandlung sprach Dalton die berühmt gewordenen Worte: „Nachforschungen über die verhältnismäßige Schwere der kleinsten Teilchen der Körper sind, so viel ich weiß, ein ganz neuer Gegenstand. Ich habe vor kurzem diese Untersuchung mit einigem Erfolg unternommen ..." Daran schließt sich eine kleine Aufstellung „Verhältnis der Gewichte der kleinsten Teilchen von gasförmigen und anderen Körpern", tatsächlich die erste Atomgewichtstabelle.

In seinem Lehrbuch „A new system of chemical philosophy" definierte D. — bis heute gültig — das Wesen chemischer Umwandlung als Verbinden und Trennen von Atomen: „Die chemische Synthese und Analyse geht nicht weiter, als bis zur Trennung der Atome, und ihrer Wiedervereinigung. Keine Neuerschaffung oder Zerstörung des Stoffes liegt im Bereich chemischer Wirkung. Wir können ebensowohl versuchen, einen neuen Planeten dem Sonnensystem einzuverleiben, oder einen vorhandenen zu vernichten, als ein Atom Wasserstoff zu erschaffen oder zu zerstören. Alle Änderungen, welche wir hervorbringen können, bestehen in der Trennung von Atomen ... und in der Vereinigung solcher ..."

Die Daltonsche Atomtheorie lieferte die Erklärung für die stöchiometrischen Gesetze (multiple Proportionen) von Jeremias Benjamin Richter. Damit wurde die bis auf die griechischen Naturphilosophen Demokrit und Leukipp zurückreichenden Atomvorstellungen mit den experimentellen Ergebnissen der neuzeitlichen Naturwissenschaften verschmolzen (→ Atom). Auf der neuen Grundlage unternahm Jöns Jacob Berzelius ein großes Analysenprogramm zur exakten Bestimmung der Äquivalentgewichte.

D. wie Berzelius lehnten die Avogadrosche Hypothese ab, was die endgültige Klärung der Begriffe (Atom-, Äquivalent-, Molekulargewicht) lange verzögerte.

Werke: Experimental enquiry into the proportion of the several gases etc. Dt. in: Ostwalds Klassiker der exakten Wissenschaften. Nr 3; A new system of chemical philosophy. 3 Tle. Manchester 1808—1827; dt. Berlin 1812—1813 (Tl 1 u. 2).

Literatur: A. L. Smith, J. D. 1766—1844. A bibliography of works by and about him. Manchester 1966; Frank Greenaway, J. D. In: Endeavour. Bd 55, 1966, S. 73—88; ders., John Dalton and the atom. Ithaca 1966; John Dalton and the progress of science. Papers presented to a conference of historians of science ... Manchester 1968; Arnold W. Thackray, Fragmentary remains of J. D. In: Annals of Science. Vol. 22, 1966, S. 145—174; ders., The emergence of Dalton's chemical atomic theory. In: British Journal for the History of Science. Vol. 3, 1966, S. 1—23.

Davisson, Clinton Joseph (* 22. Oktober 1881 in Bloomington, Illinois, † 1. Februar 1958 in Charlottesville, Virginia). Als Mitarbeiter der Bell Telephone Laboratories wies D. zusammen mit Lester H. Germer die Elektronenbeugung an Kristallen nach, erstmals veröffentlicht am 16. April 1927 in der Zeitschrift „Nature".

Werke: Diffraction of electrons. In: Physical Review. Bd 30, 1927, S. 705—740.

Literatur: Mervin J. Kelly, C. J. D. In: Biographical Memoirs National Academy of Sciences of the U.S.A. Bd 36, 1962, S. 51–84 (mit Bibliographie).

Davy, Humphry (* 17. Dezember 1778 in Penzance, Cornwall, † 29. Mai 1829 in Genf). D. wurde 1801 Lecturer, 1802 Professor an der von Graf Rumford (Benjamin Thomson) kurz zuvor gegründeten Royal Institution, die durch seine glänzenden Experimentalvorlesungen rasch eine Attraktion für alle Stände bildete. 1812 geadelt, sicherte ihm die Heirat im gleichen Jahr die finanzielle Unabhängigkeit, die er zu häufigen Reisen nutzte. So wurde der ursprünglich als Laborgehilfe eingestellte Michael Faraday (seine „größte Entdeckung") in der Royal Institution langsam sein Nachfolger. D. war seit 1803 Mitglied, 1807–1812 Sekretär, 1820–1827 Präsident der Royal Society.

Davy ist durch seine chemischen und elektrochemischen Entdeckungen und als Erfinder der Sicherheits-Grubenlampe (1815) berühmt geworden; tatsächlich war er ebenso ein Schöngeist, glänzender Redner und Gesellschafter, Dichter und spekulativer Geist wie erfolgreicher Experimentator. Seine Abhandlungen sind Meisterwerke der wissenschaftlichen Prosa.

Die → Elektrolyse von Pottasche und Soda war, wie die der entsprechenden Laugen, in wäßriger Lösung immer gescheitert. Davy schmolz mit Weingeistflamme und Gebläse wasserfreie Pottasche in einem Platinlöffel und verband den Löffel mit dem positiven Pol, einen Platindraht mit dem negativen Pol einer Batterie. Beim Eintauchen in die elektrolytische Schmelze sah D. am Draht ein helles Licht. Beim Umpolen stiegen aus der Schmelze „Bläschen" auf, flüssiges Kalium. So entdeckte er am 6. Oktober 1807 das neue Element Kalium und wenige Tage später Natrium. Im Jahr 1808 folgte die erstmalige Darstellung von Barium, Strontium, Kalzium und Magnesium.

Werke: The collected works. 9 Bde. London 1839–1840; Fragmentary remains. London 1858.

Literatur: Wilhelm Ostwald, Große Männer. [5]Leipzig 1919, S. 21–60; John Ayrtron Paris, The life of Sir H. D. London 1831; James Pickering Kendall, H. D. „Pilot" of Penzance. London 1954; Anne Treneer, The mercurial chemist. A life of Sir H. D. London 1963 (mit Bibliographie der Sekundärlit.); Harold Davy, H. D. London 1966.

Debye, Peter (* 24. März 1884 in Maastricht, † 2. November 1966 in Ithaca, N. Y.). Als Assistent Sommerfelds gelang D. 1910 die einfachste und durchsichtigste Ableitung der Planckschen Strahlungsformel. Er wirkte auf den zögernden Sommerfeld ein, sich von den traditionellen klassischen Vorstellungen zu lösen. Anfang 1912 (erstmalig vorgetragen am 9. März in Bern) entwickelte Debye seine Theorie der spezifischen Wärme mit dem richtigen T^3-Gesetz für $T \to 0$. Einstein hatte die Grundgedanken geliefert, war aber trotz mehrfacher Ansätze an der quantitativen Lösung gescheitert. Debye gelang es, mit genialen Näherungsmethoden die mathematischen Schwierigkeiten zu überwinden.

1912 leitete Debye als vielleicht bekannteste seiner Gleichungen die Temperaturabhängigkeit der Dielektrizitätskonstanten her. Das elektrische Feld bewirkt durch Verschiebung der Ladungsschwerpunkte ein „induziertes Dipolmoment". Es gibt aber auch natürliche „polare Moleküle", die eine Richtkraft im Feld erfahren; dieser Einstellung in Feldrichtung wirkt die Wärmebewegung entgegen. Damit begründete D. seinen Ruf als „master of the molecule". – Nach der Laueschen Entdeckung beschäftigte sich auch D. mit Röntgeninterferenzen. In unregelmäßiger Ordnung zusammengefügte Kristalle (Kristallpulver) ergeben bei Bestrahlung mit Röntgenlicht einheitlicher Frequenz scharfe Interferenzen (Debye-Scherrer-Diagramme). Die 1915 mit Paul Scherrer entwickelte Methode hat durch die bequem mögliche Handhabung der Kristallographie unschätzbare Dienste geleistet.

Debye erkannte, daß selbst in Flüssigkeiten keine regellose, statistische Verteilung der

$d\Phi d\Psi = \Delta\, d\varphi\, d\psi$ auftretende Funktionaldeterminante Δ zunächst noch nichts näheres bekannt ist. Man kann nun leicht Δ so wählen, dass das Planck'sche Gesetz für die Energie eines Resonators herauskommt, dazu muss Δ in Abständen, die dem Planck'schen h entsprechen ~~endlich~~ unendlich schmale Erhebungen vom Flächeninhalt 1 besitzen. Was für eine Verallgemeinerung des Planck'schen Gesetzes die obige Fassung nahe legt sehen Sie. Den Uebergang zur specifischen Intensität der Strahlung macht man ueber die Planck'sche Mittelwertsbildung, die ja absolut unverändert bleiben kann, da ja nicht ausgeschlossen ~~ist~~ wurde, dass die Resonatoren jede beliebige stetig veränderliche Energiemenge annehmen. Die obige ~~F~~ Verbindung zwischen Entropie und Wahrscheinlichkeit leistet aber mehr wie das obige. Zunächst kann man sich nämlich fragen. Was tritt jetzt an Stelle der gleichmässigen Energieverteilung. Die Antwort lautet nicht mehr jeder Freiheitsgrad bekommt gleich viel, sondern jeder Freiheitsgrad bekommt nach Massgabe seiner Schwingungszahl ν die Energie

$$\frac{h\nu}{e^{\frac{h\nu}{kT}}-1}.$$

Nimmt man ~~nun~~ dies als Ausgangspunkt, so kann man die Jeans'sche Betrachtung ohne weiteres übertragen, sie führt dann aber auf das Planck'sche Gesetz. Das schöne daran ist, dass man weder die Resonatoren als Zwischenglied

Abb. 5. Peter Debye an Arnold Sommerfeld. 2. März 1910

Moleküle bzw. Atome existiert, sondern daß sich die Flüssigkeiten in einem sog. quasikristallinen Zustand befinden. Mit seinem Assistenten Erich Hückel entwickelte Debye seit 1923 die „Theorie der Elektrolyte", die vor allem die durch die Wechselwirkung der Ionen bedingte Abweichung von idealen „verdünnten" Lösungen betraf.

1936 erhielt D. den Nobelpreis für **Chemie** „für seine Beiträge zum Studium der Molekularstruktur durch seine Erforschung der Dipolmomente und der Beugung von Röntgenstrahlen und Elektronen in Gasen". Die Auszeichnung erfolgte also nicht für eine einzelne Entdeckung, sondern für eine 25jährige fruchtbare Tätigkeit. Als Ende der dreißiger Jahre die Nachfolge Sommerfelds in München zur Diskussion stand, bezeichnete man Debye gleichrangig neben Werner Heisenberg als den hervorragendsten Physiker in Deutschland.

Nach einer erfolgreichen Tätigkeit an Universitäten des deutschen und niederländischen Sprachraumes – Zürich 1911, Utrecht 1912, Göttingen 1914, Zürich 1920, Leipzig 1927 – übernahm D. 1935 das Institut für Physik der Kaiser-Wilhelm-Gesellschaft in Berlin. Ansprüche des Heereswaffenamtes veranlaßten ihn Ende 1939 zur Emigration. An der Cornell-Universität in Ithaca fand der international angesehene Gelehrte einen neuen großen Wirkungskreis.

Werke: Polare Molekeln. Leipzig 1929; The collected papers. New York 1954; Albert Einstein, Peter Debye et al., Die Theorie der spezifischen Wärme (= Dokumente der Naturwissenschaft. Bd 8). München 1966.

Literatur: Walther Gerlach, P. D. In: Bayer. Akademie der Wissenschaften. Jahrbuch. 1967. S. 218–230; Mansel Davies, P. J. W. D. In: Journal of chemical education. Vol. 45, 1968, S. 467–473; Friedrich Hund, P. D. In: Jahrbuch der Akademie der Wissenschaften in Göttingen. 1966. S. 59–64; Armin Hermann, Frühgeschichte der Quantentheorie. Mosbach/Baden 1969; Arnold Sommerfeld, Überreichung der Planck-Medaille für P. D. In: Physikal. Blätter. Jg 6, 1950, S. 509 bis 512.

Desaguliers, Jean-Théophile (* 12. März 1683 in La Rochelle, † 29. Februar 1744 in London). D. wurde wie sein Vater Pfarrer, studierte aber nebenher mit besonderer Neigung bei John Keill in Oxford Experimentalphysik und trat 1710 dessen Nachfolge an. 1713 kam er nach London, versah hier Pfarrstellen und betreute das physikalische Kabinett des Herzogs von Chandos. Bekannt war sein Planetarium. Er hielt Vorlesungskurse als Experimentalphysiker, worin er größte Geschicklichkeit besaß.

1717 trat D. in die Royal Society ein und wurde die rechte Hand Newtons, dessen erkenntnistheoretische Auffassung er vertrat. 1730 folgte er einer Einladung zu einer Vortragsreise nach Holland, wo ebenfalls die Experimentalphysik unter s'Gravesande und Musschenbroek blühte. D. leistete einen großen Beitrag zur allgemeinen Verbreitung wissenschaftlicher Kenntnisse und diente als Vermittler zwischen dem Festland und England, indem er große Werke wie Jacques Ozanams „Traité de la fortification" und s'Gravesandes „Physices elementa mathematica" ins Englische übertrug. Zuletzt war er Kaplan des Prinzen von Wales.

D.s schriftstellerisches Werk besitzt eine erstaunliche Ausdehnung. Das oft aufgelegte Hauptwerk „A course of experimental philosophy" (London 1725) umfaßt zwei stattliche Bände. Daneben treten andere Bücher, so über ein neues Verfahren, nicht rauchende Kamine zu bauen. Die Philosophical Transactions enthalten von ihm 56 Abhandlungen, vor allem über Experimente, so über Licht und Farben, das Barometer, den Luft- und Flüssigkeitswiderstand, die Kraft bewegter Körper, Wasserdampf und Wolkenbildung, Magnetismus und Elektrizität. Er erfand einen Seetiefemesser, einen Ventilator und vieles andere.

Werke: Physico-mechanical experiments. London 1717; A system of experimental philosophy, proved by mechanics. London 1719; Dissertation sur l'électricité. Bordeaux 1742.

Literatur: Alexandre Saverien, Histoire des philosophes modernes. 4 Bde. Paris 1760–1773; Johann Wolfgang Goethe, Materialien zur Geschichte der Farbenlehre. Historischer Teil.

H. B.

Descartes, René, lat. Form Renatus Cartesius (* 31. März 1596 in La Haye, Touraine, † 11. Februar 1650 in Stockholm). D. entstammte einem vornehmen Adelsgeschlecht und besuchte die Jesuitenschule in La Flèche. 1617 trat er in Militärdienste und nahm an Kämpfen in den Niederlanden, in Böhmen und Deutschland teil. Später lebte D. zurückgezogen meist in den Niederlanden; im Jahr 1649 ging er auf dringliche Einladung der Königin Christine nach Stockholm.

D. war der Begründer und maßgeblichste Exponent des modernen Rationalismus. Gegenüber dem auf Tradition und göttliche Offenbarung gestützten geistigen Herrschaftsanspruch der Kirche betonte er das Primat der Vernunft, der ratio. Die Philosophie emanzipierte sich damit von der Theologie („cartesische Zäsur"), aber noch blieben (bis Anfang des 19. Jh.s) Philosophie und Naturwissenschaft eine Einheit; D. beschäftigte sich viel mit ethischen Problemen, aber sein Interesse war primär auf die Naturerkenntnis gerichtet.

D.' Philosophie beginnt mit dem methodischen Zweifel. Die Möglichkeit, daß sich Verstand und Sinne täuschen, veranlaßte D. dazu, nichts als gesichert gegeben anzunehmen. Im Labyrinth des Irrtums findet D. endlich einen Anhaltspunkt: Unbezweifelbar bleibt das Faktum des Zweifelns als einer Art des Denkens. Es kann an der Tatsache, daß ich zweifle, nicht gezweifelt werden. So stößt D. zu dem berühmten Satz vor, dem Ausgangspunkt seines Systems: cogito, ergo sum. Ich denke, also bin ich. Damit ist ein Wahrheitskriterium gefunden, das zur regula universalis erhoben wird. Nichts ist uns so unmittelbar gegeben wie unser eigenes Denken, und in ihm ist die Wahrheit zu suchen und zu finden. Das Denken ist also ausschließliches Erkenntnismittel, auch über die Natur. Damit ist der Rationalismus in Reinkultur begründet; für empirische, erfahrungsmäßige Erkenntnis ist bei D. kein Platz. D. ist also erkenntnistheoretisch Antipode zu Francis Bacon.

Von der im „cogito, ergo sum" gefundenen Basis schloß D. auf die Existenz Gottes und weiter auf die Existenz der Welt. Diese ist geschieden in die denkende Substanz (res cogitans) und die körperliche Substanz (res extensiva). Die körperliche Substanz wird durch ihre Ausdehnung gekennzeichnet, ja die Substanz ist geradezu gleichbedeutend mit dem Raum, den sie einnimmt. Folglich gibt es eine unbeschränkte Teilbarkeit des Raumes; es kann keine Atome und auch kein Vakuum geben.

Alle Erscheinungen in der Natur führte Descartes auf Bewegungen von drei Arten von Materie (bzw. Raumteilen) zurück; die Mechanik, die in Antike und Mittelalter geradezu der Gegensatz zur Physik gewesen war, wird nun gleichbedeutend mit der Physik (mechanistisches System). Beispielsweise erklärte D. die Anziehung der Planeten durch die Sonne und zugleich ihre Achsendrehung durch Wirbel subtiler Materie (ähnlich wie leichte Holzstückchen in Wasserwirbeln mitgerissen und zugleich in Drehung versetzt werden). Das konkrete Modell D.s ist wertlos; geistesgeschichtlich um so bedeutender ist seine starke Überzeugung, daß alle Naturerscheinungen rational erfaßbar und erklärbar sind.

Im Geiste des christlichen Neuplatonismus glaubte D. an das Wirken unveränderlicher Gesetzmäßigkeiten hinter den sinnlich wahrnehmbaren, scheinbar chaotischen Veränderungen in der Welt. So kam D. zu einem wichtigen Erhaltungssatz: Die Bewegung eines Raumteiles kann sehr wohl verschwinden, dafür wird sie aber, z. B. durch Stoß, auf einen anderen Bereich übertragen. Es ist also die Bewegung des einzelnen Körpers höchst variabel, aber eine Abnahme in einem

Bereich wird immer durch eine entsprechende Zunahme bei einem anderen Körper kompensiert. Im Naturganzen hat die Bewegung, der motus, eine festgelegte Größe (certa et determinata quantitas).

So folgerte D. in den Principia philosophiae von 1644 aus der Vollkommenheit Gottes die Erhaltung der Bewegung $m \cdot v$, wobei er aber noch nicht den Vektorcharakter der Größe erkannt hatte und gelegentlich auch mit Bewegungen nicht $m\,v$, sondern die „Kraft" im Sinne von Arbeit meinte. Diese Unklarheit des hochbedeutsamen D.schen Ansatzes wurde in den folgenden Generationen beseitigt (→ Bewegungsgröße, → Energie, → Kraft).

Aus dem Erhaltungssatz suchte D. nun unter Zuhilfenahme weiterer Gesetze (z. B. des Trägheitsgesetzes) den Stoß zweier Massen vollständig zu behandeln, aber es gelang ihm die richtige Lösung nur in einigen ganz einfachen Fällen. Erst Christiaan Huygens vermochte das Problem des zentralen Stoßes in Allgemeinheit zu lösen.

Als seine wichtigste Entdeckung hat D. seine „mathesis universalis" angesehen. Gemeint ist die von François Vieta (1540–1603) als Algebra speciosa eingeführte Buchstabenalgebra, die von D. als universale Grundlage aller Wissenschaften aufgefaßt wurde. „Das hiermit aufgestellte Ideal einer Mathematisierung aller Naturwissenschaften bildet ein Arbeitsprogramm für Jahrhunderte" (Dijksterhuis). Immerhin hat D. mit der Begründung der analytischen Geometrie auch hier den entscheidenden ersten Schritt vollzogen; damit hat er der Einführung der mathematischen Formelsprache in die Physik vorgearbeitet, wo wieder Huygens den D.s Ansatz weiterführte.

Werke: Oeuvres de D. Hrsg. Charles Adam und Paul Tannery. 12 Bde. Paris 1897–1913; die wichtigsten Schriften: 1. Essais philosophiques. Leiden 1637. Hier die Abhandl. „Discours de la méthode", „Dioptrique", „Méteores", „La géométrie"; 2. Meditationes de prima philosophia. Paris 1641; 3. Principia philosophiae. Amsterdam 1644; 4. Traité des passions de l'âme. Paris 1649; 5. Traité de la lumière. Paris 1677; 6. Opuscula physica et mathematica. Amsterdam 1701. Hier die 1629 verf. Abhandl. „Regulae ad directionem ingenii".

Literatur: Ernst Cassirer, D.' Lehre, Persönlichkeit, Wirkung. Stockholm 1939; Joseph Frederick Scott, The scientific work of R. D. London 1952 (mit Bibliographie); Eduard Jan Dijksterhuis, Die Mechanisierung des Weltbildes. Berlin 1956; Jules Vuillemin, Mathématique et métaphysique chez D. Paris 1960; A. Rupert Hall, Cartesian Dynamics. In: Archive for History of Exact Sciences. Vol. 1, 1960/62, S. 172–178; Richard J. Blackwell, D.' laws of motion. In: Isis. Vol. 57, 1966, S. 220–234; Ole Knudsen, Kurt M. Pedersen, The link between „determination" and conservation of motion in D.' dynamics. In: Centaurus. Vol. 13, 1968, S. 138 bis 186.

Determinismus. Dem Determinismus liegt die Annahme zugrunde, daß die Zukunft durch die Gegenwart (und diese durch die Vergangenheit) genau und eindeutig bestimmt ist. Der große Erfolg, der Newtons Theorie der Gravitation in der Astronomie durch die vollkommene Kongruenz von Rechnung und Beobachtung beschieden war, schien die Berechtigung dieser Annahme außer Zweifel zu stellen. Das Bemühen der klassischen Physik bestand demgemäß darin, die das Naturgeschehen beherrschenden Gesetze (i. a. in Form von Differentialgleichungen) aufzusuchen und durch Angabe der Anfangsbedingungen daraus das zukünftige Geschehen abzuleiten. Den Inbegriff dieser Naturauffassung stellt der Laplacesche Weltgeist dar, der unter der Voraussetzung, daß ihm die Anfangsbedingungen aller Atome des Universums bekannt wären, imstande sein sollte, die ganze Zukunft vorauszusehen. Die Tatsache, daß man schon im Rahmen der klassischen Physik gezwungen war, statistische Betrachtungen anzustellen, beruhte gerade auf dem Umstand, daß die Anfangsbedingungen i. a. (z. B. bei einer Vielzahl von Molekülen) nicht bekannt sind. Sie stellte also keinen Einwand gegen den Determinismus dar. Indessen kündigten die

Entdeckungen gewisser statistischer Gesetzmäßigkeiten beim radioaktiven Zerfall (z. B. der Umstand, daß man ihn durch keinerlei physikalische Agentien beeinflussen kann) und in der Hohlraumstrahlung (Einsteins Übergangswahrscheinlichkeiten für spontane Emission – ohne physikalische Ursache) eine Abkehr von der alten deterministischen Auffassung an. Die moderne Quantentheorie hat gezeigt, daß das Naturgeschehen in der Tat prinzipiell indeterminiert ist in dem Sinne, daß die Natur nur statistische Aussagen zuläßt. Der Grund dafür ist in den Heisenbergschen Unschärferelationen zu suchen, die eine unbegrenzte Genauigkeit in der gleichzeitigen Messung konjugierter Größen ausschließen. Gerade diese unbegrenzte Meß-Genauigkeit war aber eine wesentliche Voraussetzung des klassischen Determinismus. Max Born hat darauf aufmerksam gemacht, daß auch schon die klassische Physik infolge der mit den Beobachtungen verknüpften Fehler nicht mit einer strengen Determiniertheit des Naturgeschehens rechnen konnte.

Literatur: Max Born, Physik im Wandel meiner Zeit. Braunschweig 1958. Hier S. 160–166; ders., Die statistische Deutung der Quantenmechanik. Nobelvortrag. In: Zur Begründung der Matrizenmechanik (= Dokumente der Naturwissenschaft. Bd 2). Stuttgart 1962. U. H.

Deutsche Physikalische Gesellschaft (DPG). Die Fachorganisation der deutschen Physiker wurde am 14. Januar 1845 als „Physikalische Gesellschaft zu Berlin“ gegründet. Die sechs Gründungsmitglieder (W. Beetz, E. Du Bois-Reymond, E. Brücke, W. Heitz, G. Karsten, H. Knoblauch) waren junge Teilnehmer des 1843 von Gustav Magnus ins Leben gerufenen Berliner Physikalischen Kolloquiums. Im Lesezimmer des Kadettenhauses fanden regelmäßige Sitzungen statt, und Ende 1845 hatte die Gesellschaft schon 53 Mitglieder (u. a. H. Helmholtz und W. Siemens). Langsam stieg die Mitgliederzahl auf 200 (1886) und 300 (1901).

Als Bibliographie des physikalischen Schrifttums und Dokumentation der „reißenden Fortschritte“ edierte die Gesellschaft ab 1847 die „Fortschritte der Physik“ (seit 1920 „Physikalische Berichte“). Seit 1882 erschienen daneben die „Verhandlungen“ mit Berichten über die wissenschaftlichen Sitzungen und die Geschäftssitzungen des Vorstandes.

1899 erfolgte die Umgründung aus einer lokalen Berliner Gesellschaft zur DPG; ein Übergewicht der Berliner Mitglieder (auch im Vorstand) blieb für Jahrzehnte bestehen. Überregionale Veranstaltungen führte die DPG zunächst nicht durch; vielmehr trafen sich die Physiker jährlich auf den Herbst-Versammlungen der Deutschen Naturforscher und Ärzte zu eigenen Sektionssitzungen. Nach Ende des Ersten Weltkrieges fanden dann die Naturforscherversammlungen nur noch jedes zweite Jahr statt, in den dazwischenliegenden Jahren gab es eine eigene Tagung der DPG. So fand die erste deutsche Physikertagung 1921 in Jena statt.

Literatur: Ernst Brüche, Aus der Geschichte der Berliner Physik. Mit 24 Physikbildern. Leipzig 1935; ders., Aus der Vergangenheit der Physikalischen Gesellschaft. In: Physikal. Blätter. Jg 16, 1960, S. 499–505; 616–621; Jg 17, 1961, S. 27–33; 120–127; 225–232; 400–410; Karl-Heinz Riewe, 120 Jahre DPG. In: Physikal. Verhandlungen DPG. Bd 5, 1965, S. 3–8.

Diderot, Denis (* 5. Oktober 1713 in Langres, † 30. Juli 1784 in Paris). Auf dem Jesuitenkolleg von Langres fiel der Sohn eines Messerschmiedes durch glänzende Begabung und zugleich durch Disziplinlosigkeit auf. Er lebte zeitweilig in schwierigen Verhältnissen und schlug sich als Hauslehrer und Anwaltsgehilfe durch. Seine freie Zeit widmete er den alten und neuen Sprachen und dem Studium der Mathematik. Das von ihm und anderen aus dem Englischen übersetzte naturwissenschaftliche Lexikon von Ephraim Chambers brachte ihn auf den Gedanken, etwas Ähnliches für das französische Sprachgebiet in Angriff zu nehmen. Es gelang ihm, für dieses Unternehmen den Mathematiker Jean le Rond d'Alembert zu gewinnen und

1746 auch das königliche Privileg dafür zu erhalten. Sein „Brief über die Blinden", in dem er die Unvollkommenheit der Natur behandelte, brachte ihn allerdings in Gegensatz zur herrschenden (kirchlichen) Meinung und infolgedessen 1749 ins Gefängnis, so daß der erste Band der → Enzyklopädie (Encyclopédie ou Dictionnaire des sciences, des arts et des métiers) erst 1751 erscheinen konnte und die Herstellung des Gesamtwerks – durch mehrfache parlamentarische Interventionen (der siebente Band sollte verbrannt werden) – sich über 20 Jahre hinzog. 1759 trat d'Alembert, durch die vielen Schwierigkeiten entmutigt, von dem Unternehmen zurück, und Diderot leitete es von diesem Zeitpunkt an allein. Die letzten zehn Bände mußten den Subskribenten schließlich heimlich ausgehändigt werden. 1765 verkaufte D. seine Bibliothek an die Zarin Katharina II., die ihn dafür zum Kaiserlichen Bibliothekar ernannte und ihm darüberhinaus eine Jahresrente von 1000 Pfund aussetzte. Neben der Arbeit an der Enzyklopädie hat D. noch zu zahlreichen anderen literarischen Werken (Erzählungen, Romanen, Dramen, Essays philosophischen, mathematischen und ästhetischen Inhalts) Zeit gefunden, die er z. T. aus Mangel an literarischem Ehrgeiz nie veröffentlicht hat. Durch seine universelle Bildung, seine Kritik an herkömmlichen religiösen und moralischen Vorstellungen und seinen widerspruchsvollen, zwischen Rationalismus und Sentimentalität schwankenden Charakter wurde er zum Repräsentanten der Aufklärungsepoche.

Werke: Ilse Lange und Max Bense, D. D. Gedanken über Philosophie und Natur. Weimar 1948; Alfred Antkowiak und Lothar Berthold (Hrsg.), Diderot. Ein Lesebuch für unsere Zeit. Weimar 1953; Theodor Lücke (Hrsg.), Philosophische Schriften. Berlin 1961; Mémoires sur différents sujets de mathématique. Paris 1966.

Literatur: Jean Rostand, D. et la Biologie. In: Revue d'Histoire des Sciences. Jg 5, 1952, S. 5–17; Herbert Dieckmann, The first edition of D.'s Pensées sur l'interprétation de la nature. In: Isis. Vol. 46, 1955, S. 251–272; Dictionnaire de Biographie Française. Bd XI, Paris 1967. Daselbst auch weitere Literaturangaben; Gerhard Rudolph, D.s Elemente der Physiologie. In: Gesnerus. Jg 24, 1967, S. 24–45.

U. H.

Dielektrizitätskonstante. Bei Ladungsversuchen mit beschichteten Glasplatten fiel Henry Cavendish auf, daß einige Werte nicht seinen Voraussagen entsprachen. Nach einer Reihe von Versuchen, bei denen er auch Verhältniszahlen für verschiedene Materialien angab, kam er zu dem Schluß, daß diese Abweichung mit der Eigenschaft des Materials zu tun habe. Diese Versuche waren 1773 abgeschlossen, wurden aber erst 1879 von James Clerk Maxwell veröffentlicht.

So wird Michael Faraday als der Entdecker der D. betrachtet. Er benannte 1838 isolierende Substanzen, durch die elektrische Kraft wirkt, „dielectrics". Um seine Hypothese zu stützen, daß die Influenz eine molekulare Aktion ist, die nicht durch Fernwirkung, sondern durch die zusammenhängenden Partikel des Dielektrikums zustande kommt, untersuchte er verschiedene Dielektrika. Die dabei gefundenen charakteristischen Verhältniszahlen nannte er „specific inductive capacity".

Die D. gewann 1873 Bedeutung in der theoretischen Physik durch die Maxwellsche Beziehung. James Clerk Maxwell faßte Licht als elektromagnetische Welle auf. Aus der mathematischen Behandlung dieser Auffassung und der allgemeinen Wellentheorie gelangte er zu dem Satz: Die D. eines durchsichtigen Stoffes ist gleich dem Quadrat seines Brechungsindex (unter der Annahme, daß die Permeabilität gleich 1 ist). Diese Beziehung galt als Prüfstein für die Richtigkeit der elektromagnetischen Lichttheorie. Für sichtbares Licht ergab sich allerdings eine schlechte Übereinstimmung. Die Maxwellsche Beziehung konnte erst mit Hertzschen Wellen von Ludwig Boltzmann verifiziert werden.

Quellen: Henry Cavendish, The electrical researches (Hrsg. James Clerk Maxwell). Cambridge 1879, § 377; Michael Faraday, Experimental researches in electricity. Berlin 1869–1891 (Deutsche Ausgabe), § 1168, 1252, 1277; James Clerk Maxwell, A treatise on electricity and magnetism. Oxford 1873, § 788.

Literatur: Karl Heinrich Wiederkehr, Die Vorstellungen vom molekularen Aufbau der Dielektrica in historischer Sicht. In: Sudhoffs Archiv. Bd 52, 1968, S. 67–78. A. K.

Dispersion. Die Erscheinung der Dispersion des Lichtes gab in Gestalt des Regenbogens schon im Altertum zu vielerlei Spekulationen Anlaß, aber die Ursache blieb wie in anderen Fällen des Auftretens von Spektralfarben unbekannt. Erst im 17. Jh. gelang es, dieses Phänomen als Zerlegung weißen Lichtes in farbige Komponenten zu erklären.

Allgemein wird die Erklärung Isaak Newton zugeschrieben, der im Jahre 1672 seinen berühmten Traktat „New theory about light and colours" veröffentlichte. Aber schon vorher, im Jahre 1665, erschien in Bologna das Buch „Physico-mathesis de lumine, coloribus et iride" aus dem Nachlaß von Francesco Maria Grimaldi. Hier beschrieb Grimaldi, daß er das Experiment der Zusammensetzung farbigen Spektrums zu weißem Licht durchgeführt habe. Grimaldi hat also bereits erkannt, daß das weiße Licht eine Mischung aller Spektralfarben ist.

Quellen: Isaac Newton, New theory about light and colours. Nachdr. München 1956, dt. Übers. München 1969.

Literatur: Ernst Mach, Die Prinzipien der physikalischen Optik. Leipzig 1921; George Sarton, Discovery of the dispersion of light and of the nature of colour. In: Isis. Vol. 14, 1930, S. 326 bis 341. J. M.

Doppelbrechung. Im Jahre 1669 erschien das erste fundamentale Buch über Kristallphysik, dessen Verfasser den Namen der damals in Dänemark auf dem Gebiet der Medizin bekannten Familie Berthelsen (Bartholinus) trug. Erasmus Bartholinus beschrieb hier die merkwürdigen Eigenschaften des isländischen Kalkspats: man konnte mit ihm doppelte, gegeneinander verschiebbare Bilder beobachten. – Schon 1678 hatte Huygens den Wellenbegriff eingeführt. Als er mit seinen Vorstellungen auch die Doppelbrechung erklären konnte, publizierte er die neue Theorie zusammen mit den früheren Abhandlungen im „Traité de la lumière" 1690. Für seine Erklärung benutzte Huygens zwei Voraussetzungen: 1. Das Licht hat Wellennatur. 2. Der Kristall ist aus kleinen geordneten Teilen aufgebaut, die die Form flacher Rotationsellipsoide haben und deren Hauptachse der Hauptachse des Kristalls parallel gerichtet ist. Huygens stellte fest, daß auch Bergkristall eine allerdings schwächere Doppelbrechung zeigt, und später wurden weitere Kristalle mit dieser Eigenschaft gefunden.

David Brewster entdeckte dann die zweiachsigen Kristalle und führte Versuche zur Doppelbrechung in Kristallen durch, die Druck ausgesetzt waren und im normalen Zustand diese Eigenschaft nicht zeigen. Er untersuchte auch die Färbung der gebrochenen Strahlen. Huygens hatte noch nicht alle damals bekannten Experimente erklären können, weil er voraussetzte, daß das Licht eine longitudinale Welle sei. Erst später entdeckte Thomas Young, daß man bessere Resultate mit der Annahme einer transversalen Welle erhält. Mit den Voraussetzungen der Emissionstheorie leitete Pierre-Simon Laplace die D. aus dem Prinzip der kleinsten Wirkung ab.

Als man die elektromagnetische Natur des Lichtes erkannte, beschäftigte sich James Clerk Maxwell auf der Grundlage dieser Theorie mit der Doppelbrechung. Er nahm an, daß der Wert der Dielektrizitätskonstanten in den Kristallen eine Funktion der Richtung sei. Mit dieser Voraussetzung konnte er ableiten, daß das Licht in beiden verschieden gebrochenen Strahlen zueinander senkrecht polarisiert sein muß.

Quellen: Erasmus Bartholinus, Experimenta crystalli islandici disdiaclastici . . . Kopenhagen 1669; Christiaan Huygens, Traité de la lumière. Leiden 1690. Deutsche Übers. Karl Mieleitner (= Ostwalds Klassiker. Bd 205). Leipzig 1922.

Literatur: Edmund Hoppe, Geschichte der Optik. Wiesbaden 1967. J. M.

Doppler, Christian (* 29. November 1803 in Salzburg, † 17. März 1853 in Venedig). Da D. nach seiner Assistententätigkeit bei dem Wiener Mathematiker Joseph Hantschl kein Lehramt fand, wollte er nach Amerika auswandern, als ihn 1835 die ständische Realschule Prag als Professor der Mathematik und Handlungsbuchhaltung berief. Seit 1837 hielt er nebenher Vorlesungen für höhere Mathematik an der ständisch-technischen Lehranstalt. 1841 übernahm er an ihr die Lehrstelle für Elementar-Mathematik und praktische Geometrie. In den Abhandlungen der königlich böhmischen Gesellschaft der Wissenschaften veröffentlichte er 1842 seine Arbeit „Über das farbige Licht der Doppelsterne". Sie enthielt die Entdeckung des → Doppler-Effektes.

1847 wurde D. Bergrat und Professor der mathematischen Physik und Mechanik an der Bergakademie Schemnitz. 1849 ging er als Nachfolger seines Lehrers Simon Stampfer an das Wiener Polytechnische Institut. Doch schon 1850 wurde in Wien das Physikalische Institut der Universität gegründet und Doppler als erster Direktor und Ordinarius für Experimentalphysik gewählt. Lungentuberkulose zwang ihn, 1852 Urlaub zu nehmen.

D. lebte ganz der Wissenschaft. Trotz anstrengender Lehrtätigkeit hat er 51 meist umfangreiche Arbeiten veröffentlicht. Die ersten betrafen Parallelentheorie, Kettenbrüche und analytische Geometrie. Aus seiner Unterrichtstätigkeit ging auch ein Lehrbuch der Arithmetik und Algebra hervor (Prag 1843 und Wien 1851). Andere Abhandlungen betrafen Akustik, Optik, Elektrizität und Magnetismus. Ebenso wie Stampfer erfand und verbesserte er mehrere Geräte, so zum Messen der Distanz und des Gesichtswinkels.

Werke: Versuch einer analytischen Behandlung beliebig begrenzter und zusammengesetzter Linien, Flächen und Körper. Prag 1839; Über das farbige Licht der Doppelsterne. Prag 1842 (Zur Feier des hundertsten Geburtstages Dopplers neu herausgegeben von Franz Josef Studnička. Prag 1903); Zwei Abhandlungen aus dem Gebiete der Optik. Prag 1845; Über eine wesentliche Verbesserung der katoptrischen Mikroskope. Prag 1845; Beiträge zur Fixsternkunde. Prag 1846; Versuch einer systematischen Classification der Farben. Prag 1846; Abhandlungen (= Ostwalds Klassiker. Nr 161). Leipzig 1907.

Literatur: Almanach der Kaiserlichen Akademie der Wissenschaften. Jg 1, Wien 1851, S. 169 bis 173 (Werkverzeichnis) und Jg 4, 1854, S. 112 bis 120 (Nachruf); Constant v. Wurzbach, Biographisches Lexikon des Kaiserthums Oesterreich (darin auch Stampfer). Bd 3. Wien 1858, S. 370 bis 372; Victor Quittner, C. D. In: Prometheus. Bd 15, 1904, S. 113–116; Heinrich Mache, Österreichs große Physiker und ihre Spitzenleistungen. Wien 1937, S. 4–7; Gustav Ortner, C. D. In: Österreichische Naturforscher und Techniker. Wien 1951, S. 41–43.

H. B.

Doppler-Effekt. Unter allen Entdeckungen Dopplers ist das von ihm ausgesprochene und nach ihm benannte Prinzip am folgenreichsten geworden. Es fiel ihm auf, daß „man nicht sowohl darnach fragen müsse, in welchen Zeiträumen und mit welchen Intensitätsgraden die Wellenerzeugung an und für sich vor sich gehe, — als vielmehr darnach, in welchen Zeitintervallen und mit welcher Stärke diese Äther- oder Luftschwingungen vom Auge oder vom Ohre irgend eines Beobachters aufgenommen und empfunden werden". Von diesen subjektiven Bestimmungen, nicht vom objektiven Sachverhalt hängt die Farbe einer Lichtempfindung oder die Tonhöhe eines Schalles ab. Solange der Beobachter und die Quelle der Wellen ihren Ort beibehalten, fallen allerdings die subjektiven Bestimmungen mit den objektiven zusammen. „Wie aber", fragte Doppler, „wenn entweder der Beobachter oder die Quelle oder gar beide zugleich ihren Ort veränderten, sich voneinander entfernten oder sich einander näherten?" Zwei Wellenschläge müssen z. B. rascher aufeinanderfolgen, wenn der Beobachter ihnen entgegeneilt. Diese Bewegung hat eine Änderung in der Farbe des Lichtes, in der Höhe des Tones zur Folge.

1845 stellte der holländische Physiker Heinrich Buys-Ballot eine Versuchsreihe zur Prüfung des Effektes an. Er stellte längs der von Utrecht nach Maarsen führenden Eisenbahn Musiker auf und ließ einen Hornisten auf der Lokomotive mitfahren und einen Ton blasen. Die Musiker mußten die Tonhöhe sowohl bei der Annäherung wie beim Wegfahren abschätzen. Im umgekehrten Versuch schätzten Musiker auf der Lokomotive die Tonhöhe der Hörner, die längs der Bahnlinie geblasen wurden, beim Näherkommen und Enteilen. Die Geschwindigkeit der Lokomotive war bekannt. Die Ergebnisse bestätigten Dopplers Formeln.

Ernst Mach gab einen Vorlesungsversuch für den D.-E. an. Eine waagrechte Röhre rotiert um eine hohle senkrechte Achse. Am Ende der Röhre ist eine Pfeife, die durch Wind, der die senkrechte Achse und die Röhre durchströmt, angeblasen wird. Ein Beobachter in der Rotationsebene hört, sooft die Pfeife sich nähert, ein Maximum der Tonhöhe, und sooft sie sich entfernt, ein Minimum. Befindet man sich dagegen in der Verlängerung der Achse, so bleibt die Tonhöhe konstant.

Karl Rudolph König zeigte den Effekt mit zwei Stimmgabeln, deren eine durch aufgeklebtes Wachs leicht verstimmt war, so daß man vier Schwebungen in der Sekunde hörte. Streicht man beide an und eilt mit der tieftonigen gegen die Zuhörer, so wird deren Ton dem der andern ähnlich, und die Schwebungen werden langsamer. Entfernt man sich damit, so erscheint ihr Ton dem Zuhörer noch tiefer, und die Zahl der Schwebungen wächst.

Quellen: Christian Doppler, Über das farbige Licht der Doppelsterne. Prag 1842. In: Dopplers Abhandlungen (= Ostwalds Klassiker. Nr 161). Leipzig 1907.

Literatur: Karl Haas, Christian Doppler. In: Vierteljahrsberichte des Wiener Vereines zur Förderung des physikalischen und chemischen Unterrichtes. Jg 9, 1904, S. 9—22; Edward Neville da Costa Andrade, Christian Doppler und der D.-E. In: Endeavour. Bd 18, 1959, S. 14—19; Dieter B. Herrmann, Erkenntnis und Irrtum: Christian Doppler. In: Die Sterne. Jg 40, 1964, S. 17—23; ders., Ernst Mach zur Doppler-Theorie. In: Die Sterne. Jg 40, 1964, S. 155 f.

H. B.

Doppler-Effekt (optischer). Von Anfang an hat Doppler sein Prinzip auf die Optik angewendet. Er glaubte, damit die Farben der Doppelsterne erklären zu können. Unter den Astronomen fand er einen Anhänger in Benedetto Sestini. Dessen Farbenwahrnehmungen an Doppelsternen veranlaßten Doppler (in der Sitzung der Kaiserlichen Akademie der Wissenschaften vom 22. Januar 1852) zu dem Ausspruch, er lebe mehr als je der Überzeugung, daß der Farbenschmuck der Sterne einst dazu dienen werde, die Elemente der Bahnen von Himmelskörpern zu bestimmen, deren unermeßliche Entfernung uns nur noch die Anwendung rein optischer Hilfsmittel gestatte.

Mit der Entdeckung der Spektralanalyse entwickelte sich die Astrophysik. In ihr gelangte der D.-E. zu großer Bedeutung. William Huggins in London erkannte 1868, daß die Wasserstofflinien des Sirius im Vergleich mit irdischen Wasserstofflinien gegen Rot verschoben waren. Er berechnete daraus, daß dieser Stern sich mit 47 km in der Stunde von der Erde entferne. Angelo Secchi stellte 1870 fest, daß die Strahlen vom linken oder rechten Ende des Sonnenäquators einen Unterschied in der Lage der Spektrallinien aufwiesen, wie ihn die Rotation vermuten ließ. Hermann Carl Vogel berechnete daraus die Rotationsgeschwindigkeit und fand denselben Wert, den man aus der Beobachtung von Sonnenflecken kannte. Samuel Langley erfand eine Vorrichtung, womit man die Spektrallinien von Strahlen beider Gestirnsränder zugleich beobachten und vergleichen konnte. 1876 bestimmte man so die Rotationsdauer des Jupiter. Die Verschiebung der Natriumlinien ergab die Geschwindigkeit des Kometen von 1882. Die Bahngeschwindigkeit der Venus wurde 1889 von Hermann Carl Vogel spektroskopisch erfaßt.

Einen Triumph feierte der D.-E. bei der Untersuchung der Saturnringe durch James Edward Keeler. Man wußte nicht, ob die Ringe zusammenhängende Massen oder eine Schar einzelner Meteore seien. Im ersten Falle mußten die äußeren Ringteile, im zweiten die inneren sich rascher bewegen. Es ergab sich, daß die inneren im Spektrum stärkere Verschiebungen zeigten.

Abwechselnde, periodische Verschiebungen der Spektrallinien eines Fixsterns entdeckte Hermann Carl Vogel. Beschreibt der Stern eine elliptische Bahn, so wird dort, wo er sich von der Erde entfernt, eine Verschiebung nach Rot auftreten, die ein Maximum erreicht, dann abnimmt und schließlich, wenn der Stern sich wieder nähert, in eine Verschiebung nach Violett wandelt. Aus der Beobachtung der Periodizität läßt sich die Umlaufszeit bestimmen, aus dem Maximum der Verschiebung die Geschwindigkeit und aus beidem die Bahngröße.

Der Nachweis des D.-E. bei irdischen Lichtquellen gelang erstmalig 1905 Johannes Stark in Göttingen an einer Wasserstoff-Kanalstrahlröhre mit Geradsichtspektroskop. Einstein erklärte spätestens 1907, daß der Effekt in der 2. Ordnung, d. h. proportional $(v/c)^2$, als Beweis für die Spezielle Relativitätstheorie dienen kann; den (klassisch nicht vorhandenen) transversalen D.-E. bezeichnete er als „experimentum crucis der Relativitätstheorie“. Die diesbezüglichen Bemühungen Starks scheiterten an den experimentellen Schwierigkeiten. Erst 1938 gelang anderen die Bewältigung.

Quellen: Hermann Carl Vogel, Untersuchungen über die Spectra der Planeten. Leipzig 1874.

Literatur: → Doppler-Effekt. → Doppler. Ferner: Arnold Sommerfeld, Elektrodynamik (= Vorlesungen über theoretische Physik. Bd 3). Wiesbaden 1948, S. 229.

Dreikörperproblem. Das Dreikörperproblem bezeichnet die Aufgabe, die Bewegung von drei Körpern, die sich gemäß dem Gravitationsgesetz anziehen, zu berechnen. Leonhard Euler glaubte 1771, im Zusammenhang mit seiner für die Pariser Akademie bestimmten Arbeit über die Mondbewegung eine allgemeine Lösung des Dreikörperproblems gefunden zu haben (Ankündigungen dieser Entdeckung waren bereits an alle Akademien versandt); doch stellte sich bald heraus, daß er einem Irrtum zum Opfer gefallen war. 1772 gab Joseph-Louis Lagrange spezielle Lösungen für gewisse Sonderfälle (der sog. Lagrangeschen Körper) an (wenn nämlich drei Körper auf einer Geraden liegen und mit konstanter Winkelgeschwindigkeit rotieren oder wenn drei Körper gleicher Masse die Ecken eines gleichseitigen, sich ebenfalls drehenden Dreiecks bilden). Das Dreikörperproblem hat seitdem viele Mathematiker interessiert (u. a. Henri Poincaré, Edmund Whittaker); neuerdings ist es in weiterem Sinne in der Kernphysik wieder aktuell geworden (Bau von ^3H und ^3He).

Literatur: Edmund Whittaker, Prinzipien der Störungstheorie und allgemeine Theorie der Bahnkurven in dynamischen Problemen. In: Encyklopädie der mathematischen Wissenschaften. Bd VI, 2 A. Leipzig 1905–1923, S. 512–556; Hans Happel, Das Dreikörperproblem. Vorlesungen über Himmelsmechanik. Leipzig 1941; Karl Ludwig Siegel, Vorlesungen über Himmelsmechanik. Berlin 1956; Otto Spiess, Leonhard Euler. Frauenfeld 1929, S. 192. U. H.

Druck (Flüssigkeitsdruck). Von Archimedes (3. Jh. v. Chr.) ist bekannt, daß er sich erfolgreich mit hydrostatischen Fragestellungen befaßte. Er wußte bereits, daß der Druck der Flüssigkeiten auf ihre Grundfläche von der Spiegelhöhe der Flüssigkeit abhängt.

Über Archimedes hinaus gelangte 1800 Jahre später der Holländer Simon Stevin mit der Erkenntnis, daß der Bodendruck einer Flüssigkeit – unabhängig von der Form des Gefäßes – dem Gewicht eines geraden Zylinders gleicher Füllhöhe und Grundfläche entspricht. Damit wurde zum ersten Male der Bodendruck von der absoluten Flüssigkeitsmenge im Gefäß geschieden. Stevin deutete auch die Fortleitbarkeit des Druckes in einer Flüssigkeit an (1586).

Vorbereitet durch die Arbeiten Torricellis, von Guerickes und Pascals über den Luftdruck (→ Barometer) begann sich hundert Jahre nach Stevin auch das Wissen um den Druck in Flüssigkeiten zu vertiefen. In seinen „Principia“ behauptete Newton, daß der

Druck in einer inkompressiblen Flüssigkeit, die sich in Ruhe befindet und keinerlei Kräften unterworfen ist, nach allen Seiten hin gleich sei. Alexis Clairaut, der sorgfältig zwischen Kraft und Gewicht unterschied, benutzte als erster ein allgemeines Vektorfeld und führte den Begriff des Potentials sowie eine Theorie der Niveauflächen ein (1743). Die gleichzeitige Bestimmung von Druck und Geschwindigkeit bei eindimensionaler Flüssigkeitsströmung (Stromröhre) gelang Daniel und Johann Bernoulli (→ Hydrodynamik). Das führte zur Begründung der Begriffe „hydrostatischer" und „hydrodynamischer Druck". Johann Bernoulli, der Vater Daniel Bernoullis, schuf den Begriff des „inneren Druckes" in der Hydraulik; er unterschied klar zwischen Druck und Gewicht und trennte die kinematischen von den dynamischen Prinzipien (1743). Zum Höhepunkt der Entwicklung wurden die Arbeiten Leonhard Eulers zur Mechanik der Kontinua.

Bereits in seiner „Scientia Navalis" von 1749 (begonnen 1738) kam Euler zu einem Ausdruck der Art $F = \int_S \varrho g h \, \mathrm{d}S$ (F = resultierende Kraft auf eine Fläche S in der Wassertiefe h). Für den Begriff des inneren Druckes fand er eine allgemeine Formulierung und berechnete auch bereits Kriterien für das Auftreten von Kavitation. Die von Euler hergeleiteten Bewegungsgleichungen beinhalten als Spezialfall eine klare Beschreibung der idealen Flüssigkeiten im Ruhezustand.

Quellen: Simon Stevin, The principle works. Hrsg. von Ernst Crone et al. 5 Bde. Amsterdam 1955–1966; Alexis Clairaut, Théorie de la figure de la terre. Paris 1743, dt.: Theorie der Erdgestalt nach Gesetzen der Hydrostatik (= Ostwalds Klassiker. Nr 189). Leipzig 1913; Daniel Bernoulli, Hydrodynamics and Johann Bernoulli, Hydraulics. Transl. from original editions (1738, 1743) by Thomas Carmody and Helmut Kobus. New York 1968; Leonhard Euler, Opera omnia. Bd II, 12. Lausanne 1954.

Literatur: Clifford Truesdell, Rational fluid mechanics, 1687–1765. In: Leonhard Euler, Opera omnia. Bd II, 12; ders., Zur Geschichte des Begriffes „innerer Druck". In: Physikal. Blätter. Jg 12, 1956, S. 315–326; Hunter Rouse u. Simon Ince, History of hydraulics. Iowa 1957; Istvan Szabó, Die Anfänge der Hydromechanik. In: Humanismus u. Technik. Bd 13, 1969, S. 1–14.

L. S.

Dualität. Die Dualität (d. h. Doppeldeutigkeit) physikalischer Erscheinungen wurde zuerst beim Licht beobachtet. Während Isaac Newton von der korpuskularen Natur der Lichtteilchen überzeugt war und so weit ging, zugunsten dieser Annahme die Erklärung der 1675 von ihm entdeckten farbigen Erscheinungen an dünnen Schichten (Newtonsche Ringe) auf die Hypothese von „Anwandlungen der Lichtteilchen" (fits of easy transmission or of easy reflexion) zurückzuführen (1704 Opticks), interpretierte sein Zeitgenosse Christiaan Huygens 1678 (Traité de la lumière) das Licht als Wellenerscheinung und erklärte so die Doppelbrechung des isländischen Kalkspats. Andere Erscheinungen (vor allem die Interferenz und Beugung des Lichtes) lieferten 1801 Thomas Young und 1818 Augustin Fresnel so gewichtige Argumente für die wellentheoretische Auffassung des Lichtes, daß diese sich während des folgenden Jahrhunderts allein behauptete und als ein wesentlicher Bestandteil in James Clerk Maxwells Theorie des Elektromagnetismus einging.

Die von Max Planck 1900 entdeckte Formel für die Strahlungsintensität des schwarzen Körpers brachte eine überraschende Wende zugunsten einer modifizierten Auffassung der alten korpuskularen Vorstellung vom Licht. Albert Einstein zeigte 1905, daß im Bereich hoher Frequenzen die Plancksche Strahlungsformel statt (wie bei Planck) aus der Annahme energiegequantelter Oszillatoren aus der Vorstellung räumlich diskret verteilter elektromagnetischer Energieelemente abgeleitet werden kann. Einsteins Lichtquantenhypothese setzte sich indessen trotz seiner Bemühungen, ihre Berechtigung auch an anderen Phänomenen nachzuweisen (1909 Theorie der Energieschwankungen im Strahlungshohlraum), nur zögernd durch. Niels Bohr war noch 1922 angesichts der Interferenzerscheinungen nicht von ihrer Richtigkeit überzeugt. Im gleichen Jahr gelang Arthur Holly Compton der experimentelle Nachweis der Lichtquanten. Er konnte zeigen, daß Licht hoher Energie in Materie so gestreut wird, als ob es aus Korpuskeln bestände, die beim Stoß mit den Elektronen der Materie Energie und Impuls gemäß den Erhaltungssätzen austauschen. Damit war der duale Charakter des Lichtes außer Zweifel gesetzt.

Daß Materie denselben Doppelcharakter besitzt wie Licht, zeigte sich in den folgenden Jahren. 1924 postulierte Louis de Broglie in Analogie zu den Lichterscheinungen eine mit jeder Korpuskel verbundene Welle und leitete daraus die Bohrschen Quantenbedingungen ab. Erwin Schrödinger griff diesen Gedanken auf und stellte ebenfalls in Analogie zu einer schon von William Rowan Hamilton bemerkten Beziehung zwischen Strahlenoptik und Teilchenmechanik 1926 die Wellenmechanik als Pendant zur Wellenoptik auf. Mit dieser Theorie konnten der schon 1921 von Carl Ramsauer beobachtete anomale Verlauf des Streuquerschnitts von Edelgasen für langsame Elektronen und 1927 die Elektronenbeugungsversuche von Clinton Joseph Davisson, Lester Halbert Germer und George Paget Thomson als den optischen Erscheinungen entsprechende materielle Interferenz- und Beugungseffekte gedeutet werden. Die Diskussion des Problems der Dualität physikalischer Phänomene fand einen gewissen Abschluß in der sog. Kopenhagener Deutung der Quantentheorie, insbesondere in der Bohrschen Lehre von der Komplementarität (1927).

Literatur: Johannes Gerber, Geschichte der Wellenmechanik. In: Archive for History of Exact Sciences. Vol. 5, 1969, S. 349–416; Die Kopenhagener Deutung der Quantentheorie (= Dokumente der Naturwissenschaft. Bd 4). Stuttgart 1963; Klaus Michael Meyer-Abich, Korrespondenz, Individualität und Komplementarität. Wiesbaden 1965; Roger H. Stuewer, Was Newton's „Wave-Particle Duality“ consistent with Newton's Observations? In: Isis. Vol. 60, 1969, S. 392–394.

U. H.

Duane, William (* 17. Februar 1872, † 7. März 1935 in Devon, Pa.). D. arbeitete bei Walther Nernst und Marie Curie und wurde 1913 Prof. für Biophysik an der Harvard-Universität. 1915 gelang ihm der experimentelle Nachweis der kurzwelligen Grenze der Röntgenbremsstrahlung (Duane-Huntsches Gesetz).

Werke: W. D. und Franklin L. Hunt, On X-ray wave-lengths. In: Physical Review. Vol. 6, 1915, S. 166–172.

Literatur: Dictionary of American Biography. Bd 21, 1944, S. 266 f.

Du Bois-Reymond, Emil (* 7. November 1818 in Berlin, † 26. Dezember 1896 ebd.). Studierte an der Universität von Berlin zunächst Theologie, dann Naturwissenschaften. 1840 wurde er Assistent Johannes von Müllers. Er war einer der Hauptvertreter der physikalischen Richtung in der Physiologie und beschäftigte sich hauptsächlich mit der Analyse elektrischer Vorgänge im lebenden Gewebe, das er sich aus einzelnen mit verschiedenen elektrischen Eigenschaften versehenen Molekülen aufgebaut dachte. Mit seinem bekannten Satz „Ignoramus et ignorabimus“ kennzeichnete er die grundsätzliche Unerkennbarkeit gewisser metaphysischer Tatbestände (Substanzproblem, Willensfreiheit). 1858 wurde er nach dem Tode Johannes von Müllers auf den neugegründeten Lehrstuhl für Physiologie an die Berliner Universität berufen. Seit 1867 war er ständiger Sekretär der Akademie der Wissenschaften zu Berlin. Zu seinen Schülern zählten u. a. Theodor Schwann und Rudolf Virchow.

Werke: Gesammelte Abhandlungen zur allgemeinen Muskel- und Nervenphysik. 2 Bde. Leipzig 1875–1877; Untersuchungen über thierische Elektrizität. 2 Bde. Berlin 1848/49; Reden. 2 Bde. Leipzig 1886/87; Über die Grenzen des Naturerkennens. Die sieben Welträtsel. Leipzig 1916; Estelle Du Bois-Reymond (Hrsg.), Zwei große Naturforscher des 19. Jahrhunderts. Ein Briefwechsel zwischen Emil Du Bois-Reymond und Karl Ludwig. Leipzig 1927.

Literatur: Heinrich Boruttau. E. D. B.-R. Wien 1922.

U. H.

Dulong, Pierre Louis (* 12. Februar 1785 in Rouen, † 19. Juli 1838 in Paris). D. war ursprünglich Arzt, dann Chemiker und Physiker. 1811 entdeckte er das Stickstoffchlorid, wobei er ein Auge und zwei Finger verlor. Seit 1815 arbeitete er eng mit Alexis Thérèse Petit zusammen. Im Jahr 1819 veröffentlichten beide das nach ihnen benannte Gesetz über die spezifischen Wärmen fester Körper (das Produkt aus spezifischer Wärme und Atomgewicht ist annähernd konstant). Dieses Gesetz gestattete ihnen die Berechnung bisher unbekannter Atomgewichte. Dulong und Petit haben auch den ersten genauen Vergleich von Luft- und Quecksilberthermometern durchgeführt und als erste den absoluten Ausdehnungskoeffizienten von Quecksilber bestimmt. Sie wiesen ferner nach, daß Newtons Abkühlungsgesetz nur für kleine Temperaturdifferenzen gültig ist. Seit 1832 war Dulong ständiger Sekretär der französischen Akademie der Wissenschaften.

Werke: Das Ausdehnungsgesetz der Gase (= Ostwalds Klassiker. Nr 44). Leipzig 1894.

Literatur: François Arago, Oeuvres complètes. Bd 3. Paris 1855, S. 581–584; Pierre Lemay u. Ralph E. Oesper, P. L. D., his life and work. In: Chymia, Vol. 1, 1948, S. 171–190. U. H.

Dynamismus. Ende des 18. und Anfang des 19. Jahrhunderts existierten neben- und gegeneinander zwei „Systeme" der Physik. Für die „atomistische Lehrart" war das in der Natur primär Gegebene die Materie, eine Auffassung, mit der z. B. Antoine-Laurent Lavoisier die wissenschaftliche Chemie begründet hatte. Für die „dynamistische Lehrart" war das Primäre die → „Kraft", ein Begriff, der in weitem Sinne, unsere heutige „Energie" mit umfassend, gebraucht wurde: „Der Dynamiker hat es überall nur mit Kräften und Thätigkeiten, ihrem Wechselkampfe, ihrer Entzweyung, ihrem Auseinandergehen und ihrer Ausgleichung zu thun, und reducirt alles Empfindbare und Wahrnehmbare darauf, als das reinste Schema, das der Verstand dafür aufstellen kann" (Christoph Heinrich Pfaff 1823). Nach dem D. waren Grundkräfte der Natur Magnetismus, Elektrizität, Licht, Wärme, Chemismus, Galvanismus etc.; man war von dem inneren Zusammenhang aller Naturkräfte und deshalb der gegenseitigen Verwandelbarkeit überzeugt. Johann Wilhelm Ritter, Christian Oersted, Michael Faraday u. a. wurden so zu ihren großen experimentellen Entdeckungen geführt.

Die Wurzeln des D. als einer anti-materialistischen Naturauffassung sind vielfältig; bedeutungsvoll wurden u. a. die unkörperlichen, mit Kräften begabten → Monaden von Leibniz und die atomaren Kraftzentren von Roger Joseph Boscovich. Die Naturauffassung der romantischen Naturphilosophie war geradezu durch den Dynamismus bestimmt (Schelling, Novalis, Baader); dynamistische Gedankengänge führten auch neben anderen zum → Energieprinzip. Mit diesem war ein wesentlicher Teil des D. in die Wissenschaft inkorporiert; als eigenes System existierte er danach nicht mehr. – Durch Einsteins → Energie-Masse-Äquivalenz $E = mc^2$ (1905) wurde dann später der alte Gegensatz Dynamismus–Atomismus im Sinne der Dualität gelöst.

Quellen: Georg Wilhelm Muncke, [Stichwort] Kraft. In: Gehlers Physikalisches Wörterbuch neu bearbeitet ... Bd 5, 2. Leipzig 1830, S. 958; Christoph Heinrich Pfaff, Der Elektro-Magnetismus, eine historisch-kritische Darstellung ... Hamburg 1824, S. 23.

Literatur: Armin Hermann, Der Kraftbegriff bei Michael Faraday und seine historische Wurzel. In: Wissenschaft, Wirtschaft und Technik. Studien zur Geschichte (= Festschrift Wilhelm Treue). München 1969, S. 469–476.

Dynamo. Eine Urform des Dynamos, und zwar eine Unipolarmaschine, erfand der Entdecker der elektromagnetischen Induktion, Michael Faraday, bereits 1831 in Gestalt eines Scheibengenerators, der aus einer rotierenden Kupferscheibe besteht, welche die Kraftlinien eines Dauermagneten senkrecht schneidet. Zwischen dem Zentrum und dem äußeren Rand der Scheibe läßt sich dabei mittels Schleifbürsten ein schwacher Induktions-(Wirbel-)Strom abgreifen. Aus derartigen

„magneto-elektrischen Rotationsapparaten“ entwickelten sich in verschiedenen Ländern allmählich brauchbare Dynamomaschinen.

Ein entscheidender Fortschritt gelang dem Dänen Soeren Hjorth, der 1851 (erste Veröffentlichung von 1854) das Prinzip der Selbsterregung schuf, bei dem der im Läufer erzeugte Strom den Ständer zusätzlich erregt, so daß sich das magnetische und das elektrische Feld bis zur Sättigung des Eisens gegenseitig aufschaukeln. Man hat hierin bereits das 1866 von Werner v. Siemens entdeckte dynamoelektrische Prinzip gesehen, das aber über das Selbsterregungsprinzip insofern hinausgeht, als Siemens die notwendige Anfangserregung nicht durch ebenso teure wie große Dauermagnete oder eine Gleichstromquelle (Fremderregung), sondern allein durch den remanenten Magnetismus des weichen Eisens erzielte. Obwohl der englische Telegrapheningenieur Samuel Alfred Varley und Sir Charles Wheatstone etwa zur selben Zeit die gleiche Idee äußerten, wurde Siemens die treibende Kraft der technischen Entwicklung. Weitblickend schrieb er 1867 über seinen neuen Dynamo mit Doppel-T-Anker: „Dieser Apparat wird den Grundstein einer großen technischen Umwälzung bilden, welche die Elektrizität auf eine höhere Rangstufe der Elementarkräfte erheben wird.“

Quellen: Michael Faraday, Diary. Bd 1. London 1932, S. 381; Soeren Hjorth, Engl. Patent Nr 2198 vom 14. 10. 1854; Alfred Varley, Engl. Patent Nr 3394 vom 24. 12. 1866; Charles Wheatstone, Ueber die Verstärkung der Kraft eines Magnetes durch die Reaction der von ihm selbst erzeugten inducirten Ströme. In: Dingler's Polytechnisches Journal. Bd 184, 1867, S. 15–22; Werner Siemens, Über die Umwandlung von Arbeitskraft in elektrischen Strom ohne Anwendung permanenter Magnete. In: Monatsberichte der Königlich Preußischen Akademie der Wissenschaften zu Berlin. Aus dem Jahre 1867. Berlin 1868, S. 55 bis 58; Werner Siemens, Wissenschaftliche und technische Arbeiten. 2 Bde. [2]Berlin 1889–1891.

Literatur: Otto Mahr, Die Entstehung der Dynamomaschine. Berlin 1941. L. v. M.

E

Ebbe und Flut. Galileo Galilei glaubte irrigerweise, daß das Phänomen durch Zusammensetzung der beiden Bewegungen der Erde, der jährlichen Kreisbewegung um die Sonne und der täglichen Achsendrehung, zustande komme. Deshalb erblickte er in den Gezeiten einen physikalischen Beweis für das kopernikanische Weltbild und wollte den Gezeiten-Vorgang sogar durch ein mechanisches Modell simulieren (→ Experiment).

Für Johannes Kepler waren die Gezeiten ein Beweis, daß sich die Anziehungskraft des Mondes bis zur Erde erstreckt. Eine mathematische Behandlung vermochte erst Isaac Newton durchzuführen. Er erkannte, daß das Wasser auf der mondabgewandten Seite schwächer als die Erde selbst angezogen wird. Es bleibt gegenüber der sozusagen in Richtung des Mondes fallenden Erde zurück, und so kommt auch auf der mondabgewandten Seite eine Flut zustande.

Anfang des 18. Jh.s veranlaßte die Pariser Akademie Gezeitenbeobachtungen und schrieb 1740 als Preisaufgabe aus, eine verbesserte Theorie vorzulegen. Unter den Preisträgern befanden sich Leonhard Euler und Johann Bernoulli.

Literatur: Harald L. Burstyn, Galileo's attempt to prove that the earth moves. In: Isis. Vol. 53, 1962, S. 161–185, vgl. dazu Isis. Vol. 56, 1965, S. 56–63.

Bemerkungen, die kürzlich Nathanson über die combinatorischen Grundlagen der Planckschen Theorie ~~[illegible]~~ publicierte hatte ich ebenfalls gefunden und vor dem Erscheinen der Arbeit von Nathanson in der hiesigen physikalischen Gesellschaft vorgetragen. Aber Nathanson hat die Lösung der Schwierigkeit nicht gefunden: er hat eben nicht bemerkt, dass die Plancksche und Einsteinsche Hypothese total verschieden sind. Aus der Einsteinschen Hypothese ~~[illegible]~~ (d. h. aus der Annahme unabhängiger Energieatome in den Resonatoren) folgt nicht das Plancksche Strahlungsgesetz sondern entweder das Wien'sche oder das Rayleigh'sche.

$$\propto \nu^3 \left(\frac{T}{\nu}\right) e^{-\frac{h\nu}{kT}}$$

oder allgemein ein Strahlungsgesetz von der Form

$$\propto \nu^3 \left(\frac{T}{\nu}\right)^m e^{-\frac{h\nu}{kT}}$$

Abb. 6. Paul Ehrenfest an Arnold Sommerfeld

Ehrenfest, Paul (* 18. Januar 1880 in Wien, † 25. September 1933 in Amsterdam). Studierte in Wien und Göttingen und promovierte 1904 bei Ludwig Boltzmann. Als Hendrik Antoon Lorentz 1912 an das eigens für ihn eingerichtete Forschungsinstitut in Haarlem ging, schlug er E. als seinen Nachfolger auf den Lehrstuhl der theoretischen Physik in Leiden vor. E. war wie Lorentz selbst ein ausgezeichneter Lehrer. Seine Forschungen betrafen im wesentlichen die statistische Mechanik und die Quantentheorie. Er hat Boltzmanns Lehren fortgeführt, und der 1912 mit seiner Frau Tatjana gemeinsam verfaßte Artikel über „Die begrifflichen Grundlagen der statistischen Auffassung in der Mechanik" (in der Enzyklopädie der mathematischen Wissenschaften) gilt noch heute als fundamental. In der Geschichte der älteren Quantentheorie spielte das von E. 1913 erstmals aufgestellte und 1916 ausführlich behandelte Adiabatenprinzip eine bedeutende Rolle, indem es mindestens theoretisch den Weg wies, die Quantenbedingungen komplizierter Systeme aus denjenigen für einfache abzuleiten. 1927 zeigte Ehrenfest, daß sich die Gesetze der klassischen Mechanik als Grenzfälle aus Erwin Schrödingers Wellenmechanik ableiten lassen (sog. Ehrenfestsche Sätze). Ehrenfest war ein Mann von ausgeprägt kritischer Veranlagung, von eminentem Witz und stark depressiven Zügen. Er nahm sich 1933 in Amsterdam das Leben. (Handschrift S. 77.)

Werke: Paul Ehrenfest. Collected scientific papers. Hrsg.: Martin J. Klein. Amsterdam 1959.

Literatur: Albert Einstein. In memoriam Paul Ehrenfest. In: Aus meinen späten Jahren. Stuttgart 1953, S. 239–242. Georges Uhlenbeck, Samuel Goudsmit u. G. H. Dieke, P. E. In: Science. Vol. 78, 1933, S. 377–378; Martin J. Klein, Paul Ehrenfest. Vol. 1. Amsterdam 1970. U. H.

Einstein, Albert (* 14. März 1879 in Ulm, † 18. April 1955 in Princeton, N. J.). Im Jahre 1905 veröffentlichte der 26jährige E., als „technischer Experte III. Klasse" beim Patentamt in Bern angestellt, im Band 17 der „Annalen der Physik" drei Abhandlungen, deren jede geeignet war, dem Verfasser unsterblichen Ruhm zu verschaffen. Der Einfluß dieser Arbeiten war nicht nur auf die Naturwissenschaft, sondern auf das gesamte menschliche Denken ungeheuer.

In seiner Theorie der Brownschen Bewegung (→ Atom) gab er auf rein klassischer Grundlage einen direkten und abschließenden Beweis für die atomistische Struktur der Materie. In der Abhandlung „Zur Elektrodynamik bewegter Körper" begründete E. mit einer tiefschürfenden Analyse der Begriffe Raum und Zeit die Spezielle Relativitätstheorie. Aus dieser zog er wenige Monate später den Schluß auf die allgemeine Äquivalenz von Masse und Energie, die berühmte Formel $E = \mathrm{mc}^2$.

Die Folgerungen, die man aus der neuen „Relativitätsmechanik" ziehen mußte, standen im Gegensatz zum bisherigen physikalischen Denken und zur Anschauung. Max Planck, der führende theoretische Physiker Deutschlands, bekannte sich dennoch schon wenige Monate nach der Veröffentlichung der E.schen Arbeit zu dessen Gedanken; Arnold Sommerfeld folgte 1907. Wenige Jahre später hatte sich die „Spezielle Relativitätstheorie", wie sie bald genannt wurde, in der Fachwelt vollständig durchgesetzt.

In dem dritten der Aufsätze von 1905, „Über einen die Erzeugung und Verwandlung des Lichtes betreffenden heuristischen Gesichtspunkt", erweiterte E. den kühnen Quantenansatz von Planck (1900) zur Hypothese der → Lichtquanten. Das war der entscheidende zweite Schritt in der Entwicklung der → Quantentheorie. E. verband das Quantenkonzept mit einfachen physikalischen Phänomenen, vor allem dem → Photoeffekt. Das wesentlichste theoretische Ergebnis war die Feststellung: „Monochromatische Strahlung von geringer Dichte (innerhalb des Gültigkeitsbereiches der Wienschen Strahlungsformel) verhält sich in wärmetheoretischer Beziehung so, wie wenn sie aus voneinander unabhängigen Energiequanten von der Größe $R\beta\nu/N[=h\cdot\nu]$ bestünde." Damit war klar ausgedrückt, daß im Grenzfall niedriger Temperaturen und kleiner Wellenlängen (im Gültigkeitsbereich des Wienschen Gesetzes) nicht die übliche Wellentheorie des Lichtes, sondern die Vorstellung von unabhängigen Lichtquanten angemessen ist.

1907 folgte E. mit seiner Quantentheorie der spezifischen Wärme, die – obwohl nur eine gewisse Näherung darstellend – den von Walther Nernst und Mitarbeitern ab etwa 1909 gemessenen Verlauf der spezifischen Wärmen bei Annäherung an den absoluten Nullpunkt im Rahmen der Meßgenauigkeit wiedergab. Diese Theorie wurde dann 1912 von Peter Debye und gleichzeitig, aber unabhängig davon, von Max Born und Theodor von Kármán vervollständigt und stimmte damit auch quantitativ genau mit den inzwischen verfeinerten Messungen überein.

Die Lichtquantenvorstellung E.s wurde von den Fachkollegen der Zeit als der radikalste Versuch angesehen, die Gesetze der → schwarzen Strahlung abzuleiten, und fand eine sehr skeptische Aufnahme. Max Planck wollte zunächst nur anerkennen, daß lediglich die Wechselwirkung der Strahlung mit der Materie nach dem Quantengesetz erfolge, um später auch diese Annahme immer mehr abzuschwächen. Die Lichtquantenhypothese hat Planck noch 1913 abgelehnt. In dem von ihm formulierten Wahlantrag der Preußischen Akademie der Wissenschaften, in dem sich die wohl angesehenste wissenschaftliche Institution Deutschlands bemühte, A. E. zum ordentlichen Mitglied zu gewinnen, heißt es als einzige Einschränkung über E.: „Daß er in seinen Spekulationen gelegentlich auch einmal über das Ziel hinausgeschossen haben mag, wie z. B. in seiner Hypothese der Lichtquanten, wird man ihm nicht allzu sehr anrechnen dürfen. Denn ohne einmal ein Risiko zu wagen, läßt sich auch in der exaktesten Wissenschaft keine wirkliche Neuerung einführen."

Der Meinungsumschwung kam erst in den Jahren 1914/15, als es durch die von Bohr aufgestellte Quantentheorie des Atoms möglich wurde, die Frequenzen der Spektrallinien mit „astronomischer Genauigkeit" zu berechnen. Nun wurden endlich die von E. schon 1905 vorgetragenen Gedanken von den Fachkollegen verstanden und gewürdigt.

In den Jahren 1914/15 begründete E., ausgehend von der strengen Proportionalität von schwerer und träger Masse, die Allgemeine → Relativitätstheorie. Diese ist das vielleicht Höchste und Bewunderungswürdigste, was einem einzelnen Menschen zu schaffen je vergönnt war.

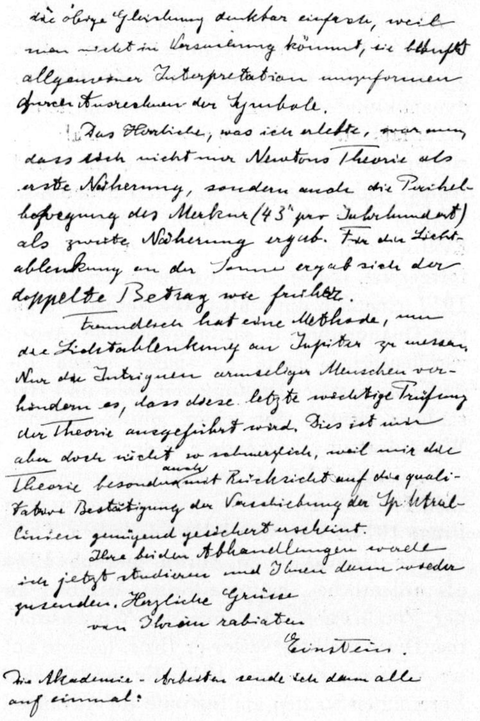
die obige Gleichung denkbar einfach, weil man nicht in Versuchung kommt, sie behufs allgemeiner Interpretation umzuformen ohne Ausrechnen der Symbole.
Das Herrliche, was ich erlebte, war nun, dass sich nicht nur Newtons Theorie als erste Näherung, sondern auch die Perihelbewegung des Merkur (43" pro Jahrhundert) als zweite Näherung ergab. Für die Lichtablenkung an der Sonne ergab sich der doppelte Betrag wie früher.
Freundlich hat eine Methode, um die Lichtablenkung am Jupiter zu messen. Nur die Intrigen armseliger Menschen verhindern es, dass diese letzte wichtige Prüfung der Theorie ausgeführt wird. Dies ist mir aber doch nicht so schmerzlich, weil mir die Theorie besonders auch mit Rücksicht auf die qualitative Bestätigung der Verschiebung der Spektrallinien genügend gesichert erscheint.
Ihre beiden Abhandlungen werde ich jetzt studieren und Ihnen dann wieder zusenden. Herzliche Grüsse von Ihrem rabiaten
Einstein.
Die Akademie-Arbeiten sende ich dann alle auf einmal.

Abb. 7. Brief Einsteins an Sommerfeld vom 28. November 1915. Aus: Briefwechsel Einstein/Sommerfeld, hrsg. von Armin Hermann. Basel/Stuttgart 1968

Durch den Erfolg der britischen Sonnenfinsternisexpedition 1919 gewann E. große Publizität. Im innerlich zerrissenen Deutschland der Zeit nach dem 1. Weltkrieg führte das zu scharfen Angriffen seiner politischen Gegner, die in der wissenschaftlichen Welt und in der Öffentlichkeit eine Kampagne gegen die Relativitätstheorie zu eröffnen versuchten. Wissenschaftliches Gewicht gewannen die Angriffe gegen E. aber nicht; die Spezielle und Allgemeine Relativitätstheorie war ein fester Bestandteil der Wissenschaft geworden. Das Nobelkomitee hielt es dennoch für geraten, die Verleihung des Nobelpreises für Physik des Jahres 1921 an E. nicht für die Aufstellung der Relativitätstheorie zu vergeben, sondern für seine Beiträge zur Quantentheorie.

Ab 1920 hat Einstein versucht, eine „Einheitliche Theorie der Materie" aufzustellen, die neben der Gravitation auch die Elektrodynamik umfassen sollte. Mangels empirischen Materials mußte E. dabei auch formale Gesichtspunkte heranziehen; selbst als durch Hideki Yukawa gezeigt war, daß neben Gravitation und Elektrodynamik noch andere Kräfte existieren, hat er seine Bemühungen fortgesetzt, die vergeblich blieben. Obwohl er 1917 eine für die statistische Interpretation der Quantentheorie richtungweisende Arbeit veröffentlichte, hatte er später gegen die → Kopenhagener Deutung von Bohr und Heisenberg ernste, in seiner philosophischen Weltauffassung begründete Bedenken.

E. wirkte 1909/11 an der Universität Zürich, 1911/12 an der Deutschen Universität in Prag, 1912/13 an der Eidgenössischen Technischen Hochschule in Zürich und ab 1914 als ordentliches, hauptamtliches Mitglied an der Preußischen Akademie der Wissenschaften. Diese Stellung verlor er (bzw. leistete auf sie Verzicht) im Jahre 1933. Er fand in den Vereinigten Staaten am Institute for Advanced Study in Princeton N. J. eine neue Wirkungsstätte. Es gehört zu den tragischen Lebensumständen des überzeugten Pazifisten, daß er aus Sorge vor einer deutschen Aggression in einem Brief an den amerikanischen Präsidenten Roosevelt vom 2. August 1939 mit den Anstoß zum Bau der amerikanischen Atombomben gab.

A. E. gehört sowohl durch seine wissenschaftlichen Leistungen wie durch seine Persönlichkeit zu den verehrungswürdigsten Gestalten unseres Jahrhunderts. In der hingebenden Beschäftigung mit den Gesetzen der Natur fand er „innere Freiheit und Sicherheit": „Der Weg zu diesem Paradies", so sagte Einstein in seiner Autobiographie, „war nicht so bequem und lockend wie der Weg zum religiösen Paradies; aber er hat sich als zuverlässig erwiesen und ich habe nicht bedauert, ihn gewählt zu haben."

Werke: Eine Gesamtausgabe existiert nur in russischer Sprache. Eine umfassende Bibliographie geben: E. Weil, A. E. A Bibliography of his Scientific Papers. 1901–1954. London 1960; Paul Arthur Schilpp, A. E. Philosopher-Scientist. Evanston 1949. Hier S. 689–758; Carl Seelig, A. E. Eine dokumentarische Biographie. Zürich 1954. Hier S. 263–294; Nell Boni, Monique Russ and Dan H. Laurence, A Bibliographical Checklist and Index to the Published Writings of A. E. Paterson N. J. 1960.

Literatur: Max Born, E.s statistische Theorien. In: Physik im Wandel meiner Zeit. Braunschweig 1957. Hier S. 85–98; Max Born, A. E. und das Lichtquantum. Ebd. S. 217–231; Max Born, Erinnerungen an E. Ebd. S. 232–246; Max Born, Erinnerungen an E. In: Physikalische Blätter. Jg 21, 1965, S. 297–306, und in: Universitas. Jg 20, 1965, S. 795–807; A. E. Mein Weltbild. Herausgegeben von Carl Seelig. Frankfurt 1955 (Ullstein-Buch Nr. 65); Philipp Frank, E. Sein Leben und seine Zeit. München 1949; Friedrich Herneck, A. E. Berlin 1963; Leopold Infeld, A. E. Sein Werk und sein Einfluß auf unsere Welt. Berlin 1957; Boris Kuznetsov, E. Moskau 1965 (Englisch); Otto Nathan und Heinz Norden (Hrsg.), E. on Peace. New York 1960; Paul Arthur Schilpp (Hrsg.), A. E.: Philosopher-Scientist. Evanston 1949 (dt. Stuttgart 1956); Carl Seelig (Hrsg.), Helle Zeit – Dunkle Zeit. In memoriam A. E. Zürich 1956; Carl Seelig, A. E. Leben und Werk eines Genies unserer Zeit. Zürich 1960 (Auflagen von 1952 und 1954 unter anderem Titel).

Briefeditionen: A. E./Max und Hedwig Born, Briefwechsel 1918–1955. München 1969; A. E., Lettres à Maurice Solovine. Paris 1956; A. E./Arnold Sommerfeld, Briefwechsel. 60 Briefe aus dem goldenen Zeitalter der modernen Physik. Basel/Stuttgart 1968; A. E. und Johannes Stark. Briefwechsel und Verhältnis der beiden Nobelpreisträger. In: Sudhoffs Archiv. Bd 50, 1966, S. 267–285.

Elastizität: → Hookesches Gesetz.

Elektrisiermaschine. Die erste Elektrisiermaschine wurde 1663 von Otto von Guericke gebaut (veröffentlicht 1672 in seinen Experimenta nova Magdeburgica). Sie bestand aus einer Schwefelkugel, die, von einer Eisenstange als Achse durchbohrt, in Drehung versetzt und durch Reibung mit der Hand elektrisiert wurde. Guericke beobachtete damit sowohl die Anziehung als auch die Abstoßung elektrischer Körper. Mathias Bose, Professor der Physik in Wittenberg, erfand in der ersten Hälfte des 18. Jahrhunderts den Konduktor, mit dem er die elektrischen Wirkungen der Maschine erheblich verstärkte. Das Reibzeug führte Johann Heinrich Winkler, Professor in Leipzig, zur selben Zeit ein. Die Elektrisiermaschinen waren Lieblingsgeräte des 18. Jh.s. Die größte erbaute 1785 van Marum für das Teylersche Museum in Haarlem. Sie lieferte lange Funken und schon auf große Entfernungen elektrometrische Wirkungen. Dieser Typus der Elektrisiermaschine ist wiedererstanden in den modernen Teilchenbeschleunigern auf elektrostatischer Grundlage (van de Graaf-Generator).

Literatur: Edmund Hoppe, Geschichte der Elektrizität. Leipzig 1884; Hans Schimank, Geschichte der Elektrisiermaschine bis zum Beginn des 19. Jh.s. In: Zeitschrift für technische Physik. Jg 16, 1935, S. 245–254; C. A. Crommelin, Die Elektrisiermaschine des Dr. Deiman und deren Verfertiger John Cuthbertson. In: ebd. Jg 17, 1936, S. 105–108; Bern Dibner, Early electrical machines. The experiments and apparatus of two enquiring centuries, 1600–1800, that led to the triumphs of the electrical age. Norwalk, Connecticut, 1957. U. H.

Elektrizität. Ein eigenes Wissensgebiet E. entwickelte sich, als in der Mitte des 16. Jh.s die Unterschiede zwischen den elektrischen und magnetischen Wirkungen schärfer herausgearbeitet wurden (Girolamo Cardano, De subtilitate). Um 1600 bezeichnete William Gilbert (De magnete) alle Stoffe als „Electrica“, an denen er die anziehende Wirkung des Bernsteins beobachtete (Elektron = Bernstein). Die abstoßende Kraft der E. erwähnte als erster Niccolo Cabeo 1629; sie wurde jedoch erst um 1660 von Otto von Guericke eingehender untersucht.

Vor Gilbert, der die Kraftwirkung auf materielle „Effluvia“ (= Ausströmungen) zurückführte, hatte schon Cardano die Vorstellung von der Nahwirkung des Bernsteins entwickelt; letztlich ging sie auf griechische Tradition zurück. Mit der Entwicklung der Ausströmungstheorie der E. festigte sich der Begriff des elektrischen Stromes als eines Transports „elektrischer Flüssigkeit“ („elektrischer Materie“, „elektrischer Kraft“). Bedeutsame Entdeckungen und Beobachtungen stützten die Theorie: 1. Die Weiterleitung der Kraftwirkung durch bestimmte Materialien (Guericke um 1660, eingehender Stephen Gray 1729). Mit der Unterscheidung zwischen Konduktoren und Isolatoren entstand – zunächst als reziproker Begriff „Leitung“ – der Begriff des elektrischen Widerstandes. 2. Die Leuchtwirkungen der E. (Guericke um 1660, genauer Francis Hauksbee ab 1706). Hauksbee fiel besonders der blitzähnliche Charakter elektrischer Funken auf. 3. Weitere meist durch Funkenentladungen vermittelte Sinneseindrücke der E. (der „elektrische Wind“, der Knall, die Stoß- und Schlagempfindungen).

Die Entdeckung der Abstoßung elektrischer Körper führte (im Elektroskop) zum ersten nichtphysiologischen komparativen Maß für die E. Zur Präzisierung des Begriffs der Ladungsmenge bedurfte es jedoch noch der Begründung des Ladungserhaltungsprinzips (Benjamin Franklin ab 1748). Bis dahin wurde in allen Wirkungen der E. „elektrisches Strömen“ gesehen, was auch für die Wirksphäre (das elektrostatische Feld) galt. Eine experimentelle Entdeckung, die des Kondensatorprinzips in der Leidener Flasche (1745), gab den Anstoß zur Aufstellung des Ladungserhaltungssatzes. Man erkannte, daß die Ladungsfähigkeit mit der Größe der Kondensatorflächen zunimmt, mit ihrer Entfernung voneinander abnimmt. Das ermöglichte es, große Ladungsmengen anzusammeln, sowie durch Konstruktion gleichgroßer Kapazitäten Auf- und Entladungsphänomene in genau definierten Schritten hervorzurufen.

Die neuen experimentellen Möglichkeiten belebten das wissenschaftliche und allgemeine Interesse an der E. Dazu trug auch der Streit bei zwischen den Vertretern der dualistischen Theorie Du Fays, der 1733 zwei verschiedene Elektrizitätsmaterien angenommen hatte, und den Anhängern der Franklinschen unitarischen Theorie der E. Immer mehr konzentrierte sich das Interesse auf die elektrischen Vorgänge in Leitern bzw. deren Oberflächen. Im Zentrum stand bald die Frage, warum man von Leidener Flaschen und Konduktoren unterschiedlich starke physiologische Empfindungen und Funken erhalten kann, während die Elektroskope gleiche Ausschläge (Spannungen) anzeigen. Die Lösung lieferten etwa gleichzeitig Giambattista Beccaria (1772, Ansätze schon 1753) und Henry Cavendish (1771/72). Sie erkannten, daß zwei verschiedene Begriffe zur Beschreibung erforderlich seien, modern ausgedrückt: Ladungsmenge (→ Coulombsches Gesetz) und Spannung.

Zwar baute Cavendish ein beachtliches Lehrgebäude der Elektrostatik auf, die historische Wirkung dieser Lehre war jedoch gering. Dagegen sicherte Alessandro Volta (ab 1778) den Entdeckungen und Nominaldefinitionen Beccarias durch geschickte Anwendungen und weltmännisches Konversationstalent weite Verbreitung. Er führte Spannungs- und Kapazitätsmessungen (zur Bestätigung der Annahme $C \sim F/\mathrm{d}$) durch und bemühte sich ständig, Meßbereich und Reproduzierbarkeit seiner Elektrometer zu verbessern.

Nach der Entdeckung des → Galvanismus spielte der Begriff des „elektrischen Stromes" in Voltas Überlegungen schnell eine entscheidende Rolle. Jedoch erst nach Entdeckung seiner Säule definierte er $J = Q/t$ (1801). Schon ab 1798 hatte er die in der Elektrostatik klar getrennten Begriffe „Ladungsmenge" und „Spannung" zur Erklärung der neuen Phänomene verwandt. Um 1802 kamen Volta und unabhängig von ihm Johann Wilhelm Ritter zu Formulierungen des sog. Ohmschen Gesetzes. Die historische Resonanz war indessen gleich Null, waren doch die Stromquellen noch nicht konstant, die Strommeßmethoden (physiologische Wirkungen, Gasentwicklung, Funkenstärke, Schmelzproben mit Leitermaterial) von noch unbekannten Faktoren abhängig, die nötigen Begriffe noch kein wissenschaftliches Allgemeingut. Das gefundene Gesetz war daher schlecht reproduzierbar.

Entdeckungen, die Ablenkung der Magnetnadel durch den elektrischen Strom (Hans Christian Oersted 1820) und der thermoelektrische Effekt (Thomas Johann Seebeck 1822/23), brachten dann die entscheidende Wendung (→ Elektromagnetismus). Sie lieferten eine neue Strommeßmethode (→ Galvanometer) bzw. eine konstante Spannungsquelle. Nunmehr gelang es Georg Simon Ohm 1826, eine exakte Meßvorschrift für den Widerstand aufzustellen; er verknüpfte endgültig quantitativ die Begriffe „Stromstärke", „Spannung" und „Widerstand" und entwickelte die sog. → Kirchhoffschen Gesetze. Damit waren die begrifflichen und experimentellen Grundlagen zur Entwicklung der E.slehre gelegt.

Bibliographie: Paul Fleury Mottelay, Bibliographical history of electricity and magnetism. London 1922.

Literatur: Joseph Priestley, Geschichte und gegenwärtiger Zustand der Elektricität. Deutsch von Johann Georg Krünitz. Berlin und Stralsund 1774; Edmund Hoppe, Geschichte der Elektrizität, Leipzig 1884 (Nachdruck Wiesbaden 1969); Gustav Albrecht, Geschichte der Elektricität. Wien 1885; Duane Roller und Duane H. D. Roller, The development of the concept of electric charge. Cambridge Mass. 1954; Fritz Fraunberger, Elektrizität im Barock. Köln 1964; ders., Vom Frosch zum Dynamo. Köln 1965; ders., Vom Kompaß bis zum Elektron. Köln 1970; Roderick Weir Home, The effluvial theory of electricity (= University Microfilms). Ann Arbor 1967; Jürgen Teichmann, Zur Entwicklung der Grundbegriffe der Elektrizität. München Naturwiss. Diss. München 1970 (im Druck).

Jürgen Teichmann

Elektrodynamik. Die seit 1820 nach und nach aufgefundenen Phänomene des → Elektromagnetismus versuchte man frühzeitig in einer Gleichung nach dem Vorbild des Newtonschen Gravitationsgesetzes zusammenzufassen (Grundgesetz der E. von André-Marie Ampère 1822). Ziel war also, den allgemeinen Ausdruck für die zwischen zwei bewegten Einheitsladungen (resp. Stromelementen) ausgeübten Kräfte zu finden (Wilhelm Weber 1846): „Das uns so übermittelte Gesamtbild der E. war umständlich, inkohärent und keineswegs abgeschlossen" (Arnold Sommerfeld).

Der nicht auf dem Standpunkt der Fernwirkung, sondern in einer anderen Tradition (→ Dynamismus) stehende Faraday hatte intuitiv andere Vorstellungen (→ Kraftlinie, → Feld) entwickelt. 1845 unternahm William Thomson, der spätere Lord Kelvin, den ersten Versuch, Faradays Ideen in eine präzise mathematische Form zu fassen. Am 10. Dezember 1855 trug dann James Clerk Maxwell zum erstenmal vor der Cambridge Philosophical Society seine Arbeit „On Faraday's Lines of Force" vor. „Die Methoden", schrieb Maxwell, „sind dabei die, die Faraday bei seinen Überlegungen angewandt hat und die ganz allgemein als unbestimmt und unmathematisch angesehen werden, obwohl sie schon von Professor Thomson und anderen mathematisch interpretiert worden sind."

1861 und 1862 fand Maxwell die mathematische Formulierung der Erscheinungen der Elektrodynamik. An einer einzigen Stelle ging dabei Maxwell über Faraday hinaus, indem er aufgrund mathematischer Symmetriebetrachtungen den „Verschiebungsstrom" einführte, der sich im Experiment bisher noch nicht bemerkbar gemacht hatte. Aus seinen Gleichungen leitete Maxwell als Lösungen transversale elektromagnetische Wellen her, deren Fortpflanzungsgeschwindigkeit für das Vakuum nahe der von → Fizeau und → Foucault 1848/49 gemessenen Lichtgeschwindigkeit lag. Er schloß daraus, „daß wir kaum den Gedanken zurückweisen können, daß das Licht aus Transversalschwingungen desselben Mediums besteht, welches auch die Ursache der elektrischen und magnetischen Erscheinungen ist".

Die Schwierigkeiten für den modernen Leser liegen weniger in der komplizierten und ungewohnten Komponentenschreibweise als in den zugrunde gelegten mechanischen Modellen. So stellt sich Maxwell das magnetische Feld als Flüssigkeit mit Wirbeln vor, die in Richtung der Kraftlinien als Achse, einsinnig drehend, aufeinanderfolgen. Zwischen benachbarten Wirbeln sind entgegengesetzt rotierende Hilfswirbel zur schlupffreien Drehungsübertragung eingeschaltet.

Nach den Veröffentlichungen im Philosophical Magazine von 1861/62 faßte Maxwell seine Gedanken nochmals in einem 54seitigen Aufsatz in den Philosophical Transactions (Bd 155, 1865, S. 459–512) und dann endgültig im berühmten „Treatise" von 1873 zusammen. In der Einleitung heißt es hier: „Faraday sah mit seinem geistigen Auge Kraftlinien den ganzen Raum durchdringen, wo die Mathematiker Anziehungszentren von Fernkräften sahen ... Faraday suchte nach dem Sitz der Erscheinungen, die in diesem Mittel wirklich vorgingen, sie begnügten sich damit, das Potenzgesetz der Kräfte zu finden, die auf die elektrischen Fluida wirken. Als ich die Faradayschen Ideen, wie ich sie verstand, in eine mathematische Form übersetzte, fand ich, daß beide Methoden im allgemeinen zu denselben Resultaten führten ..., daß aber manche von den Mathematikern entdeckten Methoden viel besser in Faradayscher Weise ausgedrückt werden können."

Hermann von Helmholtz widmete sich mit den reichen Mitteln seines großen Berliner Institutes der Prüfung der Maxwellschen Theorie. Als Schüler Helmholtz' bestimmte Ludwig Boltzmann die Dielektrizitätskonstante von Gasen und fand dabei die von der Theorie geforderte Beziehung zwischen Brechungsindex und Dielektrizitätskonstante: $n^2 = \varepsilon$ ($\mu \approx 1$). Auch der Helmholtz-Schüler → Heinrich Hertz widmete in den achtziger Jahren seine Hauptarbeitskraft der Prüfung der Maxwellschen E. Die Hertzsche Entdeckung der elektromagnetischen Wellen bildete die endgültige Bestätigung der Theorie. Die Versuche bewiesen unmittelbar, daß der von Maxwell eingeführte Verschiebungsstrom wie der Leitungsstrom einen Beitrag zum Magnetfeld liefert.

Die von Maxwell in den verschiedenen Ansätzen voneinander etwas abweichend gefaßten Grundgleichungen setzten sich in der von Hertz gegebenen Form durch. Die Maxwellsche E. bildete nun als selbständige Gegebenheit zusammen mit der Mechanik das Gebäude der „klassischen Physik". Die Spezielle → Relativitätstheorie Einsteins deckte den zwischen E. und Mechanik bestehenden Widerspruch auf, der eine Korrektur nicht an der E., wohl aber an der klassischen Mechanik notwendig machte.

Quellen: James Clerk Maxwell, „Über Faraday's Kraftlinien" und „Über physikalische Kraftlinien" (= Ostwalds Klassiker. Nr 69 und 102). Leipzig 1912; ders., Lehrbuch der Electricität und des Magnetismus (dt. Übers. des „Treatise"). 2 Bde. Berlin 1881/83.

Literatur: Hendrik Antoon Lorentz, Maxwells elektromagnetische Theorie. In: Encyclopädie der math. Wissenschaften. Bd V, 2. Leipzig 1904 bis 1922, S. 63–144; Edmund Whittaker, A history of the theories of aether and electricity. 2 Bde. London 1951–1953; Thomas K. Simpson, Maxwell and the direct experimental test of his electromagnetic theory. In: Isis. Vol. 57, 1966, S. 411–432; A. E. Woodruff, The contributions of Hermann von Helmholtz to electrodynamics. In: Isis. Vol. 59, 1968, S. 300–311. Joan Bromberg, Maxwell's displacement current and his theory of light. In: Archive for History of Exact Sciences. Vol. 4, 1967/68, S. 218–234.

Elektrolyse. Am 20. März 1800 teilte Alessandro Volta seine Erfindung der Säule (→ Voltasche Säule) dem Präsidenten der Royal Society mit; die Verlesung vor der R. S. – die mit der „Veröffentlichung" gleichbedeutend war – erfolgte erst am 26. Juni. In Kenntnis des Briefes konnten unter Ausnutzung ihres Vorsprunges Antony Carlisle und William Nicholson eine Säule aufbauen, mit der sie zum erstenmal am 2. Mai 1800 die elektrolytische Wasserzersetzung beobachteten. Nach Wiederholung dieses Versuches am 17. September 1800 fing Johann Wilhelm Ritter in Jena Wasserstoff und Sauerstoff gleichzeitig und getrennt auf, ließ das Knallgasgemisch durch einen elektrischen Funken verpuffen und fand die Metallfällung, die Grundlage der Galvanotechnik.

Humphry Davy bemühte sich um die Zerlegung von Pottasche (Kaliumkarbonat), erhielt aus der wäßrigen Lösung aber nur Wasserstoff und Sauerstoff. Da Pottasche selbst den Strom nicht leitete, schmolz er diese schließlich in einem Platinlöffel, und nun glückte die Elektrolyse: Am 19. November 1807 konnte Davy der Royal Society die Entdeckung von zwei neuen Elementen, von Kalium und Natrium, bekanntgeben (von ihm Potassium und Sodium genannt). Im folgenden Jahr schloß sich durch Elektrolyse entsprechender Schmelzen die Entdeckung von Kalzium, Strontium, Barium und Magnesium an.

Im Jahre 1833 formulierte Michael Faraday wesentliche Gesetzmäßigkeiten (→ Faradaysche Gesetze); er prägte auch die bis heute eingebürgerte Terminologie; neben dem Begriff Elektrolyse selbst vor allem die Ausdrücke Elektrolyt, Elektrode, Anode, Kathode, Ion, Anion, Kation. Die endgültige Klärung aller bei der E. auftretenden Vorgänge konnte dann erst nach der →Ionentheorie von Svante Arrhenius und Wilhelm Ostwald erzielt werden.

Quellen: William Nicholson, Beschreibung des neuen . . . Apparats etc. In: Gilberts Annalen der Physik. Bd 6, 1800, S. 340–359; Johann Wilhelm Ritter, Die Begründung der Elektrochemie etc. (= Ostwalds Klassiker. Neue Folge. Bd 2). Frankfurt 1968, S. 47 ff.; Humphry Davy, On some new phenomena of chemical changes etc. In: Collected Works. Vol. 5, S. 57–101, dt. in: Ostwalds Klassiker. Nr. 44; Michael Faraday, Experimental-Untersuchungen über Elektrizität. Hier §§ 662 ff.

Literatur: Edmund Hoppe, Geschichte der Elektrizität. Leipzig 1884; Wilhelm Ostwald, Elektrochemie. Ihre Geschichte und Lehre. Leipzig 1896; K. Arndt, 50 Jahre elektrolytische Wasserzersetzer. In: Elektrotechnische Zeitschrift. Jg 60, 1939,

S. 189–194; Fritz Fraunberger, Vom Frosch zum Dynamo. Köln 1965.

Elektromagnetismus. Am 21. Juli 1820 gab Hans Christian Oersted seine Entdeckung bekannt, daß eine Magnetnadel durch den elektrischen Strom abgelenkt wird. Die an die Kollegen in ganz Europa gerichtete Flugschrift von vier Seiten war in Latein abgefaßt und trug den Titel „Experimenta circa effectum conflictus electrici in acum magneticam". Oersted stellte sich vor, daß durch den elektrischen Wechselkampf (conflictus electricus) der Draht erhitzt wird: Ein Teil der elektrischen Kraft verwandelt sich aber nicht in Wärme, sondern in magnetische „Kraft". Oersted stand also ganz auf dem Boden des → Dynamismus. Das gab Anlaß zu gewissen Auseinandersetzungen, ob Oersted „apriorisch" zu seiner Entdeckung gekommen sei (welchen Standpunkt die Dynamisten vertraten), oder ob es sich um einen bloßen „Zufall" gehandelt habe (→ Oersted). Die aufsehenerregende Entdeckung als solche fand volle Anerkennung; an verschiedenen Stellen wurden die Versuche wiederholt. Schwierigkeiten bereitete zuerst die Richtung der Kraft, die im Gegensatz zu den bisher bekannten Kräften nicht in der Verbindungsgeraden verlief, sondern senkrecht dazu stand. Zur Demonstration erdachte Michael Faraday seinen Rotationsapparat.

Am 11. September 1820 wurde der Oerstedsche Versuch von François Arago erstmalig in Paris demonstriert. André Marie Ampère, der dieser Akademie-Sitzung beiwohnte, war so enthusiasmiert, daß er sofort mit eigenen Experimenten begann und vom 18. September bis 2. November 1820 fast auf jeder Sitzung der Akademie neue Ergebnisse vorlegte. Er definierte die Stromrichtung, wie bis heute üblich, als Richtung der positiven Elektrizität: „Wenn man sich in die Richtung des Stromes gelegt denkt derart, daß der Strom von den Füßen zum Kopf gerichtet ist, und man das Gesicht der Nadel zuwendet, wird das nach Norden weisende Ende der Nadel – ich nenne es Südpol – immer nach links abgelenkt." Ampère erkannte auch, daß sich aus den Eigenschaften des elektrischen Stromes ein Meßinstrument (→ Galvanometer) zur Anzeige von Richtung und Intensität des Stromes entwickeln läßt. Nicht nur zwischen Strom und Magnetnadel, sondern auch zwischen elektrischen Strömen selbst treten Kraftwirkungen auf: Parallele Ströme ziehen einander an, antiparallele stoßen einander ab. Aus der Gestaltung eines der beiden Drähte zum Leiterviereck ergab sich eine verblüffende Parallele der Eigenschaften eines stromdurchflossenen Drahtes, der geometrisch so gestaltet ist, daß der Strom (nahezu) in sich zurückläuft, und einer Magnetnadel.

Auf diese Weise wurde Ampère zur Konstruktion einer „elektrischen Kompaßnadel" gebracht, einer stromdurchflossenen Spule, die sich im Magnetfeld der Erde wie eine Kompaßnadel in die Nord-Süd-Richtung einstellt. So drängte sich Ampère die Überzeugung auf, daß jeglicher Magnetismus durch „strömende Elektrizität" hervorgerufen werde. Wie eine stromdurchflossene Spule als Magnet wirkt, so fließen nach Meinung Ampères in magnetischen Körpern elektrische Molekularströme. Nach dem großen Vorbild der Newtonschen Gravitationstheorie faßte nun Ampère alle Kraftwirkungen in sein Fundamentalgesetz der „Elektrodynamik". Wie bei Newton die Kraft zwischen Masse-Elementen wirkt, drückte nun Ampère die Kraft zwischen Stromelementen ds und ds' formelmäßig aus. Die tatsächliche Kraft zwischen zwei Leitern erhält man dann durch doppelte Integration. Damit war ein vorläufiger Abschluß erreicht. Von Wilhelm Weber u. a. wurde später vergeblich versucht, auf dieser Basis das Gesamtgebiet von Elektrizität und Magnetismus zu erfassen (→ Elektrodynamik).

Quelle: Christian Heinrich Pfaff, Der Elektro-Magnetismus, eine historisch-kritische Darstellung etc. Hamburg 1824; Antoine César Becquerel, Resumé de l'histoire de l'électricité etc. Paris 1858.

Literatur: Richard Reiff und Arnold Sommerfeld, Standpunkt der Fernwirkung. Die Elementargesetze. In: Encyclopädie der math. Wissenschaften. Bd V, 2. Leipzig 1904–1922, S. 3–62; Karl Heinrich Wiederkehr, Wilhelm Webers Stellung in der Entwicklung der Elektrizitätslehre. Naturwiss. Diss. Hamburg. Hamburg 1960; Bern Dibner, Oersted and the discovery of electromagnetism. Norwalk 1961; Fritz Fraunberger, Vom Frosch zum Dynamo. Köln 1965; Walther Gerlach, Die Entwicklung der Elektrizität im 19. Jahrhundert. In: Technikgeschichte. Bd 33, 1966, S. 356–387. Vgl. auch Literatur unter Ampère und Oersted.

Elektromotor (1). Nach der Entdeckung des → Galvanismus war nach damaligem Sprachgebrauch jede Vorrichtung, die das elektrische Fluidum in Bewegung setzt, ein „Elektromotor". In dem Begriff „Elektromotorische Kraft", abgekürzt EMK, für die Spannung einer Voltaschen Batterie hat sich die historische Bezeichnung gehalten.

Elektromotor (2). Den ersten Elektromotor im heutigen Sinne, also eine Vorrichtung zum Umwandeln elektrischer Energie in mechanische Energie in Form einer Drehbewegung, schuf Faraday 1821. Im Jahre 1834 konstruierte Moritz Hermann von Jacobi den ersten zur Verrichtung von Arbeit fähigen Elektromotor, doch war damals noch keine Konkurrenzfähigkeit mit den anderen Arten der Krafterzeugung, also vor allem der Dampfmaschine, gegeben.

Erst etwa 1880 begann die Entwicklung elektrischer Netze in den Städten und damit die Möglichkeit, elektrische Antriebe rationell zu verwenden. Besonders wichtig für diese Entwicklung war der Drehstrommotor, den Michael Ossipowitsch von Dolivo-Dobrowolski 1889 zu einer praktisch brauchbaren Form entwickelt hatte. 1891 wurde erstmals mittels Drehstrom Energie über 175 km übertragen.

Die weitere Entwicklung führte zu einer Vielzahl von Motortypen. Heute werden hauptsächlich folgende Arten verwendet: Drehstrommotoren, besonders in ihrer Bauart als Kurzschlußläufer-Asynchronmotoren; Gleichstrommotoren, vor allem als Fahrantriebe; Universalmotoren, vor allem für Haushaltsgeräte und Elektrowerkzeuge.

Literatur: Georg Dettmar, Die Entwicklung der Starkstromtechnik in Deutschland. Bd 1. Berlin 1940. H. R.

Elektron. Über die physikalische Natur der → Kathodenstrahlen bestanden um 1880 zwei gegensätzliche Auffassungen. In Deutschland neigte man (Gustav Heinrich Wiedemann, Eugen Goldstein, Heinrich Hertz) zur Annahme einer Wellenstrahlung; nach einer Hypothese von Gustav Jauman sollte es sich um „longitudinale Ätherwellen" handeln. In England glaubte man dagegen, es mit einer Partikelstrahlung zu tun zu haben. William Crookes sprach sogar von der „strahlenden Materie" als dem „vierten Aggregatzustand".

Arthur Schuster bestimmte ab 1884 noch ungenau durch magnetische Ablenkung und Messungen der Wärmewirkung die Geschwindigkeit v und das Verhältnis von Ladung zu Masse e/m, während Jean Perrin 1895 durch eine Auffangvorrichtung den Transport negativer Ladung durch die Kathodenstrahlen nachwies. Daß die Kathodenstrahlen nicht aus den gewöhnlichen Atomen oder Molekülen, sondern aus andersartigen Teilchen bestehen, hat zuerst Ernst Wiechert ausgesprochen. Aber die genauen experimentellen Beweise fehlten noch.

In einer großangelegten Arbeit (Oktober 1897) veröffentlichte Joseph John Thomson eine Fülle von Beobachtungen, insbesondere die Messung der beiden Unbekannten e/m und v durch magnetische und elektrische Ablenkung: „Es muß entweder die mit der Corpuskel verbundene Ladung viel größer sein als die Ladung, welche an einem Ion eines Elektrolyten haftet, oder die Masse eines Corpuskels muß sehr klein im Vergleich zu der eines Ions sein. Die Resultate dieser Untersuchung unterstützten die Ansicht, daß wir in den Corpuskeln der Kathodenstrahlen Materie in einem viel feineren Zustande der Unterteilung vor uns haben, als in einem gewöhnlichen Atom". Für dieses „Korpuskel" oder Kathodenteilchen bürgerte sich durch Johnstone

Stoney und George Fitzgerald seit 1897 die Bezeichnung „Elektron" ein.

Philipp Lenard führte seit 1893 nach einem Vorschlage seines akad. Lehrers Heinrich Hertz die Kathodenstrahlen durch eine dünne Metallfolie („Lenardfenster") aus dem Entladungsraum heraus, womit in einem gesonderten Beobachtungsraum, wie Lenard stets betonte, erstmalig „völlig reine Versuche" möglich waren. In harten Prioritätsstreitigkeiten vor allem mit J. J. Thomson nahm Lenard seine Veröffentlichung von 1898 als die historisch erste „einwandfreie, überzeugende Feststellung dessen, was man bald Elektronen nannte".

Im Jahr 1897 ergab der → Zeemaneffekt, daß der für die Aussendung der Spektrallinien verantwortliche „Teil des Atoms" einen mit dem Kathodenstrahlteilchen übereinstimmenden *e*/*m*-Wert besitzt. Das „Elektron" war damit als Bestandteil des Atoms erkannt.

Quellen: Joseph John Thomson, Die Entladung der Electrizität durch Gase. Leipzig 1900; Philipp Lenard, Wissenschaftliche Abhandlungen. Bd 3. Leipzig 1944.

Literatur: Philipp Lenard, Über Kathodenstrahlen. [2]Berlin und Leipzig 1920; G. E. Owen, The discovery of the electron. In: Annals of Science. Vol. 11, 1955, S. 173–182; David L. Anderson, The discovery of the electron. Princeton 1964; George Paget Thomson, Die Geschichte des Elektrons. In: Naturwissenschaftl. Rundschau. Jg 19, 1966, S. 127–132; John Lewis Heilbron, A history of the problem of atomic structure from the discovery of the electron to the beginning of quantum mechanics. University microfilms. Ann Arbor 1967; Walther Gerlach, Die Entwicklung der Physik etc. 2. Teil. Die Entwicklung der Atomistik der Elektrizität. In: Technikgeschichte. Bd 33, 1966, S. 373–387; Hans Schimank, Hundert Jahre Teilchennatur der Elektrizität (= Strahlentherapie. Bd 97, H. 1). Berlin und München 1955; Fritz Fraunberger, Vom Kompaß bis zum Elektron. Köln 1970.

Elektronenmikroskop. Obwohl William Rowan Hamilton schon 1830 auf die Analogie zwischen Strahlenoptik und Mechanik aufmerksam gemacht hatte, dauerte es etwa ein Jahrhundert, ehe man die experimentellen (und theoretischen) Konsequenzen zog, die dieser Zusammenhang nahelegte. Die fokussierende Wirkung magnetischer Spulen auf ein Bündel paralleler Elektronenstrahlen war schon vor der Jahrhundertwende bekannt, doch kam die zum Elektronenmikroskop führende Entwicklung erst in Fluß, als Hans Busch 1925–1927 nachwies, daß rotationssymmetrische magnetische Felder quasioptische Eigenschaften besitzen, welche die Aufstellung einer der Newtonschen Abbildungsgleichung analogen Formel für materielle Teilchen zulassen. Den experimentellen Nachweis der Richtigkeit dieser Behauptung erbrachte Busch selbst 1927 mit einer magnetischen Linse. 1931 konzipierten Ernst Brüche und Helmut Johannson ein Elektronenmikroskop mit elektrostatischen Linsen und Ernst Ruska und Max Knoll ein solches mit magnetischen Linsen. 1937/38 gelang der Bau von Elektronenmikroskopen, die das Lichtmikroskop hinsichtlich der Auflösung übertrafen. Seit 1938 wurden Elektronenmikroskope sowohl bei Siemens und Halske wie bei AEG serienmäßig hergestellt. Heutige Elektronenmikroskope übertreffen in bezug auf das Auflösungsvermögen die besten Lichtmikroskope etwa um das Doppelte des Faktors, um den jene dem unbewaffneten Auge überlegen sind.

Literatur: Ernst Brüche und Otto Scherzer, Geometrische Elektronenoptik. Berlin 1934; Carl Ramsauer, Zehn Jahre Elektronenmikroskopie. Berlin 1941; Bodo von Borries, Die Übermikroskopie. Berlin 1949; Ernst Brüche, Gedanken zum 25-jährigen Bestehen des Elektronenmikroskops; In: Physikal. Blätter. Jg 13, 1957, S. 493–500; Ernst Brüche, 25 Jahre Elektronenmikroskop. In: Die Naturwissenschaften. 1957, S. 601–610; Ernst Ruska, 25 Jahre Elektronenmikroskopie. In: Elektrotechnische Zeitschrift. Jg 78, 1957, S. 531–543; Karl Deutsch, Some notes on the development of electron microscopy. In: NTM. Jg 1, 1962, S. 45–49; Cecil Edwin Hall, Introduction to Electron Microscopy. New York 1966, S. 1–6; N. N. Das Gupta und M. L. De, The electron microscope — its past and present. In:

Indian Journal of History of Science. Vol. 3, 1968, S. 25–41.

Bibliographie: V. E. Cosslett, Bibliography of electron microscopy. London 1960.

U. H.

Elektronenstoßversuche → Franck-Hertz-Versuche.

Elektronentheorie. Die Maxwellschen Gleichungen der → Elektrodynamik bilden lediglich für das Vakuum eine geschlossene Theorie; die elektromagnetischen Erscheinungen in realen Körpern wurden pauschal wiedergegeben durch sog. Materialkonstanten. Die Werte von Leitfähigkeit, Dielektrizitätskonstante und Permeabilität konnten aber nur experimentell bestimmt werden. Hendrik Antoon Lorentz berücksichtigte die atomistische Konstitution der Materie (→ Atom) und entwickelte Ende des 19. Jh.s seine E., eine Elektrodynamik für ponderable Materie. Aus dieser ergab sich richtig die Frequenzabhängigkeit der Dielektrizitätskonstanten (Clausius-Mosottische Formel) bzw. die Dispersion des Lichtes (Lorenz-Lorentzsche Formel).

Eduard Riecke und Paul Drude behandelten die Elektrizitätsleitung in Metallen mit der Vorstellung, daß im Metall freie Elektronen vorhanden sind, die Wärmebewegungen ausführen. Wenn eine elektrische Spannung angelegt wird, bewegen sich die Elektronen bevorzugt in einer Richtung; von Zeit zu Zeit erleiden sie Zusammenstöße mit den Metallatomen. So ergibt die Drudesche Theorie eine Temperaturabhängigkeit der Leitfähigkeit $\sigma \sim 1/T$. Auf dieser Basis berechnete auch Planck 1902 (für lange Wellen erfolgreich) die Metallreflexion. Vergeblich suchte Lorentz diese Betrachtungen über Metallabsorption und -emission auch auf kürzere Wellen zu übertragen. Das Versagen wies auf das Versagen der ganzen E. hin: Für die Atome mußten neuartige Gesetzmäßigkeiten berücksichtigt werden, wie sie erst die Quantentheorie lieferte.

Quellen: H. A. Lorentz, Weiterbildung der Maxwellschen Theorie. Elektronentheorie. In: Encyklopädie der math. Wissenschaften. Bd V, 2. Leipzig 1904–1922, S. 145–280; Paul Drude, Zur Elektronentheorie der Metalle. In: Annalen der Physik. Bd 1, 1900, S. 566–613, Bd 3, 1900, S. 369–402.

Elektroskop. Die ersten Versuche, elektrisch geladene von ungeladenen Körpern meßtechnisch zu unterscheiden, gehen auf Charles François Du Fay zurück. Er stellte bereits 1733 an zwei nebeneinanderhängenden Fäden fest, daß diese bei Annäherung eines elektrisch geladenen Körpers auseinanderstreben. Jean Antoine Nollet erkannte dann, daß die Größe des Ausschlages der beiden Fäden von der Größe der elektrischen Ladung abhängt. Um die Empfindlichkeit der Meßanordnung zu vergrößern, schlug Jacob Siegismund von Waitz vor, kleine Metallgewichte an die Seidenfäden zu hängen und die abstoßenden elektrischen Kräfte mit der Schwerkraft zu vergleichen. Daniel Gralath und der Londoner Uhrmacher John Elicott versuchten, mit Hilfe einer Waage elektrische Anziehungskräfte zu messen – ein erster Ansatz zur Konstruktion einer Spannungswaage. Statt der Metallgewichte verwendete John Canton Kork- und Holundermarkkügelchen, wodurch die Empfindlichkeit enorm gesteigert wurde.

Das von Canton gebaute Gerät wurde 1772 von William Henley weiterentwickelt, der eine Korkkugel durch eine feste Messingplatte ersetzte und die zweite Kugel an einem leichten Holzstäbchen aufhing. Dieses sog. Quadrantenelektroskop wurde später von Friedrich Saxtorph verbessert. Tiberius Cavallo befestigte die Cantonschen Korkkügelchen im Jahre 1797 an dünnen Metalldrähten und brachte diese zum Schutze gegen äußere Einflüsse in einem Glasgehäuse unter. Zwei geerdete Stanniolstreifen im Inneren dienten bei großen Ausschlägen zum Entladen der Kügelchen.

Alessandro Volta verwendete dann 1781 als bewegliche Teile Strohhalme und Abraham Bennet 1787 schließlich leichte Goldblättchen. Eine der vielen Verbesserungen des Bennetschen Goldblattelektroskops bestand darin, daß das eine Goldblättchen durch einen festen Stab ersetzt wurde, an dem das bewegliche Goldblättchen befestigt war und gleichzeitig als Zeiger diente. Der Weg zur Weiterentwicklung des Elektroskops zum Elektrometer wurde von Charles Auguste de Coulomb durch die Erfindung seiner Drehwaage gewiesen.

Quellen: Jacob Siegismund von Waitz, Abhandlung von der Elektricität und deren Ursachen. Berlin 1745; John Canton, Electrical experiments . . . In: Philosophical Transactions. Vol. 48, 1745, S. 350–358; Friedrich Saxtorph, Elektricitätslehre. Leipzig 1803; Tiberius Cavallo, Vollständige Abhandlung der theoretischen und praktischen Lehre von der Elektricität . . . Bd 2. Leipzig 1797; Alessandro Volta, Meteorologische Briefe. Bd 1. Leipzig 1793; Abraham Bennet, Description of a new electrometer. In: Philosophical Transactions. Vol. 77, 1787, S. 26–31.

Literatur: Jean Torlais, L'abbé Nollet et la physique expérimentale en XVIIIe siècle (= Université de Paris, Conférences. Série D. No 60). Paris 1959. A. M.

Elster, Julius (* 24. Dezember 1854 in Blankenburg am Harz, † 8. April 1920 in Wolfenbüttel). Er studierte Naturwissenschaften, besonders Physik, in Berlin und Heidelberg, wo er 1879 promovierte. 1881–1919 amtierte er als Lehrer am Gymnasium Wolfenbüttel. Dort wirkte auch sein Freund Hans Geitel, mit dem er forschte. Sie veröffentlichten – immer gemeinsam – rund 130 Arbeiten über Ionenleitung in Gasen, atmosphärische Elektrizität, lichtelektrische Wirkungen und Radioaktivität.

1889 stellten sie die erste Glühkathode her und zeigten, daß die Elektrizität immer nur von der Glühkathode zur Kaltanode fließt, was später den Bau von Gleichrichtern ermöglichte. Größte praktische Bedeutung erlangte ihre Erfindung der Photozelle. Sie bestand in einer luftleeren Glaskugel mit Kalium-Natrium-Legierung, aus deren Oberfläche durch Bestrahlung mit kurzwelligem Licht Elektronen ausgelöst wurden. Die Photozelle wurde ein Bauelement vieler Apparate, von der Sicherungsvorrichtung bis zum Fernsehgerät.

E. und Geitel stellten fest, daß die Elektrizität der Atmosphäre zum Teil von radioaktiven Elementen der Erdkruste herrührt. Sie erkannten, daß die bei der Umwandlung radioaktiver Elemente frei werdende Energie im Atom verankert ist, und schufen den Begriff „Atomenergie".

Werke: Einige Demonstrationsversuche zum Nachweis einseitiger Electricitätsbewegung in verdünnten Gasen bei Anwendung glühender Electroden. In: Annalen der Physik. Bd 38, 1889, S. 27–39; Über die Entladung negativer electrischer Körper durch das Sonnen- und Tageslicht. In: Annalen der Physik. Bd 38, 1889, S. 497–514; Über die Verwendung des Natriumamalgams zu lichtelectrischen Versuchen. In: Annalen der Physik. Bd 41, 1890, S. 161–165; Notiz über eine neue Form der Apparate zur Demonstration der lichtelectrischen Entladung durch Tageslicht. In: Annalen der Physik. Bd 48, 1891, S. 564–567; Über die Abhängigkeit der durch das Licht bewirkten Electricitätszerstreuung von der Natur der Oberfläche. In: Annalen der Physik. Bd 43, 1891, S. 225–240; Lichtelectrische Versuche. In: Annalen der Physik. Bd 46, 1892, S. 281–291, und Bd 52, 1894, S. 433–454; Weitere Versuche an Becquerelstrahlen. In: Annalen der Physik. Bd 69, 1899, S. 83–90 (mit Begriff „Atomenergie" S. 88).

Literatur: Egon von Schweidler, J. E. und Hans Geitel als Forscher. In: Die Naturwissenschaften. Jg 3, 1915, S. 373–377; Karl Bergwitz, J. E.s und Hans Geitels Bedeutung für die atmosphärische Elektrizität. In: Die Naturwissenschaften. Jg 3, 1915, S. 377–383 und 399 f.; Emil Wiechert, J. E. In: Nachrichten von der Königlichen Gesellschaft der Wissenschaften zu Göttingen. Geschäftliche Mitteilungen aus dem Jahre 1921. S. 53–60; E. und Geitel. Gedenkschrift (= Mitteilungen der Altherrenschaft der Großen Schule. Jg 12). Wolfenbüttel 1955; Martin Weiser, E. und Geitel, die Erfinder der Photozelle. In: Röntgen-Blätter. Jg 11, 1958, S. 75–78; Lawrence Badash, An E. and Geitel failure: magnetic deflection of beta rays. In: Centaurus. Vol. 11, 1967, S. 236–240. H. B.

Emissionstheorie (des Lichtes). Als Galileo Galilei im Jahre 1609 das Fernrohr für seine astronomischen Beobachtungen benutzte, erweckten seine Ergebnisse lebhaftes Interesse der Wissenschaftler an der Optik. In der Folge trat die Frage nach der Natur des Lichtes in den Vordergrund. Zwei Theorien spielten seit dem 17. Jh. eine wichtige Rolle: Die E. und die Wellentheorie des Lichtes. Nach der E. war das Licht ein Strom von Teilchen, die der Lichtquelle entstammen und durch ihre Bewegung in alle Richtungen die Ausbreitung des Lichts verursachen. Die Formulierung dieser Theorie war Anlaß zu einem tieferen Studium der Eigenschaften von Materieteilchen, ihres Zusammenstoßes und der Elastizität. Die elastischen Eigenschaften der Teilchen sollten die Änderung der Ausbreitungsrichtung bei Brechung und Reflexion erklären.

Anhänger der E. im 17. Jh. war René Descartes. Er setzte verschiedene Formen und Rotationszustände bei den Teilchen voraus und erklärte mit ihnen die Existenz der Spektralfarben. Diese Theorie wurde schon von Francesco Maria Grimaldi kritisiert, der bei seinen Untersuchungen über die Beugung des Lichtes sah, daß die Wellentheorie des Lichtes besser zur Erklärung der Erscheinung der Beugung und der Entstehung der Spektralfarben geeignet ist.

Aber besonders durch Isaac Newtons Arbeiten über die Mechanik gewann die E. größeren Einfluß und hatte während des 18. Jh.s viele Anhänger. Erst durch die Ergebnisse von Thomas Young, Augustin Jean Fresnel, Joseph Fraunhofer und anderen gewann die Wellentheorie die Oberhand, und am Ende des 19. Jh.s meinte man, daß die E. für die weitere Entwicklung der Theorie des Lichtes wertlos sei. Jedoch nach den Arbeiten von Max Planck, Albert Einstein und anderen wurde klar, daß nur mit der E. manche Erscheinungen zu beschreiben sind und daß sie zusammen mit der Wellentheorie die Eigenschaften des Lichtes erklären kann.

Literatur: Friedrich Klemm, Die Geschichte der Emissionstheorie des Lichtes. Würzburg 1932.

J. M.

Energie. Der Ausdruck E. wurde erst 1851 von William Thomson und 1853 von William Macquorn Rankine eingeführt; vor allem durch Rankines Aufsatz „On the general law of the transformation of energy“ trat der neue Begriff an die Stelle der bisherigen, zu vielen Verwechslungen Anlaß gebenden Bezeichnung „lebendige Kraft“.

Bis ins 18. Jh. war in dem weiten Begriffsfeld der → Kraft neben der Vorstellung einer äußeren Bewegungsursache auch immer die Vorstellung vorhanden, daß die „Kraft“ eine Eigenschaft darstellt, die dem sich bewegenden Körper innewohnt. Da als charakteristische Lebensäußerung die Bewegung galt, sprach man gelegentlich von einer vis viva, einer lebendigen Kraft.

Seitdem Leibniz 1686 in seinem berühmten Aufsatz „Brevis demonstratio memorabilis erroris Cartesii“ den Descartesschen Erhaltungssatz für die quantitas motus auf die „vis viva“ übertrug, war die behauptete „Krafterhaltung“ die hervorstechendste Eigenschaft des Begriffes, und seine Geschichte ist folglich fast gleichbedeutend mit der Geschichte des Prinzips von der Erhaltung der Energie.

Schon 1686 legte Gottfried Wilhelm Leibniz dar: Es ist sicher vernünftig anzunehmen, daß in der Natur immer der gleiche Gesamtbetrag an Bewegungsfähigkeit (potentia motrix) erhalten bleibt. Denn die Kraft (vis) eines Körpers kann sich nicht verringern, ohne daß eine Übertragung auf einen anderen Körper stattfindet. Im Laufe seines Lebens beschäftigte sich Leibniz immer wieder mit der Krafterhaltung. Die ursprünglich metaphysische, aus der Unveränderlichkeit Gottes gefolgerte Konzeption wurde durch Leibniz zu einer klaren physikalischen Vorstellung: 1. Die vis viva (kinetische Energie) ist durch das Produkt von Masse und Geschwindigkeitsquadrat zu messen. 2. Die vis viva muß um die potentia agendi (latente Kraft, potentielle Energie) ergänzt werden zur „force vive absolue“ (Gesamtenergie). Nur letztere bleibt erhalten.

Als entscheidender Schritt ist anzusehen, daß Leibniz neben den elastischen auch die Formänderungs- und die außermechanischen Kräfte in den Kreis seiner Betrachtungen einbezog. Bei unelastischen Stößen wird ja ganz offenbar kinetische Energie der makroskopischen Körper „verbraucht". Leibniz nahm eine Art innerer Energie an, die in einer nach außen unsichtbaren Bewegung der kleinsten Teilchen der Körper besteht. Beim Stoß wird ein gewisser Betrag der Kraft durch die kleinen Teile absorbiert. Im elastischen Fall nehmen die zusammengedrückten Körper wieder ihre frühere Gestalt an; die kleinsten Teile geben also die absorbierte Kraft völlig her. Anders im unelastischen Fall. Hier behalten die kleinsten Teile einen gewissen Betrag der force vive. Nach außen ist dann scheinbar, aber eben nur scheinbar, eine Verminderung der kinetischen Energie eingetreten.

Die Leibnizsche Konzeption wurde u. a. von Johann Bernoulli, Jakob Hermann, Daniel Bernoulli und Gabrielle-Emilie du Châtelet angenommen und weiter ausgebaut. Obwohl von Christian Wolff u. a. nachdrücklich auf die Bedeutung des Prinzips hingewiesen wurde, ging das Interesse seit etwa 1740 stark zurück. Unter dem Einfluß der Wärmestofftheorie erschien die Vorstellung einer Umwandlung von mechanischer Bewegung in Wärme sinnlos. Noch bedeutsamer war der Einfluß des empirischen Rationalismus (→ Positivismus) der Enzyklopädisten (Jean le Rond d'Alembert), nach deren Meinung das Prinzip als experimentell nicht verifizierbar und deshalb „metaphysisch" in der Wissenschaft keinen Platz finden darf.

Ende des 18. Jh.s zielten eine Reihe von neuen bzw. erneuerten Ansätzen wieder in Richtung auf die Energieerhaltung: 1. Die Entwicklung der wissenschaftlichen Maschinenlehre (Jean Victor Poncelet, Sadi Carnot) führte zum Begriff der Arbeit und damit zu energetischen Betrachtungen (Carl Holtzmann 1845). 2. Die längst bekannte Unmöglichkeit eines perpetuum mobile (die durch den Beschluß der Académie Royale des Sciences 1775 unterstrichen wurde, derartige Vorschläge prinzipiell nicht mehr zu prüfen) leitete auf dem Boden der kinetischen Wärmetheorie geradezu zwangsläufig zum mechanischen Wärmeäquivalent (Hermann v. Helmholtz 1847). 3. In der romantischen Naturphilosophie (Novalis, Friedrich Schelling, Johann Wilhelm Ritter, Hans Christian Oersted) wurde die Kraft zum zentralen Begriff und Angelpunkt der Naturvorstellung. In diesem → Dynamismus fanden u. a. Oersted und Michael Faraday ein wertvolles heuristisches Prinzip.

Intensiv strebte insbesondere Faraday danach, ein gemeinsames Maß für die verschiedenen Formen der „Kraft" zu finden. Als Aufgabe formulierte er 1837: „Vergleiche die korpuskularen Kräfte in ihrem Betrage, d. h. die Kräfte der Elektrizität, der Gravitation, der chemischen Verwandtschaft, der Kohäsion usw. und gib, wo möglich, Ausdrücke für ihre Äquivalente in der einen oder anderen Weise."

1839 kam Faraday und um 1845 Ludvig Colding, beide auf dem Boden des Dynamismus, der Formulierung des Energieprinzips außerordentlich nahe. Auch bei Julius Robert Mayer sind diese Ideen nachweisbar. 1842 schrieb Mayer: „Kräfte sind Ursachen, mithin findet auf dieselben volle Anwendung der Grundsatz: causa aequat effectum." Da nun nach Mayer eine Ursache eine bestimmte Wirkung zeitigt, diese wieder eine Ursache darstellt usf., handelt es sich bei diesen Kräften um Objekte, die quantitativ unzerstörlich und qualitativ wandelbar sind: „Meine Behauptung ist ja gerade: Fallkraft, Bewegung, Wärme, Licht, Elektrizität und chemische Differenz der Ponderabilien sind ein- und dasselbe **Objekt** in verschiedenen Erscheinungsformen."

Im gleichen Jahr 1842 gelang es Mayer erstmalig, einen ungefähr richtigen zahlenmäßigen Wert (365 mkp statt 427 mkp für 1 kcal) für das mechanische Wärmeäquivalent anzugeben. Damit war es möglich, ein schon 150 Jahre zuvor klar formuliertes Konzept experimentell zu verifizieren und als ein empirisch-nachprüfbares Faktum in die Wissenschaft aufzunehmen.

Quellen: Leibnizens mathematische Schriften. Bd VI (Hrsg. C. I. Gerhardt). Halle 1860; Jean le Rond d'Alembert, Traité de Dynamique [1743].

Paris 1921; Hermann v. Helmholtz, Über die Erhaltung der Kraft (= Ostwalds Klassiker. Nr 1). Leipzig 1902; Helmut Schmolz und Hubert Weckbach, Robert Mayer. Sein Leben und Werk in Dokumenten. Weißenhorn 1964 (→ Mayer). – Ausführliche Quellenangaben in der im folgenden angeführten Sekundärliteratur.

Literatur: Max Zwerger, Die lebendige Kraft und ihr Maß. München 1885; Arthur Erich Haas, Die Entwicklungsgeschichte des Satzes von der Erhaltung der Kraft. Wien 1909; Hans Schimank, Die geschichtliche Entwicklung des Kraftbegriffes bis zum Aufkommen der Energetik. In: Robert Mayer und das Energieprinzip ... Gedenkschrift etc. Berlin 1942; René Dugas, La mécanique au XVIIe siècle. Neuchâtel 1954; Max Jammer, The concept of force. Cambridge/Mass. 1957; Erwin N. Hiebert, Historical roots of the principle of conservation of energy. Madison 1962; Friedrich Klemm, Vom Perpetuum mobile zum Energieprinzip. In: Deutsches Museum. Abhandl. u. Berichte. Jg 33, 1965, S. 5–24; Thomas L. Hankins, Eighteenth-century attempts to resolve the vis viva controversy. In: Isis. Vol. 56, 1965, S. 281–297; Armin Hermann, Der Kraftbegriff bei Michael Faraday und seine historische Wurzel. In: Wissenschaft, Wirtschaft und Technik. Studien zur Geschichte (= Festschrift Wilhelm Treue). München 1969, S. 470–476; L. L. Laudan, The vis viva controversy, a post-mortem. In: Isis. Vol. 59, 1968, S. 131–143; D. S. L. Cardwell, Some factors in the early development of the concepts of power, work and energy. In: British Journal for the History of Science. Vol. 3, 1967, S. 209–224.

Energie-Masse-Äquivalenz. Bereits 1904 wurde Friedrich Hasenöhrl im Spezialfall der in einem Hohlraum eingeschlossenen elektromagnetischen Strahlung zum „Begriff einer scheinbaren, durch Strahlung bedingten Masse" geführt. Hasenöhrl erreichte aber infolge math. Schwierigkeiten nicht die richtige Relation, die Einstein 1905, ohne Kenntnis der Arbeit H.s, als ganz universell gültig aus seiner Speziellen Relativitätstheorie deduzierte. In der Originalarbeit „Ist die Trägheit eines Körpers von seinem Energieinhalt abhängig?" erscheint noch nicht die berühmt gewordene Schreibweise $E = \mathrm{m}c^2$, vielmehr heißt es: „Gibt ein Körper die Energie L in Form von Strahlung ab, so verkleinert sich seine Masse um L/V^2." (E. bezeichnete die Lichtgeschw. mit V.)

Um die Leistung Einsteins herabzusetzen, nennt Philipp Lenard in seinen Werken „Große Naturforscher" und „Deutsche Physik" nur Hasenöhrl. Diese unsinnige historische Wertung ist seither oft wiederholt worden.

Quellen: Friedrich Hasenöhrl, Bericht über die Trägheit der Energie. In: Jahrbuch der Radioaktivität und Elektronik. Bd 6, 1909, S. 485–502; Albert Einstein, Ist die Trägheit ... In: Annalen der Physik. Bd 18, 1905, S. 639–641.

Entropie. Als Rudolf Clausius und William Thomson (Lord Kelvin) in der Mitte des 19. Jh.s den auf Erfahrungstatsachen beruhenden zweiten Hauptsatz der Thermodynamik, den Entropiesatz, einführten, entfachten sie eine jahrzehntelange Auseinandersetzung um seine Gültigkeit und die allgemeinste Formulierung. Nach Max Planck ist die Bezeichnung als „Prinzip der Vermehrung der Entropie" die einzige Form dieses Satzes, die sich „ohne jede Beschränkung für jeden beliebigen endlichen Prozeß aussprechen läßt."

Zunächst mit „Äquivalenzwert", seit 1865 mit E. bezeichnete Clausius den Wert $S = \int \frac{\mathrm{d}Q}{T}$, der den augenblicklichen Zustand eines Systems bestimmt. Die Änderung dieser Größe ist ein Maß für die Irreversibilität eines thermodynamischen Prozesses, d. h. des Teils der Wärmeenergie, der bei der Energieumsetzung nicht in mechanische Arbeit überführt wird. Bei geschlossenen Systemen ist die Entropieänderung stets größer oder im Grenzfall gleich null. Betrachtet man die gesamte Welt, so strebt – nach Clausius – die E. der Welt einem Maximum zu: Alle Energie müsse sich mit der Zeit in gleichförmig über das System verteilte Wärme umwandeln. Ludwig Boltzmann, Walther Nernst und andere sprachen in diesem Zusammenhang vom „Wärmetod" der Welt.

Während Clausius, Kelvin, Rankine u. a. den Begriff der E. thermodynamisch deuteten,

ENCYCLOPÉDIE,

OU

DICTIONNAIRE RAISONNÉ DES SCIENCES, DES ARTS ET DES METIERS,

PAR UNE SOCIETÉ DE GENS DE LETTRES.

Mis en ordre & publié par M. *DIDEROT*, de l'Académie Royale des Sciences & des Belles-Lettres de Pruſſe; & quant à la PARTIE MATHEMATIQUE, par M. *D'ALEMBERT*, de l'Académie Royale des Sciences de Paris, de celle de Pruſſe, & de la Société Royale de Londres.

Tantùm ſeries juncturaque pollet,
Tantùm de medio ſumptis accedit honoris! HORAT.

TOME SECOND.

A PARIS,

Chez
B R I A S S O N, *rue Saint Jacques, à la Science.*
D A V I D l'aîné, *rue Saint Jacques, à la Plume d'or.*
L E B R E T O N, Imprimeur ordinaire du Roy, *rue de la Harpe.*
D U R A N D, *rue Saint Jacques, à Saint Landry, & au Griffon.*

M. DCC. LI.

AVEC APPROBATION ET PRIVILEGE DU ROY.

Abb. 8. Titelblatt eines Bandes der Encyclopédie von Diderot und d'Alembert gelang 1866 Boltzmann und später Gibbs die Klärung von der statistischen Mechanik her. Auf die kinetische Theorie der Gase gestützt, brachte Boltzmann die E. mit der Wahrscheinlichkeit (W) des mechanischen Zustandes eines Systems in Zusammenhang. Der Ausdruck $S = k \cdot \ln W$, $k = 1{,}381 \cdot 10^{-16}$ erg/Grad (Boltzmannsche Konstante) für das Boltzmannsche Prinzip stammt indessen von Planck (1906).

Unter dem mechanischen Zustand verstand Boltzmann die statistische, auf die Gesamtheit der Molekeln bezogene Verteilung der Geschwindigkeiten und räumlichen Lagen. Bei nichtumkehrbaren Zustandsänderungen wächst die „Unordnung" und damit die Wahrscheinlichkeit, d. h. die Entropie des Systems. In jüngster Zeit wurde der Entropiebegriff mit Hilfe der Informationstheorie durch den Begriff des „Informationsmangels" neu gedeutet und vertieft.

Quellen: Rudolf Clausius, Über die bewegende Kraft der Wärme etc. In: Annalen der Physik. Bd 79, 1850, S. 368–397, und Ostwalds Klassiker Nr 99. Leipzig 1898; ders., Über verschiedene für die Anwendung bequeme Formen d. Hauptgleichg. d. mechan. Wärmetheorie. In: Annalen der Physik. Bd 125, 1865, S. 353–400; ders., Der zweite Hauptsatz d. mechan. Wärmetheorie. Braunschweig 1867; Ludwig Boltzmann, Mechanische Bedeutung des zweiten Hauptsatzes. In: ders., Wissenschaftliche Abhandlungen. Bd 1. Leipzig 1909; ders., Vorlesungen über Gastheorie. 2 Bde. Leipzig 1896/98; Josiah Willard Gibbs, Elementary principles in statistical mechanics. New York-London 1902, dt. von Ernst Zermelo. Leipzig 1905.

Literatur: Max Planck, Vorlesungen über Thermodynamik. Berlin-Leipzig 1897 (⁹1930); ders., Acht Vorlesungen über theoretische Physik. Leipzig 1910; Arnold Sommerfeld, Thermodynamik u. Statistik (= Vorlesungen über theoretische Physik. Bd 5). ²Leipzig 1962; Richard Becker, Theorie der Wärme. ²Berlin 1966; Heinrich Lange, Geschichte der Grundlagen der Physik. Bd II: Die materialen Grundlagen. Freiburg/München 1961. L. S.

Enzyklopädie. Die seit der Begründung der neuzeitlichen Physik in immer rascherer Folge gewonnenen empirischen Fakten hatten die großen rationalen Systeme des 17. Jh.s gesprengt; anstelle des System-Rationalismus (insbesondere des Descartes) trat ein empirischer Rationalismus. Die rational erfaßten, mathematisch beschriebenen Einzelphänomene waren (in den meisten Fällen) **nicht** durch logische Ketten untereinander verbunden. Anstelle eines geschlossenen rationalen Systems mußte man sich vorerst mit einer bloßen Aneinanderreihung von Einzelheiten abfinden. Das Entstehen der großen Enzyklopädien im 18. Jh. ist darum kein Zufall. Der „empirische" oder „enzyklopädische" Rationalismus will in der E. nicht etwa eine vorhandene Gesamtschau zerhacken; die alphabetische Ordnung soll vielmehr die „gegenseitige Verflechtung sichtbar machen, und mit Hilfe von Querverbindungen [d. h. der Verweise auf andere Stichwörter] die zugrunde liegenden Prinzipien genauer erfassen ..." (Diderot).

Die berühmteste E. ist die von Denis Diderot und Jean le Rond d'Alembert herausgegebene „Encyclopédie ou Dictionnaire raisonné des Sciences", die wie kein anderes Werk des 18. Jh.s den Geist des Aufklärungszeitalters spiegelt. Unter Mitarbeit von Voltaire, Rousseau, Montesquieu, Holbach u. a. entstanden von 1751 an insgesamt 35 Bände im Großlexikonformat, davon 12 Tafel- und zwei Registerbände. Der Erfolg des Werkes war ungeheuer, obwohl, oder vielleicht gerade weil es auf Drängen kirchlicher Kreise mehrfach unterdrückt wurde (Abb. S. 93).

In der äußeren Anlage ähnlich waren die „Descriptions des arts et métiers". Nachdem René Réaumur die Vorarbeit geleistet hatte, erschienen von 1761–1789 insgesamt 121 Teilbände mit über 1000 Kupferstichen. Hier wurde vor allem eine Bestandsaufnahme aller handwerklichen Künste vorgenommen, um sie miteinander vergleichen und wissenschaftlich analysieren zu können. Die „Descriptions" sind also nicht primär Ausdruck der Aufklärung, sondern des Merkantilismus.

Literatur: D'Alembert, Einleitung in die französische E. von 1751. Herausgegeben und erläutert von Eugen Hirschberg. Leipzig 1912; Jacques

Proust, L'Encyclopédie. Paris 1965; Louis Ducros, Les Encyclopédistes. Paris 1900; Arthur Hughes, Science in English encyclopaedias 1704–1875. In: Annals of Science. Vol. 7, 1951, S. 340–370; Vol. 8, 1952, S. 323–367; Vol. 9, 1953, S. 233 bis 264.

Erdgestalt. Willebrord Snellius erfand die beste Methode der Erdmessung und beschrieb sie 1617. Sein Gedanke war, die Länge eines Meridiangrades dadurch zu bestimmen, daß er mit Hilfe eines orientierten Dreiecksnetzes den Abstand eines Punktes von dem Parallel eines andern berechnete und dann durch die in Graden ausgedrückte Polhöhendifferenz beider Punkte teilte.

Als erster gebrauchte dieses Verfahren mit vollem Erfolg der französische Astronom Jean Picard, der darüber 1671 publizierte. Mit zwei hölzernen Stäben, die er längs einer gespannten Schnur legte, bestimmte er auf einer ebenen gepflasterten Straße bei Paris die Länge einer Basis und vermaß von da aus nach Norden und Süden 35 Dreiecke. Die Berechnung ergab für die Distanz der Parallelen von Sourdon bei Amiens und Malvoisine südlich Paris 78 850 Toisen. An beiden Endpunkten wurde durch ein Fernrohr mit Fadenkreuz die Zenitdistanz eines nahe dem Scheitel kulminierenden Sterns gemessen; daraus ergab sich ein Breitenunterschied von $1°22'55''$. Somit betrug die Länge eines Grades 57 060 Toisen.

Christiaan Huygens hatte vermutet, daß die Erde infolge der Zentrifugalkraft an den Polen abgeplattet sei, und Newton berechnete, daß nur bei einem an den Polen abgeplatteten Sphäroid die Resultierende aus Gravitation und Zentrifugalkraft an jedem Punkt der Oberfläche auf dieser senkrecht steht. Als er erfuhr, daß Jean Richers Pendeluhr am Äquator täglich um zwei Minuten zurückblieb, erblickte er darin eine Bestätigung für die Polabplattung. Dagegen betonten die Pariser Akademiker, daß die Erde einen kreisrunden Schatten auf den Mond werfe. Sie meinten, das Pendel habe sich am Äquator nur infolge der größeren Luftwärme verlängert und verlangsamt. Der Straßburger Arzt Johann Caspar Eisenschmidt zeigte 1691 in seiner „Diatribe de figura telluris elliptico sphaeroide“, daß die bisherigen Gradmessungen keine Zunahme, sondern im Gegenteil eine Abnahme der Gradlänge gegen den Pol hin zeigten. Dies widersprach der Abplattung und deutete auf eine polwärtige Zuspitzung hin.

Von 1683 bis 1718 setzten die Cassini mit den Maraldi und mit Philippe de La Hire Picards Messung nach Süden bis Collioure und nach Norden bis Dünkirchen fort. Dabei ergaben sich für einen Grad südlich Paris 57 097 Toisen, für einen Grad nördlich Amiens nur 56 960 Toisen. Jacques Cassini legte diese Ergebnisse 1720 vor. Damit schien die Erde endgültig die Form einer Zitrone zu haben. Jetzt entspann sich ein Streit zwischen Newtons Anhängern in England und Cassinis Anhängern in Frankreich.

Endlich sah man ein, daß man zwei der Breite nach viel stärker verschiedene Meridiangrade vergleichen müsse, und die beiden Akademiker Pierre Bouguer und Charles-Marie de La Condamine bestimmten in Peru 1735 bis 1741 mit aller Sorgfalt einen Meridianbogen von mehr als 3°, aus dem sie für einen Grad den Wert von 56 734 Toisen ermittelten. Dies war weniger als in Frankreich und erwies daher die Richtigkeit von Newtons Ansicht. Inzwischen aber hatte ein anderer den Ruhm schon eingeheimst. Kaum war die Expedition nach Peru aufgebrochen, so gewann Pierre-Louis Moreau de Maupertuis die Erlaubnis zu einer zweiten Expedition nach Lappland. Bei großer Kälte wurde auf dem Eise des Flusses Tornea eine Basis gemessen; rasch bestimmte man einige Dreieckswinkel und Polhöhen, und schon im Frühling 1737 hatte man für die mittlere Breite von 66°20' einen Grad beisammen, dessen Größe von 57 438 Toisen zwar Maupertuis gar zu lang schien; aber jedenfalls sprach das Ergebnis für eine starke Abplattung. Der von Maupertuis verspottete Cassini überprüfte daraufhin seine Rechnungen und zeigte, daß sich für die mittlere Breite von 45° ein Grad von 57 012 Toisen ergebe. Dieser Wert aus Frankreich stimmte mit dem aus Peru gut zusammen und ließ eine Abplattung erkennen, wie Newton sie theoretisch vorausgesagt hatte. Dagegen sprach der Vergleich mit dem lappländischen Wert für eine mehr als doppelt so starke Abflachung. Es blieb also immer noch eine Frage offen.

Daher wurden von 1750 bis 1790 weitere Meridianmessungen vorgenommen, so von Nicolas-Louis Lacaille am Kap der Guten Hoffnung, von Roger Joseph Boscovich im Kirchenstaat, von Joseph Liesganig in Ungarn und Österreich, von Giacomo Battista Beccaria in Turin. Die Ergebnisse bestätigten die Messungen in Frankreich und Peru. 1801 – 1803 wurde unter Leitung von Jöns Svanberg die Messung in Lappland wiederholt und dabei ein Grad von 57 196 Toisen erhalten. Nun boten die Werte ein einheitliches Bild.

Im Zusammenhang mit der Gewinnung einer neuen Längeneinheit, für die man in Frankreich 1791 den zehnmillionsten Teil des Erdmeridianquadranten zu nehmen beschloß, prüften Pierre-François-André Méchain und Jean-Baptiste-Joseph Delambre bis 1800 die Vermessung der über 100 Dreiecke von Cassini nach, und sie verlängerten den Bogen nach Süden bis Barcelona. Jean-Baptiste Biot und François Arago führten 1806 – 1808 die Fortsetzung bis Formentera durch, so daß nun ein Meridianbogen von über 12° Länge an einem Stück vermessen war.

Kleinere, aber sehr sorgfältige Gradmessungen besorgten hierauf Christian Heinrich Schumacher in Dänemark, Carl Friedrich Gauß in Hannover, Friedrich Wilhelm Bessel zusammen mit Johann Jacob Baeyer in Preußen, William Roy in England. Jahrzehnte dauerten die großen Unternehmen in Indien (1801 von William Lambton begonnen) und in Rußland (1810 – 1855, vor allem unter Wilhelm Struve); die indische Messung umfaßte 21°, die russische 26°.

Neben diese Breitengradmessungen traten Längengradmessungen, die aber nur geringfügige Abweichungen von der Rotationssymmetrie ergaben.

Quellen: Willebrord Snellius, Eratosthenes batavus. Leiden 1617; Jean Picard, La mesure de la terre. Paris 1671; Jacques Cassini, Traité de la grandeur et de la figure de la terre. Paris 1720; Pierre-Louis Moreau de Maupertuis, La figure de la terre. Paris 1738; Alexis-Claude Clairaut, Théorie de la figure de la terre. Paris 1743. Deutsch: Theorie der Erdgestalt nach Gesetzen der Hydrostatik (= Ostwalds Klassiker. Nr 189). Leipzig 1913; Pierre Bouguer, La figure de la terre. Paris 1749; Charles-Marie de La Condamine, Mesure des trois premiers degrés du méridien dans l'hémisphère austral. Paris 1751; Jöns Svanberg, Exposition des opérations, faites en Lapponie pour la détermination d'un arc du méridien. Stockholm 1805.

Literatur: Rudolf Wolf, Geschichte der Astronomie. München 1877, S. 385 f. und S. 613 – 629; Georges Perrier, Kurze Geschichte der Geodäsie. Bamberg 1950; Douglas McKie, Zur Geschichte des metrischen Systems. In: Endeavour. Bd 22, 1963, S. 24 – 26; Bernhard Sticker, Leibniz' Beitrag zur Theorie der Erde. In: Sudhoffs Archiv. Bd 51, 1967, S. 244 – 259. H. B.

Erdmagnetismus. Das Altertum kannte Erzgruben, deren Steine Eisen anzogen; die Kreuzzüge brachten dann aus China die zusätzliche Erkenntnis, daß Magnete sich in eine bestimmte Richtung einstellen. Petrus Peregrinus de Maricourt schrieb 1269 eine Abhandlung vom Magneten. Er wußte, daß der Stein seine Kraft an Eisennadeln weitergibt, wenn man sie damit berührt. Mit Holz aufs Wasser gelegt, richten sich Stein und Nadel nach Norden.

Vom 14. Jh. an nahm man mit dem Kompaß Küstenkarten auf. Früh bemerkte man, daß die Nadeln nicht genau nach Norden wiesen. Östliche Abweichung erzeugte bei der Kartenzeichnung eine Drehung im Gegenuhrzeigersinne, westliche eine Drehung im Uhrzeigersinne. Die Kompaßkarten bieten mit ihren Verdrehungen ein Abbild des damaligen Zustandes des Erdmagnetismus.

In Europa herrschte östliche Abweichung. Christoph Kolumbus sah, daß sie sich hinter den Azoren in eine westliche wandelte. Eine Linie ohne Abweichung schien von Pol zu Pol zu laufen. Der Papst erklärte sie als

Demarkationslinie. Die Abweichung (= Deklination) sollte nach beiden Seiten gleichmäßig zunehmen und ein Mittel zur Längenbestimmung sein. Die Nadelrichtungen bezog man auf einen gemeinsamen Schnittpunkt. Erfahrungen widerlegten dies. Am Nordkap von Norwegen und an der Südspitze Afrikas (am „Nadelkap“) ging die Abweichung ebenfalls in eine westliche über. Deshalb teilte Simon Stevin 1599 die Erde ringsum wie eine Orange in sechs Felder von abwechselnd östlicher und westlicher Abweichung ein.

Doch 1600 legte William Gilbert sein klärendes Werk „De magnete“ vor. Der Kompaßmacher Robert Norman hatte entdeckt, daß eine Nadel, die waagrecht schwebte und hernach magnetisiert wurde, sich nun auf der Nordseite senkte. Hierauf ließ er eine Nadel um eine waagrechte Achse in der Vertikalebene schwingen und maß für London eine Neigung (= Inklination) von 71°50′. Seefahrer meldeten, eine solche Nadel neige sich in Kanada tiefer und gegen den Äquator zu weniger. Gilbert schliff einen Magnetstein rund und betrachtete ihn als Abbild der Erde (= Terrella). Er hängte ein Eisennädelchen an einen Faden und prüfte, wie es sich rings um den Stein einstellte. Bei Unebenheiten wich es seitlich ab, und vom waagrechten Stand am Äquator ging es über Neigungen in den senkrechten Stand an den Polen über. Daraus schloß Gilbert, daß die Erde als Ganzes ein Magnet sei. Kepler, davon begeistert, betrachtete die Sonne und alle Planeten als magnetisch. Die angenommenen Abstoßungen und Anziehungen trugen bei zur Erkenntnis der elliptischen Bahnen. Newton aber schied den Magnetismus von der Schwerkraft, deren Kennzeichen die Massenabhängigkeit war.

Im 17. Jh. wurde man davon überrascht, daß sich die bisherige östliche Abweichung in Europa in eine westliche verwandelte. Henry Gellibrand gab 1635 die säkulare Variation bekannt. Edmond Halley suchte sie durch einen im Erdinnern frei rotierenden Magnetkern zu deuten. Auf Meerfahrten sammelte er Abweichungswerte und zeichnete 1702 die erste Karte mit Isogonen (= Linien gleicher Abweichung). Später entstanden Karten mit Isoklinen (= Linien gleicher Neigung).

Als drittes Element des Erdmagnetismus erkannte man die örtlich verschiedene Intensität. Alexander von Humboldt entwarf auf seiner Amerikareise die erste Karte mit isodynamischen Zonen (= Gebieten gleicher Feldstärke). Er ließ eine leicht spielende Inklinationsnadel um ihre Ruhelage pendeln und zählte jeweilen 10 Minuten die Schwingungen. Ihre Zahl war ein Maß für die magnetischen Erdkräfte. Carl Friedrich Gauß schlug dafür eine absolute Einheit vor.

1722 hatte George Graham bemerkt, daß die Abweichung und Neigung auch stündlich in einem Tagesrhythmus um einen Mittelwert schwanken. Auf Humboldts Anregung wurde dies in beiden Hemisphären untersucht. Auch die Intensität zeigte tägliche Schwankungen, wie Christopher Hansteen 1821 fand. Außerdem gab es ungewöhnliche Störungen. Anders Celsius und Olav Hjorter sahen die Nadel beim Auftauchen eines Nordlichts unruhig werden (1741). Die mittleren täglichen Bewegungen der Nadel sowie die Häufigkeit der Störungen blieben nicht immer gleich. Es ergab sich eine ca. 10jährige Periode, die mit der Periode der Sonnenfleckenhäufigkeit übereinstimmte (1852). So wurde der Erdmagnetismus wieder in kosmischen Zusammenhang erhoben.

Quellen: Gustav Hellmann (Hrsg.), Neudrucke von Schriften und Karten über Meteorologie und Erdmagnetismus. 15 Nummern. Berlin 1891 bis 1904 (Nr 4 enthält die ältesten Karten der Isogonen, Isoklinen und Isodynamen; Nr 9 Henry Gellibrands Schrift von 1635; Nr 10 u. a. die Schriften von Petrus Peregrinus, Robert Norman, Simon Stevin); William Gilbert, De magnete. London 1600.

Literatur: Alexander von Humboldt, Kosmos. Bde 1 und 4. Stuttgart und Augsburg 1845 und 1858; Oscar Peschel, Geschichte der Erdkunde. [2]München 1877; Paul Fleury Mottelay, Bibliographical history of electricity and magnetism. London 1922; Heinz Balmer, Beiträge zur Geschichte der Erkenntnis des Erdmagnetismus. Aarau 1956; Eva Germaine Rimington Taylor, The haven-finding art. New York 1957; Joseph Needham, Science and civilisation in China. Vol. 4, Part I: Physics. Cambridge 1962. H. B.

Erman, Paul (* 29. Februar 1764 in Berlin, † 11. Oktober 1851 in Berlin). Er gelangte von der Theologie und Philosophiegeschichte her erst 1801 zur Naturwissenschaft, wurde aber von da an ein leidenschaftlicher Experimentator und nüchterner Beobachter. Seine Ergebnisse veröffentlichte er in Gilberts Annalen und in den Denkschriften der Berliner Akademie. Vom Lehrfach herkommend, wurde er 1810 bei Errichtung der Berliner Universität deren erster Physikprofessor.

Er beschäftigte sich mit Voltas Säule und beobachtete das Spannungsgefälle in einer feuchten Hanfschnur oder einer Röhre mit destilliertem Wasser, die in den Kreis eingeschaltet war. Dies führte Ohm auf sein Gesetz. 1803 leitete E. den Strom durch die Havel und entdeckte dabei die Leitfähigkeit der Erde über weite Strecken. Bei der Prüfung der Leitfähigkeit der Flammen erkannte er, daß gewisse Flammen den Strom des positiven, andere den des negativen Poles ableiten. Andere Arbeiten betrafen die Luftelektrizität und die von ihm gefundenen elektrochemischen Bewegungen der Flüssigkeiten. In einem Bohrloch maß er die Temperaturzunahme im Erdinnern; auch machte er Quellwärmemessungen. In der Physiologie bewies er die Volumenzunahme des Muskels bei der Zusammenziehung, deutete die galvanischen Reizversuche, analysierte das Blut der Gartenschnecke und das Schwimmblasengas von Süßwasserfischen und entdeckte die Darmatmung des Schlammpitzgers.

Literatur: Emil Du Bois-Reymond, Gedächtnisrede auf P. E. In: ders., Reden. Bd 2. Leipzig 1887, S. 55–89; Wilhelm Erman, P. E. Ein Berliner Gelehrtenleben 1764–1851. Berlin 1927; Wilhelm Ostwald, Elektrochemie. Ihre Geschichte und Lehre. Leipzig 1896, S. 255 und 264–273. H. B.

Euler, Leonhard (* 15. April 1701 in Basel, † 18. September 1783 in St. Petersburg). Euler war 1727–1741 Mitglied der neugegründeten Petersburger Akademie der Wissenschaften, 1741–1766 gehörte er der Preußischen Akademie in Berlin an (wo er nach dem Rücktritt des Präsidenten Pierre Moreau de Maupertuis zeitweise die Geschäfte führte) und kehrte anschließend an die Akademie in St. Petersburg zurück. Er verfaßte ca. 800 wissenschaftliche Abhandlungen (darunter über 20 große Monographien), die zu ca. $^3/_5$ der reinen und zu $^2/_5$ der angewandten Mathematik, d. h. den mathematischen Naturwissenschaften im weitesten Sinne, gewidmet sind. Seit 1911 gibt die Euler-Kommission der Schweizerischen Naturforschenden Gesellschaft die „Opera omnia“ heraus; inzwischen sind 62 Teilbände von den insgesamt etwa 80 geplanten Bänden erschienen.

Euler, der führende Mathematiker seiner Zeit, war als Physiker „altmodisch“ (Otto Spiess). Seine diesbezüglichen Auffassungen sind noch heute am bequemsten zugänglich in den „Briefen an eine deutsche Prinzessin“. Das (ursprünglich französisch) 1760/62 abgefaßte und 1768/72 erstmalig publizierte Werk wurde sogleich in alle Kultursprachen übersetzt und erreichte eine weite Verbreitung. Es behandelt die im 18. Jh. zur „Bildung“ zählenden Themen (→ Aufklärung), d. h. neben Theologie, Philosophie und Musiktheorie auch ausführlich physikalische Erkenntnisse.

Wie schon René Descartes wollte Euler alle Naturerscheinungen auf Druck und Stoß von kleinsten Teilchen zurückführen; im vom empirischen Rationalismus des 18. Jh.s längst überwundenen „esprit de système“ hegte er ein fast naives Vertrauen zur Theorie und zum Kalkül. Angesichts eines paradoxen mathematischen Ergebnisses (freier Fall eines Körpers durch einen gedachten, durch den Erdmittelpunkt zu den Antipoden führenden Schacht, bei dem nach Euler der Körper im Erdzentrum unvermittelt umkehrt) schrieb er 1736 in seiner Mechanik: „Dies scheint zwar weniger mit der Wahrheit übereinzustimmen ... Wie dem aber auch sei, so muß man hier mehr der Rechnung als dem Urteil vertrauen." Von König Friedrich II., Voltaire, Benjamin Robins u. a., die ganz auf dem Boden des Empirismus standen, mußte sich in solchen Fällen der anerkannte „mathematicus acutissimus" Spott und Kritik gefallen lassen.

Die Physik hat Euler wesentlich durch seine mathematisch-theoretischen Arbeiten gefördert. Er formulierte die Mechanik konsequent in der neuen Sprache des Infinitesimalkalküls und wurde so neben Jean le Rond d'Alembert zum maßgeblichsten Begründer der analytischen Mechanik. Euler ist auch im wesentlichen das den Namen von Maupertuis tragenden → Minimalprinzips zu danken; er hatte den Satz 1744 vor Maupertius und klarer als dieser gefaßt. Die endgültige Formulierung gelang aber dann erst (unter dem Beifall Eulers) Louis Lagrange. Eulers Hoffnung, das berühmte → Dreikörperproblem gelöst zu haben (was er unvorsichtigerweise bereits bekanntgegeben hatte), erfüllte sich nicht; seine Ansätze ermöglichten ihm aber die Entwicklung einer Theorie der Mondbahn. Da das Problem große praktische Bedeutung hatte (Ermittlung der geographischen Länge auf hoher See) wurden seine Beiträge mehrfach mit Preisen ausgezeichnet.

Mit seiner Begründung der Variationsrechnung in Zusammenhang stand die Berechnung der „elastischen Kurven", d. h. die Ermittlung der Gestalt von elastischen Drähten und Platten, die am Rande ganz oder teilweise eingespannt sind. Euler blieb nicht bei den Gleichgewichtsbedingungen stehen, sondern behandelte auch die Schwingungen der Saiten und Platten. Auch die → Hydrodynamik verdankt Euler wesentliche Förderung. In voller Allgemeinheit stellte er die noch heute sog. „Eulerschen Gleichungen" der idealen, inkompressiblen Flüssigkeit auf und zeigte, daß man diese unter gewissen mathematischen Annahmen in die „Bernoullische Gleichung" überführen kann. Die → Akustik förderte er durch Behandlung der „Eulerschen Gleichungen für kompressible Flüssigkeiten". Das Problem der Schallgeschwindigkeit, wo Newton einen zu großen Wert gefunden hatte, vermochte er noch nicht zu lösen.

Wie die Schallschwingungen behandelte Euler auch das Licht; er vertrat also gegen Newton eine Wellentheorie. Als Träger der (longitudinal aufgefaßten) Lichtschwingungen nahm Euler den → Äther an. Er versuchte, die Emissionstheorie durch wellentheoretische Behandlung der Dispersion, Doppelbrechung und Farben dünner Blättchen zu erschüttern, vermochte aber mit seiner Auffassung nicht durchzudringen. Der Grund lag, neben der nachwirkenden Autorität Newtons, jedenfalls zum Teil wieder darin, daß er eigentlich „physikalische" Argumente, wie die Interferenz, völlig übersah.

Euler widerlegte auch eine Formel Newtons, aus der die Unmöglichkeit von → Achromaten gefolgert werden mußte, und bemühte sich, die Konstruktion eines achromatischen Systems von Linsen verschiedener Brechkraft anzugeben. Daraus gewann der englische Optiker John Dollond (1706–1761), der die Eulerschen Überlegungen ursprünglich abgelehnt hatte, einen wertvollen Ansatz und konstruierte 1758 erstmalig ein achromatisches Fernrohr.

Gesamtausgabe: Opera omnia. Series 1: Opera mathematica. Bisher 30 Bde. Series 2: Opera mechanica et astronomica. Bisher 22 Bde. Series 3: Opera physica. Bisher 10 Bde. Leipzig, Berlin, Basel etc. 1911–.

Teilausgaben: Lettres à une princesse d'Allemagne sur divers sujets de physique et de philosophie. 3 Tle. St. Petersburg 1768/72; L. E.s Mechanik etc. Übers. J. Ph. Wolfers. 3 Tle. Greifswald 1848–1853; Die Gesetze des Gleichgewichts und der Bewegung flüssiger Körper. Übers. H. W. Brandes. Leipzig 1806.

Bibliographie: Gustaf Eneström, Verzeichnis der Schriften L. E.s (= Jahresberichte der Deutschen Mathematiker-Vereinigung. Erg. Bd 4). Leipzig 1910–1913.

Literatur: Emil Cherbuliez, Ueber einige physikalische Arbeiten E.s. Bern 1872; Otto Spiess, L. E. Frauenfeld und Leipzig 1929; Rudolf Fueter, L. E. (= Elemente der Mathematik. Beiheft Nr 3). Basel 1948; Andreas Speiser, Einteilung der sämtlichen Werke L. E.s. In: Commentarii mathematici Helvetici. Vol. 20, 1947, S. 288–318; Joachim Otto Fleckenstein, L. E. In: Die großen Deutschen. Bd 2. Berlin 1956, S. 159–171; Joseph Ehrenfried Hofmann, L. E. In: Physikal. Blätter. Jg 14, 1958, S. 117–122.

Experiment. Bis Ende des 16. Jh.s bestand zwischen der Auffassung der „Natur" und der „Kunst" eine unüberbrückbare Kluft. Alles vom Menschen Hervorgebrachte oder Bewirkte galt als „künstlich", d. h. unnatürlich oder widernatürlich (vgl. z. B. → Bewegung). Wenn der Mensch mit seiner → Kunst in die Natur eingreift, zerstört er, wie man meinte, den naturgemäßen, organischen Zusammenhang, und es erschien also sinnlos, mit künstlichen Mitteln etwas über den Naturzusammenhang erfahren zu wollen. Als Erkenntnismittel konnte also nur die Gedankenanalyse und höchstens noch (im Aristotelismus) die bloße Naturbeobachtung gelten. Ein „physikalisches Experiment" hätte man als contradictio in adjecto angesehen. (Was wir heute „physikalisches E." nennen, gab es selbstverständlich schon im 16. Jh., z. B. hydrostatische, mechanische und optische Versuche. Diese Experimente findet man aber nicht in einem Lehrbuch der „Physik", sondern der „natürlichen Magie".)

Bezeichnend ist die Auffassung des Guidobaldo del Monte, des großen Gönners von Galilei. Guidobaldo sah, beeinflußt von den pseudo-aristotelischen mechanischen Problemen, in der Anwendung einfacher Maschinen etwas Wunderbares und meinte, daß man mit solchen Mitteln die Natur überliste (→ Mechanik). Galilei hingegen betonte, schon in seiner Schrift „Le mecaniche", verfaßt um 1593, daß man nur **mit** der Natur handelt, wenn man Maschinen anwendet. Man kann die Natur nicht betrügen, nicht überlisten, nicht übertreffen. Zum Beispiel wird beim Hebel an Leichtigkeit gewonnen, was an Weg, Zeit und Langsamkeit verloren geht. Galilei sagte wörtlich: **„Und das wird bei allen anderen Instrumenten statthaben, welche ersonnen worden sind oder noch erdacht werden können."**

Die Verwendung von Apparaten und Mechanismen ist also nichts Naturwidriges. Auch die Meß-Apparatur ist dann sozusagen etwas Naturgemäßes: Wenn Galilei Instrumente als Beobachtungs- und Versuchsapparaturen anwendet, so wird durch seine neue Einstellung diesen Mitteln die legitime Teilnahme an der Naturgesetzlichkeit zugesprochen. Das war für die Anerkennung und damit die Begründung einer echten Experimentalwissenschaft eine wichtige Voraussetzung.

In der Anwendung des Fernrohres zu Himmelsbeobachtungen und der Fallrinne zur Prüfung der → Fallgesetze kommt die neue Auffassung charakteristisch zum Ausdruck. Diese wird noch deutlicher an einem anderen Beispiel: Das von Galilei erstrebteste Ziel war es, einen physikalischen Beweis für das kopernikanische Weltbild aufzufinden. Er glaubte irrigerweise, in der Erscheinung von Ebbe und Flut einen solchen Beweis zu besitzen, denn er meinte, daß → Ebbe und Flut durch die doppelte Erdbewegung hervorgerufen würden. Diese Wirkung wollte er in einem Modellversuch simulieren und ad oculos demonstrieren: „Mag es vielen auch unmöglich erscheinen, durch künstliche Apparate und Gefäße die Wirkungen eines solchen Umstandes experimentell zu prüfen, so ist es doch nicht ganz unmöglich. Ich habe eine Maschine konstruiert, an der sich gerade die Wirkung dieser merkwürdigen Zusammensetzung von Bewegungen beobachten läßt."

Auch bei Francis Bacon ist keine Rede mehr von einer „List", die Natur durch künstliche Mittel zu betrügen. Vielmehr müssen nach Bacon gerade solche künstlichen Mittel, d. h. Experimente, eingesetzt werden, um die Natur in allen ihren Zusammenhängen auszuforschen: „Wie im gewöhnlichen Leben die Denkart und Gemütsbeschaffenheit eines Menschen sich leichter offenbart, wenn er in Leidenschaft geraten ist, so enthüllen sich auch die Verborgenheiten der Natur besser unter den Quälungen der Kunst, als wenn man die Natur in ihrem Gange ungestört läßt" (Novum Organum I, Aphorismus 98).

Bacon wies das soziale Vorurteil gegenüber den mechanischen und experimentellen Untersuchungen zurück (→ Mechanik) und betonte, daß es falsch sei zu meinen, „daß die Beschäftigung mit dem Stofflichen den Geist erniedrigt; denn dieses Vorurteil hat zum Verlassen und Verachten des Weges der wahren Wissenschaft geführt". So wurden von Bacon chemische und mechanische Experimente gepriesen: Weder der Verstand allein, noch die Hand allein, sondern nur die Zusammenarbeit beider kann zur wahren Wissenschaft führen.

Bacon selbst hat aber, wie viele Naturforscher der nachfolgenden Generationen bis auf den heutigen Tag, die Wichtigkeit der experimentellen Methode zu einseitig betont. Galilei vermochte gerade deshalb die Nuova Scienza zu begründen, weil er mit der Empirie die neuplatonische Methode der Abstraktion ins Gleichgewicht zu setzen verstand (→ Galilei).

Es entspricht der Legende, daß man Galilei das Wort in den Mund gelegt hat „Messen was meßbar ist, was nicht meßbar ist, meßbar machen". Es gelang nicht, dieses Zitat nachzuweisen. Das Zitat paßt mit einer starken Betonung der Messung als **dem** Leitmotiv des wissenschaftlichen Handelns auch tatsächlich nicht zu Galilei. Der Ausspruch stammt vielmehr höchstwahrscheinlich aus der Generation der Galilei-Schüler. Ende des 17. Jahrhunderts blühte an vielen Orten, insbesondere in England und den Niederlanden, die experimentelle Forschung auf. Die nun wirklich historisch belegbare und nicht nur legendäre Betonung der Empirie fand im Wahlspruch „Provando e Riprovando" (Prüfen und immer wieder prüfen) der Florentiner „Accademia del Cimento" wie in der „experimental philosophy" der Londoner Royal Society mit ihrem „nullius in verba" prägnanten Ausdruck.

Quellen: → Bacon, → Galilei.

Literatur: Alistair C. Crombie, Robert Grosseteste and the origins of experimental science. ²Oxford 1962; Reyer Hooykaas, Das Verhältnis von Physik und Mechanik in historischer Hinsicht (= Beiträge zur Geschichte der Wissenschaft und der Technik. Heft 7). Wiesbaden 1963; Friedrich Klemm, Galilei und die Technik. In: Technikgeschichte. Bd 37, 1970, S. 13–26; Hans Blumenberg, Das Fernrohr und die Ohnmacht der Wahrheit. In: Galileo Galilei, Sidereus Nuncius etc. (= sammlung insel 1). Frankfurt 1965. Hier S. 5–73; Pierre Brunet, L'introduction des théories de Newton en France au XVIIIe siècle. Paris 1931; ders., Les physiciens hollandais et la méthode expérimentale en France au XVIIIe siècle. Paris 1926; Maurice Daumas, Les instruments scientifiques aux XVIIe et XVIIIe siècles. Paris 1953; Ernst Gerland und Friedrich Traumüller, Geschichte der physikalischen Experimentierkunst. Leipzig 1899; Carl Ramsauer, Grundversuche der Physik in historischer Darstellung. Berlin 1953; Hugo Dingler, Das Experiment. Sein Wesen und seine Geschichte. München 1928.

F

Fabricius, Johannes (* 8. Januar 1587 in Osteel oder Resterhaave, Ostfriesland, † etwa 1615). F. stammte aus der Familie eines Astronomen: Sein Vater, David Fabricius (1564–1617), beobachtete im Jahre 1596 erstmalig Sterne mit wechselnder Intensität im Sternbild des Walfisch und korrespondierte mit Tycho Brahe und Johannes Kepler.

Für seine astronomischen Beobachtungen benutzte F. das Fernrohr, und 1611 entdeckte er, unabhängig von und vor Galileo Galilei und Christoph Scheiner, die Existenz der Sonnenflecken. Die Ergebnisse seiner Beobachtungen bearbeitete er mit Hilfe seines Vaters und publizierte sie in demselben Jahre 1611 in dem Buche „De maculis in sole observatis ..." (Wittenberg 1611).

Literatur: Gerhard Berthold, Der Magister J. F. und die Sonnenflecken. Nebst einem Exkurse über David Fabricius. Eine Studie. Leipzig 1894. J. M.

Fahrenheit, Daniel Gabriel (* 24. Mai 1686 in Danzig, † 16. September 1736 in Den Haag). Der entscheidende Schritt zur wissenschaftlichen Thermometrie wurde von F. mit der Anfertigung seiner Thermometer eingeleitet. Zunächst benutzte er Weingeist, seit 1714/15 Quecksilber. Dabei bestand der bis dahin unbekannte Vorzug in einer exakten Übereinstimmung der Anzeige mehrerer gleichartiger Thermometer. Die Eichung nahm F. nach drei festen Punkten vor; ein Punkt diente der Kontrolle: Ein Gemisch aus Wasser, Eis und Salmiak ergab den tiefsten Stand der Säule und wurde gewissermaßen als absoluter Nullpunkt angenommen; die Körpertemperatur eines gesunden Menschen war der 96. Grad, der Schmelzpunkt des Eises lag bei 32°. Dies entspricht der noch heute in Großbritannien und den USA üblichen Skala.

Die Abhängigkeit des Siedepunktes vom Luftdruck, die F. vermutlich als erster erkannt hatte, regte ihn zur Erfindung eines Hypsometers zur Bestimmung des Luftdruckes nach der Siedetemperatur an. Er erfand weiterhin eine „Wasserrohrmühle", eine neuartige Zentrifugalpumpe, und verbesserte das Gewichtsaräometer.

Den größten Teil seines Lebens hat F. in Amsterdam verbracht, wohin er 1702 gekommen war, um den Kaufmannsberuf zu erlernen. Später widmete er sich jedoch ausschließlich seinen Forschungen, hielt Vorlesungen und fertigte mit großer Sorgfalt wissenschaftliche Instrumente für seinen eigenen Bedarf und zum Verkauf an.

Werke: Experimenta circa gradum caloris liquorum nonnullorum ebullientium instituta. In: Philosophical Transactions. 1724, S. 1—3; Materiarum quarundam gravitates specificae etc. Ebd. S. 114—118; Araeometri novi descriptio et usus. Ebd. S. 140—141; Barometri novi descriptio. Ebd. S. 179—180.

Literatur: Friedrich Albert Meyer, D. G. F. Sein letztes Werk, Testament und Nachlaß. In: Technikgeschichte. Bd 33, 1966, S. 160—181; Albert Momber, D. G. F. Vortrag, gehalten in der Sitzung der Naturforschenden Gesellschaft zu Danzig am 26. Mai 1886. In: Altpreußische Monatsschrift. Bd 24, 1887, S. 138—156; Cyril Stanley Smith, A speculation on the origin of F.'s temperatur scale. In: Isis. Vol. 56, 1965, S. 66 bis 69; vgl. ebd. S. 209 f. H. M.

Fallgesetze. Daß Galileo Galilei bereits 1590 die F. — und zwar durch Versuche am schiefen Turm in Pisa — gefunden habe, ist eine offenbar unausrottbare Legende. In Wirklichkeit war Galilei noch 1590 (wie aus der Jugendschrift „De Motu" hervorgeht) der Meinung, daß die **Geschwindigkeit** des freien Falles durch die Differenz der spezifischen Gewichte des fallenden Körpers und des Mediums bestimmt würde.

Erst 1609, nach zwanzigjährigem Ringen, fand er die richtigen Formeln: nicht durch Experimente, sondern durch Überlegung. An die neuplatonische Tradition von Philoponos, Avempace und Benedetti anknüpfend, betrachtete Galilei den Fall im Vakuum als den eigentlichen „motus naturalis": In Quecksilber fällt nur das Gold, während das Blei steigt, im Wasser fallen beide, aber das Gold deutlich voraus, beim freien Fall in Luft sind die Unterschiede minimal: „Angesichts dessen glaube ich, daß, wenn man den Widerstand der Luft ganz aufhöbe, alle Körper gleich schnell fallen würden" („Discorsi", S. 65).

Galilei suchte nun nach einem Paar von Formeln: nach dem Gesetz, das die Zunahme der Geschwindigkeit, und nach dem zweiten, das die Zunahme der zurückgelegten Strecke angibt. 1604 erwog er dabei $v \sim s$, $s \sim t^2$. Aus dem falschen Gesetz $v \sim s$ leitete er durch eine gewundene Rechnung, die mehrere Fehler enthielt, die richtige Formel $s \sim t^2$ her. Galilei überzeugte sich dann in den folgenden Jahren von der Unrichtigkeit der Überlegung und stellte um 1609 das richtige Paar, $v \sim t$, $s \sim t^2$ auf. Erst viel später verifizierte er die theoretisch gewonnene Formel $s \sim t^2$ durch Versuche mit Fallrinnen. Die Zeit wurde durch Wägen des in feinem Strahl in Behälter laufenden Wassers bestimmt; die Meßgenauigkeit war dabei aber sehr schlecht, daß man mit Recht nur von einem „groben Test" (Bernard Cohen) gesprochen hat (→Experiment, → Galilei).

Literatur: → Galilei; Eduard Jan Dijksterhuis, Val en Worp ... Groningen 1924; William A. Wallace, The enigma of Domingo de Soto: Uniformiter difformis and falling bodies in late medieval physics. In: Isis. Vol. 59, 1968, S. 384 bis 401; Stillman Drake, Free fall in Galileo's dialogue. In: Isis. Vol. 57, 1966, S. 269–271; ders., Galileo's 1604 fragment etc. In: British Journal for the History of Science. Vol. 4, 1969, S. 340–358.

Faraday, Michael (* 22. September 1791 in Newington Butts, † 25. August 1867 in London). Dem Autodidakten erfüllte sich nach dem Besuch der Abendvorlesungen von Humphry Davy in der Royal Institution der Herzenswunsch, der Wissenschaft dienen zu dürfen: Im Februar 1813 wurde F. Laborgehilfe in der R. I.

Bald rückte er in eine bessere Position auf. Davy war häufig abwesend, und so kümmerte sich F. um die Vorträge der Gastdozenten und bereitete die Demonstrationsversuche vor. 1816 publizierte F. seine erste wissenschaftliche Arbeit (chemische Analyse eines Ätzkalks). 1823 stellte er Chlor in flüssiger Form dar; 1824 fand er bei der Destillation fetter Öle das Benzol und das Butylen. Zu den chemischen Arbeiten kamen technisch-physikalische: 1820–1822 beschäftigte er sich mit der Herstellung rostfreier Stahlsorten, von 1825 bis 1829 mit der von Gläsern mit bestimmten optischen Eigenschaften.

Nach der Entdeckung Oersteds (→Elektromagnetismus) wiederholten Davy und F. die Versuche, wobei sie zunächst noch der irrigen Auffassung waren, es handle sich bei der Wechselwirkung zwischen elektrischem Strom und Magnetnadel um die konventionellen, in der Physik bekannten Kräfte, die in Richtung der Verbindungsgeraden liegen. Im August 1821 korrigierte sich F. und konstruierte am 4. September eine Vorrichtung, aus der ganz klar hervorging, daß die Kräfte senkrecht auf der Verbindungslinie stehen. Ein elektrischer Leiter rotiert dabei um einen festgehaltenen Magneten; ebenso rotiert auch umgekehrt ein beweglicher Magnet um einen festen Leiter. Damit hatte er zum erstenmal einen „Elektromotor" konstruiert, wenn auch nur in allereinfachster Form. F. strebte nun danach, auch den gewissermaßen umgekehrten

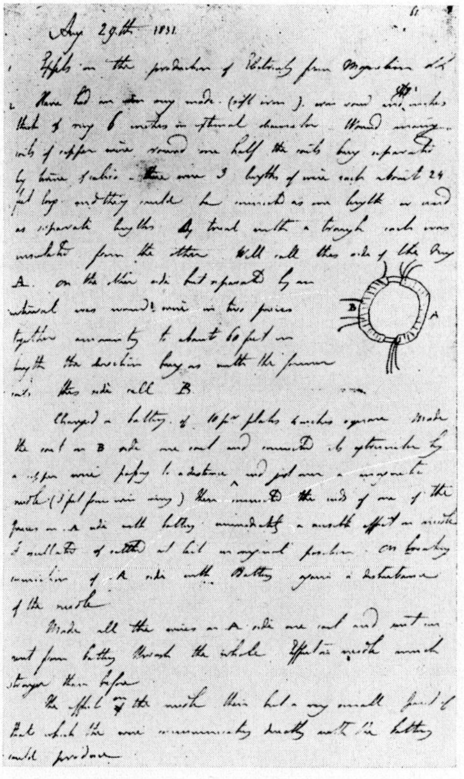

Abb. 9. Laboratoriumstagebuch Faradays vom 29. August 1831 mit der Entdeckung der elektromagnetischen Induktion

Effekt aufzufinden: eine elektrische Wirkung des Magneten. In seinem Notizbuch findet sich schon 1822 die bemerkenswerte Eintragung: „Convert magnetism into electricity" – Verwandle Magnetismus in Elektrizität.

In den folgenden Jahren war es für F. ein wichtiges Ziel, diese „Verwandlung" wirklich zu erreichen. Prinzipiell geeignete Versuchsanordnungen hatte er, wie das Labortagebuch zeigt, bereits 1825 und 1828 aufgebaut, aber die Meßempfindlichkeit war zu gering. Endlich entdeckte er am 29. August 1831 mit einer Anordnung, die wir heute einfach als Transformator bezeichnen, den langgesuchten Effekt der elektromagnetischen → Induktion. In den folgenden Monaten wurde der Effekt nach allen Richtungen erforscht.

Da F. keinerlei mathematische Kenntnisse besaß, zog er als anschauliches Hilfsmittel zur Beschreibung der Versuchsergebnisse die magnetischen → Kraftlinien heran. Die Richtung des Induktionsstromes wird dann nach F. dadurch bestimmt, in welcher Weise die vom Nordpol zum Südpol verlaufenden Kraftlinien durch den Draht „geschnitten" werden. Obwohl sie zunächst nur eine Veranschaulichung waren, um Versuchsergebnisse bequem ausdrücken zu können, wurde F. doch überzeugt, daß die den Raum durchziehenden Kraftlinien physikalische Realität besitzen. So prägte F. – langsam tastend, aber doch konsequent Schritt für Schritt – gegen den Widerstand der meisten Fachkollegen den Begriff des magnetischen und elektrischen Kraftfeldes.

Mit den wissenschaftlichen Erfolgen änderte sich die äußere Stellung, aber nicht die Bescheidenheit und Liebenswürdigkeit F.s. Er wurde 1824 Mitglied der Royal Society, 1825 Direktor der Royal Institution und nach und nach Ehrenmitglied von insgesamt 92 wissenschaftlichen Gesellschaften und Akademien.

F. stand, im Gegensatz zur überwiegenden Mehrheit der Kollegen, auf dem Boden des → Dynamismus. Er betrachtete also als primäre Gegebenheiten in der Natur die „Kräfte" (gemeint sind „Energien") und glaubte sicher an die gegenseitige Umwandelbarkeit von Magnetismus, Elektrizität, Licht, Wärme, Galvanismus usw. Diese Auffassung hatte ihn schon folgerichtig zur Entdeckung der elektromagnetischen Induktion geführt; sie prägte auch seine Gedanken bei der Interpretation der elektrolytischen Versuche (→ Faradaysche Gesetze), leitete ihn 1845 zur Auffindung des → Faraday-Effektes und zur Erforschung des → Magnetismus.

F. sprach deutlich von den verschiedenen Erscheinungsformen oder Ausprägungen der Naturkräfte („conditions of force") und der Umwandlung von einer Naturkraft in die andere. Diese Überzeugung durchzieht das ganze Lebenswerk. So formulierte er schon 1839 – Jahre vor der Aufstellung des Energieprinzips durch Julius Robert Mayer u. a. – ein „energetisches" Argument gegen einen von Volta ersonnenen Mechanismus, der das Zustandekommen der elektrolytischen Spannung durch den bloßen Kontakt von Metallen ohne chemische Veränderung erklären sollte. „Das würde in der Tat eine Schöpfung von Kraft sein ... Allein niemals ... findet eine Schöpfung von Kraft statt, eine Erzeugung von Kraft, ohne eine entsprechende Erschöpfung von etwas, ihr Nahrung Gebendes."

Nach der Entdeckung der Spektralanalyse durch Kirchhoff und Bunsen suchte F. Anfang 1862, seiner Grundüberzeugung vom inneren Zusammenhang aller Naturkräfte getreu, eine Beeinflussung der Spektrallinien durch das magnetische Feld aufzufinden. Ein Erfolg blieb ihm versagt. Wir wissen heute, daß lediglich das Auflösungsvermögen des von F. benutzten „Steinheilschen Spektrometers" ungenügend gewesen war. Seit etwa 1849 versuchte F. ebenso eine Umwandlung der → Gravitation in andere Kräfte hervorzubringen, aber diese Bemühungen waren ebenso erfolglos wie fast 100 Jahre später die theoretischen Ansätze Einsteins, Gravitation und Elektrodynamik in einer Theorie zusammenzufassen. Resignierend schrieb F.: „Hier enden für jetzt meine Versuche, ihre Resultate sind negativ. Sie erschüttern aber das starke Gefühl in mir nicht, daß eine Beziehung zwischen Schwerkraft und Elektrizität vorhanden ist, obgleich die Experimente bis jetzt nicht bewiesen haben, daß es so ist."

Hauptwerke: 1. Experimental Researches in Electricity. In 30 Reihen mit von Anfang bis Ende durchnumerierten Paragraphen (§ 1 bis § 3340) in den Philosophical Transactions von 1832–1856 erschienen. In Gesamtausgaben, auch in dt. Übers. zugänglich: Experimental-Untersuchungen über Elektrizität von Michael Faraday. Deutsche Übersetzung von S. Kalischer. 3 Bde. Berlin 1889–1891; 2. Bence Jones, The life and letters of Faraday. 2 Bde. London 1870. In dieser Publ. finden sich wichtige Auszüge aus F.s Notizbuch („Chemical Notes, Hints, Suggestions and Objects of Pursuit"); 3. Vom „Notizbuch" ist das Labortagebuch, das „Diary", zu unterscheiden. Dieses ist vollständig ediert: M. F., Diary. 8 Bde. London 1932–1936.

Literatur: John Tyndall, F. und seine Entdeckungen. Braunschweig 1870; John Hall Gladstone, M. F. Glogau 1882; Silvanus P. Thompson, M. F.'s Leben und Wirken. Neudr. Wiesbaden 1965; Hans Schimank, Epochen der Naturforschung. [2]München 1964; L. Pearce Williams, M. F. A biography. London 1964; Walther Gerlach, M. F. Zum 100. Todestag. In: Deutsches Museum. Abhandl. u. Berichte. Jg 36, 1968, H. 1; Armin Hermann, M. F. in: Bild der Wissenschaft. Jg 1967, S. 649–657; ders., Der Kraftbegriff bei M. F. und seine historische Wurzel. In: Wissenschaft, Wirtschaft und Technik. Studien zur Geschichte (= Festschrift Wilhelm Treue). München 1969. Hier S. 469–476. Und in: Physikalische Blätter. Jg 26, 1970, S. 247–252 u. S. 298–301.

Bibliographien: William T. Scott, A bibliographic reference table for F.'s papers on electricity. In: The Natural Philosopher. Vol. 3, 1964, S. 77–95; Alan E. Jeffreys, M. F. A list of his lectures and published writings. London 1960.

Faraday-Effekt. Michael Faraday entdeckte 1845 das magnetooptische Phänomen: Breitet sich linear polarisiertes Licht in einer Substanz (z. B. Glas) längs der magnetischen Kraftlinien aus, so dreht sich die Schwingungsebene des Lichtes, was durch zwei gekreuzte Nicolsche Prismen nachgewiesen werden kann.

Als Anhänger des → Dynamismus glaubte Faraday fest an den Zusammenhang der „Naturkräfte", also auch an einen Einfluß des Magnetismus auf das Licht, und erdachte dazu zahlreiche Versuchsanordnungen. Der geglückte Nachweis war ihm eine Bestätigung der dynamistischen Naturansicht. Am 13. 9. 1845 schrieb er in sein Labortagebuch: „Dadurch ist bewiesen, daß die magnetische Kraft und das Licht untereinander in Beziehung stehen. Sehr wahrscheinlich wird sich diese Tatsache als sehr fruchtbar und von großem Wert erweisen bei der Untersuchung beider Erscheinungsformen der Naturkräfte."

Quellen: Michael Faraday, Experimental Researches in Electricity. § 2146; Michael Faraday, Diary. Hier Bd 4, S. 264.

Faradaysche Gesetze. Heute formulieren wir als 1. F. G.: Die bei der → Elektrolyse abgeschiedene Masse ist proportional der durchgegangenen elektrischen Ladung. Es ist bezeichnend für das Denken → Faradays, daß er die durch den Strom abgeschiedene Substanzmenge als Maß für die „chemische Kraft" des elektrischen Stromes ansah und 1833 formulierte: „Die chemische Kraft eines elektrischen Stromes ist proportional der absoluten Quantität der durchgegangenen Elektrizität."

Werden nun verschiedene Elektrolyte in denselben Stromkreis eingeschaltet, so stehen die abgeschiedenen Substanzmengen in einem festen, gleichbleibenden Gewichtsverhältnis: „Ich nenne die Zahlen, welche die Verhältnisse ausdrücken, in denen sie abgeschieden werden, elektrochemische Äquivalente". Als unser heutiges 2. F. G. findet dann Faraday: „Elektrochemische Äquivalente sind den gewöhnlichen chemischen Äquivalenten gleich."

Quellen: Michael Faraday, Experimental-Untersuchungen über Elektrizität. Hier §§ 377, 783, 821 [1. F. G.], §§ 824, 836 [2. F. G.].

Literatur: Wilhelm Ostwald, Elektrochemie. Ihre Geschichte und Lehre. Leipzig 1896.

Fechner, Gustav Theodor (* 19. April 1801 in Groß Särchen bei Muskau/Lausitz, † 18. November 1887 in Leipzig). Seit 1834 Prof. in

Leipzig, widmete sich F. vor allem der Psychophysik. Er vertrat einen entschiedenen Atomismus, womit er u. a. Wilhelm Weber beeinflußte.

Werke: Massbestimmungen über die galvanische Kette. Leipzig 1831; Über die physikalische und philosophische Atomenlehre. ²Leipzig 1864; Elemente der Psychophysik. 2 Bde. ²Leipzig 1889.

Literatur: Kurd Lasswitz, G. Th. F. Stuttgart 1896.

Feld. Im 19. Jh. glaubte man jede physikalische Formel nach dem Muster des Newtonschen Gravitationsgesetzes formen zu müssen (→ Coulombsches Gesetz). Den Einfluß des Zwischenmediums suchte man pauschal durch Einführung von Materialkonstanten zu erfassen. Aufgrund seiner Weltansicht (→ Dynamismus) ging Michael Faraday mit dem Konzept der → Kraftlinien einen anderen Weg. Er glaubte an die Ausbreitung einer immateriellen „Kraft" von Raumpunkt zu Raumpunkt, einer „Kraft" (von Faraday etwa im Sinne unseres heutigen Energiebegriffes gebraucht), die vermöge ihrer Anwesenheit im Raum einen (nicht-mechanisch aufgefaßten) Spannungszustand erzeugt. James Clerk Maxwell gelang es, die Faradayschen Vorstellungen in die mathematische Form von Feldgleichungen zu bringen (→ Elektrodynamik).

Vorbild für Maxwell war die Hydromechanik bzw. die Mechanik der elastischen Medien; man hatte ja schon lange mit der Konzeption eines kontinuierlich ausgebreiteten elastischen (oder quasi-elastischen) → Äthers die Lichtausbreitung erklären wollen. Maxwell fiel erkenntnistheoretisch gegenüber Faraday zurück, aber die Maxwellschen Gleichungen gewannen sozusagen „Eigenleben". Wohl hauptsächlich von Hermann von Helmholtz angebahnt, erkannte man die ursprünglichen mechanischen Veranschaulichungen nicht nur als entbehrlich, sondern sogar als irreführend und gewöhnte sich daran, die elektrischen und magnetischen Felder und die elektromagnetischen Wellen als außermechanische Wesenheiten anzuerkennen, die einer weiteren Erklärung nicht fähig und bedürftig sind.

Nach der endgültigen Anerkennung der Atomistik (→ Atom) gab es also zu Beginn des 20. Jh.s zwei Grundgegebenheiten in der Physik, Korpuskel und Feld. Albert Einstein wies 1905 erstmalig auf die erkenntnistheoretischen Probleme dieser Auffassung hin (→ Dualität).

Literatur: → Kraft, → Faraday; Ransom A. R. Tricker, The contributions of Faraday and Maxwell to electrical science. Oxford etc. 1966; L. Pearce Williams, The origins of field theory. New York 1966.

Fermi, Enrico (* 29. September 1901 in Rom, † 28. November 1954 in Chicago). Studierte seit 1918 in Rom Physik und promovierte 1922 in Pisa. Mit einem Stipendium setzte er seine Studien bei Max Born und Paul Ehrenfest fort. 1924 bis 1926 war er Dozent in Florenz, 1927 wurde er Professor der theoretischen Physik in Rom. Hier entwickelte er die schon in Florenz konzipierte später sog. „Fermi-Dirac-Statistik" von Teilchen, die dem Paulischen Ausschlußprinzip unterworfen sind. 1934 gab F. auf der Grundlage der Paulischen Neutrinohypothese die Theorie des Betazerfalls. Im gleichen Jahr zeigte er im Anschluß an die Joliot-Curiesche Entdeckung der künstlichen Radioaktivität, daß aus fast allen Elementen durch Neutronenbombardement radioaktive Isotope hergestellt werden können. Die Beobachtung, daß die bei Neutronenbeschuß entstehende künstliche Radioaktivität wesentlich vom umgebenden Material abhängt (und z. B. bei Wasser oder Paraffin infolge der im Wasserstoff auftretenden Bremseffekte besonders hoch ist), führte ihn zur Entdeckung der hohen Wirksamkeit langsamer Neutronen.

1938 erhielt F. den Nobelpreis. Er ging von Stockholm aus nach Amerika, um seine Familie (seine Frau war Jüdin) vor rassischer Verfolgung in Italien zu bewahren. Er lehrte zunächst an der Columbia University in New York und baute dort 1941 einen Reaktor, der sich jedoch noch nicht selbst in Gang hielt. Nach seinem Wechsel an die Universität von Chicago baute er dort einen größeren Reaktor,

SIDEREVS NVNCIVS

MAGNA, LONGEQVE ADMIRABILIA
Spectacula pandens, suspiciendaque proponens
vnicuique, præsertim verò
PHILOSOPHIS, atq; *ASTRONOMIS*, quæ à

GALILEO GALILEO
PATRITIO FLORENTINO
Patauini Gymnasij Publico Mathematico

PERSPICILLI
Nuper à se reperti beneficio sunt obseruata in LVNÆ FACIE, FIXIS INNVMERIS, LACTEO CIRCVLO, STELLIS NEBVLOSIS,
Apprime verò in

QVATVOR PLANETIS
Circa IOVIS Stellam disparibus interuallis, atque periodis, celeritate mirabili circumuolutis; quos, nemini in hanc vsque diem cognitos, nouissimè Author deprehendit primus; atque

MEDICEA SIDERA
NVNCVPANDOS DECREVIT.

VENETIIS, Apud Thomam Baglionum. M DC X.

Superiorum Permissu, & Priuilegio.

Abb. 10. Titelblatt des Sidereus Nuncius von Galilei. 1610 (zu: Fernrohr) der am 2. Dezember 1942 zu arbeiten begann und die erste sich selbst erhaltende, kontrollierte Kettenreaktion lieferte. 1943 ging er nach Los Alamos (Neu-Mexiko) und beteiligte sich dort am Atombombenprojekt. Nach dem Kriege kehrte er zur Grundlagenforschung zurück. Seine letzte Entdeckung war die Anregung von Protonen (unter Massenzuwachs gemäß Einsteins → Energie-Masse-Äquivalenz) durch Beschuß mit schnellen Mesonen.

Werke: Moleküle und Kristalle. Leipzig 1948; Nuclear Physics. Notes compiled by Jay Orear. Chicago 1950; Elementary Particles. New Haven und London 1952; Note e memorie (collected papers). 2 Bde. Rom 1962–1965; Molecules, crystals and quantum statistics. New York 1966; Notes on thermodynamics and statistics. Chicago 1966.

Literatur: Victor F. Weißkopf, E. F. In: Die Naturwissenschaften. Jg 42, 1955, S. 353–354; Franco Rasetti, E. F. In: Science. Vol. 121, 1955, S. 449–454; Edoardo Amaldi, Ricordo di E. F. In: La Ricerca Scientifica. Jg 25, 1955, S. 1–13; Samuel K. Allison, E. F. In: Biographical Memoirs of National Academy of Science. Vol. 30, 1957, S. 125–155 (mit Werkverzeichnis); Pierre de Latil, E. F. The man and his theories. London 1965; Laura Fermi, Mein Mann und das Atom. Düsseldorf und Köln 1956. U. H.

Fernrohr. Die erste wissenschaftlich bedeutsame Anwendung fand das Fernrohr bei den astronomischen Beobachtungen Galileo Galileis 1609/10. Zwar war das Fernrohr schon längere Zeit bekannt, jedoch fand es genau wie die Linsen, die schon seit Jahrhunderten benutzt wurden, bei den Philosophen keine Beachtung.

Das Fernrohr wurde wahrscheinlich am Anfang des 17. Jh.s durch Zufall von Glashandwerkern in Italien oder Holland erfunden, aber darüber existieren keinerlei Berichte. Lediglich Giovanni Battista della Porta erwähnt eine spezielle Anordnung zweier Linsen. Galilei konstruierte 1609 sein Fernrohr nach Angaben, die aus Holland nach Italien gelangten. Die von ihm mit dem Fernrohr gemachten Entdeckungen wurden von entscheidendem Einfluß für die Entwicklung der Naturwissenschaften (→ Galilei, → Abb. S. 107).

Die ersten Fernrohre bestanden aus einer konkaven und einer konvexen Linse; Johannes Kepler entwarf eine Konstruktion aus zwei Konkavlinsen, die Christoph Scheiner dann ausführte. Wesentliche Verbesserungen, besonders des Okulars, stammen von Christaan Huygens. – Der Weg zu den heutigen großen Teleskopreflektoren begann mit Isaac Newtons Erfindung des Spiegelteleskops, das er aufgrund seiner irrtümlichen Annahme, daß chromatische Linsenfehler nicht zu beseitigen seien, konstruierte (→ Euler).

Quellen: Giovanni Battista della Porta, Magiae naturalis... Neapel 1588, Buch 17, Kapitel X, § 7; Galileo Galilei, Sidereus Nuncius. Venedig 1610; Johannes Kepler, Dioptrice. Augsburg 1611; Christoph Scheiner, Rosa Ursina. Bracciano 1625–1630.

Literatur: C. de Waard, De uitvinding der verrekijkers. Den Haag 1906; Henry C. King, The history of the telescope. London 1955; Rolf Riekher, Fernrohre und ihre Meister. Berlin 1957; Silvio A. Bedini, On making telescope tubes in the 17th century. In: Physis. Jg 4, 1962, S. 110 bis 116; ders., The aerial telescope. In: Technology and culture. Vol. 8, 1967, S. 395–401; Vasco Ronchi, Galileo e il suo cannocchiale. Turin 1964; Edward Rosen, Kepler's conversation with Galileo's Sidereal Messenger. New York 1965; Harald Volkmann, Geschichte des Fernrohres. In: Bild der Wissenschaft. Jg 5, 1968, S. 497–505. J. M.

Fizeau, Hippolyte (* 23. September 1819 in Paris, † 18. September 1896 in Venteuil). François Arago hatte 1838 vorgeschlagen, die Lichtgeschwindigkeit terrestrisch zu messen; die Ausführung gelang 1848 F. mit einem rotierenden Zahnrad. Das durch eine Zahnlücke hindurchgegangene Licht wird nach einem langen Lichtweg gespiegelt und bei der Rückkehr bei genügender Umdrehungsgeschwindigkeit des Rades vom nächsten Zahn zurückgehalten. 1851 und wieder 1859 bestimmte F. die Lichtgeschwindigkeit in strömendem Wasser und bestätigte damit den Fresnelschen „Mitführungskoeffizienten" (teilweise Mitführung des Äthers bei der Bewegung). Die richtige Erklärung gab erst Max von Laue 1907 auf dem Boden der Relativitätstheorie.

Literatur: Emile Picard, Les théories de l'optique et l'oeuvre d'H. F. Paris 1924; Eberhard Buchwald, Hundert Jahre F.scher Mitführungsversuch. In: Die Naturwissenschaften. Jg 38, 1951, S. 519–524.

Fluoreszenz. Die Lichterscheinungen der Fluoreszenz waren oft beobachtet worden; den Beginn ihrer neueren Ergründung aber verdanken sie den Engländern David Brewster, John Herschel und George Gabriel Stokes. Brewster lenkte ein Bündel Sonnenlicht durch eine alkoholische Lösung des grünen Farbstoffes der Blätter und bemerkte, daß von der ganzen Weglänge des Bündels ein blutrotes Licht ausging. Er prüfte auch andere Lösungen und durchsichtige feste Körper. Bei Flußspat gewahrte er, daß der Weg des Sonnenstrahls im Kristall blau leuchtete. Nach dem Flußspat erhielt die Erscheinung später (von Stokes) den Namen Fluoreszenz.

John Herschel stellte eine Lösung des Chinins her, und zwar in durch Schwefelsäure angesäuertem Wasser. Von der Seite, wo das durchgelassene Licht heraustritt, sah die Lösung wie Wasser aus. Wenn man sie aber auf schwarzen Grund stellte und von oben hinabblickte, so sah man die dem Fenster nähere Seite der Flüssigkeit blau leuchten. Es schien, als ob aus dem Sonnenlicht der blaue Teil des Spektrums zurückgehalten werde, und Herschel suchte diesen Verlust vergeblich im Spektrum des durch die Lösung gegangenen Lichtes nachzuweisen. Er dachte, daß die zurückgehaltene Lichtmenge noch nicht genüge, und ließ daher das Licht nacheinander durch mehrere Gläser mit Chininlösung treten. Es zeigte sich indessen, daß das Licht, nachdem es einmal durch eine dünne Schicht der Flüssigkeit gegangen war, die Fähigkeit verloren hatte, die Erscheinung wieder zu erzeugen.

Brewster nahm den Gegenstand auf und ließ ein Bündel mit einer Linse gesammelten Sonnenlichtes auf die Chininlösung fallen. Er fand, daß die ganze Weglänge des Bündels dieses blaue Licht zeigte. Was Herschel „epipolische Zerstreuung" genannt hatte, gehörte also zu derselben Gruppe von Erscheinungen, die Brewster als „innere Zerstreuung" bezeichnete.

Nun begann auch Stokes mit der Chininlösung zu experimentieren. Er dachte sich, daß das blaue Licht „vielleicht überhaupt nicht durch die blauen Spektralstrahlen, sondern durch andere Strahlen erzeugt würde. Wir wissen, daß das Spektrum Strahlen enthält, die zwar unsichtbar sind, sich aber in allen anderen Beziehungen genau wie das Licht verhalten. Aber die Unsichtbarkeit ist sozusagen nur zufällig, da sie von der Organisation des menschlichen Auges abhängt." Es schien ihm, daß „diese blaue, von der Lösung ausgehende Farbe vielleicht das Werk dieser unsichtbaren Strahlen sei", die also auf die Flüssigkeit so wirken, daß diese blaues Licht aussendet.

Stokes konnte seine Idee experimentell bestätigen. Er ließ Sonnenlicht durch einen Spalt in ein verdunkeltes Zimmer treten und zerlegte es mit einem Prisma. Das Spektrum ließ er nun zuerst durch die Chininlösung gehen und dahinter auf einen Schirm fallen. Dabei zeigte es sich, daß das blaue Licht der Lösung am violetten Ende beginnt und sich in eine Gegend des Spektrums ausdehnt, die unsichtbare Strahlen enthält. Die blaue Farbe wurde also nicht von den blauen Strahlen des Spektrums erzeugt, sondern von ganz anderen Strahlen, die auf die Flüssigkeit so wirkten, daß diese gezwungen wurde, Strahlen von ganz anderer Brechbarkeit auszusenden. Diese Erklärung gab Stokes 1852 in den Philosophical Transactions. Fluoreszenz ist also eine Art „Sichtbarmachen der ultravioletten Strahlen" (Tyndall).

Quellen: George Gabriel Stokes, Das Licht. Deutsch von Dr. Otto Dziobek. Leipzig 1888, S. 107–115 und S. 277–304; John Tyndall, Das Licht. [2]Braunschweig 1895, S. 176–181.

Literatur: Gerhard Berthold, Zur Geschichte der Fluoreszenz. In: Annalen der Physik. Bd 158, 1876, S. 620–625; Philipp Lenard, Ferdinand

Schmidt und Rudolf Tomaschek, Phosphoreszenz und Fluoreszenz. In: Handbuch der Experimentalphysik, hrsg. von Wilhelm Wien und Friedrich Harms. Bd 23. Leipzig 1928; E. Newton Harvey, A history of luminescence from the earliest times until 1900. Philadelphia 1957 (mit umfangreicher Bibliographie). H. B.

Foucault, Jean Bernard Léon (* 18. September 1819 in Paris, † 11. Februar 1868 ebd.). Nach Hippolyte Fizeau bestimmte auch F. 1849 die Lichtgeschwindigkeit terrestrisch, und zwar durch einen rotierenden Spiegel. F. erhielt den guten Wert von $2{,}98 \cdot 10^{10}$ cm sec^{-1}. Die kurze Lichtweglänge von 4 m ermöglichte es, anstelle von Luft den Lichtweg in Wasser zu legen. Die sich ergebende kleinere Lichtgeschwindigkeit entschied für die Wellentheorie des Lichtes. 1851 demonstrierte F. in der Pariser Sternwarte im Pantheon mit einem sehr langen Pendel die Achsendrehung der Erde.

Werke: Recueil des travaux scientifiques de L. F. Paris 1878.

Literatur: M. L. Cooper, F. In: Physics education. Vol. 4, 1969, S. 229 f.

Fourier, Joseph (* 21. März 1768 in Auxerre, † 16. Mai 1830 in Paris). F. wurde 1796 Professor an der Ecole Polytechnique und war seit 1816 Mitglied der Académie des Sciences. Auf der Grundlage der verbreiteten Wärmestofftheorie behandelte F. die Probleme der Wärmeausbreitung durch Reihenentwicklungen nach trigonometrischen Funktionen. „Fouriers ‚Théorie analytique de la chaleur' [Paris 1822] ist die Bibel des mathematischen Physikers. Nicht nur werden hier die nach Fourier benannten trigonometrischen Reihen und Integrale entwickelt, sondern es wird auch das allgemeine Problem der Randwertaufgaben an dem Beispiel der Wärmeleitung vorbildlich durchgeführt" (Arnold Sommerfeld). F. wirkte damit entscheidend auf Franz Neumann und William Thomson. – F. befaßte sich auch ausführlich mit der Fehlerauswertung physikalischer Messungen.

Werke: Oeuvres de Fourier. Publiées par Gaston Darboux. 2 Bde. Paris 1888–1890.

Literatur: François Arago, J. F. In: Franz Arago's sämmtliche Werke. Bd 1. Leipzig 1854, S. 234–296; John Herivel, J. F. In: Endeavour. Bd 27, 1968, S. 65–67; Jerome Raymond Ravetz, Preliminary notes etc. In: Archives Internationales d'Histoire des Sciences. Jg 13, 1960, S. 247–251.

Franck, James (* 20. August 1882 in Hamburg, † 21. Mai 1964 in Göttingen). „Wenn es zulässig ist, überhaupt einen so kühnen Vergleich zu ziehen", schrieb Max Born, „so möchte ich Francks Begabung mit der von Faraday vergleichen; er ist mathematisch sehr schwach gebildet, hat aber eine geistige Gestaltungskraft und ein Vermögen zum Erkennen experimenteller Möglichkeiten, wie sie ganz, ganz selten vorkommen."

F., der durch seine in Gemeinschaft mit Gustav Hertz angestellten → Franck-Hertz-Versuche rasch bekanntgeworden war, wurde 1921 auf Drängen von Born gleichzeitig mit diesem nach Göttingen berufen. Franck hat durch seine experimentellen Arbeiten wie durch seine Fähigkeit, „physikalische Sachverhalte rein gefühlsmäßig zu beurteilen", wesentlich zum raschen Ausbau der Quantentheorie beigetragen. In der Zusammenarbeit von Born und Franck – und ihrer zahlreichen Mitarbeiter und Schüler – entwickelte sich Göttingen zum „Mekka der Atomphysik". Diese Zusammenarbeit bestand in fast täglichen Gesprächen über die in Francks Institut geplanten oder durchgeführten Experimente und über die Bornschen Ansätze zu einer neuen Atomphysik.

Im Jahre 1933 wollten die neuen Machthaber den weltberühmten jüdischen Forscher nicht verlieren und ihm die Weiterarbeit ermöglichen. Einen Kompromiß mit dem „Dritten Reich" konnte aber Franck mit seinem Gewissen nicht vereinbaren; er nahm freiwillig die Emigration auf sich und ging in die Vereinigten Staaten, wo er 1938 zum Professor für physikalische Chemie an der Universität Chicago ernannt wurde. Hier beschäftigte er sich mit der Photosynthese, einem Problem, das ihn zeitlebens nicht mehr losgelassen hat. Es war schmerzlich für Franck, daß es ihm hier nicht gelang, mit seiner Auffassung die wissenschaftlichen Gegner, an der Spitze Otto Heinrich Warburg, endgültig zu überzeugen.

Im Krieg beteiligte sich Franck an der technischen Nutzbarmachung der Kernenergie im ersten Atomreaktor in Chicago. Er warnte im Juni 1945 in dem berühmten, von sieben führenden Forschern unterzeichneten „Franck-Report" leidenschaftlich vor dem Abwurf der Atombombe über Japan.

Werke: Anregung von Quantensprüngen durch Stöße. Berlin 1926 (gemeinsam mit Pascual Jordan); → Franck-Hertz-Versuche.

Literatur: Gustav Hertz, J. F. † 21. 5. 1964. In: Annalen der Physik. Bd 15, 1965, S. 1–4; Max Born und Wilhelm H. Westphal, J. F. In: Physikal. Blätter. Jg 20, 1964, S. 324–334.

Franck-Hertz-Versuche. Die 1911 beginnenden Versuche von James Franck und Gustav Hertz wurden von Anfang an in Kenntnis der Quantenhypothese durchgeführt. In der mit Quecksilber gefüllten Kathodenstrahlröhre (Triode) werden die Elektronen durch ein veränderliches elektrisches Feld beschleunigt. Bei kleinen Energien treten nur elastische Streuungen auf, bei denen von den Elektronen praktisch keine Energie an die Stoßpartner abgegeben wird. Steigert man aber die angelegte Spannung bis auf 4,9 Volt, kommt es zu unelastischen Stößen, und die Elektronen verlieren fast ihre gesamte Bewegungsenergie. Das macht sich in einem plötzlichen Stromabfall in der Elektronenröhre bemerkbar.

Als James Franck und Gustav Hertz ihre Arbeit 1914 veröffentlichten, waren sie noch der irrigen Meinung, es handle sich bei den gemessenen 4,9 Elektronenvolt um die Ionisierungsspannung des Quecksilbers. Da sie **zugleich** die Emission der Quecksilberlinie $\lambda = 2536$ Å beobachteten, waren Franck und Hertz der Auffassung, daß **nebeneinander** zwei **verschiedene** Vorgänge auftreten: **Entweder** führe der Stoß zur Ionisation **oder** zur Anregung der Lichtemission.

Erst Niels Bohr erkannte 1915 die Zusammengehörigkeit beider Prozesse und damit die Bedeutung der Experimente für sein seit 1913 entwickeltes Atommodell. Franck und Hertz bauten nun ihre Methode zu einer glänzenden Bestätigung der Bohr-Sommerfeldschen Atomtheorie weiter aus: „Es war so, als wenn ein Forscher ein unbekanntes Land erforschen wollte und bemerkte, daß er, ohne es zu wissen, bereits eine vollständige Karte dieses Landes in den Händen hatte. Diese Karte ist in unserem Falle das Termschema, und ihr Maßstab ist durch das Plancksche Wirkungsquantum gegeben."

Quelle und Literatur: James Franck und Gustav Hertz, Die Elektronenstoßversuche (= Dokumente der Naturwissenschaft. Bd 9). München 1967. Hier Wiederabdruck der nobelpreisgekrönten Arbeiten und wissenschaftshistorische Einführung.

Franklin, Benjamin (* 17. Januar 1706 in Boston, † 17. April 1790 in Philadelphia). Die Geschichte der amerikanischen Unabhängigkeitsbewegung feiert F. als einen der Gründer des republikanischen Amerika. Neben seiner politischen Tätigkeit (Vertreter Pennsylvaniens in London 1757–1775, Mitverfasser der Unabhängigkeitserklärung 1776 und Gesandter der Vereinigten Staaten in Frankreich 1777–1785, das er zum Kriegseintritt gegen England bewegen konnte) leistete der gewandte Schriftsteller, Autodidakt und erfolgreiche Geschäftsmann in Philadelphia indessen auch bedeutende Beiträge zur Entwicklung der Naturwissenschaft. 1746 begann er mit seinen Arbeiten über die Elektrizität. Sie wurden zur Grundlage einer wissenschaftlichen Behandlung der damals meist als Kuriosität angesehenen elektrischen Erscheinungen. Die Versuche zur Reibungselektrizität führten ihn zu der Erkenntnis, daß es nur ein einziges „elektrisches Fluidum" gebe (unitarische Theorie der Elektrizität), womit er vielen seiner Zeitgenossen widersprach. Als positiv elektrisiert (plus) bezeichnete er Körper mit einem Überschuß, als negativ elektrisiert (minus) solche mit einem Mangel an „elektrischem Feuer".

Bei der Beobachtung der elektrischen Spitzenwirkung (1747) kam F. auf den Gedanken, die Elektrizität der Wolken abzuleiten (→ Blitzableiter). Mit seinen berühmt gewordenen Drachenversuchen (1752) vermochte er die elektrische Natur der Ladung der Gewitterwolken nachzuweisen. Darüber hinaus befaßte sich F. mit Wärmestrahlung und -leitung, Hydrodynamik, Meteorologie und technischen Geräten. Aus dem Gelehrtenkreis um ihn erwuchs die „American Philosophical Society".

Werke: Sämtliche Werke. Dt. von G. T. Wenzel. 3 Bde. Dresden 1780; Leonhard Labaree (Hrsg.), The papers of B. F. Bd 1 ff. New Haven 1959 ff.; Leonhard W. Labaree et al., The autobiography of B. F. New Haven 1964.

Literatur: J. Bernard Cohen, F. and Newton. Philadelphia 1956; Frederick Seitz, B. F. and twentieth century science. In: Journal of the F. Institute. Vol. 280, 1965, S. 463–473; Esmond Wright, B. F. and American Independence. London 1966; Bernard S. Finn, An appraisal of the origins of F.'s electrical theory. In: Isis. Vol. 60, 1970, S. 362–369. L. S.

Fraunhofer, Joseph (* 6. März 1787 in Straubing, † 7. Juni 1826 in München). F. widmete sein ganzes Leben mit bewundernswertem Erfolg der Optik. Er war Sohn eines Glasschleifers, erlernte selbst dieses Handwerk und arbeitete in einem später in München ansässigen optischen Institut, in dem er aufgrund seiner Erfolge Mitinhaber wurde und dem er zu Weltruhm verhalf. Als begabter Mechaniker verbesserte Fraunhofer die Schleif- und Polierverfahren optischer Gläser, aber auch die Herstellung und das Schmelzen des Glases. Von ihm stammten Konstruktionen von Objektiven für Fernrohre und Mikroskope, Prüfungsmethoden für chromatische Fehler und die Behebung der Kugelabweichung bei Linsen. Die mechanische Begabung war bei F. mit der Fähigkeit der mathematischen Berechnung optischer Konstruktionen verbunden, welche er besonders bei der Entwicklung von Berechnungsformeln für achromatische Fernrohrobjektive ausnutzte.

F. entdeckte die Existenz von Linien im Sonnenspektrum und trug darin 576 verschiedene Linien ein. Die Hauptlinien bezeichnete er mit den Buchstaben A bis G; bei sechs Linien bestimmte er die Wellenlängen. Diese Entdeckung der dunklen Linien im Sonnenspektrum machte F. unabhängig von William Hyde Wollaston, und er veröffentlichte seine Ergebnisse in Denkschriften der Münchener Akademie.

Zur Untersuchung von Spektren benutzte Fraunhofer im Jahre 1821 neben dem Drahtgitter auf Glas geritzte Beugungsgitter (300 Stück je mm). F. entwickelte auch neue Methoden zur Beobachtung der Beugung des Lichtes in parallelen Strahlen. Trotz verschiedener Schwierigkeiten wurde Fraunhofers Tätigkeit anerkannt. Seine erste Arbeit über die Beugung des Lichtes brachte ihm die Ernennung zum Ehrendoktor der Universität Erlangen. Die Münchener Akademie wählte ihn im Jahre 1817 zum korrespondierenden Mitglied, und 1823 wurde er als Professor und Konservator des physikalischen Kabinetts angestellt. Ein Jahr später verlieh ihm König Maximilian den Adelstitel und den Zivilverdienstorden. Infolge einer Erkrankung an Tuberkulose starb Fraunhofer schon in jungen Jahren.

Werke: Gesammelte Schriften (Hrsg. E. Lommel). München 1888.

Literatur: Joseph von Utzschneider, Kurzer Umriß der Lebensgeschichte des Herrn Dr. J. von Fraunhofer. München 1826; Georg Merz, Das Leben und Wirken F.s. Landshut 1865; Moritz von Rohr, J. F.s Leben, Leistungen und Wirksamkeit. Leipzig 1929; ders. et al., Dem Andenken an J. F. In: Die Naturwissenschaften. Jg 14, 1926, S. 523–554; L. C. Glaser, F. und die Entwicklung der Gittertechnik. In: Zeitschrift für technische Physik. Jg 7, 1926, S. 252–259; Walther Gerlach, J. F. und seine Stellung in der Geschichte der Optik. In: Optik. Bd 20, 1963, S. 279–292; ders., 150 Jahre Fraunhofersche Linien. In: Physikal. Blätter. Jg 23, 1967, S. 145 bis 149. J. M.

Fresnel, Augustin Jean (* 10. Mai 1788 in Broglie, Normandie, † 14. Juli 1827 in Ville-d'Avray bei Paris). Fresnels optische Arbeiten fallen in eine Zeit, in der die Vorstellungen der Wellentheorie des Lichtes wieder lebendig wurden. Er zeigte, daß manche Erscheinungen mit der Annahme der Wellennatur des Lichtes zu erklären sind, und hatte großes Verdienst am weiteren physikalischen Fortschritt, obwohl er sich mit der Physik nur nebenbei beschäftigte. Nach seinem Studium (Ecole Centrale, Ecole Polytechnique, Ecole des Ponts et Chaussées) war er Verkehrsbauingenieur geworden und widmete sich diesem Beruf bis zu seinem frühen Tode.

Fresnels Ergebnisse waren zahlreich: Er verbesserte die Formulierungen des Huygensschen Prinzips und erklärte mit ihm die Beugung des Lichtes. Er untersuchte den Einfluß der Polarisation auf die Interferenz und zeigte, daß die Lichtwellen transversalen Charakter besitzen. Die zirkulare und elliptische Polarisation wurden von ihm entdeckt und aufgrund der Wellenvorstellungen erklärt. Die Drehung der Polarisationsebene deutete er als Doppelbrechung des zirkular polarisierten Lichtes und bestätigte das durch Versuche. Er veröffentlichte auch eine Formel für die Intensität des reflektierten und des gebrochenen Lichtes und erklärte die Polarisation des Lichtes bei der Reflexion. F. entdeckte weiterhin, daß bei der Totalreflexion das reflektierte Licht elliptisch polarisiert ist. Auch für diese Erscheinung gab er eine Erklärung. Seine Entdeckungen benutzte Fresnel zur Konstruktion verschiedener Instrumente.

An der physikalischen Tätigkeit F.s ist bewundernswert, wie gründlich er die neue Theorie beherrschte und mit welcher Meisterschaft er sie handhabte. — Im Jahre 1823 wurde er zum Mitglied der Akademie der Wissenschaften in Paris ernannt, und im Jahre 1825 wählte ihn die Royal Society zu ihrem Mitglied. Im Jahre seines Todes wurde Fresnel von der Royal Society die Rumford-Medaille verliehen.

Werke: Oeuvres complètes etc. 3 Bde. Paris 1866—1870. Neudruck New York 1965.

Literatur: François Arago, F. In: Franz Arago's sämmtliche Werke. Bd 1. Leipzig 1854, S. 85 bis 148; M. Charles Fabry, La vie et l'oeuvre scientifique de A. F. In: Institut de France, Académie des Sciences. Notices et discours. Bd 1, 1924 bis 1936, S. 203—226; G. A. Bountry, A. F., his time and work. London 1949. J. M.

G

Gaede, Wolfgang (* 25. Mai 1878 in Bremerlehe, † 24. Juni 1945 in München). Als Assistent bei Franz Himstedt in Freiburg i. Br. wurde G. bei Versuchen über den Volta-Effekt im Vakuum auf das Fehlen einer Hochvakuumpumpe aufmerksam. Im September 1905 gelang ihm die Erfindung der rotierenden Quecksilberluftpumpe (Gaede-Pumpe), die er auf der Naturforscherversammlung in Meran vorführte. Dabei wurde ein elektrisches Entladungsrohr ausgepumpt, und die mit fortschreitender Verdünnung auftretenden Entladungsformen zogen in überraschend schneller Folge vorüber. Es regnete Bestellungen. Er übertrug die Herstellung der Fabrik E. Leybold's Nachfolger in Köln und hatte fortan viel mit der Anleitung der Arbeiten zu tun. Daneben aber erfüllte ihn bereits die Erfindung der Molekularluftpumpe, die 1912 herauskam.

G. errichtete in Freiburg ein Technisch-Physikalisches Institut und habilitierte sich 1909. Nach dem Kriege wurde er 1919 als Ordinarius an die Technische Hochschule in Karlsruhe berufen. Dort entwickelte er bis 1915 die Diffusionsluftpumpe, mit der er zu bisher unbekannt niederen Drucken vordrang. Die Weiterentwicklung nahm Jahrzehnte in Anspruch. Zuweilen bedrückte es ihn, daß ihm neben der Luftpumpen-Industrie keine Zeit blieb; er war eine Künstlernatur, ein virtuoser Geiger, Tänzer und Segler.

1933 nahm er in London die Dudell-Medaille entgegen und wurde daher von der nationalsozialistischen Regierung wegen politischer Unzuverlässigkeit 1934 entlassen. Er arbeitete jedoch in seiner eigenen Werkstätte weiter und schuf 1934 das Molvakuummeter als Vakuum-Meßgerät, 1935 die Gasballastpumpe und später noch das Membran-Gerimeter. — G.s Pumpen dienten in der Forschung der Untersuchung der Kathodenstrahlen, der Röntgenstrahlen, der Spektren leuchtender Gase und des Photoeffekts, in der Technik der Herstellung der Glühlampen, Leuchtröhren, Radioverstärker- und Senderöhren, Gleichrichter, Photozellen und Röntgenröhren. Arnold Sommerfeld schrieb: „Jede Radiolampe, jede Glühbirne zeugt von dem Erfolg seiner Arbeit. Es gibt fast keine physikalische Apparatur auf dem Gebiet der Spektroskopie und der modernen Physik überhaupt, die nicht mit einem oder mehreren Exemplaren seiner Meisterleistung, der Diffusionspumpe, ausgerüstet wäre. Die Reihe von Forschern, beginnend mit Otto von Guericke, die sich um die Vakuumtechnik bemüht haben, gipfelt in Wolfgang Gaede.“

Werke: Demonstration einer neuen Quecksilberluftpumpe. In: Physikal. Zeitschrift. Jg 6, 1905, S. 758—760; Äußere Reibung der Gase und ein neues Prinzip für Luftpumpen: die Molekularluftpumpe. In: Physikal. Zeitschrift. Jg 13, 1912, S. 864—870, und in: Annalen der Physik. Bd 41, 1913, S. 337—380; Diffusion der Gase durch Quecksilberdampf bei niederen Drucken und die Diffusionsluftpumpe. In: Physikal. Zeitschrift. Jg 46, 1915, S. 357—392; Entwicklung der Diffusionspumpe. In: Zeitschrift für technische Physik. Jg 4, 1923, S. 337—369; Eine Schrift aus dem Nachlaß. München 1950.

Literatur: Hannah Gaede, W. G. Der Schöpfer des Hochvakuums. Karlsruhe 1954; Franz Wolf, W. G. In: Die Technische Hochschule Fridericiana, Karlsruhe. Festschrift 1950, S. 46—55; M. Dunkel, W. G., eine Würdigung seines Lebens aus Anlaß des 50. Jahrestages der Erfindung der Diffusionspumpe. In: Vakuum-Technik. Jg 12, 1963, S. 232 f.; F. A. Flecken, Gaedes Einfluß auf die Entwicklung der mechanischen Vakuumpumpen. In: Vakuum-Technik. Jg 12, 1963, S. 249 bis 255. H. B.

Galilei, Galileo (* 15. Februar 1564 in Pisa, † 8. Januar 1642 in Arcetri bei Florenz). Nach einer humanistisch-sprachlichen Ausbildung im Benediktiner-Kloster in Vallombrosa bezog G. 1581 die Universität Pisa, um nach des Vaters Willen Medizin zu studieren. Daß er im Dom zu Pisa schon 1583 an einem schwingenden Leuchter die Gesetze der Pendelschwingungen erkannt habe, ist wohl Legende. Fest steht indes, daß sich sein Interesse, das zunächst der aristotelischen Philosophie und den antiken Ärzten gegolten hatte, bald stark der Mathematik, Euklid und besonders Archimedes, zuwandte. An diesen anschließend verfaßte er 1585/86 seine ersten selbständigen Arbeiten über den Schwerpunkt der Körper und über die Konstruktion einer hydrostatischen Waage.

Durch die Fürsprache des einflußreichen Mathematikers und Physikers Guidobaldo del Monte erhielt der 25jährige Gelehrte eine Professur für Mathematik an der Universität Pisa, wo ihm oblag, über die Geometrie Euklids und über die „Sphaera“, d. h. über die Elemente des ptolemäischen (geozentrischen) Planetensystems, ganz im herkömmlichen Sinne Vorlesungen zu halten. Aber darüber hinaus beschäftigte sich G. mit der Aufgabe, die ganz qualitativ gerichtete Bewegungslehre des Aristoteles zu mathematisieren, so wie Archimedes die Statik mathematisiert hatte.

Besonders reizte G. das Problem des fallenden Körpers. An der aristotelischen Bewegungslehre, die annimmt, daß der schwerere Körper schneller falle als der leichtere, begann er heftige Kritik zu üben. Er war nicht der erste, der mit solcher Kritik hervortrat. In einer um 1590 abgefaßten Schrift „De Motu“ (Über die Bewegung), die aber zu Galileis Lebzeiten nicht gedruckt wurde, kam er zu der – übrigens auch schon vor G. geäußerten – Meinung, daß ein Körper um so schneller falle, je größer sein spezifisches Gewicht sei. Er sagte, durch Fallversuche von einem hohen Turm habe er mehrfach bewiesen, daß Blei schneller falle als Holz. Daß G. bereits 1590 durch Fallversuche am schiefen Turm zu Pisa bewiesen habe, „daß alle Körper gleich schnell fallen“, ist also auch nur Legende. In Wirklichkeit rang G. fast zwei Jahrzehnte um die richtige Formulierung und fand das → Fallgesetz nicht durch Experimente, sondern durch Gedankenversuche und mathematische Betrachtungen, ganz im Geiste des christlichen Neuplatonismus.

1592 ging G. an die venezianische Universität Padua. Die 18 Jahre seiner Paduaner Zeit waren die glücklichsten seines Lebens. In dieser Epoche vermochte er seine neue Bewegungslehre als eine wahrhaft neue Wissenschaft, eine „nuova scienza“, zu begründen und wesentliche astronomische Entdeckungen zu machen. Daneben beschäftigten ihn auch fortgesetzt technische Probleme.

Das Jahr 1609 bezeichnete den Beginn seiner astronomischen Entdeckungen. In Venedig erfuhr Galilei im Sommer 1609, daß ein Niederländer ein Fernrohr erfunden hat, mit dem man weit entfernte Gegenstände scharf zu erkennen vermag. Er berichtete später: „Nachdem ich dies erfahren hatte, ging ich nach Padua ... und fing an, über dieses Problem nachzudenken. Ich löste es in der ersten Nacht nach meiner Rückkehr, und den Tag darauf fertigte ich das Instrument. Dann machte ich mich sogleich daran, noch ein anderes, vollkommeneres herzustellen, welches ich sechs Tage später nach Venedig brachte, wo es mit großer Verwunderung fast alle vornehmeren Edelleute der Republik sahen.“

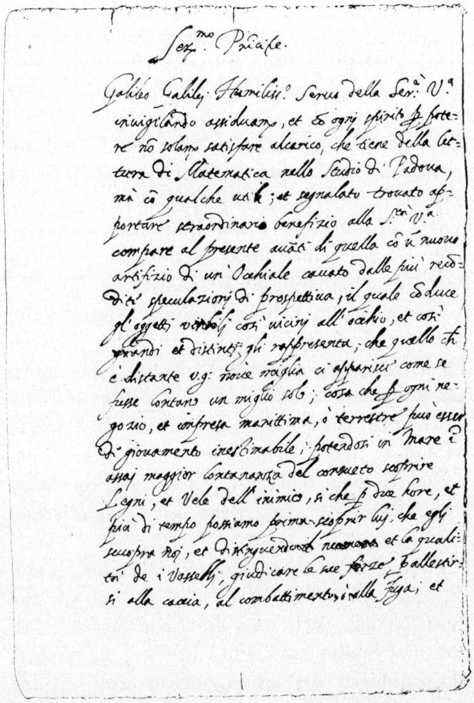
Ser.mo Principe.

Galileo Galilei humiliss.o servo della Ser.tà V.a
invigilando assiduamente, et con ogni spirito per pote-
re non solamente satisfare al carico, che tiene della let-
tura di Matematica nello Studio di Padova,
ma con qualche utile, et segnalato trovato ap-
portare straordinario benefizio alla Ser.tà V.a
compare al presente avanti di quella con un nuovo
artifizio di un Occhiale cavato dalle più recon-
dite speculazioni di prospettiva, il quale conduce
gl'oggetti visibili così vicini all'occhio, et così
grandi et distinti gli rappresenta, che quello che
è distante v.g. nove miglia ci apparisce come se
fusse lontano un miglio solo; cosa che per ogni ne-
gozio, et impresa marittima, o terrestre può esser
di giovamento inestimabile; potendosi in mare in
assai maggior lontananza del consueto scoprire
legni, et vele dell'inimico, sì che per due hore, et
più di tempo possiamo prima scoprir lui, che egli
scuopra noi, et distinguendo il numero et la quali-
tà de i vasselli, giudicare le sue forze, ballestrir-
si alla caccia, al combattimento, o alla fuga; et

Abb. 11. Brief Galileis über sein Fernrohr. 1609

Ein solches Instrument überreichte er der venezianischen Regierung, die ihn dafür reichlich belohnte. G. war also nicht der Erfinder des Fernrohres, aber sein Instrument war sicher besser als jedes früher gebaute; er richtete es als einer der ersten zum Himmel und vermochte, dank seiner ausgezeichneten Beobachtungsgabe, überraschende Entdeckungen zu machen, die er 1610 in der lateinischen Schrift „Sidereus Nuncius“ (Sternenbotschaft) bekanntgab. So sah er unter anderem, daß der Mond Gebirge und Täler aufweist wie die Erde, daß die Milchstraße aus ungeheuer vielen einzelnen Sternen besteht und daß der Planet Jupiter von vier Monden umkreist wird. Die Erde ist also nicht das alleinige

Zentrum aller himmlischen Kreisbewegungen, wie das geozentrische System meinte.

Im September 1610 tat Galilei einen Schritt, der für ihn verhängnisvoll werden sollte. Er vertauschte das in der Republik Venedig, in dem damals in Italien einzigen unabhängigen Staat liegende Padua mit Florenz, das unter dem Einfluß Roms stand. Doch die Liebe zur toskanischen Heimat und die Aussicht, als großherzoglicher Mathematiker und Philosoph in Florenz von Lehrverpflichtungen befreit zu sein, drängte alle Bedenken zurück.

Die bedeutsame Entdeckung der sich verändernden Sonnenflecken und der vollen Reihe der Venusphasen beschäftigten ihn während der ersten Zeit in Florenz. Aus der Beobachtung, daß die Venus in allen Phasen am Himmel erscheint, als Sichel, aber auch als Vollvenus, mußte man unbedingt auf die Bewegung dieses Planeten um die Sonne schließen. Diese Tatsache widersprach dem geozentrischen Weltbild, stand aber in schönstem Einklang mit dem kopernikanischen System.

1616 erklärte das Heilige Officium gegen G., daß die Annahmen, die Sonne sei das Zentrum der Welt und die Erde bewege sich um die Sonne und um ihre eigene Achse, philosophisch betrachtet töricht und absurd seien, theologisch gesehen aber als ketzerisch gelten müßten, da sie der Heiligen Schrift widersprächen. Kardinal Roberto Bellarmino ermahnte Galilei am 26. Februar 1616, die kopernikanische Lehre nicht zu verteidigen und nicht für wahr zu halten, was Galilei auch versprach.

In seinem Landhaus zu Bellosguardo auf den Hügeln vor Florenz schrieb nun G. sein astronomisches Hauptwerk, den „Dialogo" (Dialog über die zwei Hauptsysteme der Welt, das ptolemäische und das kopernikanische). Er erhielt nach einigen Änderungen von Rom und Florenz die Druckerlaubnis, und 1632 kam das Buch zu Florenz heraus. Der „Dialogo" ist in der Form von Gesprächen abgefaßt, die im Palazzo Sagredo am Canal Grande in Venedig zwischen drei Partnern stattfinden. Er ist in der italienischen Volkssprache geschrieben, weil sein Verfasser auf die bildungsbeflissenen Laien einwirken wollte. Wenn auch Galilei nicht einfach als Schöpfer der italienischen wissenschaftlichen Prosa bezeichnet werden kann, so hat er diese doch in hervorragender Weise entwickelt.

Das Werk suchte vor allem die Vorurteile gegen die Achsendrehung der Erde und gegen ihre Bewegung um die Sonne zu beseitigen und darzulegen, daß die Bewegungsvorgänge auf der Erde mit einer bewegten Erde zu vereinbaren sind.

Aus dem Dialogo spricht auch eine neue, für jene Zeit fast ketzerisch erscheinende Religiosität. Der Mensch erkenne nur Bruchteile der Wahrheiten, der göttliche Geist aber alle. Doch das Fragmentarische, was der menschliche Geist mathematisch begreift, „komme an objektiver Gewißheit der göttlichen Erkenntnis gleich", sagte Galilei. Hier sind also göttliches und menschliches Erfassen absoluter Wahrheiten identisch.

Der Verkauf des „Dialogo" – das Buch war kaum erschienen – wurde auf Anordnung des Papstes verboten. Galileis Gegner hatten eine Reihe belastender Argumente gegen den „Dialogo" hervorzuheben verstanden, darunter die Anklage, das Werk verlasse trotz des Verbotes von 1616 bei der Behandlung der kopernikanischen Lehre häufig den hypothetischen Standpunkt.

Galilei wurde nach Rom befohlen. Der greise Gelehrte, dem man im letzten Verhör auch die Folter androhte, wurde im großen Saal des Klosters der Dominikaner Santa Maria sopra la Minerva angeklagt, der Ketzerei, die schriftwidrige Lehre verteidigt zu haben, verdächtig zu sein, und er wurde verurteilt zum Widerruf der kopernikanischen Lehre und der Form nach zu Gefängnis. Er schwörte die kopernikanische Lehre ab, obwohl sich sein Verstand im stillen aufbäumte.

Den Abend seines Lebens verbrachte der greise, von Krankheit geplagte Galilei unter Aufsicht der Inquisition im Landhaus „Gioiello" zu Arcetri bei Florenz. Hier nun schrieb er sein physikalisches Hauptwerk, die „Dis-

Abb. 12. Titelkupfer von Galileis Dialogo. 1632

corsi“ (Unterredungen und mathematische Darlegungen über zwei neue Wissenschaften), die 1638 in Leiden erschienen. Die zwei neuen Wissenschaften sind die Festigkeitslehre, also ein Gebiet der technischen Mechanik, und die Anfänge der Lehre vom bewegten Körper.

Auch dieses Werk ist in italienischer Sprache in Gesprächsform geschrieben; nur die rein systematischen Darlegungen sind in Latein abgefaßt. Das Gespräch der ersten Unterredung beginnt im Arsenal zu Venedig, wo Galilei mancherlei Anregungen für seine Wissenschaft empfangen hatte. Die Unterredung des dritten und vierten Tages sind der Fall- und Wurfbewegung gewidmet. Die so überaus wichtigen und neuen Erkenntnisse auf diesem Gebiet gingen in die Paduaner Zeit zurück.

Die „Discorsi“ bedeuten den Beginn der klassischen Physik. Allerdings ist Galileis neue Physik zunächst Kinematik, nicht Dynamik, da ihm noch ein geeigneter Kraftbegriff fehlte. Auch zur allgemeinen Formulierung des Trägheitsprinzips vermochte er nicht vorzustoßen.

Werke: Gesamtausgabe: Le Opere. Edizione nazionale. Hrsg. Antonio Favaro. Vol. 1—20. Florenz 1890—1909. Neudruck Florenz 1968. Die wichtigsten Schriften: 1. „De Motu“ (um 1590). In: Le Opere. Vol. 1, S. 243—419. Eine dt. Übers. fehlt. Engl.: On motion and on mechanics. Transl. I. E. Drabkin and St. Drake. Madison 1960; 2. „Le Mecaniche“ (um 1593). In: Le Opere. Vol. 2, S. 147—191. Eine dt. Übers. fehlt. Engl. Übers. siehe „De Motu“; 3. „Sidereus Nuncius“ (Venedig 1610). Dt. Übers. G. G., Sidereus Nuncius etc. Hrsg. H. Blumenberg (= samml. insel 1). Frankfurt 1965; 4. „Macchie Solari“ (Rom 1613). In: Le Opere. Vol. 5. S. 71—249; 5. „Il Saggiatore“ (Rom 1623). In: Le Opere. Vol. 6. S. 197—372; 6. „Dialogo“. Dt. Übers. G. G., Dialog über die beiden hauptsächlichsten Weltsysteme. Übers. u. erl. E. Strauß. Leipzig 1891. 7. „Discorsi“. Dt. Übers. G. G., Unterredungen und mathematische Demonstrationen über zwei neue Wissenszweige etc. Übers. u. hrsg. A. von Oettingen (= Ostwalds Klassiker. Nrn 11, 24 u. 25). Leipzig 1890/91. Neudr. Darmstadt 1964.

Literatur: Ernst Brüche (Hrsg.), Sonne steh' still. 400 Jahre G. G. Mosbach 1964. Hier auch Bibliographie S. 145—147; Fritz Bopp, Friedrich Klemm et al., G. G. zum 400. Geburtstag. In: Dt. Museum. Abh. u. Ber. Jg 32, 1964, H. 1; Hans Blumenberg, Vorwort zu G. G., Sidereus Nuncius etc. (= samml. insel 1). Frankfurt 1965; Edward Grant, Aristotle . . . and G.'s Pisan Dynamics. In: Centaurus. Vol. 11, 1965, S. 79—95; Alexandre Koyré, Etudes Galiléennes. Paris 1966; Emil Wohlwill, G. u. sein Kampf f. d. copernicanische Lehre. 2 Bde. Leipzig 1909. Neudruck Wiesbaden 1969; H.-Chr. Freiesleben, G. G. (= Große Naturforscher. Bd 20). Stuttgart 1956; Piero Ariotti, G. on the isochrony of the pendulum. In: Isis. Vol. 59, 1968, S. 414—426; José Alberto Coffa, G.'s concept of inertia. In: Physis. Jg 10, 1968, S. 261—281; Friedrich Klemm, G. und die Technik. In: Technikgeschichte. Bd 37, 1970, S. 13 bis 26.

Friedrich Klemm

Galvani, Luigi (* 9. September 1737 in Bologna, † 4. Dezember 1798 ebd.). Im Jahre 1780 entdeckte der Anatom bei Versuchen mit der Elektrisiermaschine, daß im Augenblick des Funkenüberschlags die Schenkel eines frisch präparierten Frosches, an dessen Schenkelnerven ein Messer angelegt war, zusammenzuckten. Nach den damaligen Kenntnissen bot diese Entdeckung nichts Neues. Sowohl die elektrische Empfindlichkeit der Froschschenkel wie das Phänomen des „elektrischen Rückschlages“ (heute als Induktion bezeichnet) war bekannt. Für G. aber kam die Beobachtung überraschend, und er begann ausgedehnte Experimente. Dabei gelang ihm eine wirklich neue, hochbedeutende Entdeckung: Im September 1786 fand er, daß ein Zucken der Froschschenkel auch dann stattfindet, wenn lediglich die beiden Schenkelnerven mit verschiedenen Metallen armiert und verbunden werden. Endlich gab G. im Jahre 1791 in der Zeitschrift des Anatomischen Instituts der Universität Bologna seine Ergebnisse in der Abhandlung „De viribus electricitatis in motu musculari commentarius“ bekannt. Damit erregte G. ungeheures Aufsehen, weil man sich der „Lebenskraft“ auf der Spur glaubte, und es begann das Zeitalter des → Galvanismus.

G. selbst wollte die Erscheinung der „tierischen Elektrizität“ oder „Froschelektrizität“

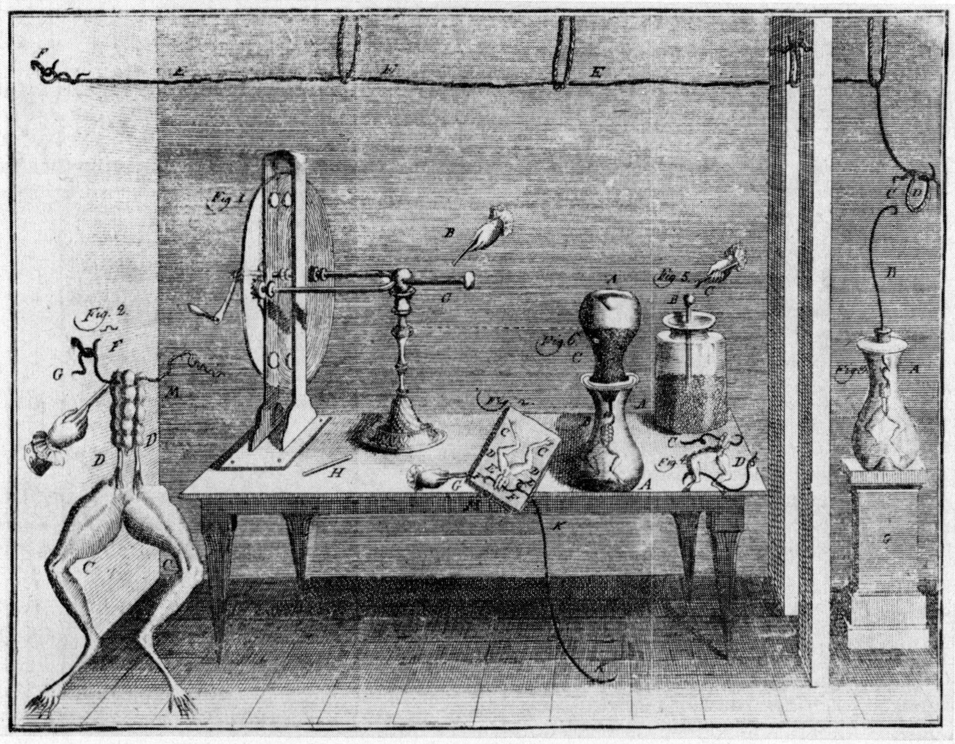

Abb. 13. Galvanis Froschschenkelversuche. Abbildung aus seinem Buch „De viribus electricitatis". 1791

durch Analogie mit der Leidener Flasche verstehen. Der führende Forscher auf dem neuen Gebiet wurde nun Alessandro Volta.

Werke: Abhandlungen über die Kräfte der Elektrizität bei der Muskelbewegung (= Ostwalds Klassiker. Nr 52). Leipzig 1864; Memorie ed Esperimenti inediti da L. G. (= Festschrift zum 200. Geburtstag). Bologna 1937.

Literatur: Wilhelm Ostwald, Elektrochemie. Ihre Geschichte und Lehre. Leipzig 1896; Fritz Fraunberger, Vom Frosch zum Dynamo. Köln 1965.

Galvanismus. Als Luigi Galvani seine – auf eine Zufallsbeobachtung 1780 zurückgehende – Entdeckung eines merkwürdigen Zuckens des präparierten Froschschenkels 1791 bekanntgab, erregte das Phänomen größtes Aufsehen. Alessandro Volta fand als Bedingung für das Zustandekommen einer „galvanischen Aktion" (wir sagen heute elektrolytische Spannung) das Vorhandensein dreier Körper, und zwar handelt es sich i. a. um zwei Leiter 1. Klasse (Metalle) und einen Leiter 2. Klasse (Elektrolyt).

Nach Versuchen mit der (wesensverschiedenen) Berührungsspannung zweier Metalle vertrat Volta irrigerweise die Meinung, daß die „Kraft, welche das elektrische Fluidum [→ Imponderabilien] impelliert, nicht in der Berührung eines der Metalle mit einem feuchten Leiter, sondern in der gegenseitigen Berührung beider Metalle ... ihren Ursprung hat". Die Vorstellung des „mouvement perpétuel" des elektrischen Stromes, das durch die „bloße Berührung" zweier Metalle zustandekommen soll (ohne daß sonst eine Veränderung auftritt), wurde weitgehend akzeptiert. Es stellt aber einen Widerspruch gegen das Energieprinzip dar, worauf als erster Michael Faraday 1839 hingewiesen hat, bemerkenswerterweise noch vor der expliziten Formulierung dieses Gesetzes.

Die Identität des „galvanischen" mit dem „elektrischen" Fluidum wurde schon von Galvani erkannt und von vielen bestätigt. Die richtige Erklärung der „galvanischen Aktion" – die Zurückführung auf chemische Vorgänge – gab 1798 der romantische Physiker Johann Wilhelm Ritter. Dieser wies darauf hin, daß die Reihenfolge der galvanischen Wirksamkeit der Metalle mit ihrer Verwandtschaftsreihe zum Sauerstoff zusammenfällt, und konstruierte 1799 einfache galvanische Ketten, die direkt die chemische Wirkung zeigen. Diese in Gegensatz zu Volta stehende Auffassung setzte sich aber erst sehr spät durch, endgültig erst am Ende des 19. Jh.s nach Aufstellung der Ionenlehre von Svante Arrhenius und Wilhelm Ostwald.

1800 konstruierte Volta die nach ihm benannte „Säule", die Zusammenstellung von *n* galvanischen Ketten, bei der sich die galvanische Einzelspannung mit *n* vervielfacht. Damit standen erstmalig physikalisch brauchbare Stromquellen zur Verfügung; die Elektrizitätslehre konnte sich nun entscheidend entwickeln. – Von Galvanis Entdeckung geht ebenso die Untersuchung der elektrophysiologischen Erscheinungen aus, ein Gebiet, das Emil Du Bois-Reymond 1848/49 erstmalig zusammenfassend darstellte. Auch für die romantische Naturphilosophie wurde der G. von Wichtigkeit. Friedrich Schelling bemühte sich u. a. um die Erklärung, daß die galvanische Kette „nur unter der Bedingung der Triplizität als thätig erscheint", erfaßte aber nicht die physikalische Natur des Phänomens. Die Romantiker sahen einen innigen Zusammenhang des G. mit dem Lebensprozeß (Johann Wilhelm Ritter) oder mit der Bewegung (Lorenz Oken).

Quellen: Luigi Galvani, De viribus electricitatis in motu musculari commentarius ... Bologna 1791. Deutsch in: Ostwalds Klassiker. Nr 52; Alessandro Volta, Zweiter Brief an Gren (vom August 1797). In: Ostwalds Klassiker. Nr 118. Hier besonders S. 34; Alessandro Volta, Über die sog. galvanische Elektrizität. In: Annalen der Physik. Bd 10, 1802, S. 421–449; Alessandro Volta, On the Electricity excited by the mere contact etc. Deutsch in: Ostwalds Klassiker. Nr 118, S. 76–97; Johann Wilhelm Ritter, Die Begründung der Elektrochemie und Entdeckung der ultravioletten Strahlen (= Ostwalds Klassiker. N. F. Bd 2); Michael Faraday, Experimental Researches in Electricity. Series XVI; Emil Du Bois-Reymond, Untersuchungen über thierische Electrizität. 2 Bde. Berlin 1848/49.

Literatur: Karl Eduard Rothschuh, Geschichte der Physiologie. Berlin 1953; Wilhelm Ostwald, Elektrochemie. Ihre Geschichte und Lehre. Leipzig 1896.

Galvanometer. Bereits Hans Christian Oersted hatte bemerkt, daß die Ablenkung einer Magnetnadel von der Stärke des „elektrischen Konflikts" abhängt. Johann Salomo Schweigger erfand im September 1820 (fast zur gleichen Zeit wie Johann Christian Poggendorff und André Marie Ampère) die stromdurchflossene Spule, einen „Multiplikator" der magnetischen Wirkung des elektrischen Stromes.

Antoine César Becquerel nahm im Jahre 1826 eine Gradeinteilung vor und benutzte den Ablenkungswinkel der Magnetnadel zur Messung der Stromstärke. Der „Multiplikator" war dadurch zum G. umgestaltet worden. Becquerel gelangte dann auf empirischem Wege durch Benutzung zweier Spulen zu einer Skaleneinteilung für die Stromstärke.

Der erste Versuch, das G. ohne Benutzung einer Tabelle zur Messung des elektrischen Stromes zu verwenden, wurde 1823 von Johann Jacob Nervander gemacht, der das Magnetfeld einer stromdurchflossenen Spule mit dem der Erde verglich. Eine konstruktive Verbesserung erfuhr das G. 1841 durch Wilhelm Weber. Er ersetzte die Magnetnadel durch eine kleine drehbar aufgehängte Spule, deren Achse senkrecht zur Achse der ersten Spule lag. Dieses Drehmagnetinstrument wurde von Gustav Wiedemann mit einer Dämpfung und einer Spiegelablesung ausgestattet. In rascher Folge erfuhr das Gerät weitere Verbesserungen, insbesondere durch Werner von Siemens.

Neben diesen bis heute verwendeten Formen des Galvanometers als Drehmagnetinstrument wird besonders das von Edward Weston gegen Ende des vergangenen Jahrhunderts entwickelte Drehspulinstrument verwendet.

Quellen: Johann Salomo Schweigger, Zusätze zu Oersteds elektromagnetischen Versuchen. In: Journal für Chemie und Physik. Bd 31, 1821, S. 1—17; André Marie Ampère, Du mémoire sur l'action mutuelle entre deux courans électriques... In: Annales de Chimie et de Physique. Bd 15, 1820, S. 170—218; Antoine César Becquerel, Recherches sur les effets électriques... In: Ebd. Bd 31, 1826, S. 371—392; ders., Du pouvoir conducteur de l'électricité dans les métaux ... In: Ebd. Bd 32, 1828, S. 420—430; Gustav Wiedemann und Rudolf Franz, Über die Wärmeleitfähigkeit der Metalle. In: Annalen der Physik. Bd 89, 1853, S. 497—531.

Literatur: André Joly, Histoire du galvanomètre. In: La Nature. Jg 87, 1959, S. 418—421.

A. M.

Gammastrahlung. Nachdem Ernest Rutherford 1899 die komplexe Natur der Uranstrahlung (α-, β-Strahlung) entdeckt hatte, fand Paul Villard 1900 die γ-Strahlung, indem er ein Bündel von Radiumstrahlen durch ein Magnetfeld treten ließ und es auf einer Reihe hintereinander angebrachter photographischer Platten auffing. Auf der ersten Platte beobachtete er die Spuren der leicht absorbierbaren β-Strahlen, auf den nachfolgenden diejenigen der durchdringenden γ-Strahlen. Der Charakter dieser Strahlen blieb lange rätselhaft, bis Ernest Rutherford und Edward Neville da Costa Andrade 1914 ihre Interferenzfähigkeit und damit ihren Wellencharakter nachwiesen. Daß die γ-Strahlung Übergängen zwischen Energieniveaus in Kernen entspricht, wurde in den Jahren 1927 bis 1930 von Walter Bothe aufgedeckt. Bothe bemerkte bei der Reaktion $^{10}_{5}B + ^{4}_{2}He \rightarrow ^{13}_{6}C + ^{1}_{1}p$ zwei Protonengruppen, deren Energieunterschied ungefähr 3 MeV beträgt. 1930 fand er die zugehörige γ-Strahlung; 1931/32 gelang ihm auch der Nachweis, daß ihre Energie genau jenen 3 MeV entspricht, und 1935 zeigte er, daß die γ-Strahlung des angeregten Bors mit den Protonen geringer Reichweite koinzidiert.

Literatur: Karl Wilhelm Fritz Kohlrausch, Probleme der γ-Strahlung. Braunschweig 1927; Rudolf Fleischmann, Walter Bothe und sein Beitrag zur Atomkernforschung. In: Die Naturwissenschaften. Bd 44, 1957, S. 457—460. U. H.

Gauß, Carl Friedrich (* 30. April 1777 in Braunschweig, † 23. Februar 1855 in Göttingen). Gleichrangig mit Archimedes und Newton zählt G. zu den größten Mathematikern der Weltgeschichte. Wie jene wirkte auch er über die Grenzen der Mathematik hinaus befruchtend auf Nachbargebiete, auf die Physik, die Astronomie und Geodäsie.

Aus bedrückend ärmlichen Verhältnissen stammend, hatte der junge G. das Glück, daß seine Begabung frühzeitig erkannt und gefördert wurde. Als Primaner des Braunschweiger Gymnasiums 1791 dem Herzog Karl Wilhelm Ferdinand von Braunschweig vorgestellt, empfing er die Gunst des Landesherrn. Der Herzog verhalf ihm zum Besuch des Collegium Carolinum in Braunschweig (1792 bis 1795) und der Göttinger Universität (1795 bis 1798) sowie anschließend zu einer langjährigen wissenschaftlichen Tätigkeit ohne Pflichten. Anfänglich schwankend, ob er alte Sprachen oder Mathematik studieren solle, entschied er sich endgültig für die Mathematik, als ihm am 30. März 1796 der Nachweis gelang, daß das regelmäßige 17-Eck mit Zirkel und Lineal konstruierbar sei.

Aber nicht die Geometrie, sondern die Arithmetik wurde ihm zur „Königin der Mathematik". Bereits mit seinen 1801 erschienenen „Disquisitiones arithmeticae", worin er die moderne Zahlentheorie schuf, stellte G. sich auf eine Stufe mit den bedeutendsten Mathematikern aller Zeiten. Außerhalb des Faches bekannt und berühmt wurde er jedoch erst durch seine aufsehenerregenden Leistungen in der Astronomie. 1801 hatte Giuseppe Piazzi in Neapel den Planetoiden Ceres Ferdinandea entdeckt und drei Bahnpunkte ausmessen können, bevor er wieder unsichtbar wurde. Nach einem vergeblichen Versuch einiger Astronomen gelang es G. mit Hilfe eines von ihm entwickelten Näherungsverfahrens, die gesamte Bahnellipse so genau zu berechnen, daß Ceres wiedergefunden werden konnte. Mit gleicher erstaunlicher Präzision bestimmte G. darauf die Bahnen der Pallas, Juno und Vesta, die sein Freund Wilhelm Olbers zwischen 1802 und 1807 entdeckt hatte.

Seine Rechenmethoden stellte G. in dem 1809 erschienenen astronomischen Hauptwerk „Theoria motus corporum coelestium in sectionibus conicis solem ambientium" zusammen. Dieses Werk setzte der rechnenden Astronomie neue Maßstäbe. G. beschrieb hierin auch seine Methode der kleinsten Quadrate, die es ermöglicht, „aus einer größeren Anzahl von Beobachtungsdaten, als unbekannte Größen sind, von denen sie abhängen, die wahrscheinlichsten Werte der letzteren zu bestimmen".

Obwohl ihn die russische Regierung mit großzügigen Angeboten für die Petersburger Akademie zu gewinnen suchte, blieb G. bis zum Tod seines fürstlichen Gönners (1806) in Braunschweig. Ein Jahr später folgte er einem Ruf als Ordinarius für Astronomie an die Universität Göttingen. Von 1818 ab beteiligte er sich auf Wunsch der Hannoverschen Regierung an den jahrelangen Arbeiten zur Landesvermessung, der er durch die Erfindung des Heliotrops und der hierdurch ermöglichten Ausmessung großer geodätischer Dreiecke zu bisher nicht erreichter Genauigkeit verhalf. Den Vermessungsarbeiten und deren Auswertung folgten Untersuchungen über die Ähnlichkeit abgebildeter Flächen (1822) und über krumme Flächen (1828). Hiermit sowie mit den späteren „Untersuchungen über Gegenstände der höheren Geodäsie" schuf G. die Grundlage für diese Wissenschaft.

In seiner zweiten Abhandlung zur „Theorie der biquadratischen Reste" von 1831 baute er die Lehre von den komplexen Zahlen aus. Zwar hatten schon vor ihm Leonhard Euler (1777) und der Däne Caspar Wessel (1797) mit dem Ausdruck $\sqrt{-1}=i$ gerechnet und komplexe Zahlen in einer später nach G. benannten Zahlenebene dargestellt, entscheidend wurde aber, daß G. diese Zahlen den reellen Zahlen als gleichberechtigt zugesellte und deren weite Bedeutung für Arithmetik und Analysis aufzeigte. So lieferte er 1849 zu den bisher von ihm geführten drei Existenzbeweisen für den Fundamentalsatz der Algebra einen vierten mit Hilfe der komplexen Zahlen. Einen ersten strengen Beweis für diesen schon im 17. Jh. bekannten Satz, demzufolge eine algebraische Gleichung n-ten Grades n Lösungen (Wurzeln) besitzt, hatte G. bereits in seiner Doktorarbeit (1799) gegeben.

Als 1831 der junge Physiker Wilhelm Weber nach Göttingen berufen wurde, kam es zwischen den beiden bald eng befreundeten Gelehrten zu einer erfolgreichen Zusammenarbeit auf dem Gebiete der Physik. G. trug hierzu meist die grundlegende Idee bei, Weber die Gestaltung und experimentelle Ausführung. Die Arbeiten wurden in den von ihnen zu diesem Zweck gegründeten „Resultaten aus den Beobachtungen des magnetischen Vereins" veröffentlicht. 1832 erschien die wichtige Abhandlung „Intensitas vis magneticae terrestris ad mensuram absolutam revocata". Hierin entwickelte G. ein absolutes magnetisches Maßsystem, das auf Grundeinheiten der Länge, Zeit und Masse beruht; es fand als Gaußsches Maßsystem Eingang in die Physik. Die „Allgemeine Theorie des Erdmagnetismus" von 1838/39 wurde 1840 ergänzt durch die „Allgemeinen Lehrsätze in Beziehung auf die im verkehrten Verhältnis des Quadrats der Entfernung wirkenden Anziehungs- und Abstoßungskräfte": Aus der Entwicklung des Potentials des Erdmagnetismus in der ersten Abhandlung resultiert in der zweiten eine für die Physik höchst bedeutsame mathematische Begründung der Potentialtheorie.

Im Zusammenhang mit diesen Arbeiten gelang G. und Weber bereits 1833 eine weg-

Göttingen Dec. 14. 1811

Ich bin Ihnen, Verehrtester Herr Professor, noch meinen verbindlichsten Dank schuldig für das angenehme Geschenk, das Sie schon vor mehrern Monaten, mir mit Ihrem Lehrbuch der Astronomie gemacht haben. Es hat mir ein grosses Vergnügen gemacht, in einen so mässigen Raum einen solchen Reichthum von Wahrheiten ohne Schaden der Gründlichkeit zusammengedrängt zu sehen. Ich würde Ihnen meinen Dank schon früher abgestattet haben, wenn ich nicht gewünscht hätte, damit irgend eine Mittheilung die Sie interessiren könnte verbinden zu können. Vielleicht ist Ihnen die folgende noch neu, wenigstens zum Theil:

Am 16 November hat Pons abermals einen neuen Cometen entdeckt. Folgende Beobachtungen des Hrn. von Zach sind mir mitgetheilt worden:

M.Z. in Marseille	A.R.	Decl.	
Nov. 18. 11h 11' 17"3	67° 14' 39"8	25° 24' 8"6	Südlich
19 9 59 32,8	67 4 59,6	24 54 8,5	
20 10 8 37,7	66 56 8,2	24 18 9,2	
21 10 14 45,5	66 46 53,0	23 41 47,8	

Am 9 Dec. wo ich diese Nachricht erhielt, begünstigte ein heitrer Himmel die Aufsuchung. Ich fand ihn sofort im Eridanus und habe seither folgende Beobachtungen gemacht, wovon ich besonders die erste und dritte für vorzüglich gut halte:

Dec. 9. 10h 6' 52"	63° 49' 41"4	10° 21' 55"5
11 10 34 1	63 33 18,0	8 39 46,4
12 8 5 52	63 26 25,3	7 54 25,9

Da seitdem schlechtes Wetter eingetreten ist, so habe ich aus Neugierde, ob dieser teleskopische sehr kleine Comet an Licht zunehmen wird &c. doch eine vorläufige Bestimmung seiner parabolischen Elemente versucht und folgendes gefunden:

Abb. 14. Gauß an Johann Gottlieb Friedrich Bohnenberger in Tübingen. 14. Dezember 1811 weisende Leistung in der Nachrichtentechnik: die Erfindung des elektromagnetischen Telegraphen. Mit der Anlage, die die Göttinger Sternwarte, wo G. wohnte und arbeitete, mit dem Physikalischen Kabinett Webers verband, glückte ihnen der wechselseitige Austausch kurzer Mitteilungen. Größere Versuche mußten jedoch aus Geldmangel unterbleiben. Immerhin erfand G., auf die Induktionserscheinungen aufmerksam geworden, noch einen Erdinduktor, mit dem – nach der Verbesserung durch Weber – die erdmagnetische Inklination gemessen werden konnte.

Nach dem Fortgang Webers aus Göttingen (1838) wandte sich G. wieder mehr der Mathematik zu. Es bleibt bedauerlich, daß seine vielversprechenden Ansätze in der Elektrodynamik liegenblieben, etwa sein Versuch der „Ableitung der Zusatzkräfte, die zu der gegenseitigen Wirkung ruhender Elektrizitätsteilchen noch hinzukommen, wenn sie in gegenseitiger Bewegung sind, aus der nicht instantanen (zeitlos schnellen), sondern auf ähnliche Weise wie beim Licht sich fortpflanzenden Wirkung".

Werke: C. F. G., Werke. Hrsg. von der Kgl. Gesellschaft der Wissenschaften zu Göttingen. 12 Bde. Göttingen 1863–1933.

Literatur: Hans Schimank, C. F. G. und Wilhelm Weber. In: Die Großen Deutschen. Bd 3. Berlin 1936, S. 266–279; Ernst August Roloff, C. F. G. Osnabrück 1942; Erich Worbs, C. F. G. Leipzig 1955; Hans Reichardt (Hrsg.), C. F. G. Leben und Werk. Berlin 1960; Kurt-R. Biermann u. Hans-Günther Körber, Zum wissenschaftlichen Briefwechsel zwischen C. F. G. und Alexander von Humboldt. In: Forschungen u. Fortschritte. Bd 36, 1962, S. 41–44; Materialien für eine wissenschaftliche Biographie von G. Gesammelt von Felix Klein und Martin Brendel. 8 Hefte. Leipzig 1911–1920.

L. S.

Gay-Lussac, Joseph-Louis (* 6. Dezember 1778 in Saint-Léonard, † 9. Mai 1850 in Paris). Als Zögling der Ecole Polytechnique wurde der junge Chemiker 1800 Gehilfe Claude-Louis Berthollets in dessen Laboratorium in Arcueil und Stellvertreter seines Lehrers Antoine-François de Fourcroy, wobei sich seine Lehrbegabung zeigte. 1804 unternahm er zu wissenschaftlichen Zwecken zwei Ballonaufstiege, zuerst mit Biot, dann allein, wobei er 4000 und 7016 m Höhe erreichte. Mit Alexander von Humboldt fand er 1805, daß Sauerstoff und Wasserstoff sich im Verhältnis von 1:2 Raumteilen vereinigen, und konnte 1808 verallgemeinern, daß Gase sich stets in einfachen Volumenverhältnissen verbinden. Er erhielt 1805 ein Jahr Urlaub und begleitete Humboldt nach Italien und Berlin. Unterwegs wurden erdmagnetische und meteorologische Messungen und chemische Analysen ausgeführt. Hernach wurde er Professor für Chemie an der Ecole Polytechnique und für Physik an der Sorbonne. Klassisch wurden seine Versuche über Wärmeausdehnung der Gase bei konstantem Druck; dabei fand er das nach ihm benannte Gesetz. Alle Gase haben den gleichen Ausdehnungskoeffizienten 1/273, den er angenähert bestimmte (1/267). Es folgten Arbeiten über Bestimmung der Dampfdichte. Mit Louis-Jacques Thenard entdeckte er das Bor. Er untersuchte das Jod. Aus Berlinerblau isolierte er das Cyan. Die Industrie verdankt ihm viele Instrumente und Verfahren.

Werke: Leçons de physique. 2 Bde. Paris 1828; Cours de chimie. Paris 1828; G.-L., Über das Jod. 1814 (= Ostwalds Klassiker. Nr 4). Leipzig 1889; Alexander von Humboldt und J. L. G.-L., Abhandlungen über das Volumgesetz gasförmiger Verbindungen. 1805–1808 (= Ostwalds Klassiker. Nr 42). Leipzig 1894; G.-L. u. a., Das Ausdehnungsgesetz der Gase. 1802 (= Ostwalds Klassiker. Nr 44). Leipzig 1894.

Literatur: Franz Arago's sämmtliche Werke. Bd 3, Leipzig 1855, S. 3–57; Ecole Polytechnique. Livre du Centenaire 1794–1894. Tome I. Paris 1895, S. 338–348; Günther Bugge, Das Buch der großen Chemiker. Bd 1. Berlin 1929 (Neudruck Weinheim 1965), S. 386–401; Edmond Blanc et Léon Delhoume, La vie émouvante et noble de G.-L. Paris 1950; Kenneth Richard Webb, G.-L. als Chemiker. In: Endeavour. Bd 9, 1950, S. 209–212; Hans Schimank, J. L. G.-L. und seine Leistungen auf dem Gebiete der allgemeinen und physikalischen Chemie. In: Die Naturwissenschaften. Jg 38, 1951, S. 265–274; Rudolf Winderlich, G.-L. In: Der mathematische und naturwissenschaftliche Unterricht. Bd 4, 1951, S. 129–131; Pierre Jolibois, Cérémonie commémorative du centième anniversaire de la mort de G.-L. In: Notices et discours. Académie des Sciences. Bd 3. 1949–1956, Paris 1957, S. 99 bis 106; Maurice P. Crosland, The Society of Arcueil. London 1967. H. B.

Geiger, Hans (* 30. September 1882 in Neustadt, Weinstraße, † 24. September 1945 in Potsdam). G. war, nach dem Urteil Laues, „der geborene Experimentator. Durch sein ganzes Leben zieht sich als das überragende Thema: Nachweis einzelner geladener Teilchen". – Seit 1907 Assistent Rutherfords in Manchester, entdeckte er 1911 gemeinsam mit J. M. Nutall den Zusammenhang zwischen der Halbwertszeit des Strahlers und der Reichweite der α-Teilchen, die sog. Geiger-Nutallsche Regel. – Die bei der Streuung der α-Teilchen auftretenden großen Winkel (Rückwärtsstreuung) veranlaßten Ernest Rutherford 1910 zur Aufstellung seines planetarischen Atommodelles und zur Ableitung seiner Streuformel. Es fiel dabei G. und Ernest Marsden 1912 die Aufgabe der Bestätigung der Streuformel und damit des Atommodells zu.

1912 wurde G. an die Physikalisch-Technische Reichsanstalt in Berlin-Charlottenburg zum Leiter des Laboratoriums für Radioaktivität berufen. Er entwickelte 1913 aus der bei Rutherford benutzten Zählapparatur den Geigerschen „Spitzenzähler" (bei dem eine Elektrode als Spitze ausgebildet ist). Dieser sprach nicht nur auf die α-Teilchen, sondern auch auf die um einen Faktor 100 schwächer ionisierenden Elektronen an, für die es bisher überhaupt keine Zählapparatur gegeben hatte. 1924 arbeitete G. über den → Compton-Effekt. 1925 ging er als Professor für Experimentalphysik nach Kiel (1928 Erfindung des → Geiger-Müller-Zählrohres); 1936 folgte er einem Ruf an die TH Berlin-Charlottenburg. – Von 1926 an redigierte er mit Karl Scheel das Handbuch der Physik.

Literatur: Max von Laue, Nachruf auf H. G. In: Jahrbuch der Deutschen Akademie der Wissenschaften zu Berlin 1946–1949. Berlin 1950, S. 150–158 (mit vollst. Bibliographie); Walter Bothe, Die G.schen Zählmethoden. In: Die Naturwissenschaften. Jg 30, 1942, S. 593–599; Hans Geiger, Some reminiscences of Rutherford etc. In: The Collected papers of Lord Rutherford. Vol. 2. London 1963, S. 295–298.

Geiger-Müller-Zählrohr. Aus dem Geigerschen Spitzenzähler entwickelten Hans Geiger und sein Schüler Walther Müller 1928 im Physikalischen Institut der Universität Kiel das G.-M.-Z. zum Nachweis radioaktiver Strahlung. Durch die hohe Empfindlichkeit (Stoßionisation) konnten sogleich einzelne α- und β-Teilchen registriert werden.

Quelle: Hans Geiger und Walther Müller, Das Elektronenzählrohr. In: Physikalische Zeitschrift. Jg 29, 1928, S. 839–841.

Geitel, Hans (* 16. Juli 1855 in Braunschweig, † 15. August 1923 in Wolfenbüttel). Er verlebte seine Jugend in Blankenburg am Harz und schloß schon auf dem Gymnasium Freundschaft mit Julius Elster, dem gleichaltrigen Nachbarssohne. Er bezog die Universitäten Heidelberg und Berlin, bestand die Oberlehrerprüfung und wurde 1879 an das Wolfenbütteler Gymnasium gewählt, wohin auch Elster kam. Sie wohnten in einem gemeinsamen Haus mit Laboratorium.

Sie prüften die Elektrizitätserzeugung in der Flamme, das elektrische Verhalten der Gase, die Wirkung der Glühkathoden, die Luftelektrizität und vor allem den lichtelektrischen Effekt. Hier untersuchten sie verschiedene Wellenlängen und Metalle und fanden den größten Effekt bei ultraviolettem Licht und Zink. Bei Natrium in stark verdünnter Luft war der Erfolg noch größer. Auch der Einfluß eines Magnetfeldes sowie der Schwingungsebene des erregenden Lichtes wurden beachtet. Nachdem 1895 die Röntgen- und 1896 die radioaktiven Strahlen entdeckt worden waren, wandten sie sich auch diesen zu. Sie zeigten, daß die Atmosphäre dauernd Radiumemanation enthält und daß der Erdboden selbst radioaktiv ist.

Werke: → Elster.

Literatur: Edmund Hoppe, H. G. zum Gedächtnis. In: Physikal. Zeitschrift. Jg 24, 1923, S. 453 bis 457; Robert Pohl, H. G. In: Nachrichten von der Königlichen Gesellschaft der Wissenschaften zu Göttingen. Geschäftliche Mitteilungen aus dem Berichtsjahr 1923/24, S. 69–74; ders. in: Deutsches Biographisches Jahrbuch. Bd V, S. 111 bis 116. H. B.

Gerlach, Walther (* 1. August 1889 in Biebrich b. Wiesbaden). Nach der Tübinger Habilitation 1916 wurde G. 1921 in Frankfurt a. o. Professor und 1924 Ordinarius in Tübingen; von 1929 an vertrat er als Nachfolger von Willy Wien die Experimentalphysik an der Universität München.

1916 führte G. Präzisionsbestimmungen der Stefan-Boltzmannschen Konstanten aus. Gemeinsam mit Otto Stern entdeckte er die Richtungsquantelung durch Ablenkung von Atomstrahlen im inhomogenen Magnetfeld. Spektralanalyse, Atomstruktur und Magnetismus waren weitere Arbeitsgebiete. Als glänzender akademischer Lehrer wirkte G. auf eine ganze Generation von Naturwissenschaftlern und Medizinern, durch seine Volkshochschul-, Rundfunk- und öffentlichen Vorträge auf weitere Kreise, denen er die „humanistischen Werte der Physik" nahezubringen sucht. Die allgemeinen Interessen brachten ihn auch in zunehmend engere Verbindung zur Wissenschaftsgeschichte. Als Vorsitzender der Kepler-Kommission der Bayer. Akademie leitet er die Edition der Schriften und Briefe Johannes Keplers.

Werke: Experimentelle Grundlagen der Quantentheorie. Braunschweig 1921; Materie, Elektrizität, Energie. Dresden 1923; Die chemische Emissionsspektralanalyse. 3 Bde. Leipzig 1930 bis 1936; Physik (= Das Fischer-Lexikon). Frankfurt 1960; Humanität und naturwiss. Forschung. Braunschweig 1962; W. G. und Martha List, Johannes Kepler. Leben und Werk. München 1966; W. G. (Hrsg.), Der Natur die Zunge lösen. Leben und Leistung großer Forscher. München 1967.

Literatur: Jakob Kranz, W. G. als akad. Lehrer. In: Praxis der Naturwissenschaften. Tl A. Jg 8, 1959, S. 170–173 (mit Bibliographie ebd. S. 174–182).

Gibbs, Josiah Willard (* 11. Februar 1839 in New Haven, Conn., † 28. April 1903 ebd.). G. war von 1871 an Prof. der math. Physik an der Yale-University. Der in Zurückgezogenheit wirkende Gelehrte gehörte zu den maßgeblichsten Begründern der Thermodynamik und Statistik. 1876 stellte er seine „Phasenregel" für heterogene Gleichgewichtssysteme auf. Sie verknüpft die Zahl der Phasen (P) eines Systems aus nicht mischbaren Komponenten (K) mit der Zahl der Freiheitsgrade (F): $P+F=K+2$. Die in den Transactions der Connecticut Academy erschienenen Arbeiten von G. wurden erst allgemein bekannt, als sie von Wilhelm Ostwald ins Deutsche übersetzt und herausgegeben wurden.

Zur leichteren Behandlung insbesondere der Maxwellschen Theorie bediente sich G. des Vektorkalküls; einer seiner Hörer verfaßte zum Gebrauch der Studenten einen Abriß der Vektoranalyse, der weite Verbreitung fand und viel dazu beitrug, das neue Hilfsmittel in der Physik einzubürgern.

Werke: Thermodynamische Studien von J. W. G. Unter Mitwirkung des Verfassers aus dem Englischen übersetzt von Wilhelm Ostwald. Leipzig 1892; Edwin Bidwell Wilson, Vector Analysis. A text-book for the use of students etc. Founded upon the lectures of J. W. G. New Haven 1901; Elementare Grundlagen der statistischen Mechanik. Deutsch bearbeitet von Ernst Zermelo. Leipzig 1905; The scientific papers. 2 Bde. New York 1961 (Nachdruck); The collected works. 2 Bde. New Haven 1957 (Neudruck).

Literatur: Frederick George Donnan und Arthur Erich Haas, A commentary on the scientific writings of J. W. G. 2 Bde. New Haven 1936; Lynde Phelps Wheeler, J. W. G. The history of a great mind. London 1951 (mit ausführl. Bibliographie); Muriel Rukeyser, W. G. New York 1967.

Gilbert, William (* 24. Mai 1544 in Colchester, † 10. Dezember 1603 ebd.). In Cambridge ausgebildet, promovierte er 1569. Er wirkte 30 Jahre als Arzt in London, wurde 1587 Kassier und 1599 Präsident der Königlichen Ärztegesellschaft, in der er sich als

GVILIELMI GIL-
BERTI COLCESTREN-
SIS, MEDICI LONDI-
NENSIS,

DE MAGNETE, MAGNETI-
CISQVE CORPORIBVS, ET DE MAG-
no magnete tellure; Physiologia noua,
plurimis & argumentis, & expe-
rimentis demonstrata.

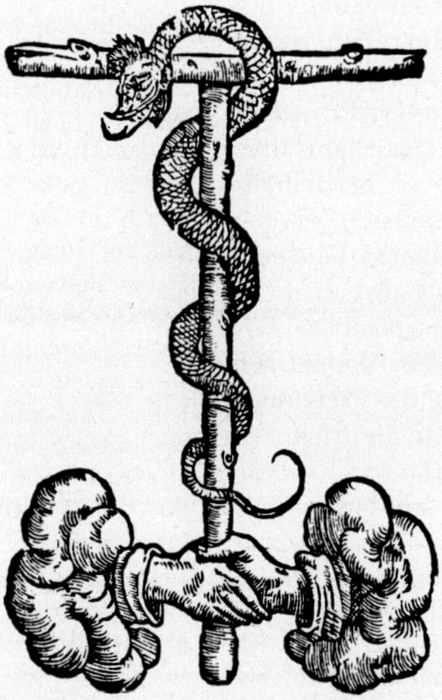

LONDINI

EXCVDEBAT PETRVS SHORT ANNO
MDC.

Abb. 15. Titelblatt von William Gilberts Buch über den Magneten. London 1600

Chemiker Verdienste um die Pharmakopöe erwarb und der er seine Bibliothek mit Globen, Instrumenten und Mineralien vermachte, welche jedoch 1666 verbrannte. Seit 1600 war er königlicher Leibarzt.

Bedeutung gewann er durch das, was er „in nächtlichen Wachen“ (wie er schreibt) leistete. Er war der größte Erforscher des Magnetismus zwischen Peregrinus und Faraday; sein Buch „De magnete“ ist eines der klassischen Werke der Physik, wie schon Galilei und Kepler erkannten. Sir John Robinson schrieb noch 1822, es enthalte „fast alles, was wir über Magnetismus wissen“. Sowohl Experimentator wie theoretischer Denker, bewältigte G. eine Fülle neuer Tatsachen und ordnete sie unter einheitlichen Gesichtspunkten. Das Buch, in sechs Abschnitte gegliedert, bespricht 1. die historischen Grundlagen, 2. die Anziehung, 3. die Richtwirkung, 4. die Mißweisung, 5. die Inklination, 6. die Beziehung zur Erddrehung und Planetenbewegung.

Die kräftigsten Magnete jener Zeit waren natürliche Erze. G. verstärkte sie durch Armierung mit weicheisernen Polkappen. Er erfand ein Magnetisierungsverfahren für Stahlstäbe, entdeckte, daß Eisenstangen in bestimmter Lage durch das Erdfeld magnetisiert werden und daß der Prozeß durch Hämmern beschleunigt, durch Glühen dagegen zerstört wird. Er rodete das Gestrüpp des Aberglaubens, erkannte, daß die Erde ein großer Magnet sei, und untersuchte ihr Feld mit der Neigungsnadel. Auch unterschied er klar die Elektrizität und prüfte als erster systematisch, welche Stoffe durch Reiben elektrisch werden.

Werke: De magnete, magneticisque corporibus, et de magno magnete tellure, physiologia nova. London 1600. Englisch: On the magnet. The Collector's Series in Science, edited by Derek J. Price. New York 1958; De mundo nostro sublunari philosophia nova. Amsterdam 1651. Neudruck mit Kommentar: Sister Suzanne Kelly (Hrsg.), The De Mundo of W. G. 2 Bde. Amsterdam 1965.

Literatur: Philip Morant, History and antiquities of Colchester. London 1748; Alfred Marshall Mayer, The earth a great magnet. New Haven 1872; Conrad William Cooke, W. G. of Colchester. London 1890; Silvanus Phillips Thompson, W. G. of Colchester: an Elizabethan magnetizer. London 1891; Paul Fleury Mottelay, W. G. of Colchester. New York/London 1893 (mit englischer Übersetzung von „De magnete“); W. G. of Colchester. A translation by members of the Gilbert Club. London 1900 (englische Übersetzung von „De magnete“ mit Anhang: Silvanus Phillips Thompson, Notes on the De Magnete of Dr. W. G.; auch selbständig, London 1901); Charles E. Benham, W. G. of Colchester. Colchester 1902; Gustav Hellmann, Zur Bibliographie von W. Gilberts De Magnete. In: Terrestrial Magnetism and Atmospheric Electricity. Juni 1902; Paul Fleury Mottelay, Bibliographical history of electricity and magnetism. London 1922, S. 82–92 (mit reicher Bibliographie); Grant McColley, W. G. and the English reputation of Giordano Bruno. In: Annals of Science. Vol. 2, 1937, S. 353 f.; Edgar Zilsel, The origins of W. G.'s scientific method. In: Journal of the history of ideas. Vol. 2, 1941 (Neudruck 1964), S. 1–32; Alexandre Herpin, W. G. et la médecine au XVIe siècle. Paris 1946; Bern Dibner, Dr. W. G. Burndy Library, Norwalk, Connecticut 1947 (mit Bibliographie); Hans Schimank, W. Gilberts „Neue Naturlehre vom Magneten“. In: Physikal. Blätter. Jg 6, 1950, S. 262–268; Rufus Suter, Dr. W. G. of Colchester. In: Scientific Monthly. Vol. 70, 1950, S. 254–261; ders., A biographical sketch of Dr. W. G. of Colchester. In: Osiris. Vol. 10, 1952, S. 368–384 (mit Bibliographie); Heinz Balmer, Beiträge zur Geschichte der Erkenntnis des Erdmagnetismus. Aarau 1956, S. 149 bis 163 und 362–402; Duane H. D. Roller, The De Magnete of W. G. Amsterdam 1959; James W. King, The natural philosophy of W. G. and his predecessors. In: Contributions from the Museum of History and Technology. Smithsonian Institution, Washington 1959. Paper 8, S. 121–139; Mary B. Hesse, G. and the historians. In: British Journal for the philosophy of science. Vol. 11, 1960, S. 1–10 und 130–142; Sister Suzanne Kelly, Gilbert's influence on Bacon: a revaluation. In: Physis. Jg 5, 1963, 249–258; Hans Schimank (Hrsg.), Otto von Guerickes Neue (sogenannte) Magdeburgische Versuche über den leeren Raum. Düsseldorf 1968.

H. B.

Goethe, Johann Wolfgang von (* 28. August 1749 in Frankfurt am Main, † 22. März 1832 in Weimar). In der Ausgabe letzter

Hand von G.s Werken nehmen seine Schriften zur Naturwissenschaft von den 60 Bänden neun in Anspruch. Einen wesentlichen Teil davon hatte G. schon in Einzeldrucken und Zeitschriftenbeiträgen von 1790 an veröffentlicht. Ihm selbst waren seine naturwissenschaftlichen Arbeiten nicht weniger wichtig als die Dichtung. Noch im hohen Alter wehrte er sich gegen die Meinung, seine Naturforschung sei die mehr oder weniger müßige Beschäftigung eines Dilettanten, der im Vorübergehen zufällige Entdeckungen aufgreift. Nicht „durch eine außerordentliche Gabe des Geistes, nicht durch eine momentane Inspiration, noch unvermutet und auf einmal, sondern durch ein folgerechtes Bemühen" sei er zu seinen Resultaten gelangt.

G. hatte als Knabe kaum naturwissenschaftlichen Unterricht erhalten, jedoch trieb er während seines Studiums in Leipzig und Straßburg medizinische und naturwissenschaftliche Studien und beschäftigte sich, angeregt durch seinen pietistischen Freundeskreis in Frankfurt, mit alchemistischen Untersuchungen. So war er der Naturbetrachtung und Naturforschung seiner Zeit nicht fremd, als er 1775 nach Weimar kam und dort durch seine ministerielle Tätigkeit mit technischen, forstlichen und geologischen Aufgaben betraut wurde, mit der Wege- und Wasserbaukommission, dem Bergbau in Ilmenau im Zusammenhang mit der geologischen Erschließung Thüringens und mit der Anlage der Parks. Später forderte auch die Oberaufsicht über die Jenaer Universitätsinstitute seine Beschäftigung mit naturwissenschaftlichen Problemen. Goethe blieb nicht bei der zu diesen Arbeiten notwendigen praktischen Tätigkeit stehen, sondern bemühte sich von Anfang an auch um ihre theoretischen Grundlagen, um, wie er sagte, der Natur ihren Nutzen abfordern zu können. Dazu kam die Bemühung um einen Einblick in die Ordnung der Natur, die ihn ewige Gesetze in der Bildung der Gebirge und in der Organisation der Lebewesen vermuten ließ.

Die Suche nach den Regeln der Natur und Kunst führte G., der beim Studium der italienischen Malerei schon in mancher Weise auf Farbprobleme aufmerksam geworden war, im Sommer 1790 zu der Entdeckung prismatischer Farben, die er in seinen „Beiträgen zur Optik" gemeinsam mit den Bedingungen ihres Erscheinens beschrieb. Auch auf diesem Gebiet kam es ihm darauf an, daß die Phänomene auf eine allgemeine Gesetzmäßigkeit hindeuten. Er ging dabei von Beobachtungen mit Prismen und Linsen aus und behandelte die Farben, die bei der Betrachtung von Kanten wahrnehmbar sind; er nannte sie subjektiv, da sie, wie G. sagte, „in dem Auge des Beobachters vorgehen, wenn ohne Prisma an den Objekten, welche gesehen werden, eine Spur des Phänomens nicht leicht zu entdecken ist". Die Beziehungen des Auges zum Licht und die physiologischen Farben rücken an die erste Stelle von G.s Forschung. In einer Untersuchung über den „Versuch als Vermittler von Objekt und Subjekt" stellte er wissenschaftstheoretische Überlegungen an, die er später gemeinsam mit Friedrich Schiller fortsetzte und vertiefte. Hier begann die Polemik gegen Newtons Optik, die G.s Bemühungen um die Farbenlehre stets begleitet hat.

Newton hatte seine Theorie auf Experimente gegründet, die die natürlichen Erscheinungen durch abstrahierende Vereinfachung auf mathematisch darstellbare Gesetze reduzierten. G.s Farbenlehre dagegen ist eine Lehre von den Erscheinungen der Farben, von ihrer sichtbaren Mannigfaltigkeit. In zwei Jahrzehnten hat er das Gebäude seiner Farbenlehre ausgearbeitet, bis sie 1810 in drei Teilen, einem didaktischen, einem polemischen und einem historischen, erscheinen konnte. Der didaktische Teil beginnt mit der Betrachtung der „physiologischen Farben", die G. jetzt von den „physischen Farben" trennt. Die physiologischen Farben werden durch das Auge erzeugt, sie manifestieren sich in Blendungserscheinungen, Nachbildern, dem Auftreten gegensätzlicher Farberscheinungen nach intensiven Farbeindrücken und in farbigen Schatten. Die zweite Abteilung behandelt als physische Farben die beim Durchgang des

Lichts durch trübe Mittel und durch Refraktion erzeugten Erscheinungen. Es folgen die „chemischen Farben", die der Materie angehören, und Betrachtungen über „allgemeine Ansichten nach innen", in denen die drei Erscheinungsformen in ihren Gemeinsamkeiten und Verhältnissen untersucht werden. In der Abteilung „nachbarliche Verhältnisse" kümmert sich der Verfasser um die Beziehungen der Farbenlehre zur Philosophie, Mathematik, Färbetechnik, Physiologie und zur allgemeinen Physik. In dem berühmten Abschnitt über die „sinnlich sittliche Wirkung der Farbe" werden die Farben einzeln und in ihren Kombinationen auf ihre unmittelbare Wirkung aufs Gemüt, auf ihren ästhetischen Wert, auf allegorischen, symbolischen und mystischen Gebrauch hin untersucht. Im polemischen Teil begleitet Goethe Newtons Optik mit kritischen Bemerkungen. Er selbst fürchtet, dieser Teil sei dem „Inhalte nach trocken, der Ausführung nach vielleicht zu heftig und leidenschaftlich". Der historische Teil folgt vom Altertum an der verschiedenen theoretischen und praktischen Beschäftigung mit den Farben.

Von der Farbenlehre her hatte sich G.s naturwissenschaftliche Beschäftigung auch auf die Physik erstreckt, wo sein Interesse vornehmlich den Phänomenen des Magnetismus, der Elektrizität und des → Galvanismus galt, deren polare Erscheinungen er mit den Farbenerscheinungen verglich. Auf Reisen wendete er seine Aufmerksamkeit besonders der Mineralogie und Geologie und den meteorologischen Erscheinungen zu. Am Schluß der Farbenlehre in der „Konfession des Verfassers" heißt es: „Als ich lange genug in diesen fremden Regionen verweilt hatte, fand ich den glücklichen Rückweg zur Kunst durch die physiologischen Farben und durch die sittliche und ästhetische Wirkung derselben überhaupt."

Dieses Bekenntnis leitet eine Pause ein. Erst 1817 kam G. zu neuen naturwissenschaftlichen Veröffentlichungen in seiner Schriftenreihe „Zur Naturwissenschaft überhaupt, besonders zur Morphologie", in der er in zwei Serien ältere und neuere Arbeiten zur Geologie, Meteorologie und Farbenlehre sowie zur Anatomie, Zoologie und Botanik mit methodischen und autobiographischen Aufsätzen und auch mit Gedichten verband. 1828 hat schließlich der Greis gemeinsam mit dem weimarischen Prinzenerzieher Frédéric Soret in einer deutsch-französischen Ausgabe noch einmal morphologische Schriften veröffentlicht.

G.s lebenslanges Bemühen um die Naturforschung steht in der Naturwissenschaft seiner Zeit. Er war in Zustimmung und Abwehr mit vielen Naturforschern verbunden, setzte sich mit den Meinungen der Zeit auseinander und fand junge Freunde, die seine Gedanken aufnahmen. Sein Platz in der Geschichte der Wissenschaften ist durch die Untersuchungen über den Zwischenkieferknochen und die Metamorphose der Pflanzen und durch die Farbenlehre gesichert. Von besonderer Bedeutung ist G.s Naturforschung durch ihr methodisches Vorgehen, durch den Blick auf die Naturerscheinungen, die Entdeckung des Typischen, erneute Prüfung an der Mannigfaltigkeit der Natur und die Darstellung einer Gesetzmäßigkeit in der natürlichen Ordnung.

Werke: Vollständige Ausgabe letzter Hand. Stuttgart und Tübingen 1827–1842; Weimarer Ausgabe, hrsg. im Auftrag der Großherzogin Sophie von Sachsen (Abt. II naturwissenschaftliche Schriften). Weimar 1887–1919; Die Schriften zur Naturwissenschaft, hrsg. im Auftrag der Deutschen Akademie der Naturforscher (Leopoldina) von L. Wolf, W. Troll, R. Matthaei und D. Kuhn. Weimar 1949 ff.; Corpus der Goethebezeichnungen (Band V A und V B zur Naturwissenschaft). Leipzig 1963 und 1967.

Literatur: Georg Balzer, G.s Bryophyllum. Berlin 1949; Gottfried Benn, G. und die Naturwissenschaften. Zürich 1961 (neue Aufl.); Martin Gebhard, G. als Physiker. Berlin 1932; Dorothea Kuhn, Empirische und ideelle Wirklichkeit. Studien zu G.s Kritik des französischen Akademiestreites. Graz-Wien-Köln 1967; Rupprecht Matthaei, Zur Morphologie des G.schen Farbenkreises. Köln-Graz 1958; Wilhelm Troll, Gestalt und Urbild (= Die Gestalt. H. 2). Halle 1942; Wilhelm Troll und Karl Lothar Wolf, G.s morphologischer Auftrag (= Die Gestalt. H. 1). Tübingen 1950.

Briefedition: F. Th. Bratranek, G.s naturwissenschaftliche Korrespondenz. Leipzig 1874.

Bibliographie: Günther Schmid, G. und die Naturwissenschaften. Halle 1940.

Dorothea Kuhn

Goldstein, Eugen (* 5. September 1850 in Gleiwitz, † 25. Dezember 1930 in Berlin). G. war an verschiedenen Berliner Forschungsinstituten tätig, wo ihm bescheidene experimentelle Mittel zur Verfügung standen (Promotion 1881). Eine eigentliche Anerkennung ist ihm erst in sehr späten Jahren zuteil geworden. G. wies 1876 auf die elektrische Ablenkbarkeit der von ihm benannten „Kathodenstrahlen" hin und entdeckte und benannte 1886 die → Kanalstrahlen. Ebenso entdeckte er 1907 die Funkenspektren ionisierter Atome.

1889 baute G. das Physikalische Kabinett der Berliner Urania auf. Seine Idee, dem Laien die Durchführung physikalischer Experimente mit einem einfachen Handgriff zu ermöglichen, wurde später vom Deutschen Museum übernommen.

Werke: Canalstrahlen (= Ostwalds Klassiker. Nr 231). Leipzig 1930.

Literatur: Ernst Gehrke et al., E. G. zum 70. Geburtstag. In: Die Naturwissenschaften. Jg 8, 1920, S. 715–734 (mit Bibliographie); Walter Kaufmann, Ansprache anläßlich des 80. Geburtstages von E. G. In: Physikal. Zeitschrift. Jg 31, 1930, S. 873–876; Wilhelm Westphal, Zu E. G.s 100. Geburtstag. In: Physikal. Blätter. Jg 6, 1950, S. 410–412.

Van de Graaf, Robert Jemison (* 20. Dezember 1901 in Tuscaloosa, Alabama, † 16. Januar 1967 in Boston, Massachusetts). Er war ursprünglich Ingenieur, dann Physiker. Unter dem Eindruck von Vorlesungen, die er bei Marie Curie hörte, begann er sich für Atomphysik zu interessieren und arbeitete 1925–1928 bei John Townsend in Oxford über die Beweglichkeit von Gasionen. Seit 1929 entwickelte er in USA den nach ihm benannten elektrostatischen Generator für hohe Spannungen, bei dem ein Konduktor durch ein unendliches Band beständig neu aufgeladen wird. Der van de Graaf-Generator liefert Spannungen von 2 bis 3 Millionen Volt und hat sich als wertvolles Beschleunigerinstrument in vielen Bereichen der Niederenergiephysik durchgesetzt.

Literatur: L. G. H. Huxley, Dr. R. J. van de Graaf. In: Nature, Vol. 214, 1967, S. 217 f.

U. H.

s'Gravesande, Willem Jacob (* 27. September 1688 in Bois-le-Duc, † 28. Februar 1742 in Leiden). Nach dreijährigem Studium der Rechte promovierte er (gleichzeitig mit zwei Brüdern) 1707 in Leiden. In London lernte er 1715 Newton kennen und wirkte von 1717 an als Professor in Leiden, wo er maßgeblich die Experimentalphysik im Newtonschen Sinne entwickelte; seine Physikbücher wurden berühmt und richtungweisend. Er vervollkommnete die Luftpumpe und erfand viele Versuchseinrichtungen, z. B. den waagrechten Ring, durch den eine Kugel knapp hindurchfällt, solange man sie nicht erwärmt. – s'G. besorgte auch Ausgaben einzelner Werke von Huygens, John Keill und Newton.

Werke: Physices elementa mathematica, experimentis confirmata. 2 Bde. London 1720/21; Philosophiae Newtonianae institutiones in usus academicos. Leiden 1723; Oeuvres philosophiques et mathématiques de s'Gravesande. 2 Bde. Amsterdam 1774 (mit Biographie, verfaßt von Jean-Nicolas-Sébastien Allamand).

Literatur: Alexandre Saverien, Histoire des philosophes modernes. 4 Bde. Paris 1760–1773; Pierre Brunet, Les physiciens hollandais et la méthode expérimentale en France au XVIIIe siècle. Paris 1926; Claude August Crommelin, Le paradoxe de s'Gravesande. In: Janus. Jg 47, 1958, S. 160–165.

H. B.

Gravitation. Die Wirkung der Erdanziehung wurde in Antike und Mittelalter so interpretiert, daß die schweren Körper zu ihrem „natürlichen Orte", dem Erdmittelpunkt, streben. Nach Anerkennung des Kopernikanischen Systems hatte die Erde ihre Vorzugsstellung verloren, und man schrieb folgerichtig im 16. Jh. jedem Himmelskörper eine Sphaera activitatis zu: ein Raum bestimmter Größe um den betreffenden Stern, innerhalb dessen Anziehungskräfte wirken. Man stellte sich vor, daß z. B. der Mond auf „mondartige" Materie, die Erde auf „erdartige" Materie anziehend wirke. Jeder Himmelskörper habe das Bestreben, einen gewaltsam abgetrennten Teil wieder an sich zu ziehen, um seine vollkommene Gestalt, die Kugel, zu erreichen. Isaac Newton formulierte in seinen regulae philosophandi von 1687 ausdrücklich, daß man die Kraft als ganz allgemein zwischen beliebigen Massen wirksam ansehen müsse.

Um das Phänomen der Anziehung durch die Sonne und zugleich die Rotation der Planeten um die eigene Achse zu erklären, hatte René Descartes ein kompliziertes System von Wirbeln subtiler Materie ersonnen, während Newton demgegenüber ausdrücklich betonte, zur Erklärung der Ursachen der Schwere keine Hypothesen erdenken zu wollen: Hypotheses non fingo.

Das Newtonsche Postulat wurde in der ersten Hälfte des 18. Jh.s immer wieder als ungenügend empfunden; in einem letzten großangelegten Ansatz bemühte sich Georges-Louis Le Sage um eine mechanische Erklärung der G. Erst Einstein fand ab 1908 den Ansatz zu einem tieferen Verständnis in der strengen Proportionalität (bzw. Gleichheit) von schwerer und träger Masse (→ Relativitätstheorie, Allgemeine).

Die Newtonsche Gravitationskraft, modern geschrieben $k=\gamma \cdot m_1 m_2/r^2$, galt in der zweiten Hälfte des 18. und 19. Jh.s als Muster eines physikalischen Gesetzes; während Newton die Interpretation offengelassen hatte, sprachen die Nachfolger von einer actio in distans (Fernwirkung). Man glaubte, auch alle anderen Kraftwirkungen (z. B. zwischen Magnet und elektrischem Strom) in dieser Weise fassen zu müssen, bis andere Betrachtungen an die Stelle traten (→ Feld).

Literatur: René Dugas, Mechanics in the seventeenth century. Neuchâtel 1958; Samuel Aronson, The gravitational theory of George-Louis le Sage. In: The natural philosopher. Bd 3, 1964, S. 53–74; Léon Rosenfeld, Newton and the law of gravitation. In: Archive for History of Exact Sciences. Vol. 2, 1962/66, S. 365–386; Richard S. Westfall, Hooke and the law of universal gravitation. In: British Journal for the History of Science. Vol. 3, 1967, S. 245–261; Curtis A. Wilson, From Kepler's laws, so-called, to universal gravitation: empirical factors. In: Archive for History of Exact Sciences. Vol. 6, 1970, S. 89–170.

Greinacher, Heinrich (* 31. 5. 1880 in St. Gallen). Er promovierte bei Emil Warburg und Max Planck in Berlin und wurde 1907 Dozent an der Universität Zürich. 1924 bis 1952 wirkte er als Ordinarius für Experimentalphysik in Bern. Als junger Radiologe untersuchte G. besonders das Polonium.

Für die Atomphysik wichtig wurden seine elektrotechnischen Erfindungen. Für sein Ionometer, das die elektrische Ladung der Gase an einem Zeigerinstrument anzeigte, war eine hohe Gleichspannung nötig, die er aus dem Wechselstromnetz gewinnen wollte. Diesen Zweck erreichte er 1914 mit der Verdopplungs- oder Greinacher-Schaltung. 1920 gelang ihm die Erfindung der Spannungsvervielfachungs- oder Kaskaden-Schaltung, des Grundprinzips des Kaskadengenerators, mit dem sich Spannungen bis 3 MV erzielen lassen.

1934 konnte er den Funkenzähler bekanntgeben, mit dem sich die radioaktiv zerfallenden Atome einzeln zählen lassen. Da beim Zerfall jedesmal ein α-Teilchen ausgesandt wird, das der Luft einen schwachen Stromstoß erteilt, verband er die Kammer, die den Stoff enthielt, mit dem Gitter einer Elektronenröhre, und nun ließen sich die Ladungsschwankungen am Anodenstrom messen und durch angeschlossene Hilfsmittel sichtbar oder (im Lautsprecher) hörbar machen.

Werke: Einführung in die Ionen- und Elektronenlehre der Gase. Bern 1923; Bausteine der Atome. Zürich 1924; Ausgewählte Aufgaben und Probleme aus der Experimentalphysik. ³Berlin 1952.

Literatur: Heinz Balmer, H. G. zum 90. Geburtstag. In: Physikal. Blätter. Jg 26, 1970, S. 220 f. H. B.

Grimaldi, Francesco Maria (* 2. April 1618 in Bologna, † 28. Dezember 1663 ebd.). Im Jahre 1665 erschien G.s Buch „Physicomathesis de lumine, coloribus et iride", das einen wichtigen Schritt in der Entwicklung der physikalischen Optik darstellte, denn es enthielt eine Mitteilung über die Entdeckung der Beugung des Lichtes. Diese Erscheinung war zwar schon früher beobachtet worden, aber Grimaldi bezeichnete sie zum erstenmal als eine neue Art der Fortpflanzung des Lichtes.

Grimaldis Buch, ein umfangreicher Foliant, ist eine „Summa" der Kenntnisse der Farbenlehre seiner Zeit. Daher sind Grimaldis neue Beobachtungen und Gedanken in der Fülle des Stoffes verstreut, so daß es schwierig ist, die zwei oder drei Sätze zu finden, in denen Grimaldi darüber schreibt, daß ihm die Zusammensetzung des weißen Lichtes aus Spektralfarben bekannt war. Er hatte nämlich schon damals das bekannte Experiment Newtons durchgeführt, in welchem er alle Spektralkomponenten mit Hilfe einer Konkavlinse vereinigt und weißes Licht erhalten hatte.

Es ist wenig bekannt, daß G. als Mitbegründer der Wellentheorie des Lichtes angesehen werden kann. Den Unterschied zwischen den einzelnen Spektralfarben beschrieb er in Begriffen, in denen man ein Analogon zur Wellenlänge sehen kann. Grimaldi wußte also, daß das weiße Licht seinerseits alle Spektralfarben enthält. Als Dispersion bezeichnete G. dann das Voneinandertrennen der einzelnen Spektralfarben.

Grimaldi befaßte sich auch mit Astronomie. Zusammen mit seinem Ordensbruder Giovanni Battista Riccioli stellte er im Jahre 1651 eine Mondkarte zusammen, deren Nomenklatur sich einbürgerte.

Literatur: Vincenzo Busacchi, F. M. G. e la sua opera scientifica. In: Actes du VIIIe Congrès International d'Histoire des Sciences (Florenz-Mailand 1956). Bd 2, S. 651–655; Vasco Ronchi, Padre Grimaldi e il suo tempo. In: Physis. Bd 5, 1963, S. 349–372; Jiri Marek, Les notions de la théorie ondulatoire de la lumière chez Grimaldi et Huygens. In: Acta historiae rerum naturalium necnon technicarum (Prag). Jg 1, 1965, S. 131–147; Roberto Savelli, Nel terzo centenario del „De lumine" di F. M. G. (= Quaderni di storia della scienza e della medicina. Bd VII). Ferrara 1966. J. M.

Grüneisen, Eduard (* 26. Mai 1877 in Giebichenstein b. Halle, † 5. April 1949 in Marburg). Seit 1904 war G. Mitarbeiter der Physikalisch-Technischen Reichsanstalt (seit 1919 Direktor der Abteilung für Elektrizität und Magnetismus); 1927 ging er als Professor für Experimentalphysik nach Marburg.

Als „Meister der präzisen physikalischen Messung" erforschte er die allgemeinen Zustandsgesetze der festen Körper und stellte die „G.sche Beziehung" zwischen Wärmeausdehnung, spezifischer Wärme, Atomvolumen und Kompressibilität auf. – Von 1928 bis Kriegsende war er geschäftsführender Herausgeber der Annalen der Physik.

Literatur: E. Goens, H. O. Kneser et al., E. G. † In: Annalen der Physik. Bd 5, 1949, S. 5 bis 12 (mit Literaturverzeichnis).

Guericke, Otto von (* 30. November 1602 in Magdeburg, † 31. Mai 1686 in Hamburg). Als Otto Gericke geboren, war er ab 1626 Ratsherr und von 1646–1676 Bürgermeister von Magdeburg (1666 geadelt). Wie nicht wenige seiner politisch tätigen Zeitgenossen zeigte er sich Fragen der wieder aufblühenden Naturwissenschaften gegenüber sehr aufgeschlossen, hat allerdings wie nur wenige auch aktiv und entscheidend an der Lösung solcher Probleme mitgewirkt.

Als Sproß einer alteingesessenen Patrizierfamilie zum Politiker im Dienste seiner Heimatstadt bestimmt, studierte er nach dem Besuch der Artistenfakultät in Leipzig (ab 1617) und in Helmstedt (1620) Juristerei in Jena und Leiden, hörte aber in Holland gleichzeitig Vorlesungen über mathematische Wissenschaften und speziell Festungsbau, wozu in dieser

Zeit allein an einer der Universität Leiden angeschlossenen Ingenieurschule die Möglichkeit bestand. Nach seiner Rückkehr wurde er 1626 Ratsherr und 1630 zusätzlich Bauherr Magdeburgs, trat nach der Zerstörung der Stadt 1631 als Ingenieur in schwedische und später kursächsische Dienste und galt in dieser Stellung und wegen seiner beidseitigen Beziehungen als der geeignete Mann, die Interessen der Stadt während des Dreißigjährigen Krieges gegenüber den wechselnden Besatzungsmächten und später auf den Friedens- und Nachfolgeverhandlungen und auf dem Reichstag zu Regensburg zu vertreten. Von 1642 bis 1666 findet man ihn so als Gesandten Magdeburgs in vielen Städten Mitteleuropas. Nahmen diese oft jahrelangen Reisen ihm einerseits die Muße, sich um die eigenen Angelegenheiten zu kümmern und seine Forschungen und Experimente weiterzutreiben, so gaben die Gespräche und Informationen auf den Versammlungen und an den Höfen ihm andererseits aber auch viele Anregungen und die Möglichkeit, die eigenen Vorstellungen und Experimente einem größeren Kreis mitzuteilen. Geeignete Kommunikationsmittel fehlten zu dieser Zeit neben dem Buch und dem Briefwechsel; politische Versammlungen und Fürstenhöfe ersetzten die späteren wissenschaftlichen Zeitschriften und Kongresse: Guericke hat nicht nur seine eigenen Versuche auf dem Reichstag zu Regensburg (1653/54) mehrmals und 1663 am Hofe des Großen Kurfürsten vorgeführt, sondern in Osnabrück 1646 auch erstmals von der neuen Physik Descartes' und in Regensburg von den Versuchen Torricellis gehört, die unabhängig von einer anderen Seite her das Vakuumproblem zu lösen versucht hatten. Drei Fragenbereiche waren es nämlich, die Guericke als überzeugten Anhänger des Kopernikanischen Planetensystems, für das eine physikalische Grundlage noch fehlte, seit seiner Studienzeit in Leiden beschäftigt zu haben scheinen, deren Zusammengehörigkeit, aber auch Fragwürdigkeit er wie seit Aristoteles niemand mehr erkannt hatte:

1. Was ist Raum? Gibt es einen leeren Raum oder ist Raum stets erfüllter Raum und als leerer Raum nur „gedachter Raum" (spatium imaginarium) als bloße logische Abstraktion? – 2. Wie können die individuellen Weltkörper über den Raum hin aufeinander wirken, und wie werden sie bewegt? – 3. Ist der Raum und damit die Zahl der in ihm enthaltenen Weltkörper begrenzt oder unbegrenzt, d. h. unendlich?

Es sind die Vorstellungen Descartes', der Raum und Materie gleichsetzte und daraufhin jegliches Vakuum leugnete, gewesen, die Guericke veranlaßten, ein Experiment den alten Streit zwischen Plenisten und Vakuisten entscheiden zu lassen. Man nehme ein solides Gefäß, pumpe die darin enthaltene Materie heraus, ohne daß neue an ihre Stelle einzudringen vermag, und prüfe, ob tatsächlich dann die Gefäßwände aneinander stoßen, wie Descartes behauptet hatte. Bald nach der Rückkehr aus Osnabrück setzte er diese Überlegung in die Tat um: Er baute eine einfache Feuerspritze durch Einbau zweier Klappenventile zu einer Saugpumpe um und pumpte damit das eingefüllte Wasser aus einem gut abgedichteten Bierfaß heraus. Pfeifende Geräusche zeigten dann aber an, daß Luft eindrang. Guericke wiederholte den Versuch, indem er zur zusätzlichen Abdichtung das Bierfaß in ein zweites, mit Wasser gefülltes setzte. Das entfernte Wasser wurde jetzt aber, wenn auch langsamer, durch eindringendes äußeres Wasser ersetzt. Um das Dichtungsproblem ein für allemal zu lösen, ließ er sich daraufhin eine hohle Kupferkugel mit unten angebrachtem Hahn herstellen. Diesen „Cacabus" füllte er jedoch nicht erst mit Wasser, sondern versuchte, sogleich die in ihm enthaltene Luft herauszupumpen; war in die Bierfässer zuvor doch sowohl Wasser als auch Luft eingedrungen gewesen.

Ein erster Versuch mißlang, weil der „cacabus" implodierte. Sollte Descartes doch recht gehabt haben? Die vorhergehenden Versuche hatten Guericke jedoch bereits vom Gegenteil überzeugt, so daß er der Nachlässigkeit des Kupferschmiedes die Schuld gab

Abb. 16. Titelkupfer von Guerickes Neuen Magdeburgischen Versuchen über den leeren Raum. Amsterdam 1672

und einen neuen „cacabus“ in Auftrag gab. Mit diesem gelang der Versuch; und damit hatte Guericke die Luftpumpe erfunden oder vielmehr die Pumpfähigkeit der Luft entdeckt. Hatte er ursprünglich an ein Nachsinken der Luft gedacht und diese deshalb wie zuvor das Wasser von unten her entnommen, so zeigten weitere Versuche, daß die Öffnung beliebig angebracht werden kann, daß die Luft sich also gleichmäßig über den von ihr eingenommenen Raum verteilt und verdünnt. Diese Elastizität der Luft, die alle „leeren“ Räume innerhalb der Lufthülle zu erfüllen bestrebt ist, stellt Guerickes eigentliche große Entdeckung dar.

Diese Entdeckung eröffnete völlig neue Perspektiven und zog weitere Erkenntnisse und Entdeckungen nach sich, die Guericke jeweils mit Experimenten bestätigte: Abnahme der Dichte der Luft mit der Höhe (begrenzte Lufthülle mit allmählich abnehmender Dichte, „leerer“ Raum außerhalb der Atmosphären der Gestirne), Arbeitsfähigkeit des Luftdrucks (Widerlegung der „horror vacui“-Theorie), regionale und zeitliche Schwankungen des Luftdrucks entsprechend der Witterung (Wettervorhersage mittels Barometer, Größe des mittleren Luftdruckes entsprechend einer Wassersäule von 20 Magdeburger Ellen), Wägbarkeit und Gewicht von Luft in Luft u. a.

Aus den frühen Versuchen ragen besonders jene immer neu erdachten und immer größere Überzeugungskraft enthaltenden zur Demonstration der ungeheuren Größe und Arbeitsfähigkeit des Luftdruckes heraus, die auch großes Aufsehen bei den ersten öffentlichen Vorführungen in Regensburg erregten. Kaspar Schott berichtete darüber 1657 und 1664 in seinen Handbüchern „Mechanica hydraulico-pneumatica“ und „Technica curiosa“ — ergänzt jeweils durch brieflich eingeholte Auskünfte Guerickes. Durch diese und andere fremde Veröffentlichungen wurden u. a. Huygens und Boyle zur Verbesserung der Luftpumpe und zu ihren Versuchen angeregt. Den berühmten Versuch mit den sog. Magdeburger Halbkugeln ersann Guericke jedoch erst 1656. Er wurde 1657 erstmals mit Pferden ausgeführt und 1663 am Hofe des Großen Kurfürsten vor einem größeren Kreis wiederholt. Inzwischen hatte Guericke seine Pumpe in einer stationären Ausführung durch hydraulische Abdichtung verbessert und hatte 1663, wohl erst nach Abschluß der ersten Fassung seines 1672 erschienenen Werkes, in Anlehnung an die von Boyle konstruierte Form die bewegliche, sog. Pumpe dritter Bauart entwickelt und ausgeführt, die allein in drei Exemplaren erhalten ist (Braunschweig, Lund, München).

All diese Versuche und Entdeckungen bildeten aber nur einen Teilaspekt der Suche Guerickes nach einem neuen umfassenden physikalischen Weltbild auf der Grundlage des Kopernikanischen Planetensystems. Nach dem Vorbild von William Gilbert versuchte G. sich in einer → terrella ein verkleinertes Abbild der Erde zu verschaffen, goß sich dazu eine Kugel aus verschiedenen Mineralien mit einem großen Schwefelanteil (später nur aus Schwefel) und demonstrierte an ihr die verschiedenartigen kosmischen Wirkkräfte wie Anziehung (die anders als beim Magneten auf alle Stoffe und überall senkrecht zur Oberfläche wirkte) und Mitführung (die beim Magneten nicht gezeigt werden konnte).

Wir wissen heute, daß diese durch Reibung der Kugel erzeugten „Kräfte“ auf Effekten der Reibungselektrizität beruhen. Guericke selbst sah sie aber noch nicht als spezielles Phänomen an, sondern als adäquate Demonstration der verschiedenen Äußerungsformen der sphärisch begrenzten Wirkfähigkeiten der Gestirnsseelen. Man kann deshalb die Schwefelkugel nicht als erste Elektrisiermaschine bezeichnen, wenn sie auch später um 1700 zu elektrischen Versuchen anregte und man dann Guerickes Beobachtungen von Erscheinungen, die später als elektrische Anziehung und Abstoßung, als Spitzenwirkung, als elektrische Leitung, als Influenz, als Funkenentladung u. a. gedeutet wurden, in den Bereich der Reibungselektrizität einbezog.

War damit auch eine „Physik“ geschaffen, die jene einer allgemeinen Gravitation Newtons gedanklich vorbereitete und neben jener Descartes' das einzige umfassende System nach dem aristotelisch-scholastischen vor Newton darstellte, so blieb als entscheidendes Problem noch jene dritte Frage nach der Begrenztheit des Raumes und der Zahl der Welten offen. Guericke war es vorbehalten, dieses Problem durch eine begriffliche Differenzierung des Seinsbegriffes bzw. ihre erste Anwendung zu durchbrechen, indem er aufzeigte, daß das Nichts das Unerschaffene ist, der leere Raum als ein Nichts (als bloßes Behältnis) also unerschaffen und deshalb unabhängig von Gott und seiner Schöpfung und vor dieser dagewesen ist. Als solches kann er nicht begrenzt sein — ebensowenig wie dann die Zahl der Welten. Diese ist allerdings nicht unendlich — denn es gibt keine unendliche Zahl —, aber auch nicht begrenzt — denn es gibt ebensowenig eine größte Zahl, ein Ende der Zahlenreihe.

Literatur: Otto von Guerickes Neue (sogenannte) Magdeburger Versuche über den leeren Raum, nebst Briefen, Urkunden und anderen Zeugnissen seiner Lebens- und Schaffensgeschichte, übersetzt und hrsg. von Hans Schimank, unter Mitarbeit von Hans Gossen †, Gregor Maurach und Fritz Krafft. Düsseldorf 1968. (Mit Biographie, ausführlichem Kommentar und vollständiger Bibliographie bis 1967; eine verkleinerte Ausgabe nur der Übersetzung ist gleichzeitig erschienen.) — Alfons Kauffeldt, Otto von Guericke. Philosophisches über den leeren Raum. Berlin 1968; Fritz Krafft, Experimenta nova. Untersuchungen zur Geschichte eines wissenschaftlichen Buches. In: Buch und Wissenschaft ... Hrsg. von Eberhard Schmauderer (= Technikgeschichte in Einzeldarstellungen. Bd 17). Düsseldorf 1969, S. 103—129.

Fritz Krafft

H

Haas, Arthur Erich (* 30. April 1884 in Brünn, † 20. Februar 1941 in Chicago). Nach dem Studium der Physik in Wien und Göttingen promovierte H. 1906 in Wien und wandte sich dann verstärkt der Physikgeschichte zu. Seine der Philosophischen Fakultät der Universität Wien eingereichte Habilitationsschrift über die Geschichte des Energieprinzips bereitete den zur Beurteilung in erster Linie zuständigen Physikern „Kopfzerbrechen": So kam der Beschluß zustande, Haas möge zusätzlich noch eine rein physikalische Arbeit anfertigen.

Um die Auflage der Fakultät zu erfüllen, verfolgte Haas gegen Ende 1909 die neueste physikalische Literatur und stieß dabei auf das ungelöste Problem der schwarzen Strahlung. H. studierte das Buch von J. J. Thomson über „Elektrizität und Materie", in dessen Mittelpunkt Betrachtungen über die Atomkonstitution stehen und las gleichzeitig einen Aufsatz von Willy Wien in der „Encyklopädie der math. Wissenschaften", in dem die Vermutung ausgesprochen wird, daß das Energieelement „aus einer universellen Eigenschaft der Atome abgeleitet werden kann". Diese Idee aufgreifend wandte H. als erster einen Quantenansatz an, um die Atomkonstitution zu erklären. Damit setzte H. an die Stelle der physikalisch blutleeren Planckschen Oszillatoren im Strahlungshohlraum reale Atome.

Der H.sche Quantenansatz $|E_{pot}| = h \cdot \nu$ stimmt für den Grundzustand mit der späteren Bohrschen Bedingung überein und deswegen erhielt H. richtig den „Bohrschen"

Radius des Wasserstoffatoms. Bezeichnenderweise schrieb H. aber nur die nach dem Wirkungsquantum aufgelöste Gleichung an, $h = 2\pi e \sqrt{r \cdot m}$, betrachtete also wie Willy Wien die Dimensionen des Atoms als fundamental, aus denen sich dann das Wirkungsquantum ableitet. Bis auf einen Zahlenfaktor 8 führte H. auch richtig die Rydbergkonstante auf das Wirkungsquantum *h*, auf die Lichtgeschwindigkeit *c* und die Grundgrößen des Elektrons *e* und *m* zurück.

Wenn auch beim H.schen Ansatz die angeregten Zustände – und damit die Verbindung zur spektroskopischen Erfahrung – fehlen, handelt es sich doch um einen bemerkenswerten Vorläufer der Bohrschen Atomtheorie. Von den Wiener Physikern aber wurden im Februar 1910 die H.schen Ideen als „Faschingsscherz" qualifiziert und fanden nur sehr langsam Anerkennung.

1913 wurde H. ao. Professor für Geschichte der Naturwissenschaften an der Universität Leipzig, kehrte nach Kriegsende nach Wien zurück, wo er langsam von der Geschichte der Physik wieder zur Physik überging. So berechnete er 1920 – unabhängig von F. Wheeler Loomis und Adolf Kratzer – die richtigen Formeln für den Isotopieeffekt bei Rotationsspektren. Nach Gasteinladungen siedelte er 1935 endgültig in die Vereinigten Staaten über. Seit 1936 bis zu seinem frühen Tode war er Professor für Physik an der Universität von Notre Dame (Indiana).

H. betrieb die Geschichte der Physik aus Interesse für die historischen wie für die modernen Theorien; er besaß die „Überzeugung, daß keine andere wie die geschichtliche Methode geeignet sein kann, das Verständnis physikalischer Prinzipien zu erleichtern und die Erkenntnis ihrer Bedeutung zu klären und zu vertiefen". Seine nach diesen Gesichtspunkten geschriebenen zahlreichen Bücher, vielfach aus Vorlesungen und Vorträgen hervorgegangen, sind Meisterwerke leichtverständlicher Darstellung, wurden in viele Sprachen übersetzt und fanden weite Verbreitung.

Hauptwerke: Die Entwicklungsgeschichte des Satzes von der Erhaltung der Kraft (= Habilitationsschrift). Wien 1909; Der erste Quantenansatz für das Atom [Nachdruck der Originalarbeiten von 1910]. Stuttgart 1965; Die Grundgleichungen der Mechanik, dargest. auf Grund der geschichtlichen Entwicklung. Leipzig 1914; Einführung in die theoretische Physik. 2 Bde. Leipzig 1919/21.

Literatur: A. E. H., Der erste Quantenansatz für das Atom (= Dokumente der Naturwissenschaft. Bd 10). Stuttgart 1965. Hier auch Biographie und Bibliographie; Armin Hermann, A. E. H. und der erste Quantenansatz für das Atom. In: Sudhoffs Archiv. Bd 49, 1965, S. 255 bis 268; ders., Frühgeschichte der Quantentheorie. Mosbach/Baden 1969.

Hahn, Otto (* 8. März 1879 in Frankfurt, † 28. Juli 1968 in Göttingen). Nach der Gründung der Kaiser-Wilhelm-Gesellschaft zur Förderung der Wissenschaften und dem Bau des Kaiser-Wilhelm-Instituts für Chemie in Berlin-Dahlem übernahm Hahn 1912 die Leitung der zunächst kleinen Radioaktiven Abteilung. Hier wurde die schon am Chemischen Institut der Universität begonnene wissenschaftliche Zusammenarbeit des chemisch ausgebildeten Otto Hahn mit der Physikerin Lise Meitner intensiv fortgesetzt. Aus der Abteilung Hahn wurde die Abteilung Hahn (Chemie) und Meitner (Physik); schließlich wurde das ganze Kaiser-Wilhelm-Institut (an dem früher die organische Chemie die Hauptrolle gespielt hatte) ein Institut für Radiochemie und Kernphysik.

Nach der Entdeckung des Neutrons gelang es, viele Kernprozesse mit diesem neuen Teilchen durchzuführen. Ende 1938 erhielten Otto Hahn und Fritz Straßmann ganz ungewöhnliche Ergebnisse bei der Bestrahlung von Uran mit langsamen Neutronen. Die chemische Analyse ergab nicht, wie zunächst vermutet, Radium, sondern Barium:

„Wir kommen zu dem Schluß: Unsere ‚Radiumisotope' haben die Eigenschaften des Bariums; als Chemiker müßten wir eigentlich sagen, bei den neuen Körpern handelt es sich nicht um Radium, sondern um Barium; denn andere Elemente als Radium und Barium kommen nicht in Frage ... Was die ‚Trans-

Urane' anbelangt, so sind diese Elemente ihren niederen Homologen Thenium, Osmium, Iridium, Platin zwar chemisch verwandt, mit ihnen aber nicht gleich. Ob sie etwa mit den noch niedrigeren Homologen Masurium, Ruthenium, Rhodium, Palladium chemisch gleich sind, wurde noch nicht geprüft. Daran konnte man ja früher nicht denken. Die Summe der Massenzahlen Ba + Ma, also z. B. 138 + 101, ergibt 239! Als Chemiker müßten wir aus den kurz dargelegten Versuchen das oben gebrachte Schema eigentlich umbenennen ... und die Symbole Ba, La, Ce einsetzen. Als der Physik in gewisser Weise nahestehende ‚Kernchemiker' können wir uns zu diesem, allen bisherigen Erfahrungen der Kernphysik widersprechenden Sprung noch nicht entschließen."

Schon wenige Wochen später aber veröffentlichten Hahn und Straßmann den sicheren experimentellen Beweis für die bisher unvorstellbare Reaktion, die bei der Bestrahlung des Urans eingetreten war: Der Atomkern war in zwei fast gleichgroße Bruchstücke zerplatzt.

Die Entdeckung erregte eine Sensation. Nicht nur wird bei dem Prozeß eine ungewöhnlich große Energiemenge frei, sondern es entstehen auch zusätzliche Neutronen, wodurch sich die Möglichkeit einer „Kettenreaktion" abzeichnete. Am 2. Dezember 1942 gelang es einer amerikanischen Arbeitsgruppe unter Enrico Fermi in Chicago erstmalig, im Atommeiler diese Kettenreaktion in Gang zu bringen. Am 6. und 9. August 1945 explodierten die ersten Atombomben über den japanischen Städten Hiroshima und Nagasaki.

Otto Hahn war über diese Anwendung seiner Entdeckung tief deprimiert. Wiederholt ergriff er in Sorge über die nun mögliche Selbstvernichtung des Menschen das Wort für eine nur friedliche Anwendung der Kernenergie.

Werke: Über den Nachweis und das Verhalten der bei der Bestrahlung des Urans mittels Neutronen entstehenden Erdalkalimetalle. In: Die Naturwissenschaften. Jg 27, 1939, S. 11–15 (mit Fritz Straßmann); Nachweis der Entstehung aktiver Bariumisotope aus Uran und Thorium durch Neutronenbestrahlung etc. Ebd. Jg 27, 1939, S. 89–95 (mit Fritz Straßmann); Vom Radiothor zur Uranspaltung. Braunschweig 1962; Mein Leben. München 1968.

Literatur: Walther Gerlach, Vor 25 Jahren „zerplatzte" der Atomkern. In: Physikal. Blätter. Jg 20, 1964, S. 11–14; ders., O. H. Ein Forscherleben unserer Zeit. In: Deutsches Museum. Abhandlungen und Berichte. Jg 37, 1969, H. 3; Ernst Berninger, O. H. — Eine Bilddokumentation. München 1969.

Halbleiter. Über eine der wichtigsten Entdeckungen der Elektrizitätslehre berichtete Stephen Gray zwischen 1731 und 1736 in den Philosophical Transactions, über seine Beobachtung, daß eine Reihe von Stoffen die Elektrizität gut — andere hingegen schlecht leiteten. Die Bezeichnung „Leiter" (Konduktor) stammt jedoch nicht von Gray, sondern von seinem Zeitgenossen Desaguliers.

Die Stoffe, die den Übergang zwischen den Leitern und den Isolatoren bilden, konnten indessen erst erforscht werden, als ausreichende Stromquellen zur Verfügung standen (→ Voltasche Säule: 1800). Zu einer systematischen Einordnung der H. zwischen die von Alessandro Volta als Leiter erster Klasse bezeichneten Metalle und die Leiter zweiter Klasse (Elektrolyte) bedurfte es jedoch noch eines ganzen Jahrhunderts des Ringens um Einsicht in die prinzipiellen Leitungsmechanismen der Stoffe (Elektronenleitung – Ionenleitung). Als elektronenleitende Stoffe mit sehr geringer elektrischer Leitfähigkeit erkannt, wurden die H. schließlich im Übergangsbereich zu den Metallen eingeordnet.

Einer Anzahl interessanter Effekte von unschätzbarem technischem Nutzen (H.technik) verdankt die Physik der H. ihre Entwicklung zu einer großen Forschungsrichtung innerhalb der Festkörperphysik. Schon Michael Faraday hatte an Schwefelkupfer eine starke Abhängigkeit der Leitfähigkeit von der Temperatur festgestellt. Wilhelm Hittorf untersuchte diese Erscheinung 1851. Auf die Änderung des elektrischen Widerstandes der metallischen Modifikation des Selens bei Belichtung stieß im Jahre 1873 Willoughby Smith. Bereits 1875 gab Werner von Siemens das Prinzip einer lichtelektrischen Selenzelle an. Ferdinand Braun gelang 1874 die bahnbrechende Entdeckung, daß bei Schwefelmetallen der Widerstand von der Stromrichtung abhängt (Gleichrichtereffekt). Es dauerte allerdings noch über fünfzig Jahre bis zur Entdeckung weiterer bedeutsamer Phänomene, der lichtelektrischen Effekte an Verbundelementen aus H. und Metallen (Photozellen): Den Hinterwandeffekt fanden nacheinander Paul H. Geiger (1926) und Bruno Lange (1929), den Vorderwandeffekt gemeinsam Walter Schottky und E. Duhme (1930).

Quellen: Johann Wilhelm Hittorf, Elektrisches Leitvermögen des Schwefelsilbers u. Halbschwefelkupfers. In: Annalen der Physik. Bd 84, 1851, S. 1–28; Ferdinand Braun, Über die Stromleitung durch Schwefelmetalle. Ebd. Bd 153, 1874, S. 556–571; ders., Abweichungen vom Ohmschen Gesetz in metallisch leitenden Körpern. Ebd. Bd 1, 1877, S. 95–110; Werner Siemens, Über den Einfluß der Beleuchtung auf die Leitungsfähigkeit des kristallinischen Selens. Ebd. Bd 156, 1875, S. 334–335; ders., Über die Abhängigkeit der elektr. Leitungsfähigkeit des Selens von Wärme und Licht. Ebd. Bd 159, 1876, S. 117–141 und Bd 2, 1877, S. 521–550.

L. S.

Halley, Edmond (* 29. Oktober 1656 in Haggerston bei London, † 14. Januar 1724 in Greenwich). Mit 19 Jahren schrieb er eine Abhandlung über die Planetenbahnen. Um die Fixsternverzeichnisse von Johannes Hevel und John Flamsteed nach Süden fortzusetzen, reiste er 1676 mit einem Fernrohr für ein Jahr nach St. Helena und konnte 1679 seinen „Catalogus stellarum australium" herausgeben. Die großen Kometen von 1680 und 1682 zogen seine Aufmerksamkeit an. Er trat in Beziehung zu Newton, gab auf eigene Kosten dessen Principia heraus und wandte nun dessen Bahnberechnungsmethoden auf die Kometen an. Dabei entdeckte er, daß die drei Kometen von 1531, 1607 und 1682 dieselbe Ellipse ergaben und verschiedene Erscheinungen desselben Körpers gewesen waren. Seine „Synopsis astronomiae cometicae" erschien 1705 in den Philosophical Transactions.

Ebensosehr förderte er die physikalische Geographie. Auf seiner Fahrt nach Süden hatte er die regelmäßige Windverteilung im Tropengürtel studiert und entwarf davon 1686 ein Kärtchen. Noch mehr befaßte er sich mit den Abweichungen der Magnetnadel. Auf ausgedehnten Seereisen sammelte er 1698–1701 den Stoff für eine erste Isogonenkarte. Nach der Rückkehr wurde er als Nachfolger von John Wallis 1703 Geometrieprofessor in Oxford und gab 1710 die Kegelschnittlehre des Apollonius heraus, die er aus dem Griechischen und Arabischen übersetzte. 1713 wurde er Sekretär der Royal Society, 1720 als Nachfolger Flamsteeds Leiter der Sternwarte Greenwich. Er betreute den Druck von Flamsteeds großem Fixsternkatalog und erforschte die Ungleichmäßigkeiten in der Mondbewegung.

1716 wies er den Nutzen nach, den die Venusdurchgänge vor der Sonnenscheibe darbieten, indem man sie von verschiedenen Erdorten aus betrachten und hernach zur Bestimmung der Entfernung der Sonne verwenden kann. Beobachtungen des Sirius, Procyon und Arcturus überzeugten ihn 1718, daß die Fixsterne ihre Stellung ändern und eine eigene Bewegung haben. Noch vieles geht auf ihn zurück; so trat er für den kosmischen Ursprung der Meteore ein, brachte das Nordlicht mit dem Erdmagnetismus in Beziehung, füllte als erster die Thermometer mit Quecksilber, verbesserte die Taucherglocke und ließ sich tief ins Meer hinab. Ferner legte er Untersuchungen über Rentenversicherung vor.

Werke: Eugene Fairfield MacPike (Hrsg.), Correspondence and papers of E. H. Oxford 1932; Gustav Hellmann (Hrsg.), Neudrucke von Schriften und Karten über Meteorologie und Erdmagnetismus. Berlin 1893–1904. Nr 4 (Neudruck der Isogonenkarte) und 8 (Neudruck der Windkarte).

Literatur: Angus Armitage, E. H. London 1966. Ferner: Jean-Jacques d'Ortous de Mairan, Eloge de M. Halley. In: Mémoires de l'Académie Royale des Sciences. Paris 1742, S. 172–188. Auch in:

de Mairan, Eloges des académiciens. Paris 1747; Alexandre Saverien, Histoire des philosophes modernes. Seconde partie: Histoire des restaurateurs des sciences. Paris 1756; Franz Arago's sämmtliche Werke. Bd 3, Leipzig 1855, S. 293–296; Friedrich Dannemann, E. H. In: Das Weltall. Jg 31, 1931/32, S. 98–100; Arthur Schuster und Arthur Everett Shipley, Britain's heritage of science. London 1917, S. 58–60; Ludwig Darmstaedter, E. H. und die Fortschritte der Lehre von den Kometen und vom Erdmagnetismus. In: Reclams Universum. Bd 42, 1926, S. 1235 f.; Raymond Phineas Stearns, The course of Captain E. H. in the year 1700. In: Annals of Science. Vol. 1, 1936, S. 294–301; G. L. Huxley, The mathematical work of E. H. In: Scripta mathematica. Vol. 24, 1959, S. 265–273; Heinz Balmer, Beiträge zur Geschichte der Erkenntnis des Erdmagnetismus. Aarau 1956, S. 470–485; Colin A. Ronan, E. H. Genius in eclipse. New York 1969. H. B.

Hallwachs, Wilhelm (* 9. Juli 1859 in Darmstadt, † 20. Juni 1922 in Dresden). H. promovierte in Straßburg, war dort zuletzt Privatassistent August Kundts und kam dann von 1884–1886 als Assistent zu Friedrich Kohlrausch nach Würzburg. Er habilitierte sich 1886 bei Gustav Wiedemann in Leipzig und ging 1888 wieder zu Kohlrausch, der inzwischen in Straßburg tätig war. 1893 wurde er Ordinarius für Elektrotechnik an der TH Dresden; nach dem Rücktritt August Töplers übernahm er dort das Ordinariat für Physik (1900). Durch Einführung und Ausgestaltung des Studiums in technischer Physik erwarb er sich bedeutende Verdienste; als erste Hochschule führte die TH Dresden das Abschlußexamen in technischer Physik ein.

H. war ein Meister der messenden Physik. Er baute u. a. ein „aperiodisches, magnet- und nachwirkungsfreies Quadrantenelektrometer" und ein Doppeltrogrefraktometer. 1887 fand Heinrich Hertz bei seinen Versuchen über elektromagnetische Schwingungen, daß die Funken länger ausfielen, wenn in der Nähe gleichzeitig ein anderer Funken übersprang, und konnte das ultraviolette Licht des zweiten Funkens dafür verantwortlich machen. H. widmete sich als erster der experimentellen Untersuchung dieses „lichtelektrischen Effektes" oder „Hallwachseffektes" (→ Photoeffekt). Er wies nach, daß durch ultraviolettes Licht negativ geladene Metallplatten entladen und ungeladene positiv aufgeladen werden und daß die Wirkung an die Absorption des ultravioletten Lichtes geknüpft ist.

Als Assistent von Kohlrausch in Straßburg hatte er sich ab 1890 einem anderen Gebiet, der Erforschung der Eigenschaften der Elektrolyte, zuzuwenden; die weiteren großen Entdeckungen wurden von anderen (Lenard, J. J. Thomson) gemacht. Durch Einsteins Erklärung mit der Lichtquantenhypothese (1905) spielte der lichtelektrische Effekt dann eine fundamentale Rolle in der Entwicklung der Physik.

Erst 1904 widmete sich Hallwachs, nunmehr mit eigenen Schülern, wieder diesem Fragenkomplex, so der Größe der Austrittsarbeit, d. h. der lichtelektrischen Wirkung in Abhängigkeit von der Vorbehandlung des Metalles, von der umgebenden Atmosphäre usw. Auf dem Gebiet der Lichtelektrizität wurde Hallwachs nun zum führenden Forscher. Die Entwicklung führte später zur Photozelle, der eine sehr große Bedeutung in der Technik (Tonfilm, Bildtelegraphie, Fernsehen) und in der messenden Physik (Nachweis von Lichtquanten) zukommt.

Werke: Über den Einfluß des Lichtes auf electrostatisch geladene Körper. In: Annalen der Physik. Bd 33, 1888, S. 301–312; Ueber die Electrisierung von Metallplatten durch Bestrahlung mit electr. Licht. Ebd. Bd 34, 1888, S. 731 bis 734; Ueber den Zusammenhang des Electrizitätsverlustes durch Beleuchtung mit der Lichtabsorption. Ebd. Bd 37, 1889, S. 666–675; Die Lichtelektrizität. Leipzig 1914.

Literatur: Otto Wiener, Nachruf auf W. H. In: Bericht über die Verhandlungen der sächs. Akademie der Wiss. zu Leipzig. Math.-physik. Klasse. Bd 74, 1922, S. 291–316 (mit Werksverzeichnis); ders., W. H. †. In: Physikal. Zeitschrift. Bd 23, 1922, S. 457–462.

Hamilton, Sir William Rowan (* 4. August 1805 in Dublin, † 2. September 1865 in Dunsink). Er war ein Wunderkind mit fabelhafter Begabung für Sprachen und Mathematik. Schon als Kind lernte er 13 Sprachen, darunter Arabisch und Sanskrit. Mit 22 Jahren wurde er „Royal Astronomer of Ireland", Leiter der Sternwarte und Professor der Astronomie in Dublin.

Als Forscher beschäftigte er sich anfangs mit geometrischer Optik. Rein theoretisch sagte er voraus, daß in zweiachsigen Kristallen eine konische Refraktion des Lichtes möglich sei, was sich bestätigte. Die in der Optik gewonnenen Methoden wandte er auf die analytische Mechanik an, wo er das „Hamiltonsche Prinzip" einführte, das für die Himmelsmechanik Bedeutung gewann. Er zeigte, daß aus der Wellenoptik durch einen mathematischen Grenzübergang die (nur für kleine Wellenlängen gültige) geometrische Optik gewonnen werden kann. Da er diese mit der klassischen Mechanik in Parallele setzte, fand Erwin Schrödinger hundert Jahre später hier den Ansatzpunkt, die volle Analogie zwischen Mechanik und Optik herauszustellen, d. h. eine der Wellenoptik entsprechende „Wellenmechanik" zu begründen.

Von 1833 an wurde H. ganz von der reinen Mathematik gefesselt. Er studierte die Lösung algebraischer Gleichungen fünften Grades. Vor allem aber suchte er das Rechnen mit komplexen Zahlen von der Ebene auf den Raum zu übertragen. Dafür eigneten sich die Quaternionen, viergliedrige Zahlen, die er von 1843 an erforschte und in zwei großen Bänden darstellte.

Werke: Theory of systems of rays. Dublin 1828; Lectures on quaternions. Dublin 1853; Elements of quaternions. London 1866.

Literatur: R. P. Graves, Life of Sir W. R. H. (mit Auswahl seiner Gedichte und Briefe). 3 Bde. Dublin 1882–1889; Alexander Macfarlane, Lectures on ten British mathematicians of the nineteenth century. New York 1916; Felix Klein, Vorlesungen über die Entwicklung der Mathematik im 19. Jahrhundert. Bd 1. Berlin 1926 (Neudruck New York 1950), S. 182–202; Wolfgang Buchheim, W. R. H. und seine Bedeutung für die Astronomie. In: Die Sterne. Jg 41, 1965, S. 191–197; ders., W. R. H. und das Fortwirken seiner Gedanken in den physikalischen Wissenschaften. In: Forschungen und Fortschritte. Jg 40, 1966, S. 162–165. H. B.

Hartsoeker, Nicolaus (* 26. März 1656 in Gouda, † 10. Dezember 1725 in Utrecht). H., einer der großen Experimentalphysiker seiner Zeit, studierte in Leiden, Amsterdam und 1678–1679 in Paris, wohin er 1684 für zwölf Jahre zurückkehrte. 1696 zog er nach Rotterdam und wurde 1699 nach Amsterdam bestellt, um den Zaren Peter den Großen zu unterrichten. 1704 folgte er einem Rufe des Kurfürsten von der Pfalz und lebte zwölf Jahre als Hofmathematicus in Düsseldorf. Nach dem Tode des Kurfürsten übersiedelte er 1716 nach Utrecht.

H. vervollkommnete verschiedene optische Instrumente, besonders das Mikroskop, mit dem er auch Beobachtungen anstellte. Er suchte die Abweichungen der Magnetnadel und den elliptischen Lauf der Planeten zu erklären, beschäftigte sich mit dem Wasser in Röhren, dem Blutkreislauf, dem Barometer usw. Mit vielen Zeitgenossen hatte er wissenschaftliche Auseinandersetzungen, so mit Christiaan Huygens, Edme Mariotte, Isaac Newton u. a.

Werke: Essai de dioptrique. Paris 1694; Principes de physique. Paris 1696; Conjectures physiques. Amsterdam 1706, mit Fortsetzungen 1708, 1710, 1712; Cours de physique. Den Haag 1730 (darin auch Fontenelles Biographie).

Literatur: Bernard de Fontenelle, Eloges des académiciens. 3 Bde. Paris 1719. H. B.

Hasenöhrl, Friedrich (* 30. November 1874 in Wien, † 7. Oktober 1915 bei Folgaria). 1907 wurde H. als Nachfolger Boltzmanns Professor und Vorstand des Institutes für Theoretische Physik der Universität Wien. H. erwies sich, wie Hans Thirring feststellte, „als Lehrer geradezu unübertrefflich". Seine glänzenden, in vierjährigem Zyklus stattfindenden Vorlesungen gaben Erwin Schrödinger u. a. zeitlebens ein Beispiel. H. behandelte auch stets die aktuellen Probleme, die immer deutlicher die Risse im altehrwürdigen Gebäude der Wissenschaft sichtbar werden ließen. Im persönlichen Gespräch war Hasenöhrl eine gewinnende, anregende Persönlichkeit. Seit seiner Privatdozentenzeit zog er eine Reihe von später berühmt gewordenen Schülern heran (Erwin Schrödinger, Hans Thirring, Ludwig Flamm, Paul Ehrenfest u. a.).

Durch Boltzmann wurde Hasenöhrls bevorzugtes Arbeitsgebiet die Thermodynamik. Bereits 1904 wurde er im Spezialfall der in einem Hohlraum eingeschlossenen elektromagnetischen Strahlung zum „Begriff einer scheinbaren, durch Strahlung bedingten Masse" geführt, einem Vorläufer der allgemeinen → Energie-Masse-Äquivalenz, die Einstein 1905 aus seiner Speziellen Relativitätstheorie ohne Kenntnis der Arbeit H.s ableitete. H. hatte vor Einstein noch nicht die Beziehung $E = mc^2$, sondern (aber auch nur für kleine Geschwindigkeiten) die Formel mit einem zusätzlichen Faktor aufgestellt. – Um die Leistung Einsteins herabzusetzen, nannte Lenard (Große Naturforscher, Deutsche Physik) nur H.; dieser selbst aber war voll Bewunderung für das Genie Einsteins; einen eigentlichen Prioritätsstreit hat es nicht gegeben.

1911 formulierte H. für periodische Systeme mit einem Freiheitsgrad eine Bedingung, die Quantenzustände durch die Phasenausdehnung festzulegen; dieser Ansatz stimmt für den harmonischen Oszillator mit der späteren Bohrschen Theorie (→ Bohr-Sommerfeldsche Atomtheorie) überein. Der Wissenschaft wurde H. allzufrüh entrissen; er fiel als Landsturmoberleutnant und Kompanieführer in Südtirol.

Werke: Zur Theorie der Strahlung bewegter Körper. In: Sitzungsberichte der Kaiserl. Akademie der Wissenschaften Wien. Bd 113, 1904, S. 493–509; Zur Theorie der Strahlung in bewegten Körpern. In: Annalen der Physik. Jg 15, 1904, S. 344–370; Über den Druck des Lichtes. In: Jahrbuch der Radioaktivität und Elektronik. Bd 2, 1905, S. 267–304; Bericht über die Trägheit der Energie. Ebd. Bd 6, 1909, S. 485–502.

Literatur: Franz Exner, F. H. In: Almanach der Akademie der Wissenschaften Wien. Jg 66, 1916, S. 337–339; Stefan Meyer, F. H. In: Physikal. Zeitschrift. Jg 16, 1916, S. 429–433; Hans Thirring, F. H. In: Große Österreicher. Bd 13, 1959, S. 192–200; Philipp Lenard, Große Naturforscher. München 1941, S. 330–339; L. Bittner, Geschichte des Studienfaches Physik an der Wiener Universität in den letzten hundert Jahren. Diss. Phil. Wien 1949.

Hauksbee, Francis († Mai/Juni 1713, genauere Lebensdaten unbekannt). H. war zeitweise Vorlesungsmechaniker bei der Royal Society in London und stand mit Isaac Newton zur Durchführung von Experimenten in Verbindung. Nachdem Jean Picard 1676 entdeckt hatte, daß mit Quecksilber gefüllte Barometer nach heftigem Schütteln an der Innenwand des Glases zum Leuchten kamen, untersuchte auch H. das vielbeachtete Phänomen. Er entdeckte 1705/06, daß intensive Leuchterscheinungen auch ohne Quecksilber durch Reibungselektrizität in einem evakuierten Glas hervorgerufen werden.

Literatur: David W. Corson, Pierre Polinière, F. H. and electroluminiscence etc. In: Isis. Vol. 59, 1968, S. 402–413; Roderick W. Home, F. H.'s theory of electricity. In: Archive for History of Exact Sciences. Vol. 4, 1967/68, S. 203–217; E. Newton Harvey, A history of lumiscence etc. Philadelphia 1957.

Heisenberg, Werner (* 5. Dezember 1901 in Würzburg). Angezogen von der starken Forscher- und Lehrerpersönlichkeit Arnold Sommerfelds begann H. 1920 an der Universität München das Studium der theoretischen Physik. In die Probleme der nur aus unzusammenhängenden Ansätzen bestehenden Quantentheorie arbeitete er sich so schnell ein, daß er bereits nach wenigen Monaten neuartige Lösungen (anomaler Zeemaneffekt) vorlegte. Da ein Mindeststudium von sechs Semestern vorgeschrieben war, konnte H. erst 1923 (mit einer Arbeit über Turbulenz) promovieren. Schon 1924 habilitierte er sich in Göttingen, wo er Assistent von Max Born geworden war: „Heisenberg habe ich sehr lieb gewonnen; er ist bei uns allen sehr beliebt und geschätzt. Seine Begabung ist unerhört, aber besonders erfreulich ist sein nettes, bescheidenes Wesen, seine gute Laune, sein Eifer und seine Begeisterung."

Nachdem offenkundig geworden war, daß das Bohrsche Atommodell trotz großer Erfolge nicht richtig sein konnte, mühte sich H. um den „Übergang von der nur symbolisch brauchbaren und daher nur qualitativ richtigen Modellmechanik ... zur wirklichen Quantenmechanik". Während eines Erholungsurlaubes Ende Mai 1925 nahmen seine Gedanken über die Quantenmechanik greifbare Gestalt an: „In Helgoland war ein Augenblick, in dem es mir wie eine Erleuchtung kam, als ich sah, daß die Energie zeitlich konstant war." In den folgenden Wochen verfaßte H. die entscheidende Arbeit „Über quantentheoretische Umdeutung kinematischer und mechanischer Beziehungen". Hier formulierte er sein berühmt gewordenes positivistisches Prinzip, daß zur Beschreibung physikalischer Sachverhalte nur „prinzipiell beobachtbare" Größen herangezogen werden dürfen und daß deshalb in der neuen Atomphysik für die bisher gebrauchten Begriffe wie „Bahn des Elektrons im Atom" oder „Umlaufzeit des Elektrons" kein Platz mehr ist. Gleichzeitig lieferte H. in seinen „Multiplikationsregeln für quadratische Schemata" den langgesuchten Ansatz für die neue Quantenmechanik, die nun von Max Born unter Mitwirkung von Pascual Jordan und H. als „Göttinger Matrizenmechanik" aufgebaut werden konnte.

In enger Zusammenarbeit mit Niels Bohr in Kopenhagen gelang es H., den tieferen „physikalischen" – oder „philosophischen" – Hintergrund des neuen Formalismus zu zeigen. Die „Heisenbergsche Unschärferelation" von 1927 wurde die Grundlage der → „Kopenhagener Deutung" der Quantentheorie, die eine ganz neuartige Auffassung der physikalischen Realität beinhaltet. Welle und Korpuskel erscheinen als zwei verschiedene Aspekte desselben Dinges und an die Stelle des Determinismus der klassischen Physik treten statistische Gesetze.

H.s Arbeiten zur Quantenmechanik wurden durch die Verleihung des Nobelpreises für 1932 ausgezeichnet. Da nun das Problem des Atombaues – was die Atomhülle betraf – erfolgreich gelöst war, widmete sich H. Fragen des Atomkernes. Nach der Entdeckung des Neutrons durch James Chadwick 1932 erkannte H. (und unabhängig D. D. Iwanenkow), daß dieses neue Teilchen neben dem Proton als Baustein des Atomkernes zu betrachten ist und entwickelte auf dieser Grundlage eine Theorie über den Aufbau der Atomkerne.

Schon 1927, mit 26 Jahren, war H. Ordinarius für theoretische Physik an der Universität Leipzig geworden. Als in München 1937 die Nachfolge Arnold Sommerfelds zur Diskussion stand, waren sich die Physiker einig, daß dieser Lehrstuhl nur mit dem hervorragendsten Sommerfeld-Schüler besetzt werden könnte: mit Werner Heisenberg. Gegen diese Pläne richteten sich heftige Angriffe nationalsozialistischer Kreise; durch die Bezeichnungen „weißer Jude in der Wissenschaft", „theoretischer Formalist, Geist vom Geiste Einsteins" und „Ossietzky der Physik" sollte H. diffamiert werden. Das Kesseltreiben hörte erst mit Beginn des Zweiten Weltkrieges auf, als seine Fachkenntnisse dringend benötigt wurden.

1940 konzipierte H. in zwei, aus Gründen der Geheimhaltung unveröffentlichten Arbeiten die Theorie des Kernreaktors, wobei er insbesondere die Resonanzabsorption von Neutronen in U^{238} erörterte. „Seine Mitarbeiter haben stets bewundert", urteilten Wolf Häfele und Karl Wirtz, „daß es ihm scheinbar mühelos möglich war, sich auf einem Nebengebiet wie der Reaktortheorie so rasch und umfassend einzuarbeiten und für viele Jahre zum führenden Kopf für die ganze Entwicklung auf diesem Gebiet in Deutschland zu werden."

Nach dem Kriege von den Alliierten mit anderen deutschen Kernphysikern interniert, begann H. seit 1946 den Wiederaufbau der deutschen Forschung in die Wege zu leiten, anknüpfend an die ruhmreiche Tradition des „goldenen Zeitalters der deutschen Physik" von 1900–1933. Als Direktor des Max-Planck-Institutes für Physik und Astrophysik

– zunächst in Göttingen, seit 1956 in München – ist H. seit etwa 1953 intensiv bemüht, eine „Einheitliche Theorie der Elementarteilchen" aufzustellen. H. argumentiert, daß alle Elementarteilchen aus derselben Substanz gemacht sein müssen, weil sie sich wechselseitig ineinander umwandeln; diese Substanz kann man dann Energie oder Materie nennen, wie man will. Man müßte also eine einzige Gleichung hinschreiben können; die Lösung dieser Gleichung würde dann die in der Welt vorkommenden Elementarteilchen mit allen ihren Eigenschaften beschreiben.

Während andere Wissenschaftler mit Teilproblemen beschäftigt sind, ist es H.s Überzeugung, daß man „mit einem Schlage" das ganze Spektrum der Elementarteilchen aufklären muß: „Hier fasziniert mich besonders die Möglichkeit, zu dem zentralen Knotenpunkt vorzustoßen, in dem die Naturgesetze der verschiedenen bekannten Erfahrungsbereiche – Mechanik, Elektrizitätslehre, Wärmelehre, Chemie usw. – zusammenhängen und aus einem einheitlichen Naturgesetz für die Elementarteilchen entspringen."

Werke: Über quantentheoretische Umdeutung kinematischer und mechanischer Beziehungen. In: Zeitschrift für Physik. Bd 33, 1925, S. 879–893; Zur Quantenmechanik II (mit Max Born und Pascual Jordan). Ebd. Bd 35, 1925, S. 557–615; Wiederabdruck beider Arbeiten in: Max Born, W. H., Pascual Jordan, Zur Begründung der Matrizenmechanik (= Dokumente der Naturwissenschaft. Bd 2). Stuttgart 1962; Über den anschaulichen Inhalt der quantentheoretischen Kinematik und Mechanik. In: Zeitschrift für Physik. Bd 43, 1927, S. 172–198; Wiederabdruck in: W. H., Niels Bohr, Die Kopenhagener Deutung der Quantentheorie (= Dokumente der Naturwissenschaft. Bd 4). Stuttgart 1963; Die physikalischen Prinzipien der Quantentheorie. Leipzig 1930; Großversuche zur Vorbereitung der Konstruktion eines Uranbrenners (mit Karl Wirtz). In: Naturforschung und Medizin in Deutschland 1939–1946. Bd 14. Weinheim 1953. Hier S. 143 bis 165; Einführung in die einheitliche Feldtheorie der Elementarteilchen. Stuttgart 1969.

Literatur: Joachim G. Leithäuser, W. H. Berlin 1957; Fritz Bopp (Hrsg.), W. H. und die Physik unserer Zeit. Braunschweig 1961; Bartelt Leendert van der Waerden, Sources of Quantum Mechanics. Amsterdam 1967; Werner Heisenberg, Der Teil und das Ganze. München 1969 (Autobiographische Skizzen).

Helmholtz, Hermann von (* 31. August 1821 in Potsdam, † 8. September 1894 in Berlin-Charlottenburg). H.s Neigung galt frühzeitig der Physik; die Medizin betrieb er als Brotstudium und wurde zunächst Militärarzt. Beeinflußt von Johannes Müller beschäftigte sich H. mit Physiologie, die er durch wichtige Entdeckungen bereicherte (1842 Ursprung der Nervenfasern, 1850 Fortpflanzungsgeschwindigkeit des Nervenreizes). In der erstmals am 23. Juli 1847 der Berliner Physikalischen Gesellschaft vorgetragenen Arbeit „Über die Erhaltung der Kraft" formulierte H. ganz klar das Energieprinzip. Er stützte sich dabei auf die kinetische Wärmetheorie und die Annahme Newtonscher Zentralkräfte zwischen den Atomen.

Da seit den 80er Jahren des 19. Jh.s der Energiesatz als das wichtigste Naturgesetz, Höhepunkt und Schlußstein der Physik betrachtet wurde, erwarb sich H. als einer seiner Begründer großen, von Prioritätsauseinandersetzungen nicht ungetrübten Ruhm. Um die Jahrhundertmitte war die Bedeutung nur wenigen Kollegen geläufig; großes Aufsehen aber erregte H. damals mit der Erfindung des Augenspiegels (1850). Es kamen Berufungen nach Königsberg (1849), Bonn (1855) und Heidelberg (1858). An diesen Universitäten vertrat H. die Physiologie, aus der er, zusammen mit seinem Freund Emil Du Bois-Reymond, „die Lebenskraft verscheuchte", d. h. er formte die Physiologie zu einer exakten Wissenschaft.

Erst 1871 erhielt H. einen Lehrstuhl für Physik an der Univ. Berlin, wo für ihn das größte physikalische Institut des neuen Deutschen Kaiserreiches errichtet wurde (bezogen 1878). „Es ist für die jetzt lebende jüngere Generation der Physiker nicht leicht, sich eine Vorstellung von der überragenden wissenschaftlichen Stellung zu bilden, die Helmholtz in den letzten Jahrzehnten seines Lebens einnahm. Es gab damals wohl kein physikalisches Problem, das er nicht durchdacht und über dessen Behandlungsweise er sich nicht ein bestimmtes Urteil gebildet hätte" (Willy Wien, 1921). Hervorzuheben ist die Theorie der Hydromechanik (Helmholtzsche Wirbelsätze 1859), die physiologische Optik, die mathematische Behandlung akustischer Probleme, die experimentell und theoretisch großangelegten Arbeiten zur Prüfung der Maxwellschen → Elektrodynamik (ab 1873), die chemische Thermodynamik (1882/83), die Untersuchungen über die → Minimalprinzipien (1884–1894) usf.

Die Erhaltungseigenschaften der Helmholtzschen Wirbel („Wirbel können nicht entstehen, und Wirbel können nicht vergehen") veranlaßten William Thomson, ein entsprechendes Atommodell („vortex atom") zu konzipieren. H.s Stellung zur Atomistik allgemein war eher ablehnend, trotz seines bekannten Ausspruches von 1881: „Wenn wir Atome der chemischen Elemente annehmen, so können wir nicht umhin, weiter zu schließen, daß auch die Elektrizität, positive sowohl wie negative, in bestimmte elementare Quanta geteilt ist."

Mit vorbildlicher Pflichtauffassung nahm der „Reichskanzler der deutschen Physik" seine vielfältigen Aufgaben wahr, von der Betreuung experimenteller Arbeiten angefangen bis zur Teilnahme am gesellschaftlichen Leben des Hofes. Wie Du Bois-Reymond sah H. eine große Aufgabe in der Einbeziehung der Naturwissenschaften in das Geistesleben der Zeit.

1888 übernahm H. als Präsident die neugegründete Physikalisch-Technische Reichsanstalt in Berlin-Charlottenburg. Zum Anlaß des 70. Geburtstages übermittelte Kaiser Wilhelm II. eine Glückwunschadresse: „Sie haben, Ihr ganzes Leben zum Wohle der Menschheit einsetzend, eine reiche Anzahl von herrlichen Entdeckungen vollbracht. Ihr stets den reinsten und höchsten Idealen nachstrebender Geist ließ in seinem hohen Fluge alles Getriebe von Politik und der damit verbundenen Parteiungen weit hinter sich zurück."

Werke: Handbuch der physiologischen Optik. 3 Bde. Hamburg 1856–1867; Die Lehre von den Tonempfindungen. Braunschweig 1863; Wissenschaftliche Abhandlungen. 3 Bde. Leipzig 1882 bis 1895; Vorlesungen über theoretische Physik. 6 Bde. ²Leipzig 1903–1914; Vorträge und Reden. 2 Bde. ⁵Braunschweig 1903.

Literatur: Emil Du Bois-Reymond, H. v. H. Gedächtnisrede. Leipzig 1897; Leo Königsberger, H. v. H. 3 Bde. Braunschweig 1902/03; Ellen v. Siemens-Helmholtz, Anna von Helmholtz. Ein Lebensbild in Briefen. 2 Bde. Berlin 1929; Hermann Ebert, H. v. H. (= Große Naturforscher. Bd 5). Stuttgart 1949; Walther Gerlach, H. v. H. In: Die großen Deutschen. Bd 3. Berlin 1956, S. 456–465; ders., H. v. H. In: NDB 8, S. 498 bis 501.

Henry, Joseph (* 17. Dezember 1797 in Albany. N. Y., † 13. Mai 1878 in Washington). H. entdeckte etwa gleichzeitig aber unabhängig von Faraday die Induktion und 1832 die Selbstinduktion.

Literatur: A memorial of J. H. Washington 1880; Thomas Coulson, J. H. His life and his work. Princeton 1950 (mit Bibliographie); Leonhard Carmichael, J. H. and his Smithsonian Institution. New York 1956; Charles Weiner, J. H. and the relations between teaching and research. In: American Journal of Physics. Vol. 34, 1966, S. 1093–1100.

Henrysches Gesetz. Anfang 1803 veröffentlichte William Henry (* 12. Dezember 1774 in Manchester, † 2. September 1836 ebd.) das nach ihm benannte Gesetz: Die gelöste Gasmenge ist (im Falle des Gleichgewichtes zwischen Gas und Lösung) proportional dem Druck des Gases. John Dalton erweiterte dieses Gesetz im gleichen Jahr auf Gasgemische, wonach die gelösten Anteile der einzelnen Gase jeweils ihrem Partialdruck proportional sind. Auf der Suche nach einer mechanischen Erklärung griff Dalton nach der Atomhypothese. In seiner berühmten Abhandlung „Über die Absorption der Gasarten durch Wasser und andere Flüssigkeiten" teilte → Dalton auch die erste Atomgewichtstabelle mit.

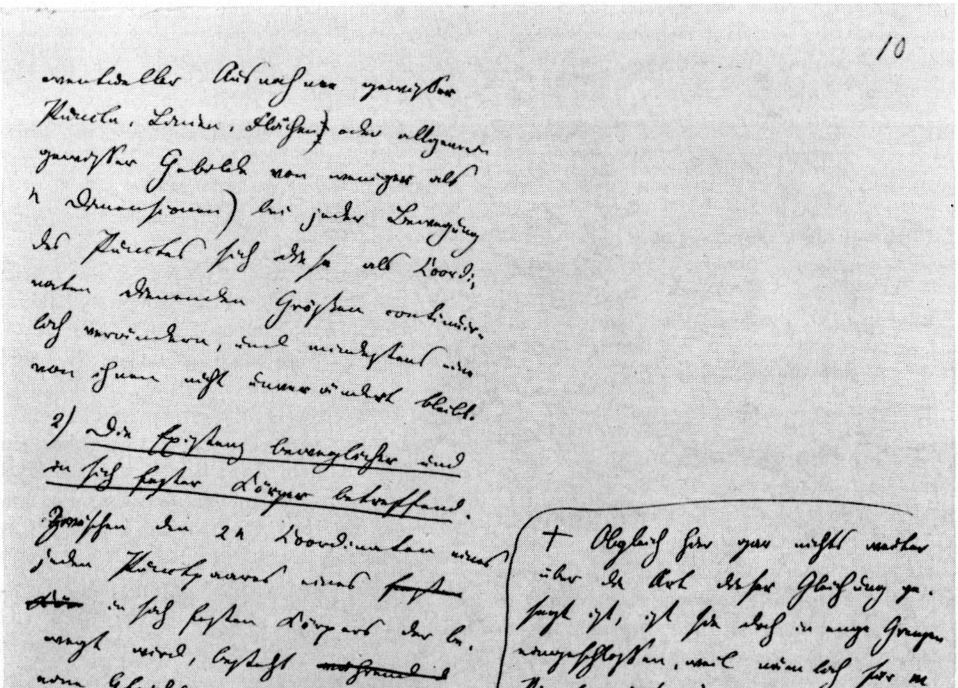

Abb. 17. Seite aus der Abhandlung von Helmholtz über die tatsächlichen Grundlagen der Geometrie

Hermann, Jakob (* 16. Juli 1678 in Basel, † 11. Juli 1733 ebd.). Der Basler Mathematiker schloß sich in den Auseinandersetzungen um die Erhaltung der → Energie an Leibniz an. Dabei erfaßte er das Wesen der Wärme in der Feststellung, daß die Wärme dem Produkt aus der Dichte des Körpers und dem Geschwindigkeitsquadrat der kleinsten Teile proportional ist.

Quelle: J. H., Phoronomia, sive de viribus et motibus solidorum et fluidorum libri duo. Amsterdam 1716.

Literatur: W. E. Knowles Middleton, J. H. and the kinetic theory. In: British Journal for the History of Science. Vol. 2, 1965, S. 247—250.

Herschel, Friedrich Wilhelm oder William (* 15. November 1738 in Hannover, † 25. August 1822 in Slough bei Windsor). Mit 19 Jahren kam er nach England. Als Musiklehrer wurde er 1766 Organist und Konzertleiter in der Badestadt Bath; 1772 kam seine Schwester Caroline als Sängerin zu ihm. Um jene Zeit begann er, astronomische Bücher zu lesen. Er wollte jedoch mit eigenen Augen sehen und baute sich Spiegelfernrohre. Bis 1782 liefen Musik und Astronomie nebeneinander her. Nachdem er 1781 den Planeten Uranus entdeckt hatte, nahm ihn der König in Dienst. Er mußte Fernrohrbestellungen ausführen, konnte sich aber 1786 in Slough ein eigenes Riesenfernrohr bauen, mit dem er zwei neue Saturnmonde erblickte. Mit einem kleineren Fernrohr fand er sechs Uranusmonde. Caroline war seine Helferin; sie entdeckte auch selber acht Kometen.

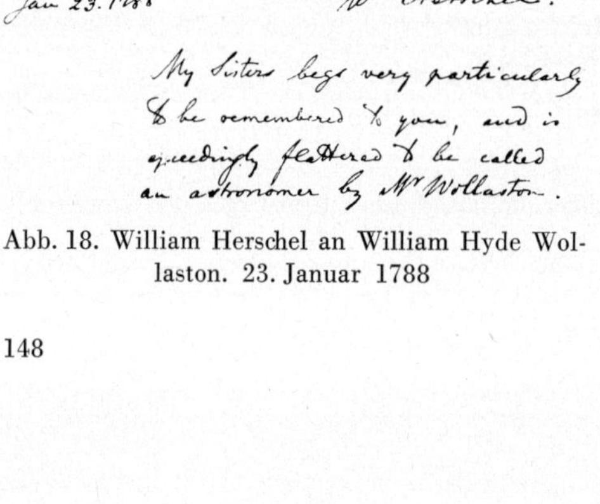
Catalogue of Nebulae.
Believe me to be with great Esteem
Sir
your most obliged
humble Servant
Wm Herschel.
Slough
Jan 23. 1788
My Sister begs very particularly
to be remembered to you, and is
exceedingly flattered to be called
an astronomer by Mr Wollaston.

Abb. 18. William Herschel an William Hyde Wollaston. 23. Januar 1788

Er schuf nicht nur Instrumente von unerreichter Güte und beobachtete planmäßig und beharrlich, sondern entwickelte als Denker das Verständnis für den Aufbau der Welt. 1783 wies er nach, daß die Sonne sich samt den Planeten im Raum fortbewegt; die Sterne der Himmelsgegend, der wir uns nähern, scheinen auseinanderzuweichen. Zu den 100 bekannten Nebelflecken entdeckte er 2500 weitere. 1785 erkannte er, daß alle von bloßem Auge sichtbaren Sterne und die Milchstraße zusammen einen flach linsenförmigen Nebelfleck bilden. Er sah auch, daß die Doppelsterne ferne Sonnenpaare sind, die umeinander kreisen. Als Physiker entdeckte er 1800 das → Ultrarot.

Werke: John Louis Emil Dreyer (Hrsg.), The scientific papers of Sir W. H. (Royal Society and Royal Astronomical Society). 2 Bde. London 1912.

Literatur: Johann Wilhelm Pfaff, W. Herschels Entdeckungen in der Astronomie und den ihr verwandten Wissenschaften. Stuttgart und Tübingen 1828; Franz Arago's sämmtliche Werke. Bd 3. Leipzig 1855, S. 306—344; Rudolf Wolf, Vortrag über W. H. In: Vierteljahrsschrift der Naturforschenden Gesellschaft in Zürich. Jg 12, 1867, S. 109—124; Frau John Herschel (Hrsg.), Caroline Herschel's Memoiren und Briefwechsel. Deutsch von A. Scheibe. Berlin 1877; Edward Singleton Holden, Sir W. H. His life and works. New York 1881; William Herbert Steavenson, Ein Blick in Herschels Werkstatt. In: Central-Zeitung für Optik und Mechanik. Jg 47, 1926, S. 177—180 und 196 f.; Constance A. Lubbock, The Herschel Chronicle. Cambridge 1933; Diedrich Wattenberg, W. Herschels Sterneichungen und Ansichten vom Bau des Sternsystems. In: Die Naturwissenschaften. Jg 34, 1947, S. 161—165; Henry C. King, W. Herschels optische Arbeiten. In: Deutsche optische Wochenschrift. Jg 1949, S. 19—21 und 27—29; John Benson Sidgwick, W. H. Explorer of the heavens. London 1953; Sister Mary Thomas à Kempis, Caroline H. In: Scripta mathematica. Vol. 21, 1955, S. 237—251; Hans Kienle, F. W. H.

In: Die großen Deutschen. Bd 2. Berlin 1956, S. 255–264; Michael A. Hoskin, W. H. Pioneer of sidereal astronomy. London/New York 1959; Günther Buttmann, W. H. Leben und Werk (= Große Naturforscher. Bd 24). Stuttgart 1961; Bettina Holzapfel und Heinz Balmer, Antlitze großer Schöpfer. Basel 1961, S. 128–137; E. Scott Barr, The infrared pioneers — I. Sir W. H. In: Infrared Physics. Vol. I, New York 1961, S. 1–4; Angus Armitage, W. H. London 1962; Michael A. Hoskin, W. H. and the construction of the heavens. London 1963; D. J. Lovell, Herschel's dilemma in the interpretation of thermal radiation. In: Isis. Vol. 59, 1968, S. 46–60.

H. B.

Herschel, Sir John (* 7. März 1792 in Slough, † 11. Mai 1871 in Collingwood). Als Sohn Friedrich Wilhelm Herschels setzte er die Erforschung der Doppelsterne und Nebelflecken fort. 1834–1838 weilte er zur Beobachtung des Südhimmels am Kap der Guten Hoffnung. Er war aber ebensosehr Physiker und Chemiker; namentlich verdankt die Optik ihm viel, so im Gebiet der Polarisation, Photographie und Fluoreszenz.

Werke: Vom Licht. Deutsch von Johann Carl Eduard Schmidt. Stuttgart und Tübingen 1831; Einleitung in das Studium der Naturwissenschaften. Deutsch von Christian Albert Weinlig. Leipzig 1836; Essays from the Edinburgh and Quarterly Reviews, with addresses and other pieces. London 1857; Herschel at the Cape. Diaries and correspondence of Sir J. H., 1834–1838. Edited with an introduction by D. S. Evans, T. J. Deeming, B. H. Evans. Austin (Texas) 1969.

Literatur: Agnes M. Clerke, The Herschels and modern astronomy. London 1895; Günther Buttmann, J. H. Lebensbild eines Naturforschers (= Große Naturforscher. Bd 30). Stuttgart 1965; Walter F. Cannon, J. H. and the idea of science. In: Journal of the history of ideas. Vol. 22, 1961, S. 215–239; Sydney Ross, Sir J. Herschel's marginal notes on Mill's „On liberty", 1859. In: Journal of the history of ideas. Vol. 29, 1968, S. 123–130. H. B.

Hertz, Gustav (* 22. Juli 1887 in Hamburg, Neffe von Heinrich Hertz). Die gemeinsam mit James Franck durchgeführten → Franck-Hertz-Versuche fanden durch den Kriegsausbruch 1914 ein jähes Ende. H. wurde 1915 schwer verwundet; bald aber konnte er in Berlin seine Arbeiten fortsetzen. Um extrem reine Gase zur Verfügung zu haben, entwickelte H. Methoden zur Trennung von Gasen, hauptsächlich mittels Diffusion.

Als sich in den zwanziger Jahren die theoretischen und experimentellen Kenntnisse über den Aufbau der Atome immer mehr vertieften, richtete sich das Interesse der Physiker auf die Hyperfeinstruktur der Spektrallinien, die durch kleine Differenzen in den Eigenschaften der Atomkerne hervorgerufen wird. H. entwickelte nun seine „Gastrennungsmethode" zur „Isotopentrennung" weiter. Das Verfahren ermöglicht es, chemisch gleichartige Atome, die sich nur geringfügig in der Masse unterscheiden, voneinander zu trennen.

An der Technischen Hochschule Berlin-Charlottenburg entfaltete er seit 1927 eine erfolgreiche Lehr- und Forschungstätigkeit. Später übernahm H. die Leitung des Forschungslaboratoriums der Firma Siemens in Berlin. Hier kamen unter großzügigen Arbeitsbedingungen erneut zahlreiche bedeutende technisch-physikalische Arbeiten zustande; so entwickelte unter seiner Leitung sein Schüler Erwin Wilhelm Müller den Grundgedanken des Feldelektronenmikroskops.

Als nach der Entdeckung der Kernspaltung durch Otto Hahn die Möglichkeit einer Kettenreaktion in U 235 erkannt wurde, gewann die Hertzsche Isotopentrennung ungeahnte technische Bedeutung. Hertz ging nach dem Kriege in die Sowjetunion, wo er mit einigen früheren Schülern und Mitarbeitern ein neues großes Institut bei Suchumi am Schwarzen Meer aufbaute. Hier entwickelte er seine Isotopentrennung vom Laboratoriumsmaßstab in großtechnische Dimensionen weiter.

Mit 67 Jahren übernahm er nach seiner Rückkehr nach Deutschland nochmals während einer wichtigen Zeit des Aufbaues die Leitung eines Universitätsinstitutes in Leipzig und lebt nun nach seiner Emeritierung in Ostberlin.

Werke: James Franck u. G. H., Die Elektronenstoßversuche (= Dokumente der Naturwissenschaft. Bd 9). München 1967 (hier auch S. 7–16 wissenschaftliche Einführung).

Literatur: Heinz Barwich, Das rote Atom. München 1967; Autorenkollektiv, G. H. in der Entwicklung der modernen Physik (= Abhandlungen der Deutschen Akademie der Wissenschaften. Jg 1967, Bd 1). Berlin 1967.

Hertz, Heinrich (* 22. Februar 1857 in Hamburg, † 1. Januar 1894 in Bonn). H. begann 1876 das Studium des Bauingenieurwesens und war überglücklich, als seine Eltern ihm das Physikstudium erlaubten. Er ging 1878 nach Berlin zu Helmholtz und gewann sogleich eine Goldmedaille bei einem Preisausschreiben der Universität. 1880 promovierte er mit der theor. Arbeit „Über die Induktion in rotierenden Kugeln", wurde Assistent von Helmholtz und arbeitete über Verdunstung und Kondensation von Flüssigkeiten, über Elastizität (wobei er u. a. eine klare Definition des Begriffes „Härte" gab) und über die Glimmentladung; dabei untersuchte er auch die damals rätselhafte Physikalische Natur der → Kathodenstrahlen. Er konnte weder die elektrostatische Ablenkung noch den reziproken Effekt der schon bekannten magnetischen Ablenkung, die Rückwirkung des Kathodenstrahles auf Magnetnadeln, auffinden. Die Ergebnisse von Hertz führten Helmholtz und viele andere, besonders in Deutschland, zu falschen Deutungsversuchen („longitudinale Ätherwellen"). Hertz' letzte Experimentaluntersuchung, 1891, ist nochmals diesem Gebiet gewidmet. Die Hertzsche Beobachtung, daß dünne Metallschichten für Kathodenstrahlen durchlässig sind, gab seinem Schüler Philipp Lenard (Lenardfenster) u. a. den Schlüssel für die endgültige Lösung.

1883 habilitierte sich Hertz in Kiel mit seinen schon in Berlin ausgeführten „Versuchen über die Glimmentladung". Nun beschäftigte er sich wieder intensiv mit Problemen der Elektrodynamik. Er wies nach, daß das auf Fernwirkungskräfte gegründete Gleichungssystem „in seinem gegenwärtigen Zustand sicherlich unvollständig" ist, daß vielmehr dieses System, konsequent ergänzt, die Maxwellsche Theorie ergeben muß. 1886 wurde Hertz als Nachfolger von Ferdinand Braun zum o. Professor am Polytechnikum Karlsruhe berufen. Hier begannen seine Beobachtungen, die zur Entdeckung der Hertzschen Wellen führten. Die Absicht der Hertzschen Versuche „war die Prüfung der Fundamentalhypothesen der Faraday-Maxwellschen Theorie". Die Elektrodynamik alten Stils kannte nur ein (durch die zeitliche Änderung eines magnetischen Feldes) induziertes elektrisches Feld; Maxwell hatte die symmetrische Gleichung, das (durch die zeitliche Änderung eines elektrischen Feldes) induzierte magnetische Feld, hinzugefügt. Dieses erreicht einen nennenswerten Betrag nur bei sehr hohen Frequenzen des sich ändernden elektrischen Feldes. Bisher hatte man elektrische Schwingungen von so hoher Frequenz nicht gekannt, deshalb hatten auch die Vor-Maxwellschen Theorien die Beobachtungen befriedigend wiedergegeben. Nach der Erzeugung der „sehr schnellen elektrischen Schwingungen" entdeckte Hertz, daß sich diese vom Schwingkreis lösen; am 13. 11. 1886 fand er die Übertragung seiner Wellen über einen Abstand von 1,5 m von einem primären auf einen sekundären „Stromkreis". Damit hatte er Sender und Empfänger elektrischer Wellen konstruiert. Am 2. 12. 1886 gelang ihm die Resonanzabstimmung der beiden Kreise. Als Nachweis für die elektromagnetischen Schwingungen diente Hertz meistens die optische Beobachtung von Funkenstrecken. Das führte ihn 1887 zur Entdeckung des lichtelektrischen Effekts (→ Photoeffekt), der später von Wilhelm Hallwachs, Lenard u. a. genauer untersucht wurde. — In der Folge untersuchte Hertz die physikalische Natur der „Hertzschen Wellen" und zeigte ihre Reflexion (durch metallische Oberflächen), ihre Brechung (durch Prismen von Pech), ihre Transversalität und ihre Polarisation. Damit war erwiesen, daß die elektromagnetischen Wellen physikalisch den Lichtwellen entsprechen und sich von diesen nur durch die Wellenlänge unterscheiden.

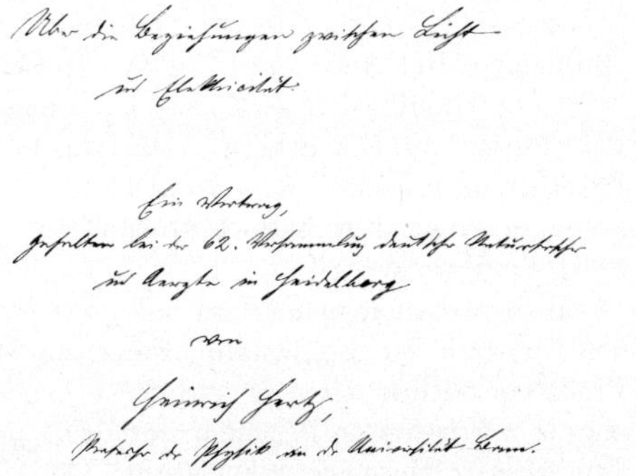

Abb. 19. Titelseite des Vortrags „Über die Beziehungen zwischen Licht und Elektrizität“ von Heinrich Hertz. 1889

Die Bedeutung seiner Entdeckung sah Hertz im Beweis der Maxwellschen Theorie: „Durch die Gesamtheit der geschilderten Versuche ist zum ersten Male der Beweis geliefert worden für die zeitliche Ausbreitung einer vermeintlichen Fernkraft. Diese Tatsache bildet den philosophischen, in gewissem Sinne zugleich den wichtigsten Gewinn der Versuche.“ Die Möglichkeit einer technischen Anwendung, d. h. die heraufkommende Rundfunktechnik, hat Hertz nicht gesehen.

Hertz wurde 1889 als Nachfolger von Rudolf Clausius o. Professor für Physik in Bonn. Hier widmete er sich mehr theoretischen Problemen. 1890 gab er eine knappe und klare Darstellung der Elektrodynamik in der Arbeit „Über die Grundgleichungen der Elektrodynamik für ruhende Körper“, die für den endgültigen Sieg der Maxwellschen Theorie, jedenfalls in Deutschland, entscheidend war. Fortan war die „Maxwellsche Theorie“ das System der von Hertz angegebenen Gleichungen. Das Problem der „Elektrodynamik für bewegte Körper“ konnte Hertz (1890) noch nicht lösen. Die Hertzsche „Mechanik“, unter vollständigem Verzicht auf den Kraftbegriff aufgebaut, faszinierte als logisches System, zu irgendwelcher fruchtbaren Anwendung ist sie aber nicht gekommen. Die „außerordentliche, schöne und schön geschriebene“ (Sommerfeld) „Einleitung“ zu seinen „Prinzipien der Mechanik“ behandelt die erkenntnistheoretischen Grundlagen der Physik und wird noch heute viel zitiert.

Werke: Gesammelte Werke. 3 Bde. Hrsg. Philipp Lenard. Leipzig 1894/95; Erinnerungen, Briefe, Tagebücher. Hrsg. Johanna Hertz. Leipzig 1927.

Literatur: Max Planck, H. R. H. Rede zu seinem Gedächtnis am 16. 2. 1894. In: ders., Physikalische Abhandlungen und Vorträge. Bd 3. Braunschweig 1958, S. 268–288; Philipp Lenard, Einleitung. In: Ges. Werke von H. H. Bd 1. Leipzig 1894, S. IX–XXIX; ders., H. H. In: Große Naturforscher. München 1941, S. 321–330; Hermann von Helmholtz, Vorwort. In: Ges. Werke v. H. H., Bd 3. Leipzig 1894, S. VII–XXII; Jonathan Zenneck, H. H. Rede bei der H. H.-Feier der Univ. Bonn am 19. 11. 1927. In: Deutsches Museum. Abhandlungen und Berichte. Jg 1, 1929, H. 2; ders., Zum 90. Geburtstag von H. H. In: Die Naturwissenschaften. Jg 33, 1946, S. 225 bis 230; Fritz Bopp u. Walther Gerlach, H. H. zum hundertsten Geburtstag am 22. 2. 1957. In: Die Naturwissenschaften. Jg 44, 1957, S. 49–52; Friedrich Herneck, H. H. Der Nachweis d. elektr. Wellen. In: Bahnbrecher d. Atomzeitalters, Große Naturforscher von Maxwell bis Heisenberg. [Ost-] Berlin 1965, S. 35–72; Charles Süskind, H. and the technological significance of electromagnetic waves. In: Isis. Vol. 56, 1965, S. 342–345.

Hess, Victor Franz (* 24. Juni 1883 in Waldstein/Steiermark, † 17. Dezember 1964 in Mt. Vernon N. Y.). Als Assistent bei Franz Exner am 2. Physik. Institut der Univ. Wien erwarb Hess Erfahrungen auf dem Gebiet der Radioaktivität und der Luftelektrizität, die er bei der Entdeckung der → Höhenstrahlung glücklich kombinierte: „Nachdem ich im Frühjahr 1911 einen Bericht über Eiffelturm-Experimente gelesen hatte, war ich geneigt anzunehmen, daß ... ein bisher noch unbekannter Ionisator in Erscheinung getreten sei ... Als erstes Resultat ergab sich, daß die Gammastrahlung, die vom Boden ausgeht, fast vollständig in den ersten 500 Metern über dem Erdboden absorbiert wird. Der nächste Schritt war die Konstruktion einer luftdichten Ionisationskammer, die bei Freiballonaufstiegen verwendet werden konnte ... Mit solchen

Instrumenten unternahm ich zehn Ballonaufstiege. Zwei im Jahre 1911, sieben im Jahre 1912 und einen im Jahre 1913 ... Durch rasch aufeinanderfolgende Messungen der Ionisation mit zwei oder mehr Instrumenten konnten recht zuverlässige Daten gewonnen werden ... Der einzig mögliche Weg, meine experimentellen Befunde zu erklären, war, auf die Existenz einer bisher unbekannten, sehr durchdringenden Strahlung zu schließen, die hauptsächlich von oben kommt und wahrscheinlich außerterrestrischen (kosmischen) Ursprungs ist."

1920 wurde Hess Extraordinarius, 1925 Ordinarius an der Universität Graz; dazwischen war er zeitweise in der amerik. Industrie tätig. 1931 folgte er einem Ruf nach Innsbruck, von wo aus er auf dem Hafelekar ein Laboratorium errichtete, das seither eine Dauerregistrierung der Höhenstrahlung betreibt. 1937 ging Hess wieder nach Graz zurück; der überzeugte Weltbürger und Katholik emigrierte aber bald (Ende 1938) in die Vereinigten Staaten, wo er an der Fordham Universität eine neue Wirkungsstätte fand. Es gelang ihm nicht mehr, weiterhin bei der Erforschung der Höhenstrahlung und damit bei der Entdeckung neuer Elementarteilchen eine führende Rolle zu spielen. – Nobelpreis 1936.

Werke: Die elektrische Leitfähigkeit der Atmosphäre und ihre Ursachen. Braunschweig 1926; Persönliche Erinnerungen aus dem ersten Jahrzehnt des Instituts für Radiumforschung. In: Sitzungsberichte der österr. Akademie. II a. Bd 159, 1950, S. 43–45.

Literatur: Les Prix Nobel en 1936. Stockholm 1937; Rudolf Steinmaurer, Victor Franz Hess. In: Österr. Akademie der Wissenschaften. Almanach. Jg 116, 1966, S. 317–328.

Hilbert, David (* 23. Januar 1862 in Königsberg, † 14. Februar 1943 in Göttingen). Der Mathematiker H. stammte aus einer alten Königsberger Familie. Nach dem Abitur 1880 studierte er in Königsberg, promovierte dort 1884 bei Ferdinand Lindemann, der die Transzendenz der Zahl π bewiesen hatte. In Königsberg begann die Freundschaft mit Hermann Minkowski und Adolf Hurwitz. Nach der Habilitation 1886 war H. zunächst Privatdozent in Königsberg. 1892 wurde er Extraordinarius und 1893 Ordinarius. 1895 nahm er einen Ruf nach Göttingen an, wo Felix Klein wirkte.

Hilbert arbeitete erfolgreich auf verschiedenen Gebieten der Mathematik, wobei sich die Probleme zeitlich selten überschnitten, so daß man sein Schaffen in Perioden einteilen kann. Sein Schüler Hermann Weyl nennt: 1885 bis 1893 Beschäftigung mit Invariantentheorie, 1893–1898 mit Zahlentheorie, 1898–1902 mit den Grundlagen der Geometrie, 1902 bis 1912 mit Integralgleichungen, 1910–1922 mit Physik, 1922–1930 mit den allgemeinen Grundlagen der Mathematik.

Durch seinen wachsenden Ruhm zog H. viele begabte Studenten nach Göttingen; man spricht von einer H.-Schule, aus der eine Reihe bekannter Mathematiker und Physiker hervorgingen, z. B. Courant, Bernays, Blumenthal, Landau, Born und Weyl. Göttingen wurde eines der wichtigsten Zentren für Mathematik und Physik, dessen Bedeutung auch erhalten blieb, als die nächste Generation die wissenschaftliche Laufbahn begann.

1902 wurde auf H.s Wunsch sein Freund Hermann Minkowski nach Göttingen berufen. Auf langen Spaziergängen diskutierten die vier Göttinger Ordinarien H., Klein, Minkowski und Runge ihre laufenden Arbeiten oder neue Probleme. Minkowski brachte auch die neueste Physik zur Sprache, die Einsteinsche Relativitätstheorie, die Minkowski mathematisch weiterführte. H. beschäftigte sich nach dem Tod des Freundes 1909 weiter mit Physik. Er behandelte Integralgleichungen in der Physik, er versuchte eine Axiomatisierung der Physik und strebte eine einheitliche Feldtheorie an.

Werke: Gesammelte Abhandlungen. 3 Bde. Berlin 1932–1935; Grundlagen der Geometrie. Leipzig 1930; Grundzüge einer allgemeinen Theorie der linearen Integralgleichungen. Leipzig und Berlin 1912; Methoden der mathematischen Physik. 2 Bde. Berlin 1931–1937 (mit Richard Courant);

Grundzüge der theoretischen Logik. Berlin 1928 (mit Wilhelm Ackermann); Anschauliche Geometrie. Berlin 1932 (mit Stefan Cohn-Vossen); Grundlagen der Mathematik. 2 Bde. Berlin 1934 bis 1939 (mit Paul Bernays).

Literatur: Otto Blumenthal, Lebensgeschichte von D. H. In: Gesammelte Abhandlungen. Bd 3, S. 388–429; Hermann Weyl, D. H. In: Obituary Notices of Fellows of the Royal Society. Bd 4. London 1942–1944, S. 547–553; Constance Reid, H. Berlin 1970; Hermann Weyl, D. H. and his mathematical work. In: Bulletin of the American Mathematical Society. Bd 50, 1944, S. 612–654.

A. K.

Hittorf, Johann Wilhelm (* 27. März 1824 in Bonn, † 28. November 1914 in Münster). Als Schüler Julius Plückers habilitierte sich H. 1842 in Bonn, woraufhin er zum Dozenten nach Münster berufen wurde. 1856 erfolgte die Ernennung zum Ordinarius für Physik und Chemie; ab 1877 vertrat er nur noch die Physik. Seine Wirkungsmöglichkeiten in Münster waren zeitlebens bescheiden. 1889 legte H. seine Professur nieder, da die mathematischen Schwierigkeiten der Maxwellschen Theorie ihm Gemütsdepressionen bereiteten und er sein Fach nicht mehr ausreichend vertreten zu können glaubte.

H. erkannte den Stromtransport in elektrolytischen Lösungen als eine Überführung schon vorhandener Ladungsträger. Aus den Konzentrationsänderungen an den Elektroden bestimmte er die verschiedenen Wanderungsgeschwindigkeiten der Ionen. „Diese Arbeiten", urteilte Wilhelm Ostwald, „sind nicht nur im gedanklicher, sondern auch in experimenteller Hinsicht klassisch zu nennen." — Weitere Untersuchungen betrafen die → Kathodenstrahlen.

Werke: Über die Wanderungen der Ionen während der Elektrolyse (= Ostwalds Klassiker. Nr 21 u. Nr 23). Leipzig 1903 u. 1904.

Literatur: Kurt Schwabe, Zum Gedenken an J. W. H. etc. In: Forschungen und Fortschritte. Jg 39, 1965, S. 89–94; Hans Schimank, J. W. H. In: Physikal. Blätter. Jg 20, 1964, S. 571–577; Gerhard C. Schmidt, W. H. In: Westfälische Lebensbilder. Bd 1, 1930, S. 128–148; Philipp Lenard, Über Kathodenstrahlen. [2]Berlin 1920, S. 59 bis 70; Adolf Heydweiller, J. W. H. Leipzig 1915.

Van't Hoff, Jacobus Henricus (* 30. August 1852 in Rotterdam, † 1. März 1911 in Berlin-Steglitz). Obwohl van't Hoff zunächst für eine praktische Tätigkeit schwärmte und sogar während seines Technologiestudiums am Polytechnikum in Delft bei einem Tischlermeister in die Lehre ging, wurde aus ihm ein großer Theoretiker. Wesentlich trug dazu bei seine Veranlagung und wachsende Begeisterung für die Mathematik. Hierin wurde er durch die Berührung mit der Philosophie des Franzosen Auguste Comte bestärkt. Dieser hatte in seinem „Cours de philosophie positive" (1830–1842) auf die Bedeutung der mathematischen Wissenschaft hinsichtlich einer rationelleren chemischen Forschung hingewiesen. Von starkem Einfluß auf van't Hoff waren auch die Schriften Lord Byrons, den er sein Leben lang glühend verehrte.

1871 als Kandidat der Chemie an der Universität Leiden, ein Jahr später bei August Kekulé in Bonn, dann bei Adolph Wurtz in Paris, wo er J. Achille Le Bel kennenlernte, begann van't Hoffs eigentliche Forschertätigkeit 1874 mit einer bahnbrechenden Hypothese: Er behauptete, daß jede optisch aktive Verbindung ein asymmetrisches Kohlenstoffatom enthalte. Ferner setzte er die geometrischen Erscheinungen an unsymmetrischen und spiegelbildlichen Tetraedern, die als Modelle einer räumlichen Struktur asymmetrischer Kohlenstoffatome angesehen werden können, in Beziehung zur optischen Isomerie organischer Verbindungen. Damit begründete van't Hoff die Stereochemie.

Nachdem 1875 eine erweiterte Abhandlung hierzu in französischer und 1877 in deutscher Übersetzung herausgekommen war, machte die heftig aufflammende Diskussion und Polemik seinen Namen weithin bekannt. Die neue Lehre, nahezu gleichzeitig auch von Le Bel entwickelt, ließ sich leicht an der Erfahrung prüfen und fand glänzende Bestätigung. Als im Jahre 1877 die Universität Amsterdam gegründet wurde, gelang es van't Hoff, zwischenzeitlich Assistent an der Tierarzneischule zu Utrecht, eine Stelle als Lektor und 1878 als Professor für Chemie an dieser neuen Universität zu erhalten. 1896 folgte er einem Ruf an die Preußische Akademie der Wissenschaften und die Berliner Universität.

Im Bestreben, die Beziehungen zwischen der Struktur chemischer Verbindungen und deren Eigenschaften zu erkennen, wurde van't Hoff auf die chemische Dynamik aufmerksam. Er erkannte als erster, daß die Geschwindigkeit einer Reaktion von der Zahl der reagierenden Molekeln bestimmt wird; hierfür fand er allgemeine mathematische Beziehungen. Mit Hilfe der Thermodynamik, die er – wie vor ihm Horstmann – auf die Lehre vom chemischen Gleichgewicht anwandte, gelang ihm die mathematische Verknüpfung zwischen der Reaktionstemperatur, der Reaktionswärme und der Lage des Gleichgewichts.

Van't Hoffs Entwicklung vom Organiker zum Physikochemiker fand mit der berühmten „Theorie der Lösungen" (1885) ihren Abschluß. Dieser durch die Dissoziationstheorie Svante Arrhenius' zu einer allgemeinen Theorie der verdünnten Lösungen erweiterten Lehre liegt die Erkenntnis zugrunde, daß die gelösten Molekeln denselben osmotischen Druck ausüben, wie sie ihn als Gasmolekeln im gleichen Raume in Form des Gasdrucks ausüben würden. 1887 begründete van't Hoff zusammen mit Wilhelm Ostwald die „Zeitschrift für Physikalische Chemie", das Sprachrohr der neuen Fachrichtung. 1901 empfing er den erstmals vergebenen Nobelpreis für Chemie.

Werke: La chimie dans l'espace. Rotterdam 1875; Die Lagerung der Atome im Raum. Braunschweig 1877; Ansichten über die organische Chemie. Braunschweig 1878–1881; Etudes de dynamique chimique. Amsterdam 1884, dt. von Ernst Cohen. Amsterdam 1896; Die Gesetze des chemischen Gleichgewichtes für den verdünnten, gasförmigen oder gelösten Zustand (= Ostwalds Klassiker. Nr 110). Leipzig 1900; Die Rolle des osmotischen Druckes in der Analogie zwischen Lösungen und Gasen. In: Zeitschrift für Physikal. Chemie. Bd 1, 1887, S. 481–508; Zur Theorie der Lösungen. Ebd. Bd 9, 1892, S. 477–486.

Literatur: Ernst Cohen, J. H. van't Hoff. Sein Leben und Wirken. Leipzig 1912; Wolfgang Langenbeck, Die Bedeutung J. H. van't Hoffs für die theoretische Chemie. Berlin 1962; Richard Kuhn, Zum 50. Todestag von J. H. van't Hoff. In: Naturwiss. Rundschau. 15, 1962, S. 1–8. L. S.

Höhenstrahlung (oder kosmische Strahlung). Bei elektroskopischen Versuchen trat regelmäßig als Störung eine Ionisation der Luft auf; man schloß auf die Wirkung radioaktiver Strahlung aus dem Erdboden. Durch zehn Ballonaufstiege in den Jahren 1911 bis 1913 konnte → Victor Franz Hess demgegenüber nachweisen, daß der Ionisierungseffekt von einer gewissen Höhe an rasch zunimmt, und er schloß richtig auf eine aus dem Weltraum kommende Strahlung. Als eigentlicher Tag der Entdeckung der H. kann der 7. August 1912 gelten. Man hielt diese für eine γ-Strahlung, bis 1929 Walter Bothe und Werner Kolhörster nachwiesen, daß es sich um geladene Partikel handeln müsse.

Da durch Wechselwirkung der hochenergetischen primären H. mit der Materie ganze „Schauer" von Elementarteilchen entstehen, wurde bei der Untersuchung eine große Anzahl von neuen Elementarteilchen entdeckt (Positron, μ-Mesonen, π-Mesonen, K-Mesonen und Hyperonen). Die hochwichtigen Ergebnisse der „Höhenstrahlungsphysik" erwiesen die Notwendigkeit, im Laboratorium hochenergetische Teilchen zur Verfügung zu haben, und führten zur Entwicklung von Großbeschleunigern und damit zur modernen Hochenergiephysik.

Quellen: Beobachtungen der durchdringenden Strahlung bei sieben Freiballonfahrten. In: Sitzungsberichte der Kaiserlichen Akademie der Wissenschaften. Abt. II a. Bd 121, 1912, S. 2001 bis 2032.

Literatur: Werner Heisenberg (Hrsg.), Kosmische Strahlung. ²Berlin 1953; Lajos Janossi, Zum Gedenken an den vor 50 Jahren erbrachten Nachweis der Existenz der kosmischen Strahlung durch V. F. Hess und W. Kolhörster. In: Deutsche Akademie der Wissenschaften zu Berlin.

Vorträge und Schriften. Heft 93; Rudolf Steinmaurer, Fünfzig Jahre Kosmische Strahlung. Rückblick auf Entdeckung und Erforschung. In: Physikal. Blätter. Jg 18, 1962, S. 363–369; ders., Zur Entdeckungsgeschichte der kosmischen Strahlung. In: Die Pyramide. Jg 10, 1962, S. 137 bis 144.

Hooke, Robert (* 18. Juli 1635 in Freshwater, Isle of Wight, † 3. März 1703 in London). Hooke war eines der ersten Mitglieder der Royal Society, in der er als „curator of experiments" wirkte. Durch seine ausgeprägten experimentellen Fähigkeiten gelangen Hooke vielerlei Erfindungen und Verbesserungen physikalischer Instrumente. Dazu gehören die Verwendung des Nonius und der Mikrometerschraube für astronomische Winkelmessungen und die Erfindung der Weingeistlibelle. Er beschäftigte sich mit Arbeiten am Spiegelteleskop und am Mikroskop, über die er in seinem berühmten Werk „Micrographia ..." schrieb. Das Buch enthält unter anderem die Beschreibung der Farben dünner Schichten. H. entdeckte bei Glimmerplättchen einen Zusammenhang zwischen Farbe und Schichtdicke, ohne daß es ihm gelang, diese Abhängigkeit quantitativ zu fassen.

Weitere Arbeiten dienten der Verbesserung des Barometers und seiner Anwendung zur Wettervorhersage, andere waren dem Aräometer, der Luftpumpe und dem Thermometer gewidmet. Von Hookes Erfindungen ist die Benutzung der Spiralfeder als Unruhe in Uhren besonders bekannt, was zu einem Prioritätsstreit mit Christiaan Huygens führte. Ein ähnlicher Streit entspann sich um die Anwendung des konischen Pendels zur Regulierung der Uhren und um den Gedanken des Luftfernrohres, in dem Okular und Objektiv ohne Rohr frei verbunden wurden. Aber auch mit Johannes Hevelius (1611–1687) entstanden Unstimmigkeiten über die Priorität bei der Verwendung eines Fadenkreuzes im Fernrohr.

In der Royal Society wurde Hooke zum Sekretär gewählt und bekleidete dieses Amt in den Jahren 1677–1683. Die in der Royal Society gehaltenen Vorlesungen wurden von ihm in den „Philosophical Collections" veröffentlicht.

Werke: Micrographia or philosophical description of minute bodies. London 1665.

Literatur: Geoffrey Keynes, A bibliography of Dr. Robert Hooke. Oxford 1960; Thomas Birch, History of the Royal Society. London 1756; Margaret 'Espinasse, R. H. London 1956 (mit ausf. Bibliographie); Edward Neville da Costa Andrade, R. H. In: Notes and records of the Royal Society of London. Vol. 15, 1960, S. 137–145; Mary B. Hesse, Hooke's vibration theory and the isochrony of springs. In: Isis. Vol. 57, 1966, S. 433–441; D. C. Goodman, R. H. In: Late seventeenth century scientists (Hrsg. Donald Hutchings). Oxford 1969, S. 132–157.

J. M.

Hookesches Gesetz. Nach einer Ankündigung 1675 publizierte Robert Hooke drei Jahre später das von ihm durch Versuche mit Drähten, Schrauben- und Spiralfedern gefundene Gesetz über die lineare Beziehung zwischen der wirkenden Kraft und der elastischen Verlängerung: „It is evident that the Rule or Law of Nature in every springing body is, that the force or power thereof to restore itself to its natural position is always proportionate to the distance or space it is removed therefrom ..."

Literatur: Isaac Todhunter, A history of the theory of elasticity etc. 3 Tlbde. Cambridge 1886 bis 1893; Stephen B. Timoshenko, History of the strength of materials. New York etc. 1953; Clifford Truesdell, The rational mechanics of flexible or elastic bodies. 1638–1788 (= Leonhard Euler, Opera omnia. Bd II, 11, 2). Bern 1960; Karl Stiegler, Einige Probleme der Elastizitätstheorie im 17. Jh. In: Janus. Vol. 56, 1969, S. 107–122.

Humboldt, Alexander von (* 14. September 1769 in Berlin, † 6. Mai 1859 ebd.).

Die Entdeckungsfahrten begründeten den Ruhm A. v. H.s, und doch war er zugleich ein großer Gelehrter, Organisator, Publizist, Redner, Briefeschreiber und Weltmann. Er vereinigte als letzter das gesamte naturwissenschaftliche Wissen seiner Zeit. Mit seinen Reisebeschreibungen hat er wie kein anderer

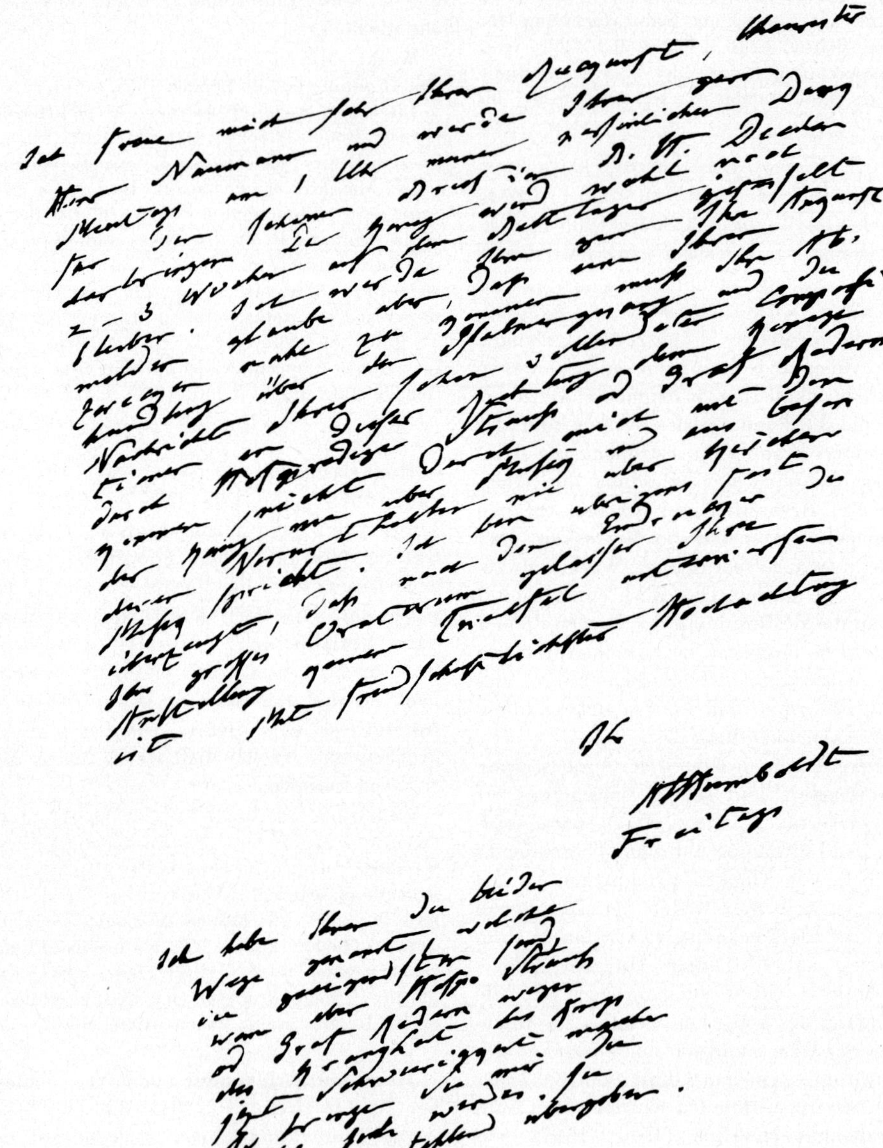

Abb. 20. Altersbrief A. v. Humboldts an den Komponisten Emil Naumann

Zeitgenosse den Sinn für das wissenschaftliche Abenteuer geweckt.

Das breit angelegte Studium ermöglichte dem jungen H. eine Vielzahl von Untersuchungen. 1797 legte er in zwei Bänden seine „Versuche über die gereizte Muskel- und Nervenfaser" vor, die ihn zu einem führenden Forscher auf dem neuen Gebiet des → Galvanismus qualifizierten. Die Laufbahn schien vorgezeichnet; am 5. Juni 1799 aber verließ er Europa. Die Expedition mit dem Reisebegleiter Aimé Bonpland führte durch Venezuela, Brasilien, Ecuador, Kolumbien, Peru und Mexiko.

H. sammelte botanische, geologische, physikalische, geographische und völkerkundliche Fakten und Daten in Fülle. Als Grundlage für die exakte kartographische Erfassung des Neuen Kontinents bestimmte er Länge und Breite geographisch ausgezeichneter Punkte. Die (von ihm nicht erfundene, aber ausgiebig angewandte) Methode der Höhenmessung mittels Barometer wurde vor allem durch ihn in der Geographie üblich. Sorgfältig erstellte er Höhenlinien-Karten interessanter Vulkane, ebenso systematisch Querprofile, die den geographischen und womöglich geologischen Aufbau des Kontinents anschaulich hervortreten ließen. 30 Kisten gefüllt mit Aufzeichnungen sowie botanischen und geologischen Schätzen brachte H. nach Europa. Am 18. August 1804 traf er wieder in Paris ein, wo er bis 1827 lebte.

Seine Haupttätigkeit bestand nun in der Aufbereitung und Katalogisierung des ungeheuren, von Südamerika herangeschafften Materials. H. ordnete die Pflanzen ihren Fundstellen zu und kam so zu einer Pflanzengeographie. Die Erdkunde hat er auch durch die Einführung der Isothermen erweitert, wodurch sich Ansätze einer „Klimakunde" ergaben. Weitere Meßreihen betrafen Richtung und Stärke des erdmagnetischen Feldes. — H. plante ein Prachtwerk. Es blieb mit 30 Großbänden und einer Reihe weiterer Reiseberichte unvollendet.

Ab 1827 wieder in Berlin, hat er von hier aus noch jahrzehntelang maßgeblichen Einfluß auf das wissenschaftliche Leben in Deutschland und in ganz Europa, insbesondere in Paris, ausgeübt. 1829 unternahm H., der jahrelang eine indische Reise geplant hatte, eine ausgedehnte Asienfahrt, von der er wieder mit vielen Ergebnissen zurückkehrte. In Berlin trugen seine Vorlesungen an der Universität und im großen Saal der Singakademie zur Verbreitung naturwissenschaftlicher Kenntnisse „vom König bis zum Maurermeister" Beträchtliches bei. Diese Vorträge und der daraus hervorgegangene fünfbändige „Kosmos" gaben glänzende Beispiele einer allgemeinverständlichen Darstellung und waren richtungweisend für den Volksbildungsgedanken.

Die wissenschaftliche Größe A. v. H.s liegt darin, daß er einerseits streng an der Empirie festhielt, aber andererseits offen war für die übergeordneten, die Einzelheiten verbindenden Gesichtspunkte der → Naturphilosophie.

Werke: Ansichten der Natur. 2 Bde. Stuttgart und Tübingen 1808; Kosmos. 5 Bde. Stuttgart und Tübingen 1845—1862. — Neuausgaben: Rudolph Zaunick (Hrsg.), A. v. H., Kosmische Naturbetrachtung. Sein Werk im Grundriß. Stuttgart 1958; Herbert Scurla (Hrsg.), A. v. H., Ansichten der Natur. Ein Blick in H.s Lebenswerk. Berlin 1959; Reisen in den Tropen Amerikas. Einleitung von Hanno Beck. Stuttgart 1969.

Literatur: Karl Bruhns, A. v. H. Eine wissenschaftliche Biographie. 3 Bde. Leipzig 1872; Rudolf Borch, A. v. H. Sein Leben in Selbstzeugnissen, Briefen und Berichten. Berlin 1948; Herbert Scurla, A. v. H. Sein Leben und Wirken. Berlin 1955; Richard Bitterling, A. v. H. Bildband. München und Berlin 1959; A. v. H., Gedenkschrift zur 100. Wiederkehr seines Todestages. Berlin 1959; Hanno Beck, Gespräche A. v. H.s. Berlin 1959; Hanno Beck, A. v. H. 2 Bde. Wiesbaden 1959 und 1961; Heinrich Pfeiffer (Hrsg.), A. v. H. Werk und Weltgeltung, München 1969.

Huygens, Christiaan (* 14. April 1629 in Den Haag, † 8. Juli 1695 ebd.). H. arbeitete auf allen Gebieten der Wissenschaft, die in seiner Zeit Interesse erweckten: Astronomie, Optik und Mechanik. Er studierte zwar zunächst die Rechte, widmete sich aber dann ganz den Naturwissenschaften.

In der Optik beschäftigte man sich damals mit der Verbesserung des Fernrohres, dessen Anwendung für astronomische Beobachtungen durch Galileo Galilei die wissenschaftliche Öffentlichkeit so überrascht hatte. Huygens konstruierte mit der Hilfe seines Bruders Constantijn ein Fernrohr, mit dem es ihm im Jahre 1655 gelang, den Saturn und seinen Ring zu beobachten und einen Mond des Saturns aufzufinden. Ein Jahr später beobachtete er den Orionnebel.

Mit der Optik befaßte sich Huygens intensiver, da er ständig bemüht war, bessere Linsen und Fernrohre zu verfertigen. Sein Buch „Traité de la lumière" veröffentlichte er erst im Jahre 1690, als er in der Lage war, die Doppelbrechung zu deuten, auf die ihn 1669 Erasmus Bartholinus aufmerksam gemacht hatte. Diese Erklärung war eine seiner bedeutendsten Leistungen. Er benutzte dazu die von ihm geschaffene Wellentheorie des Lichts, mit der er schon vorher die fundamentalen optischen Erscheinungen erklärt hatte. Er wird deshalb als Begründer der Wellentheorie bezeichnet, obwohl Francesco Maria Grimaldi schon früher, nämlich 1665, die Anwesenheit verschiedener Farben im weißen Licht auf Welleneigenschaften zurückzuführen versuchte.

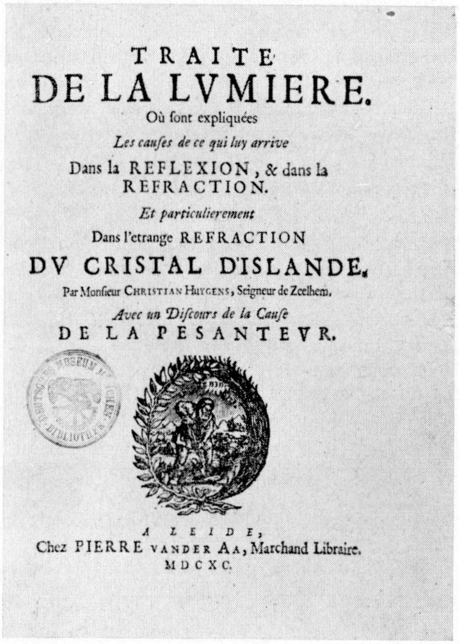
TRAITE
DE LA LVMIERE.
Où sont expliquées
Les causes de ce qui luy arrive
Dans la REFLEXION, & dans la REFRACTION.
Et particulierement
Dans l'etrange REFRACTION
DV CRISTAL D'ISLANDE.
Par Monsieur CHRISTIAN HUYGENS, Seigneur de Zeelhem.
Avec un Discours de la Cause
DE LA PESANTEVR.

A LEIDE,
Chez PIERRE VANDER AA, Marchand Libraire.
MDCXC.

Abb. 21. Titelblatt von Huygens' Traité de la lumière. Leiden 1690

Besonders wichtig in dem Buche „Traité de la lumière" ist Huygens' Formulierung des → Huygensschen Prinzips, dessen Gültigkeit weit über den Rahmen der Optik hinausgeht. Mit seiner Hilfe konnte Huygens die geradlinige Ausbreitung des Lichts, seine Reflexion und Brechung verständlich machen.

Angeregt durch seine astronomischen Beobachtungen, wandte H. viel Mühe auf, um die Zeitmessung zu verbessern. 1656 benutzte er die Pendelbewegung als Antrieb für eine Uhr. Seine Konstruktion beschrieb er im Jahre 1658 in dem Buch „Horologium". Ein weiteres Buch über Pendeluhren, „Horologium oscillatorium", erschien 1673. Es enthält die Ergebnisse seiner mechanischen und mathematischen Untersuchungen, z. B. den Tautochronismus der Bewegung auf der Zykloide, die Theorie der Evoluten und die Tatsache, daß die Evolute der Zykloide wieder eine Zykloide ist. Zur Konstruktion von Taschenuhren benutzte Huygens erstmalig Spiralfedern mit Unruhe. Ein besonderes Beispiel seiner mechanischen Fähigkeiten ist das Modell eines Planetariums, dessen Beschreibung nach seinem Tode erschien. Von Huygens stammt auch der erste Versuch einer Theorie der Wahrscheinlichkeit, in dem er das Würfelspiel behandelt (De ratiociniis in ludo aleae. 1657).

H. erkannte als erster Wissenschaftler in vollem Ausmaß die Konsequenzen des Trägheitsgesetzes: Die physikalische Gleichwertigkeit von Ruhe und gleichförmiger Bewegung muß in den Naturgesetzen ihren Ausdruck finden; H. verwandte dieses „Prinzip der Relativität", um die schon bekannten → Fallgesetze, die ebenfalls bekannten Gesetze des Wurfes und die noch unbekannten Stoßgesetze abzuleiten. So stellte er sich 1667 vor, daß Versuche mit stoßenden und zurückprallenden Kugeln in einem Boot stattfinden, das mit konstanter Geschwindigkeit geradlinig an einem Ufer entlang fährt. In Gedanken betrachtete H. die Stoßvorgänge zwischen Kugeln einmal vom Standpunkt einer im Boot mitfahrenden Person A, zum anderen vom Standpunkt eines am Ufer stehenden Beobachters B. Das Relativitätsprinzip sagt nun aus, daß die Naturgesetze für A wie für B die nämlichen sind. Auf dieser Grundlage konnte Huygens die Ergebnisse von A auf B übertragen (und umgekehrt) und so von einfachen, schon bekannten Fällen ausgehend, die Stoßgesetze insgesamt ableiten und damit eine Aufgabe lösen, an der René Descartes noch gescheitert war.

Im Jahre 1663 wurde H. als erster ausländischer Wissenschaftler zum Mitglied der Royal Society gewählt. Als 1666 die Académie des Sciences gegründet wurde, berief man ihn nach Paris, wo er als primus inter pares für 16 Jahre wirkte. Obwohl selbst von den Hugenottenverfolgungen in Frankreich nicht betroffen, kehrte er 1681 in seine Heimat zurück.

Quellen: Oeuvres complètes. Soc. Holl. des Sciences. 22 Bde. Den Haag 1888–1950. Korrespondenz: Bd 1–10. Optik: Bd 13, 19. Astronomie: Bd 15, 21. Mechanik: Bd 16–19.

Literatur: A. E. Bell, C. H. and the development of science in the seventeenth century. London 1947; Claude August Crommelin, A descriptive catalogue of the Huygens collection of the National Museum of the history of science. Leiden 1949; ders., Die Uhren von C. H. In: Endeavour. Vol. 9, 1950, S. 64–69; Eduard Jan Dijksterhuis, C. H. In: Centaurus, Vol. 2, 1953, S. 265–282; René Dugas, Sur le cartésianisme de Huygens. In: Revue d'Histoire des Sciences. Bd 7, 1954, S. 22–33; Anton Lübke, C. H., der Vater der Pendeluhr. In: Sterne und Weltraum. Jg 4, 1965, S. 207–210; D. E. Newbold, C. H. In: Donald Hutchings (Hrsg.), Late seventeenth century scientists. Oxford 1969, S. 107–131.

J. M.

Huygenssches Prinzip. Der Grundgedanke des Huygensschen Prinzips wurde schon im Jahre 1648 von Johannes Marcus Marci de Kronland benutzt. Mit der Vorstellung, daß jeder Punkt der Grenzfläche zwischen zwei optisch verschiedenen Medien, der von dem sich ausbreitenden Licht berührt wird, wieder ein Zentrum von weiteren „Lichtkugeln" wird, erklärte Marci die Reflexion und Brechung des Lichtes. Die Ausbreitung des Lichtes in einem heterogenen Medium und die diffuse Reflexion versuchte Marci durch die Annahme verständlich zu machen, daß in großen Entfernungen das Licht sich nicht mehr kugelförmig ausbreitet. Es ist möglich, daß Marci bei der Formulierung dieser Gedanken durch Keplers Theorie des Sehens beeinflußt wurde.

Christiaan Huygens führte dann zur Erklärung der Ausbreitung des Lichtes den Begriff der Elementarwelle ein; von jedem Punkt, den die Front der Lichtwelle erreicht, gehen Elementarwellen aus, deren Überlagerung eine weitere Wellenfront in größerer Entfernung von der Lichtquelle ergibt. Huygens war der Meinung, daß dieser Vorgang nicht periodisch sein müsse. Er veröffentlichte das Prinzip in seinem „Traité de la lumière" 1690 in Leiden. Die Frage nach dem Zusammenhang zwischen der Huygensschen Formulierung des Prinzips und Marcis Gedanken ist nicht eindeutig zu beantworten. Zwar waren Marcis Bücher Huygens seit dem Jahre 1650 bekannt, aber Marci wird in seinen Abhandlungen nicht zitiert.

Augustin Jean Fresnel wendete dann in seinen Arbeiten über die Beugung des Lichtes, in denen er die später nach ihm genannten „Fresnelschen Zonen" untersuchte, das Huygenssche Prinzip erfolgreich an.

Quellen: Johannes Marcus Marci de Kronland, Thaumantias . . . Prag 1648, Nachdruck Prag 1968 (= Editio Cimelia Bohemica. Vol. 3); Christiaan Huygens, Oeuvres complètes. Den Haag 1888–1950. Briefe von G. A. Kinner von Löwenthurn an Huygens in den Bänden 1 und 2.

Literatur: F. J. Studnicka, Joannes Marcus Marci a Cronland, sein Leben und gelehrtes Wirken. Prag 1891; Edmund Hoppe, Marcus Marci de Kronland... In: Archiv für Geschichte der Mathematik, der Naturwiss. und der Technik. Bd 10, 1927/28, S. 282–290; Jiri Marek, Vasco Ronchi, Les travaux de Marcus Marci en optique. In: Atti della Fondazione Giorgio Ronchi. Jg 22, 1967, S. 494–507. J. M.

Hydrodynamik. Seit der Antike (Archimedes) bis in das 18. Jh. hinein war man bestrebt, das mechanische Verhalten der Flüssigkeiten mit Hilfe spezifischer Prinzipien zu erfassen. Erst allmählich wurden allgemeine Gesichtspunkte der Statik und der Dynamik auch auf Flüssigkeiten übertragen. Bei Lagrange, einem der Schöpfer der analytischen Mechanik, erscheint schließlich die Hydromechanik nur noch als besonderer Anwendungsfall der allgemeinen Mechanik.

Angaben zum Zirkulations- und Kontinuitätsprinzip finden sich bereits in den Schriften Leonardo da Vincis. Sie trugen jedoch nicht zur weiteren Entwicklung bei. Das Fallgesetz seines Lehrers Galilei vor Augen, stellte Evangelista Torricelli die Ähnlichkeit der Geschwindigkeitsbedingungen beim Ausfluß einer Flüssigkeit aus einer Gefäßöffnung mit der beim freien Fall fest. Seine Versuche führten ihn zu dem nach ihm benannten Satz, bekannt in der Form $v=\sqrt{2gh}$ (h = Höhe des Flüssigkeitsspiegels im Gefäß).

Pierre Varignon, Edme Mariotte, der den Einfluß der Wandreibung auf die Steighöhe der Springbrunnen erkannte, Domenico Guglielmini u. a. bauten auf der von Torricelli geschaffenen Grundlage auf. Auch Isaac Newton befaßte sich mit hydrodynamischen Fragen; er beobachtete die Oszillationen des Wassers in kommunizierenden Röhren sowie die Strahlkontraktion beim Ausfluß aus einer Öffnung und erweiterte daraufhin die Torricellische Gleichung mit der Kontraktionszahl. Jedoch erst die Arbeiten Jean Charles Bordas brachten im späten 18. Jh. einen wirklichen Fortschritt in der Frage des Ausflußverhaltens von Flüssigkeiten.

Vertiefung und Verbreitung erfuhr die Lehre von den Flüssigkeitsbewegungen durch Daniel Bernoullis Hauptwerk „Hydrodynamica" (veröffentlicht 1738), das dem neuen Zweig der Wissenschaft auch den Namen gab. Mit Hilfe des von Leibniz begründeten Satzes von der Erhaltung der lebendigen Kräfte (→ Energie) gewann Bernoulli erste mathematische Ansätze für die eindimensionale Flüssigkeitsströmung. Den Unterschied zwischen dem hydrostatischen und dem hydrodynamischen Druck erfassend, gelangte er u. a. zum Bernoullischen Theorem, das die Berechnung der Geschwindigkeits- bzw. Druckverhältnisse ermöglichte.

1750 reichte Jean le Rond d'Alembert (d'Alembertsches Paradoxon) der Berliner Akademie eine Arbeit über den Widerstand der Flüssigkeiten ein, worin er – das Prinzip der Massenerhaltung und der Potentialströmung andeutend – zu wenig übersichtlichen partiellen Differentialgleichungen kam sowie das Konzept einer Feldtheorie entwickelte.

Leonhard Euler erkannte sofort die Schwächen der d'Alembertschen Arbeit und leitete in den Jahren 1751–1755 seinerseits mit Hilfe seines Schnittprinzips Differentialgleichungen für die räumliche Flüssigkeitsströmung ab. Zusammen mit der Kontinuitätsgleichung ergaben die „Eulerschen Gleichungen" das mathematische Gerüst der Hydrodynamik idealer Flüssigkeiten. Mit ihrer Integration und Anwendung auf Teilbereiche befaßten sich bis heute Generationen von Forschern. So konnte über hundert Jahre nach Euler Hermann von Helmholtz in seinen Wirbelsätzen die Wirbelbewegung idealer Flüssigkeiten beschreiben.

Die Bewegungsgleichungen realer Flüssigkeiten entwickelten Claude Navier (um 1828) und George Gabriel Stokes (zwanzig Jahre später) aus den Eulerschen Gleichungen, indem sie den Zähigkeitseinfluß berücksichtigten; die „Navier-Stokesschen Gleichungen" wurden um die Wende zum 20. Jh. zur Grundlage des Reynoldsschen Ähnlichkeitsgesetzes und der Grenzschichttheorie Ludwig Prandtls.

Quellen: Daniel Bernoulli, Hydrodynamics and Johann Bernoulli, Hydraulics. Transl. from original editions (1738, 1743) by Thomas Carmody and Helmut Kobus. New York 1968; Jean d'Alembert, Essai d'une nouvelle théorie sur la résistance des fluides. Paris 1752; Leonhard Euler, Principes généraux du mouvement des fluides. In: Ders., Opera omnia, Bd II, 12; Joseph-Louis Lagrange, Mécanique analytique. Paris 1788. Dt. von H. Servus. Berlin 1887; Hermann Helmholtz, Über Integrale der hydrodynamischen Gleichungen, welche den Wirbelbewegungen entsprechen. In: Journal für die reine und angew. Mathematik. Bd 55, 1858, S. 25–55.

Literatur: Clifford Truesdell, Rational fluid mechanics, 1687–1765. In: Leonhard Euler, Opera omnia. Bd II, 12. Lausanne 1954; Hunter Rouse u. Simon Ince, History of hydraulics. Iowa 1957; Clifford Truesdell, Essays in the history of mechanics. Berlin-Heidelberg-New York 1968; Christoph Scriba, Wie läuft Wasser aus einem Gefäß? Eine mathemat.-physikal. Aufzeichnung von John Wallis aus dem Jahre 1667. In: Sudhoffs Archiv. Bd 52, 1968, S. 193–210. L. S.

I

Imponderabilien. Anfang des 19. Jh.s wurden Elektrizität, Magnetismus, Licht und meist auch Wärme als I. (unwägbare Stoffe) bezeichnet, die zusammen mit den chemischen Elementen die materielle Basis der Welt bilden und durch wechselnde Mischung und Entmischung die Vielfalt der Erscheinungen hervorrufen sollten. (Der → Dynamismus vertrat freilich eine andere Auffassung.)

Nach Oersteds Entdeckung von 1820 wurde der Magnetismus meist als „bewegte Elektrizität", nach Aufstellung des Energieprinzips (seit 1842) die Wärme fast allgemein als Bewegung der Moleküle aufgefaßt. Maxwell interpretierte 1862 das Licht als elektromagnetischen Wellenvorgang, so daß am Ende des 19. Jh.s nur noch die Elektrizität als eigene Substanz aufgefaßt wurde (→ Elektron), was z. B. in der Einführung einer vierten, elektrischen Grundgröße (Ladungsmenge) zum Ausdruck kam.

Quelle: Gehlers Physikalisches Wörterbuch. Bd 5, 2. Leipzig 1830, S. 765–770.

Induktion. Durch Oersteds Entdeckung von 1820 kam Michael Faraday, auf dem Boden des → Dynamismus, zur festen Überzeugung, daß es in Umkehrung des Oerstedschen Effektes möglich sein müsse, „Magnetismus in Elektrizität zu verwandeln" (→ Faraday). Faradays Labortagebuch zeigt seine intensiven Bemühungen, diese „Verwandlung" wirklich zu erreichen: Wenn nach Oersted eine bewegte elektrische Ladung auf einen Magneten wirkt, also „Magnetismus erzeugt", sollte auch ein bewegter Magnet Elektrizität hervorbringen. Solche Gedanken lagen Faradays Versuchen vom 22. April 1828 zugrunde. Wäre die Meßempfindlichkeit der benutzten Drehwaage größer gewesen, hätte sich ein Induktionseffekt zeigen müssen.

Eine andere Idee Faradays resultierte ebenfalls aus einer → Analogie: Eine elektrische Ladung bewirkt in benachbarten Körpern elektrische Aufladungen. Die in Deutschland „Influenz" genannte Erscheinung heißt im Englischen „Induction". Wenn es also eine „Induction" durch eine ruhende elektrische Ladung gibt, die wieder ruhende Ladungen erzeugt, existiert dann nicht auch eine „voltaelektrische Induktion"? Mit anderen Worten: Kann nicht auch ein elektrischer Strom in seiner Umgebung wieder einen elektrischen Strom erzeugen? Diese Vorstellung entsprach den Experimenten, die Faraday schon am 28. November 1825 aufgebaut hatte und die ebenso schon einen Erfolg hätten bringen können, wenn die Meßgenauigkeit größer gewesen wäre.

Am 29. August 1831 entdeckte F. endlich mit einer Versuchsanordnung (die dem entspricht, was wir heute „Transformator" nennen) den langgesuchten Effekt. Da F. nicht an jedem Abend seine Arbeitsergebnisse protokollierte, sondern oft die Ergebnisse einiger Tage zusammenfassend niederschrieb, mag es sein, daß die große Entdeckung schon einige Tage älter ist.

Beim Einschalten des Stromkreises A zeigte das Meßgerät, eine neben den Draht gestellte Magnetnadel, im Stromkreis B einen Ausschlag an, als der Strom in A unterbrochen wurde. F. hätte eher erwartet, daß während des Stromflusses im Kreis A eine Wirkung von Kreis B auf die Magnetnadel zu beobachten wäre, aber ein Einfluß war nur im Zeitpunkt des Ein- oder Ausschaltens vorhanden.

Neben dieser „volta-elektrischen Induktion" – von ihm auch „elektrodynamische Induktion" genannt – fand Faraday sehr rasch, daß auch ein Dauermagnet zur Induktion dienen kann („magneto-elektrische Induktion"). Mit einer solchen Versuchsanordnung wird nach seiner Vorstellung direkt „Magnetismus in Elektrizität" verwandelt. Um seine Versuchsergebnisse bequem ausdrücken zu können, zog F. die magnetischen → Kraftlinien heran, eine Vorstellung, die zum → Feldbegriff führte.

Quellen: Michael Faraday, Experimental researches in electricity. § 1 ff.; Michael Faraday, Diary. Bd 1. Hier S. 367 ff. Genaue bibliographische Angaben → Faraday.

Literatur: Walther Gerlach, Was ist und wozu dient die Elektrodynamik? In: Deutsches Museum. Abhandl. u. Berichte. Jg 34, 1966, H. 1; L. Pearce Williams, Michael Faraday. A biography. London 1964; Fritz Fraunberger, Vom Frosch zum Dynamo. Köln 1965.

Infeld, Leopold (* 20. August 1898 in Krakau, † 15. Januar 1968 in Warschau). 1936 ging I. nach Princeton und befreundete sich dabei mit Einstein. 1938 erhielt er eine Professur in Toronto und kehrte 1950 nach Warschau zurück, wo er ein Institut für theoretische Physik aufbaute. Zusammen mit Max Born arbeitete I. über nichtlineare Elektrodynamik (Born-Infeld-Theorie), zusammen mit Einstein über Bewegungsgleichungen in der Allg. Relativitätstheorie.

Werke: The world in modern science. London 1934; The evolution of physics (mit Albert Einstein). Cambridge 1938; Leben mit Einstein. Kontur einer Erinnerung. Wien 1969 (Autobiographie).

Literatur: J. Werle, L. I. †. In: Physikal. Blätter. Jg 24, 1968, S. 165.

Influenz. Bei Versuchen mit Reibungselektrizität wurde von Otto von Guericke beobachtet (und 1672 veröffentlicht), daß es zur „Mitteilung" der Elektrizität eines geladenen an einen ungeladenen Körper genügt, wenn der geladene Körper dem ungeladenen genähert wird. Ähnliche Beobachtungen machte Stephen Gray 1729, während Franz Theodor Ulrich Aepinus das Phänomen genau in vielen Einzelheiten untersuchte und beschrieb.

Literatur: Johann Carl Fischer, Geschichte der Physik. 6 Bde. Göttingen 1801–1805.

Interferenz. Die Erscheinungen der Interferenz des Lichtes wurden schon im Altertum beobachtet, z. B. bei der Beugung des Lichtes an Federn oder an Geweben. Die erste uns bekannte Beschreibung von Interferenzen höherer Ordnung stammt von Balthasar Conrad, der diese Erscheinung in der Lochkamera beobachtete. Über die Interferenz an dünnen Schichten berichtete 1648 Johannes Marcus Marci de Kronland. Er beschrieb die Beobachtung von Spektralfarben an Seifenblasen, an denen er auch das Auftreten dunkler Flekken vor dem Zerplatzen der Blase bemerkte. Er versuchte, diese Erscheinung in Analogie zur Entstehung der Farben des Regenbogens zu erklären: Die Blase enthält Wassertropfen, in denen die Farben genauso wie in Regentropfen entstehen und an die Wand der Blase projiziert werden. Die Veränderung der Farben soll durch Fließen der Wassertropfen an der Wand verursacht werden, wodurch die Größe des Winkels zwischen Horizont und Verbindungslinie vom Tropfen zum Auge des Beobachters verändert wird.

Den Einfluß der Schichtdicke kannte bereits Robert Hooke, der die Farben dünner Schichten an Glimmerplättchen beobachtete. Er versuchte vergeblich mit Hilfe des Mikroskops die Abhängigkeit der Farberscheinungen von der Schichtdicke festzustellen. Isaac Newton entdeckte dann die Entstehung von Ringen an Luftschichten zwischen einer plankonvexen Linse und einer reflektierenden Ebene. Diese Ringe fand Newton sowohl bei Verwendung weißen als auch monochromatischen Lichtes. Er nahm daran viele feine Messungen vor und suchte auch nach einer Erklärung. Es war schließlich Thomas Young, der die Entstehung der Interferenzerscheinungen mit Hilfe der Wellentheorie des Lichtes erklärte.

Quellen: Johannes Marcus Marci de Kronland, Thaumantias ... Prag 1648, Neudruck Prag 1968 (= Editio Cimelia Bohemica. Vol. 3); Robert Hooke, Micrographia ... London 1665; Isaac Newton, Opera ... London 1779–1785. Bd IV. Opticks. Deutsche Ausgabe von William Abendroth (= Ostwalds Klassiker. Nr 96 u. 97). Leipzig 1898.

Literatur: Ernst Mach, Die Prinzipien der physikalischen Optik. Leipzig 1921; Jiri Marek, Johannes Marcus Marci als erster Beobachter der Farben dünner Schichten. In: Archives Internationales d'Histoire des Sciences. Bd 13, 1960, S. 79–85; ders., An observation of the interference of light of higher orders in 1646 and its response. In: Nature. Bd 201, 1964, S. 110.

J. M.

Ionentheorie. In der siebenten Reihe seiner „Experimental Researches" von 1834 verwandte Michael Faraday erstmals die heute bei der elektrochemischen Zerlegung von Verbindungen gebräuchliche Nomenklatur. Verbindungen, die durch den elektrischen Strom gespalten werden, nannte er Elektrolyte, den Vorgang selbst Elektrolyse. Auf Vorschlag William Whewells gab er den Spaltprodukten die Bezeichnung „Ionen", die – je nach ihrer Ladung – als Anionen zur Anode bzw. als Kationen zur Kathode wandern.

Bereits zu Beginn des 19. Jh.s hatte Theodor von Grotthuß eine Theorie zur Deutung der elektrolytischen Erscheinungen der Voltaschen Säule aufgestellt. Danach richten sich die aus zwei entgegengesetzt geladenen Teilen bestehenden Molekeln mit ihrer positiven Seite nach dem negativen, mit ihrer negativen Seite nach dem positiven Pol aus, um anschließend zu zerreißen. Die den Polen benachbarten Teile mit entgegengesetzter Ladung werden ausgeschieden; die übrigen paaren und ordnen sich erneut, womit der Vorgang von vorn beginnt.

John Frederick Daniell beobachtete um 1840, daß der elektrische Strom Salze in Metall und Säurerest zerlegt und nicht in Metalloxyd und Säureanhydrid, wie es nach der elektrochemischen Theorie von Berzelius zu erwarten gewesen wäre. Die Beweglichkeit der Ionen während der Elektrolyse bestimmte Johann Wilhelm Hittorf in den Jahren 1853 bis 1859. Hieran anknüpfend entwickelte Friedrich Kohlrausch 1867 eine noch heute gebräuchliche Methode der Leitfähigkeitsmessung; zudem wies er nach, daß die Geschwindigkeit eines Ions unabhängig von der Art des anderen am Molekül beteiligten Ions ist.

Im Gegensatz zur herrschenden Auffassung, nach der zur elektrolytischen Zersetzung gemäß den verschiedenen chemischen Affinitäten der Verbindungen unterschiedliche Zersetzungsspannungen erforderlich seien, zeigte es sich, daß auch bei sehr geringer elektromotorischer Kraft Elektrolytlösungen vom elektrischen Strom durchdrungen werden. Daraus schloß Rudolf Clausius 1857 auf das Vorhandensein von Ionen in der Lösung bereits **vor** Anlegen einer Spannung. Nach seiner kinetischen Hypothese zerfallen ständig Moleküle des Elektrolyten durch Stoß in Ionen, und Ionen assoziieren wieder zu Molekülen, so daß ein kleiner Teil des Elektrolyten jeweils zerlegt ist.

Erst 30 Jahre später ging Svante Arrhenius mit seiner Lehre von der elektrolytischen Dissoziation wesentlich darüber hinaus. Seine Theorie besagt, daß – unabhängig vom elektrischen Strom – die Salze zum überwiegenden Teil, bei großer Verdünnung praktisch sogar vollständig, in Ionenform vorliegen. Den Betrag der Spaltung in „freie Ionen", den Aktivitätskoeffizienten oder Dissoziationsgrad, berechnete er quantitativ mit Hilfe der elektrischen Leitfähigkeit (1887).

An der weiteren Ausgestaltung der Ionentheorie war neben Wilhelm Ostwald vor allem Walther Nernst beteiligt, der bei der Betrachtung der Ionendiffusion zwischen verschieden konzentrierten Lösungen die elektromotorische Wirksamkeit der Ionen erkannte. Mit seiner hierauf fußenden Theorie der Voltaschen Zellen (1889) schuf Nernst die Möglichkeit, die Umsetzung chemischer Energie in elektrische zu berechnen.

Quellen: Rudolf Clausius, Elektrizitätsleitung in Elektrolyten. In: Annalen der Physik. Bd 101, 1857, S. 338–360; Svante Arrhenius (s. dort); Wilhelm Ostwald und Walther Nernst, Über freie Ionen. In: Zeitschrift für Physikal. Chemie. Bd 3, 1889, S. 120–130; Walther Nernst, Die elektromotorische Wirksamkeit der Ionen. Ebd. Bd 4, 1889, S. 129–181; Theodor von Grotthuß, Abhandlungen über Elektrizität und Licht (= Ostwalds Klassiker. Nr 152). Leipzig 1906.

Literatur: Wilhelm Ostwald, Elektrochemie. Ihre Geschichte und Lehre. Leipzig 1896. L. S.

Isotop. Die Vermutung der Isotopie chemischer Elemente wurde bereits 1886 (auf Grund der Unganzzahligkeit gewisser Atomgewichte) von William Crookes ausgesprochen: „Es darf wohl in Frage gestellt werden, ob es eine absolute Gleichförmigkeit der Masse jedes letzten Atoms desselben chemischen Elementes gibt. Wahrscheinlich repräsentieren unsere Atomgewichte bloß einen Mittelwert, um den die tatsächlichen Atomgewichte innerhalb gewisser schmaler Grenzen variieren." Die Feststellung, daß sich z. B. Thorium und Radiothorium trotz verschiedenen radioaktiven Verhaltens chemisch nicht voneinander trennen lassen, und die Tatsache, daß das periodische System seinerzeit weniger freie Plätze enthielt als radioaktive Substanzen bereits bekannt waren, führten Niels Bohr 1912 zur Vorstellung „elektronisch identischer" (d. h. isotoper) Elemente. Publiziert wurde dieser Gedanke aber erst 1913 von Frederick Soddy, welcher auch den Ausdruck „Isotop" prägte. Den ersten unmittelbaren experimentellen Nachweis der Isotopie lieferten 1913 Joseph John Thomson und Francis Aston, indem sie mit der Parabelmethode (positive Strahlen in elektrischen und magnetischen Ablenkfeldern) die Existenz zweier Isotope des Neons mit den Massenzahlen 20 und 22 nachwiesen. Diese Entwicklung wurde durch den ersten Weltkrieg unterbrochen und 1918 mit Astons Massenspektrograph fortgesetzt. Seitdem sind zahlreiche stabile und instabile Isotope aller Elemente gefunden worden.

Literatur: Francis William Aston, Isotopes. London 1922; Walther Gerlach, Materie, Elektrizität, Energie. Dresden u. Leipzig 1923; Madame Pierre Curie, L'isotopie et les éléments isotopes. Paris 1924; Kasimir Fajans, Radioelements and isotopes. New York 1931; Muriel Howorth, Pioneer research on the atom. Rutherford and Soddy in a glorious chapter of science. The life story of Frederick Soddy. London 1958. U. H.

J

Jeans, Sir James Hopwood (* 11. September 1877 in Ormskirk, Lancashire, † 16. September 1946 in Dorking, Surrey). Seine akademische Lehrstelle in Cambridge gab J. 1912 zugunsten der wissenschaftlichen Forschung auf; von 1919–1929 war J. ehrenamtlich Sekretär der Royal Society. J. beschäftigte sich intensiv mit dem Problem des Strahlungsgleichgewichts im Hohlraum, wo er mit Sir Rayleigh und gegen Max Planck eine konservative Auffassung vertrat (Rayleigh-Jeanssches Strahlungsgesetz), die er noch Ende 1911 aufrecht erhielt. 1913 aber stimmte er der Bohrschen Quantentheorie als einer der ersten lebhaft zu und verfaßte 1914 seinen „Report on Radiation and the Quantum Theory", ein Plädoyer **für** die Quantentheorie, das sich infolge des Krieges erst einige Jahre später auswirkte.

1917 erhielt J. den Adams Price der Universität Cambridge für eine Abhandlung über „Problems of Cosmogony and Stellar Dynamics". Damit war auch seine weitere Arbeitsrichtung, die Astrophysik, festgelegt. J. befaßte sich ausgiebig mit naturphilosophischen Fragestellungen und schrieb eine Reihe von vielgelesenen populärwissenschaftlichen Büchern.

Literatur: Edward Arthur Milne, Sir J. J. A Biography. Cambridge 1952 (mit Bibliographie).

Jordan, Pascual (* 18. Oktober 1902 in Hannover). J. studierte 1921–1922 an der Technischen Hochschule Hannover, danach in Göttingen und wurde dort 1924 promoviert. Er trug zusammen mit seinem Lehrer Max Born wesentlich zur Ausgestaltung der Heisenbergschen Matrizenmechanik bei und lieferte insbesondere einen Beweis für die Richtigkeit der von Born angegebenen Vertauschungsrelation. Seine Hauptarbeitsgebiete sind Quantenmechanik, Quantenelektrodynamik und Kosmologie; auch erkenntnistheoretisch-philosophische Probleme der Naturwissenschaften haben ihn stets gefesselt.

Werke: Zur Quantenmechanik (mit Max Born). Zur Quantenmechanik II (mit Born und Heisenberg). In: Zur Begründung der Matrizenmechanik (= Dokumente der Naturwissenschaft. Bd 2). Stuttgart 1962; Anregung von Quantensprüngen durch Stöße (mit James Franck). Berlin 1926; Elementare Quantenmechanik (mit Max Born). Berlin 1930; Schwerkraft und Weltall. Grundlagen der theoretischen Kosmologie. Braunschweig 1952; Der Naturwissenschaftler vor der religiösen Frage. Oldenburg und Hamburg 1963; Die Expansion der Erde. Braunschweig 1966; Albert Einstein. Sein Lebenswerk und die Zukunft der Physik. Frauenfeld 1969. U. H.

Joule, James Prescott (* 24. Dezember 1818 in Salford, Lancashire, † 10. Oktober 1889 in Sale, Cheshire). Joule war Besitzer einer großen Brauerei. Er begann ohne wissenschaftliche Ausbildung schon in jungen Jahren mit physikalischen Versuchen, wobei er besonderen Wert auf quantitative Messungen legte. Seine Bewerbung um eine Professur in St. Andrews, Schottland, war nicht erfolgreich; so führte er seine Studien privat fort. Später wurde er Sekretär und schließlich Präsident der Literary and Philosophical Society in Manchester.

Joules Hauptarbeitsgebiet war die „Wärme". 1840 fand er das Gesetz der Stromwärme. 1843 gab er Zahlen an für das mechanische Wärmeäquivalent (→ Energie). 1847 trug er bei der British Association in Oxford vor, wo William Thomson das allgemeine Interesse für Joules Gedanken zu wecken verstand. Bis 1878 erschienen mehrere Aufsätze über das mechanische Wärmeäquivalent; die Messungen mit verschiedenen Versuchsanordnungen erhärteten das Energieprinzip.

Joule machte auch Versuche zur Längenänderung von Metallen im magnetischen Feld. Er untersuchte quantitativ die Temperaturänderung bei Gaskompression bzw. Gasentspannung. Gemeinsam mit William Thomson erschien 1852 eine Arbeit mit dem Titel: „On the air engine"; der heute nach Joule und Thomson bezeichnete Effekt wird bei der Gasverflüssigung ausgenützt.

Werke: The Scientific Papers. 2 Bde. London 1887.

Literatur: J. G. Crowther, J. P. J. In: Men of science. New York 1936, S. 127–199; A. P. Hatton und Léon Rosenfeld, An analysis of Joule's experiments on the expansion of air. In: Centaurus. Vol. 4, 1956, S. 311–318; Gordon Jones, J.'s early researches. In: Centaurus. Vol. 13, 1968, S. 198–219. A. K.

Joulesche Wärme. Joule untersuchte 1840 quantitativ die bei Stromdurchgang durch einen Leiter entstehende Wärme. Er wickelte einen Draht um ein Glasröhrchen, welches er in ein wassergefülltes Gefäß stellte; die Stromstärke kontrollierte er mit einer Tangentenbussole. So erhielt er das Gesetz: „Bei Stromdurchgang durch einen metallischen Leiter ist die in einer bestimmten Zeit entstehende Wärme proportional dem Widerstand des Leiters, multipliziert mit dem Quadrat der Stromstärke." Joule vermutete, daß dieses Gesetz auch für Batterien und bei der Elektrolyse gelte, prüfte dies jedoch ausführlich nach, wobei er geschickt die Wirkung von Sekundärreaktionen ausschaltete bzw. berechnete.

Quellen: James Prescott Joule, The scientific papers. London 1887, Bd 1, S. 60–81.

A. K.

Jungius, Joachim (* 22. Oktober 1587 in Lübeck, † 23. September 1657 in Hamburg). J. studierte in Rostock und Gießen Naturwissenschaft und Mathematik, später auch Medizin. Nach einer Italienreise gründete er in Rostock 1622 nach dem Vorbild italienischer Akademien die Societas Ereunetica, deren Ziel es war, die Wissenschaft vom Sophistischen zu reinigen und auf sicher Bewiesenes zurückzuführen. Die Gesellschaft bestand allerdings nicht lange. J. lebte in Rostock als Mathematikprofessor und praktischer Arzt bis zu seiner Berufung 1628 nach Hamburg zum Rektor des Akademischen Gymnasiums und des Johanneums.

Als Wissenschaftler berief sich J. immer auf die Beobachtung und das Experiment, strebte aber dennoch eine Systematisierung und logische Klärung der Begriffe an. J. erkannte, daß Stoffe in verschiedenen Aggregatzuständen vorkommen können, während dabei ihre Zusammensetzung dieselbe bleibt. Chemische Reaktionen betrachtete er als Vereinigung oder Trennung kleiner Teilchen, die selbst nicht wahrgenommen werden können. Außerdem lehnte er es ab, natürliche und künstlich hergestellte Stoffe als verschieden anzusehen (→ Kunst). Er definierte ein Element, „wenn etwas nicht zerlegt werden kann und man von der Tatsache seiner Zusammensetzung nichts weiß". Die Entscheidung, ob ein Stoff ein Element ist oder nicht, fällt also im Experiment. J. wandte sich scharf gegen die immer noch verbreitete, antike Lehre der vier Elemente.

Literatur: Hans Kangro, Joachim Jungius' Experimente und Gedanken zur Begründung der Chemie als Wissenschaft. Wiesbaden 1968 (hier auch ausführliches Verzeichnis der Werke).

A. K.

K

Kamerlingh Onnes, Heike (* 21. September 1853 in Groningen, † 21. Februar 1926 in Leiden). Er studierte in Groningen, dann in Heidelberg bei Robert Bunsen und Gustav Kirchhoff und wirkte ab 1882 als Professor für Experimentalphysik in Leiden. Raoul Pictet in Genf und Louis Cailletet in Paris hatten 1877 entdeckt, daß sich unter Anwendung großer Kältegrade bis −218° C und starken Druckes zuerst Stickoxyd, dann Kohlenmonoxyd, dann Sauerstoff und Stickstoff, die bisher als unveränderlich gasförmig galten, verflüssigen und verfestigen ließen. Onnes widmete sein Leben dem Aufbau eines großen Kältelaboratoriums und den Experimenten mit sehr tiefen Temperaturen. Noch war es nicht gelungen, Wasserstoff und Helium zu verflüssigen. James Dewar erzielte 1898 die Verflüssigung von Wasserstoff, und 1906 konnte Onnes eine Anlage in Betrieb setzen, die stündlich 3–4 Liter flüssigen Wasserstoff lieferte.

Jetzt blieb nur noch das Helium zu bezwingen. Am 10. Juli 1908 erreichte Onnes bei der Temperatur von −269° auch dessen Verflüssigung. 1922 kam er mit einer Vakuumpumpe zu Temperaturen, die nur 0,8° über dem absoluten Nullpunkt von −273° lagen. Durch seine Apparate erschloß er ein Gebiet bisher unerforschter Temperaturen und untersuchte mit seinen Mitarbeitern die optischen, elektrischen und magnetischen Erscheinungen wie Phosphoreszenz, Fluoreszenz, Rotation der Polarisationsebene des Lichtes im Magnetfeld, Radioaktivität und Absorptionsspektren der Kristalle im Magnetfeld. Es zeigte sich, daß die sonst breiten Absorptionslinien schmal wurden. Der elektrische Widerstand der Metalle sank auf unmeßbar kleine Werte; der Strom floß ohne Wärmeentwicklung. Onnes sprach von „Supraleitung". 1913 erhielt er den Nobelpreis. Physiker aller Länder kamen nach Leiden, um bei ihm über tiefe Temperaturen zu arbeiten.

Werke: Nieuwe bewijzen voor de aswenteling der aarde. Groningen 1879; La liquéfaction de l'helium. In: Archives Néerlandaises. Serie II, Bd 14, 1909, S. 289–308.

Literatur: Woldemar Voigt, H. K. O. In: Chemiker-Zeitung. Jg 37, 1913, S. 1518–1520; Johannes Petrus Kuenen, Die Verleihung des Nobelpreises für Physik an H. K. O. In: Zeitschrift für komprimierte und flüssige Gase. Jg 16, 1914, S. 1 bis 6; Het Natuurkundig Laboratorium der Rijksuniversiteit te Leiden. Gedenkboek aangeboden aan H. K. O. Leiden 1922; Geertruida Luberta de Haas-Lorentz, H. K. O. In: Die Naturwissenschaften. Jg 14, 1926, S. 441–445; Claude August Crommelin, K. O. In: Louis Leprince-Ringuet (Hrsg.), Die berühmten Erfinder. Genf 1951, S. 134–136.

H. B.

Kanalstrahlen. 1886 beschrieb Eugen Goldstein neuartige, leuchtende Strahlen, die durch die Löcher oder „Kanäle" einer durchbohrten Kathode einer Entladungsröhre hindurchgehen, also in entgegengesetzter Richtung wie die Kathodenstrahlen verlaufen. Die Farbe des von den K. ausgesandten Lichtes stimmt mit der sog. ersten Kathodenschicht überein und hängt nach Goldstein von der Gasfüllung ab: „Bis zur Ermittlung eines passenderen Namens mögen diese Strahlen, die wir nun nicht mehr nach ihrer, von Gas zu Gas wechselnden Farbe benennen können, als ‚Canalstrahlen' bezeichnet werden." – Eine Ablenkung durch magnetische und elektrische Felder hatte Goldstein 1886 noch nicht finden können.

Ab 1897 untersuchte Willy Wien die durch ein Lenardfenster gegangenen K. und konnte schon ein Jahr später aus Ablenkungsversuchen die ungefähre Größe der Geschwindigkeit und der spezifischen Ladung ermitteln. Die K. erwiesen sich also im wesentlichen als positiv geladene Ionen. 1905 entdeckte Johannes Stark den optischen → Doppler-Effekt bei K. – Der führende Forscher auf dem neuen Gebiet blieb für Jahrzehnte W. Wien.

Quellen: Eugen Goldstein, Ueber eine noch nicht untersuchte Strahlungsform an der Kathode inducirter Entladungen. (In der Preuß. Akademie vorgetragen am 29. Juli 1886.) Nachdruck in: Annalen der Physik. Bd 64, 1898, S. 38–48; Willy Wien, Untersuchungen über die electrische Entladung in verdünnten Gasen. In: Annalen der Physik. Bd 65, 1898, S. 440–452.

Literatur: Eduard Rüchardt, Zur Entdeckung der Kanalstrahlen vor 50 Jahren. In: Die Naturwissenschaften. Jg 24, 1936, S. 465–467.

Kant, Immanuel (* 22. April 1724 in Königsberg, † 12. Februar 1804 ebd.). K. war ab 1770 Professor für Logik und Metaphysik; der Junggeselle führte ein zurückgezogenes Leben und hat nie größere Reisen über Ostpreußen hinaus unternommen. Kant unterschied Erkenntnisse a priori und a posteriori. Wesentliches Erkenntnismittel ist die Erfahrung, d. h. die Sinneswahrnehmung. Es gibt aber vor aller Erfahrung dem menschlichen Geiste eingeprägte Denkformen: „Man nennt solche Erkenntnisse a priori und unterscheidet sie von den empirischen, die ihre Quelle a posteriori, nämlich in der Erfahrung haben." Die Erscheinungen in der Natur sind dem Menschen also nicht anders zugänglich als in **der** Ordnung, in die sie der menschliche Verstand bringt. Zu den Denkstrukturen a priori gehören die „Anschauungsformen" des Raumes und der Zeit und die zwölf, in vier Klassen einzuteilenden Kategorien (z. B. Substanz, Kausalität).

Vor dem Hintergrund des Zeitgeistes („empirischer Rationalismus") hebt sich Kants stärkere Betonung des Rationalismus ab. Dies kommt z. B. deutlich in seinem Wissenschaftskriterium zum Ausdruck: „Ich behaupte, daß in jeder besonderen Naturlehre nur so viel eigentliche Wissenschaft angetroffen werden könne, als darin Mathematik anzutreffen ist." Der Chemie bestritt Kant folglich den Charakter als Wissenschaft: „So kann Chymie nichts mehr als systematische Kunst, oder Experimentallehre, niemals aber eigentliche Wissenschaft werden, weil die Prinzipien derselben bloß empirisch sind."

Unter Ablehnung des Atomismus betrachtete Kant als wesentliches Charakteristikum der Materie die (Newtonschen Zentral-) Kräfte und unterschied eine anziehende und eine abstoßende Kraft zwischen den Teilen der Materie. Die „Qualität" der beiden Kräfte muß nach K. verschieden sein, weil sie sich sonst gegenseitig aufheben würden; er nimmt deshalb als Anziehungskraft die Newtonsche Attraktion $\sim 1/r^2$, als Abstoßungskraft $\sim 1/r^3$ an.

Mit seinen „Gedanken von der wahren Schätzung der lebendigen Kräfte" hatte der junge Kant 1746 in die (prinzipiell erledigten) Auseinandersetzungen zwischen Cartesianern und Leibnizianern eingreifen wollen. Auch seine „Allgemeine Naturgeschichte und Theorie des Himmels" von 1755 blieb zunächst unbeachtet, in der er eine Theorie über die Entstehung des Planetensystems vorlegte, die später als → Kant-Laplacesche Theorie bekannt wurde.

Werke: Gesammelte Schriften. Hrsg. von der Preußischen Akademie. 23 Bde. Berlin 1900 bis 1955. Neudruck 1968 ff.; Werke in 6 Bdn. Hrsg. von Wilhelm Weischeidel. Wiesbaden 1956 bis 1964; Allgemeine Naturgeschichte und Theorie des Himmels etc. (= Ostwalds Klassiker. Nr 12). Leipzig 1890.

Literatur: Rudolf Eisler, Kant-Lexikon. Nachschlagewerk zu Kants sämtlichen Schriften. Nachdruck Hildesheim 1961; Woldemar Oskar Döring, Das Lebenswerk I. K.s. [3]Hamburg 1964; Peter Plaass, Kants Theorie der Naturwissenschaft etc. Göttingen 1965; Hansgeorg Hoppe, Kants Theorie der Physik. Eine Untersuchung über das Opus postumum. Frankfurt 1969.

Kant-Laplacesche Theorie. Während noch Newton das Weltgebäude als unmittelbar aus der Hand Gottes hervorgegangen annahm, wuchs im 18. Jh. der Wunsch nach einer mechanischen Erklärung. So legten Immanuel Kant in seiner „Allgemeinen Naturgeschichte und Theorie des Himmels" (1755) und Pierre-Simon de Laplace in seiner „Exposition du Système du Monde“ (1796) entsprechende Theorien vor. Bei aller Verschiedenheit stimmen beide darin überein, daß das Sonnensystem auf natürliche Weise (ohne Schöpfungsakt) aus einer im Weltraum verstreuten, nebelartigen Materie hervorgegangen ist. Während bei Kant die Planeten durch selbständige Verdichtungen außerhalb der Sonne entstanden sind, nahm Laplace Ablösungen von der sich verdichtenden Sonne an.

Quellen und Literatur: Anton Lampa (Hrsg.), Die Kant-Laplacesche Theorie (= Deutsche Hausbücherei. Bd 152/153). Wien 1925; Heinrich Schmidt (Hrsg.), Die Kant-Laplacesche-Theorie. Leipzig 1925.

Kármán, Theodore von (* 11. Mai 1881 in Budapest, † 7. Mai 1963 in Aachen). Eine Fülle grundlegender Beiträge und Anregungen, die nahezu alle Disziplinen der Strömungsmechanik richtungweisend beeinflußten, kennzeichnen die überragende Bedeutung des genialen Physikers und Ingenieurs v. K. für die Luftfahrt.

Seine Ausbildung erfuhr er an der Technischen Hochschule Budapest von 1898–1902 und seit 1906 bei Ludwig Prandtl und Felix Klein an der Universität Göttingen. Hier promovierte er 1908 mit einer Arbeit über die Knickfestigkeit gerader Stäbe. Bereits zwei Jahre später konnte er sich für das Lehrgebiet Mechanik und Wärmelehre habilitieren. In die Göttinger Zeit fallen zudem sowohl seine Berechnungen zur „Kármánschen Wirbelstraße“, mit denen er Stabilitätsbetrachtungen in die Strömungslehre einführte, wie auch eine Arbeit zur jungen Quantentheorie. Zusammen mit Max Born entwickelte er hierin das Modell eines räumlichen Kristallgitters, aus dessen Schwingungszustand der Abfall der spezifischen Wärme in der Nähe des absoluten Nullpunkts theoretisch beschrieben werden konnte. Damit wurde die Einsteinsche Beziehung von 1906 – etwa gleichzeitig mit der Ableitung des T^3-Gesetzes durch Debye – verallgemeinert.

1913 als Professor für Mechanik und Aerodynamik nach Aachen berufen, stellte er die von Ludwig Prandtl entwickelte Grenzschichttheorie sowie die Theorie der Turbulenz ins Zentrum seiner Forschungen. Hierbei – wie auch bei seiner späteren Tätigkeit am California Institute of Technology (1930 bis 1949) und als wissenschaftlicher Berater der amerikanischen Luftwaffe – bewährte sich seine glänzende Beherrschung der Mathematik, die sich bei ihm mit physikalischer und technischer Intuition verband. So wurden seine Arbeiten, insbesondere die zur Unter-, Über- und Hyperschallströmung, zur Grundlage der Erfolge in der Flugzeug- und Raketentechnik.

Werke: Collected works of Th. v. K. 4 Bde. London 1956; Aerodynamik. Ausgewählte Themen im Lichte der historischen Entwicklung. Genf 1956; Die Wirbelstraße. Mein Leben für die Luftfahrt. Hamburg 1968.

Literatur: Alexander Naumann, Th. v. K. In: Jahrbuch 1963 d. Wissenschaftl. Gesellschaft für Luft- u. Raumfahrt (WGLR). Braunschweig 1964, S. 514–518; Hugh L. Dryden, Th. v. K. In: Biographical Memoirs. National Academy of Science. Vol. 38, 1965, S. 345–384; S. Goldstein, Th. v. K. In: Biographical Memoirs of the fellows of the Royal Society. Vol. 12, 1966, S. 335–365. L. S.

Kathodenstrahlen. Die Erfindung der Quecksilberluftpumpe durch den Bonner Mechaniker Heinrich Geißler 1855 ermöglichte die Erzielung immer niedrigerer Drucke in den Entladungsröhren. 1859 fand Julius Plücker das Fluoreszenzleuchten der Glaswand in der Nähe der Kathode. 1869 brachte Plückers Schüler Johann Wilhelm Hittorf zwischen Kathode und fluoreszierende Glaswand ein festes Hindernis; es entstand ein Schattenbild, woraus Hittorf auf eine geradlinige Ausbreitung des von der Kathode ausgehenden Agens schloß. Als „Entdecker“ der K. pflegt man entweder Plücker oder Hittorf zu nennen, entsprechend als Jahr der Entdeckung 1859 oder 1869. Eugen Goldstein führte 1876 die Bezeichnung „Kathodenstrahlen“ ein, deren physikalische Natur aber zunächst ungeklärt blieb (→ Elektron).

Quellen: Joseph John Thomson, Die Entladung der Elektricität durch Gase. Leipzig 1900; Philipp Lenard, Über Kathodenstrahlen. Nobel-Vortrag. 2. Aufl. Berlin und Leipzig 1920; W. Seitz, Zerstreuung, Reflexion und Absorption von Kathodenstrahlen. In: Jahrbuch der Radioaktivität und Elektronik. Bd 2, 1905, S. 55–67.

Literatur: David L. Anderson, The discovery of the electron. Princeton 1964.

Kaufmann, Walter (* 5. Juni 1871 in Elberfeld, † 1. Januar 1947 in Freiburg/Breisgau). K. studierte an den Technischen Hochschulen Charlottenburg und München Elektrotechnik und an den Universitäten Berlin und München Physik. Er habilitierte sich 1899 in Göttingen und leitete seit 1908 das Physikalische Institut der Universität Königsberg. Er war dort bis 1935 Ordinarius. – Schon 1881 hatte Joseph John Thomson darauf hingewiesen, daß ein elektrisch geladener Körper während seiner Bewegung infolge des dadurch aufgebauten magnetischen Feldes seine Masse ändern müsse. Als man erkannte, daß die β-Teilchen des radioaktiven Zerfalls sehr schnelle Elektronen sind, konnte man daran denken, diese Konsequenz der elektromagnetischen Theorie zu prüfen. Kaufmann führte zunächst 1897 eine recht genaue e/m-Bestimmung aus und wies 1901 mit der Parabelmethode eine Zunahme der Elektronenmasse mit wachsender Geschwindigkeit nach. Diese Beobachtungen waren der Ausgangspunkt der Theorien von Max Abraham und Hendrik Antoon Lorentz über die Geschwindigkeitsabhängigkeit der Masse, deren richtige Formulierung erst die spezielle Relativitätstheorie Albert Einsteins ermöglichte. K. hat 1909 den Band „Magnetismus und Elektrizität" in Müller-Pouillets Lehrbuch der Physik geschrieben. Er hat die erste rotierende Hochvakuumpumpe gebaut und sich vor allem mit Untersuchungen über die Labilität des Stromdurchgangs durch beliebige elektrische Systeme befaßt.

Literatur: Walter Kossel, W. K. †. In: Die Naturwissenschaften. Jg 34, 1947, S. 33–34; W. K. In: Physikal. Blätter. Jg 3, 1947, S. 17.

U. H.

Kausalität. Der klassischen Physik lag die Vorstellung zugrunde, daß die Phasen des Naturgeschehens in ursächlicher und eindeutiger Weise auseinander hervorgehen. Bei genauer Kenntnis der Ursachen (d. h. der Naturgesetze und der Anfangsbedingungen) sollten mithin die Wirkungen eindeutig festgelegt sein. Die moderne Quantentheorie hat diese kausale Betrachtensweise durch eine statistische ersetzt, die durch die Heisenbergschen Unschärferelationen begründet ist. Werner Heisenberg schrieb 1927 zum Problem der Kausalität „. . . an der scharfen Formulierung des Kausalgesetzes: ‚Wenn wir die Gegenwart genau kennen, können wir die Zukunft berechnen', ist nicht der Nachsatz, sondern die Voraussetzung falsch. Wir **können** die Gegenwart in allen Bestimmungslücken prinzipiell **nicht** kennenlernen."

Literatur: Werner Heisenberg, Über den anschaulichen Inhalt der quantentheoretischen Kinematik und Mechanik. In: Die Kopenhagener Deutung der Quantentheorie (= Dokumente der Naturwissenschaft. Bd 4). Stuttgart 1963; Max Born, Natural philosophy of cause and chance. New York 1964.

U. H.

Kayser, Heinrich (* 16. März 1853 in Bingen, † 14. Oktober 1940 in Bonn). Als Nachfolger von Heinrich Hertz 1894 nach Bonn berufen, baute er das dortige Institut zu einem Zentrum der Spektroskopie aus, wo K. bald als unbestrittener Meister und, nach Heranziehung zahlreicher Schüler (u. a. Heinrich Konen), als Altmeister galt.

Werke: Handbuch der Spectroscopie. 8 Bde. Leipzig 1900–1934.

Literatur: Arnold Sommerfeld, H. K. In: Zeitschrift für Astrophysik. Jg 20, 1941, S. 308–309.

Kelvin, Lord → Thomson, Sir William.

Kepler, Johannes (* 27. Dezember 1571 in Weil der Stadt, † 15. November 1630 in Regensburg). Überzeugt und begeistert vertrat K. das heliozentrische Weltbild, das ihm schon während seines Studiums der Theologie in Tübingen bei seinem Lehrer Michael Maestlin bekannt geworden war. 1594 ging

92 Oesterreichisches Wein-

Zum Exempel / das Heydelbergische Faß hat 18 schuh an der Bauchs tieffe / vnnd 16 an deß Bodens diametro / gehet also der Bauch vmb einen Schuh vber die Böden auß: der zeigt auff der Oesterreichischen Visierruthen 12. Achteringe / bedeutet aber den ganzen Bauchschnitz / oder allen den Wein der oberhalb der Böden stehet / wanns Faß voll ist / der ist nun droben auß dem Täfelin Nō. 88 gefunden worden 37 Emmer. Setze nun das Faß were vmb drey Zoll außgelähret / das will ich von gewißheit wegen tripliren / wie droben Nō. 84 gelehret worden / thut 9 Zölle / die zeigen auff der Visierruthen 5 Achteringe / darvon gehört auff die 3 Zölle der 27 theil / vnnd also nicht gar ein fünfftheil einer Achteringe / nun sprich durch detri, 12 Achteringe auff der Visier gelten 37 Emmer im ganzen Bauchschnitze / wievil gelten die fünff 27 theil einer Achteringe / folgt 185. 324 theil / das ist beynahe 23 Achteringe. Sovil weins muß man haben / das Heydelbergische Faß auß zufüllen / wann es 3 Zöll wahn oder lehr stehet.

Nicht anderst thut man jhme auch dannzumal / wann der Wein die Böden nich mehr berühret: allein bedarff es alda keines stäbleins / sondern man nimpt die Visierruthen selbsten (wann sie lang gnug ist / wo nicht / so erlengert man sie mit anbindung einer stangen) sencket sie gerad vndersich / mit deren vorderem theil oder zugespitzter schneide.

Vnnd were hiemit für dißmal gnugsam gehandlet von dem Visierstab / wöllen jhne auff ein seitt legen / vnnd darfür den Heber brauchen / dann ich mit endung dises theils durstig worden bin. Aber hinweg mit dem letztern vndern Bauchschnitze / der Heber möcht nicht gereichen: auß dem vorigen obern Bauchschnitz ist leichter zuheben.

Anhang

Abb. 22. Handschriftliche Eintragung Keplers in sein Buch „Stereometria doliorum". 1616 er als Landschaftsmathematicus nach Graz, wo es zu seinen Aufgaben gehörte, einen Jahreskalender mit den üblichen astronomischen, astrologischen und meteorologischen Vorhersagen anzufertigen. Der Erfolg mit den ersten Prophezeiungen trübte nicht seine Skepsis gegegenüber der Astrologie, dem „närrischen Töchterlein der Astronomie", aber er beflügelte Kepler, und schon 1596 entstand sein wissenschaftliches Erstlingswerk, das Mysterium Cosmographicum: „Drei Dinge waren es vor allem, deren Ursachen ich unablässig erforschte", sagte Kepler, „nämlich die Anzahl, Größe und Bewegung der Planeten." „Dies zu wagen", erläuterte Kepler in der Vorrede, „bestimmte mich jene schöne Übereinstimmung der ruhenden Dinge, der Sonne, der Fixsterne und des Zwischenraumes mit Gott dem Vater, dem Sohne und dem Heiligen Geist."

Der Himmel ist also, was die ruhenden Dinge betrifft, ein Abbild der Heiligen Dreieinigkeit. „Da sich die ruhenden Dinge so verhielten", so argumentierte K., „zweifelte ich nicht an einer entsprechenden Harmonie der bewegten Dinge", d. h. also der Planeten, von denen damals **sechs** bekannt waren. Nach langem Suchen und Kombinieren glaubte er die Erklärung für die Sechszahl der Planeten in der Fünfzahl der regulären oder platonischen Körper gefunden zu haben. Wenn man die fünf regulären Körper: Würfel, Tetraeder, Dodekaeder, Ikosaeder und Oktaeder so ineinanderbaut, daß die in den einen Körper einbeschriebene Kugel übereinstimmt mit der umbeschriebenen des nächsten Körpers, hat man vier Kugelschalen zwischen den Körpern; mit der umbeschriebenen Kugel des größten und der einbeschriebenen Kugel des kleinsten Körpers sind dies gerade **sechs** Kugelschalen oder Sphären. So glaubte der 25jährige Kepler das Geheimnis des Weltenbaues im Prinzip gelöst, die Frage beantwortet, warum es gerade sechs und nicht „zwanzig oder hundert" Planeten gibt, und das Problem der Planetenabstände geklärt.

K. übersandte seine Schrift auch an Tycho Brahe, der von K.s schöpferisch-mathematischer Begabung beeindruckt war. Als Brahe 1599 als kaiserlicher Mathematiker nach Prag übersiedelte, zog er 1600 Kepler nach. Brahe hatte noch **vor** Erfindung des Fernrohres mit einer bisher ungekannten Genauigkeit und Systematik Beobachtungsdaten gesammelt und beauftragte K., die Marsbewegungen zu analysieren: „Ich glaube, es war ein Werk der Vorsehung ... Denn Mars allein versetzt uns in die Lage, in die Geheimnisse der Astronomie einzudringen, die uns sonst für immer verborgen bleiben würden" (Kepler).

Innerhalb von acht Tagen wollte K. das Problem der Marsbahn lösen und schloß sogar eine Wette darüber ab. Aus den acht Tagen wurden mehrere Jahre, aber Kepler gelang es, eine Übereinstimmung zwischen Beobachtung und Theorie zu erzielen, die es bisher noch nie gegeben hatte; die → Keplerschen Gesetze, hierin vergleichbar nur mit den → Fallgesetzen Galileis, markieren die Wende zur neuzeitlichen Naturwissenschaft: Der phantasievolle Kepler, der in grandiosen Bildern und Gleichnissen den Bau des Weltalls zu erfassen strebte, erkannte die Notwendigkeit, „das äußerlich Wahrgenommene mit den inneren Ideen zusammenzubringen und ihre Übereinstimmung zu beurteilen". Kepler prüfte also wieder und immer wieder, durch ungeheuer mühevolle Rechnungen, ob seine Vorstellungen mit den Beobachtungen in Einklang stehen. Schließlich ergab sich aus einem plausiblen Ansatz eine maximale Abweichung von acht Bogenminuten: „Nachdem uns die göttliche Güte in Tycho Brahe einen so sorgsamen Beobachter geschenkt hat, daß sich aus seinen Beobachtungen der Fehler der Rechnung im Betrag von acht Minuten verrät, geziemt es sich, daß wir dankbaren Sinnes diese Wohltat Gottes anerkennen und ausnützen, d. h. wir sollen uns Mühe geben, endlich die wahre Form der Himmelsbewegungen aufzuspüren." K. verwarf also seine bisherigen Vorstellungen und suchte nach einem neuen Modell. Als christlicher Neuplatoniker und Neupythagoräer war er überzeugt, daß Gott die Welt nach einem geometrischen Bauplan entworfen hat, in den sich die Beobachtungen

Abb. 23. Titelkupfer, gestochen von Georg Coeler, zu Keplers Tabulae Rudolphinae. 1627. Links unten ein Bildnis Keplers

vollkommen einfügen. Gerade in dieser Forderung bestand die wesentliche Wendung zur Nuova Scienza. K. selbst sagte mit Recht: „Diese acht Minuten wiesen den Weg zur Erneuerung der ganzen Astronomie.“ Nach dem 2. Keplerschen Gesetz fand er kurz nach Ostern 1605 das erste → Keplersche Gesetz. Wie bei den → Fallgesetzen Galileis zählte mehr noch als das konkrete und richtige Ergebnis die benutzte Methode, „das äußerlich Wahrgenommene mit den inneren Ideen zusammenzubringen“.

Schon 1604 hatte K. optische Untersuchungen veröffentlicht; die Nachricht in Galileis Schrift „Sidereus Nuncius“ von 1610 über die Erfindung des Fernrohres und die ersten Entdeckungen (die einen anderen vielleicht mit Neid und Mißgunst erfüllt hätten) setzten ihn in helle Begeisterung, und er verfaßte seine „Dissertatio cum Nuncio Sidereo“. 1611 erschien K.s Dioptrik, wo ein für kleine Einfallswinkel gültiges Brechungsgesetz, die Theorie des Galileischen und die Erfindung und Theorie des Keplerschen Fernrohres (mit zwei Konvexlinsen) mitgeteilt wird: „Mit vertauschten Rollen stehen die zwei Großen auf der Bühne der Geschichte: Der Held des Tages ist Galilei, weil in seiner Hand das Fernrohr ist, das eigentlich in die Keplers gehörte, denn der Optiker ist nicht Galilei, sondern Kepler“ (Franz Hammer).

Kepler, der nach dem Tode von Tycho Brahe (1601) dessen Nachfolge als kaiserl. Mathematiker angetreten hatte, verlebte in Prag die glücklichsten Jahre seines Lebens. 1611 trafen ihn schwere persönliche Schicksalsschläge (Tod der ersten Frau); K. übersiedelte 1613 nach Linz, wo er bis 1626 wirkte. Hier veröffentlichte er 1618/20 über das kopernikanische Weltbild ein umfangreiches Lehrbuch, in dem der Stoff in Fragen und Antworten gegliedert ist. 1619 erschienen auch die „Harmonices Mundi“, das Werk, in dem Keplers Denken, Fühlen und Ahnen wohl am deutlichsten zum Ausdruck kommt. Auch die Gemütskräfte sind ja für Kepler Mittel, das Geheimnis der Schöpfung zu erfassen. Überall im Planetensystem sah Kepler Harmonien, „nach höchstem Ratschluß einander so angepaßt, daß sie sich gegenseitig als Teile eines einzigen Bauwerkes gleichsam tragen“; Kepler hörte eine überirdische Sphärenmusik, „eine fortwährende mehrstimmige Musik (durch den Verstand, nicht das Ohr erfaßbar)“.

Viel Arbeit kosteten K. die auf der Grundlage des neuen Weltbildes errechneten neuen Planetentafeln, die „Tabulae Rudolphinae“. Diese wurden, da sie sich als genauer als alle anderen Berechnungen erwiesen, in der Generation nach K. mehr als alle anderen Werke anerkannt; die Übereinstimmung mit der Beobachtung schrieb man aber nicht der besseren Theorie, sondern der besseren Mathematik zu.

Die Rudolphinischen Tafeln ließ K. in Ulm drucken. Mehrere Reisen und ein Aufenthalt in Sagan (Schlesien), wo Wallenstein residierte, schlossen sich an. Um die Auszahlung seines Gehaltes zu betreiben, das ihm der Kaiser seit Jahren schuldete, kam er Ende 1630 zum Kurfürstentag nach Regensburg. Hier starb Kepler, der selbst den schwer übersetzbaren Grabspruch verfaßt hatte:

„Mensus eram coelos, nunc terrae metior umbras.
Mens coelestis erat, corporis umbra iacet.“
Himmel durchmaß mein Geist,
nun meß ich die Tiefen der Erde;
Ward mir vom Himmel der Geist,
ruht hier der irdische Leib.

Werke: J. K., Gesammelte Werke. München 1939 ff. (Von den geplanten 20 Bänden sind bisher 16 erschienen. Es fehlen noch die Bände 11 u. 12; Bd 19 erscheint 1971; Bd 20 wird das Register enthalten.) Die wichtigsten Schriften (mit deutscher Übersetzung, soweit vorhanden): 1. Prodromus Dissertationum Cosmographicarum, continens Mysterium Cosmographicum. Tübingen 1596; Das Weltgeheimnis. Übersetzt und eingeleitet von Max Caspar. Augsburg 1923; 2. Ad Vitellionem Paralipomena. Frankfurt 1604; 3. De Stella Nova. Prag 1606; 4. Astronomia Nova, seu Physica Coelestis, tradita commentarius de Motibus Stellae Martis. Prag 1609; Neue Astronomie. Übersetzt und eingeleitet von Max Caspar. München und Berlin 1929; 5. Dissertatio cum Nuncio Sidereo. Prag 1610; Faksimiledruck und Übersetzung von Franz Hammer. München 1964; 6. Dioptrice. Augsburg 1611; Faksimiledruck mit Einführung von Michael Hoskin. Cambridge 1962; 7. Nova Stereometria doliorum vinariorum. Linz 1615; Außzug auß der Uralten Messekunst Archimedis. Linz 1616; 8. Ephemerides Novae Motuum Coelestium. Linz 1617; 9. Epitome Astronomiae Copernicanae. Libri I bis IV. Linz 1618–1620; Libri V, VI. Frankfurt 1621; 10. Harmonices Mundi Libri V. Linz 1619; Weltharmonik. Übersetzt und eingeleitet von Max Caspar. München und Berlin 1939; 11. Tabulae Rudolphinae. Ulm 1627; 12. Somnium seu Opus posthumum de Astronomia Lunari. Frankfurt 1634; Keplers Traum vom Mond. Übersetzt und herausgegeben von Ludwig Günther. Leipzig 1898.

Literatur: Max Caspar und Walther von Dyck (Hrsg.), J. K. in seinen Briefen. 2 Bde. München 1930; Hans Schimank, Epochen der Naturforschung. Leonardo, K., Faraday. München 1964; Franz Hammer, J. K. Ein Bild seines Lebens und Wirkens. Stuttgart 1943; Max Caspar, J. K. Stuttgart 1948; Arthur Koestler, Die Nachtwandler. Bern etc. 1959; Edward Rosen, K.'s Conversation with Galileo's Sidereal Messenger. New York 1965; Walther Gerlach und Martha List, J. K. Leben und Werk. München 1966; Volker Bialas, K.s Handschriften zu den Rudolphinischen Tafeln. In: Sudhoffs Archiv. Bd 52, 1969, S. 360 bis 370; Hans-Christian Freiesleben, K. als Forscher. Darmstadt 1970.

Bibliographie: Max Caspar, Bibliographia Kepleriana. 2. Aufl. besorgt von Martha List. München 1968.

Keplersche Gesetze. Noch mit der Annahme, daß die Planeten Kreise (freilich mit ungleichförmiger Geschwindigkeit) durchlaufen, kam Kepler 1602 (bei der von Tycho Brahe gestellten Aufgabe, aus Brahes Messungen die wahre Bahn des Planeten Mars zu bestimmen) zum 2. K. G. Er versuchte zunächst, mit dem Fortschreiten des Planeten auf seiner Bahn in Beziehung zu setzen die jeweiligen Abstände zum Ausgleichspunkt S (von dem aus nach dem Vorbild der traditionellen Astronomie die Winkelgeschwindigkeit als gleichförmig angenommen wird). Um das Gesetz zu formulieren, suchte Kepler für ein Bahnstück die Summe der Abstände zu bilden: „Weil ich wußte, daß es unendlich viele Punkte auf dem Exzenter und entsprechend viele Abstände gibt, kam mir der Gedanke, daß alle diese Abstände in der Fläche dieses Kreises enthalten seien." So erkannte Kepler, daß die Zeit, die der Planet benötigt, um von einem Punkt P_1 zu einem zweiten Punkte P_2 zu gelangen, gegeben ist durch die Fläche $P_1 P_2 S$ (2. K. G., sog. „Flächensatz").

Während beim 2. K. G. Integrationsaufgaben (lange vor Newton und Leibniz!) zu lösen waren, gab es bei der Auffindung der richtigen Bahnform Schwierigkeiten durch Keplers physikalische Auffassung des Problems: Nachdem feststand, daß die Bahn des Mars kein Kreis, sondern „eingebuchtet" ist, versuchte Kepler die dynamische Ursache zu ergründen und dadurch die richtige Bahnform zu finden. Erst langsam fand Kepler zu einer rein kinematischen Auffassung (und damit zu dem mit den Mitteln seiner Zeit lösbaren Problem). Nach langem Probieren erhielt er zunächst die richtige Formel (Polardarstellung der Ellipse), erkannte aber noch nicht, daß damit die Bahn als Ellipse bestimmt ist. Er versuchte, die zur Formel gehörende Bahn zu berechnen, kam irrtümlich auf eine falsche Kurve, verwarf in Verzweiflung die (falsche) Kurve und die (richtige) Formel und nahm nun als Bahnkurve eine Ellipse (!) an, worauf er endlich (nach Ostern 1605) erkannte, daß seine ursprüngliche Formel richtig war und eine Ellipse liefert. „Wozu soll ich viel Worte machen?", sagte Kepler in der Astronomia Nova von 1609, wo er nicht nur die beiden ersten K. G. mitteilte, sondern auch den Weg, der zu ihnen führte: „Die Wahrheit der Natur, die verstoßen und verjagt worden war, kam heimlich zur Hintertür wieder herein."

Die Geschichte des 3. Keplerschen Gesetzes, veröffentlicht erst 1619 in den „Harmonices mundi", schilderte Kepler selbst mit folgenden Worten: „Am 8. 3. des Jahres 1618, wenn man die genaue Zeitangabe wünscht, ist sie in meinem Kopfe aufgetaucht. Ich hatte aber keine glückliche Hand, als ich sie der

Rechnung unterwarf, und verwarf sie wieder. Schließlich kam sie am 15. Mai wieder und besiegte in einem neuen Anlauf die Finsternis meines Geistes, wobei sich zwischen meiner siebzehnjährigen Arbeit an den Tychonischen Beobachtungen und meiner gegenwärtigen Überlegung eine so treffliche Übereinstimmung ergab, daß ich erst glaubte, ich hätte geträumt und das Gesuchte in den Beweisunterlagen vorausgesetzt. Allein es ist ganz sicher und stimmt vollkommen, daß die Proportionen, die zwischen den Umlaufszeiten irgend zweier Planeten besteht, genau das Anderthalbfache der Proportion der mittleren Abstände, d. h. der Bahnen selber ist."

Die K. G. blieben im 17. Jh. nicht unbekannt, aber sie wurden nicht als Naturgesetze akzeptiert (sondern galten nur als näherungsweise richtig), bis Isaac Newton die Deduktion aus seiner neuen Gravitationstheorie gelang.

Quellen: → Kepler.

Literatur: Max Caspar, Aufbau und Beurteilung der Astronomia Nova. In: Johannes Kepler, Neue Astronomie. München und Berlin 1929, S. 36*—59*; Arthur Koestler, Die Nachtwandler. Bern 1959; J. L. Russel, Kepler's law of planetary motion: 1609—1666. In: British Journal for the History of Science. Vol. 2, 1964, S. 1—24; Curtis Wilson, Kepler's derivation of the elliptical path. In: Isis. Vol. 59, 1968, S. 5—25; E. T. Aiton, Kepler's second law etc. In: Isis. Vol. 60, 1970, S. 75—90.

Kernreaktion. 1914 entdeckte Ernest Marsden beim Durchgang von Alphateilchen durch Luft eine Komponente von größerer Reichweite, als dem Durchdringungsvermögen der Alphateilchen entspricht. Da er mit wasserstofffreien Gasen arbeitete, hielt er es nicht für ausgeschlossen, daß die Teilchen aus der radioaktiven Quelle selbst stammen und Protonen sind. Ernest Rutherford setzte Marsdens Untersuchungen, die der Ausbruch des Ersten Weltkrieges beendete, fort und konnte 1919 zeigen, daß die von jenem beobachtete Strahlung nicht aus dem radioaktiven Präparat stammt, sondern von Stickstoff herrührt. Er machte es wahrscheinlich, daß es sich dabei um Protonen handeln müsse. Tatsächlich war ihm damit die Durchführung der ersten Kernreaktion gelungen. Rutherfords Schüler Patrick Blackett konnte 1924 mit der Nebelkammer nachweisen, daß die von Rutherford beobachtete Reaktion nach der Gleichung ${}^{14}_{7}N + {}^{4}_{2}He \rightarrow {}^{17}_{8}O + {}^{1}_{1}H$ verläuft. Seitdem sind zahllose andere Kernreaktionen durchgeführt worden, die zum Teil zu überraschenden neuen Entdeckungen geführt haben (1932 Entdeckung des Neutrons in der Reaktion ${}^{9}_{4}Be + {}^{4}_{2}He \rightarrow {}^{12}_{6}C + {}^{1}_{0}n$ durch James Chadwick, 1934 Entdeckung der künstlichen Radioaktivität durch Frédéric Joliot und Irène Curie an der Reaktion ${}^{27}_{13}Al + {}^{4}_{2}He \rightarrow {}^{30}_{15}P + {}^{1}_{0}n$).

Quellen: Ernest Rutherford, The collected papers of Lord Rutherford of Nelson. Vol. 2, S. 547 bis 590.

Literatur: Horst Melcher, Über die historische Entwicklung der Kernphysik. In: Wissenschaftliche Zeitschrift der Pädagogischen Hochschule Potsdam. Math.-nat. Reihe, Bd 6, 1960, S. 49 bis 57. U. H.

Kircher, Athanasius (* 2. Mai 1602 in Geisa bei Eisenach, † 28. November 1680 in Rom). Kircher gehört zu den berühmten Polyhistoren des 17. Jh.s. Er studierte auf dem Jesuitengymnasium in Fulda und wurde 1618 in Paderborn Mitglied der Gesellschaft Jesu. Nach Aufhebung des Paderborner Ordenshauses lehrte er in Jesuitenniederlassungen in Münster, Köln, Koblenz, Mainz und Würzburg. Beim Herannahen der Schweden im Dreißigjährigen Krieg floh Kircher im Jahre 1633 nach Avignon und dann weiter nach Rom. Dort wurde er Lehrer der Mathematik am Collegium Romanum; aber später widmete er sich nur noch wissenschaftlicher Arbeit und seinen naturwissenschaftlichen und kulturellen Sammlungen, aus welchen das „Museum Kircherianum" am Collegium Romanum entstand.

Kirchers Interesse umfaßte nahezu alle Zweige der Wissenschaft des 17. Jahrhunderts. Er widmete sich der Optik, der Akustik und der Mathematik, dem Magnetismus und der

Astronomie, darüber hinaus der Forschung über Himmel und Unterwelt, biologischen Fragen und der Medizin, aber auch der Astrologie und der Kabbala. In seinen Büchern publizierte er mehr Übersichten über die einzelnen Wissenschaftszweige als eigene Ergebnisse, und zwar immer mit einer Vorliebe für Geheimnisvolles, Phantastisches und Kuriositäten. K. konstruierte auch verschiedene Instrumente und Maschinen, von denen die Laterna magica bis heute allgemein bekannt blieb.

Kircher beherrschte verschiedene orientalische Sprachen und widmete sich ihrer Erforschung. Besonders bekannt sind seine Arbeiten über die koptische Sprache, die Hieroglyphen und die Kultur in Ägypten. Auch hier interessierte Kircher mehr die geheimnisvolle Weisheit der ägyptischen Priester als ernstere wissenschaftliche Fragen.

In der Geschichte der Naturwissenschaften haben Kirchers Bücher ihren Platz als Werke, die eine Übersicht über den damaligen Stand der Wissenschaft bieten, und als Werke, die Interesse für naturwissenschaftliche Forschung erweckten.

Werke: Ars magnesia ... Würzburg 1631; Magnes sive de arte magnetica ... Rom 1641; Ars magna lucis et umbrae ... Rom 1646; Musurgia universalis ... Rom 1650; Iter extaticum coeleste ... Rom 1656; Iter extaticum terrestre ... Rom 1657; Mundus subterraneus ... Amsterdam 1664.

Literatur: Karl Brischar, P. A. K. Ein Lebensbild (= Katholische Studien. Jg 3, 1877, H. 5). Würzburg 1877; Selbstbiographie etc. Aus dem Lateinischen von Nikolaus Seng. Fulda 1901; George E. McCracken, A. K.s universal polygraphy. In: Isis. Vol. 39, 1948, S. 215—228; Conor Reilly, A. K. In: Journal of Chem. education. Vol. 32, 1955, S. 253—258; Robert Ranc, Un bel exemple du livre au dix-septième siècle. In: Gutenberg-Jahrbuch. Mainz 1964, S. 234—239.

J. M.

Kirchhoff, Gustav Robert (* 12. März 1824 in Königsberg, † 17. Oktober 1887 in Berlin). „Nichts Außergewöhnliches in K.s Leben entspricht der Außergewöhnlichkeit seines Genius; seine Laufbahn war vielmehr die gewöhnliche des deutschen Universitätsprofessors. Die großen Ereignisse vollzogen sich bei ihm lediglich im Gehege seines Kopfes“ (Ludwig Boltzmann). In Königsberg wurde K. vom Begründer der theor. Physik in Deutschland, Franz Neumann, herangebildet; schon als Student mit 21 Jahren erschien seine erste Veröffentlichung in den Annalen der Physik (→ Kirchhoffsche Sätze). Nach der Berliner Habilitation 1848 wurde K. 1850 a.o. Professor in Breslau, wo er, nach der Berufung des Chemikers Robert Bunsen, eine für die Wissenschaft bedeutsame Freundschaft schloß. Bunsen, schon 1852 von Breslau nach Heidelberg wegberufen, zog K. zwei Jahre später ebenfalls nach Heidelberg. 1875 ging K. dann (nachdem er frühere Rufe abgelehnt hatte) an die Universität Berlin, wo er neben Helmholtz wirkte.

Bunsen hatte sich Ende der fünfziger Jahre bemüht, die Flammenfärbungen, die die verschiedenen Salze im Bunsen-Brenner hervorrufen, zu analytischen Zwecken auszunutzen. Da das unbewaffnete Auge schlecht zwischen den Farbtönen zu differenzieren vermag, versuchte Bunsen, das Licht durch Farbgläser zu filtern; K. wies auf das Hilfsmittel des Spektralapparates hin.

Aus diesem experimentellen Ansatz ergaben sich zwei hochbedeutende Entdeckungen. Gemeinsam entwickelten K. und Bunsen 1859/60 die chemische Spektralanalyse, mit der noch unwägbare Spuren von Elementen nachgewiesen werden können. Innerhalb weniger Tage nach Entwicklung der Methode fand Bunsen im Dürkheimer Mineralwasser als neues Element das Caesium, im sächsischen Lepidolith das Rubidium. Entdeckungen weiterer neuer Elemente schlossen sich an.

Noch vor der Entwicklung der Spektralanalyse war K. auf ein auffälliges Phänomen gestoßen: „Ich entwarf ein Sonnenspektrum und ließ dabei die Sonnenstrahlen, bevor sie auf den Spalt fielen, durch eine kräftige Kochsalzflamme treten. War das Sonnenlicht hinreichend gedämpft, so erschienen an Stelle der beiden dunklen Linien D zwei helle Linien; überstieg die Intensität jenes aber eine gewisse Grenze, so zeigten sich die beiden dunklen Linien D in viel größerer Deutlichkeit . . ."

Aus der Beobachtung, daß jeder Körper die Spektrallinien absorbiert, die er auch emittiert, entwickelte K. das Kirchhoffsche Gesetz: Für jede Wellenlänge und Temperatur stehen Emissions- und Absorptionsvermögen in einem konstanten Verhältnis. Dieses Verhältnis J ist also nur eine Funktion von Wellenlänge und Temperatur; J bedeutet physikalisch das Emissionsvermögen des schwarzen Körpers: „Die mit J bezeichnete Größe ist eine Funktion der Wellenlänge und der Temperatur. Es ist eine Aufgabe von hoher Wichtigkeit, diese Funktion zu finden. Der experimentellen Bestimmung derselben stehen große Schwierigkeiten im Wege; trotzdem scheint die Hoffnung begründet, sie durch Versuche ermitteln zu können, da sie unzweifelhaft von einfacher Form ist, wie alle Funktionen es sind, die nicht von den Eigenschaften einzelner Körper abhängen, und die man bisher kennengelernt hat."

Mit allem Nachdruck hatte also K. schon 1860 auf die universelle Bedeutung der Emissionskurve des schwarzen Körpers hingewiesen; hier gelang es erst Max Planck im Jahre 1900, die konkrete Gestalt der Funktion (Plancksche Strahlungskurve) zu finden. Die universelle Strahlungskurve enthält dabei die universelle Naturkonstante h.

Werke: Chemische Analyse durch Spectralbeobachtungen (= Ostwalds Klassiker. Nr 72). Leipzig 1895 (gemeinsam mit Robert Bunsen); Abhandlungen über Emission und Absorption (= Ostwalds Klassiker. Nr 100). Leipzig 1898; Untersuchungen über das Sonnenspektrum etc. Berlin 1861; Gesammelte Abhandlungen. Leipzig 1882; Vorlesungen über mathematische Physik. 4 Bde. Leipzig 1877–1894.

Literatur: Ludwig Boltzmann, G. R. K. Festrede etc. Leipzig 1888; Hans Schimank, G. R. K. Zum Gedächtnis etc. In: Elektrotechnische Zeitschrift. Jg 58, 1937, S. 1188 f.

Kirchhoffsche Sätze. Als 20jähriger Student in Königsberg bearbeitete Gustav Kirchhoff 1845 eine von Franz Neumann gestellte Seminaraufgabe und formulierte im Anschluß daran die beiden K.n S.: „Wird ein System von Drähten, die auf eine ganz beliebige Weise miteinander verbunden sind, von galvanischen Strömen durchflossen, so ist:

1. wenn die Drähe 1, 2, ... μ in einem Punkte zusammenstoßen

$$I_1+I_2+\ldots+I_\mu=0 \ldots$$

2. wenn die Drähte 1, 2, ... ν eine geschlossene Figur bilden

$$I_1\,\omega_1+I_2\,\omega_2+\ldots I_\nu\,\omega_\nu=$$

der Summe aller elektromotorischen Kräfte, die sich auf dem Wege: 1, 2 . . . ν befinden; wo ω_1, ω_2 . . . die Widerstände der Drähte, I_1, I_2 . . . die Intensitäten der Ströme bezeichnen . . ."

Der besondere Wert der K.n S. liegt in der allgemeingültigen Formulierung. Der 1. K. S. ist Ausdruck der stets als selbstverständlich genommenen Tatsache, daß es an keinem Punkte eines beliebig verzweigten Stromkreises eine Anhäufung des elektrischen Fluidums geben kann. Das Verdienst der Entdeckung des 2. K.n S. gab Kirchhoff später Georg Simon Ohm. Ohm hatte 1827 geschrieben, „daß die Größe des Stromes in jedem Nebenleiter im umgekehrten Verhältnisse zu seiner reduzierten Länge [= Widerstand]" stehe. Ohne die klaren Definitionen und Meßvorschriften (die wir vor allem Ohm verdanken) war aber auch schon Johann Wilhelm Ritter spätestens 1805 zu ähnlichen Aussagen gelangt.

Quellen: Gustav Kirchhoff, Ueber den Durchgang eines elektrischen Stromes durch eine Ebene etc. In: Annalen der Physik. Bd 64, 1845, S. 497 bis 514; Georg Simon Ohm, Die galvanische Kette mathematisch bearbeitet (Berlin 1827). Neudruck Leipzig und Wien 1887. Hier S. 107; Johann Wilhelm Ritter, Die Begründung der Elektrochemie etc. (= Ostwalds Klassiker. N. F. Bd 2). Frankfurt 1968. Hier S. 100.

Klein, Felix (* 25. April 1849 in Düsseldorf, † 22. Juni 1925 in Göttingen). Mit dem Tode Kleins ging eine Epoche der Mathematikgeschichte zu Ende, deren „beherrschende Figur" er gewesen war und in der er grundlegende Beiträge zur mathematischen Physik geliefert hatte.

Nach einem Studium der Naturwissenschaften promovierte er bereits mit 19 Jahren in Bonn. Von den anschließenden Aufenthalten in Göttingen, Berlin und Paris wurde der letzte besonders bedeutungsvoll für seine wissenschaftliche Arbeit; bei Camille Jordan und Gaston Darboux wurde er mit Evariste Galois' Gedanken zur Gruppentheorie bekannt, die er später erfolgreich weiterentwickelte. 1872 wurde er als Ordinarius nach Erlangen berufen. In seiner programmatischen Antrittsrede, dem berühmten „Erlanger Programm", formulierte er seine Anwendung des Gruppenbegriffs auf die Geometrie. Bereits in Berlin hatte er sich mit der Nicht-Euklidischen Geometrie beschäftigt, war aber bei Karl Weierstraß auf Ablehnung gestoßen. Nun gelang es ihm, in das Wirrwarr der verschiedenen, bis dahin nebeneinander und ohne Zusammenhang existierenden geometrischen Betrachtungsweisen mit Hilfe des Gruppenbegriffs und Invarianzbetrachtungen eine Ordnung zu bringen. Nachdem Albert Einstein 1905 die Spezielle Relativitätstheorie aufgestellt hatte, war K. aufgrund ihrer Transformationseigenschaften als einer der ersten von ihrer Richtigkeit überzeugt. Er widmete dem Problem eine Reihe von Untersuchungen, in die er auch Weiterführungen einbezog (Konforme Gruppe). Durch einfache Fortsetzung seines Programms konnte er so auch noch in späteren Jahren wesentlich zur Klärung der mathematischen Grundlagen der Allgemeinen Relativitätstheorie beitragen.

In den Jahren seit 1875 in München und Leipzig beschäftigte er sich vorwiegend mit Funktionentheorie – eine Art Wettbewerb mit Henri Poincaré entspann sich – und entwickelte sich zum „erfolgreichsten Apostel Riemannschen Geistes". 1886 erfolgte die Berufung nach Göttingen, wo er bis zu seinem Tode wirkte. In den späteren Jahren wurde Klein zu einem hervorragenden Organisator und Förderer des mathematischen Unterrichts. Außerdem versuchte er erfolgreich, eine stärkere Verbindung der Mathematik mit den Naturwissenschaften und der Technik herzustellen. Er war von der Bedeutung der Mathematik für alle Naturwissenschaften durchdrungen und sah mit großem Unbehagen, daß die Mathematik in der Technik nicht die Rolle spielen konnte, die ihr seiner Meinung nach als „Königin der Wissenschaften" zukommen sollte. Er setzte seine ganze Kraft und Autorität ein, um die Entwicklung in eine andere Bahn zu lenken. Für diese Bemühungen gelang es ihm, den jungen Arnold Sommerfeld zu gewinnen.

K. war außerdem einer der Initiatoren und aktiver Mitarbeiter der Enzyklopädie der Mathematischen Wissenschaften.

Werke: Gesammelte mathematische Abhandlungen. 3 Bde. Berlin 1921–1923; Vorlesungen über die Entwicklung der Mathematik im 19. Jh. 2 Bde. Berlin 1926–1927.

Literatur: Richard Courant, F. K. In: Die Naturwissenschaften. Jg 13, 1925, S. 765–772; Arnold Sommerfeld, Zum 100. Geburtstag von F. K. In: Die Naturwissenschaften. Jg 36, 1949, S. 289–291; ders., Zum 25. Todestag von F. K. In: Physikal. Blätter. Jg 6, 1950, S. 273–274; Heinrich Behnke, F. K. und die heutige Mathematik. In: Mathematisch-Physikalische Semesterberichte. Bd 7, 1961, S. 129–144; Karl Heinz Manegold, F. K. als Wissenschaftsorganisator. In: Technikgeschichte. Bd 35, 1968, S. 177–204; ders., Universität, Technische Hochschule und Industrie. Beitrag zur Emanzipation der Technik im 19. Jh. unter besonderer Berücksichtigung der Bestrebungen F. K.s. Berlin 1970; Armin Hermann, F. K. In: Die Großen der Weltgeschichte. Bd IX. Zürich 1970, S. 112–123. S. R.

Kontinuitätsprinzip. Die Vorstellung, daß alle Naturgegebenheiten sich nur stetig, in Abhängigkeit von anderen Größen, ändern können, stand bei der Begründung der Physik geradezu Pate. Gemeint war auch, aber nicht nur, die zeitliche Stetigkeit. Von den Gesetzen des freien Falles (der so schnell verläuft, daß er damals messend nicht verfolgt werden konnte) fand Galileo Galilei den gedanklichen Übergang zur schiefen Ebene, wo seine Experimente mit der Fallrinne die mathematischen Ergebnisse verifizierten. Von hier wiederum transponierte Galilei durch den Grenzprozeß Neigungswinkel $\alpha \rightarrow 0$ den beschleunigten Fallvorgang in die unbeschleunigte, kräftefreie Bewegung in der Ebene und kam auf diese Weise (fast) zum Trägheitsgesetz.

Aus dem Geist des K.s entstand die Differential- und Integralrechnung, und insbesondere bei Gottfried Wilhelm Leibniz durchzieht das im weitesten Sinne aufgefaßte K. die ganze Philosophie. Leibniz formulierte klar, „daß die Gegenwart stets die Zukunft in ihrem Schoße birgt und daß jeder gegebene Zustand nur durch den unmittelbar vorausgehenden auf natürliche Weise erklärbar ist. Bestreitet man dies“, sagte Leibniz, „so wird es in der Welt Lücken geben, die das große Prinzip des zureichenden Grundes umstürzen und uns dazu nötigen werden, für die Erklärung der Erscheinungen zu Wundern oder zum bloßen Zufall unsere Zuflucht zu nehmen.“ Im 18. und 19. Jh. wurde das Prinzip der Stetigkeit aller Naturvorgänge („natura non facit saltus“) von vielen Naturforschern und Philosophen ausgesprochen, meistens allerdings als selbstverständlich gar nicht eigens formuliert.

Durch seinen Ansatz $\varepsilon = h \cdot \nu$ für die Energiestufen des linearen Oszillators, konzipiert Ende des Jahres 1900, durchbrach Max Planck das K. Diese Konsequenz ist ihm aber erst um 1908 bewußt geworden.

Quellen: Übersicht in: Rudolf Eisler, Wörterbuch der philosophischen Begriffe. 3 Bde. Berlin 1930. Hier Stichwort „Stetigkeit“.

Kopenhagener Deutung. Die Kopenhagener Deutung der Quantentheorie ist der Inhalt der abschließenden Interpretation der Heisenbergschen Matrizenmechanik. Sie ging hervor aus der Auseinandersetzung Werner Heisenbergs und Niels Bohrs mit Erwin Schrödingers Wellenmechanik und legte die Gründe für eine statistische Auffassung der letzteren klar. Sie besteht einerseits aus Heisenbergs Unschärferelationen und andererseits aus Bohrs Lehre von der Komplementarität, d. h. der Gleichberechtigung sich gegenseitig ausschließender physikalischer Betrachtungsweisen.

Literatur: Die Kopenhagener Deutung der Quantentheorie (= Dokumente der Naturwissenschaft. Bd 4). Stuttgart 1963. U. H.

Kopernikus, Nikolaus (* 19. Februar 1473 in Thorn, † wahrsch. 24. Mai 1543 in Frauenburg). K. stammte aus einer Kaufmannsfamilie. Sein Onkel, Lucas Watzelrode, war Bischof in Ermland, und Kopernikus kam nach dem Tode seines Vaters in dessen Obhut. Er unterstützte K.' langjähriges Studium, und durch seinen Einfluß wurde K. schon im Jahre 1497 Domherr in Frauenburg. Diese Stellung ermöglichte ihm, ohne die höheren Weihen je zu empfangen, für viele Jahre ein materiell sorgloses Leben.

So konnte Kopernikus an den Universitäten in Krakau, Bologna, Padua, Ferrara und Rom wahrscheinlich bis zum Jahre 1505 studieren. Zwar ist K. als Reformator der Astronomie bekannt; doch schloß er sein Studium mit dem Doktordiplom für kanonisches Recht ab, das er 1503 in Ferrara erwarb. K. studierte auch Medizin und war für seinen Onkel als Leibarzt tätig. Ob er einen Doktorgrad in Medizin erworben hat, ist aber fraglich. Im Jahre 1512, nach dem Tode seines Onkels, übernahm K. seine Pflichten als Domherr von Frauenburg. In dieser Eigenschaft befaßte er sich mit Verwaltung und Ökonomie, und zwar mit Erfolg, wie aus seiner Denkschrift über Verbesserung des Geldrechts aus dem Jahre 1522 und seiner Wahl zum Administrator des Domstifts 1523 zu ersehen ist.

Seine größte kulturelle Leistung ist das Buch „De revolutionibus orbium coelestium“ (Über die Umdrehungen der Himmelsbahnen), das zwar schon früher geschrieben wurde, aber erst im Jahre seines Todes 1543 gedruckt wurde. Den stärksten Impuls für

Kopernikus' Interesse an der Astronomie bildete wahrscheinlich sein Aufenthalt in Bologna, wo er Schüler und Gehilfe des Astronomen Dominicus Maria Novara war. Bald war er auch selbst als hervorragender Astronom bekannt, und zwar durch seinen „Commentariolus“, die erste Niederschrift seiner astronomischen Thesen. Im Jahre 1514 war er als Teilnehmer an der geplanten Kalenderreform nach Rom eingeladen, aber er hat diese Einladung abgelehnt; wahrscheinlich hielt er seine Gedanken noch nicht für reif.

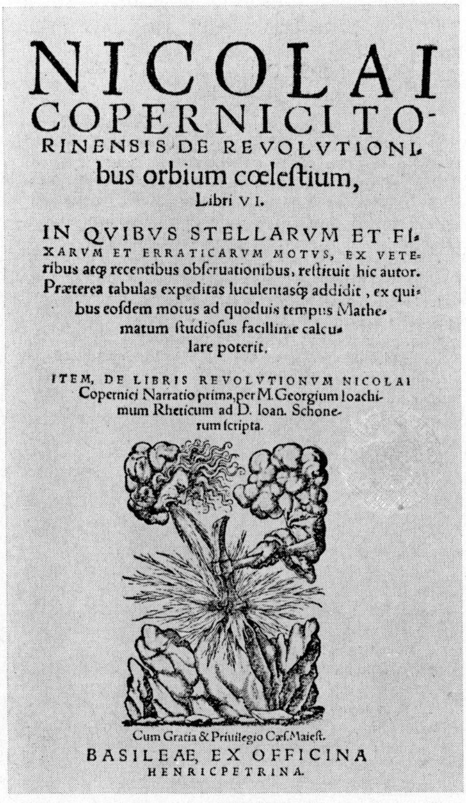
NICOLAI
COPERNICI TO-
RINENSIS DE REVOLVTIONI-
bus orbium cœlestium,
Libri VI.
IN QVIBVS STELLARVM ET FI-
XARVM ET ERRATICARVM MOTVS, EX VETE-
ribus atq; recentibus obseruationibus, restituit hic autor.
Præterea tabulas expeditas luculentasq; addidit, ex qui-
bus eosdem motus ad quoduis tempus Mathe-
matum studiosus facillime calcu-
lare poterit.
ITEM, DE LIBRIS REVOLVTIONVM NICOLAI
Copernici Narratio prima, per M. Georgium Ioachi-
mum Rheticum ad D. Ioan. Schone-
rum scripta.
Cum Gratia & Priuilegio Cæs. Maiest.
BASILEAE, EX OFFICINA
HENRICPETRINA.

Abb. 24. Titelblatt des Werkes „De revolutionibus orbium coelestium“ von Kopernikus. Basel 1543

Im Jahre 1539 hatte der Wittenbergische Professor Georg Joachim Rheticus die Gelegenheit, in Frauenburg bei Kopernikus sein Buch zu studieren. Noch während seines Aufenthaltes in Frauenburg schrieb Rheticus seinen Bericht „Narratio prima“ über Kopernikus' Entdeckungen, und bei seiner zweiten Fahrt nach Frauenburg fertigte er eine Abschrift des Buches an und ließ es in Deutschland publizieren.

In seiner Lehre ersetzte Kopernikus das alte geozentrische durch das heliozentrische Weltbild. In seinem System verlor die Erde ihre Stelle im Zentrum des Weltalls, und die Sonne wurde das Zentrum des Planetensystems und des Universums. Die tägliche Umdrehung des Firmaments der Fixsterne wurde auf die Rotation der Erde um ihre eigene Achse zurückgeführt. Die jährliche Bewegung der Sonne erklärte Kopernikus durch die jährliche Bewegung der Erde um die Sonne. Auf die Drehung der Planeten um die Sonne wurde auch die Existenz der scheinbaren Kehrpunkte und die Rückläufigkeit der Planeten zurückgeführt.

Die Kopernikanische Theorie fand nach ihrer Veröffentlichung Anhänger und Gegner. Mit den damaligen Methoden war ihre Richtigkeit nicht nachweisbar. Der berühmte Astronom Tycho Brahe zum Beispiel nahm sie nicht an und veröffentlichte eine eigene Theorie des Planetensystems. Kopernikus' Theorie gewann auch große Bedeutung für die Philosophie und die Theologie, wie es sich bei dem Streit Galileis mit der Inquisition zeigte.

Werke: De revolutionibus orbium coelestium libri VI. Nürnberg 1543. Deutsche Ausgabe (Hrsg. Georg Klaus). Berlin 1959. Faksimile-Nachdruck New York 1965; Commentariolus. Deutsche Übersetzung in: N. K. — Erster Entwurf seines Weltsystems ... (Hrsg. Fritz Rossmann). München 1948; Deutsche Gesamtausgabe (Hrsg. Fritz Kubach et al.): Bisher 2 Bde. München 1944 u. 1949.

Literatur: Bibliografia Kopernikowska 1509 bis 1955. Warschau 1958; Leopold Prowe, N. C. Thorn 1883; Edward Rosen, The Commentariolus of C. In: Osiris. Vol. 3, 1937, S. 123—141; Edward Grant, Late medieval thought, C. and the scientific revolution. In: Journal of the History of Ideas. Vol. 23, 1962, S. 197—220; Norwood Russell Harson, Contra-Equivalence. A defense of the originality of C. In: Isis. Vol. 55, 1964,

S. 308–325; Les éléments traditionnels et nouveaux dans la cosmologie de N. C. (mehrere Autoren). In: Actes du XIe Congrès International d'Histoire des Sciences (Warschau 1965). Bd 1, S. 65–84; Thomas S. Kuhn, The Copernican Revolution. Planetary astronomy in the development of western thought. Cambridge 1966; Erich Lessing, Karl Bednarik, Entdecker des Weltraums. Freiburg 1967; Henry Guerlac, C. and Aristotle's cosmos. In: Journal of the History of Ideas. Vol. 29, 1968, S. 109–113; Otto Neugebauer, On the planetary theory of C. In: Vistas in Astronomy. Vol. 10, 1968, S. 89–103; Felix Schmeidler, N. K. (= Große Naturforscher. Bd 34). Stuttgart 1970. J. M.

Kosmische Strahlung → Höhenstrahlung.

Kosmos. Im Weltbild der Antike und des Mittelalters stand in der Mitte des Alls fest und unbeweglich die Erde, umgeben von den Sphären der Himmelskörper. Es gab nicht nur einen ausgezeichneten Punkt, den Mittelpunkt der Erde, sondern auch eine ausgezeichnete Richtung, zum Mittelpunkt (oder von ihm weg). Als die natürliche Bewegung der schweren Körper betrachtete man den freien Fall hin zum natürlichen Ort.

Die kopernikanische Vertauschung der Rolle von Sonne und Erde im Weltbild machte auch eine neue Physik notwendig. Da die Erde ein Planet unter anderen Planeten geworden war, mußte man, wie der Erde, auch jedem anderen Himmelskörper eine „sphaera activitatis" zuschreiben, d. h. ein Vermögen, gleichartige Körper anzuziehen. Diese Vorstellung bereitete Newtons allgemeiner Massenanziehung den Boden.

Wohl auch unter dem Einfluß der Ideen des Nikolaus von Kues trat im 17. Jh. an die Stelle der kugelsymmetrisch-geschlossenen Welt der unendlich ausgedehnte Weltenraum, gleichmäßig erstreckt in allen drei Raumrichtungen. Als die „natürliche" Form der Bewegung erkannte man nun die Trägheitsbewegung. Gerade weil es in der Welt keinen ausgezeichneten Punkt mehr gibt, auf den man die Bewegung beziehen könnte, ist es nicht möglich, zwischen Ruhe und gleichförmiger Geschwindigkeit zu unterscheiden. Die physikalischen Konsequenzen hat als erster Christiaan Huygens erkannt, der das Relativitätsprinzip 1667 u. a. anwandte, um die Stoßgesetze abzuleiten.

Das Fehlen eines ausgezeichneten Punktes und einer ausgezeichneten Richtung führt, wie sich der Sachverhalt auch ausdrücken läßt, zur Unabhängigkeit der Naturgesetze gegen Translationen und Rotationen des Raumes, was die wichtigen Erhaltungssätze zur Folge hat. Über die neueren kosmologischen Vorstellungen vgl. → Relativitätstheorie, Allgemeine.

Literatur: Alexandre Koyré, Von der geschlossenen Welt zum unendlichen Universum. Frankfurt 1969; Curtis A. Wilson, From Kepler's laws, so-called, to universal gravitation: empirical factors. In: Archive for History of Exact Sciences. Vol. 6, 1970, S. 89–170; Pierre Duhem, Le Système du Monde. Histoire des doctrines cosmologiques de Platon à Copernic. 10 Bde. Paris 1913–1959.

Kraft. Der vieldeutige Begriff der Kraft (vis, virtus, impulsus, impetus) wurde in der Scholastik sowohl im Sinne einer dem bewegten Körper innewohnenden Eigenschaft (vis viva) wie im Sinne eines äußeren Antriebs oder einer äußeren Bewegungsursache gebraucht.

Einen wichtigen Schritt in der Klärung spielte das Trägheitsgesetz. Damit war klar, daß zur Aufrechterhaltung einer Bewegung mit gleichförmiger Geschwindigkeit eine äußere Einwirkung auf den Körper nicht notwendig ist. Ist eine solche vorhanden, so tritt vielmehr eine Änderung des Bewegungszustandes, d. h. eine Beschleunigung auf. Die äußere Ursache für die Beschleunigung definierte Newton 1687 in seinen „Philosophiae naturalis principia mathematica" als „eingeprägte Kraft" (vis impressa). Zur Abgrenzung gegen den vis viva-Begriff sagte er ausdrücklich: „Die eingeprägte Kraft tritt lediglich während der Einwirkung auf und verbleibt **nicht** nach der Einwirkung in dem Körper." Newtons berühmtes 2. Gesetz lautet: „Die Änderung der Bewegung ist der Einwirkung der bewegenden Kraft proportional und geschieht nach der Richtung derjenigen geraden Linie, nach welcher jene Kraft wirkt.“

Newton hat diese Lex secunda selbst so verstanden, daß eine Impulsänderung ΔG von einer Krafteinwirkung während eines Zeitintervalles Δt hervorgerufen wird; für Newton bedeutete „Kraft“ zunächst das, was wir heute Kraftstoß $K \cdot \Delta t$ nennen. Während Newton in den Bezeichnungen nicht zwischen „Kraft“ und „Kraftstoß“ unterschied, trennten Leibniz und dann ganz klar Jakob Hermann zwischen lebendiger Kraft (Energie) und der Newtonschen K. („tote Kraft“, vis mortua).

Für Newton waren die wichtigsten Kräfte die beim Stoß auftretenden „Oberflächenkräfte“ und die Gravitation. Er ermittelte die Eigenschaften dieser Kraft (u. a. den Abfall mit $1/r^2$); kennzeichnend für die Methode Newtons, die zur Methode der empirisch-rationalen Naturwissenschaft wurde, war es, daß er (prinzipiell anders als René Descartes) Hypothesenbildungen zur Erklärung der Gravitationswirkung vermied. („Hypotheses non fingo.“) Nicht von Newton, aber von seinen Nachfolgern wurde dann diese Kraft im Sinne einer unvermittelten Fernwirkung interpretiert. Diese Auffassung blieb bis Ende des 19. Jh.s vorherrschend (→ Feld).

Quellen: Isaac Newton, Mathematische Prinzipien der Naturlehre. Herausg. J. Ph. Wolfers. Nachdruck Darmstadt 1963.

Literatur: Max Jammer, The concept of force. Cambridge/Mass. 1957; Mary B. Hesse, Forces and fields. The concept of action at a distance in the history of physics. London 1961; I. Bernard Cohen, Newton's use of force etc. In: Isis. Vol. 58, 1967, S. 226–230.

Kraftlinie. Petrus Peregrinus de Maricourt hat in seiner „Epistola de magnete“ 1269 beschrieben, wie man mit Hilfe eines Bruchstückes einer Eisennadel die Pole eines Magnetsteins findet. Er legte die Nadel auf den Stein, zog ihr entlang einen Strich und zog so eine Linie rings um den runden Stein. Das Verfahren wird an anderen Stellen mehrmals wiederholt. Alle Linien laufen an zwei Punkten zusammen wie die Meridiane der Erde. Petrus Peregrinus wußte auch, daß das Nadelstück an diesen Polen senkrecht auf dem Stein haftet, während es daneben schräg steht. William Gilbert (De Magnete 1600) erweiterte diese Versuche dahin, daß er eine Nadel an einem Faden über der Magnetkugel schweben ließ und die Kugel darunter hin und her drehte. Er stellte fest, daß die Nadel über dem Teil mitten zwischen den Polen waagerecht schwebte, sich polwärts senkte und schließlich über den Polen senkrecht stand. Das erste mit Feilspänen erzeugte Kraftlinienbild findet sich in Niccolo Cabeos „Philosophia magnetica“ 1629 abgebildet.

Michael Faraday hat also den Begriff der K. nicht geschaffen, wie vielfach behauptet wird, aber keiner hat so konsequent damit gearbeitet. Nachdem Faraday 1832 die Gesetze der elektromagnetischen Induktion vermittels der magnetischen Kraftlinien-Vorstellung beschrieben hatte, erklärte er 1838 ähnlich die elektrische Influenz durch elektrische K. Auch die elektrische Wirkung ist nach Faraday eine „Kraft“, die von Raumpunkt zu Raumpunkt fortschreitet und dabei (entgegen der Newtonschen Kraftvorstellung) ihre Richtung ändern kann. Damit ist ein entscheidender Einfluß des Zwischenmediums gegeben. Die Weiterentwicklung führte zum Begriff des → Feldes (→ Faraday).

Literatur: Fritz Fraunberger, Zur Geschichte der Kraftlinienbilder. In: Physikalische Blätter. Jg 23, 1967, S. 489–495; Heinz Balmer, Beiträge zur Geschichte der Erkenntnis des Erdmagnetismus. Aarau 1956.

Kunst. Bis etwa zum Ende des 18. Jahrhunderts wurde der Ausdruck K. nicht in unserem heutigen Sinne verwandt, sondern als Abstraktum von künstlich bzw. von können. Seit der Antike waren die „Künste“ (technai) in die freien und die mechanischen Künste eingeteilt. Die eines freien Menschen würdigen freien Künste (artes liberales) bestanden aus dem Trivium (Grammatik, Logik und Rhetorik) und dem Quadrivium (Geometrie,

Arithmetik, Astronomie und Musiktheorie). Für die freien Künste galt, daß sie möglichst im Einklang mit der „Lehrmeisterin Natur" (natura artis magistra) zu betreiben seien, d. h. durch geistige Erkenntnis.

Die mechanischen Künste hingegen, die zur Grundlage von Handwerk, Gewerbe und Technik wurden, befaßten sich mit den für den Menschen und durch den Menschen hervorgerufenen materiellen Dingen und Wirkungen. Diese aber mußten **gegen** die Natur erzeugt werden. Damit wurde die → Mechanik zur K. schlechthin, zur Methode, die Natur zu überlisten, zur Lehre von den erzwungenen und damit widernatürlich-künstlichen Bewegungen, Wirkungen und Verbindungen (mechanische Verbindungen im Gegensatz zu den natürlichen).

Als Folge dieser Einstellung konnte die Mechanik erst spät ein Teilgebiet der Wissenschaften, der Physik (physis = Natur der Dinge) werden. Zu Beginn des 17. Jahrhunderts wurde schließlich im Zuge der Mechanisierung des Weltbildes der Unterschied zwischen Natur und K. aufgehoben (Henri de Monantheuil, Francis Bacon, René Descartes trugen wesentlich hierzu bei): Das → Experiment, d. h. die K., wurde jetzt sogar zum wichtigsten Mittel der Naturerkenntnis.

Mit der Wandlung der Aussage verlor das Wort K. in der Naturwissenschaft an Bedeutung und geriet allmählich außer Gebrauch. Im Bereich der Technik, wo K. in sehr vielen Wortverbindungen (z. B. Stangenkunst, Wasserkunst, Kunstmeister usw.) vorkam, wurde der Ausdruck nur teilweise durch andere ersetzt (Vorrichtung, Maschine, Technik bzw. Technologie usw.); in manchen neueren Wortverbindungen lebt er sogar in der ursprünglichen Bedeutung wieder auf (z. B. Kunstfaser gegenüber Naturfaser).

Literatur: Reyer Hooykaas, Das Verhältnis von Physik und Mechanik in historischer Hinsicht (= Beträge zur Geschichte der Wissenschaft und der Technik. Heft 7). Wiesbaden 1963; Albrecht Timm, Kleine Geschichte der Technologie. Stuttgart 1964; Wilfried Seibicke, Technik. Versuch einer Geschichte der Wortfamilie um τέχνη in Deutschland vom 16. Jh. bis etwa 1830 (= Technikgeschichte in Einzeldarstellungen. Nr 10). Düsseldorf 1968. L. S.

Kunstkabinett. Seit dem 16. Jh. mit seinem regen Sammeleifer bis gegen Ende des 18. Jh.s gehörte es zur Würde eines jeden Fürstenhofes, ein K. zu besitzen. In diesen wurden neben Werken der Malerei und Bildhauerei besonders Sammlungen naturgeschichtlicher und kunstgewerblich-technischer Kuriositäten gezeigt. Besonderen Ruhm genossen das „Kunst- und Raritätenkabinett" des Cosmus von Medici (16. Jh.), die im 16. Jh. vom Erzherzog Ferdinand von Österreich gegründete und 1806 nach Wien überführte „Ambraser-Sammlung" sowie das Grüne Gewölbe in Dresden, 1721 bis 1724 vom Kurfürsten August II. angelegt.

Im Zeitalter des Merkantilismus und Kameralismus dienten die K.e vielfach als Kunstkammern der Anregung des „Gewerbefleißes". Im 19. Jh. entstanden aus ihnen häufig Kunstgewerbemuseen zur Förderung der Wirtschaft, Industrie und Technik.

Literatur: Erich Zurzl-Runtscheiner, Von der Ambraser Sammlung bis zum Technischen Museum für Industrie und Gewerbe in Wien. In: Beiträge zur Geschichte der Technik und Industrie. Bd 22, 1933, S. 142–145. L. S.

L

Lagrange, Joseph-Louis (* 25. Januar 1736 in Turin, † 10. April 1813 in Paris). Ihm verdankt man einen Schatz mathematischer Sätze und Gedanken, so die Erfindung der Variationsrechnung und eine darauf gegründete rein analytische Darstellung der gesamten Mechanik mit Anwendungen auf die Astronomie. Er war Leonhard Eulers würdiger Nachfolger in jedem Sinn und besaß die Gabe, einen Gegenstand vom umfassendsten Standpunkt zu betrachten.

L. war vorwiegend französischer Abkunft, wuchs aber in Turin auf. Eine Abhandlung Edmond Halleys „On the superiority of modern algebra in determining the foci of object-glasses" in den Philosophical Transactions von 1693 führte den Jüngling der Mathematik zu, und bereits mit 19 Jahren, jünger als seine Schüler, wurde er Mathematikprofessor an der Turiner Artillerieschule. Mit einigen begabten Zöglingen gründete er eine „Königliche Akademie in Turin", und in ihren 1759 eröffneten Denkschriften legte er sogleich mehrere Abhandlungen vor. Erstens lieferte er eine grundlegend neue Methode zur Berechnung der Maxima und Minima und löste das isoperimetrische Problem; zweitens wandte er die Differentialrechnung auf die rekurrenten Reihen und die Wahrscheinlichkeitsrechnung an; drittens behandelte er die schwingenden Saiten und die Schallfortpflanzung. Sogleich erkannten d'Alembert und Euler in dem 23-jährigen einen ebenbürtigen Mathematiker. D'Alembert schrieb ihm: „Vous êtes destiné, si je ne me trompe, à jouer un grand rôle dans les Sciences"; damit begann ein Briefwechsel, der bis zu d'Alemberts Tode 1783 anhielt. Euler widmete L.s grundlegend neuer Methode eine Abhandlung und nannte sie Variationsrechnung. Am Anfang seiner Darlegung stehen die Worte: „Nachdem ich mich lange vergeblich bemüht hatte, dieses Integral zu finden, war ich nicht wenig erstaunt zu vernehmen, daß die Aufgabe in den Turiner Memoiren leicht und glücklich gelöst ist. Diese schöne Entdeckung hat um so mehr meine Verwunderung erregt, je mehr die Auflösung von der Methode, die ich angegeben habe, abweicht und sie an Einfachheit übertrifft."

Die Pariser Akademie der Wissenschaften pflegte jährlich Preisaufgaben auszuschreiben. Die Schwankungen des Mondes, die gegenseitigen Störungen der Jupitermonde sollten berechnet werden. L. gewann den Preis 1764 mit den „Recherches sur la libration de la lune", 1766 mit den „Recherches sur les inégalités des satellites de Jupiter".

In jenem Jahr verließ Euler die Berliner Akademie und kehrte nach Petersburg zurück. D'Alembert schlug als Nachfolger L. vor, und König Friedrich berief ihn. L. blieb zwanzig Jahre in Berlin und veröffentlichte in den Memoiren der Akademie in französischer Sprache viele Abhandlungen, vornehmlich zur reinen Mathematik, aber auch zu ihrer Anwendung auf mechanische und astronomische Aufgaben.

Sein besonderes Bemühen galt der Auffindung allgemeiner Verfahren, um Gleichungen aufzulösen. Eine große Abhandlung beschäftigte sich mit partiellen Differentialgleichungen; dabei zeigte er eine ganze Gattung neuer Gleichungen und gab einen allgemeinen Ausdruck für die Umkehrung der Reihen.

Entscheidenden Einfluß auf die Algebra gewann eine Arbeit von 1767 über die Lösung numerischer Gleichungen. Eingehend prüfte er alle Lösungen, die seine Vorgänger für Gleichungen der ersten vier Grade angegeben hatten, und legte dar, daß alle verschiedenen Kunstgriffe auf ein einheitliches Verfahren hinausliefen. Die Gleichungen 2., 3. und 4. Grades löst man, indem man sie in Gleichungen niedrigeren Grades verwandelt. Bei der Anwendung auf die Gleichung 5. Grades versagt das Verfahren; statt 4. Grades wird sie nach der Umformung 6. Grades und bleibt unlösbar. In einer weiteren Abhandlung führte L. die Differential- und Integralrechnung auf bloß algebraische Operationen zurück. Ferner bewies er einen Lehrsatz von den Primzahlen, löste die Aufgabe von den Drehbewegungen eines Körpers von beliebiger Gestalt, bearbeitete die Wahrscheinlichkeitsrechnung und untersuchte das Zutrauen, das sich in den Mittelwert aus vielen Beobachtungen setzen läßt. Er widmete sich der Kartenprojektionslehre und berechnete auch die allmählichen Veränderungen in Lage und Abmessungen der Planetenbahnen, wobei er diese nicht nur paarweise, sondern umfassend betrachtete. An den Pariser Ausschreibungen beteiligte er sich weiter, gewann mit dem „Essai d'une nouvelle méthode pour résoudre le problème des trois corps" den Preis von 1772 und mit andern Beiträgen die Preise von 1774 und 1778.

Die größte Leistung aber war die Ausarbeitung der „Mécanique analytique". Dieses Hauptwerk konnte, von Adrien-Marie Legendre bei der Drucklegung betreut, 1788 in Paris erscheinen. Das Buch umfaßt Statik und Hydrostatik, Dynamik und Hydrodynamik. Seit Galilei hatten die Forscher nach allgemeinen Lehrsätzen gesucht, die einen möglichst großen Kreis mechanischer Aufgaben umschlossen. So kannte man den Satz vom Hebel, den vom Kräfteparallelogramm, das Prinzip der virtuellen Geschwindigkeiten, das d'Alembertsche Prinzip und das Prinzip der kleinsten Wirkung (→ Minimalprinzipien). L. erkannte, daß sich das Prinzip der virtuellen Geschwindigkeiten zu einer allumfassenden Formel für die Wirkung von Kräften auf die Bewegung eines beliebigen Systems von Körpern erweitern ließ. Wenn ein System im Gleichgewicht ist und man ihm eine virtuelle Bewegung erteilt, so ist die Summe aller Kräfte mal die Strecken, die die der Wirkung unterworfenen Punkte durchlaufen, immer gleich Null, wenn man die in Richtung der Kraftwirkung durchlaufenen Strecken positiv und die im Gegensinn durchlaufenen negativ nimmt. Aus dieser „Binsenwahrheit" entwickelte L. rein analytisch (ohne Figuren) die L.schen Grundgleichungen der Mechanik, die die Bewegung der Schwerpunkte, die Erhaltung der Flächen und der lebendigen Kräfte bezeichnen. L.s Mechanik war zugleich die beste Geschichte dieser Wissenschaft, hatte er doch alle Werke seiner Vorgänger von Archimedes an durchgearbeitet. Ernst Mach schreibt im Vorwort seines Buches „Die Mechanik in ihrer Entwicklung": „Die hier behandelten Fragen haben mich schon in früher Jugend beschäftigt, und mein Interesse für dieselben wurde mächtig erhöht durch die wunderbaren Einleitungen von Lagrange zu den Kapiteln seiner analytischen Mechanik." Über Galileis Fallgesetz fand L. die auch für ihn selbst bezeichnenden Worte: „Ein außerordentliches Genie war erforderlich, die Gesetze der Natur bei Erscheinungen zu entdecken, die man stets vor Augen gehabt hatte, ohne daß man sie erklären konnte." William Rowan Hamilton nannte L.s analytische Mechanik „a scientific poem".

Nach der Vollendung der Niederschrift war der 50jährige von der langen Überarbeitung erschöpft. Ähnlich war es auch Newton ergangen. L. fühlte sich in Berlin nicht mehr wohl. Er hatte seine Frau, die er aufopfernd gepflegt hatte, verloren. Nachdem auch König Friedrich gestorben war, folgte L. 1787 einem Ruf an die Pariser Akademie. Doch die trübe Stimmung hielt an. Er beschäftigte sich mit Religions- und Sprachgeschichte, Medizin, Botanik und unter dem Einfluß Antoine-Laurent Lavoisiers mit Chemie. 1792 fand er in der Tochter des Astronomen Pierre-Charles

Lemonnier eine zweite, ihm innig ergebene Frau.

Die Revolution rauschte an ihm vorüber; in stiller Zurückhaltung gehörte er zu keiner Partei. Lavoisiers Hinrichtung erschütterte ihn: „Nur einen Augenblick hat man gebraucht, um diesen Kopf zu fällen, und hundert Jahre werden vielleicht nicht hinreichen, einen ähnlichen hervorzubringen." Wo L. helfen konnte, versagte er sich nicht. Bedeutend war sein Anteil an der Ausarbeitung des dezimalen Maß- und Gewichtssystems. 1795 berief man ihn, der seit der Turiner Zeit keine Vorlesungen gehalten hatte, an die Ecole Normale und an die Ecole Polytechnique. Hier trug er seine in Berlin entwickelte Funktionentheorie vor, die die Infinitesimalrechnung auf einfache Begriffe gründete, und ebenso seine Auflösung numerischer Gleichungen. Rasch sah man, daß er ein großer Lehrer war, und auch Kollegen setzten sich in seinen Hörsaal. Einer von ihnen, Sylvestre-François Lacroix, berichtet: „Alle, denen es vergönnt war, seinen fesselnden Vorlesungen zu folgen, haben mit Vergnügen bemerkt, wie er vor den Augen der Zuhörer fast alle Teile seiner Theorie erst erschuf." Aus der Lehrtätigkeit gingen zahlreiche Lehrbücher hervor. Die Schüler waren nicht nur beeindruckt von der fachlichen Meisterschaft, sondern auch von der ehrwürdigen Persönlichkeit, deren Güte und Bescheidenheit ansprachen. Oft empfahl er zur Lektüre Eulers Schriften.

Mit voller Anspannung bearbeitete L. Neuauflagen des ersten Teils der analytischen Mechanik und der Theorie der analytischen Funktionen. Den zweiten Band der analytischen Mechanik bereitete er bis zum Tode für die Neuausgabe vor.

Unermeßlich war die Nachwirkung. Der alte L. hatte noch selber die künftigen Größen der Mathematik erkannt. An Carl Friedrich Gauß schrieb er 1804: „Ihre Disquisitiones haben Sie mit einem Schlag zum führenden Mathematiker erhoben." Auch Augustin-Louis Cauchy wurde von ihm ermuntert. Niels Henrik Abel, Carl Gustav Jacob Jacobi, William Rowan Hamilton, Evariste Galois, Arthur Cayley, George Boole, Charles Hermite und viele andere knüpften an L. an.

Werke: Oeuvres. Hrsg. von Joseph-Alfred Serret, Gaston Darboux und Ludovic Lalanne. 14 Bde. Paris 1867–1892 (Bd 13: Briefwechsel mit d'Alembert; Bd 14: Briefwechsel mit Condorcet, Euler, Laplace); Théories des variations séculaires des élémens des planètes. Paris 1781; Mécanique analytique. Paris 1788. ²1811 und 1815 (2 Bde); Théorie des fonctions analytiques. Paris 1797. ²1813; Traité de la résolution des équations numériques de tous les degrès. Paris 1798. ²1808; Leçons sur le calcul des fonctions. Paris 1799. ²1806; Leçons élémentaires sur les mathématiques. Paris 1812.

Deutsche Ausgaben: J. L. L.'s mathematische Werke. Hrsg. von August Leopold Crelle. 3 Bde. Berlin 1823–1824 (mit Biographie und Bibliographie in Bd 1); Analytische Mechanik. Hrsg. von H. Servus. Berlin 1887 (mit Biographie und Bibliographie); Theorie der analytischen Funktionen, in welcher die Grundsätze der Differentialrechnung vorgetragen werden. Übersetzt von Johann Philipp Grueson. Berlin 1798; Abhandlungen über Variations-Rechnung. Hrsg. von Paul Stäckel (= Ostwalds Klassiker. Nr 47). Leipzig 1894; Über Kartenprojection (1779). Hrsg. von Albert Wangerin (= Ostwalds Klassiker. Nr 55). Leipzig 1894; Zusätze zu Eulers Elementen der Algebra. Unbestimmte Analysis (1784). Hrsg. von Heinrich Weber (= Ostwalds Klassiker. Nr 103). Leipzig 1898; Theorie der partiellen Differentialgleichungen (1772). Hrsg. von Gerhard Kowalewski (= Ostwalds Klassiker. Nr 113). Leipzig 1900; Über die Lösung der unbestimmten Probleme zweiten Grades (1768). Hrsg. von Eugen Netto (= Ostwalds Klassiker. Nr 146). Leipzig 1904; Abhandlungen über die Prinzipien der Mechanik. Hrsg. von Philip E. B. Jourdain (=Ostwalds Klassiker. Nr 167). Leipzig 1908.

Literatur: Pietro Cossali, Elogio di Luigi L. Padua 1813; Angelo Forti, Intorno alla vita ed alle opere di Luigi L. ²Rom 1869; Filippo Burzio, L. Turin 1942; Eric Temple Bell, Die großen Mathematiker. Düsseldorf/Wien 1967, S. 159 bis 176; Wilhelm Lorey, J. L. L. In: Journal für die reine und angewandte Mathematik. Bd 175, 1936, S. 224–239; Gino Loria, Nel secondo centenario della nascita di Giuseppe Luigi L. In: Isis. Vol. 28, 1938, S. 366–375; George Sarton, L.'s personality. In: Proceedings of the American Philosophical Society. Philadelphia. Vol. 88, 1944, S. 457–496;

George Sarton, René Taton, Guy Beaujouan, Documents nouveaux concernant L. In: Revue d'histoire des sciences 1950, S. 110–132.

Bibliographie: Gino Loria, Saggio di una bibliografia Lagrangiana. In: Isis. Vol. 40, 1949, S. 112–117. H. B.

Lambert, Johann Heinrich (*26. August 1728 in Mülhausen/Elsaß, † 25. September 1777 in Berlin). Der Sohn eines Schneiders bildete sich autodidaktisch; als Hauslehrer in Chur war es ihm dann möglich, auf Bildungsreisen mit seinen Zöglingen in wissenschaftlichen Gedankenaustausch mit führenden Gelehrten zu treten. Nachdem er sich durch zahlreiche Publikationen einen Namen geschaffen hatte, bemühte sich die Bayerische Akademie nach ihrer Gründung 1759 vergeblich, L. zu gewinnen. 1765 trat er als ordentl. Mitglied in die Preußische Akademie ein.

L. war als Universalgelehrter ebenso Philosoph und Mathematiker wie Naturforscher. Sein Oeuvre besteht aus insgesamt 1027 Abhandlungen (Manuskripten), davon sind 190 publiziert. Zu Lebzeiten erschienen 16 eigenständige Werke, fünf weitere posthum. Gegenüber dem Empirismus der zeitgenössischen Naturforscher vertrat L. den „Esprit de système", den System-Rationalismus im Leibnizschen Sinne. Auf allen Gebieten bemühte er sich um Anwendung der Mathematik und zeigte gleichzeitig eine gewisse Nachlässigkeit in seinen experimentellen Untersuchungen. Er wurde zum eigentlichen Begründer der → Photometrie, wobei seine ganze experimentelle Ausstattung aus drei kleinen Spiegeln, zwei Linsen, ein paar Glasplatten und einem Prisma bestand.

Werke: Photometria. Augsburg 1760. Deutsch: Photometrie. Hrsg. von Ernst Anding (=Ostwalds Klassiker. Nrn 31, 32, 33). Leipzig 1892; Cosmologische Briefe über die Einrichtung des Weltbaues. Augsburg 1761; Beiträge zum Gebrauche der Mathematik. 3 Bde. Berlin 1765–1772; Anmerkungen und Zusätze zur Entwerfung der Land- und Himmelscharten (1772). Hrsg. von Albert Wangerin (= Ostwalds Klassiker. Nr 54). Leipzig 1894; Hygrometrie oder Abhandlung von den Hygrometern. Augsburg 1774; Fortsetzung der Hygrometrie. Augsburg 1775; Pyrometrie oder vom Messen des Feuers und der Wärme. Berlin 1779; Abhandlungen zur Bahnbestimmung der Cometen. Hrsg. von J. Bauschinger (= Ostwalds Klassiker. Nr 133). Leipzig 1902; Abhandlung vom Criterium veritatis mit einem erläuternden Vorwort aus dem Manuskript hrsg. von Karl Bopp (= Kantstudien. Ergänzungsheft Nr 36). Berlin 1915; Über die Methode, die Metaphysik, Theologie und Moral richtiger zu beweisen. Aus dem Manuskript hrsg. von Karl Bopp (= Kantstudien. Ergänzungsheft Nr 42). Berlin 1918; Schriften zur Perspektive. Hrsg. von Max Steck. Berlin 1943 (mit Bibliographie); Opera mathematica. Hrsg. von Andreas Speiser. 2 Bde. Zürich 1946–1948.

Briefeditionen: Deutscher gelehrter Briefwechsel. Hrsg. von Johannes III Bernoulli. 5 Bde. Berlin 1781–1785; Leonhard Eulers und J. H. L.s Briefwechsel. Hrsg. von Karl Bopp. Berlin 1924; Max Steck, Zwei frühe unbekannte Briefe J. H. L.s an Johann Rudolf Iselin. In: Gesnerus. Jg 11, 1954, S. 36–40; ders., J. H. L.s Briefe an Albrecht von Haller (= Nova Acta Leopoldina. Neue Folge, Bd 27, Nr 167). Leipzig 1963.

Literatur: Franz Christian Joseph, Gedächtnisfeier von J. H. L. Mülhausen 1828; Daniel Huber (Hrsg.), J. H. L. nach seinem Leben und Wirken. Basel 1829; J. H. L. In: Rudolf Wolf, Biographien zur Kulturgeschichte der Schweiz. Bd 3, Zürich 1860, S. 317–356; Karl Bopp, J. H. L.s Monatsbuch. In: Abhandlungen der Königlich Bayerischen Akademie der Wissenschaften. Math.-Phys. Kl. Bd 27, 1916, Abh. 6; Max E. Eisenring, J. H. L. und die wissenschaftliche Philosophie der Gegenwart. Zürich 1942; Max Steck, Eine unbekannte L.-Biographie von Georg Christoph Lichtenberg. In: Europäischer wissenschaftlicher Dienst. Jg 4, 1944, S. 27 f.; Friedrich Löwenhaupt (Hrsg.), J. H. L. Leistung und Leben. Mülhausen 1943; Max Steck, Der wissenschaftliche Nachlaß von J. H. L. In: Forschungen und Fortschritte. Jg 30, 1956, S. 39–44; ders., Der wissenschaftliche Briefwechsel von J. H. L. Ebd., S. 71–74; Peter Berger, J. H. L.s Bedeutung in der Naturwissenschaft des 18. Jh.s. In: Centaurus. Vol. 6, 1959, S. 157–254 (mit Bibliographie); Wilhelm Servatius Peters, J. H. L.s Konzeption einer Geometrie auf einer imaginären Kugel. Zur Geschichte der Parallelentheorie vor Immanuel Kant. In: Kant-Studien. Bd 53, 1961/62, S. 51–67; Roger Jaquet, Vers les œuvres complètes du savant et philosophe J.-H. L. In: Revue d'histoire des sciences et de leurs applications. Bd 22, 1969, S. 285–302.

Landolt, Hans Heinrich (* 5. Dezember 1831 in Zürich, † 15. März 1910 in Berlin). Nach dem Studium in Zürich, Breslau (Promotion 1853), Berlin und Heidelberg ging L. schließlich nach Bonn, wo er 1858 zunächst a. o., 1867 o. Professor der Chemie wurde. Zwischen 1870 und 1880 wirkte er als Ordinarius für reine Chemie an der neugegründeten TH Aachen, ging anschließend an die Landwirtschaftliche Hochschule Berlin und wechselte dort 1891 zur Universität über, wo er die Leitung des Zweiten Chemischen Instituts übernahm. Als er 1905 von seinem Amt zurücktrat, wurde Walther Nernst sein Nachfolger an dieser bedeutenden Stätte physikalisch-chemischer Forschung.

In einer Zeit, in der – angesichts glänzender Fortschritte – die Zukunft der **organischen** Chemie zu gehören schien, bedurfte es der Pionierleistung von Forschern und Lehrern wie L., um die lange vernachlässigte Physikalische Chemie auf eine exakte und damit erfolgversprechende Grundlage zu stellen. Die großen Erfolge, die diesem Bemühen schließlich entsprangen, fielen freilich erst der folgenden Forschergeneration zu (van't Hoff, Arrhenius, Nernst). Über L. als Lehrer der Physikalischen Chemie schrieb der ehemalige Aachener Student und spätere Glaschemiker Otto Schott: „L., ein früherer Schüler von Bunsen, verstand es ganz besonders gut, das Interesse für die physikalischen Seiten der Chemie anzuregen."

In der Forschung wandte sich L. nach frühen Arbeiten über Arsen- und Antimonverbindungen der Beziehung zwischen optischer Brechung und chemischer Konstitution zu, behandelte in vielen Beiträgen das Drehungsvermögen optisch aktiver Substanzen sowie die Bestimmung von Brechungskonstanten. Weiterhin untersuchte und bestimmte er Dampfdrucke, Schmelzpunkte, Molekulargewichte etc. Die Sorgfalt und Genauigkeit seiner Untersuchungen haben in den zusammen mit Richard Börnstein erarbeiteten und ständig ergänzten „Physikalisch-chemischen Tabellen" ihren Niederschlag gefunden.

Von zahlreichen Chemikern war schon im 19. Jh. diskutiert worden, ob nicht bei chemischen Reaktionen im Widerspruch zu dem auf Lavoisier zurückgehenden Erhaltungssatz doch Gewichtsänderungen auftreten können. Lothar Meyer hielt es 1872 für möglich, daß bei der Umgruppierung der Atome während der chemischen Reaktion eine Anzahl von (ponderablen) Licht- und Ätherteilchen entweichen bzw. neu gebunden werden. Damit in engstem Zusammenhang stand die wichtige Frage nach der Konstanz des Atomgewichtes. Von 1890 an beschäftigte sich fast zwanzig Jahre lang H. L. mit der experimentellen Prüfung dieser Frage. Für seine Versuche verwendete er n-förmige Gefäße, füllte in die beiden Schenkel die miteinander umzusetzenden Lösungen, schmolz das Gefäß zu und wog mit größtmöglicher Genauigkeit. Durch Umdrehen des Gefäßes wurde die Lösung gemischt und zur Reaktion gebracht und danach erneut genauestens gewogen: „Das Schlußresultat der ganzen Arbeit ist", so stellte L. 1909 fest, „daß bei allen vorgenommenen chemischen Umsetzungen eine Änderung des Gesamtgewichtes der Körper sich nicht hat feststellen lassen ... Die experimentelle Prüfung des Gesetzes der Erhaltung der Masse (kann wohl) als erledigt gelten. Sollten wirklich Abweichungen bestehen, so liegen dieselben jedenfalls unterhalb der hundertstel und tausendstel Milligramme."

L.s Messungen, die 1909 abgeschlossen wurden, standen in Einklang mit der Einsteinschen → Energie-Masse-Äquivalenz, denn bei den relativ geringen Wärmetönungen der chemischen Reaktionen lag die Massenänderung weit unter den Fehlergrenzen; so entsprechen beispielsweise 100 kcal nur etwa $5 \cdot 10^{-9}$ g.

Werke: Optisches Drehungsvermögen organischer Substanzen etc. Braunschweig 1879; Physikalisch-chemische Tabellen (mit R. Börnstein). Berlin 1883; Optical activity and chemical compositions. New York 1900; Über die Erhaltung der Masse bei chemischen Umsetzungen. Halle 1909.

Literatur: Otto Schönrock, H. H. L. In: Zeitschrift für Instrumentenkunde. Jg 30, 1910, S. 93 bis 96. L. S.

Langevin, Paul (* 23. Januar 1872 in Paris, † 19. Dezember 1946 ebd.) L. studierte bei Joseph John Thomson und Pierre Curie, wurde 1904 Professor am Collège de France und 1909 an der Sorbonne. L. begann mit einer Arbeit über die Elektrizitätsleitung in Gasen, die ihn 1903 zur Aufstellung einer Rekombinationstheorie führte. Seine bekannteste Untersuchung betraf das Temperaturverhalten der paramagnetischen Suszeptibilität (Curiesches Gesetz), das er 1905 aus der Wechselwirkung des Orientierung erzwingenden Magnetfeldes mit der thermischen Bewegung der Elementarmagnete ableitete (→ Magnetismus).

1908 gab L. eine neue Begründung des von Einstein 1905 gefundenen Zusammenhangs zwischen Beweglichkeit und mittlerem Verschiebungsquadrat kleiner in Lösungen suspendierter Teilchen. Während des ersten Weltkrieges baute L. mit Schwingquarzen (Langevin-Quarze) Ultraschallanlagen zur Ortung von U-Booten. Trotz seiner in späteren Jahren geringen Zahl von Veröffentlichungen war L.s Einfluß auf die französischen Physiker bedeutend; seit 1945 gehörte L. zu den Organisatoren der französischen Schulreform.

Literatur: Frédéric Joliot-Curie, Ehrung von P. L. In: Wissenschaft und Verantwortung. Berlin 1962, S. 89–91; Richard Becker, P. L., 1872 bis 1946. In: Die Naturwissenschaften. Jg 33, 1946, S. 288; Albert Einstein, In memoriam P. L. (1947). In: Aus meinen späten Jahren. [2]Stuttgart 1953, S. 233–235. U. H.

Laplace, Pierre-Simon (* 28. März 1749 in Beaumont-en-Auge, Normandie, † 5. März 1827 in Arcueil bei Paris). Von bäuerlicher Abkunft, konnte L. das Gymnasium der Benediktiner in Beaumont besuchen, wo er besonders für den Tragödiendichter Jean-Baptiste Racine eine bleibende Vorliebe gewann. An der Universität Caen bereitete er sich für das Pfarramt vor. Daneben trieb er Mathematik und konnte bereits in den Turiner Memoiren von 1769 eine Arbeit über Integralrechnung veröffentlichen. Mit 22 Jahren zog er nach Paris, wo d'Alembert ihm zu einer Mathematiklehrstelle an der Ecole Militaire verhalf. Von da an widmete er sich seinem Lebenswerk als Mathematiker, Astronom und Physiker. 1772 lieferte er zwei Abhandlungen über Differentialgleichungen im Dienste der Astronomie und 1774 zwei Arbeiten über Wahrscheinlichkeitsrechnung. Damit hatte er die Gebiete betreten, auf denen er mit unerschütterlicher Beharrlichkeit ein Leben lang weiterarbeitete. Der Anwendung des Newtonschen Gravitationsgesetzes auf alle Bahnen im Sonnensystem widmete er seine ganze Kraft. Er wurde neben Lagrange die größte wissenschaftliche Persönlichkeit Frankreichs. Mit dem Chemiker Claude-Louis Berthollet gründete er die „Gesellschaft von Arcueil", eine Brutstätte für junge Forscher, die dort Anregung und Anleitung erhielten. Jean-Baptiste Biot hat uns überliefert, wie L. sich um das Fortkommen der jungen Leute bemühte. Er lebte sehr einfach; dafür konnte er die Sternwarten von Paris und Marseille aus eigenen Mitteln mit schönen Instrumenten ausrüsten. Er war Mitglied der Akademie, gehörte dann wie Lagrange der Kommission für Maß und Gewicht an und lehrte an der Ecole Normale. Unter Napoleon versah er 1799 sechs Wochen das Innenministerium. Die wechselnden Zeiten überstand er fast unbehelligt. Vor seinem Tod soll er gesagt haben: „Ce que nous connaissons est peu de chose, ce que nous ignorons est immense" (Was wir wissen, ist wenig, was wir nicht wissen, unermeßlich). Er starb am gleichen Tag wie Alessandro Volta, fast auf den Tag genau hundert Jahre nach Newton.

L. hat seine Studien in drei großen Werken vereinigt. Sie behandeln die Darstellung des Weltsystems, die Mechanik des Himmels und die Wahrscheinlichkeitsrechnung.

Die „Exposition du système du monde" von 1796 beschreibt das Weltsystem ohne

Formeln. L. erwies sich dabei als glänzender Schriftsteller. Bekannt wurde daraus die Theorie der Entstehung des Sonnensystems. Daß alle Planeten gleichsinnig und fast in derselben Ebene in nahezu kreisrunden Bahnen um die Sonne wandern, daß die Monde um ihre Planeten im selben Sinn und ungefähr in der gleichen Ebene kreisen und daß auch alle bekannten Rotationsbewegungen im selben Sinn und fast in der gleichen Ebene stattfinden, könne kein Zufall sein. Wie man im Fernrohr Nebelflecke mit zentralem Kern wahrnimmt, sei auch unser Sonnensystem einst ein rotierender Nebel gewesen, der sich bis weit über die Bahn des äußersten Planeten erstreckte. Dieser Nebel kühlte sich ab und verdichtete sich nach der Mitte zu; dadurch rotierte er schneller, und von Zeit zu Zeit lösten sich am Äquatorgürtel konzentrische Gasringe ab. Daraus entstanden die Planeten, aus dem Kern die Sonne. Buffon hatte dagegen angenommen, ein Komet sei schräg auf die Sonne gefallen und habe einen Materiestrom losgerissen, aus dem die Planeten hervorgingen. L. meint, so könne man ihre fast kreisförmigen Bahnen nicht erklären. Die Kometen betrachtete er als Fremdkörper. Da auch Immanuel Kant die Nebularhypothese vorgetragen hatte, spricht man heute von der → Kant-Laplaceschen Theorie.

1799 bis 1825 erschienen die fünf Bände der „Mécanique céleste“. Dieses Hauptwerk von L. umfaßte alles, was seit Newton in der Himmelsmechanik geleistet worden war. Dazu drei Beispiele: Der Mond läuft nicht genau in einer Ellipse um die Erde, weil außer dieser auch die Sonne beschleunigend oder verzögernd auf ihn wirkt. Die Aufgabe, die Bewegung eines der Anziehung zweier Himmelskörper unterworfenen Gestirns zu bestimmen, löste Alexis-Claude Clairaut. – Die Erdachse bleibt sich nicht parallel, sondern beschreibt eine langsame Kreisbewegung. Daß ihre Ursache in der Wirkung von Sonne und Mond auf die nicht genau kugelförmige Erde besteht, bewies d'Alembert. – Der Mond kehrt der Erde stets dieselbe Seite zu. Daß sich dies aus einer durch die Erdanziehung verlängerten Achse des Mondes in Richtung zur Erde erklären läßt, berechnete Lagrange. – Außer solchen fremden strömten viele eigene Ergebnisse in das Werk ein, so aus der Abhandlung über die Unveränderlichkeit der großen Planetenbahnachsen von 1773, aus der Bewegungstheorie der Planeten von 1785, aus der Arbeit über Ebbe und Flut von 1790.

Die beiden ersten Bände, 1799 erschienen, befassen sich mit der allgemeinen Theorie der Bewegungen und der Gestalt der Himmelskörper und mit den Gezeiten; die Bände 3 und 4 von 1802 und 1805 geben Erläuterungen für die einzelnen Planeten, Monde und Kometen, und der letzte Band von 1825 behandelt die Brechung der Strahlen in der Atmosphäre und andere Fragen und gibt eine kurze Geschichte der Himmelsmechanik. Der reiche Inhalt wird in knapper Form dargeboten. Seit Newtons Entdeckung der allgemeinen Schwerkraft seien die Mathematiker dazu gelangt, alle bekannten Erscheinungen des Weltsystems auf dieses große Gesetz zurückzuführen, erklärt L. im Vorwort. „Mein Zweck ist, diese in einer großen Anzahl von Werken zerstreuten Theorien unter einem gleichen Gesichtspunkt darzustellen... Betrachtet man die Astronomie auf die allgemeinste Art, so ist sie eine große Aufgabe der Mechanik.“ Mit virtuoser Beherrschung der Infinitesimalrechnung werden die Bewegungsvorgänge der Himmelskörper bis ins einzelne zergliedert und alle gegenseitigen Anziehungskräfte einbezogen. Die einfachste Art, die Störungen zu betrachten, besteht in der Annahme eines Planeten, der sich in einer Ellipse bewegt, und in der Vorstellung, daß der wahre Planet um diesen erdachten pendelt.

Während Newton zunächst nur die elliptische Bewegung meisterte, die ein Planet um einen Zentralkörper ausführt, setzte L. gleichmäßig auch den Einfluß einer Reihe dritter Körper in Rechnung und wies nach, daß sich dabei ebenfalls eine elliptische Bewegung ergibt, deren Elemente sich langsam fortschreitend verändern, daß aber die große Bahnachse erhalten bleibt, den ganzen Himmel durchläuft und nach Jahrtausenden wieder zur alten Lage zurückkehrt. Mitten im Labyrinth wachsender und abnehmender Geschwindigkeiten, sich ändernder Bahnen, Abstände und Neigungen entdeckte er das Unveränderliche. Das Sonnensystem erfährt nur periodische Schwankungen um einen mittleren Zustand, und darin sah L. eine Gewähr für Ordnung und Dauer.

Immer wieder gelang es ihm, bisher unerklärliche Veränderungen unter ein Gesetz zu zwingen. So hatte Edmond Halley aus der Prüfung alter und neuer Finsternisse geschlossen, daß der Mond früher langsamer umgelaufen sei. Schuld daran war, wie L. zeigte, die Wirkung der Sonne, verbunden mit der säkularen Abwandlung der Erdbahn. Ebenso wußte man, daß der Jupiter sich beschleunigte, während der Saturn sich verlangsamte. Schon hatte man gefürchtet, der Jupiter falle der Sonne entgegen, während der Saturn sich aus dem Sonnensystem verflüchtige. L. erkannte, daß sich aus der Tatsache, daß die doppelte Geschwindigkeit des Jupiters fast genau der fünffachen des Saturns gleichkommt, gegenseitige Störungen von langer Periode ergaben, die den Beobachtungen genau entsprachen und dennoch die Beständigkeit der Welt verbürgten.

Den Abstand der Sonne von der Erde berechnete L. auf neue Weise aus dem Betrag der Störungen, die die Sonne beim Mond bewirkt und die von ihrer Entfernung abhängen. Überhaupt ist die Bewegung des Mondes für ihn zu einer Fundgrube geworden, und er konnte auch zwei Störungen auf die Erdabplattung zurückführen. Er entwickelte vollkommenere Mondtafeln und leistete damit der Seefahrt für die Längenbestimmung gute Dienste. Indem er die Bewegungen der Jupitermonde untereinander verglich, entdeckte er Beziehungen, die man als Laplacesche Gesetze bezeichnet. Er berechnete die Umdrehungsgeschwindigkeit des Saturnrings und die Abplattung des Saturns. Aus Ebbe- und Flutbeobachtungen, die er einige Jahre in Brest anstellen ließ, ermittelte er die Masse des Mondes. Ein Kapitel behandelt den Einfluß der Mondanziehung auf die Lufthülle der Erde. – Überall sticht die mathematische Leistung hervor. Bei der Behandlung der Anziehung eines Sphäroids auf einen äußeren Punkt führte L. die Kugelfunktionen ein und stellte die nach ihm benannte partielle Differentialgleichung auf, deren Lösungen Potentialfunktionen sind.

Die Schaffenskraft von L. kam auch der mathematischen Physik zugute, und Antoine-Laurent Lavoisier konnte ihn sogar auf das Gebiet der Experimentalphysik herüberziehen. Mit ihm zusammen bestimmte er mit dem Eiskalorimeter die spezifischen Wärmen verschiedener Stoffe und maß die Elektrizität, die Körper beim Verdunsten aufnahmen; darüber haben die beiden Forscher 1780 und 1781 gemeinsam Berichte abgelegt. Die Wärmestofftheorie und die Lehre, daß die Wärme in der Bewegung der Körpermoleküle bestehe, werden einander neutral gegenübergestellt.

1816 konnte L. Newtons Formel für die Schallgeschwindigkeit verbessern. Sie gab zu geringe Werte, und L. erkannte, woran es lag. Bei den Luftverdichtungen, die die Wellen bewirken, entsteht Wärme und erhöhte Elastizität; es mußte daher der entsprechende Faktor in der Formel ergänzt werden. Den schönsten Beitrag zur theoretischen Physik aber leistete L. mit seiner Arbeit über die Kapillarwirkung. Bei der Berechnung der Brechung in der Atmosphäre und der Doppelbrechung in Kristallen hatte er sich das Licht als feine Partikel vorgestellt. Nun betrachtete er auch die Erscheinungen, die sich beim Steigen der Flüssigkeiten in engen Röhren oder bei der Bildung von Tropfen darbieten, als Ausdruck molekularer Kräfte. Er unterschied dabei Kohäsion und Adhäsion. Seine Arbeit wurde von Johannes Diderik van der Waals fortgesetzt. Auch für die longitudinalen Schwingungen in Stäben und für die Wasserwellen gab L. Formeln an. „Nichts in der Erforschung der Natur konnte ihm fremd bleiben“, bemerkte ein akademischer Nachruf.

Besondere Verdienste erwarb sich L. um den Ausbau der Wahrscheinlichkeitsrechnung, die er, auf Vorarbeiten seit Pierre Fermat und Blaise Pascal und auf langjährige eigene Forschungen gestützt, 1812 in der „Théorie analytique des probabilités" zusammenfassend behandelte. Aufgaben, bei deren Lösung nur eine Annäherung möglich war, hatten ihn dieses Werkzeug schmieden lassen. So beschäftigte ihn die Theorie der Beobachtungsfehler. Zwei Beispiele sollen zeigen, wie er auch statistische Aufgaben vornahm. Es werden mehr Knaben als Mädchen geboren, und zwar im Verhältnis 22 : 21. Doch in Paris standen ihre Taufen von 1745 bis 1784 im Verhältnis 25 : 24. Weshalb? Landleute schickten in die Findelhäuser der Stadt mehr Mädchen; dort überwogen die Knaben nur im Verhältnis 39 : 38, und diese Verminderung erklärte die Taufen. – Um die Bevölkerungszahl Frankreichs zu ermitteln, suchte er die Beziehung zwischen Einwohnerzahl und Geburtenzahl festzustellen. Aus 30 Departementen traf man eine Auswahl von Gemeinden, die genaue Angaben über Einwohner- und Geburtenzahl der Jahre 1800 bis 1802 liefern konnten. Es brauchte 28 Einwohner für ein Kind. Wenn also die Geburtenzahl Frankreichs eine Million betrug, so hatte es 28 Millionen Einwohner, was tatsächlich mit späteren Schätzungen übereinstimmte. Bis zuletzt hat L. sein Buch für Neuauflagen verbessert. Er sagte, es sei nur „le bon sens réduit au calcul".

1814 hat er auch diesen Stoff gemeinverständlich erläutert, und zwar im „Essai philosophique sur les probabilités", der aus einer Vorlesung an der Ecole Normale von 1795 hervorging. In der Einführung beschrieb er als berühmt gewordene Fiktion den „Laplaceschen Weltgeist": „Eine Intelligenz, die für einen gegebenen Augenblick alle Kräfte der belebten Natur kennen würde ..., könnte in derselben Formel die Bewegungen der größten Körper des Weltalls und die der leichtesten Atome umfassen; nichts wäre für sie unsicher, und die Zukunft wie die Vergangenheit wären vor ihren Augen gegenwärtig ... Alle Anstrengungen in der Suche nach Wahrheit streben danach, den menschlichen Geist dieser Intelligenz zu nähern, von der er aber immer unendlich entfernt bleiben wird ... Die Wahrscheinlichkeitsrechnung bezieht sich zum Teil auf diese Unwissenheit und zum Teil auf unsere Kenntnisse." Im 19. Jh. hat man oft nur den ersten Satz zitiert und in L. den hochgestimmten Vertreter des Glaubens an eine unbedingte Erfaßbarkeit und Determiniertheit der Naturvorgänge gesehen, ohne gleichzeitig zu bedenken, daß gerade er die Statistik begründet hat und stets wissenschaftlich bescheiden geblieben ist.

Werke: Oeuvres complètes de L. Hrsg. von Pierre Puiseux und Jules Hoüel. 14 Bde. Paris 1878–1912; Oeuvres. 7 Bde. Paris 1843–1847; Exposition du système du monde. 2 Bde. Paris 1796. Erweitert bis zur 5. Auflage 1824. Daraus deutsch: Heinrich Schmidt (Hrsg.), Die Kant-Laplace'sche Theorie. Ideen zur Weltentstehung von Immanuel Kant und Pierre L. Leipzig 1925; Traité de mécanique céleste. 5 Bde. Paris 1799–1825. Erste 2 Bde deutsch: Mechanik des Himmels. Übersetzt von Johann Carl Burckhardt. 2 Bde. Berlin 1800–1802; Théorie analytique des probabilités. Paris 1812. [4]1825; Essai philosophique sur les probabilités. Paris 1814 (Neudruck Brüssel 1967). Deutsch: Philosophischer Versuch über die Wahrscheinlichkeit (= Ostwalds Klassiker. Nr 233). Leipzig 1932; Précis de l'histoire de l'astronomie. Paris 1821; Über die Anziehung homogener Ellipsoide (= Ostwalds Klassiker. Nr 19). Leipzig 1890; Antoine-Laurent Lavoisier und P.-S. de L., Zwei Abhandlungen über die Wärme (= Ostwalds Klassiker. Nr 40). Leipzig 1892.

Literatur: Henri Andoyer, L'œuvre scientifique de L. Paris 1922; Franz Arago's sämmtliche Werke. Bd 3. Leipzig 1855, S. 366–415; Rudolf Wolf, Geschichte der Astronomie. München 1877 (Neudruck New York 1966), S. 508 bis 513; Gaston Laurent, Les grands écrivains scientifiques. Extraits. [2]Paris 1926, S. 167–185; André Danjon et al., P.-S. L. Paris 1950 (Sonderheft mit Beiträgen aus der Zeitschrift L'astronomie); André Danjon, Cérémonies du deuxcentième anniversaire de la naissance de P.-S. marquis de L. In: Notices et discours. – Académie des Sciences. Bd 3, 1949/56 (1957), S. 19–38; Emile Picard, Un double centenaire: Newton et L. Ebd., S. 115–138.

Friedrich Dannemann, L. in der Normandie. In: Das Weltall. Jg 1931/32, S. 149–151; Ge-

orge Sarton, L.'s religion. In: Isis. Vol. 33, 1941, S. 309–312; Jean Pelseneer, La religion de L. In: Isis. Vol. 36, 1946, S. 158–160; Roger Hahn, L.'s religious views. In: Archives internationales d'histoire des sciences. Bd 8, 1955, S. 38–40; David von Dantzig, L. probabiliste et statisticien et ses précurseurs. Ebd., S. 27–37; Yves Laissus, Deux lettres de L. In: Revue d'histoire des sciences. Tome 14, 1961, S. 285–296.
H. B.

Larmor, Sir Joseph (* 11. Juli 1857 in Magheragall, Irland, † 19. Mai 1942 in Holywood, Nordirland). L. lehrte Physik und Mathematik in Irland und von 1885 bis 1932 an der Universität in Cambridge. Seine wesentlichsten Arbeiten liegen auf dem Gebiet der Elektrodynamik und der Feldtheorie. Mit seinem Namen verknüpft ist die Entdeckung, daß ein Atomelektron im Magnetfeld senkrecht zur Feldrichtung präzessiert (Larmorpräzession).

Werke: Aether and matter. New York 1900; Collected Works. 2 Bde. Cambridge 1927/29.

Literatur: Arthur S. Eddington, J. L. In: Obituary Notices of Fellows of the Royal Society. Vol. 4, 1942, S. 197–207. S. R.

Laue, Max von (* 9. Oktober 1879 in Pfaffendorf bei Koblenz, † 24. April 1960 in Berlin). L. war der Max Planck am nächsten stehende Schüler. Nach Studienjahren in Straßburg, Göttingen und München promovierte er an der Universität Berlin bei Planck über die Theorie der Interferenzen an planparallelen Platten und wurde im Herbst 1905 Assistent bei dem hochverehrten Lehrer. Den für Planck zentralen Begriff der Entropie führte L. in die Optik ein und habilitierte sich 1906 mit einer Arbeit über die Entropie von interferierenden Strahlenbündeln.

Die Vorliebe für optische Probleme hatte L. schon in Göttingen bei Woldemar Voigt gewonnen; diese Neigung wurde in Berlin durch den Einfluß Otto Lummers verstärkt. Als der junge Albert Einstein 1905 die Spezielle Relativitätstheorie begründet hatte und Max Planck sein wissenschaftliches Ansehen in die Waagschale warf, um der Theorie zum Durchbruch zu verhelfen, da war es bezeichnenderweise L., der mit einem optischen Beweis hervortrat. Er zeigte 1907, daß das Einsteinsche Additionstheorem zwanglos die Formel von Fizeau mit dem bisher unverständlichen Fresnelschen Mitführungskoeffizienten ergibt. Solchermaßen als Kenner der Relativitätstheorie ausgewiesen, verfaßte L. schon im Jahre 1910 die erste einschlägige Monographie. L.s Darstellung wurde 1921 durch einen zweiten Band über die Allgemeine Relativitätstheorie erweitert und erlebte mehrere Auflagen.

1909 kam L. als Privatdozent an das von Arnold Sommerfeld geleitete Institut für theoretische Physik der Universität München. Hier hatte L. im Frühjahr 1912 die entscheidende Idee, die zur Entdeckung der → Röntgenstrahlinterferenzen führte. Noch 1912 wurde L. a. o. Professor an der Universität Zürich; 1914 ging er als Ordinarius nach Frankfurt und erhielt im gleichen Jahr den Nobelpreis. Nach kriegsbedingten Entwicklungsarbeiten wandte er sich wieder der theoretischen Physik zu. 1919 vereinbarte er mit dem in Berlin in einer vergleichbaren Stellung wirkenden Max Born einen Tausch der Lehrstühle: Max Born ging nach Frankfurt, er selbst an die Universität Berlin, die er als seine eigentliche geistige Heimat betrachtete. Hier konnte er wieder dem verehrten Lehrer und Freund Planck nahe sein.

Auf dem neuen, von L. begründeten Gebiet der Röntgenstrukturanalyse wurden William Henry Bragg und William Lawrence Bragg die führenden Forscher. L. selbst, den als echten Schüler Plancks nur die „großen, allgemeinen Prinzipien" interessierten, beschäftigte sich nicht mit der Strukturuntersuchung einzelner Substanzen, wohl aber immer wieder mit der Theorie der Röntgenstrahlinterferenzen. Nach Vorarbeiten von Charles Galton Darwin und Peter Paul Ewald erweiterte L. seine ursprüngliche „geometrische Theorie" der Röntgeninterferenz zur sog. „dynamischen Theorie". Während die geometrische Theorie nur die Wechselwirkung zwischen den Atomen des Kristalls und der einfallenden elektromagnetischen Welle kennt, berücksichtigt die dynamische Theorie auch die Kräfte zwischen den Atomen. Die Korrektur macht zwar nur wenige Bogensekunden aus, aber bei den sehr genauen röntgenspektroskopischen Messungen traten die Abweichungen schon frühzeitig hervor. Als es L. 1941 unternahm, nur die Prinzipien der „Röntgenstrahlinterferenzen" zusammenzufassen, wurde seine Darstellung ein Buch von 350 Seiten.

Auch auf dem Gebiet der Supraleitung legte L. grundlegende Theorien vor. Dabei kam es zu einer fruchtbaren Zusammenarbeit mit Walther Meißner, der an der Physikalisch-Technischen Reichsanstalt als Leiter des Kältelaboratoriums die einschlägigen Experimente ausführte. L. wurde theoretischer Berater der Reichsanstalt, später dann auch (neben seinem Ordinariat an der Universität) stellvertretender Direktor des Kaiser-Wilhelm-Instituts für Physik.

Die Vertrauensstellung, die L. innerhalb der Physikergemeinde in Deutschland genoß, kam auch nach der Gründung der Notgemeinschaft der Deutschen Wissenschaft, der heutigen Deutschen Forschungsgemeinschaft (DFG), zum Ausdruck: Im Februar 1922 wählten die Kollegen L. zum Vertreter der theoretischen Physik innerhalb des fünfköpfigen Fachausschusses. Bis 1934 amtierte L. als Vorsitzender und hat in dieser Eigenschaft einen maßgebenden Einfluß auf die Entwicklung der Physik in Deutschland ausgeübt.

Nach der Machtergreifung und der Entlassung Einsteins aus seiner Stellung bei der Preußischen Akademie hielt L. als Vorsitzender der Deutschen Physikalischen Gesellschaft am 18. September 1933 zur Eröffnung der Physikertagung eine vielbeachtete Rede: Er setzte Galilei, den Vorkämpfer des kopernikanischen Weltbildes, mit Einstein, dem Begründer der Relativitätstheorie, in Parallele und brachte unverhüllt seine Hoffnung und Überzeugung zum Ausdruck, daß sich, wie damals die Nuova Scienza gegen das kirchliche Verbot, dereinst auch die Relativitätstheorie gegen die nationalsozialistische Verfemung durchsetzen würde: „Bei aller Bedrückung können sich die Vertreter der Wissenschaft aufrichten an der sieghaften Gewißheit, die sich ausspricht in dem schlichten Satze: Und sie bewegt sich doch!" L. wurde für die Physiker des In- und Auslandes zum Anwalt und Symbol der Geistesfreiheit gegen die staatliche Unterdrückung. So schrieb Albert Einstein am 23. März 1934 an Laue: „Lieber alter Kamerad! Wie hab' ich mich mit jeder Nachricht von Dir und über Dich gefreut. Ich hab' nämlich immer gefühlt und gewußt, daß Du nicht nur ein Kopf, sondern auch ein Kerl bist."

Nach dem Ende des Zweiten Weltkrieges stand L. an der Spitze des Wiederaufbaues der deutschen Wissenschaft, was vor allem im Ausland als fester Wille verstanden wurde, an die alten freiheitlichen Traditionen vor 1933 anzuknüpfen. Es war fast selbstverständlich, daß L. erneut zum Mitglied des Fachausschusses Physik in der Deutschen Forschungsgemeinschaft gewählt und bis 1955 wiedergewählt wurde. Nachdem L. vorübergehend in seiner alten Stellung als stellvertretender Direktor des Kaiser-Wilhelm-Instituts für Physik in Göttingen tätig war, übernahm er im April 1951 im Alter von 71 Jahren in Berlin-Dahlem die Direktorstelle am alten Kaiser-Wilhelm-Institut für Chemie und Elektrochemie.

Werke: Gesammelte Schriften und Vorträge. 3 Bde. Braunschweig 1961 (mit Autobiographie in Bd 3); Die Relativitätstheorie. 2 Bde. Braunschweig 1911/1919; Korpuskular- und Wellentheorie. Leipzig 1933; Röntgenstrahl-Interferenzen. Leipzig 1941; Materiewellen und ihre Interferenzen. Leipzig 1944; Geschichte der Physik. Bonn 1946; Theorie der Supraleitung. Berlin 1947; Interferenzerscheinungen bei Röntgenstrahlen (mit Walther Friedrich und Paul Knipping). Leipzig 1955.

Literatur: Walther Meißner, Laue als Wissenschaftler und Mensch. In: Sitzungsberichte der Bayerischen Akademie der Wissenschaften 1960, S. 101—121; Max Päsler, Leben und wissenschaftliches Werk Laues. In: Physikal. Blätter. Jg 16, 1960, S. 552—567; Friedrich Herneck, Max von Laue. In: Bahnbrecher des Atomzeitalters. [Ost-]Berlin 1965, S. 273–326; Peter Paul Ewald, Fifty years of X-ray diffraction. Utrecht 1962; Paul Forman, The discovery of the diffraction of X-rays by crystals. In: Archive for History of Exact Sciences. Vol. 6, 1969, S. 38–71; Armin Hermann, 50 Jahre Forschungsförderung der DFG. In: Physik in unserer Zeit. Jg 2, 1971, S. 17–23.

Lecher, Ernst (* 1. Juni 1856 in Wien, † 19. Juli 1926 ebd.). L. studierte in Wien und Innsbruck, wo er 1879 promovierte. Nach der Wiener Habilitation 1885 wurde er 1891 an die Universität Innsbruck berufen, ging 1895 als Nachfolger Ernst Machs an die Deutsche Universität Prag und übernahm 1909 die Leitung des I. Physik. Instituts der Universität Wien.

Zuerst beschäftigte sich L. auf Anregung Leopold von Pfaundlers mit kalorimetrischen Themen, ging dann zu Wärmestrahlungs-Messungen über und arbeitete schließlich über elektrische Wellen. Nach Untersuchung der in den freien Luftraum ausgestrahlten Raumwellen hatte sich Hertz den an Drähten entlanglaufenden „Oberflächenwellen" zugewandt. Hertz konnte das Problem zunächst weder experimentell noch theoretisch lösen; die Versuche waren durch die Einflüsse der Laboratoriumswände gestört.

Die experimentellen Schwierigkeiten wurden 1890 durch L. mit der L.schen Doppelleitung überwunden. Ihr Vorzug besteht darin, daß das Feld im Äußeren der Drähte wesentlich stärker abnimmt als beim Einzeldraht und deshalb Störungen durch die Umgebung praktisch nicht mehr auftreten. Die vollständige theoretische Behandlung des Lecher-Problems lieferte 1902 Gustav Mie.

Werke: Lehrbuch der Physik für Mediziner, Biologen und Psychologen. ³Leipzig und Berlin 1919; Eine Studie über elektrische Resonanzerscheinungen. In: Sitzungsberichte der Kaiserl. Akademie der Wissenschaften zu Wien. Abt. II a. Jg 99, 1890, S. 340–361.

Literatur: Egon Schweidler, [Nekrolog]. In: Österreichische Akademie der Wissenschaften. Almanach. Jg 77, 1927, S. 175–178.

Leibniz, Gottfried Wilhelm (* 1. Juli 1646 in Leipzig, † 14. November 1716 in Hannover). L., zweites Kind eines Leipziger Universitätsprofessors, studierte in Leipzig Recht, Philosophie, Logik und, soweit dies damals möglich war, in Jena Mathematik bei Erhard Weigel.

In seiner ersten akademischen Schrift „De principio individui" von 1663 sprach er noch vor der Feststellung „Essentiae rerum non sunt aeternae nisi ut in Deo" den Satz aus: „Essentiae rerum sunt sicut numeri". Die Wesenheiten der Dinge verhalten sich wie die Zahlen. Getreu dieser Maxime entwickelte er auf der Grundlage der Arithmetik (ex arithmeticae fundamentis) in seiner viel beachteten „Dissertatio de arte combinatoria", Leipzig 1666, jene Kombinatorik, mit deren Hilfe er die begehrte Kunst des Findens und Erfindens logisch begründen wollte. Später schuf L. darüber hinaus die Grundlagen der symbolischen Logik, wozu ihn die Symbolik der Algebra angeregt hatte. Mit einer allgemeinen Beweismethode und einer allgemeinen Erkenntnismethode aber wollte er den weit ausgreifenden Plan seiner Jugend von einer Universalmathematik, einer Universalsprache verwirklichen.

Leibniz steht hier bewußt in der Tradition des katalanischen Mönches Raimundus Lullus (1235–1315) und dessen Universalwissenschaft und in der Tradition des Lübecker Mathematikers und Naturforschers Joachim Jungius. In den Kreis dieses Denkens, den L. von der Arithmetik über die Kombinatorik zur ars inveniendi und Universallogik gezogen hat, gehört auch seine Erfindung der ersten Rechenmaschine für alle vier Grundrechnungsarten, eine Maschine, zu der er Gründe genug hatte, um an ihrer mühseligen Verwirklichung während 46 Jahren festzuhalten.

Mit 21 Jahren, 1667, erwarb L. an der Universität Altdorf bei Nürnberg den juristischen Doktor ‚beider Rechte' mit einem solchen Glanz, daß man ihm eine Professorenstelle anbot. „Allein mein Geist bewegte sich in einer ganz anderen Richtung... Die Kenntnis des Auslandes und die der mathematischen Wissenschaften standen lockend von fern ..." Im März 1672 wurde L. in kurmainzischer diplomatischer Mission nach Paris gesandt. Er sollte den von ihm ausgedachten Plan der Eroberung Ägyptens durch Frankreich Ludwig XIV. nahebringen, damit dessen Druck von der deutschen Westgrenze abgelenkt werde und das Reich freie Hand gegen die Türken gewinnen könne. Wenn auch diese kühne Mission scheiterte, so war L. trotzdem an einem Ziel seiner Wünsche, in Paris, angelangt, welches damals das Zentrum der Wissenschaften bildete. Hier trat er in Kontakt zu den hervorragenden Gelehrten seiner Zeit, unter ihnen → Christiaan Huygens, der seine mathematische Fortbildung maßgeblich förderte.

Zunächst betrieb L. in Paris vor allem die mit den mechanischen Mitteln der Barockzeit äußerst schwierige Konstruktion seiner 4-Spezies-Rechenmaschine, deren erste Entwürfe er nachweislich bereits während seiner Mainzer Periode gemacht hatte. Das erste rohe Modell, an das er selber mit Hand anlegte, entstand 1672 in einer Pariser Werkstatt, vermutlich eines Uhrmachers. Es wies bereits das vollständige Grundprinzip der neuzeitlichen mechanischen 4-Spezies-Rechenmaschine auf, deren folgende charakteristischen Merkmale L. erfunden hat: ein vom Einstellwerk getrenntes Schaltwerk, Staffelwalzen (oder Sprossenräder – von L. nur angedeutet) für dieses Schaltwerk, den beweglichen Schlitten oder Wagen, das Quotientenwerk oder Umdrehungszählwerk für die Multiplikation und Division sowie schließlich den zentralen Antrieb der Maschine durch eine Handkurbel.

Dieses erste, später immer wieder verbesserte und in der Stellenzahl vergrößerte Modell führte L. am 5. Februar 1673 der Royal Society in London vor, die ihn daraufhin zu ihrem Mitglied ernannte. Ein ähnlicher Erfolg blieb ihm in Paris versagt, wo er sich vergeblich um eine Stelle bei der Académie Royale des Sciences bewarb. So mußte er schließlich 1676 als wissenschaftlicher Berater, als Hofrat und Bibliothekar in die Dienste des feinsinnigen wie bildungsbeflissenen Herzogs Johann Friedrich von Braunschweig-Lüneburg-Calenberg in Hannover treten. Dennoch waren die vier Pariser Jahre vielleicht die fruchtbarsten seines Lebens; denn bereits im Oktober 1675 war es L. gelungen, unabhängig von Newton, zwar 10 Jahre später als dieser, aber in brauchbarerer Symbolik und allgemeiner die Infinitesimalrechnung zu begründen, wegen der er später in einen heftigen Prioritätsstreit mit Isaac Newton verwickelt wurde; hierbei fiel beiden Geistesheroen immer stärker die Rolle des Vertreters ihrer zu nationalem Selbstbewußtsein erwachenden Völker zu. L. veröffentlichte 1684 in den Acta Eruditorum eine Einführung in seinen Calculus. Diese schwierige, durch Druckfehler entstellte Veröffentlichung „Nova methodus pro maximis et minimis itemque tangentibus" (Neue Methode für die Maxima und Minima und für die Tangentenbestimmung) verstanden allerdings nach jahrelangen Mühen nur Jakob Bernoulli in Basel und sein jüngerer Bruder Johann, die dann beide zur Ausgestaltung und Verbreitung des Kalküls viel beitrugen. In Briefen an Johann Bernoulli gab L. auch zum erstenmal die von ihm gefundenen, noch heute üblichen Symbole für die Differentiation $\left(\frac{dy}{dx}\right)$ und Integration ($\int ydx$) bekannt. In den Acta Eruditorum von 1686 dehnte er die Infinitesimalrechnung auf transzendente Kurven aus und gab Prinzipien der Integralrechnung unter dem Titel an: De geometria recondita et analysi indivisibilium atque infinitorum. Im selben Jahr erschien auch seine überaus bedeutsame Entdeckung des Prinzipes von der Erhaltung der mechanischen → Energie.

Zahllose politische Aufträge, höfische Pflichten und ein immenser Briefwechsel, der L. über die kleine Residenzstadt Hannover hinaus mit der europäischen Gelehrtenwelt verband, hielten ihn immer wieder davon ab, seine Entdeckungen und Ideen geschlossen darzustellen und seine technischen Erfindungen zum handgreiflichen Erfolg zu führen. Die sekundäre Zehnerübertragung im Resultatwerk seiner Rechenmaschine wollte trotz aller Mühen bis zu seinem Tode nicht vollkommen automatisch gelingen. L.ens sich über sechs Jahre hinschleppenden Versuche, die Harzer Bergwerke mittels Windkraft vom Grubenwasser zu befreien, mußten 1686 schließlich erfolglos eingestellt werden. Seine Ideen waren genial — so erkannte er den Unterschied zwischen gleitender und rollender Reibung und erfand das Aneroidbarometer — ; aber zweifellos vermochte er sie den Handwerkern nicht genügend klar durch eindeutige Zeichnungen darzustellen.

Um seine Stellung am Hofe des Johann Friedrich nachfolgenden Ernst August zu festigen, mußte L. schließlich die Aufgabe übernehmen, eine Geschichte des gesamten Welfenhauses zu schreiben, die er zwar zum Verdruß der Herrscher nie vollendete, aber derart

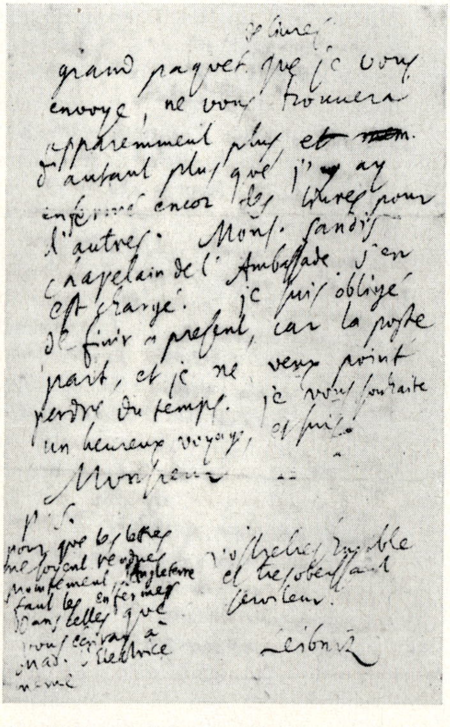
livres
grand paquet que je vous
envoye, ne vous trouvera
apparemment plus, et mon
d'autant plus que j'y ay
enfermé encor des livres pour
d'autres. Mons. Sandis
chapelain de l'Ambassade s'en
est chargé. je suis obligé
de finir a present, car la poste
part, et je ne veux point
perdre du temps. je vous souhaite
un heureux voyage, et suis
Monsieur
vostre tres humble
et tres obeissant
serviteur
Leibniz

Abb. 25. Zweite Seite eines Briefes von Gottfried Wilhelm Leibniz, geschrieben in „Luxenbourg pres de Berlin, 8 Octobre nouveau style 1701“

mustergültig anlegte und bearbeitete, daß er sich damit auch in die namhaften Geschichtsschreiber einreihte. Die notwendigen historischen Nachforschungen führten ihn in mehrjährigen Reisen nach Italien und Österreich, wo er nicht nur Archivstudien, sondern stets auch seinen universalen Aktivitäten nachging, die sich von der großen Politik, dem Rechtswesen, den Wissenschaften und Künsten (d. h. der Technik), der Bibliotheksorganisation, dem Bemühen um die Wiedervereinigung der getrennten christlichen Kirchen bis hin zur Philosophie und zu Vorschlägen für die Errichtung von Akademien erstreckten.

1700 gelang ihm die Gründung der Berliner Akademie der Wissenschaften dank der Unterstützung einer alten philosophischen Freundin aus dem hannoveraner Gartenschloß in Herrenhausen, der preußischen Königin Sophie-Charlotte, Gemahlin Friedrichs I. und Tochter Ernst Augusts. Für sie entwarf er 1710 die „Essais de théodizée“. Aus der Existenz ewiger Vernunftwahrheiten schließt er darin auf Gott, der die beste aller Welten geschaffen habe, weil nur diese beste Welt ein zureichender Grund für die Existenz der Welt schlechthin sein kann. Eine optimistische These, die später von → Voltaire in seinem „Candide“ verspottet und von Kant angegriffen wurde.

Neben die geistige, nur teleologisch erklärbare Welt setzt L. die materielle, vollständig mechanisch erklärbare Welt. Beide Reiche, das der Zweckursachen und das der Wirkursachen, können unabhängig voneinander die Welt erklären, weil sie durch die von L. so bezeichnete prästabilierte Harmonie zu einer harmonischen gottgewollten Einheit verbunden sind. Für diese Einheit ist die → Monade der Schlüsselbegriff, mit dem L. jahrzehntelang umging, ehe er 1714 seine „Monadologie“ wiederum auf französisch veröffentlichte.

Die Monaden sind einfache, weil unteilbare, und individuelle Substanzen — die einzigen Substanzen der Wirklichkeit. Als unausgedehnte und immaterielle Kraftpunkte stellen sie die „wahrhaften Atome der Natur“

dar. Sie steigen gleich einer Stufenleiter auf von den dumpfen Monaden der leblosen Körper bis zu den Seelenmonaden und denjenigen der höchsten Hierarchien. Weil aber aufgrund der prästabilierten Harmonie alle erschaffenen Dinge untereinander ausgeglichen sind, finden sich alle Monaden mehr oder minder bewußt in ein Netz von Bindungen eingesponnen, so „daß jede einfache Substanz (d. h. Monade) in Beziehungen steht, durch die alle anderen Substanzen zum Ausdruck gebracht werden, und daß sie folglich ein ewiger lebendiger Spiegel des Universums ist" (Monadologie § 56).

In der L.'schen Mathematik findet der Begriff der Monade zweifellos eine Entsprechung in dem Funktionselement df.

Man hat die L.'sche Philosophie mit dem Etikett des „mathematischen Rationalismus" versehen; andererseits wurzelt sie in den Tiefen der Metaphysik, welche für L. den Mutterboden alles Erkennens und Entdeckens darstellte. So bekannte er zwei Jahre vor seinem Tode in einem Brief an Remond: „Doch als ich die letzten Gründe der mechanischen Anschauungen und gar die Gesetze der Bewegung suchte, entdeckte ich zu meiner Überraschung, daß es unmöglich sei, sie in der Mathematik zu finden, und daß man zur Metaphysik zurückkehren müsse. Das führte mich zu den Entelechien und vom Stofflichen zum Gestalthaften zurück und ließ mich, nach mehreren Verbesserungen und Vervollkommnungen meiner Begriffe, endlich erkennen, daß die Monaden oder einfachen Substanzen die einzig wahren Substanzen und daß die körperhaften Dinge nur Erscheinungen sind, aber wohlbegründete und verknüpfte Erscheinungen."

Sogar seine Erfindung des dualen Zahlensystems, welches nur die Ziffern 0 und 1 benutzt (älteste Aufzeichnungen der Dyadik stammen aus dem Jahre 1679, Veröffentlichung 1703) motivierte er sowohl metaphysisch und mathematisch als auch praktisch, indem er die binäre Darstellung von Zeichen selbst für eine Rechenmaschine vorschlug und damit einem Grundprinzip der elektronischen Datenverarbeitung um Jahrhunderte vorausgriff. Diese barocke Verbindung von Philosophie, Wissenschaften und Technik kennzeichnet einen der fruchtbarsten Universalgeister des Abendlandes, der freilich kein williger Staatsbeamter war. Versehen mit den Titeln eines Hof- und Reichshofrats, eines hannoverischen und russischen Geheimen Justizrates, aber fallengelassen von seinem letzten verständnislosen Landesherrn Georg Ludwig, starb L. einsam in Hannover. Die Aufarbeitung und Edition seines ungeheuren Briefwechsels und Nachlasses von rund 40 000 Blättern in der Niedersächsischen Landesbibliothek zu Hannover wird noch Jahrzehnte andauern.

Werke: Opera Omnia. Ed. L. Dutens. 6 Bde. Genf 1768; Opera philosophica. Ed. J. E. Erdmann. Berlin 1840 (Nachdruck Hildesheim 1959); Mathematische Schriften. Hrsg. C. I. Gerhardt. 7 Bde. Halle u. Berlin 1849—63 (Nachdruck Hildesheim 1962); Die philosophischen Schriften. 7 Bde. Berlin 1875—90 (Nachdruck Hildesheim 1960—61); Briefwechsel mit Mathematikern. Berlin 1899 (Nachdruck Hildesheim 1962); Opuscules et fragments inédits. Ed. L. Couturat, Paris 1903 (Nachdruck Hildesheim 1962); L.ens nachgelassene Schriften physikalischen, mechanischen und technischen Inhalts. Hrsg. Ernst Gerland. Leipzig 1906; Sämtliche Schriften und Briefe. Kritische Ausgabe in sechs Reihen der Deutschen (vormals Preußischen) Akademie der Wissenschaften. Darmstadt später Berlin 1923 ff. Bisher sind 14 Bände erschienen, während etwa 40 Bände veranschlagt wurden. Übersetzungen ins Deutsche: Philosophische Werke. Übersetzung A. Buchenau, Hrsg. E. Cassirer. 4 Bde. Leipzig 1904—1906 ([3]Hamburg 1966); Bibliographie des œuvres de Leibniz von E. Ravier. Paris 1937 (Nachdruck Hildesheim 1966).

Literatur: Gottschalk Eduard Guhrauer, G. W. Freiherr v. L. 2 Bde. Breslau 1846 (Nachdruck Hildesheim 1966); Eduard Bodemann, Der Briefwechsel des G. W. L. in der kgl. öffentlichen Bibliothek zu Hannover. Hannover 1889; ders., Die L.-Handschriften ... zu Hannover. Hannover 1895 (Nachdruck Hildesheim 1966); Louis Couturat, La logique de L. Paris 1901 (Nachdruck Hildesheim 1961); Ernst Cassirer, L.' System in seinen wissenschaftlichen Grundlagen. Marburg 1902 (Nachdruck Darmstadt 1962);

Kuno Fischer, G. W. L., Leben, Werk und Lehre. [5]Heidelberg 1920; Nicolai Hartmann, L. als Metaphysiker. Berlin 1946; Joseph E. Hofmann, Die Entwicklungsgeschichte der L.schen Mathematik während des Aufenthaltes in Paris (1672–76). München 1949; Kurt Huber, L. München 1951; Hans Heinz Holz, L. Stuttgart 1958; Joachim Vennebusch, G. W. L. Philosoph und Politiker im Dienste einer universalen Kultur. Bad Godesberg 1966; L. Sein Leben, sein Wirken, seine Zeit. Hrsg. Wilhelm Totok und Carl Haase. Hannover 1966; Kurt Müller, L.-Bibliographie, die Literatur über L. Frankfurt a. M. 1967 (laufende Ergänzungen in der Zeitschrift Studia Leibnitiana); Kurt Müller und Gisela Krönert, Leben und Werk von G. W. L. Eine Chronik. Frankfurt 1969; Ludolf v. Mackensen, Die Vorgeschichte und Entstehung der ersten digitalen 4-Spezies-Rechenmaschine von G. W. L. In: Akten des Internationalen Leibniz-Kongresses, 14.–19. Nov. 1966. Bd II, Mathematik-Naturwissenschaften (= Studia Leibnitiana supplementa Vol. II). Wiesbaden 1969, S. 34–68.

L. v. M.

Leidener Flasche. Ewald Georg von Kleist, 1722–1747 Domdechant zu Cammin in Pommern, wollte am 11. Oktober 1745 ein Glas statt durch Reibung durch Zuleitung elektrisieren. Er steckte deshalb in ein Medizingläschen einen eisernen Nagel und lud ihn am Konduktor einer Elektrisiermaschine auf. Indem er das Glas in der einen Hand hielt und mit der andern den Nagel wieder herausziehen wollte, empfand er bei dessen Berührung einen heftigen Schlag. Sobald er in die Flasche ein wenig Quecksilber oder Weingeist goß, erhöhte sich die Wirkung. Kleist teilte die Entdeckung brieflich mehreren Personen mit.

Ganz unabhängig von Kleist wurde die Verstärkungsflasche Ende 1745 auch in Leiden erfunden. Dort wollte der Physiker Pieter van Musschenbroek Wasser in einer Glasflasche elektrisieren; er hoffte, die isolierende Umhüllung werde die Elektrizität länger darin zurückhalten. Auch er steckte einen Draht ins Wasser und lud ihn mit der Elektrisiermaschine auf. Cunäus hielt die Flasche und wollte mit der andern Hand den Draht entfernen. Er erhielt denselben Schlag wie Kleist einige Wochen zuvor. Musschenbroek beschrieb den Versuch anfangs 1746 in einem Brief an Réaumur, durch den Abbé Nollet davon erfuhr. Nollet sprach vom Leidener Versuch und von der Leidener Flasche.

Daniel Gralath in Danzig (1708–1767) hatte von Kleists Experiment Kunde erhalten und wiederholte es im März 1746 mit einer großen Wasserflasche. Er füllte sie halb mit Wasser und ließ einen starken Eisendraht, der oben eine Kugel trug, aus der Flasche ragen. Es ergab sich, daß der Versuch nur gelang, wenn man gleichzeitig die äußere Oberfläche der Flasche und den Knopf berührte. Die Erschütterung beruhte auf der Vereinigung der an den verschiedenen Seiten des Glases befindlichen Elektrizität. Wenn 20 Leute sich die Hände zu einer Kette reichten und die erste Person die geladene Flasche hielt, während die letzte deren Knopf berührte, so empfingen alle 20 einen Schlag. Gralath verband auch die herausragenden Metallknöpfe mehrerer Flaschen und lud sie gleichzeitig auf. Eine solche „Batterie“ ergab stärkere Schläge.

Johann Heinrich Winkler (1703–1770), Latein- und Griechischprofessor in Leipzig, stellte seine Flaschen auf eine Metallplatte und verband damit eine Kette. Wenn er deren knaufförmiges Ende dem Kopf der aus dem Innern der Flaschen ragenden Drähte näherte, sprang mit lautem Knall ein Funke über. Winkler merkte, worauf es ankam: daß die Leiter innen und außen nahe an das Glas gebracht werden und es möglichst bedecken, während sie voneinander getrennt bleiben. Für die innere Fläche behielt er Wasser als Leiter bei; für die äußere wandte er zuerst die Metallbelegung an.

Die Verstärkungsflasche war die wichtigste Bereicherung der Elektrizitätslehre in der ersten Hälfte des 18. Jh.s. Der Londoner Arzt John Bevis (1695–1771) belegte seine Flaschen und Glasplatten mit Zinnfolie. Die beidseitig mit Zinnfolie belegte Scheibe wurde als „Franklinsche Tafel“ bekannt. Durch die Beobachtungen wurden Theorien angeregt, die die Elektrizität unitarisch oder dualistisch erklärten.

Quellen: Johann Gottlob Krüger, Geschichte der Erde in der allerältesten Zeit. Halle 1746 (mit Anhang: Abhandlung von der Elektricität. Darin die erste öffentliche Nachricht von Kleists Verstärkungsflasche); Johann Heinrich Winkler, Die Stärke der elektrischen Kraft des Wassers in gläsernen Gefäßen, welche durch den Musschenbroek'schen Versuch bekannt geworden. Leipzig 1746.

Literatur: Gustav Albrecht, Geschichte der Elektricität. Wien, Pest, Leipzig 1885, S. 30–36; Fritz Fraunberger, Elektrische Spielereien im Barock und Rokoko. In: Deutsches Museum. Abhandl. u. Berichte. Jg 35, 1967, H. 1, S. 26 bis 29; Hans Prinz, Erschütterndes und Faszinierendes über gespeicherte Elektrizität. In: Bulletin des Schweizerischen Elektrotechnischen Vereins. Jg 62, 1971, S. 97–109. H. B.

Leidenfrostsches Phänomen. Die Erscheinung, daß Wassertropfen auf einer heißen Fläche kugelförmige Gestalt annehmen und nur langsam verdampfen, wurde nach dem Arzt Johann Gottlob Leidenfrost (1715–94) benannt, der sie 1756 in seiner Dissertation beschrieb. Obwohl das L. Ph. schon früher beobachtet worden war, begann das allgemeine physikalische Interesse an dem sog. sphäroidalen Zustand des Wassers erst nach Leidenfrost. Die Vermutung, daß solche Tropfen die Heizfläche gar nicht berühren, bewies Christian Poggendorff mit Hilfe eines im Tropfen einerseits und in dessen leitender Unterlage andererseits endenden Meßstromkreises.

Zu Beginn der zweiten Hälfte des 19. Jh.s weckte dann Pierre Boutigny durch eine beträchtliche Erhöhung der Zahl der auf die Ursachen des L. Ph. zurückführbaren Erscheinungen erneut das Interesse an diesem Objekt. Dabei schrieb er die in allen Fällen beobachtbare Verzögerung des Verdampfungsprozesses einer sich augenblicklich bildenden Schicht schützenden Dampfes zu und versuchte damit bisher auf Wunder zurückgeführte Rettungen bei mittelalterlichen Feuerproben zu erklären. Eine ausführliche Zusammenstellung aller bis zu seiner Zeit bekannten, mit dem L. Ph. verwandten Beobachtungen gab John Tyndall in seinen 1863 erstmals gedruckt erschienenen Experimentalvorlesungen über die Wärme.

Quellen: Johann Gottlob Leidenfrost, De aquae communis qualitatibus. Duisburg 1756; John Tyndall, Die Wärme betrachtet als eine Art der Bewegung. Braunschweig 1871, S. 197–207.

Literatur: Pierre Boutigny, Etudes sur les corps à l'état sphéroidal. Paris 1857. J. B.

Leiter (Elektronenleiter). Bis zur Begründung der Elektronentheorie der Metalle im frühen 20. Jh. war das Phänomen und der Mechanismus des Transports „elektrischer Fluida" in Leitern bereits über nahezu zwei Jahrhunderte Gegenstand vieler Untersuchungen gewesen. Obwohl schon Otto von Guericke wichtige Beobachtungen zur Leitfähigkeit der elektrischen Materie gemacht hatte, ohne indessen den Unterschied zwischen Leitern und Nichtleitern zu erkennen, setzte die eigentliche Erforschung des Phänomens erst mit dem Jahre 1729 ein. In diesem Jahr gelangen dem Engländer Stephen Gray eindrucksvolle Versuche mit der Fortleitung von Reibungselektrizität.

Bei den z. T. gemeinsam mit Granville Wheeler durchgeführten Experimenten gewann Gray – durch zunächst unerklärliche Mißerfolge aufmerksam geworden – die Erkenntnis, daß es von der **Art** des Stoffes abhänge, ob er die → Elektrizität leite oder nicht. Gray, der ab 1731 über seine Entdeckungen in den Philosophical Transactions berichtete, fand u. a., daß Metalle, wäßrige Lösungen und feuchte Körper die Elektrizität fortleiten, nicht dagegen Seide, Glas, Kork, Haare, Harze etc. – In der Folgezeit wurden alle bekannten Stoffe auf ihre Eignung als L. der Elektrizität („Konduktoren", wie der in England lebende Jean-Théophile Desaguliers um 1740 vorschlug) untersucht und in oftmals spektakulären Schauversuchen vorgeführt.

Soweit es mit den geringen Stromstärken, die die Reibungselektrizität (→ Elektrisiermaschine) lieferte, überhaupt möglich war, wurde auch schon bald nach der Größe des Leitvermögens der Stoffe (Charles Dufay, Giambattista Beccaria) und ihrer Einordnung in ein System elektrischer L. (Joseph Priestley) gesucht. Im Anschluß an seine Arbeiten über die Elektrizität der Zitterrochen gab Henry Cavendish erstmals Zahlenwerte an: Das Leitvermögen der Metalle im Vergleich zum Wasser schätzte er auf das Vierhundertmillionenfache.

Die Entdeckung der galvanischen Elektrizität (→ Galvanismus) – namentlich die darauf basierende Erfindung der → Voltaschen Säule (1800) – stellte den Forschern schließlich eine ergiebige Stromquelle zur Verfügung, die genauere experimentelle Aussagen zuließ. Die teilweise noch heute übliche Unterscheidung der L. in L. 1. Klasse (Metalle) und L. 2. Klasse (Elektrolyte) führte Alessandro Volta ein. Die eingehenden Untersuchungen Humphry Davys zeigten – in Übereinstimmung mit den älteren Beobachtungen von Cavendish –, daß das Leitungsvermögen eines Drahtes nicht von der Größe seiner Oberfläche abhängt, sondern von seinem Querschnitt (direkt proportional) und seiner Länge (umgekehrt proportional). Die von ihm untersuchten Metalle ordnete Davy nach ihrem Leitvermögen in die Reihe: Eisen, Palladium, Platin, Zinn, Zink, Gold, Blei, Kupfer, Silber.

Das Bemühen um ein allgemeines Gesetz der elektrischen Leitung in Metallen brachte indessen nur Teilerfolge, wurden doch die Arbeiten mit galvanischen Elementen durch die Inkonstanz der Spannung beeinträchtigt. Erst als Georg Simon Ohm den 1821 von Thomas Johann Seebeck entdeckten thermoelektrischen Effekt (→ Thermoelektrizität) in einem Thermoelement als spannungskonstante Stromquelle für seine Messungen nutzbar machte, gelang 1826 die „Bestimmung des Gesetzes, nach welchem Metalle die Contactelektrizität leiten". Wenngleich zunächst kaum in ihrer Bedeutung erkannt, erwies sich dieses einfache empirische Gesetz später jedoch als epochemachender Durchbruch. Heute wird das Ohmsche Gesetz als Spezialfall des allgemeinen Maxwellschen Gesetzes (→ Elektrodynamik) angesehen, das die Verknüpfung zwischen dem elektrischen Feld und dem elektrischen Strom in einem L. beschreibt.

Der **Mechanismus** der Stromleitung in Metallen blieb jedoch trotz aller Erfolge in der Aufklärung der äußeren Erscheinungen bis gegen Ende des 19. Jh.s ungeklärt. Zwar gab es in Anlehnung an die durchsichtigeren Vorgänge bei der → Elektrolyse bemerkenswerte Deutungsversuche (Eduard Riecke), die von der Konvektion elektrischer Partikel ausgingen; doch bedurfte es noch der Entdeckung des → Elektrons durch Joseph John Thomson (1894 ff.) u. a., um endlich die elektrische Materie zutreffend zu identifizieren und daraus weiterführende Ansätze entwickeln zu können. Dies gelang bereits 1905 Hendrik Antoon Lorentz mit seiner Elektronentheorie. – Auch auf experimentellem Wege zeigte es sich bald, daß im Gegensatz zur Elektrizitätsleitung in Gasen und Elektrolyten (Ionenleitung; → Ionentheorie) bei der metallischen Leitung eine Verschiebung von Elektronen stattfindet, wie u. a. Richard Tolman und T. D. Stewart 1916 in einem eindrucksvollen Versuch zeigten. Nach Wolfgang Pauli und Arnold Sommerfeld können die relativ frei im metallischen L. beweglichen Elektronen als „Elektronengas" aufgefaßt und mit der Fermi-Dirac-Statistik behandelt werden. Aus der Zahl und Größe der „freien Weglänge" der Leitungselektronen läßt sich die Leitfähigkeit der metallischen Leiter abschätzen. – Durch die Entdeckung der → Supraleitung durch Heike Kamerlingh Onnes (1911) erhielt das nahezu unübersehbare Gebiet der metallischen Leitung einen weiteren wichtigen Forschungsbereich.

Quellen: Stephen Gray, Several experiments concerning electricity. In: Philosophical Transactions. Vol. 37, 1731–1732, S. 18–24; weitere Abhandlungen unter ähnlichem Titel ebd. Vol. 37, 1731–1732, S. 227–230, 285–291, 397–407; Vol. 39, 1735–1736, S. 16–24, 166 bis 170, 220, 400–403; Joseph Priestley, The history and present state of electricity with original experiments. London 1767. Dt. von Johann Georg Krünitz. Berlin und Stralsund 1772; Humphry Davy, The collected works. London 1839 bis 1841; Georg Simon Ohm (s. dort); Hendrik Antoon Lorentz, Ergebnisse und Probleme der Elektronentheorie. Berlin 1905; Arnold Sommerfeld, Zur Elektronentheorie der Metalle. In: Die Naturwissenschaften. Jg 15, 1927, S. 825–832; Jg 16, 1928, S. 374–381; Jg 22, 1934, S. 49–52 (auch abgedruckt in: Arnold Sommerfeld, Gesammelte Schriften. Bd 2. Braunschweig 1968).

Literatur: Gehlers Physikalisches Wörterbuch. Bd 6. Leipzig 1831, S. 133–211; A. W. Humphreys, The development of the conception and measurement of electric current. In: Annals of science. Vol. 2, 1937, S. 164–178; Duane Roller and Duane H. D. Roller, The development of the concept of electric charge. Cambridge, Mass. 1954; Walther Gerlach, Die Entwicklung der Physik der Elektrizität im 19. Jahrhundert. In: Technikgeschichte. Bd 33, 1966, S. 356–387; Fritz Fraunberger, Elektrizität im Barock. Köln 1964, S. 48 ff. L. S.

Lenard, Philipp (* 7. Juni 1862 in Preßburg, † 20. Mai 1947 in Messelhausen/Baden). Nach der Promotion bei Georg Quincke in Heidelberg 1886 führte L. als Assistent von Heinrich Hertz in Bonn dessen frühere Versuche über → Kathodenstrahlen fort. L. benutzte die von Hertz entdeckte Durchlässigkeit von dünnen Metallfolien für Kathodenstrahlen zur Konstruktion des sogenannten „Lenardfensters“. Mit diesem konnte Lenard die Kathodenstrahlen aus dem Entladungsraum herausführen, entweder in freie Luft oder in einen weiteren evakuierten Raum. Damit war die von der Entladung unabhängige Existenz der Kathodenstrahlen bewiesen; zugleich waren „zum ersten Male völlig reine Versuche“ möglich.

Lenard untersuchte die Absorption der Strahlen, wobei er zum Nachweis einen Phosphoreszenzschirm verwendete, der aufleuchtete, sobald er von Kathodenstrahlen getroffen wurde: „Wenden wir den Phosphoreszenzschirm an, so finden wir ihn dicht am Fenster grell leuchtend; ... in etwa 8 cm Entfernung bleibt der Schirm ganz dunkel; offenbar ist die Luft von vollem atmosphärischem Druck für die Kathodenstrahlen gar nicht sehr durchlässig, bei weitem nicht so sehr, wie etwa für Licht. Da müssen denn diese Strahlen etwas außerordentlich Feines sein, so fein, daß der molekulare Bau der Materie, welcher den immerhin sehr feinen Lichtwellen gegenüber verschwindet, ihnen gegenüber sehr merklich wird. Natürlich wird es dann auch möglich sein können, mit Hilfe dieser Strahlen Auskünfte zu erhalten über die Beschaffenheit der Moleküle und Atome.“

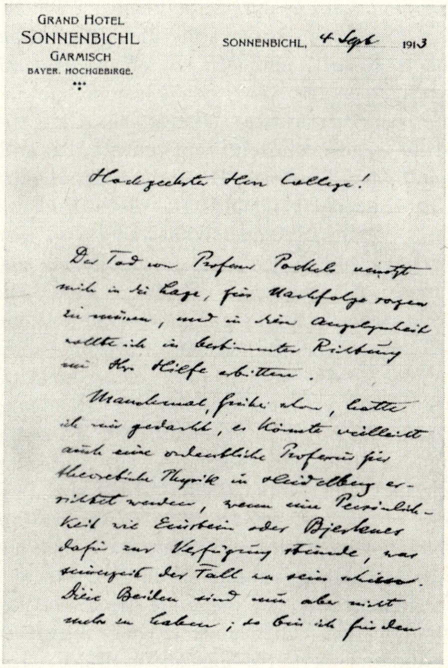
GRAND HOTEL
SONNENBICHL
GARMISCH
BAYER. HOCHGEBIRGE.

SONNENBICHL, 4. Sept 1913

Hochgeehrter Herr College!

Der Tod von Professor Pockels versetzt mich in die Lage, für Nachfolge sorgen zu müssen, und in dieser Angelegenheit wollte ich in bestimmter Richtung um Ihre Hilfe erbitten.

Manchmal, früher schon, hatte ich mir gedacht, es könnte vielleicht auch eine ordentliche Professur für theoretische Physik in Heidelberg errichtet werden, wenn eine Persönlichkeit wie Einstein oder Bjerknes dafür zur Verfügung stünde, was seinerzeit der Fall zu sein schien. Diese Beiden sind nun aber nicht mehr zu haben; so bin ich für den

Abb. 26. Philipp Lenard an Arnold Sommerfeld. 4. September 1913

Tatsächlich konnte Lenard aus der Absorption der Kathodenstrahlen durch Materie den richtigen Schluß ziehen, daß das wirksame Kraftzentrum des Atoms auf einen winzigen Bruchteil des aus der Gastheorie her bekannten Atomvolumens konzentriert ist. Diese Lenardsche „Dynamide“ war ein wichtiger Vorläufer des Atommodells von Ernest Rutherford, der Ende 1910 aus Ablenkungen der α-Teilchen denselben Schluß zog wie Lenard zuvor aus der Streuung von Elektronen.

Durch die prinzipielle Klärung des lichtelektrischen Effektes und der Phosphoreszenz hat Lenard auch zur Entwicklung des Quantenkonzeptes Wesentliches beigetragen. Dennoch stellte er sich bald gegen die in der modernen Physik immer größere Bedeutung gewinnende Quantentheorie und gegen die Relativitätstheorie. Auf einer Versammlung der Deutschen Naturforscher und Ärzte in Bad Nauheim kam es am 19. September 1920 bei der fachlichen Aussprache über die Allgemeine Relativitätstheorie zu einem dramatischen Zweikampf zwischen Einstein und Lenard; dieser richtete „scharfe, bösartige Angriffe gegen Einstein, mit unverhüllt antisemitischer Tendenz“. Die tiefere Ursache der Unzufriedenheit Lenards — die sich in oft ungewöhnlicher Aggressivität äußerte — wird darin zu suchen sein, daß in der Physik mathematisch schwierige Theorien eine ausschlaggebende Rolle gewannen und er, dessen Stärke das Experiment war, hier nicht folgen konnte und wollte. Lenards Antisemitismus verband sich mit der Abneigung gegen die neueren physikalischen Theorien, und er stellte der dogmatischen „jüdischen Physik“ eine pragmatische „Deutsche Physik“ gegenüber, bei der die Experimente absoluten Vorrang haben sollten. Darin trat nur eine sehr kleine Zahl von Kollegen, darunter Johannes Stark, an die Seite Lenards; ihre Bestrebungen blieben trotz der zeitweisen Unterstützung durch das Dritte Reich gänzlich unfruchtbar. Von den Fachkollegen wurden die beiden Nobelpreisträger nicht ernst genommen; es wurde nur bedauert, daß sie ihr durch den Nobelpreis erworbenes Ansehen damit aufs Spiel setzten.

Lenard hat so in seinem Leben auch schwere Schuld auf sich geladen. Carl Ramsauer, der über 13 Jahre Lenards Schüler und Mitarbeiter gewesen war, kommt zu dem Ergebnis, daß Lenard trotz allem unser Mitgefühl verdient: „Lenard war eine tragische Persönlichkeit, ein Mann eigenartig in seinen Mängeln und Vorzügen, aber ohne jeden Zweifel ein großer Wahrheitssucher und Forscher im tiefsten Sinne des Wortes. Als Wissenschaftler hat er Grundlegendes geleistet, und doch ist sein Name mit keinem Markstein der physikalischen Entwicklung eng und dauernd verbunden. Als Lehrer hat er sich durch sein großes Wissen, Können und Planen immer wieder für seine Schüler eingesetzt, und doch ist es ihm nicht gelungen, im eigentlichen Sinn eine Schule zu begründen. Als Mensch hat er das Beste gewollt und ist doch einem Trugbild nachgelaufen.“

Werke: Über Kathodenstrahlen. Nobel-Vortrag. [2]Berlin und Leipzig 1920; Wissenschaftliche Abhandlungen aus den Jahren 1886—1932. 3 Bde. Leipzig 1942—44; Deutsche Physik. 4 Bde. München und Berlin 1937/38; Große Naturforscher. Eine Geschichte der Naturforschung in Lebensbeschreibungen. [4]München 1941.

Literatur: Carl Ramsauer, Physik — Technik — Pädagogik. Erfahrungen und Erinnerungen. Karlsruhe 1949, S. 102, 106—119; Franz Wolf, Zur 100. Wiederkehr des Geburtstages von Philipp Lenard. In: Die Naturwissenschaften. Jg 49, 1962, S. 245—247; F. Kubach, Ph. L., der deutsche Naturforscher. München 1937.

Lesage, Georges-Louis (* 13. Juni 1724 in Genf, † 9. November 1803 in Genf). Sein gleichnamiger Vater verfaßte einen „Cours abrégé de physique“ mit vielen historischen Notizen. Der Knabe zeigte einen unüberwindlichen Hang zum Meditieren. Dieses Kind mache ihn fast krank, schrieb der Vater, weil es stets nach dem Warum des Warum frage. Er wurde Schüler der Mathematiker Jean-Louis Calandrini und Gabriel Cramer, studierte in Basel und Paris ohne Neigung Medizin und wirkte fortan in Genf als Privatlehrer. Zu seinen dankbaren Schülern gehörten der Mathematiker Simon L'Huillier und der Physiker Pierre Prevost. Als Mathematiker stand er auf der Höhe der Zeit und wechselte Briefe mit Laplace, d'Alembert und Euler. Besonders beschäftigten ihn Untersuchungen über die Natur der Schwere. Er nahm an, der Weltraum sei von in allen Richtungen rasch bewegten harten Korpuskeln erfüllt. Ein von allen Seiten gleichmäßig getroffener Körper bleibt in Ruhe; denkt man sich aber einen zweiten Körper in seiner Nähe, so schirmen sie sich gegenseitig gegen Beschüsse ab und streben einander zu (→ Gravitation).

Lesage gelangte später zu neuer Beachtung durch seine Vorwegnahme der kinetischen Gastheorie, mit der er das Gesetz von Boyle und Mariotte erklärte. Er konnte sein Werk über die Gravitation nicht abschließen; es wurde erst 1818 von Prevost veröffentlicht. Der große handschriftliche Nachlaß wird von der Stadtbibliothek Genf aufbewahrt.

Werke: Deux traités de physique mécanique, publiés par Pierre Prevost, comme simple éditeur du premier et comme auteur du second. Genève 1818.

Literatur: Pierre Prevost, Notice sur la vie et les écrits de Georges-Louis Lesage de Genève. Genève 1805; Rudolf Wolf, Biographien zur Kulturgeschichte der Schweiz. Bd 4. Zürich 1862, S. 173–192; Pierre Revilliod, Physiciens et naturalistes genevois. Genève 1942, S. 8 f.; Samuel Aronson, The gravitational theory of G.-L. L. In: The Natural Philosopher. Bd 3, 1964, S. 53–74.

H. B.

Lichtelektrischer Effekt: → Photoeffekt.

Lichtenberg, Georg Christoph (* 1. Juli 1742 in Oberramstadt, † 24. Februar 1799 in Göttingen). In der Physik fast nur noch als Entdecker der nach ihm benannten Figuren (→ L.sche Figuren) bekannt, war L. zu seiner Zeit als Experimentalphysiker hoch geschätzt. Sein reges Interesse galt dem Blitzschutz. Auf seinem Gartenhaus wurde der erste Blitzableiter in Göttingen errichtet. Den „Faraday-Käfig" gab er als idealen Wetterschutz an. Sein Doppelelektrophor stellte bereits im Prinzip eine Influenzmaschine dar.

Die Vorlesungen L.s waren gewürzt mit außergewöhnlichem Witz, voll geistreicher Anspielungen. So zur Abstoßung gleichnamiger Magnetpole, „daß dies Naturgesetz gemeiner sei, als man glaube, denn Personen, die vorhero als ungleichnamig sich sehr stark einander angezogen hätten, stießen einander heftig ab, sobald sie gleichnamig geworden wären". Aus der Vielfalt seiner Begabungen ragt die literarische hervor. Als ein Meister der Sprache pflegte er einen glänzenden Stil und verstand es, mit Worten Bilder zu malen. Seine Briefe, Reiseschilderungen oder etwa die Beschreibung der Hogarthschen Kupferstiche sind geistreiche Plaudereien von Charme und hintergründigem Humor. Seinen eigentlichen literarischen Ruhm aber begründen die Aphorismen, die er als „ein rechtes Sonntagskind in Einfällen" im Verlauf seines Lebens in „Sudelbücher" eingetragen hat.

Als 17. Kind des Pfarrers Johann Conrad L. wurde G. Chr. am 1. Juli 1742 in Oberramstadt bei Darmstadt geboren. Nach dem Schulabschluß in Darmstadt studierte er ab Mai 1763 in Göttingen mit einem Stipendium seines Landesherrn, des Landgrafen von Hessen-Darmstadt; der Vater war früh gestorben. Von allen Lehrern ist es wohl der Mathematiker Abraham Kästner, der den stärksten Einfluß ausgeübt hat, die Fähigkeiten seines Schülers erkannte und L. später in, wenn auch wechselnder, Freundschaft verbunden blieb.

Nach der Rückkehr von seiner ersten Englandreise 1770 ernannte die Universität Göttingen L. zum Prof. extraord. und 1775 auf seiner zweiten Reise dorthin zum ordentlichen Professor. Nachdem er zuvor hauptsächlich Mathematik gelesen hatte, widmete er sich seit dem Tode seines Freundes Erxleben 1777 intensiv der Experimentalphysik und wirkte fortan bis zu seinem Tod in Göttingen. Frauen hatten stets eine bedeutende Rolle in seinem Leben gespielt. Der Zwiespalt zwischen seinem genialen Geist und „elenden Körper" zieht sich durch sein Leben. Er war mißgestaltet, klein und bucklig, und von schwächlicher Gesundheit. Hinter dem sprühenden Feuer seines Geistes verbergen sich Depressionen, Selbstmordgedanken, Mystizismus und Aberglaube. „Vernunft und Einbildungskraft haben bei ihm in einer sehr unglücklichen Ehe gelebt", trug er über sich ins Aphorismenheft ein. Ein zusammenhängendes Lebenswerk hinterließ er trotz der

Fülle des Geschaffenen nicht. Fragmente sind die Spiegelbilder seines Geistes; unausgeführt blieben sein geplantes Physikbuch und seine Autobiographie.

Werke: Ludwig Christian Lichtenberg und Friedrich Kries (Hrsg.), L.s physikalische und mathematische Schriften. 4 Bde. Göttingen 1803 bis 1806; Albert Leitzmann und Carl Schüddekopf (Hrsg.), L.s Briefe. 3 Bde. Leipzig 1901 bis 1908; Über eine neue Methode, die Natur und die Bewegung der elektrischen Materie zu erforschen (= Ostwalds Klassiker. Nr 246). Leipzig 1956 (mit Bibliographie); Wilhelm Grenzmann (Hrsg.), Gesammelte Werke. Frankfurt 1949; Wolfgang Promies (Hrsg.), Schriften und Briefe. 4 Bde. Hamburg 1967/68; Johann Christian Polykarp Erxleben, Anfangsgründe der Naturlehre. Mit Zusätzen von G. C. L. [5]Göttingen 1791.

Literatur: Paul Hahn, L. und die exakten Wissenschaften. Göttingen 1927; Wolfgang Promies, G. Chr. L. in Selbstzeugnissen und Bilddokumenten (= Rowohlts Monographien. Nr 90). Hamburg 1964 (mit Bibliographie); Dieter B. Herrmann, G. Chr. L. und die Mondkarte von Tobias Mayer (= Mitteilungen der Archenhold-Sternwarte. Nr 72). Berlin-Treptow 1965; ders., Zum Briefwechsel zwischen G. Chr. L. und J. H. Schroeter. Ebd. Nr 73. Berlin-Treptow 1965.

Lichtenbergsche Figuren. Im Frühjahr 1777 bemerkte Georg Christoph Lichtenberg Staubfiguren an den Stellen des Funkendurchschlags auf dem Harzkuchen seines Rieseneelektrophors von nahezu 2 m Durchmesser, den er sich hatte anfertigen lassen, um die elektrischen Erscheinungen „unter dem Mikroskop" zu betrachten. In den „Novi Commentarii" der Göttinger Sozietät von 1777 und 1778 schildert er seine Entdeckung und die daraufhin angestellten Experimente. Bei gewissen Variationen unterscheidet er zwei grundsätzliche Kategorien von Figuren: Sonnenartige (strahlig verästelte auf unbestäubtem Grund) und mondartige (unbestäubte, kreisrunde Flecken auf bestäubtem Grund). Die ersten entstehen beim Übergang positiver, die zweiten beim Übergang negativer Elektrizität. (+) und (−) wählt Lichtenberg, um mit der mathematischen Zeichengebung die Elektrizitätslehre der Mathematik näherzubringen, ohne der unitaristischen oder dualistischen Auffassung den Vorzug zu geben.

Mit Hilfe der beiden Arten von Figuren war es nun möglich, positive und negative Elektrizität unmittelbar zu bestimmen. Lichtenberg führte daraufhin Drachenversuche zur Erforschung der Luftelektrizität durch und ersann einen Apparat, um die Änderung der Ladungen im Verlauf eines Gewitters auf einer sich drehenden Trommel aufzuzeichnen.

Gegen Ende des 19. Jh.s wurden die L.n F. vor allem von Max Toepler eingehend erforscht und als Gleitentladungen längs der Oberfläche von Dielektrika gedeutet. Peder Oluf Pedersen maß 1922 die Ausbreitungsgeschwindigkeit der L.n F. Er wie auch Karl Przibram erklärten den charakteristischen Unterschied der Figuren dadurch, daß die negativen durch Elektronen, die positiven durch Ionen erzeugt werden.

Ernst Florens Friedrich Chladni empfing von den L.n F. die Anregung zur Erforschung seiner Klangfiguren.

Literatur: Karl Przibram, Die elektrischen Figuren. In: Handbuch der Physik. Bd 14. Berlin 1927, S. 391−404.

Quellen: → Lichtenberg. H. M.

Lichtgeschwindigkeit. Nachdem Galileo Galilei aus einem fehlgeschlagenen Versuch, die L. zu messen, geschlossen hatte, daß sie unmeßbar sei, fand → Olaf Römer einen ersten Hinweis auf ihre Endlichkeit. Nach seinen Beobachtungen der Jupitermonde kam er im Jahr 1676 zu dem Ergebnis, daß die L. einen endlichen Wert haben müsse. Er hatte entdeckt, daß die Intervalle zwischen den Verfinsterungen des jupiternächsten Mondes anwuchsen, wenn sich die Erde vom Jupiter entfernte, und abnahmen, wenn sie sich ihm näherte. Römer erklärte diesen merkwürdigen Befund durch die endliche Zeit, die das Licht benötigt, um sich im Raum fortzupflanzen. Er fand jedoch mit seinen Ergebnissen, die er der Pariser Akademie vortrug, außer bei Christiaan Huygens wenig Glauben. Die

Vorstellung einer augenblicklichen Lichtausbreitung, die schon im Altertum vertreten wurde, blieb weiter vorherrschend. Erst als 1727 James Bradley aus Messungen der Aberration der Fixsterne einen ähnlichen Wert für die L. erhielt, setzte sich diese Erkenntnis allgemein durch.

Der Vorschlag einer terrestrischen Messung der L. mit rotierenden Spiegeln stammt von François Arago aus dem Jahre 1838. Zum Erfolg führten zunächst Hippolyte Fizeaus Bemühungen. Er bestimmte 1849 mit seiner Zahnradmethode die L.; das Zahnrad diente zur Modulation des Lichtstrahls; die Länge der Meßstrecke betrug 8633 m. Fizeau gelang es 1851 auch, mit einer Interferenzmethode bei strömendem Wasser nachzuweisen, daß die L. vom Bewegungszustand eines durchstrahlten Mediums abhängt, und die Mitführungshypothese Augustin Fresnels zu bestätigen. Die Idee Aragos verwirklichte Léon Foucault im Jahre 1850 und fast gleichzeitig mit ihm Fizeau. Mit der auch im Laboratorium anwendbaren Drehspiegelmethode konnten beide zeigen, daß die L. in Wasser kleiner ist als in Luft. Damit erbrachten sie einen neuen Beweis für die Wellentheorie des Lichtes. 1862 bestimmte dann Foucault die L. zu 298 000 km/s.

Aus dem Zusammenhang elektrostatischer und elektromagnetischer Größen bestimmten Rudolf Kohlrausch und Wilhelm Weber 1856 durch Ladungsmessungen erstmalig die L. Diese Versuche waren für James Clerk Maxwell ein Anlaß, das Licht in seine Elektrodynamik einzubeziehen und die Hypothese vom elektromagnetischen Charakter derselben aufzustellen. Nach der Entdeckung der Hertzschen Wellen wurde auch an diesen die L. gemessen. Die Drehspiegelmethode wurde vor allem von Abraham A. Michelson zu hoher Genauigkeit vervollkommnet. Er führte in den Jahren 1878–82 und später nach 1920 bis zu seinem Tode ausgedehnte Messungen der L. durch. Die 1927 abgeschlossene Versuchsreihe wurde auf dem Mount Wilson und dem Mount San Antonio in Kalifornien durchgeführt mit einer Meßstrecke von 35 km.

Der von Michelson gemeinsam mit Edward W. Morley durchgeführte klassische Versuch von 1887, die Relativbewegung der Erde gegen den ruhenden Äther zu messen, hatte ein negatives Resultat und führte zu dem Schluß, daß die Vakuumlichtgeschwindigkeit unabhängig vom Bewegungszustand der Lichtquelle sein muß (→ Spezielle Relativitätstheorie).

Quellen: Roemer, Bradley, Fizeau, Foucault, The velocity of light. In: William Francis Magie, A source book in physics. Cambridge, Mass. 1965, S. 335–344; J. H. Sanders (Hrsg.), Die Lichtgeschwindigkeit. Einführung und Originaltexte. Berlin 1970.

Literatur: George Sarton, Discovery of the aberration of light. In: Isis. Vol. 16, 1931, S. 231 bis 265; Ghensi de Bray, The velocity of light. History of its determination from 1849–1933. In: Isis. Vol. 25, 1936, S. 437–499; I. Bernard Cohen, Roemer and the first determination of the velocity of light. In: Isis. Vol. 31, 1940, S. 327–379; Eberhard Buchwald, Hundert Jahre Fizeau'scher Mitführungsversuch. In: Die Naturwissenschaften. Jg 38, 1951, S. 519–524; Léon Rosenfeld, The velocity of light and the evolution of electrodynamics. In: Nuovo Cimento. Vol. 4, 1957, Supplemento N. 5, S. 1630 bis 1669.

S. R.

Lichtquant. Einstein war 1905 überzeugt, daß die Maxwellsche Elektrodynamik zur klassischen Kontinuumsmechanik in Analogie steht: In beiden Fällen, meinte er, käme man für eine Fülle von Phänomenen mit diesen Theorien aus; man müsse aber doch für feinere Effekte die korpuskulare Struktur in Rechnung stellen. So beschäftigte er sich gleichzeitig mit der Brownschen Molekularbewegung und mit der Hypothese der L.en.

Einstein verglich die Volumenabhängigkeit der Strahlungsentropie im Gültigkeitsbereich des → Wienschen Strahlungsgesetzes mit den entsprechenden Ausdrücken für die Aufenthaltswahrscheinlichkeit der Moleküle eines idealen Gases und erhielt tatsächlich einander entsprechende Ausdrücke. Da der errechnete Entropie- bzw. Wahrscheinlichkeitsausdruck gleichwertig ist mit der Gültigkeit der allgemeinen Gasgleichung für die in Rede stehenden Partikel, konnte Einstein schließen: „Monochromatische Strahlung von geringer Dichte (innerhalb des Gültigkeitsbereiches der Wienschen Strahlungsformel) verhält sich in wärmetheoretischer Beziehung so, wie wenn sie aus voneinander unabhängigen Energiequanten von der Größe $(R/N_0)\beta\nu[=h\nu]$ bestünde."

Einstein behauptete also keineswegs, daß die elektromagnetische Strahlung ebenso aus Korpuskeln besteht wie die Materie aus Atomen. Vielmehr formulierte er klar, daß im **Grenzfall** niedriger Temperaturen und kurzer Wellenlängen nicht die übliche Wellentheorie, sondern die Vorstellung von unabhängigen Lichtkorpuskeln angemessen ist. Das wichtige Dualitätsprinzip ist also schon 1905 bei Einstein recht deutlich ausgebildet. Diese Gedanken wurden fast durchweg abgelehnt (→ Einstein). Erst als Louis de Broglie 1924 das Elektron, also ein „materielles" Korpuskel, mit Welleneigenschaften ausstattete und Erwin Schrödinger die → Wellenmechanik begründete, fand mit der allgemeinen Dualität von Welle und Korpuskel auch die alte Einsteinsche Hypothese der L.en ihre Anerkennung.

Quelle: Albert Einstein, Die Hypothese der Lichtquanten (= Dokumente der Naturwissenschaft. Bd 7). Stuttgart 1967.

Literatur: Max Born, Albert Einstein und das Lichtquantum. In: Physik im Wandel meiner Zeit. [4]Braunschweig 1966, S. 217–231; Wolfgang Pauli, Einsteins Beitrag zur Quantentheorie. In: Ders., Aufsätze und Vorträge über Physik und Erkenntnistheorie. Braunschweig 1961, S. 54–63; Martin J. Klein, Einstein and the wave-particle duality. In: The Natural Philosopher. Vol. 3. New York 1964, S. 3–49; Armin Hermann, Frühgeschichte der Quantentheorie. Mosbach 1969; Roger H. Stuewer, William H. Bragg's corpuscular theory of X-rays and γ-rays. In: British Journal for the History of Science. Vol. 5, 1971, S. 258–281; → Photoeffekt.

Lippmann, Gabriel (* 16. August 1845 in Hollerich/Luxemburg, † 13. Juli 1921 auf See). Im Anschluß an sein Studium an der Ecole Normale in Paris wurde L. nach Deutschland gesandt, um seine Kenntnisse an deutschen Instituten zu vertiefen. 1873 arbeitete er in Heidelberg bei dem Physiologen Wilhelm Kühne und bei Gustav Robert Kirchhoff, in dessen Laboratorium er seine bedeutenden Arbeiten zur Elektrokapillarität begann. – Nach einem längeren Aufenthalt bei Hermann Helmholtz in Berlin setzte L. diese Arbeiten 1875 an der Ecole Normale fort und entwickelte dabei sein Kapillarelektrometer, ein einfaches Präzisionsgerät, das noch auf etwa 10^{-4} Volt anspricht. 1883 wurde L. zum Professor der mathematischen Physik an die Sorbonne berufen; ab 1886 vertrat er dort die Experimentalphysik und leitete das Versuchslaboratorium.

Bei seinen vielfältigen experimentellen Arbeiten – aus dem Bereich der Elektrizitätslehre sind besonders noch die Beiträge zur Trägheit der statischen Elektrizität, zur elektrischen Konzentration von Gasen und zur Piezoelektrizität zu nennen – dachte L. stets auch an den Bau geeigneter Meßinstrumente. Von ihm stammt u. a. auch ein vorzügliches astatisches Galvanometer, ein neuer Typ eines Seismographen sowie ein Coelostat für die astronomische Forschung. Was jedoch L. über den engeren Kreis der Wissenschaft hinaus berühmt machte, waren seine Erfolge in der Farbphotographie.

Zwar suchten vor und mit ihm viele Forscher – unter ihnen Edmond Becquerel, Wilhelm Zenker, Otto Wiener, Lord Rayleigh – nach der Lösung des Problems, Farben photographisch wiederzugeben; doch gelang dieses erst gegen 1893 nach Überwindung vieler Schwierigkeiten L. mit seiner genialen auf dem Interferenzphänomen fußenden Methode (L.-Verfahren). Neben dem Fortschritt in der Photographie erbrachte diese Erfindung zudem den wichtigen Beweis der Existenz von stehenden Lichtwellen. Die große Leistung fand in der Verleihung des Nobelpreises für Physik (1908) an L. die äußere Anerkennung.

Literatur: Karl Schaum, G. L. In: Chemiker-Zeitung. Jg 32, 1908, S. 1198; Les Prix Nobel en 1908. Stockholm 1909; G. L. In: Nature. Vol. 107, 1921, S. 788–789. L. S.

Locke, John (* 29. August 1632 in Wrington, † 28. Oktober 1704 in Oates). In der Schule fühlte L. sich unglücklich. Erst die Lektüre von Descartes und der Unterricht des Mathematikers John Wallis schenkten ihm sein Selbstvertrauen wieder. Naturwissenschaft und Geschichte zogen ihn an. Er sollte Theologe werden, widmete sich jedoch lieber der Medizin und wurde Freund und Mitarbeiter des Chemikers Robert Boyle. Er begann mit langjährigen Wetterbeobachtungen (Temperatur, Luftdruck, Luftfeuchtigkeit, Richtung und Stärke des Windes, Bewölkung). Als Sekretär, Arzt und Hauslehrer beim Staatsmann Lord Ashley, dem spätern Grafen Shaftesbury, befreundete er sich mit dem Arzt Thomas Sydenham.

Zum Gedankenaustausch pflegte er mit ärztlichen Freunden zusammenzusitzen. Als einmal über die Offenbarung gestritten wurde, sagte er, man müßte vorerst abklären, welchen Gegenständen unser Verstand gewachsen sei und welchen nicht. Bis zur nächsten Zusammenkunft verfaßte er Gedanken „über den menschlichen Verstand". Man bat ihn, die Untersuchung fortzusetzen. Damit begann die Niederschrift seines Hauptwerkes „An essay concerning human unterstanding".

Als Sekretär des Handels- und Kolonialrates gewann er Einblick in die Volkswirtschaft. Um sich von Überarbeitung zu erholen, ging er nach Frankreich. Er blieb dort über drei Jahre und schrieb Arbeiten. So legte er dar, wie die menschlichen Handlungen durch Billigung und Mißbilligung bestimmt werden und wie diese Wertungen wandelbar sind.

Graf Shaftesbury berief ihn als Erzieher seines Enkels, des spätern Philosophen, der ihm stets dankbar blieb. Da der alte Shaftesbury 1683 als Gegner des Königs flüchten mußte, suchte auch L. für fünf Jahre in den Niederlanden Zuflucht. Dort wurde er mit dem Genfer Herausgeber der „Bibliothèque universelle" bekannt und ließ darin erstmals etwas im Druck erscheinen. Nachdem Jakob II. gestürzt und Wilhelm von Oranien auf den englischen Thron berufen worden war, kehrte L. zurück. Der Alternde gab nun plötzlich eine Reihe von Werken heraus, deren Einfluß bis heute anhält. Im Brief über religiöse Duldung (Letter concerning toleration) sprach er allen Bekenntnissen gleiches Recht zu. In zwei Abhandlungen über die Regierung (Two treatises of government) behandelte er Ursprung, Grenzen und Ziel der bürgerlichen Regierung. 1690 veröffentlichte er das zweibändige Werk über den menschlichen Verstand. Darin erforschte er die Erkenntnisfähigkeit des Menschen: Ursprung, Gewißheit und Umfang seiner Vorstellungen, die Grundlagen und Grade des Glaubens, der Meinung und Zustimmung. Er war der naturwissenschaftlichen Denkweise verpflichtet, und umgekehrt bot er ihr Grundlegendes, indem er die psychologische Forschung anregte. Er zeigte, daß jedes Volk, jeder Mensch sich unter Gott, Recht und Pflicht etwas anderes denkt. Er glaubte nicht — wie der ihm später widersprechende Leibniz — an angeborene Ideen und bewies, daß die vermeintlich angeborenen sittlichen Grundsätze von Land zu Land, von Volk zu Volk, von Zeit zu Zeit verschieden sind. Man kann sich nicht auf das Gewissen berufen, da es nicht angeboren, sondern anerzogen ist. „Gut" und „böse" nennen wir Handlungen mit bezug auf Lohn und Strafe, die sich damit verknüpfen. Die Sinneswahrnehmungen werfen das erste Licht in die dunkle Kammer der Seele. Aus den Wahrnehmungen schöpft sie ihre Vorstellungen. Eine Tat bleibt mit ihrer Belohnung oder Bestrafung in der Vorstellung verbunden. Hier haben Joseph Priestley und Erasmus Darwin ihre Assoziationspsychologie angeschlossen.

1691 übersiedelte L. nach Oates bei London, wo er im Hause eines Edelmanns wohnte. Boyle anvertraute ihm die Ordnung eines Teils seines Nachlasses, und L. gab dessen „Naturgeschichte der Luft" heraus. Auch mit Newton war L. eng verbunden. Als er die „Principia" nicht ganz verstehen konnte, verfaßte Newton für ihn einen besonderen Aufsatz über die Planetenbewegung. Die beiden halfen einander bei ihren Forschungen über die Bibel, die sie als göttliche Offenbarung betrachteten. In einem weiteren Werk gab L. Ratschläge für die Erziehung der Kinder (Some thoughts concerning education), wobei er das Gewicht auf die Charakterbildung legte. Der Regierung unterbreitete er einen Vorschlag zur Münzumprägung; damit wurde Newton beauftragt. L. selber hatte sich als Sekretär des Handelsrates mit den Gewerben und Kolonien abzugeben. Eifrig arbeitete er an Entwürfen zur Regelung der Woll- und Leinenindustrie und zur Förderung der Armenpflege. In einer Eingabe trat er für die Kalenderreform ein. Als er wegen seines Briefes über die Duldung angegriffen wurde, schrieb er mit seiner letzten Kraft eine würdige Antwort.

In Lockes Schriften finden sich viele Gedanken zur Naturwissenschaft, so über Verknüpfung der Tierarten, über Elementarpartikel. Wilhelm Herschel brachte von seinem ersten Aufenthalte in England nur Lockes Buch über den menschlichen Verstand heim. Es begeisterte den jungen Forscher. L. übte auf das Zeitalter der Aufklärung großen Einfluß aus. Mit Newton stand er an der Schwelle eines Jahrhunderts, dem beide zu großen Lehrmeistern wurden, L. als Begründer des Empirismus und als Fackelträger der Toleranz.

Werke: The works of J. L. A new edition. 10 Bde. London 1823 (Neudruck Aalen 1963); Versuch über den menschlichen Verstand. 3 Bde. Hrsg. von J. H. von Kirchmann (= Philosophische Bibliothek. Bde 50–52). Berlin 1872 bis 1874; Ueber den menschlichen Verstand. 2 Bde (=Philosophische Studientexte). Berlin 1962; Leitung des Verstandes. Hrsg. von Jürgen Bona Meyer (= Philosophische Bibliothek. Bd 93). Heidelberg 1883; Ein Brief über Toleranz. Hrsg. von Julius Ebbinghaus. Hamburg 1957; Zwei Abhandlungen über die Regierung. Hrsg. von Walter Euchner. Frankfurt a. M. 1966; Handbuch der Erziehung (= Joachim Heinrich Campe's Allgemeine Revision des gesammten Schul- und Erziehungswesens. Bd 9). Hamburg 1787.

Literatur: Lord Peter King, The life and letters of J. L. London 1829; Fox Bourne, Life of L. 2 Bde. London 1876; Henri Marion, J. L., sa vie et son œuvre d'après des documents nouveaux. Paris 1878; Thomas Fowler, J. L. London 1888; Eduard Fechner, J. L. Stuttgart 1898; Maurice Cranston, J. L., a biography. London 1957; Kenneth Dewhurst, J. L. (1632–1704). Physician and philosopher. A medical biography. London 1963; Friedrich Herbst, L. und Kant in ihrer Beziehung und ihrem Unterschiede dargestellt. Rostock 1869; Robert Sommer, L.s Verhältnis zu Descartes. Berlin 1887; Georg Geil, Ueber die Abhängigkeit L.s von Descartes. Straßburg 1887; Frank Thilly, Leibnizens Streit gegen L. in Ansehung der angeborenen Ideen. Heidelberg 1891; Kenneth Dewhurst, J. L.'s medical notes during his residence in Holland. In: Janus. Jg 50, 1962, S. 176–192; Laurens Laudan, The nature and sources of L.'s views on hypotheses. In: Journal of the history of ideas. Vol. 28, 1967, S. 211–223.

H. B.

Lorentz, Hendrik Antoon (* 18. Februar 1853 in Arnhem, † 4. Februar 1928 in Haarlem). Während der Schulzeit in Arnhem schuf sich H. A. L. eine ausgezeichnete Grundlage für sein Studium der Mathematik und Physik, das er 1870 an der Universität Leiden aufnahm. Bereits nach einem Jahr erwarb er das Diplom der Wissenschaften. Kurz darauf übernahm er im Februar 1872 an der Abendschule in Arnhem eine Lehrstelle. Neben dieser Tätigkeit gelang es ihm durch Selbststudium, 1873 die Doktorprüfung abzulegen. 1875 folgte seine berühmte Dissertation „Réflexion et réfraction de la lumière dans la théorie électromagnétique". Mit dem in ihr behandelten Problemkreis griff er die Wellentheorie von Augustin-Jean Fresnel auf und überarbeitete sie mit der Maxwellschen Theorie. Hatte Fresnel noch versucht, das Wesen des Lichtes mechanisch mit seiner elastischen Äthertheorie zu erfassen, beschrieb Lorentz nunmehr das Licht als eine elektromagnetische Welle, die sich in einem ruhenden, überall gleichmäßig verteilten Äther ausbreitet. Damit war Lorentz imstande, Brechung und Reflexion des Lichtes ausschließlich mit **transversalen** Wellen zu erklären. Fresnel hingegen hatte zur Deutung dieser Erscheinungen auch longitudinale Wellen heranziehen müssen, obwohl diese trotz umfangreicher experimenteller Untersuchungen (insbesondere mit polarisiertem Licht) nie nachgewiesen werden konnten – auch nicht von Fresnel selbst. Die Optik wurde somit durch Lorentz' Dissertation als Teilgebiet der Elektrodynamik untergeordnet.

Nachdem Lorentz 1877 auf eine Professur für Mathematik an der Universität Utrecht verzichtet hatte, übernahm er 1878 den ersten niederländischen Lehrstuhl für theoretische Physik an der Universität Leiden. Seiner Aufgeschlossenheit gegenüber allen Gebieten der Physik ist die Klärung vieler Probleme zuzuschreiben. Anfangs der achtziger Jahre galt sein Interesse vorwiegend der kinetischen Gastheorie und der Thermodynamik: 1880 bestätigte er die Gültigkeit der von James Clerk Maxwell angezweifelten van der Waalsschen Zustandsgleichung; 1886 folgte die thermodynamische Behandlung des thermoelektrischen Effektes in Metallen (den er übrigens später auch aus molekulartheoretischer Sicht beschrieb); 1887 endlich schloß Lorentz eine von seinem Kollegen Heike Kamerlingh Onnes aufgezeigte Lücke im Boltzmannschen H-Theorem und verhalf damit der Boltzmannschen Theorie zu ihrer endgültigen Fassung.

Lorentz' größtes Verdienst ist der Aufbau einer Elektronentheorie (1892). Hierin griff er die von Hermann von Helmholtz (1881) zur Erklärung der Faradayschen Gesetze der Elektrolyse (1833) gestellte Forderung einer atomistischen Struktur der elektrischen Ladungen auf: die gegen den Äther frei bewegliche Materie setzt sich aus positiv geladenen Ionen und negativ geladenen Elektronen zusammen, die im Falle elektrischer Neutralität in gleicher Anzahl vorhanden sind. In Isolatoren sind die Elektronen elastisch an ihre Gleichgewichtslage gebunden; in Metallen hingegen können sie sich frei bewegen. Alle elektrischen und magnetischen Erscheinungen werden ausschließlich durch das Verhalten elektrischer Ladungsträger verursacht, gemäß welchem im Äther ein besonderer Zustand – heute als elektrisches oder magnetisches Feld bezeichnet – verbreitet wird. Dank dieser Vorstellungen gelang es Lorentz, die Materialkonstanten der Maxwellschen phänomenologischen Feldtheorie zu bestimmen: die Dielektrizitätskonstante erklärte Lorentz mittels Dipolen, die durch ein angelegtes elektrisches Feld ausgerichtet werden; die Permeabilität führte er auf Ringströme zurück, die durch die in geschlossenen Bahnen um die Atomrümpfe kreisenden Elektronen bedingt sind; die Leitfähigkeit begründete er mit der Beweglichkeit der Ladungsträger in der Materie.

Auch die Dispersion des Lichtes ließ sich zwanglos mit der Vorstellung deuten, die elastisch gebundenen Elektronen würden durch eine elektromagnetische Welle zu erzwungenen Schwingungen angeregt. Eine hervorragende Bestätigung hierfür erbrachte 1896 Pieter Zeeman mit dem Nachweis der Aufspaltung von Spektrallinien in einem starken Magnetfeld (→ Zeeman-Effekt). Aufgrund dieser Arbeiten wurde Lorentz und Zeeman 1902 der Nobelpreis zugesprochen.

Waren die Aussagen der Lorentzschen Elektronentheorie über die Materie insbesondere durch den Zeeman-Effekt experimentell gut gesichert, so bedurfte die Lorentzsche Hypothese eines absolut ruhenden Äthers noch einer Bestätigung, welche sich auf die Frage nach der Wirkung des Ätherwindes (verursacht durch die schnelle Bewegung eines Körpers durch den Äther) zurückführen ließ. Der erwartete Einfluß des Ätherwindes konnte jedoch weder durch den 1881 von Albert Abraham Michelson und Edward Williams Morley ausgeführten Versuch noch durch die von Lorentz angeregte, mit größerer Genauigkeit durchgeführte Wiederholung 1887 nachgewiesen werden. Dieses negative Ergebnis vermochte Lorentz nur durch die Übernahme der bereits 1892 von George Francis Fitzgerald formulierten Kontraktionshypothese mit seiner Äthertheorie in Einklang zu bringen. Die hierbei auftauchende Frage nach dem gleichen Ablauf elektromagnetischer Vorgänge in gegenüber dem Äther bewegten sowie ruhenden Systemen war für Lorentz (1899) nur durch die Annahme lösbar, daß jedem gleichförmig bewegten System ein anderes Zeitmaß zuzuordnen sei. Damit war er in der Lage, Transformationsgleichungen für die Maßgrößen in den verschiedenen Systemen derart aufzustellen, daß die Invarianz der Maxwellschen Gleichungen gegenüber diesen sogenannten Lorentz-Transformationen gewahrt blieb.

Die Aufstellung des Planckschen Strahlungsgesetzes im Oktober 1900 rückte das Strahlungsproblem in den Mittelpunkt des Interesses der führenden Physiker. Lorentz verhielt sich gegenüber der Planckschen Strahlungstheorie jahrelang skeptisch, da er 1903 auf der Grundlage des Kirchhoffschen Satzes über schwarze Körper sowie 1906 mittels der Herleitung des Gleichverteilungssatzes aus den mechanischen und elektromagnetischen Grundgleichungen wiederholt auf die Rayleigh-Jeans-Strahlungsformel stieß. Sogar noch 1908 auf dem Kongreß in Rom behielt Lorentz seine ablehnende Haltung gegenüber der Planckschen Strahlungsformel bei. Dies brachte ihm allerdings die heftigste Kritik ein, da die Plancksche Strahlungsformel bereits als experimentell gut belegt galt. Erst jetzt entschied sich Lorentz zugunsten der Planckschen Strahlungstheorie: „Wir müßten also wirklich die Jeanssche Theorie als Erklärung der beobachteten Erscheinungen aufgeben, und nur die Plancksche Theorie bleibt uns übrig. Sie müssen nicht denken, daß ich diese nicht sehr gut würdige, im Gegenteil, ich bewundere sie sehr, wegen ihrer Kühnheit und ihres schönen Erfolges."

Lorentz' „äußerst vorsichtige Zurückhaltung", wie Max Planck urteilte, zeigte sich nicht nur gegenüber der Planckschen Strahlungstheorie, sondern auch in seiner Beurteilung der Einsteinschen Relativitätstheorie und bei der Weiterentwicklung der Quantentheorie. Im Grunde blieb er in der Physik des 19. Jahrhunderts verwurzelt. Noch 1927 bekannte er: „Ich möchte das Ideal von früher beibehalten, alles was sich in der Welt ereignet, mit klaren Bildern zu beschreiben." Nichtsdestoweniger bekundete er doch seine Aufgeschlossenheit gegenüber der modernen Physik durch zahlreiche vielbeachtete Übersichtsreferate und Stellungnahmen zum jeweils neuesten Stand der Forschung. Dadurch erwarb er sich großes Ansehen auf internationalen Physikerkongressen, für die er dank seines gewandten Wesens und der vollkommenen Beherrschung der wichtigsten Umgangssprachen der „gegebene Ehrenpräsident" war, wie es Planck formulierte.

Trotz seiner internationalen Verpflichtungen gab er seine Lehrtätigkeit nie ganz auf: Als außerordentlicher Professor hielt er ab 1912 regelmäßig bis kurz vor seinem Lebensende seine berühmten „Montagsvorlesungen" an der Universität Leiden ab. Sogar Albert Einstein und Paul Ehrenfest zählten oft zu seinen Hörern.

Lorentz' Vielseitigkeit gestattete es ihm, auch auf Gebieten außerhalb der Universität erfolgreich mitzuwirken. Nach der Flutkatastrophe 1916 in Nordholland wurde er 1918 mit der Planung für die Trockenlegung der Zuider-See beauftragt, die er 1926 abschloß. (1932 wurde der Dammbau beendet.) Außer dieser nationalen Aufgabe widmete sich Lorentz nach dem ersten Weltkrieg mit voller Kraft der Wiederbelebung der internationalen Zusammenarbeit zwischen den Physikern. Jedoch blieb es Lorentz versagt, die Verwirklichung dieses Anliegens noch zu erleben.

Werke: Collected Papers. 9 Bde. Den Haag 1934—39; Versuch einer Theorie der elektrischen und optischen Erscheinungen in bewegten Körpern. Leiden 1895; Sichtbare und unsichtbare Bewegungen. Braunschweig 1902; Abhandlungen über theoretische Physik. Leipzig 1907; The theory of electrons. Leipzig 1909 (Nachdruck New York 1952); Das Relativitätsprinzip. Leipzig 1914.

Literatur: Max Planck, H. A. L. In: Die Naturwissenschaften. Jg 16, 1928, S. 549—555; Louis-Victor de Broglie, Notice sur la vie et l'œuvre de H. A. L. In: Notices et discours. Académie des Sciences. Bd 3, 1949—56, Paris 1957, S. 241 bis 276; Erwin von Madelung, H. A. L. In: Jahresbericht des physikalischen Vereins zu Frankfurt 1927—28, S. 11—12; Geertruida Luberta de Haas-Lorentz, H. A. L. — Impressions of his life and work. Amsterdam 1957; Armin Hermann, H. A. L. — Praeceptor Physicae. In: Janus. Vol. 58, 1966, S. 99—114; Armin Hermann,

H. A. L. — Die Diskussion des Strahlungsproblemes (1903—1910). In: Frühgeschichte der Quantentheorie. Mosbach 1969, S. 39—61; Tetu Hirosige, Orgins of Lorentz' theory of electrons and the concept of the electromagnetic field. In: Historical Studies in the Physical Sciences. Vol. 1, S. 151—209; Stanley Goldberg, The Lorentz theory of electrons and Einstein's theory of relativity. In: American Journal of Physics. Vol. 37, 1969, S. 982—994. R. R.

Loschmidt, Josef (* 15. März 1821 in Putschirn bei Karlsbad, † 8. Juli 1895 in Wien). Da er offenbar „zu nichts als zum Studieren tauglich" war, durfte L., der als Junge Ziegen hüten mußte, die höhere Schule in Schlackenwerth und später in Prag besuchen. Hier hatte der mittellose Gymnasiast das Glück, in dem Philosophen Franz Exner einen Förderer zu finden. — Nach philosophischen und mathematischen Studien in Prag ging L. 1842 nach Wien, wo er an der Universität bei Andreas von Ettingshausen Physik hörte, während er Chemie namentlich am Polytechnischen Institut bei Anton Schrötter mit Gewinn studierte. L. gehörte 1846 zu den ersten, die im chemischen Laboratorium Schrötters ein Chemie-Praktikum absolvierten. Ein hier erarbeitetes neues Verfahren zur Gewinnung von Kali- aus Natronsalpeter, das später erhebliche industrielle Bedeutung gewann, bildete den Anstoß zu einer allerdings wenig erfolgreichen Industrietätigkeit.

Seit 1856 als Lehrer wieder in Wien, widmete sich L. in seiner Freizeit den theoretischen Grundlagen der Chemie. In einer zu Unrecht kaum beachteten kleinen Schrift („Chemische Studien I") veröffentlichte er 1861 „Constitutionsformeln der organischen Chemie in graphischer Darstellung", die u. a. einige der Anschauungen über die Konstitution aromatischer Substanzen vorwegnahmen, wie sie August Kekulé Jahre später entwickelte. Ein zweiter Teil dieser Schrift, der sich mit der „Spannkraft der Gase" befaßte, zeigte L. bereits völlig vertraut mit der kinetischen Gastheorie. 1865 legte er der Wiener Akademie der Wissenschaften seine berühmte Arbeit „Zur Größe der Luftmolecüle" vor, die seinen Ruf als Physiker begründete. Hierin berechnete er als erster näherungsweise den Durchmesser der als kugelförmig angenommenen Luftmoleküle zu etwa 1 Millionstel Millimeter. Damit stützte er die noch stark umstrittene Hypothese von der **realen** Existenz, d. h. **endlichen** Größe, der Atome und Moleküle. Auch die Anzahl der Gasmoleküle je Volumeneinheit ließ sich jetzt unmittelbar berechnen (Oskar Emil Meyer u. a.); sie ist — nach Avogadro — bei gleichen Bedingungen für alle Gase gleich groß (→ Avogadrosche Zahl), was damals aber keineswegs allgemein bekannt war.

1870 wurde L. zum Mitglied der Wiener Akademie gewählt; zwei Jahre darauf berief ihn die Universität zum o. Professor der physikalischen Chemie, nachdem er bereits seit Jahren im physikalischen Institut seines Freundes Josef Stefan gearbeitet hatte. Hier nahm er bis zu seiner Emeritierung (1891) eine große Zahl bedeutsamer Arbeiten in Angriff (zur Thermodynamik, Elektrodynamik, Optik, stationären Strömung, Kristallographie etc.). Seine mitunter wohl zu subtilen Methoden und unzureichende experimentelle Hilfsmittel verhinderten jedoch oftmals den erfolgreichen Abschluß genial ersonnener Untersuchungen. So hatte L. lange vor Heinrich Hertz, der 1886 mit seinem Schwingkreis (Oszillator) die elektromagnetischen Wellen erzeugen und nachweisen konnte, eine ähnliche Anordnung erdacht, ohne indessen die erwartete Funkenbildung im Resonanzkreis beobachten zu können. Ähnlich erging es ihm u. a. auch beim Studium der Wirkung eines magnetischen Feldes auf den elektrischen Strom; mit einer der L.schen analogen Versuchsmethode fand dann Herbert Hall 1880 den nach ihm benannten Effekt.

Ludwig Boltzmann, einer seiner wenigen Schüler, schilderte L. als einen bescheidenen, anspruchslosen Gelehrten mit humorvollem kindlichem Gemüt, der „in seiner Begeisterung für alles Ideale der Wissenschaft und Kunst ... auf das Leben [vergaß]; das gehörte zu den Dingen, von denen er abstrahierte."

Werke: Chemische Studien I. Wien 1861, teilweiser Nachdruck in: Konstitutions-Formeln der organischen Chemie in graphischer Darstellung (= Ostwalds Klassiker. Nr 190). Leipzig 1913; Zur Größe der Luftmolecüle. In: Sitzungsberichte der Kaiserl. Akademie der Wissenschaften zu Wien. Abt. II a. Jg 52, 1865, S. 395–413.

Literatur: Ludwig Boltzmann, Zur Erinnerung an J. L. In: Ders., Populäre Schriften. ²Leipzig 1919, S. 228–252; Franz Exner, Zur Erinnerung an J. L. In: Die Naturwissenschaften. Jg 9, 1921, S. 177–180; Gustav Jäger, J. L. In: Neue Österreichische Biographie. Bd 3. Wien 1926. L. S.

Loschmidtsche Zahl. Die Frage nach der realen Existenz unsichtbarer kleinster Teilchen beschäftigte seit dem Altertum viele hervorragende Denker und Naturforscher (→ Atom). Obwohl sich im 19. Jh. die Atomhypothese – namentlich in der Chemie – als besonders fruchtbar erwies, konnte sie sich dennoch erst allgemein durchsetzen, als zu Beginn des 20. Jh.s die Physik mit überzeugenden experimentellen Beweisen die gegnerische Auffassung (→ Positivismus) von der rein philosophisch-fiktiven, weil materiell nicht faßbaren Existenz von Atomen endgültig widerlegte.

Einen wesentlichen Beitrag zur Festigung des Atomkonzepts leistete 1865 Josef Loschmidt, als es ihm gelang, die vagen Vorstellungen über die Größe der Atome zu präzisieren. In seiner berühmten Abhandlung „Zur Größe der Luftmolecüle" ging Loschmidt von einer Gleichung für die mittlere freie Weglänge aus, die James Clerk Maxwell auf der Grundlage der kinetischen Gastheorie entwickelt und Rudolf Clausius modifiziert hatte: $1 = \frac{4}{3} N \pi L s^2$ (N: Anzahl der Moleküle je Volumeneinheit, L: mittlere freie Weglänge, s: Durchmesser der als kugelförmig angenommenen „Luftmoleküle"). Indem Loschmidt die dichteste Lagerung der Moleküle $\left(N \frac{\pi s^3}{6}\right)$ näherungsweise dem Kondensationskoeffizienten ε gleichsetzte, erhielt er die gewünschte Beziehung für den Moleküldurchmesser $s = 8 \varepsilon L$. Den Kondensationskoeffizienten von Luft berechnete er nach einer Methode von Hermann Kopp zu $0{,}866 \cdot 10^{-3}$; die mittlere freie Weglänge hatte Oskar Emil Meyer mit $0{,}14 \cdot 10^{-3}$ mm angegeben. Hiermit ergab sich ein ungefährer Durchmesser der Luftmoleküle von $0{,}969 \cdot 10^{-6}$ mm, ein in der Größenordnung mit dem heutigen übereinstimmender Wert.

Die hieraus leicht zu ermittelnde Zahl N der Moleküle im Volumenelement (Oskar Emil Meyer u. a.), die nach Avogadro benannt wurde, erhielt in ihrer allgemeineren, auf die Molmasse bezogenen Form im deutschen Schrifttum die Bezeichnung L.Z. ($6{,}025 \cdot 10^{23}$). Hierfür setzte sich um 1920 vor allem Arnold Sommerfeld ein, nachdem diese posthume Ehrung Loschmidts lange zuvor „durch Boltzmann autoritativ sanktioniert worden war". In jüngster Zeit sind jedoch Vereinbarungen auf internationaler Ebene getroffen worden, die die einheitliche Benennung dieser wichtigen Naturkonstante als Avogadrosche Konstante herbeiführen sollen.

Quellen: → Loschmidt; Oskar Emil Meyer, Kinetische Theorie der Gase. Breslau 1877; William Thomson, On the size of atoms (= Freitagsvorlesung vor der Royal Institution am 2. 2. 1883). In: Sir William Lawrence Bragg and George Porter (Hrsg.), Physical sciences. Vol. 3. Barking–Amsterdam–New York 1970, S. 227 bis 256, dt. in: Repertorium der Physik. Bd 21, 1885, S. 182–191, 217–240. L. S.

Luftpumpe. Die Geschichte der L. beginnt mit einem Experiment, das nach Ansicht des Magdeburger Bürgermeisters, Ingenieurs und Physikers Otto von Guericke den alten Streit zwischen den Plenisten und den Vakuisten (→ Vakuum) entscheiden sollte. Wenn es gelänge, einen luftleeren Raum herzustellen und nachzuweisen, so wäre die von den meisten Philosophen seit Aristoteles bis zu Descartes vertretene Theorie, nach der die Natur kein Vakuum zulasse, widerlegt. Guericke baute daher gegen 1650 in den Zylinder einer einfachen Kolbenfeuerspritze zwei entgegengesetzt wirkende Klappenventile ein und hatte damit eine Saugpumpe, mit der er zur Vakuumerzeugung Wasser aus einem gefüllten Bierfaß pumpte. Er erkannte jedoch schnell, daß das Dichtungsproblem bei Holzfässern nicht zu lösen war. Daher ließ er sich hohle Kupferkugeln herstellen und pumpte jetzt die darin enthaltene Luft direkt heraus; bereits die erste primitive L., die er später durch bessere Konstruktionen ersetzte, arbeitete mit sichtbarem Erfolg: der „cacabus" implodierte.

Abb. 27. Auspumpen eines Fasses und einer Kupferkugel. Aus: Otto von Guericke, Experimenta nova (ut vocantur) Magdeburgica de vacuo spatio. Amsterdam 1672, S. 74

Die erstaunliche Arbeitsfähigkeit des Luftdrucks, die Guericke wiederholt bei öffentlichen Vorführungen auf den Reichstagen in Regensburg (1653 und 1654), in Magdeburg (1661) und am Hofe des Großen Kurfürsten (1663) demonstrieren konnte, erregten größtes Aufsehen. Während Guericke sein berühmtes, 1663 vollendetes Werk „Experimenta nova (ut vocantur) Magdeburgica de vacuo spatio" erst 1672 in Druck gab, berichtete bereits 1657 und 1664 der Würzburger Jesuitenpater Kaspar Schott hierüber (mit ersten Darstellungen der L.). Diese und andere Veröffentlichungen regten namentlich Robert Boyle und Christiaan Huygens zu eigenen Versuchen mit dem Vakuum und zur Verbesserung der L. an. 1660 beschrieb Boyle seine zusammen mit Robert Hooke konstruierte L., einen Messingzylinder von 8 cm lichter Weite, in dem ein mit ölgetränktem Leder abgedichteter Holzkolben mittels einer Zahnstange und Kurbel bewegt wurde. Der auf die Pumpe aufgesetzte Glasrezipient ließ sich von **einem** Mann evakuieren, wohingegen bei Guerickes erster L. noch zwei Männer erforderlich waren. Huygens, der 1661 bei seinem Aufenthalt in England Boyles L. gesehen und sie anschließend in etwas veränderter Form (mit Teller) nachgebaut hatte, veranlaßte in Paris Denis Papin zu weiteren Verbesserungen. Papin beschrieb 1674 u. a. eine Pumpe mit Fußbügelbetätigung und einem doppelt durchbohrten Hahn (Zweiweghahn), der so gut konstruiert war, daß er nicht unter Wasser gehalten werden mußte. Der Holländer Wolferd Senguerd kam 1679 zu einer ähnlichen L. mit Zweiweghahn; seine Pumpen wurden von dem berühmten Leidener Instrumentenbauer Jan van Musschenbroek und dem Leipziger Mechaniker Jacob Leupold in größerer Zahl gebaut. Die L. wurde zu einem wichtigen physikalischen Instrument, die u. a. wesentlich zur Ausbildung der pneumatischen Chemie im 18. Jh. beitrug.

Als Papin 1675 nach England ging, kam es zu einer Zusammenarbeit mit Boyle, der 1682 über eine von Papin mitgebrachte L. berichtete. Sie besaß als wichtige Neuerung **zwei** Zylinder, deren miteinander verbundene Kolben abwechselnd ansaugten, was den Kraftaufwand erheblich verringerte. Ebenfalls aus zwei Zylindern — jedoch bereits mit mechanischem Antrieb — bestand die 1709 von

Francis Hauksbee angegebene L., wohl die am besten ausgeführte unter den frühen Konstruktionen. Wie die L. Papins wies diese Pumpe automatisch betriebene Ventile in den durchbohrten Kolben und in den Zylinderböden auf. Mit Hilfe eines im **Kolben** angebrachten Ventils hatte bereits 1676 Johann Christian Sturm in Altdorf die Pumpe Guerickes verbessert (Verringerung des schädlichen Raumes im Zylinder). Hauksbees L. lieferte ein Vakuum von etwa 25 mm Hg (absolut).

Die Arbeiten an der L. führten – namentlich bei Denis Papin – zu Überlegungen, den Luftdruck zur Arbeitsleistung in Kraftmaschinen nutzbar zu machen, hatte doch bereits Guericke die gewaltige Kraft des Luftdrucks spektakulär veranschaulicht. Mit seiner Versuchsmaschine von 1690 leitete Papin die Entwicklung der atmosphärischen Dampfmaschine ein, die über Thomas Newcomen (1712) schließlich zu James Watt führte.

Am Prinzip der Kolbenluftpumpe hat sich später nichts Wesentliches mehr geändert; hinzu kamen die Rotationspumpen und die Quecksilberpumpen. Die Vorform der Quecksilber-L. findet sich bereits bei den Versuchen der Accademia del Cimento in Florenz über die „Torricellische Leere" (veröffentlicht 1667 in den „Saggi di naturali esperienze"). Joseph von Baader schlug sie 1783 erneut vor. Heinrich Geißler (1855) und August Toepler (1861) konnten diese L., bei der ein Rezipient periodisch mit einer neu erzeugten Torricellischen Leere verbunden wurde, weiter verbessern. Unmittelbar im Zusammenhang damit standen die Versuche mit Vakuumröhren (Geißler-Röhre, Hittorfsche, Crookessche Röhre etc.), die schließlich zur Entdekkung der → Kathoden- und → Röntgenstrahlen führten. – Mit der rotierenden Quecksilber.-L. setzte um 1905 die Entwicklung zum Hochvakuum ein. Besondere Verdienste erwarb sich hierbei Wolfgang Gaede, der nicht nur neue Meßgeräte und eine leistungsfähige Quecksilber-L. erfand, sondern auch mit der Molekularpumpe (1912) und der Diffusionspumpe (1915) neue Wege ging.

Quellen: Kaspar Schott, Mechanica hydraulico-pneumatica etc. Würzburg 1657; ders., Technica curiosa etc. Nürnberg 1664; Robert Boyle, New experiments, physico-mechanical, touching the spring of the air etc. Oxford 1660; ders., A continuation of new experiments, physico-mechanical etc. London 1682; Otto von Guericke, Experimenta nova (ut vocantur) Magdeburgica de vacuo spatio. Amsterdam 1672, dt. von Hans Schimank, Düsseldorf 1968; Denis Papin, Nouvelles expériences du vuide etc. Paris 1674; Francis Hauksbee, Physico-mechanical experiments etc. London 1709; Karl Friedrich Hindenburg, De antlia Baaderiana hydrostatico-pneumatica. Leipzig 1787.

Literatur: Gehlers Physikalisches Wörterbuch. Bd 6, Leipzig 1831, S. 523–620; Ernst Gerland und Friedrich Traumüller, Geschichte der physikalischen Experimentierkunst. Leipzig 1899 (Nachdruck Hildesheim 1965), S. 129–162, 193–210; Edward Neville da Costa Andrade, Zur Geschichte der Luftpumpe. In: Endeavour. Bd 16, 1957, S. 29–35; Hans Schimank, Die drei Luftpumpen Otto von Guerickes, eine bisher unbekannte Anleitung zum Experimentieren damit etc. In: Abhandlungen der Braunschweigischen Wissenschaftlichen Gesellschaft. Bd 13, 1961, S. 128–148; Fritz Krafft, Die Theorie des „horror vacui" wurde widerlegt. In: VDI-Nachrichten Nr 49, 1970, S. 25 f. L. S.

Lummer, Otto (* 17. Juli 1860 in Gera, † 5. Juli 1925 in Breslau). Nach seiner Dissertation von 1884 über die „Lummerschen Ringe" wurde L. Assistent bei Hermann von Helmholtz, seinem verehrten Vorbild, und folgte diesem 1887 an die neugegründete Physikalisch-Technische Reichsanstalt. Zusammen mit Eugen Brodhun konstruierte er 1889 als exaktes Photometer den Lummer-Brodhun-Würfel.

Nach Vorarbeiten, die u. a. die Realisierung des „schwarzen Körpers" betrafen, nahm L. um 1898 das Problem in Angriff, die nur von Wellenlänge und Temperatur abhängige „Kirchhoffsche Funktion", d. h. das Emissionsvermögen des schwarzen Körpers zu bestimmen. L. und Ernst Pringsheim bestätigten das → Wiensche Verschiebungsgesetz und ebenso, mit großer Genauigkeit, das 1896 von Willy Wien aufgestellte und von Friedrich Paschen experimentell bestimmte → Wiensche Strahlungsgesetz. 1900 entdeckten L. und Pringsheim Abweichungen bei höheren Temperaturen und langen Wellen, aber die entscheidende Anregung zur Aufstellung des → Planckschen Strahlungsgesetzes entnahm Max Planck nicht diesen Arbeiten, sondern den Messungen von Heinrich Rubens und Ferdinand Kurlbaum. Die Plancksche Formel wurde dann von L. und Pringsheim sehr genau bestätigt.

Nach der Habilitation 1901 wurde L. 1904 an die Universität Breslau berufen, wo es ihm, dem Spezialisten der Optik, zunächst nicht leicht fiel, die Physik in ihrer Breite zu vertreten. Bald aber waren seine Vorlesungen „Offenbarungen eines Geistes, in dem der göttliche Funke glühte", wie Clemens Schaefer schrieb: „Die Erkenntnis, daß Lummer im tiefsten Wesen ein Künstler, ein feinnerviger, sensitiver, empfindlicher, explosiver Künstler war, gibt erst den richtigen Standpunkt, um seine Handlungs- und Denkungsweise zu beurteilen, die allzuoft derjenigen des ‚Bürgers' diametral entgegengesetzt war."

Werke: Grundlagen, Ziele und Grenzen der Leuchttechnik. München 1918; Die Lehre von der strahlenden Energie (Optik) (= Müller-Pouillets Lehrbuch der Physik und Meteorologie. Bd 2, 3). [10]Braunschweig 1909.

Literatur: Fritz Reiche, O. L. In: Physikal. Zeitschrift. Jg 27, 1926, S. 459–467; Ernst Gehrcke, Erinnerungen an L. In: Physikal. Blätter. Jg 11, 1955, S. 315–317; Clemens Schaefer, O. L. zum 100. Geburtstag. In: Physikal. Blätter. Jg 16, 1960, S. 373–381; Hans Kangro, Vorgeschichte des Planckschen Strahlungsgesetzes. Wiesbaden 1970.

Lummer-Gehrcke-Platte. 1849 entdeckte der Mineraloge Wilhelm von Haidinger an Glimmerplatten „Streifen, welche sich [im Gegensatz zu den Newtonschen Ringen] bei Verschiebung der sie erzeugenden Platte nicht mit der Platte bewegen". Zwar stellte Hippolyte Fizeau noch 1862 die Möglichkeit der Erzeugung von Interferenzstreifen mittels planparalleler Platten in Abrede, doch wurden „die Haidingerschen Streifen" (oder „Streifen gleicher Neigung") von Otto Lummer 1884 im Helmholtzschen Laboratorium zum zweiten Male entdeckt. Sie waren der Gegenstand der Lummerschen Dissertation, die Hermann von Helmholtz eine „ungewöhnlich gute Arbeit" nannte, obwohl auch er zunächst – wie sich bald herausstellte, auf Grund seiner Kurzsichtigkeit – an die Existenz dieser Interferenzen nicht glauben wollte (denn der Umstand, daß sie im Unendlichen entstehen, unterscheidet sie wesentlich von den Newtonschen Ringen).

Die Tatsache, daß es sich bei den Lummerschen Ringen um Interferenzen sehr hoher Ordnungszahl handelt, brachte Lummer 1901 auf den Gedanken, die planparallele Platte zu einem Spektroskop höchster Auflösung zu entwickeln. Dem Vorteil einer größeren Interferenzstreifenschärfe, als sie das 1897 von Charles Fabry und Alfred Pérot angegebene Interferometer aufwies, stand der Nachteil einer durch streifende Inzidenz des Lichtes bedingten geringen Lichtstärke gegenüber. „Und das erschien uns", schrieb Ernst Gehrcke 1955 in seinen ‚Erinnerungen an Lummer', „hoffnungslos ... Da mußte Lummer einmal wegen einer Erkältungskrankheit einige Zeit dem Amte fernbleiben, und gerade zu dieser Zeit fiel mir ein, daß man mit einem auf die Platte geklebten Prisma die Lichtstärke müßte wesentlich verbessern können. Und so klebte ich ein kleines Prisma mit Kanadabalsam auf die Platte und sah sogleich, daß sich dieses Verfahren in dem von mir erwarteten Sinne auswirkte."

Lummer selbst schlug für das neue Gerät, das sich seit seiner Entstehung im Jahre 1902 wegen seiner Überlegenheit gegenüber dem Strichgitter als vorzügliches Hilfsmittel der Spektroskopie erwies, den Namen „Interferenzspektroskop von Lummer und Gehrcke" vor.

Quellen: Ueber eine neue Interferenzerscheinung an planparallelen Glasplatten und eine Methode, die Planparallelität solcher Gläser zu prüfen (Inauguraldissertation). In: Annalen der Physik und Chemie. Bd 23, 1884, S. 49–84; Ueber eine neue Interferenzerscheinung. Ebd. S. 513–548.

Literatur: → Lummer. U. H.

M

Mach, Ernst (* 18. Februar 1838 in Turas/Mähren, † 19. Februar 1916 in Haar bei München). Er studierte an der Universität Wien Mathematik, Physik und Physiologie, promovierte 1860 und habilitierte sich 1861 für Physik. 1864 erhielt M. eine Professur für Mathematik in Graz, 1867 für Experimentalphysik in Prag. 1895 kehrte er nach Wien an die eigens für ihn geschaffene Lehrkanzel für „Philosophie, insbesondere Geschichte und Theorie der induktiven Wissenschaften" zurück.

M. war in erster Linie ein ausgezeichneter Experimentalphysiker. Von ihm stammen die ersten stroboskopischen Untersuchungen von Schallschwingungen (1872), die Geschwindigkeitsmessungen von Druckwellen (1876) und die photographischen Aufnahmen der Verdichtungszone an Geschossen mit Überschallgeschwindigkeit (1887). Diese kegelförmige Verdichtungszone trägt den Namen Machscher Kegel. Das Verhältnis der Objektgeschwindigkeit zur Schallgeschwindigkeit wurde nach ihm benannt. Seine Arbeiten gaben erste Impulse für die gasdynamische Forschung und für die Kurzzeitphotographie.

M. war ein bedeutender Lehrbuchautor. Das Besondere seiner Lehrbücher über Mechanik, Wärmelehre und Optik liegt in der Darstellung der historischen Entwicklung der jeweiligen Wissenschaft und ihrer philosophischen Probleme.

Im Bereich der Philosophie liegt der zweite, für die starken Einflüsse Machs bis in die Gegenwart wesentliche Angelpunkt seines Schaffens. Als selbständiger Denker (und nur im nachhinein Berührungspunkte etwa mit John Bernard Stallo und Richard Avenarius feststellend) wurde er zum wichtigsten Vertreter des älteren → Positivismus. Mit seiner Erkenntnistheorie wollte er die Naturwissenschaft vom Ballast metaphysischen Denkens befreien: „Die Welt besteht aus Empfindungen als ihrem Elementarischen." Daher rühren sehr eindringliche Warnungen vor der Überschätzung von Hypothesen und seine Bevorzugung der Tatsachen und ihrer funktionalen Zusammenhänge. Das Ziel seiner methodischen Vorstellungen, die er Denkökonomie nannte, war die vollständige und einfachste Beschreibung der Naturvorgänge.

Werke: Photographische Fixirung der durch Projectile in der Luft eingeleiteten Vorgänge (mit Paul Salcher). In: Sitzungsberichte der Kaiserl. Akademie der Wissenschaften zu Wien. Abt. II a. Jg 95, 1887, S. 764–780; Die Mechanik in ihrer Entwickelung historisch-kritisch dargestellt. Leipzig 1883; Beiträge zur Analyse der Empfindungen. Jena 1886; Die Principien der Wärmelehre. Historisch-kritisch entwickelt. Leipzig 1896; Erkenntnis und Irrtum. Skizzen zur Psychologie der Forschung. Leipzig 1905; Die Prinzipien der physikalischen Optik. Historisch und erkenntnispsychologisch entwickelt. Leipzig 1921.

Literatur: Friedrich Herneck, Über eine unveröffentlichte Selbstbiographie Ernst Machs. In: Wissenschaftliche Zeitschrift der Humboldt-Universität zu Berlin. Math.-nat. Reihe. Jg 6, 1956/57, S. 209–220; Joachim Thiele, Ernst-Mach-Bibliographie. In: Centaurus. Vol. 8, 1963, S. 189 bis 237; Karl Daniel Heller, Ernst Mach. Wegbereiter der modernen Physik. Wien u. New York 1964; Robert S. Cohen und Raymond J. Seeger, E. M. Physicist and Philosopher (= Boston studies in the philosophy of science. Vol. VI). New York 1970.

W. K.

Magnetismus. Das Studium der besonderen, „magnetischen" Eigenschaften bestimmter Eisenerze (Magnetite) lieferte die ersten Kenntnisse über den M. (→ Erdmagnetismus). Ein erstes quantitatives Gesetz formulierte Charles Augustin de Coulomb 1785 für die Anziehung und Abstoßung von Magnetpolen in Analogie zur Newtonschen Massenanziehung. Ende des 18. Jh.s wurde der M. von der Mehrzahl der Physiker als eine eigentümliche, unwägbare Substanz (→ Imponderabilien) angesehen, von anderen (→ Dynamismus) als besondere Wirkform der Materie, d. h. als immaterielle Kraft. Nachdem Johann Wilhelm Ritter aufgrund dieser Auffassung bereits 1802 einen Zusammenhang zwischen Elektrizität und M. experimentell gesucht hatte, entdeckte Hans Christian Oersted 1820 den → Elektromagnetismus.

Noch im gleichen Jahre untersuchte André Marie Ampère das magnetische Verhalten einer stromdurchflossenen Leiterschleife und konstruierte ein „Solenoid", d. h. eine → Spule, die, noch deutlicher als die Leiterschleife, alle Eigenschaften eines Magneten besitzt. So glaubte Ampère den M. grundsätzlich als „bewegte Elektrizität" verstehen zu können: Den M. von Dauermagneten faßte er als Ergebnis des Zusammenwirkens vieler Molekularströme auf; die elementaren Ringströme addieren und subtrahieren sich zu einem (scheinbaren) makroskopischen Ringstrom an der Oberfläche.

Am 4. November 1845 entdeckte Michael Faraday, zunächst am schweren Glas (mit dessen Hilfe er auch kurz zuvor den → Faraday-Effekt gefunden hatte), daß nicht nur das Eisen, sondern auch andere Körper die Eigenschaft des M. besitzen. Er nannte die Erscheinung, die „vielleicht allen Körpern" zukommt, den Diamagnetismus. Wurden Probestückchen zwischen die Pole eines starken Elektromagneten gebracht, so zeigten sich Anziehungs-, Abstoßungs- und Richtkräfte. Zur vollen Klarheit über die auch von der Feldform abhängenden Kraftwirkungen drang Faraday nicht durch; er unterschied aber einwandfrei zwischen diamagnetischen und paramagnetischen Substanzen.

Seit 1848 entwickelte Wilhelm Weber eine Theorie des M.: In ferromagnetischen Stoffen sind bereits Ampèresche Kreisströme vorhanden; ein angelegtes Magnetfeld sucht diese atomaren Magnete auszurichten; demnach ist die Magnetisierung dem Feld gleichgerichtet, und es gibt eine obere Grenze für die Magnetisierung. In diamagnetischen Stoffen sind nach Weber keine Molekularströme vorhanden; diese werden vielmehr erst durch das äußere Magnetfeld in der Art von Wirbelströmen erregt. Nach der Lenzschen Regel muß deshalb der Diamagnetismus dem äußeren Feld entgegenwirken.

Die Webersche Theorie wurde vielfach modifiziert. 1895 stellte Pierre Curie für das Temperaturverhalten die nach ihm benannten Gesetze auf: Die magnetische Suszeptibilität s von Diamagnetika ist temperaturunabhängig; für Paramagnetika gilt $s \cdot T = \text{const.}$ Curie fand, daß Ferromagnetika oberhalb einer gewissen Temperatur (Curie-Punkt T_c) normales paramagnetisches Verhalten zeigen; die Suszeptibilität oberhalb T_c läßt sich beschreiben durch $s\ (T\text{-}T_c) = \text{const.}$ 1905 leitete → Paul Langevin das Curiesche Gesetz aus der Vorstellung ab, daß die Moleküle paramagnetischer Substanzen magnetische Dipole bilden. 1907 erweiterte → Pierre Weiss die Langevinsche Theorie auf Ferromagnetika durch die auf Ewing zurückgehende Annahme, daß in gewissen Bereichen (Weißschen Bezirken) die magnetischen Momente aller Atome gleichgerichtet sind. Bereits 1880 hatten Emil Warburg und 1882 unabhängig James Alfred Ewing bei Ferromagnetika die Erscheinung der „Hysterese" entdeckt. Die Magnetisierung bei einem bestimmten äußeren Feld hängt also von der Vorgeschichte ab.

Während diese Theorien, auf Ampère und Weber zurückgehend, den M. durch die Wirkung gebundener Elektronen erklärten, führte Joseph John Thomson im Jahre 1900 den Diamagnetismus auf die praktisch freien Elektronen im Metall zurück. Durch das angelegte Magnetfeld werden die Elektronen auf Kreisbahnen gezwungen; es entsteht ein Magnetfeld, das dem äußeren entgegengerichtet ist. Niels Bohr wies 1911 in seiner Doktorarbeit darauf hin, daß die Thomsonsche Theorie auf einem Irrtum beruhte. („Es scheint im gegenwärtigen Entwicklungsstadium der Elektronentheorie nicht möglich, die magnetischen Eigenschaften der Körper mit dieser Theorie zu erklären.") Bohr zeigte ferner, daß die Langevinsche Theorie des Diamagnetismus gebundener Elektronen nur unter stillschweigender Benutzung gewisser (der klassischen Physik fremder) Hypothesen haltbar war. In der Tat zeigte die weitere Entwicklung, daß der Schlüssel für die Erklärung der magnetischen Phänomene in der Quantentheorie lag.

Lange Zeit hatte man sich erfolglos um einen direkten Nachweis der Ampèreschen Molekularströme bemüht. 1915 glaubte Einstein, einen solchen ermittelt zu haben; in Wirklichkeit fand er mit Wander Johannes de Haas eine Versuchsanordnung, die den Einstein-de Haas-Effekt demonstrierte: Durch plötzliche Magnetisierung wird ein frei aufgehängter Eisenstab in Drehung versetzt. Sorgfältige Messungen von Emil Beck 1918 ergaben für das Verhältnis mechanischer Drehimpuls zu magnetischem Moment nur den halben theoretischen Wert: Nach der → Bohr-Sommerfeldschen Atomtheorie laufen die Elektronen auf Kreis- und Ellipsenbahnen um den Atomkern; mit dieser Bewegung ist ein magnetisches Moment (Bohrsches Magneton) und ein mechanischer Drehimpuls verbunden. Das Ergebnis von Beck war ein wichtiges Indiz für die Unhaltbarkeit des Atom-Modelles. Man erkannte später, daß das magnetische Moment vom → Spin des Elektrons herrührt.

Ein tieferes Verständnis für die Erscheinung des Dia-, Para- und Ferromagnetismus war erst nach Aufstellung der Quantentheorie und Berücksichtigung der Spin- und Bahnmomente möglich.

Quellen: Faraday's Diary. Vol. 4. London 1933, S. 313 ff.; Michael Faraday, Experimental-Untersuchungen über Elektricität. Deutsche Übersetzung von S. Kalischer. Bd 3. Berlin 1891, S. 25—49; Wilhelm Weber, Ueber die Erregung und Wirkung des Diamagnetismus nach den Gesetzen inducierter Ströme. In: Annalen der Physik. Bd 13, 1848, S. 241—256; Julius Plücker, Ueber das Verhältnis zwischen M. und Diamagnetismus. Ebd. Bd 12, 1847, S. 343—350; ders., Ueber das Gesetz, nach welchem der M. und Diamagnetismus von der Temperatur abhängig ist. Ebd. Bd 15, 1848, S. 177—189; James Alfred Ewing, Magnetische Induktion in Eisen und verwandten Metallen. Berlin 1892; Pierre Curie, Propriétés magnétiques des corps à diverses températures. Paris 1895; Pierre Weiss, Le magnéton. Paris 1914; ders., Molekulares Feld und Ferromagnetismus. In: Jahrbuch der Radioaktivität und Elektronik. Bd 5, 1908, S. 212—218; Paul Langevin, Magnétisme et théorie des électrons. In: Annales de chimie et de physique. Bd 5, 1905, S. 70—127; Albert Einstein und Wander Johannes de Haas, Experimenteller Nachweis der Ampèreschen Molekularströme. In: Verhandlungen der Deutschen Physikalischen Gesellschaft. Jg 17, 1915, S. 152 bis 170; Emil Beck, Zum experimentellen Nachweis der Ampèreschen Molekularströme. In: Annalen der Physik. Bd 60, 1919, S. 109—146; Niels Bohr, Studier over metallernes elektronentheori. Kopenhagen Phil. Diss. Kopenhagen 1911.

Literatur: Jean Daujat, Origines et formation de la théorie des phénomènes électriques et magnétiques. 3 Tle. Paris 1945; Antoine César Becquerel und Alexandre Edmond Becquerel, Résumé de l'histoire de l'électricité et du magnétisme. Paris 1858; Felix Auerbach, Magnetismus. In: Handbuch der Elektrizität und des Magnetismus. Bd 4. Leipzig 1920, S. 1—392, 711—937; John L. Heilbron u. Thomas S. Kuhn, The Genesis of the Bohr atom. In: Historical Studies in the Physical Sciences. Vol. 1, Philadelphia 1969, S. 211—290.

Bibliographie: Paul Fleury Mottelay, Bibliographical history of electricity and magnetism. London 1922.

Malebranche, Nicolas (* 6. August 1638 in Paris, † 13. Oktober 1715 ebd.). M. studierte Theologie an der Sorbonne und trat 1660 in das Oratorium ein, eine Priesterkongregation, die einerseits politische Ziele verfolgte (Unterstützung der Jesuiten im Kampf um die Gegenreformation), andererseits um die Förderung der philosophisch-theologischen Bildung bemüht war, wobei sie sich hauptsächlich an Plato und Augustin orientierte.

1664 fand M. zufällig in einer Buchhandlung den „Traité de l'homme" von → Descartes. Er las das Buch mit einer solchen Erregung, daß er heftiges Herzklopfen bekam und die Lektüre mehrfach unterbrechen mußte. Dieses Erlebnis bestimmte seinen weiteren Weg: er widmete sich von nun an dem Studium der Philosophie Descartes' und der

Verbreitung cartesianischer Gedanken. Seine philosophischen Schriften, von der „Recherche de la vérité“ (1674) bis zu den „Réflexions sur la prémotion physique“ (1715) dienen vornehmlich diesem Ziel. M.'s Philosophie ist eine Synthese aus dem naturwissenschaftlich orientierten Cartesianismus und der theologischen Lehre Augustins. Er tritt uns in seinem Werk manchmal als strenggläubiger katholischer Theologe und dann wieder als voraussetzungslos vorgehender Denker entgegen. Von der Kirche wurde er deshalb als zu frei und von den Philosophen als zu dogmatisch empfunden und von beiden Seiten oft angegriffen.

Originalität zeigt M. vor allem dort, wo er zu naturwissenschaftlichen Problemen Stellung nimmt, und seine Verehrung für Descartes hindert ihn nicht daran, dessen Irrtümer bei der Behandlung physikalischer Fragen zurückzuweisen. M. vertrat einerseits die (von Newton stammende) Theorie, daß weißes Licht, das für Descartes noch eine besondere Farbe neben den anderen Farben war, aus den Farben des Spektrums zusammengesetzt ist; andererseits stellte er seine Theorie des Lichtes nach Analogie der Wellentheorie des Schalles auf und vereinigte damit als erster die Newtonschen Ansichten über die Konstitution des Lichtes mit der Wellentheorie von Huygens.

M. erklärte als erster richtig die bekannte Erscheinung, daß Sonne und Mond am Horizont größer erscheinen als im Meridian. Während man bis dahin glaubte, dieses Phänomen sei ein optischer Effekt (Vergrößerung durch Brechung des Lichtes bei Eintritt in die gekrümmte Erdatmosphäre), zeigte M. durch ein einfaches Experiment, daß die Erscheinung auf rein psychologische Ursachen zurückzuführen ist: die auf- oder untergehende Sonne erscheint uns deswegen größer, weil wir sie mit den Gegenständen vergleichen, die wir am Horizont sehen. Betrachtet man nämlich die am Horizont stehende Sonne durch ein geschwärztes Glas, so daß sie von ihrer Umgebung isoliert wird, dann erscheint sie genau so groß wie am Mittag. Dieses Beispiel zeigt, wie M., der als Philosoph nur Schüler und Epigone Descartes war, als Naturwissenschaftler dazu beitrug, den Cartesianismus in Frankreich zu überwinden und dem empirischen Rationalismus des 18. Jh.s den Weg zu bahnen.

Werke: Jules Simon (Hrsg.), Oeuvres de M. 2 Bde. Paris 1842; die wichtigsten Schriften: De la recherche de la vérité. 2 Bde. Paris 1674/75; Conversations chrétiennes. Mons 1677; Entretiens sur la métaphysique et sur la religion. Rotterdam 1688.

Literatur: Peter Mennicken, Die Philosophie des N. M. Leipzig 1927; Alfred Klemmt, Die naturphilosophischen Hauptthesen in M.s „Recherche de la vérité“. In: Zeitschrift für philosophische Forschung. Bd 18, 1964, S. 553–584; Thomas L. Hankins, The influence of M. on the science of mechanics during the eighteenth century. In: Journal of the history of ideas. Vol. 28, 1967, S. 193–210.

A. Kl.

Malus, Etienne-Louis (* 23. Juni 1775 in Paris, † 23. Februar 1812 in Paris). Nach klassischen Studien, die ihn zu eigener Dichtung anregten, besuchte er als einer der ersten Zöglinge die Ecole Polytechnique in Paris, dann die Ingenieurschule in Metz und wurde Offizier im französischen Geniecorps. Unter General Desaix nahm er am Feldzug nach Ägypten teil und überstand in Jaffa die Pest. Nach der Rückkehr war er als Militäringenieur in Lille, Antwerpen und Straßburg tätig. Er wurde Oberstleutnant und Examinator an der Polytechnischen Schule. In den Mußestunden beschäftigte er sich mit theoretischer Optik, besonders mit Brechung und Doppelbrechung.

1808 entdeckte er die Polarisation durch Reflexion. – Ein Lichtstrahl teilt sich in einem isländischen Kalkspat in zwei Strahlen, einen ordentlichen und einen außerordentlichen. In einem zweiten gleichen Kristall wird jeder Strahl nur noch einmal gebrochen; man nennt dieses Licht polarisiert. Dies wußte man, als Malus in seiner Wohnung in der Rue d'Enfer die von den Fensterscheiben des Luxembourg zurückgeworfenen Sonnenstrahlen mit einem Doppelspat prüfte und fand, daß statt zweier Strahlen nur einer austrat. Das Licht war durch die Zurückwerfung an den Scheiben polarisiert worden. Ein Versuch ergab, daß, wenn der Schein einer Kerze unter einem Winkel von 52° 45′ gegenüber der Senkrechten auf die Oberfläche von Wasser fiel, das zurückgeworfene Licht polarisiert war, als ob es aus einem Doppelspat käme. An jenem Tage begründete Malus einen neuen Zweig der Optik.

Werke: Théorie de la double réfraction de la lumière dans les substances cristallines. Paris 1810; Zwei Abhandlungen von 1809 mit der Entdeckung der Polarisation durch Reflexion in: Ernst Mach, Die Prinzipien der physikalischen Optik. Leipzig 1921, S. 419–434.

Literatur: Franz Arago's sämmtliche Werke. Bd 3. Leipzig 1855, S. 91–124. H. B.

Marconi, Guglielmo (* 25. April 1874 in Bologna, † 20. Juli 1937 in Rom). Ungewöhnliches experimentelles Geschick im Verein mit einer wachen Intelligenz und Phantasie ließen den zweiten Sohn einer schottischen Mutter und eines italienischen Vaters zum Pionier der drahtlosen Telegraphie werden. Zunächst nur von seiner Mutter verstanden und meist nur widerwillig vom Vater unterstützt, begann M., der sich während seiner Schulzeit mit Physik und Chemie beschäftigt hatte, 1894 gezielt Versuche mit Hertzschen Wellen zur Nachrichtenübertragung anzustellen. Indem er den primären Stromkreis einer Spule, die einen Righi-Oszillator speiste, mit einem Taster unterbrach, konnte er schließlich auf elektrischem Wege elektromagnetische Wellen erzeugen und aussenden. Bis 1896 hatte M. seinen Sender, bei dem ihm ein sehr langer, senkrecht aufgespannter Draht mit eingeschalteter Funkenstrecke als Antenne diente, so weit verbessert, daß damit auf Entfernungen von mehreren Kilometern Signale übermittelt werden konnten. Schwächster Punkt der Anlage war der Empfänger, eine batteriegespeiste Röhre mit Metallpulverfüllung. Das Pulver wurde beim Auftreffen elektromagnetischer Wellen leitend, mußte dann jedoch durch Klopfen wieder in seinen Ausgangszustand gebracht werden, um ein weiteres Zeichen anzeigen zu können. Dieses von Oliver Lodge als **Kohärer** bezeichnete Gerät war 1890 von dem Pariser Professor Edouard Branly entwickelt worden und diente – nach einer Verbesserung durch M. – über ein Jahrzehnt der drahtlosen Telegraphie als einziger brauchbarer Empfänger.

Noch im Jahre 1896 gelangen M. eindrucksvolle Versuchsvorführungen in London und am Bristol-Kanal, im Jahr darauf im Hafen von La Spezia. Die Öffentlichkeit wurde auf den jungen Erfinder aufmerksam; in England kam es zur Gründung der später nach M. benannten Wireless Telegraph Company. Auch die italienische Regierung sicherte M. ihre Unterstützung zu, so daß er jetzt mit größeren Mitteln an die Ausgestaltung der Übertragungstechnik gehen konnte.

Bereits im März 1899 vermochte M. den Kanal zwischen England und Frankreich zu überbrücken; im gleichen Jahr gelang ihm die Funkverbindung zwischen zwei Kriegsschiffen über eine Entfernung von 74 Meilen. Als ihm schließlich am 12. Dezember 1901 mit einem z. T. auf Erfindungen Nikola Teslas beruhenden neuen System erstmals eine Signalübermittlung über den Atlantik glückte, war endgültig der Beweis erbracht, daß die von ihm genutzten langen Wellen der Erdkrümmung folgen und damit einen weltweiten Funkverkehr ermöglichen. Die drahtlose Telegraphie begann ihren stürmischen Siegeszug; neben M. und Tesla war insbesondere auch Karl Ferdinand Braun (→ Braunscher Sender, Detektorempfänger) maßgeblich an den ersten größeren Fortschritten dieser jungen, eng mit der Physik verbundenen Technik beteiligt. M. und Braun erhielten gemeinsam den Nobelpreis für Physik des Jahres 1909.

Literatur: B. L. Jacot und D. M. B. Collier, M. Beherrscher des Äthers. Berlin-Wien-Leipzig 1937; Luigi Solari, M., im Privatleben und bei der Arbeit. Dt. von Theodor Lücke. Leipzig 1942; Robert Gerwin, M. Ein Erfinderleben unserer

Zeit. Hannover-Kirchrode 1957; David Gunston, G. M. Father of radio. London 1965; W. T. Runge, Geschichte der Funkentelegraphie. In: Technikgeschichte. Bd 37, 1970, S. 146–166 L. S.

Marcus Marci de Kronland, Johannes (* 13. Juni 1595 in Landskron, Böhmen, † 10. April 1667 in Prag). Bald nach der Beendigung seines Studiums wurde M. Professor an der medizinischen Fakultät der Prager Universität, wo er bis zu seinem Tode wirkte. Neben medizinischen Schriften veröffentlichte Marci zahlreiche Abhandlungen über Probleme der Philosophie, Mechanik, Optik, Astronomie und Mathematik. Besonders bedeutungsvoll ist sein 1648 erschienenes Buch „Thaumantias". Hier veröffentlichte er seine Beobachtungen über die Farberscheinungen an dünnen Schichten, Spalten, Drähten, Rändern und Systemen von Löchern. Er erkannte, daß eine Winkelabhängigkeit der am Prisma entstehenden Spektralfarben besteht.

M. untersuchte auch die Eigenschaften geradliniger und kreisförmiger Bewegungen, der Pendelbewegung und des Stoßes von Körpern und formulierte einige Gesetzmäßigkeiten.

Werke: Idearum operatricium idea. Prag 1635; De proportione motus. Prag 1639 (Neuausgabe in Acta historiae rerum naturalium. Spec. Issue 3. Prag 1967); De proportione motus figurarum rectilinearum. Prag 1648; Thaumantias, liber de arcu coelesti. Prag 1648 (Neuausgabe in der Sammlung Cimelia bohemica. Prag 1968); De longitudine seu differentia inter duos meridianos. Prag 1650.

Literatur: Jiri Marek, I. M. M. als erster Beobachter der Farben dünner Schichten. In: Archives Internationales d'Histoire des Sciences. Bd 13, 1960, S. 79–85; ders., Les travaux de M. M. en optique. In: Atti della Fondazione Giorgio Ronchi. Bd 22, 1967, S. 494–507 (mit Vasco Ronchi); ders., Un physicien tchèque du XVIIe siècle: I. M. M. de K. In: L'Histoire des Sciences. Bd 21, 1968, S. 109–130; Eric J. Aiton, I. M. M. In: Annals of Science. Vol. 26, 1970, S. 153–164. J. M.

Mariotte, Edme (* 1620, † 12. Mai 1684 in Paris). M. wohnte lange in Dijon, dann als Prior im benachbarten Kloster Saint-Martin-sous-Beaune, bis er im Gründungsjahr der Académie des Sciences 1666 als Physiker an die Akademie nach Paris berufen wurde. Er war einer der größten Physiker des 17. Jh.s und förderte die Mechanik, Optik und Wärmelehre.

1666 teilte er der Akademie seine Entdeckung des blinden Flecks im Auge mit. Bis 1676 folgten weitere Arbeiten. Im „Traité de la percussion ou choc des corps" setzte er Galileis Untersuchungen über den Stoß fort. Zu Versuchen benützte er eine Vorrichtung, wo zwei oder mehrere Elfenbeinkugeln, sich berührend, an Fäden so aufgehängt waren, daß ihre Mittelpunkte in einer horizontalen Linie lagen. Im „Discours de la nature de l'air" sprach er 1676 das heute sog. → Boyle-Mariottesche Gesetz aus. Daraus berechnete er den Verlauf der Druckabnahme mit zunehmender Höhe in der Erdatmosphäre und gewann so die Grundlagen zur barometrischen Höhenmessung.

1681 erschien sein „Traité de la nature des couleurs". Darin erklärte er die Höfe um Sonne und Mond aus der Reflexion und zweimaligen Brechung der Lichtstrahlen in kleinen prismatischen Eisnadeln, die in den hohen Schichten der Atmosphäre schweben. Diese Erklärung gilt heute noch. Nebenher beobachtete er, daß die Sonnenstrahlen eine Glasscheibe ungeschwächt durchdringen, wogegen die warmen Strahlen eines Feuers darin zurückgehalten werden.

Der „Traité du mouvement des eaux et des autres corps fluides" wurde 1686 nach M.s Tode herausgegeben. Darin werden Torricellis Ausflußgesetze bestätigt; die sogenannte Mariottesche Röhre wird beschrieben. Die erste Formel zur Berechnung der Wandstärke für Röhren, die einen Druck von innen erfahren, wird angegeben und die Springhöhe von Fontänen erörtert. M. hat auch als erster die Beziehung zwischen Niederschlag und Abfluß für ein Gebiet zu berechnen versucht. Er sammelte den Regen in ein Faß, schloß aus der Niederschlagshöhe auf die jährliche Regenmenge im ganzen Einzugsgebiet und schätzte andererseits aus dem Querschnitt des Flußbettes und der Durchflußgeschwindigkeit den jährlichen Abfluß der Seine. Es ergab sich, daß der Niederschlag sechsfach zur Speisung des Flusses genügte, so daß die bisherige Annahme eines unterirdischen Wasserkreislaufs vom Meer nach den Gebirgsquellen sich erübrigte. M. erklärte die Entstehung der Regentropfen in den Wolken aus den aufsteigenden Dünsten.

Werke: Oeuvres de M. 2 Bde. Leiden 1717. 2. verbesserte Auflage ebd. 1740; Discours de la nature de l'air. De la végétation des plantes. Nouvelle découverte touchant le vue. Mit biographischer Einleitung hrsg. von Maurice Solovine (=Les maîtres de la pensée scientifique. Nr 12). Paris 1923.

Literatur: Caritat de Condorcet, Eloges des académiciens de l'Académie Royale des Sciences. Paris 1773 (Neudruck Paris 1968), S. 49–66; Pierre Brunet, La méthodologie de M. In: Archives internationales d'histoire des sciences. Bd 1, 1947, S. 26–59; Pierre Costabel, Le paradoxe de M. Ebd. Bd 2, 1949, S. 864–886; Jean Pelseneer, Petite contribution à la connaissance de M. In: Isis. Vol. 42, 1951, S. 299–301. H. B.

Matrizenmechanik. Die Erfolge, die Bohr seit 1913 mit seinem Atommodell erzielte, ermutigten Peter Debye und Arnold Sommerfeld 1915, die klassische Dispersionstheorie auf Bohrs Grundlagen weiterzubilden. Die Versuche scheiterten daran, daß das Bohrsche Atommodell Strahlungsfrequenzen lieferte, die (im Widerspruch zu Bohrs Grundannahmen) mit den mechanischen Atomfrequenzen identisch waren. Das Dispersionsproblem blieb mehrere Jahre lang offen und galt um das Jahr 1920 als das interessanteste der zeitgenössischen Physik (so etwa für Paul Ehrenfest). Zu Beginn des Jahres 1924 wandte der Bohr-Schüler Hendrik Anthony Kramers das bereits in mehrfacher Hinsicht erfolgreiche Bohrsche Korrespondenzprinzip auf die Dispersionstheorie an und bemerkte in der Begründung seiner Dispersionsformel (Juli 1924): „Abgesehen von der Frage der Gültigkeit der zugrundeliegenden theoretischen Annahmen ... hat die so erhaltene Dispersionsformel den Vorteil..., daß sie nur Größen enthält, die eine direkte physikalische Interpretation zulassen."

Der positivistische Grundzug der Kramersschen Theorie wirkte als Ferment des weiteren Fortschritts. Werner Heisenberg dehnte zunächst im Winter 1924/25 in Kopenhagen in Zusammenarbeit mit Kramers dessen Dispersionstheorie korrespondenzmäßig auch auf den Fall des → Smekal-Raman-Effektes aus. Nun suchte Heisenberg weiter danach, das Korrespondenzprinzip zusammen mit dem „Grundsatz", daß bei der Berechnung von irgendwelchen Größen nur Beziehungen zwischen prinzipiell beobachtbaren Größen vorkommen dürfen, zur Grundlage der Atommechanik zu machen (Brief Heisenbergs an Wolfgang Pauli vom 24. Juni 1925). Auf dem Weg zu diesem Ziel zerlegte Heisenberg, geleitet von der Fourierzerlegung einer klassischen eindimensionalen Bewegung einerseits und dem Kombinationsprinzip der Spektren andererseits, die kontinuierliche Ortskoordinate in eine durch Paare ganzer Zahlen gekennzeichnete, diskontinuierliche „Gesamtheit", für die er eine eigentümliche Nichtvertauschbarkeit der Multiplikation fand: „Während klassisch $x(t) \cdot y(t)$ stets gleich $y(t) \cdot x(t)$ wird, braucht dies in der Quantentheorie im allgemeinen nicht der Fall zu sein."

Es gelang Heisenberg mit Benutzung der auf diese Gesamtheiten angewandten Sommerfeldschen Quantenbedingungen $\int pdq = n \cdot h$, die Energiestufen des anharmonischen Oszillators und des Rotators zu berechnen – in Übereinstimmung mit bereits bekannten Ergebnissen der älteren Quantentheorie und der Spektralphysik.

Heisenberg faßte seine Ergebnisse im Juli 1925 zusammen in dem Aufsatz „Über quantentheoretische Umdeutung kinematischer und mechanischer Beziehungen". Damit war die Atommechanik in Gestalt einer neuen Kinematik geboren, von der Max Born wenige Tage nach ihrem Erscheinen zeigte, daß sie eine Matrizenmechanik ist, da die Heisenbergschen Gesamtheiten mit Matrizen identisch sind. Max Born war es auch, der in einem im September 1925 gemeinsam mit Pascual Jordan geschriebenen Aufsatz „Zur Quantenmechanik" erstmals die Vertauschungsrelation $pq - qp = \frac{h}{2\pi i}\mathbf{1}$ angab. (Er hatte sie zunächst erraten; Jordan hatte sie dann verifiziert.)

Bohr akzeptierte die neue Atomtheorie, nach der er selbst so lange gesucht hatte, mit den Worten (August 1925): „Der ganze Apparat der Quantenmechanik kann als eine präzise Formulierung der im Korrespondenzprinzip enthaltenen Tendenzen betrachtet werden." Pauli bemerkte: „Die Heisenbergsche Mechanik hat mir wieder Lebensfreude und Hoffnung gegeben. Die Lösung des Rätsels bringt sie zwar nicht, aber ich glaube, daß es jetzt wieder möglich ist, vorwärts zu kommen." In der Tat wurde der nächste wesentliche Schritt im Gebiet der neuen Mechanik von Pauli gemacht, dem es im Januar 1926 gelang, das Wasserstoffspektrum mit den neuen Matrizen zu berechnen.

Da der M. ein Zug der Unanschaulichkeit eignete und zudem Anfang 1926 eine konkurrierende Theorie in der kontinuierlichen (und deshalb den Denk- und Rechenweisen der zeitgenössischen Physiker näherliegenden) → Wellenmechanik (→ Schrödinger, → de Broglie) entstand, fehlte es der M. nicht an entschiedenen Gegnern. Zu ihnen zählte vor allem Erwin Schrödinger selbst, dem es gleichwohl Anfang März 1926 gelang, die mathematische Identität seiner Atomtheorie mit der Matrizenmechanik nachzuweisen. Dieses Ergebnis fanden fast gleichzeitig auch Carl Eckart und Wolfgang Pauli. Inzwischen (November 1925) hatte Paul Adrien Maurice Dirac in Anschluß an das Studium der ersten Heisenbergschen Arbeit gefunden, daß der neue Kalkül nicht an die Matrizenform der Kinematik gebunden ist, sondern sich auf eine Theorie nichtkommutativer Größen reduziert. Die physikalische Interpretation dieses Sachverhalts als Folge von Unschärfebeziehungen zwischen kanonisch konjugierten Größen gab schließlich im Frühjahr 1927 Werner Heisenberg in seinem Aufsatz „Über den anschaulichen Inhalt der quantentheoretischen Kinematik und Mechanik", mit dem das Problem der Grundlagen der Atomtheorie einen gewissen Abschluß fand (→ Kopenhagener Deutung).

Quellen: Barthel Leendert van der Waerden (Hrsg.), Sources of quantum mechanics. Amsterdam 1967; Max Born, Werner Heisenberg, Pascual Jordan, Zur Begründung der Matrizenmechanik (= Dokumente der Naturwissenschaft. Bd 2). Stuttgart 1962; Werner Heisenberg, Niels Bohr, Die Kopenhagener Deutung der Quantentheorie (= Dokumente der Naturwissenschaft. Bd 4). Stuttgart 1963.

Literatur: Max Jammer, The conceptual development of quantum mechanics. New York 1966, S. 196–220; Friedrich Hund, Geschichte der Quantentheorie. Mannheim 1967, S. 115–129.

U. H.

Maupertuis, Pierre-Louis Moreau de (* 28. September 1698 in St. Malo, † 27. Juli 1759 in Basel). Nach der Ausbildung zum Offizier widmete sich M. den Wissenschaften und ging 1728 nach England. Wie Voltaire kehrte er als überzeugter Anhänger des Newtonschen Weltsystems nach Frankreich zurück, wo er sich erfolgreich dafür einsetzte, daß Newtons Physik auch hier von der offiziellen Lehrmeinung akzeptiert wurde.

In der Auseinandersetzung zwischen Cartesianern und Newtonianern spielte, nur zum Teil berechtigt, die Figur der Erde eine Rolle. 1735 entsandte Ludwig XV. eine Expedition nach Südamerika zu Meridianmessungen; ehe Ergebnisse vorlagen, unternahm M. 1736/37 mit Alexis-Claude Clairaut, Abbé Outhier und Anders Celsius eine zweite Expedition nach Lappland (→ Erdgestalt). Die Messungen wurden in übergroßer Eile ausgeführt und erbrachten das von M. erwartete Ergebnis: Die Erdkugel ist, wie von Newton behauptet, stark abgeplattet. Damit hatten sich die Teilnehmer der Expedition großen Ruhm als „Heroen der Physik" erworben; M. gefiel sich ohne Selbstkritik in der Rolle des Iason, des Anführers der neuen Argonauten, als den ihn Voltaire feierte. Auf Vorschlag

Voltaires wurde M. von Friedrich II. 1740 zum Reorganisator der Preußischen Akademie und schließlich zum Präsidenten berufen. Es gelang ihm, eine Reihe von angesehenen Wissenschaftlern, an ihrer Spitze Leonhard Euler, nach Berlin zu ziehen und die Akademie zu einem bedeutenden Forschungszentrum zu machen.

1744 formulierte M. recht unbestimmt das nach ihm benannte Extremalprinzip (→ Minimalprinzipien), wonach jede Änderung in der Natur so vor sich geht, daß die Größe der dazu aufgewandten „Aktion“ ein Minimum ist. Das Prinzip sollte, als eine Art „Weltformel“, nach dem Willen von M. ihm als seinem Entdecker höchstes wissenschaftliches Ansehen für alle Zeiten sichern. 1750 versuchte M. in dem „Essai de Cosmologie“ die Existenz Gottes aus seinem Prinzip zu beweisen.

1751 übte Samuel König in einer Abhandlung in den Leipziger Acta Eruditorum an einigen Behauptungen und Interpretationen Maupertuis’ vorsichtig Kritik. Insbesondere wies König darauf hin, daß das Minimum der Aktion unter gewissen Umständen auch ein Maximum sein könne, womit die teleologisch-theologische Begründung des Prinzips in Frage gestellt war. König erwähnte auch einen (ihm als Kopie vorliegenden) Leibniz-Brief aus dem Jahre 1707, der an Jakob Hermann gerichtet war. Hier sei, wie König mitteilte, das Prinzip bereits formuliert.

Diese Ausführungen empfand Maupertuis als einen Angriff auf seine (vermeintlichen) Prioritätsrechte. Er forderte Samuel König auf, das Leibnizsche Original beizubringen, und erhob damit indirekt die schwere Beschuldigung der Fälschung. Maupertuis veranlaßte die Akademie und Friedrich den Großen zum Eingreifen zu seinen Gunsten. Als es Samuel König nicht gelang, den Originalbrief vorzulegen, erklärte die Akademie auf Wunsch von Maupertuis einstimmig (allerdings war die Hälfte der Mitglieder der Sitzung ferngeblieben), daß die Kopie gefälscht sei, zu dem Zwecke, Leibnizens Ruhm zu erhöhen oder Maupertuis zu schaden.

Daraufhin legte Samuel König seine Mitgliedschaft bei der Akademie nieder, der er als korrespondierendes Mitglied angehört hatte, und wandte sich in einem „appel au public“ an die wissenschaftliche Öffentlichkeit. Die Sympathien wandten sich dem ungerecht behandelten Samuel König zu. Als Maupertuis im Herbst 1752 ein populäres Werk über allgemeine naturwissenschaftliche Probleme vorlegte, in dem auch einige phantastische Projekte ernsthaft besprochen wurden, fand Voltaire einen Ansatz, gegen seinen früheren Freund und nunmehrigen Gegner Maupertuis vorzugehen. In einer Broschüre „Dr. Akakia“ gab Voltaire Maupertuis der Lächerlichkeit preis (→ Voltaire).

Durch diese Streitigkeiten wurden der wissenschaftliche Ruf und die Gesundheit M.’ gebrochen. Er zog sich zur Erholung in die französische Heimat zurück und überließ Euler, während er selbst nominell weiterhin Präsident der Akademie blieb, die Last der Geschäftsführung.

Werke: Sur la figure de la terre. Amsterdam 1738; Oeuvres. 4 Bde. Lyon 1752–68 (Nachdruck Hildesheim 1964).

Literatur: Angliviel de la Beaumelle, Vie de M. Paris 1856; Rudolf Wolf, Biographien zur Kulturgeschichte der Schweiz. Bd 2. Zürich 1859, S. 162 bis 178; Emil Du Bois-Reymond, M. In: Ders., Reden. Bd 2. ²Leipzig 1912, S. 426–491; Pierre Brunet, M. 2 Bde. Paris 1929; Léon Velluz, M. Paris 1969.

Maxwell, James Clerk (* 13. Juni 1831 in Edinburgh, † 5. November 1879 in Cambridge). Der Vater war ein Gutsbesitzer und Sonderling, an dem M. mit großer Liebe hing; er ließ dem Knaben nach dem frühen Tod der Mutter (deren Familie den Namen Maxwell trug), die beste Schulbildung zuteil werden. M. studierte drei Jahre Mathematik und Physik in Edinburgh und schloß 1854 sein Studium in Cambridge ab. Ein Jahr später legte er hier seine erste Arbeit vor, die schon auf die späteren Maxwellschen Gleichungen zielte.

1856 erhielt M. eine kleine Professur in Aberdeen; von 1860 an wirkte er für fünf Jahre am King's College in London. Ähnlich wie Hermann von Helmholtz beschäftigte sich M. mit der Physiologie des Farbensehens und baute die Dreifarbentheorie von Thomas Young weiter aus. Epochemachend waren M.s Arbeiten zur → Elektrodynamik, wo er die intuitiven Vorstellungen Michael Faradays in eine mathematisch strenge Form brachte und die Feldphysik begründete.

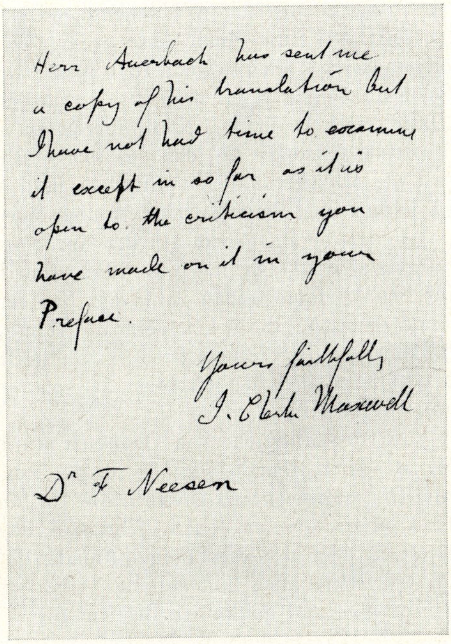
Herr Auerbach has sent me
a copy of his translation but
I have not had time to examine
it except in so far as it is
open to the criticism you
have made on it in your
Preface.

Yours faithfully
J. Clerk Maxwell

Dr F Neesen

Abb. 28. James Clerk Maxwell an Prof. Friedrich Neesen in Berlin. Geschrieben im Cavendish Laboratory, Cambridge, am 17. November 1877

Die vollen Maxwellschen Gleichungen wurden 1862 im Philosophical Magazine unter dem Titel „On Physical Lines of Force" veröffentlicht. In der Einführung des Verschiebungsstromes ging Maxwell über Faraday hinaus; nach Maxwell muß ein sich änderndes elektrisches Feld in einem Kondensator wie ein elektrischer Strom magnetische Wirkungen zeigen. Gerade diese Annahme führte zur Möglichkeit transversaler elektromagnetischer Wellen. Über die mathematisch errechnete Fortpflanzungsgeschwindigkeit schrieb M. 1864: „This velocity is so nearly that of light, that it seems we have strong reason to conclude that light itself (including radiant heat, and other radiation if any) is an electromagnetic disturbance in the form of wave propagated through the electromagnetic field according to electromagnetic laws."

1873 legte M. in dem zweibändigen „Treatise" eine Zusammenfassung aller bisherigen Arbeiten vor; die Maxwellschen Gleichungen erschienen dabei in einer komplizierteren Form; erst Heinrich Hertz und Oliver Heaviside griffen auf die ursprüngliche Fassung zurück. Es dauerte Jahrzehnte, bis die Maxwellschen Gleichungen voll verstanden und anerkannt wurden. Dann aber bildete die „Maxwellsche Elektrodynamik" zusammen mit der noch von Newton stammenden Mechanik das stolze Gebäude der klassischen Physik. Ludwig Boltzmann, der selbst viel zur Einführung der Maxwellschen Gleichungen beitrug, stellte in Bewunderung ihrer Schönheit und Symmetrie dem Teil 2 seiner „Vorlesungen über Maxwells Theorie" als Motto das Goethewort voran: „War es ein Gott, der diese Zeichen schrieb [?]".

Auch auf dem Gebiete der kinetischen Gastheorie leistete M. Bahnbrechendes. Er griff die Ansätze von August Karl Krönig und Rudolf Clausius auf (→ Atom); während diese nur die mittlere Geschwindigkeit der Moleküle betrachtet hatten, stellte M. die Frage nach der individuellen Geschwindigkeit des einzelnen Teilchens. Er fand die heute sog. Maxwellsche Geschwindigkeitsverteilung und begründete damit zugleich die statistische Physik. Auf Ludwig Boltzmann wirkten diese Abhandlungen wie eine Offenbarung, und in der Folge haben beide Forscher durch Parallelarbeit, einander anregend und kritisierend, das neue Gebiet aufgebaut. Als Wegbereiter der kinetischen Gastheorie war M. auch ein überzeugter Anhänger der Atomistik. In einer programmatischen Rede vor der British

Association for the Advancement of Science äußerte er 1871 seine Überzeugung, daß die Atome absolut unveränderliche Gegebenheiten darstellen, und leitete daraus die Forderung nach atomaren Standards für die Grundeinheiten der Masse, der Länge und der Zeit ab (→ Naturkonstanten).

1865 legte M. aus gesundheitlichen Gründen sein Lehramt am King's College nieder. Sein Gutsbesitz in Schottland sicherte ihm finanzielle Unabhängigkeit, und frei von den akademischen Verpflichtungen setzte er seine Forschungen als Privatgelehrter fort und verfaßte die umfangreichen Manuskripte seiner Anfang der siebziger Jahre erschienenen Werke. Eine Berufung nach St. Andrews, an die älteste schottische Universität, lehnte er ab. Als aber die Universität Cambridge einen Lehrstuhl für Experimentalphysik neu gründete und, erstmalig für England, mit einem großen Unterrichtslaboratorium ausstattete, versagte sich M. dieser für die britische Wissenschaft so wichtigen Aufgabe nicht. (In Großbritannien hatte es bisher nur ein physikalisches Universitätslaboratorium gegeben, das von William Thomson im schottischen Glasgow.) Der Bau und die Einrichtung des nach dem hauptsächlichsten Geldgeber so genannten „Cavendish Laboratory" nahm viel Zeit in Anspruch; mit ihm begründete aber M. eine moderne Ausbildung und die berühmte Tradition der Experimentalphysik in Cambridge.

Werke: The scientific papers of J. C. M. 2 Bde. Cambridge 1890; A treatise on electricity and magnetism. 2 Bde. Oxford 1873. Dt. Übersetzung: Lehrbuch der Electricität und des Magnetismus. 2 Bde. Berlin 1883; The theory of heat. London 1871; Ueber Faraday's Kraftlinien (= Ostwalds Klassiker. Nr 69). Leipzig 1895; Über physikalische Kraftlinien (= Ostwalds Klassiker. Nr 102). Leipzig 1898.

Literatur: Lewis Campbell und William Garnett, The life of J. C. M. London 1882; R. T. Glazebrook, J. C. M. and modern physics. London 1896; R. L. Smith-Rose, J. C. M., F. R. S. London 1948; J. C. M., A Commemoration Volume 1831 to 1931. Cambridge 1931; Charles Paul May, J. C. M. London 1964; Elizabeth Wolfe Garber, Clausius and Maxwell's kinetic theory of gases. In: Historical Studies in the Physical Sciences. Vol. 2, 1970, S. 299–319; Edward V. Appleton (Hrsg.), C. M. and modern science. London 1963; Peter M. Heimann, M. and the modes of consistent representation. In: Archive for History of Exact Sciences. Vol. 6, 1970, S. 171–213.

Maxwellsche Gleichungen → Elektrodynamik, → Maxwell.

Mayer, Julius Robert (* 25. November 1814 in Heilbronn, † 20. März 1878 ebd.). M. studierte Medizin in Tübingen und promovierte 1838 mit einer Dissertation „Über das Santonin". Im Frühjahr 1840 fuhr er als Schiffsarzt auf dem holländischen Dreimaster „Java" nach Ostindien. Nach Aderlässen an Matrosen bemerkte M., daß das venöse Blut fast wie das arterielle eine auffallend hellrote Färbung zeigte. Beim Nachdenken über dieses physiologische Phänomen auf der Reede von Surabaya auf Java im Juli 1840 „durchfuhren M. einige Gedankenblitze". Nachdem schon den zehnjährigen Knaben die Unmöglichkeit eines Perpetuum mobiles tief beeindruckt hatte, ließ das Problem M. von nun an nicht mehr los.

Nach der Rückkehr von Ostindien wurde M. in seiner Heimatstadt am 28. Mai 1841 zum Oberamtswundarzt gewählt. Am 16. Juni 1841 übersandte er Johann Christian Poggendorff, dem Herausgeber der Annalen der Physik, seine erste Abhandlung „Über die quantitative und qualitative Bestimmung der Kräfte". Hier formulierte M. die zwar nicht neue, aber für die Physik der damaligen Zeit ungewöhnliche Erkenntnis: daß neben einem Erhaltungssatz für die Materie auch ein entsprechender Erhaltungssatz für die immaterielle „Kraft" existiert (→ Energie). Da das Erstlingswerk M.s fundamentale physikalische Irrtümer enthielt, wurde die Abhandlung nicht gedruckt.

Unbeeinflußt von der Ablehnung des Manuskripts verfolgte M. seine Ideen weiter. Auf den Rat und die Vermittlung des Freundes Carl Baur kam es am 10. September 1841 in Tübingen zu einer denkwürdigen

Begegnung mit dem Professor für Physik, Johann Gottlieb Nörremberg. Nörremberg verhielt sich im ganzen zurückhaltend und ablehnend; aber er hörte M. zu und gab im Verlaufe des Gesprächs eine wertvolle Anregung. Über die von M. vertretene Auffassung, daß die Wärme eine Form von Bewegung sei, meinte er: „Das sind im Grunde nichts als neue Ansichten von Dingen, die man ebensogut auch anders ansehen kann; ja wenn Sie ein neues Experiment auf Ihre Theorie gründen können, dann, dann ist Ihre Sache gemacht.“ Als mögliches Experiment nannte Nörremberg selbst die Prüfung, ob sich Wasser durch Schütteln erwärme. Dieser Rat war ganz im Geiste des in der Naturwissenschaft herrschenden Empirismus gegeben.

Im Anschluß daran erkannte M. die Bedeutung der zahlenmäßigen Relation, des quantitativen Zusammenhanges zwischen Wärme und Bewegung: Wenn sich, wie behauptet, Bewegung in Wärme verwandelt, **wieviel** Bewegung ist dann erforderlich, um ein bestimmtes Wärmequantum hervorzubringen? In Mayers Brief an Carl Baur vom 12. September 1841, in dem das Resümee aus dem Tübinger Besuch gezogen wurde, findet sich die erste Andeutung des mechanischen Wärmeäquivalents: „Seit unsrer Zusammenkunft habe ich mit Eifer meine Theorien weiter kultiviert und namentlich gefunden, daß Nörrembergs Einwürfe gänzlich unhaltbar seien. Den Nachweis, den Nörremberg verlangte, daß Wasser durch Schütteln sich erwärmen lasse, habe ich durch viele stets gelungene vorsichtige Versuche geliefert. Eine Lebensfrage für meine Theorien, die sich mit mathematischer Gewißheit entwickeln lassen, bleibt nun die Lösung der Frage: wie hoch muß ein Gewicht – etwa 100 Pfund – über die Erde erhoben sein, daß die dieser Erhebung entsprechende und durch das Herablassen des Gewichts zu gewinnende Menge von Bewegung (quantité de mouvement) gleich sei der Menge von Wärme, welche erforderlich, um 1 Pfund Eis von 0° in Wasser von 0° zu verwandeln.“

Auch Michael Faraday bemühte sich intensiv schon seit 1837, ein gemeinsames Maß für die verschiedenen Formen der Kraft zu finden. Während aber Faraday im Qualitativen steckenblieb, glückte M. die Quantifizierung. Die wesentliche Leistung bestand darin, von den zahlreichen in der Natur ablaufenden Umwandlungen von Bewegung in Wärme den Vorgang zu finden, der sich nach den Kenntnissen der Zeit zahlenmäßig erfassen ließ: die Wärmeausdehnung der idealen Gase. M. gelang es, die in der Literatur verwickelt und häufig falsch dargestellten Versuche physikalisch zu verstehen und aus ihnen die gesuchte Zahlenrelation zwischen Bewegung und Wärme abzulesen.

Im Maiheft der von Justus von Liebig herausgegebenen „Annalen der Chemie und

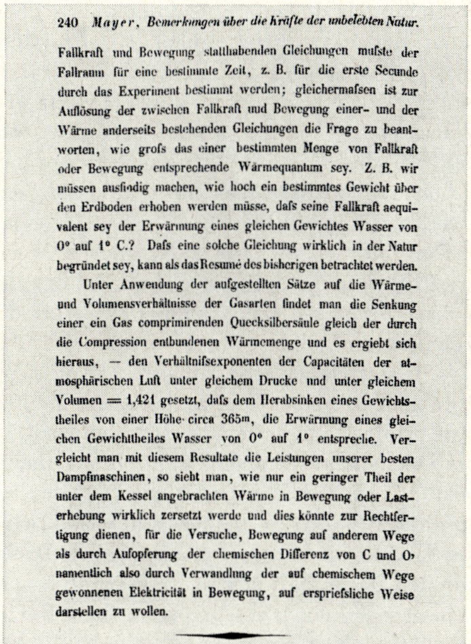

240 *Mayer, Bemerkungen über die Kräfte der unbelebten Natur.*

Fallkraft und Bewegung statthabenden Gleichungen mufste der Fallraum für eine bestimmte Zeit, z. B. für die erste Secunde durch das Experiment bestimmt werden; gleichermafsen ist zur Auflösung der zwischen Fallkraft und Bewegung einer- und der Wärme anderseits bestehenden Gleichungen die Frage zu beantworten, wie grofs das einer bestimmten Menge von Fallkraft oder Bewegung entsprechende Wärmequantum sey. Z. B. wir müssen ausfindig machen, wie hoch ein bestimmtes Gewicht über den Erdboden erhoben werden müsse, dafs seine Fallkraft aequivalent sey der Erwärmung eines gleichen Gewichtes Wasser von 0° auf 1° C.? Dafs eine solche Gleichung wirklich in der Natur begründet sey, kann als das Resumé des bisherigen betrachtet werden.

Unter Anwendung der aufgestellten Sätze auf die Wärme- und Volumensverhältnisse der Gasarten findet man die Senkung einer ein Gas comprimirenden Quecksilbersäule gleich der durch die Compression entbundenen Wärmemenge und es ergiebt sich hieraus, — den Verhältnifsexponenten der Capacitäten der atmosphärischen Luft unter gleichem Drucke und unter gleichem Volumen = 1,421 gesetzt, dafs dem Herabsinken eines Gewichtstheiles von einer Höhe circa 365m, die Erwärmung eines gleichen Gewichttheiles Wasser von 0° auf 1° entspreche. Vergleicht man mit diesem Resultate die Leistungen unserer besten Dampfmaschinen, so sieht man, wie nur ein geringer Theil der unter dem Kessel angebrachten Wärme in Bewegung oder Lasterhebung wirklich zersetzt werde und dies könnte zur Rechtfertigung dienen, für die Versuche, Bewegung auf anderem Wege als durch Aufopferung der chemischen Differenz von C und O, namentlich also durch Verwandlung der auf chemischem Wege gewonnenen Elektricität in Bewegung, auf erspriefsliche Weise darstellen zu wollen.

Ausgegeben am 31ten Mai 1842.

Abb. 29. Berechnung des mechanischen Wärmeäquivalents am Schluß von Mayers Abhandlung „Bemerkungen über die Kräfte der unbelebten Natur“ in Liebigs „Annalen der Chemie und Pharmacie“ 1842

Pharmacie" erschien M.s erste gedruckte Abhandlung mit dem Titel „Bemerkungen über die Kräfte der unbelebten Natur". Hier war erstmalig das mechanische Energieäquivalent, welches wir heute in der Form 1 kcal = 427 mkp ausdrücken, mit folgenden Worten angegeben, mit denen sich M. die Priorität der Entdeckung des Energieprinzips sicherte: „Es ergiebt sich hieraus . . ., daß dem Herabsinken eines Gewichtstheiles von einer Höhe circa 365 m, die Erwärmung eines gleichen Gewichtstheiles Wasser von 0° auf 1° entspreche."

Im Jahre 1845 erschien als Broschüre die zweite Veröffentlichung „Die organische Bewegung in ihrem Zusammenhange mit dem Stoffwechsel". Während M. in Liebigs Annalen nur den Wert des mechanischen Wärmeäquivalentes angegeben hatte und die Berechnung nur andeutete, legte er nun explizit seine Gedankenversuche über die Umwandlung von Wärme in Arbeit dar: Ein Gramm eines idealen Gases wird durch Zufuhr von Wärme von 0° auf 1° Celsius gebracht, wobei sich das Gas um $^1/_{273}$ seines ursprünglichen Volumens ausdehnt (während der Druck unverändert bleibt).

Der Endzustand kann auf zweierlei Weise erreicht werden: Im ersten Fall erfolgt die Wärmezufuhr bei konstantem Druck, bis die Temperaturerhöhung von 1° erreicht ist; das Gas leistet dabei eine äußere Arbeit pdV, etwa indem es ein Gewicht hebt. Im zweiten Fall erfolgt zunächst eine Erwärmung um 1° bei konstantem Volumen, d. h. ohne Arbeitsleistung, bis sich der Druck um $^1/_{273}$ des ursprünglichen erhöht hat. Anschließend wird durch eine isotherme Expansion der Druck auf den ursprünglichen Wert gesenkt, wobei sich das Volumen entsprechend dem Boyle-Mariotteschen Gesetz um $^1/_{273}$ erhöht. Mit diesem letzten Schritt (bei dem weder Wärme verbraucht noch Arbeit geleistet wird), ist auch im zweiten Fall der gewünschte Endzustand erreicht. Vergleicht man nun die beiden Wege, stellt man fest, daß nur im ersten Fall mechanische Arbeit geleistet wurde und daß ihr Betrag durch die Differenz der in beiden Fällen zugeführten Wärmemengen gegeben ist. Die Differenz entspricht der Differenz der spezifischen Wärmen von konstantem Druck und konstantem Volumen. Damit aber ist die Relation zwischen mechanischer Arbeit und der entsprechenden Wärme hergestellt, das mechanische Wärmeäquivalent gefunden.

In Analogie zur Chemie, wo sich in zahlreichen Lehrbüchern Listen der Elemente fanden, stellte M. in seiner Broschüre von 1845 ein Schema der „Kräfte" mit fünf Hauptformen auf: I. Fallkraft, II. Lebendige Kraft, III. Wärme, IV. Magnetismus, Elektrizität, V. Chemische Kraft. Durch Kombination der Elemente erhält der Chemiker einen Überblick über die Vielfalt der möglichen Stoffe. Entsprechend kommt die Vielfalt der physikalischen Vorgänge durch die wechselseitige Umwandlung von einer „Kraftform" in die andere zustande: „An diese Aufstellung von fünf Hauptformen der physikalischen Kraft", schrieb M., „reiht sich die Aufgabe, die Metamorphosen dieser Formen durch fünfundzwanzig Experimente zu beweisen."

Als Anhänger des → Dynamismus sah M. – genau wie Faraday – überall in der Natur Kräfte am Werk, die sich in dieser oder jener Form manifestieren können. Überall auch sah er Umwandlungen von einer Kraft in die andere. In exothermen chemischen Vorgängen, speziell den Verbrennungen, sah er eine Verwandlung von chemischer Kraft in Wärme, in der Voltaschen Säule eine Verwandlung chemischer in elektrische Kraft, im elektrischen Glühdraht eine Verwandlung elektrischer Kraft in Wärme u. s. f. Heute erscheint uns die von M. angegebene Zahl fünf für die „Hauptformen" der Energie wie die Zahl 25 für die Umwandlungen seltsam und willkürlich. An die „energetische" Betrachtung der Naturvorgänge dagegen haben wir uns so sehr gewöhnt, daß heute eine solche Denkweise geradezu „physikalisch" genannt wird. Damals aber wurden M.s Gedankengänge vielfach als „unphysikalisch" und „unwissenschaftlich" abgelehnt.

1848 versuchte M. für seine „Energiebetrachtungen“ (wie wir heute sagen würden) neue Anwendungen zu finden und kam dabei auf eine alte Fragestellung zurück. Schon 1841 hatte er in seinem ersten mißglückten Aufsatz die Ursache für die beständige Sonnenausstrahlung erklären wollen. Dieses Problem war im ganzen 19. Jahrhundert unlösbar, denn die Quelle der Strahlung, der „Energiespender“, ist ein kernphysikalischer Vorgang: Es ist aber interessant, mit welcher physikalischen Reife die Aufgabe 1848 von ihm angegriffen wurde. Seine Darlegung, daß Meteore beständig in die Sonne stürzen und ihre chemische Energie und Gravitationsenergie der ausgestrahlten Energie die Waage hält, wurde später, als man seine Schriften endlich studierte, weitgehend angenommen.

Als schwer empfundener psychischer Druck lastete in diesen Jahren auf M. das Ausbleiben jeder Anerkennung. Nach einer milden Kritik von Christian Heinrich Pfaff bezeichnete der freie Mitarbeiter der Augsburger „Allgemeinen Zeitung“, Dr. Otto Seyffer, das M.sche Prinzip als „ein vollkommen unwissenschaftliches, allen klaren Ansichten über die Naturtätigkeit widersprechendes Paradoxon“; als sich Seyffer aber ein Jahr später in Tübingen habilitierte, formulierte er ohne Erwähnung M.s als These: „Die Auffindung der sog. Äquivalentzahl zwischen mechanischer Kraft und Wärme anerkenne ich als eine vollendete Tatsache.“

Zuerst hatte man behauptet, daß er mit seinem Satze unrecht habe; nun hieß es, daß es sich um eine längst bekannte Selbstverständlichkeit handle. Vergeblich forderte M. Genugtuung: „Diesem Umstande habe ich es beizumessen, daß ich in der Frühe des 28. Mai 1850, bei dem damals herrschenden heißen Frühlingswetter in steigende Aufregung geratend, nach schlaflos hingebrachter Nacht in einem Anfalle plötzlich ausgebrochenen Deliriums, noch unangekleidet, zwei Stockwerke (neun Meter) hoch vor den Augen meiner kurz vorher erwachten Frau, welche sich der Sache nicht versehen konnte, durch das Fenster auf die Straße sprang.“ Die Folge war ein wochenlanges Krankenlager. Er erholte sich nur langsam und behielt zeitlebens eine Gehbehinderung. Schlimmer war, daß die Gemütsdepressionen wiederkehrten, die, bald für Mayer und die Umwelt erkennbar, den Charakter psychischer Störungen annahmen.

Das Schicksal des Entdeckers und Erfinders, von seinen Mitbürgern nicht verstanden und verspottet zu werden, Mayer hat es bittere Jahre ertragen müssen. Nur langsam wendete sich das Blatt. Immer mehr trat im Bewußtsein der Wissenschaftler das Energieprinzip als die wichtigste physikalische Erkenntnis des Jahrhunderts hervor. Der Entdecker-Ruhm fiel dabei in Deutschland zuerst ganz auf Helmholtz und in England auf Joule. Neben diesen und einer Reihe anderer Namen wurde aber doch auch, und häufiger, Julius Robert Mayer genannt. Schließlich, am 6. Juni 1862, verkündete John Tyndall bei einem großen Vortrag in der Royal Institution in London, daß unter den Entdeckern des Energieprinzips Julius Robert Mayer an erster Stelle steht: „No greater genius than Robert Mayer has appeared in our century. Some men who now overshadow him will be undoubtedly placed beneath him in the future history of science.“

Werke: Die Mechanik der Wärme in gesammelten Schriften. Herausgegeben von Jacob J. Weyrauch. [3]Stuttgart 1893; Kleinere Schriften und Briefe. Nebst Mittheilungen aus seinem Leben. Herausgegeben von Jakob Weyrauch. Stuttgart 1893.

Literatur: Eugen Dühring, Kritische Geschichte der allgemeinen Prinzipien der Mechanik. [3]Leipzig 1887; R. M. und das Energieprinzip. 1842–1942. Gedenkschrift. Schriftwaltung Erich Pietsch und Hans Schimank. Berlin 1942; Helmut Schmolz und Hubert Weckbach, R. M. Sein Leben und Werk in Dokumenten. Weißenhorn 1964; Hans Schimank, J. R. M. (1814–1878). Sein Weg zur Erkenntnis und Darstellung des Energieprinzips. In: Deutsches Museum. Abhandlungen und Berichte. Jg 33, 1965, H. 3, S. 25–61; weitere Literatur → Energie.

Mechanik. In der Antike waren M. und → Physik geradezu Gegensätze. Während die

Physik die Wissenschaft von der Natur bildete, war die M. eine → Kunst, die Kunst nämlich, die Natur zu überlisten. Durch einen weltanschaulichen und sozialen Umbruch wurde, besonders deutlich bei René Descartes, die M. das Kernfach der Physik. Nun meinte man, daß alle physikalischen Vorgänge auch mechanisch erklärbar sein

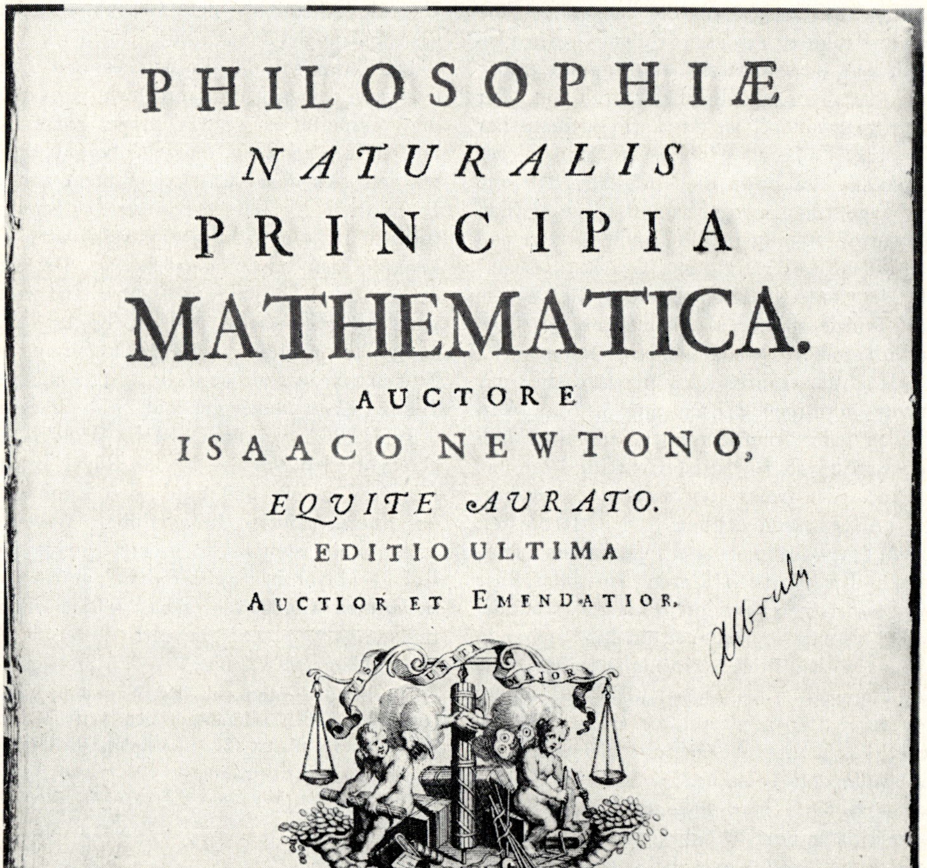
PHILOSOPHIÆ
NATURALIS
PRINCIPIA
MATHEMATICA.
AUCTORE
ISAACO NEWTONO,
EQUITE AURATO.
EDITIO ULTIMA
AUCTIOR ET EMENDATIOR.

VIS UNITA MAJOR

AMSTÆLODAMI
SUMPTIBUS SOCIETATIS,
MDCCXIV.

Abb. 30. Titelblatt des Amsterdamer Nachdrucks der zweiten Auflage von Newtons Prinzipien. 1714 müssen. In seiner theoria motus concreti von 1671 schrieb Leibniz: „Desiderant omnes philosophi recentiores physicam mechanice explicari.“

Die Antike hatte bereits statische Probleme mit Erfolg behandelt. Galileo Galilei gelangte darüber hinaus zur richtigen Analyse von Bewegungsvorgängen (→ Fallgesetze, → Wurfgesetze). Er, der nach seinen eigenen Worten „zwei neue Wissenschaften“ geschaffen hat, nämlich die Kinematik und Festigkeitslehre, gilt als der eigentliche Begründer der M. Während Galilei sich auf das Studium der Bewegungsgesetze beschränkte, denen ein einzelner Körper im Schwerefeld der Erde unterworfen ist, dehnte Christiaan Huygens seine Untersuchungen auf die Verhältnisse bei mehreren Körpern aus und fand 1656 die (erst 1669 der Royal Society mitgeteilten) Stoßgesetze. Drei Jahre später gelang ihm auch im Anschluß an Galileis Betrachtungen über den freien Fall die Entdeckung des Beschleunigungsgesetzes, das die Kreisbewegung beherrscht ($b = v^2/r$).

Newtons „Philosophiae naturalis principia mathematica“ von 1687 schlossen an die Entdeckungen Galileis und Huygens' an und lieferten durch weitgehende Klärung der zentralen Begriffe „Masse“ und „Kraft“ die theoretische Grundlage der M., die über zwei Jahrhunderte unerschüttert Bestand hatte. Darüber hinaus führte ihn seine M., die er auf das von ihm entdeckte spezielle Kraftgesetz der Gravitation anwandte, zu einer umfassenden Erklärung der von Johannes Kepler zu Beginn des 17. Jh.s gefundenen Planetengesetze. Die nachnewtonische Epoche, die den Grundlagen der M. nichts grundsätzlich Neues hinzufügte, war charakterisiert durch das Bemühen, einerseits die mathematische Seite der Theorie zu durchdringen und andererseits Prinzipien aufzufinden, die als der M. übergeordnet angesehen werden konnten. — Entsprechend waren an ihrer Fortentwicklung ausschließlich Mathematiker beteiligt (Epoche der analytischen Mechanik: Daniel Bernoulli, Leonhard Euler, Pierre-Louis Moreau de Maupertuis, Jean le Rond d'Alembert, Joseph-Louis Lagrange, Pierre-Simon Laplace, Carl Friedrich Gauß, William Rowan Hamilton, Carl Gustav Jacob Jacobi).

Die durch diese Forscher geförderte innere Geschlossenheit der M. weckte im 19. Jh. den Wunsch, das gesamte Naturgeschehen auf sie zurückzuführen. Wenn dies in der Thermodynamik auch weitgehend gelang, so war doch die Ableitung des →Planckschen Strahlungsgesetzes ein kräftiges Indiz dafür, daß ein solches Programm undurchführbar sei. Zwar erhielt die klassische M. gerade durch Planck im Anschluß an die Spezielle Relativitätstheorie Albert Einsteins ihre formale Vollendung, doch zwangen die zunehmenden Schwierigkeiten, die bei der mechanischen Erklärung der Atomeigenschaften zutage traten, zu einer tiefgreifenden Revision ihrer Grundlagen: 1925 ersetzte Werner Heisenberg die alte Kinematik unter Beibehaltung von Impuls- und Energiesatz durch eine neue (die diskontinuierliche Matrizen anstelle kontinuierlicher Koordinaten enthält), und 1926 gelangte Erwin Schrödinger, geleitet von dem klassischen Prinzip der kleinsten Wirkung (William Rowan Hamilton 1834), zu einer → Wellenmechanik, von der er zeigen konnte, daß sie die klassische M. als Grenzfall enthält.

Quellen: Galileo Galilei, Unterredungen und mathematische Demonstrationen über zwei neue Wissenszweige, die Mechanik und die Fallgesetze betreffend. Neudruck Darmstadt 1964; Christiaan Huygens, Über die Bewegung der Körper durch den Stoss. Über die Centrifugalkraft (= Ostwalds Klassiker. Nr 138). Leipzig 1903; Isaac Newton, Definitions. Axioms, or laws of motion. In: William Francis Magie, A source book in physics. Cambridge, Mass. 1965, S. 30—46; Joseph-Louis Lagrange, Principle of virtual velocities. Ebd. S. 61—65.

Literatur: Ernst Mach, Die Mechanik in ihrer Entwicklung historisch-kritisch dargestellt. Leipzig 1933; René Dugas, La mécanique au XVIIe siècle. Neuchâtel 1954; Max Jammer, Concepts of force. Cambridge, Mass. 1957; Eduard Jan Dijksterhuis, Die Mechanisierung des Weltbildes. Berlin 1956; John Herivel, The background to Newton's principia. Oxford 1965; Clifford Truesdell, Essays in the history of mechanics. Berlin,

Heidelberg, New York 1968; ders., Neuere Anschauungen über die Geschichte der allgemeinen Mechanik. In: Zeitschrift für angewandte Mathematik und Mechanik. Bd 38, 1958, S. 148–157; Edward Grant, Motion in the void and the principle of inertia in the Middle Ages. In: Isis. Vol. 55, 1964, S. 265–292; A. T. Grigorian, On the development of variational principles of mechanics. In: Archives internationales d'histoire des sciences. Bd 18, 1965, S. 23–35; Thomas L. Hankins, The reception of Newton's second law of motion in the eighteenth century. Ebd. Jg 20, 1967, S. 43–65; Roderick W. Home, The third law in Newton's mechanics. In: The British journal for the history of science. Vol. 4, 1968, S. 39–51; Clifford Truesdell, Rückwirkungen der Geschichte der Mechanik auf die moderne Forschung. In: Humanismus und Technik. Bd 13, 1969, S. 1–25. Reyer Hooykaas, Das Verhältnis von Physik und Mechanik in historischer Hinsicht (= Beiträge zur Geschichte der Wissenschaft und der Technik. Heft 7). Wiesbaden 1967; Fritz Krafft, Dynamische und statische Betrachtungsweise in der antiken Mechanik. Wiesbaden 1970. U. H.

Meitner, Lise (* 7. November 1878 in Wien, † 27. Oktober 1968 in Cambridge). L. M. studierte an der Universität Wien vor allem bei Ludwig Boltzmann und Franz Exner und ging im Sommer 1907 zur weiteren wissenschaftlichen Ausbildung nach Berlin. Bei ihrem Interesse für Radioaktivität, über die sie schon in Wien, nach ihrer Promotion, gearbeitet hatte, ergab sich bald eine enge Zusammenarbeit mit Otto Hahn. Freundschaftlich verbunden fühlte sich L. M. auch mit Max Planck, dessen Assistentin sie von 1912 an für einige Jahre wurde.

Am 1912 gegründeten Kaiser-Wilhelm-Institut für Chemie in Berlin-Dahlem bauten Hahn und M. die radioaktive Abteilung auf. Das neue Gebiet nahm am Institut einen immer größeren Umfang an; um 1930 wurde, außer in einer kleinen Gastabteilung, nur noch Kernphysik getrieben. L. M., von 1926 bis 1933 außerordentlicher Professor an der Universität Berlin, leitete die physikalische Abteilung. „Bei aller Bescheidenheit", so sagte Hahn, „wuchs L. M. immer mehr in die Würde eines Professors hinein."

Die erste große Gruppe ihrer Arbeiten behandelte den β-Zerfall. 1925 erbrachte sie den „Nachweis, daß die Gammastrahlen erst nach erfolgtem Atomzerfall emittiert werden". Sie bestätigte die sonderbare (und darum zunächst bestrittene) Eigenschaft der β-Elektronen, ein kontinuierliches Energiespektrum zu besitzen, und bereitete damit Wolfgang Pauli den Weg für die Hypothese des → Neutrinos. Nachdem Enrico Fermi gezeigt hatte, daß durch Neutronenbestrahlung leicht Kernumwandlungen erreicht werden können, wandten M. und Hahn ihre Hauptaufmerksamkeit der künstlichen Radioaktivität zu. Nach der Entdeckung der Kernspaltung durch → Hahn und Fritz Straßmann gab L. M. zusammen mit Otto Robert Frisch die richtige Erklärung mit dem Bohrschen Tröpfchenmodell; beide schätzten auch sogleich die hohe, bei dem Prozeß freiwerdende Energie ab.

1938 fiel L. M., nach dem Anschluß Österreichs, unter die Rassengesetze des Dritten Reiches; sie emigrierte nach Schweden. In Stockholm leitete sie im Institut Manne Siegbahns eine Forschungsabteilung. Seit 1961 lebte sie in Cambridge (England) bei ihrem Neffen Otto Robert Frisch.

Werke: Der Aufbau der Atomkerne (mit Max Delbrück). Berlin 1935; Atomenergie und Frieden (mit Otto Hahn). Wien 1954; Einige Erinnerungen an das Kaiser-Wilhelm-Institut für Chemie in Berlin-Dahlem. In: Die Naturwissenschaften. Jg 41, 1954, S. 97–99; Looking back. In: Bulletin of the atomic scientists. Vol. 20, No 11, 1965, S. 2–7.

Literatur: Berta Karlik, Gedenkworte für L. M. In: Akademische Gedenkfeier zu Ehren von Otto Hahn und L. M. am 21. Februar in Berlin. o. O. 1969; Karl Przibram, Erinnerungen an ein altes physikalisches Institut. In: Otto Robert Frisch et al. (Hrsg.), Beiträge zur Physik und Chemie des 20. Jahrhunderts. L. M., Otto Hahn und Max von Laue zum 80. Geburtstag. Braunschweig 1959; Friedrich Herneck, Zum wissenschaftlichen Wirken von Otto Hahn und L. M. im Chemischen Institut der Berliner Universität. In: Wiss. Zeitschrift der Humboldt-Universität zu Berlin. Math.-naturw. Reihe. Jg 16, 1967, S. 833–836.

Mersenne, Marin (* 8. September 1588 in Soultière bei Oizé, † 1. September 1648 in Paris). Im Kollegium von La Flèche war er Mitschüler Descartes', mit dem er die Neigung zur Mathematik teilte und dessen bester Freund er zeitlebens blieb. Er studierte Theologie und trat 1611 in den Minoritenorden ein. Von 1614–1620 lehrte er Philosophie und Theologie in Nevers; dann wohnte er in Paris im Kloster de l'Annonciade. Auf Reisen nach Holland und Italien besuchte er die dortigen Gelehrten.

Er begann mit einer dreibändigen Edition klassischer Schriften griechischer Mathematiker wie Euklid, Apollonius und Archimedes (Paris 1626). Noch bedeutungsvoller wurde 1634 seine Übersetzung und erste Veröffentlichung von Galileis „Le mecaniche". Er wurde dadurch zu eigenen Experimenten veranlaßt und versuchte später auch, Galileis Fallgesetz zu bestätigen, indem er Kugeln auf der geneigten Ebene hinabrollen ließ, stellte aber fest, daß die Meßergebnisse nicht zu erreichen waren, wie die Theorie sie verlangte. Doch zweifelte er nicht am Gesetz und begnügte sich mit der Erkenntnis, daß man die Naturwissenschaft nicht ausschließlich auf die Erfahrung aufbauen dürfe (→ Fallgesetze).

M. benützte als erster das Pendel zur Messung der Stärke der Schwerkraft, erfand ein Hygrometer, beschäftigte sich mit dem Plan eines Spiegelfernrohres und als Mathematiker mit den Zykloiden. Vor allem aber förderte er die → Akustik, über die er ein grundlegendes Werk verfaßte, die „Harmonie universelle". Er entdeckte die Gesetze der Pfeifen und der schwingenden Saiten. In Versuchen fand er, daß sich die Tonhöhe mit der Länge, dem spezifischen Gewicht, dem Durchmesser und der Spannung der Saiten veränderte. Er wurde auf die Erzeugung der Obertöne über dem Grundton aufmerksam, bestimmte die Beziehungen zwischen den Frequenzen der Intervalle und maß die Schallgeschwindigkeit, indem er den Zeitunterschied zwischen dem Erblicken des Mündungsfeuers und dem Hören des Knalls einer Feuerwaffe aus bestimmter Entfernung maß. Für Nachrichten aus der Musikgeschichte und Musikinstrumentenkunde bildet sein Buch ebenfalls eine Fundgrube.

Die höchsten Verdienste aber erwarb sich M. durch einen ungeheuren wissenschaftlichen Briefwechsel. Er war aufnahmefähig für die Arbeiten anderer und besaß die Gabe, klar über sie zu berichten. Man hat festgestellt, daß er mit nahezu jedem Franzosen seiner Zeit, der mathematisch oder naturwissenschaftlich tätig war, in Verbindung stand, dazu mit Galilei und seinem Kreise, mit Hevel in Danzig, mit Holländern und Engländern. Jeder Briefpartner kam in den Genuß seiner klugen Einblicke in das, was in der Naturforschung vorging. Thomas Hobbes nannte ihn den Gelehrten, „in dem mehr war als in allen Universitäten zusammen". Zum Beispiel wurde Torricellis Entdeckung über das Barometer und den Luftdruck durch ihn in Frankreich verbreitet und gelangte so zu Pascals Kenntnis. Da M. auch Descartes von allem unterrichtete, hat man ihn als „Residenten Descartes' in Paris" bezeichnet. Sein Kloster war ein Treffpunkt für die Naturwissenschaftler, die in der Hauptstadt lebten oder sie besuchten. Die regelmäßigen Zusammenkünfte, die er einführte, gaben Colbert später den Anlaß zur Gründung der „Académie des Sciences".

Werke: Les mécaniques de Galilée avec plusieurs additions rares et nouvelles. Trad. de l'italien par le Père M. M. Paris 1634 (Neudruck Paris 1966); Les nouvelles pensées de Galilée. Trad. de l'italien par le Père M. M. Paris 1639; Harmonicorum libri XII. Paris 1636. Auch französisch: Harmonie universelle. 2 Bde. Paris 1636 (Neudruck 3 Bde. Paris 1963); Cogitata physicomathematica. 3 Bde. Paris 1644.

Literatur: Eduard Jan Dijksterhuis, Val en Worp. Groningen 1924, S. 373–382; Robert Lenoble, M. ou la naissance du mécanisme. Paris 1943; Troisième centenaire de M. (Beiträge von Pierre Sergescu, Cornélis de Waard, Pierre Humbert, Léon Auger, Robert Lenoble und Bernard Rochot). In: Revue d'histoire des sciences. Bd 2, 1948, S. 5–100; Heiner Hermelink, M. M. und seine Naturphilosophie. In: Philosophia naturalis.

Bd 1, 1950, S. 223–242; René Dugas, La mécanique au XVIIe siècle. Neuchâtel 1954, S. 90 bis 102; R. H. Popkin, Father M.'s war against pyrrhonism. In: The modern schoolman. 1957, S. 61–79; Alfred Rupert Hall, Die Geburt der naturwissenschaftlichen Methode 1630–1720. Gütersloh 1965; Pierre Costabel, Un registre de manuscrits témoin de l'activité de M. en Italie en 1645. In: Revue d'histoire des sciences. Bd 22, 1969, S. 155–162.

Briefeditionen: Jean Rey, Essais sur la recherche de la cause pour laquelle l'estain et le plomb augmentent de poids quand on les calcine. Paris 1777. Neue Ausgabe 1907. Darin Briefwechsel mit M.; Correspondance. Hrsg. von Mme Paul Tannery, dann von Cornélis de Waard und René Pintard, später von Bernard Rochot. Paris seit 1933 (Korrespondenz bis 1641: 10 Bde bis 1967). H. B.

Michelson, Albert Abraham (* 19. Dezember 1852 in Strelno, Provinz Posen, † 9. Mai 1931 in Pasadena, Kalifornien). M. wurde als Sohn deutscher Eltern in der preußischen Provinz Posen geboren; wenig später siedelte die Familie in die Vereinigten Staaten über. Er besuchte die Naval Academy in Annapolis, Maryland, an der er 1873 sein Abschlußexamen ablegte. Nach zweijährigem Seedienst wurde er Dozent (instructor) für Physik und Chemie an derselben Akademie und führte 1878 seine ersten erfolgreichen Messungen der → Lichtgeschwindigkeit mit einer verbesserten Drehspiegelanordnung nach → Foucault durch.

1880 ging M. nach Europa zu einem zweijährigen Studien- und Forschungsaufenthalt in Paris, Heidelberg, Berlin und Potsdam. In Paris erfand er 1880 das später nach ihm benannte Interferometer, mit dem er dann das Michelson-Experiment zum Nachweis der Relativbewegung der Erde gegen den ruhenden Äther ausführte. Erste Messungen wurden 1881 an Hermann von Helmholtz' Berliner Institut vorgenommen. Da dort die Störeinflüsse zu stark waren, gaben erst die am Astrophysikalischen Observatorium in Potsdam 1881 angestellten Messungen ein klares negatives Ergebnis.

Im Jahre 1882 wurde M. Physikprofessor an der Case School for Applied Science in Cleveland, Ohio. Hier begann seine jahrelange Zusammenarbeit mit Edward W. Morley. 1886 schlossen sie eine wesentlich genauere Wiederholung der Versuche Hippolyte Fizeaus zum Fresnelschen Mitführungskoeffizienten ab und erzielten enge Übereinstimmung mit der Theorie. Anschließend führten sie 1887 in Fortsetzung der in Potsdam begonnenen Versuche die berühmt gewordenen Experimente zur Ätherdrift durch, deren eindeutig negative Ergebnisse folgenschwer für die Entwicklung der Physik waren. – Mit Morley zeigte M. durch grundlegende Untersuchungen in den Jahren bis 1889, daß es möglich ist, den Metermaßstab auf die Wellenlänge von Spektrallinien zurückzuführen. Im Verlauf dieser Bemühungen gelang ihnen die Entdeckung der Feinstruktur verschiedener Balmerlinien und der Hyperfeinstruktur des Quecksilbers.

1889 wurde M. Professor der Physik an der Clark University in Worcester, Massachusetts, und 1893 an der Universität in Chicago. Er war berühmt für seine experimentelle Präzision, die vor allem in seinen interferometrischen Messungen reiche Früchte trug. Nach der Messung des Durchmessers der Jupitermonde gelang ihm damit 1921 auch die Abschätzung von Fixsterndurchmessern.

M.s. Hauptforschungsgegenstand blieben zeitlebens die Interferenz des Lichts und die Lichtgeschwindigkeit, und auf diesem Gebiet war er „by far the greatest expert that the world has yet seen", wie Robert A. Millikan über M. urteilte. Noch kurz vor seinem Tode hatte M. mit seinen Mitarbeitern Francis G. Pease und Frederick Pearson umfangreiche Messungen der Lichtgeschwindigkeit, auch der im Vakuum, vorbereitet und begonnen. Für seine optischen Präzisionsinstrumente und die damit durchgeführten Untersuchungen wurde M. 1907 als erstem der amerikanischen Physiker der Nobelpreis verliehen.

Werke: Light waves and their uses. London 1908; Studies in optics. 3Chicago 1962.

Literatur: Robert A. Millikan, A. A. M. In: Physical Review. Vol. 37, 1931, S. 1377–1379; H. F. N., A. A. M. In: Obituary Notices of Fellows of the Royal Society 1932–35, S. 18–25; Loyd S. Swenson, The ethereal aether: A descriptive history of the Michelson-Morley aether-drift experiments. Diss. Claremont 1962. Ann Arbor 1970. S. R.

Mie, Gustav (* 29. September 1868 in Rostock, † 13. Februar 1957 in Freiburg). M.s Bestrebungen galten vor allem der Vereinheitlichung des physikalischen Weltbildes und der Überwindung des Gegensatzes von „Materie" und „Feld". In seinem erstmals 1910 erschienenen „Lehrbuch der Elektrizität und des Magnetismus" leitete er die Elektrodynamik induktiv aus den experimentellen Tatsachen ab. Er versuchte in seinen Arbeiten die Einteilung physikalischer Größen in „Quantitäts-" und „Intensitätsgrößen" konsequent durchzuführen. Seine Denkweise blieb nicht ohne Einfluß auf die Entwicklung vor allem der Elektrodynamik. Auf experimentellem Gebiet widmete er sich elektrischen Messungen mit Kurzwellen und Röntgenstrukturuntersuchungen an organischen Kristallen. Die wichtigsten Stationen seines Wirkens waren Greifswald, Halle und seit 1924 Freiburg.

Werke: Elektrodynamik (= Handbuch der Experimentalphysik. Bd 11, 1). Leipzig 1932; Lehrbuch der Elektrizität und des Magnetismus. ³Stuttgart 1948; Aus meinem Leben. In: Zeitwende. Jg 19, 1948, S. 733–743; Die Grundlagen der Mechanik. Stuttgart 1950.

Literatur: Wilhelm Kast, G. M. In: Physikal. Blätter. Jg 13, 1957, S. 129–151; Helmut Hönl, Intensitäts- und Quantitätsgrößen. In memoriam G. M. zu seinem 100. Geburtstag. In: Physikal. Blätter. Jg 24, 1968, S. 498–502. S. R.

Mikroskop. Als Erfinder gilt der holländische Brillenmacher Zacharias Janssen in Middelburg um 1600. Eine der ersten Entdeckungen mit dem Mikroskop war die Beobachtung des Fazettenauges der Biene durch Francesco Stelluti 1618. Das einfache Mikroskop (mit einer einzigen Linse), also die Lupe, war dem zusammengesetzten an Lichtstärke überlegen und beherrschte zunächst die Forschung. Athanasius Kircher beschrieb mehrere einfache Mikroskope in seiner „Ars magna lucis et umbrae" (Rom 1646 und Amsterdam 1671). Caspar Schott zeigte in seiner „Magia universalis naturae et artis" (Würzburg 1658) fünf Formen von Mikroskopen, darunter nur ein zusammengesetztes. Große Mikroskopiker des 17. Jahrhunderts waren Robert Hooke (der 1665 die Pflanzenzellen entdeckte), Marcello Malpighi, Antoni van Leeuwenhoek und Jan Swammerdam. Leeuwenhoek, der sich über 400 sehr gute Linsen für einfache Mikroskope schliff, forschte 1673–1723 und beschrieb unter anderem die Infusorien. Inzwischen wurde das zusammengesetzte Mikroskop allmählich verbessert. Eustachio Divini verband 1668 mehrere Linsen zu einem System, und Johannes Hevel versah das Mikroskop 1673 mit einer Schraube zur Feineinstellung. Johannes Zahn bildete im „Oculus artificialis teledioptricus" (Würzburg 1685) zwei- und vierlinsige Instrumente ab. Durch Carlo Antonio Tortona wurde 1685 die bei Lupen übliche Untersuchung in durchfallendem Licht auf das zusammengesetzte Mikroskop übertragen.

Trotzdem behielt bis weit ins 18. Jahrhundert das einfache Mikroskop den Vorrang. Ausgestaltet wurde es durch Nikolaus Hartsoeker (Essai de dioptrique, Paris 1694), der auswechselbare Linsen einbaute und einen Objekthalter mit zwei Glasplättchen erfand. James Wilson entwickelte das Gerät weiter. Christian Gottlieb Hertel fügte 1716 den Beleuchtungsspiegel bei.

Der Engländer Edward Culpeper bereicherte das zusammengesetzte Mikroskop mit der Zwischenlinse, die hinter dem Objektiv saß und dieses zu einem System ergänzte. Den Tubus verschob er zur Feineinstellung in einer Hülse. Statt aus Holz und Pappe wurde sein Mikroskop immer mehr aus Messing gebaut, so von John Cuff 1744. England war im 18. Jh. im Bau von Mikroskopen führend. Die zusammengesetzten erwiesen ihre Überlegenheit, sobald es möglich wurde, die unscharfen Farbenränder ihrer Bilder zu

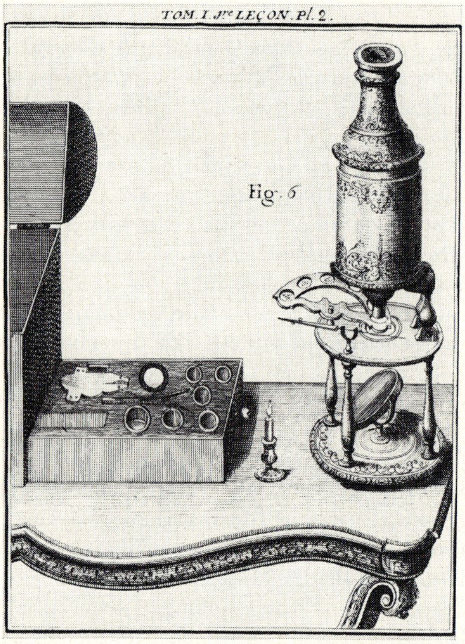

Abb. 31. Mikroskop. Aus: Abbé Nollet, Leçons de physique expérimentale. Bd 1. Amsterdam 1754

vermeiden. Dies gelang durch Kombination brechender Medien mit verschiedener Farbzerstreuung in den Objektiven. John Dollond schuf 1758 ein Fernrohrobjektiv aus Kron- und Flintglas; Leonhard Euler hatte dies mathematisch begründet, und bald gelang auch der Bau achromatischer Mikroskop-Objektive. Günstig waren dazu sehr kleine Linsen, die dem Optiker Harmanus van Deijl in Amsterdam 1807 glückten.

Durch die Zusammenarbeit Joseph Fraunhofers mit dem Schweizer Glasschmelzer Pierre-Louis Guinand in Benediktbeuren bei München wurden aus geänderten Bestandteilen Glasarten erzeugt, bei denen der Gang der Lichtzerstreuung günstiger war als bei den bisherigen Glassorten. Erfolg mit achromatischen Objektiven hatten die Optiker Chevalier in Paris, und höchstwertige lieferte Giovanni Battista Amici in Modena. Daher verloren die Lupen ihre Bedeutung für die Forschung zugunsten dieser Instrumente. Den wachsenden Bedarf an zusammengesetzten Mikroskopen deckten Firmen wie Oberhäuser in Paris, Plößl in Wien und Schiek in Berlin. Oberhäuser verlieh dem Fuß die heute gebräuchliche Hufeisenform. Den Kondensor für die Beleuchtung entwickelten David Brewster und William Hyde Wollaston; Vollendung erhielt er durch Ernst Abbe. – Mit dem verbesserten Mikroskop wurden das Säugetierei, der Zellkern, die Trichine, der Hefepilz der Gärung entdeckt; Matthias Jacob Schleiden und Theodor Schwann begründeten die Zellenlehre und Rudolf Virchow die Zellularpathologie.

Amici brachte 1850 zwischen das Deckglas des Präparates und das Objektiv Wasser und konnte durch diese Wasserimmersion zusätzliche Strahlenbündel für die Bilderzeugung gewinnen. In Jena nahm Carl Zeiss den Bau von Mikroskopen auf. Ernst Abbe berechnete ihm die Grundlagen und fand 1878 im Öl, besonders im eingedickten Zedernöl, ein ideales Immersionsmittel. Mit dem Glastechniker Otto Schott schuf er neue Glassorten mit bestimmten Konstanten, vor allem Borat- und Phosphatgläser, und korrigierte damit die Farbzerstreuung. Die neuen Apochromate zeigten bisher nie erreichte Güte. Sie kamen besonders der bakteriologischen Forschung zustatten. Neben Jena wurde Wetzlar ein Mittelpunkt für optische Werkstätten; dort waren die Firmen Ernst Leitz und Seibert. Robert Koch benützte ein Seibertsches Mikroskop. Die binokularen Mikroskope gingen von England aus.

1876 legte → Ernst Abbe eine Theorie des M.s vor. Danach hängt das Auflösungsvermögen von der Wellenlänge ab. Ohne daß man erwarten durfte, daraus je Konsequenzen ziehen zu können, wußte man nun: Mit Strahlen kürzerer Wellenlänge lassen sich feinere Strukturen abbilden. Als Louis de Broglie 1924 die Wellennatur der Elektronen erkannt hatte und man auf sehr kurze Wellenlängen schließen mußte, wurde daher das → Elektronenmikroskop angestrebt.

Literatur: R. J. Petri, Das Mikroskop. Von seinen Anfängen bis zur jetzigen Vervollkommnung.

Berlin 1896; A. N. Disney, C. F. Hill, W. E. Baker, Origin and development of the microscope. London 1928; Reginald S. Clay and Thomas H. Court, The history of the microscope. London 1932; S. H. Gage, The microscope. New York 1941; Erich Hintzsche, Das Mikroskop. Ciba Zeitschrift Nr 117. Basel 1949; Maria Rooseboom, Catalogue de l'exposition de la microscopie. Leiden 1954; Edouard Frison, L'évolution de la partie optique du microscope au cours du XIXe siècle. Leiden 1954; Hugo Freund und Alexander Berg, Geschichte der Mikroskopie. Frankfurt 1963; S. Bradbury, The evolution of the microscope. Oxford 1967.

K. Fischer, Die Utrechter Mikroskope. In: Zeitschrift für Instrumentenkunde. Jg 55, 1935, S. 289–300; Charles Singer, Die ältesten Abbildungen mikroskopischer Objekte. In: Endeavour. Bd 12, 1953, S. 197–201; Wilhelm Mehliss, 100 Jahre Entwicklung im Zeiss-Mikroskop-Stativbau. In: Jenaer Jahrbuch. Jg 1953, S. 25–79; Hans Boegehold und H. Bernhardt, Die Weiterarbeit an Mikroskopobjektiven und -okularen im Zeisswerk seit Abbes Tode. In: Jenaer Jahrbuch. Jg 1955, S. 185–206; Silvio A. Bedini, Seventeenth century Italian compound microscopes. In: Physis. Jg 5, 1963, S. 383–422; Gerard Turner, Decorative tooling on 17th and 18th century microscopes and telescopes. In: Physis. Jg 8, 1966, S. 99–128; Maria Rooseboom, The history of the microscope. In: Proceedings of the Royal Microscopical Society, London. Vol. 2, Part 2, 1967, S. 266–293; Vasco Ronchi, New history of optical microscopy. In: Organon. No 5, 1968, S. 191–204; Erich Hintzsche, Schweizer „Mikroskopische Institute" aus der zweiten Hälfte des 19. Jahrhunderts. In: Gesnerus. Jg 26, 1969, S. 73–116. H. B.

Minimalprinzipien. Das Reflexionsgesetz interpretierte schon Heron im 1. Jh. n. Chr. im Sinne einer Extremalbedingung: Wenn sich das Licht von A nach A′ bewegt und dazwischen an einem Spiegel reflektiert wird (Reflexionspunkt B), so ist von allen möglichen Wegen die Länge des Lichtweges ABA′ ein Minimum. Pierre de Fermat präzisierte und erweiterte diesen Satz: Nicht der Weg, sondern die Zeit, die das Licht braucht, um von A nach A′ zu kommen, ist ein Minimum. Liegen die beiden Punkte in verschiedenen Medien, so folgt daraus das Brechungsgesetz.

1696 lenkte Johann Bernoulli die Aufmerksamkeit auf das Problem, die Kurve kürzester Fallzeit zwischen zwei (nicht auf einer Vertikalen liegenden) Punkten zu finden. Er (und andere) fanden die Lösung in der Zykloide; der aufsehenerregende Wettbewerb inspirierte viele Mathematiker zu neuen M. Daniel Bernoulli stellte für die Statik einen solchen Satz auf und wandte ihn auf die Kettenlinie und die elastischen Drähte an. 1744 formulierte Pierre Moreau de Maupertuis recht unbestimmt ein Prinzip, das umfassend für alle Naturvorgänge gültig sein sollte: Bei jeder Veränderung in der Natur ist die Größe der dazu verbrauchten Aktion so klein wie möglich.

Obwohl Leonhard Euler den Satz schon ein Jahr zuvor selbst gefunden hatte, überließ er die Priorität bereitwillig Maupertuis. Der Grund dafür lag zum einen darin, daß Maupertuis als Präsident der Preußischen Akademie sozusagen „Vorgesetzter" Eulers war; womöglich eine größere Rolle spielte für den tief religiösen Euler der teleologisch-theologische Charakter des Prinzips: Wenn unter allen möglichen Veränderungen immer diejenigen realisiert sind, für die der Aufwand ein Minimum darstellt, so zeigt dieses Verhalten der Natur unmittelbar die „Weisheit des Schöpfers". Indem nun Euler die Urheberschaft Maupertuis überließ, so hoffte er wohl, diesen als energischen Verfechter solcher Gedanken zu gewinnen und damit, bei dem großen Einfluß des Akademie-Präsidenten am Hofe, ein Gegengewicht gegen den Atheismus des Monarchen zu schaffen (→ Maupertuis).

Das heute noch sog. Maupertuissche Prinzip wurde nach vergeblichen Bemühungen Leonhard Eulers von Joseph-Louis Lagrange 1760 klar formuliert. Es wurde nun mathematisch festgelegt, welche virtuellen Bahnen zur Konkurrenz zugelassen werden dürfen; es sind dies alle Bahnen, die zur gleichen Gesamtenergie gehören. Carl Gustav Jacob Jacobi und William Rowan Hamilton zeigten später, daß noch andere Fassungen möglich sind. Beim Hamiltonschen Prinzip der kleinsten Aktion wird die Zeit festgehalten, das heißt, der wirklich durchlaufene Bahnpunkt und der zugeordnete variierte Punkt gehören zur gleichen Zeit.

Nachdem der Prozeß der Umformung von metaphysischen zu physikalischen M. durch Lagrange endgültig abgeschlossen worden war, spielten die M. in der Physik nur mehr eine sehr untergeordnete Rolle. Man betrachtete sie als mathematische Kuriositäten, als „unnütze Regeln", wie Siméon-Denis Poisson 1837 sagte. Erst als sie sich nach der Mitte des 19. Jh.s als Werkzeuge zur Lösung hydrodynamischer, elastischer und elektrodynamischer Probleme zunehmend bewährten, änderte sich diese Auffassung wieder. 1867 schrieben William Thomson und Peter Guthrie Tait in ihrem „Treatise on Natural Philosophy": „Maupertuis' berühmtes Prinzip der kleinsten Wirkung ist bis jetzt mehr als eine sonderbare und etwas verwirrende Eigenschaft der Bewegung, denn als ein nützlicher Führer in kinetischen Forschungen angesehen worden. Wir haben aber die feste Überzeugung, daß man demselben eine viel tiefere Bedeutung beilegen wird, nicht nur in der abstrakten Dynamik, sondern auch in der Theorie mehrerer Zweige der Physik, die jetzt anfangen, dynamische Erklärungen zu erhalten."

Von zahlreichen Forschern angebahnt, rückten die M. durch Hermann von Helmholtz ganz in den Mittelpunkt der Betrachtungen. Karl Schwarzschild stellte 1903 ein Hamiltonsches Prinzip auf, das die ganze Maxwellsche Elektrodynamik und die Lorentzsche Elektronentheorie enthielt. Gustav Mie, Max Born, Leopold Infeld und viele andere bemühten sich um eine Verallgemeinerung; mit Max Planck und Arnold Sommerfeld hatten sie die Hoffnung, weitere Erfahrungsbereiche, insbesondere die Existenz des Elektrons, erfassen zu können.

Literatur: Adolf Mayer, Geschichte des Prinzips der kleinsten Action, akademische Antrittsvorlesung. Leipzig 1877; Emil Du Bois-Reymond, Maupertuis. In: Ders., Reden. Bd 2. [2]Leipzig 1912, S. 426–491; Hermann Diels, [Rede in der öffentlichen Sitzung]. In: Sitzungsberichte der Königlich Preußischen Akademie der Wissenschaften, Jg 1898, S. 51–76; Adolf von Harnack, Geschichte der Königlich Preußischen Akademie der Wissenschaften. Bd I, 1. Berlin 1900, S. 331 bis 347; Hermann von Helmholtz, Rede über die Entdeckungsgeschichte des Princips der kleinsten Action. In: Adolf von Harnack, Geschichte der Königlich Preußischen Akademie der Wissenschaften. Bd II. Berlin 1900, S. 282–296; Max Born, Ursache, Zweck und Ökonomie in den Naturgesetzen. In: Ders., Physik im Wandel meiner Zeit. [4]Braunschweig 1966, S. 59–84; Max Planck, Das Prinzip der kleinsten Wirkung. In: Ders., Physikalische Abhandlungen und Vorträge. Bd 3. Braunschweig 1958, S. 91–101.

Minkowski, Hermann (* 22. Juni 1864 in Alexoten/Rußland, † 12. Januar 1909 in Göttingen). M. legte mit noch nicht sechzehn Jahren die Reifeprüfung am Altstädtischen Gymnasium in Königsberg ab und begann Ostern 1880 das Studium der Mathematik und Physik, zunächst in Königsberg, dann in Berlin. 1883 erhielt er den Grand Prix der Pariser Akademie für die Bearbeitung einer Preisaufgabe über die Zerlegung der ganzen Zahlen in eine Summe von fünf Quadraten. Nach weiterer Beschäftigung mit der Theorie der quadratischen Formen habilitierte sich M. 1887 in Bonn und wurde 1892 zum außerordentlichen Professor ernannt. In einem zu Weihnachten 1890 an seinen Freund David Hilbert gerichteten Brief schrieb M.: „Ich habe mich ganz der Magie, wollte sagen der Physik ergeben. Ich habe meine praktischen Übungen im physikalischen Institut, zu Hause studiere ich Thomson, Helmholtz und Konsorten ..." Wie Hilbert berichtete, fühlte sich M. von Heinrich Hertz besonders angezogen. Zu Hilbert äußerte er später, daß er, wenn Hertz am Leben geblieben wäre, sich schon damals mehr der Physik zugewandt hätte.

1895 wurde M. in Königsberg Nachfolger Hilberts, ging aber schon 1896 an das Eidgenössische Polytechnikum (die spätere ETH) nach Zürich. Dem Einfluß Felix Kleins und Hilberts auf Friedrich Theodor Althoff, den maßgebenden Referenten in der Preußischen Unterrichtsverwaltung, ist es zu danken, daß

1902 in Göttingen ein dritter Lehrstuhl für Mathematik geschaffen und mit M. besetzt werden konnte. Im Sommersemester 1904 hielt er ein gemeinsames Seminar mit David Hilbert über die Probleme der Elektrodynamik bewegter Körper und der Elektronentheorie. Hier wurden alle auf die Spezielle Relativitätstheorie zielenden Ansätze von Hendrik Antoon Lorentz, George Francis Fitzgerald, Joseph Larmor und Henri Poincaré besprochen, und M. trug schon damals, vor der entscheidenden Veröffentlichung Einsteins, seine vierdimensionale Elektrodynamik vor. So fand Einsteins Relativitätstheorie einen vorbereiteten Boden; neben Max Planck ist es den Göttinger Mathematikern zu danken, daß sich die neuen Gedanken so rasch durchsetzen konnten. M.s Vortrag in Köln bei der Versammlung der Deutschen Naturforscher und Ärzte am 21. September 1908 über „Raum und Zeit" wurde weithin beachtet; von nun an gehörte die Theorie zum anerkannten Bestand der Wissenschaft.

M.s früher Tod, der ihn mitten aus der fruchtbarsten Arbeit riß, hat alle, die ihn kannten, tief erschüttert. Hilberts Gedächtnisrede nannte Max Born ein ergreifendes Prosagedicht tiefster Trauer: „Jeder, der ihm [Minkowski] näher stand, empfand die Harmonie seiner Persönlichkeit und den Zauber seiner Genialität; sein Wesen war wie der Klang einer Glocke, so hell in dem Glück bei der Arbeit und der Heiterkeit seines Gemütes, so voll in der Beständigkeit und Zuverlässigkeit, so rein in seinem idealen Streben und seiner Lebensauffassung. Wie er gelebt hat, so starb er — als Philosoph. Wenige Stunden vor seinem Tode traf er die Anordnungen über die Korrektur seiner im Druck befindlichen Arbeit und überlegte, ob es sich empfehlen würde, seine unfertigen Manuskripte zu verwerten."

Werke: Gesammelte Abhandlungen. 2 Bde. Leipzig 1911 (Nachdruck New York 1967. Hier auch die Gedächtnisrede Hilberts).

Literatur: Max Born, Göttinger Erinnerungen. In: Hedwig Born und Max Born, Der Luxus des Gewissens. München 1969, S. 12—26.

Monge, Gaspard (* 10. Mai 1746 in Beaune, † 28. Juli 1818 in Paris). Sein Vater war Kleinhändler und Scherenschleifer, der unter Entbehrungen seine drei Söhne ausbilden ließ. Gaspard zeichnete einen Plan seiner Vaterstadt Beaune, der so genau aufgenommen war, daß ein Offizier riet, der Jüngling solle in die Militäringenieurschule von Mézières eintreten. Dort wurden adelige Söhne zu Offizieren ausgebildet. M. konnte daher nur die Nebenabteilung für Werkmeister und Planzeichner besuchen. Da er aber durch seine Begabung auffiel, wurde er dazu verwendet, mit den Offiziersanwärtern den mathematischen Lehrstoff einzuüben. Als der Mathematiklehrer, Abbé Charles Bossut, 1768 auf eine andere Stelle befördert wurde, erhielt er dessen Platz, und als zwei Jahre später der Physiklehrer, Abbé Jean-Antoine Nollet, starb, übernahm er zugleich dessen Stunden. M. blieb 20 Jahre in Mézières.

In der Stille von Mézières entwickelte M. eine neue Wissenschaft: die darstellende Geometrie, die Lehre von der Abbildung dreidimensionaler Körper auf die Zeichenebene. Er betrachtete die darstellende Geometrie als eine Sprache für Steinhauer, Zimmerleute, Architekten und Maschinenbauer. Es gelang ihm, die Abbildungsregeln auf wenige Grundsätze zurückzuführen, daraus alles weitere abzuleiten und darüber hinaus zu neuen Erkenntnissen vorzudringen. Außerdem wandte er die Analysis auf die Geometrie an, entwickelte Differentialgleichungen der Oberflächen und entdeckte die Eigenschaften der Krümmungslinien. 1771—1772 legte er der Akademie in Paris sechs Abhandlungen vor. In den nächsten Jahren trieb er mehr Physik und Meteorologie, prüfte das Verhalten des Eisens in verschiedenen Zuständen und die Kapillarität. 1780 wurde er als Professor für Hydraulik an die Akademie in Paris gewählt und weilte von da an halbjährlich dort. Als er zudem 1783 als Nachfolger von Etienne Bezout zum Examinator der Marineschulen ernannt wurde, was ihn jedes Jahr zu Reisen nach verschiedenen Häfen veranlaßte, sah er sich genötigt, 1784 in Mézières zurückzutreten. Er hatte bedeutende Schüler beeinflußt: Lazare Carnot, Gaspard de Prony, Sylvestre-François Lacroix. 1788 erschien sein „Traité élémentaire de statique", ein kurzes, klares Lehrbuch für die Marineschüler, das er 1786 in wenigen Tagen niedergeschrieben hatte. Es erlebte acht Auflagen und wurde mehrfach übersetzt.

Von der Revolution war M. begeistert, hatte er doch selber in Mézières unter den Vorrechten des Adels gelitten. Voll Opferbereitschaft stellte er sich dem Vaterland zur Verfügung, zuerst in der Kommission für Maße und Gewichte; nach dem Sturz des Königtums wurde er 1792 Marineminister.

Frankreich stand im Krieg; fremde Heere überschritten die Grenzen. Um die zur Landesverteidigung neu ausgehobenen Truppen auszurüsten, fehlte es an Pulver, Waffen und Kanonen. M. besaß Erfahrung in der Stahlherstellung; dazu erwarb er sich genaue Kenntnisse über Pulverbereitung aus Salpeter und über das Bohren der Geschützläufe. Er arbeitete Tag und Nacht, kurze Zeit sogar als Kriegsminister, leitete eine umfangreiche Pulvergewinnung ein, brachte Gießereien in Gang, schrieb Lehrbücher über Stahlherstellung (1793) und Kanonenfabrikation (1794).

Der Konvent wollte den Unterricht fördern. Um rasch Lehrer auszubilden, wurde die Ecole Normale gegründet; M. leitete den Aufbau. Vom Januar bis im Mai 1795 erteilten die größten Gelehrten Frankreichs Unterricht. Lagrange und Laplace übernahmen die Mathematik, M. die Geometrie. Erstmals trug er öffentlich seine darstellende Geometrie vor. Die Vorlesungen wurden stenographiert und gedruckt. So entstand sein klassisch gebliebenes Lehrbuch.

Gleichzeitig mit der Ecole Normale, die nur kurze Zeit bestand, wurde Ende 1794 eine zentrale Ausbildungsstätte für Ingenieure gegründet, die dem Revolutionsheer Offiziere liefern sollte. M. entwarf den dreijährigen Lehrplan; die Kurse begannen am 24. Mai 1795. Der Unterricht umfaßte ausgeglichen Theorie und Praxis: Vorlesungen und Arbeit in Zeichensälen und Laboratorien. Damit sofort drei Jahrgänge gebildet werden konnten, erfolgte in den ersten drei Monaten beschleunigter Unterricht; dann teilte man in drei Gruppen. Wieder wurden die größten Forscher als Lehrer herangezogen; ihnen wurden Répétiteurs zur Seite gegeben, die die Vorlesungen erläuterten und abfragten.

M. war der Vater der Ecole Polytechnique. Seine ungewöhnliche Lehrbegabung beruhte auf seiner Gedankenklarheit und Hingabe an die Aufgabe. Mit Gesten malte er die Oberflächen im Raume hin. „Andere wissen besser zu reden; aber niemand trägt so gut vor." Nach den Vorlesungen blieb er unter den Schülern, und seine freien Unterhaltungen über Geometrie, Analysis und Physik brachten ihnen noch größeren Gewinn. Den Unterricht in darstellender Geometrie hatte er an der Ecole Polytechnique von Anfang an seinem Schüler Jean-Nicolas-Pierre Hachette überlassen; M. selber lehrte die Anwendung der Analysis auf die Geometrie. Wieder wurden die Vorlesungen fortlaufend vervielfältigt („Feuilles d'analyse appliquée à la géométrie" 1795). Er erweiterte sie später zu seinem Hauptlehrbuch, dem „großen Monge". In zusammenhängender flüssiger Darstellung wird hier aus den Elementarformeln in freier Betätigung der Phantasie eine Fülle geometrischer Betrachtungen gewonnen. Die lebhafteste räumliche Anschauung der Rotationsflächen, Schraubenflächen, Linienflächen und Flächenabwicklungen verbindet sich mit analytischen Operationen. M. vermochte seine Schüler in höchstem Maße zu eigenem Denken anzuregen. Ihre Arbeiten speisten die „Annales de mathématiques pures et appliquées" von Joseph-Diez Gergonne (21 Bde. Nîmes 1810–1831).

1796 mußte M. mit politischen Aufträgen nach Italien reisen. Dort befreundete er sich mit dem General Bonaparte, der ihn 1798 auf seinen Feldzug nach Ägypten mitnahm. M. beteiligte sich an der „Description de l'Egypte" und fand die Erklärung für die Luftspiegelung. Zusammen mit Bonaparte kehrte er 1799 nach Paris zurück, wo er wieder mit ganzer Kraft für seine Schule wirkte, bis er, altersbedingt, 1809 sein Amt niederlegte. Nach der Restauration des Königtums wurde er aus der Liste der Akademiker gestrichen. Den Schülern wurde die Teilnahme an seinem Begräbnis verboten; aber an ihrem Ausgangstag wanderten sie geschlossen zum Grabe ihres Lehrers.

Von M. ging der Anstoß zur Entwicklung einer modernen, auf die Wirklichkeit gerichteten Geometrie aus. Sein größter Schüler Jean-Victor Poncelet begründete die projektive Geometrie. Aus der Ecole Polytechnique stammten die führenden Lehrbücher der höheren Mathematik. Für die Gründung polytechnischer Lehranstalten (den späteren Technischen Hochschulen) bildete in ganz Europa das Vorbild die Ecole Polytechnique; die durch die Schule M.s mächtig geförderte Synthese von Wissenschaft und Technik prägte das 19. und 20. Jh.

Werke: Géométrie descriptive. Paris 1795 (zuerst in losen Blättern). [3]Paris 1811. Neuausgabe in der Reihe: Les maîtres de la pensée scientifique. 2 Bde. Paris 1923. Deutsch: Darstellende Geometrie. Hrsg. von Robert Haußner (= Ostwalds Klassiker. Nr 117). Leipzig 1900; Feuilles d'analyse appliquée à la géométrie. Paris 1795. Application de l'algèbre à la géométrie (mit Hachette). Paris 1805. Beide vereinigt: Application de l'analyse à la géométrie. Paris 1807; Traité élémentaire de statique. Paris 1786. Deutsch: Anfangsgründe der Statik. Übersetzt von Elken Marcus Hahn. Berlin 1806; Dictionnaire de physique (mit andern). 5 Bde. Paris 1793—1822; Description de l'art de fabriquer les canons. Paris 1794.

Literatur: Jean-Baptiste Biot, Essai sur l'histoire des sciences pendant la révolution française. Paris 1803; Charles Dupin, Essai historique sur les services et les travaux scientifiques de G. M. Paris 1819 (mit Bibliographie); Franz Arago's sämmtliche Werke. Bd 2. Leipzig 1854, S. 346—484; Gino Loria, Storia della geometria descrittiva. Mailand 1921; Felix Klein, Vorlesungen über die Entwicklung der Mathematik im 19. Jahrhundert. Bd 1. Berlin 1926 (Neudruck New York 1950), S. 64—66 und 77—79; Louis de Launay, Un grand français, M. fondateur de l'Ecole Polytechnique. Paris 1933; René Taton, G. M. (= Elemente der Mathematik. Beiheft Nr 9). Basel 1950; ders., L'œuvre scientifique de M. Paris 1951; Paul V. Aubry, M. Le savant ami de Napoléon Bonaparte 1746—1818. Paris 1954.

René Taton, Remarques sur la diffusion des théories mathématiques de M. In: Thalès. Bd 5, 1948, S. 43—49; ders., Deux contributions de M. à la création de la géométrie moderne. In: Comptes rendus de l'Académie des Sciences, Paris. Bd 232, 1951, S. 198—200; ders., La première note mathématique de G. M. (juin 1769). In: Revue d'histoire des sciences. Bd 19, 1966, S. 143—149; Peter Jeffrey Booker, G. M. (1746—1818) and his effect on engineering drawing and technical education. In: The Newcomen Society-Transactions. Vol. 34, 1961/62 (1963), S. 15—36.

H. B.

Moseley, Henry Gwyn Jeffreys (* 23. November 1887 in Weymouth, England, † 10. August 1915 auf der Halbinsel Gallipoli, Dardanellen). M. stammt aus einer Familie bekannter Naturwissenschaftler. Sein Vater und seine beiden Großväter waren Fellows der Royal Society. M. folgte dem Weg seines Großvaters mütterlicherseits; er studierte in Oxford Mathematik und Physik, erwarb 1910 den Master of Arts und nahm in Manchester eine Assistentenstelle bei Ernest Rutherford an, der sehr bald seine außerordentliche Begabung auf dem Gebiet der Experimentalphysik erkannte.

M.'s erste wissenschaftliche Untersuchungen lagen im Gebiet der Radioaktivität. Es galt die Zahl der β-Teilchen zu bestimmen, die beim radioaktiven Zerfall eines Atoms frei werden. M.s Experimente zeigten, daß jedes zerfallende Atom nur ein β-Teilchen aussendet, ein Ergebnis, das die Einordnung der entstandenen Atome in das Periodensystem erleichterte. Zusammen mit Kasimir Fajans entwickelte M. eine Methode zur Bestimmung von Halbwertszeiten kurzlebiger Substanzen. Für Aktinium A erhielten sie $^1/_{500}$ Sekunde, die kleinste damals gemessene Halbwertszeit.

Nachdem Max von Laue Interferenzerscheinungen der Röntgenstrahlen beim Durchgang durch Kristalle beobachtet hatte, beschlossen M. und Charles Darwin, ein Enkel des gleichnamigen Biologen, diese Erscheinung näher zu untersuchen. Doch William Henry Bragg und sein Sohn William Lawrence kamen ihnen zuvor und zeigten, daß unter bestimmten Einfallswinkeln maximale Intensitäten der an Kristallen reflektierten Röntgenstrahlen auftreten. Die in den Jahren 1913 und 1914 durchgeführte bedeutendste Arbeit M.s war die systematische Untersuchung der charakteristischen Röntgenstrahlen verschiedener Elemente. Hatte M. eine Versuchsreihe begonnen, so ließ ihn sein Arbeitseifer oft mehr als 15 Stunden den Experimenten nachgehen. „Er war der tüchtigste Arbeiter, den ich gekannt habe", schrieb Charles Darwin, und Rutherford meinte: „Moseley war das seltene Beispiel eines geborenen Forschers." M. fiel während des ersten Weltkrieges.

Werke: Radioactive products of short life. In: Philosophical Magazine. Vol. 22, 1911, S. 629 bis 638 (mit Kasimir Fajans); The number of β-particles emitted in the transformation of radium. In: Proceedings of the Royal Society of London. Vol. A 87, 1912, S. 230–255; The reflexion of X-rays. In: Philosophical Magazine. Vol. 26, 1913, S. 210–232 (mit Charles Darwin); The high-frequency spectra of elements. In: Philosophical Magazine. Vol. 26, 1913, S. 1024–1034, Vol. 27, 1914, S. 703–713.

Literatur: Ernest Rutherford, H. G. J. M., 1887–1915. In: Proceedings of the Royal Society of London. Vol. A 93, 1916, S. XXII bis XXVIII; Charles Darwin, M. and the atomic numbers of the elements. In: Rutherford at Manchester (Hrsg. J. B. Birks). London 1962, S. 17–26; Kasimir Fajans, H. G. J. M. In: Die Naturwissenschaften. Jg 4, 1916, S. 381–382; Ray Lankester und Niels Bohr, H. G. J. M. In: Philosophical Magazine. Vol. 31, 1916, S. 173 bis 176; Rutherford-Moseley Briefwechsel. In: Arthur Stewart Eve, Rutherford. New York 1939, S. 233–248; John L. Heilbron, The work of H. G. J. M. In: Isis. Vol. 57, 1966, S. 336–364; George Sarton, M. The numbering of elements. In: Isis. Vol. 9, 1927, S. 96–111 (mit Bibliographie S. 108–111). K. S.

Moseleysches Gesetz. Dimitri Iwanowitsch Mendelejeff ordnete 1869 die Elemente in einem Periodischen System nach wachsendem Atomgewicht. 1913 vertrat Jan Abraham van den Broek die Hypothese, daß die chemischen und optischen Eigenschaften der Elemente durch die Ordnungszahl N und nicht durch das Atomgewicht bestimmt werden. Um diese Vermutung zu prüfen, untersuchte Moseley die charakteristische Röntgenstrahlung zahlreicher Elemente. Die zu untersuchenden Elemente wurden als Antikathode einer Röntgenröhre benutzt und ihr Linienspektrum auf Photoplatten festgehalten.

Bis Ende 1913 hatte Moseley die K-Serie der Elemente von Calcium (20) bis Zink (30) außer der des Scandiums erhalten. Seine Ergebnisse erschienen 1913 unter dem Titel: „The High-Frequency Spectra of the Elements" im Dezemberheft des Philosophical Magazine. – Auffallend war der im Gegensatz zu den sichtbaren Spektren einfache und ähnliche Aufbau der Röntgenspektren verschiedener Elemente. Geht man nämlich im Periodensystem zu Atomen höherer Ordnungszahlen über, so wachsen die Frequenzen entsprechender Linien. Die Frequenzen erwiesen sich proportional zu $(N-k)^2$, wobei k eine Konstante ist.

Moseley versuchte, sein Ergebnis mit der Atomtheorie seines Freundes Niels Bohr zu erklären, was ihm jedoch nicht vollständig gelang. Seine Untersuchungen stellten die erste Möglichkeit dar, das Periodensystem experimentell zu überprüfen. Obwohl das Atomgewicht des Kobalts (58,94) größer ist als das des Nickels (58,71), hatte Mendelejeff die Reihenfolge dieser Elemente auf Grund ihrer chemischen Eigenschaften vertauscht. Die erste Versuchsreihe Moseleys enthielt dieses kritische Paar und bestätigte Mendelejeffs Anordnung.

Anfang 1914 übersiedelte Moseley von Manchester nach Oxford und hatte dort Schwierigkeiten bei der Beschaffung geeigneter Apparate. Dazu kam noch, daß in Oxford „niemand am Atombau interessiert war". Der zweite Teil seiner Abhandlung über Röntgenspektren erschien im April 1914. Moseley hatte inzwischen seine Untersuchungen auf die meisten Elemente zwischen Aluminium (13) und Gold (79) ausgedehnt. Von besonderem Interesse war dabei die Anzahl und Anordnung der seltenen Erden, ein Problem, das die Chemiker schon lange beschäftigte. Die Zahl der fehlenden Elemente, ihre Einordnung im Periodensystem und ihr charakteristisches Röntgenspektrum konnten nunmehr vorausgesagt werden.

Moseley trug die Wurzeln der Frequenzen gegen die Ordnungszahl auf und erhielt dabei das folgende Ergebnis: „Die Frequenz jeder Linie des Röntgenspektrums ist angenähert proportional zu $A\ (N-b)^2$, wobei A und b Konstanten sind.“ Diese Formel wird das Moseleysche Gesetz genannt.

Die Deutung der Moseleyschen Ergebnisse auf der Basis der Bohrschen Theorie gelang Walther Kossel im November 1914. Bohr schrieb: „Moseleys Werk ist an Wichtigkeit und Bedeutung der Entdeckung des periodischen Systems der Elemente gleichzustellen, es ist in mancher Hinsicht fundamentaler.“

Quellen und Literatur → Moseley. K. S.

Musschenbroek, Pieter van (* 14. März 1692 in Leiden, † 19. September 1761 ebd.). Im 17. Jh. blühte in Holland die experimentelle und beobachtende Naturwissenschaft auf. Der Physiker Christiaan Huygens und der Mikroskopiker Antoni van Leeuwenhoek, der Anatom Hermann Boerhaave und der Experimentator Willem Jacob ’sGravesande waren hervorragende Vertreter. M.s Vater, sein Onkel Samuel und sein Bruder Jan bauten als gelehrte Mechaniker Fernrohre und Mikroskope, verbesserte Luftpumpen und Vorlesungsgeräte. In dieser Umgebung wurde Pieter einer der besten Experimentatoren seiner Zeit. Er studierte Medizin, Naturwissenschaften und Mathematik, promovierte 1715 zum Doktor der Medizin und 1719 zum Doktor der Philosophie. Anschließend wurde er Professor der Mathematik und Physik in Duisburg, 1723 in Utrecht und 1739 in seiner Vaterstadt Leiden, wo seit 1717 auch ’sGravesande lehrte. Wie dieser war M. ein Verbreiter der empirischen Wissenschaft und ein Vorkämpfer der Newtonschen Lehre.

1731 erschien M.s lateinische Übersetzung der „Saggi“ der Accademia del Cimento. Darin hatten die Schüler Galileis ihre Experimente über Thermometer und Barometer niedergelegt. M. versah das Buch mit Anmerkungen. Wie ’sGravesande und Desaguliers verfaßte er große Lehrbücher; vor allem erschienen 1729 Elementa physicae, 1739 Beginsels der Natuurkunde, 1762 eine Introductio ad philosophiam naturalem.

Früh erfand er ein Pyrometer, das durch die Ausdehnung eines Metallstabes höhere Temperaturen zu messen erlaubte, als es mit einem Thermometer möglich war; Johann Heinrich Lambert hat es später verbessert. M. bestimmte spezifische Gewichte, untersuchte den Widerstand hölzerner und metallener Stäbe, unternahm Versuche über Reibung, Kapillarkraft, Spiegel, Magnetismus und Elektrizität, überprüfte die Meridiangradmessung des Willebrord Snellius und widmete sich meteorologischen Beobachtungen. Er legte dabei eine umfangreiche Sammlung von Apparaten an.

Einmal versuchte er, Wasser zu elektrisieren, indem er es in eine isolierende Glasflasche einschloß und einen Metalldraht in die Flasche stellte, der die Elektrizität vom Konduktor der Elektrisiermaschine ins Wasser leitete. Der Gehilfe Cunäus, der die geladene Flasche in der Hand hielt und arglos den Draht berührte, empfing einen heftigen Schlag. M. wiederholte den Versuch und teilte ihn anfangs 1746 Réaumur mit (→ Leidener Flasche).

Werke: Epitome elementorum physico-mathematicorum in usus academicos. 2 Bde. Leiden 1725; Physicae experimentales et geometricae dissertationes de magnete, tuborum capillarium vitreorumque speculorum attractione, magnetudine terrae, cohaerentia corporum firmorum. Leiden 1729 und Wien 1756; Elementa physicae conscripta in usus academicos. Leiden 1729. Viele Auflagen, auch in Neapel und Venedig. Französisch: Essai de physique. Übersetzt von Pierre Massuet. 2 Bde. Leiden 1739 sowie 1751. Deutsch: Grundlehren der Naturwissenschaft. Übersetzt von Johann Christoph Gottsched und Georg Heinrich Borz. Leipzig 1747; Tentamina experimentorum naturalium captorum in Accademia del Cimento.

Leiden 1731; Institutiones physicae. 2 Bde. Leiden 1748; Compendium physicae experimentalis. Leiden 1762; Introductio ad philosophiam naturalem. Hrsg. von Johann Lulofs. 2 Bde. Leiden 1762.

Literatur: Pierre Brunet, Les physiciens hollandais et la méthode expérimentale en France au XVIIIe siècle. Paris 1926; J. L. Coolidge, The mathematics of great amateurs. Oxford 1949, S. 71–88; Friedrich Albert Meyer, Petrus v. M., Werden und Werk und seine Beziehungen zu Daniel Gabriel Fahrenheit. In: Duisburger Forschungen. Bd 5, 1961, S. 1–51; Eugenio Garin, Antonio Genovesi e la sua introduzione storica agli Elementa physicae di Pietro v. M. In: Physis. Jg 9, 1969, S. 211–222. H. B.

N

Naturkonstanten. Im Laufe der historischen Entwicklung war es zwar zu einheitlichen Zeitmaßen gekommen, abgeleitet von der Achsendrehung der Erde (Tag, Stunde, Minute, Sekunde), um so mehr Verwirrung herrschte aber bei den Gewichts- und Längenmaßen. Allein in Baden zählte man bis ins 18. Jh. 112 unterschiedliche Ellen, 92 Flächenmaße, 163 Getreidemaße und 80 verschiedene Pfundgewichte.

Die Forderung der Französischen Revolution „Freiheit, Gleichheit, Brüderlichkeit" enthielt im Begriff „Gleichheit" nicht nur die Gleichheit aller Menschen im Staat und vor Gericht, sondern auch eine Gleichheit der Maße, hatte doch die Willkür der Steuerpächter die Notwendigkeit reproduzierbarer und nachprüfbarer Normen schmerzhaft eingeprägt. Nach dem Vorbild der Zeitmaße leitete man nun auch die Längenmaße von der Erde ab und definierte das neueingeführte Meter als den zehnmillionsten Teil des Erdquadranten.

1799 beschloß der Nationalkonvent, zur Erinnerung an die Begründung des neuen Maßsystems eine Medaille zu schaffen mit der anspruchsvollen und bezeichnenden Inschrift: „A tous les temps, à tous les peuples." (Für alle Zeiten, für alle Völker.) Das neue Maßsystem, von der Erde abgeleitet und deshalb für alle Erdenbewohner gleichermaßen verbindlich, genügte trotzdem nicht für alle Zeiten. Zum erstrebten Ideal der Wissenschaft wurden „objektive" und „absolute", das heißt von allem menschlichen Beiwerk und Zufälligkeiten unabhängige Gesetze, Begriffe und Maßstäbe. Am 22. September 1870 erhob James Clerk Maxwell auf der Tagung der British Association for the Advancement of Science die Forderung, die Atome zur Grundlage des physikalischen Maßsystems zu machen:

„Die Abmessungen unserer Erde und die Dauer einer Umdrehung, obwohl nach unseren gegenwärtigen Vergleichsmöglichkeiten sehr beständig, sind dies nicht durch irgendwelche physikalische Notwendigkeiten. Die Erde kann sich durch Abkühlung zusammenziehen, oder sie kann durch einen Meteoritenschauer sich vergrößern, oder ihre Umdrehungsfrequenz kann sich langsam verringern, und doch würde sie genauso ein Planet bleiben wie zuvor. Aber ein Molekül, zum Beispiel Wasserstoff, wenn entweder seine Masse oder Schwingungsfrequenz im mindesten geändert wird, würde nicht länger ein Molekül Wasserstoff sein. Wenn wir also Längen, Zeit- und Massestandards erhalten wollen, die absolut unveränderlich sind, so dürfen wir sie nicht in den Abmessungen, oder der Bewegung, oder der Masse unseres Planeten suchen, sondern in der Wellenlänge, der Schwingungsdauer und der absoluten Masse der unvergänglichen, unveränderlichen und völlig gleichartigen Moleküle."

Maxwells Forderung nach atomaren Standards wurde, wenn auch erst in unserer Zeit, erfüllt. Seine Auffassung aber, daß die Atome die sozusagen „elementarsten und letzten" Naturrealitäten darstellen, konnte sich nicht durchsetzen: Als 1910 → Arthur Erich Haas aus der Größe des Atomradius (und den Grundgrößen des Elektrons) das Plancksche → Wirkungsquantum h ableiten wollte, wies Arnold Sommerfeld darauf hin, daß „das h nicht aus den Moleküldimensionen zu erklären, sondern die Existenz der Moleküle als eine Funktion und Folge der Existenz eines elementaren Wirkungsquantums anzusehen" sei.

Max Planck, dem das „Suchen nach dem Absoluten stets als die schönste Forschungsaufgabe erschien", hatte schon 1899 in den universellen Naturkonstanten die fundamentalsten Naturgegebenheiten gesehen. Planck wies schon damals auf die Möglichkeit hin, daß ein System von Naturkonstanten die Grundeinheiten von Länge, Masse und Zeit bestimmen können, „welche, unabhängig von speziellen Körpern oder Substanzen, ihre Bedeutung für alle Zeiten und für alle, auch außerirdische und außermenschliche Culturen notwendig behalten und welche daher als ‚natürliche Maßeinheiten' bezeichnet werden können."

Man ist heute allgemein der Auffassung, daß vier universelle Naturkonstanten existieren, nämlich Lichtgeschwindigkeit c, Wirkungsquantum h, elektrische Elementarladung e und die noch nicht bekannte und gesicherte elementare Länge. Auf diesen vier Größen soll die zukünftige „Einheitliche Theorie der Materie" beruhen, und folglich sollen die dimensionslosen Naturkonstanten (Sommerfeldsche Feinstrukturkonstante, Verhältnis der Protonen- zur Elektronenmasse etc.) wie alle Eigenschaften der Elementarteilchen und der Atome abgeleitete Größen sein.

Quellen: James Clerk Maxwell, Ansprache am 22. September 1870. In: Nature. Vol. 2, 1870, S. 419–422; Max Planck, Über irreversible Strahlungsvorgänge. In: Ders., Physikalische Abhandlungen und Vorträge. Bd 1. Braunschweig 1958, S. 614–667; Werner Heisenberg, Einführung in die einheitliche Feldtheorie der Elementarteilchen. Stuttgart 1969.

Literatur: Richard Vieweg, Maß und Messen in kulturgeschichtlicher Sicht (= Beiträge zur Geschichte der Wissenschaft und der Technik. H. 4). Wiesbaden 1962; Armin Hermann, Frühgeschichte der Quantentheorie. Mosbach 1969; Wolfgang Finkelnburg, Einführung in die Atomphysik. [4]Berlin, Göttingen, Heidelberg 1956, S. 351–354; Hans Kangro, Vorgeschichte des Planckschen Strahlungsgesetzes. Wiesbaden 1970, S. 224–237.

Naturphilosophie. Unter der Bezeichnung N., philosophia naturalis, wurde ursprünglich die Wissenschaft von der Natur verstanden; die Bezeichnung hat sich im Englischen (natural philosophy) bis heute gehalten. Im Deutschen versteht man dagegen unter N. außerhalb der eigentlichen Naturwissenschaft stehende, auf Naturerkenntnis gerichtete philosophische Systeme wie die griechische N. oder die romantische N. Letztere wird auch schlechthin N. oder „spekulative Physik" genannt.

Der eigentliche Begründer der N., Friedrich Schelling, ging davon aus, daß „die Natur a priori (ist), d. h. alles Einzelne in ihr ist zum Voraus bestimmt durch das **Ganze** oder durch die **Idee einer Natur** überhaupt." Dieses a priori zu erkennen, ist die Aufgabe der N. Schelling lehnte dabei die Erfahrung nicht völlig als Erkenntnismethode ab; aber sie ist eine Angelegenheit der minderen Geister.

Den Unterschied gegenüber der „empirischen" Physik charakterisierte Schelling selbst an einem Beispiel folgendermaßen: Die spekulative Physik wolle die „absolute Ursache der Bewegung (ohne welche die Natur nichts in sich Ganzes und Beschlossenes ist)" oder den „letzten Bewegungsquell" erforschen. Die mechanische oder atomistische Physik könne demgegenüber, meinte Schelling, Bewegung nur immer wieder auf Bewegung zurückführen. Schelling wollte also die letzten und tiefsten Gründe für die Erscheinungen angeben, blieb aber mit seinen „Erklärungen" meist im Formalen stecken. Ein charakteristisches Beispiel bietet der damals im Mittelpunkt des Interesses stehende → **Galvanismus.** Schelling versuchte 1799 mit folgender Argumentation zu beweisen, daß zur Hervorbringung einer galvanischen Wirkung mindestens **drei** Körper notwendig sind: „Duplicität wird der organische Thätigkeitsquell seyn. Aber im Organismus ist die Duplicität aufgehoben, er steht mit sich selbst im Gleichgewicht, es ist in ihm Ruhe, aber es soll in ihm Thätigkeit seyn, diese kann nur durch beständige Wiederherstellung der Duplicität hervorgebracht werden. Aber diese beständige Wiederherstellung kann selbst nur durch ein Drittes geschehen, und darum wird jene Ursache im Organismus nur unter der Bedingung der Triplicität als thätig erscheinen. Dadurch also wäre die notwendige Triplicität im Galvanismus abgeleitet. Der dritte Körper in der galvanischen Kette ist nämlich nur darum notwendig, damit der Gegensatz zwischen den beiden andern erhalten werde ..."

Es handelt sich hier ersichtlich nur um eine Scheinerklärung: Schelling spricht immer nur von drei Körpern schlechthin, hebt aber nicht auf die physikalische Natur dieser drei Körper ab. Wäre Schellings Argumentation richtig, müßten drei beliebige Körper (wenn sie nur voneinander verschieden sind) eine galvanische Wirkung zeigen, was physikalisch ganz unsinnig ist. Während schon Kant die rationale Seite der Naturwissenschaften auf Kosten der empirischen sehr betont hatte, stellt Schellings Versuch, alle Naturerscheinungen aus dem menschlichen Verstand „abzuleiten", vollends eine Übersteigerung des Rationalismus dar. Es kann deshalb zunächst als erstaunlich erscheinen, daß sich die N. mit der antirationalen Romantik verband: N. und Romantik stimmten in ihrer Gegnerschaft zur Naturwissenschaft überein mit der Auffassung, daß die Natur nicht durch empirische Detailarbeit erfaßt werden könne, weil auf diese Weise der lebendige Zusammenhang mit dem Naturganzen verlorengehe. Nach Schelling sieht die Naturwissenschaft die Dinge isoliert, d. h. „in ihrem Für-sich-sein"; die N. dagegen betrachte „die Formen und Erscheinungen der Natur nicht für sich, sondern als Momente eines Zusammenhangs, der über die Natur hinausgeht und ebenso wohl auf die geistige Welt sich erstreckt".

Seit der Berufung Schellings nach Jena 1798 kam es zu engen persönlichen Beziehungen der Naturphilosophen mit den Frühromantikern, zu einer gemeinsamen Hinneigung zu den Mystikern Jakob Böhme und dem zeitgenössischen Franz Xaver von Baader. Bei aller Vielfalt, allen Unklarheiten und Widersprüchen gab es in der „romantischen Naturphilosophie" doch immer wiederkehrende, einprägsame Grundgedanken. Dazu gehörte die Überzeugung von der inneren Verwandtschaft aller Natur, von der Ähnlichkeit der Phänomene in den drei Reichen der Natur und von der durchgängigen → Polarität aller Naturkräfte. Während nach der üblichen Auffassung der Naturforscher die Materie die primäre Naturgegebenheit darstellt, ist es in der N. der Geist oder, physikalisch gesprochen, die Kraft. Die der N. gemäße Weltanschauung ist also der → Dynamismus.

Die Vertreter der exakten Naturwissenschaften haben den Einfluß der N. fast immer nur negativ gesehen. Ihr Urteil geht im wesentlichen auf die Meinung der in den ersten Jahrzehnten des 19. Jh.s lebenden Physiker und Chemiker zurück. Diese zeitgenössischen Naturforscher waren mit den Naturphilosophen in einen heftigen Methodenstreit verwickelt, den beide Seiten als Existenzfrage betrachteten. Selbstverständlich stimmt es, wenn Liebig, Berzelius, Ludwig Wilhelm Gilbert, Ildephons Kennedy und viele andere konstatierten, daß die N. von schädlichem, fast verhängnisvollem Einfluß auf die Pflege der empirischen Methode in Deutschland gewesen sei. Schellings Auffassung der „Erfahrung als der Lehrmeisterin der Thoren" gaukelte vor allem der akademischen Jugend vor, die naturphilosophische Spekulation sei ein Königsweg zur Wissenschaft. So wurden viele Talente von der empirischen Naturwissenschaft abgezogen, und Liebig stellte fest, daß die N. „die Pestilenz, der schwarze Tod des Jahrhunderts“ sei. Auf der anderen Seite muß aber auch berücksichtigt werden, daß in der N. nicht generell die Empirie abgelehnt wurde (→ Novalis); vielmehr gab es im Gedankenkreis der N. stehende, experimentell tätige Physiker wie Johann Wilhelm Ritter und Hans Christian Oersted. Die N. gab diesen Forschern mit → Analogie, → Dynamismus und → Polarität zwar nicht klar definierte, sondern flexible, aber gerade darum oft fruchtbare heuristische Prinzipien in die Hand. So trug auch die N. zur Entwicklung der Physik bei, nachweisbar etwa bei der chemischen Theorie des Galvanismus (Johann Wilhelm Ritter 1798), bei der Entdeckung des Elektromagnetismus (Hans Christian Oersted 1820), bei der Aufstellung des Energieprinzips (Julius Robert Mayer 1842) und bei den Entdeckungen Faradays.

Quellen: Zeitschrift für spekulative Physik. Herausgegeben von Friedrich Schelling. 2 Bde. Jena und Leipzig 1800/01; Friedrich Schelling, Schriften zur Naturphilosophie. 1799–1801 (= Schellings Werke. Hrsg. Manfred Schröter. Bd 2). München 1958; ders., Zur Naturphilosophie. 1792–1803 (= Schellings Werke. Hrsg. M. Schröter. Erg.bd 1). München 1956; → Baader, → Novalis, → Ritter.

Literatur: Traugott Konstantin Österreich, Die deutsche Philosophie des XIX. Jahrhunderts und der Gegenwart (= Friedrich Überwegs Grundriß der Geschichte der Philosophie. Tl 4). Berlin 1923; Gerhard Hennemann, N. im 19. Jahrhundert. Freiburg 1959; Wolfgang Hartwig, Physik als Kunst. Über die naturphilosophischen Gedanken Johann Wilhelm Ritters. Freiburg Phil. Diss. Freiburg 1955; Peter Kapitza, Die frühromantische Theorie der Mischung. Über den Zusammenhang von romantischer Dichtungstheorie und zeitgenössischer Chemie (= Münchener Germanistische Beiträge. Bd 4). München 1968; H. A. M. Snelders, Romanticism and N. and the inorganic natural sciences 1797–1840 ... In: Studies in Romanticism. Vol. 9, 1970, S. 193–215.

Nebelkammer → Wilson.

Nernst, (Hermann) Walther (* 25. Juni 1864 in Briesen/Westpreußen, † 18. November 1941 auf dem Rittergut Zibelle bei Muskau/Oberlausitz). Als die „genialste Erweiterung, die die klassische Thermodynamik in unserem Jahrhundert erfahren hat“, bezeichnete Arnold Sommerfeld das wohl bedeutendste Forschungsergebnis seines Kollegen N., den dritten Hauptsatz der Thermodynamik. Es bedurfte indessen nicht erst dieses fundamentalen Satzes, um den Weltruf N.s zu begründen, hatte er doch bereits als Assistent mit seiner Theorie der elektromotorischen Kräfte (1889) ein altes Problem der → Elektrochemie gelöst. N., einer der Begründer der Physikalischen Chemie, studierte Physik in Zürich, Berlin, Graz und Würzburg. In Graz lehrte während dieser Zeit Ludwig Boltzmann, dessen Persönlichkeit auf N. stärkste Wirkung ausübte. Von ihm übernahm er die atomistische Anschauung des Naturgeschehens, das „mechanische Bild“, das er mit der energetischen Betrachtungsweise, wie sie ihm

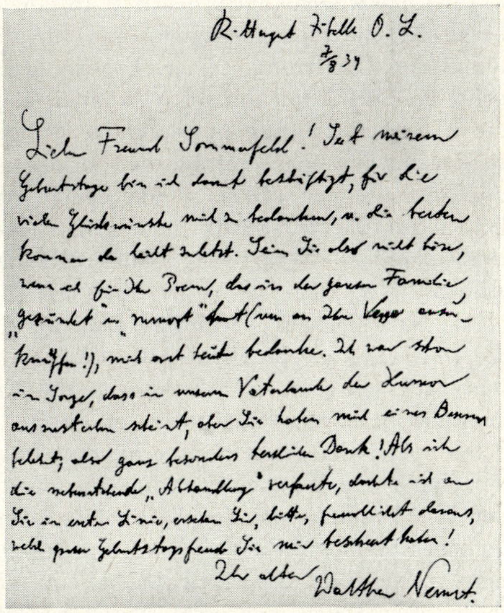

Rittergut Zibelle O. L.
7/8 34

Lieber Freund Sommerfeld! Seit meinem Geburtstage bin ich damit beschäftigt, für die vielen Glückwünsche mich zu bedanken, u. die besten kommen da leider zuletzt. Seien Sie also nicht böse, wenn ich für Ihr Poem, das von der ganzen Familie gewürdigt u. „[illegible]“ wurde (wenn an Ihre Verse auch „Kniffe“!), mich erst heute bedanke. Ich war schon in Sorge, dass in unserem Vaterlande der Humor auszusterben scheint, aber Sie haben mich eines Bessern belehrt; also ganz besonders herzlichen Dank! Als ich die nebenstehende „Abhandlung“ verfasste, dachte ich an Sie in erster Linie, ersehen Sie, bitte, freundlichst daraus, welche grosse Geburtstagsfreude Sie mir bereitet haben!

Ihr alter
Walther Nernst.

Abb. 32. Walther Nernst an Arnold Sommerfeld. 7. August 1934 als Assistenten Wilhelm Ostwalds geläufig wurde, zu einem fruchtbaren Forschungsmittel verband.

1887 promovierte N. bei Friedrich Kohlrausch in Würzburg mit einer bei Albert von Ettingshausen in Graz entstandenen Untersuchung über einen thermoelektrischen Effekt (Ettingshausen-Nernst-Effekt). Im gleichen Jahr ging er nach Leipzig zu Ostwald an das neugegründete Physikalisch-Chemische Institut. Hier konnte er sich bereits zwei Jahre später mit seiner die Dissoziationstheorie (Arrhenius) und die osmotische Theorie der Lösungen (van't Hoff) einbeziehenden Arbeit über die elektromotorische Wirksamkeit der Ionen (→ Ionentheorie) habilitieren. Seit 1891 Extraordinarius bei Eduard Riecke in Göttingen, wurde N. dort 1894 Ordinarius und Leiter eines Instituts für Physikalische Chemie und Elektrochemie, das bald mit Leipzig als Zentrum physikalisch-chemischer Forschung wetteiferte. Viele befähigte Forscher aus dem In- und Ausland – unter ihnen drei spätere Nobelpreisträger – kamen nach Göttingen zum Studium der neuen Fachrichtung.

Über den wissenschaftlichen Bereich hinaus besaß N. einen ausgeprägten Sinn für die technische Umsetzung seiner Forschungsergebnisse. So führten ihn seine Arbeiten über die Elektrizitätsleitung in geglühten Oxyden zu der für ihn sehr einträglichen Erfindung der Nernst-Lampe (1897); seine späten Arbeiten zur Elektroakustik fanden im Neo-Bechsteinflügel (Nernst-Flügel) ihren Niederschlag.

Als N. 1905 zum Nachfolger Landolts an die Universität Berlin berufen wurde, war in ihm nach jahrelangen Forschungen die Erkenntnis herangereift, für die er fünfzehn Jahre später den Nobelpreis erhalten sollte: der Nernstsche Wärmesatz. Schon im folgenden Jahr konnte er das Ergebnis seiner Überlegungen veröffentlichen und mit der Berechnung chemischer Gleichgewichte allein aus thermischen Daten eine erste, höchst bedeutsame Anwendung aufzeigen. Seine Wärmehypothese postulierte, daß sich bei sehr tiefen Temperaturen die Reaktionsenthalpie U (Wärmetönung) eines kondensierten Systems asymptotisch der freien Reaktionsenthalpie A (Affinität bzw. maximale Arbeit) nähern muß, um dann nahe dem absoluten Nullpunkt den gleichen Wert anzunehmen, d. h. $\frac{dA}{dT} = \frac{dU}{dT} = 0$ für sehr kleine Werte von T und $\lim A = U$ für $T \to 0$. Nach seiner experimentellen Bestätigung konnte der Wärmesatz mit Recht den ersten beiden Hauptsätzen der → Thermodynamik zugeordnet werden. Es zeigte sich auch bald, daß das Nernstsche Wärmetheorem eine notwendige Konsequenz der Quantentheorie darstellt.

Seit März 1910, seit einem Besuch bei Albert Einstein in Zürich, war N. Anhänger des Quantenkonzeptes, und er spielte bei der Durchsetzung der neuen Ideen eine maßgebende Rolle. So hat er im Zusammenwirken mit Planck 1914 den erst 35jährigen Einstein als ordentliches Mitglied für die Preußische Akademie gewonnen und die für die Entwicklung der modernen Physik so bedeutsamen Solvay-Kongresse initiiert.

N. wirkte 1922/24 als Präsident der Physikalisch-Technischen Reichsanstalt, anschließend als Nachfolger von Heinrich Rubens auf dem Lehrstuhl für Experimentalphysik an der Universität Berlin.

Werke: Theoretische Chemie vom Standpunkt der Avogadroschen Regel und der Thermodynamik. Stuttgart 1892 (11.–15. Auflage 1926); Einführung in die mathematische Behandlung der Naturwissenschaften (mit Arthur Schoenflies). München 1895; Die theoretischen und experimentellen Grundlagen des neuen Wärmesatzes. Halle 1918.

Literatur: Max Bodenstein, W. N. In: Berichte der Deutschen Chemischen Gesellschaft. Jg 75, 1942, S. 79–104; Lord Cherwell (= Frederick A. Lindemann) und Sir F. Simon, W. N. In: Obituary Notices of Fellows of the Royal Society. Bd 4, 1942, S. 102–112 (mit vollständiger Bibliographie); Albert Einstein, In memoriam W. N. (1942). In: Aus meinen späten Jahren. [2]Stuttgart 1953, S. 235–238; James R. Partington, The Nernst Memorial Lecture. In: Journal of the Chem. Society. London 1953, S. 2853–2872; John Eggert, W. N. Zur hundertsten Wiederkehr seines Geburtstages am 25. Juni 1964. In: Angewandte Chemie. Jg 76, 1964, S. 445–455; Lothar Suhling, W. N. In: Die Großen der Weltgeschichte. Bd IX, Zürich 1970, S. 600–613. L. S.

Neutrino. Zur Deutung des kontinuierlichen Energiespektrums der Elektronen beim β-Zerfall versuchte Niels Bohr, auf eine bereits 1924 für den → Compton-Effekt erwogene Hypothese zurückzugreifen: Impuls- und Energiesatz gelten nicht beim Einzelprozeß, sondern nur statistisch. Demgegenüber erkannte Wolfgang Pauli, daß die Annahme eines neuen Teilchens ohne elektrische Ladung und Spin 1/2 zum Ziele führt und teilte seine Auffassung in einem berühmten Brief am 4. Dezember 1930 dem in Tübingen tagenden Gauverein der Physikalischen Gesellschaft mit. Noch vor Entdeckung des → Neutrons belegte Pauli sein Teilchen zunächst mit diesem Namen; er hielt es für einen Kernbaustein und glaubte, daß es neben dem β-Zerfall zugleich das Lithium 6- und Stickstoff 14-Problem löse.

Nachdem James Chadwick das Neutron aufgefunden hatte, benutzte Enrico Fermi für das hypothetische, beim β-Zerfall auftretende Teilchen den heutigen Namen N. und lieferte 1934 eine Theorie der β-Radioaktivität.

Quellen: Enrico Fermi, Versuch einer Theorie der β-Strahlen. In: Zeitschrift für Physik. Bd 88, 1934, S. 161–177; Charles Strachen, The theory of beta-decay. Oxford und New York 1969 (mit Reproduktionen von Quellen).

Literatur: Wolfgang Pauli, Zur älteren und neueren Geschichte des N.s. In: Ders., Aufsätze und Vorträge über Erkenntnistheorie. Braunschweig 1961, S. 156–180; C. S. Wu, The N. In: Markus Fierz und Victor F. Weisskopf (Hrsg.), Theoretical physics in the twentieth century. A memorial volume to Wolfgang Pauli. New York 1960, S. 249–303; Chen Ning Yang, Elementarteilchen. Berlin 1972.

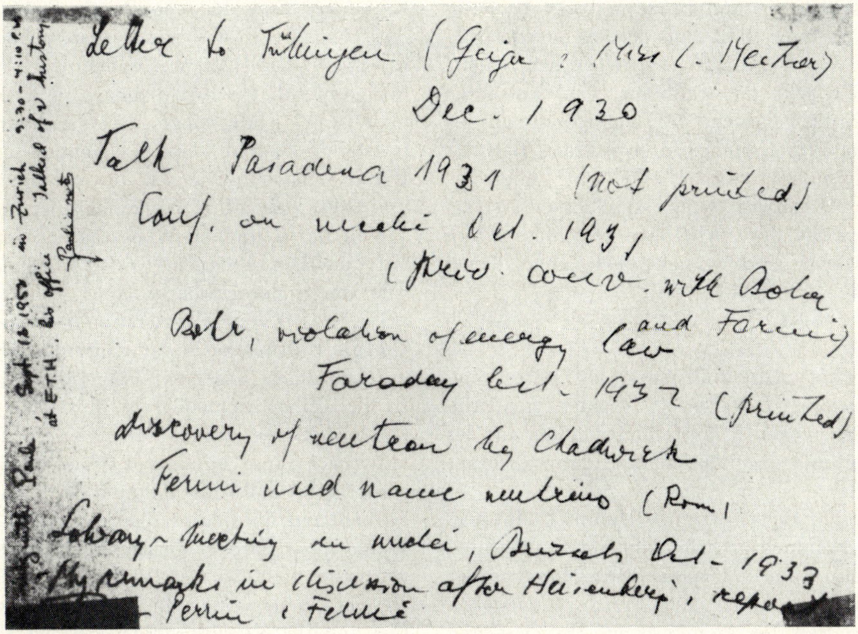
Letter to Tübingen (Geiger : Miss L. Meitner)
Dec. 1930
Talk Pasadena 1931 (not printed)
Conf. on nuclei Oct. 1931,
(priv. conv. with Bohr and Fermi)
Bohr, violation of energy law
Faraday lect. 1932 (printed)
discovery of neutron by Chadwick
Fermi used name neutrino (Rom)
Solvay-Meeting on nuclei, Brussels Oct. 1933
My remarks in discussion after Heisenberg's report
Perrin & Fermi

Abb. 33. Geschichte des Neutrinos, von Wolfgang Pauli im September 1958 eigenhändig notiert

Neutron. Bis zum Jahre 1932 nahm man an, daß die Atomkerne aus den beiden damals bekannten Elementarteilchen, den Elektronen und Protonen, aufgebaut seien. Mit dieser Hypothese stieß man aber auf beträchtliche Schwierigkeiten. So sollte etwa der Stickstoffkern N_7^{14} aus 14 Protonen und 7 Elektronen bestehen, entsprechend halbzahligen Spin besitzen und damit der Fermi-Dirac-Statistik folgen. In Wirklichkeit aber besaß dieser Kern den ganzzahligen Spin 1 und gehorchte der Bose-Einstein-Statistik; das war die sog. „Stickstoffkatastrophe". Einen ebenso großen Widerspruch ergab die Untersuchung der magnetischen Momente der Kerne. Diese liegen in der Größenordnung des Kernmagnetons $\mu_0 = 0{,}5 \cdot 10^{-23}\,\Gamma\ \mathrm{cm}^3$ und sind damit um drei Zehnerpotenzen kleiner als das magnetische Moment des Elektrons, das (nahezu) die Größe eines Bohrschen Magnetons $\mu_B = 0{,}93 \cdot 10^{-20}\,\Gamma\ \mathrm{cm}^3$ besitzt. Es ist unverständlich, wie sich diese magnetischen Momente zu dem kleinen Kernmoment kompensieren sollen.

Marie Curie und Frédéric Joliot beobachteten Anfang 1932, daß die bei der Bestrahlung von Beryllium mit α-Teilchen entstehende Sekundärstrahlung die auffällige Eigenschaft besitzt, in Wasserstoff-haltigen Substanzen Protonen freizusetzen. Bei der Wiederholung dieser Versuche entdeckte James Chadwick, daß die Sekundärstrahlung **nicht** aus γ-Quanten besteht, sondern aus einem noch unbekannten ungeladenen Teilchen. Er schrieb richtig

$$B^{11} + He^4 \rightarrow N^{14} + n^1$$

und schätzte die Ruhemasse auf 1,15 Protonenmassen (± 10 %). 1934 gab er das Prinzip einer genauen Massenbestimmung aus der Masse und Bindungsenergie des Deuterons an.

Werner Heisenberg und Dimitri D. Iwanenkow erkannten noch im Jahr der Entdeckung, daß sich Spin und magnetische Momente der Atomkerne gut mit der Annahme verstehen lassen, daß der Atomkern aus Protonen und Neutronen aufgebaut ist.

Quellen: James Chadwick, Possible existence of a neutron. In: Nature. Vol. 129, 1923, S. 132; ders., The existence of a neutron. In: Proceedings Royal Society of London. Vol. A 136, 1932, S. 692–702.

Literatur: Joan Bromberg, Heisenberg's papers on nuclear structure. In: Actes du XIIe Congrès International d'Histoire des Sciences (Paris 1968). Tome V. Paris 1971, S. 13–16.

Newton, Isaac (* 4. Januar 1643 in Woolsthorpe, † 31. März 1727 in Kensington). N. wurde nach dem Tode seines Vaters geboren und wuchs bei der Mutter und Großmutter auf. Er besuchte die Dorfschule, dann die Lateinschule des Nachbarstädtchens Grantham. Ein Onkel, der Pfarrer war, bewirkte, daß der Knabe nicht den väterlichen Bauernhof übernehmen mußte, sondern seiner übermächtigen Neigung zu mathematischen Studien, experimentellen Untersuchungen und handwerklichen Konstruktionen folgen durfte. So bezog er mit 18 Jahren die Universität Cambridge und hatte dort das Glück, in Isaac Barrow den Mathematiklehrer zu finden, der seine Begabung förderte. Als 1665 die Pest England heimsuchte, verbrachte N. zwei Jahre daheim in Woolsthorpe. Er hat selber bekannt, daß er damals in der Blüte seiner schöpferischen Kräfte stand. Sowohl seine Leistungen in der Infinitesimalrechnung wie in der Mechanik und Optik haben ihre Wurzel in jener Zeit.

Von Barrow angeregt, beschäftigte er sich mit optischen Arbeiten. Er wollte ein Fernrohr von größerer Schärfe bauen, konnte aber keine Linsen ohne Farbzerstreuung schleifen. Um die Entstehung dieser Farben zu prüfen, untersuchte er das Licht mit einem Prisma. Er ließ einen Sonnenstrahl durch ein Loch ins verdunkelte Zimmer fallen, sammelte ihn mit einer Linse auf das Prisma und wunderte sich, daß das dahinter erscheinende Farbenband fünfmal länger als breit war. Wenn er ein zweites Prisma verkehrt hinter das erste hielt, wurde das Farbenband wieder in einen weißen Lichtkreis gesammelt. Ein anderer Versuch offenbarte den Grund für die Verlängerung des farbigen Bildes. Er stellte ein Brett mit einem Loch senkrecht in das Farbenband auf, so daß nur ein einzelner farbiger Strahl durch das Loch fiel, und brachte ein zweites Prisma in den Gang des einfarbigen Strahles. Dieser wurde nochmals gebrochen, behielt aber seine Farbe. Indem N. den Versuch mit jeder Farbe wiederholte, zeigte es sich, daß die roten Strahlen am wenigsten, die violetten am stärksten gebrochen wurden und daß dies mit dem Ergebnis der Zerstreuung hinter dem ersten Prisma übereinstimmte. N. zog die Folgerung: Das weiße Licht ist aus Strahlen verschiedener Brechbarkeit zusammengesetzt, und die Farbe ist mit der Brechbarkeit untrennbar verbunden. Daher schien es, als ob es keine Linsen ohne Farbzerstreuung geben könne. Statt eines Linsenfernrohrs wollte er daher ein Spiegelfernrohr bauen. Um einen gut schleifbaren spiegelnden Stoff zu erhalten, begann er seine Versuche über Metallschmelzen. 1668 und 1671 konnte er nach langwierigen Schleifarbeiten die zwei ersten Spiegelfernrohre vollenden. Das zweite brachte ihn mit der Royal Society in Verbindung.

1669 beschloß Barrow, sich ganz der Theologie zu widmen, und veranlaßte, daß N. sein Nachfolger als Professor der Mathematik wurde. Das Amt gewährte bescheidenen Unterhalt und Muße zur Forschung. So besorgte er eine Ausgabe des besten geophysikalischen Lehrbuches, der „Geographia generalis" von Bernhard Varenius. In der Stille setzte er seine mathematischen, optischen und chemischen Untersuchungen fort. Von Descartes und John Wallis ausgehend, begründete er die Infinitesimalrechnung und die Reihenlehre, bestimmte Krümmung und Wendepunkt vieler Kurven. Veränderliche Größen nannte er Fluenten, die Geschwindigkeiten ihrer Änderung Fluxionen, und ermittelte aus den Fluenten die Fluxionen und umgekehrt.

Im Gebiete der Optik beschäftigten ihn die regenbogenfarbigen Ringe, die sich beim Aufeinanderlegen zweier Linsen zeigen. Er nahm genaue Messungen vor und brachte jede Farbe mit den Dicken der Luftschicht zwischen den beiden Linsen in Beziehung (→ Newtonsche Ringe). Auch die von Grimaldi entdeckten Farbränder der Schatten schmaler Körper wurden genauer geprüft. Erst 1704 ließ er seine zum Lehrgebäude geordnete „Optik" erscheinen. Ihren Schluß bilden 31 ausführliche Fragen über ungeklärte Gegenstände. Er wollte die Erscheinungen der Natur nach Maß und Zahl exakt ergründen.

Die schönste Frucht pflückte N. in der Astronomie. Galilei hatte ausgesprochen, daß ein einmal angetriebener Körper sich unbeschleunigt fortbewege; eine Änderung des Bewegungszustandes ergebe sich nur, wenn eine neue Kraft einwirke. Die Anziehungskraft der Sonne schien die Planeten auf ihrer Bahn zu führen; eine entgegenwirkende Fliehkraft schien zu verhindern, daß sie gegen die Sonne stürzen. Aus dem dritten Keplerschen Gesetz, das die Umlaufszeiten der Planeten mit ihren Sonnenabständen in Beziehung setzt, folgerte N., daß die Anziehung der Sonne mit dem Quadrate der Entfernung abnehme. „Hieraus weiter schließend, verglich ich die Kraft, die nötig ist, um den Mond in seiner Bahn zu halten, mit der Schwerkraft auf der Erdoberfläche und fand, daß sie fast genau gleich sind." N. vermutete also, daß die Anziehung, die das Fallen der Körper bewirkt, bis zum Mond reiche und ihn ständig von der geradlinigen Bewegung ablenke. Da der Mond sich in einem Abstand von 60 Erdradien befindet, sollte die Erdanziehung dort 3600mal schwächer sein als auf der Erdoberfläche. Aus Bahngröße und Umlaufszeit des Mondes ließ sich seine sekundliche „Fallstrecke" zur Erde berechnen. Der erhaltene Wert mal 3600 sollte dem Weg entsprechen, den ein Körper auf der Erdoberfläche in der ersten Sekunde durchfällt. Die Rechnung ergab eine zu kleine Zahl; es schienen Descartes' Wirbel mitwirkend das Fallen des Mondes zu bremsen.

1682 erfuhr N., daß die Erde größer sei, als man bisher gemeint hatte. Eine Gradmessung von Jean Picard in Frankreich ergab den neuen Wert. Der um 60 Erdradien entfernte Mond war somit weiter weg, die Bahn länger, die sekundliche Fallstrecke größer. Nun stimmte der Vergleich mit dem Fallraum der Körper auf Erden; die Wirbel schieden aus, und die Bewegungen der Planeten und Monde konnten mathematisch erfaßt werden. In einem einzigartigen Schaffensrausche vollendete N. sein Hauptwerk, die „Philosophiae naturalis principia mathematica“ (Mathematische Grundlagen der Naturwissenschaft). Bei unablässigem Nachdenken erkannte er in plötzlicher Erleuchtung (nach der Legende beim Betrachten des senkrechten Falls eines Apfels), daß man sich für die Berechnung die Anziehungskraft der Erdmasse in ihrem Mittelpunkt vereinigt denken muß. Sie wirkt längs der Verbindungsgeraden der beiden Mittelpunkte auf die andere Kugel. Die Kräfte müssen im Verhältnis zu den Massen stehen.

In der Sitzung der Royal Society vom 28. April 1686 lag Newtons Handschrift vor. Der Astronom Edmond Halley nahm die Last und die Kosten der Drucklegung auf sich. Er stand seit längerer Zeit mit N. in Verbindung und wußte, daß hier Aufgaben gelöst waren, an denen er selber und andere sich vergeblich versucht hatten. Das Werk umfaßte drei Teile. Die beiden ersten behandelten, von den → Newtonschen Axiomen ausgehend, mathematisch die Bewegung der Körper, während der dritte allgemeiner verständlich das Weltgebäude erläuterte. Durchgeführt wurde das Prinzip der allgemeinen Gravitation, wonach zwei Körper sich im Verhältnis ihrer Massen und im umgekehrten Verhältnis des Quadrates ihres Abstandes anziehen. Nicht nur Sonne und Planet oder Planet und Mond wirken aufeinander, sondern auch Sonne und Mond oder Planet und Planet. Aus wechselnden gegenseitigen Stellungen gehen die Ungleichheiten der Mondbahn, die Bahnstörungen der Planeten hervor.

N. unterschied die Begriffe Masse und Gewicht. An der Erdoberfläche wirkt die Fliehkraft des sich drehenden Planeten der Anziehung entgegen. Derselbe Stein muß am Nordpol schwerer sein als am Äquator. Das Gewicht verringert sich durch die Fliehkraft; die Masse bleibt dieselbe. — N. dachte sich von der Erdmitte aus je ein Rohr zum Pol und zum Äquator gelegt. Das Wasser im Polarm wäre schwerer, weil sein Gewicht nicht durch die Fliehkraft verringert wird. Damit diese Wasserkanäle sich das Gleichgewicht halten, müßte der Äquatorarm verlängert werden, so daß das Verhältnis der Arme 230 : 229 wäre. Die Erde sollte an den Polen abgeplattet sein.

Der Meeresspiegel steigt und fällt. Auf der Erdseite, die sich am Monde vorbeidreht, herrscht Flut, zugleich aber auch auf der vom Monde abgewandten. Um dies zu erklären, betrachtete N. die Erde und ihr Wasser auf beiden Seiten als drei Körper. Da die anziehende Kraft des Mondes mit der Entfernung abnimmt, wird das Wasser zunächst dem Monde stärker angezogen als die Erdfeste und diese wiederum stärker als das abgewandte Wasser. Stehen Sonne und Mond mit der Erde in einer Linie (bei Neumond und Vollmond), so treten die starken Springfluten auf; stehen sie zur Erde in einem rechten Winkel (bei Halbmond), so ergeben sich aus den ausgleichenden Einflüssen die schwachen Nippfluten.

In der Überzeugung, daß auch die Kometen der allgemeinen Anziehung gehorchen, vermutete N., daß sie in flachen, langgestreckten Ellipsen um die Sonne laufen. Halley, der ihm ein Verzeichnis von 24 Kometenbahnen herstellte, bemerkte, daß die Bahnen der Kometen von 1531, 1607 und 1682 übereinstimmten. Es war dreimal derselbe Komet gewesen, und seine Wiederkehr ließ sich für 1759 voraussagen.

In den Jahren nach der großen Anstrengung widmete sich N. der Chemie und der Theologie. Die englischen Gelehrten jener Zeit anerkannten eine doppelte Erkenntnisquelle: die Natur und die göttliche Offenbarung der Bibel. Mit Ausdauer bemühte sich N. um die biblische Chronologie, um die Deutung der Prophezeiungen Daniels und der Apokalypse, um die Lektüre der kirchenväterlichen Schriften. John Locke bezeugt, daß sich in der Theologie und der Kenntnis actions 1671/72, S. 3075—3087 (Neudruck München 1965); deutsch: Johannes A. Lohne und Bernhard Sticker, Newtons Theorie der Prismenfarben. München 1969; Opticks. Based on the fourth edition. London 1730. Neuausgabe (mit Vorwort von I. Bernard Cohen) New York 1952; deutsch: Optik. Übersetzt und hrsg. von William Abendroth (= Ostwalds Klassiker. Nrn 96 und 97). Leipzig 1898. — 4. Mathematik: The mathematical works. Assembled with an introduction by Derek T. Whiteside. 2 Bde (Neudruck New York und London 1964 und 1967); The mathematical papers. Edited by Derek T. Whiteside. Cambridge. Vol. I 1664—66 (1967). Vol. II 1667—70 (1968). Vol III 1670—73 (1969) usw.; La méthode des fluxions et des suites infinies. Traduit par M. de Buffon. Paris 1740 (Neudruck Paris 1966); Abhandlung über die Quadratur der Kurven (1704). Hrsg. von Gerhard Kowalewski (= Ostwalds Klassiker. Nr 164). Leipzig 1908; Abhandlung über jene Grundsätze der Mechanik, die Integrale der Differentialrechnungen liefern. Hrsg. von Philipp E. B. Jourdain (= Ostwalds Klassiker. Nr 191). Leipzig 1914. — 5. Neuere Ausgaben: Theological manuscripts. Hrsg. von Herbert McLachlan. Liverpool 1950; N.'s Philosophy of Nature. Selections from his writings. Edited and arranged with notes by H. S. Thayer. New York 1953; I. N.'s papers and letters on natural philosophy. Edited by I. Bernard Cohen. Cambridge, Mass. 1958; Unpublished scientific papers. Chosen, edited and translated by Alfred Rupert Hall and Marie Boas Hall. Cambridge 1962. — Briefeditionen: Joseph Edleston, Correspondence of Sir I. N. and professor Cotes, including letters of other eminent men. London 1850; The correspondence of I. N. Edited by Herbert Westren Turnbull. Cambridge. Vol. I 1661—75 (1959). Vol. II 1676—87 (1960). Vol. III 1688—94 (1961). Vol. IV (edited by J. F. Scott) 1694—1709 (1967) usw.

Literatur (Kommentare): Henry Pemberton, A view of Sir I. N.'s philosophy. London 1728. Deutsch: Anfangsgründe der Newtonischen Philosophie. Übersetzt von Salomon Maimon. Berlin 1793; François-Marie Arouet de Voltaire, Elémens de la philosophie de N., mis à la portée de tout le monde. Amsterdam 1738; Colin Maclaurin, An account of Sir I. N.'s philosophical discoveries. London 1748 (Neudruck New York und London 1968); J. M. F. Wright, A commentary on N.'s Principia. 2 Bde. London 1833; Friedrich Gensler, Beiträge zur Einleitung in die New-ton'sche oder mathematische Naturphilosophie. Bern 1840; Josef Durdik, Leibniz und N. Halle 1869; Isaac Todhunter, A history of the mathematical theories of attraction and the figure of the earth. From the time of N. to that of Laplace. 2 Bde. Cambridge 1873 (Neudruck New York 1962); Ferdinand Rosenberger, I. N. und seine physikalischen Principien. Leipzig 1895; A. J. Snow, Matter and gravity in N.'s physical philosophy. Oxford 1926; Pierre Brunet, L'introduction des théories de N. en France au XVIIIe siècle. Paris 1931; Edwin Arthur Burtt, The metaphysical foundations of modern physical science. London 1932; M. Roberts und E. R. Thomas, N. and the origin of colours. London 1934; Herbert Westren Turnbull, The mathematical discoveries of I. N. London 1945; I. Bernard Cohen, Franklin and N. Philadelphia 1956; Joachim Otto Fleckenstein, Der Prioritätsstreit zwischen Leibniz und N. (= Elemente der Mathematik. Beiheft Nr 12). Basel/Stuttgart 1956; John Herivel, The background to N.'s Principia. Oxford 1965; Alexandre Koyré, Newtonian studies. London 1965; I. Bernard Cohen, Introduction to Newton's ‚Principia'. Cambridge 1971.

Literatur (Biographien): Bernard de Fontenelle, Eloge de N. Paris 1728. Auch in: Ders., Eloges des académiciens. 2 Bde. Haag 1740 (Neudruck Brüssel 1969). Bd 2, S. 307—344; Sir David Brewster, The life of Sir I. N. London 1831. Deutsch: Sir I. N.'s Leben nebst einer Darstellung seiner Entdeckungen. Übersetzt von B. M. Goldberg. Leipzig 1833; Sir David Brewster, Memoirs of the life, writings, and discoveries of Sir I. N. 2 Bde. Edinburg 1855 (Neudruck New York und London 1965); Augustus de Morgan, Essays on the life and work of N. Edited by P. E. Jourdan. Chicago und London 1914; Louis Trenchard More, I. N. A biography. New York 1934 (Nachdruck New York 1962); William Stukeley, Memoirs of Sir I. N.'s life. Edited by A. Hastings White. London 1936 (Urquelle, besonders für die Kinderjahre); Sergej Iwanowitsch Wawilow, I. N. Berlin 1951; H. D. Anthony, Sir I. N. London, New York, Toronto 1960; Frederick Edward Brasch, Sir I. N. Stanford 1962; Frank E. Manuel, I. N. historian. Cambridge 1963; ders., A portrait of I. N. Cambridge, Mass. 1968.

Literatur (Zeitschriftenaufsätze): Alfred Rupert Hall und Marie Boas Hall, N.'s theory of matter. In: Isis. Vol. 51, 1960, S. 131 bis 144; I. Bernard Cohen, N. in the light of recent scholarship. Ebd. Vol. 51, 1960, S. 489—514; Alexandre Koyré und I. Bernard Cohen, N. and the Leibniz–Clarke correspondence with notes on N., Conti, and des Maizeaux. In: Archives internationales d'histoire des sciences. Bd 15, 1962, S. 63—126; John William Herivel, Sur les premières recherches de N. en dynamique. In: Revue d'histoire des sciences. Tome 15, 1962, S. 105—140; I. Bernard Cohen, Pemberton's translation of N.'s Principia, with notes on Motte's translation. In: Isis. Vol. 54, 1963, S. 319—351; Derek T. Whiteside, N.'s early thoughts on planetary motion: a fresh look. In: The British Journal for the history of science. Vol. 2, 1964, S. 117—137; I. Bernard Cohen, Quantum in se est: N.'s concept of inertia in relation to Descartes and Lucretius. In: Notes and records of the Royal Society of London. Vol. 19, 1964, S. 131—155; Léon Rosenfeld, N. and the law of gravitation. In: Archive for history of exact sciences. Vol. 2, 1965, S. 365—386; Richard S. Westfall, N. defends his first publication: the N.–Lucas correspondence. In: Isis. Vol. 57, 1966, S. 299—314; J. E. McGuire, Body and void and N.'s De Mundi Systemate: some new sources. In: Archive for history of exact sciences. Vol. 3, 1966, S. 185—205; I. Bernard Cohen, Hypotheses in N.'s philosophy. In: Physis. Jg 8, 1966, Bd 2, S. 163—184; J. E. McGuire, Transmutation and immutability: N.'s doctrine of physical qualities. In: Ambix. Bd 14, 1967, S. 69—95; Johannes A. Lohne, The increasing corruption of N.'s diagrams. In: History of science. Bd 6, 1967, S. 69 bis 89; David Kubin, N. and the cyclical cosmos: providence and the mechanical philosophy. In: Journal of the history of ideas. Vol. 28, 1967, S. 325—346; Arnold Thackray, „Matter in a nutshell": N.'s Opticks and eighteenth-century chemistry. In: Ambix. Bd 15, 1968, S. 29—53; J. E. McGuire, Force, active principles, and N.'s invisible realm. Ebd. S. 154—208; I. Bernard Cohen, The French translation of I. N.'s Philosophiae naturalis principia mathematica (1756, 1759, 1966). In: Archives internationales d'histoire des sciences. Bd 21, 1968, S. 261—290.

Bibliographien: George J. Gray, A bibliography of the works of Sir I. N. Together with a list of books illustrating his works. ²Cambridge 1907 (Neudruck London 1966); A descriptive catalogue of the Grace K. Babson Collection of the works of Sir I. N. New York 1950; F. J. Duarte, Bibliografia Euclides, Arquimedes, Newton. Caracas 1967; Derek T. Whiteside, A facelift for N.: current facsimile reprints. In: History of science. Bd 6, 1967, S. 59—68. H. B.

Newtonsche Axiome. Im ersten Buch seiner „Philosophiae naturalis principia mathematica", dessen Manuskript er 1686 der Royal Society vorgelegt hatte und welches im Jahr darauf erschien, formulierte Newton seine drei Axiome (Axiomata sive leges motus):

Lex I. Corpus omne perseverare in statu suo quiescendi vel movendi uniformiter in directum, nisi quatenus a viribus impressis cogitur statum illum mutare.

Lex II. Mutationem motus proportionalem esse vi motrici impressae, et fieri secundum lineam rectam qua vis illa imprimitur.

Lex III. Actioni contrariam semper et aequalem esse reactionem: sive corporum duorum actiones in se mutuo semper esse aequales et in partes contrarias dirigi.

In deutscher Übertragung:

1. Gesetz. Jeder Körper verharrt in seinem Zustand der Ruhe oder der gleichförmig geradlinigen Bewegung, wenn er nicht durch einwirkende Kräfte gezwungen wird, seinen Zustand zu ändern.

2. Gesetz. Die Änderung der Bewegung ist proportional der einwirkenden bewegenden Kraft, und sie geschieht entlang der geraden Linie, in welcher jene Kraft einwirkt.

3. Gesetz. Es besteht eine immer der Wirkung entgegengesetzte und gleiche Gegenwirkung: oder die Wirkungen zweier Körper aufeinander sind immer gleich und nach entgegengesetzten Seiten gerichtet.

Aus der Kenntnis des Gravitationsgesetzes heraus unterschied Newton erstmals klar das ortsabhängige Gewicht von der invarianten

Eigenschaft der Masse. Von den acht Definitionen, die er eingangs formuliert, beziehen sich vier direkt auf die folgenden Axiome. In Definition I erklärt er Masse als Produkt aus Dichte und Volumen. Von Newtons mathematisch-logischem Standpunkt aus erscheint diese Erklärung einleuchtend, da er die Stoffe aus absolut harten Atomen aufgebaut annimmt, deren materielle Substanz den ganzen Raum ihrer Ausdehnung lückenlos einnimmt. (Vgl. hierzu Optik, Frage 31; Principia, Regula III; Unpublished papers, draft addition to the Principia.) In diesem Sinn ist Dichte gleich Anzahl der Atome pro Volumeneinheit. Diese Definition wurde aus der physikalisch-empirischen Sicht oft als Zirkelschluß bezeichnet.

Im Trägheitsprinzip (Lex I), dem Galilei bereits sehr nahegekommen war, taucht der Begriff der → Kraft auf, der bei Newton in verschiedenem Sinne gebraucht wird. **Physikalisch** wird die Kraft durchaus empirisch eingeführt, wie etwa die Trägheitskraft in Definition III, die dem Körper innewohnt und ihn zu dem im Trägheitsprinzip ausgesprochenen Verhalten befähigt.

Die eingeprägte Kraft ist nach Definition IV diejenige, die den Bewegungszustand des Körpers zu ändern imstande ist. Sie wird in der Lex II, gestützt auf die vorangegangenen Definitionen, in ihrem **mathematischen** Zusammenhang erklärt. Hierbei ist die Lex II in moderner Schreibweise als $\vec{k}\,dt = d(m\,\vec{v})$ zu lesen. Die Bewegungsgröße = quantitas motus = Produkt aus Masse und Geschwindigkeit ist in Definition II erklärt.

Im Prinzip von actio und reactio (Lex III) drückt sich anders als bei Descartes eine dynamische Erklärung durch das Auftreten gleicher, entgegengesetzt gerichteter Kräfte für entgegengesetzte Bewegungen aus, wie z. B. beim Stoß elastischer Kugeln. Newton erwähnt hierzu die Arbeiten von John Wallis, Christopher Wren und Christiaan Huygens.

Auf dem Fundament der Axiome baut die klassische Mechanik auf. Zur Beschreibung der mechanischen Naturvorgänge behielten sie ihre Gültigkeit. Insbesondere ist Newtons Formulierung der Lex II auch noch in der Relativitätstheorie gültig, anders als die Interpretation seiner Nachfolger: Kraft ist gleich Masse mal Beschleunigung.

Quellen: Isaac Newton, Mathematische Prinzipien der Naturlehre. Hrsg. Jacob Philipp Wolfers. Berlin 1872 (Nachdruck Darmstadt 1963); Isaac Newton, Opticks. Nachdruck New York 1952; A. Rupert Hall und Marie Boas Hall (Hrsg.), Unpublished scientific papers of Isaac Newton. Cambridge 1962.

Literatur: Thomas Leroy Hankins, Jean d' Alembert: philosopher and scientist. Diss. Cornell University 1964. Ann Arbor, Mich. 1970; René Dugas, La mécanique au XVIIe siècle. Neuchâtel 1954; Max Jammer, Concepts of force. Cambridge, Mass. 1957; Ernst Mach, Die Mechanik in ihrer Entwicklung. [9]Leipzig 1933; I. Bernard Cohen, Introduction to Newton's ‚Principia'. Cambridge 1971. H. M.

Newtonsche Ringe. Die Farben dünner Plättchen wurden zum erstenmal 1663 von Robert Boyle beschrieben. Robert Hooke beobachtete 1665 dieselbe Erscheinung an Glimmerplättchen, später auch an leicht konvexen Glasprismen, die er aufeinanderdrückte. An der Stelle des stärksten Druckes sah er in Draufsicht einen schwarzen Fleck, der von einem System farbiger Ringe umgeben war. Hooke vermutete, daß die Farben von der Dicke des Zwischenraumes der Glasplatten abhängen; mit Hilfe eines Quecksilbertropfens, den er zwischen die Glasplatten brachte, zeigte er, daß nur ein durchsichtiger Zwischenraum die Farben erzeugt. Eine befriedigende Erklärung für die Entstehung der Ringe konnte Hooke nicht geben.

Isaac Newton griff 1675 diese Beobachtungen auf. Er verwendete für seine Untersuchungen eine bikonvexe Glaslinse von bekanntem Krümmungsradius, die er auf eine plangeschliffene Glasplatte legte. Sowohl im reflektierten als auch im durchgelassenen Licht stellte er konzentrische Farbringe fest, wobei die in Reflexion beobachteten Ringe aus den Komplementärfarben der in Transmission betrachteten bestanden. Als Newton dieselben Versuche mit monochromatischem Licht ausführte, beobachtete er ein System konzentrischer, abwechselnd heller und dunkler Ringe, wobei die hellen Ringe nur noch die Farbe des verwendeten Lichtes hatten. Indem er nacheinander mit Licht verschiedener Farbe beleuchtete, erkannte er, daß sich der Durchmesser der Ringe ändert: bei rotem Licht ist er größer als bei blauem. Außerdem gelang es Newton, aus dem ihm bekannten Krümmungsradius der Glaslinse für jeden Farbring die Dicke des Zwischenraumes von Linse und Glasplatte zu berechnen.

Im Buch II der 1704 erschienenen „Opticks" lieferte Newton eine genaue Beschreibung seiner Experimente und versuchte, mit Hilfe der von ihm entwickelten → Emissionstheorie die Entstehung der Ringe zu erklären. Danach haben die von der Lichtquelle nach allen Seiten mit Lichtgeschwindigkeit ausgesandten Lichtteilchen, die je nach Farbe eine verschiedene Größe und Brechbarkeit besitzen, die Eigenschaft, an der Grenze eines Mediums in einem gewissen Moment leichter reflektiert zu werden, in einem anderen Moment leichter einzudringen. Die Fähigkeit der Lichtkorpuskeln zur leichteren Reflexion oder leichteren Refraktion bezeichnete Newton mit „fits" (Anwandlungen).

Eine befriedigende Erklärung der N.n R. gab Thomas Young in seiner Bakerian Lecture 1801, worin er der → Emissionstheorie des Lichtes entgegentrat und die auf Christiaan Huygens zurückgehende Wellen- oder Undulationstheorie weiterentwickelte. Anhand von Wasserwellen zeigte Young, daß sich die Elongationen der einzelnen Wellenzüge addieren; er führte dafür die Bezeichnung Interferenz ein. Mit dieser Betrachtungsweise gelang es ihm, die Entstehung der dunklen und hellen Newtonschen Ringe (bei monochromatischem Licht) beziehungsweise der farbigen Ringe (bei weißem Licht) als Interferenzerscheinung zu erklären und erstmals aus dem Krümmungsradius der Linse und den Radien der N.n R. die Wellenlänge des verwendeten Lichtes zu bestimmen.

Das Auftreten des schwarzen Fleckes in der Ringmitte ist nach Young ein direkter Beweis dafür, daß das Licht bei der Reflexion am dichteren Medium einen Phasensprung um eine halbe Wellenlänge erfährt. Aus dem Verhalten der N.n R. in Flüssigkeiten schloß Young, daß die Fortpflanzungsgeschwindigkeit des Lichtes im optisch dichteren Medium kleiner ist als im optisch dünneren. Die Ergebnisse Youngs waren damit eine kräftige Bestätigung der → Wellentheorie.

Quellen: Robert Boyle, Experiments and considerations upon colours. Oxford 1663; Robert Hooke, Micrographia or philosophical description of minute bodies. London 1665; Isaac Newton, Opticks or a treatise of the reflections, refractions, inflections and colours of light. London 1704. Neudruck der 4. Auflage New York 1952, S. 193 bis 244, S. 278—288. Deutsche Übersetzung in Ostwalds Klassikern, Nr 97. Leipzig 1898; Thomas Young, A course of lectures on natural philosophy and the mechanical arts. London 1845, S. 367 bis 372, S. 382.

Literatur: Ernst Mach, Die Prinzipien der physikalischen Optik. Leipzig 1921, S. 192—226; Edmund Hoppe, Geschichte der Optik. Leipzig 1926 (Neudruck Wiesbaden 1967), S. 59, S. 84 u. f.; Emil Wilde, Geschichte der Optik. Teil II. Neudruck Wiesbaden 1968, S. 92—109; John Tyndall, Das Licht. Braunschweig 1876, S. 47 bis 103; William Whewell, Geschichte der inductiven Wissenschaften. Bd 2. Stuttgart 1840, S. 397 bis 400, S. 436—443. R. W.

Nollet, Jean-Antoine (* 19. November 1700 in Pimpré, † 24. April 1770 in Paris). Er wurde Geistlicher, folgte aber seiner Liebe zur Physik und widmete sich vor allem elektrischen Versuchen. Dabei half ihm Charles-François de Cisternay Dufay, und René-Antoine Ferchault de Réaumur überließ ihm sein Laboratorium. N. bereiste England und Holland, später auch Italien, und brachte von überallher neue Anregungen mit. Seit 1734 hielt er insbesondere in Paris seine vielbesuchten Experimentalvorträge. Von 1743 an erschien sein Lehrbuch der Experimentalphysik, das sich durch übersichtliche Klarheit empfahl. N. wurde 1753 Professor der Physik am Collège de Navarre in Paris, 1761 zugleich an der dortigen Artillerie- und Ingenieurschule. Auch unterwies er die Kinder des Königs. Zuletzt verfaßte er eine „Experimentierkunst“; darin beschrieb er physikalische Instrumente und ihren Gebrauch.

Abbé N. veröffentlichte Abhandlungen über eine Vielzahl von Themen. Ihn beschäftigten Versuche mit Eis und die Eisschollenbildung der Flüsse, Luftpumpe und Dampf im Rezipienten, das Barometer, eine Wasserhebepumpe, eine Brillenschleifmaschine, das Verhalten von Flüssigkeiten in einer rotierenden Kugel, das Sieden, ein Gefäß, das sich durch seine Poren mit Wasser gefüllt habe (womit er 1749 die Diffusion entdeckte), das Gehör der Fische und die Schallausbreitung im Wasser, Wolkenelektrizität und Donner, Sonnenstrahlen und Camera obscura, Nebensonne, Feuermeteor, Nordlicht, Kanonenpulver und Hutmacherkunst. Besondere Verdienste erwarb er sich auf dem Gebiete der Elektrizität. Am Elektroskop benützte er den Spreizwinkel der Fäden als Stärkemaß. Als erster experimentierte er in Frankreich mit der von ihm so benannten → Leidener Flasche. Im Gegensatz zu Benjamin Franklin verteidigte er die Theorie Robert Symmers, daß es eine Plus- und Minuselektrizität gebe.

N. war der gefeierte Meister der französischen Physikerschule in der Mitte des 18. Jh.s. Seine Unterrichtsweise hatte eine weite Ausstrahlung bis in die Schweiz, nach Deutschland, Italien, Spanien und Portugal.

Werke: Leçons de physique expérimentale. 6 Bde. Paris 1743–1748 und Amsterdam 1754 bis 1764; Recueil des lettres sur l'électricité des corps. 3 Bde. Paris 1753; L'art des expériences. 3 Bde. Paris 1770. Deutsch: 3 Bde. Leipzig 1771.

Literatur: Jean Torlais, Un physicien au siècle des lumières: L'abbé N. Paris 1955; ders., Une grande controverse scientifique au XVIIIe siècle. L'abbé N. et Benjamin Franklin. In: Revue d'histoire des sciences. Tome 9, 1956, S. 339–349.

H. B.

Novalis, eigentl. **Hardenberg, Friedrich Freiherr von** (* 2. Mai 1772 in Oberwiederstedt, † 25. März 1801 in Weißenfels). Der romantische Dichter und Philosoph leistete selbst keine Beiträge zur naturwissenschaftlichen Forschung; in seinen Schriften spiegeln sich aber, teilweise glänzend formuliert, Gedanken und Probleme seiner Zeit (→ Naturphilosophie).

N. wuchs auf dem väterlichen Gut Oberwiederstedt im Mansfeldischen auf, besuchte das Gymnasium in Eisleben und legte nach philosophischen und juristischen Studien (in Jena, Leipzig und Wittenberg) im Juni 1794 das juristische Examen ab. Vom Oktober 1794 bis Ende 1795 absolvierte er in Tennstedt die Vorbereitungszeit zum praktischen Verwaltungsdienst und wurde dann in Weißenfels unter seinem Vater Akzessist der Lokal-Salinen-Direktion. Ende 1797 bis Pfingsten 1799 studierte er an der Bergakademie Freiberg, wo Abraham Gottlob Werner und Wilhelm August Lampadius seine Lehrer in Geologie und Chemie waren. Von besonderem Einfluß auf seine naturwissenschaftlichen Vorstellungen war neben Franz Xaver von Baader vor allem Johann Wilhelm Ritter. Mit Ritter verband N. eine tiefgehende Freundschaft; eine starke gegenseitige Beeinflussung ist sicher.

N. stand als Romantiker ganz auf dem Boden des → Dynamismus, dessen Gedanken auf das Energieprinzip hinzielten: „Alle Naturkräfte sind nur Eine Kraft.“ – „Wie verhält sich die Elektrizität, der Magnetismus, die Wärmekraft, Cohaesionskraft, die Bewegungskraft, die Schwerkraft, die Elastizität, der Galvanismus, die chemische Verwandtschaftskraft [?]“ Den empirischen Rationalismus lehnte N. wie Schelling und Ritter ab: „Was ist Natur, ein systematischer, enzyklopädischer Index oder Plan unseres Geistes?“

In einem 1797/98 niedergeschriebenen Dialog geht N. auf den bis in die ersten Jahrzehnte des 19. Jh.s hinein tobenden Streit um die richtige Methode der Naturerkenntnis ein: „Eine einzige wahrhaft beobachtete Tatsache ist doch mehr werth, als die glänzendste Hypothese ...“ Das stellt der Gesprächspartner A fest, während B nun darauf hinweist, daß der „gemeine Empirismus“ auch nicht „das Mindeste zur Erweiterung der Wissenschaft getan“ habe. B spricht von einem „ächten Hypothetiker“, der wohl dem falschen (Schelling?) gegenübergestellt werden soll: „Der ächte Hypothetiker ist kein anderer, als der Erfinder, dem vor seiner Erfindung oft schon dunkel das entdeckte Land vor Augen schwebt — der mit dem dunkeln Bilde über die Beobachtung, dem Versuch schwebt — und der durch freye Vergleichung — durch mannichfache Berührung und Reibung seiner Ideen mit der Erfahrung endlich die Idee trifft, die sich negativ zur positiven Erfahrung verhält, daß beyde dann auf immer zusammenhängen — und ein neues himmlisches Licht die zur Welt gekommene Kraft umstrahle.“

Werke: Novalis, Schriften. Die Werke Friedrich von Hardenbergs. Herausgegeben von Paul Kluckhohn und Richard Samuel. Bisher 3 Bde. Stuttgart 1960 ff.

Literatur: Ernst Heilborn, Novalis, der Romantiker. Berlin 1901; Waldemar Olshausen, Friedrich von Hardenbergs (Novalis) Beziehungen zur Naturwissenschaft seiner Zeit. Leipzig Phil. Diss. Leipzig 1905; Gerhard Schulz, Die Berufslaufbahn Friedrich von Hardenbergs (Novalis). In: Jahrbuch der Deutschen Schillergesellschaft. Bd 7. Stuttgart 1965, S. 253—312; Hans-Joachim Mähl, Georg Friedrich Philipp Frhr. von Hardenberg. In: NDB. Bd 7. Berlin 1966 (hier weitere Quellen und Literatur).

O

Oersted, Hans Christian (* 14. August 1777 in Rudkjöbing auf Langeland, † 9. März 1851 in Kopenhagen). Der Sohn eines Apothekers zeigte schon frühzeitig Freude und Verständnis für das Labor und die Bücher des Vaters. 1794 begann er das Studium der Medizin, Physik und Astronomie an der Universität Kopenhagen, wo er durch die Abhandlung „Über die Grenzen der poetischen und prosaischen Sprache“ einen Hochschulpreis gewann. 1799 promovierte er in der medizinischen Fakultät über ein Thema der Kantschen Philosophie.

Sein literarisches und philosophisches Interesse brachte ihn 1801 und 1802 auf Reisen durch Deutschland mit der Romantik und → Naturphilosophie in Verbindung. 1802 war er, wie er in seinem Tagebuch notierte, in Jena „mit Ritter tagaus, tagein“ zusammen. In den gemeinsam angestellten Versuchen strebten Johann Wilhelm Ritter und Oe. damals danach, einen Zusammenhang der Elektrizität mit dem Magnetismus aufzufinden. Sie benutzten dabei häufig → Voltasche Säulen, an denen sie **magnetische** Eigenschaften nachzuweisen suchten. Da sie nicht daran dachten, die Batterie durch einen Draht zu schließen und den elektrischen Strom in seinen Wirkungen zu analysieren, blieben ihre Bemühungen erfolglos.

An die Zusammenarbeit der beiden Physiker schloß sich ein enger brieflicher Gedankenaustausch an, der bis zum Tode Ritters 1810 währte. 1812 vertrat Oe. in seinem Werk „Ansichten der chemischen Naturgesetze“ eindeutig den Standpunkt des → Dynamismus. Oe. hielt es für eine „Beschränkung des Gesichtskreises“, wenn man nicht nach dem Vorbilde Ritters Galvanismus, Elektrizität, Magnetismus, Licht und Wärme als „verschiedene Tätigkeitsformen der allgemeinen Naturkräfte“ betrachte. Oe. erwartete also eine Wechselwirkung zwischen Elektrizität und Magnetismus. Im Frühjahr 1820 entschloß er sich, durch seine Vorlesung über „Elektrizität, Galvanismus und Magnetismus" wieder auf diese Zusammenhänge aufmerksam geworden, die „alte Vermuthung durch Versuche zu prüfen".

Am meisten erhoffte Oe. von der Entladung der Voltaschen Batterie durch einen Metalldraht von großem elektrischem Widerstand. Er meinte, daß bei dem elektrischen Wechselkampfe oder Konflikt zwischen positiver und negativer Elektrizität, die einander im Leitungsdraht wie zwei feindliche Heerhaufen durchdringen, der Draht erhitzt würde. Es könnte sein, so vermutete Oe., daß diese „Tätigkeit" sich nicht ganz in Wärme äußert, sondern ein Teil könnte sich vielleicht in eine andere Form umsetzen. Oe. war nur überrascht, wie stark tatsächlich die magnetische Wirkung des Stromes ausfiel.

Am 21. Juli 1820 teilte Oe. seine Entdeckung des → Elektromagnetismus in lateinischer Sprache in einer Flugschrift von vier Seiten der wissenschaftlichen Welt mit: „Die ersten Versuche über den Gegenstand, den ich aufzuklären unternehme, sind in den Vorlesungen angestellt worden, welche ich in dem verflossenen Winter über Elektrizität, Galvanismus und Magnetismus gehalten habe. Aus diesen Versuchen schien zu erhellen, daß sich die Magnetnadel mittels des galvanischen Apparates aus ihrer Lage bringen lasse, und zwar bei geschlossenem galvanischem Kreise und nicht bei offenem, wie vor mehreren Jahren einige berühmte Physiker umsonst es versucht haben.

Man denke sich die beiden entgegengesetzten Enden des galvanischen Apparates durch einen Metalldraht verbunden. Diesen werde ich der Kürze halber stets den verbindenden Leiter oder den verbindenden Draht nennen, die Wirkung aber, welche in diesem verbindenden Leiter und um denselben her vor sich geht, mit dem Namen ‚elektrischer Konflikt' bezeichnen.

Man bringe ein geradliniges Stück dieses verbindenden Drahts in horizontaler Lage über eine gewöhnliche, frei sich bewegende Magnetnadel, so daß er ihr parallel sei... Ist alles so eingerichtet, so wird die Magnetnadel in Bewegung kommen, und zwar so, daß sie unter dem vom negativen Ende des galvanischen Apparates herkommenden Teile des verbindenden Drahtes nach Westen abweicht. Ist die Entfernung des Drahtes von der Magnetnadel nicht mehr als $^5/_4$ Zoll, so beträgt die Abweichung ungefähr 45 Grad. Übrigens ist die Abweichung verschieden, nach Verschiedenheit der Stärke des Apparates..."

Die mit solchen Worten mitgeteilte Entdeckung machte ungeheures Aufsehen. In Genf und Paris, in Heidelberg, Kiel, Göttingen, München und Leipzig, in London und St. Petersburg, in Akademien, Universitäten, an Fürstenhöfen und in Privathäusern wurden die Versuche Oersteds besprochen und wiederholt. „Kaum waren aber diese Nachrichten ins Publikum gekommen", berichtete Georg Wilhelm Muncke, „als nicht bloß alle Physiker, sondern auch eine Menge Naturforscher, Ärzte, Dilettanten und sogar solche, welchen wissenschaftliche Forschungen übrigens fremd zu sein pflegen, sich mit einer unerhörten Leidenschaftlichkeit der neuen Entdeckung bemächtigten. Man kann den damaligen allgemein erregten Enthusiasmus füglich demjenigen vergleichen, welcher sich äußerte, als die ersten aerostatischen Maschinen [d. h. die ‚Montgolfieren' genannten Luftschiffe] ein bis dahin für unmöglich gehaltenes Problem lösten."

Ludwig Wilhelm Gilbert, der Herausgeber der Annalen der Physik, scheute sich 1820 nicht, sein anfängliches Mißtrauen gegen Oe. (als einem Schüler Ritters) zuzugeben. Auch Wilhelm Ostwald schien bei einer historischen Analyse die Entdeckung Oe.s als Zufall, ja fast als widersinnig: „Denn dieser später durch seine Entdeckung der Ablenkung der Magnetnadel durch den Strom berühmt gewordene Physiker war womöglich noch ein schlimmerer Naturphilosoph als Ritter, und die capitale Entdeckung, die ihm später geglückt ist, zeigt, wie die Natur ihre

Geheimnisse sich gelegentlich auf den absurdesten Wegen ablauschen läßt. Doch zeigt sich hier gleichzeitig, daß wohl ein seltener Fund auch solchen Leuten glücken kann.“

Demgegenüber betonten Oe. selbst, Hendrik Steffens, Friedrich Schelling und andere, daß es die Geisteswelt der romantischen → Naturphilosophie gewesen sei, die die sich als so erfolgreich erweisenden Versuche mit Strom und Magnetnadel inspiriert hätte. So feierte im Jahre 1832 die Bayerische Akademie der Wissenschaften die Faradaysche Entdeckung der elektromagnetischen Induktion durch eine Festansprache ihres Präsidenten Friedrich Schelling. Der Hauptinhalt bestand in der Beschreibung dreier physikalischer Entdekkungen und dem Nachweis ihrer inneren Abhängigkeit. Es handelte sich dabei um die Begründung der Elektrochemie durch Johann Wilhelm Ritter 1798, die Entdeckung des Elektromagnetismus durch Oersted 1820 und die Entdeckung der elektromagnetischen Induktion durch Faraday 1831. In einem Anhang bei der Publikation vermerkte Schelling: „Die Absicht war, den notwendigen Zusammenhang der angeführten Entdeckungen zu zeigen und auseinanderzusetzen, wie die Entdeckungen mit einer gewissen Notwendigkeit eine aus der anderen sich entwickelten und von denkenden Naturforschern mehr oder weniger vorausgesehen wurden.“

Nach der Begründung des → Elektromagnetismus machte Oe. Versuche über die Zusammendrückbarkeit des Wassers, und er erdachte ein Piezometer, das diese Eigenschaft bei Flüssigkeiten zu messen gestattet. Ferner stellte er durch die Zerlegung der Tonerde zuerst das Chloraluminium her und ermöglichte dadurch 1827 Friedrich Wöhler die Entdeckung des metallischen Aluminiums. Auch Oe. hatte durch Destillation von Aluminiumamalgam das Metall schon in kleiner Menge erhalten.

Zu lehren war ihm ein Bedürfnis. Er hielt viele Vorlesungen – bis zu vier Stunden an einem Tag. Als Lehrer war er durch sein anspruchsloses Wesen, seine leichtverständliche, gemütvolle Vortragsweise sehr beliebt,

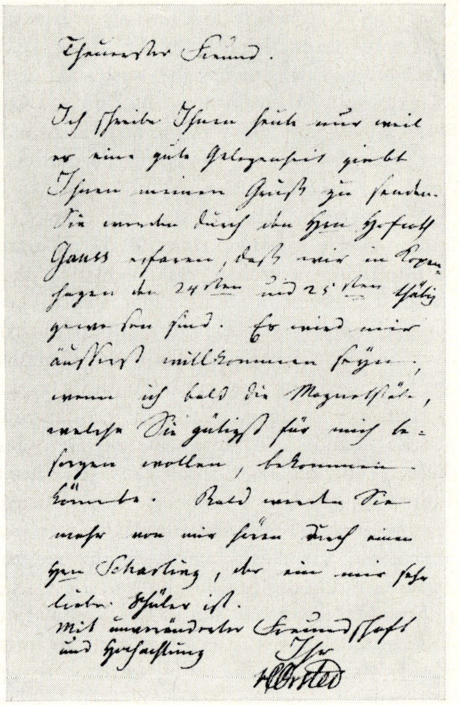
Theuerster Freund.
Ich schreibe Ihnen heute nur weil er eine gute Gelegenheit giebt Ihnen meinen Gruß zu senden. Sie werden durch den Hrn Hofrath Gauss erfahren, daß wir in Copenhagen den 24sten und 25sten thätig gewesen sind. Es wird mir äußerst willkommen seyn, wenn ich bald die Magnetstäbe, welche Sie gütigst für mich besorgen wollen, bekommen könnte. Bald werden Sie mehr von mir hören durch einen Hrn Scharling, der ein mir sehr lieber Schüler ist.
Mit unveränderter Freundschaft und Hochachtung
Ihr
HOersted

Abb. 35. Hans Christian Oersted an Wilhelm Weber in Göttingen

wobei er oft eine köstliche Zerstreutheit zeigte.

Seine stark von der romantischen Naturphilosophie geprägte Weltanschauung legte er in einigen vielgelesenen Werken dar. Er beeinflußte → Ludvig August Colding in den Ideen über die Erhaltung der Kräfte (→ Energie) und spielte im Geistesleben Dänemarks eine hervorragende Rolle.

Werke: Naturvidenskabelige Skrifter. 3 Bde. Kopenhagen 1920 (hier Biographie von Kirstine Meyer: Bd 1, S. XIII–CLXVI); Breve fra og til H. C. Oe. [Briefe in Tagebuchform]. Kopenhagen 1870; Correspondance de H. C. Oe. Herausgegeben von M. C. Harding. 2 Bde. Kopenhagen 1920; Ansicht der chemischen Naturgesetze durch die neueren Entdeckungen gewonnen. Berlin 1812; Der Geist in der Natur. 6 Bde. [3]Berlin 1850/51 (hier Biographie von P. L. Möller: Bd 1, S. VII–XXII); Zur Entdekkung des Elektromagnetismus (= Ostwalds Klassiker. Nr 63). Leipzig 1895.

Literatur: Robert C. Stauffer, Speculation and experiment in the background of Oersted's discovery of electromagnetism. In: Isis. Vol. 48, 1957, S. 33–50; Bern Dibner, Oe. and the discovery of electromagnetism. Norwalk, Conn. 1961.

Ohm, Georg Simon (* 16. März 1789 in Erlangen, † 6. Juli 1854 in München). Die Entdeckung des bestechend einfachen Gesetzes, mit dem O. Ordnung in eine verwirrende Vielfalt elektrischer Erscheinungen brachte, ist später mit Recht als eine erlösende Tat gefeiert worden. Es trug wesentlich dazu bei, die junge Wissenschaft vom → Galvanismus einer exakten mathematischen Behandlung zugänglich zu machen, und schuf damit die Grundlage zu der erstaunlichen Weiterentwicklung der Elektrizitätslehre im 19. Jh.

Obwohl der junge O., Sohn eines an Mathematik und Philosophie brennend interessierten Schlossermeisters, bereits nach drei Semestern sein Studium der Mathematik, Physik und Philosophie abbrach und eine Lehrerstelle in der Schweiz übernahm (1806), konnte er – 1811 nach Erlangen zurückgekehrt – noch im selben Jahr seine Studien mit der Promotion abschließen und sich darauf für Mathematik habilitieren. Nach einigen Semestern als Privatdozent in Erlangen ging O. an die Realstudienanstalt in Bamberg, wo er sein erstes Buch „Grundlinien zu einer zweckmäßigen Behandlung der Geometrie" schrieb. Wohl daraufhin glückte ihm 1817 das Überwechseln an das sogenannte Jesuiten-Kollegium in Köln als Oberlehrer der Mathematik und Physik. – In der Hoffnung auf eine akademische Anstellung beendete O. neun Jahre später seine erfolgreiche Lehr- und Forschertätigkeit in Köln und ging nach Berlin, wo er an der Kriegs- und an der Artillerie- und Ingenieurschule Vorlesungen hielt. Seine verschiedenen Eingaben an den König von Bayern hatten schließlich den Erfolg, daß er 1833 die Professur für Physik an der neugegründeten polytechnischen Schule in Nürnberg erhielt; von 1839–1849 war er Rektor dieser Schule, die heute seinen Namen trägt. Erst 1852 – im Alter von 63 Jahren – wurde er zum ordentlichen Professor der Physik an die Universität München berufen, womit ein langgehegter Wunsch in Erfüllung ging.

Die experimentellen Arbeiten, die O. auf die Spur seines Gesetzes führten, begannen in Köln, wo ihm eine größere physikalische Sammlung zur Verfügung stand. Die Suche nach dem inneren Zusammenhang zwischen Stromstärke, Spannung und Widerstand in einer „galvanischen Kette" verlief angesichts der Inkonstanz der verwendeten Voltaelemente und vieler begrifflicher Schwierigkeiten zunächst wenig erfolgreich. Erst als sich O. auf Anraten Johann Christian Poggendorffs des von Thomas Johann Seebeck 1821 erfundenen Thermoelements als spannungskonstanter Stromquelle bediente, gelang ihm der große Wurf, der seinen Namen unsterblich machte. In der berühmten Abhandlung von 1826 „Bestimmung des Gesetzes, nach welchem Metalle die Contactelektricität leiten..." kam er im Anschluß an eine Tabelle gemessener Stromstärken zu dem Ergebnis: „Obige Zahlen lassen sich sehr genügend durch die Gleichung $X = \frac{a}{b+x}$ darstellen, wobei X die Stärke der magnetischen Wirkung auf den Leiter, dessen Länge x ist, a und b aber konstante, von der erregenden Kraft und dem Leitungswiderstand der übrigen Teile der Kette abhängige Größen bezeichnen." (Heute ist es üblich, hierfür $I = U/(R_i + R_a)$ zu schreiben.)

Die Form, in der das O.sche Gesetz allgemein gebräuchlich wurde, findet sich in der noch bekannteren Arbeit aus dem Jahr 1827 „Die galvanische Kette, mathematisch bearbeitet". Hier entwickelte er auf der Grundlage seiner empirischen Erkenntnisse in Analogie zu den Gesetzen des Wärmetransports (Joseph Fourier, Siméon-Denis Poisson) mit mathematischen Mitteln die Gleichung $S = A/L$, „welche allgemein gültig ist und die Gleichheit der Größe des Stromes an allen Stellen der Kette schon durch ihre Form zu

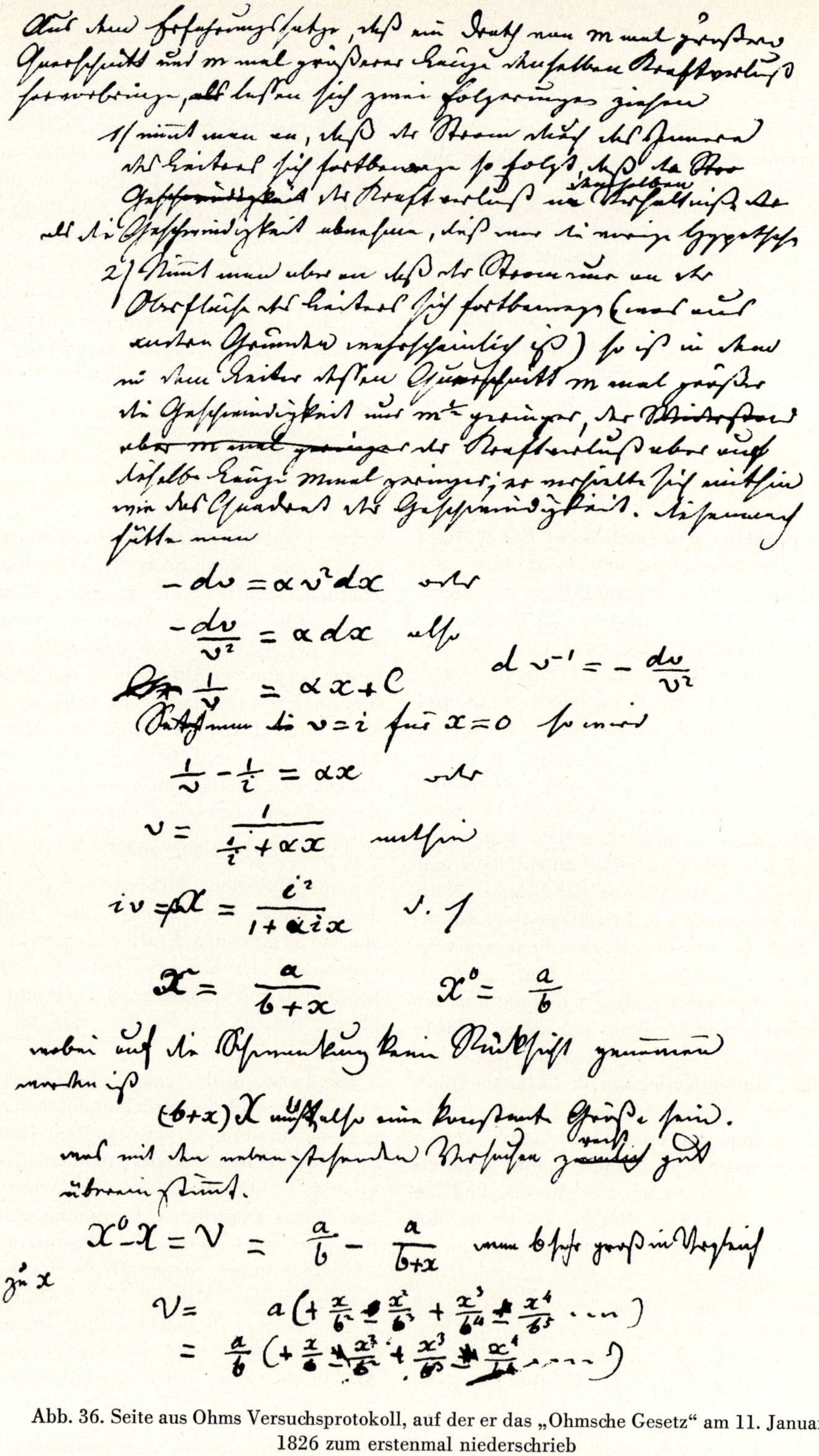

Abb. 36. Seite aus Ohms Versuchsprotokoll, auf der er das „Ohmsche Gesetz“ am 11. Januar 1826 zum erstenmal niederschrieb

erkennen gibt". Damit verwarf er alle Theorien (z. B. die Oerstedsche Konflikttheorie), die eine Änderung der Stromstärke in der unverzweigten Kette annahmen. O. drückte sein höchst einfaches Gesetz auch in Worten aus: „Die Größe des Stromes [S] in einer galvanischen Kette ist der Summe aller Spannungen [A] direkt, und der ganzen reduzierten Länge der Kette [L] umgekehrt proportional." Unter „reduzierter Länge" verstand er „die Summe aller Quotienten ..., die aus den zu homogenen Teilen gehörigen wirklichen Längen und dem Produkte der entsprechenden Leitungsvermögen und Querschnitte gebildet werden." — Die Gesetzmäßigkeit bei der Stromverzweigung war O. darüber hinaus ebenso bekannt wie der Unterschied zwischen innerem und äußerem Widerstand eines Leiterkreises.

Die bahnbrechenden Entdeckungen O.s fanden zunächst mehr Ablehnung als Zustimmung. Zu den wenigen, die die Bedeutung des O.schen Gesetzes frühzeitig erkannten, gehörte der Leipziger Physiker Gustav Theodor Fechner, der 1831 „nicht umhin [konnte], O. das Verdienst beizumessen, mit den wenigen Buchstaben dieser einfachen Formel eine neue Epoche für die Lehre vom Galvanismus begründet zu haben". Die Verleihung der Copley-Medaille der Royal Society in London im Jahre 1841 brachte schließlich den endgültigen Durchbruch zur weltweiten Anerkennung. O. wandte sich jetzt anderen Gebieten der Physik zu. Die Akustik verdankt diesen Forschungen u. a. die Einführung der Fourier-Analyse zur Charakterisierung der Klangfarbe und das später irrtümlich Hermann von Helmholtz zugeschriebene „Ohmsche Gesetz der Akustik". In seiner Münchener Zeit beschäftigte er sich noch mit kristalloptischen und mit molekularphysikalischen Problemen.

Werke: Bestimmung des Gesetzes, nach welchem Metalle die Contactelektricität leiten etc. In: Schweiggers Journal für Chemie und Physik. Bd 46, 1826, S. 137—166; Die galvanische Kette, mathematisch bearbeitet. Berlin 1827 (Neudruck Wiesbaden 1965); Über die Definition des Tones etc. In: Annalen der Physik. Bd 59, 1843, S. 497—565; Beiträge zur Molecular-Physik. Nürnberg 1849; Grundzüge der Physik. Nürnberg 1854; Gesammelte Abhandlungen. Hrsg. von Eugen Lommel. Leipzig 1892; Ludwig Hartmann, Aus G. S. O.s handschriftlichem Nachlaß. München 1927.

Literatur: G. S. O. als Lehrer und Forscher in Köln. Festschrift zur 150. Wiederkehr seines Geburtstages. Köln 1939; Jonathan Zenneck, G. S. O. In: Deutsches Museum. Abhandl. u. Berichte. Jg 11, 1939, H. 2; Heinrich v. Füchtbauer, G. S. O. Ein Forscher wächst aus seiner Väter Art. [2]Bonn 1947; Walther Gerlach, O.s Gesetze der Elektrizität und der Akustik. In: Naturwiss. Rundschau. Jg 7, 1954, S. 283—287. L. S.

Optik. Die Griechen entwickelten die Katoptrik als Lehre von der Reflexion, der Zurückwerfung der Lichtstrahlen an Spiegeln. Die älteste Theorie vom Sehen wird auf Pythagoras zurückgeführt: Vom Auge gehen Sehstrahlen aus. Epikur und Lukrez lehrten, daß sich von der Oberfläche der gesehenen Körper dauernd Atome ablösen und als Abbilder nach allen Seiten durch die Luft fliegen, ins Auge dringen und den Sehnerv erregen. Das älteste erhaltene Werk über O. stammt von Euklid (300 v. Chr.). Die erste planmäßige Untersuchung der Brechung findet sich erst in der O. des Ptolemäus (150 n. Chr.). Die Araber pflegten die optische Wissenschaft weiter. Alhazen wußte, daß die Brechung gegen das Lot hin erfolgt und daß der Refraktionswinkel mit dem Einfallswinkel nicht proportional ist. Von Alhazen war Witelo beeinflußt, der um 1272 ein Lehrbuch der O. schrieb. Roger Bacon erfand um jene Zeit die → Camera obscura. Der Mönch Theodorich (Dietrich von Freiberg) erklärte um 1311 den Regenbogen; dies wurde eines der bedeutenden Themen der O. Der Humanist Franciscus Maurolycus ließ 1575 ein größeres Werk über O. erscheinen. Giambattista Porta widmete ihr ein Kapitel seiner „Magia naturalis".

1. Anfang der Neuzeit

Am Anfang der Neuzeit steht Johannes Kepler. Er suchte nach dem Brechungsgesetz und gab dafür 1604 eine sinnvolle Einrichtung an. Bald darauf wurden → Fernrohr und → Mikroskop erfunden. Die Theorie für das Fernrohr und den Plan zum Keplerschen Fernrohr gab Kepler in seiner Dioptrik 1611. Unter Dioptrik versteht man die Lehre vom Durchgang des Lichtes durch durchsichtige Körper.

Das → Brechungsgesetz fanden Willebrord Snellius (1591–1626) und René Descartes (1596–1650). Descartes bot die richtige Erklärung für den Regenbogen. Auch die Phosphoreszenz und Fluoreszenz begann man damals zu beobachten; besonders tat dies Athanasius Kircher (1601–1680).

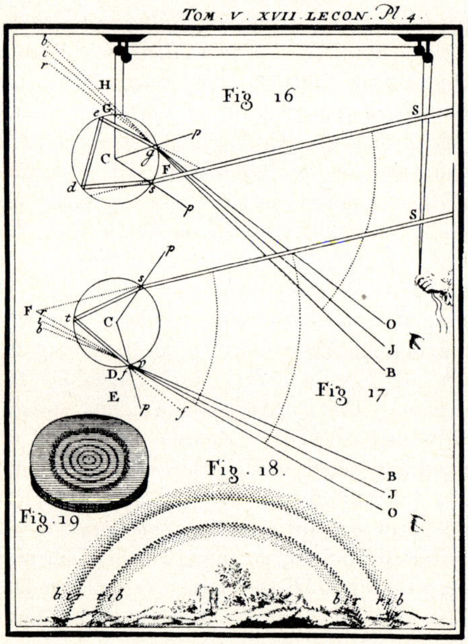

Abb. 37. Erklärung des Regenbogens. Aus: Abbé Nollet, Leçons de physique expérimentale. Bd 5. Amsterdam 1756

2. Theorie der Farben und Fernrohrbau

Die Farben erklärte man seit dem Altertum als eine Mischung von Licht und Dunkelheit. Aristoteles hatte geschrieben: „Das Helle, durch das Dunkle gesehen, erscheint rot wie das Feuer durch Rauch oder wie die Sonne durch Nebel.“ Descartes dachte an verschieden schnelle Rotationen der Lichtmoleküle. Die wahre Erklärung, daß das weiße Licht aus Strahlen von verschiedener Brechbarkeit und Farbe besteht, gab Isaac Newton 1672. Zu seinen Vorläufern gehört Marcus Marci. Die Entstehung der Farbe einer Flamme beruht nach Newton darauf, daß bestimmte Lichtarten überwiegend ausgestrahlt werden, und die Entstehung der Körperfarben ist darin begründet, daß gewisse Strahlen verschluckt und andere zurückgeworfen werden. Hält man eine Blume in verschiedene Teile des Spektrums, so erscheint sie nur in der Spektralfarbe, die mit ihrer Farbe übereinstimmt, hell, in den andern fast schwarz.

Da Newton glaubte, die Aufspaltung des Lichtes in Farben sei bei allen Glaslinsen gleich und man könne daher nie ein scharfes Bild ohne Farbensäume erhalten, wandte er sich dem Bau eines Spiegelfernrohrs zu. Später hat besonders Friedrich Wilhelm Herschel gute Spiegelfernrohre gebaut. Die Entdekkung aber, daß die Vereinigung zweier Glassorten mit verschiedenen Brechkräften eine Brechung ohne Farbzerlegung ergeben müßte, verdanken wir Leonhard Euler. Er wies darauf hin, daß ja auch unser Auge ein Bild ohne Farbenränder auf die Netzhaut wirft. Von Euler ermutigt, baute John Dollond achromatische Fernrohre. Ihre Linsen bestanden aus Kron- und Flintglas. Später hat Joseph Fraunhofer vorzügliche Linsenfernrohre hergestellt.

3. Farben dünner Plättchen und Beugung

Eine andere Gruppe von Erscheinungen bildeten die Farben dünner Plättchen, Fischschuppen, Seifenblasen und dergleichen. Robert Hooke untersuchte sie in seiner „Micrographia“ von 1665. Er bemerkte, daß jede Farbe eine bestimmte Dicke der Plättchen erfordert. Newton nahm den Gegenstand auf und bestimmte die Dicke der Plättchen, die zu jeder Farbe gehört. Besonders erforschte er die farbigen Ringe, die entstehen, wenn man zwei Linsen aneinanderdrückt (→ Newtonsche Ringe).

Neben die Reflexion und Brechung trat als dritte Eigenschaft des Lichtes die → Beugung. Hierher gehören die Farbensäume, von denen die Schatten der im Licht stehenden Körper eingefaßt werden. Sie wurden von Francesco Maria Grimaldi 1665 beschrieben. Wenn man in ein finsteres Zimmer durch eine kleine Öffnung Licht treten läßt und einen feinen Draht in dieses Licht stellt, so findet man den Schatten des Drahtes in einer bestimmten Entfernung viel breiter, als er infolge der geradlinigen Lichtausbreitung sein sollte. Zugleich sieht man Farbensäume. Sie wurden auch von Hooke und Newton untersucht.

4. Doppelbrechung und Polarisation

Eine neue Klasse von Erscheinungen wurde vom dänischen Professor Erasmus Bartholinus 1669 beschrieben. Wenn man durch einen isländischen Kalkspat sah, erblickte man die Gegenstände doppelt. Bartholinus fand, daß das eine der Bilder durch die gewöhnliche, das andere durch eine ungewöhnliche Brechung erzeugt wird. Christiaan Huygens erklärte die Erscheinung durch die → Wellentheorie (→ Huygenssches Prinzip). Seine Schrift blieb lange unbeachtet, bis 1788 René-Just Haüy und 1802 William Hyde Wollaston zeigten, daß seine Theorie mit den Beobachtungen gut übereinstimmte. 1808 wurde die → Doppelbrechung als Preisaufgabe von der Pariser Akademie ausgeschrieben. Etienne-Louis Malus gewann den Preis. Er hatte die Eigenschaft auch in einigen anderen Kristallen festgestellt. Jean-Baptiste Biot zeigte, daß man dabei zwei Gruppen von Kristallen unterscheiden konnte.

War schon die Doppelbrechung merkwürdig, wieviel seltsamer erst die dabei auftretende → Polarisation des Lichtes! Huygens entdeckte sie zuerst. Wenn man zwei Späte parallel hintereinanderlegt, so wird der vom ersten doppelt gebrochene Strahl im zweiten nicht weiter zerlegt, sondern der ordentliche Strahl wird im zweiten nur ordentlich und der außerordentliche nur außerordentlich gebrochen. Wenn aber die Hauptschnitte der Kristalle senkrecht zueinander stehen, so wird umgekehrt im zweiten Kristall der ordentliche Strahl nur außerordentlich und der außerordentliche nur ordentlich gebrochen. In jeder andern Stellung des zweiten Kristalls wird jeder der beiden Strahlen nochmals doppelt gebrochen, so daß vier Strahlen entstehen. Zwei solche Kristalle hintereinander nennt man Polarisator und Analysator.

Im Anschluß an seine Untersuchungen über doppelbrechende Kristalle entdeckte Malus, daß unter einem gewissen Winkel zurückgeworfene Strahlen polarisiert sind. Die Polarisation war also nicht auf das Licht beschränkt, das durch einen Kristall hindurchgetreten war, sondern fand sich überall in der Natur, wo Licht reflektiert wurde.

Rasch wurden weitere Erscheinungen entdeckt. Dominique-François Arago ließ 1811 polarisiertes Licht durch Glimmerplättchen gehen und analysierte es hierauf mit einem Spat. Die auftretende Abänderung des Lichtes wurde Dipolarisation genannt. David Brewster untersuchte ebenfalls die dipolarisierende Eigenschaft der Mineralien. Thomas Johann Seebeck und John Herschel lieferten Beiträge.

1815 untersuchte Biot die Farbenerscheinungen, die eine beliebig geneigte Kristallplatte im polarisierten Licht hervorruft. Damit das Licht auch bei starken Neigungen des Kristalls hindurchtrat, tauchte er ihn in Terpentinöl, das in ein Gefäß mit senkrechten Glaswänden eingeschlossen war. Wider Erwarten wirkte die Flüssigkeit selbst auf das polarisierte Licht ein. Sie erteilte der Polarisationsebene eine für die verschiedenen Farben verschieden starke Drehung, denn bei der Drehung des Analysators zeigte sich ein beständiger Farbwechsel. Die Drehung erwies sich als proportional zu dem vom Licht in der Flüssigkeit zurückgelegten Weg und proportional zur Stärke der Lösung. Die Drehung, geteilt durch Weglänge und Lösungsstärke, ergab eine von der Natur der Lösung abhängige Konstante. Man konnte die Natur der Substanz daran erkennen. Umgekehrt ließ sich die Stärke einer bekannten Lösung ermitteln; das Saccharimeter diente Seebeck zur Bestimmung der Menge des gelösten Zuckers.

5. Das Prinzip der Interferenz

Zunächst konnte man die Polarisationserscheinungen theoretisch nicht deuten. Erst mit der Wellentheorie gelang dies. Die Schüler und Nachfolger Newtons vertraten die → Emissionstheorie. Danach ist das Licht eine Materie, die von den leuchtenden Körpern nach allen Seiten ausgesandt wird. Die → Wellentheorie dagegen betrachtete das Licht als Wellenbewegung. Christiaan Huygens hatte diese Anschauung begründet, und Leonhard Euler führte sie weiter aus. Um 1802 wurde sie von Thomas Young wiedererweckt, der sie zur Erklärung der Farben dünner Plättchen und der farbigen Schattensäume heranzog. Seine große Erkenntnis war das Prinzip der → Interferenz. Zwei Lichtwellenzüge können sich beim Zusammentreffen verstärken, aber auch schwächen und sogar auslöschen. Mit Hilfe dieser Vorstellung erklärte er die Farben dünner Plättchen durch das von den beiden Oberflächen zurückgeworfene interferierende Licht. Auch die von Arago entdeckten Farben, die polarisiertes Licht in Kristallplättchen erzeugte, führte er auf Interferenz zurück. Zur Erklärung der Polarisation zog er eine transversale Schwingung in Betracht. Nur so konnte man einsehen, daß der Lichtstrahl verschiedene „Seiten" aufweist. Anfangs war Young heftig angegriffen worden. Aber in Frankreich erwuchs ihm in Augustin-Jean Fresnel ein Helfer. Fresnel kam seinerseits 1815 zur Überzeugung, daß die Kreuzung der Strahlen Streifen hervorbringe. 1821 konnte er auch die Polarisation reflektierter Strahlen aus der → Wellentheorie erklären. So wurden Young und Fresnel die Neubegründer der Undulationstheorie. Sie vereinigte viele Erscheinungen unter einen gemeinsamen Gesichtspunkt und wurde von George Biddell Airy, Franz Neumann und Augustin-Louis Cauchy weiter entwickelt. William Rowan Hamilton berechnete, daß es eine gewisse Stellung zweiachsiger Kristalle gebe, bei der ein einfallender Lichtstrahl so gebrochen werde, daß er sich zu einem Kegelmantel erweitern und die Gestalt eines Pinsels annehmen müsse. Diese Erscheinung wurde dann tatsächlich nachgewiesen.

6. Ausweitung des Spektrums und Photochemie

Um 1800 wurde die Kenntnis des Spektrums um die → Ultrarotstrahlen und → Ultraviolettstrahlen bereichert. Friedrich Wilhelm Herschel bemerkte mit dem Thermometer, daß die erwärmende Kraft nicht gleichmäßig über die Strahlen des Spektrums verteilt ist, sondern sich am roten Ende steigert und dort über den sichtbaren Teil hinausreicht. Johann Wilhelm Ritter entdeckte, daß die chemisch wirksamsten Strahlen im Ultraviolett liegen (→ Photochemie).

Die Schwärzung der Silbersalze durch das Licht erhielt 1838 eine Anwendung in der Photographie. Louis-Jacques-Mandé Daguerre tauchte eine Silberplatte in Joddampf, so daß sich darauf eine lichtempfindliche Jodsilberschicht bildete. Auf diese warf er das Bild durch eine Linse. Die hellen Teile des Bildes zeigten alsbald eine Zersetzung; nun wurden Quecksilberdämpfe darübergeblasen, die sich nur an jenen Stellen niederschlugen. Die Erfindung der Daguerrotypie fußte auf Vorarbeiten von Joseph-Nicéphore Niepce. Fox Talbot setzte im gleichen Jahr ein mit Kochsalz und Silbernitrat getränktes Papier den Lichtstrahlen in der Camera obscura aus und erhielt so die ersten Papierphotographien, die er mit Bromkalilösung fixierte.

Wie die chemische Wirkung der Strahlen erforschte man auch deren Fähigkeit, Körper durch Bestrahlung zum Leuchten zu bringen. Die → Fluoreszenz unterschied sich dabei von der Phosphoreszenz nur durch ihre kürzere Dauer. Bei der Absorption scheint das Licht wie verschluckt und verschwunden. Doch wird dadurch der Körper erwärmt oder chemisch verändert oder eben zum Leuchten gebracht. Gewisse Edelsteine leuchten im Dunkeln nach, wenn sie dem Licht ausgesetzt waren. Edmond Becquerel erkannte, daß das nachleuchtende Licht eine andere Zusammensetzung hatte als das eingestrahlte. John Herschel sah, daß eine Lösung des Chinins in Wasser und Schwefelsäure unter der Wirkung eines Lichtstrahls ein blaues Licht erhielt. Der austretende Strahl erzeugte dieses Licht in einem zweiten Gefäß nicht mehr, obschon das Spektrum des Strahles keinen Ausfall an blauem Licht zeigte. George Gabriel Stokes bewies, daß das blaue Licht durch Umwandlung aus Ultraviolett verursacht war.

7. Spektralanalyse

Die folgenreichste optische Entdeckung des 19. Jh.s aber wurde die → Spektralanalyse. Es war seit langem bekannt, daß die Salze gewisser Metalle beim Verbrennen in einer Flamme farbig leuchten. Bei Verbindungen mit Kalium wird die Flamme violett, mit Natrium gelb, mit Lithium rot, mit Strontium karminrot, mit Calcium ziegelrot, mit Barium grün. Der Chemiker Robert Wilhelm Bunsen untersuchte die Salze mit seinem Bunsenbrenner, der sich durch eine heiße und selber nur schwach leuchtende Flamme gut dazu eignete. Die rein zubereiteten Salze wurden in Perlenform an einen Platindraht geschmolzen und am Stativ in die Brennerflamme gestellt. Um einzelne Farben sicher zu erkennen, betrachtete Bunsen die Flamme anfangs durch farbige Gläser. 1859 baute er einen Spektralapparat, der aus zwei kleinen Fernrohren und einem mit Schwefelkohlenstoff gefüllten Hohlprisma bestand. Beim ersten Fernrohr war das Okular durch eine Spaltblende ersetzt. Die Flamme wurde vor den Spalt gestellt, ihr Licht mit der Okularlinse ins Prisma geworfen und das Spektrum mit dem zweiten Fernrohr beobachtet. Die farbigen Flammenbilder erschienen als schmale Linien, die für die einzelnen Stoffe deutlich verschieden waren. Sie erwiesen sich als sicheres Kennzeichen für die Anwesenheit der betreffenden Metalle und damit als Mittel für ihren Nachweis. Wenn man mit den Linien der bekannten Elemente vertraut war und neue erblickte, konnte man auf ein noch unbekanntes Element schließen. Bunsen entdeckte das Caesium und Rubidium, andere Forscher das Thallium, Indium und Gallium.

William Hyde Wollaston und dann besonders Joseph Fraunhofer hatten im Sonnenspektrum schwarze Linien wahrgenommen. Fraunhofer hatte sie 1814 gezeichnet und die auffälligsten mit den Buchstaben A bis H benannt. Die schwarze D-Linie im Gelb stimmte der Lage nach mit der hellen Linie des Kerzenlichts überein. Léon Foucault bemerkte 1849, daß in hellem Sonnenlicht, das durch einen Kohlelichtbogen hindurchschien, die dunkle D-Linie dunkler als gewöhnlich hervortrat. Niemand konnte dies erklären, bis Gustav Kirchhoff sich dem Gegenstand zuwandte. Durch den täglichen Umgang mit Bunsen angeregt, wollte er die Übereinstimmung der gelben Linie der Kochsalzflamme mit der dunklen D-Linie des Sonnenspektrums prüfen. Er ließ das Sonnenlicht durch die Flamme scheinen und betrachtete es mit dem Spektralapparat. Statt der erwarteten Aufhellung der D-Linie erschien diese noch dunkler, gleichsam schwarz vor hellem Grunde. Dies führte ihn zur Erkenntnis, daß Flammen Licht derselben Brechbarkeit absorbieren, wie sie selber emittieren.

Damit war der Schlüssel zur Einsicht in die Zusammensetzung ferner Weltkörper gefunden. Von den dunklen Linien des Sonnenspektrums sind einige der Absorption des Lichtes in der Erdatmosphäre zuzuschreiben. Sie werden sichtbarer, wenn die Sonne tief steht. Es sind nur wenige im roten Teil des Spektrums. Die andern müssen dem Licht angehören, wie es von der Sonne kommt, und von den Elementen verursacht sein, die in der Sonnenatmosphäre als absorbierender Dampf vorhanden sind und das vom Zentralkörper ausgestrahlte Licht filtern. Um diese Elemente zu bestimmen, mußte man nach Dämpfen mit hellen Linien suchen, die mit den dunklen im Sonnenspektrum übereinstimmten. In der elektrischen Entladung zwischen den Elektroden eines Funkeninduktors besaß man eine Quelle für Temperaturen, bei denen selbst Eisen verdampfte. Kirchhoff entwarf eine genaue Karte des Sonnenspektrums und verglich damit die Stellen, wo die hellen Linien verschiedener Metalle sichtbar wurden. Es erwies sich, daß die zahlreichen Linien des Eisens im Sonnenspektrum alle ebenfalls vertreten waren. Außer Natrium und Eisen erkannte Kirchhoff in der Sonnenatmosphäre Magnesium, Calcium, Chrom, Nickel und andere Stoffe. Wenn eine Induktionsentladung durch eine Geißlerröhre mit Wasserstoff geht und dessen Spektrum untersucht wird, sieht man drei helle Linien und eine vierte weiter im Violett. Alle vier fallen mit dunklen im Sonnenspektrum zusammen, zwei sogar mit den von Fraunhofer gewählten Standlinien C und F. Die bei anderen Fixsternen sichtbaren dunklen Linien ließen sich ihrerseits bestimmten Elementen zuordnen. Auf diesem Gebiet arbeitete besonders William Huggins. Er photographierte die Spektren der helleren Sterne. Dadurch wurde der Ultraviolettbereich mit erfaßt. Es zeigten sich dort Linien, die ihrer Verteilung nach in gesetzmäßiger Beziehung zu den Wasserstofflinien zu stehen schienen, was später durch die Formel bestätigt wurde. Einige Sterne enthalten Elemente wie Wismut und Tellur, die bei uns selten sind. Huggins untersuchte auch Nebelflecke. Ihr Spektrum zeigte einzelne helle Linien (so von Wasserstoff und Stickstoff), woraus man auf glühende Gasbälle schloß. Norman Lockyer bemühte sich, dicht am Rand der Sonne, wo man ihre Atmosphäre vor dem dunklen Weltraum sieht, helle Linien zu erblicken. Er suchte besonders nach der Natriumlinie; doch die Sonne strahlte zu stark. 1868 kam eine totale Sonnenfinsternis in Indien zu Hilfe, und Jules Janssen gewahrte, als der Mond die Sonnenscheibe abblendete, helle Wasserstofflinien. Nachdem man wußte, was zu sehen war, glückte es auch ohne Finsternis. Das leichte Wasserstoffgas steigt hoch empor, während der schwere Natriumdampf nahe dem Sonnenkörper bleibt; durch die Suche nach ihm hatte man sich die Aufgabe erschwert.

8. Doppler-, Faraday- und Zeeman-Effekt

1842 hatte Christian Doppler die Farben der Fixsterne aus dem Einfluß ihrer Bewegung gedeutet. Die Zahl der Lichtwellen, die den Beobachter in der Zeiteinheit trifft, wird größer, wenn sich die Quelle dem Beobachter nähert, und kleiner, wenn sie sich entfernt. Als Huggins die Stellung der dunklen F-Linie im Siriusspektrum mit der hellen F-Linie im weißglühenden Wasserstoff verglich, fand er, daß die Übereinstimmung nicht vollkommen war. Die dunkle Linie war gegen Rot verschoben. Dies kann durch eine gewisse Geschwindigkeit der Lichtquelle erklärt werden. Da bei der Umdrehung der Sonne der Teil am einen Rand sich der Erde nähert und der andere sich entfernt, sollte auch dort eine Verschiebung der Linien im Spektroskop wahrnehmbar sein. Dieser Nachweis gelang Alfred Cornu.

1845 brachte Michael Faraday einen nichtkristallinen Körper, nämlich ein Flintglas, zwischen die Pole eines kräftigen Elektromagneten und schickte einen polarisierten Strahl durch das Glas. Sooft der Elektromagnet eingeschaltet wurde, drehte sich die Polarisationsebene des Lichtes, was sich am Analysator zeigte. 1896 entdeckte Pieter Zeeman ein weiteres Beispiel für die Einwirkung des Magnetfeldes auf das Licht, nämlich die Aufspaltung der Spektrallinien in zwei, drei oder mehr Bestandteile (→ Zeeman-Effekt). Hendrik Antoon Lorentz gab auf Grund der Annahme von Elektronen die theoretische Erklärung.

9. Die Lichtausbreitung

Inzwischen hatte James Clerk Maxwell 1865 in seiner Theorie der Elektrizität und des Magnetismus auf elektromagnetische Wellen geschlossen, die sich mit Lichtgeschwindigkeit ausbreiten. Das Licht erschien ihm als elektromagnetische Wellenbewegung. Von diesen Überlegungen ausgehend, maß 1899 Petr Nikolajewitsch Lebedew den Lichtdruck.

Die → Lichtgeschwindigkeit selbst hatte Olaus Römer 1676 aus Beobachtungen der Verfinsterungen eines Jupitermondes berechnet. James Bradleys Entdeckung der → Aberration lieferte 1728 eine Bestätigung. Die experimentelle Messung gelang erst 1849 Armand Fizeau mit dem rotierenden Zahnrad und 1862 Léon Foucault mit dem rotierenden Spiegel. Albert Abraham Michelson nahm 1925 und 1926 noch genauere Bestimmungen vor.

10. Neuere optische Instrumente

Das instrumentelle Inventar der O. erweiterte sich im 19. Jh. stark. Charles Wheatstone erfand das Spiegel-, David Brewster das Prismenstereoskop zum plastischen Sehen flacher Bilder, Hermann Helmholtz den Augenspiegel zum Betrachten des Augenhintergrundes. Den Mikroskopbau förderte Ernst Abbe. Die → Photometrie, die Johann Heinrich Lambert 1760 zusammenfassend dargestellt hatte, gewann neue Verfahren.

11. Strahlungsforschung

Der elektrische Funke war seit langem Gegenstand der Untersuchungen. Größere Erfolge wurden erst erzielt, als man die Entladungen in einer Glasröhre, aus der man die Luft ausgepumpt hatte, überspringen ließ. Mit abnehmendem Druck wurde der Funke länger, breiter und lebhafter gefärbt. Als William Crookes die Luftpumpen so weit verbessert hatte, daß die Röhren fast ganz leergepumpt werden konnten, wurde die negative Elektrode (die Kathode) zum Ausgangspunkt einer Strahlung, die geradlinig durch das Rohr ging und auf der gegenüberliegenden Glaswand Fluoreszenz erregte. Wenn man ein Metallkreuz in den Weg der Strahlung stellte, warf es auf die Glaswand einen Schatten. Ein Diamant an der Stelle des Kreuzes fluoreszierte; ein Windrädchen drehte sich. Brachte man einen Magneten unter die Röhre, so zog er die Strahlung zu sich. Aus der Ablenkung konnte Joseph John Thomson das Verhältnis der Masse der Teilchen zu ihrer Ladung messen. Er erklärte, daß die → Kathodenstrahlen einem stromdurchflossenen Draht entsprechen und aus negativen geladenen Teilchen bestehen, den Elektronen. Dies führte ihn zu einem Atommodell.

Von der Frage geleitet, ob es auch eine von der Anode ausgehende Strahlung gebe, entdeckte Eugen Goldstein 1886 die → Kanalstrahlen. Willy Wien wies 1897 ihre positive Ladung nach. Durch Anbringung eines Aluminiumfensters an der Röhre konnte Philipp Lenard die Kathodenstrahlen in freier Luft beobachten. Wilhelm Conrad Röntgen entdeckte 1895, daß eine unbekannte Strahlung von der Stelle der Glasröhre ausging, wo die Kathodenstrahlen die Wand trafen. Diese → Röntgenstrahlen drangen durch alle Körper und machten das Innere sichtbar.

Kurz darauf – im Frühling 1896 – fand Henri Becquerel eine andere Art Strahlen. Er untersuchte (wie sein Vater Edmond) die Phosphoreszenz und setzte ein Stück Uransulfat der Sonne aus. Dabei legte er es auf eine Photoplatte, die mit schwarzer Pappe bedeckt war. Als sich auf der Photoplatte ein Abbild des Salzstückchens zeigte, schrieb er es zuerst der Phosphoreszenz zu. Aber bald bemerkte er, daß das Uransalz auch ohne Bestrahlung fähig war, auf der Platte ein Bild zu erzeugen, also selbsttätig Strahlen aussandte. Alle Uransalze strahlten. Marie Curie wies nach, daß auch das Thorium aktiv war, und konnte aus Pechblende zwei neue Elemente ausscheiden, die noch viel aktiver waren. Sie nannte sie Polonium und Radium und sprach von → Radioaktivität. Julius Elster und Hans Geitel erkannten 1898, daß das Atom eines radioaktiven Elements aus einem instabilen Zustand unter Energieabgabe in einen stabilen Zustand übergeht. Ernest Rutherford untersuchte die Uranstrahlen genauer und fand, daß sie in drei Arten zerfallen, die er α-, β- und γ-Strahlen nannte.

Das Gebiet der Lichtstrahlen hatte sich stark erweitert. Nach der Seite der längeren Wellen schließen sich die ultraroten Wärmestrahlen an, deren Gebiet Heinrich Rubens ausweitete. Dann folgen die elektrischen Wellen, die Heinrich Hertz entdeckte. Nach der Seite der kürzeren Wellen ging es nun über das Ultraviolett zu den Röntgenstrahlen und zu den noch viel kurzwelligeren Gammastrahlen. Wie George Gabriel Stokes bemerkt hatte, reichten die Funkenspektren weiter ins Ultraviolett als die Sonnenspektren. Der Grund lag in der Absorption kurzer Wellen in der Luft. Viktor Schumann erhielt im Vakuum noch kürzere Wellen (Schumannstrahlen).

12. Von den Spektrallinien zum Atombau

Von vielen Entdeckungen gingen Ansporne zu Forschungen aus, die heute noch anhalten, so von der Spektralanalyse. Nachdem sie begründet war, dienten die folgenden Jahrzehnte der immer genaueren Festlegung der Spektren der Elemente, wobei das Leuchten verdünnter Gase beim Stromdurchgang in Geißlerröhren von Julius Plücker und Wilhelm Hittorf besonders erforscht wurde. Sie bemerkten, daß manche Elemente zwei verschiedene Spektren gaben: Linienspektren mit einer Anzahl Linien und Bandenspektren mit breiten, an einem Ende scharf begrenzten Banden, die bei großer Zerstreuung in zahllose Linien zerfallen. Die einen Spektren werden von Atomen, die anderen von Molekülen erzeugt.

1882 wurde die Erforschung der Spektrallinien neu angeregt durch die Beugungsgitter von Henry Augustus Rowland. Zur Lichtbeugung kann man ein Stück Glas verwenden, auf das mit einer Diamantspitze eng und in gleichen Abständen eine Schar paralleler Linien geritzt ist. Rowland zog mit seiner Teilmaschine bis zu tausend Furchen auf die Breite eines Millimeters und erzielte damit Spektren von ungeahnter Streukraft und Schärfe. Man ließ Licht auf einen senkrechten Spalt fallen; dahinter stand das Gitter. Die freien Stellen entsprechen Öffnungen; die Striche sind undurchsichtig. Die einzelnen Wellenlängen werden in verschiedenen Richtungen abgebeugt; auf dem Schirm entsteht ein waagrecht ausgebreitetes Farbenband. Aus den Gitterabständen und dem Winkel des abgebeugten Strahls kann man die Wellenlänge ermitteln. Rowlands Photographie des Sonnenspektrums zeigte 20 000 Fraunhofersche Linien. An der genauen Ausmessung der mit Gittern erzeugten Spektrallinien waren besonders Heinrich Kayser, Carl Runge und Friedrich Paschen beteiligt.

Nachdem die von Anders Jonas Ångström bestimmten Wellenlängen der vier Wasserstofflinien durch Johann Jakob Balmer 1885 in einer einfachen Formel ausgedrückt worden waren, suchte man weitere Formeln. Dabei hatte Johannes Robert Rydberg Erfolg. Kayser, Runge und Paschen konnten die Linien in „Spektralserien" einordnen. Die Serien der ersten Vertikalreihe des periodischen Systems enthalten Paare wie die D-Linie, die der zweiten Vertikalreihe Tripletts. In den folgenden tauchen Multipletts auf. Auf die Balmerformel gestützt, suchte Niels Bohr im Februar 1913 den Strahlungsvorgang selbst durch seine Quantentheorie des Atombaus begreiflich zu machen. Arnold Sommerfeld bemühte sich seit 1914, die gesamte spektroskopische Erfahrung in der neuen Theorie zu erfassen (→ Bohr-Sommerfeldsche Atomtheorie).

Wie die Spektrallinien den Blick in das Atom eröffnet haben, so hat die Wärmestrahlung über die Gesetze von Ludwig Boltzmann und Josef Stefan, Willy Wien und Max Planck zu neuen Ansichten über die Energie geführt (→ Wiensches Strahlungsgesetz, → Plancksches Strahlungsgesetz, → Quantentheorie, → Lichtquant). Louis-Victor de Broglie versuchte, den Wellen- mit dem Korpuskelstandpunkt zu verbinden, und erkannte, daß ein Dualismus von Wellen- und Teilcheneigenschaften sowohl für das Licht wie für die Materie kennzeichnend ist.

Die Röntgenstrahlen hat man sich dienstbar gemacht, um die innere Struktur der Stoffe zu ergründen. Die Winkelkonstanz der Kristalle ließ ahnen, daß sich in ihrem Aufbau eine kleine Einheit stets wiederholt und also ein regelmäßiges Gitter bildet, das engmaschig genug wäre, um selbst die kurzwelligen Röntgenstrahlen zu beugen. Wenn ein Wellenzug auf ein solches Gitter trifft, breiten sich von jedem Gitterpunkt neue Wellen aus, die sich in bestimmten Richtungen gegenseitig vernichten, in andern verstärken (→ Röntgenstrahlinterferenzen). Jeder reflektierte Strahl sollte einen Punkt auf der Photoplatte erzeugen. Auf Vorschlag Max von Laues führten Walther Friedrich und Paul Knipping 1912 den Versuch aus. Sie brachten einen Kristall in den Strahlengang des Röntgenstrahlenbündels und wollten die vom Kristall zurückgeworfenen Strahlen auf einer Photoplatte aufnehmen. Da sie nichts fanden, brachte Knipping die Platte hinter dem Kristall an, und dieser glückliche Schuß ins Dunkle traf das Ziel. Die Umgebung des vom Hauptstrahl erzeugten Flecks war mit weiteren Flecken bestreut, offenbar einem Teil des Beugungsbildes, wofür der Kristall verantwortlich war. William Bragg baute 1913 das Röntgenspektrometer. Es zeigte sich, daß jeder Kristall sein eigenes, für ihn kennzeichnendes Bild lieferte und daß man aus den Bildern auf die Anordnung der Atome im Gefüge schließen konnte. Peter Debye und Paul Scherrer entwickelten 1916 die Kristallpulvermethode; Lawrence Bragg und Linus Pauling erforschten die Gefügebilder der Silikate. Auch hier – wie in der ganzen Geschichte der O. – reichten Praxis und Theorie sich die Hand.

Quellen: Giovanni Battista Porta, Magia naturalis. Neapel 1558 (mit Beschreibung der Camera obscura); Franciscus Maurolycus, Photismi de lumine et umbra. Venedig 1575; Johannes Kepler, Grundlagen der geometrischen Optik (= Paralipomena ad Vitellionem. Frankfurt 1604). Hrsg. von Moritz von Rohr (= Ostwalds Klassiker. Nr 198). Leipzig 1922; ders., Dioptrice. Augsburg 1611; Marco Antonio de Dominis, De radiis visus et lucis in perspectivis et iride tractatus. Venedig 1611; Franciscus Aguilonius, Opticorum libri sex. Antwerpen 1613; Christoph Scheiner, Rosa Ursina. Bracciano 1630; René Descartes, Discours de la méthode. Leiden 1637 (darin seine Dioptrik mit Brechungsgesetz und Erklärung des Regenbogens); Athanasius Kircher, Ars magna lucis et umbrae. Rom 1646 (Verbesserung optischer Instrumente); Marcus Marci, Thaumantias. Prag 1648; Giovanni Battista Riccioli, Almagestum novum. 2 Bde. Bologna 1651; Robert Hooke, Micrographia. London 1665; Francesco Maria Grimaldi, Physico-mathesis de lumine, coloribus et iride. Bologna 1665; Erasmus Bartholinus, Experimenta crystalli Islandici. Kopenhagen 1669; Isaac Barrow, Lectiones opticae. London 1674; Christian Huygens, Traité de la lumière. Hrsg. von Maurice Solovine (= Les maîtres de la pensée scientifique. Bd 1). Paris 1920. Deutsch: Abhandlung über das Licht (1678). Hrsg. von Eugen Lommel (= Ostwalds Klassiker. Nr 20). Leipzig 1890; David Gregory, Catoptricae et dioptricae sphaericae elementa. Oxford 1695; Isaac Newton, Optik (1704). Hrsg. von William Abendroth (= Ostwalds Klassiker. Nrn 96 und 97). Leipzig 1898; Robert Smith, A complete system of opticks. 2 Bde. Cambridge 1728. Deutsch: Lehrbegriff der Optik, mit Zusätzen von Abraham Gotthelf Kästner. Altenburg 1755; Johann Heinrich Lambert, Photometrie (1760). Hrsg. von Ernst Anding (=Ostwalds Klassiker. Nrn 31–33). Leipzig 1892; Leonhard Euler, Dioptrica. 3 Bde. Petersburg 1770–1771; Georg Simon Klügel, Analytische Dioptrik. Leipzig 1777; David Brewster, Treatise on new philosophical instruments. Edinburg 1813; ders., Treatise on optics. London 1831. Deutsch: Populäres, vollständiges Handbuch der Optik. 2 Bde. Quedlinburg und Leipzig 1835; ders., The stereoscope, its history, theory and construction. London 1856. Deutsch: Das Stereoskop, seine Geschichte, Theorie und Construction. Weimar 1862; John Herschel, Vom Licht. Stuttgart und Tübingen 1831; Franz Ernst Neumann, Theorie der doppelten Strahlenbrechung, abgeleitet aus den Gleichungen der Mechanik (1832). Hrsg. von Albert Wangerin (= Ostwalds Klassiker. Nr 76). Leipzig 1896; Friedrich Magnus Schwerd, Die Beugungserscheinungen, aus dem Fundamentalgesetz der Undulationstheorie analytisch entwickelt und in Bildern dargestellt. Mannheim 1835; Robert Bunsen, Gesammelte Abhandlungen. Hrsg. von Wilhelm Ostwald und Max Bodenstein. Leipzig 1904. In Bd 3: G. Kirchhoff und R. Bunsen, Chemische Analyse durch Spectralbeobachtungen, S. 229–251; Hermann Helmholtz, Handbuch der physiologischen Optik. Braunschweig

1866; Robert Bunsen und Henry Enfield Roscoe, Photochemische Untersuchungen. Hrsg. von Wilhelm Ostwald (= Ostwalds Klassiker. Nrn 34 und 38). Leipzig 1892; Johannes Robert Rydberg, Untersuchungen über die Beschaffenheit der Emissionsspektren der chemischen Elemente (1889). Hrsg. von Manne Siegbahn und Arthur von Oettingen (= Ostwalds Klassiker. Nr 196). Leipzig 1922; Eugen Goldstein, Canalstrahlen. Hrsg. von Ernst Gehrcke (= Ostwalds Klassiker. Nr 231). Leipzig 1930; Max Planck, Die Ableitung der Strahlungsgesetze. Mit Anmerkungen versehen von Fritz Reiche (= Ostwalds Klassiker. Nr 206). Leipzig 1923.

Literatur: Joseph Priestley, Geschichte und gegenwärtiger Zustand der Optik. Übersetzt von Georg Simon Klügel. Leipzig 1776; Johann Wolfgang Goethe, Zur Farbenlehre. Historischer Teil. München 1913 (= Bd 22 der Propyläen-Ausgabe von Goethes Sämtlichen Werken in 45 Bdn); Francis Maseres, Scriptores optici, or a collection of tracts relating to optics. London 1823 (Texte); William Whewell, Geschichte der inductiven Wissenschaften. Deutsch von Joseph Johann von Littrow. Bd 2. Stuttgart 1840; Emil Wilde, Geschichte der Optik (bis zu Leonhard Euler). 2 Bde. Berlin 1838 bis 1843 (Neudruck Wiesbaden 1968); Emile Verdet, Leçons d'optique physique. 2 Bde. Paris 1869 bis 1870 (Bde 5 und 6 der Werke von Verdet. Mit ausführlichen geschichtlichen Notizen); John Tyndall, Das Licht. Braunschweig 1876; George Gabriel Stokes, Das Licht. Zwölf Vorlesungen. Deutsche Übersetzung von Otto Dziobek. Leipzig 1888; Silvanus Phillips Thompson, Sichtbares und unsichtbares Licht. Hrsg. von Otto Lummer. Halle a. S. 1898; Devendra Nath Mallik, Optical theories. Cambridge 1917; Moritz von Rohr, Zur Geschichte und Theorie des photographischen Teleskopobjectivs. Weimar 1897; ders., Theorie und Geschichte des photographischen Objectivs. Berlin 1899; ders., Die optischen Instrumente. [3]Leipzig 1918; ders., Die binokularen Instrumente. [2]Berlin 1920; Ernst Mach, Die Prinzipien der physikalischen Optik. Leipzig 1921; Edmund Hoppe, Geschichte der Optik. Leipzig 1926 (Neudruck Wiesbaden 1967); Friedrich Klemm, Die Geschichte der Emissionstheorie des Lichts. Weimar 1932; C. E. Papanastassiou, Les théories sur la nature de la lumière de Descartes à nos jours. Paris 1935; Sir William Bragg, Die Welt des Lichtes. Aus dem Englischen übersetzt von Günther Nagelschmidt. Braunschweig 1935; Adrien Lejeune, Euclide et Ptolémée, deux stades de l'historie de l'optique géométrique grecque. Louvain 1948; K. J. A. Halbertsma, A history of the theory of colour. Amsterdam 1949; Cortes Pla, La enigma de la luz. Buenos Aires 1949; Vasco Ronchi, Storia della luce. [2]Bologna 1952; ders., L'ottica, scienza della visione. Bologna 1955; Edmund Newton Harvey, A history of luminescence from the earliest times until 1900. Philadelphia 1957; A. I. Sabra, Theories of light from Descartes to Newton. London 1967. H. B.

Ostwald, (Friedrich) Wilhelm (* 2. September 1853 in Riga, † 4. April 1932 bei Leipzig). Obwohl O. angesichts der von ihm ausgegangenen schnellen Entfaltung der physikalisch-chemischen Lehre und Forschung den – wie er später rückblickend in seinen „Lebenslinien" bekannte – „organisatorischen Faktor verkörperte", ist sein Lebenswerk darüber hinaus auch ungewöhnlich reich an wissenschaftlichen, wissenschaftshistorischen und philosophischen Arbeiten. Wie nur wenige war er an der Geschichte der Wissenschaften interessiert, die ihm die umfangreiche Sammlung „Ostwalds Klassiker der exakten Wissenschaften" verdankt. Vom → Positivismus (Auguste Comte), als dessen Anhänger er lange Zeit auch die Atomtheorie (→ Atom) ablehnte, kam er schließlich zu einer eigenen Naturphilosophie, die er auf eine metaphysisch überhöhte, universelle Energetik aufbaute. Während er jedoch hierin starken Widerspruch erfuhr, leistete er besonders mit seinen vielen Arbeiten zur → Elektrochemie und zur chemischen Dynamik einen wichtigen Beitrag zur Entwicklung der Physikalischen Chemie.

Es war vor allem O., der frühzeitig die Bedeutung der → Ionentheorie erkannte und Svante Arrhenius und dessen Dissoziationstheorie sofort unterstützte. In Leipzig, wo ihm 1887 ein Institut für Physikalische Chemie eingerichtet wurde, leitete er aus dieser Theorie das Ostwaldsche Verdünnungsgesetz ab.

Bereits als Professor der Chemie am Polytechnikum Riga (1881–1887) hatte er den Grundstein für seine bedeutendsten Arbeiten gelegt: die Untersuchungen zur Katalyse und über chemische Gleichgewichtsverhältnisse und Reaktionsgeschwindigkeiten. Hierfür erhielt er 1909 nach seinen Freunden und Mitarbeitern Jacobus Henricus van't Hoff und Svante Arrhenius als dritter Vertreter der Physikalischen Chemie den Nobelpreis für Chemie.

Der Umfang von O.s literarischem Werk ist ungeheuer. Der Chemiehistoriker Paul Walden errechnete allein für den Zeitraum bis 1904 für die Lehr- und Handbücher etwa 16 Bände Lexikonformat zu je 1000 Seiten, 630 Seiten Originalveröffentlichungen, 3880 Referate und 920 Rezensionen.

Werke: Volumchemische Studien über Affinität. Dorpat 1877; Lehrbuch der allgemeinen Chemie. Leipzig 1885/87; Grundriß der allgemeinen Chemie. Leipzig 1889 ([7]1923); Die wissenschaftlichen Grundlagen der analytischen Chemie. Leipzig 1894 ([7]1920); Elektrochemie, ihre Geschichte und Lehre. Leipzig 1896; Arbeiten des physikalisch-chemischen Instituts der Universität Leipzig. 4 Bde. Leipzig 1898; Grundriß der Naturphilosophie. Leipzig 1908; Über Katalyse. Leipzig 1909; Große Männer. Bd 1. Leipzig 1909 ([6]1927); Einführung in die Chemie. Stuttgart 1910 ([6]1926); Die Farbenlehre. Bd I–III. Leipzig 1918/1938; Lebenslinien. Eine Selbstbiographie. 3 Bde. Berlin 1926/27.

Literatur: Wolfgang Ostwald, W. O. In: Philosophie der Gegenwart in Selbstdarstellungen. Bd 4. Leipzig 1924, S. 127–161; Walther Nernst, W. O. In: Zeitschr. für Elektrochemie. Jg 38, 1932, S. 337–341; Grete Ostwald, W. O. Mein Vater. Stuttgart 1953; Hans-Günther Körber, Aus dem wissenschaftlichen Briefwechsel W. O.s. I. und II. Teil. Berlin 1961/69. L. S.

P

Pascal, Blaise (* 19. Juli 1623 in Clermont-Ferrand, † 19. August 1662 in Paris). In P. war das mathematische, technische und experimentelle Genie mit seltener Begabung für Sprache, Theologie und Philosophie verbunden. Der Knabe fiel früh auf. An Arbeiten des Mathematikers Gérard Desargues anknüpfend, veröffentlichte er mit 17 Jahren eine Abhandlung über Kegelschnitte (Essai pour les coniques. Paris 1640). Nachdem sein Vater zum Steuerverwalter in Rouen ernannt worden war, faßte P. den Plan, die umfangreichen Steuerberechnungen durch eine Rechenmaschine zu erleichtern. In zweijähriger Anstrengung baute er über 50 Modelle.

Im Oktober 1646 kam Pierre Petit, dem Marin Mersenne von Torricellis Quecksilberbarometer erzählt hatte, nach Rouen und führte den Versuch vor. P. selber wiederholte ihn Anfang 1647. Ein Zuschauer erklärte, das vermeintliche Vakuum oben in der Glasröhre werde durch Quecksilberdämpfe bewirkt. Um diese Ansicht zu widerlegen, band P. zwei 40 Fuß lange, oben geschlossene Glasröhren an einen Schiffsmast. Die eine war mit Wasser, die andere mit Wein gefüllt, und jede stand in einem Zuber mit der entsprechenden Flüssigkeit. Der Gegner sagte voraus, daß dem Wein mehr Dämpfe entquellen würden und daß daher die Weinsäule tiefer sänke. Es traf aber das Gegenteil zu, weil das Wasser spezifisch schwerer ist. P. war überzeugt, daß der leere Raum wirklich bestehe. Immer weitere beweisende Versuche fielen ihm ein. Er benützte dazu Röhren und Heber, Spritzen und Blasebälge. Im Oktober 1647 erschien sein Bericht:

„Nouvelles expériences touchant le vuide". Als er vernahm, Torricelli habe vermutet, daß der Luftdruck diese Erscheinungen verursache, besprach er sich mit Descartes, Mersenne und Gilles Persone de Roberval. Mersenne schrieb: „Wenn die Luftsäule der Grund zur Höhe der Quecksilbersäule wäre, so müßte jene Luftsäule und daher auch die Quecksilbersäule kürzer sein, wenn die Beobachtung auf einem Turme oder Berge vorgenommen würde. Doch glaube ich, die Höhe der Quecksilbersäule wird überall gleich sein."

P. wandte sich nun an seinen Schwager nach Clermont-Ferrand und bat ihn, Torricellis Versuch dort und auf dem benachbarten Berg Puy de Dôme anzustellen (→ Barometer): „Falls die Höhe der Quecksilbersäule auf dem Berg geringer ist, so würde daraus folgen, daß der Luftdruck allein das Quecksilber in der Röhre in der Schwebe hält, nicht aber der Abscheu vor dem Leeren. Denn es ist gewiß, daß am Fuß des Berges viel mehr Luft drückt als auf dem Gipfel, während man nicht sagen könnte, daß die Natur am Fuß des Berges einen größern Abscheu vor dem Leeren habe als oben." Der Bericht des Schwagers bestätigte die Vermutung, und P. veröffentlichte darüber 1648 den „Récit de la grande expérience de l'équilibre des liqueurs". Mit den „Flüssigkeiten" sind Quecksilber und Luft gemeint. Da die Verminderung der Säulenhöhe sehr deutlich war, genügte bereits das Ersteigen einiger Treppen, um zu zeigen, daß der Druck im Luftmeer der Erde von unten nach oben abnimmt.

Bald erkannte P., daß sich der Stand der Quecksilbersäule am selben Ort mit dem Wetter verändert. Bei kaltem, feuchtem, bedecktem Wetter stieg die Säule; bei warmem, trockenem sank sie. Je nach der Witterung werden auch Saugpumpen und Heber das Wasser nicht jeden Tag gleich hoch heben. Im „Traité de l'équilibre des liqueurs et de la pesanteur de la masse de l'air" faßte P. seine Ergebnisse zusammen und wies die Übereinstimmung der durch Flüssigkeitsdruck und Luftdruck bedingten Vorgänge nach. Er räumte mit drei alten Irrtümern auf: die Luft sei leicht und strebe aufwärts; Wasser und Luft seien ohne inneren Druck; es gebe keinen leeren Raum. „Die Experimente sind die wahren Lehrer, denen man in der Physik folgen muß", verkündete er.

In den folgenden Jahren kehrte er zu mathematischen Arbeiten zurück. Im „Traité du triangle arithmétique" erläuterte er das Pascalsche Zahlendreieck. Seit 1654 lebte er zurückgezogen im Kloster Port-Royal und bemühte sich um eine Erneuerung des Christentums. In den „Lettres à un Provincial" griff er die Sittenlehre der Jesuiten an. Niederschriften vieler Gedanken wurden aus dem Nachlaß zum Buch der „Pensées" vereinigt. Neben den Andachtsübungen löste er mathematische Aufgaben über die Zykloide und über die Inhaltsbestimmung krummlinig begrenzter Flächen und Körper. Er bediente sich dabei des Verfahrens der „Zusammenzählung" beliebig vieler kleinster Linien-, Flächen- und Raumstücke. Die diesbezüglichen „Lettres de Dettonville" wurden 1659 gedruckt. Leibniz, von Christiaan Huygens darauf hingewiesen, wurde dadurch zur Begründung der Infinitesimalrechnung veranlaßt.

Werke: Oeuvres. 5 Bde. Haag 1779; Oeuvres. Publiées suivant l'ordre chronologique avec documents complémentaires, introductions et notes par Léon Brunschvicq, Pierre Boutroux et Félix Gazier. 14 Bde. Paris 1908—1914; Oeuvres complètes. Hrsg. von Fortunat Strowski. 3 Bde. Paris 1923—1931; Gedanken. Pensées. Jena 1905; Ein Brevier seiner Schriften. Ausgewählt und eingeleitet von Bruno von Herber-Rohow. Stuttgart 1908; Récit de la grande expérience de l'équilibre des liqueurs. Paris 1648 (= Neudrucke von Schriften und Karten über Meteorologie und Erdmagnetismus, hrsg. von Gustav Hellmann. Nr 2). Berlin 1893; Traité de l'équilibre des liqueurs et de la pesanteur de la masse de l'air. Neudruck Paris 1956.

Literatur: Joseph Bertrand, B. P. Paris 1891; Carl Immanuel Gerhardt, Leibniz und P. (= Sitzungsberichte der Preußischen Akademie der Wissenschaften). Berlin 1891; Maurice Souriau, B. P. Paris 1898; Emile Boutroux, P. Paris 1900; Fortunat Strowski, P. et son temps. 3 Bde. Paris

1907–1913; Victor Giraud, B. P. Etudes d'histoire morale. Paris 1910; Karl Bornhausen, P. Basel 1920; Jacques Chevalier, P. Paris 1922; Dietrich Mahnke, Neue Einblicke in die Entdekkungsgeschichte der höheren Analysis (= Abhandlungen der Preußischen Akademie der Wissenschaften). Berlin 1925; Stephen Valot, Regardons vivre B. P. [3]Paris 1945; Pierre Humbert, L'œuvre scientifique de P. Paris 1947; Friedrich Ernst Peters, B. P. Die Sternenbahn eines Menschengeistes. Hamburg 1947; G. Le Roy, P. savant et croyant. Paris 1957; Ernst Mortimer, B. P. The life and work of a realist. London 1959; Albert Béguin, B. P. in Selbstzeugnissen und Bilddokumenten. Hamburg 1959; Jean Steinmann, P. Stuttgart 1960; Michelle Sadoun-Goupil, L'œuvre de P. et la physique moderne. In: Revue d'histoire des sciences. Tome 16, 1963, S. 23–52; Bernard Rochot, Comment Gassendi interprétait l'expérience du Puy de Dôme. Ebd. S. 53–76; Jacques Payen, Les exemplaires conservés de la machine de P. Ebd. S. 161–178; Carl B. Boyer, P.: the man and the mathematician. In: Scripta mathematica. Bd 26, 1963, S. 283–307; Karl August Ott, P.s Begriff der Naturwissenschaft. In: Sudhoffs Archiv. Bd 51, 1967, S. 98–129.

Bibliographie: Albert Maire, L'œuvre scientifique de B. P. Paris 1912. Erweiterte 2. Ausgabe: Bd. 1. Paris 1925. H. B.

Paschen, Friedrich (* 22. Januar 1865 in Schwerin, † 25. Februar 1947 in Potsdam). P. studierte in Berlin und Straßburg und promovierte 1888 bei August Kundt und Friedrich Kohlrausch mit seiner Arbeit über Gasentladungen. 1891 wurde er in Hannover Assistent von Carl Runge. Hier beschäftigte er sich mit der bolometrischen Ausmessung der „normalen Spectra glühender fester Körper". Sehr bald erkannte P. die grundlegende Bedeutung der Kirchhoffschen Funktion, d. h. der spektralen Intensität der → schwarzen Strahlung in Abhängigkeit von der Temperatur. In engem Gedankenaustausch mit Willy Wien ermittelte er 1896 experimentell das → Wiensche Strahlungsgesetz.

Im Jahre 1901 nach Tübingen berufen, begann er dort das Institut zu einer vorbildlichen Forschungsstätte der Spektroskopie auszubauen, das die Grundlage für das Entstehen seiner einflußreichen Schule bildete. P.s Präzisionsmessungen und seine enge Zusammenarbeit mit Arnold Sommerfeld trugen wesentlich zum schnellen Erfolg der Bohr-Sommerfeldschen Atomtheorie bei. 1908 hatte er die Balmer-Formel auf die ultraroten Linien des Wasserstoffspektrums ausdehnen können (Paschen-Serie). Gemeinsam mit Ernst Back wies er 1912 die Aufspaltung der Spektrallinien in starken Magnetfeldern nach (Paschen-Back-Effekt), und im Jahre 1916 konnte er den aus der Bohrschen Theorie folgenden Wert der Rydbergkonstante experimentell bestätigen.

P. war ein vielseitiger und präziser Experimentator, der viele seiner Instrumente – wie Galvanometer, Elektrometer und Spektrographen, die meist das äußerste an erreichbarer Präzision darstellten – selbst

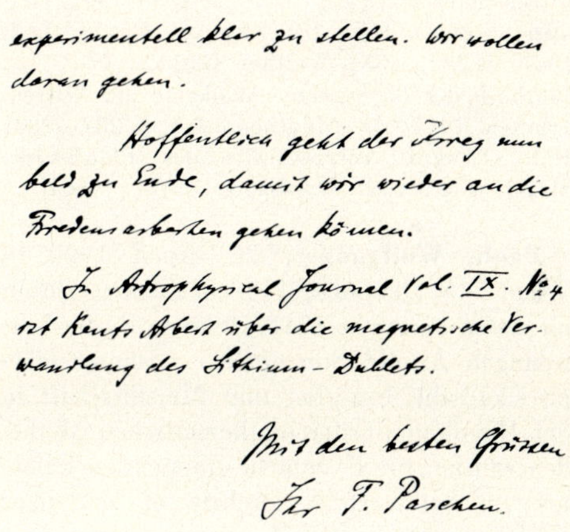
experimentell klar zu stellen. Wir wollen daran gehen.

Hoffentlich geht der Krieg nun bald zu Ende, damit wir wieder an die Friedensarbeiten gehen können.

In Astrophysical Journal Vol. IX. No 4 ist Kents Arbeit über die magnetische Verwandlung des Lithium-Dubletts.

Mit den besten Grüßen
Ihr F. Paschen.

Hat W. Wien auch Sie um eine Unterschrift unter seine „Aufforderung zur Bekämpfung des englischen Einflusses in der Physik" gebeten? Den Punkt derselben, dass man die Engländer nicht so stark berücksichtigen solle, finde ich nicht richtig und fürchte von ihm nachteilige Folgen.

Abb. 38. Friedrich Paschen an Arnold Sommerfeld. 7. Februar 1915 konstruierte. Er war der wohl bedeutendste Spektroskopiker seiner Zeit.

Im Jahre 1924 wurde P. Präsident der Physikalisch-Technischen Reichsanstalt in Berlin; 1933 entfernten ihn die Nationalsozialisten aus dem Amt.

Werke: Über Gesetzmäßigkeiten in den Spectren fester Körper. In: Annalen der Physik. Bd 58, 1896, S. 455–492, Bd 60, 1897, S. 662 bis 723; Über die Vertheilung der Energie im Spectrum des schwarzen Körpers bei niederen Temperaturen. In: Sitzungsberichte der Königlich Preußischen Akademie der Wissenschaften. Jg 1899, S. 405–420; Über die Vertheilung der Energie im Spectrum des schwarzen Körpers bei höheren Temperaturen. In: Ebd. Jg 1899, S. 959–976; Normale und anomale Zeemaneffekte. In: Annalen der Physik. Bd 39, 1912, S. 897 bis 932 (mit Ernst Back); Seriengesetze der Linienspektren. Berlin 1922.

Literatur: Carl Runge, F. P. In: Die Naturwissenschaften. Jg 13, 1925, S. 133–134; Hermann Schüler, F. P. In: Physikal. Blätter. Jg 3, 1947, S. 232–233; Walther Gerlach, F. P. In: Jahrbuch der Bayerischen Akademie der Wissenschaften. 1944–48. München 1948, S. 227–280; Hans Kangro, Vorgeschichte des Planckschen Strahlungsgesetzes. Wiesbaden 1970. S. R.

Pauli, Wolfgang (* 25. April 1900 in Wien, † 15. Dezember 1958 in Zürich). Schon im ersten Semester 1918/19 hörte P. die Vorlesungen Arnold Sommerfelds. Sommerfelds physikalische Intuition und Meisterschaft in der Handhabung der mathematischen Methoden wurden für P. zum bestimmenden Erlebnis; in Sommerfeld verehrte er zeitlebens seinen eigentlichen akademischen Lehrer.

Auch Sommerfeld erkannte P.s ungewöhnliche Begabung und übertrug P. die ursprünglich ihm selbst zugedachte Aufgabe: die zusammenfassende Darstellung über die Relativitätstheorie für die Enzyklopädie der Mathematischen Wissenschaften. P.s Werk erregte in der Fachwelt erhebliches Aufsehen. Es war „einfach meisterhaft, zumal für einen Studenten im 5ten Semester“, wie Sommerfeld an Einstein schrieb, und dieser stellte fest: „Wer dieses reife und groß angelegte Werk studiert, möchte nicht glauben, daß der Verfasser ein Mann von einundzwanzig Jahren ist. Man weiß nicht, was man am meisten bewundern soll, das psychologische Verständnis für die Ideenentwicklung, die Sicherheit der mathematischen Deduktion, den tiefen physikalischen Blick, das Vermögen übersichtlicher systematischer Darstellung, die Literaturkenntnis, die sachliche Vollständigkeit, die Sicherheit der Kritik.“ Tatsächlich war P.s Darstellung so tiefdringend, daß sie bis in die jüngste Zeit als beste Zusammenfassung des Gebietes galt und noch nach fast vierzig Jahren Neuauflagen und Übersetzungen erlebte. Die Arbeiten zur Relativitätstheorie prägten Paulis zukünftiges physikalisches Schaffen in charakteristischer Weise. Durch sein gesamtes Werk zieht sich das Bemühen um systematische und invariante Formulierungen, wie es sich wesentlich durch ihn in der Physik durchgesetzt hat. „Für Pauli waren die Invarianten der Physik die Symbole der letzten Wahrheit.“

In der anregenden Atmosphäre des Sommerfeldschen Kreises kam P. mit der Quantentheorie in Berührung, in die sich der junge Student gleichzeitig mit der Relativitätstheorie und mit gleicher Vollkommenheit einarbeitete. In seiner Dissertation 1921 versuchte er, die Quantentheorie, wie er sie bei Sommerfeld gelernt hatte, auf das Wasserstoffmolekül-Ion anzuwenden. Das Ergebnis war enttäuschend: Die → Bohr-Sommerfeldsche Atomtheorie führte nicht zu den richtigen stationären Zuständen. Vielmehr wurde mit dieser Arbeit die Gültigkeit des anschaulichen Modells zum erstenmal ernsthaft in Zweifel gezogen, wenn es auch noch Jahre dauerte, bis es durch ein besseres abgelöst werden konnte. Fortan galt P.s Interesse vor allem der Quantentheorie.

Nach der Promotion wurde P. für ein Semester 1921/22 Assistent Max Borns in Göttingen. „Er ist erstaunlich klug und kann sehr viel“, schrieb Born, „einen so guten Assistenten werde ich nie mehr kriegen.“ Die Zusammenarbeit mit Born wurde durch das Angebot einer Assistentenstelle bei Wilhelm Lenz in Hamburg – eines Sommerfeld-

Institut für Theoretische Physik
an der Universität Hamburg
Hansa 4129

Hamburg 36, den 6. Dezember 1924.
Jungiusstraße 9

J.-Nr. ....

Lieber Herr Professor!

Ich möchte Ihnen heute besonders dafür danken, daß Sie mir ein Exemplar der Neuauflage Ihres Buches geschenkt haben. Sie haben mir damit eine große Freude gemacht. Es war wohl das erste Mal, daß ich Ihnen bei der Neuauflage nicht geholfen habe, aber vielleicht werde ich das in Zukunft einmal wieder tun können.

Zur Sache hätte ich in den Einzelheiten wohl sehr viel zu sagen, aber heute muß ich mich auf das Wichtigste beschränken. Bei der Darstellung der Komplexstruktur fand ich es besonders schön, daß Sie alles modellmäßige beiseite gelassen haben. Die Modellvorstellungen befinden sich ja jetzt in einer schweren prinzipiellen Krise, von der ich glaube, daß sie schließlich mit einer weiteren radikalen Verschärfung des Gegensatzes zwischen klassischer- und Quanten-Theorie enden wird. Wie namentlich aus Millikans und Landés Befund über die Darstellbarkeit der optischen Alkalidublets durch relativistische Formeln hervorgeht, dürfte die Vorstellungen von bestimmten eindeutigen Bahnen der Elektronen im Atom kaum aufrecht zu erhalten sein. Man hat jetzt stark den Eindruck bei allen Modellen, wir sprechen da eine Sprache, die der Einfachheit und Schönheit der Quantenwelt nicht genügend adäquat ist. Deswegen fand

Abb. 39. Brief Wolfgang Paulis an seinen Lehrer Arnold Sommerfeld mit Bemerkungen über das Versagen der Modellvorstellungen in der Quantentheorie schülers – beendet. Doch schon 1922 ging P. für ein Jahr auf Einladung von Niels Bohr nach Kopenhagen. Er war Bohr im Sommer 1922 in Göttingen bei den sogenannten „Bohr-Festspielen" begegnet, auf denen Bohr über den Stand der Quantentheorie der Atome und das Periodensystem der Elemente vortrug. Über dieses Zusammentreffen sagte P. später, daß „eine neue Phase meines wissenschaftlichen Lebens begann". Es hinterließ P. einen besonders starken Eindruck, daß Bohr immer wieder sein Streben nach einer „allgemeinen Erklärung" der Probleme betonte. Im Kopenhagener Kreis „wurde er sofort mit seinem kritisch-scharfen und unermüdlich suchenden Verstand eine großartige Quelle der Anregung"; umgekehrt fand P. in Bohr einen ihm in mancherlei Hinsicht wesensverwandten Lehrer und engen Freund. In P.s Genialität, so kann man sagen, vereinten sich die besten Eigenschaften seiner beiden Lehrer in glücklicher Weise – Sommerfelds mathematische Meisterschaft und Bohrs tiefschürfende philosophische Durchdringung der physikalischen Grundlagen.

Im Herbst 1923 kehrte P. von Kopenhagen nach Hamburg zurück; er habilitierte sich im folgenden Jahre und wurde 1926 zum a. o. Professor ernannt. Nach den Kopenhagener Anregungen setzte P. seine Bemühungen um eine theoretische Deutung des Periodensystems fort. Gegen Ende 1924 gelang ihm die Entdeckung des „Ausschließungsprinzips" (Pauli-Prinzips). Die Bohr-Sommerfeldsche Theorie hatte nur die Hälfte der experimentell beobachteten, stationären Zustände geliefert. Durch die Annahme eines zusätzlichen Freiheitsgrades für die Elektronen, „einer klassisch nicht beschreibbaren Zweideutigkeit", und durch die Forderung, daß jeder Quantenzustand nur mit einem Elektron besetzt sein darf, gelang es ihm, die Schwierigkeiten zu bewältigen. Mit der von Samuel Goudsmit und George Uhlenbeck entwickelten Vorstellung des Elektronenspins (→ Spin) ergab sich eine ungezwungene Erklärung des Periodischen Systems, wenn auch der Sinn des Prinzips vorerst noch im Dunkeln blieb. Den Gedanken einer Kreiselbewegung des Elektrons akzeptierte P. erst, als er sich bei der Anwendung bewährte. Seine anfänglichen Zweifel erwuchsen aus dem klassisch-mechanischen Charakter der Idee. P. erkannte klar, daß sein Prinzip nicht aus den Gesetzen der Mechanik oder der bestehenden Quantentheorie folgte, sondern eine Ergänzung der Grundpostulate darstellte. Die außerordentliche Bedeutung seiner Entdeckung wurde 1945 durch die Verleihung des Nobelpreises gewürdigt.

P. beherrschte die korrespondenzmäßige Quantentheorie mit Souveränität, wie es sich zum Beispiel in seiner Analyse der Comptonstreuung aus dem Jahre 1925 und seinem Überblicksartikel über die ältere Quantentheorie im Handbuch der Physik 1926 dokumentierte. Für seinen nach letzter Klarheit strebenden, kritischen Geist war es jedoch eine große Erleichterung, als mit der neuen Heisenbergschen und Schrödingerschen Quantenmechanik eine widerspruchsfreie Theorie an die Stelle der alten trat (→ Matrizenmechanik). An der Gestaltung der neuen Gedanken war P. durch seine eigenen Beiträge, durch Diskussionen mit Werner Heisenberg und im Kopenhagener Kreis in hervorragender Weise beteiligt.

Bereits 1926 gelang es P., die stationären Zustände des Wasserstoffatoms und das Spektrum mit der Matrizenmechanik zu berechnen, was das Vertrauen in die Theorie ungemein stärkte. Im darauffolgenden Jahr 1927 zeigte P. dann, wie der Spin der Elektronen, der bis dahin nicht in die Quantentheorie unmittelbar einbezogen war, durch Erweiterung der Schrödingergleichung berücksichtigt werden kann. Diese Gleichung erwies sich als Grenzfall der von Paul Dirac aufgestellten relativistischen Wellengleichung. Im Jahre 1928 nahm P. einen Ruf an die Eidgenössische Technische Hochschule in Zürich an, der er bis an sein Lebensende angehörte.

Die enge Zusammenarbeit mit Werner Heisenberg setzte sich auch in den Züricher Jahren fort und führte 1929 und 1930 zu zwei gemeinsamen Veröffentlichungen über die

Wechselwirkung von Strahlung und Materie, die zu den frühesten Arbeiten zur Quantenfeldtheorie gehören. Die Fähigkeit, ein neues Gebiet der Physik in einer meisterhaften Form darzustellen, der für Jahrzehnte kaum etwas hinzuzufügen war, bewies er erneut bei der Abfassung des Kapitels „Die allgemeinen Prinzipien der Wellenmechanik" für das Handbuch der Physik. Diese Arbeit wurde mit nur geringen Änderungen in die Neuauflage des Jahres 1958 übernommen. In Zürich glückte ihm 1930 eine neue wichtige Entdeckung. Mit der in diesem Jahr erstmals geäußerten Hypothese eines neutralen, später → Neutrino genannten Teilchens war es endlich möglich, das Rätsel des β-Zerfalls zu lösen. Sechs Jahre vorher, 1924, hatte P. schon einen anderen bedeutsamen Beitrag zur Kernphysik geleistet. Er hatte die Existenz eines Kernspins postuliert, um die Hyperfeinstruktur von Spektrallinien zu erklären. Diese Vermutung fand dann ihre experimentelle Bestätigung, und die Hyperfeinstrukturuntersuchungen dienten ihrerseits zur Bestimmung von Kernspins. 1940 erfüllte sich in einer Arbeit über den Zusammenhang von Statistik und Spin der Elementarteilchen P.s Wunsch, das Ausschließungsprinzip aus anderen physikalischen Prinzipien herzuleiten.

Die Jahre von 1940 bis 1946 verbrachte P. in den Vereinigten Staaten am Institute for Advanced Study in Princeton. Hier beschäftigte er sich vornehmlich mit der Mesonentheorie. Er war einer der wenigen bedeutenden Physiker, die in den Kriegsjahren die Grundlagenforschung am Leben erhielten. 1946 kehrte P. nach Zürich zurück, wo er sein Interesse vor allem der Quantenfeldtheorie und den Elementarteilchen zuwandte. Auch hier trug er entscheidend zum Wiederaufbau der physikalischen Forschung in Europa bei. Seit 1953 führte P. eine dramatische Diskussion mit Werner Heisenberg um die von diesem entwickelten Vorstellungen zur „Einheitlichen Theorie der Elementarteilchen". In der engen Zusammenarbeit mit vielen gemeinsamen „Klausuren" zögerte P. jedoch mit seinem „superkritischen" Verstand, diese Ideen als die Lösung des Problems zu akzeptieren, und distanzierte sich schließlich von der Theorie. Der weiteren Diskussion wurde er durch seinen frühen Tod entrissen.

P. gehörte zu den genialsten Physikern des 20. Jh.s, „nur vergleichbar mit Einstein selbst". An den wichtigen Entwicklungen zu seinen Lebzeiten, der Quantenmechanik, der Kernphysik, der modernen Feldtheorie und der Teilchenphysik, hatte er wesentlichen Anteil. Durch seine Beteiligung an wissenschaftlichen Diskussionen, durch seine umfangreiche wissenschaftliche Korrespondenz und durch seine starke persönliche Ausstrahlung auf seine zahlreichen Schüler hat er einen nicht abzuschätzenden Einfluß auf die Physik ausgeübt. Seine „Veröffentlichungen enthalten aber, wie dies bei der ungewöhnlich kritischen Einstellung P.s begreiflich ist", so stellen es Ralph Kronig und Victor F. Weisskopf fest, „nur einen kleinen Teil der wirklich von ihm geleisteten Arbeit. P. berichtete in seinen Abhandlungen über die fertigen Ergebnisse, aber nicht über den langen, oft mühevollen Weg, der zu ihnen geführt hatte, und auch nicht über unfertige Versuche. Ein Teil seiner im Stillen geleisteten Arbeit hat sich in dem umfangreichen Briefwechsel niedergeschlagen." Seine mathematische Strenge, seine kompromißlose Kritik aller physikalischen Unzulänglichkeiten und seine Betonung des Symmetrischen der Naturgesetze haben die Physik geprägt.

Von den Physikern aller Länder wurde P., obwohl er selbst nie nach öffentlicher Anerkennung gestrebt hat, als einer der führenden Köpfe des Faches anerkannt und verehrt; mehr noch: Er war für die meisten das personifizierte Gewissen der Physik. „Kind, forthright, and of uncompromising principles, he was the conscience of physics." Hinter seiner Sachlichkeit in physikalischen Fragen verbarg sich ein tiefes Interesse an philosophischen und letzten menschlichen Problemen, über die er ausgedehnte Diskussionen mit dem Psychologen Carl Gustav

Jung führte. Sein beißender Spott, seine vielfach gefürchtete Kritik und sein Verhältnis zum physikalischen Experiment (Pauli-Effekt) sind bereits zur Legende geworden.

Werke: Collected Scientific Papers (Hrsg. Ralph Kronig und Victor F. Weisskopf). 2 Bde. New York 1964; Aufsätze und Vorträge über Physik und Erkenntnistheorie. Braunschweig 1961; Der Einfluß archetypischer Vorstellungen auf die Bildung naturwissenschaftlicher Theorien bei Kepler. In: Carl Gustav Jung und Wolfgang Pauli, Naturerklärung und Psyche. Zürich 1952.

Literatur: Werner Heisenberg, W. P. In: Jahrbuch der Bayerischen Akademie der Wissenschaften. Jg 1959, S. 183–187; ders., W. P.s philosophische Auffassungen. In: Die Naturwissenschaften. Jg 46, 1959, S. 661–663; R. E. Peierls, W. E. P. In: Biographical Memoirs of Fellows of the Royal Society. Vol. 5, 1960, S. 175 bis 192 (mit Bibliographie); Markus Fierz und Victor F. Weisskopf (Hrsg.), Theoretical physics in the twentieth century. A memorial volume to W. P. New York 1960. S. R.

Perrin, Jean-Baptiste (* 30. September 1870 in Lille, † 17. April 1942 in New York). P. versuchte 1895, die Frage nach der Natur der Kathodenstrahlen im Sinne einer Teilchentheorie zu entscheiden, indem er diese in einem Faraday-Käfig auffing und dessen Ladungszunahme maß oder vor einem negativ geladenen Fluoreszenzschirm so stark abbremste, bis sie keine Szintillationen mehr anregten. Auf diesem Wege fortschreitend, gelangte Joseph John Thomson zwei Jahre später zur Entdeckung des Elektrons. Bedeutend waren vor allem Perrins Arbeiten über die Brownsche Molekularbewegung, die ihn seit 1906 zu verschiedenartigen Verfahren der Bestimmung der Avogadroschen Zahl und zu einer Korrektur ihres bislang für richtig gehaltenen Wertes führten. Für seine Arbeiten über die diskontinuierliche Struktur der Materie, besonders für seine Entdeckung des Sedimentationsgleichgewichts, erhielt er 1926 den Nobelpreis.

P. propagierte bereits 1901 ein planetarisches Atommodell. 1920 wies er auf die Möglichkeit hin, die Sonnenenergie aus dem Massenverlust des beim Zusammenschluß von Protonen entstehenden Heliums zu erklären. P. war auch der Initiator des französischen wissenschaftshistorischen Museums (Palais de la découverte, Paris).

Werke: Die Atome. Dresden und Leipzig 1920; Die Brownsche Bewegung und die wahre Existenz der Moleküle. Dresden 1950; Oeuvres scientifiques. Paris 1950.

Literatur: Paul Montel, Dem Andenken Jean Perrins (30. 9. 1870–17. 4. 1942). In: Naturwissenschaftl. Rundschau. Jg 21, 1949, S. 370 f.; Jean Cabannes und Emile Borel, Transfert des cendres de J. P. In: Notices et discours. Tome 2, 1937 bis 1948, S. 713–722. U. H.

Petit, Alexis-Thérèse (* 2. Oktober 1791 in Vesoul, † 21. Juni 1820 in Paris). Der begabte Physiker wurde nach Abschluß seiner Ausbildung 1814 Lehrer am Lycée Bonaparte. Ab 1815 arbeitete er an der Ecole Polytechnique mit Pierre-Louis Dulong zusammen über Fragen der Wärmelehre. Sie entwickelten Methoden zur Bestimmung der Wärmeausdehnung und der spezifischen Wärme fester Körper. 1891 erschien in den „Annales de Chimie“ ein Aufsatz, der das Dulong-Petitsche Gesetz von der Konstanz der Atomwärmen enthielt. Petit starb mit 29 Jahren an Schwindsucht.

Werke: → Dulong.

Phoronomie. Im 18. Jh. war, vor allem auf Jakob Hermann zurückgehend, Ph. die Lehre von den Bewegungen, soweit die wirkenden Kräfte außer Betracht bleiben. Noch bei Kant findet sich die Bezeichnung Ph., an deren Stelle seit Anfang des 19. Jh.s fast vollständig der Ausdruck „Kinematik“ getreten ist.

Quellen: Jakob Hermann, Phoronomia, sive de viribus et motibus solidorum et fluidorum libri duo. Amsterdam 1716; Immanuel Kant, Metaphysische Anfangsgründe der Naturwissenschaft. Riga 1786. Hier Vorrede.

Literatur: Gehlers Physikalisches Wörterbuch. Bd 7. Leipzig 1833, S. 472 f.

Photochemie. Daß das Sonnenlicht in verschiedenen chemischen Stoffen Veränderungen hervorrufen kann, war schon früh bekannt. So wußte Aristoteles von der Notwendigkeit des Lichts für das Wachstum der Pflanzen und von dessen bleichender Wirkung. Die wissenschaftliche Untersuchung begann jedoch erst, als 1727 Johann Heinrich Schulze die Lichtempfindlichkeit der Silbersalze entdeckte. 1777 erkannte Carl Wilhelm Scheele, daß verschiedene Spektralbereiche des Lichts unterschiedlich auf Silberchlorid wirken, besonders intensiv der violette Bereich. Die Zersetzung von Chlorwasser im Sonnenlicht beobachtete 1785 Claude-Louis Berthollet.

Nach der Entdeckung des → Ultraviolett durch Johann Wilhelm Ritter 1801 durch die Wirkung auf Silberchlorid gewannen die Lichtreaktionen steigendes Interesse, und 1817 konnte Theodor von Grotthuß das 1. Photochemische Grundgesetz formulieren: Nur die von einem Stoff absorbierten Strahlen können chemisch wirken. 1841 mußte John Draper dieses Gesetz noch einmal entdecken.

Die genauesten kinetischen Untersuchungen führten Robert Wilhelm Bunsen und Henry Roscoe in den Jahren 1854 bis 1859 an Wasserstoff-Chlorgemischen durch. Dabei fanden sie das 2. photochemische Grundgesetz: Die Reaktionsgeschwindigkeit einer Lichtreaktion ist proportional der Intensität der einfallenden Strahlung und proportional der Belichtungszeit.

Die Synthese von Trichloressigsäure aus Essigsäure und Chlor durch Jean-Baptiste-André Dumas 1839 regte zu weiteren Synthesen an; so gelangen 1869 Carl Julius Fritzsche die Darstellung von Anthrazen und 1872 Eugen Baumann die Polymerisation von Vinylchlorid. Im selben Jahr wurde die Veränderung der elektrischen Leitfähigkeit des Selens beim Belichten festgestellt.

1838 hatte Louis-Jacques-Mandé Daguerre ein erstes photographisches Bild erhalten und ein Jahr später ein solches Daguerreotyp der Pariser Akademie vorgelegt. Sehr schnell wurde das primitive Verfahren verbessert: 1835 verwendete William Henry Fox Talbot Chromgelatine als Unterlage für Silberbromid, Richard Leach Maddox 1871 eine Trockengelatine. Zwei Jahre später gelang Hermann Wilhelm Vogel ein entscheidender Fortschritt durch die Sensibilisierung; seit 1891 entwickelte Gabriel Lippmann die Farbphotographie.

Die Lichtquantenhypothese bildete die Grundlage für das „Photochemische Äquivalentgesetz“ (Johannes Stark 1908, Albert Einstein 1912): Die Absorption des Lichts kann nur in ganzen Quanten erfolgen. Daher hatte man den Begriff „Quantenausbeute“ geprägt für das Verhältnis der Anzahl an umgesetzten Molekülen zu absorbierten Lichtquanten. Einstein vermutete, daß dieses Verhältnis stets 1 sei, was auch für einige Reaktionen bestätigt wurde. Für die meisten jedoch stellte man eine davon abweichende Quantenausbeute fest. Dies ließ nur den Schluß zu, daß bei diesen Reaktionen auf die Primärreaktion (Absorption des Lichts) Sekundärreaktionen folgen müssen. Durch genaue kinetische Untersuchungen konnte man daher Aufschluß über reaktive Zwischenstufen oder Radikale erhalten, deren Existenz bisher ungewiß war.

1911 vermutete Max Bodenstein einen Kettenreaktionsmechanismus bei solchen Reaktionen, bei denen die Quantenausbeute größer als 1 ist. In den folgenden Jahren wurden sowohl reaktive Zwischenstufen entdeckt – 1918 postulierte Walther Nernst die Reaktion von Chlor und Wasserstoff unter Bildung von Chlorwasserstoff über Radikale; 1922 wurde dies nachgewiesen von Carl Weigert und Hermann Richard Kellermann – als auch die Kettenabbruchreaktionen (David Leonhard Chapman, W. Ritchie, Ronald Norrish u. a.) studiert.

1921 bis 1927 konnten John Eggert und Walter Noddack nachweisen, daß die Spaltung von Silberbromid in Silber- und Bromatome eine Quantenausbeute von ungefähr 1 ergibt, d. h. jedes absorbierte Lichtquant bewirkt nur e i n e chemische Reaktion.

Literatur: Ivan Plotnikow, Lehrbuch der Photochemie. Berlin und Leipzig 1920; Arthur C. Giese (Hrsg.), Photophysiologie. New York und

London 1964; Max Bodenstein, 100 Jahre Photochemie des Chlorknallgases. In: Berichte der deutschen chemischen Gesellschaft. Jg 75, 1942, S. 119–136; Walter Meidinger, Photochemie, ihre Entwicklung in den letzten 10 Jahren. In: Chemiker-Zeitung. Jg 58, 1934, S. 629–632; John Eggert, Der Werdegang der photographischen Schicht bis zum Beginn des 20. Jh.s. In: Technikgeschichte in Einzeldarstellungen. Nr 19. Düsseldorf 1971, S. 55–79. U. W.

Photoeffekt. Heinrich Hertz entdeckte 1887 bei seinen Untersuchungen über schnelle elektrische Schwingungen, daß die Länge eines Induktionsfunkens von einem in der Nähe überspringenden zweiten Funken beeinflußt wird; Hertz fand auch sofort die Ursache im ultravioletten Licht. Daraufhin griff → Wilhelm Hallwachs das Problem auf. Er erkannte, daß von der Metallplatte negativ geladene Teilchen ausgehen und daß die Absorption des ultravioletten Lichtes damit im Zusammenhang steht. Damit war erstmalig eine elektrische Wirkung des Lichtes aufgefunden, ein Effekt, nach dem Michael Faraday vergeblich gesucht hatte. Der Ph. wird deshalb auch „Hallwachseffekt" (oder äußerer lichtelektrischer Effekt) genannt.

Philipp Lenard wies 1899 durch $\frac{e}{m}$-Bestimmungen gleichzeitig mit Joseph John Thomson nach, daß es sich bei den im Ph. ausgelösten Ladungsträgern um Elektronen handelt. Bei der Auswertung von Strom-Spannungs-Charakteristiken gelangte Lenard 1902 zu der Erkenntnis, daß die „Anfangsgeschwindigkeit" der Elektronen und damit ihre Energie nicht von der erregenden Lichtintensität, wohl aber von der Wellenlänge der erregenden Strahlung und bei gleicher Wellenlänge von der bestrahlten Substanz abhängt. Weiter konnte er nachweisen, daß die Zahl der in der Zeiteinheit austretenden Elektronen proportional zur auffallenden Lichtintensität ist.

Mit seiner berühmten Hypothese der → Lichtquanten versuchte Einstein, wie er schon im Titel seiner Arbeit von 1905 zum Ausdruck brachte, die „Erzeugung und Verwandlung des Lichtes", d. h. insbesondere den Ph., zu verstehen (→ Einstein, → Quantentheorie). Für den Ph. leitete Einstein durch Anwendung des Energiesatzes eine einfache Formel ab, nach der die Maximalgeschwindigkeit der freigesetzten Elektronen v nur von der Frequenz des Lichtes ν abhängig, mit dem die Metallplatte bestrahlt wird:

$$\frac{mv^2}{2} = h \cdot \nu - P \, .$$

Der Ph. wurde vielfach experimentell untersucht, u. a. von Robert Pohl, Peter Pringsheim und Abram Theodor Joffé. Die technischen Schwierigkeiten waren so groß, daß lange unklar blieb, ob wirklich das Quadrat der Geschwindigkeiten (und nicht eine andere Funktion) der Frequenz proportional ist. Es dauerte bis etwa 1915/16, bis der Ph. als gemeistert gelten konnte. – Nach Aufstellung der Bohrschen Theorie diente der Effekt dann zu einer Präzisionsbestimmung des Planckschen Wirkungsquantums.

Quellen: Wilhelm Hallwachs, Über den Einfluß des Lichtes auf electrostatisch geladene Körper. In: Annalen der Physik. Bd 33, 1888, S. 301–312; Philipp Lenard, Erzeugung von Kathodenstrahlen durch ultraviolettes Licht. In: Annalen der Physik. Bd 2, 1900, S. 359–375; Albert Einstein, Über einen die Erzeugung und Verwandlung des Lichtes betreffenden heuristischen Gesichtspunkt. In: Annalen der Physik. Bd 17, 1905, S. 132–148; Erich Ladenburg und Karl Markau, Über die Anfangsgeschwindigkeiten lichtelektrischer Elektronen. In: Physikal. Zeitschrift. Jg 9, 1908, S. 821–828; Abram Theodor Joffé, Beobachtungen über den photoelektrischen Elementareffekt. In: Sitzungsberichte der Königlich Bayerischen Akademie der Wissenschaften. Math.-Naturw. Kl. Bd 43, 1913, S. 19–37; Edgar Mayer und Walther Gerlach, Über den photoelektrischen Effekt an ultramikroskopischen Metallteilen. In: Annalen der Physik. Bd 45, 1914, S. 177–236; Robert Andrews Millikan, Einstein's photoelectric equation and contact electromotive force. In: Physical Review. Vol. 7, 1916, S. 18–32.

Literatur: Wilhelm Hallwachs, Die Lichtelektrizität (= Handbuch der Radiologie. Bd III). Leipzig 1916; Bernhard Gudden, Lichtelektrische Erscheinungen. Berlin 1928; Armin Hermann,

Frühgeschichte der Quantentheorie. Mosbach 1969; Roger H. Stuewer, Non-Einsteinian interpretations of the photoelectric effect. In: Minnesota Studies in the Philosophy of Science. Vol. 5, 1970, S. 246 bis 263.

Photometrie. Schon → Pierre Bouguer hat eine Reihe von Versuchen angestellt und einige Gesetze gefunden. Die Begriffe und das System der Ph. aber hat Johann Heinrich Lambert geschaffen. In seinem großen Werk von 1760 teilte Lambert neben dem schon von Bouguer angegebenen Entfernungsgesetz die beiden heute sog. „Lambertschen Cosinusgesetze" mit und behandelte das Reflexionsvermögen und die Durchlässigkeit von Oberflächen.

Quellen: Robert Smith, A compleat system of opticks. Cambridge 1738; Pierre Bouguer, Essai d'optique sur la gradation de la lumière. Ouvrage posthume. Paris 1760; Johann Heinrich Lambert, Photometria sive de mensura et gradibus luminis, colorum et umbrae. Augsburg 1760. Dt. Übersetzung: Lamberts Photometrie (= Ostwalds Klassiker. Nrn 31, 32, 33). Leipzig 1892.

Literatur: Ernst Anding, Anmerkungen. In: Lamberts Photometrie. 3. Heft (= Ostwalds Klassiker. Nr 33). Leipzig 1892, S. 51–172; Friedrich Zöllner, Photometrische Untersuchungen. Leipzig 1865; Emil Wilde, Geschichte der Optik. 2 Bde. Berlin 1838/43.

Photon → Lichtquant.

Physik. In der Antike war die Physik die umfassende Wissenschaft von der Natur. Im Platonismus galten die sinnlich wahrnehmbaren Gegenstände nur als Schattenbilder der ewigen Ideen; Platon hielt die Ideen für das eigentlich Reale; nur auf sie kann sich wahres Wissen gründen. Die rationale Analyse der Ideen ist also die ausschließliche Methode der Physik. Da die Dinge unserer Welt nur unvollkommen teilhaben an den ewigen Ideen, kann deshalb gar nicht erwartet werden, daß die mathematisch sicheren Schlüsse, die sich auf die Ideenwelt beziehen, auch hier in unserer Welt ihre Entsprechung besitzen.

Im Aristotelismus sind die Phänomene wichtiger, aber die Natur wird als ein organisches Ganzes aufgefaßt, woraus folgt, daß es als unmöglich galt, durch künstliche experimentelle Eingriffe in den Naturzusammenhang (→ Kunst, → Experiment) Einsichten gewinnen zu können. Im Aristotelismus ist also neben der rationalen Analyse noch die Naturbeobachtung ein Erkenntnismittel. In der Antike und im Mittelalter sind Natur und Kunst, und entsprechend Physik und → Mechanik Gegensätze. Die Physik wurde von freien Menschen getrieben um ihrer selbst willen, die Mechanik aber von Sklaven und Handwerkern zur Erzielung eines Nutzens. Die Physik ist die Wissenschaft von der Natur, die Mechanik die Kunst, die Natur zu überlisten.

Die Experimentalwissenschaft entwickelte sich zunächst außerhalb der Physik. Im 16. Jh. wurden die einschlägigen Kenntnisse zur „Magia naturalis", zur natürlichen Magie, gerechnet. Das unter diesem Titel erschienene Werk von Giovanni Battista Porta (erste Auflage 1558) wurde in vielen Sprachen und Bearbeitungen verbreitet.

Ende des 16. Jh.s vollzog sich dann mit dem sozialen ein weltanschaulicher Umbruch, in dessen Folge der alte Gegensatz zwischen Physik und Mechanik verschwand. Die höhere Bewertung der Handarbeit führte dazu, daß auch der Weltschöpfer mit einem Mechaniker verglichen wurde: „Denn die Welt ist eine Maschine, und wohl das zweckmäßigste, kräftigste und schönste der Werkzeuge." Damit ist der Unterschied zwischen Natur und Kunst beseitigt. Wenn der Mensch künstliche Mittel verwendet, z. B. das Fernrohr, so offenbaren sich dennoch die Gesetze der Natur. Das → Experiment wurde damit zum Erkenntnismittel der Physik. War ehedem die Mechanik der Gegensatz zur Physik, meinte man nun, daß alle physikalischen Vorgänge mechanisch erklärbar sein müßten. In seiner theoria motus concreti von 1671 schrieb Leibniz: „Desiderant omnes philosophi recentiores physicam mechanice explicari." Diese Auffassung wurde Ende des 19. Jh.s erschüttert. In den elektromagnetischen Erscheinungen lernte man erstmalig physikalische Gegebenheiten kennen, für die ein mechanisches Modell unangemessen ist. Damit stellt sich die Frage, was überhaupt als „physikalische Erklärung“ eines Phänomens gelten soll.

Das Wesen der physikalischen Erkenntnis läßt sich vielleicht am besten mit einem Zitat Keplers aus der Weltharmonik definieren: „Erkennen heißt, das äußerlich Wahrgenommene mit den inneren Ideen zusammenzubringen und ihre Übereinstimmung zu beurteilen.“ Die positivistischen Philosophen haben energisch darauf hingewiesen, daß zwischen der „Realität“ und der Interpretation der Erfahrung in den Begriffen der „menschlichen Sprache“ – „Sprache“ hier im weitesten Sinn verstanden – streng zu unterscheiden ist. „So zerschmilzt der Begriff der Übereinstimmung“, charakterisiert z. B. Moritz Schlick das Verhältnis der realen Dinge zu den Begriffen, „vor den Strahlen der Analyse, insofern er Gleichheit oder Ähnlichkeit bedeuten soll, und was von ihm übrigbleibt, ist allein die eindeutige Zuordnung. In ihr besteht das Verhältnis der wahren Urteile zur Wirklichkeit ...“

Es stehen also gleichsam zwei prinzipiell verschiedene „Welten“ einander gegenüber: die Welt der Fakten und Phänomene und die Welt der Ideen, auch „Modelle, Scheinbilder oder Symbole“ zu nennen. Zwischen den Fakten und Modellen gibt es das Verhältnis der Abbildung, der Analogie, der Entsprechung, und wenn das Modell konsistent ist, sind gewisse Symmetrieforderungen erfüllt. So lautet eine berühmte Textstelle bei Heinrich Hertz: „Die Bilder, von welchen wir reden, sind unsere Vorstellungen von den Dingen; sie haben mit den Dingen die eine wesentliche Übereinstimmung, welche in der Erfüllung der genannten Forderung liegt, aber es ist für ihren Zweck nicht nötig, daß sie irgendeine weitere Übereinstimmung mit den Dingen haben. In der Tat wissen wir auch nicht, und haben auch kein Mittel zu erfahren, ob unsere Vorstellungen von den Dingen mit jenen in irgend etwas anderem übereinstimmen, als in eben jener einen fundamentalen Beziehung.“

Die Entwicklung der Physik hat diesen positivistischen Standpunkt oft eindrucksvoll bestätigt. Unbedingt als „richtig“ angesehene Theorien wurden überwunden; das heißt, es gab zu der ursprünglich gesehenen noch eine weitere Möglichkeit, die Fakten zu beschreiben, eine Möglichkeit, die von den Forschern zunächst gar nicht erkannt worden war: Mit dem Naturphänomen und der Naturwirklichkeit ist eben nicht notwendigerweise nur **eine** Interpretation in menschlichen Begriffen und Vorstellungen gegeben. Ein sehr bekanntes Beispiel liefert die Wellentheorie des Lichtes. Über diese hatte sich Heinrich Hertz selbst 1889 folgendermaßen geäußert: „Was ist das Licht? Seit den Zeiten Youngs und Fresnels wissen wir, daß es eine Wellenbewegung ist ... An diesen Dingen ist ein Zweifel nicht mehr möglich, eine Widerlegung dieser Anschauung ist für den Physiker undenkbar. Die Wellentheorie des Lichtes ist, menschlich gesprochen, Gewißheit.“

Ungeachtet dieser „Gewißheit“ wurde mit der Quantenfeldtheorie ein neues mathematisches System zur Beschreibung des Lichtes aufgestellt, das Wellentheorie und Korpuskulartheorie als logisch gleichwertige Grenzfälle enthält. Dadurch, daß verschiedene Möglichkeiten der Imagination vorhanden waren, dadurch, daß in einer bestimmten historischen Situation die Phänomene die theoretische Beschreibung **nicht** eindeutig festlegten, ist eine Abhängigkeit von philosophischen oder geistesgeschichtlichen Zusammenhängen als möglich gegeben. Es gibt viele Beispiele dafür, daß diese Abhängigkeit der Physik von philosophischen oder geistesgeschichtlichen Zusammenhängen nicht nur logisch möglich, sondern tatsächlich vorhanden war. So existierten bis etwa zur Mitte des 19. Jh.s zwei Weltbilder, das dynamistische und das atomistische System, nebeneinander und gegeneinander. Das dynamistische System hing dabei eng mit außerwissenschaftlichen Vorstellungen vor allem der romantischen

Naturphilosophie zusammen und ging zumindest teilweise aus solchen Vorstellungen hervor. Der → „Dynamismus" war zwar nicht mathematisch fixiert, wie wir es heute von einer physikalischen Theorie verlangen, wurde aber von den Zeitgenossen zu Recht als Weltbild oder „System" aufgefaßt.

Der Zusammenhang des Dynamismus mit dem Energieprinzip ist geradezu handgreiflich. Auch Michael Faraday, der wie kaum ein anderer zur Naturforschung im 19. Jh. beigetragen hat, wurde vom Dynamismus zu seinen großen Entdeckungen geleitet. Diese Entdeckungen bestätigten und festigten für ihn wiederum die dynamistischen Vorstellungen: Die Vorstellungen und Theorien des Physikers müssen sich ja in der Konfrontation mit der Erfahrung bewähren. Die zunächst nur qualitativ und dann erst nach und nach immer genauer quantitativ erfahrbare Naturwirklichkeit determiniert aber die Vorstellungen und Theorien nicht vollständig, jedenfalls nicht von vornherein. Für die menschliche Phantasie ist oft noch ein weiter Spielraum belassen. So konnte also bei den Zeitgenossen vorhandenes geistesgeschichtlich-philosophisches Gedankengut, das primär außerhalb der exakten Naturwissenschaften wurzelt, bis zur Mitte des 19. Jh.s auf das Weltbild der Physik Einfluß gewinnen. Um eine einfache Sprechweise zu haben, wollen wir die Summe von außer-naturwissenschaftlichen Vorstellungen und Begriffen, die die Menschen einer bestimmten Epoche besitzen, den „Zeitgeist" nennen.

Bei der Betrachtung des physikalischen Weltbildes einer bestimmten Zeit fällt auf, daß viele nur historisch erklärbare „Denkkategorien" vorhanden sind. Zur Naturwissenschaft des 19. Jh.s gehört z. B. der „Fernwirkungsstandpunkt" mit der Meinung, jede physikalische Wirkung müsse als Kraft auf einen Angriffspunkt ausgedrückt werden. Zu ihr gehört auch das Kontinuitätsprinzip, d. h. die Auffassung, daß alle Naturvorgänge zeitlich stetig und determiniert ablaufen müßten. Zu ihr gehört ferner die Vorstellung des absoluten Raumes und der absoluten Zeit. Bei diesen Vorstellungen handelt es sich nicht etwa um Randerscheinungen oder Nebenprodukte, sondern um fundamentale Denkstrukturen, die den Stil der Gesetze prägten. Alle genannten, die Physik des 19. Jh.s bestimmenden Denkkategorien sind aber bereits vor dem 19. Jh. als Prinzipien in die Wissenschaft aufgenommen worden. Diese das Weltbild entscheidend mitprägenden historischen Gegebenheiten seien hier der Einfachheit halber als „Tradition" bezeichnet.

Für eine vorläufige Einteilung ließen sich also drei Faktoren nennen, die das physikalische Weltbild bestimmen: 1. Die Wirklichkeitsordnung, 2. Der Zeitgeist, 3. Die Tradition. Bei der Ausbildung neuer Vorstellungen und neuer Theorien dürften bis zur Mitte des 19. Jh.s zumeist alle drei Faktoren wirksam gewesen sein. Seither scheint das Gewicht des Zeitgeistes abgenommen zu haben; jedenfalls liegt sein Einfluß nicht mehr nachweisbar auf der Hand.

Man hat vermutet, daß die fast gleichzeitige Durchbrechung des Kontinuitätsprinzips im Jahre 1900 durch den Botaniker Hugo de Vries mit der Einführung des Mutationsbegriffes und durch den Physiker Max Planck mit der Einführung der Quantensprünge auf eine „geistesgeschichtliche" Abhängigkeit der Physik noch an der Jahrhundertwende hindeute. Eine genauere historische Analyse zeigt aber, daß Max Planck von dieser Parallele keine Ahnung hatte, keine Ahnung haben konnte, weil ihm selbst die Durchbrechung des Kontinuitätsprinzips erst Jahre später klargeworden ist. Die erstmalige Einführung eines Quantensatzes $\varepsilon = h \cdot \nu$ war für Planck „eine rein formale Annahme", bei der er sich, wie er selbst schrieb, nicht viel gedacht hat. Das Beispiel läßt keine direkte Abhängigkeit vom Zeitgeist erkennen, vielmehr aber den Einfluß der Wirklichkeitsordnung, den Planck ganz persönlich als starken Zwang empfunden hat: Einen „Akt der Verzweiflung" nannte er später seine theoretische Begründung des im wesentlichen auf empirischem Wege gefundenen Gesetzes der schwarzen Wärmestrahlung (→ Plancksches Strahlungsgesetz, → Quantentheorie).

In der ständigen Konfrontation der Vorstellungswelt mit der Wirklichkeitsordnung, wie sie planmäßige Methode der Physik ist, verliert, wie das Beispiel zeigt, die Tradition an Einfluß. Ein bestimmtes Naturphänomen erlaubt nicht beliebige Vorstellungen. Je mehr Nachbarphänomene zu den schon entdeckten Naturphänomenen aufgefunden werden und je genauer das Phänomen selbst quantitativ erforscht wird, desto mehr Vorstellungen müssen ausgeschieden werden. Es ist sogar oft so, wie Albert Einstein sagte, „daß von den denkbaren theoretischen Konstruktionen eine einzige jeweilen sich als unbedingt überlegen über alle anderen erweist". Wenn sich zeigen ließe, daß tatsächlich eine und nur eine theoretische Konstruktion zur Beschreibung der Fakten möglich ist, gäbe es eine eindeutige Abbildung zwischen der Wirklichkeitsordnung und der Vorstellungswelt. Diese theoretische Konstruktion wäre absolut gültig, „für alle Völker und Zeiten", für alle Kulturen, „auch außerirdische und außermenschliche". Es wären dies die „richtigen" Weltformeln, und man müßte annehmen, daß, entgegen der positivistischen Auffassung Schlicks, doch eine innere Übereinstimmung zwischen Vorstellung und Realität existiert.

Wie die Aussprüche namhafter Physiker zeigen (→ Naturkonstanten), ist ein solches absolut gültiges Gedankensystem offenbar das metaphysische Ideal des Forschers. Die historische Unabhängigkeit physikalischer Erkenntnis ist also ein Wunschbild oder ein Postulat – aber sie ist noch lange kein Faktum. Ob das Postulat je erfüllbar sein wird, ist unbekannt. Sicherlich können wir nicht von der Hand weisen, daß jedenfalls unser heutiges Weltbild noch wesentliche Züge historischen Gewordenseins enthält: Auch wenn wir den Fortbestand der Zivilisation und eine ungebrochene geistige Tradition voraussetzen, wissen wir nicht, ob in 500 Jahren noch Vorstellungen existieren, die ungefähr unserer Quanten- und Relativitätstheorie entsprechen. Wir wissen nicht, ob es in 500 oder 1000 Jahren noch das geben wird, was wir heute Maxwellsche Gleichungen nennen. Ganz sicherlich aber werden die Vorschriften, wie ein Elektromotor zu bauen und zu betreiben ist, mit unseren heutigen im Prinzip übereinstimmen.

Literatur: Allg. Darstellungen → Physikgeschichte; Bernhard Sticker, Prolegomena zu einer Theorie der Geschichte der Naturwissenschaften. Vorlesungen an der Universität Hamburg (Schreibmaschinenmanuskript). Hamburg 1970; Armin Hermann, Die historische Relativität naturwissenschaftlicher Erkenntnis. In: n + m „Naturwissenschaft und Medizin". Jg 6, Nr 30, 1969, S. 3–10; Thomas S. Kuhn, Die Struktur wissenschaftlicher Revolutionen (= Theorie 2). Frankfurt 1967; Fritz Bopp, Mensch streckh deine Vernunft hieher diese dinge zu begreiffen. Physik in Frühzeit und Gegenwart. In: Physikal. Blätter. Jg 23, 1967, S. 546–557; Pierre Duhem, To save the phenomena. An essay on the idea of physical theory from Plato to Galileo. Chicago 1969; Alexandre Koyré, Metaphysics and measurement. Essays in scientific revolution. London 1968; Robert Bruce Lindsay, The nature of physics. A physicist's views on the history and philosophy of his science. Providence 1968; Eberhard Buchwald, Physik. Gleichung und Gleichnis. Mosbach 1967; Erwin Schrödinger, Über Indeterminismus in der Physik. Ist die Naturwissenschaft milieubedingt? Zwei Vorträge ... Leipzig 1932; Carl-Friedrich von Weizsäcker, Die Einheit der Physik. In: Physikal. Blätter. Jg 23, 1967, S. 4–14; Hans Schimank, Die Wandlung des Begriffs „Physik" während der ersten Hälfte des 18. Jh.s. In: Wissenschaft, Wirtschaft und Technik. Studien zur Geschichte (= Festschrift Wilhelm Treue). München 1969, S. 454–468; ders., Die experimentelle Physik des 19. Jh.s und ihre handwerklich-technischen Hilfsmittel. In: Technikgeschichte in Einzeldarstellungen. Nr 19. Düsseldorf 1971, S. 5–53; Friedrich Klemm, Die Physik im Zeitalter der Aufklärung. In: Die BASF. Jg 8, 1958, S. 99–108; August Nitschke, Naturerkenntnis und politisches Handeln im Mittelalter. Stuttgart 1967.

Physikgeschichte. Zur physikalischen Arbeit gehört seit jeher ein Rechenschaftsbericht über die auf dem behandelten Gebiet von den Vorgängern erzielten Ergebnisse. Da aber die in der Entwicklung der Wissenschaft von Zeit zu Zeit auftretenden neuen Theorien die Physik jeweils auf eine neue Erkenntnisstufe stellen, werden die davor liegenden Arbeiten meist als „veraltet", gleichsam als „prähistorisch", empfunden. Der Rückblick des Physikers beginnt deshalb sozusagen erst mit der jüngsten „wissenschaftlichen Revolution"; die historische Darstellung ist fast immer zu einer kurzen Literaturübersicht degeneriert.

Demgegenüber betrachtet die Physikgeschichte bewußt auch untergegangene Denkvorstellungen. Heutige Wertmaßstäbe dürfen dabei nicht in die Vergangenheit projiziert werden; vielmehr muß der Historiker versuchen, jede Zeit unabhängig von der späteren Entwicklung zu verstehen: Wenn man die Geschichte als Wissenschaft anerkennt, als Wissenschaft von politischen und kulturellen Strukturen der Vergangenheit, so kann man nicht umhin, auch die Physikgeschichte als wichtiges Teilgebiet der allgemeinen Geschichte anzuerkennen. Nicht erst heute hat die Physik einen großen Einfluß auf die menschliche Gesellschaft. Das Fach lehrt, daß ein früherer Stand der Wissenschaft nicht einfach nur als ein primitiverer begriffen werden darf. In der Andersartigkeit der Vorstellungswelt vergangener Zeiten treten uns andere Kulturwelten entgegen. Der Ablauf der Zeit schlägt die Brücke zu unserer gegenwärtigen Welt; die Relativität menschlicher Begriffe und Vorstellungen wird uns bewußt, aber auch der Bestand im Wandel. Die Physikgeschichte ist ein Teilgebiet der allgemeinen Geschichte, und wesentlich von da her leitet sie ihre Existenzberechtigung ab.

Die Disziplin der Wissenschaftsgeschichte hat auch für die aktuelle Technik und Naturwissenschaft eine besondere Bedeutung. Im historischen Gang steigen wir schrittweise zu immer schwierigeren Problemen auf, denn jede neue wissenschaftliche Leistung setzt die Kenntnis der Arbeiten der Vorgänger voraus. Die historische Methode ist also oft ein „Königsweg" für das Verständnis. „A thorough understanding of a physical theory can be reached only by the historical method", sagt Bartelt Leendert van der Waerden; das heißt, man kann eine Theorie nur lernen, indem man den Denkprozeß, der zu dieser Theorie führt, selbst noch einmal nachvollzieht.

Wenn man Physikgeschichte schreibt, erkennt man, wie sich die Wissenschaft einer Zeit im Menschen individualisiert, wie die ungelösten Fragen zu Spannungen innerhalb der Einzelpersönlichkeit und zu Kämpfen zwischen den Wissenschaftlern führen, oft vermischt mit persönlichen Sympathien und Antipathien. Die reine Wissenschaft – losgelöst vom Menschen – ist eine Abstraktion, mit der manche Entwicklung nicht verstanden werden kann.

Die Physikgeschichte liegt auf der Grenzlinie der „beiden Kulturen", d. h. der Geistes- und der Naturwissenschaften: Gegenstand der Forschung ist die Physik; angewandt wird die historische Methode. Diese kurze Formel bedarf weiterer Erläuterung.

Gegenstand der Forschung sind die physikalischen Vorstellungen und Leistungen, daneben aber auch die Reaktionen der Kollegen und der Umwelt, die Lebensschicksale der Physiker, die Kommunikationsmöglichkeiten, die speziellen Formen, in denen der Wissenschaftsbetrieb organisiert wurde. Die Geschichte der Akademien, der Physikalischen Institute und Gesellschaften, des Stipendienwesens, der Publikationen usf. gehört also zur Physikgeschichte. Interessante Probleme bieten auch die verschiedenen Wechselwirkungen zwischen Wissenschaft und Gesellschaft: Gibt es z. B. zu bestimmten Zeiten einen bestimmten Denkstil, der in Kunst, Politik und Wissenschaften gleichermaßen spürbar ist?

Die historische Methode: Zeugen einer vergangenen Epoche sind die in dieser Zeit entstandenen literarischen Dokumente (Bücher, Briefe, Urkunden), daneben aber auch die von der physikhistorischen Forschung bisher nur selten herangezogenen gegenständlichen Quellen (Meßgeräte). Außer den Quellen hat der Historiker die Sekundärliteratur zu berücksichtigen, d. h. das, was nachfolgende Generationen bereits über die betreffende Epoche erarbeitet haben.

Anders als bei einer physikalischen Arbeit ist wesentlicher Teil einer historischen Untersuchung fast immer, einen Überblick über das Primär- und Sekundärschrifttum zu gewinnen. Dazu dienen als **Hilfsmittel** Nachschlagewerke aller Art; Kenntnis der Nachschlagewerke und Übung im Gebrauch sind Voraussetzungen historischer Arbeit.

Bei einem bestimmten Problem (etwa: Geschichte des Energiesatzes) kann der Zugang über Fachlexika gefunden werden, z. B. über die → Enzyklopädie von d'Alembert und Diderot oder über Gehlers Physikalisches Wörterbuch (Johann Samuel Traugott Gehler, Physikalisches Wörterbuch ... 6 Bde. Leipzig 1787/96). Eine gewisse Vertrautheit mit der Terminologie der Zeit ist dabei Voraussetzung; in dem genannten Beispiel hat man unter dem Begriff „Kraft“ bzw. „force“ nachzuschlagen. Leichter ist meist der Zugang über bestimmte Personen, d. h. über Bio-Bibliographien. Für die Physikgeschichte am wichtigsten ist „der Poggendorff“ (Johann Christian Poggendorff, Biographisch-literarisches Handwörterbuch zur Geschichte der Naturwissenschaften ... Bisher 7 Bände in meist mehreren Teilbänden. Leipzig 1863 ff.) und neuerdings das Dictionary of Scientific Biography (bisher 4 Bände A – Firm. New York 1970 ff.). Daneben existieren eine ganze Reihe von in- und ausländischen biographischen Nachschlagewerken und Biographiensammlungen. Für deutsche Persönlichkeiten ermöglicht die NDB (Neue Deutsche Biographie. Bisher 8 Bde. Berlin 1953 ff.) einen bequemen Zugang. Fast alle Kulturländer besitzen vergleichbare Nationalbibliographien. Eine Übersicht erhält man in den Nachschlageabteilungen guter Bibliotheken. Speziell für die Geschichte der Naturwissenschaften und der Technik eingerichtet ist die Bibliothek des Deutschen Museums in München.

Eine umfassende Übersicht über die bibliographischen Hilfsmittel des Wissenschaftshistorikers gibt Fritz Krafft in: Große Naturwissenschaftler. Biographisches Lexikon. Frankfurt 1970. Einen Zugang zur physikhistorischen Arbeit ermöglicht auch das Fachschrifttum. Moderne Gesamtdarstellungen der Physikgeschichte, die man vor der Behandlung eines historischen Einzelproblems heranziehen könnte, gibt es noch nicht; Max von Laues Darstellung (Max von Laue, Geschichte der Physik. [4]Frankfurt 1959) liefert nur eine Aufzählung von Entdeckungen. Hans Schimanks meisterhafte Einzeldarstellungen sind (bis auf einen kurzen Abriß der Entwicklung in seinen „Epochen der Naturforschung“) leider nicht zu einem größeren Ganzen vereinigt worden. So sind die Ende des 19. Jahrhunderts verfaßten Werke noch heute unentbehrlich. Sie sind bezüglich der Auseinandersetzung mit den Quellen zum Teil als vorzüglich zu beurteilen; der Benutzer muß sich aber vergegenwärtigen, daß inzwischen zahlreiche Einzeluntersuchungen wesentliche Ergänzungen und Korrekturen geliefert haben. Wir geben im folgenden eine kleine Auswahl:

Ernst Gerland, Geschichte der Physik ... München und Berlin 1913 (Neudruck New York 1966);

Ernst Gerland und Ferdinand Traumüller, Geschichte der physikalischen Experimentierkunst. Leipzig 1889 (Nachdruck Hildesheim 1965);

August Heller, Geschichte der Physik. 2 Bde. Stuttgart 1882/84 (Nachdruck Wiesbaden 1966);

Edmund Hoppe, Geschichte der Physik. Braunschweig 1926 (Neudruck 1965);

Edmund Hoppe, Geschichte der Optik. Leipzig 1926;

Edmund Hoppe, Geschichte der Elektrizität. Leipzig 1884;

Johann Christian Poggendorff, Geschichte der Physik. Leipzig 1879;

Carl Ramsauer, Grundversuche der Physik in historischer Darstellung. Berlin etc. 1953;

Ferdinand Rosenberger, Die Geschichte der Physik ... 3 Bde. Braunschweig 1882 bis 1890 (Nachdruck Hildesheim 1965);

Hans Schimank, Epochen der Naturforschung. [2]München 1964;

Emil Wilde, Geschichte der Optik. 2 Bde. Berlin 1838/43 (Neudruck Wiesbaden 1968).

Die seit Abfassung dieser Werke durchgeführte physikhistorische Forschung hat ihren Niederschlag in zahlreichen Monographien gefunden, deren Auffindung zum Teil schwierig ist; das vorliegende Werk leistet hier eine Hilfestellung. Die weniger umfangreichen physikhistorischen Einzelstudien liegen gesammelt in den entsprechenden Fachzeitschriften vor; die folgende Auswahl gibt einen Überblick:

Annals of Science. A quarterly review of the history of science and technology since the Renaissance. London (seit 1936);

Archive for History of Exact Sciences. Berlin, Heidelberg, New York (seit 1960);

Archives Internationales d'Histoire des Sciences. Paris (seit 1947);

The British Journal for the History of Science. London (seit 1962);

Centaurus. International magazine of the history of mathematics, science and technology. Kopenhagen (seit 1950);

Gesnerus. Vierteljahrsschrift, hrsg. von der Schweizerischen Gesellschaft für Geschichte der Medizin und der Naturwissenschaften. Aarau (seit 1943);

Historical Studies in the Physical Sciences. Philadelphia (seit 1969; Jahrbuch);

History of Science. An annual review of literature, research and teaching. Cambridge (seit 1962; Jahrbuch);

Isis. An international review devoted to the history of science and its cultural influences. Berkeley, California (seit 1913);

Janus. Revue internationale de l'histoire des sciences, de la médecine, de la pharmacie et de la technique. Leiden (seit 1896);

NTM. Schriftenreihe für Geschichte der Naturwissenschaften, Technik und Medizin. Leipzig (seit 1960);

Physis. Rivista internazionale di storia della scienza. Florenz (seit 1959);

Sudhoffs Archiv. Vierteljahreszeitschrift für die Geschichte der Medizin und der Naturwissenschaften, der Pharmazie und der Mathematik. Wiesbaden (seit 1907);

Technikgeschichte. Düsseldorf (seit 1909).

Einen Überblick über Zeitschriften und Institute der Wissenschaftsgeschichte gab: George Sarton, A guide to the history of science. New York 1952.

Literatur: Hans Schimank, Edmund Hoppe oder über Inhalt, Sinn und Verfahren einer Geschichtsschreibung der Physik. In: Archiv für Geschichte der Mathematik, der Naturwissenschaften und der Technik. Bd 11, 1928/29, S. 345 bis 351; ders., Grundsätzliches und Zusätzliches zu einem physikgeschichtlichen Buch. In: Physikal. Blätter. Jg 10, 1954, S. 67–75; Fritz Krafft, Bibliographie. In: Fritz Krafft und Adolf Meyer-Abich, Große Naturwissenschaftler. Frankfurt 1970, S. 343–389; Christoph J. Scriba, Geschichte der Mathematik. In: Überblicke Mathematik (= B. I. Hochschultaschenbuch Nr 161/161 a). Mannheim 1968, S. 9–33; Josef Mayerhöfer, Lexikon der Geschichte der Naturwissenschaften. Biographien, Sachwörter und Bibliographien. Wien 1959 ff. (bisher A–Dod erschienen); Charles Percy Snow, Die zwei Kulturen. Literarische und naturwissenschaftliche Intelligenz (= Versuche 10). Stuttgart 1967; Bernhard Sticker und Gernot Rath (Hrsg.), Wege zur Wissenschaftsgeschichte. Lebenserinnerungen von Franz Hammer, Joseph E. Hofmann, Adolf Meyer-Abich, Martin Plessner, Hans Schimank, Johannes Steudel und Kurt Vogel (= Beiträge zur Geschichte der Wissenschaft und Technik. H. 10). Wiesbaden 1969; George Sarton, Das Studium der Geschichte der Naturwissenschaften. Übersetzt und bearbeitet von Olaf Hein und Helmut Kastl. Frankfurt 1965.

Planck, Max Ludwig (* 23. April 1858 in Kiel, † 4. Oktober 1947 in Göttingen). „Mit Recht der Liebling seiner Lehrer und seiner Mitschüler. Der Jüngste der Klasse und bei aller Kindlichkeit ein sehr klarer, logischer Kopf. Verspricht etwas Rechtes.“ Das hatte das Münchener Maximiliansgymnasium dem Schüler M. P. im Zeugnis bescheinigt. Nach der Reifeprüfung, die er 1874 – mit kaum 16 Jahren – abgelegt hatte, schwankte der vielseitig Begabte in seiner Entscheidung zwischen dem Studium der Musik, der Altphilologie und der Physik.

Als sich P. bei Philipp von Jolly nach den Aussichten eines Physikstudiums erkundigte, riet dieser dringend ab: In der Physik sei im wesentlichen schon alles erforscht, und es gäbe nur noch einige Lücken auszufüllen. Ähnlich betrachtete damals Emil Du Bois-Reymond die theoretische Mechanik mit dem Energieprinzip an der Spitze als Höhepunkt und endgültigen Schlußstein der Physik: Ende des 19. Jh.s und um die Jahrhundertwende war für das Bürgertum in Europa eine konservative Einstellung typisch. Sowohl die staatliche Ordnung wie die Wissenschaft wurden als gefestigt angesehen; nach einer stürmischen Aufbauphase glaubte man nun an die Erhaltung des Bestehenden. In diesem „Denkklima" haben sich die Auffassungen Plancks von der Wissenschaft und vom Staate geformt, und schon deshalb hat es eines ungeheuren inneren Kampfes bedurft, daß er diese Überzeugungen später durch andere Ansichten zu ersetzen vermochte.

Vom Rate Jollys unbeeinflußt, studierte P. in Berlin und München Physik und promovierte im Alter von 21 Jahren mit einer Dissertation aus dem Gebiet der Thermodynamik. Schon hier stand eine physikalische Größe im Mittelpunkt, auf der die Arbeiten P.s immer wieder aufbauten: die Entropie. Von dieser sagte M. P. selbst, daß sie bei den damaligen Physikern „so ein bißchen nicht sehr beliebt war, weil die so ein vages Gespenst war". 1885 erhielt P. die erste Professur; vier Jahre später erfolgte die Berufung an die Universität Berlin, an der er jahrzehntelang als Professor der theoretischen Physik und später als Emeritus wirkte.

Im Laufe seiner Studien über die Entropie wandte sich M. P. um 1894 der Wärmestrahlung zu. Dabei entdeckte er (spätestens im Mai 1899), noch in der Meinung, daß die Wiensche Strahlungsformel zutreffend ist, eine neue Naturkonstante (→ Wirkungsquantum). Mitte Oktober 1900 leitete er durch eine geniale Interpolation das richtige Gesetz der schwarzen Wärmestrahlung ab (→ Plancksches Strahlungsgesetz). Der 14. Dezember 1900, an dem P. die Herleitung dieser Formel aus den Prinzipien der Physik auf der Sitzung der Deutschen Physikalischen Gesellschaft in Berlin vortrug, gilt als der „Geburtstag der Quantentheorie" (→ Quantentheorie, → Wirkungsquantum).

Die Physiker der P. nachfolgenden Generation sind immer wieder voll Bewunderung, wenn sie P.s Argumentation des Jahres 1900 rekonstruieren. Um bei der Ableitung der Strahlungsformel durchzukommen, bedurfte es eines „sehr klaren, logischen Kopfes". Es bedurfte dazu aber auch einer ungewöhnlich systematisch und gewissenhaft arbeitenden Persönlichkeit. Gewissenhaftigkeit und Ordnungsliebe waren bei P. schon fast in sprichwörtlichem Ausmaß vorhanden. Selbst bei seinen beliebtesten Freizeitbeschäftigungen, dem Bergsteigen und dem Musizieren, machten sich diese Charakterzüge geltend, wie Heisenberg amüsant geschildert hat.

Während der unkonventionell denkende und handelnde Albert Einstein mit der Kühnheit der Jugend das Alte durch Neues ersetzen wollte, suchte P. von den bisherigen Prinzipien der Wissenschaft zu retten, was irgendwie zu retten war: „Es scheint mir, daß gegenüber der [Einsteinschen] Korpuskulartheorie des Lichtes die größte Vorsicht geboten ist... Die Theorie des Lichtes würde nicht um Jahrzehnte, sondern um Jahrhunderte zurückgeworfen... Und alle diese Errungenschaften, die zu den stolzesten Erfolgen der Physik, ja der Naturforschung überhaupt gehören, sollen preisgegeben werden um einiger noch recht anfechtbarer Betrachtungen willen? Da bedarf es denn doch noch schwereren Geschützes, um das nachgerade sehr stark fundierte Gebäude der elektromagnetischen Lichttheorie ins Wanken zu bringen."

P. gab geradezu die Anweisung, jedes Wagnis möglichst zu vermeiden: „Bei der Einführung der Wirkungsquanten h in die Theorie ist so konservativ als möglich zu verfahren, d. h., es sind an der bisherigen Theorie nur solche Änderungen zu treffen,

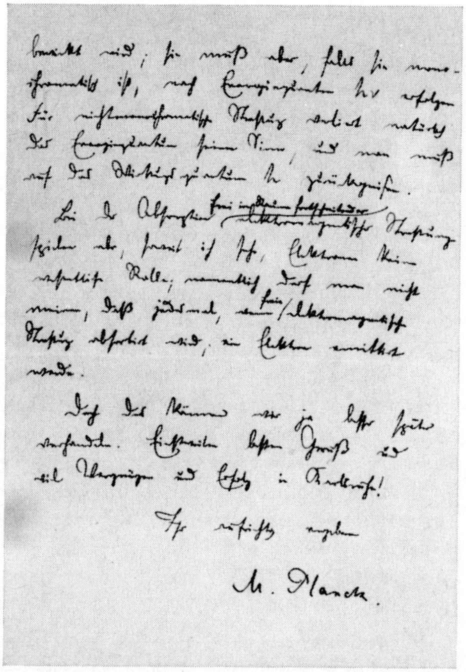
M. Planck

Abb. 40. Max Planck an Arnold Sommerfeld.
29. Juli 1911

die sich als absolut notwendig herausgestellt haben.“ Trotz seiner konservativen Einstellung hatte P. auch in den folgenden Jahren das Verdienst, immer wieder auf die Wichtigkeit des Problems hinzuweisen und so die Diskussion in Gang zu halten, bis der Durchbruch erzielt war.

Während P. gegenüber der Einsteinschen Lichtquantenhypothese noch lange skeptisch blieb, erkannte er sofort die Tragweite der Speziellen → Relativitätstheorie, und vor allem ihm ist die rasche Einführung der neuen Theorie zu danken. Dank seiner wissenschaftlichen Leistungen wie auch wegen seines geraden, unbeugsamen Charakters und der Vornehmheit der Gesinnung und des Handelns hat sich P. eine einzigartige Stellung unter den Physikern Deutschlands erworben. Als einer der vier beständigen Sekretäre der Preußischen Akademie der Wissenschaften lenkte er für mehr als fünfundzwanzig Jahre die Geschicke dieser hochangesehenen Körperschaft; viele Jahre war er immer wiedergewählter Vorsitzender der Deutschen Physikalischen Gesellschaft, ebenso lange Jahre Mitherausgeber der altehrwürdigen „Annalen der Physik“, der maßgebenden wissenschaftlichen Zeitschrift. Auch in der Notgemeinschaft der Deutschen Wissenschaft (der heutigen Deutschen Forschungsgemeinschaft) galt sein Rat, insbesondere im Hauptausschuß und Elektrophysik-Ausschuß.

P. konnte die 1933 über Deutschland hereinbrechende Herrschaft des Unrechts nicht verhindern; aber er ergriff unerschrocken das Wort zur Ehrenrettung der jüdischen Gelehrten. In der Preußischen Akademie würdigte er ausdrücklich die Verdienste des aus seinem Amte entlassenen Einstein, dessen Leistungen er auf eine Stufe stellte mit den Leistungen Keplers und Newtons. Im Jahre 1935 setzte P. für den inzwischen im Ausland verstorbenen Fritz Haber eine Trauerfeier an, die trotz offizieller Proteste „im vollbesetzten Harnackhaus vor vielen Professorenfrauen, vor einigen das Verbot mißachtenden Professoren, vor Vertretern der Industrie würdig und sehr stimmungsvoll“ verlief. „Alle bewunderten Planck“, erzählte Otto Hahn, „daß er den Mut gehabt hatte, die Feier durchzuführen.“

Wie in der Wissenschaft mußte auch in der Politik P. sein Denken aufgrund bisher unvorstellbarer Geschehnisse umgestalten: Unbedingte Loyalität dem Staate gegenüber war für ihn, der in der preußischen Tradition aufgewachsen war, eine Selbstverständlichkeit gewesen. Der Mißbrauch der Staatsmacht zwang ihn, auch hier seine bisherigen Denkkategorien aufzugeben und neue Maßstäbe zu gewinnen. Den Gegensatz der Traditionen des 19. Jh.s zu den Ereignissen der neuen Zeit hat er in der Politik noch quälender erfahren als in der Wissenschaft.

Nachdem P. 1909 seine erste Frau verloren hatte, entriß ihm der Erste Weltkrieg den Sohn Karl, der 1916 vor Verdun fiel.

Bald darauf starben seine Zwillingstöchter. Und im Zweiten Weltkrieg wurde sein Lieblingssohn Erwin nach den Ereignissen des 20. Juli 1944 zum Tode verurteilt. Weitere schreckliche Erlebnisse beim Zusammenbruch des Dritten Reiches blieben P. nicht erspart. Sein Haus in Berlin-Grunewald wurde durch Bombenangriffe völlig zerstört, seine unersetzliche Korrespondenz ein Raub der Flammen. Als Flüchtling war der 87jährige schweren körperlichen und seelischen Strapazen ausgesetzt.

Die letzten Lebensjahre verbrachte P. in Göttingen, wobei er aus der ihm von den Göttinger Physikern entgegenströmenden Verehrung viel Kraft schöpfte. Als ein äußeres Zeichen dieser Verehrung wurde die große und ruhmreiche „Kaiser-Wilhelm-Gesellschaft zur Förderung der Wissenschaften“, deren Präsident Max Planck sieben Jahre lang gewesen war, in „Max-Planck-Gesellschaft“ umbenannt.

Werke: 1. Originalabhandlungen: Physikalische Abhandlungen und Vorträge. 3 Bde. Braunschweig 1958; Die Entdeckung des Wirkungsquantums (= Dokumente der Naturwissenschaft. Bd 11). München 1969; Die Quantenhypothese (= Dokumente der Naturwissenschaft. Bd 12). München 1969. 2. Lehrbücher: Vorlesungen über Thermodynamik. Leipzig 1897; Vorlesungen über die Theorie der Wärmestrahlung. Leipzig 1906; Einführung in die theoretische Physik. 5 Bde. Leipzig 1916–1932.

Literatur: Max Born, Max Karl Ernst Ludwig Planck 1858–1947. In: Biographical Memoirs of Fellows of the Royal Society. Vol. 6, 1948/49, S. 161–188; Max von Laue, Zu M. P.s 100. Geburtstage. In: Die Naturwissenschaften. Jg 45, 1958, S. 221–226; Hermann Kretzschmar, M. P. als Philosoph. München 1967; Hans Hartmann, M. P. als Mensch und Denker. Basel 1953; Léon Rosenfeld, M. P. et la définition statistique de l'entropie. In: Max Planck-Festschrift. Berlin 1958, S. 203–211; Martin Strauss, M. P. und die Entstehung der Quantentheorie. In: Forschen und Wirken. Festschrift zur 150-Jahr-Feier der Humboldt-Universität zu Berlin. Bd I. Berlin 1960, S. 367–399; Armin Hermann, M. P. In: Bild der Wissenschaft. Jg 1969, S. 16–23; ders., Frühgeschichte der Quantentheorie. Mosbach/Baden 1969 (hier Bibliographie M. P. S. 36–38); Hans Kangro, Vorgeschichte des Planckschen Strahlungsgesetzes. Messungen und Theorien der spektralen Energieverteilung bis zur Begründung der Quantenhypothese. Wiesbaden 1970.

Planck-Boltzmannsche Konstante. Spätestens im Mai 1899 hatte Max Planck, damals noch von der Richtigkeit des → Wienschen Strahlungsgesetzes überzeugt, erkannt, daß in der Strahlungsformel zwei Konstanten eine Rolle spielen. Ende des Jahres 1900 setzte er zur Ableitung des → Planckschen Strahlungsgesetzes nach dem Vorbild von Ludwig Boltzmann die Entropie der linearen Oszillatoren S mit der Wahrscheinlichkeit des Zustandes W in Beziehung. Während sich Boltzmann mit dem Hinweis auf die Proportionalität von S mit lnW begnügt hatte, schrieb Planck $S = k \cdot \ln W$.

Damit ging k in die Strahlungsformel ein, und Planck bemühte sich um ein Verständnis ihrer physikalischen Bedeutung. Während die Interpretation von h (→ Wirkungsquantum) Planck nicht gelang (der Prozeß der Klärung ist die Geschichte der → Quantentheorie), erkannte er Mitte 1902, daß die Größe der Konstanten k von der Definition der Temperatur abhängt. Die Konstante k hat also nicht die Bedeutung einer grundlegenden Naturkonstante, wie Planck vorübergehend gemeint hatte.

Dennoch spielt die P.-B. K. in den ersten Jahren unseres Jahrhunderts eine wichtige Rolle, und zwar in der Entwicklung der Atomistik infolge der Relation $R = k\,L$ mit R als der bekannten „allgemeinen Gaskonstanten“ und L als der → Loschmidtschen Zahl. Aus seiner Theorie der Wärmestrahlung konnte Planck für die erst in den letzten Jahren des 19. Jh.s in der Literatur auftauchende Zahl L den recht genauen Wert $R/k = 6{,}175 \cdot 10^{23}$ angeben. Nun war die elektrische Ladung, die ein Grammäquivalent einwertiger Ionen trägt, aus der Theorie der Elektrolyse bekannt (heute oft als Faradaysche Konstante bezeichnet). Aus dieser konnte Planck mit Hilfe der Zahl L sofort das elektrische Elementarquantum bestimmen; es ergab sich ein Wert von $4{,}69 \cdot 10^{-10}$ esE. Damals kannte Planck nur die Messungen von Franz Richarz, der $1{,}29 \cdot 10^{-10}$ esE, und von Joseph John Thomson, der $6{,}5 \cdot 10^{-10}$ gefunden hatte. Der heutige Wert ist $4{,}8 \cdot 10^{-10}$ esE. Im Rückblick schrieb Planck: „Mit diesem Ergebnis konnte ich also leidlich zufrieden sein. In der physikalischen Öffentlichkeit sah es freilich etwas anders aus. Die Berechnung des elektrischen Elementarquantums aus Wärmestrahlungsmessungen wurde sogar stellenweise nicht recht ernst genommen. Aber ich ließ mich durch solche Zweifel in dem Vertrauen auf meine Konstante k nicht irre machen. Völlige Sicherheit gewann ich allerdings erst, als mir bekannt wurde, daß Ernest Rutherford und Hans Geiger durch Abzählen von α-Teilchen auf den Wert $4{,}65 \cdot 10^{-10}$ gekommen waren.“ Diese Versuche fanden 1908/09 statt; fast gleichzeitig erhielt Erich Regener ähnliche Ergebnisse.

Als eine gewisse Ironie der Geschichte mag man es ansehen, daß Max Planck – der noch fünf Jahre zuvor durch seinen Assistenten Ernst Zermelo gegen die Atomistik Boltzmanns polemisiert hatte – nun einen vertieften Einblick in die atomistische Konstitution von Materie und elektrischer Ladung eröffnete. Ausdrücklich sprach Planck neben „Gramm-Molekülen“ von „wirklichen Molekülen“. Schon Ende des Jahres 1900 hatte er also die physikalische Bedeutung der Konstanten k seines Strahlungsgesetzes voll erkannt.

Quelle: Max Planck, Über die Elementarquanta der Materie und der Elektrizität. In: Annalen der Physik. Bd 4, 1901, S. 564–566.

Literatur: Armin Hermann, Frühgeschichte der Quantentheorie. Mosbach 1969.

Plancksches Strahlungsgesetz. Während in Berlin die an den Messungen und Diskussionen um die spektrale Intensitätsverteilung der schwarzen Wärmestrahlung beteiligten Physiker das → Wiensche Strahlungsgesetz

(1) $$u = \frac{8\pi\nu^3 h}{c^3} e^{-\frac{h\nu}{kT}}$$

(u: Energiedichte des Hohlraumes pro Frequenzintervall dν)

als exakt gültig ansahen, veröffentlichte im Juni 1900 Lord Rayleigh das später nach ihm und James Jeans benannte Strahlungsgesetz

(2) $$u = \frac{8\pi\nu^2}{c^3} kT \ .$$

Weder vom Gleichverteilungssatz, der unmittelbar auf (2) führt, noch vom Rayleigh-Jeansschen Strahlungsgesetz hatte Max Planck damals Kenntnis. Anfang Oktober 1900 aber wurde Planck von Heinrich Rubens darüber informiert, daß dessen mit Ferdinand Kurlbaum bei hohen Temperaturen im ultraroten Spektralgebiet durchgeführte Messungen Abweichungen von (1) ergeben hätten. Planck berichtete: „Ich erinnere mich noch sehr wohl, daß Rubens damals ... zu mir sagte: Wie es auch sei, das eine steht fest, die Intensität der monochromatischen Strahlung hat als einen Faktor die Temperatur und als anderen Faktor einen Ausdruck, der bei unbegrenzt steigender Temperatur endlich bleibt.“

Planck schloß aus dieser Mitteilung richtig, daß (1) und (2) die beiden Grenzfälle des wahren Strahlungsgesetzes darstellen, und versuchte nun, in der ersten Monatshälfte des Oktobers 1900, zwischen (1) und (2) zu interpolieren. Anderen Forschern hätte es nahegelegen, die Ausdrücke für u oder Potenzen von u additiv zu verbinden. Nicht so Planck: Wie er bisher immer vorgegangen war, schloß er auch hier vermittels der Formel

(3) $$u = \frac{8\pi\nu^2}{c^3} U$$

von der spektralen Energiedichte u im Hohlraum auf die mittlere Energie U des Strahlung absorbierenden und emittierenden Oszillators. Solche Oszillatoren sind ja nach Planck notwendig für das Zustandekommen eines Strahlungsgleichgewichtes.

Von U ging Planck mit Hilfe der Formel dS/dU = 1/T auf die Entropie des Resonators über, genauer auf d^2S/dU^2, eine Größe, die ihm fundamental erschien. Aus dem Wienschen Gesetz folgte so

$$(4) \qquad \frac{d^2S}{dU^2} = -\frac{k}{h\nu} \cdot \frac{1}{U},$$

während das in (2) ausgedrückte Verhalten der Strahlungsdichte für lange Wellen und hohe Temperaturen zur Relation führte:

$$(5) \qquad \frac{d^2S}{dU^2} = -\frac{C}{U^2} \quad .$$

Die Reziproken von d^2S/dU^2 nannte Planck R: „So waren nun durch direkte Erfahrung für die Funktion R zwei einfache Grenzen festgelegt: für kleinere Energien Proportionalität mit der Energie, für große Energien Proportionalität mit dem Quadrat der Energie. Nichts lag näher, als für den allgemeinen Fall die Größe R gleichzusetzen der Summe eines Gliedes mit der ersten Potenz und eines Gliedes mit der zweiten Potenz der Energie, so daß für kleine Energien das erste, für große Energien das zweite Glied ausschlaggebend wird, und damit war die neue Strahlungsformel gefunden."

Nach den Angaben Plancks läßt sich seine Rechnung leicht rekonstruieren. Ausgehend von der Summe der Reziproken von (4) und (5), die Planck in der Form schrieb

$$(6) \qquad \frac{d^2S}{dU^2} = \frac{\alpha}{U\,(\beta+U)},$$

erhielt er durch Integration

$$(7) \qquad \frac{\beta}{\alpha}\,\frac{dS}{dU} = \ln U - \ln\,(\beta+U).$$

Von hier kommt man durch weitere Integration auf S,

$$(8) \quad \frac{S}{\alpha} = \frac{U}{\beta} \ln \frac{U}{\beta} - \left(1 + \frac{U}{\beta}\right) \ln \left(1 + \frac{U}{\beta}\right),$$

ein Ausdruck, der durch Vergleich mit dem Wienschen Verschiebungsgesetz S = f (U/ν) zeigt, daß β proportional ν ist. Andererseits liefert (7) sofort

$$U = \frac{\beta}{e^{-\frac{\beta}{\alpha T}} - 1} \quad ,$$

wobei man jetzt β = h · ν einsetzen kann und wegen (6) weiß, daß α negativ und zwar α = – k ist. Damit erhielt Planck

$$(9) \qquad U = \frac{h\nu}{e^{\frac{h\nu}{kT}} - 1} \quad .$$

Aus (9) ergibt sich nun mit (3), umgeschrieben auf Wellenlängen, die von Planck in der Sitzung der Deutschen Physikalischen Gesellschaft zu Berlin am 19. Oktober 1900 mitgeteilte zweikonstantige Strahlungsformel

$$(10) \qquad u = \frac{C\,\lambda^{-5}}{e^{\frac{c}{\lambda T}} - 1} \quad .$$

In den darauffolgenden Tagen bestätigten sowohl Rubens und Kurlbaum einerseits als auch Lummer und Pringsheim andererseits dieses Ergebnis. „Aber nun blieb", wie Planck selbst sagte, „das theoretisch wichtigste Problem zurück: eine sachgemäße Begründung dieses Gesetzes zu geben, und das war eine ungleich schwierigere Aufgabe; denn es handelte sich dabei um eine theoretische Ableitung des Ausdruckes der Entropie eines Oszillators ... Er läßt sich in folgender Form schreiben:

$$(11) \quad S = \frac{a'}{a}\left[\left(\frac{U}{a'\nu} + 1\right) \ln \left(\frac{U}{a'\nu} + 1\right) - \frac{U}{a'\nu} \ln \frac{U}{a'\nu}\right]$$

Um diesem Ausdruck einen physikalischen Sinn geben zu können, waren ganz neue Betrachtungen über das Wesen der Entropie notwendig, die über das Gebiet der Elektrodynamik hinausführten."

Hier macht sich nun der in der Entwicklung der Physik allenthalben spürbare „Sachzwang" in deutlicher Weise geltend. Obwohl Max Planck die statistische Auffassung der Thermodynamik verabscheute, wurde er doch – in dem Bestreben, eine Ableitung zu finden, „koste es was es wolle" – von der Sache, d. h. von der Naturgesetzlichkeit, gezwungen, einen bestimmten (offenbar notwendig vorgezeichneten) Weg zu beschreiten: „Da sich mir aber nun kein anderer Ausweg öffnete, so versuchte ich es mit der Methode Boltzmann und setzte ganz allgemein für einen beliebigen Zustand eines beliebigen physikalischen Gebildes:

$$(12) \qquad S = k \cdot \ln W ,$$

wo W die gehörig berechnete Wahrscheinlichkeit des Zustandes bezeichnet."

Nach einem von Boltzmann 1877 in der kinetischen Gastheorie gegebenen Beispiel teilte nun auch Planck die Energie der Resonatoren in kleine, aber diskrete Energieelemente ε: „Es kommt nun darauf an, die Wahrscheinlichkeit W dafür zu finden, daß die N Resonatoren insgesamt die Schwingungsenergie U_N besitzen. Hierzu ist es notwendig, U_N nicht als eine stetige, unbeschränkt teilbare, sondern als eine discrete, aus einer ganzen Zahl von endlichen gleichen Teilen zusammengesetzte Größe aufzufassen. Nennen wir einen solchen Teil ein Energieelement ε, so ist mithin zu setzen:

$$U_N = P\varepsilon \ ,$$

wobei P eine ganze, im allgemeinen große Zahl bedeutet, während wir den Wert von ε noch dahingestellt sein lassen."

Ebenso wie Planck hatte Boltzmann in seiner Abhandlung von 1877 die „eigentlich" kontinuierlich veränderliche Energie (bzw. die Geschwindigkeit) in diskrete Portionen unterteilt. Man darf wohl als sicher konstatieren, daß Planck ursprünglich erwartet hatte, auch nach seiner Rechnung könne ein solcher Grenzübergang vorgenommen werden.

Planck berechnete nun die Anzahl der möglichen Verteilungen von P Energieelementen auf N Oszillatoren und erhielt schließlich für die Entropie des einzelnen Resonators

$$(13)\ S = k \cdot \left[\left(\frac{U}{\varepsilon}+1\right)\ln\left(\frac{U}{\varepsilon}+1\right)-\frac{U}{\varepsilon}\ln\frac{U}{\varepsilon}\right].$$

Bis hier bleibt die Größe der Energieelemente ε vollkommen willkürlich. Die soeben abgeleitete Formel (13) hatte aber Planck nun mit der Formel (11) zu vergleichen, die – da äquivalent mit der Planckschen Strahlungsformel – als Ausdruck der experimentellen Ergebnisse betrachtet werden muß: „Die Ähnlichkeit der beiden Ausdrücke (13) und (11) springt in die Augen. Es blieb also nur noch übrig, diejenigen Festsetzungen zu treffen, welche nötig sind, um sie völlig identisch zu machen. Das geschieht, wenn man setzt: $k = a'/a$ ... und als Größe des Energieelementes: $\varepsilon = a'\nu$. Die von der Natur der Oszillatoren unabhängige Konstante a' bezeichnete ich mit h und nannte sie, da sie die Dimension eines Produktes von Energie und Zeit besitzt, das elementare Wirkungsquantum oder das Wirkungselement, im Gegensatz zum Energieelement $h\nu$."

Planck schrieb also für das Energieelement, d. h. für die Differenzen der Energiestufen des Oszillators, $\varepsilon = h\cdot\nu$. Die Konstante $h = 6{,}55 \cdot 10^{-27}$ ergsec war ihm schon seit Mai 1899 vertraut (er sprach ja schon damals von h als einer Naturkonstante). Das trug zweifellos dazu bei, daß er die Relation $\varepsilon = h\cdot\nu$ als zwar noch unverstanden betrachtete, aber doch als gegeben hinnahm (→ Quantentheorie, → Wirkungsquantum).

Quellen: Max Planck, Physikalische Abhandlungen und Vorträge. 3 Bde. Braunschweig 1958; ders., Die Quantenhypothese (= Dokumente der Naturwissenschaft. Bd 12). München 1969.

Literatur: Armin Hermann, Frühgeschichte der Quantentheorie. Mosbach 1969; Hans Kangro, Vorgeschichte des Planckschen Strahlungsgesetzes. Wiesbaden 1970.

Plücker, Julius (* 16. Juli 1801 in Elberfeld, † 22. Mai 1868 in Bonn). Er studierte an der Universität Bonn Mathematik und Physik, habilitierte sich 1825, war Professor in Bonn, Berlin und Halle und wirkte seit 1836 als Ordinarius für Mathematik und Physik an der Universität Bonn. Felix Klein und Wilhelm Hittorf zählten zu seinen Schülern. P.s „Liniengeometrie" war durch die Verallgemeinerung des Koordinatenbegriffs von großem Einfluß auf die Entwicklung der Mathematik. Seit 1848 beschäftigte er sich intensiv, theoretisch wie experimentell, mit der Untersuchung des Para- und Diamagnetismus. Nach der Konstruktion der Quecksilberluftpumpe durch seinen Institutsmechaniker Heinrich Geißler konnte P. bei den elektrischen Gasentladungen zu immer niedrigeren Drucken übergehen. Die von ihm benutzten Röhren benannte er selbst nach Geißler, und als „Geißlersche Röhren" haben sie sich in der Literatur eingebürgert. Philipp Lenard weist, wohl zu Recht, darauf hin, daß die Bezeichnung „Plückersche Röhren" angemessener wäre. 1859 beobachtete P. das Fluoreszenzleuchten der Glaswand in der Nähe der Anode und wurde so zum Entdecker der → Kathodenstrahlen.

Das Studium der Leuchterscheinungen bei den Gasentladungen führte ihn, noch vor den Arbeiten von Gustav Kirchhoff und Robert Bunsen, zu spektralanalytischen Methoden. 1861 entdeckte er, daß die meisten der von ihm untersuchten Gase (Wasserstoff, Sauerstoff, Joddampf) Spektren geben, die aus einer größeren oder kleineren Zahl von scharfen hellen Linien bestehen, daß dagegen der Stickstoff kein Linien-, sondern ein Bandenspektrum aufweist. Schließlich zeigten er und Hittorf, daß man auch von Stickstoff ein Linienspektrum erhalten kann und daß in den genannten Fällen jedes Element zwei Spektren, ein Linienspektrum und ein Bandenspektrum, besitzt.

Werke: Über die magnetischen Axen der Kristalle und ihre Beziehung zur Kristallform und zu den optischen Axen. In: Annalen der Physik. Bd 81, 1850, S. 115–162, Bd 82, 1851, S. 42 bis 74; Über die Theorie des Diamagnetismus, die Erklärung des Überganges magnetischen Verhaltens in diamagnetisches, und magnetische Begründung der bei Kristallen beobachteten Erscheinungen. Ebd. Bd 86, 1852, S. 1–34; Über die Einwirkung des Magneten auf die elektrische Ladung. Ebd. Bd 113, 1861, S. 249–280; Über die recurrenten Ströme und ihre Anwendung zur Darstellung von Gaspektren. Ebd. Bd 116, 1862, S. 27–54; Neue Geometrie des Raumes gegründet auf die Betrachtung der geraden Linie als Raumelement. Hrsg. Felix Klein. 2 Tle. Leipzig 1868/69; Gesammte wissenschaftliche Abhandlungen. Hrsg. Arthur Schoenflies und Friedrich Pockels. 2 Bde. Leipzig 1895/96.

Literatur: Alfred Clebsch, Erinnerung an J. P. In: Abhandlungen der Gesellschaft der Wissenschaften zu Göttingen. Math. Kl. Bd 16, 1871, S. 35–40; Wilhelm Hittorf, Sur les travaux de physique de Plücker. In: Bullettino di bibliografia e di storia delle scienze matematiche e fisiche. Bd 5, 1872, S. 206–212; Alfred Clebsch, Commemorazione di Giulio Plücker. In: Giornale di matematiche. Bd 11, Neapel 1873, S. 153 bis 179; Adolf Dronke, J. P. In: Proceedings of the Royal Society. Bd 17, London 1868, S. 81–82; ders., J. P., Professor der Mathematik und Physik an der Universität Bonn. Bonn 1871; Felix Klein, Vorlesungen über die Entwicklung der Mathematik im 19. Jahrhundert. Teil 1. Berlin 1926, S. 119–126.

Poggendorff, Johann Christian (* 29. Dezember 1796 in Hamburg, † 24. Januar 1877 in Berlin). P. wurde zuerst Apothekerlehrling, dann Student der Naturwissenschaften in Berlin, wo Paul Erman sein Physiklehrer war. Bereits 1820 erfand P. den Multiplikator, eine Spule, die durch ihre vielen Windungen schon bei schwachen Strömen die Magnetnadel ablenkt. 1826 fügte er die Spiegelablesung bei, die Carl Friedrich Gauß für sein Magnetometer übernahm. P. lieferte noch viele weitere Beiträge zur Elektrizitätslehre.

Die größte Leistung vollbrachte P. als Herausgeber der „Annalen der Physik und Chemie" (P.s Annalen), ein Amt, das er seit dem Tode Ludwig Wilhelm Gilberts 1824 innehatte. P. gab insgesamt 160 Bände heraus. Die Beiträge wählte er aus den Einsendungen sorgfältig aus und ergänzte sie, wenn nötig, durch Fußnoten (→ Ohm, → Mayer). Berufungen lehnte er ab, um seiner Aufgabe treu zu bleiben. Doch hielt er an der Universität Berlin, an der er seit 1834 ein Extraordinariat versah, Vorlesungen über Geschichte der Physik; die Unterlagen dazu wurden nach seinem Tode herausgegeben. Selber vollendete er 1863 ein Werk, dem er 15 Jahre alle seine Muße gewidmet hatte: sein zweibändiges „Biographisch-literarisches Handwörterbuch zur Geschichte der exacten Wissenschaften, enthaltend Nachweisungen über Lebensverhältnisse und Leistungen von Mathematikern, Astronomen, Physikern, Chemikern, Mineralogen, Geologen usw. aller Völker und Zeiten". Die einzigartige, zuverlässige und unerschöpfliche Zusammenstellung bringt genaue Lebensdaten und Schriftenverzeichnisse einiger tausend Forscher; ein besonderes Verdienst liegt dabei in der Ausschöpfung auch der Abhandlungen in Fachzeitschriften. Wie seine „Annalen der Physik" wird sein Handwörterbuch heute noch fortgesetzt.

Werke: Biographisch-literarisches Handwörterbuch. 2 Bde. Leipzig 1863 (Neudruck Amsterdam 1965); Geschichte der Physik. Berlin 1879.

Literatur: Wilhelm Barentin, J. C. P. Nachruf in: Poggendorffs Annalen der Physik und Chemie. Bd 160, 1877, S. V–XXIV (mit Bibliographie).

H. B.

Pohl, Robert Wichard (* 10. August 1884 in Hamburg). P. studierte in Heidelberg und Berlin, promovierte 1906 bei Emil Warburg, war 1905–1914 Assistent (zuletzt bei Heinrich Rubens) und 1911–1918 Privatdozent in Berlin. Bereits 1916 wurde er als Nachfolger Eduard Rieckes nach Göttingen berufen, konnte die Professur jedoch erst 1919 antreten. In Göttingen wirkte er dann mehr als drei Jahrzehnte bis zu seiner Emeritierung 1952.

P. gelang es 1909 zusammen mit Bernhard Walter, noch vor den Versuchen Max von Laues, eine erste recht genaue Abschätzung der Wellenlänge von Röntgenstrahlen aus der Spaltbeugung zu erhalten. 1912 veröffentlichte er eine Monographie „Die Physik der Röntgenstrahlen", die zugleich seine Habilitationsschrift war und in der er die wesentlichen Ergebnisse dieses Gebietes zusammenfassend darstellte.

In den folgenden Jahren führte P. zusammen mit Peter Pringsheim Arbeiten zum äußeren lichtelektrischen Effekt aus. Sie entdeckten den selektiven Photoeffekt und deuteten ihn als Resonanzerscheinung, bei der die elektromagnetische Strahlung mit den Valenzelektronen in Wechselwirkung tritt. Nach der Berufung an die Universität Göttingen bearbeitete P. zunächst mit Bernhard Gudden Fragen der lichtelektrischen Leitfähigkeit in Festkörpern. Nach Guddens Weggang 1926 wandte sich P. mehr den Eigenschaften von Alkalihalogenidkristallen zu. Es gelang, aus den Schmelzen der Salze größere Einkristalle zu züchten. P. untersuchte ungestörte und gestörte Kristalle auf ihre optischen und elektrischen Eigenschaften sowie das Verhalten der Störstellen (F-, F'-Zentren). Die P.sche Schule legte mit diesen Untersuchungen der Einwirkung von elektromagnetischer Strahlung auf Ionenkristalle die Grundlagen der modernen Festkörperphysik.

Mit seinen Vorlesungen und der daraus entstandenen „Einführung in die Physik" führte P. eine neue Demonstrationstechnik im physikalischen Unterricht ein.

Werke: Mechanik, Akustik und Wärmelehre. Berlin 1930; Elektrizitätslehre. Berlin 1927; Optik und Atomphysik. Berlin 1940.

Literatur: Bernhard Gudden, R. W. P. zum 60. Geburtstag. In: Die Naturwissenschaften. Jg 32, 1944, S. 166–169; Rudolf Hilsch, Zum 80. Geburtstag von R. W. P. am 10. 8. 1964. In: Die Naturwissenschaften. Jg 51, 1964, S. 349 f.

Bibliographie: In: Jahrbuch der Deutschen Akademie der Luftfahrtforschung 1938/39, S. 118–124.

U. Z.

Poincaré, (Jules) Henri (* 29. April 1854 in Nancy, † 17. Juli 1912 in Paris). P. wurde seit 1880, damals noch als Professor in Caen, in der Fachwelt fast schlagartig bekannt, als er in einem dramatischen Wettstreit mit Felix Klein die Theorie der automorphen Funktionen entwickelte und Klein 1882, der Kraft des Jüngeren nicht mehr gewachsen, einen geistigen Zusammenbruch erlitt.

P., ursprünglich „reiner Mathematiker", beschäftigte sich auch mit zahlreichen Problemen der mathematischen Physik. 1889 behandelte er das astronomische n-Körper-Problem (→ Dreikörperproblem), wofür er einen großen Preis der Schwedischen Akademie erhielt. Sehr bedeutsam war sein Beitrag zur Entwicklung der → Relativitätstheorie. Noch vor Einstein formulierte er 1904 als „Relativitätsprinzip" die Aussage, daß alle Naturgesetze gegenüber den Lorentz-Transformationen invariant sein müssen. Die Bezeichnungen „Lorentz-Transformation" und „Lorentz-Gruppe" gehen auf ihn zurück.

Auf die Quantentheorie wurde P. durch den ersten Solvay-Kongreß Ende 1911 aufmerksam, bei dem er zum exklusiven Kreis der geladenen Teilnehmer gehörte. Dabei verhielt sich P., zum Bedauern Max Plancks und anderer von der Bedeutung des Quantenkonzeptes überzeugter Physiker, sehr ablehnend, wurde aber durch den Kongreß für die neuen Ideen gewonnen. Seine Ansätze ausarbeiten zu können, war ihm nicht mehr vergönnt.

P. war ein glänzender Schriftsteller, der es verstand, wissenschaftliche Probleme der breiten Öffentlichkeit nahezubringen. Er wirkte seit 1881 in Paris, überhäuft mit Ehrungen aller Art, und wurde vor allem in Frankreich als der größte Genius seiner Zeit angesehen.

Werke: Oeuvres de H. P. 11 Bde. Paris 1950–1965.

Literatur: Ernest Lebon, H. P. [3]Paris 1912; Edmund Whittaker, A history of the theory of aether and electricity. Vol. 2. London 1953; Otto Struve, H. P. and his cosmogonial studies. In: Sky and telescope. Vol. 17, 1958, S. 226–228; Jacques Hadamard, Le centenaire de H. P. In: Revue d'histoire des sciences. Tome 7, 1954, S. 101–108; Eric T. Bell, Die großen Mathematiker. Düsseldorf 1967, S. 491–517; Russell McCormmach, H. P. and the quantum theory. In: Isis. Vol. 58, 1967, S. 37–55; Stanley Goldberg, H. P. and Einstein's theory of relativity. In: American Journal of Physics. Vol. 35, 1967, S. 934 bis 944; ders., P.'s silence and Einstein's relativity. In: The British Journal for the History of Science. Vol. 5, 1970, S. 73–84.

Poisson, Siméon-Denis (* 21. Juni 1781 in Pithiviers/Loiret, † 25. April 1840 in Sceaux). Nahezu dreihundert Abhandlungen über mathematische, astronomische und physikalische Fragen zeugen von der erstaunlichen Schaffenskraft und dem hohen wissenschaftlichen Geist dieses körperlich kleinen und gebrechlichen Gelehrten. Gesundheitliche Rücksichten bedingten zunächst auch eine Verzögerung in der Schulbildung. Von seiner Familie ursprünglich zum Chirurgen bestimmt, wuchs in ihm die Abneigung gegen diesen Beruf; mehr und mehr fühlte er sich zu den exakten Wissenschaften hingezogen. Als er 1798 in die Ecole Polytechnique aufgenommen wurde, erkannte man sogleich seine außergewöhnliche theoretische Begabung – und seine manuelle Ungeschicklichkeit. Die weitsichtige Schulleitung entschloß sich zu einer Ausnahme: Sie gewährte ihm Dispens von den zeichnerischen Pflichtübungen. Auf dieser einzigartigen Schule der mathematischen Natur- und Ingenieurwissenschaften von den bedeutendsten Fachgelehrten (Lagrange, Laplace, Monge, Berthollet) gefördert, rückte P. bald vom Schüler zum Lehrer auf. Anfang 1800 wurde er Repetitor und 1806 ordentlicher Professor auf dem Lehrstuhl Joseph Fouriers. 1809 erhielt P. den Lehrstuhl für rationelle Mechanik an der neugegründeten Fakultät der Wissenschaften; im Bureau des Longitudes hatte er lange Zeit die Stelle des Astronomen, seit 1827 in der Nachfolge von Laplace die des Mathematikers inne.

Zusammen mit seinen Lehrern und späteren Kollegen Lagrange und Laplace trug P. zu dem großartigen Gedankengebäude der Himmelsmechanik bei. Baumeister war er indessen auch in weniger „entfernten" Bereichen der mathematischen Physik, vor allem in dem der Elektrizitätslehre. Auf der Grundlage einer dualistischen Theorie der → Elektrizität, nach der sich ungleichartige elektrische Ladungen gemäß dem reziproken quadratischen Abstandsgesetz anziehen, gleichartige abstoßen, vermochte er Lösungen zu zahlreichen Problemen anzugeben. So

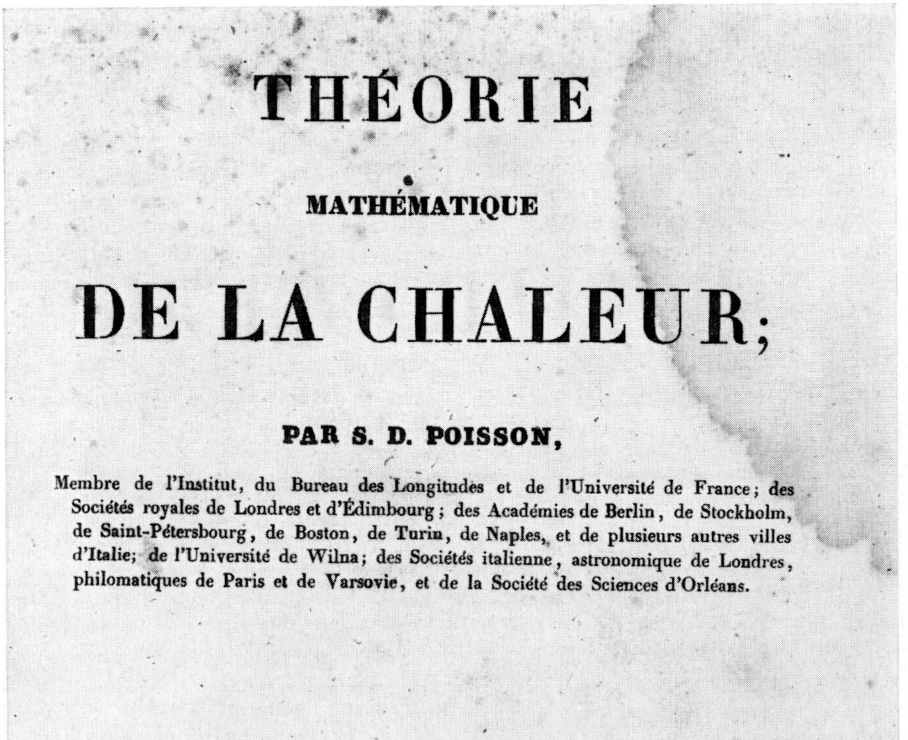

THÉORIE

MATHÉMATIQUE

DE LA CHALEUR;

PAR S. D. POISSON,

Membre de l'Institut, du Bureau des Longitudes et de l'Université de France; des Sociétés royales de Londres et d'Édimbourg; des Académies de Berlin, de Stockholm, de Saint-Pétersbourg, de Boston, de Turin, de Naples, et de plusieurs autres villes d'Italie; de l'Université de Wilna; des Sociétés italienne, astronomique de Londres, philomatiques de Paris et de Varsovie, et de la Société des Sciences d'Orléans.

PARIS,

BACHELIER, IMPRIMEUR-LIBRAIRE

POUR LES MATHÉMATIQUES, LA PHYSIQUE, ETC.,

QUAI DES AUGUSTINS, Nº 55.

1835.

Abb. 41. Titelblatt der „Théorie mathématique de la chaleur“ von Siméon-Denis Poisson. 1835 fand er einen geistreichen Beweis für die Formel von den Oberflächenkräften geladener Konduktoren und berechnete die örtlichen Ladungsdichten an den Oberflächen zweier Kugelkonduktoren in Abhängigkeit vom gegenseitigen Abstand, was mit den experimentellen Befunden Coulombs glänzend übereinstimmte. Darüber hinaus befaßte sich P. auch mit Fragen des Magnetismus, der Kapillartheorie, der Wärmetheorie (P.sche Gleichungen) und der Elastizitätstheorie (P.sche Zahl). Neben Louis Navier und Jean-Victor Poncelet war P. einer der ersten, der das Prinzip „der lebendigen Kräfte bei der Berechnung von Maschinen, die in Bewegung sind", anzuwenden lehrte.

Die Mathematik verdankt ihm wichtige Beiträge zur Variationsrechnung, Differentialgeometrie und Wahrscheinlichkeitstheorie (P.sche Verteilung).

Werke: Lehrbuch der Mechanik. 2 Bde. Deutsch von Moritz A. Stern. [2]Berlin 1835.

Literatur: François Arago, P. In: Franz Arago's sämmtliche Werke. Bd 2. Leipzig 1854, S. 485—576 (mit ausführlichem Schriftenverzeichnis). L. S.

Polarisation. Die von Erasmus Bartholinus (Rasmus Berthelsen) stammende Entdeckung der Doppelbrechung des isländischen Kalkspats (1670) ergänzte Christiaan Huygens 1690 in seinem „Traité de la lumière" durch die Beobachtung, daß Licht nach dem Durchgang durch zwei Kalkspatkristalle je nach deren relativer Lage zueinander in zwei oder vier Strahlen gebrochen wird. Huygens führte diese Erscheinung auf zwei hypothetische Medien zurück, räumte aber ein, daß er eigentlich „bislang nichts Befriedigendes gefunden habe, um zu erklären, wie das geschieht". Isaac Newton griff Huygens' Beobachtung 1719 im dritten Buch seiner „Opticks" als Argument gegen dessen (keine Vorzugsrichtung zulassende) longitudinale Wellentheorie auf, indem er bemerkte, daß „jeder Lichtstrahl zwei entgegengesetzte Seiten hat", die ihm nicht erst durch den Vorgang der Doppelbrechung eingeprägt werden. Die eigentümliche Richtungskorrelation von Lichtstrahl und Kristall verglich er dabei mit dem Verhältnis, in dem die Pole zweier Magneten zueinander stehen.

Als Etienne-Louis Malus ein knappes Jahrhundert später (1808) auf Grund einer Zufallsentdeckung das bislang nur bei der Doppelbrechung bekannte Phänomen auch bei der Reflexion beobachtete und auf der Grundlage der Newtonschen Korpuskulartheorie zu erklären suchte, nannte er es in Erinnerung an dessen magnetische Analogie „Polarisation" (1811). Obwohl Thomas Young seit 1801 mit der Interferenzidee der Huygensschen Wellentheorie zu neuem Leben verholfen hatte, brachte ihn die Malussche Entdeckung aus denselben Gründen, die Newton seinerzeit vorgebracht hatte, damit wieder in Konflikt. 1815 bemerkte er zu David Brewster (der im gleichen Jahr das Malus entgangene Gesetz für den Polarisationswinkel fand), daß es aussichtslos sei, die Wellentheorie mit den Polarisationserscheinungen in Einklang zu bringen; indessen glaubte er zwei Jahre später, eine Lösung des Problems gefunden zu haben (→ Optik).

Am 12. Januar 1817 schrieb Young an François Arago, daß er die Möglichkeit erwäge, das Licht aufzufassen als „eine transversale Schwingung, die sich in Strahlrichtung ausbreitet, während sich die [Äther-] Teilchen in einer gewissen konstanten Richtung mit Bezug auf diesen Strahl bewegen". Dieselbe Vorstellung hatte sich bereits im Jahr 1816 Augustin Fresnel gebildet, nachdem er mit Arago zusammen entdeckt hatte, daß senkrecht zueinander polarisierte Strahlen nicht miteinander interferieren; „aber diese Annahme stand", wie er später schrieb, „so sehr im Gegensatz zu den anerkannten Ideen über die Schwingungen elastischer Flüssigkeiten", daß er sie erst 1821, nachdem er sich auch theoretisch von ihrer Möglichkeit überzeugt hatte, publizierte. Die Kühnheit dieser Hypothese wird durch den Umstand verdeutlicht, daß Arago es für geraten hielt, die Verantwortung dafür Fresnel allein zu überlassen, indem er an diesem

Teil der Veröffentlichung nicht mitwirkte. Fresnels Arbeiten haben die Transversalität des Lichtes gegen jeden Zweifel gesichert. Der Vorzug der Maxwellschen elektromagnetischen Lichttheorie bestand gerade darin, daß sie nur transversale Wellen zuließ, während die früheren elastischen Lichttheorien, wie Hendrik Antoon Lorentz 1875 zeigte, daneben auch longitudinale Schwingungen forderten, die indessen niemals beobachtet wurden (→ Wellentheorie).

Quellen: Christiaan Huygens, Abhandlung über das Licht (= Ostwalds Klassiker. Nr 20). Leipzig 1890, S. 79–80; Isaac Newton, Opticks. Neudruck New York 1952, S. 354–374; Etienne-Louis Malus, Polarization by reflection. In: William Francis Magie (Hrsg.), A source book in physics. Cambridge, Mass. 1965, S. 315–318; Augustin Fresnel, Mémoire sur l'influence de la polarisation dans l'action que les rayons lumineux exercent les uns sur les autres. In: Oeuvres complètes. Bd 1. Neudruck New York 1965, S. 385–409; ders., Premier mémoire sur la double réfraction. Ebd. Bd 2, S. 261–308; James Clerk Maxwell, A dynamical theory of the electromagnetic field. In: The scientific papers of James Clerk Maxwell. Vol. 1. Neudruck New York 1965, S. 535 f., S. 577 bis 582.

Literatur: Ernst Mach, Die Prinzipien der physikalischen Optik. Leipzig 1921, S. 256–289, 302–349; William Whewell, History of the inductive sciences. Part 2. Neudruck London 1967, S. 293–301; Edmund Hoppe, Geschichte der Optik. Neudruck Wiesbaden 1967, S. 75–97.

U. H.

Polarität. In der Romantik ist ein wichtiger Begriff die P., auf den, wie man meinte, alles Naturgeschehen abgebildet werden kann. So schrieb Johann Wilhelm Ritter in einem Fragment: „Die Natur ist ein Handeln, und nur insofern ist sie Natur. Handeln erfordert aber ein Mannichfaltiges, denn nur dadurch wird ein Handeln, und mit dem Mannichfaltigen fällt auch das Handeln weg. Jedes Handeln also setzt Differenz voraus. Diese aber ist Gegensatz, Polarität. Und da Natur nur ist, wo Handeln ist, so muß deshalb auch überall Polarität sein."

Der Romantiker, der einerseits von der inneren Einheitlichkeit alles Seienden überzeugt war, sah andererseits überall P.: zwischen Mann und Frau, Leben und Tod, positiver und negativer Elektrizität, Nord- und Südmagnetismus, anziehenden und abstoßenden Kräften. Gegen eine solche Auffassung wandten sich heftig die Gegner der romantischen → Naturphilosophie. Paul Erman veranlaßte 1811 die Preußische Akademie, eine Preisaufgabe zu stellen: „Eine durchgängige Prüfung des von einigen Naturforschern eingeführten Begriffs der Polarität ... Die ganze Untersuchung soll rein empirisch geführt werden und unabhängig von allen spekulativen Meinungen." Auf eine solche empirische Festlegung des Begriffes kam es den naturphilosophisch beeinflußten Forschern natürlich gar nicht an. Es war gerade der Umstand, daß der Begriff nicht festgelegt war, der ihn flexibel hielt und auf mancherlei Phänomene (→ Ultraviolettstrahlen) anwendbar machte.

Quellen: Johann Wilhelm Ritter, Fragmente aus dem Nachlaß eines jungen Physikers. Heidelberg 1810 (Nachdruck in Auswahl Stuttgart 1968); → Ritter, → Novalis.

Literatur: → Naturphilosophie.

Positivismus. Von Henri Comte de Saint-Simon (1760–1825) zuerst gebraucht, wurde der Begriff P. von → Auguste Comte in seine Sozialphilosophie eingeführt. Der P. geht zurück auf David Hume (1711–1776) und → Jean le Rond d'Alembert. Die frühesten Vorstellungen eines P. ausschließlich im Sinne einer Theorie der Naturerkenntnis finden sich allerdings schon bei Marin Mersenne. Seine stärkste Wirkung entfaltete der P. in der zweiten Hälfte des 19. Jh.s und in der ersten Hälfte des 20. Jh.s.

Sein Hauptanliegen ist es, metaphysische Elemente von der Wissenschaft – hauptsächlich der Naturwissenschaft – fernzuhalten und sich auf die Erforschung der Tatsachen und ihrer gesetzmäßigen Zusammenhänge zu beschränken. **Nicht** der Erfahrung zugängliche Begriffe (religiöse Vorstellungen, Wertsysteme, der klassische Substanzbegriff, Kants „Ding an sich" und die Vorstellung von der Kausalität) werden als sinnlos abgelehnt. In der schärfsten Ausprägung des P. bei → Ernst Mach wird die erkenntnistheoretische Meinung vertreten, daß die Welt überhaupt nur aus Daten der sinnlichen Wahrnehmung des Subjekts bestehe. Zur Beschränkung auf Erfahrbares, die im älteren P. sich in einer Bevorzugung des Experimentes und in einer gewissen Hypothesenfeindlichkeit äußert, kommt im Neopositivismus, vertreten insbesondere durch den Wiener Kreis um Moritz Schlick (1882–1936), die philosophische und logische Durchdringung der Theorie hinzu. Soweit eine Theorie in mathematischer Sprache gefaßt ist, können mit Hilfe der Logik direkt Aussagen über die Theorie gemacht werden. Da die Sprache vieler Theorien sich stark der Umgangssprache nähert, wird auch die Sprache selbst Thema philosophischer Forschung.

Der P. war nicht nur erkenntnistheoretische Lehrmeinung, sondern hat durch seine Methodologie verschiedentlich starken Einfluß auf den Gang der Entwicklung in der Physik genommen. Allerdings hat er gelegentlich auch hemmend gewirkt. Die ersten Ansätze zum Energieprinzip am Beginn des 18. Jh.s bei Leibniz wurden durch die positivistische Kritik von d'Alembert und Voltaire wieder zunichte gemacht; bis zum endgültigen Durchbruch des Energieprinzips bei Julius Robert Mayer und Hermann Helmholtz sollten noch 150 Jahre vergehen. Auch die Atomistik erlebte noch am Ende des 19. Jahrhunderts durch die harte Ablehnung Ernst Machs und Wilhelm Ostwalds eine schwere Krise. Die Positivisten hielten die Atome für prinzipiell der Erfahrung nicht zugänglich und bekämpften die kinetische Gastheorie als eine in ihren Grundannahmen nicht verifizierbare Hypothese. Die Entdeckung der Radioaktivität, die Experimente mit Kanal- und Kathodenstrahlen und die Fortschritte in der kinetischen Theorie der Materie selbst, u. a. die Deutung der Brownschen Molekularbewegung durch Albert Einstein 1905 und die zugehörigen Experimente von Jean Perrin 1908, machten dieser Auseinandersetzung ein Ende.

Befruchtend wirkte sich der P. von Mach auf die Entwicklung der Relativitätstheorie aus. Machs Kritik an Newton war nach Einsteins Auskunft eine wichtige Anregung zur Allgemeinen Relativitätstheorie. Die Aufgabe der Vorstellung eines Lichtäthers durch Einstein ist sicher ebenfalls im Sinne positivistischer Kritik an nicht beobachtbaren Größen zu verstehen. Auch bei der Entstehung der neueren Quantentheorie hat der P. eine wesentliche Rolle gespielt. Bei der Entwicklung der → Matrizenmechanik 1925, die die Bahnvorstellung der Bohr-Sommerfeldschen Atomtheorie ablöste, ging → Werner Heisenberg von dem Konzept der Beschränkung auf beobachtbare Größen aus.

Kritisiert wird der P. vor allem von materialistisch orientierten Denkern, die sich von der naturwissenschaftlichen Seite her gegen seine Ablehnung einer objektiven Außenwelt wenden und die ihm in der Soziologie wegen seiner Beschränkung auf das Faktische Unterstützung des jeweils Bestehenden vorwerfen.

Quellen: Auguste Comte, Discours sur l'esprit positif. Paris 1844 (Neudruck Hamburg 1956); Ernst Mach, Erkenntnis und Irrtum. Leipzig 1905; Moritz Schlick, Allgemeine Erkenntnislehre. Berlin 1918; Karl R. Popper, Logik der Forschung. [3]Tübingen 1969.

Literatur: Karl Dürr, Der logische Positivismus (= Bibliographische Einführung in das Studium der Philosophie. Nr 11). Bern 1948; Viktor Kraft, Der Wiener Kreis. Der Ursprung des Neopositivismus. Wien 1950; Igor Sergeevič Narskij, Positivismus in Vergangenheit und Gegenwart. Berlin 1967. W. K.

Potential. Der Begriff des P.s als einer Größe, deren Ableitungen nach den Koordinatenrichtungen die Komponenten der Kraft ergibt, stammt von Pierre-Simon Laplace. Für eine ausgedehnte Masse der Dichte ϱ schrieb er das Potential $V = \iiint \varrho \frac{dx\,dy\,dz}{r}$. 1782 gab er die sog. Laplacesche Gleichung an:

$$\frac{\partial^2 V}{\partial x^2} + \frac{\partial^2 V}{\partial y^2} + \frac{\partial^2 V}{\partial z^2} = 0.$$

Den Namen Potentialfunktion erhielt V allerdings erst 1828 von George Green. 1813 stellte Siméon-Denis Poisson fest, daß die Laplacesche Gleichung nur für den Außenbereich gravitierender Massen gilt und daß sie im Inneren ersetzt werden muß durch

$$\frac{\partial^2 V}{\partial x^2} + \frac{\partial^2 V}{\partial y^2} + \frac{\partial^2 V}{\partial z^2} = 4\pi\varrho\,.$$

Hermann von Helmholtz setzte 1847 das Potential in Beziehung zur geleisteten Arbeit. Auf die Unabhängigkeit des Wegintegrals der aus einem Potential ableitbaren Kraft hatte Carl Friedrich Gauß schon 1838 hingewiesen.

Literatur: Fritz Fraunberger, Das Potential. In: Vom Kompaß bis zum Elektron. Köln 1970, S. 18–24. U. H.

Priestley, Joseph (* 13. März 1733 in Fieldhead bei Leeds, † 6. Februar 1804 in Northumberland, Pennsylvanien). P. setzt den Beginn seiner Bekanntschaft mit den Naturwissenschaften zwischen 1750 und 1752, wo er zweimal wöchentlich von Herrn Haggerstone, einem Schüler Colin Maclaurins, in Mathematik unterrichtet wurde. Um dieselbe Zeit las er Willem Jacob 'sGravesandes „Mathematische Elemente der Physik". Als junger Prediger hielt er nebenher Vorträge über den Gebrauch der Globen. 1758 gründete er in Nantwich eine Schule. Er verschaffte sich Luftpumpe und Elektrisiermaschine und ließ die Schüler damit experimentieren. 1761 folgte er einem Ruf als Sprachlehrer nach Warrington. Bei einem Besuch Londons lernte er Benjamin Franklin kennen. Obschon P. täglich Unterricht zu erteilen hatte, verfaßte er in kurzer Zeit eine ausgezeichnete „Geschichte der Elektrizität", in der er auch eigene Ergebnisse niederlegte. 1767 wurde er Prediger in Leeds. Dort schrieb er eine Geschichte der Optik. Bei einer nahen Brauerei beobachtete er die bei der Gärung entstehenden Gase. Er begann, Stoffe in der Retorte zu erhitzen und die entweichenden Gase in der pneumatischen Wanne aufzufangen, in der er als Absperrflüssigkeit auch Quecksilber benützte. Eine Bibliothekarstelle bei Lord Shelburne, die er 1773 bis 1780 innehatte, verschaffte ihm freie Zeit. 1774 fand er die Eigenschaften des Sauerstoffs; er hatte das Gas aus Quecksilberoxid entwikkelt. Bei einem Besuch in Paris teilte er dies Antoine-Laurent Lavoisier mit. Stickoxidul, Chlorwasserstoff, Ammoniak und Schwefeldioxid waren andere Gase, die er entdeckte. Bei der Untersuchung von „fixer Luft" (Kohlendioxid) erkannte er die Assimilation der Pflanzen. Humphry Davy sagte, er kenne kein Werk, das so geeignet wäre, einen Studierenden auf den Weg der Entdeckungen zu führen, wie P.s sechs Bände über die verschiedenen Arten der Luft.

Doch verfaßte P., der seit 1781 wieder als Prediger in Birmingham wirkte, auch große theologische, kirchengeschichtliche, politische, pädagogische und philosophische Werke und war in weltanschauliche Auseinandersetzungen verwickelt. Als er 1791 den Jahrestag der Französischen Revolution feierte, zerstörte ein aufgehetzter Volkshaufe seine Kirche und sein Wohnhaus. P. floh nach Hackney bei London und zog 1794 nach Amerika, wo er sich fünf Tagereisen flußaufwärts von Philadelphia am Susquehanna ansiedelte. Dort entdeckte er 1799 die Gase Fluorsilizium und Kohlenmonoxid.

Werke: The history and present state of electricity, with original experiments. London 1767. Deutsch: Geschichte der Elektricität. Übersetzt von Johann Georg Krünitz. Berlin und Stralsund 1774; The history and present state of discoveries relating to vision, light, and colours. 2 Bde. London 1772. Deutsch: Geschichte und gegenwärtiger Zustand der Optik. Übersetzt von Georg Simon Klügel. Leipzig 1776; Experiments and observations on different kinds of air. 3 Bde. London 1774–1777. Deutsch: Versuche und Beobachtungen über verschiedene Gattungen der Luft. Übersetzt von Christian Ludwig. Wien und Leipzig 1778–1779; Fortsetzung: Experiments and observations relating to various branches of natural philosophy, with a continuation of the observations on air. 3 Bde. London 1779, Birmingham 1781 und 1786. Deutsch: Versuche und Beobachtungen über verschiedene Theile der Naturlehre, nebst fortgesetzten Beobachtungen über die Luft. Wien und Leipzig 1780–1787; The scientific writings (1767–1800). 10 Bde. London 1969.

Literatur: Memoirs of Dr. J. P., to the year 1795, written by himself; with a continuation, to the time of his decease, by his son, Joseph P. 2 Bde. Northumberland 1806; John Towill Rutt, Life and correspondence of J. P. 2 Bde. London 1831–1832; Henry Carrington Bolton, Scientific correspondence of J. P. Philadelphia 1892; Thomas Edward Thorpe, J. P. London 1906; David Henry Peacock, Life of J. P. New York 1918; Edgar Fahs Smith, P. in America, 1794–1804. Philadelphia 1920; Robert Martin Caven, J. P. London 1933; Sir Philip Hartog, Newer views of P. and Lavoisier. In: Annals of science. Vol. 5, 1941, S. 1–56; Douglas McKie, P.'s laboratory and library and other of his effects. In: Notes and records of the Royal Society of London. Bd 12, 1956, S. 114–136; Robert E. Schofield, Electrical researches of J. P. In: Archives internationales d'histoire des sciences. Bd 16, 1963, S. 277–286; Frederick William Gibbs, J. P., adventurer in science and champion of truth. London 1965; Robert E. Schofield, A scientific autobiography of J. P. Selected scientific correspondence edited with commentary. Cambridge, Mass., und London 1966 (mit Bibliographie).

Bibliographie: J. F. Fulton und C. H. Peters, Works of J. P., 1733–1804. Preliminary short title list. New Haven 1937. H. B.

Pringsheim, Peter (* 19. März 1881 in München, † 20. November 1963 in Antwerpen). P. gilt als der Begründer der neueren Lumineszenzforschung, der der größte Teil seiner wissenschaftlichen Arbeiten gewidmet ist. Er promovierte 1906 bei Röntgen mit einer Arbeit über die Spitzenentladung, deren Ergebnisse Hans Geiger später bei der Konstruktion seines Zählrohres anwendete. Seit 1909 wirkte P. in Berlin, zunächst als Assistent von Heinrich Rubens. Hier entstanden in Zusammenarbeit mit Robert Pohl Arbeiten zum Photoeffekt der Alkalimetalle. 1933 zur Emigration gezwungen, fand er zuerst in Brüssel, dann in den USA Asyl. Dort wandte er sein Interesse den Farbzentren in Alkalihalogeniden zu und konnte nachweisen, daß die Anwesenheit von Farbzentren Rückwirkungen auf die Eigenabsorption des Grundmaterials hat. Seine zusammenfassenden Publikationen gehören zu den besten des Fachgebietes.

Werke: Die lichtelektrischen Erscheinungen. Braunschweig 1914 (mit Robert Pohl); Fluoreszenz und Phosphoreszenz im Lichte der neueren Atomtheorie. Berlin 1921; Anregung von Lichtemission durch Einstrahlung. In: Handbuch der Physik. Bd 23. Berlin 1926, S. 185–322; Lumineszenz von Flüssigkeiten und festen Körpern. Weinheim 1951 (mit Marcel Vogel).

Literatur: Wilhelm Hanle, Zum Gedenken an P. P. In: Die Naturwissenschaften. Jg 51, 1964, S. 153–154; James Franck, Robert W. Pohl, P. P. In: Physikal. Blätter. Jg 20, 1964, S. 133 bis 134. S. R.

Proton. Im Jahre 1815 stellte der Londoner Arzt William Prout in seiner Schrift „Über die Beziehung zwischen den spezifischen Gewichten der Körper im Gaszustand und ihren Atomgewichten" die Hypothese auf, daß sich die Atome der chemischen Elemente aus einer Grundeinheit, dem Wasserstoff, aufbauen. „Wenn [diese] Ansichten", fügte er 1816 hinzu, „... richtig sind, können wir die πρώτη 'ύλη der Alten im Wasserstoff beinahe verwirklicht sehen." Dieser Ansicht wurde auf Grund genauer Atomgewichtsbestimmungen, die in einzelnen Fällen zu deutlichen Abweichungen von der Ganzzahligkeit führten, während der folgenden Jahre der Boden entzogen. Ernest Rutherfords Beobachtung von schnellen Wasserstoffkernen, die beim Beschuß von Luft mit Alphateilchen entstehen, belebte ein Jahrhundert später die Proutsche Hypothese jedoch aufs neue. 1919 stellte er fest, „daß das Wasserstoffatom, das freigesetzt wird, einen Bestandteil des Stickstoffkerns bildete". In Anlehnung an Prout nannte er auf der britischen Naturforschertagung in Cardiff 1920 den Wasserstoffkern „Proton". Seither hat das P. (ebenso wie das α-Teilchen) als wichtige Sonde bei der Erforschung der Kernkräfte gedient (künstliche Spaltung von Bor und Lithium durch schnelle P.en 1932 – John Cockcroft und Ernest Walton).

Quellen: William Prout, On the relation between the specific gravities of bodies in their gaseous state and the weights of their atoms. In: Henry M. Leicester und Herbert S. Klickstein, A source book in chemistry 1400–1900. Cambridge, Mass. 1968, S. 276–279; Ernest Rutherford, Collision of α-particles with light atoms. In: Foundations of nuclear physics (Hrsg. Robert T. Beyer). New York 1949, S. 131–137; John Cockcroft und Ernest Walton, Experiments with high velocity positive ions. Ebd. S. 23–38.

U. H.

Q

Quantentheorie (1900—1912). „Einen Akt der Verzweiflung" nannte Max Planck später seine theoretische Begründung des → Planckschen Strahlungsgesetzes: „Kurz zusammengefaßt kann ich die ganze Tat als einen Akt der Verzweiflung bezeichnen. Denn von Natur bin ich friedlich und bedenklichen Abenteuern abgeneigt. Aber ... eine theoretische Deutung mußte ... um jeden Preis gefunden werden, und wäre er noch so hoch ... Die beiden Hauptsätze der Wärmetheorie erschienen mir als das einzige, was unter allen Umständen festgehalten werden muß. Im übrigen war ich zu jedem Opfer an meinen bisherigen physikalischen Überzeugungen bereit."

Der 14. Dezember 1900, an dem Planck die Ableitung seines Strahlungsgesetzes der Physikalischen Gesellschaft in Berlin vortrug, gilt als „der Geburtstag der Quantentheorie". Tatsächlich hatte Planck dabei als ein Revolutionär wider Willen durch die Einführung von diskreten Energiestufen des linearen Oszillators, ausgedrückt durch die Formel $\varepsilon = h\nu$, das → Kontinuitätsprinzip durchbrochen. Entgegen einer verbreiteten Meinung war sich aber Planck um die Jahrhundertwende keineswegs dieser Konsequenz bewußt. Wenn er also im Jahr 1900 noch nicht den Eindruck hatte und haben konnte, das Kontinuitätsprinzip gestürzt zu haben, worin bestand dann sein „Akt der Verzweiflung" und das „Opfer an den physikalischen Überzeugungen"?

Das Opfer, das Planck wissentlich dargebracht hat, war der Verzicht auf die ihm lieb gewordene rein axiomatisch-thermodynamische Auffassung des zweiten Wärmehauptsatzes und die Annahme der atomistisch-wahrscheinlichkeitstheoretischen Interpretation, die er bisher energisch abgelehnt hatte. Noch 1896 hatte Planck durch seinen Assistenten Ernst Zermelo darüber in den Annalen der Physik eine Polemik mit Ludwig Boltzmann führen lassen.

Zur Ableitung des Gesetzes der schwarzen Wärmestrahlung mußte sich Planck nun der bisher verabscheuten „Methode Boltzmann" bedienen. Daß er bei seinen Überlegungen auch noch die Energie in diskrete, atomistische Portionen einteilen mußte, war dann eine nicht mehr allzusehr ins Gewicht fallende zusätzliche Schwierigkeit: „Das war eine rein formale Annahme, und ich dachte mir eigentlich nicht viel dabei, sondern eben nur das, daß ich unter allen Umständen, koste es was es wolle, ein positives Resultat herbeiführen mußte."

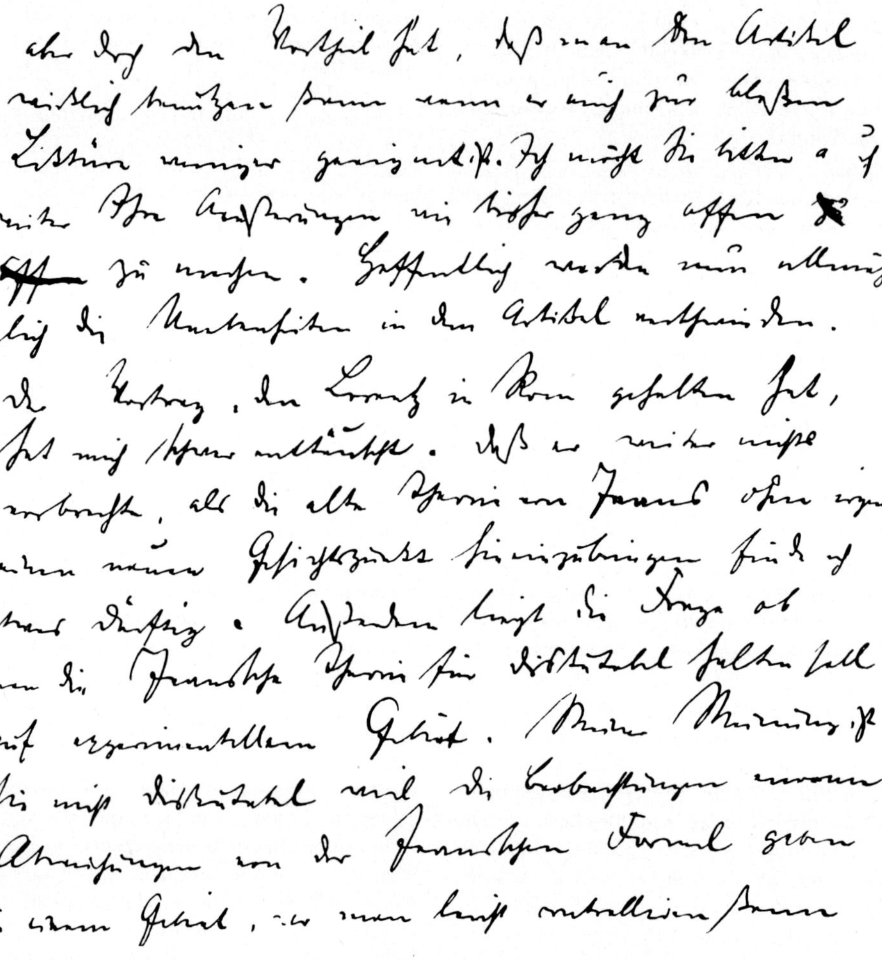

Abb. 42. Brief Wilhelm Wiens an Arnold Sommerfeld vom 18. Mai 1908 mit Kritik an der konservativen Haltung von Hendrik Antoon Lorentz

Nach Planck beschäftigten sich in den ersten Jahren unseres Jahrhunderts mit der Strahlungstheorie Rayleigh, Jeans und Lorentz. Auf verschiedenen Wegen, aber immer konsequent in den Denkkategorien der klassischen Physik, kamen alle ihre Ansätze zur Rayleigh-Jeansschen Formel. Diese müsse man akzeptieren, so meinte man, es zeige sich eben, daß ein wirkliches Gleichgewicht zwischen Strahlung und Materie nicht existiere und die Energie aus den Resonatoren in die Strahlung und zu immer kürzeren Wellenlängen übergehe. Einen solchen Standpunkt vertrat Hendrik Antoon Lorentz noch im April 1908 auf dem Internationalen Mathematikerkongreß in Rom.

Rayleigh, Jeans, Lorentz und auch Planck unterschieden sich in dieser Hinsicht kaum voneinander. In den ersten Jahren bestand der Unterschied zwischen Planck und den übrigen nur im folgenden: Planck war schon seit Mai 1899 mit der Naturkonstanten h vertraut und wußte, daß sich ihr Zahlenwert aus den Strahlungsmessungen mit großer Genauigkeit ergibt. Nach Planck war die Konstante h vorhanden, und es blieb nichts übrig, als ihre Existenz zu erklären, so unbequem sie auch manchmal scheinen mochte.

Im Jahre 1905 trat Albert Einstein nicht nur mit seiner Theorie der Brownschen Bewegung und der Speziellen Relativitätstheorie hervor, sondern vollzog auch den entscheidenden zweiten Schritt in der Entwicklung der Qu. Mit seiner später fast sprichwörtlich gewordenen Unabhängigkeit des Denkens und intellektuellen Respektlosigkeit betrachtete er nicht wie Planck, Lorentz und Rayleigh die elektromagnetische Lichttheorie und die Mechanik als ehrwürdige Bauwerke, an die man so „konservativ als möglich" herangehen müsse; sondern Einstein hielt von vornherein die Maxwellschen Gleichungen nur mit zeitlichen und räumlichen Mittelwerten für gültig. Im Fall der Materie käme man ja auch manchmal, z. B. in der Elastizitätstheorie, mit der Kontinuumsvorstellung aus und müsse erst bei feineren Effekten die körnige Struktur berücksichtigen. So ist es nach Einstein auch in der Elektrodynamik: Für die optischen Interferenzen gelten die Maxwellschen Gleichungen; aber „bei den die Erzeugung und Verwandlung des Lichtes betreffenden Erscheinungsgruppen" ist die korpuskulare Struktur des Lichtes in Rechnung zu stellen.

Die umstrittene Hypothese der → Lichtquanten lieferte Einstein ein einfaches Modell für die Wechselwirkung von Licht mit Atomen, Molekülen und Festkörpern. Die schon 1905 aufgestellte „Einsteinsche Gleichung" für den lichtelektrischen Effekt besteht einfach in der Anwendung des Energiesatzes. Damit gelang Einstein eine fruchtbare Erweiterung des Gültigkeitsbereiches des Quantenkonzeptes. Freilich blieb diese Erweiterung zunächst nur Programm, weil sich die experimentelle Bestätigung der genannten Effekte über Jahre hinzog – die des lichtelektrischen Effekts bis 1915/16 (→ Photoeffekt).

In der Suche nach neuen Quantenphänomenen folgte seit 1907 Johannes Stark. Er nannte eine ganze Fülle von Vorgängen, bei denen sich seiner Meinung nach das Quantengesetz bemerkbar machen mußte. Neben vielem Richtigen, z. B. der ultravioletten Grenze der Röntgenbremsstrahlung, findet sich auch manche unhaltbare Deutung.

Vor allem durch Einstein wurde 1910 auch Sommerfeld von der Richtigkeit und Tragweite des Quantenkonzeptes überzeugt. Anders als Planck hatte Sommerfeld einen großen Kreis von Schülern, mit denen er in ständigem Gedankenaustausch stand und die er beeindruckte. So war man in München seit etwa Anfang 1911 auch im Kreis der Jüngeren eifrig bemüht, das Quantenrätsel zu lösen.

Noch vor Sommerfeld wurde von Einstein eine weitere wichtige Persönlichkeit für das Quantenkonzept gewonnen, die ebenso absolut und autoritativ über ein großes Institut herrschte: Walther Nernst. Das Nernstsche Institut lieferte von 1909 an immer genauere Messungen über das Verhalten der spezifischen Wärme (→ Wärme, spezifische). Damit wurde nach der Wärmestrahlung das Phänomen der spezifischen Wärme ein zweites Gebiet experimenteller Erfahrung, das mit Hilfe des Quantenkonzepts, und nur mit diesem, verstanden werden konnte. Das Quantenkonzept ruhte nun, nach einem Wort Sommerfelds, auf „zwei tragfähigen Grundpfeilern", und Einstein stellte fest, daß Nernst das Problem aus seinem „theoretischen Schattendasein befreit" habe.

Nernst begann seit Juni 1910 mit den Vorbereitungen zu einer internationalen „Quantenkonferenz", auf der die führenden Fachkollegen die Grundlagen ihrer Wissenschaft neu durchdenken sollten. Nach dem Willen von Nernst sollte diese Quantenkonferenz einen Markstein in der Entwicklung bilden, und dieses Ziel hat er vollkommen erreicht. Durch die Vorbereitungen zum Kongreß, mit denen Nernst 1910 viel Aufsehen erregte, durch den Solvay-Kongreß selbst, der dann am 30. Oktober 1911 in Brüssel begann, und durch die offiziellen und inoffiziellen Kongreßberichte wurden viele bisher abseits stehende Fachkollegen gewonnen. Das Quantenkonzept überschritt in breiter Front die Grenzen des deutschen Sprachgebiets. In Frankreich waren es die jungen Léon Brillouin und Louis de Broglie, in England William Nicholson und Niels Bohr, die tief beeindruckt wurden. Vor allem in der empirisch-atomistisch orientierten englischen Naturwissenschaft fiel das Quantenkonzept auf fruchtbaren Boden (→ Bohr-Sommerfeldsche Atomtheorie).

Quellen: Dokumente der Naturwissenschaft. 12 Bde. Stuttgart und München 1962–1970. Hier insbesondere Bd 7 (mit den Arbeiten Einsteins zur Lichtquantenhypothese), Bd 8 (spezifische Wärme), Bd 9 (Franck-Hertz-Versuche), Bd 10 (erster Quantenansatz für das Atom von Haas), Bd 11 u. 12 (Arbeiten Plancks); Albert Einstein/Arnold Sommerfeld, Briefwechsel. 60 Briefe aus dem goldenen Zeitalter der modernen Physik. Basel/Stuttgart 1968.

Literatur: Armin Hermann, Frühgeschichte der Quantentheorie (1899–1913). Mosbach/Baden 1969 (hier umfangreiche Bibliographie); ders., Von Planck bis Bohr. Die ersten fünfzehn Jahre in der Entwicklung der Quantentheorie. In: Angewandte Chemie. Jg 82, 1970, S. 1–7.

Quantentheorie (1913—1923) → Bohr-Sommerfeldsche Atomtheorie.

Quantentheorie (1924—1930) → Matrizenmechanik, → Wellenmechanik.

R

Radioaktivität. Kurze Zeit nach Entdekkung der Röntgenstrahlen experimentierte Henri Becquerel mit fluoreszierenden Stoffen. Er benützte die photographische Platte zum Nachweis und fand dabei 1896, daß Uranminerale auch ohne vorherige Lichteinwirkung die Photoschicht verändern. Er stellte weiter fest, daß die Strahlen, durchdringend und ionisierend, konstant und unbeeinflußbar, nur an das Vorhandensein des Elementes Uran gebunden sind.

Die Suche nach weiteren strahlenden Elementen hatte Erfolg. Gerhard Carl Schmidt und Marie Curie wiesen unabhängig voneinander am Element Thorium „Becquerelstrahlen" nach. Durch Kombination chemischer Trennungsverfahren mit Strahlungsmessungen isolierten Pierre und Marie Curie 1898 zwei bis dahin unbekannte Elemente, Polonium und Radium, die ebenfalls radioaktiv waren. 1899 zeigte André Debierne die Entdeckung von Actinium an. Friedrich Giesel nannte 1902 eine neue radioaktive Substanz Emanium; jedoch wurde 1905 von Otto Hahn und Otto Sackur die Identität beider nachgewiesen.

Die Beobachtung von R. B. Owens 1899, daß Thoriumstrahlen vom Luftstrom abhängig sind, führte Ernest Rutherford und Owens zur Entdeckung der Thoriumemanation. Friedrich Ernst Dorn berichtete 1900 über Radiumemanation, Debierne über Actiniumemanation. Pierre Curie bestätigte 1903 die Gültigkeit des Gay-Lussacschen Gesetzes für Radiumemanation. Rutherford und Frederick Soddy bestimmten 1902 Thoriumemanation als zu den Edelgasen gehörig. Rutherford machte 1900 einen Zusammenhang der Emanationen mit der 1899 von P. und M. Curie gefundenen „induzierten Aktivität" wahrscheinlich. Die Tatsache der zeitlich nicht konstanten Strahlung wurde an den Emanationen und der induzierten Aktivität zuerst studiert. Die charakteristischen Daten der Zerfallszeit führten zur Identifizierung weiterer strahlender Substanzen. William Crookes trennte 1900 aus Uran eine stark strahlende Substanz Uran X ab, deren Aktivität abnahm, während die des fast inaktiven Uranrestes wieder anstieg.

Die Tatsache, daß Radioaktivität in jeder Verbindung des betreffenden Elementes auftritt, zusammen mit der Abschätzung der freiwerdenden Energie legte die Vermutung nahe, daß es sich um atomare Prozesse handelte. Rutherford und Soddy hatten aus Thoriumpräparaten Thorium X abgetrennt. Sie wiesen nach, daß Thorium X aus Thorium stetig nachgebildet wird und selbst Emanation aussendet, die radioaktiven Niederschlag liefert. Sowohl Thorium X als auch Emanation und der aktive Niederschlag zeigten andere chemische Eigenschaften als die Grundsubstanz Thorium. Rutherford und Soddy zogen 1902 daraus den Schluß, daß die Ursache der R. eine Umwandlung des Atoms ist, bei der Energie frei wird. Der erste Nachweis der Umwandlung in ein bekanntes stabiles Element gelang 1903 William Ramsay und Frederick Soddy, indem sie die Entstehung von Helium aus Radiumemanation bewiesen.

Gleichzeitig mit der Entdeckung der Elemente und ihrer Zerfallsprodukte erfolgte die Untersuchung der Strahlung selbst. Rutherford unterschied 1899 auf Grund des verschiedenen Absorptionsverhaltens α- und β-Strahlen. Paul Villard ergänzte 1900 die γ-Strahlen. Über die Ablenkung der β-Strahlen im Magnetfeld schrieben fast zur gleichen Zeit 1899 Friedrich Giesel, Stefan Meyer mit Egon von Schweidler und P. Curie. H. Becquerel erhielt 1900 auf der photographischen Platte ein kontinuierliches β-Spektrum. Friedrich Ernst Dorn und Henri Becquerel gelang die Ablenkung im elektrischen Feld. Diese Versuche und die Beobachtung von P. und M. Curie 1900, daß β-Strahlen negative Ladung transportieren, ließen die Ähnlichkeit der β-Strahlen mit den Kathodenstrahlen erkennen.

α-Strahlen wurden zunächst als nicht ablenkbare Strahlen bezeichnet. Rutherford gelang 1903 die Ablenkung im magnetischen Feld. Nachdem William Crookes 1903 die Szintillation entdeckt hatte, wies Erich Regener nach, daß jedem α-Teilchen ein Lichtblitz entspricht. 1904 waren die Eigenschaften so weit bekannt, daß Rutherford annahm, es handle sich um geladene Wasserstoff- oder Heliumteilchen. Den Beweis für die Identität mit Helium lieferten 1908 durch Messungen Rutherford und Hans Geiger, direkt spektroskopisch 1909 Rutherford und Thomas Royds. Die charakteristische Reichweite der α-Teilchen, 1904 von William Henry Bragg und Richard Daniel Kleeman erkannt, ergab eine neue Möglichkeit der Identifizierung radioaktiver Stoffe.

Otto Hahn entdeckte 1905 das Radiothorium, 1907 das Mesothorium 1, 1908 das Mesothorium 2. Da für alle Elemente mit temporärer Strahlung die Entstehung aus einem anderen Element angenommen wurde, suchte man nach der Muttersubstanz des Radiums. 1905 analysierten Rutherford und Bertram Borden Boltwood das Mengenverhältnis von Uran und Radium in den Mineralien. Dies erwies sich als konstant; ein genetischer Zusammenhang zwischen Uran und Radium war also wahrscheinlich, konnte aber direkt nicht beobachtet werden. 1907 fand Boltwood das Ionium, dessen Umwandlungsprodukt Radium ist.

Man konnte drei Zerfallsreihen aufstellen, die alle bekannten Strahler enthielten. Jedoch war unklar, welcher Platz diesen „Elementen“ im Periodischen System zukam, denn viele „Elemente“ ließen sich chemisch nicht trennen. So erklärten Herbert Newby McCoy und W. Ross 1907 Thorium und Radiothorium für identisch, obwohl ihre Strahlung verschieden war. Eine Klärung ergab sich aus der Messung der Ordnungszahlen von Henry G. J. Moseley, der Einführung des Isotopiebegriffs 1913 von Soddy und der Aufstellung des Verschiebungssatzes 1913 durch Soddy und

Kasimir Fajans. Durch Anwendung des Verschiebungssatzes errechnete sich Blei als Endprodukt der Zerfallsreihen. Theodore William Richards untersuchte 1918 die Verschiedenheit der Bleiisotope je nach Herkunft. Die erste künstliche Elementumwandlung erreichte Rutherford 1919 an Stickstoff durch α-Teilchenbeschuß. Künstliche Radioaktivität beobachtete zuerst Frédéric Joliot 1934.

Quellen: Marie Curie, Untersuchungen über die radioaktiven Substanzen. [2]Braunschweig 1904; Marie Curie, Die Radioaktivität. 2 Bde. Leipzig 1912; Otto Hahn, Vom Radiothor zur Uranspaltung. Braunschweig 1962; Kasimir Fajans, Die Radioaktivität und die neueste Entwicklung der Lehre von den chemischen Elementen. Braunschweig 1919; Ernest Rutherford, Collected papers. Hrsg. James Chadwick. Bisher 3 Bde. London 1962 ff.; J. B. Birks (Hrsg.), Rutherford at Manchester. London 1962.

Literatur: Fünfzig Jahre Radioaktivität. In: Kosmos. Jg 1947, S. 1—8; Stefan Meyer, Zur Erinnerung an die Jugendzeit der Radioaktivität. Lise Meitner und Otto Hahn zu ihrem 70. Geburtstag. In: Die Naturwissenschaften. Jg 35, 1948, S. 161—163; Otto Hahn, Einige persönliche Erinnerungen aus der Geschichte der natürlichen Radioaktivität. In: Die Naturwissenschaften. Jg 35, 1948, S. 67—74; Stefan Meyer, Zur Geschichte der Entdeckung der Natur der Becquerelstrahlen. In: Die Naturwissenschaften. Jg 36, 1949, S. 129—132; T. W. Chalmers, A short history of radioactivity. In: The Engineer. Vol. 189, 1950, S. 2; Alfred Romer, The transformation theory of radioactivity. In: Isis. Vol. 49, 1958, S. 3—12; ders., The discovery of radioactivity and transmutation. New York 1964; ders., Radio chemistry and the discovery of the isotopes. New York 1970; Lawrence Badash, The discovery of thorium's radioactivity. In: Journal of chemical education. Vol. 43, 1966, S. 219—220. A. K.

Raman, Chandrasekhara Venkata (* 7. November 1888 in Trichinopoly, † 24. November 1970 in Bangalore). Die Vorliebe des Schülers, der als Bester seines Jahrganges abschloß, galt der Physik. Da es damals in Indien unmöglich war, als Physiker angestellt zu werden, war er zehn Jahre Beamter im Finanzministerium. Seine Forschungen über die Lichtstreuung und Saitenschwingungen konnte er als Mitglied der Indischen Naturforschenden Gesellschaft nebenher betreiben. An der Universität Kalkutta erhielt R. 1911 den neueingerichteten Lehrstuhl für Physik, wo er mit seinen Mitarbeitern 1928 den → Smekal-Raman-Effekt entdeckte.

Literatur: Josef Brandmüller und Reinhart Claus, R. und seine Theorie der Gitterschwingungen. In: Physikalische Blätter. Jg 27, 1971, S. 295 bis 301. H. R.

Raman-Effekt → Smekal-Raman-Effekt.

Ramsay, Sir William (* 2. Oktober 1852 in Glasgow, † 23. Juli 1916 in Haslemere, Surrey). Die Vorfahren von William Ramsay waren Ärzte und Färber. Er selbst studierte zunächst zwei Jahre Latein und Literatur, bis er 1869 zur Chemie überwechselte. Er hörte bei Robert Bunsen in Heidelberg und bei Rudolf Fittig in Tübingen. Obwohl er 1873 in Tübingen eine Dissertation aus dem Gebiet der organischen Chemie schrieb, arbeitete er später vorwiegend über physikalisch-chemische Probleme. 1880 erhielt er den Lehrstuhl für Chemie am University College in Bristol. Dort untersuchte er mit Sidney Young die Dampfdruckkurven von Wasser und Eis.

1887 wurde Ramsay auf den Lehrstuhl für Chemie am University College in London berufen. Er entwickelte verschiedene Methoden zur Molekulargewichtsbestimmung. Lord Rayleigh fiel 1894 auf, daß auf chemischem Wege gewonnener Stickstoff eine geringere Dichte aufweist als Luftstickstoff. Ramsay entfernte aus der Luft sowohl Sauerstoff als auch Stickstoff und erhielt einen Rückstand, den er Argon nannte. Nach der Identifizierung des von William Francis Hillebrand in Uranmineralien entdeckten Gases als Helium vermutete Ramsay auf Grund des Periodischen Systems die Existenz weiterer Edelgase. Mit Morris William Travers fraktionierte er große Mengen flüssiger Luft und erhielt Neon, Krypton und Xenon. 1903 wies er mit Frederick Soddy die Entstehung von Helium aus Radiumemanation nach. Dies war der erste Beweis einer Atomumwandlung. William Ramsay wurde 1888 Mitglied der Royal Society; 1902 wurde er geadelt; 1904 erhielt er den Nobelpreis für Chemie.

Werke: Die Edelgase. Leipzig 1918; Vergangenes und Künftiges aus der Chemie (mit Autobiographie). Leipzig 1909.

Literatur: H. Grossmann, Sir William Ramsay und die deutsche Naturwissenschaft. In: Chemiker-Zeitung. Jg 1916, S. 733–735; H. W. Travers, William Ramsay 1852–1916. In: Endeavour. Bd 11, 1952, S. 126–131; H. Andreae, Nobelpreisträger Sir W. Ramsay. In: Chemiker-Zeitung/Chemie-Apparatur. Bd 18, 1966, S. 645.

A. K.

Rayleigh Lord, John William Strutt (* 12. November 1842 in Langford Grove, † 30. Juni 1919 in Witham). John William Strutt wurde als ältester Sohn des zweiten Barons Rayleigh of Terling Place geboren; er war mit Robert Boyle verwandt. 1861 trat er ins Trinity College in Cambridge ein und studierte bei Edward J. Routh und George G. Stokes angewandte Mathematik und Physik. 1865 gewann er den Preis als bester Kandidat seines Examensjahrgangs. Nach dem frühzeitigen Tode James Clerk Maxwells wurde er 1879 Leiter des Cavendish-Laboratoriums in Cambridge; doch trat er schon fünf Jahre später wieder zurück, um sich in einem Privatlaboratorium eigenen Studien widmen zu können. Von 1887 bis 1905 lehrte er als Nachfolger John Tyndalls an der Royal Institution. Er war seit 1905 drei Jahre lang Präsident der Royal Society.

Rayleighs erste, 1869 veröffentlichte Arbeit entstand nach dem Studium von Maxwells aus dem Jahre 1865 stammender Untersuchung „Über die dynamische Theorie des elektromagnetischen Feldes“; ein Jahr später betrat er mit einer verbesserten Theorie der Helmholtzschen Resonatoren das Gebiet der Akustik, die zeitlebens einer seiner Lieblingsgegenstände blieb. Diese Arbeit bildete die Grundlage seines berühmten Lehrbuches „Theory of sound“, dessen erster Band während einer Nilreise entstand und 1877 erschien, während der zweite 1878 folgte. Die Optik war das andere Gebiet, das ihn vorzugsweise interessierte. Hier gelang ihm 1871 im Anschluß an John Tyndalls Versuche über Lichtstreuung auf der Grundlage der elastischen Lichttheorie die Ableitung des nach ihm benannten Gesetzes des Himmelsblaus: Die Streuintensität ist der vierten Potenz der Wellenlänge umgekehrt proportional. 1874 gab er die Formel für das Auflösungsvermögen des Strichgitters an $\frac{\delta\lambda}{\lambda} = \frac{1}{m \cdot n}$ (m: Ordnung des beobachteten Beugungsbildes, n: Zahl der Gitterstriche). Dann kehrte er wieder zur Akustik zurück. 1876 behandelte er das Problem des akustischen Richtungserkennens, das er anfangs auf Intensitäts-, später auf Phasendifferenzen beim binauralen Hören zurückführte. 1882 erfand

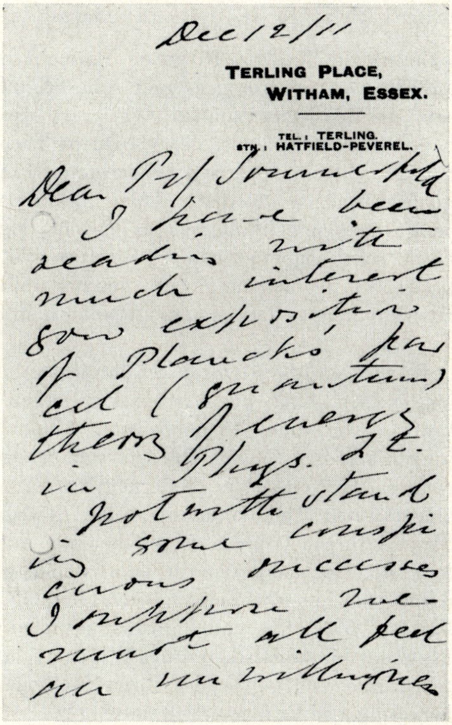
Dec 12/11

TERLING PLACE,
WITHAM, ESSEX.

TEL.: TERLING.
STN.: HATFIELD-PEVEREL.

Dear Prof Sommerfeld
I have been reading with much interest your exposition of Planck's ... (quantum) theory of energy in Phys. Zt.

Abb. 43. Lord Rayleigh an Arnold Sommerfeld. 12. Dezember 1911 er zur Bestimmung von Schallintensitäten die Rayleighsche Scheibe.

Bekannt wurde R. vor allem durch seine mit William Ramsay gemeinsam gemachte Entdeckung des Argons (1894), die ein Ergebnis seiner seit 1887 betriebenen Präzisionsmessungen relativer Gasdichten war. Für diese Entdeckung erhielt er 1904 den Physik-Nobelpreis. R. hat sich seit 1889 wiederholt mit Strahlungstheorie beschäftigt — doch die Quantenhypothese Max Plancks wollte er noch 1911 „als ein Bild dessen, was tatsächlich geschieht, nicht akzeptieren".

Die tiefe Kluft, welche die klassische Physik von der Physik der atomaren Phänomene trennte, sah er indessen mit aller Schärfe. Er hat erstmals 1897 und zum zweitenmal 1906 (diesmal unter Zugrundelegung des Thomsonschen Atommodells) darauf hingewiesen, daß für die klassischen Frequenzen gelten muß $\nu_n \sim 1 - \frac{1}{2n}$ (n ganzzahlig), während die Rydberg-Ritzschen Formeln n^2 anstelle von n verlangen, und sein Schlußsatz aus der letztgenannten Arbeit erscheint heute wie eine Prognose der Bohrschen Theorie: „... die im Spektrum beobachteten Frequenzen mögen durchaus keine Störungs- oder Schwingungsfrequenzen im gewöhnlichen Sinne sein, sondern vielmehr einen wesentlichen Teil des ursprünglichen, durch Stabilitätsbedingungen bestimmten Atombaus bilden."

R. war ein Mann von ungewöhnlicher, bis ins höchste Alter ungebrochener Schaffenskraft, wovon seine 446 publizierten Abhandlungen beredtes Zeugnis ablegen. Daß er, obwohl er die Genese der modernen Physik zu einem guten Teil miterlebte, eine gewisse Skepsis ihren Erfolgen gegenüber nie verleugnete, liegt sicher nicht zum wenigsten daran, daß er als Zeitgenosse Helmholtz', Kelvins, Maxwells und Boltzmanns in die Blütezeit der klassischen Physik hineingeboren wurde und selbst mit ihren Methoden hervorragende Erfolge erzielt hatte.

Werke: Lord Rayleigh, Scientific Papers. 6 Bde. Cambridge 1899—1920 (Neudruck New York 1964); Die Theorie des Schalles. 2 Bde. Braunschweig 1879/80.

Literatur: Robert John Strutt, Life of J. W. S., third Baron R. [2]Madison 1968; Robert Bruce Lindsay, Lord R.—the man and his work. New York 1966 (enthält eine Bibliographie der Schriften R.s und Auszüge seiner wichtigsten Arbeiten); John N. Howard, J. W. S., third Baron R. In: Applied Optics. Vol. 3, 1964, S. 1091—1101; ders., The optics papers of J. W. S., third Baron R. Ebd. S. 1102—1104; ders., The R. notebooks. Ebd. S. 1129—1133. U. H.

Rayleigh-Streuung → Streuung des Lichtes.

Réaumur, René-Antoine Ferchault de (* 28. Februar 1683 in La Rochelle, † 18. Oktober 1757 in Bermondière). Ursprünglich Jurist, widmete sich R. zunehmend den Naturwissenschaften und wurde 1708 Mitglied der „Académie des Sciences", die ihn 1711 mit der Vorbereitung des enzyklopädischen Werkes (→ Enzyklopädie) beauftragte, welches nach seinem Tod als „Descriptions des arts et métiers" erschien.

Seine technologischen Arbeiten über die Stahlgewinnung, Herstellung schmiedbaren Stahls, Kristallisieren von Glas (R.sches Porzellan) etc. bezeugen nicht weniger seine gründliche Forschung als etwa seine Abhandlungen über Schalentiere und Insekten. Er führte die 80teilige Thermometerskala ein, da er gefunden hatte, daß sich 1000 Teile Weingeist vom Gefrierpunkt des Wassers auf 1080 Volumenteile in siedendem Wasser ausdehnen, ehe der Weingeist selbst anfängt zu sieden. Jean-André Deluc kritisierte die Methode wegen der ungleichmäßigen Ausdehnung und des niedrigen Siedepunktes des Weingeistes; er verwendete statt dessen Quecksilber mit der 80teiligen Skala zwischen Gefrier- und Siedepunkt des Wassers, die dann als „R.sche Thermometerskala" in Gebrauch kam.

Werke: L'art de convertir le fer forgé en acier et l'art d'adoucir le fer fondu etc. Paris 1722; Règles pour construire des thermomètres dont les degrés sont comparables. Paris 1730;

Mémoire sur l'art de faire une nouvelle espèce de porcelaine etc. Paris 1739.

Literatur: Friedrich Klemm, Technik — Eine Geschichte ihrer Probleme. Freiburg 1954; A. Wolf, A history of science, technology and philosophy in the 18th century. [3]London 1962.

H. M.

Reibung. Im Bereich der Technik wurden Fragen der R. seit jeher stark beachtet. Technische Probleme führten schließlich auch zu ersten wissenschaftlichen Untersuchungen der Reibungsphänomene. So fand bereits Leonardo da Vinci (um 1500) empirisch, daß die Größe der R. eines Körpers auf seiner Unterlage **unabhängig** von der Größe der Berührungsfläche ist. Dieses Wissen Leonardos blieb jedoch, in seinen Manuskripten begraben, ohne Einfluß. Erst 1699 wurde die alte Lehrmeinung, nach der die R. proportional mit der Größe der reibenden Fläche anwächst, widerlegt. In diesem Jahr legte Guillaume Amontons (→ Telegraphie, optische) der Pariser Akademie der Wissenschaften eine Arbeit über Reibungsversuche vor, deren Ergebnis die **Unabhängigkeit** der R. von der Größe der Berührungsfläche und von der physikalischen Beschaffenheit der reibenden Körper war. Amontons ermittelte die Größe der R. für alle Stoffe zu etwa einem Drittel der zur Berührungsfläche senkrechten Komponente des Körpergewichts (Normalkraft). Der Leipziger Mechaniker Jacob Leupold fand Amontons' Satz bei eigenen Versuchen bestätigt; Antoine Parent bemühte sich 1704 um eine theoretische Ableitung dieser Resultate. Der Auffassung, daß die R. auch von der physikalischen Beschaffenheit der Körper unabhängig sei, widersprach 1710 Leibniz; von ihm stammt auch die wichtige Unterscheidung der R. in Gleit- und Rollreibung. Über die Rollreibung stellte Leonhard Euler theoretische Untersuchungen an, was später u. a. für die Theorie der Fahrzeuge (Eisenbahnen) bedeutsam werden sollte.

Weitere Arbeiten auf dem Gebiet der R. führten in der Folgezeit zu sehr abweichenden Ergebnissen, so daß sich die Pariser Akademie 1779 veranlaßt sah, einen Preis für die Klärung der Reibungsverhältnisse bei schweren Maschinen auszusetzen. Diesen Preis erhielt 1785 Charles-Augustin Coulomb für seine sorgfältig durchgeführten Versuche, die zeigten, daß die R. tatsächlich proportional der Normalkraft und unabhängig von der Größe der Berührungsfläche und der Gleitgeschwindigkeit ist. Coulomb unterschied zudem genau zwischen Haft- und Gleitreibung. — Das zwischen 1831 und 1835 in Versuchen von Arthur-Jules Morin bestätigte, später nach Coulomb benannte „Gesetz der trockenen Reibung" ist heute bekannt in der Form: $R = \mu N$ (R: Reibkraft, μ: Reibkoeffizient, N: Normalkraft). Coulomb selbst wandte dieses Ergebnis bereits erfolgreich auf eine noch heute gelehrte Theorie des Erddruckes und der Seilreibung (auf Rollen) an.

Trotz ihrer Erfolge blieb dieser wichtige Teil der → Mechanik bei der Ausgestaltung des gewaltigen Gedankengebäudes der klassischen Mechanik durch die großen französischen Mathematiker d'Alembert, Lagrange und Laplace unberücksichtigt. Das hatte zur Folge, daß sich die rationelle Mechanik zwar bei der rechnenden Astronomie als Himmelsmechanik glänzend bewährte, bei praktischen Fragen der technischen Mechanik jedoch oft versagte. — Die Erforschung der verschiedenen Reibungsphänomene trug indessen ständig zur tieferen Naturerkenntnis bei. So machte Benjamin Thompson (Count Rumford) 1797/98 beim Kanonenbohren in München „an enquiry concerning the source of the heat which is excited by friction". Seine Versuche zeigten anschaulich die Haltlosigkeit der Wärmestofftheorie und bereiteten gleichzeitig den Boden für die neue mechanische Wärmetheorie und das Energiekonzept.

Nach ersten wissenschaftlichen Versuchen des Engländers William Hedley (1812) kam es zu einer Vielzahl meist sehr aufwendiger Untersuchungen über die Reibungsverhältnisse im Eisenbahnwesen. Sehr umstritten war lange Zeit die Frage, ob die Haftreibung zwischen Rad und Schiene angesichts der begrenzten Achs- und Schienenbelastung den

Antrieb der Eisenbahnen durch Adhäsionslokomotiven zulasse. Joseph von Baader, der nicht zuletzt durch seine eindrucksvollen Versuche mit einer „wirklichen Eisenbahn in halber Naturgröße" in Nymphenburg zum Vorkämpfer des Eisenbahnwesens in Bayern wurde, verneinte diese Frage. Die ersten Dampflokomotiven wurden daher teilweise mit Hilfe eines Zahnrades über eine Zahnstange vorwärtsgetrieben.

Nachdem die Erscheinungen der trockenen R. weitgehend geklärt worden waren, gewann im weiteren Verlauf des 19. Jh.s die → innere R. in Gasen und Flüssigkeiten zunehmend wissenschaftliches Interesse. – 1904 entwickelte Arnold Sommerfeld eine hydrodynamische Theorie der Schmiermittelreibung, die als Grenzfälle die trockene und die Flüssigkeitsreibung enthält; sie wurde für die technische Beherrschung hochbelasteter Gleitlager mit hohen Zapfendrehzahlen bedeutsam.

Quellen: Leonardo da Vinci, Saggio del codice atlantico. Mailand 1872, fol. 195; Guillaume Amontons, De la résistance causée dans les machines, tant par les frottemens des parties qui les composent, que par la roideur des cordes qu'on y employe, et la manière de calculer l'un et l'autre. In: Histoire de l'Académie Royale des Sciences. Année 1699. Amsterdam 1706. S. 257 bis 282; Charles-Augustin de Coulomb, Théorie des machines simples, en ayant égard au frottement de leurs parties et à la roideur des cordages. Neuauflage Paris 1821; Arthur-Jules Morin, Nouvelles expériences sur le frottement, faites à Metz en 1831–33 etc. 3 Bde. Paris 1833–35.

Literatur: Gehlers Physikalisches Wörterbuch. Bd 7. Leipzig 1834, S. 1366–1390; Georg Vogelpohl, Von unserem Wissen über Reibung und Schmierung in geschichtlicher Betrachtung. In: Die Technik. Jg 13, 1958, S. 38–40; David Tabor, A propos du frottement de roulement: Une controverse oubliée. In: Revue d'Histoire des Sciences. Tome 14, 1961, S. 13–18. L. S.

Reibung, innere. Auf den inneren Widerstand der Fluida (Flüssigkeiten und Gase) war man schon früh aufmerksam geworden. Es entsprach der mechanistischen Betrachtungsweise in der neuen Naturwissenschaft des 17. und 18. Jh.s, phänomenologische Erkenntnisse mit Hilfe mechanischer Modelle theoretisch zu erklären. So wurde zu Beginn des 18. Jh.s der innere Widerstand in einem Fluidum als der mechanische Verschiebungswiderstand relativ zueinander bewegter, sich gegenseitig nach dem Attraktionsgesetz (→ Kraft) anziehender Teilchen gedeutet. – Das fundamentale Reibungsgesetz der Flüssigkeiten beschrieb bereits Isaac Newton in der zweiten Auflage seiner „Principia mathematica" von 1713: „Hypothesis. Resistentiam ... proportionalem esse velocitati, qua partes fluidi separantur ab invicem." Für sogenannte Newtonsche Flüssigkeiten besitzt dieses Gesetz heute die Form: $\tau = \eta \frac{dv}{dx}$ (τ: Scherwiderstand, η: dynamische Zähigkeit, $\frac{dv}{dx}$: Geschwindigkeitsgradient).

Der Begriff der inneren R. tauchte jedoch erst gegen Ende des 18. Jh.s auf; er spielte indessen unausgesprochen schon früher eine gewisse Rolle beim philosophischen Streit um das Energieerhaltungsprinzip, etwa beim unelastischen Stoß (Leibniz, Marquise du Châtelet). – Den inneren Widerstand hatte Newton experimentell durch die Abnahme der Schwingungsbogen eines Pendels zu bestimmen gesucht; genauere Werte erhielt Charles-Augustin Coulomb um 1800 mit einer in der Flüssigkeit schwingenden horizontalen Scheibe, deren Dämpfung er maß. Nach ähnlichen Methoden verfuhren später George Gabriel Stokes, Oskar Emil Meyer u. a.

Sowohl von der Hydrodynamik realer (viskoser) Flüssigkeiten wie von der neuen kinetischen Gastheorie her wurde schließlich um die Mitte des 19. Jh.s das Problem der inneren R. eingehend erforscht. Der bisher lediglich auf Adhäsionskräfte zurückgeführte Reibungswiderstand an Kanalwänden etc. konnte jetzt als Wirkung der durch **innere** R. hervorgerufenen Zähigkeit (Viskosität) des Fluidums gedeutet werden. Hatte Leonhard Euler noch angenommen, daß Flüssigkeitsteilchen an einer Gefäßwand genauso wie feste Körper reiben (→ Reibung) und dabei etwa **gleiche** Geschwindigkeit wie das gesamte strömende Medium aufweisen, so zeigten neue gründliche Untersuchungen vieler Forscher das Auftreten von Geschwindigkeitsprofilen und das vollständige **Haften** wandnaher Schichten des strömenden Mediums (Eduard Hagenbach 1860). – Erste sorgfältige Messungen des Zähigkeitseinflusses von Flüssigkeiten stellten Gotthilf Hagen 1839 und – unabhängig von ihm – Jean-Louis Poiseuille zwischen 1840 und 1847 an. Poiseuille fand, daß pro Zeiteinheit die Flüssigkeitsmenge $Q = K\frac{H \cdot D^4}{L}$ (H: Druckhöhe, D: Röhrendurchmesser, L: Länge der Röhre) durch eine Kapillare fließt. Der von der Art der Flüssigkeit und der Temperatur abhängende Koeffizient K gewann bald als Koeffizient der inneren R. besondere Bedeutung. Oskar Emil Meyer konnte 1857 die Ergebnisse der Poiseuilleschen Strömungsversuche bestätigen und 1866 zeigen, daß die innere R. vom Druck oder der Dichte unabhängig ist. Das fand er auch für **Gase** bestätigt, bei denen sich nach der neuen kinetischen Theorie der Koeffizient der inneren R. aus einer 1860 von James Clerk Maxwell angegebenen Beziehung durch Umformung zu $\eta = \frac{1}{4} \cdot \frac{m u}{\pi s^2}$ berechnen ließ. Hierbei ist m das Molekulargewicht, u die mittlere Geschwindigkeit der Gasmolekeln und s der Moleküldurchmesser, wie er 1865 erstmals angenähert von Josef Loschmidt ermittelt worden ist (→ Loschmidtsche Zahl).

Bereits im Jahre 1851 hatte Stokes die prinzipielle Übereinstimmung der inneren R. in Flüssigkeiten mit der in Gasen nachgewiesen. Die Korrektur der allgemeinen Bewegungsgleichungen (Eulersche Gleichungen), die vor Stokes schon 1828 von Claude Navier und 1831 von Siméon-Denis Poisson versucht worden war, führte zu experimentell gut verifizierbaren Resultaten (→ Hydrodynamik). Das „Stokessche Gesetz" gibt den Spezialfall der Sinkgeschwindigkeit einer Kugel in einem viskosen Medium wider.

Für die technische Entwicklung höchst bedeutsam wurde gegen Ende des 19. Jh.s die Erkenntnis, daß auch die Erscheinungen der Gleitlagerreibung durch die Gesetze der inneren R. beherrscht werden. In seiner „Neuen Theorie der Reibung" vertrat 1883 der russische Ingenieur und Physiker Nikolai Petrow als einer der ersten diese Auffassung, die schließlich zur hydrodynamischen Theorie der Schmiermittel führen sollte. Hierbei haben sich neben Petrow insbesondere die Engländer Beauchamp Tower mit dem experimentellen Nachweis des hydrodynamischen Druckes in der Schmierschicht (1883) und Osborne Reynolds mit der mathematisch-theoretischen Erfassung des Druckverlaufs (1886) verdient gemacht. Eine mathematisch übersichtliche und leichter zugängliche Theorie, die in Abhängigkeit von der Zapfengeschwindigkeit im Gleitlager den Verlauf der Reibungs- und Druckverhältnisse beschreibt, entwickelte 1904 Arnold Sommerfeld. Damit war der Weg zu einer praktischen Anwendung der Theorie gewiesen, wie Anthony Michell bereits im folgenden Jahr darlegen konnte.

Quellen: Jean le Rond d'Alembert, Marie-Jean-Antoine de Condorcet et Charles Bossut, Nouvelles expériences sur la résistence des fluides. Paris 1777; Charles-Augustin de Coulomb, Expériences destinées à déterminer la cohérence des fluides et les lois de leur résistance dans les mouvements très-lents. In: Mémoires de l'Institut National des Sciences et des Arts. Tome 3, 1800; Gotthilf Heinrich Hagen, Jean Louis Poiseuille, Eduard Hagenbach: Drei Klassiker der Strömungslehre (= Ostwalds Klassiker. Nr 237). Leipzig 1933; George Gabriel Stokes, On the theory of the internal friction of fluids in motion etc. (1845). In: Ders., Mathematical and physical papers. 5 Bde. Cambridge 1880–1905 (Neudruck New York 1966), Bd 1, S. 75–129; ders., On the effect of the internal friction of fluids on the motion of pendulums (1851). Ebd. Bd 3, S. 1–141; Oskar Emil Meyer, Über die Reibung der Flüssigkeiten. In: Annalen der Physik. Bd 113, 1861, S. 55, 193, 383; Nikolai Petrow, Osborne Reynolds, Arnold Sommerfeld,

Anthony Michell, Abhandlungen über die hydrodynamische Theorie der Schmiermittelreibung (= Ostwalds Klassiker. Nr 218). Leipzig 1927.
L. S.

Reis, Johann Philipp (* 7. Januar 1834 in Gelnhausen bei Frankfurt a. M., † 14. Januar 1874 in Friedrichsdorf bei Homburg v. d. H.). Als Sohn eines Bäckers geboren, fehlten dem späteren Pionier des Fernsprechwesens die Mittel zum Studium der Naturwissenschaften. So wurde R. Lehrling in einem Farbengeschäft — und Autodidakt in seinen Lieblingsfächern, der Mathematik, der Physik und den Sprachen. Nachdem er seine Studien bei Rudolph Böttger und Adolph Poppe in Frankfurt vertieft hatte, trat er 1858 als Lehrer der Naturwissenschaften in die Garniersche Privatschule in Friedrichsdorf ein.

Hier vermochte er sich schrittweise der Verwirklichung seiner großen Idee zu nähern, die ihn schon als Achtzehnjährigen beschäftigt hatte, „die Tonsprache selbst durch Hilfe des galvanischen Stromes direkt in die Ferne mitzuteilen". Während R. den von Wilhelm Wertheim und anderen untersuchten Effekt des Tönens eines Eisenstabes in einer stromdurchflossenen Drahtrolle für den Bau eines „Empfängers" nutzen konnte, fehlte ihm zunächst noch ein geeigneter „Geber", der akustische Impulse in elektrische umzusetzen vermochte. Hierzu studierte er eingehend die Mechanik des menschlichen Ohres. Das führte ihn nach seinem eigenen Bekenntnis schließlich zu einer Lösung des Problems: „Durch meinen Physikunterricht dazu veranlaßt, griff ich im Jahre 1860 eine schon früher begonnene Arbeit über die Gehörwerkzeuge wieder auf und hatte bald die Freude, meine Mühe durch Erfolg belohnt zu sehen, indem es mir gelang, einen Apparat zu erfinden, durch welchen es möglich wird, die Funktionen der Gehörwerkzeuge klar und anschaulich zu machen, mit welchem man aber auch Töne aller Art durch den galvanischen Strom in beliebiger Entfernung reproduciren kann. Ich nannte das Instrument ‚Telephon'."

Das Kernstück seines verbesserten Telephons — eine Vorform hatte er bei seinem denkwürdigen Vortrag „Über Telephonie durch galvanischen Strom" am 26. Oktober 1861 im Physikalischen Verein zu Frankfurt vorgestellt — bestand aus einem Holzwürfel mit einer konischen Bohrung, deren kleinere Austrittsöffnung von einer Membran aus Schweinsdünndarm überspannt war. In der Mitte der Membran hatte R. ein kleines Platinplättchen aufgeklebt, das mit dem Empfänger über ein galvanisches Element verknüpft war, während er einen auf dem Plättchen aufliegenden Platindraht — gleichsam das Gehörknöchelchen seines Apparates — unmittelbar mit dem Empfänger verbunden hatte. Mit diesem Apparat gelang es R., Töne verschiedener Instrumente, „ja bis zu einem gewissen Grade die menschliche Stimme zu reproduzieren", wie Zeitgenossen glaubhaft bekundeten. Das Aufsehen, das R. hiermit erregte — sogar Kaiser Franz Joseph und König Max von Bayern ließen sich 1863 in Frankfurt von R. das Telephon vorführen — ging indessen nicht über eine allgemeine Neugier für technische Kuriositäten hinaus. Die Fachgelehrten hielten sich größtenteils zurück; Poggendorff verweigerte den Abdruck eines Aufsatzes von R. in den Annalen der Physik, weil er die Erfindung für eine Spielerei hielt. Erst die erfolgreiche Vorführung seiner Erfindung auf der Naturforscher-Versammlung in Gießen (1864) brachte einige wissenschaftliche Anerkennung.

Um den Physikern die Wiederholung der „interessanten Experimente über Tonreproduction auf entfernten Stationen" zu ermöglichen, baute er jetzt mit dem Mechaniker Wilhelm Albert in Frankfurt Geräte zum Verkauf. Sie fanden jedoch nur geringen Absatz, zumal sie — technisch noch sehr mangelhaft — nur mit viel Geschick bedient werden konnten. Da R. nicht erkannte, daß der Strom durch die Schwingungen der Membran nicht unterbrochen werden, sondern nur im Rhythmus der Schwingungen schwanken darf, kam er bei seinen weiteren Arbeiten zu keiner wesentlichen Verbesserung seiner Erfindung.

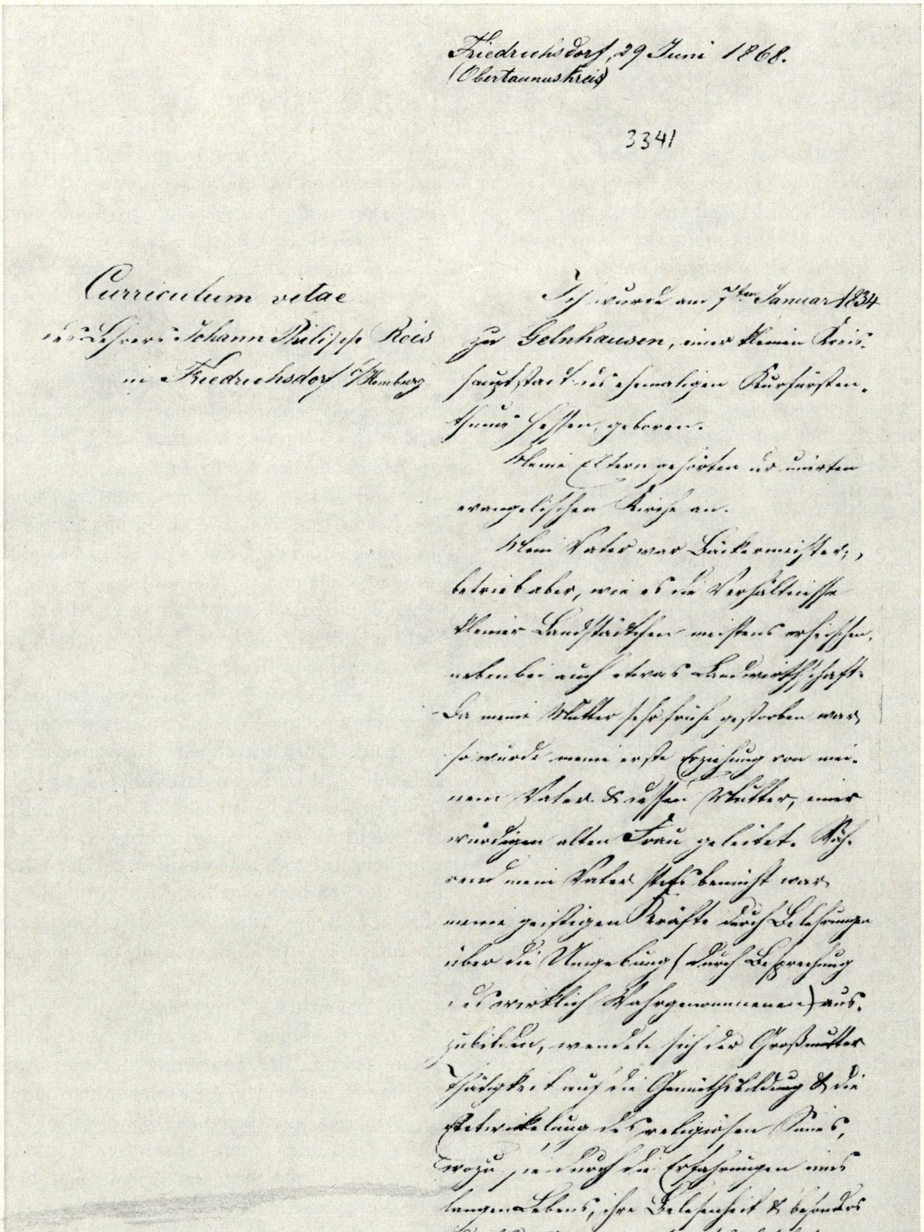
Friedrichsdorf, 29 Juni 1868.
(Obertaunuskreis)

3341

Curriculum vitae
des Herrn Johann Philipp Reis
in Friedrichsdorf b/Homburg

Ich wurde am 7ten Januar 1834
zu Gelnhausen, einer kleinen Kreis-
hauptstadt des ehemaligen Kurfürsten-
thums Hessen, geboren.
Meine Eltern gehörten der unirten
evangelischen Kirche an.
Mein Vater war Bäckermeister,
betrieb aber, wie es die Verhältnisse
kleiner Landstädtchen mit sich bringen,
nebenbei auch etwas Landwirthschaft.
Da meine Mutter sehr früh gestorben war,
so wurde meine erste Erziehung von mei-
nes Vaters & dessen Mutter, einer
würdigen alten Frau geleitet. Wäh-
rend mein Vater stets bemüht war
meine geistigen Kräfte durch Belehrungen
über die Umgebung (durch Beobachtung
u. wirklich Wahrgenommenes) aus-
zubilden, wandte sich der Großmutter
Thätigkeit auf die Gemüthsbildung & die
Entwicklung des religiösen Sinnes,
wozu sie durch die Erfahrungen eines
langen Lebens, ihre Belesenheit & besonders
durch die Gabe zu erzählen sehr befähigt war.

Abb. 44. Handschrift von Johann Philipp Reis. Erste Seite seines Lebenslaufs. 29. Juni 1868

Es entbehrt nicht der persönlichen Tragik, daß der Begründer der elektrischen Telephonie, der seine Schaffenskraft in den Dienst der Übertragung der Sprache gestellt hatte, in den letzten, von der Tuberkulose gezeichneten Monaten seines kurzen Lebens der Sprache selbst nicht mehr mächtig war.

Genau zwei Jahre später meldete der Professor für Vokalphysiologie an der Universität Boston, Graham Bell, ein Übertragungsgerät zum Patent an, von dem dann die Fernsprechtechnik ihren eigentlichen Ausgang nahm.

Werk: Telephonie durch den galvanischen Strom. In: Jahresbericht 1860–61 d. Physikal. Vereins zu Frankfurt.

Literatur: Über Fortpflanzung der Töne auf willkürlich weite Entfernungen, mit Hülfe der Elektricität (Telephonie). In: Dinglers Polytechnisches Journal. Bd 168, 1863, S. 185–187; Über die Reproduction von Tönen auf elektro-galvanischem Wege. Ebd. Bd 169, 1863, S. 23–29; Silvanus P. Thompson, Ph. R., inventor of the telephone. London 1883; Paul Adolf Kirchvogel, Ph. R. 1834–1874, Pionier des Fernsprechwesens. In: Lebensbilder aus Kurhessen. Bd 2, 1940, S. 329–334; Rudolf Eger, Genie ohne Erfolg. Zürich 1957, S. 143–169; Karl Gundlfinger, J. Ph. R. In: Jahresbericht d. Physikal. Vereins zu Frankfurt. Jg 136, 1961, S. 3 bis 12. L. S.

Relativitätstheorie (1). Die klassische Physik, wie sie um die Wende zum 20. Jh. vorlag, bestand im wesentlichen aus der Maxwell-Hertzschen Elektrodynamik und der (klassischen) Mechanik. Die beiden Hauptgebiete standen, nach den heutigen gruppentheoretischen Kriterien beurteilt, miteinander in Widerspruch, der sich zunächst nur bei den vergeblichen Bemühungen bemerkbar machte, eine Elektrodynamik bewegter Körper aufzustellen.

1892 und 1895 kam Hendrik Antoon Lorentz zu der (noch auf Größen 1. Ordnung in v/c beschränkten) Erkenntnis, daß die Erscheinungen bei einer gemeinsamen Bewegung von Materie und Beobachter gegen den Äther wie im Falle der Ruhe ablaufen. Um das Ergebnis des Michelson-Versuches zu erklären, nahm Lorentz an, daß alle Körper bei einer Translation ihre Dimensionen verändern (Lorentz-Kontraktion). Nachdem Joseph Larmor schon im Jahre 1900 die heute sog. Lorentz-Transformationen für Raum und Zeit aufgestellt hatte, übertrug Lorentz 1904 die Transformationsformeln auf die elektrodynamischen Größen, kam allerdings noch nicht zu ganz richtigen Ergebnissen. Lorentz betrachtete daher das „ruhende" und das „bewegte System" als nur angenähert gleichwertig. Die Kontraktion suchte er durch das Auftreten von Kräften kausal zu verstehen. Kurz darauf gelang Henri Poincaré die mathematische Bewältigung des Problems. Er setzte die Maxwellschen Gleichungen als richtig voraus und leitete die Transformationsformeln für Raum und Zeit wie für alle elektrischen und magnetischen Größen ab. Ohne Kenntnis dieser Arbeit und ohne Kenntnis der Lorentzschen Publikation von 1904 fand Albert Einstein die physikalische, d. h. die grundlegende erkenntnistheoretische Lösung.

Einstein verband miteinander zwei einfach zu formulierende Prinzipien: erstens das letzten Endes auf Christiaan Huygens zurückgehende klassische Relativitätsprinzip, d. h. das Prinzip des Unvermögens, zwischen Ruhe und gleichförmiger Geschwindigkeit zu unterscheiden, und zweitens das Prinzip der Gleichheit der Lichtgeschwindigkeit für alle Beobachter. Beide Aussagen stellte Einstein als Postulate an die Spitze, woraus die ganze Spezielle R. folgte.

Ein wesentliches Ergebnis war die Revision des traditionellen Raum- und Zeitbegriffes: Isaac Newton, der Begründer der klassischen Mechanik, hatte in den „Philosophiae naturalis principia mathematica" von einer absoluten Zeit und einem absoluten Raum gesprochen: Dieser Art von Absolutheit bereitete die Spezielle R. ein Ende. Ein geeichter Meterstab hat für einen schnell bewegten Beobachter nicht mehr die Länge ein Meter, sondern die Messung zeigt eine Verkürzung je nach der Geschwindigkeit. Ein Körper, der in bezug auf einen Beobachter ruht und diesem als kugelförmig erscheint, ist für einen bewegten Beobachter, nach den gleichen Vorschriften ausgemessen, ein abgeplattetes Rotationsellipsoid. Wenn Geschwindigkeiten zusammengesetzt werden, gilt nicht mehr die einfache Addition oder Subtraktion, sondern ein kompliziertes „Additionstheorem". Aus diesem folgt insbesondere, daß die Zusammensetzung jeder gewöhnlichen Geschwindigkeit mit der Lichtgeschwindigkeit wieder die Lichtgeschwindigkeit ergibt. Die dem anschaulichen Denken scheinbar paradoxen Ergebnisse erläuterte Einstein in eleganten Gedankenversuchen.

Aus seiner Mitte 1905 vorgelegten Speziellen R. zog Einstein wenige Monate später mit der berühmten Formel $E = mc^2$ den Schluß auf die allgemeine → Energie-Masse-Äquivalenz. Die S. R. hob die Geltung des bisherigen Satzes von der Erhaltung der Energie auf; an ihre Stelle trat nun ein verallgemeinerter Erhaltungssatz der Energie, bei dem die Ruhemasse der Energie hinzugerechnet wird. Wie Einstein schon 1906 entdeckte, kann sich die Massenveränderung durch Energieumsetzungen nicht bei chemischen, sondern erst bei kernchemischen Reaktionen bemerkbar machen. 1907 schlug Einstein vor, aus der Differenz des Atomgewichtes eines radioaktiv zerfallenden Atoms M und der Summe der Atomgewichte der Endprodukte Σm die freiwerdende Energie zu berechnen. Durch Vergleich mit den durch Messung erhaltenen Werten mußte es dann nach Einstein möglich sein, die Gültigkeit der Energie-Masse-Äquivalenz zu prüfen: „Ob die Methode mit Erfolg angewendet werden kann, hängt in erster Linie davon ab, ob es radioaktive Reaktionen gibt, für welche $(M - \Sigma m)/M$ nicht allzu klein gegen 1 ist." Damit war schon 1907 – zunächst lediglich aus Gründen der Meßtechnik – die Aufmerksamkeit auf Reaktionen gelenkt, bei denen der relative Massendefekt einen möglichst hohen Betrag besitzt. Als Maß für die Stabilität des Atomkerns spielt heute diese Größe eine wichtige Rolle in der Kernphysik und ihren technischen Anwendungen (→ Atomenergie).

Die wohl erste Reaktion auf diese Veröffentlichungen Einsteins war das Referat Plancks im Berliner Physikalischen Kolloquium zu Anfang des Wintersemesters 1905/06. Zum erstenmal zitiert wurde Einstein ebenfalls von Planck, und zwar im Aufsatz „Prinzip der Relativität", dem ein Vortrag in der Sitzung der Deutschen Physikalischen Gesellschaft vom 23. März 1906 zugrunde lag. Seither warb Planck in vielen Vorträgen und Publikationen um Verständnis. Als → Walter Kaufmann aus seinen Messungen über die Ablenkung von Kanalstrahlen in parallelen elektrischen und magnetischen Feldern eine Widerlegung der Einsteinschen Theorie herauslesen wollte, mahnte Planck zur Vorsicht gegenüber einer allzu schnellen Interpretation dieser Experimente. Zweifellos ist es hauptsächlich sein Verdienst, daß sich die Spezielle R. in einem kleinen, aber entscheidenden Kreis von Physikern und Mathematikern in Deutschland endgültig durchsetzen konnte.

Bei der Anerkennung spielten die Experimente eine verhältnismäßig nebensächliche Rolle. Die empirische Hauptstütze war der Versuch von → Michelson und Morley; immerhin gelang es 1907 dem Planck-Schüler Max von Laue, den von Armand-Hippolyte Fizeau 1851 experimentell bestätigten Fresnelschen Mitführungskoeffizienten aus dem Einsteinschen Additionstheorem abzuleiten. Das Hauptargument für die Richtigkeit der Speziellen R. waren die Transformationseigenschaften, die Hermann Minkowski am 21. September 1908 in seinem berühmten Vortrag über „Raum und Zeit" auf der Kölner Naturforscherversammlung ins helle Licht rückte.

Literatur → Relativitätstheorie (2).

Relativitätstheorie (2). Durch die Spezielle R. war die Gleichwertigkeit aller Koordinatensysteme erwiesen, die sich gegeneinander mit gleichförmiger Geschwindigkeit bewegen. Gibt es, stellte sich Albert Einstein die Frage, „nicht eine weitergehende Gleichwertigkeit der Koordinatensysteme?" Schon im Jahre 1907 fand er im Satz von der

Gleichheit (bzw. strengen Proportionalität) von schwerer und träger Masse den Ausgangspunkt zur Verallgemeinerung der Speziellen R.: „Wir denken uns einen geräumigen Kasten von der Gestalt eines Zimmers; darin befinde sich ein mit Apparaturen ausgestatteter Beobachter. In der Mitte der Kastendecke sei außen ein Haken mit Seil befestigt und an diesem fange nun ein Wesen von uns gleichgültiger Art mit konstanter Kraft zu ziehen an. Dann beginnt der Kasten samt dem Beobachter in gleichförmig beschleunigtem Fluge nach ‚oben' zu fliegen.

Wie beurteilt aber der Mann im Kasten den Vorgang? Die Beschleunigung des Kastens wird vom Boden desselben durch Gegendruck auf ihn übertragen. Er muß also diesen Druck mittels seiner Beine aufnehmen, wenn er nicht seiner ganzen Länge nach den Boden berühren will. Er steht dann im Kasten genau wie einer in einem Zimmer eines Hauses auf unserer Erde steht. Läßt er einen Körper los, den er vorher in der Hand hatte, so wird auf diesen die Beschleunigung des Kastens nicht mehr übertragen, der Körper wird sich daher in beschleunigter Relativbewegung dem Boden des Kastens nähern ... Der Mann im Kasten wird also zu dem Ergebnis kommen, daß er samt dem Kasten sich in einem ziemlich konstanten Schwerefeld befinde."

Dieser Gedankenversuch spielte für Einstein eine große Rolle. Wenn im Sonderfall eines homogenen Gravitationsfeldes Schwere und Trägheit nur verschiedene Ausdrucksweisen für ein- und denselben physikalischen Sachverhalt sind, dann wird das, so lautete Einsteins Hypothese, auch allgemein gelten: „In einem homogenen Gravitationsfeld gehen alle Bewegungen so vor sich wie bei Abwesenheit eines Gravitationsfeldes in bezug auf ein gleichförmig beschleunigtes Koordinatensystem. Galt dieser Satz für beliebige Vorgänge („Äquivalenzprinzip"), so war dies ein Hinweis darauf, daß das Relativitätsprinzip auf ungleichförmig gegeneinander bewegte Koordinatensysteme erweitert werden mußte, wenn man zu einer ungezwungenen Theorie des Gravitationsfeldes gelangen wollte. Solcherlei Überlegungen beschäftigten mich 1908 bis 1911."

1912 fand Einstein, daß nicht den Koordinaten bzw. den Koordinatendifferentialen, sondern der Metrik eine physikalische Bedeutung zukommt, und gewann die „Erkenntnis der nicht-euklidischen Natur der Metrik und der physikalischen Bedingtheit derselben durch die Gravitation". Bei der Bewältigung der mathematischen Schwierigkeiten erhielt Einstein Hilfe von seinem Freunde Marcel Grossmann und gelangte bereits gegen Ende 1912 zu den (fast) richtigen Feldgleichungen der Gravitation. Da in der neuen Theorie das Newtonsche Gravitationsgesetz als Näherung enthalten sein muß, versuchte Einstein die Ableitung, kam aber durch einen Irrtum zum gegenteiligen Ergebnis. So sah er sich gezwungen, die Ausgangsgleichungen zu verwerfen.

Neu aufgestellte Feldgleichungen widerlegte Einstein durch mühevolle Rechnungen im Laufe des Jahres 1915: „Nachdem so jedes Vertrauen in Resultate und Methode der früheren Theorie gewichen war, sah ich klar, daß nur durch einen Anschluß an die allgemeine Kovariantentheorie, d. h. an Riemanns Kovariante, eine befriedigende Lösung gefunden werden konnte. Die letzten Irrtümer in diesem Kampfe habe ich leider in den Akademie-Arbeiten ... verewigt. Das endgültige Ergebnis ist folgendes.

Die Gleichungen des Gravitationsfeldes sind allgemein kovariant. Ist (ik, lm) der Christoffel'sche Tensor vierten Ranges, so ist

$$G_{im} = \sum_{kl} g^{kl} (i\,k, l\,m)$$

ein symmetrischer Tensor zweiten Ranges. Die Gleichungen lauten

$$G_{im} = -\varkappa (T_{im} - \tfrac{1}{2} g_{im} \sum_{\alpha\beta} g^{\alpha\beta} T_{\alpha\beta}) \ldots$$

Es ist natürlich leicht, diese allgemein kovarianten Gleichungen hinzusetzen, schwer aber, einzusehen, daß sie Verallgemeinerungen von Poissons Gleichungen sind, und nicht leicht, einzusehen, daß sie den Erhaltungssätzen Genüge leisten.

Man kann nun die ganze Theorie eminent vereinfachen, indem man das Bezugssystem so wählt, daß $\sqrt{-g}=1$ wird. Dann nehmen die Gleichungen die Form an,

$$-\sum_{l} \frac{\partial \left\{ {im \atop l} \right\}}{\partial x_l} + \sum_{\alpha\beta} \left\{ {i\,\alpha \atop \beta} \right\} \left\{ {m\,\beta \atop \alpha} \right\} = -\varkappa \left(T_{im} - \tfrac{1}{2} g_{im} T \right) \ldots$$

Den Schlüssel zu dieser Lösung lieferte mir die Erkenntnis, daß nicht $\sum g^{l\alpha} \frac{\partial g_{\alpha i}}{\partial x_m}$, sondern die damit verwandten Christoffel'schen Symbole $\left\{ {i\,m \atop l} \right\}$ als natürlicher Ausdruck für die „Komponente" des Gravitationsfeldes anzusehen ist. Hat man dies gesehen, so ist die obige Gleichung denkbar einfach, weil man nicht in Versuchung kommt, sie behufs allgemeiner Interpretation umzuformen durch Ausrechnen der Symbole.

Das Herrliche, was ich erlebte, war nun, daß sich nicht nur Newtons Theorie als erste Näherung, sondern auch die Perihelbewegung des Merkur (43″ pro Jahrhundert) als zweite Näherung ergab. Für die Lichtablenkung an der Sonne ergab sich der doppelte Betrag wie früher" (Abb. S. 79).

Im November 1915 war es Einstein nach mancherlei Irrtümern endlich gelungen, die Feldgleichungen der Gravitation zu finden. „Von der allgemeinen Relativitätstheorie werden Sie überzeugt sein, wenn Sie dieselbe studiert haben werden. Deshalb verteidige ich sie Ihnen mit keinem Wort", schrieb er an Arnold Sommerfeld. Von vornherein glaubte also Einstein an die Richtigkeit der Theorie. Tatsächlich erwies sich diese als zwar mathematisch außerordentlich schwierig; aber die zugrunde liegenden physikalischen Gedanken waren von großer Einfachheit und Klarheit.

Als wichtiges Indiz sprach für die Theorie der Umstand, daß es Einstein gelungen war, aus seinen Gleichungen als erste Näherung das Newtonsche Massenanziehungsgesetz abzuleiten. Da das Newtonsche Gesetz als richtig angesehen werden konnte, jedenfalls gerade in dieser ersten Näherung, so galten alle Argumente für Newton ebenso auch für Einstein. Schon frühzeitig hatte sich Einstein über Effekte zweiter Näherung Gedanken gemacht; diese Naturerscheinungen sollten es dann ermöglichen, zwischen den beiden Theorien zu entscheiden. Seit 1911 fand Albert Einstein in dem jungen Astronomen Erwin Freundlich einen Gesprächspartner für diese Probleme. Es ergab sich, daß für eine Prüfung drei Effekte in Frage kamen: die Drehung der Merkurellipse, die astronomisch beobachtet, aber bisher noch nicht erklärt worden war, und zwei noch unentdeckte Phänomene: die Ablenkung des Lichtes durch große Massen, insbesondere durch die Sonne, und die Rotverschiebung des von den Sternen ausgesandten Lichtes, die sich bei charakteristischen Spektrallinien nachweisen lassen sollte.

Schon Ende 1915 hatte Einstein aus seiner Theorie errechnet, daß sich tatsächlich eine Drehung der Merkurellipse ergibt, und zwar genau der von den Astronomen beobachtete kleine Wert von 43 Bogensekunden pro Jahrhundert. Die beiden anderen Phänomene aufzufinden, schien außerordentlich schwierig. Die Lichtablenkung durch die Sonne sollte dazu führen, daß am Sonnenrand stehende Fixsterne eine (sehr kleine) scheinbare Verschiebung von 1,75 Bogensekunden zeigen. Da die Sonne das schwache Sternenlicht weit überstrahlt, läßt sich die Erscheinung nur bei einer totalen Sonnenfinsternis beobachten. Auf Betreiben von Sir Arthur Eddington wurden in England zwei Expeditionen zur Beobachtung der am 29. Mai 1919 in den Tropen stattfindenden totalen Sonnenfinsternis ausgesandt, eine nach Nordbrasilien, eine auf die portugiesische Insel Principe an der afrikanischen Küste. Es erregte ungeheures Aufsehen, als diese Expeditionen offenbar eine Bestätigung der von der Einsteinschen Theorie geforderten Verschiebung der Fixsternorte erbrachten und dieses Ergebnis in einer feierlichen Sitzung der Royal Society am 6. November 1919 verkündet wurde. Das

Gravitationsgesetz Isaac Newtons, das 200 Jahre lang, praktisch seit Begründung der neuzeitlichen Physik, gegolten hatte, war durch eine überlegene Theorie ersetzt worden.

Von einer endgültigen experimentellen Bestätigung der A. R. kann auch heute, nach über fünfzigjährigen Bemühungen, noch nicht gesprochen werden. Jedenfalls stimmen die gemessenen Werte aller drei Effekte **beinahe** mit der Vorhersage überein. Auch Skeptiker nehmen deshalb an, daß die Einsteinsche Theorie wenigstens in den Grundvoraussetzungen richtig ist.

Quellen: H. A. Lorentz, A. Einstein, H. Minkowski, Das Relativitätsprinzip. Eine Sammlung von Abhandlungen. [6]Darmstadt 1958; Albert Einstein, Über die spezielle und die allgemeine R. [17]Braunschweig 1956; ders., Vier Vorlesungen über R. [4]Braunschweig 1960; Max von Laue, Die Relativitätstheorie. 2 Bde. [5]Braunschweig 1952/1965; Erwin Freundlich, Die Grundlagen der Einsteinschen Gravitationstheorie. [4]Berlin 1920; Max Born, Die R. Einsteins und ihre physikalischen Grundlagen. Berlin 1921.

Literatur: Johann Jacob Laub, Über die experimentellen Grundlagen des Relativitätsprinzips. In: Jahrbuch der Radioaktivität und Elektronik. Bd 7, 1910, S. 405–463; Wolfgang Pauli, Relativitätstheorie (= Encyklopädie der Mathematischen Wassenschaften. Band 5.19). Leipzig und Berlin 1921; Albert Einstein, Einiges über die Entstehung der Allgemeinen Relativitätstheorie. In: Albert Einstein, Mein Weltbild (= Ullstein Buch. Nr 65). Berlin 1959, S. 134–138; Edmund Whittaker, A history of the theories of aether and electricity. Vol. 2. London 1953; Gerald Holton, Einstein, Michelson, and the crucial experiment. In: Isis. Vol. 60. 2, 1969, S. 133 bis 197; Stanley Goldberg, The early response to Einstein's Special Theory of Relativity. Harvard Univ. Diss. Cambridge, Mass. 1968; Josef Wagner, Was Einstein wirklich sagte. Wien 1970; Pascual Jordan, Albert Einstein. Sein Lebenswerk und die Zukunft der Physik. Frauenfeld 1969; Stanley Goldberg, In defense of ether: the British response to Einstein's Special Theory of Relativity, 1905–1911. In: Historical Studies in the Physical Sciences. Vol. 2, 1970, S. 89–125.

Bibliographie: Maurice Lecat, Bibliographie de la Relativité. Bruxelles 1924.

Reynolds, Osborne (* 23. August 1842 in Belfast, † 21. Februar 1912 in Watchet/Somerset). Wohl nicht zu Unrecht bezeichnen Engländer O. R. als einen ihrer vielseitigsten und erfolgreichsten Vertreter der theoretischen und experimentellen Ingenieurwissenschaften, verbanden sich in ihm doch tiefe mathematische Kenntnisse mit dem sicheren Erfassen physikalischer Vorgänge im anschaulichen Experiment. Das ermöglichte ihm u. a. – über hundert Jahre nach den grundlegenden Arbeiten Leonhard Eulers zur Hydromechanik – die Begründung der Theorie von der turbulenten Strömung, mit der sein Name für immer verknüpft ist (R.sches Ähnlichkeitsgesetz, R.sche Gleichungen, R.sche Zahl).

Seine Ausbildung in der Mathematik erhielt R. in Cambridge, wo er 1867 graduiert wurde. Bereits ein Jahr darauf erhielt er den am Owens College in Manchester (später Victoria University) neugegründeten Lehrstuhl für Ingenieurwissenschaften, den er dann bis 1905 innehatte. Hier entfaltete er neben seinen umfangreichen Forschungsarbeiten eine vielbeachtete Lehrtätigkeit, die ihm eine Anzahl begabter Schüler zuführte, darunter den späteren Entdecker des Elektrons, Joseph John Thomson.

Im Anschluß an Studien zum Schiffsantrieb ermittelte R. um 1875 die Bedingungen für Versuche an Schiffsmodellen. Zur Erforschung der Wirbelbildung umströmter Körper wandte er bereits um 1877 die später noch weiter entwickelte Methode an, Wirbel mittels partieller Einfärbung des strömenden Mediums (Injektion von Tinte in Wasser) sichtbar zu machen. Obwohl schon Gotthilf Hagen die Existenz zweier Strömungszustände (laminar und turbulent) aufgezeigt und Hermann von Helmholtz Bedingungen für die mechanische Ähnlichkeit des Trägheits- mit dem Zähigkeitseinfluß bei realen Flüssigkeiten formuliert hatte, brachte doch erst die Einführung eines Ähnlichkeitsparameters (R.sche Zahl) durch R. (1883) den entscheidenden Fortschritt bei der systematischen Untersuchung technischer Strömungsvorgänge. R. vermochte experimentell zu zeigen, daß der Umschlag einer laminaren Rohrströmung in eine turbulente sowohl von der Strömungsgeschwindigkeit (v) als tatsächlich auch vom Rohrdurchmesser (d) und der Beschaffenheit der Flüssigkeit (Dichte ϱ und dynamische Zähigkeit η) abhängt, wofür er später auch eine kritische Größe des Parameters angab (Definition: $Re = \frac{\varrho \cdot d \cdot v}{\eta}$).

Durch Anwendung und Erweiterung der Navier-Stokesschen Bewegungsgleichungen fand er 1886 wichtige Ergebnisse zum Problem der Schmiermittelreibung (→ Reibung). Hierauf baute u. a. Arnold Sommerfeld 1904 mit seiner allgemeinen Theorie der Gleitlagerreibung auf. R. arbeitete darüber hinaus erfolgreich auf vielen anderen Gebieten, so etwa in der angewandten Mechanik bei der Verbesserung von Pumpen und Turbinen, in der Elektrophysik und in der Thermodynamik bei der Entwicklung und dem Betrieb einer Versuchs-Dampfmaschine.

Werke: Papers on mechanical and physical subjects. 3 Vols. Cambridge 1900–1903.

Literatur: The late Dr. O. R. In: Engineering. Vol. 93, 1912, S. 294–295; Alfred Herbert Gibson, O. R. and his work in hydraulics and hydrodynamics. London 1946; Steven G. Brush und C. W. F. Everett, Maxwell, O. R., and the radiometer. In: Historical Studies in the Physical Sciences. Vol. 1, 1969, S. 105–125. L. S.

Richardson, Owen Willans (* 26. April 1879 in Dewsbury, England, † 5. Februar 1959 in Alton, England). R. war Schüler Joseph John Thomsons. Er untersuchte 1903 experimentell die Temperaturabhängigkeit des aus Glühelektroden austretenden Sättigungsstromes und fand unter der Annahme, daß die Elektronen aus dem Metallinnern durch einen Potentialwall verdampfen, mit Hilfe der kinetischen Gastheorie dafür eine Formel, die gut mit seinen Experimenten übereinstimmte ($i = AT^{1/2} \exp[-b/T]$ – Richardsonsche Gleichung). Im Anschluß an eigene Experimente (und solche von Harold A. Wilson) wandelte er diese Formel ab in: $i = AT^2 \exp(-b/T)$. In dieser Gestalt hat sie die Modifikation, die die Elektronengastheorie durch Einführung der Fermi-Dirac-Statistik erfuhr, überstanden. R. hat zusammen mit Fay C. Brown auch den Nachweis erbracht, daß die Glühelektronen eine Maxwellverteilung befolgen; ebenso hat er mit Karl T. Compton eine Rolle bei der experimentellen Verifizierung der Einsteinschen Beziehung beim → Photoeffekt gespielt. „Für seine Arbeiten über die Phänomene an Thermo-Ionen und besonders für die Entdeckung des nach ihm benannten Gesetzes" erhielt er 1928 den Nobelpreis für Physik. R. war seit 1906 Professor in Princeton und kehrte 1914 nach London zurück.

Literatur: William Wilson, O. W. R. 1879 to 1959. In: Biographical memoirs of fellows of the Royal Society. Vol. 5, 1959, S. 207–215; E. W. Forster, Sir O. R., F. R. S. In: Nature. Vol. 183, 1959, S. 928 f. U. H.

Riecke, Eduard (* 1. Dezember 1845 in Stuttgart, † 11. Juni 1915 in Göttingen). R. studierte am Polytechnikum in Stuttgart und an der Universität Tübingen; erst in Göttingen aber fand er in Wilhelm Weber und Friedrich Kohlrausch seine eigentlichen akademischen Lehrer. R. promovierte im Mai 1871 und erhielt schon im Juni aufgrund einer weiteren Arbeit die Venia legendi für Physik und Mathematik. 1873 wurde er zum außerordentlichen Professor, 1881 zum Ordinarius ernannt und wirkte bis zu seinem Tode an der Universität Göttingen; insgesamt hat er 45 Jahre der Georgia Augusta angehört.

Nach Arbeiten über die ältere (Webersche) Elektrodynamik, Hydrodynamik, Thermodynamik und Osmose wandte sich R. Problemen des Ladungstransportes zu. 1898 behandelte er die Elektrizitätsleitung in Metallen erfolgreich mit der Vorstellung, daß freie Elektronen vorhanden sind, die Wärmebewegungen ausführen. Wenn eine elektrische Spannung angelegt wird, bewegen sich die Elektronen bevorzugt in eine Richtung; von Zeit zu Zeit erleiden sie Zusammenstöße mit den Metallatomen. So ergibt sich eine Temperaturabhängigkeit der Leitfähigkeit. Das Modell wurde von Paul Drude weiterentwickelt und von Max Planck zur Behandlung der Metallreflexion benutzt.

R.s Interesse galt in den letzten Jahren vor allem der „Elektronik", wie nach damaligem Sprachgebrauch das Gebiet der Elektrizitätsleitung in Gasen genannt wurde. Zahlreiche Schüler, wie z. B. Johannes Stark, hat er auch zur Beschäftigung mit der Radioaktivität angeregt.

Werke: Zur Theorie des Galvanismus und der Wärme. In: Annalen der Physik. Bd 66, 1898, S. 353—389 und S. 545—581; Lehrbuch der Physik. 2 Bde. [4]Leipzig 1908.

Literatur: Woldemar Voigt, E. R. als Physiker. In: Physikalische Zeitschrift. Jg 16, 1915, S. 219—221; August Schmid, R., E., Professor der Experimentalphysik an der Universität Göttingen. In: Württembergischer Nekrolog für das Jahr 1915. Stuttgart 1919, S. 83—93.

Ritter, Johann Wilhelm (* 16. Dezember 1776 in Samitz/Schlesien, † 23. Januar 1810 in München). Bis zum 14. Lebensjahr besuchte R. die Lateinschule, anschließend war er Apothekerlehrling und Provisor in Liegnitz. 1796 immatrikulierte er sich an der Universität Jena, ging aber, seinem Naturell entsprechend, keinem geregelten Studium nach, sondern bildete sich selbständig durch Lektüre vornehmlich chemischer Werke und eigene Experimente.

Anfang 1797 wurde er vom allgemeinen Interesse am → Galvanismus erfaßt und hielt vor der Naturforschenden Gesellschaft in Jena einen Vortrag, der durch das Feuer seiner Persönlichkeit und die kühnen Kombinationen auf die Zuhörer einen nachhaltigen Eindruck machte. Dabei formulierte er im Anschluß an Alessandro Volta in klarer Weise die Bedingungen, unter denen die Wirkung der galvanischen Kette zustande kommt. Dieses Thema wurde von R. weiter bearbeitet, und zur Ostermesse 1798 legte er die erste Publikation vor, den „Beweis, daß ein beständiger Galvanismus den Lebensprozeß in dem Thierreich begleite". Im Vortrag und nachdrücklicher im Buch wies der Autodidakt darauf hin, daß die Reihenfolge der galvanischen Wirksamkeit der einzelnen Metalle mit ihrer chemischen Verwandtschaft zum Sauerstoff zusammenfällt.

Der Galvanismus hatte sich bisher nur bei Einschaltung von organischen Substanzen (Froschschenkeln etc.) bemerkbar gemacht; aufgrund seiner Auffassung von der → Analogie aller Phänomene in den drei Reichen der Natur glaubte R., daß auch „galvanische Ketten aus bloß anorg[an]ischen Körpern möglich sind". Nach R.s Vorstellung ist die Kontraktion und Expansion der Muskeln nur das sichtbare Ergebnis einer Veränderung innerer Qualitäten; diese innere „Mischungsveränderung" kann aber, so vermutete R., nur ein chemischer Prozeß sein. Instruktiv bestätigte R. in einem einfachen, aber genialen Versuch seine Hypothese: Er nahm eine Kupfermünze, ein Zinkplättchen und einen Wassertropfen. War die Kette geschlossen, so färbte sich das Wasser milchigweiß. Als Begleiterscheinung des Stromflusses wurde das Zink oxydiert. Damit zeigte R., daß chemische und galvanische Vorgänge aneinander gebunden sind.

Durch Novalis wurde Ritter in den Jenaer Romantikerkreis um die Gebrüder Schlegel eingeführt, wo der phantasievolle und jugendlich-ungestüme Autodidakt als ebenbürtiger Geist aufgenommen und einbezogen wurde. „Über Ritter soll ich Ihnen schreiben?", heißt es etwa in einem Brief von Dorothea Schlegel an Friedrich Schleiermacher: „Ich kann ihn Ihnen mit nichts vergleichen als mit einer elektrischen Feuermaschine, an der man nur die stille Künstlichkeit bewundert und eben nichts gleich wahrnimmt als das klare Wasser. Wer sie aber versteht, bringt auf den leisesten Druck eine schöne Flamme hervor. Übrigens ist er auch, wie der erste Brief in der ‚Lucinde', Schelmerei und Andacht und Essen und Gebet, alles durcheinander."

Gegenüber R.s starker Persönlichkeit war es nicht möglich, sich indifferent zu verhalten; so entwickelte sich zu Friedrich Schelling bald ein gewisses Verhältnis der Spannung. Die

Rivalität war verständlich. Bei völliger Gegensätzlichkeit der Temperamente und Charaktere richtete sich Ehrgeiz und Genie beider auf das nämliche Ziel: gegen die konventionelle empirisch-atomistische Physik eine neue dynamische Physik (→ Dynamismus) aufzubauen.

Während Schelling für die Empirie nur Verachtung besaß und eben deshalb mit seiner „spekulativen Physik“ scheiterte, baute R. seine kühnen romantischen Gedankengebäude auf ausgedehnte experimentelle Untersuchungen und wandte sich entschieden gegen Schellings Methode. In einem Brief an Johann Wolfgang von Goethe schrieb er am 25. Dezember 1800: „Ich verkenne Schellings große Tendenz nicht; ich bin ihm früh gefolgt und ehre ihn, – was kann ich aber dafür, wenn die Natur mit dem Materiellen seines Verfahrens in der Physik Ursach hat, unzufrieden zu sein! – Übrigens wird das nur auf einige Zeit unter uns gesagt bleiben. Es liegt mir lange schon am Herzen, die Physik gegen Nachteile zu schützen, die Sch[elling] selbst jetzt so genau nicht vorhersehen kann“ (→ Naturphilosophie).

In seinem Standardwerk über die Geschichte der Romantik „Die romantische Schule“ hat Rudolf Haym behauptet, R. sei „in Wahrheit ohne alle Methode“. Das ist gewiß nicht richtig. R. baute seine Überlegungen auf die ausgezeichnete Kenntnis der physikalisch-chemischen Phänomene, die er sich aus eigenen Experimenten und dem Studium der Literatur erwarb. Diese Fülle der Einzelheiten verband er durch einfache, dem Denken der Zeit entsprechende theoretische Vorstellungen, wozu vor allem die Überzeugung von der inneren Verwandtschaft aller Natur und der Kräfte in den drei Naturreichen gehörte. Eine wichtige Methode Ritters war folglich „der Gebrauch solcher Analogien“, der, wie er meinte, berechtigt ist, wenn „er nur auf eine der Würde ihrer selbst entsprechende Art geschehe“.

In Jena hatte sich R. einen ansehnlichen wissenschaftlichen Ruf geschaffen. Im Kreise der Romantiker und bei den wenigen Fachkundigen war er als Naturforscher anerkannt. Der Verleger Friedrich Frommann gewann ihn als Autor; Ende 1799 gründete R. als Zeitschrift die „Beyträge zur nähern Kenntniß des Galvanismus“. Hier betonte er seine schon an den Versuchen mit der einfachen Zink-Kupfer-Kette gewonnene und durch viele Experimente bestätigte Überzeugung, daß galvanische Vorgänge immer an Oxydation und Reduktion gebunden sind, und wurde damit zum Begründer der Elektrochemie. Sein Schüler Hans Christian Oersted, von R.s Freunden nach dem Tode von Novalis der „festeste, treueste und wissenschaftlich ehrlichste“, nannte R. deshalb den „Schöpfer der neueren Chemie“.

1802 entdeckte R. am violetten Ende des Spektrums die → Ultraviolettstrahlen, stellte das heute sog. → Voltasche Spannungsgesetz auf und erfand, ebenfalls noch im gleichen Jahr, die Trockensäule. 1803 konstruierte er mit der Ladungssäule die Vorform des Akkumulators. R. glückte eine große Anzahl von weiteren Entdeckungen; viele von ihnen blieben fast unbeachtet. Die unsystematische Arbeitsweise, die weitschweifige Form der Darstellung, der einer romantischen Prosa ähnliche Stil und vor allem die an die bekämpfte Naturphilosophie erinnernden üppigen Spekulationen ließen die Kollegen zunehmend Mißtrauen gegen R. und seine Resultate empfinden.

Im Herbst 1804 erhielt R. endlich die ersehnte feste Anstellung; es erreichte ihn die ehrenvolle Berufung an die Bayerische Akademie der Wissenschaften nach München. Unter dem Einfluß des Theosophen Franz Xaver von Baader und aus eigener Neigung wandte er sich hier der Erforschung der „unterirdischen Elektrometrie“, der Rutengängerei, zu. Anfang 1807 holte er aus Oberitalien einen jungen Bauernsohn als „Medium“, mit dem er unverzüglich ausgedehnte Wünschelrutenversuche begann. Sogleich auch faßte R. die komplexen Phänomene in ein großes System der Naturkräfte zusammen: „Siderismus bleibt sein Name, denn wirklich ist es nur der Sternenlauf, der sich in allen jenen sonderbaren Bewegungen von Baguetta, Pendel ... usw. wiederholt ..."

Von der Bayer. Akademie und den Fachkollegen wurden R.s Versuchsergebnisse und -interpretationen mit Mißtrauen aufgenommen; sein wissenschaftlicher Ruf, der schon ernstlich gelitten hatte, war nun fast vollständig zerstört. In seinen letzten Lebensjahren strebte R. stärker als je nach einem großen System der Natur; aber er verzehrte und verzettelte sich an den vielen Problemen, die er sich, im Leben wie in der Arbeit, aufbürdete.

Werke: Physisch-Chemische Abhandlungen in chronologischer Folge. 3 Bde. Leipzig 1806; Die Begründung der Elektrochemie und Entdeckung der ultravioletten Strahlen (= Ostwalds Klassiker. Neue Folge. Bd 2). Frankfurt 1968 (hier Bibliographie der Originalschriften und Briefausgaben S. 101–105).

Briefe: Briefe eines romantischen Physikers. J. W. R. an Gotthilf Heinrich Schubert und an Karl von Hardenberg. München 1966 (hier Bibliographie der Sekundärliteratur S. 62–64).

Literatur: Rudolf Haym, Die romantische Schule. Berlin 1870, S. 612–619; Hans Schimank, J. W. R., der Begründer der wissenschaftlichen Elektrochemie. Ein Lebensbild aus dem Zeitalter der Romantik. In: Deutsches Museum. Abhandl. u. Berichte. Jg 5, 1933, S. 175–203; Armin Hermann, J. W. R. Eine Biographie. In: J. W. R., Die Begründung der Elektrochemie ... Frankfurt 1968, S. 7–21; Kurt Poppe, Über das wissenschaftliche Leben J. W. R.s. In: J. W. R., Fragmente aus dem Nachlaß eines jungen Physikers (Auswahl). Stuttgart 1968, S. 81 bis 113.

Römer, Olaus (* 25. September 1644 in Aarhus, † 19. September 1710 in Kopenhagen). R. studierte in Kopenhagen beim Naturforscher Erasmus Bartholinus, in dessen Haus er wohnte. Er begleitete 1672 Jean Picard nach Paris und wurde an der dortigen neuen Sternwarte Mitarbeiter des Astronomen Giovanni Domenico Cassini. In Picards Sinne arbeitete er an der Vervollkommnung der astronomischen Instrumente. 1672 entstand sein Mikrometer, das sich zur Beobachtung von Finsternissen eignete, 1675 ein Fernrohr, durch das man von beiden Seiten visieren konnte, 1676 ein Gitterrohr mit Fadenkreuz zur Beobachtung der Mondoberfläche, 1677 ein „Jovialium" und 1680 ein Planetarium. 1675 berechnete R. die ideale Form der Zahnräder.

Bekannt wurde seine Entdeckung der endlichen Lichtgeschwindigkeit. Galilei hatte auf die Möglichkeit hingewiesen, die Verfinsterungen der Jupitermonde zur Längenbestimmung zu verwenden. Dies setzte voraus, daß man für einen bestimmten Ort die Zeiten der Ein- und Austritte der Monde in den Schattenkegel des Jupiters vorausberechnen konnte. Daran arbeitete Cassini mit Römer. Wenn die Erde sich dem Jupiter nähert, lassen sich die Eintauchungen der Monde in den Schatten beobachten, wenn sie sich entfernt, die Auftauchungen. Es ergab sich, daß die durchschnittliche Zeit zwischen zwei Eintauchungen kürzer war als die zwischen zwei Auftauchungen. R. sah, daß sich die Erscheinung bei der Annäherung der Erde beschleunigte und bei ihrer Entfernung verzögerte. Wenn er ferner aus der Umlaufszeit des innersten Mondes, wie sie bei der geringsten Entfernung der Erde vom Jupiter beobachtet wurde, die künftigen Verfinsterungen vorausberechnete, so ergab die Wirklichkeit Verspätungen, je weiter sich die Erde vom Jupiter entfernte. Aus dem Durchmesser der Erdbahn und der größten Verspätung berechnete er 1676 die → Lichtgeschwindigkeit.

Nach der Aufhebung des Ediktes von Nantes verließ er, ebenso wie Christiaan Huygens, Paris. Er kehrte 1681 nach Kopenhagen zurück und wurde dort Mathematikprofessor; daneben nahm ihn der König in Angelegenheiten des Münzwesens, des Wasserbaus und Leuchtfeuerbetriebes in Anspruch. 1683 wurde das von ihm ausgearbeitete System für Maße und Gewichte in Dänemark angenommen.

In Kopenhagen bestand eine Sternwarte auf dem „runden Turm". R. gab ihr wissenschaftliche Bedeutung, indem er im Jahre 1690 dort zwei große Instrumente aufstellte. Für sein Haus ließ er ein Meridianinstrument bauen, das er unveränderlich in der Meridianebene zentrisch drehbar anbrachte. Zur Prüfung der richtigen Lage der Achse erdachte er ein Hilfsgerät, womit die Zeiten korrespondierender Höhen eines Sterns zu beiden Seiten des Meridians beobachtet wurden. Das Meridianinstrument diente zur Beobachtung der Durchgangszeit der Sterne durch den Meridian. Es wurde das Vorbild der englischen Passageninstrumente von John Flamsteed und Edmond Halley. 1704 errichtete R. für seinen Landsitz nochmals zwei Instrumente; eines davon war der erste Meridiankreis. R. hat auch ein Alkoholthermometer mit den Fixpunkten Gefrier- und Siedepunkt entwickelt.

Vom Jahr 1690 an bestimmte er für mehr als tausend Sterne die Rektaszension und Deklination. Die Geräte wurden nach seinem Tode alle auf den Turm gebracht. Dort gingen sie mit 14 Bänden Beobachtungen 1728 bei einem Brand zugrunde. Zum Glück hatte R.s Gehilfe und Nachfolger Peter Horrebow die mechanischen Einrichtungen gezeichnet. Er beschrieb sie mit Abbildungen in der „Basis astronomiae“ 1735.

Werke: Adversaria. Hrsg. von T. Eibe und Kirstine Meyer. Kopenhagen 1910.

Literatur: Peter Horrebow, Basis astronomiae. Kopenhagen 1735; Johann Adolf Repsold, Zur Geschichte der astronomischen Meßwerkzeuge von Purbach bis Reichenbach 1450 bis 1830. Leipzig 1908, S. 46–54; Caritat de Condorcet, Eloges des académiciens de l'Académie Royale des Sciences. Paris 1773 (Neudruck Paris 1968), S. 141–152; V. Meisen (Hrsg.), Prominent Danish scientists through the ages. Kopenhagen 1932, S. 48–52; Mogens Pihl, Ole Rømer. Kopenhagen 1944; Axel Vilfred Nielsen, Ole Rømer. Kopenhagen 1944 (mit Bibliographie); I. Bernard Cohen, Roemer and the first determination of the velocity of light (1676). In: Isis. Vol. 31, 1940, S. 327–379. H. B.

Röntgen, Wilhelm Conrad (* 27. März 1845 in Lennep bei Remscheid, † 10. Februar 1923 in München). Seine Jugend verbrachte R. in Apeldoorn (Holland). Wegen eines Streichs von der Utrechter Technischen Schule verwiesen, machte er 1864 den Versuch, das Reifezeugnis an einer Privatschule nachzuholen. Als dies mißlang, ging er schließlich 1865 an das Eidgenössische Polytechnikum in Zürich. Hier lehrten bekannte Wissenschaftler wie Gustav Zeuner (theoretische Maschinenlehre), Rudolf Clausius (mechanische Wärmetheorie) und Carl Culmann (graphische Statik). 1868 legte R. das Diplomexamen als Maschineningenieur ab. Ein Jahr später promovierte er an der benachbarten Universität mit einer Arbeit über Gase, nachdem er zuvor Vorlesungen bei Rudolf Clausius und dessen Nachfolger August Kundt gehört hatte. Unter dem Einfluß Kundts wandte sich R. der Physik zu; 1870 ging er als Assistent mit Kundt nach Würzburg. Dort verweigerte man ihm jedoch wegen seiner nichthumanistischen Vorbildung die Habilitation. So habilitierte er sich 1874 an der neugegründeten Reichsuniversität in Straßburg, worauf bereits nach einjähriger Privatdozentur ein Ruf als Professor der Physik und Mathematik an die Landwirtschaftliche Akademie zu Hohenheim folgte. Auf Wunsch Kundts kehrte R. jedoch 1876 wieder nach Straßburg zurück; 1879 wurde er als Ordinarius der Physik nach Gießen berufen und trat 1888 die Nachfolge Friedrich Kohlrauschs in Würzburg an. Von 1900 bis zu seinem Rücktritt vom Lehramt (1920) wirkte er als Professor der Physik in München.

R., dessen Stärke in der unablässigen Beobachtung aller Erscheinungen und in seiner unbeirrbaren Selbstkritik lag, schätzte das Experiment als Prüfstein über alles, denn „das Experiment ist der mächtigste und zuverlässigste Hebel, durch den wir der Natur ihre Geheimnisse ablauschen können, und dasselbe muß die höchste Instanz bilden für die Entscheidung der Frage, ob eine Hypothese beizubehalten oder zu verwerfen ist“. Vielfach gelang es ihm, mit einfachsten selbstgebauten Apparaturen zuverlässige Meßergebnisse zu erzielen. So wies er beispielsweise mit einem selbstgebauten Luftthermometer nach, daß sich feuchte Luft bei Bestrahlung stärker erwärmt als trockene, d. h. also, daß Wasserdampf tatsächlich Wärmestrahlen absorbiert; damit entschied er die Streitfrage zwischen John Tyndall und Gustav Magnus. Großes Interesse brachte R. zeitlebens den Kristallen entgegen, die ihn als die verkörperte Gesetzmäßigkeit der Natur ästhetisch und wissenschaftlich anzogen. Während er zu Beginn seiner Laufbahn ihre optischen Eigenschaften untersuchte, wandte er sich in der Münchener Zeit der elektrischen Leitfähigkeit schlechtleitender Kristalle zu und wies u. a. nach, daß die Leitfähigkeit nach vorangegangener Bestrahlung mit → Röntgenstrahlen gesteigert wird. Als erster vollzog R. damit den Übergang von piezoelektrischen zu piezooptischen Erscheinungen und gilt daher auch als Begründer der Piezooptik.

Obwohl R. überwiegend Experimentalphysiker war, tragen doch viele seiner Arbeiten ausgesprochen theoretische Züge. Während er bei seinen Überlegungen auf die Mathematik als Werkzeug verzichtete, bemühte er sich, den physikalischen Gedanken der Theorie anschaulich darzulegen und der experimentellen Prüfung zugänglich zu machen. Dies zeigte sich vor allem bei seinen Untersuchungen über die magnetischen Wirkungen des von James Clerk Maxwell eingeführten Verschiebungsstromes. Mit Hilfe eines zwischen geladenen Kondensatorplatten rotierenden Dielektrikums (Glasscheibe) gelang es ihm nachzuweisen, daß die in der rotierenden Platte hervorgerufene magnetische Wirkung einem geeignet verteilten elektrischen Strom entspricht, den Hendrik Antoon Lorentz später den Röntgenstrom nannte. Über die Bedeutung des Röntgenstromes schrieb Arnold Sommerfeld: „Der Röntgenstrom bildet zusammen mit dem Rowland-Effekt ein unentbehrliches Fundament für die Auffassung, daß die elektrischen Eigenschaften auf der Einlagerung von Ladungen (Elektronen) beruhen und entscheidet damit gegen die Maxwell-Hertzsche-Theorie.“ Diese im Jahre 1888 veröffentlichte Arbeit Röntgens führte indirekt zur Einführung des Elektrons in die Elektrizitätslehre durch Lorentz.

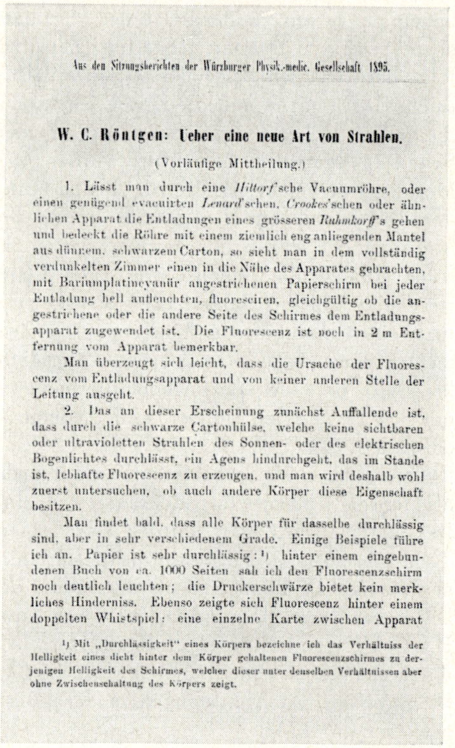
Aus den Sitzungsberichten der Würzburger Physik.-medic. Gesellschaft 1895.

W. C. Röntgen: Ueber eine neue Art von Strahlen.

(Vorläufige Mittheilung.)

1. Lässt man durch eine *Hittorf*'sche Vacuumröhre, oder einen genügend evacuirten *Lenard*'schen, *Crookes*'schen oder ähnlichen Apparat die Entladungen eines grösseren *Ruhmkorff*'s gehen und bedeckt die Röhre mit einem ziemlich eng anliegenden Mantel aus dünnem, schwarzem Carton, so sieht man in dem vollständig verdunkelten Zimmer einen in die Nähe des Apparates gebrachten, mit Bariumplatincyanür angestrichenen Papierschirm bei jeder Entladung hell aufleuchten, fluoresciren, gleichgültig ob die angestrichene oder die andere Seite des Schirmes dem Entladungsapparat zugewendet ist. Die Fluorescenz ist noch in 2 m Entfernung vom Apparat bemerkbar.

Man überzeugt sich leicht, dass die Ursache der Fluorescenz vom Entladungsapparat und von keiner anderen Stelle der Leitung ausgeht.

2. Das an dieser Erscheinung zunächst Auffallende ist, dass durch die schwarze Cartonhülse, welche keine sichtbaren oder ultravioletten Strahlen des Sonnen- oder des elektrischen Bogenlichtes durchlässt, ein Agens hindurchgeht, das im Stande ist, lebhafte Fluorescenz zu erzeugen, und man wird deshalb wohl zuerst untersuchen, ob auch andere Körper diese Eigenschaft besitzen.

Man findet bald, dass alle Körper für dasselbe durchlässig sind, aber in sehr verschiedenem Grade. Einige Beispiele führe ich an. Papier ist sehr durchlässig:[1] hinter einem eingebundenen Buch von ca. 1000 Seiten sah ich den Fluorescenzschirm noch deutlich leuchten; die Druckerschwärze bietet kein merkliches Hinderniss. Ebenso zeigte sich Fluorescenz hinter einem doppelten Whistspiel: eine einzelne Karte zwischen Apparat

[1] Mit „Durchlässigkeit" eines Körpers bezeichne ich das Verhältniss der Helligkeit eines dicht hinter dem Körper gehaltenen Fluorescenzschirmes zu derjenigen Helligkeit des Schirmes, welcher dieser unter denselben Verhältnissen aber ohne Zwischenschaltung des Körpers zeigt.

Abb. 45. Erste Seite der Röntgenschen Mitteilung über eine neue Art von Strahlen. 1895

In Würzburg wandte sich R. den → Kathodenstrahlen zu. Am Abend des 8. November 1895 gelang ihm eine epochemachende Entdeckung: Während des Experimentierens mit einer Hittorf-Crookesschen Röhre beobachtete er das Aufleuchten eines mit Bariumplatinzyanür bestrichenen Fluoreszenzschirms, obwohl die Röhre völlig mit einem schwarzen Karton abgedeckt war. Er schloß daraus auf eine neue Strahlung, deren große Durchdringungsfähigkeit ihn auf den Gedanken brachte, den absorbierenden Körper durch die eigene Hand und den Schirm durch die photographische Platte zu ersetzen. Diese und andere physikalische Eigenschaften beschrieb er in seiner Mitteilung „Über eine neue Art von Strahlen“ (1895), der zwei weitere Abhandlungen im März 1896 und März 1897 folgten. Die Mitteilungen sind von solcher Vollständigkeit, daß es mehrere Jahre dauerte, bis Ergänzungen notwendig wurden. Am 23. Januar 1896 trug R. seine Entdeckung der Physikalisch-Medizinischen Gesellschaft in Würzburg vor, wo der Anatom Albert von Kölliker vorschlug, die X-Strahlen in → Röntgenstrahlen umzubenennen. Zahlreiche weitere Ehrungen folgten. 1896 erhielt R. den Bayerischen Kronenorden, mit dem der persönliche Adel verbunden war, den er jedoch nicht annahm. Nur zwei Ehrungen haben ihn „gefreut": als er 1901 als erster unter allen Physikern den Nobelpreis erhielt und als ihm zu Beginn des Krieges das Eiserne Kreuz verliehen wurde. Eine Ehrung bedeutete auch der Ruf nach München, wo ihm aber später trotz seiner Freundschaft mit Arnold Sommerfeld und Willy Wien die „geistige Anregung" und der Umgang mit seinen Würzburger Freunden sehr fehlte, so daß er sich mehr und mehr zurückzog.

So blieb er Kolloquien meist fern, schreckte er doch immer mehr davor zurück, „nicht wohlausgefeilte Worte" aussprechen zu müssen. Fremden gegenüber war R. recht wortkarg und mißtrauisch, vor allem, nachdem ihm viele Neider die Entdeckung der Strahlen streitig machen wollten. Sein Assistent Ludwig Zehnder und der Zoologe Theodor Boveri, die zu seinem engsten Freundeskreis gehörten, schildern R. jedoch als einen heiteren, lebensfrohen Menschen, der zahlreiche Bergtouren unternahm und die Jagd über alles liebte. Zu seinen Lieblingsbüchern gehörten die populären Vorträge von Hermann Helmholtz; das sonntägliche Klavierspiel seines Freundes Dr. Cohen war ihm ein „großer Genuß".

Werke: Über die durch Bewegung eines im homogenen electrischen Felde befindlichen Dielectricums hervorgerufene electrodynamische Kraft. In: Annalen der Physik. Bd 35, 1888, S. 264—270; Über eine neue Art von Strahlen (Vorläufige Mittheilung). In: Sitzungsberichte der physikal.-medicin. Gesellschaft Würzburg. Jg 1895, S. 132—141; Eine neue Art von Strahlen (zweite Mittheilung). Ebd. Jg 1896, S. 11 bis 16, 17—19; Weitere Beobachtungen über die Eigenschaften der X-Strahlen. In: Sitzungsberichte der Königlich Preußischen Akademie der Wissenschaften. Bd 26, 1897, S. 576—592. Die letzten drei Veröffentlichungen sind auch abgedruckt in: Annalen der Physik. Bd 64, 1898, S. 1—11, 12—17, 18—37, und in: Grundlegende Abhandlungen über die X-Strahlen. Hrsg. von der Physikal.-medicin. Gesellschaft Würzburg. Würzburg 1915 (Neudruck Leipzig 1954).

Literatur: Arnold Sommerfeld, Zu R.s 70. Geburtstag. In: Physikal. Zeitschrift. Jg 16, 1915, S. 89—93; Reden zur Röntgen-Gedächtnisfeier am 27. Mai 1923 in Berlin (mit Schrifttumsverzeichnis). In: Zeitschrift für technische Physik. Jg 4, 1923, S. 273—288; Ludwig Zehnder, Persönliches über W. C. R. und seine Entdekkung. In: Die Umschau. Jg 39, 1935, S. 237 bis 241; Max v. Laue, Zum Gedächtnis W. C. R.s. In: Die Naturwissenschaften. Jg 33, 1946, S. 3 bis 7; Friedrich Dessauer, Die Offenbarung einer Nacht. Leben und Werk von W. C. R. Frankfurt 1958; Otto L. Glasser, W. C. R. und die Geschichte der Röntgenstrahlen. [2]Berlin—Göttingen—Heidelberg 1959 (mit umfangreicher Bibliographie); Heinz Otremba und Walther Gerlach, W. C. R. Ein Leben im Dienste der Wissenschaft. Eine Dokumentation. Würzburg 1965. E. K.

Röntgenstrahlen. Als Wilhelm Conrad Röntgen im Januar 1896 über seine Entdeckung vortrug, erregte das neue Phänomen großes Aufsehen. Zwar hatten bereits 1879 William Crookes und 1890 auch Arthur Willis Goodspeed ihnen unerklärliche Schlieren auf photographischen Platten, die in der Nähe von Entladungsröhren lagen, beobachtet; doch erst Röntgen konnte die Erscheinung mit Hilfe der von ihm entdeckten Strahlen deuten. Bei der Wiederholung von Kathodenstrahlenversuchen, wie sie in Deutschland vor allem von Philipp Lenard durchgeführt wurden, beobachtete er am Abend des 8. November 1895 ein „Agens", das, von dem Glas der Röhre ausgehend, die Umhüllung der Röhre durchdrang und ein auf dem Tisch liegendes Stück Bariumplatinzyanürpapier zur Fluoreszenz anregte. Wegen seiner geradlinigen Ausbreitung nannte er das Agens

„X-Strahlen". Der Anatom Albert von Kölliker schlug jedoch bereits im Januar 1896 vor, die Strahlen zu Ehren Röntgens als „Röntgenstrahlen" zu bezeichnen.

Da Röntgen weder Brechung noch Reflexion nachweisen konnte, kam es über die Natur der Strahlen zu verschiedenen Hypothesen: Röntgen, Joseph John Thomson und Oliver Lodge glaubten an longitudinale Ätherschwingungen; Philipp Lenard vermutete in ihnen schnelle Kathodenstrahlen, die seiner Ansicht nach elektromagnetische Wellen waren, während Arthur Schuster und Jean Perrin in ihnen transversale Schwingungen hoher Frequenz sahen. William Bragg dagegen vertrat eine Korpuskulartheorie. Emil Wiechert und George Gabriel Stokes kamen mit ihrer Impulstheorie, nach der sich ein elektromagnetischer Impuls mit Lichtgeschwindigkeit im Raum verbreitet, wenn ein Träger elektrischer Ladung, also z. B. ein Elektron, plötzlich gebremst wird, der wahren Natur der Strahlen am nächsten. Eine endgültige Klärung zugunsten der Wellentheorie gelang erst 1912 durch die auf Vorschlag Max von Laues durchgeführten Interferenzversuche.

Schon 1906 hatte Charles Glover Barkla die Polarisation der R. nachgewiesen. Beugungsversuche, die Bernhard Walter und Robert Wichard Pohl 1908 an engen Spalten durchführten, sowie theoretische Überlegungen von Wilhelm Wien und Arnold Sommerfeld führten zu einer Wellenlänge von ca. 10^{-9} cm. Angeregt durch eine Arbeit Peter Paul Ewalds über das Verhalten langer elektromagnetischer Wellen in einem Raumgitter, stellte sich Laue im Februar 1912 die Frage nach dem Verhalten von Wellen, die gegen die Gitterkonstante kurz sind; er vermutete dabei das Auftreten von Interferenzerscheinungen (→ Röntgenstrahlinterferenzen). Der Versuch wurde Ende April 1912 von Walther Friedrich und Paul Knipping an Kupfersulfatkristallen durchgeführt. Bereits im Juni 1912 konnte Sommerfeld die Arbeit über Interferenzerscheinungen bei R. der Bayerischen Akademie vorlegen. Laues Interferenzversuche führten zur Entwicklung der Röntgenspektroskopie durch William und Lawrence Bragg und zu einem Spektralapparat für R., analog dem für die Zerlegung von optischer Strahlung benutzten Spektrometer mit Reflexionsgitter.

Der erste große Erfolg der Röntgenspektroskopie war die Entdeckung der Komplexheit der R.: Barkla fand 1906 das kontinuierliche und das Linien-Röntgenspektrum und beobachtete dabei eine Verschiebung der Linien bei zunehmendem Atomgewicht nach kürzeren Wellenlängen hin. Aus der Messung der Grenzfrequenz des kontinuierlichen Spektrums ergab sich zusammen mit der Einsteinschen Lichtquantentheorie erstmals die direkte Bestimmung des Planckschen Wirkungsquantums.

Eines der wesentlichsten Ergebnisse der Röntgenforschung war der Nachweis des Einsteinschen Äquivalenzprinzips von Energie und Masse durch die Umwandlung des Röntgenquants in Elektron und Positron einerseits und die Zerstrahlung der Materie andererseits. Indirekt trugen die R. wesentlich zur Untersuchung der Gasentladungen und zur Entdeckung der Radioaktivität durch Henri Becquerel bei. Eine bedeutende Rolle spielen sie auch in der Technik bei der zerstörungsfreien Werkstoffprüfung von Metallstücken auf Materialfehler, die bereits Röntgen mit der Durchstrahlung seines Jagdgewehrs anregte.

Die größte Bedeutung der R. lag damals wie heute jedoch auf dem Gebiet der Medizin. Röntgen machte im Dezember 1895 die erste Aufnahme einer menschlichen Hand; weitere Untersuchungen durch die Mediziner folgten. Die physiologische Wirkung der Strahlen wurde zunächst jedoch unterschätzt. Obwohl Elihu Thomson bereits im April 1897 auf „Röntgenstrahlenverbrennungen" hinwies und damit die ersten Strahlenschutznormen herausgab, zogen sich zahlreiche Forscher unheilbare Strahlenschäden zu.

Quellen: → Röntgen; W. C. Röntgen, J. J. Thomson und Ernest Lord Rutherford of Nelson, X-rays and the electric conductivity of gases. Comprising papers ... With an historical introduction by Norman Feather (= Alembic Club Reprints. No 22). Edinburgh 1958.

Literatur: Hugo Müller, Röntgens X-Strahlen. Berlin 1896; Johannes Stark, Zur Geschichte der Entdeckung der R. etc. In: Physikal. Zeitschrift. Jg 36, 1935, S. 280–283; Willy Wien, Zur Geschichte der Entdeckung der Röntgenstrahlen. Ebd. Jg 36, 1935, S. 536; Walther Friedrich, Erinnerung an die Entdeckung der Interferenzerscheinungen der R. In: Die Naturwissenschaften. Jg 36, 1949, S. 354–356; Max von Laue, Zur Geschichte der Röntgenstrahlinterferenzen. In: Naturwiss. Rundschau. Jg 7, 1954, S. 1–8; Friedrich Dessauer, Erinnerungen aus der Entwicklung der Röntgentechnik. In: Röntgen-Blätter. Jg 9, 1956, S. 65–71, 101–109, 152–156; Walther Gerlach, 75 Jahre Röntgenstrahlen. In: Physikal. Blätter. Jg 26, 1970, S. 490–497.

E. K.

Röntgenstrahlinterferenzen. Max von Laue – damals junger Privatdozent am Sommerfeldschen Institut für Theoretische Physik der Universität München – hatte im Frühjahr 1912 die entscheidende Idee, Röntgenstrahlen durch Kristalle zu senden. Es war nämlich noch keineswegs die Vermutung gesichert, daß es sich bei den Ende 1895 von Röntgen entdeckten Strahlen um sehr kurze elektromagnetische Wellen handelt, und ebenso war die physikalische Natur der Kristalle umstritten, wenn man auch vielfach davon überzeugt war, daß Kennzeichen der Kristalle der regelmäßige Aufbau aus den Atomen sei. Wenn nun diese Vorstellungen richtig sind, so argumentierte Laue, muß ein Kristall für Röntgenstrahlen etwas Ähnliches sein wie die Beugungsgitter für Licht.

Diese Gedanken, die Laue in einer Diskussion mit Peter Paul Ewald äußerte, sprachen sich bald unter den jüngeren Fachkollegen herum. Schließlich begann Walther Friedrich, ein Assistent Sommerfelds, mit dem Doktoranden Paul Knipping am 21. April 1912 die Versuche. Die Durchstrahlung eines Kupfersulfatkristalles lieferte auf einer hinter dem Kristall aufgestellten photographischen Platte regelmäßig angeordnete Schwärzungspunkte: das erste der heute sog. Laue-Diagramme. Am 4. Mai 1912 konnten Laue, Friedrich und Knipping in einem Brief an die Bayerische Akademie der Wissenschaften ihren Erfolg mitteilen (Abb. 46).

„Tief in Gedanken", schrieb Laue, „ging ich durch die Leopoldstraße nach Haus, als mir Friedrich diese Aufnahme gezeigt hatte. Und schon nahe meiner Wohnung, Bismarckstraße 22, vor dem Hause Siegfriedstraße 10, kam mir der Gedanke für die mathematische Theorie dieser Erscheinung. Die auf Schwerd (1835) zurückgehende Theorie der Beugung am optischen Gitter hatte ich kurz zuvor für einen Artikel in der Enzyklopädie der mathematischen Wissenschaften neu zu formulieren gehabt, so daß sie, zweimal angewandt, auch die Theorie des Kreuzgitters mit umfaßte. Ich brauchte sie nur, den drei Perioden des Raumgitters entsprechend, dreimal hinzuschreiben, um die neue Entdeckung zu deuten ... Als ich ein paar Wochen später zu einer anderen, übersichtlicheren Aufnahme diese Theorie quantitativ prüfen konnte und sie bestätigt fand, da war das für mich der entscheidende Tag."

In der Folge konnte man sowohl durch Wellenlängenbestimmung das Röntgenlicht selbst untersuchen als auch die Struktur der durchstrahlten Materie studieren. Im wahrsten Sinne des Wortes begann man in den Aufbau der Materie „hineinzuleuchten". Die Strukturuntersuchung wurde zu einem bedeutenden Zweig der Physik und Chemie.

Hier gingen William Henry Bragg und William Lawrence Bragg voraus, indem sie systematisch begannen, die Kristallstrukturen aufzuklären, angefangen von dem einfachsten Gittertyp, dem kubischen System des Kochsalzkristalles. Man lernte, daß der feste Aggregatzustand der Materie identisch ist mit dem kristallinen Zustand; scheinbar amorphe Körper bestehen entweder aus Mikrokristallen, oder es handelt sich um unterkühlte Flüssigkeiten wie die Gläser. Peter Debye erkannte, daß selbst in Flüssigkeiten keine regellose Verteilung der Moleküle existiert, sondern daß sich die Flüssigkeiten in einem sog. quasikristallinen Zustand befinden. Georg Menzer analysierte 1925 mit dem

INSTITUT
FÜR THEORET. PHYSIK
MÜNCHEN, UNIVERSITÄT,
LUDWIGSTRASSE 17.

MÜNCHEN, DEN 4 Mai 1912.

Die Unterzeichneten beschäftigen sich seit 21 April 1912 mit Interferenzversuchen von X-Strahlen beim Durchgang durch Kristalle. Leitgedanke war, daß Interferenzen als Folge der Raumgitterstruktur der Kristalle auftreten, weil die Gitterkonstanten ca 10 x größer sind, als die mutmaßliche Wellenlänge der X-Strahlen. Als Beweis wird Aufnahme No 53 u 54 niedergelegt.

Durchstrahlter Körper: Kupfersulfat.
Exponiert 30'. Strom in der mittelweichen Röhre 2 Milliampere.
Abstand der Platten vom Kristall: No 53 = 30 m/m; No 54 = 60 m/m.
Abstand der Blende 3 (ϕ 1,5 m/m) 50 m/m
Abstand des Ausgangspunktes der Primärstr. vom Kristall = 350 m/m.

Schema der Versuchsanordnung.

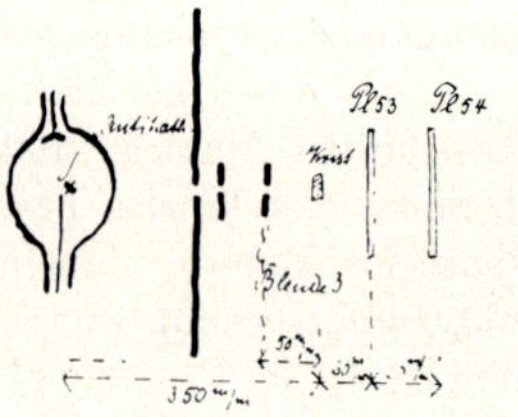

W. Friedrich. P. Knipping. M. Laue.

Abb. 46. Protokoll über die Interferenzversuche mit Röntgenstrahlen. Handschrift von Walther Friedrich, mitunterzeichnet von Paul Knipping und Max von Laue

Granat die erste der außerordentlich komplizierten Strukturen der Silikate.

Quellen: Max von Laue, Gesammelte Schriften und Vorträge. 3 Bde. Braunschweig 1961.

Literatur: Peter Paul Ewald (Hrsg.), Fifty years of x-ray diffraction. Utrecht 1962; James D. Watson, Die Doppel-Helix. Hamburg 1969; Paul Forman, The discovery of the diffraction of x-rays by crystals; a critique of the myths. In: Archive for History of Exact Sciences. Vol. 6, 1969, S. 38–71; Peter Paul Ewald, The myth of myths; comments on P. Forman's paper... Ebd. Vol. 6, 1969, S. 72–81.

Rubens, Heinrich (* 30. März 1865 in Wiesbaden, † 17. Juli 1922 in Berlin). R. war Schüler von August Kundt und promovierte 1889 an der Universität Berlin. Zehn Jahre wirkte er als akademischer Lehrer an der Charlottenburger Hochschule, bis er 1906 die Leitung des physikalischen Instituts der Universität übernahm. James Franck, Gustav Hertz und Robert Pohl zählten hier zu seinen Mitarbeitern.

„Besonders ein Gedanke ist es", so sagte Max Planck über R., „der gewissermaßen als Leitmotiv sein ganzes wissenschaftliches Leben durchklingt: die Überbrückung der experimentellen Kluft zwischen den optischen und den elektrischen Wellen." Diese Aufgabe führte R. auf das Gebiet der → Ultrarotstrahlen, für deren Erforschung er zum Bahnbrecher wurde und für die er die Gültigkeit der Maxwellschen Theorie nachwies. Mit der Erfindung der Reststrahlenmethode erschloß sich R. den Weg zur Durchforschung eines weiten Bereichs des ultraroten Spektrums. Seinen Ruf als Meister der Experimentierkunst festigte R. mit der Entwicklung immer feinerer und genauerer Meßinstrumente (Panzergalvanometer, Mikroradiometer) und Untersuchungsmethoden (Quarzlinsenmethode). Mit diesen Hilfsmitteln erweiterte R. den Umfang des der Messung zugänglichen Ultrarotgebietes um volle fünf Oktaven bis zu einer Wellenlänge von 0,3 mm und hatte damit die Brücke zu den elektrischen Wellen geschlagen.

R. beeinflußte die Entstehung der Quantentheorie, als er im Jahre 1900 zusammen mit Ferdinand Kurlbaum die Ungültigkeit des → Wienschen Strahlungsgesetzes für sehr kleine Wellenlängen im Ultrarot unter Verwendung der Reststrahlenmethode nachweisen konnte. Diese Meßergebnisse veranlaßten Planck, der in engem Gedankenaustausch mit R. stand, zur Aufstellung des neuen → Planckschen Strahlungsgesetzes und zur Postulierung des Quantenansatzes (→ Quantentheorie).

R. war nicht nur ein allgemein anerkannter Forscher, sondern auch ein großartiger Hochschullehrer. So schrieb sein langjähriger Vorlesungsassistent Wilhelm H. Westphal: „R.' Vorlesungen zu hören war ein erlesener Genuß. Sie galten damals mit Recht als die besten in Deutschland."

Werke: Über Wärmestrahlen von großer Wellenlänge. In: Naturwiss. Rundschau. Jg 11, 1896, S. 545–549 (mit Ernest Fox Nichols); Über die Emission langwelliger Wärmestrahlen durch den schwarzen Körper bei verschiedenen Temperaturen. In: Sitzungsberichte der Königlich Preußischen Akademie der Wissenschaften. Jg 1900, S. 929–941 (mit Ferdinand Kurlbaum); Das ultrarote Spektrum und seine Bedeutung für die Bestätigung der elektromagnetischen Lichttheorie. Ebd. Jg 1917, S. 47–63; Beitrag zur Prüfung der Planck'schen Strahlungsformel. Ebd. Jg 1921, S. 590–610 (mit Gerhard Richard Michel).

Literatur: Max Planck, Gedächtnisrede auf H. R. In: Sitzungsberichte der Preußischen Akademie der Wissenschaften. Physik.-math. Kl. Jg 1923, S. CVIII–CXIII; James Franck und Robert Pohl, H. R. In: Physikal. Zeitschrift. Jg 23, 1922, S. 377–382; Wilhelm H. Westphal, H. R. In: Die Naturwissenschaften. Jg 10, 1922, S. 1017–1020; ders., Dem Andenken an H. R. Zur 30. Wiederkehr seines Todestages. In: Physikal. Blätter. Jg 8, 1952, S. 323–324; Hans Kangro, Ultrarotstrahlung bis zur Grenze elektrisch erzeugter Wellen, das Lebenswerk von H. R. In: Annals of Science. Vol. 26, 1970, S. 235–259; Vol. 27, 1971, S. 165–200.

W. E.

Rumford, Graf von, Sir Benjamin Thompson (* 26. März 1753 in Woburn, Mass., † 20. August 1814 in Auteuil, Frankreich). R. studierte Physik in Cambridge und nahm als Major der königlich-englischen Miliz am nordamerikanischen Freiheitskrieg teil. Nach dem Friedensschluß trat er 1784 in bayerische Dienste, wo er das Vertrauen des Kurfürsten Karl Theodor fand und als Staatsrat und späterer Generalleutnant ein vielseitiges und segensreiches Wirken entfaltete, das von der Reorganisation der bayerischen Armee, der Anlage von Manufakturen, Schulen und Arbeitshäusern, der Verbreitung des Kartoffelanbaues bis zur besonders nahrhaften Rumfordschen Suppe reichte, die er an die Armen austeilen ließ. R. war dabei von puritanischer und liberaler Geisteshaltung beeinflußt. In München legte er den Englischen Garten an. Der Kurfürst ernannte ihn zum Grafen von Rumford.

Im Bereiche der Wissenschaft wurde er besonders bekannt durch seine Untersuchungen über die Kräfte des Schießpulvers, die Wirkung von Geschützen und vor allem die Natur der Wärme. 1798 maß R. in einer unter seiner Leitung in München angelegten Geschützgießerei die beim Bohren von Kanonenrohren entstehende Wärmemenge. Er stellte fest, daß sich beliebig viel Wärme durch → Reibung erzeugen läßt und daher Wärme kein Stoff oder Fluidum sein könne. „Ich brauche kaum hinzuzufügen, daß dasjenige, was ein isolierter Körper oder ein System von Körpern fortfahren kann, ohne Einschränkung unaufhörlich zu produzieren, keine Materie sein kann; und es scheint mir ungemein schwierig, ja unmöglich, sich darüber eine klare Vorstellung zu bilden, was in diesen Versuchen erregt und mitgetheilt wurde, sofern es nicht Bewegung sein sollte", berichtete er darüber. 1798 ging R. nach England, begründete dort 1800 die Royal Institution und kam 1802 nach Frankreich, wo er die Witwe Lavoisiers heiratete.

Werke: An inquiry concerning the source of the heat which is excited by friction. In: Philosophical Transactions. Jg 1798, S. 80–102; The complete works of R. 5 Bde. London 1876 (mit Biographie von seiner Tochter); Collected works (Hrsg. Sanborn C. Brown). 5 Bde. Cambridge 1968 bis 1970; Kleine Schriften politischen, ökonomischen und philosophischen Inhalts (Hrsg. F. J. Bertuch). 4 Bde. Weimar 1797–1805.

Literatur: Gerhard Berthold, R. und die mechanische Wärmetheorie. Heidelberg 1875; John Tyndall, Fragmente. Braunschweig 1895, S. 109–198; Egon Larsen, Graf R. Ein Amerikaner in München. München 1961; W. J. Sparrow, Knight of the white eagle. A biography of Sir Benjamin Thompson, Count R. London 1964; Sanborn C. Brown, Benjamin Thompson, Count R. Oxford 1967; Emile Lagrange, Le Comte R., citoyen du monde. In: Episteme. Jg 2, 1968, S. 139–146.

L. v. M.

Rutherford, Ernest (* 30. August 1871 in Spring Grove, Neuseeland, † 19. Oktober 1937 in Cambridge). R. war der Sohn zweier britischer Einwanderer. Er zeichnete sich früh durch außergewöhnliche schulische Leistungen in sämtlichen Fächern aus, so daß ihn mehrfach gewährte Stipendien in die Lage setzten, die Universität von Christchurch, Neuseeland, und danach das Cavendish-Laboratorium in Cambridge zu besuchen. Unter der Leitung von Joseph John Thomson führte er zunächst seine schon in Neuseeland begonnenen Arbeiten – seine erste wissenschaftliche Publikation erschien 1894 in den Transactions of the New Zealand Institute – über die magnetisierende Wirkung schnell oszillierender elektromagnetischer Felder fort. Mit einem selbsterfundenen magnetischen Detektor stellte er den damaligen Entfernungsrekord für Radiowellenempfang auf (1/2 Meile).

Die Entdeckung der → Radioaktivität durch Henri Becquerel im Februar 1896 gab seiner Forschung eine neue, für seine weitere Laufbahn bestimmende Richtung. Er untersuchte die ionisierende Wirkung radioaktiver Strahlung auf Gase und entdeckte zwei unterschiedlich stark absorbierbare Komponenten, die er α- und β-Strahlen nannte. Im Sommer 1898 erhielt er eine Berufung als Professor für Physik an die McGill-Universität in Montreal, Kanada, an der er ein knappes Jahrzehnt (bis 1907) blieb. Die α-Teilchen waren ein Lieblingsgegenstand seiner Forschungen. 1903 gelang ihm ihre Ablenkung im starken Magnetfeld und der Nachweis, daß sie positiv geladen sind. Daß es sich um zweifach positiv geladene Heliumionen handelt, zeigten 1908 zwei Mitarbeiter Rutherfords, Hans Geiger und Thomas Royds. Das Gesetz des radioaktiven Zerfalls, die herausragende Entdeckung seiner kanadischen Zeit, fand er 1902 zusammen mit Frederick Soddy. „Für seine Untersuchungen über den Zerfall der Elemente und die Chemie der radioaktiven Materie" erhielt er 1908 den Nobelpreis für Chemie.

1907 kehrte R. als Nachfolger von Arthur Schuster, der zu R.s Gunsten auf den Lang-

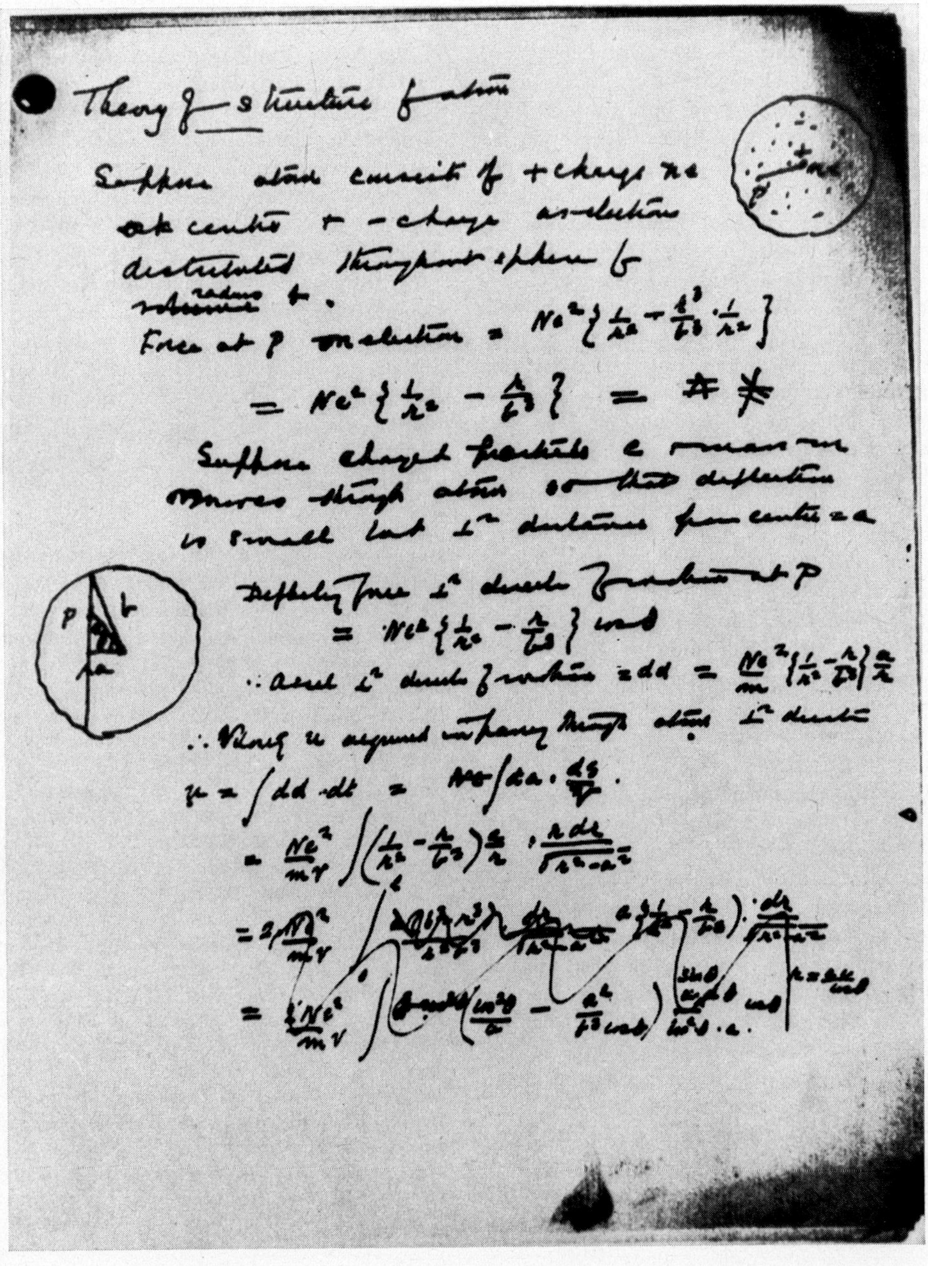

Theory of structure of atom

Suppose atom consist of + charge ne at centre + − charge as electrons distributed throughout sphere of radius b.

Force at P on electron $= Ne^2\left\{\frac{1}{r^2} - \frac{r^3}{b^3}\cdot\frac{1}{r^2}\right\}$

$= Ne^2\left\{\frac{1}{r^2} - \frac{r}{b^3}\right\}$

Suppose charged particle e mass m moves through atom so that deflection is small but ⊥ distance from centre = a

Deflecting force ⊥ direction of motion at P $= Ne^2\left\{\frac{1}{r^2} - \frac{r}{b^3}\right\}\cos\theta$

∴ accel ⊥ direction of motion $= \frac{Ne^2}{m}\left\{\frac{1}{r^2} - \frac{r}{b^3}\right\}\frac{a}{r}$

Abb. 47. Erste handschriftl. Notiz Rutherfords über das Konzept des Atomkerns. 1910/11 worthy-Lehrstuhl in Manchester verzichtet hatte, nach England zurück. Im Anschluß an die 1906 beobachtete Schmalwinkelstreuung von α-Teilchen beim Durchgang durch dünne Materieschichten suchten im Frühjahr 1909 Ernest Marsden und Hans Geiger in R.s Labor nach einer potentiellen Weitwinkelstreuung. Das Ergebnis war so verblüffend, daß R. später darüber sagte: „Es war bestimmt das unglaublichste Ereignis, das mir je in meinem Leben widerfuhr. Es war fast so unglaublich, als wenn einer eine 15-Zoll-Granate auf ein Stück Seidenpapier abgefeuert hätte und diese zurückgekommen wäre und ihn getroffen hätte." Für die Deutung dieser Beobachtung brauchte er fast zwei Jahre; er fand sie kurz vor Weihnachten 1910 und veröffentlichte sie im März/April 1911. Die Lösung des Problems lag in der Annahme, daß das Atom „aus einer zentralen, punktförmig konzentrierten elektrischen Ladung besteht, die von einer gleichförmigen sphärischen Ladungsverteilung des entgegengesetzten Vorzeichens und des gleichen Betrages umgeben ist". Damit war der Begriff des Atomkerns, wenn auch noch nicht dessen Name, geboren. Dieser trat erstmals 1912 auf.

Das Rutherfordsche Modell des Atoms mit Kern war die Grundlage der Atomtheorie Niels Bohrs, der im Sommer 1912 bei R. gearbeitet hatte und Mitte 1913 seine neuen Ideen publizierte (→ Bohr-Sommerfeldsche Atomtheorie). Sie erfuhren noch im selben Jahr in R.s Labor eine glänzende Bestätigung durch Henry Moseleys Experimente über die Wellenlängen der charakteristischen Röntgenstrahlung. Nach jahrelangen Vorarbeiten gelang R. 1919 der Nachweis der ersten künstlich erzielten Kernumwandlung (→ Kernreaktion). Im gleichen Jahr wurde R. Nachfolger seines Lehrers Thomson und Leiter des Cavendish-Laboratoriums in Cambridge. Hier entfaltete er seine Qualitäten als Dirigent aktueller Forschung. 1932 krönte sein Schüler James Chadwick diese Phase seines Lebens mit der Entdeckung des von R. schon 1920 vermuteten → Neutrons.

R. war einer der erfolgreichsten Experimentatoren der Geschichte (darin Michael Faraday vergleichbar), der zudem eine ungewöhnliche Anziehungskraft auf Jüngere ausübte. Zu seinen Schülern gehörten außer den bereits genannten auch Otto Hahn, Georg von Hevesy, Patrick M. S. Blackett, John Cockcroft und Ernest Walton. R. wurde 1911 geadelt, 1925 zum Präsidenten der Royal Society gewählt und 1931 baronisiert (Lord Rutherford of Nelson). Er wurde in Westminster Abbey nahe dem Grabe Newtons bestattet.

Werke: The collected papers of Lord Rutherford of Nelson (Hrsg. James Chadwick). London 1962 ff. (von den geplanten vier Bänden bisher drei erschienen); Lawrence Badash (Hrsg.), Rutherford and Boltwood, letters on radioactivity. New Haven 1969 (Briefausgabe).

Literatur: Arthur Steward Eve, Rutherford. Cambridge 1939; Ivor B. N. Evans, Man of power. The life story of Baron Rutherford of Nelson. 1939; Rutherford by those who knew him, being the collection of the first five Rutherford lectures of the Physical Society. London 1954; J. D. Birks (Hrsg.), Rutherford at Manchester. Manchester 1962; Otto Hahn, In Montreal bei Ernest Rutherford. In: Vom Radiothor zur Uranspaltung. Braunschweig 1962, S. 23–36; William Alexander Kay, Recollections of Rutherford, being the personal reminiscences of Lord Rutherford's laboratory assistant. In: The Natural Philosopher. Vol. 1. New York 1963, S. 129–155; Edward Neville da Costa Andrade, Rutherford and the nature of the atom. New York 1964; Niels Bohr, Rutherford-Gedenkvorlesung 1958: Erinnerungen an den Begründer der Kernphysik und an die von seinem Werk ausgehende Entwicklung. In: Atomphysik und menschliche Erkenntnis II. Braunschweig 1966, S. 30–74; Ulrich Hoyer, Ernest Rutherford. In: Die Großen der Weltgeschichte. Bd IX. Zürich 1970, S. 815–825. U. H.

S

Schall → Akustik.

Scheel, Karl (* 10. März 1866 in Rostock, † 8. November 1936 in Berlin). Als Sohn eines Bäckermeisters betätigte sich der Gymnasiast häufig in der dem väterlichen Hause gegenüberliegenden Buchbinderei und war später stolz auf seine Handfertigkeit, die eigenen Abhandlungen in vier Bänden eigenhändig binden zu können. Nach einem Semester in Rostock ging Sch. zum Wintersemester 1885/86 nach Berlin, wo er bei Helmholtz, Bezold, Knoblauch, Kundt, Paalzow, Pernet und Weinstein Vorlesungen hörte. Im Privatlabor von Johann Pernet führte er seine Arbeit über die Ausdehnung des Wassers durch, mit der er am 11. Oktober 1890 promovierte. Diese erste größere Arbeit, in der sich bereits seine charakteristische Sorgfalt, Genauigkeit und Gewissenhaftigkeit zeigten, wurde für den weiteren Lebensweg bestimmend.

1890, drei Jahre nach Gründung der Physikalisch-Technischen Reichsanstalt, fand Sch. dort den ihm angemessenen Arbeitsplatz. Im Jahre 1904 wurde er „Mitglied" bei der PTR. Er arbeitete an der Herstellung einer Temperaturskala großer Genauigkeit, die eingehende vorbereitende Untersuchungen über Dichte, Ausdehnung und spezifische Wärme der Gase erforderte. Die Arbeit des Präzisionsphysikers Sch. fand später ihre Krönung in den gesetzlichen Bestimmungen von 1916 und 1924 über die thermodynamische Temperaturskala. Es folgten Messungen der Dichte und des Dampfdruckes des Wasserdampfes, die zu Wasserdampftabellen führten.

Einmalig war Sch. als Organisator des physikalischen Schrifttums. Hier liegt die fast vierzigjährige Leistung, die ihn in die vorderen Reihen der großen Physiker seiner Zeit stellt. 1899 trat er in die Schriftleitung der „Fortschritte der Physik" ein; drei Jahre später übernahm er mit Richard Assmann auch die Redaktion der „Verhandlungen der Deutschen Physikalischen Gesellschaft" und des neugegründeten „Literaturverzeichnisses", das die Aktualität der „Fortschritte" steigern sollte. Ungerührt von Schwierigkeiten, arbeitete er an seiner großen Aufgabe, die er schrittweise zum Erfolg führte. Die Stellung des Beamten — er war nun Leiter der Abteilung III b der PTR — gab ihm die wirtschaftliche Sicherheit; die Sympathie und das Vertrauen der Fachgenossen stärkten sein Selbstvertrauen.

Sch. hat drei Aufgaben gelöst: Die Physiker brauchten erstens die Unterrichtung über das physikalische Geschehen in aller Welt, zweitens die Möglichkeit schneller Publikation eigener Ergebnisse und drittens zusammenfassende Werke über den Stand der Erkenntnis zur schnellen Orientierung. Sch.s Hauptbeiträge zu den drei Aufgaben wurden die „Physikalischen Berichte", die „Zeitschrift für Physik" und das „Handbuch der Physik", das „Physikalische Handwörterbuch" und die „Physikalisch-Chemischen Tabellen" (→ Zeitschriften).

Sch. wurde in den Jahrzehnten nach dem Ersten Weltkrieg die populärste Persönlichkeit der deutschen Physiker. An ihm zogen Jahr für Jahr die Vorsitzenden und Vorstände der Deutschen Physikalischen Gesellschaft vorüber. Sie kamen und gingen. Er blieb als Geschäftsführer der DPG der ruhende Pol.

Werke: Grundlagen der praktischen Metronomie. Braunschweig 1911; Wärmetabellen. Ergebnisse aus den thermischen Untersuchungen der PTR (mit Ludwig Holborn und Fritz Henning). Braunschweig 1919; Physikalisches Handwörterbuch (mit Arnold Berliner). Berlin 1924; Handbuch der Physik. 24 Bde (mit Hans Geiger). Berlin 1926/33.

Literatur: Walter Grotrian, K. Sch. †. Trauerrede... In: Verhandlungen der DPG. 3. Reihe, Jg 17, 1936, S. 32—35; Hermann Ebert, K. Sch.

zum siebzigsten Geburtstag. In: Zeitschrift für technische Physik. Bd 17, 1936, S. 65 f.; Ernst Brüche, Erinnerungen an K. Sch. In: Physikalische Blätter. Jg 12, 1956, S. 511–516; ders., Unser Geheimrat Sch. Ebd. Jg 22, 1966, S. 121 bis 128.

Ernst Brüche

Scheiner, Christoph (* 1575 in Walda bei Mindelheim, † 18. Juli 1650 in Neisse). Er trat früh in den Jesuitenorden ein, wurde Professor für Hebräisch und Mathematik in Freiburg im Breisgau und 1610–1616 in Ingolstadt, lehrte 1624–1633 in Rom und führte dann das Rektorat des Jesuitenkollegiums in Neisse in Schlesien. 1603 erfand er den Storchschnabel. Bekannt sind seine Arbeiten über die Sonnenflecken, sein Streit mit Galilei und sein Hauptwerk „Rosa Ursina“.

Im Frühling 1611 wurden von mehreren die Sonnenflecken entdeckt. Johannes Fabricius veröffentlichte darüber den ersten Bericht. Galilei demonstrierte sie in Rom; einer der Anwesenden, Paul Guldin, berichtete davon Scheiner, der seinerseits die Flecken schon gesehen hatte. Er beobachtete sie durch Anwendung farbiger Gläser vor dem Okular, erkannte ihre Ortsveränderung und sah immer neue auftauchen. Er betrachtete sie als planetarische Körper, die zwischen Sonne und Merkur und Venus die Sonne umkreisen. In Zeichnungen hielt er den Stand der Flecken von Tag zu Tag fest. Unter dem Pseudonym Apelles schrieb Sch. drei Briefe an Markus Welser, die dieser im Januar 1612 herausgab.

Galilei erwiderte, die Flecken seien nicht Sterne. Sie müßten sonst schneller an der Sonne vorüberziehen. Er betrachte sie als Bildungen nahe der Sonnenoberfläche, veränderlich und fortwährend entstehend und vergehend wie die Wolken der Erde; er habe wiederholt nach dem Verschwinden eines großen Fleckens nach der Zeit einer halben Rotation der Sonne denselben wiedererscheinen sehen. Am Sonnenrande beobachte man eine Verkürzung der Flecken und Fleckenabstände. Sie bildeten eine Zone zu beiden Seiten des Sonnenäquators.

Noch 1612 erschienen als „genauere Untersuchung“ drei weitere Briefe des Apelles an Welser in Augsburg. Sch. hatte inzwischen ebenfalls das Entstehen und Vergehen der Flecken bemerkt. Doch glaubte er weiterhin, es seien Sterne. In der Nähe des Jupiters hatte er einen hellen Stern verschwinden sehen und meinte, es sei ein fünfter Jupitermond gewesen. Sch. bezweifelte, daß die von Galilei entdeckten Jupitertrabanten stets dieselben vier Monde seien, und vermutete, es seien immer andere Sterne wie die Sonnenflecken. Unser Mond sei für das Sonnenlicht durchlässig, ebenso die Sonnenflecken, die er für mondartig dichte Körper halte. Galileis Zeichnungen der Flecken vom 26. April bis 3. Mai 1612 stimmten zu seiner Freude mit seinen eigenen überein.

Galilei, der erst jetzt erfuhr, daß Sch. in Ingolstadt der Verfasser sei, antwortete auch auf die zweite Schrift. Er verwies den vermeintlichen fünften Jupitermond unter die seltenen veränderlichen Sterne. Für seine vier Jupitermonde übersandte er die für März und April 1613 vorausberechneten Stellungen. Er gab zu bedenken, daß selbst unsere Wolken nicht durchsichtig seien, geschweige denn der Mond mit dem Wechsel seiner Lichtgestalten und dem Schatten seiner Berge. – Daß für ihn die Sonnenflecken die Achsendrehung der Sonne bewiesen und dadurch eine Stütze der kopernikanischen Lehre bildeten, zeigte Galilei in der Schrift „Istoria e dimostrazioni intorno alle macchie solari e loro accidenti“ (Rom, April 1613). Sch. wurde durch Galileis überlegene Zurückweisungen erbittert.

Werke: Tres epistolae de maculis solaribus scriptae ad Marcum Velserum. Augsburg 1612; De maculis solaribus et stellis circa Iovem errantibus accuratior disquisitio ad Marcum Velserum perscripta. Augsburg 1612; Sol ellipticus. Augsburg 1615; Rosa Ursina. Bracciano 1630 (darin das Helioskop und zuerst ausgeführt das Keplersche Fernrohr); Pantographice. Rom 1631 (Erfindung des Storchschnabels).

Literatur: Anton von Braunmuehl, Ch. Sch. als Mathematiker, Physiker und Astronom. Bamberg

1891; Emil Wohlwill, Galilei und sein Kampf für die Copernicanische Lehre. 2 Bde. Hamburg 1909 und Leipzig 1926 (Neudruck Wiesbaden 1969); Herbert Roesch, Ch. Sch. In: Lebensbilder aus dem Bayerischen Schwaben. Bd 7, 1959, S. 183–211; Erich Schölzel, Pater Ch. Sch. In: Neues Optikerjournal. Jg 5, 1963, S. 7–14.

H. B.

Schrödinger, Erwin (* 12. August 1887 in Wien, † 4. Januar 1961 in Alpbach). Fritz Hasenöhrl war der von Sch. hochverehrte akademische Lehrer, bei dem er acht Semester hindurch je fünf Wochenstunden theoretische Physik hörte. 1910 promovierte Sch. und wurde Assistent bei Franz Exner am 2. Physikalischen Institut der Universität Wien. 1920/21 wirkte er je ein Semester als Dozent in Jena, als Extraordinarius in Stuttgart und Ordinarius in Breslau. Nach der Berufung an die Universität Zürich lebte Sch. sechs Jahre in der Schweiz, mit der sich der Österreicher heimatlich verbunden fühlte. Wissenschaftlich ergaben sich fruchtbare Kontakte zu Peter Debye und vor allem zu Hermann Weyl.

In diesen Jahren bearbeitete er eine Fülle aktueller wissenschaftlicher Probleme. Unter das Hauptthema statistische Wärmetheorie gehören Abhandlungen aus Gas- und Reaktionskinetik, Schwankungsfragen, die Thermik der Gitterschwingungen und ihr Beitrag zur inneren Energie; dazu kamen klärende Betrachtungen der mathematischen Statistik. In seinem Handbuchartikel zur Theorie der spezifischen Wärme sowie in einer Monographie über statistische Thermodynamik hat Sch. dieses Gebiet zusammenfassend dargestellt.

Einige Arbeiten zur älteren Bohrschen Quantentheorie schlossen sich an, blieben aber doch vereinzelt. Dagegen wiesen die ersten Abhandlungen zur Relativitätstheorie auf einen zweiten Schwerpunkt seines Interesses. Und neben all diesem beschäftigte sich Sch. ausführlich, messend wie rechnend, mit der Metrik des Farbraumes und der Theorie des Farbsehens. Ein Artikel im Müller-Pouillet und die Zustimmung der Physiologen zu seiner Deutung des Häufigkeitsverhältnisses von Rot-Grün-Blindheit zum Blau-Gelb-Ausfall waren die bleibenden Ergebnisse.

Als Sch. auf die Anfang 1925 publizierte Doktorarbeit → Louis de Broglies und auf Einsteinsche Arbeiten zur Bosestatistik aufmerksam geworden war, wollte er „Ernst machen mit der de Broglie-Einsteinschen Undulationstheorie der bewegten Korpuskel, nach welcher dieselbe nichts weiter als eine Art ‚Schaumkamm' auf einer den Weltgrund bildenden Wellenstrahlung ist".

Nachdem er die neuen Gedanken zunächst auf die Gastheorie angewandt hatte, übertrug er sie Anfang November 1925 auf das einzelne Atom. Die Intensität, mit der Sch. an dem Problem arbeitete, verstärkte sich, als er sah, daß er einer „neuen Atomtheorie" auf die Spur gekommen war, und erreichte einen Höhepunkt während des Winterurlaubes in Arosa. Am 27. Dezember 1925 schrieb er an Willy Wien, den Herausgeber der Annalen der Physik: „Im Augenblick plagt mich eine neue Atomtheorie. Wenn ich nur mehr Mathematik könnte! Ich bin bei dieser Sache sehr optimistisch und hoffe, wenn ich es nur rechnerisch bewältigen kann, so wird es *sehr* schön."

Zunächst stellte Sch. eine relativistische Theorie auf, die heute sog. „Klein-Gordon-Gleichung"; diese gibt zwar die unrelativistischen Balmer-Terme richtig, aber die Feinstruktur falsch wieder, weil sie, wie wir heute wissen, nicht Elektronen, sondern Teilchen mit Spin Null beschreibt. Über seinen Mißerfolg war Sch. tief enttäuscht, griff aber kurze Zeit später auf die unrelativistische Theorie zurück. So entstand die → Wellenmechanik im Januar 1926.

Bei dem Aufbau seiner neuen Quantentheorie leiteten Sch. ganz andere Vorstellungen, als sie der Göttinger → Matrizenmechanik zugrunde lagen: „Es ist kaum nötig hervorzuheben, um wie vieles sympathischer die Vorstellung sein würde, daß bei einem Quantenübergang die Energie aus einer Schwingungsform in eine andere übergeht, als die Vorstellung von den springenden Elektronen." Es mag für Sch. zunächst eine Überraschung, dann aber angesichts der abfälligen Urteile der Göttinger und Kopenhagener Physiker einen großen Triumph bedeutet haben, daß es ihm im März 1926 gelang, die „Identität" der Matrizen- und Wellenmechanik vom „formal-mathematischen" Standpunkt zu zeigen.

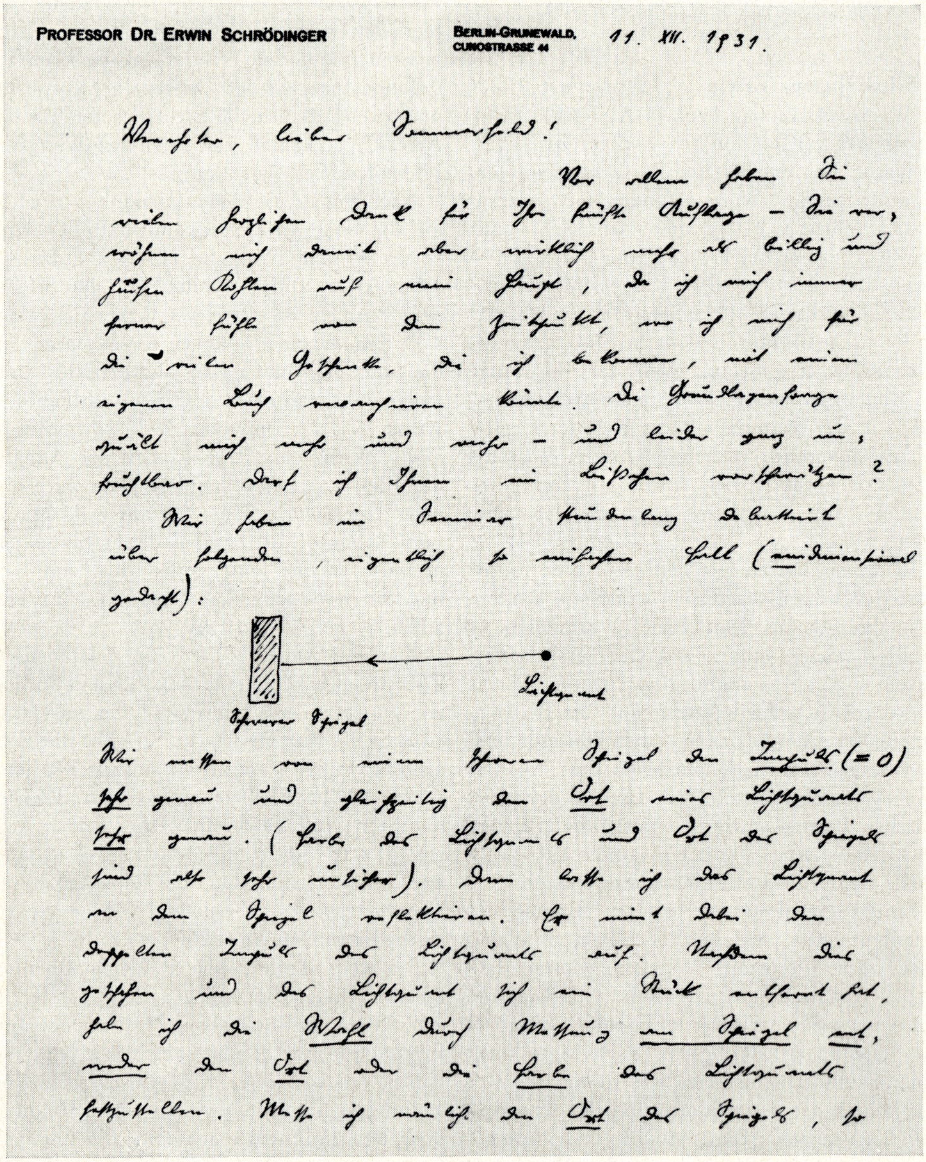
PROFESSOR DR. ERWIN SCHRÖDINGER

BERLIN-GRUNEWALD, CUNOSTRASSE 44 — 11. XII. 1931.

Verehrter, lieber Sommerfeld!

Abb. 48. Erwin Schrödinger an Arnold Sommerfeld. 11. Dezember 1931

In seinen ersten Veröffentlichungen hatte Schrödinger von der Wellenfunktion ψ als von etwas unmittelbar Anschaulichem, einer Schwingungsamplitude im dreidimensionalen Raum gesprochen. Er versuchte, die Größe $\psi\overline{\psi}$ als elektrische Ladungsdichte zu interpretieren, und wollte die Physik auf eine durchgängige Wellenvorstellung gründen. Da aber die Experimente doch zweifellos streng lokalisierte Teilchen zeigen, versuchte Sch. den Begriff der Wellengruppe einzuführen. Es erwies sich aber, daß in praktisch allen Fällen eine solche Wellengruppe in sehr kurzer Zeit zerfließt und daher unmöglich ein reales Teilchen darstellen kann.

Als Max Born bald darauf die Größe $\psi\overline{\psi}$ als Wahrscheinlichkeit interpretierte, hielt Sch. das für eine arge Mißdeutung seiner Theorie, und von hier an ging die Entwicklung der Quantentheorie einen ganz anderen Weg, als Sch. wünschte. Über die → Kopenhagener Deutung von Werner Heisenberg und Niels Bohr 1927 sagte Sch.: „Es muß de Broglie genau so getroffen und enttäuscht haben wie mich, als wir erfuhren, daß ... eine Art transzendentaler, nahezu psychischer Auslegung ... das beinahe allseits anerkannte Dogma geworden ist.“

1927 wurde Sch. als Nachfolger Plancks nach Berlin berufen; als überzeugter Liberaler emigrierte Sch. 1933 freiwillig nach Oxford. 1936 ging er nach Graz, wo er nach dem Anschluß Österreichs als erwiesener Gegner des Regimes aus seinem Lehramt entlassen wurde; mittellos, aber unbehelligt gelang Sch. die Ausreise. Der als Völkerbundspräsident amtierende irische Ministerpräsident Eamon de Valera stellte Sch. unter seinen besonderen Schutz. In Dublin wurde das „Institute for Advanced Studies“ gegründet, wo Sch. im Oktober 1939 eine neue Lebensstellung fand. Junge Physiker aus aller Welt erhielten Stipendien und verbrachten ein oder zwei Jahre am Schrödingerschen Institut. Berühmt war die jährliche „Summer School“ in Dublin, ein zwangloses Treffen, auf dem aktuelle Fragen der Physik diskutiert wurden.

In den Jahren der Emigration veröffentlichte Sch. viele Arbeiten zur Anwendung und statistischen Deutung der Wellenmechanik, über den mathematischen Charakter der neuen Statistik und ihre Beziehungen zur statistischen Wärmetheorie. Daneben traten die Fragen der allgemeinen Relativität, vor allem die relativistische Behandlung der Wellenfelder im Unterschied zu der zunächst unrelativistisch formulierten Wellenmechanik; auch einige kosmologische Probleme regten ihn zu Arbeiten an. Besonders aber widmete Sch. ebenso wie der alte Einstein einen großen Teil seiner Arbeitskraft der Weiterentwicklung der Einsteinschen Gravitationstheorie zur „einheitlichen Feldtheorie“, deren Maßbestimmung von allen bekannten Wechselwirkungskräften zwischen Teilchen bestimmt sein sollte.

Sch. hat sich in seiner letzten Schaffensperiode eingehend den Grundlagen der Physik und ihrer Bedeutung für Weltanschauung und Philosophie zugewandt. Er hat mehrere Studien in Buchform darüber veröffentlicht, die meist zuerst englisch bei der Cambridge University Press erschienen und dann ins Deutsche übertragen wurden. Er war ein Meister der Darstellung; Arnold Sommerfeld sprach sogar von einem eigenen „Schrödinger-Stil“. Sch. schrieb und redete außer in den beiden alten in vier lebenden Sprachen, übersetzte hin und her, schrieb ein Bändchen eigener Gedichte, hielt aber auch mit großer Sorgfalt und Zuverlässigkeit ausgearbeitete Vorlesungen. Er bedurfte eines starken Wechsels zwischen intensiven Schaffensperioden und schöpferischen Pausen mit frohem Lebensgenuß.

1956 kehrte Sch. nach Österreich zurück, wo er, allseits verehrt, an der Universität Wien noch zwei Jahre wirkte. Die letzten Jahre verbrachte er zurückgezogen in Alpbach inmitten seiner geliebten Tiroler Berge.

Werke: Die Wellenmechanik (= Dokumente der Naturwissenschaft. Bd 3). Stuttgart 1963. Hier Bibliographie S. 194—199; Briefe zur Wellenmechanik. Wien 1963 (herausgegeben von Karl Przibram).

Literatur: Armin Hermann, E. Sch. – Eine Biographie. In: Die Wellenmechanik. Stuttgart 1963, S. 173–192; Johannes Gerber, Geschichte der Wellenmechanik. In: Archive for History of Exact Sciences. Vol. 5, 1969, S. 349–416; William T. Scott, Erwin Schrödinger: An introduction to his writings. Amherst 1967; V. V. Raman und Paul Forman, Why was it Schrödinger who developed de Broglie's ideas? In: Historical Studies in the Physical Sciences. Vol. 1, 1970, S. 291–314.

Schwarze Strahlung. Schon 1859, bei der Ableitung des Gesetzes über das Verhältnis von Strahlungsemission zu -absorption, wies → Gustav Kirchhoff auf die Bedeutung der schwarzen Strahlung hin. Diese wird von Körpern ausgesandt, die alle einfallende Strahlung absorbieren; reale Körper sind deshalb nur in bestimmten Spektralbereichen „schwarz". 1895 erkannten Otto Lummer und Wilhelm Wien, daß sich die schwarze Strahlung durch einen Hohlraum mit metallisch spiegelnden Wänden und einer kleinen Öffnung realisieren läßt. Im Zusammenwirken von Experiment und Theorie wurde über einige Zwischenstufen (→ Wiensches Verschiebungsgesetz, → Wiensches Strahlungsgesetz) am 19. Oktober 1900 das richtige → Plancksche Strahlungsgesetz aufgestellt.

Literatur: Heinrich Kayser, Handbuch der Spectroscopie. Bd 2. Leipzig 1902; Hans Kangro, Vorgeschichte des Planckschen Strahlungsgesetzes. Messungen und Theorien der spektralen Energieverteilung bis zur Begründung der Quantenhypothese. Wiesbaden 1970.

Seebeck, Thomas Johann (* 9. April 1770 in Reval/Estland, † 10. Dezember 1831 in Berlin). Obwohl er einer angesehenen Kaufmannsfamilie angehörte, fühlte sich der junge S. schon bald zu den Naturwissenschaften hingezogen. Er studierte Medizin. Nach seiner Promotion in Göttingen (1802) schloß sich S., dessen finanzielle Verhältnisse ihm eine freie Betätigung in der Wissenschaft gestatteten, in Jena dem Kreis romantischer Naturphilosophen um Friedrich Schelling und Lorenz Oken an. Auch mit Goethe in Weimar verbanden ihn mannigfache Interessen (Beitrag S.s zur „Farbenlehre").

Wie für den zur selben Zeit in Jena weilenden romantischen Physiker Johann Wilhelm Ritter belegt ist, deuten auch die Arbeiten und Entdeckungen S.s auf einen Einfluß der → Naturphilosophie hin. Seine folgenreichste Entdeckung, die der → Thermoelektrizität (S.-Effekt) vom Jahre 1821, zeigt sinnfällig das Bestreben, sich bei aller Strenge der Empirie von der Idee der wechselweisen Umwandlung der Natur„kräfte" leiten zu lassen. Bevor er sich jedoch den Arbeiten zuwandte, die zu dieser Entdeckung führten, hatte sich S. – von 1810–12 in Bayreuth, wo er Jean Paul kennenlernte, von 1812–18 in Nürnberg, anschließend in Berlin als ordentliches Mitglied der Preußischen Akademie der Wissenschaften – eingehend und erfolgreich mit optischen Problemen befaßt. Dabei hatte er die auf Spannungsdoppelbrechung bei schnell abgekühlten Gläsern zurückführbaren „entoptischen Farbenfiguren" entdeckt sowie die Wärmeverteilung im prismatischen Spektrum in Abhängigkeit von der Prismensubstanz (1812). Im Anschluß an die Untersuchungen Biots am Zuckerkristall (Doppelbrechung) fand S. die Drehung des polarisierten Lichts beim Durchgang durch eine Zuckerlösung (1818), was bald zur Zuckergehaltsbestimmung (Saccharimeter) genutzt wurde.

Kurze Zeit nach der Entdeckung des → Elektromagnetismus durch Hans Christian Oersted stieß S. bei seinen Untersuchungen „über den Magnetismus der galvanischen Kette" auf „Erscheinungen, welche [ihm] anzudeuten schienen, daß auch wohl zwei Metalle für sich, kreisförmig miteinander verbunden, ohne Mitwirkung irgend eines feuchten Leiters magnetisch werden möchten". Im Sommer 1821 beobachtete er erstmals den Ausschlag eines Nadelgalvanometers, als er eine Wismut- und Kupferscheibe aufeinanderlegte und die Drahtenden mit der Hand andie Spule des Galvanometers drückte. Bald fand er heraus, daß die Erwärmung der Berührungsstelle beim Schließen des Kreises durch seine Finger diesen Effekt hervorrief.

Von der magnetischen Ursache der elektrischen Erscheinungen überzeugt, bezeichnete er ihn als Thermomagnetismus (→ Thermoelektrizität).

Erst 1825 erschien eine Abhandlung S.s hierüber; die Kunde von dieser Entdeckung wurde indessen durch Oersted und andere schnell verbreitet. Georg Simon Ohm bediente sich der Thermoelemente als spannungskonstanter Stromquelle, mit deren Hilfe ihm seinerseits eine grundlegende Entdeckung gelang.

Werke: Über den Magnetismus der galvanischen Kette. In: Hans Christian Oersted und Thomas Johann S., Zur Entdeckung des Elektromagnetismus (= Ostwalds Klassiker. Nr 63). Leipzig 1895 (mit Kurzbiographie); Magnetische Polarisation der Metalle und Erze durch Temperaturdifferenz (= Ostwalds Klassiker. Nr 70). Leipzig 1895.

Literatur: H. Streit, Die wissenschaftlichen Forschungen und Entdeckungen des älteren Seebeck auf dem Gebiete der Elektricität und des Magnetismus. Schlawe 1902. L. S.

Sender → Braunscher Sender.

Siegbahn, Manne (* 3. Dezember 1886 in Örebro). S. studierte an der Universität in Lund, 1908 und 1909 auch in Göttingen und München, und promovierte 1911 in Lund. Anschließend lehrte er bis 1923, seit 1920 als Professor, an der Universität Lund. Seine frühen Arbeiten von etwa 1908 bis 1914 beschäftigten sich mit Elektrizität und Magnetismus. Nach der Entdeckung der Röntgenstrahlinterferenzen widmete er sich aber seit 1913/14 ganz der Physik der Röntgenstrahlen und ihrer Spektroskopie. Es waren im wesentlichen die Arbeiten Siegbahns und seiner Mitarbeiter, die zur Entwicklung und zum Ausbau dieses Gebiets und zu seiner Vervollkommnung in apparativer und methodischer Hinsicht beitrugen. „Für seine Entdeckungen und Forschungen auf dem Gebiet der Röntgenspektroskopie" wurde ihm 1924 der Nobelpreis verliehen.

Mit seinen Mitarbeitern untersuchte er systematisch die K-, L- und seit 1916 auch die M-Serien nahezu aller Elemente, wobei eine große Zahl neuer Spektrallinien gefunden wurde. Gleichzeitige Messungen der Absorption und der Struktur der Absorptionskanten ermöglichten Rückschlüsse auf den Aufbau der Atome. Es wurden auch für die Röntgenstrahlen bestimmte Auswahlregeln gefunden. 1924 gelang ihm mit seinen Mitarbeitern der Nachweis der Brechung von Röntgenstrahlen an einem Glasprisma.

Im Jahre 1923 wurde S. an die Universität Uppsala berufen. Hier wandte er sich dem Problem zu, die Röntgenspektroskopie nach längeren Wellenlängen, als es die Kristallgitter zuließen, auszudehnen und schließlich den Anschluß an die optische Spektroskopie zu erreichen. Für diesen Zweck entwickelte er spezielle Geräte, mit denen es gelang, Strichgitter herzustellen, die sowohl für die Beugung optischer Strahlung als auch für die Röntgenstrahlbeugung geeignet waren.

S. wurde 1937 zum Direktor des Nobel-Instituts für Physik in Stockholm ernannt, dem er bis 1964 vorstand. Hier beschäftigten ihn vor allem Probleme der Kernstruktur.

Werke: Spektroskopie der Röntgenstrahlen. Berlin 1924.

Literatur: Les Prix Nobel en 1924. Stockholm 1926, S. 78; M. S. In: McGraw-Hill, Modern Men of Science. Bd 2. New York 1968, S. 496–498. S. R.

Siemens, Werner von (* 13. Dezember 1816 auf Gut Lenthe bei Hannover, † 6. Dezember 1892 in Berlin-Charlottenburg). In der Gestalt W. v. S.' spiegelt und verbindet sich in einzigartiger Weise das Bild des exakten Naturforschers, des vorwärtsdrängenden Ingenieurs und des wagemutigen Unternehmers. Sein Wirken hat maßgebend zum Aufstieg Deutschlands gegen Ende des 19. Jh.s beigetragen. Die erstaunliche Breite der unternehmerischen Tätigkeit dieses vielseitigen Mannes ist allerdings undenkbar ohne die Mitwirkung seiner Familie, namentlich zweier Brüder: Wilhelms, der sich später in England William nannte, und Carls, dem die Niederlassung in Rußland anvertraut wurde.

Friedrich, ein weiterer Bruder, machte sich in der Wärmetechnik einen Namen.

Da sein Vater, ein Domänenpächter, ihm eine höhere Fachausbildung nicht bezahlen konnte, trat der zielstrebige junge S. als Offiziersanwärter in ein preußisches Artillerieregiment ein, bot sich ihm dadurch doch die Möglichkeit, die Berliner Artillerie- und Ingenieurschule besuchen zu können (1835 bis 1838). Hier lehrten u. a. der Physiker und Technologe Gustav Magnus, der Chemiker Carl Gottlieb Erdmann und der Mathematiker Martin Ohm. Als S. nach dem Tod seines Vaters (1840) die Sorge für eine große Geschwisterzahl zufiel, versuchte er durch Erfindungen (Druckerpresse für das Zinkdruckverfahren, Verbesserung der Schießbaumwolle etc.) zu Geld zu kommen. Bescheidenen finanziellen Erfolg brachte jedoch zunächst nur seine Erfindung der galvanischen Vergoldung und Versilberung, womit er das Gebiet der von Moritz Hermann Jacobi 1838 begründeten Galvanoplastik erweiterte. 1846 glückte ihm die Verbesserung des Wheatstoneschen Zeigertelegraphen (→ Telegraphie, elektrische) zu einem zuverlässigen, einfach zu bedienenden Gerät. Wenig später schrieb er an seinen Bruder William nach London: „Ich bin jetzt ziemlich entschlossen, mir eine feste Laufbahn durch die Telegraphie zu bilden ... Die Telegraphie wird eine eigene, wichtige Branche der wissenschaftlichen Technik werden, und ich fühle mich einigermaßen berufen, organisierend in ihr aufzutreten."

Am 1. Oktober 1847 gründete S. zusammen mit dem geschickten Mechaniker Johann Georg Halske unter finanzieller Beteiligung seines Vetters Georg Siemens eine Telegraphenbauanstalt, die erste ihrer Art auf dem Kontinent, die Wiege eines Industrieimperiums. Bereits im folgenden Jahr – kurz nach der Revolution vom März 1848 – erhielt er als ersten größeren Auftrag den Bau einer Telegraphenlinie von Berlin nach Frankfurt, dem Sitz der Nationalversammlung (Paulskirche). – 1849 nahm S. seinen Abschied als Offizier, um sich mit ganzer Kraft der wissenschaftlichen Ausbildung der elektrischen Telegraphie und ihrer industriellen Anwendung zu widmen. Der Bau großer Telegraphenlinien in Rußland (1853–1855) und die Errichtung der Indo-Europäischen Telegraphenlinie von London nach Indien (1867–1870) machte den Namen S. weltbekannt.

S., der technische Fragen zunächst stets von ihrer wissenschaftlichen Seite her anpackte, erkannte bei seinen Arbeiten über Probleme der Telegraphie, „daß die Bewegungsgesetze der Wärme und Elektrizität auch für elektrostatische Induktion Gültigkeit haben, und daß mithin die Form des Ohmschen Gesetzes für den elektrischen Strom auch für sie anwendbar ist". Durch die Einführung der Widerstandsmessung und einer definierten Maßeinheit (auf das Quecksilber-Etalon von 1 m Länge bezogen) stellte er die Strommessung auf eine exakte Grundlage (1859). Hierdurch gewann er weiteres Ansehen als technischer Physiker, nachdem er bereits mit seiner Theorie der Kabellegung und deren eindrucksvoller Bestätigung bei der Verlegung des Kabels zwischen Sardinien und Bona (1857) Aufsehen erregt hatte. Auch in der Wissenschaft fanden seine Leistungen offizielle Anerkennung (1860 Ehrendoktor der Universität Berlin, 1873 Mitglied der Preußischen Akademie der Wissenschaften).

Auf der Suche nach einer Möglichkeit, höhere Spannungen für die Nachrichtenübermittlung zu erzeugen, gelang S. 1866 seine wohl bedeutendste Entdeckung, die des „dynamo-elektrischen Prinzips", realisiert in der Dynamomaschine (→ Dynamo). Damit erschloß er das weite Feld der Starkstromtechnik und des Energieverbunds, worauf er bereits kurze Zeit später in einer Schrift „Über die Umwandlung von Arbeitskraft in elektrischen Strom ohne permanente Magnete" vom Dezember 1866 hinwies: „Der Technik sind gegenwärtig die Mittel gegeben, elektrische Ströme von unbegrenzter Stärke überall da zu erzeugen, wo Arbeitskraft disponibel ist." Zwar hatten – unabhängig voneinander – vor und mit S. eine Reihe weiterer Forscher, darunter Charles Wheatstone, auf der Grundlage der 1831 von Michael Faraday entdeckten elektromagnetischen Induktion die Möglichkeit der Selbsterregung von Weicheisenmagneten (Elektromagneten) mit Hilfe ihres Restmagnetismus durch Rückkopplung untersucht; S. vermochte jedoch als erster die weitreichende Bedeutung dieser Entdeckung klar zu erkennen und technisch zu nutzen. Die sich jetzt schnell Bahn brechende Starkstromtechnik (1882 erste Kraftübertragung von Miesbach nach München über 57 km durch Marcel Deprez) erhielt durch James Clerk Maxwell und John Hopkinson ihr mathematisch-physikalisches Gerüst.

„Solange man eine Sache theoretisch in allen Punkten nicht übersieht, findet man überall Gespenster", schrieb S. 1865 einem Freunde. Diesem Bemühen um streng wissenschaftliche Grundlagen in der Technik galt in späteren Jahren noch verstärkt seine Aufmerksamkeit, sein wissenschaftliches, politisches und organisatorisches Wirken. Nachdrücklich forderte er die Einrichtung elektrotechnischer Lehrstühle an den Hochschulen (erste Gründungen 1882 in Stuttgart und Darmstadt); nicht zuletzt seinem entschiedenen Eintreten und einer Schenkung ist es zu danken, daß 1887 die Physikalisch-Technische Reichsanstalt in Berlin gegründet werden konnte, deren erster Präsident Hermann von Helmholtz wurde. 1888 erhob ihn Kaiser Friedrich, zuvor als Kronprinz Mitstreiter im Kampf um die Reichsanstalt, in den Adelsstand.

Werke: Wissenschaftliche und Technische Arbeiten. 2 Bde. Berlin 1889/1891; Lebenserinnerungen. Berlin 1892, [17]München 1966.

Literatur: Conrad Matschoß, W. S., ein kurzgefaßtes Lebensbild nebst einer Auswahl seiner Briefe. 2 Bde. Berlin 1916; Karl Burhenne, W. S. als Sozialpolitiker. München 1932; Georg Siemens, Der Weg der Elektrotechnik. Geschichte des Hauses Siemens. 2 Bde. [2]Freiburg/München 1961; Kurt Busse, W. v. S. (1816–1966). Bad Godesberg 1966; Wilhelm Treue, W. v. S., ein Pionier seiner Zeit. In: Siemens-Zeitschrift. Jg 40, 1966, S. 852–855; Sigfrid von Weiher, W. v. S. — ein Wegbereiter der deutschen Industrie. In: Deutsches Museum. Abhandl. u. Berichte. Jg 34, 1966, H. 3.

L. S.

Slater, John Clarke (* 22. Dezember 1900 in Oak Park, Illinois). S. ging 1922 mit einem Stipendium nach England, studierte 1924 bei Niels Bohr, kehrte danach nach Harvard zurück und arbeitete 1929 in Zürich und Leipzig.

Seine erste Publikation (1924) betraf die Strahlungstheorie; sie enthielt die Hypothese, daß die stationären Zustände der Atome ein virtuelles Strahlungsfeld aussenden, welches die Gewähr für statistische Gültigkeit von Impuls- und Energiesatz bei Strahlungsprozessen bietet. Diese Ideen wurden von S., Niels Bohr und Hendrik Anthony Kramers noch im selben Jahr im einzelnen ausgeführt, erwiesen sich aber rasch infolge der Koinzidenzexperimente von Hans Geiger und Walter Bothe zum Teil als unhaltbar (→ Compton-Effekt). Sie übten aber dennoch auf die weitere Entwicklung der Quantentheorie (insbesondere auf Werner Heisenberg) bedeutenden Einfluß aus.

S. galt (und gilt) als einer der besten Kenner der Quantentheorie, der ihre Fruchtbarkeit bei der Behandlung des Atom-, Molekül- und Festkörperbaus in über hundert einschlägigen Publikationen nachgewiesen hat. Die „Slater-Determinante" und die „Slater-Orbitale" sind feste Begriffe in der Atomtheorie geworden. Die Erfindung des Transistors ist den theoretischen Vorarbeiten Slaters zu verdanken; auch an der Entwicklung der Radartechnik während des Zweiten Weltkrieges hatte er wesentlichen Anteil (Theorie des Magnetrons). Von seinen Qualitäten als Lehrer (Richard Feynman und William Shockley gehörten zu seinen Schülern) zeugen vor allem seine großen Lehrbücher über klassische und Quantenphysik.

Werke: Modern physics. New York 1955; Microwave electronics. Princeton 1963; Quantum theory of atomic structure. New York 1960–67; Quantum theory of matter. New York 1968.

Literatur: Per-Olov Löwdin (Hrsg.), Quantum theory of atoms, molecules, and the solid state. A tribute to J. C. S. New York 1966, S. 1–13 (mit Bibliographie). U. H.

Smekal, Adolf Gustav (* 12. September 1895 in Wien, † 7. März 1959 in Graz). S. promovierte 1917 in Graz, habilitierte sich 1920 an der Universität Wien und wurde 1928 als Ordinarius für theor. Physik nach Halle berufen, wo er bis 1945 wirkte. Nach einer provisorischen Lehrtätigkeit in Darmstadt ging er 1949 als o. Prof. für Experimentalphysik nach Graz.

1921 stellte S. die erste vollständige Termordnung der Röntgenspektren auf und sagte 1923 den fünf Jahre später bestätigten → Smekal-Raman-Effekt voraus. Neben weiteren Arbeiten zur Quantentheorie des Atombaues und der Wechselwirkung von Strahlung und Materie beschäftigte er sich, theoretisch und experimentell, mit dem Bau der Realkristalle und den strukturempfindlichen Eigenschaften (Festigkeit, Selbstdiffusion, Ionenleitung).

Werke: Allg. Grundlagen der Quantenstatistik und Quantentheorie. Leipzig 1926; Statistische und molekulare Theorie der Wärme (= Handbuch der Physik. Bd 9). Berlin 1926.

Literatur: Ludwig Flamm, A. G. S. In: Österreichische Akademie der Wissenschaften. Almanach. Jg 109, 1959, S. 421–427.

Smekal-Raman-Effekt. Auf einer Schiffsreise im Sommer 1921 war Raman vom herrlichen Blau des Mittelmeeres tief beeindruckt. Er vermutete, daß die Erscheinung durch die Streuung des Sonnenlichts an den Wassermolekülen hervorgerufen wird. Um seine Auffassung zu prüfen, führte er nach der Rückkehr Versuche über die Lichtausbreitung in Flüssigkeiten durch. Auf diese Versuche geht die Entdeckung zurück.

Von den Mitarbeitern (K. R. Ramanthan und K. S. Krishnan) wurde aus gewissen Eigentümlichkeiten, die die Polarisation des an staubfreien Flüssigkeiten gestreuten Lichts zeigte, postuliert, daß die verwendeten Substanzen eine schwache, bisher nicht bekannte Fluoreszenz besitzen. Die Entdeckung des Compton-Effektes bestärkte Raman in der Ansicht, daß die schwache Fluoreszenz eine neue Art von Sekundärstrahlung ist, und veranlaßten ihn, die Versuche neu aufzunehmen. Am 16. März 1928 gelang es Raman und seinen Mitarbeitern, im Streuspektrum vieler Substanzen verschobene Linien spektrophotographisch festzustellen. Der Effekt wurde im Sinne der Voraussage, die Gustav Adolf Smekal 1923 gemacht hatte, von Raman gedeutet, jedoch nicht unter Bezugnahme auf diese, sondern auf die Heisenbergsche Dispersionsformel.

Unabhängig von der Ramanschen Entdekkung wurde der Effekt von Yves Rocard und Jean Cabannes im April 1928 und von Leonid Mandelstam und Georg Landsberg im Mai 1928 gefunden.

Quellen: Chandrasekhara Venkata Raman, A new radiation. In: Indian Journal of Physics. Vol. 2, 1927/28, S. 387–398; ders., The molecular scattering of light. In: Indian Journal of Physics. Vol. 6, 1931, S. 263–273; Georg Landsberg und Leonid Mandelstam, Eine neue Erscheinung bei der Lichtzerstreuung in Krystallen. In: Die Naturwissenschaften. Jg 16, 1928, S. 557 bis 559; Adolf Smekal, Zur Quantentheorie der Streuung und Dispersion. Ebd. Jg 16, 1928, S. 612–614. H. R.

Smoluchowski, Marian von (* 28. Mai 1872 in Vorder-Brühl bei Wien, † 5. September 1917 in Krakau). S. promovierte 1895 bei Josef Stefan und ging nach Zwischenaufenthalten in Paris und Glasgow 1897 nach Berlin. Emil Warburg schlug ihm vor, den Temperatursprung zu untersuchen, der nach der kinetischen Theorie zwischen Wand und Gas auftreten sollte, wenn in dem Gas ein Temperaturgefälle herrscht. Damit kam S. zur kinetischen Gastheorie und Atomistik, wo er der große Nachfolger von Ludwig Boltzmann wurde. S. habilitierte sich in Wien und erhielt im Jahre 1900 einen Ruf als Professor der theoretischen Physik nach Lemberg.

1905 fanden Albert Einstein und S. gleichzeitig und unabhängig voneinander die Erklärung der Brownschen Molekularbewegung. Einstein gelang die Lösung, ohne eigentlich an die Brownsche Bewegung zu denken, so daß Jean Perrin sagte, Einstein habe die Theorie einer Erscheinung gegeben, von deren Vorhandensein er nichts wußte. S. dagegen beschäftigte sich seit 1900 bewußt mit diesem Phänomen und hatte die Absicht, seine theoretischen Ergebnisse noch experimentell zu prüfen, als 1905 Einsteins Arbeit erschien. Darauf veröffentlichte auch S. 1906 seine Resultate. Während Einstein das Problem in großer Allgemeinheit behandelte, betrachtete S. alle Einzelheiten des Stoßvorganges; die submikroskopische Bewegung der Moleküle wurde so direkt anschaulich verständlich.

Zum Nachweis der berechneten Dichteschwankungen gab S. 1908 eine Theorie der Opaleszenz. Geht nämlich ein Lichtstrahl durch ein Gas, in dem solche Schwankungen auftreten, so wird er sukzessive auf Bereiche größerer und kleinerer Dichte treffen, also auf Bereiche mit größerem und kleinerem Brechungsindex, genau so, als ob er durch ein trübes Medium ginge. Dann aber muß das Tyndallsche Phänomen eintreten; das Licht, besonders der kurzwellige Teil, muß gestreut werden. Aus dem Ausdruck für die mittlere Dichteschwankung ergab sich, daß diese besonders groß im kritischen Punkt sein muß, so daß hier die Streuung besonders hervortreten sollte. Dies, die Opaleszenz reiner Gase beim kritischen Punkt, war aber in der Tat beobachtet worden, ohne daß man das Phänomen hätte deuten können. S. erklärte die Erscheinung und gewann zugleich einen Beweis für die Existenz der Dichteschwankungen.

1913 übernahm S. das Institut für Experimentalphysik der Jagiellonischen Universität zu Krakau. Er starb als Rektor dieser Universität an einer im Gefolge des Krieges auftretenden Dysenterie-Epidemie; Einstein widmete seinem Andenken die Worte: „Alle, die Smoluchowski persönlich genauer kannten, liebten in ihm nicht nur den geistreichen Forscher, sondern auch den edlen, feinsinnigen und wohlwollenden Menschen. Die Weltkatastrophe ... erweckte in ihm kein anderes Gefühl als namenlosen Schmerz über die Roheit der Menschen und die Schädigung unserer kulturellen Entwicklung. Zu früh hat das Schicksal sein segensreiches Wirken als Forscher und Lehrer abgeschnitten; wir aber wollen sein Vorbild und seine Werke hochhalten."

Quelle: Abhandlungen über die Brownsche Bewegung und verwandte Erscheinungen (= Ostwalds Klassiker. Nr 207). Leipzig 1923.

Literatur: Albert Einstein, M. v. S. In: Die Naturwissenschaften. Jg 5, 1917, S. 737 f.; Arnold Sommerfeld, Zum Andenken an M. v. S. In: Physikal. Zeitschrift. Jg 18, 1917, S. 533 bis 539 (mit Bibliographie); Armin Teske, Einstein und Smoluchowski. Zur Geschichte der Brownschen Bewegung und der Opaleszenz. In: Sudhoffs Archiv. Bd 53, 1969, S. 292–305.

Armin Teske

Sommerfeld, Arnold (* 5. Dezember 1868 in Königsberg, † 26. April 1951 in München). Nachdem S. in Königsberg Mathematik studiert und 1891 promoviert hatte, ging er 1893 nach Göttingen. 1896 habilitierte er sich bei Felix Klein, den er stets als seinen „eigentlichen Lehrer" angesehen hat – „nicht nur in mathematischen, sondern auch in mathematisch-physikalischen Dingen und in der Auffassung der Mechanik". 1897 wurde S. Professor der Mathematik an der Bergakademie Clausthal-Zellerfeld, drei Jahre später auf energisches Betreiben von Klein Ordinarius an der Technischen Hochschule Aachen – bezeichnenderweise nicht für Mathematik, sondern für technische Mechanik. S. trat mit zahlreichen Ingenieurwissenschaftlern in einen fruchtbaren Gedankenaustausch, so mit August Föppl über die Resonanzphänomene bei Brücken, mit August von Borries über Probleme des Lokomotivbaus und mit Otto Schlick über den Massenausgleich im Schiffbau und über die Bekämpfung des Schlingerns.

1906 folgte S. dem Ruf auf den Lehrstuhl für theoretische Physik der Universität München. Durch die Bedürfnisse des akademischen Unterrichts wurde er gezwungen, sich rasch in die Physik einzuarbeiten; an seine Vorlesungen stellte S. die höchsten Ansprüche. So nahm er schon 1907 die von Albert Einstein zwei Jahre zuvor begründete Spezielle Relativitätstheorie auf, die bisher nur von Max Planck als richtig akzeptiert worden war. Seitdem wurde auch S. zu einem mächtigen Vorkämpfer dieser Theorie. Mit der überlegenen Beherrschung des mathematischen Kalküls gelangen ihm bald fruchtbare Anwendungen auf verschiedene physikalische Phänomene, z. B. auf die Theorie der Röntgenbremsstrahlung mit der relativistischen „Voreilung" des Intensitätsmaximums. Die Sommerfeldschen Rechnungen trugen mit zur schnellen Anerkennung der Einsteinschen Relativitätstheorie bei.

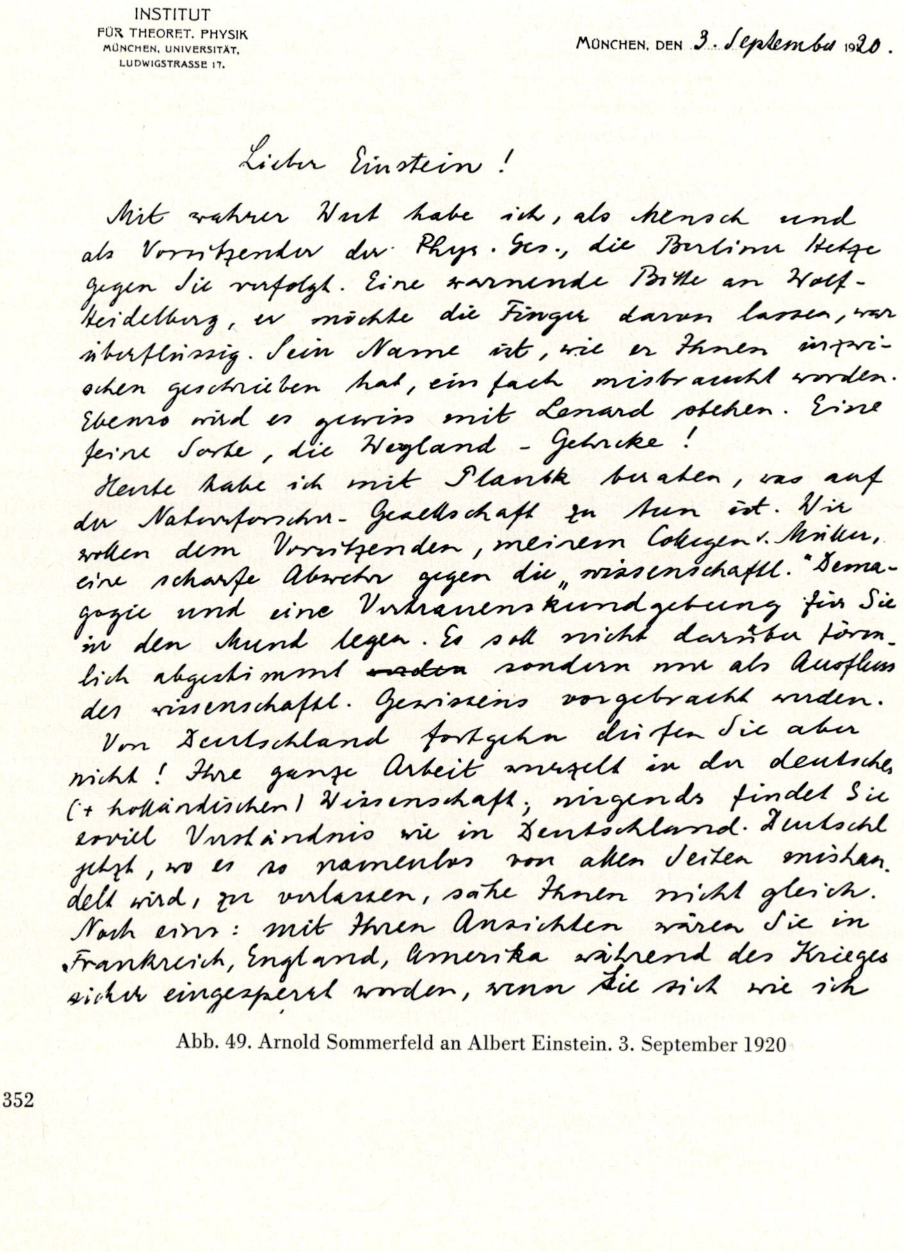

INSTITUT
FÜR THEORET. PHYSIK
MÜNCHEN, UNIVERSITÄT,
LUDWIGSTRASSE 17.

MÜNCHEN, DEN 3. September 1920.

Lieber Einstein!

Mit wahrer Wut habe ich, als Mensch und als Vorsitzender der Phys. Ges., die Berliner Hetze gegen Sie verfolgt. Eine warnende Bitte an Wolf-Heidelberg, er möchte die Finger davon lassen, war überflüssig. Sein Name ist, wie er Ihnen inzwischen geschrieben hat, einfach missbraucht worden. Ebenso wird es gewiss mit Lenard stehen. Eine feine Sorte, die Weyland - Gehrcke!

Heute habe ich mit Planck beraten, was auf der Naturforscher-Gesellschaft zu tun ist. Wir wollen dem Vorsitzenden, meinem Collegen v. Müller, eine scharfe Abwehr gegen die „wissenschaftl." Demagogie und eine Vertrauenskundgebung für Sie in den Mund legen. Es soll nicht darüber förmlich abgestimmt ~~werden~~ sondern nur als Ausfluss des wissenschaftl. Gewissens vorgebracht werden.

Von Deutschland fortgehn dürfen Sie aber nicht! Ihre ganze Arbeit wurzelt in der deutschen (+ holländischen) Wissenschaft; nirgends findet Sie soviel Verständnis wie in Deutschland. Deutschl. jetzt, wo es so namenlos von allen Seiten misshandelt wird, zu verlassen, sähe Ihnen nicht gleich. Noch eins: mit Ihren Ansichten wären Sie in Frankreich, England, Amerika während des Krieges sicher eingesperrt worden, wenn Sie sich wie ich

Abb. 49. Arnold Sommerfeld an Albert Einstein. 3. September 1920

Gegenüber den ersten Quantenansätzen nahm S. zunächst eine abwartende Stellung ein; im März 1910 wurde er durch seinen Assistenten Peter Debye zu einer Stellungnahme gedrängt, worauf S. im September Rat bei Einstein in Zürich suchte und in tagelangen Diskussionen für das Quantenkonzept gewonnen wurde. Auf Initiative Walther Nernsts fand dann Ende Oktober 1911 in Brüssel der 1. Solvay-Kongreß statt; zur Behandlung des Quantenproblems trafen die führenden Physiker der Welt zusammen. Hier trug S. seinen Quantenansatz vor, den er in ausgedehnten Rechnungen auf eine ganze Reihe von physikalischen Phänomenen anwandte, so auf den lichtelektrischen Effekt, die Theorie der γ-Strahlen und die Röntgenbremsstrahlung. Die Ausführungen Sommerfelds in Brüssel fanden starke Beachtung. Als fruchtbar erwiesen sich später nicht die konkreten Ergebnisse – auf die Sommerfeld selbst größtes Gewicht gelegt hatte –, sondern seine allgemeine Auffassung des Planckschen Wirkungsquantums. Während der junge Arthur Erich Haas in Wien eineinhalb Jahre zuvor aus dem Aufbau des Atoms die Plancksche Konstante h hatte erklären wollen, vertrat Sommerfeld nun den umgekehrten Standpunkt, „das h nicht aus den Moleküldimensionen zu erklären, sondern die Existenz der Moleküle als eine Funktion und Folge der Existenz eines elementaren Wirkungsquantums anzusehen“.

S.s etwas verspätetes, aber um so energischeres Eintreten für das Quantenkonzept wurde weithin beachtet. Als Niels Bohr im Juli 1913 sein quantentheoretisches Atommodell vorlegte, gehörte S. zu den ersten, die die große Bedeutung erkannten. Es ist S. und seiner Münchener Schule zu danken, daß sich die neue Theorie so rasch durchsetzen konnte. Bereits im Wintersemester 1914/15 las S. im Kolleg über die Ellipsenbahnen der Elektronen und die Feinstruktur der Wasserstofflinien; die neuen Gedanken legte er dann am 6. Dezember 1915 der Bayerischen Akademie der Wissenschaften vor. 1916 folgten die Theorie des normalen Zeeman-Effektes und durch den Sommerfeld-Schüler Paul S. Epstein die Theorie des Stark-Effekts.

Schon etwa fünf Jahre nach der ersten Veröffentlichung Bohrs konnte durch S. ein gewisser Abschluß in der mathematischen Entwicklung der → Bohr-Sommerfeldschen Atomtheorie erreicht werden. Er unternahm es, das neue Gebiet zusammenfassend darzustellen, und legte 1919 sein bald berühmt gewordenes Buch „Atombau und Spektrallinien“ vor, das in vielen Auflagen erschien und für Generationen von Studenten im In- und Ausland als Bibel der Atomphysik galt. Hier beschwor S. im Vorwort den Geist Keplers, „nicht ohne das Bewußtsein geistiger Verwandtschaft“, wie sein Schüler Helmut Hönl feststellte. Tatsächlich ist das Sommerfeldsche Atommodell mit den Ellipsenbahnen der Elektronen um den Atomkern ein Abbild des Planetensystems, und alle Gesetzmäßigkeiten des Makrokosmos, die Kepler zu Bewunderung und Demut hingerissen hatten, finden sich im Mikrokosmos Atom wieder. Aber noch mehr: Die Sommerfeldschen Quantisierungsvorschriften für die Bewegung der Elektronen im Atom bewirken eine über die mathematische Struktur des Planetensystems hinausreichende höhere „Ordnung und Harmonie“. Helmut Hönl hat deshalb S. einen „Kepler redivivus“ genannt. Es scheint Hönl wesentlich, „diesen Meister der Atomphysik in das Licht einer [auf Kepler zurückgehenden] geistigen Tradition zu stellen... Die Einstellung zu den Naturerscheinungen war bei Sommerfeld nicht etwa das Ergebnis historischer Studien, sondern sie war ihm angeboren. Sein feiner, mathematischer Spürsinn ließ ihn allenthalben harmonische und klar erfaßbare Gesetzmäßigkeiten erschauen.“

Während sich seine Meisterschüler dem Vorbilde Bohrs anschlossen, der seine Überlegungen auf allgemeine „philosophische“ Prinzipien gründete, hielt S. Anfang der zwanziger Jahre an dem anschaulichen Atommodell fest, weil es seinem technisch geschulten Denken entsprach und weil es mathematisch reizvolle Probleme in Fülle bot, die ihn anspornten, seine Kräfte zu zeigen. Die zunehmenden Diskrepanzen zwischen Rechnung und Experiment überzeugten aber auch S., daß auf diesem Weg nicht mehr wesentlich weiterzukommen war. Wieder, wie schon im Jahre 1912, erhoffte er von Einstein die grundsätzliche Klärung. In einem Brief meinte er: „Ich kann nur die Technik der Quanten fördern, Sie müssen ihre Philosophie machen!" Die Lösung gelang Mitte 1925 Werner Heisenberg, der zwei Jahre zuvor bei S. promoviert hatte und nun als Assistent Borns in Göttingen wirkte.

Die Interpretation der neuen Quantentheorie bot ungeahnte Schwierigkeiten und machte es nötig, bisher selbstverständliche Kategorien des Denkens aufzugeben. Selbst Einstein und Schrödinger, die maßgeblich zum Aufbau beigetragen hatten, vermochten es nicht, sich mit der von Bohr und Heisenberg vorgelegten → „Kopenhagener Deutung" abzufinden. Während sich Einstein so der aktuellen physikalischen Arbeit entfremdete, bewährte sich S.s pragmatische Auffassung. Für S. war die neue Quantentheorie nicht ein Objekt philosophischer Erörterungen, sondern ein Kalkül, der ihm die Berechnung vieler physikalischer Phänomene erlaubte. Vor allem die Schrödingerschen Differentialgleichungen handhabte er mit der gewohnten Meisterschaft und erzielte dabei in enger Zusammenarbeit mit immer neuen Schülern weiterhin hochbedeutende Ergebnisse. Wie S. seinerzeit seine Rechnung auf der Grundlage des Bohr-Sommerfeldschen Modelles in die vielen Auflagen seines Lehrbuchs „Atombau und Spektrallinien" eingearbeitet hatte, so diente nun der „Wellenmechanische Ergänzungsband" der gleichen Aufgabe.

Unter den jungen, dem Neuen zugewandten Physikern und den Physikstudenten in aller Welt gewann der Name Sommerfeld legendären Ruhm. Von nah und fern kamen die Schüler. Zur „ersten Generation" der Sommerfeld-Schüler vor dem Ersten Weltkrieg gehörten Peter Debye, Peter Paul Ewald, Paul S. Epstein, Demetrios Hondros und Paul Ehrenfest. Bald nach Kriegsende 1918 kamen neue Schüler und Mitarbeiter, unter ihnen Erwin Fues, Helmut Hönl, Walther Kossel, Wilhelm Lenz, Wolfgang Pauli und Werner Heisenberg. „Was ich an Ihnen besonders bewundere", schrieb Einstein, „das ist, daß Sie eine so große Zahl junger Talente wie aus dem Boden gestampft haben. Das ist etwas ganz Einzigartiges. Sie müssen eine Gabe haben, die Geister Ihrer Hörer zu veredeln und zu aktivieren."

Nach der Machtergreifung durch den Nationalsozialismus sorgte S. mit seinem großen Schüler- und Freundeskreis, daß die theoretische Physik, die in Deutschland bis 1933 eine Blütezeit erlebt hatte, im alten Stil, wenn auch mit abgeschwächter Kraft, weiterbetrieben werden konnte. 1934 schrieb S. an Einstein: „Vielleicht interessiert es Sie, daß ich meine allgemeinen Wintervorlesungen über Elektrodynamik wie in früheren Jahren ins Vierdimensionale ausklingen ließ und mit einem Abriß der Speziellen Relativitätstheorie krönte. Die Studenten waren begeistert, weil ich selbst wieder einmal von der Schönheit und Einheitlichkeit des Systems begeistert war; nicht einer opponierte."

1945 beteiligte sich S. mit gewohntem Pflichtgefühl am geistigen Wiederaufbau. Jetzt endlich konnte S. seine in der akademischen Lehrtätigkeit seit 1906 entstandenen ausgefeilten Vorlesungen weiter zur Veröffentlichung vorbereiten; es war ihm noch vergönnt, diese Arbeit fast zu Ende führen zu können. Am 26. April 1951 starb S. an den Spätfolgen eines Verkehrsunfalls, mitten in der Arbeit an der „Thermodynamik und Statistik", die er als abschließendes Werk der sechsbändigen Ausgabe seiner „Gesammelten Vorlesungen" vorgesehen hatte.

Werke: Atombau und Spektrallinien. Braunschweig 1919; Atombau und Spektrallinien. II. Band (= Wellenmechanischer Ergänzungsband). Braunschweig 1929; Vorlesungen über theoretische Physik. 6 Bde. Leipzig 1942–1962; Gesammelte Schriften. 4 Bde. Braunschweig 1968.

Briefeditionen: Albert Einstein/Arnold Sommerfeld, Briefwechsel. Sechzig Briefe aus dem goldenen Zeitalter der modernen Physik. Basel/ Stuttgart 1968; Armin Hermann, Die frühe Diskussion zwischen Stark und S. über die Quantenhypothese. In: Centaurus. Vol. 12, 1967, S. 38 bis 59.

Literatur: A. S., Autobiographische Skizze. Herausgegeben von Fritz Bopp. In: Geist und Gestalt. Biographische Beiträge zur Geschichte der Bayerischen Akademie etc. Bd 2. München 1959, S. 100—109; Armin Hermann, S. und die Technik. In: Technikgeschichte. Bd 34, 1967, S. 311—322; ders., Frühgeschichte der Quantentheorie. Mosbach 1969; Werner Heisenberg, Ausstrahlung von S.s Werk in die Gegenwart. In: Physikalische Blätter. Jg 24, 1968, S. 530 bis 537; Peter Paul Ewald, Erinnerungen an die Anfänge des Münchener Physikalischen Kolloquiums. In: Ebd. Jg 24, 1968, S. 538—542; Wolfgang Pauli, S.s Beiträge zur Quantentheorie. In: Wolfgang Pauli, Aufsätze und Vorträge etc. Braunschweig 1961, S. 32—41; Max Born, A. J. W. S. In: Max Born, Ausgewählte Abhandlungen. Bd 2. Göttingen 1963, S. 647—659; Helmut Hönl, Memoirs of research of Zeeman effect in Munich in early 1920's (Unveröffentlicht); Armin Hermann, A. S. In: Die Großen der Weltgeschichte. Bd IX. Zürich 1970, S. 703—715.

Bibliographie: A. S. — Bibliographie. In: A. S., Gesammelte Schriften. Bd 4. Braunschweig 1968, S. 683—730.

Spannung. Um 1772 erkannten unabhängig voneinander Giambattista Beccaria und Henry Cavendish, daß zur Erfassung der Phänomene der → Elektrizität zwei Begriffe (modern ausgedrückt Ladungsmenge und S.) notwendig sind. Bei Versuchen mit seinem Strohhalmelektrometer, das mit einem geladenen Elektrophordeckel verbunden war, stellte Volta verschiedene Elektrometerausschläge fest, wenn er den Abstand des Elektrophordeckels zu einer „konjugierten Platte" variierte. Diesen mehr oder weniger starken Drang der Ladung, aus dem Deckel zu entweichen, nannte er „tensione" (= S.). Die Elektrometerausschläge waren für Volta ein direktes Maß für die S. Jean-Baptiste Biot präzisierte 1801 aus der Sicht eines Anhängers der Franklinschen Theorie, was unter Spannung zu verstehen sei: „Die Menge von Elektricität, die in einem Körper über seinen natürlichen Zustand angehäuft ist, steht bei sonst gleichen Umständen im Verhältnisse mit der Repulsivkraft, womit die Theile des electrischen Fluidums sich von einander zu entfernen streben, oder womit sie ein neues Theilchen, das sich mit ihnen verbinden wollte, wegstoßen. Diese Repulsivkraft ... verursacht das, was wir Spannung des electrischen Fluidums nennen."

Über den Sitz der elektromotorischen Kraft (EMK) in der galvanischen Kette und ihre Ursache gab es zwei rivalisierende Theorien, die Kontakttheorie und die chemische Theorie (→ Elektromotor, → Galvanismus). Da die Elektrizität als unwägbares Fluidum (→ Imponderabilien) aufgefaßt wurde, bürgerten sich in Analogie zu einer Flüssigkeitsströmung die Begriffe elektrischer Strom und elektrische S. ein, wobei die Ambivalenz des Kraftbegriffs (→ Energie) auch Unklarheiten des S.sbegriffes zur Folge hatte.

Einen wesentlichen Schritt vollzog Georg Simon Ohm 1827. Nach Aufstellung des Energieprinzips erkannte Hermann von Helmholtz die Zusammengehörigkeit der Begriffe von S., → Potential und Arbeit bzw. Energie.

Quellen: → Elektrizität, → Ohm.

Literatur: Jürgen Teichmann, Zur Entwicklung der Grundbegriffe der Elektrizität. München Naturwiss. Diss. München 1971 (im Druck).

K. H.

Spektralanalyse. Die Färbung der Flammen durch verschiedene Elemente war schon im 18. Jh. bekannt. So konnte der Chemiker Sigismund Andreas Marggraf bereits 1758 die Natrium- bzw. Kaliumverbindungen durch ihre Flammenfärbung unterscheiden. John Herschel bemerkte 1823 bei Flammenreaktionen, daß die Grünfärbung durch Kupfer oder Bor hervorgerufen wird, während die karminrote Farbe vom Strontium herrührt. Herschel war es auch, der die Flammenreaktion für die empfindlichste Methode zur Identifizierung einzelner Stoffe hielt und behauptete, daß sich auf diese Art winzige Mengen von bestimmten Elementen nachweisen lassen. Herschel mußte aber konstatieren, daß bei Anwesenheit mehrerer Elemente die Flammenreaktion nicht mehr eindeutig ist, da eine Mischfarbe auftritt. Um die Flammenreaktion eindeutig zu machen, versuchte Herschel mit Hilfe von Farbgläsern, charakteristische Färbungen zu filtrieren. 1825 wurde durch Herschel und Fox Talbot ein anderer Weg beschritten, nämlich die Elemente durch Dispersion spektralanalytisch nachzuweisen. So konnte 1834 Talbot mit Hilfe eines Prismas die rote Strontiumflamme und die rote Lithiumflamme unterscheiden. Obwohl die Ansätze erfolgreich waren, wurde die Entwicklung durch allerlei Schwierigkeiten gehemmt; es störte das Eigenspektrum der Erregerflamme und das ständige Auftreten der gelben Natrium-Doppellinie, die sich auch in Substanzen zeigte, die (scheinbar) kein Natrium enthielten. Von verschiedenen Forschern wurde die Auffassung vertreten, daß ein Spektrum für ein bestimmtes Element nicht charakteristisch sei.

Wie seine zahlreichen Vorgänger beschäftigte sich auch der Heidelberger Chemiker Robert Bunsen mit Flammenfärbungen und suchte sie zu analytischen Zwecken auszunutzen. Durch eine besondere Konstruktion seines Brenners erreichte er eine fast farblose Flamme. Als sich Bunsen nun bemühte, durch Verwendung von Farbgläsern die verschiedenen Färbungen voneinander zu unterscheiden, machte sein Freund Gustav Kirchhoff den Vorschlag, eine Spektralzerlegung durchzuführen. Bei den fortgesetzten Versuchen entdeckte → Kirchhoff, daß jeder Körper die Spektrallinien absorbiert, die er auch emittiert, und gemeinsam fanden Kirchhoff und Bunsen, daß das Absorptions- und Emissionsspektrum für jedes Element charakteristisch ist. Durch Beobachtung des Sonnenspektrums schloß Kirchhoff, daß in der Sonne Natrium, aber kein Lithium vorhanden ist.

1860 betonte Bunsen, daß die S. eine hochempfindliche Analysenmethode darstellt; aber nicht nur die bereits bekannten Elemente können nachgewiesen werden: Auch die noch unbekannten Elemente markieren sich durch unbekannte Linien im Spektralapparat. 1860 entdeckte Bunsen im Dürkheimer Mineralwasser zwei neue blaue Spektrallinien und nannte das neue Element Caesium. Einige Monate später fand Bunsen im Mineral Lepidolith das Rubidium.

Etwa zehn Jahre nach der Entdeckung der Röntgenstrahlen unterschied Charles Glover Barkla von der Bremsstrahlung die Röntgeneigenstrahlung, die für das einzelne Atom ebenso charakteristisch ist wie die Spektrallinien im Sichtbaren. Barkla, Henry Moseley und später Manne Siegbahn begründeten die Röntgenspektroskopie.

Quellen: → Bunsen, → Kirchhoff.

Literatur: Heinrich Kayser, Geschichte der Spektralanalyse. In: Adolf Winkelmann, Handbuch der Physik. Bd 6. ²Leipzig 1906, S. 654 bis 661; ders., Entwicklung der Spektroskopie. In: Forschungen und Fortschritte. Jg 11, 1935, S. 171–174; Sir Lawrence Bragg, Geschichte der Röntgen-Spektralanalyse. Berlin 1947; Ernst Brüche, 100 Jahre Spektralanalyse. In: Physikal. Blätter. Jg 16, 1960, S. 320–323. H. R.

Spin. Zu den Fragen, deren Klärung im Rahmen der älteren Quantentheorie sich als unmöglich erwies, gehörten sowohl der anomale Zeeman-Effekt als auch die Theorie des periodischen Systems der Elemente. Die Überzeugung vom engen Zusammenhang beider Probleme kam in Wolfgang Paulis Hamburger Antrittsvorlesung vom Jahre 1923 zum Ausdruck. Im Herbst 1924 zeigte er, daß die Sommerfeldsche Interpretation des anomalen Zeeman-Effektes der Alkalimetalle (durch magnetische Wechselwirkung des Leuchtelektrons mit dem Atomrumpf) unzutreffend sein müsse, da eine relativistische Behandlung dieses Modells zu einer Z-Abhängigkeit (Z: Ordnungszahl des Elements) des Landéschen g-Faktors (der die Termaufspaltungen im Magnetfeld regelt) führt, die experimentell nicht beobachtet worden war. Er führte daher die Dublettstruktur der Alkalispektren auf „eine eigentümliche, klassisch nicht beschreibbare Art von Zweideutigkeit" des Leuchtelektrons zurück.

Im selben Jahr erwiesen die Röntgenexperimente von Alexandre Dauvillier und Louis de Broglie, daß das von Niels Bohr und Dirk Coster 1923 angegebene Schema der Elektronenbesetzungszahlen der einzelnen Atomschalen nicht der Wirklichkeit entsprach. Edmund Stoner schlug daraufhin eine neue Verteilung vor, die mit diesen Experimenten in Einklang stand. Stoners Arbeit lieferte Pauli im Januar 1925 die Voraussetzung zur Einführung einer vierten Quantenzahl (neben der bisher bekannten Haupt-, azimutalen und inneren Quantenzahl) und zur Entdeckung des sog. Paulischen Ausschließungsprinzips, welches das Rätsel des Atombaus löste und insbesondere eine Erklärung der Periodenlängen 2,8,18 lieferte.

Als Ralph Kronig noch im selben Monat von der vierten Quantenzahl erfuhr, kam er auf den Gedanken, „daß sie als ein innerer Drehimpuls des Elektrons zu deuten sein könnte“. Sein Versuch, damit die Aufspaltung der Wasserstofflinien zu berechnen (was Sommerfeld mit einer relativistischen Behandlung schon 1916 gelungen war) führte allerdings zu einem Ergebnis, das um den Faktor 2 von der Beobachtung abwich. Darüber hinaus ergab sich für die Peripherie des Elektrons eine Rotationsgeschwindigkeit vom vielfachen Betrage der Lichtgeschwindigkeit. Daher gab er die Interpretation der vierten Quantenzahl als Eigendrehimpuls des Elektrons wieder auf.

Im Sommer 1925 erfuhr George Uhlenbeck durch Samuel Goudsmit, der im Mai eine Arbeit über den anomalen Zeeman-Effekt und das (etwas modifizierte) Pauliprinzip veröffentlicht hatte, von dessen Inhalt. „Sofort wies er darauf hin“, wie sich Goudsmit 1965 erinnerte, „dies bedeute, daß alle Elektronen vier Freiheitsgrade hätten, als ob jedes Elektron einen Spin besäße.“

Eine eingehende Diskussion dieser Vorstellung mit Hendrik Antoon Lorentz, die zu denselben bereits erwähnten Schwierigkeiten führte, entmutigte Uhlenbeck genau wie vorher Kronig; indessen wurde der Gedanke auf Betreiben Paul Ehrenfests im November 1925 publiziert. Bohr begrüßte ihn sogleich; Pauli lehnte ihn ab. Als aber L. H. Thomas im März 1926 durch eine konsequente relativistische Rechnung den bisher ungeklärten Faktor 2 beseitigen konnte, akzeptierte auch Pauli die Spinvorstellung. In seiner Nobelrede sagte Pauli 1946: „Andererseits erfuhren meine ursprünglichen Zweifel wie auch der vorsichtige Ausdruck ‚Klassisch nicht beschreibbare Zweideutigkeit‘ eine gewisse Bestätigung durch die spätere Entwicklung, da Bohr auf der Grundlage der Wellenmechanik zeigen konnte, daß der Elektronenspin nicht durch klassisch beschreibbare Experimente (wie z. B. die Ablenkung von Molekularstrahlen in äußeren elektromagnetischen Feldern) gemessen werden kann und deshalb als eine wesentlich quantenmechanische Eigenschaft des Elektrons betrachtet werden muß.“ 1927 gab Pauli mit Hilfe der von ihm erfundenen Spin-Matrizen eine quantenmechanische Theorie des sich drehenden Elektrons, die sich 1928 als nichtrelativistischer Grenzfall der relativistischen Quantenmechanik Paul Diracs erwies.

Quellen: Wolfgang Pauli, Über den Zusammenhang des Abschlußes der Elektronengruppen im Atom mit der Komplexstruktur der Spektren. In: Zeitschrift für Physik. Bd 31, 1925, S. 765 bis 785; George E. Uhlenbeck und Samuel Goudsmit, Ersetzung der Hypothese vom unmechanischen Zwang durch eine Forderung bezüglich des inneren Verhaltens jedes einzelnen Elektrons. In: Die Naturwissenschaften. Jg 13, 1925, S. 953—954.

Literatur: Max Jammer, The conceptual development of quantum mechanics. New York 1966, S. 133—153; Friedrich Hund, Geschichte der Quantentheorie. Mannheim 1967, S. 103 bis 114; Barthel Leendert van der Waerden, Exclusion principle and spin. In: Theoretical physics in the twentieth century (Hrsg. Markus Fierz und Victor F. Weisskopf). New York 1960, S. 199—244; Ralph de Laer Kronig, The turning point. Ebd. S. 5; Samuel A. Goudsmit, Die Entdeckung des Elektronenspins. In: Physikal. Blätter. Jg 21, 1965, S. 445—453. U. H.

Spule. Die für die Entwicklung der S. grundlegende Entdeckung des Magnetfeldes eines stromdurchflossenen Leiters machte Hans Christian Oersted (→ Elektromagnetismus) im Jahre 1820 und regte damit André Marie Ampère an, sich mit dem Zusammenhang zwischen Elektrizität und Magnetismus zu befassen. Im Verlauf dieser Arbeiten (1820–26) erkannte Ampère sowohl die Gleichwertigkeit einer stromdurchflossenen Zylinderspule (die er Solenoid nannte) mit einem permanenten Magneten (1822) als auch die verstärkende Wirkung eines Weicheisenkerns auf ein Spulenmagnetfeld. Den ersten brauchbaren Elektromagneten baute dann William Sturgeon im Jahre 1825 aus einer um ein Hufeisen gewickelten Kupferdrahtspule und konstruierte daraus einen → Elektromotor.

1831 fand Michael Faraday nach neunjähriger Suche die Verknüpfung zwischen elektrischem und magnetischem Feld, das Gesetz der → Induktion. Aus diesem ergibt sich unmittelbar die als Trägheit von Strom und Magnetfeld in Erscheinung tretende Selbstinduktion einer S., die Faraday und Joseph Henry unabhängig voneinander fanden und die bis zu den achtziger Jahren des 19. Jh.s als die Entstehung eines Extrastromes erklärt wurde.

Diese Phänomene und ihre mathematische Beherrschung befruchteten die Elektrizitätslehre so außerordentlich, daß in der Folgezeit S.n in je nach Anwendungsbereich verschiedenen Wicklungsformen zu den am weitesten verbreiteten technischen Hilfsmitteln wurden. Ihre magnetischen und induktiven Eigenschaften ermöglichten das Auffinden des „dynamo-elektrischen Prinzips" (→ Dynamo) durch Werner von Siemens im Jahre 1866, das zur Entwicklung der Starkstromtechnik mit dem Bau elektrischer Maschinen und Umformer führte. Nachdem Heinrich Hertz mit einem geöffneten elektrischen Schwingkreis (→ Braunscher Sender) 1886 elektromagnetische Wellen erzeugt hatte, entwickelte sich die Schwachstromtechnik mit ihren weitreichenden drahtlosen Kommunikations- und Informationssystemen.

Literatur: Louis de Broglie, Physik und Mikrophysik. Hamburg 1950, S. 238–241; Arnold Sommerfeld, Elektrodynamik (= Vorlesungen über Theoretische Physik. Bd III). Wiesbaden 1948, S. 1–5; Fritz Fraunberger, Vom Frosch zum Dynamo. Köln 1965, S. 130–140; L. Pearce Williams, Michael Faraday. A biography. London 1964.

J. B.

Stark, Johannes (* 15. April 1874 auf Schickenhof, Gde Thansüß, Lkrs. Amberg/Oberpfalz, † 21. Juni 1957 in Traunstein). Der Bauernsohn studierte an der Universität München und promovierte im Mai 1897. Anschließend war er Privatassistent Eugen Lommels und wurde 1900 Assistent Eduard Rieckes in Göttingen, wo er sich noch im gleichen Jahre habilitierte. Er gründete 1904 das „Jahrbuch der Radioaktivität und Elektronik", ging 1906 als a. o. Prof. nach Hannover und 1909 als Ordinarius nach Aachen.

S. zeichneten in hohem Maße technisch-experimentelles Geschick und die Gabe der Anschauung aus; mathematisch-abstrakte Gedankengänge, die seit der Jahrhundertwende die Physik zunehmend prägten, lagen S. ferner. Als erster größerer Erfolg gelang ihm Ende 1905, noch in Göttingen, die Entdeckung des Doppler-Effektes an Kanalstrahlen (→ Doppler-Effekt, optischer). Im Bemühen, die wissenschaftliche Bedeutung der Entdeckung herauszuarbeiten, versuchte er den Effekt ab 1906 mit der Speziellen Relativitätstheorie und ab 1907 mit der Quantenhypothese in Verbindung zu bringen. So wurde S. einer der frühesten Verfechter des Quantenkonzeptes. Dabei bemühte er sich, hierin Einstein folgend, besonders darum, immer neue Naturphänomene aufzufinden, die mit der Quantenhypothese, und nur mit dieser, verstanden werden können. Neben manchen richtigen Argumenten, z. B. der Deutung der ultravioletten Grenze der Röntgenbremsstrahlung, gab S. aber auch zahlreiche Fehlinterpretationen.

Ende 1909 suchte S. von Arnold Sommerfeld die Zustimmung zur Quantenauffassung geradezu mit Brachialgewalt abzupres-

Erstens kann man in grober Annäherung von der Annahme ausgehen, daß die positiven Sphären, an welche das Valenzelektron gebunden ist, während der Schwingungen des Valenzfeldes unverändert bleiben, daß also lediglich eine Schwingung des Valenzelektrons relativ zu seiner Lage im Zustand der Ruhe in Betracht kommt. In diesem Falle haben wir anzunehmen, daß das Valenzelektron auf einer Kurve, wie sie Fig. 21 darstellt, unter mehrfachen Hinundhergängen nach seiner Bindungsstelle zurückkehrt und dabei während der Beschleunigungen im Aphel und Perihel seiner Bahn Teile seiner Deformationsenergie als Lichtenergie ausstrahlt. Den verschiedenen Beschleunigungsstellen der Bahn würden verschiedene Beträge der Deformationsenergie und gemäß dem Planckschen Gesetz verschiedene Frequenzen entsprechen; die Aphelfrequenzen und die Perihelfrequenzen würden unter sich eine Reihe oder eine Bande bilden, diese (kurzwellige Bande) würden bei kleineren Wellenlängen als jene (langwellige Bande) liegen. Die beiden Bandenarten würden in der Weise miteinander gekoppelt sein, daß die kurzwellige Bande nicht ohne die langwellige zur Emission gebracht werden kann. Außerdem würde die kurzwellige Bande von einer Kante nach längeren Wellen, die langwellige Bande von einer Kante nach kürzeren Wellen laufen. Der Verfasser würde die vorstehende von ihm gezogene Folgerung nicht erwähnen, wenn sie nicht durch die Beobachtung in mehreren Fällen sich hätte bestätigen lassen; die hypothetisch gefolgerte Koppelung von kurzwelligen und langwelligen Banden werden wir weiter unten bei der Fluoreszenz kennen lernen. Wenn nun gemäß dem Vorstehenden plausibel gemacht ist, daß ein in seiner Gesamtheit schwingendes Valenzelektronenfeld eine diskontinuierliche Reihe von Frequenzen bei der Abnahme seines Energieinhalts durchlaufen muß, so ist

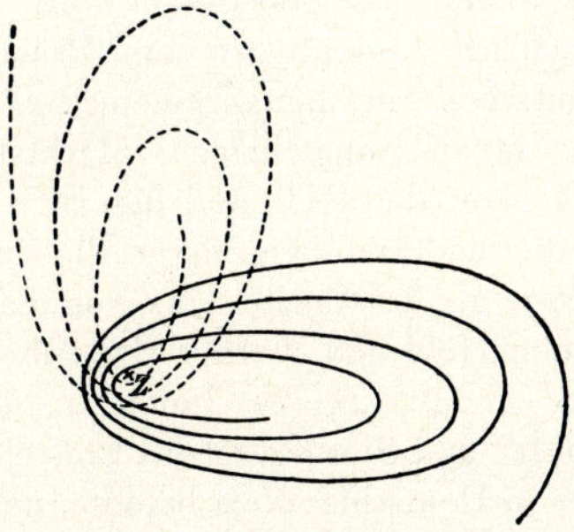

Fig. 21.

Abb. 50. Atomtheorie von Johannes Stark. Aus dem Buch: Prinzipien der Atomdynamik II. Leipzig 1911, S. 112

sen. Aber es fiel Sommerfeld nicht schwer, S. peinliche physikalische Fehler nachzuweisen. So schrieb Sommerfeld: „Nichts liegt mir ferner, als mit Ihnen einen Streit anfangen zu wollen. Dieser wäre sehr ungleich. Denn in experimentellen Ideen sind Sie mir bei weitem über und in theoretischer Klarheit ich Ihnen." Sommerfeld und S. führten über die Quantenauffassung bei der Röntgenbremsstrahlung in der Physikalischen Zeitschrift und in ihrer Korrespondenz eine rege Diskussion. Sie glitt in eine Polemik ab, die der Beginn einer verhängnisvollen Feindschaft war, die später den Lebensweg beider Männer überschatten sollte.

S. konnte es scheinbar nichts anhaben, sich in Gegensatz zur herrschenden Meinung zu stellen. Als sich 1913 die vielen Quantenansätze zur Bohrschen Theorie vereinigten und zudem diese Theorie durch S.s eigene Experimente (→ Stark-Effekt) bestätigt wurde, erklärte sich S. plötzlich gegen die Quantenauffassung und bekämpfte sie bis an sein Lebensende.

1917 nahm S. eine Berufung nach Greifswald an und ging 1920 an die Universität Würzburg. Nachdem er sich schon früher mit zahlreichen Fachkollegen in Auseinandersetzungen verwickelt hatte, kam es in Würzburg bei der Habilitation eines Schülers zu einem Streit mit der Fakultät. Im Besitz der hohen, mit der Verleihung des Nobelpreises 1919 verbundenen Geldsumme legte S. 1922 seine ordentliche Professur aus Verärgerung nieder, um sich in der oberpfälzischen Heimat dem Aufbau einer Porzellanindustrie zu widmen.

In den schwierigen Nachkriegsjahren blieb aber der wirtschaftliche Erfolg aus; zudem strebte S. zurück nach wissenschaftlicher Tätigkeit. Alle Hoffnungen, wieder ein Lehramt zu erhalten, schlugen fehl; S. hatte sich zu viele Feinde geschaffen. Verbunden fühlte er sich nur mit Philipp Lenard, dessen Kampf gegen die „jüdische, dogmatische Physik" er vorbehaltlos unterstützte. Nach der Machtergreifung wurde der Parteigänger Hitlers mit Wirkung vom 1. April 1933 zum Präsidenten der Physikalisch-Technischen Reichsanstalt ernannt. Er entwickelte für den Ausbau der Reichsanstalt große, fast gigantische Pläne. Hand in Hand damit sollte die Physik in Deutschland neu organisiert werden. S. hoffte dabei, im Sinne des „Führerprinzips", als Präsident der PTR auch den ständigen Vorsitz der Deutschen Physikalischen Gesellschaft zu übernehmen. Auf der Physikertagung in Würzburg erhoben sich, vor allem durch eine mutige Rede Max von Laues, aber so große Widerstände, daß S. seinen Plan fallenlassen mußte.

Im Juni 1934 wurde S. von den Nationalsozialisten als Nachfolger des entlassenen Friedrich Schmidt-Ott zum Präsidenten der Deutschen Forschungsgemeinschaft eingesetzt. In seiner nunmehrigen Machtstellung als Präsident der PTR und der DFG bekämpfte S. die moderne theoretische Physik; ihre Vertreter, an der Spitze Max von Laue, Arnold Sommerfeld und Werner Heisenberg, bezeichnete er als „weiße Juden in der Wissenschaft" und Statthalter des Einsteinschen Geistes in Deutschland. S. betonte, daß der Antisemitismus durch die nationalsozialistische Machtergreifung und die Nürnberger Gesetze erst einen Teilsieg errungen hätte. Die „Statthalter des Judentums im deutschen Geistesleben" müßten „ebenso verschwinden wie die Juden selbst".

Kämpfe innerhalb der Hierarchie des Dritten Reiches zwangen S. Ende 1936 zum Rücktritt vom Präsidium der Forschungsgemeinschaft; die Pensionierung bei der Physikalisch-Technischen Reichsanstalt folgte. Kurz vor Kriegsausbruch zog er sich, mit der Welt zerfallen, auf sein Gut Eppenstatt bei Traunstein in Oberbayern zurück. Mehr noch als Philipp Lenard ist Johannes Stark von den Zeitgenossen und der Nachwelt verurteilt, ja verachtet worden. Dennoch hat er, vor allem in jüngeren Jahren, in beachtlichem Maße zur Entwicklung der Physik beigetragen und hat auch später einen großen, wenn auch verhängnisvollen Einfluß ausgeübt.

Werke: Die Elektrizität in Gasen. Leipzig 1902; Die Prinzipien der Atomdynamik. 3 Bde.

Leipzig 1910–1915; Die gegenwärtige Krisis in der deutschen Physik. Leipzig 1922; Die Axialität der Lichtemission und Atomstruktur. Berlin 1927; Atomstruktur und Atombindung. Berlin 1928; Weiße Juden in der Wissenschaft. In: Das Schwarze Korps. 15. Juli 1937, S. 6.

Literatur: Armin Hermann, Albert Einstein und J. S. Briefwechsel und Verhältnis der beiden Nobelpreisträger. In: Sudhoffs Archiv. Bd 50, 1966, S. 267–285; ders., Frühgeschichte der Quantentheorie. Mosbach 1969, S. 86–101; Kurt Zierold, Forschungsförderung in drei Epochen. Deutsche Forschungsgemeinschaft. Geschichte · Arbeitsweise · Kommentar. Wiesbaden 1968, S. 173–212.

Stark-Effekt. Nach der Entdeckung des → Zeeman-Effektes 1896 lag es nahe, das Analogon der elektrischen Aufspaltung der Spektrallinien zu suchen. Besonders Woldemar Voigt widmete sich diesem Problem, aber, wie wir heute wissen, theoretisch und experimentell mit unzulänglichen Mitteln. Jedoch regte Voigt 1906 den damals in Göttingen arbeitenden Johannes Stark an.

Nach seiner Berufung an die TH Aachen nahm Stark mit den Mitteln eines eigenen Institutes 1913 die Durchführung des Versuches in Angriff: „Ich hatte mir alle notwendigen Hilfsmittel beschafft: einen lichtstarken Spektrographen ziemlich großer Dispersion, Hochspannungsquellen und Gaede-Pumpen. Ich beschloß, den Effekt gleichzeitig an Wasserstoff- und Helium-Linien zu suchen, füllte also meine Kanalstrahlenröhre mit einer Mischung beider Gase. Die Kanalstrahlenröhre hatte genau den gleichen Bau wie diejenige in Göttingen. Das elektrische Feld hinter der Kathode zwischen dieser und der Hilfselektrode stellte ich mit einer Hochspannungsbatterie und einem Hochspannungsdynamo her; es lag zwischen 10 000 und 31 000 Volt/cm... Bald nachdem der Unterricht im Oktober begonnen hatte, setzte ich eines Nachmittags meine Aufnahme an Kanalstrahlen in einer Mischung von Wasserstoff und Helium in Gang. Um sechs Uhr unterbrach ich die Belichtung und begab mich, ganz allein im Institut, zur Entwicklung meiner Aufnahme in die Dunkelkammer. Ich war natürlich sehr gespannt und, als die Platte noch im Fixierbad lag, nahm ich sie für kurze Zeit heraus, um nach dem Spektrum im schwachen gelben Licht der Dunkelkammer zu sehen. Ich gewahrte an der Stelle der blauen Wasserstofflinie mehrere Linien, während die benachbarten Heliumlinien einfach erschienen."

Anfang Juli 1913, also wenige Monate vor der Entdeckung Starks, hatte Niels Bohr das Konzept seines quantenmechanischen Atommodells veröffentlicht. Dieses gab im Prinzip die Möglichkeit, den Stark-Effekt zu verstehen, während die klassische Theorie völlig versagte. Das hätte für Stark eine doppelte Genugtuung sein können, hatte er doch auch als einer der ersten nach Max Planck und Albert Einstein von 1907 an nachdrücklich auf die „fundamentale Bedeutung des Planckschen Elementargesetzes" hingewiesen und sich eben wegen dieser Meinung in viele Auseinandersetzungen begeben.

Die Befriedigung, durch die von ihm durchgeführten Experimente eine Theorie bestätigt zu sehen, an deren Entstehung er zwar nicht unmittelbar beteiligt war, an deren geistiger Vorbereitung er jedoch beachtlichen Anteil hatte, raubte sich Stark selbst in fast unbegreiflicher Weise. Opposition gegen die Lehrmeinung schien Stark immer ein Lebensbedürfnis: Als die Bohrsche Theorie in den Jahren 1914–1916 immer mehr Anhänger fand, stemmte sich Stark mit seinem Widerspruch gegen eine unaufhaltsame Entwicklung.

Als erster versuchte noch 1913 Emil Warburg auf der Grundlage der Bohrschen Theorie eine Behandlung der elektrischen Aufspaltung der Spektrallinien. Er kam zum Ergebnis, daß es wohl nicht möglich sei, aus der Theorie die experimentellen Ergebnisse quantitativ zu berechnen. 1914 folgten Antonio Garbasso und Niels Bohr selbst mit einer rechnerischen Behandlung. Diese Bemühungen kamen um weniges zu früh; Voraussetzung einer erfolgreichen Behandlung war die Ausgestaltung der Bohrschen Gedanken durch Arnold Sommerfeld: die Ergänzung der Kreisbahnen der Atomelektronen durch die Ellipsenbahnen. Schließlich berechneten Karl Schwarzschild und der Sommerfeld-Schüler Paul S. Epstein mit der Bohr-Sommerfeldschen Theorie den Stark-Effekt beim Wasserstoff und erzielten eine bis in die Einzelheiten der Feinstruktur gehende Übereinstimmung zwischen Theorie und Experiment. Nach Sommerfeld war nun „ein Zweifel an der Richtigkeit und Eindeutigkeit" der Bohrschen Quantentheorie nicht mehr möglich.

Mit seinen Schülern und Mitarbeitern bearbeitete Stark den umfangreichen Komplex der elektrischen Aufspaltung der Spektrallinien auch noch in den Jahren seiner Präsidentschaft an der Physikalisch-Technischen Reichsanstalt von 1933–1939. Die Arbeiten über den höheren Stark-Effekt gewährten interessante Einblicke in die Struktur komplizierter Atome; für das Ringen um die Naturerkenntnis hatten sie nicht mehr die hervorragende Bedeutung wie die ersten Beobachtungen Starks 1913 und 1914.

Quelle und Literatur: Johannes Stark, Paul S. Epstein, Der Stark-Effekt (= Dokumente der Naturwissenschaft. Bd 6). Stuttgart 1965.

Stern, Otto (* 17. Februar 1888 in Sorau, Schlesien, † 17. August 1969 in Berkeley, Kalifornien). Nach dem Abschluß des Studiums der physikalischen Chemie an der Universität Breslau ging S. 1912 zu Albert Einstein nach Prag. Noch im gleichen Jahr folgte er Einstein nach Zürich, wo er 1913 Privatdozent an der Universität wurde. Von 1915 bis 1921 arbeitete er in Frankfurt am Institut für theoretische Physik. Nach einem Jahr in Rostock als Professor für theoretische Physik wurde er 1923 Direktor des Physikalisch-Chemischen Institutes der Universität Hamburg. 1933 mußte S. emigrieren. Er ging nach den USA, wo er eine Professur am Carnegie Institute of Technology in Pittsburgh erhielt. Dort blieb er bis zu seiner Emeritierung im Jahre 1945.

S. kann als einer der wenigen Schüler Einsteins gelten. Er war hauptsächlich an der statistischen Thermodynamik und der Molekulartheorie interessiert und veröffentlichte während der Züricher Zeit, teilweise mit Einstein zusammen, wichtige Beiträge zur theoretischen Physik. In Frankfurt wandte er sich der Experimentalphysik zu. Mit Max Born führte er Versuche zur direkten Messung der Grundgrößen der kinetischen Gastheorie durch, wobei sie an sehr feinen Atomstrahlen die Maxwellsche Geschwindigkeitsverteilung bestätigen konnten. Mit dieser Methode der Atom- bzw. Molekularstrahlen, die von ihm weiterentwickelt und verfeinert wurde, versuchte er zusammen mit Walther Gerlach die Frage der Richtungsquantelung im Magnetfeld zu entscheiden, die von der Bohr-Sommerfeldschen Quantentheorie gefordert wurde, der klassischen Physik jedoch widersprach. Der → „Stern-Gerlach-Versuch" entschied eindeutig zugunsten der Quantentheorie. Außerdem stellte sich heraus, daß das magnetische Moment des Silberatoms mit der Größe des aus der Theorie folgenden Bohrschen Magnetons übereinstimmt. Die vollständige theoretische Deutung gelang erst nach der Entdeckung des Elektronenspins durch Samuel Goudsmit und Georg Uhlenbeck.

In Hamburg richtete S. ein Labor ausschließlich für die Molekularstrahlphysik ein. Er stellte ein Programm der Probleme auf, die mit Hilfe seiner Molekularstrahlmethode in Angriff genommen werden können, so u. a. die Messung magnetischer Momente des Atomkerns und Momente höherer Ordnung, die Messung elektrischer Dipolmomente und elektrischer Momente höherer Ordnung, die Frage der Kräfte zwischen Molekülen und die Existenz von den Broglie-Wellen. Einer der Höhepunkte seiner Arbeit in Hamburg waren die erfolgreichen Beugungsversuche von H_2- und He-Molekularstrahlen an NaCl-Kristallen und die Messung ihrer de Broglie-Wellenlänge. Seine Bemühungen, das magnetische Moment des Protons zu messen, hatten 1933, kurz vor der Emigration, Erfolg. Überraschenderweise ergab sich ein um den Faktor

$2^1/_2$ größerer Wert als theoretisch vorausberechnet, eine Tatsache, die erst lange Zeit später eine befriedigende Erklärung fand.

S. ist der eigentliche Begründer der Atom- und Molekularstrahlmethode, obwohl Atomstrahlen schon seit 1911 zu spektroskopischen Versuchen verwendet wurden. An der Weiterentwicklung der Molekularstrahlphysik war vor allem sein Schüler Isidor Isaac Rabi beteiligt, der sie zur Atomstrahl- bzw. Molekularstrahlresonanzmethode ausbaute, mit der die Messung magnetischer Momente des Atomkerns und der Momente höherer Ordnung möglich wurde. Für seine Beiträge zur Entwicklung der Molekularstrahlmethode und für die Entdeckung des magnetischen Momentes des Protons erhielt S. 1943 den Nobelpreis für Physik.

Werke: Einige Argumente für die Annahme einer molekularen Agitation beim absoluten Nullpunkt. In: Annalen der Physik. Bd 40, 1913, S. 551–560 (mit Albert Einstein); Die Entropie fester Lösungen. In: Annalen der Physik. Bd 49, 1916, S. 823–841; Über die magnetische Ablenkung von Wasserstoffmolekülen und das magnetische Moment des Protons. In: Zeitschrift für Physik. Bd 85, 1933, S. 4–16 (mit Otto Robert Frisch), S. 17–24 (mit Immanuel Estermann); A new method for the measurement of the Bohr Magneton. In: Physical Review. Vol. 51, 1937, S. 852–854; → Stern-Gerlach-Versuch.

Literatur: Les Prix Nobel en 1943. Stockholm 1946, S. 77; Immanuel Estermann, Molecular beam research in Hamburg 1922–1933. In: Ders. (Hrsg.), Recent researches in molecular beams. New York 1959, S. 1–7; Walther Gerlach, O. S. zum Gedenken. In: Physikal. Blätter. Jg 25, 1969, S. 412–413; Isidor I. Rabi, O. S. In: Physics today. Vol. 22, 1969, S. 103 bis 105. K. Sch.

Stern-Gerlach-Versuch. Durch spektroskopische Versuche (Zeeman-Effekt) war bekannt, daß die Atome des Wasserstoffs, der Alkalimetalle, des Silbers und einiger anderer Elemente kleine Magnete sind. Daher muß in einem senkrecht zu ihrer Bewegungsrichtung angebrachten inhomogenen Magnetfeld eine Kraft auf sie wirken, die ihre Flugrichtung ändert. Über die Ablenkung der Atome machten jedoch die Quantentheorie und die klassische Physik entgegengesetzte Voraussagen. Nach der klassischen Theorie sind alle Orientierungen des magnetischen Momentes der Atome gleich wahrscheinlich, so daß ein Atomstrahl nach allen Richtungen abgelenkt würde, während die Quantentheorie nur einzelne diskrete Orientierungsmöglichkeiten zuließ (Richtungsquantelung). Peter Debye, von dem die Hypothese der Richtungsquantelung stammt, billigte dieser jedoch keine physikalische Realität zu, sondern sah darin lediglich eine Rechenvorschrift für Elektronen. Dagegen sagte Niels Bohr eine Aufspaltung des Atomstrahls in zwei Linien voraus, die symmetrisch zur Linie des unabgelenkten Strahls liegen sollten, während Arnold Sommerfeld zwischen einer Triplett-Aufspaltung, bei der noch ein unabgelenkter Anteil auftritt, und einer symmetrischen Verbreiterung des Strahls schwankte. Otto Stern, der die Durchführung des Versuchs 1921 mit Walther Gerlach zusammen in Angriff nahm, neigte der klassischen Theorie zu, meinte aber, daß der Versuch eine eindeutige Entscheidung zwischen klassischer und Quantentheorie erlauben werde.

Im August 1921 veröffentlichte Stern das relativ einfache Prinzip des Versuchs. Bei der Durchführung traten jedoch ernste Schwierigkeiten auf. Die Inhomogenität des Magnetfeldes mußte bereits in den Dimensionen des Atomdurchmessers merklich sein. Mitte November 1921 beobachteten Stern und Gerlach eine Verbreiterung des Strahls auf etwa 0,3 mm in Richtung der Inhomogenität des Feldes und hatten damit nachgewiesen, daß Silberatome ein magnetisches Moment besitzen. Es schien zunächst, als sollte Sommerfeld mit seiner Annahme der Verbreiterung recht behalten. Durch Verbesserung des Auflösungsvermögens zeigten sich zwei getrennte Linien, die symmetrisch zur Linie des unabgelenkten Strahls lagen. Die Größe des magnetischen Momentes, aus dem Abstand der Linien berechnet, ergab sich zu einem Bohrschen Magneton. Die geschätzte Fehlergrenze lag bei ca.

10 %, was hauptsächlich von der Schwierigkeit, die Inhomogenität des Magnetfeldes zu messen, herrührte. Die vollständige theoretische Deutung des Ergebnisses gelang erst unter Berücksichtigung des Elektronenspins 1925.

Quellen: Otto Stern, Ein Weg zur experimentellen Prüfung der Richtungsquantelung im Magnetfeld. In: Zeitschrift für Physik. Bd 7, 1921, S. 249–253; Walther Gerlach und Otto Stern, Der experimentelle Nachweis des magnetischen Moments des Silberatoms. Ebd. Bd 8, 1922, S. 110–111; Walther Gerlach und Otto Stern, Der experimentelle Nachweis der Richtungsquantelung im Magnetfeld. Ebd. Bd 9, 1922, S. 349 bis 355.

Literatur: Wilhelm Schütz, Persönliche Erinnerungen an die Entdeckung des Stern-Gerlach-Effekts. In: Physikal. Blätter. Jg 25, 1969, S. 343–345; Walther Gerlach, Otto Stern zum Gedenken. Ebd. S. 412–413; Walther Gerlach, Zur Entdeckung des Stern-Gerlach-Effektes. Ebd. S. 472. K. Sch.

Stevin, Simon (* 1548 in Brügge, † zwischen dem 20. Februar und 8. April 1620 in Haag). Da St. Vorliebe für das Rechnen zeigte, wurde er Kassier und Buchhalter eines Kaufmanns in Antwerpen, dann Angestellter der Steuerverwaltung der Landschaft Brügge. 1581 nahm er Wohnung beim Rektor der Lateinschule in Leiden und studierte noch mit 35 Jahren an der Universität Leiden. Er schrieb in der Landessprache; selber ein Kind des Volkes, wollte er allen verständlich sein.

1582 gab er Zinstafeln heraus. 1585 folgte „De Thiende" (Dezimalbruchrechnung), worin er die Dezimalbrüche definierte und erstmals systematisch behandelte. Gleichzeitig ließ er eine französische Arithmetik erscheinen. In „De Beghinselen der Weeghconst" von 1586 (Grundlagen der Wägekunst oder Statik) knüpfte er an Archimedes an. Er erläuterte dessen Lehren vom Schwerpunkt und vom Gleichgewicht der Kräfte, erklärte Hebel und Flaschenzüge, führte das Kräfteparallelogramm ein. Im Kugelkranzbeweis für das Gesetz der schiefen Ebene betrachtete er ein aufgestelltes Dreieck, über das er in Gedanken eine Schnur hängte, an der Kugeln aufgereiht waren. Da die Schnur im Ruhezustand bleibt und in keine ewige Umlaufbewegung gerät, auch wenn man sich das unten hängende Stück wegdenkt, stehen die Stücke der Schnur links und rechts im Gleichgewicht. Ihre Gewichte aber verhalten sich wie die Längen der Seiten, auf denen sie liegen. – Auch ein Versuch zur Dynamik wird beschrieben. St. ließ zwei Bleikugeln, von denen die eine zehnmal schwerer als die andere war, zugleich aus 30 Fuß Höhe auf ein Brett fallen. Da sie gleichzeitig aufprallten, war das Fallgesetz des Aristoteles widerlegt. In „De Beghinselen des Waterwichts" bot er im gleichen Jahre die erste zusammenfassende Darstellung der Hydrostatik seit Archimedes. Er besprach das Gleichgewicht bei Flüssigkeiten, die Druckverteilung im Wasser, das Schwimmen und Umschlagen der Schiffe.

Theorie und Praxis waren bei St. verbunden. Er war zugleich reiner Wissenschaftler und praktischer Ingenieur, da er unter anderem versuchte, Wasserpumpen zur Bodenentwässerung mit Hilfe von Windmühlen zu betreiben. Mindestens seit 1593 stand er als Mathematiklehrer und Berater im Dienste des Prinzen Moritz, des Sohnes Wilhelms von Oranien. Er blieb mit dem Prinzen verbunden. Auf St.s Veranlassung stiftete dieser 1600 die holländische Ingenieurschule in Leiden. Seit 1604 wirkte St. als Armeequartiermeister und als Aufseher der Land- und Wasserbauwerke. Er entwarf Deiche, Kanäle und Schleusen. Man erzählte sich, daß er in einem Wagen mit Segeln den Strand entlanggefahren sei.

1594 erschien sein „Appendice algebraique" mit einer allgemeinen Regel zur Lösung von Gleichungen. Auch eine Schrift über Festungsbau (De Stercktenbouwing) kam damals heraus. 1599 wurde das Büchlein „De Havenvinding" (Das Hafenfinden) gedruckt. Auf Anordnung des Prinzen, der als Admiral Interesse dafür hatte, erschien es gleichzeitig auch lateinisch und französisch. Es betrifft die Mißweisung (Deklination) der Magnetnadel, gibt Anleitung zu ihrer Bestimmung und eine

DE
BEGHINSELEN
DER WEEGHCONST
BESCHREVEN DVER
SIMON STEVIN
van Brugghe.

TOT LEYDEN,
Inde Druckerye van Christoffel Plantijn,
By Françoys van Raphelinghen.
cIɔ. Iɔ. LXXXVI.

Abb. 51. Titelblatt von Simon Stevin, De Beghinselen der Weeghconst. Leiden 1586 von Petrus Plancius zusammengestellte Tabelle gemessener Werte für 43 Orte. St. glaubte, daß damit ein Mittel zur Längenbestimmung auf See gegeben sei, weil er voraussetzte, die Abweichung der Nadel sei zwar von Meridian zu Meridian verschieden, aber längs jedes Meridianes überall gleich.

Die Schrift „Wisconstighe Ghedachtenissen“ wurde 1608 in denselben drei Sprachen aufgelegt. Sie enthält mathematische Abhandlungen zur Planetenrechnung, Feldmeßkunst, Optik, Statik und Buchhaltung. Eine letzte Veröffentlichung von 1617 galt der „Castrametatio“ oder Lagermessung. Der Sohn Hendrick gab 1649 eine Sammlung von Schriften seines Vaters, teils aus dem Nachlaß, heraus unter dem Titel „Materiae politicae. Burgherlicke Stoffen“.

Werke: Les œuvres mathématiques de S. S. Leiden 1634; The principal works of S. S. Mit englischer Übersetzung und Biographie in Bd 1 hrsg. von Eduard Jan Dijksterhuis. 5 Bde. Amsterdam 1955—1966; De Havenvinding (= Neudrucke von Schriften und Karten über Meteorologie und Erdmagnetismus, hrsg. von Gustav Hellmann. Nr 10). Berlin 1898. Deutsch in: Heinz Balmer, Beiträge zur Geschichte der Erkenntnis des Erdmagnetismus. Aarau 1956, S. 341—361; De Thiende. Das erste Lehrbuch der Dezimalbruchrechnung. Übersetzt und erläutert von Helmuth Gericke und Kurt Vogel (= Ostwalds Klassiker. Neue Folge. Bd 1). Frankfurt 1965 (mit Biographie).

Literatur: Ernst Mach, Die Mechanik in ihrer Entwicklung. 7Leipzig 1912, S. 24—35; Eduard Jan Dijksterhuis, S. S. und seine Bedeutung für die Geschichte der Mathematik und Naturwissenschaften. In: Unterrichtsblätter für Mathematik und Naturwissenschaften. Jg 38, 1932, S. 148 bis 150; George Sarton, S. S. of Bruges (1548 bis 1620). In: Isis. Vol. 21, 1933, S. 241—303; Robert Depau, S. S. Brüssel 1942; J. H. Anderhub, Hier irrt S. S. In: Deutsche Mathematik. Jg 7, 1943, S. 299—304; Eduard Jan Dijksterhuis, S. S. Haag 1943 und 1954 (große wissenschaftliche Biographie, holländisch); ders., Die Mechanisierung des Weltbildes. Berlin 1956, S. 360 bis 366; Robert James Forbes, S. S., engineer. In: Actes du VIIIe Congrès International d'histoire des sciences 1956 (erschienen Paris 1958). Bd 3, S. 935—939. H. B.

Stokes, George Gabriel (* 13. August 1819 in Skreen, County Sligo, Irland, † 1. Februar 1903 in Cambridge). St., der von der reinen Mathematik her zur Physik kam, trug neben James Clerk Maxwell und William Thomson wesentlich zum Rufe der englischen mathematischen Physik um 1850 bei. Seine beste schöpferische Zeit dauerte von 1842—1862. Er wirkte von 1849—1903 (wie einst Newton) als Lucasian Professor der Mathematik in Cambridge und war außerdem 31 Jahre lang (1854—1885) Sekretär, 1885—1890 Präsident der Royal Society.

Besonders bedeutend waren seine Beiträge zur Hydrodynamik, Optik und Geodäsie. Er ergründete die → Reibung bewegter Flüssigkeiten, die Wärmeleitung in Kristallen, schrieb Arbeiten über die Form der Erde und das Gesetz der Schwere an ihrer Oberfläche. Fruchtbar war seine Beschäftigung mit der Wellentheorie des Lichtes. In einer berühmten Abhandlung von 1852 erklärte er die → Fluoreszenz. John Herschel und David Brewster hatten entdeckt, daß ein Lichtstrahl in gewissen Flüssigkeiten Leuchterscheinungen hervorrufe. Der austretende Strahl kann dieses Leuchten nicht nochmals erregen, obschon ein Spektrum keinen Ausfall zu zeigen scheint. St. bewies, daß das Leuchten bewirkt wird durch kurzwelligeres (ultraviolettes) Licht, das in der Flüssigkeit durch Energieabgabe in langwelligeres (sichtbares) Licht umgewandelt wird.

Weitere optische Arbeiten über Aberration, Beugung, metallische Reflexion, über Emission und Absorption, Brennpunkte in Kristallen, Doppelbrechung und irisierende Kristalle erwarben St. den Ruf des besten Kenners der Optik in England. In einem besonderen Buche hat er eine gemeinverständliche Darstellung dieses Fachgebietes gegeben, die sich durch Klarheit und Weite des Blickes auszeichnet.

Joseph John Thomson berichtet: „Die Vorlesungen, die ich am meisten genoß, waren jene von Sir George Stokes über das Licht. An Klarheit der Darstellung, Schönheit und Tauglichkeit der Experimente habe ich nie ihresgleichen gesehen.“ Die Versuche bereitete St. selber vor und führte sie allein aus. Mit einfachen Mitteln machte er bemerkenswerte Entdeckungen. Er war aufgeschlossen und vorsichtig zugleich. William Thomson sagte oft: „Ich muß Stokes fragen, was er davon hält." Viel Zeit verwendete er auf theologische Gedanken. Er nahm bis zuletzt am wissenschaftlichen Leben teil und ist als ehrwürdige Erscheinung von großer Bescheidenheit und Güte in Erinnerung geblieben.

Werke: Mathematical and physical papers. 5 Bde. Cambridge 1880–1905 (Neudruck New York 1966). Mit Nachrufen von Lord Rayleigh und Lord Kelvin in Bd 5; Das Licht. Zwölf Vorlesungen. Deutsche Übersetzung von Otto Dziobek. Leipzig 1888; Memoirs and scientific correspondence of the late Sir G. G. St. 2 Bde. Hrsg. von Sir Joseph Larmor. Cambridge 1907/09 (mit biographischer Skizze, verfaßt von Stokes' Tochter, Mrs. Humphry).

Literatur: Woldemar Voigt, G. G. St. In: Nachrichten der Königlichen Gesellschaft der Wissenschaften zu Göttingen. Geschäftliche Mittheilungen. 1903, Heft 1, S. 1–11; Joseph John Thomson, Recollections and reflections. London 1936, S. 48–52. H. B.

Strahlung → Wiensches Verschiebungsgesetz, → Wiensches Strahlungsgesetz, → Plancksches Strahlungsgesetz, → Schwarze Strahlung.

Streuung des Lichtes. Von der → Beugung des Lichtes an Hindernissen oder Öffnungen von der Größenordnung der Lichtwellenlänge unterscheidet man die Streuung an noch kleineren Teilchen. Dabei kann sich die Wellenlänge des Lichtes ändern, z. B. bei der Streuung an Elektronen (→ Compton-Effekt) oder Molekülen (→ Smekal-Raman-Effekt, → Fluoreszenz); bleibt die Wellenlänge ungeändert, spricht man von S. d. L. im engeren Sinne.

John Tyndall beschrieb 1868 das nach ihm benannte „Tyndall-Phänomen", die Lichtstreuung an kleinen kolloidal gelösten Teilchen. 1871 erklärte Lord Rayleigh diese Erscheinung und legte zugleich seine berühmt gewordene Theorie des Himmelsblaus vor: Die Sonnenstrahlen erzeugen in den Luftmolekülen mitschwingende elektrische Dipole, die ihrerseits Licht emittieren; weil der Intensitätsausdruck die vierte Potenz der Wellenlänge im Zähler enthält, überwiegt bei weitem die Abstrahlung im blauen Spektralbereich.

Auch die optische Inhomogenität, die durch die bloße Brownsche Molekularbewegung hervorgerufen wird, führt zu einer Rayleigh-Streuung. Darauf haben 1908 Albert Einstein und → Marian von Smoluchowski hingewiesen.

Quelle: Lord Rayleigh, On the light from the sky, its polarisation and colour. In: Philosophical Magazine. Vol. 41, 1871, S. 107–120, 274 bis 279.

Literatur: Richard Gans, Lichtstreuung. In: Handbuch der Experimentalphysik. Herausgegeben von Wilhelm Wien und Friedrich Harms. Bd 19. Leipzig 1928, S. 361–408.

Supraleitung. Die Frage nach den Leitungsmechanismen des elektrischen Stromes in metallischen → Leitern wurde zu Beginn dieses Jahrhunderts immer drängender, nachdem es am Ende des 19. Jh.s geglückt war – insbesondere durch die Arbeiten Joseph John Thomsons in Cambridge (1894 ff.) –, das Wesen der Elektrizität (→ Elektron) prinzipiell aufzuklären. Als dann Walther Nernst 1906 sein Wärmetheorem (→ Wärme, spezifische) publizierte, tauchte sofort die Frage auf, ob nicht in Analogie zur Wärmetönung (resp. spezifischen Wärme) auch der elektrische Widerstand eines Metalls bei tiefen Temperaturen allmählich abnehme, um am absoluten Nullpunkt ganz zu verschwinden. Dem stand die Hypothese entgegen, daß die Elektronen im Bereich des absoluten Nullpunkts an den Atomen „festfrieren" und dadurch einen Anstieg des Widerstandes gegen Unendlich hervorrufen würden.

Die von James Dewar gefundene Abflachung der Temperaturkurve des Widerstandes im Temperaturbereich des flüssigen Wasserstoffs schien zunächst diese Annahme zu stützen. Der Schlüssel zur Lösung des Problems lag damit in der Erzeugung tiefster Temperaturen, die jedoch bis dahin noch niemand erreicht hatte. 1908 gelang Heike

Kamerlingh Onnes in Leiden mit der Heliumverflüssigung der Durchbruch; bis auf etwa ein Grad war er an den absoluten Nullpunkt herangekommen. Seine ersten Versuche mit dem flüssigen Helium galten dem elektrischen Widerstand von Platin und Gold; sie brachten indessen noch keine Klärung der strittigen Frage, zeigte sich hier doch ein temperatur**un**abhängiger Restwiderstand, d. h. weder ein Verschwinden noch ein Anstieg des Widerstandes gegen Unendlich. Erst nachdem Kamerlingh Onnes erkannt hatte, daß der Restwiderstand mit der Reinheit der Metalle abnimmt, war der Weg zu einer großen Entdeckung frei. Mit mehrfach destilliertem Quecksilber hoher Reinheit machte er dann jene überraschende Beobachtung, die ungeahnte Möglichkeiten physikalisch-technischer Anwendungen nach sich ziehen sollte: Anstelle der erwarteten temperaturabhängigen Abnahme sprang der Widerstand des Quecksilberdrahtes plötzlich bei etwa 4° K auf den Wert Null. Die S. war entdeckt.

Am 27. Mai 1911 reichte Kamerlingh Onnes der Niederländischen Akademie der Wissenschaften einen ersten Bericht hierüber ein. Das Phänomen der S. – den Begriff verwendete er erstmals in einer Arbeit vom März 1913 – fand er bald auch bei anderen Metallen (z. B. Blei und Zinn), jedoch bei einer jeweils unterschiedlichen charakteristischen „Sprungtemperatur". Sein Bemühen indessen, den beobachteten Effekt mit den bekannten Tatsachen in Einklang zu bringen, war vergeblich. Erst in jüngster Zeit scheint eine von Herbert Fröhlich in England und John Bardeen in Amerika entwickelte Theorie der S. stärkere Zustimmung zu finden als die bisherigen Deutungsversuche.

Daß ein Supraleiter tatsächlich völlig widerstandslos ist, zeigte Kamerlingh Onnes 1914: Er unterhielt einen supraleitenden Stromkreis tagelang ohne eine Abnahme der Stromstärke (Dauerstrom). Das gleiche Ergebnis erzielten mehrjährige Dauerstrom-Versuche, die möglich wurden, als die Heliumverflüssigung im größeren technischen Maßstab durchgeführt werden konnte. – Eine Schwierigkeit, die der Anwendung der S. in der Starkstromtechnik entgegenzustehen schien, hatte Kamerlingh Onnes bereits 1913 erkannt: die Aufhebung der S. beim Überschreiten einer bestimmten Stärke des magnetischen Feldes. Ein Ausweg wurde erst viel später gefunden, als nach ersten Versuchen in England (1933) der in den fünfziger Jahren in Amerika einsetzenden Großforschung die Erzeugung starker Magnetfelder mit supraleitenden Spulen aus bestimmten Legierungen (Niob, Zinn, Zirkonium) gelang.

Trotz des großen Aufsehens, das Kamerlingh Onnes mit seiner Entdeckung erregte, fand er in den folgenden Jahrzehnten wenig Nachfolger, war doch der Aufwand bei dieser Forschungsrichtung für die meisten Institute zu hoch. Die systematische Erkundung des neuen Gebiets kam daher nur langsam voran. 1933 entdeckte Walther Meißner einen nach ihm benannten Effekt, den Max von Laue als einen Wendepunkt in der Geschichte der S. bezeichnete. Meißner fand, daß das Innere eines hinreichend dicken Supraleiters stets frei vom magnetischen Feld ist. Hierauf basiert die von Leidener Physikern (Hendrik Casimir, A. J. Rutgers, Willem Hendrik Keesom u. a.) entwickelte Thermodynamik des Übergangs vom Zustand der Normalleitung zu dem der S., die sie als reversible Gibbssche Phasen derselben Substanz auffaßten. Eine Deutung des Meißner-Effekts, der Dauerstromversuche und des Hochfrequenzwiderstandes der Supraleiter gibt eine phänomenologische Elektrodynamik der S., wie sie von Fritz London und Max von Laue aufgestellt worden ist.

Quellen: Heike Kamerlingh Onnes, Untersuchungen über die Eigenschaften der Körper bei niedrigen Temperaturen etc. In: Les Prix Nobel en 1913. Stockholm 1914; Fritz London, Une conception nouvelle de la supraconductivité. Paris 1937; Max von Laue, Theorie der Supraleitung. ²Berlin und Göttingen 1949.

Literatur: Max von Laue, Geschichtliches über Supraleitung. In: Forschungen und Fortschritte. Jg 25, 1949, S. 278–280; Kurt Mendelssohn, Die Geschichte der Supraleitung. In: Bild der Wissenschaft. Jg 4, 1967, S. 219–228. L. S.

T

Telegraphie, elektrische. Der uralte Wunsch, Informationen schnell und über große Entfernungen hinweg auszutauschen, hat sich im Grunde erst mit der Entwicklung der elektrischen T. erfüllt. Die Rolle, die der → Elektrizität bei der Nachrichtenübertragung zukommen könnte, wurde bereits im 18. Jh. erkannt, zu einer Zeit, als die Reibungselektrizität die einzig verfügbare Stromquelle darstellte. Nachdem um 1730 die Engländer Stephen Gray und Granville Wheeler die elektrische Leitfähigkeit verschiedener Materialien entdeckt und untersucht hatten (→ Leiter), erkannte etwa 15 Jahre später der Leipziger Professor Johann Heinrich Winkler auch die Leitfähigkeit der Erde und des Wassers – und die Möglichkeit der elektrischen Fernübertragung von Signalen: „Zum anderen kann man durch Hülfe der Elektricität in einer Entfernung so groß als man sie auf dem Erdboden verlanget, in einem jeden bestimmten Puncte der Zeit eine Wirkung hervorbringen, z. B. ein Geschütz losbrennen, oder ein **Zeichen** geben.“

Die ersten gebauten elektrischen Telegraphen nutzten auf der Empfangsseite die elektrostatische Wirkung (z. B. Abstoßung von Holundermarkkügelchen; Georges-Louis Lesage 1774) und die Funkenbildung (Jakob Reiser 1786) aus. Erst nachdem seit 1800 mit der → Voltaschen Säule eine leistungsfähige „galvanische“ Stromquelle zur Verfügung stand, kam es zu erfolgreicheren Versuchen. 1809 entwickelte der Münchener Anatom Samuel Thomas Sömmering einen ersten elektrochemischen Telegraphen, bei dem die Buchstaben durch Gasentwicklung im Empfänger gekennzeichnet wurden. Kaiser Napoleon bedachte diesen recht schwerfällig arbeitenden Apparat mit den spöttischen Worten: „C’est une idée germanique“. – Ausschlaggebend für die weitere Entwicklung der elektrischen T. wurde schließlich die aufsehenerregende Entdeckung Hans Christian Oersteds vom Jahre 1820, die die magnetische Wirkung des elektrischen Stromes aufzeigte (→ Elektromagnetismus). Schon im gleichen Jahr trug André Marie Ampère der Französischen Akademie in Paris die von Laplace herrührende Idee eines elektromagnetischen Telegraphen vor, bei dem 30 Paar Drähte im Empfänger mit 30 Magnetnadeln gekoppelt werden sollten. Aus 24 Nadeln und 48 Drähten bestand der Telegraph, den Gustav Fechner 1829 baute. Im Jahre 1832, in dem auch der amerikanische Historienmaler Samuel Morse seine T.-Versuche begann, stellte Schilling von Canstadt, der schon mit Sömmering zusammengearbeitet hatte, einen praktisch verwendbaren elektromagnetischen Nadeltelegraphen mit fünf Nadeln her. Die erste elektromagnetische Telegraphenanlage entstand 1833 in Göttingen, wo Carl Friedrich Gauß und Wilhelm Weber zu Versuchszwecken die Sternwarte mit dem etwa 1500 m entfernten Physikalischen Kabinett verbanden. Als Anzeigegerät verwendeten sie das von Gauß zur Messung des → Erdmagnetismus konstruierte Magnetometer. Auf Wunsch von Gauß und Weber entwickelte Carl August von Steinheil diesen Telegraphen in München weiter und stattete ihn 1837 mit einer Schreibvorrichtung aus. Steinheil war es auch, der bei seinen Versuchen an Eisenbahnlinien die Verwendbarkeit der Erde als Telegraphen-Rückleitung erkannte und praktisch nutzte. Zur Erzeugung der Impulse für seinen Zweier-Code bediente er sich – wie bereits Gauß – des 1831 von Michael Faraday entdeckten Induktionsprinzips.

Unverständnis und bürokratische Hemmnisse führten jedoch dazu, daß nicht Schillings oder Steinheils Apparate, sondern im Ausland gemachte Erfindungen und Verbesserungen zunächst in den deutschen Staaten

Anwendung fanden. So hatte William Cooke 1836 in Heidelberg einen Schillingschen Telegraphen kennengelernt; zusammen mit Charles Wheatstone entwickelte er ihn zu einem brauchbaren Zeigertelegraphen. Schon um 1840 entstanden überall Eisenbahntelegraphen Wheatstonescher und ab 1844 vor allem auch Morsescher Bauart.

Samuel Morse, der 1838 erstmalig sein aus Punkten, Strichen und Pausen bestehendes Alphabet anwendete und 1840 den „Taster" erfand, übertraf mit seinem Schreibtelegraphen in diesem Bereich letztlich alle Konkurrenten. – Das seinerzeit größte Telegraphennetz auf dem Kontinent baute Werner Siemens 1848/49 im Auftrag der preußischen Regierung, wobei er seinen 1847 zusammen mit Georg Halske konstruierten Zeigertelegraphen einsetzte. 1855 gelang dem in Amerika tätigen Engländer David Edward Hughes die Einführung eines Fernschreibers, womit ein heute höchst wichtiger Bereich der elektrischen Nachrichtenübermittlung erschlossen wurde.

Ein gefeiertes Ereignis in der Geschichte der elektrischen T. stellt die Verlegung des ersten Seekabels zwischen Europa und Amerika durch Cyrus W. Field in den Jahren 1857/58 und 1865/66 dar. Hierdurch wie durch den Bau der Indo-Europäischen Telegraphenlinie der Brüder Siemens (1867/70) war die weltweite Kommunikation mit Hilfe der Elektrizität, wie sie Winkler bereits Mitte des 18. Jh.s angedeutet hatte, nahezu verwirklicht. Die Teilnahme der Allgemeinheit an der weltweiten Nachrichtenübertragung brachte indessen erst die drahtlose T.; sie wurde am Ende des 19. Jh.s auf der Grundlage der von James Clerk Maxwell vorausgesagten und 1887 von Heinrich Hertz nachgewiesenen elektromagnetischen Wellen von Guglielmo Marconi, Ferdinand Braun, Alexander Popow u. a. entwickelt.

Quellen: Johann Heinrich Winkler, Gedanken von den Eigenschaften, Wirkungen und Ursachen der Elektricität etc. Leipzig 1744; Samuel Thomas Sömmering, Über einen elektrischen Telegraphen. In: Denkschrift der Akademie zu München. Bd 3, 1809/10, S. 401. Auch in: Schweiggers Journal. Bd 12, 1811, S. 217; Carl August Steinheil, Über Telegraphie, insbesondere durch galvanische Kräfte. München 1838.

Literatur: Ernst Gerland und Friedrich Traumüller, Geschichte der physikalischen Experimentierkunst. Leipzig 1899 (Nachdruck Hildesheim 1965), S. 405–425; Ernst Feyerabend, Der Telegraph von Gauß und Weber im Werden der elektrischen Telegraphie. Berlin 1933; E. A. Marland, Early electrical communication. London, New York, Toronto 1964; Karl Steinbuch, Die informierte Gesellschaft. Geschichte und Zukunft der Nachrichtentechnik. Stuttgart 1966; Volker Aschoff, Die elektrische Nachrichtentechnik im 19. Jh. In: Technikgeschichte. Bd 33, 1966, S. 402 bis 419; Bernhard Puschmann, Über den Aachener Eisenbahntelegraphen. Ebd. Bd 34, 1967, S. 350–360; Geoffrey Hubbard, Cooke and Wheatstone and the invention of the electric telegraph. New York 1968; Hans Pieper, Carl August von Steinheil, der vergessene Begründer der wissenschaftlichen Nachrichtentechnik. In: Technikgeschichte. Bd 37, 1970, S. 323–352.

L. S.

Telegraphie, optische. Die Übertragung von Nachrichten über größere Entfernungen durch optische Hilfsmittel (Feuer-, Rauch-, Balken-T.) läßt sich bis in die Antike zurückverfolgen; heute spielt die optische T. in modifizierter Form vor allem bei der Nahübertragung von Signalen (z. B. im Eisenbahnverkehr) und Kurznachrichten (Flaggencode der Marine) eine wichtige Rolle. Völlig neue Möglichkeiten der optischen T. eröffnete zudem die Entwicklung des optischen Molekularverstärkers (Laser) seit 1958.

Einen Fortschritt in der optischen T. gegenüber Antike und Mittelalter brachte erst die Erfindung des Fernrohres zu Beginn des 17. Jh.s (→ Fernrohr). 1616 konzipierte Franz Keßler aus Wetzlar einen Feuertelegraphen mit Fernrohrvisierung. Die Verwendung des Fernrohres zur Aufnahme von Fernzeichen im Schiffsverkehr schlug Robert Hooke 1684 der Royal Society vor. Elf Jahre später stellte Guillaume Amontons einen ähnlich ausgerüsteten mechanischen Telegraphen zwischen Meudon und Paris auf. Trotz vieler weiterer Vorschläge und Versuche in England, Frankreich und Deutschland kam es erst Ende des 18. Jh.s zu einer bedeutsamen praktischen Verwertung der optischen T.; die politisch stark bewegte Zeit der Französischen Revolution forderte eine schnelle Nachrichtenübertragung geradezu heraus. Am 22. März 1792 legte Claude Chappe, ein der Physik zugewandter Geistlicher, dem französischen Konvent seinen im Jahr zuvor erfundenen optischen Telegraphen vor. Sogleich wurde auf Staatskosten mit dem Bau von Telegraphenlinien begonnen, deren beispielloser Erfolg zur Nachahmung in vielen Ländern Europas führte. Chappes „Semaphores" (das Wort „Telegraph" prägte 1793 Comte Miot de Mélito) bestanden aus beweglichen Balkenflügeln an einem senkrechten Mast, der auf Anhöhen oder Türmen aufgestellt wurde, so daß die jeweilige Flügelstellung aus etwa 10 km Entfernung durch ein Fernrohr beobachtet werden konnte. 1794 soll ein Zeichen die 225 km lange Linie Paris – Lille über 20 Zwischenstationen in 2 Minuten durcheilt haben. – In der Folgezeit kam es zwar noch zu einer Anzahl weiterer Bautypen; einen wesentlichen Fortschritt bei dieser stark von den atmosphärischen Verhältnissen abhängigen Nachrichtenfernübertragung gab es indessen nicht mehr. Kurz nach der Jahrhundertmitte mußten daher die im Betrieb sehr aufwendigen optischen Telegraphen der wesentlich billigeren, letztlich auch zuverlässigeren und leistungsfähigeren → elektrischen T. weichen.

Literatur: Anonymus, Beschreibung und Abbildung des Telegraphen oder der neuerfundenen Fernschreibemaschine in Paris. Leipzig 1794; Kurt Nicolaus Fernau, Mit Licht und Schall. Der Beginn der Telegraphie. In: Fernmeldepraxis. Bd 41, 1964, S. 617 – 628; Hans Pieper, Aus der Geschichte der optischen Telegraphie und die Anfänge des elektro-magnetischen Telegraphen. In: Archiv für deutsche Postgeschichte. 1967, H. 2, S. 39 – 56; Henri Gachot, Der optische Telegraph zu Straßburg und die Telegraphenlinie Wien – Straßburg vom Jahre 1809. Ebd. 1968, H. 2, S. 1 – 21. L. S.

Temperatur. Ideengeschichtlich ist der Temperaturbegriff eng mit der Entwicklung der Wärmetheorien verknüpft. Auf dem Weg zur heutigen Anschauung erwuchsen allerdings aus dieser nur schwer lösbaren Verquickung einer intensiven Größe (T. eines Systems) mit einer extensiven (Wärmemenge des Systems) erhebliche Schwierigkeiten.

Die wichtigste Grundlage für die phänomenologische Erfassung und Erforschung des Wärmeproblems wurde im 16. Jh. mit der Entwicklung des Thermometers geschaffen. Zwar gab es im Bereich der Medizin seit altersher in der Lehre von der widernatürlichen Körperwärme („calor praeter naturam") eine vage Temperaturvorstellung; sie wurde jedoch erst mit der durch Galilei (um 1600) angeregten Konstruktion und Anwendung von Thermometern allmählich konkretisiert. – Obwohl die im Geiste Galileis tätige Florentiner Accademia del Cimento (1657 bis 1667) großartige Luft- und Flüssigkeitsthermometer entwickelte, fehlte es jedoch zunächst an einer allgemeinen Vergleichbarkeit, wozu leicht reproduzierbare Fixpunkte und – durch Unterteilung – klar festgelegte Maßeinheiten erforderlich waren. Die Forderung nach einem Standard für die Wärme, wie sie u. a. Robert Boyle 1665 erhob, wurde schließlich im 18. Jh. erfüllt, als sich aus einer Vielzahl an Vorschlägen die nach Daniel Gabriel Fahrenheit (1709 und 1714/15), René-Antoine Réaumur (1730) und Anders Celsius (1742) benannten empirischen Temperaturskalen durchsetzten. Damit war der messenden Forschung ein wichtiges Instrument in die Hand gegeben, das – in Verbindung mit dem Kalorimeter – auch zur Messung von Wärmemengen dienen konnte. Zwischen 1760 und 1762 gelang dem Edinburger Professor der Chemie Joseph Black von der wissenschaftlichen Seite und kurz nach ihm auch James Watt von technischen Fragestellungen her die Entdeckung der Wärmekapazität (spez. Wärme) und der latenten Wärme (Verdampfungs- und Kondensationswärme des Wassers). Das führte endgültig zur Unterscheidung zwischen Wär-

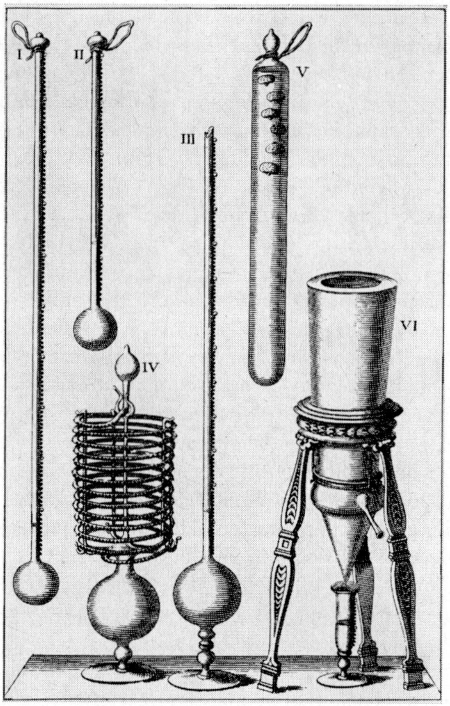

Abb. 52. Thermometer. Aus: Saggi di naturali esperienze fatte nell' Accademia del Cimento. Florenz 1667

me**grad** (T.) und Wärme**menge**. Die physikalischen Deutung des Wesens der → Wärme und der T. wurde indessen erst ein Jahrhundert später möglich.

Es bedurfte letztlich der erlösenden Erkenntnis des mechanischen Wärmeäquivalents durch Julius Robert Mayer 1842 (→ Energie), James Prescott Joule 1843 u. a. und des Molekularkonzepts, wie es in der neuen kinetischen Gastheorie besonders fruchtbar wurde, um das Dunkel im Begriff der T. zu erhellen. Obwohl bereits 1848 William Thomson eine indirekte Definition der T. geben und (in Anlehnung an Carnots Theorie von der bewegenden Kraft der Wärme) eine absolute (thermodynamische) Temperaturskala schaffen konnte, klagte noch 1866 Ludwig Boltzmann in einer Abhandlung über die mechanische Bedeutung des zweiten Hauptsatzes der → Thermodynamik: „Zuerst ist uns hierzu die Bestimmung eines Hauptbegriffs der gesamten Wärmelehre nöthig, der bis jetzt noch nicht mit Schärfe und Einstimmigkeit definiert wurde, nämlich der Begriff der Temperatur." Boltzmann war es schließlich auch, der auf dem Boden der mechanischen Wärmetheorie (Rudolf Clausius, William Thomson, James Clerk Maxwell) eine anschauliche Deutung gab. Danach stellt die T. das Maß für die durchschnittliche kinetische Energie je Freiheitsgrad der ungeordneten Bewegung der Moleküle dar. Im zeitlichen und räumlichen Durchschnitt entfällt auf jeden Freiheitsgrad der Moleküle eines Stoffes mit der absoluten Temperatur T die kinetische Energie $E = \frac{1}{2}\,kT$, wobei k die → Planck-Boltzmannsche Konstante darstellt.

Literatur: Kirstine Meyer, Die Entwicklung des Temperaturbegriffs im Laufe der Zeiten, sowie dessen Zusammenhang mit den wechselnden Vorstellungen über die Natur der Wärme. Dt. von Irmgard Kolde. Braunschweig 1913; Ernst Mach, Prinzipien der Wärmelehre. [4]Leipzig 1923; Hans Schimank, Geschichte des Energieprinzips. In: Beiträge zur Geschichte der Technik und Industrie. Bd 20, 1930, S. 30–46; Duane Roller, The early development of the concepts of temperature and heat. Cambridge, Mass. 1950; Martin K. Barnett, The development of thermometry and the temperature concept. In: Osiris. Vol. 12, 1956, S. 269–341; Robert James Morris, Eighteenth-century theories of the nature of heat. Diss. University of Oklahoma 1965 (= University Microfilms. Ann Arbor, Michigan 1970).
L. S.

Thermodynamik. Die Th. entwickelte sich als Lehre von der Arbeitsfähigkeit der Wärme aus dem Studium der Eigenschaften von Dampfmaschinen. Sie begann (im Sinne einer Theorie) 1824 mit Sadi Carnots Arbeit „Réflexions sur la puissance motrice du feu et sur les machines propres à développer cette puissance". Carnot stellte darin unter der Voraussetzung eines Erhaltungsgesetzes für den Wärmestoff und in Analogie zur Arbeitsleistung fallenden Wassers den Satz auf: „Die

Erzeugung von Bewegungsenergie (puissance motrice) geht in Dampfmaschinen nicht hervor aus einem wirklichen Verbrauch von Wärmestoff, sondern aus dem Übergang desselben von einem warmen Körper zu einem kalten." Er zeigte ferner, daß die in einem sog. Carnotschen Kreisprozeß geleistete maximale Arbeit einer Dampfmaschine unabhängig sein muß von der Art des Arbeitsmittels. Den Beweis dieses Satzes gründete er auf die Erfahrungstatsache, daß es unmöglich ist, ein Perpetuum mobile (erster Art) zu konstruieren. Carnot hat jedoch später (er starb 1832) die Stofftheorie der Wärme aufgegeben; in seinen nachgelassenen Papieren findet sich neben dem Satz „Wärme ist einfach Bewegungsenergie" (allerdings ohne nähere Begründung) die erste Angabe eines mechanischen Wärmeäquivalents (→ Carnot, → Wärme).

Emile Clapeyron griff 1834 Carnots Gedanken auf, ergänzte dessen Darstellung durch die bekannten Isothermen- und Adiabatendiagramme des Carnotschen Kreisprozesses und behandelte die schon von Carnot diskutierte, aber ungelöst gebliebene Frage der Abhängigkeit der erzeugten Bewegungsenergie von der Temperatur der Wärmereservoire (Einführung der sog. Carnotschen Funktion). Schon 1848 kam William Thomson (Lord Kelvin) durch den Umstand, daß die im Carnotschen Kreisprozeß geleistete Arbeit nur von den Temperaturen der Wärmereservoire und den dort aufgenommenen bzw. abgegebenen Wärmemengen abhängt, auf den Gedanken, die → Temperatur durch Wärmemessungen **absolut**, d. h. ohne Bezug auf eine spezielle Meßsubstanz (wie Luft oder Quecksilber) zu bestimmen. 1850 gelang ihm auf der Grundlage des inzwischen entdeckten Prinzips der Erhaltung der → Energie, des ersten Hauptsatzes der Thermodynamik, die prinzipielle Lösung; 1852 gab er die heute übliche Definition der absoluten Temperatur, nach der für den Carnotschen Kreisprozeß die Proportion $Q_1/Q_2 = T_1/T_2$ gilt.

Im Jahr 1850 wies Rudolf Clausius auf die im Hinblick auf den Energiesatz unzulässige Voraussetzung der Wärmemengenkonstanz in Carnots Theorie hin, fügte aber dessen Prinzip, daß Bewegungsenergie nur beim Wärmeübergang von höherer zu niedrigerer Temperatur erzeugt wird, der Thermodynamik als zweiten Hauptsatz hinzu. Den Beweis der Unabhängigkeit des Wirkungsgrades des Carnotschen Kreisprozesses vom Arbeitsmittel gründete er nunmehr auf die Unmöglichkeit des (von Max Planck sogenannten) Perpetuum mobiles zweiter Art. 1852 fand William Thomson dasselbe Prinzip unabhängig von Clausius.

Im Bestreben, die Th. auf die Mechanik zurückzuführen, schufen August Karl Krönig seit 1856 und Rudolf Clausius seit 1857 die kinetische Gastheorie, welche die Wärme als Teilchenbewegung interpretierte und den ersten Hauptsatz auf den in der Mechanik lange bekannten Satz von der Erhaltung der lebendigen Kraft zurückführte (Gottfried Wilhelm Leibniz 1686, Leonhard Euler 1727, Johann Bernoulli 1735, Daniel Bernoulli 1738).

1866 versuchte Ludwig Boltzmann, dasselbe für den zweiten Hauptsatz der Th. zu leisten. Zwar gelang es ihm unter sehr speziellen Voraussetzungen (Periodizität der Gesamtbewegung der Moleküle), die Existenz einer Zustandsfunktion mit den Eigenschaften der → Entropie nachzuweisen; doch zeigten ihm 1867 die gaskinetischen Arbeiten von James Clerk Maxwell, daß eine wirkliche Lösung des Problems nur unter Anwendung statistischer Verfahren möglich sein würde. 1871 bewies er, daß die Maxwell-Verteilung in der Tat eine Ableitung des zweiten Hauptsatzes zuläßt. Die zunächst offen gebliebene Frage nach der mechanischen Deutung der Entropiezunahme im abgeschlossenen System entschied er ein Jahr später durch den Nachweis, daß sich in einem solchen System eine Größe H definieren läßt, die im Laufe der Zeit nur zunehmen kann und sich nicht mehr ändert, wenn die Maxwellsche Verteilung erreicht ist (Boltzmannscher Stoßzahlenansatz, H-Theorem). 1876 erhob Josef Loschmidt einen allerdings schwerwiegenden Einwand gegen die molekulare Interpretation des zweiten Hauptsatzes, indem er unter Hinweis auf die Zeitumkehrbarkeit der mechanischen Grundgleichungen zeigte, daß der Übergang von einem unwahrscheinlichen Zustand in einen wahrscheinlicheren ebenso berechtigt ist wie der umgekehrte Vorgang und daß infolgedessen die Frage, ob die Entropie eines Systems zu- oder abnehme, von den speziellen Anfangsbedingungen desselben abhängen müsse. Boltzmann erwiderte 1877 dieses Argument mit der (das Problem in gewissem Sinne abschließenden) Arbeit „Über die Beziehung zwischen dem zweiten Hauptsatz der mechanischen Wärmetheorie und der Wahrscheinlichkeitsrechnung ...", in der er die Entropie S proportional zum Logarithmus der thermodynamischen Zustandswahrscheinlichkeit W setzte ($S \sim \ln W$). Obwohl noch 1896 Ernst Zermelo, damals Assistent Max Plancks, gegen die statistische Interpretation des zweiten Hauptsatzes opponierte, weil Henri Poincarés Satz von der gesetzmäßigen Wiederkehr früherer Zustände gegen die generelle Zunahme der Entropie abgeschlossener Systeme zu sprechen schien, ermöglichte gerade die statistische Interpretation der Entropie Max Planck im Jahr 1900 den entscheidenden Fortschritt in der Theorie der Wärmestrahlung (→ Planck-Boltzmannsche Konstante).

Dem ersten und zweiten Hauptsatz der Thermodynamik fügte Walther Nernst 1906 den dritten hinzu (Nernstsches Wärmetheorem, Satz von der Unerreichbarkeit des absoluten Nullpunkts), der in der von Max Planck (1911) stammenden Fassung feststellt, „daß die Entropie eines kondensierten (d. h. festen oder flüssigen) chemisch einheitlichen Stoffes beim Nullpunkt der absoluten Temperatur den Wert Null besitzt".

Eine kritische Analyse der Grundlagen der statistischen Interpretation der Thermodynamik gab 1912 Paul Ehrenfest in der Encyklopädie der mathematischen Wissenschaften.

Quellen: Eric Mendoza (Hrsg.), Reflections on the motive power of fire by Sadi Carnot and other papers on the second law of thermodynamics by É. Clapeyron and R. Clausius. New York 1960, enthält von Clapeyron und Clausius bzw.: „Memoir on the motive power of heat" (1834) und „On the motive power of heat, and on the laws which can be deduced from it for the theory of heat" (1850); Ludwig Boltzmann, Über die Beziehung zwischen dem zweiten Hauptsatze der mechanischen Wärmetheorie und der Wahrscheinlichkeitsrechnung respektive den Sätzen über das Wärmegleichgewicht. In: Ders., Wissenschaftliche Abhandlungen. Bd 2. Leipzig 1909, S. 164–223; Paul Ehrenfest, Begriffliche Grundlagen der statistischen Auffassung in der Mechanik. In: Paul Ehrenfest, Collected scientific papers. Amsterdam 1969, S. 213 bis 300; William Francis Magie (Hrsg.), A source book in physics. Cambridge, Mass. 1965.

Literatur: Max Planck, Das Prinzip der Erhaltung der Energie. 3Leipzig 1913, S. 1–102; Friedrich Klemm und Hans Schimank, Julius Robert Mayer zum 150. Geburtstag. In: Deutsches Museum. Abhandl. u. Berichte. Jg 33, 1965, H. 3; Carl Ramsauer, Grundversuche der Physik in historischer Darstellung. Berlin, Göttingen, Heidelberg 1953, S. 39–49, 55–62; Martin J. Klein, Paul Ehrenfest. New York 1970, S. 94 bis 140; Edward E. Daub, Entropy and dissipation. In: Historical Studies in the Physical Sciences. Vol. 2, 1970, S. 321–354; Erwin N. Hiebert, The conception of thermodynamics in the scientific thought of Mach and Planck. Freiburg 1968.

U. H.

Thermoelektrizität. Die Wechselwirkungen zwischen Wärme und Elektrizität, deren Erforschung insbesondere ein Anliegen der dynamistischen Richtung in der Physik des 19. Jh.s war, sind eng mit dem Namen ihrer Entdecker verbunden: Seebeck-Effekt, Peltier-Effekt, Thomson-Effekt und Benedicks-Effekte.

Die Erforschung der Th. begann, als Thomas Johann Seebeck, angeregt durch die Oerstedsche Entdeckung der magnetischen Wirkung des elektrischen Stromes, bei eigenen Versuchen 1821 beobachtete, daß ein Nadelgalvanometer in einem Kreis aus zwei verschiedenen metallischen Leitern immer dann ausschlug, wenn er eine der Kontaktstellen mit der Hand berührte. Angesichts der verbreiteten dynamistischen Auffassung von der Transformation einer Naturkraft in eine andere (→ Dynamismus) ist es wohl nicht als

Zufall anzusehen, daß → Seebeck in der Erwärmung der Kontaktstelle durch seine Hand die Ursache für das Ausschlagen der Magnetnadel erkannte. Seebeck gelang es auch zu zeigen, daß die Intensität des Thermomagnetismus, wie er die Erscheinung im Gegensatz zu seinen Fachkollegen nannte, sowohl von der Größe der Temperaturdifferenz zwischen den beiden Kontaktstellen wie auch von der Art und der Beschaffenheit der Metalle im „Seebeckschen Paar" abhängt. Durch Verbinden mehrerer solcher Paare konnte er die Thermokraft verstärken und schuf damit eine **spannungskonstante** Stromquelle, die bald bei den Arbeiten Georg Simon Ohms (Ohmsches Gesetz des elektrischen Widerstandes) eine höchst bedeutsame Anwendung fand. Obwohl von Seebeck zunächst nur mündlich vor der Berliner Akademie vorgetragen, fand seine Entdeckung doch schnell ein weites Echo in der wissenschaftlichen Welt. In Paris wurde sie durch den 1823 dort weilenden Hans Christian Oersted bekannt; zusammen mit Joseph Fourier baute er eine erste thermoelektrische Säule nach Art der → Voltaschen Säule und stellte hiermit sinnreiche Versuche an, die deutlich den von Seebeck bestrittenen primär **elektrischen** Charakter der Thermokraft zeigten. In Italien bemühte sich vor allem der Physiker Leopoldo Nobili erfolgreich um die Th. Als einer der ersten verwendete er die thermoelektrische Säule zur Messung von Temperaturen und ermöglichte hiermit seinem Landsmann Macedonio Melloni exakte Untersuchungen der Wärmestrahlung.

13 Jahre nach Seebeck entdeckte der Pariser Uhrmacher und Privatgelehrte Jean-Charles Peltier, daß der elektrische Strom nicht nur Wärme zu erzeugen vermag, sondern auch Kälte. Hatte Seebeck mit Hilfe einer Temperaturdifferenz eine Ladungsverschiebung und damit eine elektrische Spannung hervorgerufen, so erzeugte Peltier 1834 durch Anlegen einer Spannung an der einen Kontaktstelle (Lötstelle) eine Temperatursenkung, an der anderen eine Temperaturerhöhung. Dieser Effekt einer örtlichen Temperatursenkung wurde schon bald zu Kühlversuchen genutzt; 1838 gelang es Heinrich Friedrich Lenz, Wasser zum Gefrieren zu bringen.

Mit dem Aufkommen der → Thermodynamik in der Mitte des 19. Jh.s wurde die Th. auch von dieser Seite her eingehend untersucht. 1857 fand William Thomson, daß beim Peltier-Effekt eine dem Temperaturgefälle und der Stromdichte proportionale Wärmemenge freigesetzt wird. – Extrem klein und damit schwer nachweisbar sind die nach dem Schweden Carl Axel Benedicks benannten thermoelektrischen Effekte höherer Ordnung in homogenen Metallen. Benedicks beschrieb 1929 u. a. die Erwärmung in der Nähe einer Drosselstelle (Einschnürung) eines stromdurchflossenen Leiters.

Quellen: → Thomas Johann Seebeck; William Thomson, Mathematical and physical papers. Vol. 1. Cambridge 1882.

Literatur: Gehlers Physikalisches Wörterbuch. Bd 9. Leipzig 1838, S. 731–823; Carl Benedicks, Jetziger Stand der grundlegenden Kenntnisse der Th. In: Ergebnisse der exakten Naturwissenschaften. Bd 8, 1929, S. 25–68. L. S.

Thomson, George Paget (* 3. Mai 1892 in Cambridge), Sohn von Joseph John Thomson. Zwei Monate nach der Entdeckung der Elektronenbeugung durch Clinton Joseph Davisson und Lester Halbert Germer im Jahre 1927 veröffentlichte Th. (Mai 1927) Aufnahmen von Interferenzringen, die er beim Durchgang von homogenen Elektronenstrahlen durch Kollodiumfolien erhalten hatte. Während das Davisson-Germersche Verfahren der Laueschen Beugung von Röntgenstrahlen an Kristallen analog war, entsprach das Thomsonsche dem Debye-Scherrer-Verfahren. Die Ausdehnung seiner Messungen auf Metallfolien lieferte eine weitere Bestätigung der de Brogliesschen Beziehung $\lambda \cdot p = h$. Für die „experimentelle Entdeckung der Beugung von Elektronen durch Kristalle" erhielt Th. zusammen mit Davisson 1937 den Nobelpreis für Physik.

Werke: Ein Physiker blickt in die Zukunft. Zürich 1956; Das Atom. Göttingen, Berlin, Frankfurt 1957; The strategy of research. Southampton 1957.

Literatur: Joseph John Thomson, Recollections and reflections. London 1936, S. 346–350; George Paget Thomson, Early work in electron diffraction. In: American Journal of Physics. Vol. 29, 1961, S. 821–825; Max Jammer, The conceptual development of quantum mechanics. New York 1966, S. 252–254. U. H.

Thomson, Joseph John (* 18. Dezember 1856 in Cheetham Hill, † 30. August 1940 in Cambridge). Der Sohn eines Buchhändlers trat im Alter von 14 Jahren in das „Owens College“, Manchester, ein. Zwei Jahre später starb sein Vater; Th. wechselte vom Ingenieurfach zur Mathematik und Physik über. Mit einer mathematischen Arbeit erhielt er 1876 ein Stipendium für das „Trinity College“ der Universität Cambridge; bis zu seinem Tode versäumte er kein Semester an dieser Universität.

Von 1884 bis 1919 war er „Cavendish-Professor“ für Experimentalphysik. Er war der Dritte in einer Reihe, die im übrigen die Namen James Clerk Maxwell, Lord Rayleigh, Ernest Rutherford und William Lawrence Bragg enthält. Im Laufe seines Lebens erhielt er nahezu alle Ehrungen, die einem Wissenschaftler zuteil werden konnten, einschließlich des Nobelpreises im Jahre 1906.

Th.s erste wichtige Arbeit (1881) war eine Anwendung der neuen und noch nicht voll akzeptierten Theorie des Elektromagnetismus von Maxwell auf die Dynamik bewegter Ladungen. Er zeigte, daß eine geladene Kugel entsprechend der Ladung und proportional zur elektrostatischen Energie an Masse zunimmt. Damit tat er einen ersten Schritt in Richtung auf Einsteins Gesetz der → Energie-Masse-Äquivalenz.

Die Entdeckung der Röntgenstrahlen führte zum verstärkten Studium der sie hervorrufenden Kathodenstrahlen. Die Natur der letzteren wurde in der damaligen Fachwelt viel diskutiert. Heinrich Hertz war der Ansicht, daß es sich um eine Wellenstrahlung handelte, da die Kathodenstrahlen dünne Metallplättchen durchdrangen und in einem elektrischen Feld nicht abgelenkt wurden. 1897 konnte Th. zeigen, daß der Fehler bei den Hertzschen Experimenten an dem ungenügenden Vakuum lag. Es bildeten sich geladene Teilchen, die das Feld neutralisierten. Nachdem Th. das Vakuum verbessert hatte, erhielt er Ablenkungen, aus denen er, zusammen mit den schon bekannten Ablenkungen durch Magnete (Hittorf 1869), das stets konstante Verhältnis von Ladung zur Masse (e/m) der vermuteten Teilchen ermittelte. In seiner Autobiographie schrieb er kurz vor seinem Tode: „Nach langen Erwägungen schien es mir, daß aus den Versuchen die folgenden Schlußfolgerungen zu ziehen sind: Erstens, daß Atome nicht unteilbar sind, denn negativ elektrische Partikel können von ihnen weggerissen werden durch Wirkung elektrischer Kräfte ... Zweitens, daß die Partikel alle von derselben Masse sind und die gleiche Ladung negativer Elektrizität tragen, aus welcher Art von Atomen sie auch stammen, und daß sie Bestandteile aller Atome sind. Drittens, daß die Masse dieser Teilchen geringer ist, als der tausendste Teil eines Wasserstoffatoms. Ich nannte diese Teilchen zuerst Korpuskeln, aber man nennt sie jetzt mit dem besser passenden Namen Elektronen.“

Th. gelang es 1907, durch Ablenkung von Kanalstrahlen im elektrischen Feld Parabeln zu erhalten, von denen jede einer der verschiedenen vorhandenen Atom- oder Molekülarten entsprach. Damit wurde zum erstenmal der schlüssige Beweis dafür erbracht, daß die Atome eines Elements nicht alle identisch sind. Während die alten Methoden zur Bestimmung der Atomgewichte nur Durchschnittswerte ergaben, entdeckte Th. 1912 beim genaueren Studium der gewonnenen Ergebnisse, daß durchaus verschiedene Atome ein Element konstituieren können. Insbesondere stellte er bei Neon fest, daß eine Parabel dem Atomgewicht 20, eine andere demjenigen von 22 entsprach. Francis William Aston, der ihm bei diesen Versuchen assistiert hatte, entdeckte nach dem Ersten Weltkrieg, daß der Fall des Neons keineswegs die Ausnahme, sondern vielmehr die

Regel darstellt, und daß die meisten Elemente aus mehreren „Isotopen" zusammengesetzt sind.

J. J. Th. beeinflußte in großem Maße die Entwicklung der Physik. Sein Wirken war die Grundlage der Forschungsergebnisse seiner Schüler, zu denen u. a. Ernest Rutherford, Paul Langevin, Charles Thomson Rees Wilson, William Lawrence Bragg, Francis William Aston und Edward Appleton gehörten.

Werke: Anwendung der Dynamik auf Physik und Chemie. Leipzig 1890; Recent researches in electricity and magnetism. Oxford 1893; Elemente der mathematischen Theorie der Elektrizität. Braunschweig 1897; Elektrizität und Materie. Braunschweig 1904; Elektrizitätsdurchgang in Gasen. Leipzig 1906; Korpuskulartheorie der Materie. Braunschweig 1908; Recollections and reflections [Autobiographie]. London 1936.

Literatur: Lord Rayleigh, The life of Sir J. J. Th. London 1943; Russel McCormmach, J. J. Th. on the structure of light. In: The British Journal for the History of Science. Vol. 3, 1967, S. 362–387; George Paget Thomson, J. J. Th. In: Biographical Dictionary of Scientists. London 1969, S. 510 f.; ders., J. J. Th. Discoverer of the electron. New York 1966. D. B.

Thomson, Sir William (Lord Kelvin) (* 26. Juni 1824 in Belfast, † 17. Dezember 1907 in Netherhall, Largs/Schottland). Th. wurde während seines langen, schöpferischen Wirkens als Forscher, Erfinder und Lehrer zur unbestrittenen Autorität im Bereich der theoretischen und angewandten Physik. Neben bedeutsamen Beiträgen zur Elastizität, Hydrodynamik und Geophysik waren es vor allem elektrische, magnetische, elektrotechnische und thermodynamische Fragestellungen, mit deren Lösung er neue Wege beschritt. — Als frühreifes Kind bereits im Alter von 10 Jahren an der Universität Glasgow immatrikuliert, wo der Vater Mathematik lehrte, öffnete sich dem jungen Th. bald nach dem Studium der mathematischen Physik (Glasgow und Cambridge) die akademische Laufbahn: 1846 wurde er als Professor nach Glasgow berufen. Hier blieb er bis zu seiner Emeritierung im Jahre 1895.

Th., der besonders durch seine Forscher- und Erfindertätigkeit auf den Gebieten der Unterwassertelegraphie, der elektrischen Meßtechnik (Schutzringelektrometer, Quadrantelektrometer, Spiegelgalvanometer) und der Navigation (Schiffskompaß) weithin bekannt wurde, hatte sich schon als Student den Theorien der → Elektrizität und der → Thermodynamik zugewandt. Frühzeitig auf Fouriers „Théorie analytique de la chaleur" aufmerksam geworden, gestaltete er dessen Theoreme zu einer wesentlichen Grundlage seiner Arbeiten. Indem er den Stromtransport in einem elektrischen Leiter mit der Wärmeleitung, die Verteilung elektrostatischer Kräfte in der Umgebung solcher Leiter mit der Wärmeverteilung verglich, gelangte er im Sinne der Feldvorstellungen Faradays zu einer neuen Deutung elektrodynamischer und elektrostatischer Phänomene und damit zu einem wichtigen Vorläufer der Maxwellschen Theorie der → Elektrodynamik (→ Maxwell).

Th.s Theorie der oszillierenden Entladung der Leidener Flasche (1853) liegt ebenfalls eine Analogie, mit der Pendelbewegung, zugrunde. Die von solchen Schwingungen ausgehenden elektromagnetischen Wellen wurden zunächst von James Clerk Maxwell theoretisch erfaßt und schließlich von Heinrich Hertz nachgewiesen (1886).

1847 lernte Th. James Prescott Joule bei einem Referat über das mechanische Wärmeäquivalent kennen; sie wurden enge Freunde. Ein von ihnen gefundener Effekt, der Joule-Thomson-Effekt, gestattete es, bisher nicht kondensierbare Gase (O_2, N_2, H_2, Edelgase) zu verflüssigen. Vom → Carnotschen Kreisprozeß ausgehend, entwickelte Th. erstmals 1848 die nach ihm benannte absolute Temperaturskala. 1851 schrieb er seine berühmte Abhandlung „On the dynamical theory of heat". Hiermit sowie mit weiteren Arbeiten trug er wesentlich zur Begründung und Vertiefung des im Jahr zuvor von Rudolf Clausius erkannten zweiten Hauptsatzes der mechanischen Wärmetheorie (→ Thermodynamik) und des Begriffes der → Entropie bei. Th. vermochte in überaus erfolgreicher Weise

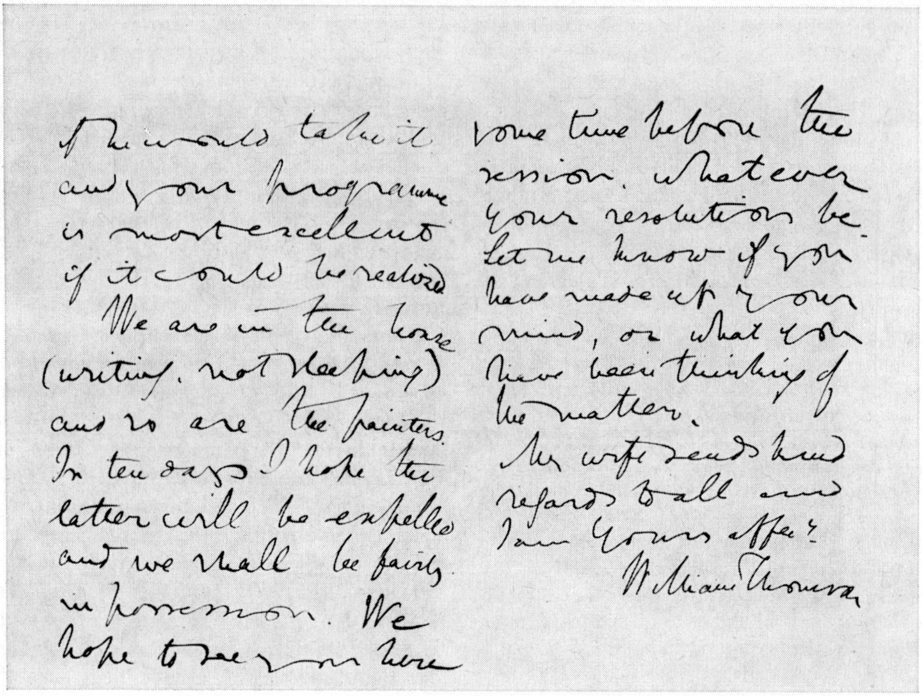

If he would take it
and your programme
is most excellent
if it could be realised.
We are in the house
(writing, not sleeping)
and so are the painters.
In ten days I hope the
latter will be expelled
and we shall be fairly
in possession. We
hope to see you here
some time before the
session. Whatever
your resolution be
let me know if you
have made up your
mind, or what you
have been thinking of
the matter.
My wife sends kind
regards to all and
I am Yours affec'y
William Thomson

Abb. 53. William Thomson an Prof. Blackburn. Geschrieben in Netherhall Larges, 7. Juli 1879

theoretische Ansätze mit der Erfahrung in Einklang zu bringen. Kennzeichnend für die hohe Wertschätzung des → Experiments ist der von ihm überlieferte Ausspruch: Messen bedeutet Wissen.

Werke: Kelvin's collected mathematical and physical papers. 6 Bde. Cambridge 1882–1911; Über die dynamische Theorie der Wärme (= Ostwalds Klassiker. Nr 193). Leipzig 1914.

Literatur: Silvanus P. Thompson, Life of Lord K. 2 Bde. London 1910; Arthur Primrose Young, Lord K. London 1948; Robert H. Silliman, W. Th.: Smoke rings and nineteenth-century atomism. In: Isis. Vol. 54, 1963, S. 461–474; C. Watson, W. Th., Lord K. In: Some nineteenth century British scientists. Oxford 1969, S. 96–153; D. K. C. MacDonald, Faraday, Maxwell and K. New York 1964. L. S.

Torricelli, Evangelista (* 15. Oktober 1608 in Piancaldoli, † 25. Oktober 1647 in Florenz). 1627 wurde T. Schüler des Benedetto Castelli in Rom. Gegen 1640 verfaßte er die große Abhandlung „De motu gravium", worin er unter anderem Galileis Fallgesetze auf ausströmende Flüssigkeiten anwandte und darlegte, nach welchen Formeln sich der Ausfluß von Flüssigkeiten aus Gefäßen vollzieht. Castelli zeigte dies Werk Galilei, der T. nach Arcetri einlud. Im September 1641 kam T. nach Florenz, kurz vor Galileis Tode. Er wurde sein Nachfolger als Hofmathematiker.

T. schrieb viele mathematische Abhandlungen, so über Kegelschnitte, die Zykloide und die logarithmische Kurve. Er schliff gute Fernrohrlinsen und benützte Glaskügelchen als Lupen. Am bekanntesten wurde seine Erfindung des Quecksilberbarometers, das er in einem Brief an Michelangelo Ricci am 11. Juni 1644 beschrieb.

Galilei erläutert am 1. Tag der „Discorsi", wie aus einem Brunnenschacht die Wassersäule nicht über eine Hubhöhe von 18 Ellen gepumpt werden könne; sonst zerreiße die Wassersäule unter ihrer eigenen Last wie ein zu langes Seil oder ein Kupferdraht. Galilei erklärte die Erscheinung also nicht mit dem Luftdruck. T. aber gewann die richtige Anschauung, daß wir auf dem Boden eines Luftmeeres leben, das die höchsten Berge übersteigt und sich nach den Beobachtungen der Dämmerungserscheinungen bis in die Höhe von 50 Meilen erstreckt. Er schreibt an Ricci: „Auf der Oberfläche der Flüssigkeit, die sich im Napf befindet, lastet die Höhe von 50 Meilen Luft.“ Den von ihm vorgeschlagenen Versuch führte sein Freund Vincenzio Viviani aus: Ein Glasrohr von 2 Ellen Länge, auf einer Seite offen, auf der andern in einer Kugel endigend, wurde mit Quecksilber gefüllt, am offenen Ende mit dem Daumen verschlossen, in einen mit Quecksilber gefüllten Napf umgestürzt und der Daumen weggezogen, worauf das Quecksilber in der Röhre auf einer bestimmten Höhe stehenblieb.

Werke: Opera geometrica. Florenz 1644; Lezioni accademiche. Florenz 1715; Opere. Hrsg. von Gino Loria und G. Vassura. 4 Bde. Faenza 1919–1944; Esperienza dell'argento vivo (= Neudrucke von Schriften und Karten über Meteorologie und Erdmagnetismus, hrsg. von Gustav Hellmann. Nr 7). Berlin 1897.

Literatur: Bruto Caldonazzo, E. Carruccio, Vasco Ronchi, E. T. Florenz 1951; Friedrich Murhard, Geschichte der Physik. Bd 1. Göttingen 1798 (mit ausführlicher Geschichte der Barometrie; darin besonders S. 233–245); H. Denckler, Der Erfinder des Barometers. In: Deutsche optische Wochenschrift. Jg 1933, S. 572 f.; Vasco Ronchi, Un précieux travail, peu connu, d'E. T. In: Archives internationales d'histoire des sciences. Bd 8, 1955, S. 358–362; W. E. Knowles Middleton, The place of T. in the history of the barometer. In: Isis. Vol. 175, 1963, S. 11 bis 28; ders., The history of the barometer. Baltimore 1964, S. 19–32. H. B.

Tyndall, John (* 2. August 1820 in Leighlin Bridge bei Carlow in Irland, † 4. Dezember 1893 in London). Anfangs bei der Vermessung von Eisenbahnen beschäftigt, dann Lehrer in Hampshire, kam er 1848 nach Deutschland, um Chemie und Physik zu studieren. Er weilte in Marburg bei Robert Bunsen und in Berlin bei Gustav Magnus. Dort lernte er auch die jungen Physiker kennen, übersetzte Schriften von Rudolf Clausius und „Die Erhaltung der Kraft“ von Hermann Helmholtz ins Englische. Mit Karl Hermann Knoblauch in Marburg untersuchte er das magnetische oder diamagnetische Verhalten der Kristalle im Magnetfeld. Er kehrte 1851 nach England zurück. 1853 hielt er über diese Untersuchungen einen Vortrag in der Royal Institution. Man erkannte, daß er ein meisterhafter Experimentator war und großes Lehrtalent besaß; noch im gleichen Jahre wurde er dort als Professor angestellt und später Nachfolger Faradays, mit dem er befreundet war. Seine Vorlesungen über die Wärme (wobei er Julius Robert Mayer der Vergessenheit entriß), über den Schall und über das Licht trugen viel zur Verbreitung physikalischer Kenntnisse bei. Sie erschienen in Buchform, wurden ins Deutsche übersetzt und sind für den Physiklehrer heute noch wertvoll.

Sein Hauptarbeitsfeld war die Wärmelehre. Er untersuchte den Durchgang der Strahlen durch die Atmosphäre, durch Flüssigkeiten und Dämpfe und prüfte dabei besonders die Zerstreuung des Lichtes an feinen Partikeln. Sendet man einen Lichtkegel durch eine trübe Flüssigkeit in einem Glastrog, so kann man ihn von der Seite sehen, weil von den Teilchen Licht senkrecht zur ursprünglichen Strahlenrichtung gestreut wird (Tyndall-Effekt, → Streuung des Lichtes). Weiter untersuchte T. das Licht- und Wärmespektrum des elektrischen Lichtbogens, das Erglühen der Körper unter dem Einfluß dunkler Wärmestrahlen, die Bakterien des Staubes und vieles andere. Bekannt sind seine Alpenreisen und Gletscherforschungen, die er in der Schweiz betrieb. 1887 legte er seine Ämter nieder.

Werke: Die Wärme betrachtet als eine Art der Bewegung. Braunschweig 1867; Der Schall. Braunschweig 1869; Faraday und seine Entdekkungen. Braunschweig 1870; In den Alpen.

Braunschweig 1872; Das Wasser in seinen Formen als Wolken und Flüsse, Eis und Gletscher. Leipzig 1873; Fragmente aus den Naturwissenschaften. Vorlesungen und Aufsätze. Braunschweig 1874; Das Licht. Braunschweig 1876; Vorträge über Elektricität. Wien 1884; Elektrische Erscheinungen und Theorien. Wien 1884; Fragmente. Neue Folge. Braunschweig 1895; Die Gletscher der Alpen. Braunschweig 1898.

Literatur: Gustav Wiedemann, Lebenslauf von J. T. In: Die Wärme betrachtet als eine Art der Bewegung. [4]Braunschweig 1894, S. VII–XVII; Arthur Stewart Eve und Clarence Hamilton Creasey, Life and work of J. T. Toronto 1945.

H. B.

U

Ultrarotstrahlen. Bei einer Untersuchung des von einem Prisma entworfenen Spektrums des Sonnenlichts stellte Wilhelm Herschel im Jahre 1800 fest, daß sich ein berußtes Thermometer jenseits des roten Endes des Spektrums stärker erwärmte als im sichtbaren Bereich. Auf Grund dieses Phänomens bezeichnete Herschel die neuentdeckte Strahlungsart als Wärmestrahlen; erst später wurden sie wegen ihrer Lage zum sichtbaren Spektralbereich in U. umbenannt. Zwar wies Herschel für die U. die Gültigkeit des Brechungs- und Reflexionsgesetzes nach; die physiologisch unterschiedliche Wirkung des sichtbaren Lichtes und der unsichtbaren Wärmestrahlen hielten ihn jedoch davor zurück, an ihre qualitative Identität zu glauben.

Die Erforschung der Eigenschaften der U. wurde stark intensiviert, als André Marie Ampère im Jahre 1835 die Hypothese aufstellte, Licht- und Wärmewellen seien von gleicher Wesensart. Mit Nachdruck wandten sich Macedonio Melloni und James David Forbes gegen diese Auffassung und wollten sie mit dem Experiment widerlegen. Gerade diese Forscher waren es aber, die durch ihre Untersuchungen zeigten, daß alle Eigenschaften der Lichtstrahlen wie Reflexion, Brechung, Interferenz, Beugung und Polarisation auch an den Wärmestrahlen beobachtet werden können.

Einen entscheidenden Fortschritt für die Untersuchung der U. bedeutete die Verwendung des von Adolph Friedrich Svanberg im Jahre 1857 erfundenen Bolometers, das aber erst nach einigen technischen Verbesserungen von Samuel Pierpont Langley im Jahre 1881 in die experimentelle Praxis eingeführt wurde. Dieses Instrument erlaubte die quantitative Messung spektral zerlegter und damit wenig intensiver U. und eröffnete so eine neue Epoche der Ultrarotforschung. Messungen von Langley, Friedrich Paschen und Heinrich Rubens erschlossen das ultrarote Spektrum bis zu einer Wellenlänge von etwa 23 μ. Diese durch Absorptionseigenschaften der Prismenmaterialien bedingte Grenze überwand → Rubens mit seiner Reststrahlenmethode im Jahre 1897 und konnte damit U. bis zu einer Wellenlänge von rund 100 μ isolieren. Mit Hilfe der von Robert Williams Wood und Rubens entwickelten Quarzlinsenmethode drang man noch weiter bis in den Bereich der kürzesten elektrischen Wellen vor. Dabei wurde die starke chromatische Aberration bei Quarzlinsen in diesem Gebiet sehr langer U. zur Isolierung monochromatischer Strahlen ausgenützt.

Besondere Bedeutung erlangte die Ultrarotforschung für die Analyse der Molekülspektren, nachdem Clemens Schaefer im Jahre 1903 das Vorhandensein einer Feinstruktur in den Absorptionsbanden auf indirektem Wege gezeigt und Niels Bjerrum 1912 die Theorie der Doppelbanden entwickelt hatte. Nun war es möglich, die Molekülspektren quantitativ auszuwerten und so die Eigenschwingungen und Trägheitsmomente von Molekülen zahlenmäßig zu ermitteln. Damit verfügten die Physik und die Chemie über eine sehr erfolgreiche und nützliche Methode zur Erforschung der molekularen Konstitution.

Inzwischen hat sich auch die Quantentheorie um die Lösung der physikalischen Probleme im Bereich der U. bemüht und zur Entwicklung einer systematischen Ordnung der Erscheinungen (wie Rotationsspektren und Rotationsschwingungsspektren) und ihrer theoretischen Fundierung beigetragen.

Quellen: William Herschel, Investigation of the powers of the prismatic colours to heat and illuminate objects; with remarks, that prove the different refrangibility of radiant heat. In: Philosophical Transactions. Vol. 2, 1800, S. 255 bis 273; Samuel Pierpont Langley, The actinic balance. In: Proceedings of the American Academy. Vol. 16, 1881, S. 342–358; ders., Experimental determination of wave-lenghts in the invisible prismatic spectrum. In: Memoirs of the National American Academy. Vol. 2, 1883, S. 149 bis 162; Heinrich Rubens und Ernest Fox Nichols, Über Wärmestrahlen von großer Wellenlänge. In: Naturwiss. Rundschau. Jg 11, 1896, S. 545–549; Heinrich Rubens, Das ultrarote Spektrum und seine Bedeutung für die Bestätigung der elektro-magnetischen Lichttheorie. In: Sitzungsberichte der Preußischen Akademie der Wissenschaften. Jg 1917, S. 47–63.

Literatur: Hans Kangro, Ultrarotstrahlung bis zur Grenze elektrisch erzeugter Wellen, das Lebenswerk von Heinrich Rubens. In: Annals of Science. Vol. 26, 1970, S. 235–259; Gerda Laski, Ultrarotforschung. In: Ergebnisse der exakten Naturwissenschaften. Bd 3, 1924, S. 86 bis 115; Clemens Schaefer und Frank Matossi, Das ultrarote Spektrum. Berlin 1930; Wilhelm Brügel, Physik und Technik der Ultrarotstrahlen. Hannover 1951. W. E.

Ultraviolettstrahlen. Sogleich nach dem Bekanntwerden von Wilhelm Herschels Entdeckung der → Ultrarotstrahlen wiederholte Johann Wilhelm Ritter diese Versuche. Ritters romantische Naturauffassung verlangte auch am anderen Ende des Spektrums eine unsichtbare Strahlung; diese muß dann nach Ritter in → Analogie zu Elektrizität und Magnetismus, wo es Plus- und Minusmaterie gibt, die entgegengesetzten Eigenschaften der Wärmestrahlung haben.

Ritter erinnerte sich nun an eine Beobachtung Carl Wilhelm Scheeles, daß Hornsilber ($AgCl$) am violetten Ende des Spektrums, nicht aber am roten, schwarz gefärbt wird, und fand durch diese Reduktion im Februar 1801 das ultraviolette Licht, indem nämlich die Schwärzung des Hornsilbers auch über das Ende des Spektrums hinaus zu beobachten war. Diese Ergebnisse fügten sich wunderbar in Ritters Vorstellungswelt: Auch das Licht zeigt eine chemische Wirkung, wie er schon vorher die „Thätigkeit des Galvanismus“ als eine chemische erwiesen hatte. Dabei wirkt violettes Licht reduzierend, rotes aber oxydierend, was Ritter durch Ausbleichen geschwärzten Hornsilbers unter dem Einfluß der Wärmestrahlung (bei gleichzeitiger Anwesenheit von Luft) tatsächlich zeigen konnte. Auch das Licht schließt also nach Ritter in sich – wie die galvanische Kette – einen chemischen Gegensatz.

Quelle: Johann Wilhelm Ritter, Die Begründung der Elektrochemie und Entdeckung der ultravioletten Strahlen (= Ostwalds Klassiker. N. F. Bd 2). Frankfurt 1968, S. 57–73.

Literatur: Armin Hermann, Physik im 19. Jahrhundert. In: Technikgeschichte in Einzeldarstellungen. Nr 16. Düsseldorf 1969, S. 95–116.

V

Vakuum. Die ionischen Naturphilosophen Leukipp und Demokrit lehrten, daß die Welt aus kleinsten Teilchen, Atomen, aufgebaut sei, und mußten mit diesen zugleich die Existenz eines leeren Raumes annehmen. Epikur und Lukrez folgten ihnen; Aristoteles und die Kirchenväter widersprachen, indem sie ihrerseits eine Scheu der Natur vor dem Leeren (horror vacui) postulierten. Mit der „Wiederentdeckung“ der Pneumatik Herons und des Lukrezischen Lehrgedichtes „De rerum natura“ in der Renaissance erwachte das Interesse an diesem Problem aufs neue. Zugleich lieferte die beginnende Naturwissenschaft wichtige Hinweise zu seiner Entscheidung.

Galileo Galilei teilte 1638 in den Discorsi mit, daß eine Saugpumpe nicht imstande ist, Wasser über eine größere Höhendifferenz als 18 Ellen zu heben. Seine Erklärung des Phänomens gründete er auf die vermeintlich analoge Erfahrung, daß lange Drähte unter ihrem Eigengewicht zerreißen.

1644 beschrieb der Galileischüler → Evangelista Torricelli in einem Brief an Michelangelo Ricci seine Beobachtungen mit Quecksilber in einseitig abgeschlossenen Glasröhren und sprach darin klar aus, daß „die Ursache [des Abreißens der Quecksilbersäule] das Gewicht der Luft sei ... [denn] wir leben am Grunde eines Luftmeers“. Torricelli wies durch Auffüllen des freien Raumes über der Quecksilbersäule mit Wasser nach, daß dieser in der Tat leer ist. Zwei Jahre später glaubte Blaise Pascal, die verschiedenen Steighöhen von Wasser und Quecksilber durch deren verschiedenen Dampfdruck erklären zu können; doch überzeugten ihn Versuche mit Wasser und Alkohol und insbesondere die Experimente seines Schwagers Florin Périer am Puy de Dôme 1648 von der Richtigkeit der Ideen Torricellis (→ Barometer).

Etwa zur selben Zeit näherte sich Otto von Guericke dem Problem des leeren Raumes von einer anderen Seite. Ihn bewegte die Frage nach der Beschaffenheit des riesigen kosmischen Raumes zwischen den Sternen, und er suchte sie durch das Experiment zu klären. Mit einer zu einer Saugpumpe umgebauten Handfeuerspritze bemühte sich Guericke zunächst erfolglos, einen leeren Raum in einem ursprünglich mit Wasser gefüllten Faß herzustellen; später gelang es ihm, statt des Wassers aus einem Kupfergefäß die darin enthaltene Luft abzupumpen. Durch Wägen des Gefäßes konnte er den Nachweis führen, daß es tatsächlich evakuiert war und daß die Luft Gewicht hat. 1654 führte Guericke seine Pumpversuche auf dem Reichstag zu Regensburg vor (ohne allerdings solche mit den Magdeburger Halbkugeln zu zeigen – das geschah erst drei Jahre später) und fand bei dieser Gelegenheit die endliche Steighöhe des Wassers in einem leergepumpten Raum, eine Entdekkung, die ihn anschließend zur Erfindung des Barometers führte (Torricelli waren die Druckschwankungen der Luft noch entgangen) und die ihn etwa zehn Jahre nach letzterem zu der gleichen Erkenntnis gelangen ließ, daß nämlich „die Scheu vor dem Leeren irgendeine Schwere der Luft“ ist.

Guerickes Versuche wurden 1657 von den beiden Jesuiten Kaspar Schott und Melchior Cornaeus beschrieben (in deren Mechanica hydraulico-pneumatica bzw. Curriculum philosophiae peripateticae) und gelangten auf diese Weise Robert Boyle zur Kenntnis, der 1659 daran anschließend das nach ihm benannte Gasgesetz fand. Seit 1661 arbeitete Guericke an einer zusammenfassenden Darstellung seiner Versuche über den leeren Raum, die allerdings erst 1672 in Amsterdam unter dem Titel „Experimenta nova (ut vocantur) Magdeburgica de vacuo spatio“

erschien und neben verschiedenen Demonstrationswegen zum Nachweis des Vakuums die experimentellen Hilfsmittel zu seiner Erzeugung ausführlich beschrieb.

Quellen: Galileo Galilei, Unterredungen und mathematische Demonstrationen über zwei neue Wissenszweige ... Neudruck Darmstadt 1964, S. 12–18; Evangelista Torricelli, The barometer. In: William Francis Magie, A source book in physics. Cambridge, Mass. 1965, S. 70–73; Blaise Pascal, Experiments with the barometer. Ebd., S. 73–75; Otto von Guericke, Neue (sogenannte) Magdeburger Versuche über den leeren Raum. Hrsg. Hans Schimank. Düsseldorf 1968, S. 59–139.

Literatur: Carl Ramsauer, Grundversuche der Physik in historischer Darstellung. Berlin, Göttingen, Heidelberg 1953, S. 12–18; Walther Gerlach, Das Vakuum in Geistesgeschichte, Naturwissenschaft und Technik. In: Physikal. Blätter. Jg 23, 1967, S. 97–106; Charles B. Schmitt, Experimental evidence for and against a void: the sixteenth-century arguments. In: Isis. Vol. 58, 1967, S. 352–366. U. H.

Vektor. In seiner n-dimensionalen „Ausdehnungslehre" von 1844 legte Hermann Günther Graßmann eine ebenso gründliche wie schwer lesbare Theorie vor, die bereits die wesentlichen Gedanken einer modernen Vektoranalysis enthielt. Das Werk war, obwohl mit einigen physikalischen Anwendungen versehen, sehr abstrakt gehalten und blieb nahezu unbeachtet, bis 1867 Hermann Hankel in seiner „Theorie der complexen Zahlensysteme" Graßmanns Leistungen würdigte. Im selben Buch stellte Hankel erstmals in deutscher Sprache die Ideen William Rowan Hamiltons dar. Dieser hatte 1843 auf der Suche nach einer Multiplikation für Zahlentripel die Gruppe der Quaternionen entdeckt mit folgender Multiplikation der Einheiten: $\mathbf{i}^2 = \mathbf{j}^2 = \mathbf{k}^2 = -1$ und $\mathbf{ij} = -\mathbf{ji} = \mathbf{k}$. Eine Quaternion q besteht aus einem Skalarteil a und einem Vektorteil $b\mathbf{i} + c\mathbf{j} + d\mathbf{k}$.

Hamilton benutzte schon früh die Symbole ∇ und ∇^2 und veröffentlichte seine Arbeiten 1853 in den „Lectures on Quaternions" sowie 1866 in den „Elements of Quaternions". Er selbst und vor allem sein Schüler Peter Guthrie Tait, der die Integralsätze umformulierte, entwickelten die Quaternionenlehre weiter im Hinblick auf physikalische Anwendungen; jedoch wurden sie von den Physikern nur sehr zögernd aufgenommen – mehr gepriesen als wirklich angewandt. Dies lag sicher mit an Taits Versuch, die alte kartesische Methode radikal zu eliminieren und nur die Quaternionen zuzulassen, die der physikalischen Wirklichkeit nicht angepaßt waren. Daß dies jedoch erreicht werden konnte, wenn man sich auf den vektoriellen Anteil der Quaternionen beschränkte und sie mit kartesischen Koordinaten kombinierte, erkannte James Clerk Maxwell, der sich in seiner „Mathematical Classification of Physical Quantities" (1870) auf Hamilton bezog und skalare von vektoriellen Größen unterschied. Maxwell betonte die im Vektorkalkül erreichte Durchsichtigkeit und Anschaulichkeit der Operationen und stellte diesen Vorteil weit über die nebenbei noch erreichte Verkürzung des Rechengangs. Obwohl er in seinem 1873 erschienenen „Treatise on Electricity and Magnetism" nur beschränkten Gebrauch von seiner am System von Hamilton und Tait entwickelten eigenen Schreibweise machte, war damit die Wende eingeleitet.

Durch Maxwells „Treatise" mit der Quaternionenlehre bekannt geworden, begannen Josiah Willard Gibbs und Oliver Heaviside diese abzuändern und gelangten völlig unabhängig voneinander zu vektoriellen Systemen, die sich bis auf die Notation nahezu gleich waren und praktisch das moderne System der Vektoranalysis darstellten. Gibbs, der sein System am weitesten entwickelt hatte und nach seiner eigenen Feststellung damit in die Nähe des Graßmannschen gerückt war, trug seit 1880 darüber an der Universität Yale vor, während Heaviside durch seine Verbindung der Maxwellschen Theorie mit vektorieller Darstellung große Verbreitung und allgemeine Annahme erreichte, da die Vektoranalysis wie selbstverständlich in die Elektrodynamik mit einging – im Gegensatz zur

Mechanik, zu der die Anwendungen bereits von Graßmann und Hamilton her vorlagen, aber fast gar nicht von den Physikern aufgegriffen worden waren. Nachdem in den Jahren 1890 bis 1894 noch ein heftiger Kampf über die verschiedenen Bezeichnungen entbrannt war, aus dem das Gibbs-Heaviside-System hervorging, wurde der Weg für eine allgemeine Annahme frei.

In Deutschland erschien 1894 die „Einführung in die Maxwellsche Theorie der Elektrizität" von August Föppl, der sich eng an Heaviside angelehnt hatte. Dieses Buch wurde nicht nur in immer neuen Auflagen gedruckt, sondern gab auch zahlreichen Forschern den Anstoß, selbst die Vektorschreibweise zu benutzen. Mit der Aufnahme der Vektoranalysis in die „Encyklopädie der mathematischen Wissenschaften" war ein gewisser Abschluß erreicht.

Quellen: Hermann Günther Graßmann, Gesammelte mathematische und physikalische Werke. Leipzig 1896; William Rowan Hamilton, Lectures on Quaternions. Dublin 1853; ders., Elements of Quaternions. London 1866; Peter Guthrie Tait, Elementary Treatise on Quaternions. Oxford 1867; Hermann Hankel, Theorie der complexen Zahlensysteme. Leipzig 1867; Edwin Bidwell Wilson, Vector Analysis. A text-book for the use of students . . . Founded upon the lectures of Josiah Willard Gibbs. New Haven 1901; Oliver Heaviside, Electromagnetic Theory. New York 1925; ders., Electrical Papers. London 1892; August Föppl, Einführung in die Maxwellsche Theorie der Elektricität. Leipzig 1894.

Literatur: Alexander Macfarlane, Bibliography of quaternions and allied systems of mathematics. Dublin 1904; Michael J. Crowe, A history of vector analysis (mit Literaturverzeichnis). Notre Dame 1967; Florian Cajori, A history of mathematics. New York 1897; ders., The teaching and history of mathematics in the United States. Washington 1890; Felix Klein, Vorlesungen über die Entwicklung der Mathematik im 19. Jahrhundert. Bd 1. Berlin 1926; Friedrich Klemm, Die Rolle der Mathematik in der Technik des 19. Jahrhunderts. In: Technikgeschichte. Bd 33, 1966, S. 72–90. H. S.

Viviani, Vincenzio (* 5. April 1622 in Florenz, † 22. September 1703 ebd.). Als Ingenieur und Mathematiker des Großherzogs der Toskana und Mitglied der Accademia del Cimento verfaßte V. mehrere mathematische Werke. Er war es auch, der 1643 im Auftrage von Torricelli das erste Quecksilberbarometer ausführte.

Besondere Bedeutung hat V. als Schüler Galileis. Mit 17 Jahren war er zu dem blinden Greis gekommen und hatte in den zweieinhalb Jahren, die er bis zu dessen Tode in täglichem Verkehr mit ihm verbrachte, unauslöschliche Eindrücke empfangen. Keine Pflicht stand ihm höher als die, sich dafür dankbar zu erweisen. 1654 verfaßte er die aus den Quellen geschöpfte Lebensbeschreibung seines Lehrers; er hat ihre Veröffentlichung nicht erlebt. Viele Jahre hindurch beschäftigte ihn der Plan einer Gesamtausgabe der Schriften. Ausdauernd sammelte er, was sich finden ließ. Unschätzbar sind die Beiträge, die die Florentiner Sammlung der Galilei-Handschriften seinem Bemühen verdankt. Ohne ihn wären die ungedruckten Schriften und Briefe vernichtet worden, da Galilei von der Kirche verdammt war. V. war der einzige, der ihn damals zu rühmen wagte. Er kaufte ein Haus an der Via Amoris und brachte daran eine Galilei-Büste und Gedächtnistafeln an. In seinem Testament setzte er das Geld für ein würdiges Grabmal aus; es war seine tiefe Überzeugung, daß Galilei an die Seite Michelangelos gehöre. In selbstgewählter Verbannung wollte er bei ihm in der düstern Turmkammer begraben sein.

1717 konnte die Lebensbeschreibung, 1718 eine vervollständigte Werkausgabe erscheinen, und 1737 erfolgte die Überführung der Gebeine Galileis und Vivianis in das vom Testament verfügte neue Grabmal in der Kirche Santa Croce.

Werke: De maximis et minimis geometrica divinatio. Florenz 1659; De locis solidis secunda divinatio geometrica. Florenz 1701; Racconto istorico della vita del Signor Galileo Galilei. In: Salvino Salvini, Fasti Consolari dell'Accademia Fiorentina. Florenz 1717, S. 397–431. Deutsch:

Das Leben Galileo Galileis. Abschnitte aus einer alten deutschen Übersetzung ... In: Ernst Brüche (Hrsg.), Sonne steh still. Mosbach 1964, S. 11–33.

Literatur: Bernard de Fontenelle, Eloges des académiciens. 2 Bde. Haag 1740 (Neudruck Brüssel 1969). Bd 1, S. 29–46; Antonio Favaro, V. V. e la sua „Vita di Galilei". In: Atti del R. Istituto Veneto di scienze. Bd 62, Teil II, S. 683 bis 703; Emil Wohlwill, Galilei und sein Kampf für die Copernicanische Lehre. Bd 2. Leipzig 1926 (Neudruck Wiesbaden 1969), S. 218–244 und 260–297; Edward Rosen, A friend of John Milton: Valerio Chimentelli and his copy of Viviani's „De maximis et minimis". New York 1953. H. B.

Voigt, Woldemar (* 2. September 1850 in Leipzig, † 13. Dezember 1919 in Göttingen). V. studierte Mathematik und Physik in Leipzig (1868–70) und Königsberg (1871–74). Nach einer Dissertation über das elastische Verhalten des Steinsalzes wurde er noch vor Abschluß seines Habilitationsverfahrens 1875 als Extraordinarius nach Königsberg und 1883 nach Göttingen berufen, wo er schließlich Direktor des neu gegründeten Instituts für Theoretische Physik wurde.

V.s Hauptarbeitsgebiet war die Kristallphysik unter besonderer Berücksichtigung elastischer Eigenschaften. Dieser von seinem Königsberger Lehrer Franz Neumann angeregte Forschungsbereich bildete Ausgangspunkt und Ziel der Beschäftigung mit zahlreichen anderen Teilgebieten der Physik. Beispielhaft gelangen ihm Entwicklung und Verifikation der frühen Elastizitätstheorie mit Hilfe umfassender und teilweise neuartiger mathematischer Methoden und hervorragender experimenteller Arbeiten. Im Zusammenhang damit führte er für bestimmte physikalische Funktionen, die – nach seinen eigenen Worten – zu erschöpfender Charakterisierung die Angabe eines Zahlenwertes und einer zweiseitigen Richtung verlangen, den Begriff „Tensor" (abgeleitet von der gleichförmigen Dehnung eines Körpers) ein, widerlegte die von A.-L. Cauchy und S.-D. Poisson aufgestellte sog. „Rarikonstantentheorie" und schlug dafür mit seiner „Multikonstantentheorie" eine allgemeingültige Erklärung beobachtbarer Phänomene vor. Zusammen mit seinen Schülern bestimmte er im Verlauf der Jahre 1876–1919 die Elastizitätskonstanten zahlreicher Kristalle.

Von seinen anderen Untersuchungen sind vor allem die magneto- und elektrooptischen von Bedeutung gewesen. Seine größten Leistungen auf diesem Gebiet vollbrachte er mit der (fast ausschließlich auf seine und seiner Schüler Arbeiten zurückzuführenden) experimentellen wie rechnerischen Erforschung des sog. inversen → Zeemaneffektes und der mathematischen Formulierung des Paschen-Back-Effektes vom D-Linien-Typus (1913), die als einer der exemplarischen Erfolge der phänomenologischen Methode überhaupt gelten kann.

Auch zur Aufklärung rein optischer Erscheinungen wie Absorption, Reflexion, Brechung und Dispersion wurde er durch die Beschäftigung mit Kristallen angeregt. Besonders eingehend befaßte er sich mit der Untersuchung pleochroitischer Kristalle, der Theorie der konischen Refraktion und der Beeinflussung des Lichtes durch optisch aktive Kristalle. In einer dieser optischen Arbeiten finden sich erstmalig (1887) die später als Lorentz-Transformation durch die Spezielle Relativitätstheorie bekanntgewordenen Formeln.

Werke: Elementare Mechanik. Leipzig 1889; Compendium der theoretischen Physik. 2 Bde. Leipzig 1895/96; Die fundamentalen physikalischen Eigenschaften der Kristalle. Leipzig 1898; Thermodynamik. 2 Bde. Leipzig 1903 u. 1904; Magneto- und Elektrooptik. Leipzig 1908; Lehrbuch der Kristallphysik (mit Ausschluß der Kristalloptik). ²Leipzig und Berlin 1928.

Literatur: Arnold Sommerfeld, [Nekrolog]. In: Jahrbuch der Bayer. Akademie der Wissenschaften. Jg 1919. München 1920, S. 38 f.; Carl Runge, W. V. In: Nachrichten der Königlichen Gesellschaft der Wissenschaften zu Göttingen. Geschäftl. Mitteilungen aus dem Jahre 1920. Berlin 1920, S. 46–52; Friedrich Hund, Höhepunkte der Göttinger Physik I. In: Physikal. Blätter.

Jg 25, 1969, S. 145—153; Max Päsler, Einiges aus der Geschichte der Kristallkunde. Ebd. Jg 25, 1969, S. 542—546. J. B.

Volta, Alessandro (* 18. Februar 1745 in Como, † 5. März 1827 ebd.). In der Jesuitenschule in Como studierte V. zunächst Philosophie; sein Hauptinteresse aber galt den Naturwissenschaften, besonders der Physik. Schon als Schüler trat er mit Physikern in Briefwechsel und veröffentlichte 1769 und 1771 seine ersten wissenschaftlichen Arbeiten. V. forschte hauptsächlich in seiner Lieblingswissenschaft, der Elektrizitätslehre. Hier brachte er es zu bahnbrechenden Ergebnissen, die sich kaum mit dem vergleichen lassen, was andere Forscher auf diesem Gebiet erzielt haben. Aber V. war doch nie ein bloßer Spezialist. Eine im Jahre 1860 eingesetzte Kommission zur Ordnung seines wissenschaftlichen Nachlasses teilte das Material in sechs Gruppen:

1. Allgemeine Physik und Mechanik
2. Wärme, Wärmeausdehnung der Gase, Dampfdruck, Verbrennung, „Entflammbare Luft" (= brennbare Gase)
3. Gewöhnliche Elektrizität (Reibungselektrizität)
4. Galvanismus und voltasche Elektrizität
5. Meteorologie, insbesondere elektrische
6. Aufzeichnungen über Reisen; Briefwechsel

Als Anerkennung für die Erfindung des Elektrophors 1775, „einer bewundernswürdigen Vorrichtung, die selbst im kleinsten Raume eine unversiegbare Quelle der elektrischen Flüssigkeit darbietet", wurde er zum ordentlichen Professor an der Mittelschule in Como ernannt. Nach der Entdeckung der Sumpfluft (des heutigen Sumpfgases) stellte V. Versuche über die Entzündung dieses Gases an. Als Folge dieser Experimente entdeckte er die Zusammensetzung von Methan und die Unterscheidung zwischen diesem und Wasserstoff mit Hilfe seines Funkeneudiometers. Es entstanden die elektrische Pistole sowie die elektrische Lampe (eine Art Feuerzeug). V. synthetisierte 1777, mehrere Jahre vor Henry Cavendish, Wasser; da er jedoch noch Anhänger der Phlogistontheorie war, deutete er das Ergebnis falsch.

V. wurde 1779 auf den eigens für ihn eingerichteten Lehrstuhl für Experimentalphysik an der Universität Pavia berufen. Seine Vorlesungen waren so gut besucht, daß bald ein neuer Hörsaal gebaut werden mußte. V. „besaß zwei selten vereinigte Eigenschaften: einen schöpferischen Geist und einen praktischen Sinn". Seine Erfindungen waren keine Zufälle, sondern das Ergebnis von zweckentsprechend angelegten Versuchsreihen, mit denen er es verstand, das jeweils Wesentliche an einer Erscheinung aufzudecken. V. verbesserte das zu seiner Zeit beste Elektrometer; sein Strohhalmelektrometer konnte in Verbindung mit dem ebenfalls von ihm erfundenen Kondensator kleinste Elektrizitätsmengen anzeigen. In einem öffentlichen Brief vom Jahre 1791 finden wir das Gesetz von der konstanten Wärmeausdehnung der Luft. Dieses Gesetz wird gewöhnlich Joseph-Louis Gay-Lussac zugeschrieben, der es elf Jahre später in der allgemeinen, auf alle Gase ausgedehnten Form veröffentlichte.

Nachdem Luigi Galvani seine aufsehenerregende Entdeckung des → Galvanismus 1791 bekanntgegeben hatte, fand V. hier sein eigentliches Arbeitsgebiet. Schon in seinen ersten Publikationen 1792 beseitigte V. unrichtige Vorstellungen → Galvanis und gab klare Bedingungen für das Zustandekommen einer galvanischen Aktion an. V. erkannte, daß die tierischen Organe wie Froschschenkel oder die menschliche Zunge hier als Anzeigeinstrumente wirken. Notwendig sind zwei Leiter 1. Klasse (Metalle) und ein Leiter 2. Klasse (Elektrolyt) oder umgekehrt ein Leiter 1. und zwei Leiter 2. Klasse.

Ein wesentlicher Schritt war im Jahre 1800 die Erfindung der → Voltaschen Säule. Mit diesem seinem größten Werk schenkte er der Menschheit die erste brauchbare Spannungsquelle, die dauernd elektrischen Strom lieferte. Dieses neue Gerät erweckte in der damaligen wissenschaftlichen Welt ungeheures

Interesse. Augusto Righi bemerkt hierzu: Wissenschaft und Technik hatten nunmehr nicht nur eine augenblickliche Entladung eines Kondensators zur Verfügung, sondern eine fortdauernde Entladung, als sollte sich der Kondensator nie entleeren. François Arago schrieb: „Diese anscheinend träge Masse, diese wunderliche Zusammenstellung, diese Säule von so vielen Paaren ungleicher, durch etwas Flüssigkeit getrennter Metalle ... [ist] das wunderbarste Instrument, welches die Menschen jemals erfunden haben, das Fernrohr und die Dampfmaschine nicht ausgenommen.“

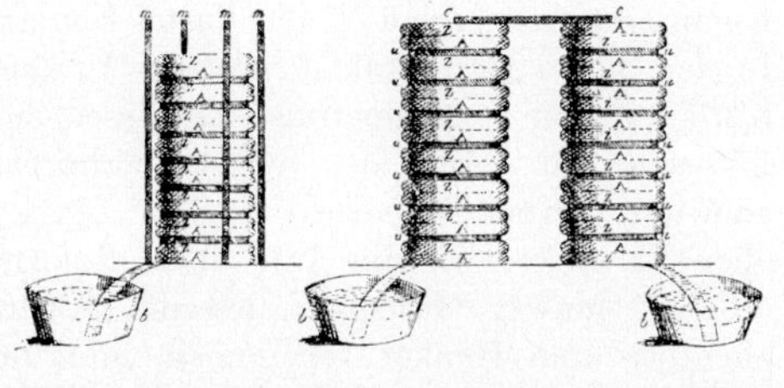

Abb. 54. Voltasche Säule. In: Philosophical Transactions. London 1800 (aus: Le opere di A. V.)

Schon in jungen Jahren war V. mit Amtsgeschäften überhäuft. Arago, wohl sein größter Biograph, schrieb, daß V. erst im Jahre 1777 die malerischen Ufer des Comer Sees verließ, um eine ausgedehnte Reise durch die Schweiz und Frankreich zu unternehmen. Hier wie bei seinen späteren Reisen ging es V. in erster Linie darum, mit bedeutenden Wissenschaftlern in Gedankenaustausch zu treten und für sein Institut nach neuen und besseren Apparaten Ausschau zu halten. 1781 bis 1782 bereiste er weite Gebiete Europas. Er teilte den namhaftesten Physikern seine Entdeckungen mit und führte seine Geräte vor. 1784 verweilte V. bei Georg Christoph Lichtenberg, um mit ihm über Luftelektrizität und die Theorie des elektrischen Fluidums zu diskutieren. (V. war Anhänger der unitarischen, Lichtenberg der dualistischen Theorie.) Die triumphalste Reise war die nach Paris im Jahre 1801, wo er vor dem Institut de France in Gegenwart von Napoleon seine Experimente vorführte. Auf dessen Vorschlag wurde für V. gegen die Satzung eine goldene Münze geprägt. Er wurde zum auswärtigen Mitglied gewählt, erhielt ein großes Geldgeschenk und eine Lebensrente. Napoleon ernannte ihn zum Grafen und Senator des lombardischen Königreiches. In späteren Jahren war V. in seiner imponierenden Persönlichkeit der bewunderte und verehrte Altmeister. „Er ist vollendet, einer Statue gleich“, schrieb Ritter nach einem Besuch in Como. Fast alle Akademien Europas wählten ihn zum Mitglied; ein bleibendes Denkmal setzte ihm die Wissenschaft, indem sie die Einheit der Spannung mit Volt bezeichnete.

Werke: Briefe über thierische Elektricität (= Ostwalds Klassiker. Nr 114). Leipzig 1900; Galvanismus und Entstehung des Säulenapparates (= Ostwalds Klassiker. Nr 118). Leipzig 1900; Le opere di Alessandro Volta. Edizione nazionale. 7 Bde. Milano 1918–1929; Epistolario. Edizione nazionale. Bisher 6 Bde. Bologna 1949–1966.

Literatur: François Arago, V. In: Franz Arago's sämmtliche Werke. Bd 1. Leipzig 1854, S. 149–190; Rupert Schmid, V. In: Natur und Kultur. Jg 24, 1927, S. 363–367; Valeria Broglia, A. V. und die Chemie. In: Chemiker-Zeitung/Chemische Apparatur. Jg 90, 1966, S. 628 bis 640; Anacleto Verrecchia, Lichtenberg und V. In: Sudhoffs Archiv. Bd 51, 1967, S. 349 bis 360. K. H.

Voltaire, eigentl. **François-Marie Arouet** (* 21. November 1694 in Paris, † 30. Mai 1778 ebd.). Von 1704 bis 1711 besuchte V., dessen Vater ein wohlhabender Pariser Notar war, das von den Jesuiten geführte Lycée Louis-le-Grand. 1717 wurde er beschuldigt, in satirischen Gedichten den Regenten beleidigt zu haben; dieses Vergehen büßte er durch eine einjährige Gefangenschaft in der Bastille. 1726 wurde er nach einem Streit mit dem Marschall de Rohan-Chabot erneut eingesperrt und nur unter der Bedingung, nach England ins Exil zu gehen, wieder entlassen.

Der Aufenthalt in England (1726–1729) hatte großen Einfluß auf V.s weitere Entwicklung. Hier lernte er die Philosophie Lockes und die Physik Newtons kennen. Die Eindrücke seines Englandaufenthaltes faßte er 1734 in den „Lettres philosophiques" zusammen; hier stellte er zum erstenmal dem Cartesianismus die Lehre Newtons gegenüber (so in den Briefen „Sur Descartes et Newton", „Sur le système de l'attraction", „Sur l'optique de M. Newton"). Seit 1734 lebte V. in Cirey auf dem Schloß seiner Geliebten → Gabrielle-Emilie du Châtelet. Während sie Newtons „Principia" ins Französische übersetzte, schrieb er die „Elémens de la Philosophie de Neuton". In diesem Werk, einem Vorläufer der modernen populärwissenschaftlichen Literatur, beschrieb V. in einer allen Gebildeten verständlichen Sprache Newtons Entdeckungen in Optik und Astronomie. Er erreichte damit, daß der empirische Rationalismus auch in Frankreich, wo bisher nur die Lehre von → Descartes gegolten hatte, Anerkennung fand. Auch dadurch, daß die „Elémens" in Paris nicht gedruckt werden durften (das Buch erschien 1738 in Amsterdam), konnte die Verbreitung der neuen Gedanken nicht verhindert werden.

Bis zum Tode seiner gelehrten Freundin lebte V. in Cirey, wo er sich hauptsächlich naturwissenschaftlichen Studien widmete. Neben theoretischen Arbeiten (Teilnahme an einer Preisaufgabe der Pariser Akademie über Wesen und Fortpflanzung der Wärme) führte er eigene Versuche durch. Er zeigte z. B., daß Totalreflexion im Prisma auch dann beobachtet werden kann, wenn sich das Glas im Vakuum befindet, und widerlegte durch seine Experimente die damals verbreitete Ansicht, Wärme habe ein meßbares Gewicht und strebe stets nach oben. Seine Untersuchungen führten ihn fast bis zur Entdeckung der Materialabhängigkeit der Wärmekapazität.

V.s Haltung zu den umstrittenen naturwissenschaftlichen Fragen seiner Zeit ist nicht einheitlich. Wie → Jean le Rond d'Alembert lehnte er das Energieprinzip und die Existenz unteilbarer Atome zunächst als durch die Erfahrung nicht beweisbare Hypothesen ab, während er später im „Dictionnaire philosophique" (1764) einräumt: „Il n'est pas démontré en rigueur que l'atome soit indivisible, mais il paraît prouvé qu'il est indivisé par les lois de la nature."

Von 1750 bis 1753 lebte V. in Potsdam am Hof Friedrichs des Großen. Als Pierre Moreau de Maupertuis zur Durchsetzung seiner vermeintlichen Prioritätsansprüche in der Begründung des Prinzips der kleinsten Aktion (→ Minimalprinzipien) die ihm als Präsidenten der Preußischen Akademie zur Verfügung stehenden Machtmittel gegen Samuel König einsetzte, ergriff V. die Partei Königs. In der Satire „Dr. Akakia" entwarf V. eine Karikatur von → Maupertuis, die diesen der Lächerlichkeit preisgab. Selbst höchlichst amüsiert, verbot Friedrich II. den Druck; aber V. setzte sich mit List über die Anordnung hinweg. Friedrich ließ die Schrift öffentlich vom Henker verbrennen, und die nun zwischen ihm und V. eintretende Verstimmung führte zur Abreise V.s, nicht ohne aufsehenerregende Komplikationen. V. ließ sich in Genf nieder, wo er, durch seine literarische Produktion und Börsenspekulationen reich geworden, mehrere Grundstücke erwarb. Als Alterssitz wählte er Schloß Ferney, vor den Toren Genfs, aber auf französischem Gebiet.

Unter dem Eindruck des Erdbebens, das Lissabon 1755 total zerstörte, rückte V. vom metaphysischen Optimismus der Aufklärung, wie ihn Leibniz vertreten hatte, ab („Poème sur le désastre de Lisbonne") und machte sich über die „beste aller Welten" lustig („Candide"). Charakteristisch für sein gesamtes Werk ist sein ständiger Kampf für Toleranz und Gerechtigkeit, gegen Despotismus und Tyrannei. Mehrfach setzte er sich persönlich für die Rehabilitierung unschuldig Verurteilter ein. V. trug wohl mehr als alle anderen Philosophen der Aufklärung dazu bei, die überlieferte Autorität auf kirchlichem, staatlichem und literarischem Gebiet zu erschüttern und so der Revolution von 1789 den Weg zu bahnen.

Werke: Oeuvres complètes de V. Hrsg. Louis Moland. 52 Bde. Paris 1877–1882; die wichtigsten Schriften: Histoire de Charles XII. Basel 1732; Lettres philosophiques. Amsterdam 1734; Elémens de la Philosophie de Neuton. Amsterdam 1738; La métaphysique de Newton ou parallèle des sentiments de Newton et de Leibniz. Amsterdam 1740; Zadig. Nancy 1748; Le siècle de Louis XIV. Berlin 1751; Diatribe du Docteur Akakia. Potsdam 1752; Poème sur le désastre de Lisbonne. Paris 1756; La Pucelle. Frankfurt 1755; Candide. Genf 1759; Dictionnaire philosophique. London 1764.

Literatur: Guillaume Picot, La vie de V. Paris 1967; Theodore Besterman, V. London 1969; Emil Du Bois-Reymond, V. als Naturforscher. In: Ders., Reden. Bd 1. Leipzig 1886, S. 1–32; Margaret Sherwood Libby, The Attitude of V. to Magic and the Sciences. New York 1966; Gavin de Beer, V. et les Sciences Naturelles. In: The Age of the Enlightenment. Studies presented to Theodore Besterman. London 1967, S. 35 bis 50; Hans Schimank, Stand und Entwicklung der Naturwissenschaften im Zeitalter der Aufklärung. In: Lessing und die Zeit der Aufklärung. Göttingen 1968, S. 30–76.

Bibliographie: Georges Bengesco, V. Bibliographie de ses œuvres. Paris 1882–1890.

A. Kl.

Voltasche Säule. Die Konstruktion der „Batterie" oder „Säule" durch Alessandro Volta Ende 1799 stellte nach damaligem Sprachgebrauch einen verbesserten → Elektromotor dar und gab einen neuen Anstoß zur weiteren und schnelleren Erforschung des → Galvanismus. Am 20. März 1800 teilte Volta seine Erfindung in einem berühmten, an den Präsidenten der Royal Society, Sir Joseph Banks, gerichteten Brief mit: „Der Apparat, von dem ich rede, und welcher Sie zweifellos in Erstaunen versetzen wird, ist nichts, als die Anordnung einer Anzahl von guten Leitern verschiedener Art, die in bestimmter Weise auf einander folgen. Dreißig, vierzig, sechzig oder mehr Stücke von Kupfer oder besser Silber, von denen jedes auf ein Stück Zinn, oder viel besser Zink gelegt ist, und eine gleich große Anzahl von Schichten Wasser oder irgend einer anderen Flüssigkeit, welche besser leitet, als gewöhnliches Wasser, wie Salzwasser, Lauge usw., oder Stücke von Pappe, Leder usw., die mit diesen Flüssigkeiten gut durchtränkt sind, diese Stücke zwischen jedes Paar oder jede Verbindung von zwei verschiedenen Metallen geschaltet: eine derartige Wechselfolge in stets gleicher Ordnung der drei Arten von Leitern, das ist alles, woraus mein neues Instrument besteht."

Das von Volta erstmalig beschriebene fortgesetzte und regelmäßige Aufeinanderschichten von Zinkplatten, feuchten Pappscheiben und Silberstücken bedeutete, modern ausgedrückt, die Hintereinanderschaltung von einzelnen Stromquellen. Während man es bislang nur mit galvanischen Spannungen um und unter 1 Volt zu tun gehabt hatte, kam man jetzt leicht auf einige hundert Volt. Die V. S. wurde sofort nach Bekanntwerden von vielen Naturforschern in allen Kulturländern nachgebaut.

Volta war der Auffassung, daß das elektrische Fluidum in der Säule durch den „bloßen Kontakt" der beiden Metalle in Bewegung gesetzt werde. Die auf → Johann Wilhelm Ritter 1799 zurückgehende elektrochemische Theorie konnte gegen die Voltasche Kontakttheorie nicht aufkommen, obwohl diese auf die Behauptung hinauslief, daß die V. S. ein Perpetuum mobile darstellt. Darauf hat Michael Faraday 1839 nachdrücklich hingewiesen. Die elektrochemische Theorie konnte sich aber erst nach Aufstellung des Energieprinzips durchsetzen.

Quellen: Alessandro Volta, Untersuchungen über den Galvanismus (= Ostwalds Klassiker. Nr 118). Leipzig 1900.

Literatur: Wilhelm Ostwald, Elektrochemie. Ihre Geschichte und Lehre. Leipzig 1896; Fritz Fraunberger, Vom Frosch zum Dynamo. Köln 1965; Hans Schimank, Die Erfindung der V. S. In: Elektrotechnische Zeitschrift. Jg 71, 1950, S. 156–160.

Voltasches Spannungsgesetz. Nach Erfindung der → Voltaschen Säule bildete die zugehörige Theorie das umworbenste Problem physikalischer Forschung. Um eine Lösung bemühten sich u. a. Paul Erman, Christoph Heinrich Pfaff, Johann Wilhelm Ritter und Alessandro Volta. Voltas Abhandlungen, im November und Dezember 1801 vor dem französischen National-Institut vorgetragen, waren mit zahlreichen Mängeln behaftet. Ritters Theorie vom Mai 1801 kam nicht nur mehrere Monate früher als Voltas Vorlesung, sie war auch weit überlegen. Ritters Ausführungen fanden nicht die gebührende Beachtung. Ursache dafür war, daß Ritter sehr jung war und deshalb sein Name gegenüber einem Volta wenig zählte; Ursache war aber vor allem, daß Ritter bei seinen deutschen Fachkollegen schon damals als Außenseiter abgestempelt war, der zwar gute experimentelle Ergebnisse beibrachte, dessen Hypothesen aber als phantastisch galten. So beachteten die Zeitgenossen praktisch nur Voltas Ausführungen, und noch heute spricht man vom „Voltaschen Spannungsgesetz". In Wirklichkeit war der Entdecker Johann Wilhelm Ritter.

Man kann beim einfachsten galvanischen Kreis, sagte Ritter, gedanklich entweder zwischen dem Silber und dem Zink trennen und hat dann SwZ, oder man kann in der Mitte des Wassers trennen und hat dann wSZw als formale Abbildung der „SilberZinkAction". Ritter wählte aus Bequemlichkeitsgründen die zweite Möglichkeit und ließ in der Bezeichnung der Kette das Symbol w (für Wasser) weg. Er schrieb also für die galvanische „SilberZinkAction" SZ. Ritter betrachtete nun andere „Actionen" (wir würden heute „Spannungen" sagen), z. B. GZ, d. h. aus den Metallen Gold (G) und Zink (Z) gebildet. Wesentlich ist, daß Ritter in allen Fällen gleichartige Elektrolyte heranzieht und nun als heute sog. V. S. aussprechen kann: $GS + SZ + ZG = 0$.

Quelle: Johann Wilhelm Ritter, Die Begründung der Elektrochemie... (= Ostwalds Klassiker. Neue Folge. Bd 2). Frankfurt 1968, S. 74 bis 81 (hier weitere Quellen und Literaturangaben).

Literatur: Edmund Hoppe, Zur Geschichte des V. S. In: Elektrotechnische Zeitschrift. Jg 9, 1888, S. 36–38.

Voltmeter: → Elektroskop, → Galvanometer.

W

Waals, Johannes Diderik van der (* 23. November 1837 in Leiden, † 8. März 1923 in Amsterdam). Nach dem Studium in seiner Heimatstadt Leiden war v. d. W. Physiklehrer an den Höheren Bürgerschulen in Deventer und in Den Haag. 1873 schrieb er seine Dissertation „Über die Kontinuität des gasförmigen und flüssigen Zustandes", welche die nach ihm benannte Zustandsgleichung enthält. Er berücksichtigte dabei das Eigenvolumen und die gegenseitige Anziehung der Moleküle. Die Aufstellung der Zustandsgleichung war seine erste große Leistung, und die Verbesserung dieser Gleichung wurde zu seiner Lebensaufgabe. Sie setzte die Physiker in die Lage, die Bedeutung der kritischen Erscheinungen und die Abweichungen vom Boyle-Mariotteschen Gesetz zu erklären.

Bereits 1874 schrieb Maxwell in der Zeitschrift Nature, „daß kein Zweifel bestehen kann, daß der Name van der Waals' bald unter den ersten in der Molekularphysik sein wird". 1877 wurde v. d. W. Professor der Physik an der neugegründeten Universität in Amsterdam. 1880 gelang ihm seine zweite große Entdeckung; er fand das Prinzip der übereinstimmenden Zustände, welches besagt, daß sich die Verhaltensweisen aller Substanzen in gleicher Weise mathematisch beschreiben lassen, wenn man ihre Zustandsgrößen Druck, Volumen und Temperatur auf die kritischen Daten bezieht. Dieses Prinzip führte zur Verflüssigung des Wasserstoffs (James Dewar 1898) und des Heliums (Heike Kamerlingh Onnes 1908).

Aus dem Jahre 1889 stammt v. d. W.' dritte große Leistung, die Theorie der binären Gemische. Auch hier brachte er Gesetz und Ordnung in die Mannigfaltigkeit der Erscheinungen. Aus der Fülle der weiteren Arbeiten ragen „die thermodynamische Theorie der Kapillarität in der Voraussetzung stetiger Dichteänderung" und die Theorie der „Scheinassoziation" eines Molekülkonglomerates hervor.

Werke: Die Continuität des gasförmigen und flüssigen Zustandes. 2 Bde. Leipzig 1899–1900; Lehrbuch der Thermodynamik. 2 Bde. Leipzig 1908–1912; Die Zustandsgleichung (= Nobelvortrag). Leipzig 1911.

Literatur: Johannes Jacob van Laar, J. D. v. d. W., ein Lebensabriß. Leipzig 1900; Pieter Zeeman, J. D. v. d. W. zu seinem 80. Geburtstage. In: Die Naturwissenschaften. Jg 5, 1917, S. 701–703; Pieter Zeeman, Prof. Dr. J. D. v. d. W. In memoriam. In: Physica. Jg 3, 1923, S. 101–113; Heike Kamerlingh Onnes, Obituary. Prof. J. D. v. d. W. In: Nature. Vol. 111, 1923, S. 609 f.; James Hopwood Jeans, V. d. W. memorial lecture. In: Journal of the Chemical Society. Vol. 32, 1923, S. 3398–3414. P. B.

Warburg, Emil (* 9. März 1846 in Altona, † 28. Juli 1931 in Grunau bei Bayreuth). Nach vierjährigem Studium in Heidelberg bei Robert Bunsen, Hermann Helmholtz und Gustav Kirchhoff und in Berlin bei Gustav Magnus promovierte W. 1867 mit einer akustischen Arbeit bei Magnus. Im Jahre 1870 erfolgte die Habilitation ebenfalls in Berlin. Zwei Jahre später, 1872, wurde W. als Extraordinarius für Physik nach Straßburg berufen.

In Straßburg gelang ihm mit August Kundt der Nachweis, daß einatomige Gase tatsächlich den von der kinetischen Gastheorie vorhergesagten Wert der Atomwärme besitzen. Mit Kundt untersuchte W. auch die Reibung und Wärmeleitung von Gasen bei solchen Verdünnungen, daß die mittlere freie Weglänge der Moleküle mit den Gefäßdimensionen vergleichbar wird. Ihre und die später unter Warburgs Leitung von Marian v. Smoluchowski und Ernst Gehrcke durchgeführten Messungen bestätigten die von ihnen aus der kinetischen Gastheorie gezogenen Schlüsse: „Es war das erste Mal, daß auf Grund der molekularen Theorie der Wärme ein neues Phänomen vorausgesagt worden war, und zwar ein Phänomen, dessen Darstellung auf Grund der kontinuierlichen Auffassung der Materie so gut wie ausgeschlossen war", stellte später Albert Einstein fest.

Schon 1876 wurde W. Ordinarius für Physik in Freiburg. Hier entdeckte er 1880 die Hysteresis bei ferromagnetischen Stoffen und berechnete die auftretenden Wärmeverluste aus der Hysteresisschleife. Diese Entdekkung gewann für die Elektrotechnik außerordentliche Bedeutung. In Freiburg wandte er sich auch seit 1887 dem Elektrizitätsdurchgang durch Gase zu und lieferte mit seinen Untersuchungen zur galvanischen Polarisation erste Beiträge zur physikalischen Chemie.

Nach dem Tode Kundts wurde W. 1895 dessen Nachfolger in Berlin. Er widmete sich nun vor allem erfolgreich dem neuen Gebiet der → Photochemie. Seit 1896 untersuchte er Funkenentladungen, dann Spitzenentladungen und die dabei auftretende Ozonbildung

(1900). Daneben wurden um 1902 Messungen zum Durchgang von Kathodenstrahlen durch Metalle ausgeführt und solche zur galvanischen Polarisation fortgesetzt. Im Jahre 1905 übernahm W. als Nachfolger Friedrich Kohlrauschs die Leitung der Physikalisch-Technischen Reichsanstalt, die in den folgenden Jahren einen wesentlichen Ausbau erfuhr. Mit seinen Arbeiten zum photochemischen Energieumsatz wurde er zum Mitbegründer einer quantitativen Photochemie; so bestätigte W. Einsteins Hypothese der quantenhaften Lichtabsorption. Er widmete sich aber auch den speziellen Aufgaben der Anstalt und ließ in mehrjähriger Arbeit die Konstanten des → Planckschen Strahlungsgesetzes bestimmen. 1922 legte er sein Amt nieder, ohne seine wissenschaftliche Tätigkeit auf dem Gebiet der Photochemie abzubrechen.

Als Schüler Magnus' war W. ein ausgesprochener Experimentalphysiker. Seiner Schule entstammen eine Reihe bedeutender Forscher, z. B. James Franck, Eduard Grüneisen, Ernst Gehrcke, Robert Pohl, Erich Regener, Clemens Schaefer und Marian v. Smoluchowski.

Werke: Lehrbuch der Experimentalphysik. Tübingen 1893; Über die stille Entladung in Gasen. In: Handbuch der Physik. Bd 14. Berlin 1927, S. 149–170; Funkenentladung. Ebd., S. 354–390; Photochemie. In: Handbuch der Experimentalphysik. Bd 18. Leipzig 1928, S. 619 bis 657.

Literatur: Ernst Gehrcke, W. als Physiker. In: Zeitschrift für technische Physik. Jg 3, 1922, S. 186–192 (mit Bibliographie); Albert Einstein, E. W. als Forscher. In: Die Naturwissenschaften. Jg 10, 1922, S. 823–828 (mit Bibliographie); Eduard Grüneisen, E. W. zum 80. Geburtstage. In: Die Naturwissenschaften. Jg 14, 1926, S. 203–207. S. R.

Wärme. Bis zum Ende des 18. Jh.s hatte die Lehre von der Wärme mit großen begrifflichen Schwierigkeiten zu kämpfen. Zur Verwirrung trug bis dahin besonders die Einbeziehung des Feuers und damit der Phlogistontheorie in die Wärmelehre bei. Mit dem Begriff war die Erklärung der Natur der Wärme problematisch. Sie wurde als Wärmestoff, als Bewegung kleiner Teilchen des Wärmestoffes oder als Bewegung der kleinsten Teilchen der ponderablen Materie aufgefaßt.

Trotz der Einführung des Thermometers in die experimentelle Wärmelehre zu Beginn des 18. Jh.s, die die Unterscheidung von Wärmegrad, Wärmemenge und Wärmekapazität ermöglichte, und trotz Lavoisiers neuer Lehre von der Verbrennung (1774), die das Ende der Phlogistontheorie bedeutete, konnte die Frage nach dem Wesen der Wärme nicht beantwortet werden. Viele experimentelle Befunde schienen zunächst eher die Stofftheorie der Wärme zu stützen. So sprach die Tatsache, daß verschieden temperierte Körper bei Berührung Wärme austauschen, für die Annahme eines Stoffes, der vom wärmeren zum kälteren Körper überfließt. Den Wärmeumsatz bei Phasenumwandlungen verstand man als Aufnahme oder Abgabe einer bestimmten Wärmestoffmenge. Die latente Wärme, z. B. die Entstehung von Verdampfungs- und Kondensationswärme, legte dabei besonders die Vorstellung des Unzerstörbaren, Substantiellen, nahe.

Da die Stofftheorie z. T. auch mit der Annahme kleiner, sich abstoßender Wärmeteilchen verknüpft war, im Gegensatz zu den sich anziehenden Körperatomen, konnte man ganz im Sinne Newtons die Wärmephänomene mechanisch deuten. Die Wärmeausdehnung der Körper und Gase erklärte sich so aus den abstoßenden Kräften des aufgenommenen Wärmestoffes. Die einer stofflichen Auffassung der W. scheinbar direkt widersprechende Gewichtslosigkeit konnte die Stofftheorie nicht wesentlich erschüttern, hatte man sich doch mit der Elektrizität, dem Magnetismus und dem Licht ebenfalls an → Imponderabilien gewöhnt.

Das Phänomen der Reibungswärme konnte mit der Stofftheorie jedoch nicht erklärt werden. Graf Rumfords Kanonenbohrversuche und Humphry Davys Reibungsversuche mit Eis ließen an der Annahme, daß durch Reibung Wärmestoff aus den Körpern ausgetrieben werde, starke Zweifel aufkommen und legten als Erklärung eine Bewegung der kleinsten Materiebausteine nahe. Die Ausdehnung des Satzes von der Erhaltung der → Energie von der Mechanik auf die ganze Physik, insbesondere auf die Wärmelehre durch Julius Robert Mayer und Hermann von Helmholtz, und James Prescott Joules experimentelle Arbeiten zur Äquivalenz von Wärme und Arbeit um 1850 brachten dann die Vorstellung einer unzerstörbaren, nicht zu erzeugenden Substanz zu Fall. Die Wärme war nun als Energie begrifflich und phänomenologisch verstanden. Die beiden Hauptsätze und die Definition der → Temperatur auf Grund der aufgenommenen und abgegebenen Wärmemengen beim Carnotprozeß leiteten in den folgenden zwei Jahrzehnten die Entwicklung der modernen → Thermodynamik ein. Mit der Atomistik, wie sie August Karl Krönig (1856) und Rudolf Clausius (1857) in der kinetischen Gastheorie benutzten, begann sich auch die kinetische Erklärung der Natur der Wärme durchzusetzen. Obwohl die Atomistik wesentlich zur Überwindung der Stofftheorie beigetragen hatte und im Einklang mit den beiden Hauptsätzen stand, mußte sie noch am Ende des 19. Jh.s den Widerstand des → Positivismus über sich ergehen lassen.

Quellen: James Prescott Joule, The Scientific Papers. Vol. I. Neudruck London 1963; Daniel Bernoulli, Hydrodynamik. Straßburg 1738. Dt. Übersetzung v. Karl Flierl (= Veröffentlichungen des Deutschen Museums. Reihe C. Nr 1 a u. 1 b). München 1965; Antoine Laurent Lavoisier und Pierre Simon Laplace, Zwei Abhandlungen über die Wärme (= Ostwalds Klassiker. Nr 40). Leipzig 1892.

Literatur: Grete Ronge, Zur Geschichte der kinetischen Wärmetheorie mit biographischen Notizen zu August Karl Krönig. In: Gesnerus. Jg 18, 1961, S. 45–70; dies., Die Züricher Jahre des Physikers Rudolf Clausius. In: Gesnerus. Jg 12, 1955, S. 73–108; Hans Schimank, Epochen der Naturforschung. ²München 1964, S. 124 bis 135, 154–166; ders., Stand und Entwicklung der Naturwissenschaften im Zeitalter der Aufklärung. In: Lessing und die Zeit der Aufklärung. Göttingen 1968, S. 30–76; Stephen G. Brush, Kinetic theory. 3 Bde. Oxford und New York 1965–1971.

W. K.

Wärme, spezifische. Im Jahre 1750 stellte Georg Wilhelm Richmann das Gesetz auf: Mischt man zwei Massen m und m′ gleichartiger Substanz mit den Temperaturen T und T′, so ergibt sich eine Mischungstemperatur von $\tau = (mT + m'T')/(m + m')$. Johann Carl Wilke untersuchte den Wärmeausgleich von Metallen und anderen Substanzen mit Wasser; er definierte dabei als „Wasserwert“ diejenige Masse des Metalles, die gemäß dem Richmannschen Gesetz zur gemessenen Mischungstemperatur führt.

Nachdem die ersten Atomgewichtsbestimmungen durchgeführt worden waren, fanden Pierre-Louis Dulong und Alexis-Thérèse Petit 1819 das nach ihnen benannte Gesetz: Bei allen Elementen ist das Produkt von spezifischer Wärme und Atomgewicht konstant. Die Erklärung lieferte der Gleichverteilungssatz der kinetischen Wärmetheorie.

1842 erkannte → Julius Robert Mayer, daß für ideale Gase die Differenz der spezifischen Wärmen – bei konstantem Druck und bei konstantem Volumen – ein Maß für die äußere Arbeit darstellt, und errechnete daraus erstmalig das mechanische Wärmeäquivalent.

Das Dulong-Petitsche Gesetz bewährte sich nur für einige Elemente; immer häufiger wurden Abweichungen, zumal bei tieferen Temperaturen, bekannt. Außerdem zeigten die spektralanalytischen Beobachtungen, daß ein Atom eine Vielfalt von Linien emittiert, wobei jede nach Auffassung der klassischen Physik einem Freiheitsgrad der inneren Schwingungen entsprechen sollte. In der spezifischen Wärme machten sich aber, was als rätselhaft vermerkt wurde, diese Freiheitsgrade nicht geltend. Diese Schwierigkeit nannte Lord Kelvin eine der „19th century clouds“ in der Physik.

Ende 1906 erkannte Albert Einstein, daß die von Planck bei der Ableitung des Strahlungsgesetzes für die mittlere Energie des linearen Oszillators aufgestellte und erstmals 1906 publizierte Formel

$$U = \frac{h\nu}{e^{\frac{h\nu}{kT}} - 1}$$

dem Äquipartitionsprinzip der klassischen Physik widerspricht: „Wenn die Plancksche Theorie der Strahlung den Kern der Sache trifft, so müssen wir erwarten, auch auf anderen Gebieten der Wärmetheorie Widersprüche zwischen der gegenwärtigen molekularkinetischen Theorie und der Erfahrung zu finden."

Während die bisherigen Erklärungsversuche für die Abweichungen vom Dulong-Petitschen Gesetz gänzlich unbefriedigend waren, zeigt die Plancksche Formel in einfacher Weise eine Temperaturabhängigkeit. Um die spezifische Wärme zu erhalten, hat man einfach nach T zu differenzieren. Geht man mit Einstein zu drei Freiheitsgraden und N Atomen über, erhält man für die Molwärme:

$$C = 3\,R\,\frac{e^{\frac{h\nu}{kT}} \cdot \left(\frac{h\nu}{kT}\right)^2}{\left(e^{\frac{h\nu}{kT}} - 1\right)^2}$$

Einstein wußte nun sehr wohl, daß die richtige Formel durch Summation über alle vorhandenen „Eigenschwingungen" zustandekommt; aber er vermochte diese nicht anzugeben. Trotzdem lassen sich schon aus dem einfachen Ausdruck wichtige Folgerungen ziehen. So erkannte Einstein, daß die verschiedenen Eigenschwingungen je nach der Größe der betreffenden Frequenz ν zur spezifischen Wärme beitragen oder nicht beitragen. Bei einer bestimmten Temperatur sind manche Schwingungen für die spezifische Wärme gleichsam inaktiv. Beim Übergang zu immer tieferen Temperaturen werden weitere Schwingungsformen inaktiv, was dem später sogenannten „Einfrieren von Freiheitsgraden" entspricht. Da Einstein über das Spektrum der tatsächlich vorhandenen Frequenzen noch keine Aussage machen konnte, beschränkte er sich auf den Fall einer einzigen Eigenschwingung. Ausdrücklich kennzeichnete er dieses Vorgehen als eine „rohe Annäherung" und wies damit den Weg zu einer genaueren Behandlung.

Für die Entwicklung der Quantentheorie war es sehr wichtig, daß sich Walther Nernst im Zusammenhang mit der Prüfung seines Wärmetheorems etwa gleichzeitig mit Einstein für das Verhalten der spezifischen Wärme bei tiefen Temperaturen interessierte. Nernst hatte mit den Mitteln seines großen Berliner Institutes die Messungen längst in Angriff genommen, als er Ende 1909 oder Anfang 1910 auf Einsteins Theorie aufmerksam wurde. Im März 1910 begab sich Nernst nach Zürich, um mit Einstein zu diskutieren, worüber dieser an seinen Freund Johann Jacob Laub berichtete: „Die Quantentheorie steht mir fest. Meine Voraussagen in betreff der spezifischen Wärmen scheinen sich glänzend zu bestätigen. Nernst, der eben bei mir war, und Rubens sind eifrig mit der experimentellen Prüfung beschäftigt, so daß man bald darüber orientiert sein wird."

Um diese Zeit wurde auch Nernst von der Quantentheorie überzeugt, was für die weitere Entwicklung wichtige Konsequenzen hatte. Die von einer ganz anderen Fragestellung her begonnenen Messungen über das Verhalten der spezifischen Wärme bei tiefen Temperaturen wurden nun mit allem Nachdruck fortgeführt. Hier war das Ergebnis zunächst, daß „der von der Einsteinschen Theorie vorhergesehene Abfall der spezifischen Wärme bei sehr tiefen Temperaturen [wirklich] stattfindet".

Neben der Wärmestrahlung besaß man nun ein zweites Gebiet experimenteller Erfahrung, das mit Hilfe der Quantenhypothese – und nur mit dieser – theoretisch verstanden werden konnte. „Es wird stets ein Ruhmesblatt in der Geschichte der ersten Dezennien der Physikalisch-technischen Reichsanstalt bleiben", sagte Sommerfeld im September 1911, „daß sie die eine Säule der Quantentheorie, die experimentellen Grundlagen der Hohlraumstrahlung, errichtet hat. Vielleicht ebenso hoch ist das Verdienst des Nernstschen Instituts zu veranschlagen, das uns in den planmäßigen Messungen der spezifischen Wärmen den anderen nicht minder tragfähigen Grundpfeiler der Quantentheorie geliefert hat."

Als die weitergehenden Messungen Nernsts und seiner Mitarbeiter quantitative Abweichungen von den Einsteinschen Formeln zeigten, wurde von Nernst eine neue Formel gesucht. Einstein hatte eine einzige Schwingungsfrequenz ν des Festkörpers angenommen; „durch Probieren" fanden Nernst und Frederick A. Lindemann bei Berücksichtigung einer zweiten Schwingung mit der Frequenz $\nu/2$ eine Formel, die „allen Ansprüchen genügt".

Peter Debye ärgerte sich, wie er sich später erinnerte, über die halben Quanten von Nernst und Lindemann. Im März 1912 gelang ihm die Vervollständigung der von Einstein begründeten Theorie. Am 9. März 1912 trug Peter Debye erstmalig seine Überlegungen auf der Tagung der Schweizerischen Physikalischen Gesellschaft in Bern vor; wenig später teilte Debye seine Ergebnisse in einem ausführlichen Briefe seinem Lehrer Arnold Sommerfeld mit: „Der ganze Körper ist für mich wie ein zusammengesetztes Molekül. Er kann Schwingungen ausführen, welche nach der Elastizitätstheorie in unendlicher Anzahl vorhanden sein würden. Das ist unrichtig in Wirklichkeit, denn da er nur aus N Atomen besteht, hat er nur 6 N Freiheitsgrade. Nachdem dieses erkannt ist, hat man folgendes zu tun: 1) die Schwingungszahl des Körpers mit Rücksicht auf seine Atomstruktur auszurechnen, so wie es Jeans für den leeren Kubus macht, 2) zu behaupten, daß jeder Doppelfreiheitsgrad die Energie

$$\frac{h\nu}{e^{\frac{h\nu}{kT}}-1}$$

hat. Die Combination ergiebt den gesuchten Energiegehalt des Körpers. Das Problem 1) kann angenähert aus der Elastizitäts-Theorie gelöst werden. Die Annäherung genügt für sehr tiefe Temperaturen, weil da die höchsten Schwingungszahlen nicht mehr in Frage kommen. Man findet wie in der Strahlung bei Jeans Anzahl Schwingungen zwischen ν und $\nu + d\nu$ proportional $\nu^2 d\nu$ und damit Energiegehalt $\sim T^4$."

Ganz unabhängig von Peter Debye kamen auch Max Born und Theodore von Kármán fast gleichzeitig zu einer Theorie der spezifischen Wärme. Born und Kármán gingen von der atomistischen Konstitution des Festkörpers aus; sie suchten die durch Berücksichtigung der Kopplungskräfte zwischen den Oszillatoren auftretenden „Hauptschwingungen" zu bestimmen. Nachdem die Lösung für den eindimensionalen Fall gefunden worden war, gelang es Born und Kármán, eine Näherung für den dreidimensionalen Fall anzugeben. Während die Debyesche Theorie, die ein kontinuierliches Modell benutzt, bei sehr tiefen Temperaturen versagte, wie 1935 Borns Schüler M. Blackmann fand, bewährte sich die Behandlung Born-Kármáns auch in diesem Bereich.

Quellen: Lord Kelvin (William Thomson), Wolken über der mechanischen Theorie der Wärme und der des Lichtes im 19. Jahrhundert. In: Ders., Vorlesungen über Molekulardynamik und die Theorie des Lichtes. Leipzig und Berlin 1909, S. 408–442; Albert Wigand, Die Temperaturabhängigkeit der spezifischen Wärme fester Elemente. In: Annalen der Physik. Bd 22, 1907, S. 99–106; Albert Einstein, Peter Debye et al., Die Theorie der spezifischen Wärme (= Dokumente der Naturwissenschaft. Bd 8). München 1966; Walther Nernst, Untersuchungen über die spezifische Wärme bei tiefen Temperaturen. I–V. In: Sitzungsberichte der Königlich Preußischen Akademie der Wissenschaften. Jg 1910, S. 247–261, S. 262–282; Jg 1911, S. 306–315, S. 316–321, S. 494–501; ders., Der Energieinhalt fester Stoffe. In: Annalen der Physik. Bd 36, 1911, S. 395–439; ders., Anwendung der Quantentheorie auf eine Reihe physikalisch-chemischer Probleme. In: Die Theorie der Strahlung und der Quanten. Halle 1913, S. 208 bis 233; ders., Die theoretischen und experimentellen Grundlagen des neuen Wärmesatzes. Halle 1918.

Literatur: Armin Hermann, Die Quantentheorie der spezifischen Wärme. In: Albert Einstein et al., Die Theorie der spezifischen Wärme. München 1966, S. 7–19; Martin J. Klein, Einstein, specific heats and the early quantum theory. In: Science. Vol. 148, 1965, S. 173–180; Douglas McKie und N. H. de V. Heathcote, The discovery of specific and latent heat. London 1953.

Watt, James (* 19. Januar 1736 in Greenock, Schottland, † 25. August 1819 in Heathfield bei Birmingham). Untrennbar verbunden mit dem tiefgreifenden Umbruch im späten 18. Jh., der sog. „Industriellen Revolution", ist der Name dieses wohl bedeutendsten britischen Ingenieurs und vielseitigen Naturforschers. Erst die grundlegende Verbesserung der Dampfmaschine durch W. schuf die technische Voraussetzung für das Aufkommen des modernen Maschinenzeitalters mit seinen unüberschaubaren ökonomischen, sozialen und politischen Folgen. In der Naturwissenschaft war es namentlich die → Thermodynamik, deren Entstehen im 19. Jh. nicht zuletzt von der vorangegangenen technischen Entwicklung befruchtet wurde (Sadi Carnot, Emile Clapeyron u. a.).

Häufige Krankheiten – die tagelangen heftigen Kopfschmerzen hörten erst im Alter auf – und die bescheidenen finanziellen Verhältnisse seiner Eltern verhinderten eine geregelte Schul- und Berufsausbildung des jungen W. Nach einer nur einjährigen Lehre bei einem Feinmechaniker in London ermöglichten es ihm 1757 Professoren in Glasgow, innerhalb der an Zunftgesetze nicht gebundenen Universität eine Mechanikerwerkstätte zu eröffnen. Hier machte der durch das Studium aller erreichbaren Bücher bald ungewöhnlich kenntnisreiche und sowohl seiner manuellen Fertigkeiten wie auch seiner geistreichen und anregenden Konversation wegen gleichermaßen geschätzte Mechaniker die Bekanntschaft vieler gelehrter Männer; darunter war der Professor der Medizin und Chemie Joseph Black. Der spätere Nachfolger Blacks in Edinburgh, John Robison, berichtete über seine erste Begegnung mit W. 1758: „Ich erwartete einen Handwerker und war überrascht, einen Wissenschaftler zu finden."

Im Winter 1763/64 machte sich W. nach gründlichem Vorstudium an die Reparatur einer Newcomenschen Maschine, die der Universität gehörte. Damit begann sein jahrzehntelanges Ringen um eine leistungsfähige, rationell und sicher arbeitende Dampfmaschine. In Zwangspausen, die der Lebensunterhalt erforderte, war W. u. a. als Vermessungsingenieur bei Kanal- und Hafenbauten tätig. – Die Frage nach den Ursachen für den hohen Energieverbrauch der Newcomenschen Maschine bildete den Ausgangspunkt der systematischen Untersuchungen W.s. Er stellte fest, daß ein Vielfaches des Zylindervolumens an Dampf nutzlos an der beim Arbeitshub zur Vakuumerzeugung gekühlten Zylinderwandung kondensierte. Nachdem er sich der latenten Wärme des Wassers bewußt geworden war, eine Entdeckung, die Black bereits 1762 gemacht hatte, von der W. jedoch erst nachträglich erfuhr, erkannte er jetzt immer deutlicher: Die beiden Forderungen an den Zylinder – möglichst heiß beim Dampfeintritt, möglichst kalt beim Arbeitshub (Kondensationsvakuum) – waren nur unter großem Energieverlust miteinander zu vereinen. Wie ließ sich dieses Problem durch konstruktive Maßnahmen lösen? „Alle meine Gedanken sind auf die Maschine gerichtet, ich kann an nichts anderes mehr denken", schrieb W. im Frühjahr 1765 einem Freunde. Im Mai des gleichen Jahres hatte er die Lösung: Die beiden gegenläufigen Funktionen des Zylinders müssen auf **zwei** Zylinder verteilt werden, auf einen stets heiß zu haltenden Arbeitszylinder und einen ständig gekühlten Kondensator.

Die Idee der Kondensationsmaschine war geboren und auch bald erfolgreich am Modell bestätigt; bis zu ihrer Umsetzung in die Praxis mußte freilich zunächst eine Vielzahl technologischer und finanzieller Schwierigkeiten gemeistert werden. Neben der mangelhaften Gußtechnik stellte vor allem das genaue Einpassen des Kolbens im Zylinder das technische Hauptproblem dar. Erst als 1774 John Wilkinson ein neues Zylinderbohrwerk erfand, wurde dieses Problem endlich gelöst; der Siegeszug der W.schen Dampfmaschine konnte beginnen.

Den Bau einer ersten Versuchsmaschine nach den Vorstellungen W.s hatte der Chemiker und Minenbesitzer Dr. John Roebuck finanziert und den Erfinder veranlaßt, um ein Patent nachzusuchen. Das berühmte, W. am 5. Januar 1769 erteilte Britische Patent 913 wurde zur Richtschnur der weiteren Entwicklung. Besonders bedeutungsvoll wurde später der im Anspruch vier dieses Patents geschützte Betrieb mit höhergespanntem Dampf. Bei einem derartigen Betrieb konnte, wie W. erläuterte, auf die Kondensation des Abdampfes – zumal bei Kühlwassermangel – verzichtet werden. W. selbst hat jedoch diesen Patentanspruch – wohl aus Furcht vor der zerstörerischen Kraft hoher Dampfspannungen – nicht verwertet und damit während der Laufzeit seines Patents, die durch Parlamentsbeschluß bis 1800 verlängert wurde, den Bau kleiner, leistungsfähiger Hochdruckdampfmaschinen verzögert.

Als W. den gesamten, zunächst oben offenen Arbeitszylinder seiner Versuchsmaschine zur Warmhaltung mit einem Dampfmantel umgab und diesen ständig mit dem Dampfkessel verband, vollzog er den Übergang von der bisherigen atmosphärischen Maschine zur einfachwirkenden Dampfmaschine, ohne indessen die Leistung durch einen nennenswert über dem Luftdruck liegenden Dampfdruck zu steigern. Eine Leistungssteigerung und nochmalige Dampfersparnis erzielte er mit seiner doppeltwirkenden Expansionsdampfmaschine, die 1782 patentiert wurde.

Nachdem John Roebuck 1773 in Konkurs geraten war, fand W. in Matthew Boulton einen vermögenden und wagemutigen neuen Partner. In dessen Fabrik in Soho bei Birmingham reifte die Dampfmaschine unter großen Kosten (ca. 40 000 Pfund Sterling) schließlich so weit heran, daß sie – zunächst vor allem als Pumpenantrieb in den Gruben Cornwalls – erfolgreich eingesetzt werden konnte. Als Bezahlung für ihre Kraftmaschinen forderten Boulton und W. ein Drittel der gegenüber der alten Maschine Newcomenscher Bauart eingesparten Heizungskosten. Berechnungsgrundlage war die jährlich von der Maschine geleistete Arbeit und die installierte Leistung, wofür Watt die Bezeichnung „horse power" einführte, Begriffe, die bald zum festen Bestand in der Technik gehörten.

Bis zu seinem Ausscheiden aus der Firma Boulton & Watt im Jahre 1800 arbeitete W. – obwohl nebenbei immer mit einer ganzen Reihe anderer wissenschaftlich-technischer Fragestellungen (z. B. aus der chemischen Technik) beschäftigt – ständig an der Verbesserung der Dampfmaschine. Besonders stolz war er auf seine 1784 patentierte Parallelogrammkonstruktion mit Lemniskatenlenker, die eine kraftschlüssige Verbindung zwischen der Kolbenstange und dem Balancier seiner doppeltwirkenden Maschine ermöglichte. Für Maschinen mit rotierender Welle erfand er eine selbsttätige Regelung, indem er einen Fliehkraftregulator mit einer eingebauten Drosselklappe koppelte. Die Meßtechnik verdankt dem genialen Erfinder den mechanischen „Indikator" zur Messung des Druckverlaufs im Zylinder.

Literatur: Conrad Matschoß, Die Entwicklung der Dampfmaschine. Bd 1. Berlin 1908; Henry Winram Dickinson und Hugh Pembroke Vowles, J. W. and the industrial revolution. London 1948; D. Fleming, Latent heat and the invention of the Watt engine. In: Isis. Vol. 43, 1952, S. 3–5; L. T. C. Rolt, J. W. London 1962; Friedrich Klemm, Richard Roosen und Wilhelm Treue, 200 Jahre industrielle Revolution. In: Deutsches Museum. Abhandl. u. Berichte. Jg 37, 1969, H. 1; Eric Robinson und A. E. Musson, J. W. and the steam revolution. New York 1969; Eric Robinson und Douglas McKie (Hrsg.), Partners in Science. Letters of J. W. and Joseph Black. Cambridge, Mass. 1970. L. S.

Weber, Wilhelm Eduard (* 24. Oktober 1804 in Wittenberg, † 23. Juni 1891 in Göttingen). W. wuchs als Sohn eines Theologieprofessors in Wittenberg und Halle auf. Frühe Anregungen vermittelte der Akustiker Ernst Florens Friedrich Chladni, der in Wittenberg im gleichen Haus wohnte. Wilhelms älterer Bruder Ernst Heinrich, Physiologieprofessor in Leipzig, beobachtete, als er Quecksilber durch einen Papiertrichter in eine Flasche goß, daß auf der Oberfläche der Flüssigkeit eine verwickelte, aber regelmäßige und beständige Figur entstand, daß somit eine stehende Schwingung oder Welle wie bei den Chladnischen Klangfiguren erregt wurde. Dies veranlaßte ihn zu weiteren Forschungen über Wellen, woran Wilhelm sich als Gymnasiast beteiligte. Einfallsreichtum, Geschick und Ausdauer bei der Durchführung der Versuche sowie Fähigkeit zu mathematischer Erfassung der Ergebnisse zeichneten ihn schon damals aus. Die Brüder spannten ein Seil über die Saale und sahen, daß eine erregte Welle bis zu 16mal hinüber- und herüberlief. An Fäden, die sie über eine Rolle durch Gewichte spannten, maßen sie die Fortpflanzungsgeschwindigkeit der Wellen. Wasseroberflächenwellen untersuchten sie in der Wellenrinne, einem schmalen Trog mit Glaswänden. Sie zeigten, wie die Wellen an den Grenzen des Körpers zurückgeworfen werden und stehende Wellen bilden. Dies galt auch für Saiten und Pfeifen; überhaupt verhielten sich Seil-, Wasser-, Schall- und Lichtwellen ähnlich. 1825 legten die Brüder eine umfassende „Wellenlehre auf Experimente gegründet“ vor; abgesondert gehörten dazu 18 Kupfertafeln, die sie selber stachen.

Für Ernst wurde die Wellenlehre Ausgangspunkt physiologischer Untersuchungen über Blutkreislauf und Puls, für Wilhelm Anlaß zu Versuchen über Zungenpfeifen und die Schwingungsgesetze zweier gekoppelter Körper. Mit Arbeiten hierüber doktorierte er 1826 und habilitierte er sich 1827 unter Johann Christoph Salomo Schweigger in Halle, der ihm 1828 zu einem Extraordinariat verhalf. Im September jenes Jahres tagte die Versammlung Deutscher Naturforscher und Ärzte in Berlin. W. führte Versuche mit der Zungenpfeife vor. Alexander von Humboldt vermittelte bei diesem Anlaß die schicksalsbestimmende Begegnung mit Carl Friedrich Gauß, dessen Gutachten 1831 entschied, daß W. als Physikprofessor nach Göttingen berufen wurde.

Unserm

verehrten Freunde

C h l a d n i

dem Begründer

einer auf Versuchen beruhenden Akustik

dem Erfinder

einer neuen Classe musikalischer Instrumente

dem ersten Erforscher

der auf die Erde niedergefallenen meteorischen Massen.

Abb. 55. Widmung der „Wellenlehre“ von Ernst Heinrich Weber und Wilhelm Weber. Leipzig 1825

Gauß, der dort die Sternwarte leitete, wandte sich damals, von Humboldt angeregt, der mathematischen Erfassung des → Erdmagnetismus zu. Dazu mußten die Meßgeräte verfeinert und Messungen gesammelt werden, und hier ergab sich eine fruchtbare Zusammenarbeit mit W. Nebenbei wurde 1833 der erste elektromagnetische Telegraph eingerichtet. W. spannte die doppelte Drahtverbindung von seinem Physikalischen Kabinett über mehrere Dächer bis zur Sternwarte, anderthalb Kilometer weit.

Wie sein älterer Bruder ihm, so gewährte Wilhelm seinem jüngeren Bruder Eduard Friedrich die wissenschaftliche Starthilfe. Da dieser Anatom wurde, wählten sie ein anatomisch-physikalisches Grenzgebiet. Sie beobachteten schreitende Personen, nahmen an Leichen Messungen vor, drückten die Bewegungsabläufe in Formeln aus und veröffentlichten 1836 die „Mechanik der menschlichen Gehwerkzeuge“. Eduard wurde Professor in Leipzig.

Gauß hatte 1832 die Intensität der erdmagnetischen Kraft auf absolutes Maß zurückgeführt, auf die Einheiten der Länge,

Masse und Zeit, die von der einzelnen Magnetnadel unabhängig sind. Mit W. gründete er einen magnetischen Verein, der von verschiedenen Orten her Meßreihen über Deklination, Inklination und Horizontalintensität nach Göttingen meldete. Humboldt suchte die Royal Society dafür zu gewinnen. Mitten in dieser Arbeit verlor W. sein Amt. Der neue König von Hannover erklärte 1837 das liberale Staatsgrundgesetz außer Kraft. Sieben Göttinger Professoren, darunter W., erhoben Einspruch – und wurden entlassen. Gauß und Humboldt bemühten sich vergeblich um eine Verständigung. Zur Besetzung des Lehrstuhls von W. fanden sich rasch Bewerber. Gauß schrieb darüber am 19. April 1838 an Wilhelm Olbers: „In Beziehung auf den Götterfunken Genie ist keiner, der wert wäre, ihm die Schuhriemen aufzumachen."

Zur Fortsetzung der begonnenen Arbeiten blieb W. als Privatmann in Göttingen und veröffentlichte mit Gauß 1837 bis 1843 in sechs Bänden „Resultate aus den Beobachtungen des magnetischen Vereins". 1838 reiste er nach England zu John Herschel, dem es gelang, die Errichtung magnetischer Warten in den Kolonien durchzusetzen. Die „Resultate" enthielten neben den Beobachtungsreihen viele Abhandlungen. W. konstruierte ein transportables Magnetometer zur genauen Bestimmung der feinen Schwankungen der Deklination und der Horizontalintensität. 1840 gab er mit Gauß einen „Atlas des Erdmagnetismus" mit selbstgezeichneten Karten heraus. Auch begann er, das absolute Maßsystem auf die galvanischen Ströme zu übertragen, und stellte 1841 die Stromstärkeeinheit mit der Tangentenbussole fest.

W. folgte 1843 einem Ruf nach Leipzig, wo der Physikprofessor Gustav Theodor Fechner zurücktrat und beide Brüder ihn erwarteten. Gauß, vom „schmerzlichen, nie zu überwindenden Verlust" betroffen, stellte seine physikalischen Arbeiten für immer ein und kehrte zur reinen Mathematik zurück.

Im neuen Wirkungskreis gelang es W. in seiner ersten Abhandlung über „Elektrodynamische Maßbestimmungen" 1846, ein „Grundgesetz der elektrischen Wirkung" aufzustellen. Dieses „Webersche Gesetz" umfaßte alle bekannten elektrischen Erscheinungen und konnte sich auf genaue Messungen stützen. Das von W. ersonnene Elektrodynamometer nützte die gegenseitige elektrodynamische Wirkung zweier Kreisströme zur genauen Strommessung aus. Für Spannung, Stromstärke und Widerstand gewann er absolute Einheiten; das noch heute (neben anderen Systemen) gebrauchte absolute elektrostatische Maßsystem geht auf ihn zurück.

Nach der Revolution von 1848 konnte W. 1849 in sein Amt nach Göttingen zurückkehren. Wieder war ihm die Zusammenarbeit mit einem Forscher beschieden, mit Rudolf Kohlrausch (1809–1858), Gymnasiallehrer in Marburg. 1856 führten die beiden Forscher die Elektrizitätsmenge, die bei galvanischen Strömen durch den Querschnitt der Kette fließt, auf mechanisches Maß zurück. Dazu verglichen sie die Intensitäten der Ströme durch deren Wirkungen: Sie maßen die Größe des ersten Ausschlages einer Magnetnadel, wenn sich die mit der Torsionswaage „mechanisch" bestimmte Elektrizitätsmenge einer Leidener Flasche über das Galvanometer entlud. Es ließ sich ausrechnen, während welcher (kurzer) Zeiten ein konstanter Strom von der „magnetischen" Stromintensität 1 durch den Multiplikator fließen müßte, um entsprechende Ausschläge hervorzubringen. – Bildete man den Quotienten von elektrostatisch und elektromagnetisch absoluter Elektrizitätsmenge, so ergab sich eine Geschwindigkeit, die mit der Lichtgeschwindigkeit gut übereinstimmte. Als erster wies Gustav Kirchhoff auf diesen Zusammenhang hin. James Clerk Maxwell wurde dadurch bestärkt, das Licht als elektromagnetische Schwingung zu betrachten.

W. war sowohl Praktiker wie Theoretiker. Er faßte die Elektrizität atomistisch auf und stellte sich bewegte einzelne Ladungsträger von bestimmter Masse vor. Daran knüpfte später Hendrik Antoon Lorentz in seiner Elektronentheorie an. Um das Spektrallinien-system mit dem ursächlichen Geschehen im Atominnern zu verbinden, entwarf W. ein planetarisches Atommodell, auch hierin Vorläufer späterer Entwicklungen.

Werke: W. W.s Werke. Hrsg. von der Königlichen Gesellschaft der Wissenschaften zu Göttingen. 6 Bde. Berlin 1892–1894; Ernst Heinrich Weber und W. W., Wellenlehre auf Experimente gegründet oder über die Wellen tropfbarer Flüssigkeiten mit Anwendung auf die Schall- und Lichtwellen. Leipzig 1825; W. W. und Eduard Friedrich Weber, Mechanik der menschlichen Gehwerkzeuge. Göttingen 1836; Resultate aus den Beobachtungen des magnetischen Vereins. Hrsg. von Carl Friedrich Gauß und W. W. 6 Bde. (3 in Göttingen und 3 in Leipzig erschienen) 1837–1843; Atlas des Erdmagnetismus nach den Elementen der Theorie entworfen. Hrsg. von Carl Friedrich Gauß und W. W. Leipzig 1840; W. W. und Rudolf Kohlrausch, Fünf Abhandlungen über absolute elektrische Strom- und Widerstandsmessung. Hrsg. von Friedrich Kohlrausch (= Ostwalds Klassiker. Nr 142). Leipzig 1904; W. W. und Rudolf Kohlrausch, Über die Einführung absoluter Maße (= Ostwalds Klassiker. Neue Folge. Bd 5). Braunschweig 1968.

Literatur: Karl Heinrich Wiederkehr, W. Eduard W. Erforscher der Wellenbewegung und der Elektrizität 1804–1891 (= Große Naturforscher. Bd 32). Stuttgart 1967 (mit Bibliographie); Edmund Hoppe, Geschichte der Elektrizität (W. W. gewidmet). Leipzig 1884 (Neudruck Wiesbaden 1969). Darin: Das Webersche Gesetz, S. 426 bis 507; Wilhelm Kohlrausch, Gedächtnisrede auf W. W. In: Jahresbericht des Physikalischen Vereins zu Frankfurt am Main 1890/91, S. 43–55; Eduard Riecke, W. W. Rede. Göttingen 1892; Heinrich Weber, W. W., eine Lebensskizze. Breslau 1893; K. Metzner, Die erste elektromagnetische Telegraphenverbindung von Gauß — Weber. In: Zeitschrift für den physikalischen und chemischen Unterricht. Jg 1927, S. 265–268; E. Feyerabend, Der Telegraph von Gauß und W. im Werden der elektrischen Telegraphie. Berlin 1933; Hans Schimank, Carl Friedrich Gauß und W. W. In: Die Großen Deutschen. Bd 3. Berlin 1942, S. 270–283; Karl Heinrich Wiederkehr, W. W.s Stellung in der Entwicklung der Elektrizitätslehre. Hamburg 1961. H. B.

Weiss, Pierre (* 25. März 1865 in Mülhausen, † 24. Oktober 1940 in Lyon). W. durchlief in Zürich 1883–1887 ein abgeschlossenes Ingenieurstudium, wandte sich dann in Frankreich der Physik zu und kehrte 1903 als Physikprofessor an das Eidgenössische Polytechnikum in Zürich zurück. Er gehörte zu den Gründern der Schweizerischen Physikalischen Gesellschaft. In einem Bande veröffentlichte er die „Oeuvres complètes" des Walliser mathematischen Physikers Walter Ritz (Paris 1911). Von 1919 an leitete W. das Physikalische Institut der Universität Straßburg.

Seit seiner Doktorarbeit (an der Sorbonne 1896) galten seine Forschungen zeitlebens dem → Magnetismus. Es ging ihm darum, den Mechanismus der Magnetisierung zu enthüllen. Die nötigen Meßinstrumente entwarf er als Ingenieur selber. Unter anderem baute er kräftige Elektromagnete und mit sechs Quarzprismen einen lichtstarken Spektrographen von großer Zerstreuungskraft.

In vielen Einzeluntersuchungen prüfte er den Vorgang der Magnetisierung in Metallkristallen. Ebenso wie Pierre Curie erforschte er die Veränderung des Magnetismus mit der Temperatur (Curie-Weißsches Gesetz 1895). Zusammen mit seinem Freunde Kamerlingh Onnes untersuchte er die Magnetisierung bei sehr tiefen Temperaturen. Bekannt geworden sind die Theorien, in denen er die Ergebnisse seiner Beobachtungen zusammenfaßte.

Er hatte sich besonders mit den sogenannten ferromagnetischen Stoffen befaßt, die im Magnetfeld viel stärker magnetisch werden als alle andern: Eisen, Nickel, Kobalt und Gadolinium. Bei wachsender Feldstärke erreicht jedoch ihre Magnetisierung einen oberen Grenzwert, eine Sättigung. Beeinträchtigt wird der Magnetismus durch Erwärmung; bei einer bestimmten Temperatur, dem Curie-Punkt, verschwindet er überhaupt.

Zur Erklärung brachte W. den Ferromagnetismus mit dem molekularen Feld in Beziehung. Infolge von Wechselwirkungskräften zwischen den Elementarmagneten besteht schon bei Abwesenheit eines Magnetfeldes eine spontane Magnetisierung. Im Metallkristall wirkt also ein inneres Magnetfeld, das Weißsche Feld, das die magnetischen Dipole parallel ausrichtet. Dem wirkt die Wärmebewegung entgegen, die die Ordnung der magnetischen Momente auf den Gitterplätzen zu beseitigen sucht. Mit steigender Temperatur wird die Ordnung mehr und mehr aufgebrochen; die spontane Magnetisierung nimmt dauernd ab. Schließlich wird die Wärmebewegung so stark, daß sie eine Ordnung durch das Weißsche Feld verhindert. Die spontane Magnetisierung verschwindet bei der Curie-Temperatur. Oberhalb ihrer kann eine Orientierung nur noch durch ein äußeres Feld erreicht werden. Der vorher ferromagnetische Stoff verhält sich jetzt paramagnetisch. Die Abnahme der spontanen Magnetisierung mit der Temperatur konnte W. an allen ferromagnetischen Stoffen nachweisen.

Die Erfahrung lehrt aber, daß ein Stück Eisen nach außen keineswegs permanent magnetisch erscheint. Nach W. ist dies nur deshalb so, weil die Richtung der spontanen Magnetisierung nicht überall die gleiche ist, sondern immer nur in kleinen Bereichen, den Weißschen Bezirken. Bringt man den Körper – etwa eine Stricknadel – in ein Magnetfeld, so dreht sich die spontane Magnetisierung der Bezirke in die Feldrichtung hinein. Sobald sie im ganzen Körper die Richtung des Feldes angenommen hat, ist die Sättigung erreicht. Diese Vorstellung wurde 1907 entwickelt. Später hat man die Bezirke experimentell durch Pulverfiguren nachweisen können. Man schichtet auf die Metalloberfläche eine Aufschwemmung feinster Magnetitteilchen. Sie lagern sich in Streifen ab, die man durch ein Mikroskop sehen kann, und markieren dabei die Grenzen der Bezirke, deren Dimensionen bei 10^{-3} cm liegen.

W. schloß aus seinen Messungen über die Sättigung ferromagnetischer Stoffe bei sehr tiefen Temperaturen auf die Existenz kleinster Elementarmagnete, eines elementaren magnetischen Moments, als dessen ganzzahlige Vielfache er die magnetischen Molekularmomente auffaßte. Das Elementarmoment heißt Weißsches Magneton. In der Vierteljahrsschrift der Naturforschenden Gesellschaft von Zürich hat er 1911 seine „Anschauungen über Magnetismus, ihre Beziehungen zur Molekularphysik und das Magneton“ vorgetragen.

Im Mai 1939 versammelten sich Magnetismusforscher aus Europa und Amerika um den Altmeister in Straßburg zu einem Kongreß. Wenige Monate darauf erkrankte er tödlich; er erlebte noch, wie das Land im Krieg unterging.

Werke: Le magnétisme (mit Gabriel Foëx). Paris 1926.

Literatur: Albert Perrier, P. W. In: Verhandlungen der Schweizerischen Naturforschenden Gesellschaft. Basel 1941, S. 422–433. H. B.

Wellenmechanik. Am 25. November 1924 verteidigte → Louis de Broglie seine Doktordissertation „Forschungen zur Quantentheorie“ vor der Prüfungskommission der Sorbonne. De Broglie hatte die von Albert Einstein entdeckte Dualität des Lichtes, das sich als Welle, unter anderen Versuchsbedingungen aber als Korpuskel verhält, auf die Materie übertragen: „Es ist anzunehmen, daß auf Grund eines großen Naturgesetzes mit jedem Energiequantum von der Ruhemasse m_0 ein periodisches Phänomen der Frequenz ν_0 verknüpft ist, so daß gilt $h \cdot \nu_0 = m_0 c^2$.“ Dem Energie-Impuls-Vektor J^i, der den Bewegungszustand eines (freien) Teilchens kennzeichnet, stellte de Broglie einen Vierervektor O^i mit der Zeitkomponente ν/c und den Raumkomponenten $\vec{k}$ (Wellenzahlvektor) gegenüber und postulierte als Verallgemeinerung der Quantenbedingungen $O^i = J^i/h$, d. h. zu $\nu = W/h$ tritt noch $\vec{k} = 2\pi \vec{p}/h$ hinzu.

Hier knüpfte Erwin Schrödinger an. Er stellte sich die Aufgabe, den Ansatz von de Broglie für die **freien** Elektronen auf die im Atom gebundenen Elektronen zu übertragen. Eine sichere Grundlage für seine Überlegungen fand er dabei in den fast einhundert Jahre zurückliegenden Arbeiten des großen irischen Mathematikers William Rowan Hamilton. Hamilton war davon ausgegangen, daß das Licht eine Wellenerscheinung ist und folglich durch eine bestimmte Wellengleichung beschrieben wird. Ebenso wußte Hamilton, daß für manche Probleme (z. B. für die Ableitung der Linsenformel) die Lichtstrahlen einfach als geometrische Linien aufgefaßt werden dürfen. Er zeigte nun, wie man von der allgemeingültigen Gleichung der Wellenoptik durch einen mathematischen Grenzübergang zur geometrischen Optik kommt.

Soweit war die Optik nur als Lehre vom Licht betrachtet worden. Es gibt aber eine mathematische Analogie zwischen geometrischer Optik und Mechanik, die Hamilton intensiv studierte. Um von den Formeln der geometrischen Optik zu denen der Mechanik überzuwechseln, brauchte Hamilton nur typisch optische Größen, z. B. den Brechungsindex, durch mechanische Größen, wie z. B. die Masse und potentielle Energie, zu ersetzen. Durch Übertragung der Vorstellungen und Methoden der geometrischen Optik auf die Mechanik erreichte er eine besonders elegante Formulierung der mechanischen Grundgesetze, die sog. Hamiltonsche Theorie.

Erwin Schrödinger fand somit eine Analogie der Mechanik mit der geometrischen Optik bereits vor. Da nun die geometrische Optik „für das Licht nur eine grobe Näherung ist", lag für Schrödinger der Gedanke nahe, daß im selben Sinne auch die bisherige klassische Mechanik nur eine grobe Näherung darstellt und im atomaren Bereich, „bei sehr kleinen Bahndimensionen und sehr starken Bahnkrümmungen", ihre Gültigkeit verliert: „Dann gilt es, eine ‚undulatorische Mechanik' zu suchen – und der nächstliegende Weg dazu ist wohl die wellentheoretische Ausgestaltung des Hamiltonschen Bildes."

Die ersten wahrscheinlich auf diesem Wege gewonnenen Formeln führten aber Schrödinger nicht zum Ziele. Erst als er wenig später zur nichtrelativistischen Näherung überging (→ Schrödinger), stellte sich im Januar 1926 der Erfolg ein. In den Arbeiten Schrödingers über „Quantisierung als Eigenwertproblem" erschien das Atom als ein schwingendes Gebilde, ähnlich einer schwingenden Saite. Es ergab sich, daß im Atom wie bei einer Violinsaite nur bestimmte Schwingungsformen möglich sind, eben gerade die stationären Zustände (in denen das Atom nicht strahlt). Die Quantenbedingungen, die Bohr ad hoc hatte ersinnen müssen, ergaben sich bei Schrödinger also sozusagen „von selbst". Die in den Schwingungsgleichungen auftretende atomare Wellenfunktion wollte Schrödinger anschaulich als Schwingungsamplitude im dreidimensionalen Raum deuten und glaubte, das Quantenproblem werde dadurch endgültig gelöst, daß alle Materie als Wellenerscheinung aufzufassen sei. Diese Interpretation ist aber höchstens, wie Schrödinger bald selbst bemerkte, nur dann möglich, wenn man es nur mit einem einzigen Elektron zu tun hat. Die Methode versagt im allgemeinen Fall, d. h. wenn mehrere Elektronen vorhanden sind. Die physikalischen Größen hängen dann nicht von den Koordinaten des gewöhnlichen Raumes, sondern von den Koordinaten des vieldimensionalen „Konfigurationsraumes" ab. Bei seinem Aufbau der W. leiteten also Schrödinger ganz andere Vorstellungen, als sie der Göttinger Matrizenmechanik zugrunde lagen: „Ich fühlte mich durch die mir sehr schwierig scheinenden Methoden [der Matrizenmechanik] und durch den Mangel an Anschaulichkeit abgeschreckt, um nicht zu sagen abgestoßen."

Andererseits stießen die Schrödingerschen Gedanken in Göttingen und Kopenhagen auf Widerspruch. Hier war man der Meinung, daß man auf dem von Heisenberg vorgezeichneten Wege weitergehen müsse, und hielt Schrödingers Vorstellung des „schwingenden Atoms" für einen Rückschritt in die klassische Physik. Zwischen den Anhängern der beiden Theorien bestand also eine grundsätzliche Gegnerschaft. Da erlebte es Schrödinger, bei einem Vergleich die mathematische Gleichwertigkeit beider Theorien zu entdecken. Er bemerkte, daß „die eigenartigen Heisenbergschen Rechengesetze für Funktionen der zweimal n Größen $q_1, q_2 \ldots q_n$; $p_1, p_2 \ldots p_n$ (Lage- und kanonisch konjugierte Impulskoordinaten) genau übereinstimmen mit den

Rechengesetzen, die nach der gewöhnlichen Analysis für die linearen Differentialoperatoren im Gebiete der einmal n Variablen $q_1 \ldots q_n$ gelten. Dabei hat die Zuordnung so zu geschehen, daß man in der Funktion jedes p_i durch den Operator $\partial/\partial q_i$ ersetzt." So schreibt sich die berühmte Gleichung $\mathbf{pq} - \mathbf{qp} = h/2\pi i$, die Born als erster formuliert hatte, nach Schrödinger einfach als

$$\frac{\partial}{\partial q} q - q \frac{\partial}{\partial q} = 1,$$

weil der Operator auf der linken Seite, angewandt auf eine beliebige Funktion von q, diese Funktion reproduziert. Darauf aufbauend, zeigte Schrödinger die völlige mathematische Äquivalenz beider Theorien. Aus den Schrödingerschen Eigenfunktionen lassen sich die Matrizen konstruieren und umgekehrt.

Seit die mathematische Identität zwischen der W. und der → Matrizenmechanik bekannt war und man die jeweiligen Formeln ineinander zu transformieren vermochte, besaß man also offenbar wirklich die „neue Quantentheorie", nach der man so lange gesucht hatte. Vom rechnerischen Standpunkt aus konnte nun das alte Quantenrätsel als gelöst gelten. Dabei stand als mathematisches Werkzeug entweder die Matrizenrechnung oder die Methode der Aufstellung und Lösung einer partiellen Differentialgleichung zur Verfügung. Die Behandlung der Schrödingerschen Wellengleichung erwies sich als einfacher; zudem waren die partiellen Differentialgleichungen den Physikern vertrauter als die neuartigen Matrizen, so daß sich die Schrödingersche Methode – was die mathematische Behandlung betraf – größerer Beliebtheit erfreute.

Eine Interpretation des neuen Kalküls gelang 1927 auf Vorarbeiten von Max Born vor allem Werner Heisenberg und Niels Bohr. Diese sogenannte → „Kopenhagener Deutung" brachte ein prinzipiell neues Verständnis der Grundlagen der Physik und damit eine neue Naturauffassung. Auch über die Grundlagen des menschlichen Denkens ergaben sich wesentliche Einsichten.

Quellen: Erwin Schrödinger, Die W. (= Dokumente der Naturwissenschaft. Bd 3). Stuttgart 1963.

Literatur: Johannes Gerber, Geschichte der W. In: Archive for History of Exact Sciences. Vol. 5, 1969, S. 349–416; Friedrich Hund, Geschichte der Quantentheorie (= BI Hochschultaschenbuch. Nr 200/200 a). Mannheim 1967;
→ de Broglie, → Schrödinger.

Wellentheorie (des Lichtes): In dem 1665 posthum erschienenen Werk „Physico-mathesis de lumine, coloribus et iride" des Jesuitenpaters Francesco Maria Grimaldi findet sich neben einer ausführlichen Beschreibung seiner Beobachtungen über die Beugung (Diffraktion) des Lichtes die Bemerkung: „Das Licht scheint eine äußerst schnell und wenigstens bisweilen auch wellenartig die durchsichtigen Körper durchströmende Flüssigkeit zu sein." Ebenfalls 1665 veröffentlichte Robert Hooke unter dem Titel „Micrographia" eine Abhandlung über die Farben dünner Plättchen, in der er das Licht klar als Schwingungsphänomen beschrieb: „... jeder Stoß oder jede Schwingung eines leuchtenden Körpers wird eine Kugelfläche erzeugen, die sich kontinuierlich vergrößert ... ganz in derselben Weise (obwohl unendlich viel schneller) wie sich die Wellen oder Ringe auf einer Wasseroberfläche ausweiten, wenn man in einem Punkt derselben durch Versenken eines Steines eine Bewegung erzeugt ..." Ein anderer Jesuit, Ignace-Gaston Pardies, versuchte wenige Jahre später (um 1673) aus der Annahme, „daß das Wesen des Lichtes eine Bewegung in einer sehr feinen Luft sei ... alle Eigenschaften des Lichtes und der Farben zu erklären".

Christiaan Huygens kannte sowohl Hookes wie Pardies' Gedanken, die er in seinem 1678 geschriebenen (erst 1690 publizierten) „Traité de la lumière" ausdrücklich erwähnte, und ergänzte sie mit dem Prinzip der Elementarwellen (→ Huygenssches Prinzip), das ihm das Reflexions- und Brechungsgesetz und die Doppelbrechung wellentheoretisch zu begründen gestattete. Newton, dem neben der Reflexion vor allem die geradlinige Ausbreitung des Lichtes mit der Wellenauffassung unverträglich zu sein schien, zog gleichwohl aus der Hookeschen Vibrationstheorie schon 1672 den Schluß auf eine für alle Farben charakteristische Wellenlänge (die bei Huygens noch fehlt) und fügte hinzu, daß „die größte die Empfindung einer roten Farbe, die geringste oder kleinste die eines tiefen Violetts hervorrufe". Obwohl er darüber hinaus 1675 an den → Newtonschen Ringen genaue Messungen anstellte (wobei er die periodischen Beziehungen fand, die Hooke noch entgangen waren) und im dritten Buch seiner „Opticks" im Anschluß an Grimaldi ausführliche Beugungsexperimente beschrieb, blieb er bei seiner korpuskularen Auffassung des Lichtes, die damit wegen seiner übrigen großen Erfolge für mehr als ein Jahrhundert sanktioniert war (→ Emissionstheorie).

Zwar bekannte sich Leonhard Euler zur Wellentheorie und versuchte 1746, Newtons Einwände dagegen zu widerlegen; doch begann deren Wiedergeburt erst mit Thomas Youngs Entdeckung des Interferenzprinzips im Mai 1801. Young hatte sich gegen Ende des 18. Jahrhunderts mit optischen und akustischen Untersuchungen beschäftigt und wurde durch die Analogie derselben zur Idee der Welleninterferenz geführt, die er folgendermaßen formulierte: „Wenn zwei Wellen verschiedenen Ursprungs genau oder doch nahezu genau ihrer Richtung nach zusammenfallen, ist ihre gemeinsame Wirkung eine Vereinigung der zugehörigen Bewegungen."

Obwohl Young bemüht war, gerade Newtons optische Beobachtungen zur Begründung seiner Entdeckung heranzuziehen (indem er u. a. die Wellenlängen des sichtbaren Lichtes aus dessen Zahlenangaben bestimmte), stieß er im Lager der Anhänger Newtons (Lord Brougham) auf erbitterten Widerstand. Hinzu kam, daß ihm nach Etienne-Louis Malus' Entdeckung der Polarisation am Spiegel im Jahre 1808 selbst starke Bedenken gegen die Wellentheorie erwuchsen, die er erst neun Jahre später durch die kühne Hypothese der Lichtwellentransversalität beheben konnte. Inzwischen hatte Young in Augustin Fresnel einen hervorragenden Mitstreiter gefunden. Fresnel war seit 1815 (anfangs unabhängig von Young) zu ähnlichen Ergebnissen wie dieser gelangt, die er in mehreren „Mémoires" (1815 bis 1818) niedergelegt hat. Fresnels Fortschritte gegenüber Young bestanden u. a. darin, daß es ihm gelang, nicht nur die Lage der Lichtmaxima und -minima zu berechnen (das war auch Young schon möglich), sondern für den Zwischenbereich Intensitätsintegrale anzugeben und diese experimentell zu verifizieren. Seit 1821 beteiligte sich Joseph Fraunhofer an der Entwicklung, indem er die Beugungsverhältnisse an Spalten und Gittern bei parallelem Lichtein- und -austritt sowie an kleinen Hindernissen untersuchte, wozu Friedrich Magnus Schwerd 1835 die Theorie beisteuerte. Damit war „das von 1800 bis 1835 dauernde ‚heroische' Zeitalter der Wellentheorie" (Max von Laue) abgeschlossen.

Die Analogie zwischen akustischen und Lichtschwingungen, die sich in den Händen Youngs und Fresnels als so außerordentlich fruchtbar erwiesen hatte, führte den letzteren zu einer mechanischen Lichttheorie, die das Licht als Schwingungsfortpflanzung in einem elastischen Medium (→ Äther) deutete. 1875 zeigte Hendrik Antoon Lorentz, daß als Konsequenz jeder mechanischen Lichttheorie bei der Reflexion und Brechung Longitudinalwellen auftreten müssen, die indessen im Experiment niemals beobachtet worden waren. Die elektromagnetische Lichttheorie, die von Maxwell seit 1862 (→ Maxwell, → Elektrodynamik) aufgestellt worden war, hatte, wie Lorentz in diesem Zusammenhang weiter ausführte, demgegenüber den Vorzug, den Beobachtungen entsprechend nur transversale Wellen zuzulassen. Als Heinrich Hertz 1886 die von Maxwell postulierten elektromagnetischen Wellen experimentell realisiert und nachgewiesen hatte, daß ihre Ausbreitungsgeschwindigkeit mit der Lichtgeschwindigkeit identisch ist, wurde die Wellentheorie des Lichtes auf elektromagnetischer Grundlage zum festen Bestand der Physik, so daß Hertz 1889 auf der Heidelberger Tagung der Deutschen Naturforscher und Ärzte sagen konnte: „Was ist das Licht? Seit den Zeiten Youngs und Fresnels wissen wir, daß es eine Wellenbewegung ist. Wir kennen die Geschwindigkeit der Wellen, wir kennen ihre Länge, wir wissen, daß es Transversalwellen sind; wir kennen mit einem Worte die geometrischen Verhältnisse der Bewegung vollkommen. An diesen Dingen ist ein Zweifel nicht mehr möglich, eine Widerlegung dieser Anschauungen ist für den Physiker undenkbar. Die Wellentheorie des Lichtes ist, menschlich gesprochen, Gewißheit."

Es dauerte indessen nur sechzehn Jahre, bis der jugendliche Albert Einstein mit seiner Hypothese der → Lichtquanten Zweifel an der Unumstößlichkeit dieser Gewißheit anmeldete. Die Diskussion dieser Frage zog sich ohne definitive Entscheidung bis in die beginnenden zwanziger Jahre hin. Da zeigte 1922 Arthur Holly Compton, daß Licht hoher Frequenz tatsächlich Korpuskelcharakter hat. 1927 vereinigte Niels Bohr Korpuskel- und Wellenvorstellung des Lichtes in seinem Komplementaritätsprinzip als ergänzende Aspekte, die nur zusammen die Gesamtheit der optischen Phänomene zutreffend beschreiben.

Quellen: Francesco Maria Grimaldi, Physicomathesis de lumine, coloribus et iride. In: Vasco Ronchi (Hrsg.), Scritti di ottica. Mailand 1968, S. 463–501; Christiaan Huygens, Abhandlung über das Licht (= Ostwalds Klassiker der exakten Wissenschaften. Nr 20). Leipzig 1890; Isaac Newton, Opticks. New York 1952, S. 317–339; Thomas Young, Interference of light. In: William Francis Magie (Hrsg.), A source book in physics. Cambridge, Mass. 1965, S. 308–315; Augustin Fresnel, Diffraction of light. Ebd. S. 319–324; Oeuvres complètes d'Augustin Fresnel. Bd 1. New York 1965.

Literatur: Ernst Mach, Die Prinzipien der physikalischen Optik. Leipzig 1921, S. 185–226; William Whewell, History of the inductive sciences. Part II. London 1967, S. 312–329; Edmund Hoppe, Geschichte der Optik. Wiesbaden 1967; A. I. Sabra, Theories of light from Descartes to Newton. London 1967; E. A. Fellmann, Ein Beitrag zur Geschichte der Beugungstheorie des Lichtes am Spalt. In: Verhandlungen der Naturforschenden Gesellschaft in Basel. Bd 71, 1960, S. 96–105; Norwood Russell Hanson, Waves, particles and Newton's „fits". In: Journal of the history of ideas. Vol. 21, 1960, S. 370–391; Walther Gerlach, Das Licht im Werden der Physik. In: Lichttechnik. Jg 14, 1962, S. 603–609; Roger H. Stuewer, Was Newton's „wave-particle duality" consistent with Newton's observations? In: Isis. Vol. 60, 1969, S. 392–394. U. H.

Wheatstone, Charles (* 7. Februar 1802 in Gloucester, † 19. Oktober 1875 in Paris). Schon als Kind las er in Alessandro Voltas Schriften und ahmte dessen Versuche nach. Mit 14 Jahren kam er als Lehrling zu seinem Onkel, der Musikinstrumente herstellte. 1823 gründete W. in London eine eigene Werkstatt. 1834 wurde er Physikprofessor am King's College. W. war einer der fruchtbarsten Erfinder in der Akustik, Optik und Elektrizitätslehre.

Er begann mit Schallversuchen, ergründete die Luftschwingungen in Röhren, erfand das Tonkaleidoskop (1827), die Concertina (1829), die Wellenmaschine, verbesserte die Erklärung von Chladnis Klangfiguren (1833), prüfte die Übertragung von Tönen durch Metalldrähte.

In der Optik erforschte er das plastische Sehen. Der räumliche Eindruck entsteht durch gleichzeitige Wahrnehmung zweier ungleicher Bilder, indem jedes Auge von nahen Gegenständen ein besonderes Bild sieht. Entfernte Gegenstände erscheinen flach. Um bei flachen Bildern eine Tiefenwirkung zu erreichen, muß man jedem Auge ein besonderes Bild darbieten. W. gelang dies 1833 durch sein Spiegelstereoskop, bei dem zwei um 90° geneigte Spiegel vor die Augen gehalten wurden und jedem Auge einzeln die Strahlen eines links und rechts aufgestellten Bildes zuführten. Auf der Stereoskopie beruht die moderne Kartenherstellung. – 1848 erfand W. die Poluhr (Polar clock), die das polarisierte Licht des Himmels zur Zeitmessung anwendet. Das Instrument, parallel zur Erdachse gegen den Nordpol orientiert, gründet sich darauf, daß mit dem Lauf der Sonne die Polarisationsebene fortschreitet.

W. lehrte als erster die Zeit messen, die zur Entladung einer Batterie durch einen Funken gebraucht wird, indem er das Bild des Funkens in einem rotierenden Spiegel betrachtete und aus Bildlänge und Tourenzahl die Dauer der Lichterscheinung bestimmte (1834). Das Verfahren wurde später von Léon Foucault zur Messung der Lichtgeschwindigkeit verwendet. W. zeigte, daß das aus der Kugel einer Elektrisiermaschine schießende Büschellicht aus einer Reihe intermittierender Entladungen besteht; später hat er das Funkenbild auch photographiert; der oszillatorische Charakter der Entladung wurde von Wilhelm Feddersen und Heinrich Hertz weiter erforscht. – W. hat 1834 auch die Fortpflanzungsgeschwindigkeit der Elektrizität in Kupferdraht erstmals gemessen. Er schloß die beiden Belegungen einer Leidener Flasche durch einen 800 m langen, in der Mitte durchschnittenen Draht, richtete es ein, daß bei der Entladung drei Funken entstanden, zwei an den Drahtanfängen und einer in der Mitte des Drahtes, und daß man alle drei am selben Ort im Drehspiegel beobachten konnte; aus der Verspätung des mittleren Funkens ließ sich die Zeit berechnen, die die Elektrizität für 400 m gebraucht hatte. – 1835 untersuchte W. elektrische Funken mit dem Prisma. Er sah, daß die Art der Spektrallinien von den Metallen der Spitzen abhing, zwischen denen der Funke überschlug, und vermerkte die für Zink, Kobalt, Zinn, Wismut, Blei kennzeichnenden Linien.

W. verdankt man die praktische Einführung des elektromagnetischen Telegraphen. Mit William Fothergill Cooke (1806–1879) ließ er 1837 einen Fünfnadeltelegraphen patentieren, bei dem Magnetnadeln in Drahtspulen durch Stromschluß abgelenkt werden. Dieser Nadeltelegraph wurde auf der Bahnstrecke London–Bristol eingeführt, erwies sich aber wegen der mehrfachen Leitung als teuer. Die Erfinder gestalteten ihn daher zum Ein- und Zweinadeltelegraphen um; doch ging das Telegraphieren so zu langsam. 1839 erfand W. den Zeigertelegraphen, bei dem nicht die Nadelablenkung, sondern ein Elektromagnet benutzt wurde, den man magnetisch und unmagnetisch machen konnte. Der Geber bestand aus einem Metallrad mit 30 Buchstaben und Zahlen am Rande; beim Drehen ergaben sich Kontakte, so daß am Empfänger ein Zeiger jeweils auf den gewünschten Buchstaben eines gleichen Zifferblattes zu stehen kam. W. schlug 1840 die unterseeische Kabellegung vor; sie gelang 1852 zwischen England und Irland. Bei längeren Leitungen erwies sich der Widerstand als so groß, daß es eine sehr starke Batterie brauchte, um den Elektromagneten der entfernten Station genügend zu erregen. Um diese Schwierigkeit zu beheben, ließ W. den Strom nicht direkt den Elektromagneten des Empfängers erregen, sondern einen andern, dessen Anker nur eine ganz geringe Bewegung auszuführen brauchte, um einen besonderen Strom zu schließen, der seinerseits den Empfänger in Tätigkeit brachte. Diese Einrichtung nennt man Relais (Vorspann). Da die Hand bei langen Depeschen die Zeichen nicht rasch genug gibt, erdachte W. einen Papierstreifen, auf den mehrere Personen die Teile der Depesche mit Löchern einschlugen, worauf man den Streifen sehr rasch durch eine Kontaktvorrichtung zog. Als W. 1858 neue Patente erwarb, sagte Michael Faraday: „Die Apparate sind gegen die früheren so verändert und verbessert, daß ein Uneingeweihter sie nicht wiedererkennen würde."

W. erfaßte früh die Bedeutung des Ohmschen Gesetzes. Zur Widerstandsmessung erfand er 1840 den Rheostaten und beschrieb 1845 die nach ihm benannte Brückenschaltung. Ferner erfand er ein Differentialgalvanometer, eine elektromagnetische Uhr und verbesserte den Dynamo; er ersann Baro- und Thermographen und ein Gyroskop.

Werke: Scientific papers of Sir Ch. W. London 1879; Contributions to the physiology of vision. 2 Teile. In: Philosophical Transactions 1838,

S. 371—394, und 1852, S. 1—17. Deutsch in: Abhandlungen zur Geschichte des Stereoskops. Hrsg. von Moritz von Rohr (= Ostwalds Klassiker. Nr 168). Leipzig 1908.

Literatur: Nachruf in: Proceedings of the Royal Society of London. Vol. 24, 1875/76, S. XVI—XXVII; Geoffrey Hubbard, Cooke and W. and the invention of the electric telegraph. London 1965. H. B.

Wiedemann, Eilhard (* 1. August 1852 in Berlin, † 7. Januar 1928 in Erlangen). Der Sohn des Physikers Gustav W. und Enkel des Chemikers Eilhard Mitscherlich war Schüler Gustav Kirchhoffs in Heidelberg und promovierte in Leipzig. Er untersuchte die spezifische Wärme der Gase und Dämpfe, die elektrischen Entladungen in verdünnten Gasen, die Kathoden- und Kanalstrahlen und Lumineszenzerscheinungen. Seit 1886 wirkte er als Physikprofessor in Erlangen. Aus seinem kleinen Institut gingen viele Gelehrte hervor. Mit seinem Vater gründete und redigierte er 24 Jahre die „Beiblätter" der Annalen der Physik, worin in- und ausländische Arbeiten besprochen wurden. Dabei kamen ihm seine außergewöhnlichen Sprachkenntnisse zustatten.

Die Sprachbegabung war auch der Anlaß zu seinen arabischen Studien. Er erkannte, daß in den arabischen Handschriften ein ungehobener naturwissenschaftsgeschichtlicher Schatz lag, und verfaßte viele Beiträge zur Kenntnis der Naturwissenschaften bei den Arabern.

Werke: Ueber die elliptische Polarisation des Lichtes. Leipzig 1872; Ueber die specifische Wärme der Gase. Berlin 1875; Physikalisches Praktikum (mit Hermann Ebert). Braunschweig 1890; Ueber die Naturwissenschaften bei den Arabern. Hamburg 1890.

Literatur: Gerhard Carl Schmidt, E. W. In: Physikal. Zeitschrift. Jg 29, 1928, S. 185—190; Hugo Josef Seemann, E. W. In: Isis. Vol. 14, 1930, S. 166—186. H. B.

Wiedemann, Gustav (* 2. Oktober 1826 in Berlin, † 23. März 1899 in Leipzig). Im Gymnasium wurde W. durch zwei seiner Lehrer in seine spätere Laufbahn gelenkt. Es waren Ernst Ferdinand August, der Erfinder des Psychrometers, und August Seebeck, der Erfinder einer Lochsirene. Einfluß auf ihn hatte auch sein Stiefonkel Gruel, der in seiner mechanischen Werkstätte physikalische Apparate herstellte. W. hat 1853 selber ein Galvanometer entwickelt.

Er studierte in Berlin Mathematik, Physik und Chemie und untersuchte im Laboratorium von Gustav Magnus die Elektrizitätsleitung in Kristallen nach den verschiedenen Richtungen. Mit seinem Freunde Hermann Helmholtz studierte er Schriften von Siméon-Denis Poisson. Wiedemanns Doktorarbeit über den Harnstoff war chemischen Inhalts, die Habilitationsschrift „Über die Drehung der Polarisationsebene des Lichts durch den galvanischen Strom" dagegen physikalisch. Er begann auch Arbeiten über die Eigenschaften elektrolytischer Lösungen. Zusammen mit dem Gymnasiallehrer Rudolph Franz untersuchte er die Leitfähigkeit für Elektrizität und Wärme bei Metallen. Sie fanden: Je besser ein Stoff die Elektrizität leitet, desto besser leitet er auch die Wärme. Mit abnehmender Temperatur wachsen die Leitfähigkeit für Elektrizität und für Wärme proportional miteinander. Das Wiedemann-Franzsche Gesetz besagt, daß das Verhältnis von Wärmeleitfähigkeit zu elektrischer Leitfähigkeit für alle Metalle ungefähr denselben Wert hat.

1854 wurde W. als Physikprofessor nach Basel berufen. Hier prüfte er die Beziehungen zwischen Magnetismus und mechanischer Torsion. Ein stromdurchflossener Draht wird beim Drehen magnetisch oder verdreht sich beim Magnetisieren. 1863 kehrte W. nach Deutschland zurück. Braunschweig, Karlsruhe, Leipzig wurden die Stätten seiner Wirksamkeit. In Karlsruhe nahm er die Entladungserscheinungen in Gasen messend in Angriff. In Leipzig war er 1871—1887 Professor der physikalischen Chemie, dann der Physik. Mit Geräten von Wilhelm Weber und Friedrich Zöllner, die er verbesserte, bestimmte er den absoluten elektrischen Widerstand des Quecksilbers, d. h. die Länge der Quecksilbersäule von 1 mm^2 Querschnitt, die den Widerstand 1 Ohm darstellt.

Ein großes Werk hat ihn durch sein Leben begleitet. 1861 erschien seine „Lehre vom Galvanismus und Elektromagnetismus“, worin er zusammentrug und ordnete, was man hierüber wußte. Von der nächsten und übernächsten Auflage übertraf jede die vorherige um das Doppelte an Umfang. Die dritte und vierte waren zur „Lehre von der Elektricität“ erweitert. Die letzte umfaßte vier Bände von zusammen 4525 Seiten; er hatte sie im letzten Lebensjahre beendigt. Es war das vollständigste Lehrbuch des Fachgebietes. Seit 1877, dem Todesjahre Poggendorffs, war ihm außerdem die Herausgabe der „Annalen der Physik und Chemie“ übertragen. Er hat sich dieser Aufgabe durch 69 Bände bis zu seinem Tode unterzogen. Die Annalen blieben unter ihm die bedeutendste physikalische Zeitschrift.

Seine Frau Clara übersetzte, meist in Zusammenarbeit mit Anna von Helmholtz, der Frau des Physikers, von 1867 an mehrere Werke von John Tyndall (Die Wärme, Der Schall, Das Licht, Die Gletscher, Die Alpen).

Werke: G. W. und Rudolph Franz, Ueber die Wärme-Leitungsfähigkeit der Metalle. Hrsg. von Arthur Wehnelt (= Ostwalds Klassiker. Nr 222). Leipzig 1927; Über die Bestimmung des Ohm. In: Sitzungsberichte der Königlich Preußischen Akademie der Wissenschaften. Jg 1884, Abh. III, S. 1–75; Die Lehre vom Galvanismus und Elektromagnetismus. 2 Bde. Braunschweig 1861 und 1863; 2. Auflage, 3 Bde. 1872–1874; Die Lehre von der Elektricität. 4 Bde. Braunschweig 1893–1898.

Literatur: Wilhelm Ostwald, Abhandlungen und Vorträge allgemeinen Inhaltes. Neue Ausgabe. Leipzig 1916, S. 395–403; Eduard Hagenbach, G. W. Nachruf. In: Naturwiss. Rundschau. Jg 14, 1899, S. 307–310; G. W. In: Umschau. Jg 3, 1899, S. 314. H. B.

Wien, Max (* 25. Dezember 1866 in Königsberg, † 24. Februar 1938 in Jena). Hauptarbeitsgebiete W.s waren die Akustik, die elektromagnetischen Schwingungen und die Eigenschaften der Elektrolyte. Er war für seine große Präzision und Gründlichkeit im physikalischen Arbeiten bekannt: „Wenn Wien ein Problem bearbeitet hat, dann bleibt für einen späteren Bearbeiter nicht viel zu tun übrig.“

Nach seiner Promotion mit einer akustischen Arbeit bei Hermann von Helmholtz und August Kundt in Berlin im Jahre 1888 und Aufenthalten in Aachen und Danzig wurde er 1911 nach Jena berufen, wo er bis zu seinem Tode wirkte. Besondere Ergebnisse hatten seine Untersuchungen über gekoppelte Systeme, die eine der wichtigsten Grundlagen der drahtlosen Nachrichtentechnik bildeten, solange gedämpfte Schwingungen verwendet wurden. 1906 gelang ihm der Nachweis der Löschwirkung von kurzen Metallfunken, mit deren Hilfe dann in den „Löschfunkensendern“ schwach gedämpfte Schwingungen erzeugt werden konnten. Dieser Sender beherrschte für lange Zeit die gesamte drahtlose Telegraphie, bis er vom Röhrensender verdrängt wurde.

Nach dem Ersten Weltkrieg bestätigte W. durch seine Arbeiten über die elektrische Leitfähigkeit in Elektrolyten bei hohen Feldstärken und Frequenzen die Debye-Falkenhagensche Theorie.

Werke: Über die Rückwirkung eines resonirenden Systems. In: Annalen der Physik. Bd 61, 1897, S. 151–189; Intensität der beiden Schwingungen eines gekoppelten Senders. In: Physikal. Zeitschrift. Jg 7, 1906, S. 871–872.

Literatur: Jonathan Zenneck, M. W. zum 70. Geburtstag. In: Zeitschrift für technische Physik. Jg 18, 1936, S. 1–3; Hans Busch, M. W. zu seinem 70. Geburtstag. In: Elektrische Nachrichtentechnik. Bd 14, 1937, S. 1–5. S. R.

Wien, Wilhelm (* 13. Januar 1864 auf Gaffken bei Fischhausen/Ostpreußen, † 30. August 1928 in München). Der einzige Sohn eines Gutsbesitzers studierte zunächst in Göttingen und Berlin und trat Ende 1883 ins Helmholtzsche Laboratorium ein. Nach einem Semester bei Georg Quincke in Heidelberg kehrte er nach Berlin zurück und promovierte bei Hermann von Helmholtz. Doch erst 1890,

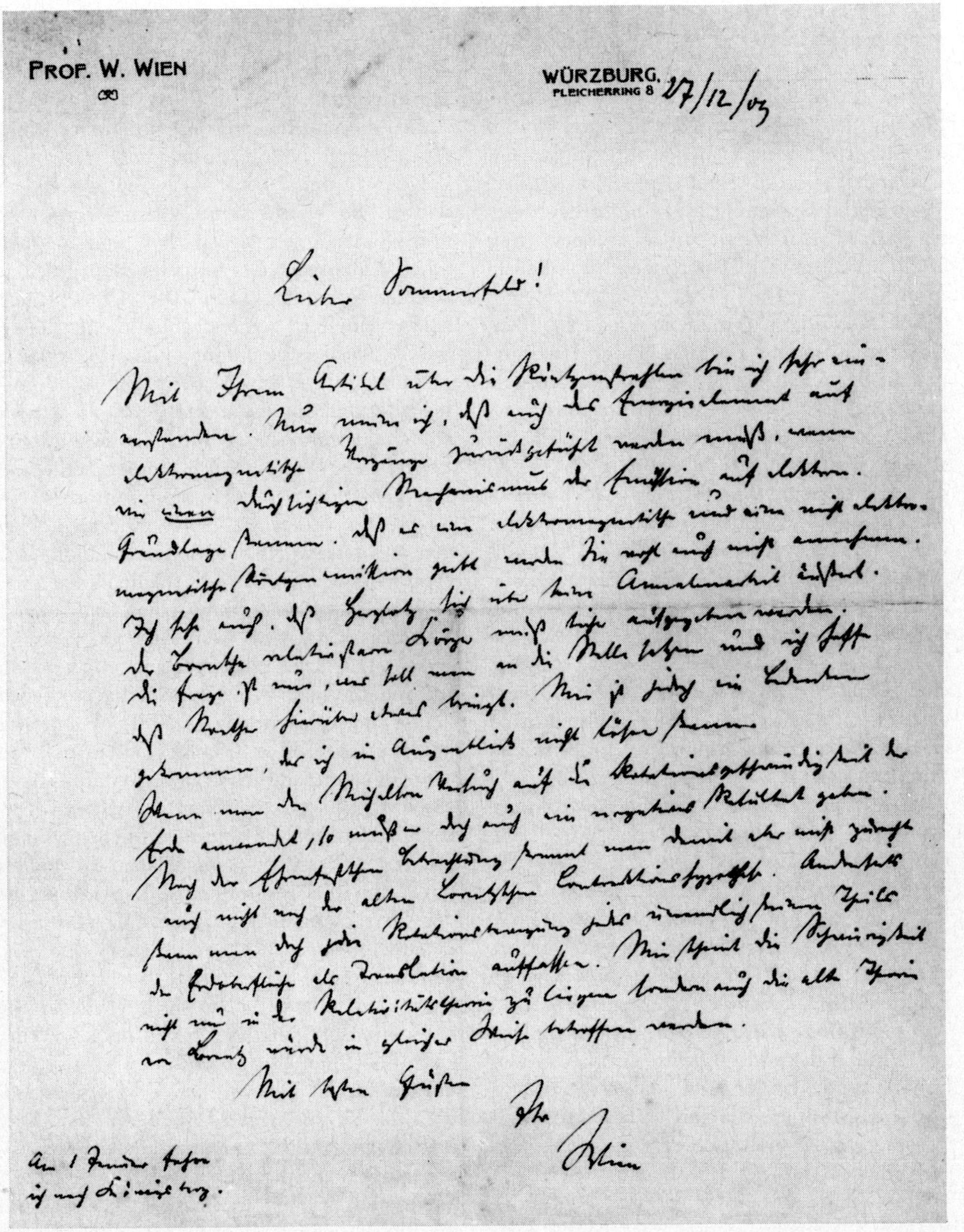
PROF. W. WIEN

WÜRZBURG,
PLEICHERRING 8 27/12/09

Lieber Sommerfeld!

[illegible]

Mit besten Grüßen

Ihr

W. Wien

[illegible]

Abb. 56. Wilhelm Wien an Arnold Sommerfeld. 27. Dezember 1909 nach dem Verkauf des elterlichen Gutes, dessen Übernahme er immer wieder in Erwägung gezogen hatte, wurde für ihn endgültig der Weg zur wissenschaftlichen Laufbahn frei.

Von 1890–96 war er Assistent von Helmholtz in der Physikalisch-Technischen Reichsanstalt; 1892 wurde er Privatdozent an der Universität Berlin. Dem Ruf nach Aachen (1896) und Gießen (1899) folgte ein zwanzigjähriger Aufenthalt in Würzburg. Seit 1920 wirkte er als Experimentalphysiker in München.

Die vielfältigen Arbeiten Wiens befaßten sich vor allem mit Problemen der Hydrodynamik, der Elektrodynamik und der Korpuskularstrahlung. Obwohl die Zahl seiner experimentellen Arbeiten die theoretischen bei weitem übertrifft, so wurde er doch besonders durch seine theoretischen Untersuchungen auf dem Gebiet der Temperaturstrahlung des schwarzen Körpers berühmt. 1893/94 fand er das heute sog. → Wiensche Verschiebungsgesetz. Zur experimentellen Prüfung der Strahlungsgesetze lieferte er 1895 gemeinsam mit Otto Lummer durch die Angabe einer Konstruktion eines schwarzen Körpers einen wichtigen Beitrag. 1896 veröffentlichte er das schon früher gefundene → Wiensche Strahlungsgesetz.

Diese Arbeiten waren für die Entwicklung der Physik so bedeutungsvoll, daß Wien 1911 den Nobelpreis erhielt. Max von Laue würdigte die Leistung Wiens: „Es bleibt Willy Wiens unsterblicher Ruhm, bis unmittelbar an die Pforten der Quantenphysik geführt zu haben; schon der nächste Schritt, den Planck vollzog, führte durch diese hindurch."

Die Berufung nach Aachen, als Nachfolger von Philipp Lenard, brachte ein neues Betätigungsfeld. Er begann die Erforschung der Kanalstrahlen, die ihn sein ganzes weiteres Leben beschäftigten. Er wies u. a. die → Kathodenstrahlen als negativ geladene Teilchen nach, erkannte, daß die → Kanalstrahlen aus einem Gemisch vorwiegend positiver, aber auch neutraler und negativer Teilchen bestehen und bestimmte die Größenordnung ihrer Geschwindigkeit und spezifischen Ladung. Er befaßte sich eingehend mit den Umlade- und Leuchtvorgängen, ermittelte die mittlere freie Weglänge und untersuchte die Leuchtdauer ungestört leuchtender Atome im Hochvakuum.

Bei diesen Arbeiten entwickelte er einige Apparaturen und experimentelle Techniken, die sich in der Physik als bedeutungsvoll erwiesen. So stellte seine Versuchsanordnung der gleichzeitigen elektrischen und magnetischen Ablenkung das Grundprinzip des Massenspektrographen dar. Die Untersuchung sehr schneller Kanalstrahlteilchen, die er durch Nachbeschleunigung im Hochvakuum gewann, führte zur Entdeckung der künstlichen Atomkernumwandlung mittels Wasserstoffkanalstrahlen durch Sir John Cockcroft und Ernest T. S. Walton. Auch die neu entdeckten Röntgenstrahlen fanden bald sein reges Interesse. Er führte die ersten Energiemessungen an ihnen durch und leitete hieraus einen recht genauen Wert für die Wellenlänge ab.

Wilhelm Wien errang schon bald hohes Ansehen: „Es gibt wohl nur ganz wenige Physiker, welche die experimentelle und die theoretische Seite ihrer Wissenschaft so gleichmäßig beherrschen, wie es Willy Wien getan hat", urteilte Max Planck. Wien galt als einer der ganz großen Experimentalphysiker, für den jedoch Experiment und Theorie untrennbar waren. Er war und blieb ein überzeugter „Klassiker", obgleich nicht zuletzt durch ihn die revolutionäre Entwicklung in der Physik eingeleitet wurde. Die neuen Erkenntnisse und Methoden beherrschte und benutzte er zwar, erkannte auch ihre Leistungsfähigkeit an; aber sie blieben für ihn nur ein Übergang zu zukünftigen, wieder kausal bestimmten Naturgesetzen.

Stets war er bemüht, den Gesamtüberblick über die Physik seiner Zeit zu behalten. Dies machte ihn auch zum geeigneten Herausgeber der „Annalen der Physik" (seit 1906). Seine Vielseitigkeit war aber keineswegs auf die Physik beschränkt. Sein Interesse galt der Kunst, Literatur, Geschichte und Politik. Besonders historisch-politische Themen bewegten den Anhänger Bismarcks und gaben immer wieder Anlaß zu politischen Diskussionen, bei denen Wien, sonst ruhig und sachlich, auch energisch und leidenschaftlich werden konnte.

Wiens Einfluß auf die Entwicklung der Physik seiner Zeit war bedeutend, nicht nur durch seine eigenen wissenschaftlichen Beiträge, sondern vielleicht noch mehr durch seinen sachkundigen Rat, den viele Kollegen gerne einholten.

Werke: Lehrbuch der Hydrodynamik. Leipzig 1900; Vorlesungen über neuere Probleme der theoretischen Physik. Leipzig und Berlin 1913; Aus der Welt der Wissenschaft (Vorträge und Aufsätze). Leipzig 1921; Handbuch der Experimentalphysik. 45 Tle. Leipzig 1926–1943 (mit Friedrich Harms).

Literatur: W. W. Aus dem Leben und Wirken eines Physikers. Leipzig 1930 (mit Autobiographie, Bibliographie, Briefen und Biographien); Max von Laue und Eduard Rüchardt, W. W. In: Die Naturwissenschaften. Jg 17, 1929, S. 675–681; Karl Reger, W. W. In: Rudolf Erckmann (Hrsg.), Via Regia. Nobelpreisträger. München–Wien 1955, S. 253–268; Eduard Rüchardt, Zur Erinnerung an W. W. bei der 25. Wiederkehr seines Todestages. In: Die Naturwissenschaften. Jg 42, 1955, S. 57–62; Max Steenbeck, W. W. und sein Einfluß auf die Physik seiner Zeit. Berlin 1964. H. F.

Wiensches Strahlungsgesetz. 1896 legte Wilhelm Wien in einer Abhandlung seine Gedanken dar, die ihn schon einige Jahre zuvor zum W. S. geführt hatten. Die Grundlage bildete, wie früher für Wladimir Michelson, das Maxwellsche Gesetz der Geschwindigkeitsverteilung. Da der Mechanismus der Strahlungserregung gänzlich unbekannt war, konnte man eine Ableitung ohne Hypothesen überhaupt nicht erzielen. Wien versuchte, wenigstens ihre Zahl zu verringern durch Heranziehung der von ihm und Ludwig Boltzmann auf rein thermodynamischem Wege gewonnenen Ergebnisse. Als strahlenden Körper nahm er dabei ein Gasgemisch an, welches er sich in einem evakuierten, von total reflektierenden Wänden begrenzten Hohlraum dachte, und auf welches er die kinetische Gastheorie anwandte. Ferner stellte Wien die Hypothese auf, „daß jedes Molekül Schwingungen einer Wellenlänge aussendet, die nur von der Geschwindigkeit des bewegten Moleküls abhängt und deren Intensität eine Funktion der Geschwindigkeit ist". Unter Anwendung des Verschiebungsgesetzes und des Gesetzes von Stefan-Boltzmann gelangte er zu folgendem Strahlungsgesetz:

$$\varphi_\lambda = \frac{C}{\lambda^5}\, e^{-\frac{c}{\lambda\vartheta}}$$

(φ_λ: Intensität der Strahlung zwischen den Wellenlängen λ und $\lambda + d\lambda$; ϑ: absolute Temperatur; C, c: Konstanten).

Ebenfalls im Jahr 1896 hat Friedrich Paschen die ersten Ergebnisse einer ausführlichen experimentellen Untersuchung vorgelegt, die er in Anlehnung an Versuche von Samuel Langley durchführte und die der Prüfung der aufgestellten Strahlungsgesetze und des Verschiebungsgesetzes diente. Dabei stellte er aus seinen Meßergebnissen eine Strahlungsformel auf, die sich von der Wiens nur dadurch unterschied, daß Paschen den Exponenten 5 durch eine körperabhängige Konstante ersetzte, deren Wert aber eine Annäherung an die Zahl 5 erkennen ließ, je mehr der untersuchte Körper dem absolut schwarzen gleichkam. Diese Resultate veranlaßten dann auch Wien, sein Strahlungsgesetz bekanntzugeben. Weitere experimentelle Untersuchungen, vor allem durch Paschen, bestätigten das W. S.

Im Jahre 1899 gelangte Max Planck auf theoretischem Wege ebenfalls zu diesem Gesetz. Er dachte sich einen evakuierten Hohlraum erfüllt mit elektrisch schwingenden, Energie ausstrahlenden und absorbierenden Körpern und wählte, da es auf die Beschaffenheit nicht ankommt, solche von möglichst einfacher Natur, nämlich lineare Oszillatoren mit bestimmten Eigenfrequenzen. Er untersuchte die Vorgänge vom elektromagnetischen Standpunkt aus und wurde mit einer plausibel erscheinenden Annahme für die Entropie eines Oszillators durch konsequente Anwendung der Elektrodynamik zum Wienschen Strahlungsgesetz geführt. So glaubte er, im W. S. die richtige Formel gefunden zu haben. Otto Lummer und Ernst Pringsheim, Heinrich Rubens und Ferdinand Kurlbaum stellten jedoch bei größeren Wellenlängen und höheren Temperaturen zum Teil beträchtliche Abweichungen fest. „Die schließliche Entscheidung" brachten für Max Planck die Messungen von Rubens und Kurlbaum, welche insbesondere zeigten, daß die Intensität eines monochromatischen Strahles bei hohen Temperaturen (abweichend vom W. S.) proportional der Temperatur wird. Am 19. Oktober 1900 trug Planck der Physikalischen Gesellschaft in Berlin das heute sog. → Plancksche Strahlungsgesetz vor, das er durch Interpolation aus dem W. S. und dem Verhalten für lange Wellen und hohe Temperaturen erhalten hatte.

Im Jahre 1905 zeigte Albert Einstein mit seiner Hypothese der → Lichtquanten, was das W. S. physikalisch tatsächlich bedeutet.

Quellen: Wilhelm Wien, Über die Energieverteilung im Emissionsspectrum eines schwarzen Körpers. In: Annalen der Physik. Bd 58, 1896, S. 662–669; Friedrich Paschen, Über Gesetzmäßigkeiten in den Spektren fester Körper. In: Annalen der Physik. Bd 58, 1896, S. 455 bis 492, Bd 60, 1897, S. 662–723; Max Planck, Über irreversible Strahlungsvorgänge. In: Annalen der Physik. Bd 1, 1900, S. 69–122. Auch in: Max Planck, Die Entdeckung des Wirkungsquantums (= Dokumente der Naturwissenschaft. Bd 11). München 1969.

Literatur: Heinrich Kayser, Handbuch der Spectroscopie. Bd 2. Leipzig 1902; Armin Hermann, Frühgeschichte der Quantentheorie. Mosbach 1969; Hans Kangro, Vorgeschichte des Planckschen Strahlungsgesetzes. Wiesbaden 1970.

H. F.

Wiensches Verschiebungsgesetz. 1893 legte Hermann von Helmholtz der Berliner Akademie eine Arbeit seines damaligen Assistenten Wilhelm Wien vor, die den Titel trug: „Eine neue Beziehung der Strahlung schwarzer Körper zum zweiten Hauptsatz der Wärmetheorie." Hier leitete Wien mit Hilfe eines Gedankenexperimentes das nach ihm benannte Verschiebungsgesetz ab. Er setzte dabei die elektromagnetische Lichttheorie und den zweiten Hauptsatz der Wärmetheorie als gültig voraus. Ferner nahm er die Möglichkeit der Existenz vollkommen schwarzer und vollkommen spiegelnder Körper sowie die Anwendbarkeit des Dopplerschen Prinzips auf Lichtstrahlen an.

Wien dachte sich eine im thermodynamischen Gleichgewicht befindliche Hohlraumstrahlung in einem Zylinder eingeschlossen, dessen Wände die gesamte auffallende Strahlung vollständig zerstreut zurückwerfen. Verringert man nun in einem adiabatischen Prozeß mit einem Stempel das Volumen, so steigt die Energiedichte sowohl durch die Volumenverkleinerung als auch durch die Arbeitsleistung gegen den Strahlungsdruck. Dabei ändern sich die Wellenlängen nach dem Dopplerschen Prinzip. Unter Benützung des zweiten Hauptsatzes der Wärmetheorie wies Wien nach, daß die komprimierte Strahlung dieselbe spektrale Energieverteilung besitzt wie eine echte thermische Gleichgewichtsstrahlung, die den gleichen Druck wie die komprimierte Strahlung hat. Durch Kompression wird also Strahlung von einem thermischen Gleichgewichtszustand in einen anderen Gleichgewichtszustand höherer Temperatur übergeführt.

Die Berechnung der Veränderung der Energieverteilung durch die Kompression, die Wien zunächst durch Bildung von Mittelwerten ausführte, und die Anwendung des Stefan-Boltzmannschen Gesetzes führten zu folgendem Ergebnis: „Im normalen Emissionsspektrum eines schwarzen Körpers verschiebt sich mit veränderter Temperatur jede Wellenlänge so, daß das Produkt aus Temperatur und Wellenlänge konstant bleibt." Dabei verhalten sich die zugehörigen spektralen Energiedichten wie die 5. Potenzen der entsprechenden Temperaturen. Sobald also die Energieverteilung im Spektrum eines schwarzen Körpers bei einer Temperatur bekannt ist, läßt sie sich für jede andere Temperatur ableiten. Helmholtz hatte Wiens

Abhandlung erst nach einigem Widerstreben vorgelegt, da er der Meinung gewesen war, daß sich die Strahlung nicht mehr thermodynamisch behandeln lasse. Noch entschiedener sprach sich Lord Kelvin dagegen aus, indem er sagte: „Thermodynamics are going mad.“ 1894 gab Wien in einer umfassenderen Darstellung mit dem Titel „Temperatur und Entropie der Strahlung“ unter Benützung derselben Grundideen eine genaue Ableitung des W. V. Dieses Gesetz wird heute in mehreren Schreibweisen angegeben. Die vielfach als Verschiebungsgesetz bezeichnete Aussage, daß das Produkt aus der Temperatur und der Wellenlänge maximaler Intensität konstant sei, war jedoch nur eine Folgerung aus den Ergebnissen Wiens, aus der sich unter anderem die Sonnentemperatur bestimmen ließ, eine der ersten und schönsten Anwendungen des Gesetzes.

Im Jahre 1900 gab Max Thiesen dem W. V. im wesentlichen die folgende Fassung: Die Strahlungsdichte des schwarzen Körpers für den Wellenbereich zwischen λ und $\lambda + d\lambda$ ist umgekehrt proportional zur 5. Potenz der Wellenlänge und proportional einer Funktion des Produktes aus Wellenlänge und Temperatur. In dieser Form enthält es die gesamte Aussage, die man über die Energieverteilung im Strahlungsspektrum des schwarzen Körpers auf Grund der Gesetze der klassischen Elektrodynamik und Thermodynamik machen kann.

So wurde das W. V. zum wichtigen Prüfstein bei der Suche nach dem Strahlungsgesetz und zu einem wesentlichen Baustein auf dem Wege zur Quantentheorie.

Quellen: Wilhelm Wien, Eine neue Beziehung der Strahlung schwarzer Körper zum zweiten Hauptsatz der Wärmetheorie. In: Sitzungsberichte der Königlich Preußischen Akademie der Wissenschaften. Jg 1893, Bd 1, S. 55–62; Wilhelm Wien, Temperatur und Entropie der Strahlung. In: Annalen der Physik. Bd 52, 1894, S. 132–165.

Literatur: Hans Kangro, Vorgeschichte des Planckschen Strahlungsgesetzes. Messungen und Theorien der spektralen Energieverteilung bis zur Begründung der Quantenhypothese. Wiesbaden 1970. H. F.

Wilson, Charles Thomson Rees (* 14. Februar 1869 in Glencorse bei Edinburgh, † 15. November 1959 in Carlops, Peeblesshire, Schottland). W. war das jüngste von acht Kindern eines schottischen Schafzüchters; da er früh den Vater verlor, mußte er sich mit Unterstützung eines Halbbruders und mit mehrfach gewährten Stipendien fortbilden. Nachdem er ursprünglich als Student der Medizin begonnen hatte, wandte er sich bald den Naturwissenschaften zu. Von großem Einfluß auf diese Wendung waren Beobachtungen, die er als junger Mann machte und die er 1927 in seiner Nobelrede folgendermaßen beschrieb: „Im September 1894 verbrachte ich ein paar Wochen in dem Observatorium, das damals auf dem Gipfel des Ben Nevis, des höchsten schottischen Berges, stand. Die wunderbaren optischen Erscheinungen, die sich zeigten, wenn die Sonne auf die Wolken schien, welche den Gipfel umgaben, und besonders die Farbenringe, die die Sonne umgaben (Coronae), oder der Schatten, den der Gipfel oder der Beobachter auf Wolken oder Nebel warfen (Glorien), erregten mein Interesse aufs stärkste und weckten in mir den Wunsch, diese im Laboratorium nachzumachen.“

Seine Experimente zeigten ihm bald, daß weniger die optischen Phänomene als vielmehr die Bedingungen, unter denen Wasser kondensiert, eines näheren Studiums wert seien. In den Jahren 1895 bis 1899 publizierte er im Anschluß an ähnliche Arbeiten von Coulier und Aitken mehrere Schriften über diesen Gegenstand mit dem Ergebnis, daß übersättigter Wasserdampf in staubfreier Luft erst bei Expansion auf einen exakt bestimmbaren Wert (das 1,252fache des ursprünglichen Volumens) kondensiert, und daß sich immer einige Regentropfen bilden – unabhängig von der Zahl der vorher ausgeführten Entspannungen. Aus der Größe der an den Nebel- und Regentröpfchen entstehenden Lichtbeugungen konnte er sowohl deren Durchmesser als auch ihre Anzahl in der Volumeneinheit bestimmen. Daß es sich bei den durch Strahlen erzeugten Kondensationskernen um Ionen handelte, zeigte er durch Anlegen eines elektrischen Feldes, in dem sich die Nebel rasch wieder auflösten.

Seit 1900 beschäftigte sich W. mit der im selben Jahr von Julius Elster, Hans Geitel und ihm selbst entdeckten Leitfähigkeit der Luft. Auf Grund seiner experimentellen Ergebnisse sprach er die Vermutung aus, daß die die Luft ionisierende Strahlung aus einer Quelle außerhalb der Atmosphäre stammen müsse, eine Annahme, deren Richtigkeit Victor Franz Hess 1912 bestätigte (→ Höhenstrahlung).

1910 griff W. seine Arbeiten über Kondensation durch Ionenbildung wieder auf. Im Frühjahr 1911 lieferte er die ersten photographischen Aufnahmen der Bahnen von α-Teilchen und der von Röntgenstrahlen ausgelösten Elektronen. Damit war die Wilsonsche Nebelkammer geboren. Ihre Fortentwicklung wurde durch den Ersten Weltkrieg unterbrochen; Wilson selbst veröffentlichte seine letzte diesbezügliche Publikation 1923, und die Verfeinerung ihrer Technik ging danach in die Hände anderer über. Von diesen Arbeiten W.s hat Joseph John Thomson, sein einstiger Lehrer, in seinen „Erinnerungen und Betrachtungen" gesagt: „Dieses Werk C. T. R. Wilsons, das ohne Hast und ohne Rast seit 1895 fortschritt, hat als ein Muster an Erfindungsgabe, Einsicht, technischem Geschick, unablässiger Geduld und zäher Zielstrebigkeit selten seinesgleichen gefunden." W.s Bemühungen sind in den folgenden Jahren in hohem Maße belohnt worden, denn in der Kern- und Teilchenphysik hat sich die Nebelkammer als unersetzliches Detektorinstrument erwiesen. So verdankt man ihrer Anwendung u. a. die Entdeckung des Positrons, der Paarproduktion, der kosmischen Strahlenschauer und des μ-Mesons.

W. wurde 1925 zum Jacksonian Professor in Cambridge gewählt, welches Amt er bis 1936 innehatte. 1927 erhielt er zusammen mit Arthur Holly Compton den Nobelpreis „für die Beiträge zum Verständnis der Streuung hochenergetischer Photonen". In der letzten Phase seines Lebens widmete sich W., ebenfalls anknüpfend an jugendliche Beobachtungen, dem Studium der Gewitterelektrizität. Seine letzte wissenschaftliche Arbeit („A theory of thundercloud electricity") reichte er der Royal Society als deren ältestes Mitglied im Alter von 87 Jahren ein. „Man darf annehmen", schrieb Patrick M. S. Blackett in seinem Nachruf auf W., „daß niemals innerhalb von dreihundert Jahren das älteste Mitglied der Gesellschaft der Royal Society eine Abhandlung vorgelegt hat" und daß ferner „von den großen Wissenschaftlern seines Zeitalters Wilson vielleicht der liebenswürdigste und heiterste und derjenige war, den Ruf und Ehre am gleichgültigsten ließen".

Werke: On the condensation nuclei produced in gases by the action of Röntgen rays, ultraviolet light, and other agents. In: Philosophical Transactions. Vol. A 192, 1899, S. 403–453; On the comparative efficiency as condensation nuclei of positively and negatively charged ions. Ebd. Vol. A 193, 1900, S. 289–308.

Literatur: Patrick M. S. Blackett, C. T. R. W. 1869–1959. In: Biographical memoirs of fellows of the Royal Society. Vol. 6, 1960, S. 269–295; P. J. Dee and T. W. Wormell, An index to C. T. R. W.'s laboratory records and notebooks in the library of the Royal Society. In: Notes and records of the Royal Society of London. Vol. 18, 1963, S. 54–66; Norman Feather, Prof. C. T. R. W., C. H., F. R. S. In: Nature. Vol. 184, 1959, S. 1842 f.

U. H.

Wirkungsquantum. Noch im Jahre 1899 hielt Max Planck das Wiensche Strahlungsgesetz

$$u = (8\pi\nu^3 b/c^3) \exp(-a\nu/T)$$

(u: elektromagn. Strahlungsenergie pro Volumeneinheit und Frequenzintervall) für universell gültig. Dabei entspricht b dem Planckschen Wirkungsquantum h, eine Konstante, für die Planck schon im Mai 1899 den Zahlenwert

$$b = 6{,}885 \cdot 10^{-27} \text{ ergsec}$$

angegeben hatte. Planck erkannte, daß im → Wienschen Strahlungsgesetz, wie im gleichwertigen Ausdruck für die Entropie des Resonators, universelle Naturkonstanten vorliegen: Nach Kirchhoff ist ja das Emissionsvermögen des schwarzen Körpers von Materialeigenschaften und Abmessungen spezieller Körper vollständig unabhängig; also müssen auch die in den entsprechenden Ausdruck eingehenden Konstanten universelle oder „absolute" Bedeutung besitzen (→ Naturkonstanten).

Die Sitzung der Preußischen Akademie der Wissenschaften, auf der Max Planck diese Gedanken erstmalig vortrug, fand am 18. Mai 1899 statt. Wenn man also unter „Quantentheorie" in Abgrenzung zur „klassischen Physik" das Gebiet von Naturerscheinungen verstehen will, in dem sich die Naturkonstante $h = 6{,}27 \cdot 10^{-27}$ ergsec bemerkbar macht (während für die komplementäre Menge auch $h = 0$ gesetzt werden darf), so kann man schon diesen 18. Mai 1899 als den „Geburtstag der Quantentheorie" bezeichnen. Im Dezember 1900 stieß Max Planck dann bei der Ableitung der Planckschen Strahlungsformel auf die Relation $\varepsilon = h \cdot \nu$ für die Energiestufen des linearen Oszillators. Da er bereits wußte, daß h als Naturkonstante nicht Null gesetzt werden kann, geriet er nicht in Versuchung, den Grenzübergang $\varepsilon \to 0$ zu vollziehen. Die Tragweite der Formel wurde Planck erst um 1907 deutlich (→ Quantentheorie).

Quelle und Literatur: Max Planck, Die Entdeckung des Wirkungsquantums (= Dokumente der Naturwissenschaft. Bd 11). München 1969.

Wurfgesetze. Während die Antike grundsätzlich zwischen natürlichen und gewaltsamen → Bewegungen unterschieden hatte, erfaßte Galileo Galilei den freien Fall (→ Fallgesetze) und den Wurf als zusammengehörig und löste das alte Problem des Wurfes, um das sich insbesondere seit Aufkommen des Geschützes sowohl Praktiker wie Gelehrte bemüht hatten. Galilei zerlegte die Wurfbewegung in zwei Komponenten, eine horizontale, gleichförmige und eine vertikale, gleichmäßig beschleunigte Bewegung. Den 4. Tag seiner im Jahre 1638 erschienenen „Discorsi" leitete er wie folgt ein: „Im nachfolgenden wage ich es, einige Erscheinungen und einiges Wissenswerte mit sicheren Beweisen vorzuführen über Körper mit zusammengesetzten Bewegungen, einer gleichförmigen nämlich und einer natürlich beschleunigten, denn solcherart ist die Wurfbewegung, und so läßt sie sich erzeugt denken." Er bestimmte die Wurfbahn als Parabel, erkannte aber bereits, daß dies nur eine idealisierte Bahnkurve sein konnte ohne die Berücksichtigung des Luftwiderstandes: „Die große Abweichung ist beim Wurf der Geschosse zu erwarten... In betreff des Widerstandes des Mediums gestehe ich zu, daß dessen störender Einfluß bemerklicher sein wird und wegen seiner mannigfachen verschiedener Beschaffenheit kaum unter feste Regeln gebracht werden kann." Er berechnete die Elemente der Wurfparabel, ferner Wurfzeiten und Wurfhöhen in Abhängigkeit vom Elevationswinkel und stellte sogar Tabellen auf. Auch konnte er bereits die Geschwindigkeit in einem Bahnpunkt bestimmen. Galileis Bemühungen waren durch die noch unzureichend entwickelte Experimentierkunst und mathematische Analyse begrenzt.

Isaac Newton veröffentlichte 1687 seine Behandlung der W. unter Berücksichtigung der Reibung. Eine Näherungslösung dieses Problems fand 1719 Johann Bernoulli; 1742 gab Benjamin Robins eine gute Darstellung. Er hat das Verdienst, durch seine Schießversuche und Messungen eine richtige Einschätzung der Bedeutung des Luftwiderstandes angebahnt zu haben. Aus diesen Anfängen heraus entwickelte sich langsam das Gebiet der Ballistik.

Quellen: Galileo Galilei, Unterredungen und mathematische Demonstrationen über zwei neue Wissenszweige etc. Übers. u. hrsg. A. von Oettingen. Neudruck Darmstadt 1964; Isaac Newton, Mathematische Prinzipien der Naturlehre. Hrsg.

J. Ph. Wolfers. Neudruck Darmstadt 1963; Benjamin Robins, New Principles of Gunnery. London 1742 (Deutsche Ausgabe von Leonhard Euler. Berlin 1745).

Literatur: Eduard Jan Dijksterhuis, Val en Worp ... Groningen 1924; Alfred Rupert Hall, Ballistics in the seventeenth century. Cambridge 1952. W. G.

Y

Young, Thomas (* 13. Juni 1773 in Milverton, Somersetshire, † 10. Mai 1829 in London). Er konnte schon mit zwei Jahren lesen, hatte mit vier Jahren zweimal die Bibel gelesen und behielt lange Gedichte im Gedächtnis. Leicht lernte er klassische und orientalische Sprachen und war als Maler und Musiker begabt. Unter dem Einfluß seines Großonkels studierte er Medizin und übernahm 1800 dessen Praxis in London. Nebenher war er 1801–1804 Physikprofessor an der Royal Institution. Seine Vorlesungen gab er 1807 in zwei Quartbänden heraus. 1811 wurde er Arzt am St. George's Hospital. Seit 1818 war er Sekretär am Längenbüro und betreute den Nautical Almanac. Seine Schriften behandeln die verschiedensten Gegenstände. Er war Philosoph und Wissenschaftler zugleich.

Bedeutend ist sein Beitrag zur Optik. Er begann 1793 mit einer Arbeit über das Sehen. Wie stellt sich das Auge ein, um in die Ferne und Nähe deutlich zu sehen? Es konnten nur Veränderungen in der Form der Linse sein. Warum sehen wir Farben? Y. dachte sich die Netzhaut aus drei verschiedenartigen, die Grundfarben vermittelnden Nervenelementen zusammengesetzt. Diese Dreifarbentheorie wurde später von James Clerk Maxwell und Hermann Helmholtz wiederaufgenommen.

In „Outlines of experiments and enquiries respecting sound and light" (Philosophical Transactions 1800) betonte Y. bereits die Vorteile der → Wellentheorie von Christiaan Huygens. Beim Nachdenken über Newtons Experimente entdeckte er im Mai 1801 das Interferenzprinzip. Er dachte sich zwei Gruppen von Wasserwellen, die gleichzeitig am Seeufer in einen Kanal dringen. Wenn die Wellenberge zusammentreffen, werden sie sich verstärken. „But if the elevations of one series are so situated as to correspond to the depressions of the other, they must exactly fill up those depressions, and the surface of the water must remain smooth ... Now, I maintain that similar effects take place whenever two portions of light are thus mixed; and this I call the general law of the interference of light." Y. war von seinen akustischen Studien her mit den Eigenschaften der Schallwellen vertraut; er hatte oft Schwebungen beobachtet. Nun deutete er die Erscheinungen beim Licht entsprechend.

Am 12. November 1801 hielt er seine Bakerian-Vorlesung „On the theory of light and colours". Er ging von Aussprüchen Newtons aus, die der Wellenlehre günstig waren. Wellen, die sich im Lichtweg um eine halbe Wellenlänge unterscheiden, löschen sich aus. Beträgt der Unterschied eine ganze Wellenlänge oder ein Vielfaches davon, so verstärken sie sich. Damit deutete er jene regelmäßigen → Newtonschen Ringe, die um den Berührungspunkt einer Linse mit einer Glasplatte entstehen. Newton hatte mit einfarbigem Licht gesehen, daß es für jede Farbe fortschreitende Dicken der Luftschicht zwischen den Gläsern gab, wo kein Licht zurückgeworfen wurde. Nach Y. hatte dort die Reflexion nicht aufgehört; sondern da vernichteten sich die von den zwei Oberflächen, die die Luftschicht begrenzen, zurückgeworfenen Strahlen durch ihr Zusammentreffen. Licht zu Licht gefügt kann Dunkelheit ergeben. Er wies nach, daß die Interferenz sich auch auf den ultravioletten Teil des Spektrums erstreckt, indem er den unsichtbaren Reflex auf ein mit Silberlösung getränktes Papier fallen ließ.

In einer zweiten Arbeit dehnte er die Erklärung auf die farbigen Streifen aus, die den Schatten eines schmalen Körpers säumen und die Francesco Maria Grimaldi zu erforschen begonnen hatte. Wenn man hinter einem Lichtspalt einen schmalen Kartonstreifen einschiebt, erkennt man in seinem Schatten parallele helle und dunkle Linien. Y. erklärte, daß die an den beiden Seiten des Kartons hervordringenden Lichtbüschel gleichsam von den Kanten ausgehende Wellenzüge seien, die diese Streifen durch ihre Kreuzung erzeugen, indem sie je nach den Wegunterschieden sich verstärken oder schwächen. Bei blauem Licht stehen sich die Streifen näher als bei rotem, woraus sich die Wellenlängen ableiten ließen. Die Beugungserscheinungen lieferten dieselben Ergebnisse wie die Farben dünner Plättchen. Newton hatte diese Wahrnehmungen nicht miteinander in Beziehung gebracht. Y. führte beide auf Wirkungen der Interferenz zurück. In einer dritten Abhandlung bewies er, daß auftretende Streifen stets vom Zusammentreffen zweier Lichter herrühren.

Als Y. diese Ansicht vortrug, stand er allein. Newtons Emissionstheorie war allgemein anerkannt, und man war in England nicht geneigt, die Wellentheorie anzunehmen. Lord Henry Brougham und David Brewster erklärten sich heftig dagegen. Ruhig erwiderte Y. (in seinen Vorlesungen, Ausgabe 1845, S. 382): „Es ist nicht zu erwarten, daß alle Einwände gegen solch ein System sogleich verstummen werden; aber wenn eine gründliche, aufrichtige Aussprache nur über die Tatsachen, die ich vorgelegt habe, ausgelöst würde, so hoffe ich zuversichtlich, daß die Wissenschaft der Optik wesentlichen Nutzen daraus ziehen wird, selbst wenn die Theorie zuletzt widerlegt werden sollte."

Von Frankreich ging das Signal aus, Y. Gerechtigkeit widerfahren zu lassen, indem dort – ebenfalls allein, von Laplace und Biot abgelehnt – der junge Augustin-Jean Fresnel zur Wellentheorie vorstieß. François Arago besuchte Y. 1816 und erzählte ihm von den neuen Entdeckungen über Polarisation. Daraufhin schrieb Y. ihm 1817, daß man zu deren Erklärung Lichtschwingungen senkrecht zur Ausbreitungsrichtung annehmen müsse.

Seine Genialität erwies sich ebenso auf andern Gebieten. In einer Abhandlung über Kohäsion von 1805 berechnete er die Größe der Moleküle. Auch leistete er Pionierarbeit in der Berechnung der Lebensversicherung. Wichtig war sein Beitrag zur Entzifferung der ägyptischen Hieroglyphen. 1799 hatte man den Stein von Rosette gefunden, der mit drei Schriftreihen bedeckt war: hieroglyphisch, demotisch und griechisch. Y. hatte die Eingebung, daß unter den Hieroglyphen diejenigen, die in eine Einfassung eingeschlossen waren, den Eigennamen der griechischen Inschrift entsprechen und daß im Fall der Einrahmung die Zeichen nicht mehr Worte, sondern Buchstaben bedeuten. Später gelang es Jean-François Champollion, das Alphabet und die Grammatik zu erkennen.

Werke: A course of lectures on natural philosophy and the mechanical arts. 2 Bde. London 1807. 2. Ausgabe: 2 Bde (Text- und Tafelband). London 1845. Darin: On the nature of light and colours. S. 359–374. On the history of optics. S. 374–385; The miscellaneous works of Dr. T. Y. Edited by George Peacock and John Leitch. 3 Bde. London 1855. – In den Philosophical Transactions: Observations on vision. 1793, S. 169–181; The Bakerian lecture. On the theory of light and colours (Entdeckung der Interferenz des Lichtes). 1802, S. 12–48; An account of some cases of the production of colours, not hitherto described. 1802, S. 387–397; The Bakerian Lecture. Experiments and calculations relative to physical optics. 1804, S. 1–16; An essay on the cohesion of fluids. 1805, S. 65–87. — Johann Caspar Horner et T. Y., Méthode facile et générale pour calculer les latitudes d'un lieu par les hauteurs de l'étoile polaire, observées à toute heure. Suivie d'une autre méthode pour réduire au méridien les hauteurs circum-méridiennes d'un astre quelconque, observées avec un cercle-répétiteur. Genua 1822.

Literatur: Franz Arago's sämmtliche Werke. Bd 1. Leipzig 1854, S. 191–233; George Peacock, Life of T. Y. London 1855; Alexander Wood and Frank Oldham, T. Y. Natural philosopher, 1773–1829. Cambridge 1954 (mit Bibliographie); William Whewell, Geschichte der inductiven Wissenschaften. Deutsch von Joseph Johann v. Littrow. Bd 2. Stuttgart 1840, S. 431 bis 478; Ernst Mach, Physikalische Optik. Leipzig 1921, S. 200–203; A. Ruzinowicz, T. Y. and the theory of diffraction. In: Nature. Bd 180, 1957, S. 160–162; Robert Wichard Pohl, Die Entdeckung der Interferenz durch T. Y. In: Physikal. Blätter. Jg 17, 1961, S. 208–211; E. Scott Barr, T. Y. Men and milestones in optics. In: Applied Optics. Bd 2, 1963, S. 639 bis 647. H. B.

Z

Zeeman, Pieter (* 25. Mai 1865 in Zonnemaire, Niederlande, † 9. Oktober 1943 in Amsterdam). Z. studierte bei Heike Kamerlingh Onnes, Hendrik Antoon Lorentz und Friedrich Kohlrausch. Im Oktober 1896 veröffentlichte er den nach ihm benannten Effekt des Magnetfeldes auf Spektrallinien, den Lorentz 1897 im Sinne seiner Ionentheorie deutete mit dem Ergebnis, daß die für die Lichtstrahlung verantwortlichen Teilchen offenbar dieselbe spezifische Ladung besitzen wie die im gleichen Jahr von Joseph John Thomson entdeckten Elektronen. Z. ist vor allem seiner magnetooptischen Untersuchungen wegen, die er bis zur Kernmomentsbestimmung (aus der Hyperfeinstruktur) ausbaute, bekannt geworden; doch hat er durchaus auch davon ganz verschiedene Probleme bearbeitet: darunter den Mitführungskoeffizienten in festen Stoffen, für den er erstmals einen auf dem Doppler-Effekt beruhenden (von Lorentz postulierten) Term nachwies, und die Gleichheit von schwerer und träger Masse, die er mit einer empfindlichen Drehwaage bestätigte. Z. wurde 1900 Professor der Physik in Amsterdam und erhielt 1902 zusammen mit Lorentz den Nobelpreis „als Anerkennung des außerordentlichen Verdienstes, das sie sich durch ihre Untersuchungen über den Einfluß des Magnetismus auf die Strahlungsphänomene erworben haben".

Werk: Magnetooptische Untersuchungen. Leipzig 1914.

Literatur: Friedrich Paschen, P. Z. zum siebzigsten Geburtstage. In: Die Naturwissenschaften. Jg 23, 1935, S. 329 f.; Johannes Diderik van der Waals jr., Dr. P. Z. zum 25. Mai 1935. Ebd. S. 588–591; Owen W. Richardson, Prof. P. Z., Foreign Member of the Royal Society. In: Nature. Vol. 153, 1944, S. 158 f. U. H.

Zeeman-Effekt. Der erste, der einen Einfluß des Magnetfeldes auf Spektrallinien vorhersagte, war Michael Faraday. Er strebte – wie er sich ausdrückte – danach, „die Kraftlinien zu beleuchten und das Licht magnetisch zu machen". Es gelang ihm schließlich auch, eine „Magnetisierung des Lichtes" (→ Faraday-Effekt) zu beobachten. 1862 stellte er einen Versuch an, mit dem er seine Vorhersage beweisen wollte, „but not the lightest trace of effect on or change in the lines in the spectrum was observed in any position of polariser or analyser.“ Dieser Faradaysche Versuch ist mit und ohne Abänderungen von anderen mehrfach wiederholt worden, aber zunächst ohne sicheres Ergebnis.

Nach vergeblichen Bemühungen im Jahre 1892 stellte Pieter Zeeman fest: „If a Faraday thought of the possibility of the abovementioned relation, perhaps it might be yet worth while to try the experiment again with the excellent auxiliaries of spectroscopy of the present time, as I am not aware that it has been done by others.“ Bei seinen ersten Experimenten an der Natrium-D-Linie beobachtete Zeeman 1896 zwar nur eine Verbreiterung der Linie, konnte aber unter Bezug auf die von Hendrik Antoon Lorentz aufgestellte Elektronentheorie nachweisen, daß bei transversaler Beobachtung die Ränder senkrecht zum Feld und bei longitudinaler Beobachtung entgegengesetzt zirkular polarisiert sind. Damit bestätigte der Versuch die Theorie von Lorentz, der Zeemans erste Ergebnisse mit der Vorstellung des quasi-elastisch gebundenen Elektrons sofort interpretiert und die dann beobachteten Polarisationsverhältnisse vorausgesagt hatte. Die Tatsache, daß die kurzwelligere Komponente zirkular polarisiert ist in demselben Sinn wie der Strom im Elektromagneten, zeigte, daß die rotierende Ladung negativ sein muß. Noch im selben Jahr 1896 gelang Zeeman an einigen Linien des Cadmiums und Zinks die Aufspaltung in ein Triplett bei transversaler und ein Dublett bei longitudinaler Beobachtung. So war die Übereinstimmung von Theorie und Experiment gezeigt. Als 1897 Aufspaltungen in mehr als drei Linien entdeckt wurden, erhielt diese Erscheinung die Bezeichnung anomaler Zeeman-Effekt.

In den folgenden Jahren wurden viele Linien untersucht, u. a. von Zeeman, Albert A. Michelson, Thomas Preston, Henri Becquerel, und es waren vor allem Carl Runge und Friedrich Paschen, die zu Beginn des 20. Jahrhunderts zeigten, daß das Triplett die Ausnahme und nicht die Regel ist. Schon 1898 hatte Preston, der seine Ergebnisse mit der Theorie von Joseph Larmor deutete, gefunden, daß entsprechende Spektrallinien, selbst wenn sie zu verschiedenen Elementen gehören, dasselbe Muster bei der Zeeman-Aufspaltung zeigen, und Runge stellte 1907 die Regel auf, daß der Abstand der Spektrallinien von der Ausgangslinie gleich einem rationalen Vielfachen des Abstandes bei der Triplett-Aufspaltung ist.

Arnold Sommerfeld und Peter Debye bezogen 1916 durch Einführung der magnetischen Quantenzahl den normalen Zeeman-Effekt in die Quantentheorie ein. Im Jahre 1921 gelang Alfred Landé die Systematisierung der anomalen Zeeman-Aufspaltungen; ihre Erklärung erlaubte jedoch erst die neuere Quantentheorie.

Quellen: Pieter Zeeman, Über einen Einfluß der Magnetisirung auf die Natur des von einer Substanz emittirten Lichtes. In: Verhandlungen der Physikalischen Gesellschaft zu Berlin. Bd 7, 1896, S. 128–130; ders., Magnetooptische Untersuchungen. Leipzig 1914.

Literatur: James Brookes Spencer, An historical investigation of the Zeeman effect. Diss. University of Wisconsin 1964. Ann Arbor 1970; Max Jammer, The conceptual development of quantum mechanics. New York 1966, S. 118 bis 133; Arnold Sommerfeld und Ernst Back, 25 Jahre Zeemaneffekt. In: Die Naturwissenschaften. Jg 9, 1921, S. 911–928 (mit Bibliographie); Paul Forman, Alfred Landé and the anomalous Zeeman effect, 1919–1921. In: Historical Studies in the Physical Sciences. Vol. 2, 1970, S. 153–261. O. L.

Zeitmessung. Es lassen sich zwei prinzipiell verschiedene Arten der Zeitmessung unterscheiden. Die eine basiert auf der Zählung periodischer Vorgänge; die andere und ältere beruht auf der Messung kontinuierlicher Prozesse. Die Antike benutzte hierzu das Wandern des Schattens der Sonne oder das allmähliche Ausfließen von Wasser oder Sand. Die Bedeutung der Sonnen- und Wasseruhren reicht bis in das 18. Jh. hinein.

So hat Galileo Galilei bei der Nachprüfung der → Fallgesetze an der schiefen Rinne die Zeit nicht an Räderuhren gestoppt, sondern die aus einer Wasseruhr ausgeströmte Flüssigkeitsmenge gewogen. Die Erfindung der mechanischen Räderuhr mit Gewichtsantrieb ist noch ungeklärt. Die ersten Exemplare solcher monströsen Kirchturmuhren sind als das Werk von Schmieden im 14. Jh. nachweisbar. Der möglichst gleichmäßige Ablauf des Räderwerkes wurde durch einen mechanischen Gangregler oder Regulator – dem Herzstück jeder Uhr – erzielt, durch die sogenannte Spindelhemmung, die ihren Bewegungstakt von einer horizontal schwingenden Waage, auch Foliot genannt, erhielt. Bis heute sind rund 300 verschiedene Hemmungen für Uhren bekanntgeworden.

Es ist bemerkenswert, daß es erst die beginnende Neuzeit verstand, künstlich erzeugte periodische Vorgänge durch deren Abzählen zur Zeitmessung zu nutzen. Die tägliche Gangabweichung der frühen Räderuhren betrug bis zu einer halben Stunde; sie besaßen daher nur einen Stundenanzeiger. Die Ganggenauigkeit wurde durch die Entwicklung von kleineren und transportablen Federzugsuhren im 15. Jh. (besonders in Nürnberg) gesteigert. Der entscheidende Durchbruch in der Uhrentechnik lag aber in der Einführung der Pendelschwingung durch → Christiaan Huygens 1657 und der mit einer Spiralfeder gekoppelten Unruhe durch Huygens und Robert Hooke 1674.

Im 18. Jh. erforderte die Längenbestimmung auf See immer genauere Chronometer, wie die präzisen und kompensierten Uhren genannt wurden, deren tägliche Gangabweichung nur Zehntelsekunden betrug. In der ersten Hälfte des 20. Jh.s gelang es, mittels Quarzuhren bereits die Schwankungen der Erdumdrehungen nachzuweisen und damit die Genauigkeit der Uhr Erde von rund 10^{-3} Sekunden je Tag zu übertreffen.

Schließlich wurde 1964 aufgrund der Atomuhren mit ihrer nach 10^{-7} Sekunden zählenden täglichen Genauigkeit von dem Internationalen Komitee für Maße und Gewichte beschlossen, daß die Zeit letztlich nicht mehr astronomisch, sondern physikalisch durch eine konstante Frequenz des Caesiumatoms zu definieren ist.

Literatur: Hans Schimank, Zeit und Zeitmessung kulturgeschichtlich betrachtet. In: Physikal. Blätter. Jg 9, 1953, S. 498–507; Ernst Zinner, Aus der Frühzeit der Räderuhr. Von der Gewichtsuhr zur Federzuguhr. In: Deutsches Museum. Abhandl. u. Berichte. Jg 22, 1954, H. 3; Ernst von Bassermann-Jordan, Uhren. Ein Handbuch. Braunschweig 1961; Paul Dinichert, Die Zeit – fundamentale und problemreiche Größe. Eine Übersicht auf die Geschichte und die Methoden ihrer Messung. In: VDI-Nachrichten. Jg 18, 1964, Nr 44, S. 9, Nr 47, S. 9; Armin Hermann, Ammoniak als Uhr. In: Die BASF. Jg 19, 1969, S. 130–133. L. v. M.

Zeitschriften. Die Entwicklung der neuzeitlichen Wissenschaften mit ihrer Betonung der Beobachtung und des Experiments und der Kritik der althergebrachten, meist auf antike Quellen zurückgehenden Literatur erforderte neue Formen der Bekanntgabe wissenschaftlicher Erkenntnisse. Lange Zeit wurden diese in Büchern, Flugblättern und vor allem durch Korrespondenz den Interessenten mitgeteilt. Im wissenschaftlichen Briefverkehr wurde oft an bestimmte Personen, wie Athanasius Kircher, Marin Mersenne oder John Collins, berichtet, die diese Information dann weitergaben. Das Briefsystem wurde bei den später ins Leben gerufenen Zeitschriften beibehalten (Briefe an den Herausgeber).

Gegen Ende des 17. Jh.s entstanden aus Vorläufern (z. B. Kalendern, Almanachen) die ersten allgemeinen gelehrten Zeitschriften, so etwa das „Journal des sçavans" 1665 in Frankreich und die „Acta Eruditorum" 1682 in Deutschland, und fast gleichzeitig begann 1665 mit den „Philosophical Transactions" der Royal Society in London die erste wissenschaftliche Zeitschrift. Diesem Beispiel folgten später die neugegründeten Akademien. Wissenschaftliche Zeitschriften im modernen Sinne entstanden zu Ende des 18. Jh.s rasch nacheinander in Frankreich (Annales de chimie 1789), Deutschland (Journal der Phy-

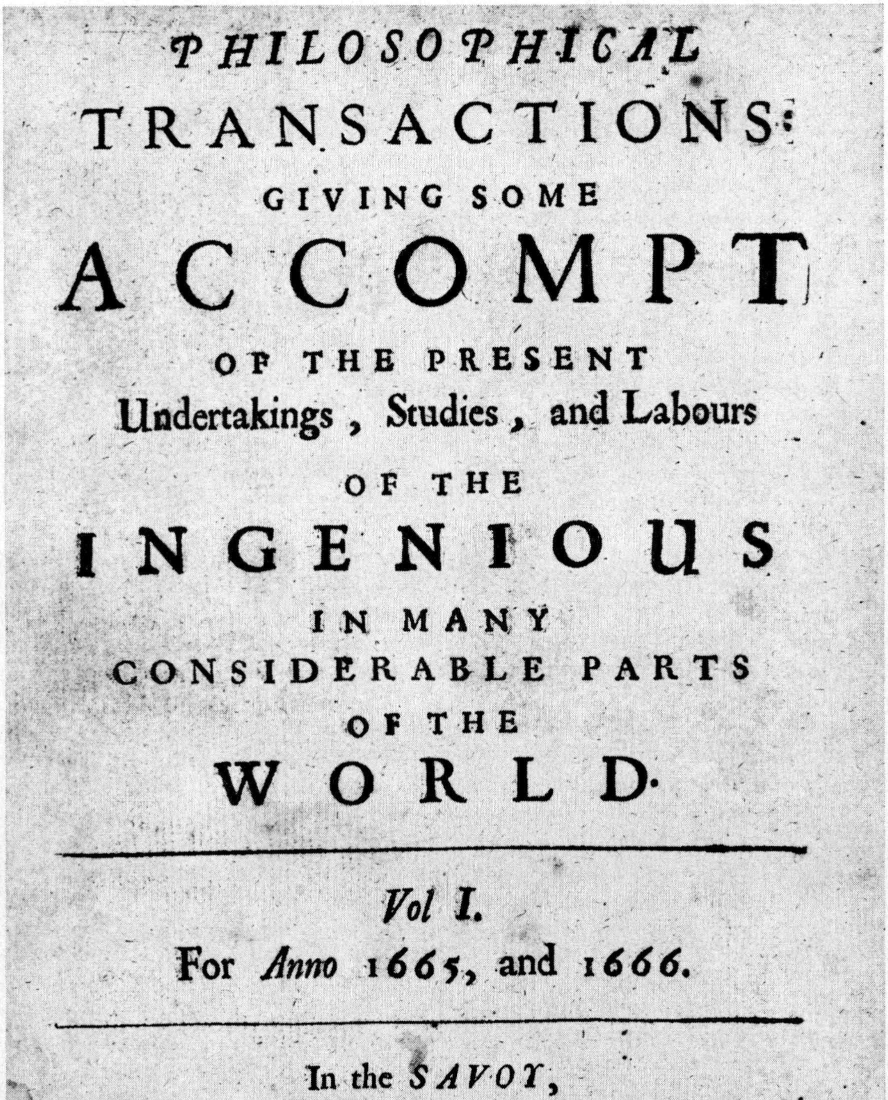

PHILOSOPHICAL
TRANSACTIONS:
GIVING SOME
ACCOMPT
OF THE PRESENT
Undertakings, Studies, and Labours
OF THE
INGENIOUS
IN MANY
CONSIDERABLE PARTS
OF THE
WORLD.

Vol I.
For *Anno* 1665, and 1666.

In the *SAVOY*,
Printed by *T. N.* for *John Martyn* at the Bell, a little without *Temple-Bar*, and *James Alleſtry* in *Duck-Lane*,
Printers to the *Royal Society*.

Abb. 57. Titelblatt des ersten Bandes der „Philosophical Transactions“. London 1665/66 sik 1790) und England (Philosophical Magazine 1798).

Aus dem „Journal der Physik" entwickelten sich später Gilberts Annalen, Poggendorffs Annalen, Wiedemanns Annalen und schließlich die „Annalen der Physik", welche für lange Zeit „das gesamte physikalische Leben in Deutschland in sich vereinigten". Wenn zunächst in den physikalischen Zeitschriften auch chemische Arbeiten und solche aus den Randgebieten erschienen, so setzte in der zweiten Hälfte des 19. Jh.s verstärkt eine Abspaltung von Teilgebieten und die Neugründung selbständiger Zeitschriften ein. Das rasche Anwachsen der physikalischen Erkenntnis verlangte nach schneller, aktueller Berichterstattung, eine Aufgabe, die die 1898 gegründeten „Verhandlungen der Deutschen Physikalischen Gesellschaft" und seit 1899 zusätzlich die „Physikalische Zeitschrift" übernahmen. Die letztere führte darüber hinaus die Überblicksartikel in die deutsche physikalische Literatur ein.

Nach dem Ende des Ersten Weltkrieges bereitete die Neuordnung des Zeitschriftenwesens dem Vorstand der Deutschen Physikalischen Gesellschaft viel Kopfzerbrechen. Von den bisherigen „Verhandlungen", die neben geschäftlichen Mitteilungen, Nachrufen usw. vor allem die auf den Vereinssitzungen gehaltenen Vorträge enthielten, war zu erwarten, daß sie nach einem kriegsbedingten Rückgang des Umfangs beträchtlich anschwellen würden. Die Gesellschaft sah sich nicht in der Lage, die Kosten dafür zu tragen. So gründete die Verlagsgesellschaft Friedrich Vieweg in Braunschweig 1920 mit Zustimmung der DPG eine dritte physikalische Fachzeitschrift, die „Zeitschrift für Physik".

Neben den Zeitschriften erlangten infolge der anwachsenden physikalischen Literatur die Referateorgane immer größere Bedeutung. Von der Physikalischen Gesellschaft zu Berlin gegründet, erschienen seit 1847 die „Fortschritte der Physik". Als diese mehrere Jahre mit ihrer Berichterstattung zurückgefallen waren, wurden 1877 die „Beiblätter zu den Annalen der Physik" ins Leben gerufen, die zwar unvollständig, aber schnell die wichtigsten Arbeiten referierten. Um der bei einem Referateorgan unvermeidlichen Verzögerung zu begegnen, wurden seit 1902 in dem „Halbmonatlichen Literaturverzeichnis der Fortschritte der Physik" die Titel aller neuerschienenen Veröffentlichungen erfaßt. Im Jahre 1920 wurde dann die Aufgabe aller drei Organe durch die 1919 gegründeten „Physikalischen Berichte" übernommen, die in jener Zeit das beste Referateorgan der gesamten physikalischen Literatur waren.

Literatur: Karl Scheel, Die literarischen Hilfsmittel der Physik. In: Die Naturwissenschaften. Jg 13, 1925, S. 45–48; David A. Kronick, A history of scientific and technical periodicals. The origin and development of the scientific and technological press 1665–1790. New York 1962. S. R.

Zenneck, Jonathan (* 15. April 1871 in Ruppertshofen, Württ., † 8. April 1959 in München). Als Assistent Ferdinand Brauns kam Z. seit 1895 in Straßburg mit dessen Versuchen zur Ausbreitung der elektromagnetischen Wellen in Berührung. Ihm wurde von Braun auch die Durchführung der berühmten Versuche an der Nordsee in den Jahren 1898 bis 1900 übertragen, deren Ergebnis eine Reichweite der drahtlosen Telegraphie bis zu 52 Kilometern war. Bedeutungsvoll waren auch seine Arbeiten zur Frequenzvervielfachung, zur Richtwirkung von Sendern und zur Ausbreitung elektromagnetischer Wellen entlang der Erdoberfläche.

Nach verschiedenen Tätigkeiten in Danzig bei Max Wien, in Braunschweig und in der chemischen Industrie wurde er 1913 an die Technische Hochschule München berufen. Hier widmete er sich weiter der Hochfrequenzphysik, vor allem der Ausbreitung elektromagnetischer Wellen und akustischen Problemen. Er legte mit seinen Mitarbeitern die Grundlagen der Ionosphärenforschung in Deutschland (Gründung eines entsprechenden Laboratoriums in der Nähe von Kochel). Seit 1934 hatte er als Geschäftsführer des Vorstandes die Leitung des Deutschen Museums in München inne. Zenneck hat sich besonders um den Ausbau der technischen Physik in Deutschland verdient gemacht.

Werke: Elektromagnetische Schwingungen und drahtlose Telegraphie. Stuttgart 1905; Lehrbuch der drahtlosen Telegraphie. [5]Stuttgart 1925 (mit Hans Rukop); Die Entwicklung der Funkentelegraphie. In: Deutsches Museum. Abhandl. u. Berichte. Jg 8, 1936, H. 6; Erinnerungen eines Physikers. München 1960.

Literatur: Walter Dieminger, J. Z. In: Deutsches Museum. Abhandl. u. Berichte. Jg 29, 1961, H. 1. Hier auch Werkverzeichnis. S. R.

Zermelo, Ernst (* 27. Juli 1871 in Berlin, † 12. Mai 1953 in Freiburg i. Br.). Er studierte Mathematik in Berlin, Halle und Freiburg i. Br. und war nach seiner Promotion von 1894–1897 Assistent Plancks in Berlin, später Privatdozent in Göttingen. 1910 bis 1916 war er ordentlicher Professor an der Universität Zürich und nach zehnjährigem, krankheitsbedingtem Ruhestand Honorarprofessor in Freiburg. Wegen politischer Differenzen verzichtete der 64jährige auf eine weitere Lehrtätigkeit.

Als Assistent Plancks führte ihn seine Beschäftigung mit statistischer Mechanik 1896 in einen in den Annalen der Physik ausgetragenen wissenschaftlichen Streit mit Ludwig Boltzmann, dessen mechanische Ableitung irreversibler Prozesse er an Hand des Wiederkehrsatzes von Henri Poincaré angriff. Das Hauptwerk des Mathematikers Zermelo liegt auf dem Gebiet der Mengenlehre, durch deren axiomatischen Aufbau mittels des sogenannten „Zermeloschen Auswahlaxioms" er in der Fachliteratur weltbekannt wurde. Z. war vielseitig gebildet und interessiert und zeigte ein hohes Maß an Originalität.

Werke: Über einen Satz der Dynamik und die mechanische Wärmetheorie. In: Annalen der Physik. Bd 57, 1896, S. 485–494; Über mechanische Erklärungen irreversibler Vorgänge. Eine Antwort auf Hrn. Boltzmann's „Entgegnung". In: Annalen der Physik. Bd 59, 1896, S. 793–801; Weiterentwicklung der Variationsrechnung in den letzten Jahren (mit H. Hahn). In: Encyklopädie der mathematischen Wissenschaften. Bd 2, 1. Leipzig 1899–1916, S. 626 bis 641.

Literatur: Helmuth Gericke, Zur Geschichte der Mathematik an der Universität Freiburg im Breisgau. In: Beiträge zur Freiburger Wissenschafts- und Universitätsgeschichte. 7. Heft. Freiburg 1955. H. S.

Corrigenda et Addenda

D'Alembert, Jean le Rond. Die berühmte Einleitung in die Enzyklopädie ist der **„Discours préliminaire"**; der „Discours de la méthode" stammt von René Descartes.

Bragg, William Henry, Sir.
Literatur: Paul Forman, B., W. H. In: Dictionary of Scientific Biography. Vol. 2. New York 1970, S. 397–400.

Bragg, William Lawrence, Sir, † 2. Juli 1971 in London.

Cockcroft, Sir John Douglas, † 18. September 1967 in Cambridge.